Materialwissenschaften

Donald R. Askeland

Materialwissenschaften

Grundlagen · Übungen · Lösungen

Aus dem Amerikanischen
von Wolfgang Fahland und Wilfried Holzhäuser

Mit 586 Abbildungen

Originaltitel: The Science and Engineering of Materials, Third Edition
Aus dem Amerikanischen von Wolfgang Fahland und Wilfried Holzhäuser

© 1994 PWS Publishing Company

Wichtiger Hinweis für den Benutzer

Bibliografische Information der Deutschen Nationalbibliothek
Die Deutsche Nationalbibliothek verzeichnet diese Publikation in der Deutschen Nationalbibliografie; detaillierte bibliografische Daten sind im Internet über http://dnb.d-nb.de abrufbar.

Springer ist ein Unternehmen von Springer Science+Business Media
springer.de

1. Auflage 1996, Nachdruck 2010
© Spektrum Akademischer Verlag Heidelberg 1996
Spektrum Akademischer Verlag ist ein Imprint von Springer

10 11 12 13 14   5 4 3 2

Lektorat: Hermann Dresel, Berlin
Satz: Kühn & Weyh, Freiburg
Umschlaggestaltung: SpieszDesign, Neu-Ulm
Titelbild: © Cmon – Fotolia.com

ISBN 978-3-8274-2741-0

Für Mary Sue und Tyler

Vorwort zur deutschen Ausgabe

Für die Entwicklung und Anwendung moderner, „maßgeschneiderter Werkstoffe" sind grundlegende Kenntnisse über Zusammensetzung, Struktur, Synthese sowie über Herstellungs- und Verarbeitungstechnologien metallischer wie nichtmetallischer Materialien notwendige Voraussetzungen.

Donald Askelands Lehrbuch gehört – mit bislang drei englischsprachigen Ausgaben und der nunmehr ersten deutschsprachigen Edition – zu den didaktisch vielfach erprobten, umfassenden Einführungen in das rasant wachsende, zunehmend komplexe Gebiet der Materialwissenschaften.

Geschickt sind naturwissenschaftliche Grundlagen und ingenieurwissenschaftliche Anwendungen, sind beschreibender Text mit übersichtlichen Tabellen, Diagrammen und Abbildungen verbunden. Glossare am Ende der einzelnen Kapitel und eine Vielzahl von Übungsaufgaben unterstützen das (auch mögliche Selbst-) Studium – Grundwissen in Chemie, Physik und Mathematik voraussetzend.

Das für Technische Hochschulen und Fachhochschulen gleichermaßen geeignete Lehrwerk öffnet die hierzulande tradierte Metallkunde in origineller Weise weithin zur Materialkunde, schließt also Keramiken, Gläser, Polymere und Komposite ausführlich in die Darstellungen ein.

August 1996   Gert Wangermann

Inhalt

Teil I Aufbau, Anordnung und Bewegung von Atomen

Teil II Steuerung der Mikrostruktur und der mechanischen Eigenschaften von Materialien

Teil III Technische Werkstoffe

Teil IV Physikalische Eigenschaften von Werkstoffen

Teil V Schutzmaßnahmen gegen Materialversagen

Teil I

Aufbau, Anordnung und Bewegung von Atomen

1 Allgemeines über Werkstoffe

1.1 Einleitung

Werkstoffe bestimmen die Qualität und Zuverlässigkeit von Produkten. Ihre einsatzgerechte Auswahl und Verarbeitung zählen deshalb zu den täglichen Arbeitsaufgaben in Konstruktion, Technologie und Produktion.

Allein die Auswahl der Materialien stellt uns vor eine Vielzahl von Fragen und zu treffender Entscheidungen. Sie reichen von der prinzipiellen Eignung des Materials für die vorgesehene Anwendung über die Festlegung der Bearbeitungstechnologie bis hin zu Aspekten der Entsorgung oder Wiederverwendung. Läßt sich das Material hinreichend genau in die vorgegebene Endform verarbeiten? In welcher Weise werden seine Eigenschaften durch den Verarbeitungsprozeß verändert? Besteht Verträglichkeit mit anderen Stoffen und Umgebungsbedingungen? Welche Belastungen können für die Umwelt entstehen? Und stellt das Material eine insgesamt wirtschaftliche Lösung dar?

Die sachkundige Beantwortung dieser Fragen setzt profundes Wissen über Werkstoffe und ihr Verhalten voraus. Das vorliegende Buch bietet dem Leser eine umfassende Übersicht über das breite Angebot verfügbarer Werkstoffarten, unterrichtet über deren spezifische Eigenschaften und über die Abhängigkeit dieser Eigenschaften von Struktur und Verarbeitungstechnologie.

Da die behandelten Beispiele für technische Werkstoffe sich überwiegend auf aus den USA stammende Materialien beziehen, werden zu ihrer Klassifizierung die dort gültigen Werkstoff-Normen beibehalten. Damit ist keine Einschränkung der vorgetragenen wissenschaftlichen und praktischen Aussagen verbunden. In der Bundesrepublik Deutschland gelten zur Werkstoffkennzeichnung die Werkstoffnormen des Deutschen Normenausschusses (DIN). Sie liegen in entsprechenden DIN-Publikationen vor.

Eine weitere Bemerkung gilt den verwendeten Maßeinheiten und Maßzahlen. Grundsätzlich werden sie in das SI-System übertragen bzw. umgerechnet. In einigen Fällen wurde aber davon abgesehen, um den Leser auch an die in der englischsprachigen internationalen Fachliteratur noch vorzufindenden nicht SI-konformen Maßeinheiten heranzuführen. Dies gilt auch für im SI-System ungültige Einheiten für Konzentrationen oder Stoffmengen, wie Gewichts- und Masse% bzw. Atom- und Mol%. Für sie muß im SI-System auf die dort gültigen Einheiten für Massenanteile in % bzw. Stoffmengenanteile in % übergegangen werden.

1.2 Werkstoffarten

Wir unterscheiden fünf Gruppen von Werkstoffen: Metalle, Keramik, Polymere, Halbleiter und Verbundwerkstoffe (s. Tab. 1.1). Auch innerhalb dieser Gruppen besteht noch eine große Spannweite verfügbarer Eigenschaften. Dies zeigt sich am Beispiel der mechanischen Festigkeit in Abbildung 1.1.

Tabelle 1.1. Repräsentative Anwendungsbeispiele und Eigenschaften der fünf Werkstoffgruppen

Material	Anwendungen	Eigenschaften
Metalle		
Kupfer	Leitungsmaterial	Hohe elektrische Leitfähigkeit, gute Verformbarkeit
Graugußeisen	Motorblöcke	Gießbar, spanabhebend bearbeitbar, schwingungsdämpfend
Legierte Stähle	Werkzeuge	Härtbar durch Warmbehandlung
Keramik		
SiO_2-Na_2O-CaO	Fensterglas	Durchsichtig, thermisch isolierend
Al_2O_3, MgO, SiO_2	Feuerfeste Behälter für Metallschmelzen	Thermisch isolierend, hoher Schmelzpunkt, relativ inert gegenüber Metallschmelzen
Bariumtitanat	Akustische Wandler	Piezoelektrisch
Polymere		
Polyethylen	Verpackungsmaterial für Nahrungsmittel	Leicht verarbeitbar zu dünnen, flexiblen und luftdichten Folien
Epoxidharz	Umhüllung integrierter Schaltkreise	Elektrisch isolierend, feuchtigkeitsabweisend
Phenole	Kleber in der Sperrholzproduktion	Fest, feuchtigkeitsresistent
Halbleiter		
Silicium	Transistoren, integrierte Schaltkreise	Spezielle elektrische Eigenschaften
GaAs	Optoelektronik	Spezielle optoelektronische Eigenschaften
Verbunde		
Graphit-Epoxid	Flugzeugbauteile	Hohes Festigkeits-Dichte-Verhältnis
Wolframcarbid-Cobalt	Schneidwerkzeuge	Große Härte, hohe Schlagfestigkeit
Titan-plattierter Stahl	Reaktorgefäße	Verbindet geringe Kosten und hohe Festigkeit von Stahl mit der Korrosionsbeständigkeit von Titan

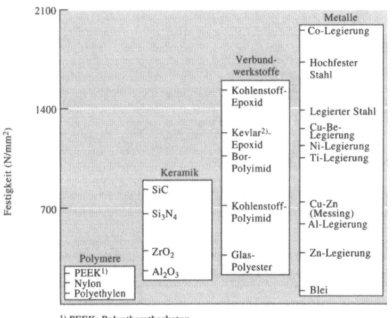

1) PEEK: Polyetheretherketon
2) Kevlar: Aramidfaser

Abb. 1.1. Festigkeitswerte verschiedener Materialien.

Metalle. Metalle und Legierungen wie Stahl, Aluminium, Magnesium, Zink, Gußeisen, Titan, Kupfer und Nickel zeichnen sich allgemein durch hohe elektrische und thermische Leitfähigkeit, relativ hohe Festigkeit und Steifigkeit, gute Verformbarkeit und geringe Stoßempfindlichkeit aus. Metalle eignen sich besonders für die Anwendung in Strukturelementen oder lasttragenden Teilen. Obwohl gelegentlich auch reine *Metalle* zum Einsatz kommen, sind *Legierungen* bevorzugt, da sich durch Kombination unterschiedlicher Metalle gewünschte Eigenschaften vereinen oder verbessern lassen. Eindrucksvolles Anwendungsbeispiel ist ein Strahltriebwerk, das eine Vielzahl von Legierungen an vielen hochbeanspruchten und deshalb kritischen Stellen enthält.

Keramik. Zu den keramischen Produkten zählen Bauziegel, Glas, Geschirr, Schamotte und Schleifmittel. *Keramik* verfügt über geringe elektrische und thermische Leitfähigkeit und eignet sich gut für Isolatoren und zur Wärmedämmung. Sie ist hart und fest, aber auch sehr spröde. Neue Technologien haben die Erzeugung relativ bruchfester Keramik ermöglicht, die auch für hochbelastete Teile, z. B. in Turbinen, einsetzbar ist.

Polymere. *Polymere* entstehen durch Verknüpfung organischer Moleküle zu großen molekularen Strukturen. Dieser Vorgang wird auch als *Polymerisation* bezeichnet. Zu den Polymeren gehören Plaststoffe (Kunststoffe), Gummi und viele Kleber. Polymere besitzen nur geringe elektrische und thermische Leitfähigkeit und auch nur geringe mechanische Festigkeit. Für Anwendungen bei hohen Temperaturen sind sie ungeeignet. *Thermoplaste*, die zwischen ihren langen Molekülketten keine Querverbindungen besitzen, sind wegen dieser Struktureigenschaft gut verformbar. *Duroplaste* weisen hingegen eine vernetzte Struktur auf (s. Abb. 1.2) und verhalten

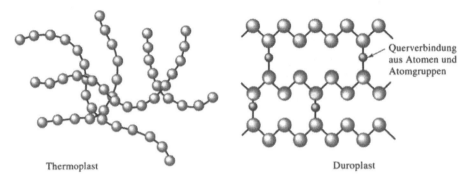

Abb. 1.2. Polymerisation findet statt, wenn sich kleine, hier durch Kugeln symbolisierte Moleküle zu Makromolekülen oder Polymeren verbinden. Die Makromoleküle können eine kettenförmige Struktur (Thermoplaste) oder dreidimensionale Netzwerke bilden (Duroplaste).

sich infolgedessen fester, aber auch spröder. Polymere kommen auf vielen Gebieten zur Anwendung, unter anderem im elektronischen Gerätebau.

Halbleiter. Silicium, Germanium und eine Anzahl von Verbindungen wie GaAs sind elektrische *Halbleiter* und besitzen mit dieser Eigenschaft fundamentale Bedeutung für die moderne Elektronik, Computer- und Nachrichtentechnik. Der Nachteil ihrer Sprödigkeit spielt in diesen Einsatzgebieten praktisch keine Rolle. Ihre Nutzung beruht auf der gut kontrollierbaren Einstellbarkeit der elektrischen Leitfähigkeit in Mikrobereichen zur Erzeugung von Dioden- und Transistorstrukturen und komplexen integrierten Schaltungen. Zu den modernen Anwendungen zählt auch die Glasfaseroptik für die Nachrichtenübertragung, wobei den Halbleiterbauelementen Schlüsselfunktionen bei der Signalwandlung und -verstärkung zukommen.

Verbundwerkstoffe. *Verbundwerkstoffe* bestehen aus zwei oder mehreren Stoffkomponenten. Dadurch ergeben sich gegenüber den Ausgangsstoffen qualitativ neue Eigenschaften. Typische Beispiele hierfür sind – wenn auch fast noch als Rohmaterialien anzusehen – Beton, Sperrholz und Fiberglas. Mittels Verbundtechnik lassen sich leichtgewichtige, feste, gut verformbare und sehr temperaturbeständige Werkstoffe gewinnen. Zu ihnen zählen auch harte und trotzdem schlagresistente Materialien für Schneidwerkzeuge. Wichtige Einsatzgebiete für Verbundwerkstoffe sind auch der moderne Flugzeugbau und die Raumfahrttechnik. Hier finden unter anderem kohlefaserverstärkte Polymere ein breites Anwendungsfeld.

Beispiel 1.1
Auswahl eines geeigneten Leitermaterials für den Stromtransport zwischen Teilen einer elektrischen Schaltung.

Lösung
Als Verbindungsmaterial kommen elektrisch gut leitende Metalle wie Kupfer, Gold oder Aluminium in Betracht. Die metallische Verbindung (im allgemeinen Draht) muß jedoch von der Umgebung isoliert sein, um Kurzschlüsse oder elektrische Überschläge zu vermeiden. Eine Keramikschicht besäße zwar ausgezeichnetes Isoliervermögen, würde aber wegen ihres spröden Verhaltens beim Verbiegen des Stromleiters abplatzen. Als geeignete Lösung bietet sich eine Plastbeschichtung an, die ebenfalls hinreichend isoliert, aber zusätzlich auch flexibel ist.   □

Beispiel 1.2

Auswahl eines geeigneten Werkstoffs für Kaffeetassen.

Lösung

Kaffeetassen müssen, um handhabbar zu sein, aus thermisch gut isolierendem Material bestehen. Deshalb kommen sowohl keramische wie auch polymere Stoffe in Betracht. Wegwerfprodukte aus Schaumpolystyrol zeichnen sich wegen ihres Gehalts an Gasblasen durch zusätzlich verbessertes Isoliervermögen aus. Allerdings müßte diese erwünschte physikalische Eigenschaft mit dem Nachteil hoher Umweltbelastung erkauft werden. Metalle scheiden wegen ihres hohen Wärmeleitvermögens aus. Als geeignet verbleiben keramische Stoffe.   □

1.3 Zusammenhang zwischen Struktur, Eigenschaften und Verarbeitungstechnologie

Werkstoffe müssen zu funktionsgerechten Bauteilen verarbeitet werden, die während der vorgesehenen Lebensdauer allen Einsatzbedingungen genügen. Dabei besteht ein enger Zusammenhang zwischen Materialstruktur, gewählter Verarbeitungstechnologie und finalen Materialeigenschaften. Abbildung 1.3 zeigt diesen Zusammenhang am Beispiel einer Aluminiumfolie. Der für die Formgebung verwendete Walzprozeß verändert zugleich auch die Struktur und Festigkeit des Materials. Allgemein gilt, daß jede Änderung in einem der drei Einflußkomplexe auch

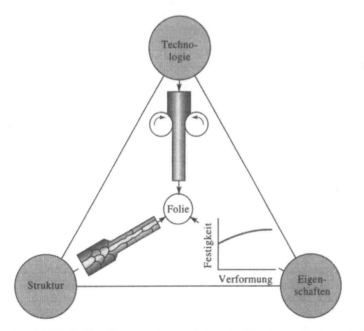

Fig. 1.3. Dreiseitiger Zusammenhang zwischen Struktur, Eigenschaften und Verarbeitungstechnologie von Werkstoffen am Beispiel einer Aluminiumfolie, die durch Walzen hergestellt wird. Der Walzvorgang verändert die Struktur des Metalles und vergrößert gleichzeitig seine Festigkeit.

Änderungen in den beiden anderen nach sich zieht (oder mindestens in einem von beiden).

Materialeigenschaften. Wir unterscheiden zwischen mechanischen und physikalischen Eigenschaften. Zu den *mechanischen Eigenschaften*, die das Verhalten eines Werkstoffs bei Einwirkung äußerer Kräfte beschreiben, gehören Festigkeit und Duktilität. Darüber hinaus interessiert das Verhalten bei plötzlichen Stößen (Schlagfestigkeit), bei zyklischer Belastung (Ermüdungsfestigkeit), bei erhöhter Temperatur (Kriechfestigkeit) und gegenüber Reibungskräften (Verschleißfestigkeit). Mechanische Eigenschaften bestimmen auch die Möglichkeiten der Formgebung. Zum Beispiel muß ein Metallstück, das mittels Schmieden verformt werden soll, hohe Duktilität aufweisen. Kleine strukturelle Änderungen haben oft beträchtlichen Einfluß auf die mechanischen Eigenschaften.

Physikalische Eigenschaften beschreiben das elektrische, magnetische, optische, thermische, elastische und chemische Verhalten eines Werkstoffs. Sie hängen sowohl von der Struktur als auch von der Herstellungstechnologie ab. In Halbleitermaterialien haben bereits kleinste Strukturänderungen erhebliche Auswirkung auf das elektrische Leitungsverhalten. Keramische Ziegel erfahren bei steigender Brenntemperatur häufig eine Abnahme ihres Wärmedämmvermögens.

Beispiel 1.3
Mechanische und physikalische Anforderungen an Werkstoffe für Flugzeugtragflächen.

Lösung
Notwendige mechanische Eigenschaften: Grundvoraussetzung ist eine ausreichend hohe Festigkeit, um der Tragflächenbelastung standzuhalten. Darüber hinaus ist der Werkstoff bei Start und Landung und auch während des Fluges zyklischen Vibrationskräften ausgesetzt, die zusätzlich hohe Schwingfestigkeit erfordern. Schließlich ist auch die Kriechfestigkeit von Bedeutung, da die Tragflächen bei Überschallflügen sehr heiß werden können.

Notwendige physikalische Eigenschaften: Tragflächen sollten so leicht wie möglich sein, ihr Material also nur geringe Dichte besitzen. Flüge in salzhaltiger maritimer Atmosphäre erfordern hohe Korrosionsbeständigkeit. Da sich auch Blitzeinschläge ereignen können, muß der Tragflächenwerkstoff ausreichende Leitfähigkeit für die Verteilung elektrischer Ladungen besitzen.

Traditionell kamen bisher vor allem Aluminiumlegierungen zur Anwendung. Für moderne Hochleistungsflugzeuge werden jedoch zunehmend auch faserverstärkte Verbundwerkstoffe mit Polymermatrix eingesetzt. □

Struktur. Die Struktur von Werkstoffen kann auf mehreren Ebenen betrachtet werden (s. Abb. 1.4). Bestimmend für ihr elektrisches, magnetisches, thermisches und optisches Verhalten ist die Anordnung der Elektronen um den Atomkern. Dieser Aufbau beeinflußt auch die Bindungen, die Atome untereinander eingehen.

Die nächste Ebene bezieht sich auf die räumliche Anordnung der Atome. In Metallen, Halbleitern und vielen Nichtmetallen sind die Atome regelmäßig angeordnet, sie bilden eine *Kristallstruktur*. Einige keramische und viele Plastmaterialien verfügen dagegen über keine regelmäßige Atomanordnung. Diese amorphen oder glasartigen Materialien unterscheiden sich in ihrem Verhalten wesentlich von den kristallinen Stoffen. So verhält sich z. B. amorphes Polyethylen optisch transparent, während kristallines Polyethylen nur noch diffus lichtdurchlässig ist. Durch

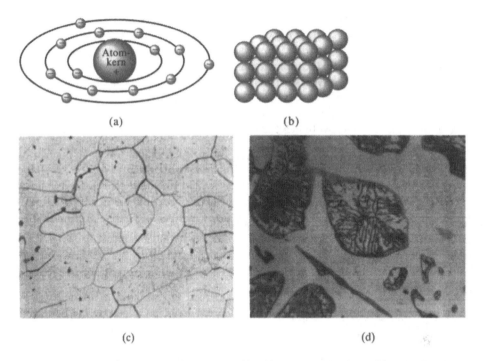

Abb. 1.4. Vier Strukturebenen eines Werkstoffs: (a) atomare Struktur, (b) Kristallstruktur, (c) Kornstruktur in Eisen (100fache Vergrößerung), (d) Mehrphasenstruktur in weißem Gußeisen (200fache Vergrößerung).

gezielten Einbau von Fehlstellen in die atomare Ordnung lassen sich Werkstoffeigenschaften grundlegend verändern.

Die meisten Metalle, keramischen Stoffe und Halbleiter weisen in der dritten Ebene eine Kornstruktur (Gefüge) auf, die aus kristallinen Bereichen (Kristalliten) mit regelmäßiger atomarer Anordnung besteht. Größe und Form der Kristallite sind wichtige Einflußgrößen für das Materialverhalten. In einigen Fällen, wie z. B. Si-Chips für integrierte Schaltungen oder Metallteile für Strahltriebwerke, liegen die Werkstoffe in einkristalliner Form vor, d. h. sie bestehen aus nur noch einem Kristall.

Schließlich finden wir als vierte Strukturebene in vielen Stoffen nebeneinander bestehende *Phasen*, die sich in ihrer atomaren Anordnung und in ihren Eigenschaften unterscheiden. Die gezielte Beeinflussung ihrer Art, Größe, Verteilung und ihres Volumenanteils bietet eine weitere Möglichkeit, Materialeigenschaften nach Anforderungen einzustellen.

Technologie. Werkstoffe müssen aus ihrem Rohzustand in gewünschte Bauteile umgeformt werden. Hierfür steht eine Vielzahl von Technologien zur Verfügung. Metalle werden als Schmelze in Formen gegossen (Formguß), auf unterschiedliche Weise miteinander verbunden (Schweißen, Hartlöten, Weichlöten, Bonden), unter hohem Druck verformt (Schmieden, Ziehen, Pressen, Walzen, Biegen), aus Pulver verpreßt (Pulvermetallurgie) oder spanabhebend bearbeitet. Für die Formgebung von Keramik stehen analoge Verfahren zur Verfügung: Gießen, Umformen, Extrudieren oder Pressen, meist im feuchten Zustand mit nachfolgender Wärmebehandlung bei hoher Temperatur. Bei polymeren Stoffen kommen Spritzgußverfahren

(Einspritzen des erweichten Plastmaterials in Formen), Zieh- und andere Umformtechnologien zur Anwendung. Oft werden Materialien auch dicht unterhalb ihres
Schmelzpunktes wärmebehandelt, um gewünschte Strukturänderungen zu erzielen.
Die Art der zu wählenden Technologie hängt in erheblichem Maße von den Eigenschaften des betreffenden Werkstoffs und damit von seiner Struktur ab.

Beispiel 1.4
Wolfram besitzt die ungewöhnlich hohe Schmelztemperatur von 3410 °C, die viele
der gebräuchlichen Umformtechnologien erschwert. Gesucht ist ein Verfahren, das
sich für die Herstellung dünner Wolframdrähte eignet.
Lösung
Wegen der hohen Schmelztemperatur von Wolfram scheiden Gießverfahren nahezu
aus. Gewöhnlich kommen pulvermetallurgische Technologien zur Anwendung.
Zunächst wird pulverförmiges Wolframoxid (WO_3) in H_2-Atmosphäre erhitzt,
wobei es in W-Teilchen und Wasserdampf zerfällt. Anschließend wird das gewonnene W-Pulver bei hoher Temperatur und unter hohem Druck zu Stäben verpreßt.
Die weitere Verformung erfolgt mittels üblicher Drahtziehverfahren, bis schrittweise der vorgesehene Durchmesser erreicht ist (s. Abb. 1.5).   □

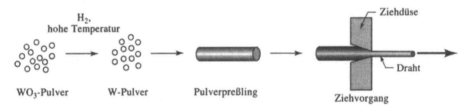

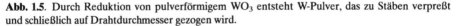

Abb. 1.5. Durch Reduktion von pulverförmigem WO_3 entsteht W-Pulver, das zu Stäben verpreßt
und schließlich auf Drahtdurchmesser gezogen wird.

1.4 Einflüsse der Umgebung auf das Materialverhalten

Der Zusammenhang von Struktur, Eigenschaften und Verarbeitungstechnologie von
Werkstoffen wird auch durch die Umgebung beeinflußt, der das Material ausgesetzt
ist. Wichtige Einflußgrößen sind hohe Temperaturen und korrosive Atmosphäre.
Temperatur. Temperaturänderungen können sich erheblich auf Materialeigenschaften auswirken. Abbildung 1.6 zeigt dies am Beispiel der mechanischen Festigkeit.
Metalle, die zunächst durch spezielle Wärmebehandlung oder Umformung verfestigt
wurden, können ihre Festigkeit unter Temperatureinwirkung plötzlich wieder verlieren. Hohe Temperaturen verändern die Struktur von Keramik und bewirken, daß
Polymere schmelzen oder verkohlen. Auch tiefe Temperaturen stellen eine Extrem-
belastung dar, unter der Metalle und Polymere verspröden und ihre Bruchfestigkeit
einbüßen können.

Die Erhöhung der Temperaturbeständigkeit von Werkstoffen ist deshalb für
viele Anwendungen von weitreichender Bedeutung. Abbildung 1.7 zeigt als Beispiel die Entwicklung in der Luft- und Raumfahrttechnik in den USA. Sie wurde
einerseits durch Erhöhung der Temperaturbelastbarkeit der Außenhaut der Flug-

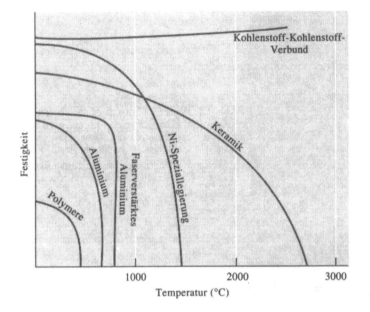

Abb. 1.6. Die Festigkeit der meisten Materialien nimmt mit steigender Temperatur ab. Polymere sind nur bei niedrigen Temperaturen verwendbar. Spezielle Verbundwerkstoffe auf Kohlenstoffbasis, einige Legierungen und keramische Stoffe behalten ihre Eigenschaften bis zu hohen Temperaturen.

geräte und andererseits durch Erhöhung der Arbeitstemperatur (bzw. des Wirkungsgrades) ihrer Antriebsaggregate ermöglicht. Neue Werkstoffe waren somit die Voraussetzung für die Steigerung der Fluggeschwindigkeit und die Verbesserung der Treibstoffökonomie. Welche weitergehenden Anforderungen auf diesem Anwendungsgebiet bestehen, macht das in der Abbildung enthaltene Projekt des „National aerospace plane", ein zukünftiges Passagierflugzeug, das den Pazifik in etwa 3 Stunden überfliegen soll, deutlich.

Korrosion. Viele Werkstoffe reagieren chemisch mit Sauerstoff oder anderen Gasen, insbesondere bei erhöhter Temperatur. Ein extremes Beispiel zeigt Abbildung 1.8.

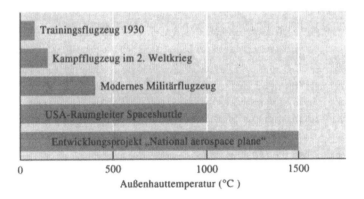

Abb. 1.7. Die zulässige Außenhauttemperatur von Flugzeugen wurde durch Entwicklung verbesserter Werkstoffe ständig erhöht. Die Abbildung zeigt Beispiele aus den USA (nach M. Steinberg, Scientific American, Oktober 1986).

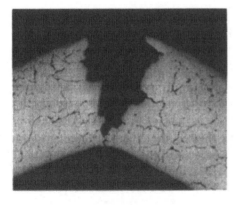

Abb. 1.8. Wenn sich Wasserstoff in zähgepoltem Kupfer löst, kann sich an den Korngrenzen Wasser bilden und Hohlräume erzeugen. Das Metall verliert seine Festigkeit und zerfällt (50fache Vergrößerung). (Zähgepoltes Kupfer: Durch Reduktion von Cu_2O erzeugtes Kupfer mit Sauerstoffgehalt bis 0,5 %.).

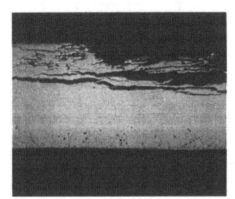

Abb. 1.9. Bakterienbefall eines Treibstofftanks aus Aluminium. Die Bakterien wurden durch Treibstoff eingeschleppt. Der Befall führt zu starker Korrosion, Lochfraß und schließlich zum Ausfall (10fache Vergrößerung).

Ähnliche Folgen haben korrosive Flüssigkeiten (s. Abb. 1.9). In vielen Fällen kommt es zur Funktionsbeeinträchtigung von Bauteilen und zu vorzeitigem Ausfall. Durch Auswahl korrosionsbeständiger Materialien oder Aufbringen von Schutzschichten lassen sich diese Schäden begrenzen oder gänzlich verhindern.

Beispiel 1.5
Welche besonderen Vorkehrungen sind beim Schweißen von Titan zu treffen?
Lösung
Schweißverfahren erfordern hohe Temperaturen. Diese können in Titan Strukturänderungen bewirken, die mit einem Festigkeitsverlust verbunden sind. Außerdem reagiert das Metall bei hoher Temperatur intensiv mit Sauerstoff, Wasserstoff und anderen Gasen. Der Schweißvorgang muß deshalb so erfolgen, daß die Temperaturbelastung möglichst gering bleibt und das Metall vor der umgebenden Atmosphäre geschützt ist. Aus diesem Grunde findet er unter Schutzgas, z. B. Argon, oder bei hohen Güteanforderungen sogar im Vakuum statt.   □

1.5 Entwicklung und Auswahl von Werkstoffen

Bei der Auswahl und zielgerichteten Entwicklung von Werkstoffen sind viele Kriterien zu beachten. Das Material soll alle erforderlichen mechanischen und physikalischen Eigenschaften aufweisen, gut verarbeitbar sein und für die vorgesehene Anwendung eine wirtschaftliche Lösung darstellen. Wichtiges Entscheidungskriterium ist auch seine Umweltverträglichkeit, was in zunehmendem Maße die Eignung für Recycling einschließt. Angesichts der Vielfalt dieser Forderungen sind Kompromisse kaum zu umgehen, um für einen gegebenen Anwendungsfall eine sowohl gebrauchsgerechte als auch wettbewerbsfähige Lösung zu finden.

Beispielsweise sollte beachtet werden, daß Materialpreise im allgemeinen auf Gewichtsbasis kalkuliert werden. Aus diesem Grunde ist auch die *Dichte* von Werkstoffen ein wichtiges Auswahlkriterium (s. Tab. 1.2). Der Tonnenpreis von Aluminium ist sicherlich höher als der von Stahl, die Dichte aber um einen Faktor drei kleiner. Obwohl Bauteile aus Aluminium kompakter ausgelegt sein müssen als vergleichbare aus Stahl, sind sie wegen der geringeren Dichte und der geltenden Preisbasis möglicherweise billiger.

In vielen Anwendungen, so zum Beispiel im Flugzeugbau, ist das Gewicht von Bauteilen von besonderer Bedeutung, da es den Treibstoffverbrauch erhöht und Reichweiten einschränkt. Bevorzugt sind infolgedessen leichtgewichtige, aber ausreichend feste Materialien. Aus diesem Grunde werden im modernen Flugzeugbau Verbundwerkstoffe (z. B. kohlefaserverstärkte Epoxide) anstelle von Aluminium eingesetzt. Diese sind zwar im Materialpreis teurer, doch infolge des wesentlich verbesserten *Festigkeits-Dichte-Verhältnisses* dieser Stoffe (s. Tab. 1.2) werden die höheren Materialkosten durch geringere Betriebskosten (Treibstoffeinsparung) wieder aufgewogen.

Tabelle 1.2. Festigkeits-Dichte-Verhältnis ausgewählter Materialien

Material	Festigkeit (N/mm^2)	Dichte (g/cm^3)	Festigkeit/Dichte (Nm/g)
Polyethylen	6,9	0,8	8,6
Reinaluminium	45	2,7	16,6
Al$_2$O$_3$	207	3,1	69
Epoxidharz	103	1,4	74
warmbehandelter legierter Stahl	1655	7,7	215
warmbehandelte Al-Legierung	593	2,7	220
Kohlenstoff-Kohlenstoff-Verbund	414	1,8	230
warmbehandelte Ti-Legierung	1172	4,4	266
Kevlar-Epoxid-Verbund	448	1,4	320
Kohlenstoff-Epoxid-Verbund	552	1,4	394

1.6 Zusammenfassung

Die Auswahl von Werkstoffen wird durch den vorgesehenen Einsatz und die Möglichkeiten ihrer Verarbeitung bestimmt. Technischer und wirtschaftlicher Aufwand, Zuverlässigkeit und Umweltfreundlichkeit sind dabei wichtige Entscheidungskriterien. Die Kenntnis des Zusammenhangs von Struktur, Eigenschaften und Verarbeitungsverfahren ist notwendige Voraussetzung für eine sachkundige Materialauswahl und Prozeßgestaltung. Folgende Materialgruppen stehen als Werkstoffe zur Verfügung:

- Metalle zeichnen sich durch hohe Festigkeit, Duktilität und leichte Verformbarkeit aus. Sie sind gute elektrische und thermische Leiter und hinlänglich temperaturresistent.
- Keramik ist hart und eignet sich gut für elektrische und thermische Isolatoren. Sie ist widerstandsfähig gegenüber hohen Temperaturen und korrosiver Atmosphäre, aber sehr spröde.
- Polymere haben nur geringe Festigkeit. Sie sind für hohe Temperaturen ungeeignet, aber sehr korrosionsresistent und wie Keramik gute elektrische und thermische Isolatoren. Thermoplaste verhalten sich duktil, Duroplaste spröde.
- Halbleiter verfügen über besondere elektrische und optische Eigenschaften, denen sie ihre Schlüsselrolle in der modernen Elektronik und Nachrichtentechnik verdanken.
- Verbundwerkstoffe bestehen aus mehreren Komponenten und vereinen mechanische und physikalische Eigenschaften, die in den beteiligten Ausgangsstoffen in dieser Kombination nicht vorliegen.

Das Studium dieser Materialgruppen führt uns zu den Grundlagen der Festkörperstrukturen. Wir lernen den Einfluß dieser Strukturen auf das komplexe Verhalten von Stoffen kennen und gewinnen Einblick in die wechselseitige Abhängigkeit von Struktur, Art der Bearbeitung und Umgebungseinflüssen. Diese Kenntnisse bilden die Basis für sachkundige Auswahl und Anwendung von Materialien und die Herstellung zuverlässiger und wirtschaftlicher Produkte.

1.7 Glossar

Dichte. Masse pro Volumen.
Festigkeits-Dichte-Verhältnis. Quotient aus Festigkeit und Dichte. Auswahlkriterium für Werkstoffe.
Halbleiter. Materialien mit speziellem elektrischem Leitverhalten und weiteren ungewöhnlichen physikalischen Eigenschaften.
Keramik. Gruppe von Stoffen mit hoher Festigkeit und hoher Schmelztemperatur, aber geringer Duktilität und geringer elektrischer Leitfähigkeit. Keramische Rohstoffe bestehen häufig aus Verbindungen von Metallen und Nichtmetallen.
Kristallstruktur. Räumliche Anordnung von Atomen eines Stoffes nach regelmäßigem periodischem Muster.
Legierungen. Metallische Kombinationen mit verbesserten Eigenschaften gegenüber reinen Metallen.

Mechanische Eigenschaften. Eigenschaften (z. B. Festigkeit), die das Verhalten von Materialien gegenüber äußeren mechanischen Kräften (Zug-, Druck-, Schlag- und zyklischen Beanspruchungen) oder Kräften bei erhöhter Temperatur beschreiben.

Metalle. Stoffgruppe mit hoher elektrischer und thermischer Leitfähigkeit, hoher Duktilität und Festigkeit. (Hier im engeren Sinne auch für Reinmetalle verwandt im Unterschied zu Legierungen.)

Phase. Zustandsform eines Stoffes, in der Zusammensetzung, Struktur und Eigenschaften unter Gleichgewichtsbedingungen konstant sind.

Physikalische Eigenschaften. Elektrisches, thermisches, optisches, magnetisches, elastisches Materialverhalten, das im allgemeinen nicht von mechanischen Kräften beeinflußt wird.

Polymere. Stoffe, die durch Verbindung organischer Moleküle zu ketten- oder netzförmigen Makromolekülen entstehen. Polymere besitzen geringe Festigkeit, niedrige Schmelztemperaturen, geringe elektrische und thermische Leitfähigkeit.

Polymerisation. Verknüpfung kleiner organischer Moleküle (Monomere) zu Makromolekülen (Polymere).

Thermoplaste. Spezielle Gruppe von Polymeren mit normalerweise kettenförmiger Molekülstruktur. Zeichnen sich unter anderem durch gute Verformbarkeit aus.

Duroplaste. Spezielle Gruppe von meist sehr spröden Polymeren mit räumlich vernetzter Molekülstruktur.

Verbundwerkstoffe. Materialien, die aus einem Verbund von Metallen, Keramik oder Polymeren bestehen und Eigenschaften aufweisen, die in den Ausgangskomponenten noch nicht vorhanden sind.

1.8 Übungsaufgaben

1.1 Eisen, das im Freien verwendet werden soll, wird meist verzinkt. Worin besteht der Zweck dieser Maßnahme? Welche Vorkehrungen sind dabei zu treffen? Was ist beim späteren Recycling zu beachten?

1.2 Spiralfedern müssen sehr fest und steif sein. Ist Si_3N_4, das über beide Eigenschaften verfügt, ein hierfür tauglicher Werkstoff?

1.3 Welche Materialien mit welchen Eigenschaften empfehlen sich für ein Fluggerät, das nur mit Muskelkraft betrieben werden soll?

1.4 Welche Materialeigenschaften erfordert der Kopf eines Zimmermannshammers, und wie läßt er sich herstellen?

1.5 Gesucht ist ein Kontaktmaterial für elektrische Schalter, die mit hoher Frequenz und Kraft betätigt werden sollen. Welche Eigenschaften muß das Kontaktmaterial aufweisen? Wäre Al_2O_3 dafür geeignet?

1.6 Es besteht die Aufgabe, Stoffe in einfacher Weise ohne chemische Analysen oder aufwendige Untersuchungsverfahren zu klassifizieren. Welche Unterscheidungskriterien ergeben sich aus den physikalischen Eigenschaften?

1.7 Für die Kolben von Verbrennungsmotoren kommen mitunter Verbundwerkstoffe zum Einsatz, die aus einer Aluminiumlegierung als Matrix und darin eingelagerten, harten SiC-Partikeln bestehen. Welche Eigenschaftsverbesserungen werden von jeder Komponente in den Verbund eingebracht? Welche Probleme könnten sich bei der Teilefertigung durch die unterschiedlichen Eigenschaften der Komponenten ergeben?

2 Struktur der Atome

2.1 Einleitung

Die Eigenschaften von Materialien werden durch vier Strukturebenen bestimmt: Die unterste bezieht sich auf die Elektronenstruktur der Atome, die nächst höhere auf die damit zusammenhängende Bindungsstruktur zwischen den Atomen. Die Mikro- und Makrostruktur, denen das Hauptanliegen dieses Buches gilt, bilden die beiden oberen Ebenen.

Unterschiede in der Elektronenstruktur bestimmen das unterschiedliche Bindungsverhalten der Atome und sind Ursache für die Existenz verschiedener Materialarten wie Metalle, Halbleiter, keramische Stoffe und Polymere. Bereits aus der Elektronenstruktur lassen sich allgemeingültige Schlüsse auf das mechanische und physikalische Verhalten dieser Stoffgruppen ziehen.

2.2 Atomaufbau

Das Atom besteht aus einem Kern und den diesen umgebenden Elektronen. Der Kern enthält Neutronen und positiv geladene Protonen, seine Gesamtladung ist deshalb ebenfalls positiv. Die negativ geladenen Elektronen werden durch elektrostatische Anziehung in Kernnähe gehalten. Die elektrische Ladung q jedes Elektrons und Protons beträgt $1{,}60 \cdot 10^{-19}$ Coulomb. Da die Anzahl der Elektronen mit der Anzahl der Protonen im Atom übereinstimmt, verhält sich das Atom als Ganzes elektrisch neutral.

Die *Ordnungszahl* eines Elements ist gleich der Anzahl der Protonen oder Elektronen in jedem seiner Atome. Eisen, dessen Atome 26 Protonen und 26 Elektronen enthalten, hat somit die Ordnungszahl 26.

Der größte Teil der Atommasse ist im Kern konzentriert. Proton und Neutron haben beide die gleiche Masse von $1{,}67 \cdot 10^{-24}$ g, dagegen beträgt die Masse eines Elektrons nur $9{,}11 \cdot 10^{-28}$ g. Die *Atommasse* oder absolute Masse eines Atoms ist also nahezu gleich der Summe der Massen seiner Protonen und Neutronen. Für den praktischen Gebrauch besser geeignet ist die *molare Masse* (oder *Molmasse*). Sie bedeutet die Gesamtmasse einer Menge von $6{,}02 \cdot 10^{23}$ Atomen bzw. Molekülen (oder noch allgemeiner: unter sich gleichen Teilchen). Diese Menge bezeichnet man als *Mol* (Einheit mol) und ihren Zahlenwert als *Loschmidtsche Zahl L*. Daraus folgt für die molare Masse die Einheit g/mol.

Im Unterschied zur Atommasse oder molaren Masse ist das *Atomgewicht* eine relative (dimensionslose) Größe. Das Atomgewicht (oder Molkulargewicht) ist das Verhältnis der Atommasse (oder Molekülmasse) zum 12. Teil der Atommasse des

Kohlenstoffisotops ^{12}C. Molare Masse und Atomgewicht stimmen im Zahlenwert überein.

Beispiel 2.1
Bestimmung der Anzahl von Atomen in 100 g Silber.
Lösung
Die gesuchte Menge ergibt aus der in 100 g Silber enthaltenen Anzahl von Molen und der Loschmidtschen Zahl L. Nach Anhang A beträgt die molare Masse von Silber 107,868 g/mol.

$$\text{Anzahl der Silberatome} \quad = \frac{(100\text{g})(6,02 \cdot 10^{23}\,\text{Atome/mol})}{107,868\text{g/mol}}$$

$$= 5,58 \cdot 10^{23} \qquad \square$$

2.3 Elektronenstruktur der Atome

Die Elektronen besetzen im Atom diskrete Energieniveaus. Jedes Elektron besitzt infolgedessen eine bestimmte Energie, wobei nicht mehr als zwei Elektronen eines Atoms dasselbe Energieniveau einnehmen können. Zwischen den Energieniveaus bestehen diskrete energetische Abstände, die Vielfache eines Energiequants sind.

Quantenzahlen. Die von den Elektronen besetzbaren Niveaus werden durch vier *Quantenzahlen* beschrieben. Die ersten drei bestimmen die Gesamtanzahl der im Atom vorhandenen Energieniveaus, die letzte die beiden zulässigen Besetzungszustände eines Niveaus.

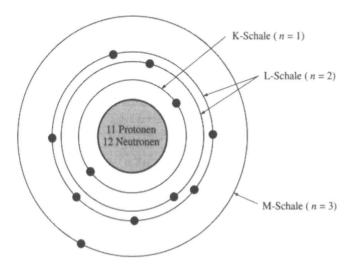

Abb. 2.1. Die Elektronenstruktur des Na-Atoms (Ordnungszahl 11) mit Verteilung der 11 Elektronen auf die Schalen K, L und M.

1. Die *Hauptquantenzahl n*, gekennzeichnet durch ganze Zahlen 1,2,3,4,5,..., bezieht sich auf die Quantenschale, in der sich das Elektron befindet. (Der Begriff „Schale" lehnt sich an die Modellvorstellung, daß die Elektronen den Atomkern schalenförmig umgeben, an.) Alternativ werden Schalen auch mit Großbuchstaben bezeichnet. Die Hauptquantenzahl $n = 1$ entspricht der K-Schale, $n = 2$ der L-Schale, $n = 3$ der M-Schale usw. (s. Abb. 2.1.)

2. Die Anzahl der Energieniveaus in jeder Quantenschale ist durch die *Nebenquantenzahl l* (azimutale Quantenzahl) und die *magnetische Quantenzahl* m_l bestimmt. Die Nebenquantenzahl wird ebenfalls durch Zahlen gekennzeichnet, und zwar in der Reihenfolge: $l = 0,1,2,...,n-1$. Zur Hauptquantenzahl $n = 2$ gehören somit die Nebenquantenzahlen $l = 0$ und $l = 1$. Im Unterschied zu den Hauptquantenzahlen werden die Nebenquantenzahlen alternativ mit Kleinbuchstaben bezeichnet:

s für $l = 0$,   d für $l = 2$,
p für $l = 1$,   f für $l = 3$.

Die magnetische Quantenzahl m_l bestimmt die Anzahl der Energieniveaus (Unterniveaus, Orbitale), die zur jeweiligen Nebenquantenzahl l gehören. Diese Anzahl beträgt $2l + 1$. Die m_l-Werte sind ganze Zahlen zwischen $-l$ und $+l$. Für $l = 2$ existieren also $2(2)+1 = 5$ magnetische Quantenzahlen mit den Werten $-2, -1, 0, +1, +2$.

3. Das *Pauliprinzip* besagt, daß sich maximal zwei Elektronen mit gegensätzlichem Spin auf einem Energieniveau (Orbital) befinden können. Die *Spinquantenzahl* m_s, die diese unterschiedliche Spinrichtung wiedergibt, hat den Wert $+1/2$ oder $-1/2$. Abbildung 2.2 zeigt am Beispiel des Na-Atoms mit der Ordnungszahl 11 die vorliegende energetische Verteilung der 11 Elektronen und die Zuordnung der vier Quantenzahlen (Elektronenkonfiguration).

Eine häufig benutzte Kurzbezeichnung für den Elektronenaufbau der Atome kombiniert den Zahlenwert der Hauptquantenzahl n mit dem Kleinbuchstaben der Nebenquantenzahl l und einem hochgestellten Zahlenindex, der die Anzahl der Elektronen im jeweiligen Niveau angibt. Die Kurzbezeichnung für Germanium mit der Ordnungszahl 32 lautet nach dieser Regel:

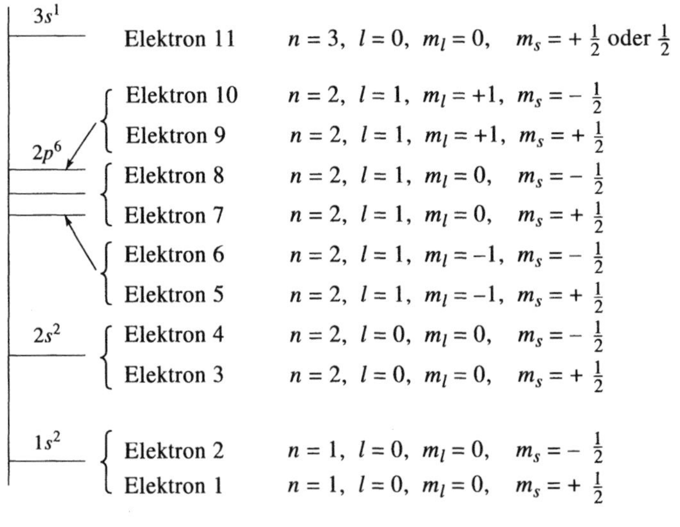

$3s^1$ — Elektron 11	$n = 3,\ l = 0,\ m_l = 0,$	$m_s = +\frac{1}{2}$ oder $\frac{1}{2}$
Elektron 10	$n = 2,\ l = 1,\ m_l = +1,$	$m_s = -\frac{1}{2}$
$2p^6$ Elektron 9	$n = 2,\ l = 1,\ m_l = +1,$	$m_s = +\frac{1}{2}$
Elektron 8	$n = 2,\ l = 1,\ m_l = 0,$	$m_s = -\frac{1}{2}$
Elektron 7	$n = 2,\ l = 1,\ m_l = 0,$	$m_s = +\frac{1}{2}$
Elektron 6	$n = 2,\ l = 1,\ m_l = -1,$	$m_s = -\frac{1}{2}$
Elektron 5	$n = 2,\ l = 1,\ m_l = -1,$	$m_s = +\frac{1}{2}$
$2s^2$ Elektron 4	$n = 2,\ l = 0,\ m_l = 0,$	$m_s = -\frac{1}{2}$
Elektron 3	$n = 2,\ l = 0,\ m_l = 0,$	$m_s = +\frac{1}{2}$
$1s^2$ Elektron 2	$n = 1,\ l = 0,\ m_l = 0,$	$m_s = -\frac{1}{2}$
Elektron 1	$n = 1,\ l = 0,\ m_l = 0,$	$m_s = +\frac{1}{2}$

Abb. 2.2. Die Quantenzahlen der 11 Elektronen des Na-Atoms.

$1s^2 2s^2 2p^6 3s^2 3p^6 3d^{10} 4s^2 4p^2$.

Anhang C enthält eine Auflistung der Elektronenkonfiguration der Elemente von H bis Rn außer den Seltenen Erden (Lanthaniden), Tabelle 2.1 eine Zusammenfassung sämtlicher Energieniveaus.

Tabelle 2.1. Zuordnung der Elektronen zu den Energieniveaus

	$l = 0$ (s)	$l = 1$ (p)	$l = 2$ (d)	$l = 3$ (f)	$l = 4$ (g)	$l = 5$ (h)
$n = 1$ (K)	2					
$n = 2$ (L)	2	6				
$n = 3$ (M)	2	6	10			
$n = 4$ (N)	2	6	10	14		
$n = 5$ (O)	2	6	10	14	18	
$n = 6$ (P)	2	6	10	14	18	22

Bemerkung: Die Zahlenwerte 2, 6, 10 usw. beziehen sich auf die Anzahl der Elektronen.

Abweichungen vom erwarteten Aufbau. Die Auffüllung der Energieniveaus erfolgt nicht immer regelmäßig, insbesondere bei größeren Ordnungszahlen und Besetzung der *d*- und *f*-Niveaus. Zum Beispiel würde man für Eisen mit der Ordnungszahl 26 folgende Elektronenanordnung erwarten:

$1s^2 2s^2 2p^6 3s^2 3p^6 \boxed{3d^8}$.

In Wirklichkeit liegt jedoch folgende Konfiguration vor:

$1s^2 2s^2 2p^6 3s^2 3p^6 \boxed{3d^6 4s^2}$.

Das unvollständig gefüllte 3*d*-Niveau ist die Ursache für das magnetische Verhalten von Eisen, wie wir im Kapitel 19 noch sehen werden.

Valenz. Unter der Valenz versteht man die Wertigkeit (Bindungsfähigkeit) von Atomen (oder Elementen) in chemischen Reaktionen und Verbindungen. Sie stimmt oft mit der Anzahl der Elektronen im äußersten kombinierten *sp*-Niveau überein. Beispiele für Valenzen sind:

Mg: $1s^2 2s^2 2p^6 \boxed{3s^2}$ Valenz = 2

Al: $1s^2 2s^2 2p^6 \boxed{3s^2 3p^1}$ Valenz = 3

Ge: $1s^2 2s^2 2p^6 3s^2 3p^6 3d^{10} \boxed{4s^2 4p^2}$ Valenz = 4.

Die Valenz hängt auch von den jeweiligen Reaktionspartnern ab. Phosphor ist in Verbindung mit Sauerstoff 5-wertig, bei Reaktionen mit Wasserstoff dagegen nur 3-wertig (unter Beteiligung von nur 3 Elektronen des 3*p*-Niveaus, siehe Anhang C). Mangan kann die Valenzen 2, 3, 4, 6 oder 7 annehmen.

Reaktivität, Elektronegativität. Wenn Atome die Wertigkeit null aufweisen, verhält sich das zugehörige Element inert, d. h., es reagiert im Normalzustand nicht mit anderen Elementen. Dies trifft zum Beispiel auf Argon mit der Elektronstruktur

$$1s^2 2s^2 2p^6\ 3s^2 3p^6$$

zu.

Andere Atome streben chemische Bindungen an, in denen ihre äußeren *sp*-Niveaus entweder mit acht Elektronen aufgefüllt sind, oder völlig leer bleiben. Aluminium verfügt im äußeren kombinierten *sp*-Niveau über drei Elektronen (Valenzelektronen), die es leicht abgibt, um das $3s3p$-Niveau zu entleeren. Dieses Verhalten bestimmt die atomare Bindung und die chemische Reaktivität von Aluminium.

Chlor dagegen enthält sieben Elektronen im außenliegenden *sp*-Niveau. Sein Reaktionsverhalten ist deshalb von dem Bestreben geprägt, das äußere Energieniveau durch Aufnahme eines zusätzlichen Elektrons auf acht Elektronen aufzufüllen.

Die Neigung der Atome zur Aufnahme von Elektronen wird als *Elektronegativität* bezeichnet. Atome mit fast vollständig aufgefüllter Außenschale, wie z. B. Chlor, verhalten sich stark elektronegativ. Ist das Außenniveau dagegen gering besetzt, wie z. B. in Natrium, werden Elektronen leicht abgegeben (die Elektronegativität ist gering, das Atom verhält sich *elektropositiv*). Atome mit hoher Ordnungszahl besitzen gleichfalls nur geringe Elektronegativität, da sich die Außenelektronen in größerem Abstand vom positiven Kern befinden und deshalb weniger fest gebunden sind. Abbildung 2.3 zeigt die Elektronegativität ausgewählter Elemente.

Beispiel 2.2
Vergleich der Elektronegativität von Calcium und Brom an Hand ihrer Elektronenkonfiguration.

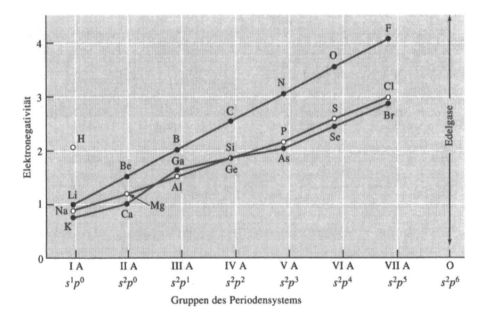

Abb. 2.3. Elektronegativität ausgewählter Elemente in Abhängigkeit von ihrer Stellung im Periodensystem.

Lösung

Ca und Br haben nach Anhang C folgende Elektronenkonfiguration:

Ca: $1s^2 2s^2 2p^6 3s^2 3p^6 \boxed{4s^2}$

Br: $1s^2 2s^2 2p^6 3s^2 3p^6 3d^{10} \boxed{4s^2 4p^5}$.

Ca besitzt in seinem äußeren 4s-Niveau zwei Elektronen, Br in dem kombinierten 4s4p-Niveau sieben Elektronen. Ca hat das Bestreben, Elektronen abzugeben, und verhält sich stark elektropositiv (seine Elektronegativität beträgt 1,0). Brom dagegen, mit einer Elektronegativität von 2,8, neigt zur Aufnahme von Elektronen und ist stark elektronegativ.   □

Der Aufbau des Periodensystems der Elemente entspricht der beschriebenen Elektronenstruktur der Atome. Die Zeilen (Perioden) korrespondieren mit den Quantenschalen oder Hauptquantenzahlen. Die Spalten (Gruppen) beziehen sich auf die Anzahl der Elektronen im äußeren kombinierten *sp*-Niveau und stimmen mit der am häufigsten auftretenden Wertigkeit überein.

2.4 Bindungsarten

In Festkörpern existieren vier wichtige Mechanismen für die gegenseitige Bindung zwischen den Atomen. Drei Bindungsarten beruhen auf dem Bestreben der Atome, ihre äußeren *s*- und *p*-Niveaus aufzufüllen.

Metallbindung. Metalle mit geringer Elektronegativität geben ihre Valenzelektronen an ein „Elektronengas" ab, das die Atome gleichmäßig umgibt (s. Abb. 2.4). Ein Al-Atom z. B. verliert drei Elektronen und verbleibt als dreifach positiv geladenes Rumpfatom, bestehend aus dem Atomkern und den inneren besetzten Elektronenschalen. Die abgegebenen Valenzelektronen sind frei beweglich und gehören quasi allen Atomen an. Die positiv geladenen Rumpfatome werden durch die gemeinsame Anziehung der Elektronen zusammengehalten und gehen auf diese Weise eine starke *metallische Bindung* ein.

Die elektrische Leitfähigkeit der Metalle beruht auf der freien Beweglichkeit der an das Elektronengas abgegebenen Elektronen. Bei anliegender elektrischer Spannung entsteht ein gerichteter Elektronenfluß (s. Abb. 2.5), der im geschlossenen Leiterkreis einen elektrischen Strom zur Folge hat.

Beispiel 2.3

Berechnung der in 10 cm³ Silber enthaltenen Anzahl von Elektronen, die für den Stromfluß zur Verfügung stehen.

Lösung

Silber ist einwertig, so daß von jedem Atom nur ein Valenzelektron für den Ladungstransport abgegeben werden kann. Gemäß Anhang A beträgt die Dichte von Silber 10,49 g/cm³ und seine molare Masse 107,868 g/mol.

Die Masse von 10 cm³ Silber beträgt somit 104,9 g.

Die darin enthaltene Anzahl von Atomen beträgt:

$$\text{Anzahl Atome} = \frac{(104{,}9\,\text{g})(6{,}02 \cdot 10^{23}\,\text{Atome/mol})}{107{,}868\,\text{g/mol}} = 5{,}85 \cdot 10^{23}$$

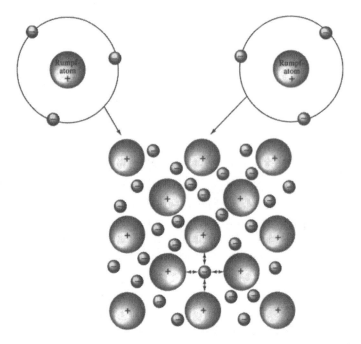

Abb. 2.4. Die metallische Bindung beruht auf der gegenseitigen Anziehung positiv geladener Rumpfatome und der an ein „Elektronengas" abgegebenen Valenzelektronen.

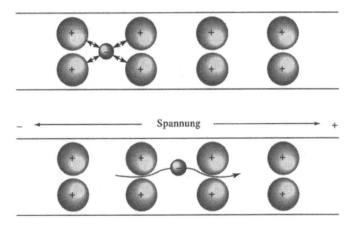

Abb. 2.5. Elektrische Spannungen (Feldstärken) bewirken in Metallen einen Ladungsfluß, der von den frei beweglichen Elektronen des „Elektronengases" getragen wird.

Dies ist wegen der Einwertigkeit von Silber zugleich die Anzahl der als Ladungsträger verfügbaren Elektronen.   □

Kovalente Bindung. Atome in *kovalenter* (oder *homöopolarer*) *Bindung* teilen sich zwei oder mehrere Elektronen mit ihren Bindungspartnern. Zum Beispiel kann ein Si-Atom mit der Wertigkeit vier sein äußeres kombiniertes *sp*-Niveau auf acht Elektronen auffüllen, indem die eigenen vier Elektronen mit vier Valenzelektronen der

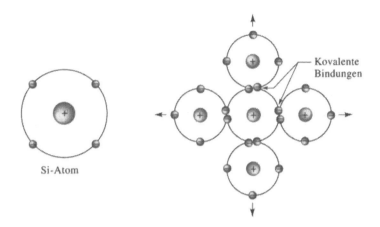

Abb. 2.6. Die kovalente Bindung beruht auf der Bildung gemeinsamer Elektronenpaare der Bindungspartner. Die beteiligten Atome füllen auf diese Weise ihre äußeren *sp*-Niveaus auf. Das vierwertige Si-Atom unterhält vier bindungswirksame Elektronenpaare mit vier Nachbaratomen.

vier Nachbaratome Paarbildungen eingehen (s. Abb. 2.6). Jedes dieser Elektronenpaare bildet eine kovalente Bindung. Infolgedessen ist jedes Si-Atom über vier kovalente Bindungen mit seinen vier Nachbaratomen verbunden.

Charakteristisch für kovalente Bindungen ist ihre *Richtungsabhängigkeit*. Für das vierwertige Si-Atom erfordert die Koordination mit vier Nachbaratomen eine Tetraederanordnung, wobei der Winkel zwischen den gerichteten kovalenten Bindungen 109,5° beträgt (s. Abb. 2.7).

Kovalent gebundene Stoffe weisen infolge ihrer sehr festen Bindung meist geringe Duktilität und geringe elektrische und thermische Leitfähigkeit auf. Um Elektronen freizusetzen, müssen die sehr festen kovalenten Bindungen aufgebrochen werden. Dies erfordert hohe Temperatur oder große elektrische Feldstärke. Viele keramische Stoffe, Halbleiter und Polymere sind vollständig oder teilweise kovalent gebunden. Hierauf beruhen die Zerbrechlichkeit von Glas und das gute Wärmedämmvermögen von Ziegelsteinen.

Beispiel 2.4
Beschreibung der kovalenten Bindung zwischen Sauerstoff und Silicium in SiO_2.
Lösung
Das Si-Atom teilt seine vier Valenzelektronen mit vier benachbarten O-Atomen. Seine Außenschale wird dadurch auf acht Elektronen aufgefüllt. Sauerstoff ist sechswertig (mit sechs Valenzelektronen) und teilt sich zwei weitere Elektronen mit zwei benachbarten Si-Atomen, so daß sich ebenfalls eine 8er-Schale ergibt.

Abbildung 2.8 zeigt eine von mehreren Anordnungsmöglichkeiten. Sie entspricht der Tetraederstruktur von reinem Silicium (vergl. Abb. 2.7).   □

Beispiel 2.5
Materialauswahl für Thermistoren für den Temperaturbereich von 500 °C bis 1000 °C.
Lösung
Das Wirkprinzip von Thermistoren als Temperatursensor beruht auf der Abhängigkeit ihrer elektrischen Leitfähigkeit von der Temperatur. Der vorgesehene Einsatzbereich stellt zwei Anforderungen: Das auszuwählende Material muß einen genü-

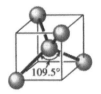

Abb. 2.7. Kovalente Bindungen sind gerichtet. Si-Atome bilden eine Tetraederstruktur mit einem Winkel von 109,5° zwischen den Bindungsarmen.

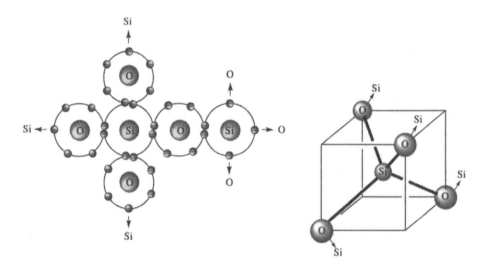

Abb. 2.8. Tetraederstruktur von Silikat (SiO_2) mit kovalenten Bindungen zwischen Si- und O-Atomen.

gend hohen Schmelzpunkt besitzen und eine möglichst große Temperaturempfindlichkeit des elektrischen Widerstands aufweisen. Beide Forderungen lassen sich mit kovalent gebundenen Materialien erfüllen. Ihre Schmelztemperatur liegt hoch, und die Anzahl ihrer frei beweglichen Elektronen hängt stark von der Temperatur ab. Als Lösung bietet sich Silicium an. Es verfügt über eine ausreichend hohe Schmelztemperatur (1410 °C) und für den Einsatzzweck sehr geeignete Halbleitereigenschaften. Auch zahlreiche keramische Materialien mit ebenfalls hoher Schmelztemperatur und halbleiterartigem Leitungsverhalten kommen als Thermistorwerkstoff in Frage. Polymere sind dagegen ungeeignet, auch wenn sie überwiegend kovalent gebunden sind. Grund ist ihre ungenügende Temperaturbeständigkeit.   □

Ionenbindung (oder *heteropolare* Bindung). Während metallische und kovalente Bindung zwischen gleichartigen Atomen möglich sind, setzt die Ionenbindung unterschiedliche Atomarten mit unterschiedlicher Elektronegativität voraus. Die Atome mit geringer Elektronegativität geben ihre Valenzelektronen an Atome mit höherer Elektronegativität ab. Durch diesen Elektronenübergang haben sich beide Atomarten in elektrisch geladene Ionen umgewandelt, die abgebenden Atome in positiv geladene *Kationen*, die aufnehmenden Atome in negativ geladene *Anionen*. Die *Ionenbindung* beruht auf der elektrostatischen Anziehung der gegensätzlich gelade-

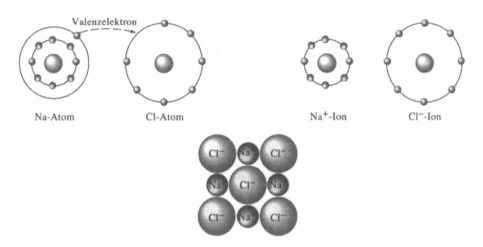

Abb. 2.9. Die Ionenbindung beruht auf der unterschiedlichen Elektronegativität der Bindungspartner. Natrium verbindet sich mit Chlor, indem es sein Valenzelektron an das Cl-Atom abgibt. Beide Atome verwandeln sich in Ionen, die sich elektrostatisch anziehen.

nen Ionen. Auf diese Weise entsteht aus Natrium und Chlor das Kochsalz NaCl (s. Abb. 2.9). Die elektrische Leitfähigkeit ionisch gebundener Stoffe ist gering, weil der Ladungstransport nur durch Ionen erfolgen kann, die im Vergleich zu Elektronen erheblich geringere Beweglichkeit aufweisen (s. Abb. 2.10).

Beispiel 2.6
Beschreibung der Ionenbindung zwischen Magnesium und Chlor.
Lösung
Die beiden Elemente besitzen folgende Elektronenkonfigurationen und Valenzen:

Mg: $1s^2 2s^2 2p^6 \boxed{3s^2}$ Valenz = 2

Cl: $1s^2 2s^2 2p^6 \boxed{3s^2 3p^5}$ Valenz = 7.

Aus den Mg-Atomen entstehen durch Abgabe von zwei Valenzelektronen Mg^{2+}-Ionen. Die Cl-Atome nehmen je ein Elektron auf und wandeln sich in Cl^--Ionen um. Wegen der Sättigungsbedingung verbinden sich jeweils zwei Cl-Ionen mit einem Mg-Ion zum $MgCl_2$-Molekül.   □

Abb. 2.10. In ionisch gebundenen Stoffen ist Ladungsfluß nur durch Bewegung von Ionen möglich. Wegen ihrer geringen Beweglichkeit ist die elektrische Leitfähigkeit niedrig.

Van der Waals-Bindung. Die *Van der Waals-Bindung* beruht auf schwachen elektrostatischen Anziehungskräften zwischen Molekülen oder Atomgruppen. Die Moleküle vieler Plaststoffe, keramischer Materialien, von Wasser und anderen Substanzen sind permanent *polarisiert*, d. h. in ihnen liegt eine räumliche Trennung von positiver und negativer Ladung vor. Abbildung 2.11 veranschaulicht am Beispiel zweier Wassermoleküle, wie durch die gegenseitige Anziehung der unterschiedlich geladenen Bereiche beider Moleküle eine schwache elektrostatische Bindung entsteht. Wenn einer der beteiligten Ladungsbereiche von H-Atomen gebildet wird, spricht man auch von *Wasserstoffbindung*.

Van der Waals-Bindungen sind *sekundäre Bindungen* (im Gegensatz zu den starken kovalenten oder ionischen Bindungen innerhalb der beteiligten Moleküle). Wenn man Wasser erwärmt, zerfallen zunächst die schwachen Van der Waals-Bindungen; die Wassermoleküle gehen in die Dampfphase über. Um auch den Molekülverband aufzulösen, also die kovalente Bindung von O- und H-Atomen zu brechen, sind wesentlich höhere Temperaturen erforderlich.

Van der Waals-Bindungen können von erheblichem Einfluß auf das mechanische Verhalten von Materialien sein. Da Polymere überwiegend kovalent gebunden sind, erwartet man z. B., daß sich PVC (Polyvinylchlorid) sehr spröde verhält. Die kovalente Bindung beschränkt sich jedoch auf die kettenförmigen Makromoleküle. Zwischen den Ketten bestehen nur Bindungen vom Van der Waals-Typ. Infolgedessen kann PVC durch Aufbrechen dieser Bindungen leicht verformt werden. Die Kettenmoleküle verschieben sich bei einwirkender Kraft in ihrer gegenseiten Lage (s. Abb. 2.12).

Gemischte Bindung. In den meisten Stoffen liegt eine Mischung von zwei oder mehreren Bindungstypen vor. Eisen weist z. B. eine Kombination aus metallischer und kovalenter Bindung auf und ist aus diesem Grunde weniger dicht gepackt als normalerweise anzunehmen.

Intermetallische Verbindungen aus zwei oder mehreren Metallen beruhen häufig auf einer Mischung aus metallischer und ionischer Bindung, insbesondere dann, wenn sich die beteiligten Elemente stark in ihrer Elektronegativität unterscheiden. Dies trifft z. B. auf die Verbindung AlLi zu. Die Elektronegativität von Lithium beträgt 1,0 und die von Aluminium 1,5. In Al_3V dagegen liegt metallische Bindung vor, da Aluminium und Vanadium gleiche Elekronegativität (1,5) besitzen.

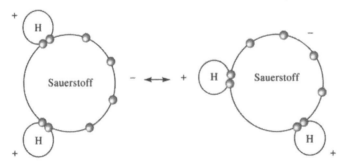

Abb. 2.11. Die Van der Waals-Bindung beruht auf der elektrostatischen Wechselwirkung polarisierter Moleküle oder Atomgruppen. Im Wassermolekül besteht auf der O-Seite ein negatives und auf der H-Seite ein positives Ladungsübergewicht. Benachbarte Wassermoleküle ziehen sich mit ihren entgegengesetzt geladenen Regionen schwach an.

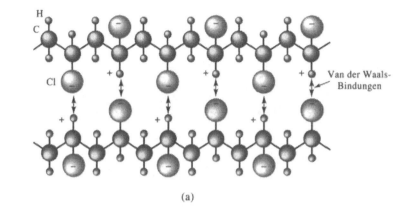

Abb. 2.12. (a) In Polyvinylchlorid sind die seitlich an die Polymerkette gebundenen Cl-Atome negativ, die seitlich gebundenen H-Atome positiv geladen. Dies ermöglicht zwischen den Ketten schwache Van der Waals-Bindungen. (b) Bei Krafteinwirkung längs der Kettenrichtung brechen die Van der Waals-Bindungen leicht auf; die Ketten verschieben sich gegeneinander.

Viele keramische und halbleitende Verbindungen, die Metalle und Nichtmetalle enthalten, besitzen kovalente und ionische Bindungsanteile. Der ionische Anteil wächst mit der Differenz der Elektronegativitätswerte. Der kovalente Anteil läßt sich mit Hilfe der Gleichung

$$\text{kovalenter Bindungsanteil} = \exp(-0{,}25\Delta E^2) \qquad (2.1)$$

abschätzen, wobei ΔE die Differenz der Elektronegativitätswerte bedeutet.

Beispiel 2.7
Bestimmung des kovalenten Bindungsanteils von SiO_2.
Lösung
Die Elektronegativität von Si beträgt nach Abbildung 2.3 ungefähr 1,8 und die von O ungefähr 3,5. Damit ergibt sich nach Gleichung (2.1):

$$\text{Kovalenter Bindungsanteil} = \exp[-0{,}25(3{,}5-1{,}8)^2] = \exp(-0{,}72) = 0{,}486.$$

Obwohl der kovalente Anteil nur etwa die Hälfte der Bindung ausmacht, spielt der Richtungscharakter dieses Anteils eine bestimmende Rolle für die Struktur von SiO_2. □

2.5 Bindungsenergie und zwischenatomarer Abstand

Der *zwischenatomare Abstand* ist der Gleichgewichtsabstand zwischen den Zentren benachbarter Atome, in dem sich abstoßende und anziehende Kräfte gegenseitig aufheben. Bei metallischer Bindung wird die Gleichgewichtslage der Atome dadurch bestimmt, daß die Abstoßung der Gitterionen durch die Anziehung der freien Elektronen kompensiert wird. Der Gleichgewichtsabstand ist zugleich der Zustand kleinster Energie dieses Systems, da jede Abstandsänderung mit einer Arbeitsleistung bzw. Energiezufuhr verbunden ist (s. Abb. 2.13).

In Metallen entspricht der interatomare Abstand wegen der gleichen Größe der Nachbaratome etwa dem Atomdurchmesser oder dem zweifachen Atomradius. Für Ionenbindung trifft diese einfache Regel nicht zu. In diesem Fall ergibt sich der

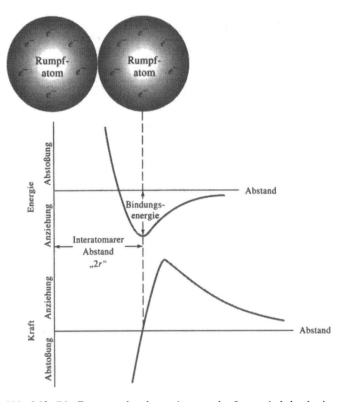

Abb. 2.13. Die Zentren gebundener Atome oder Ionen sind durch einen Gleichgewichtsabstand voneinander getrennt. Diese Gleichgewichtslage entspricht einem Energieminimum. Anziehende und abstoßende Kräfte heben sich auf.

interatomare Abstand aus der Summe zweier unterschiedlicher Ionenradien. Im Anhang B sind die Atom- und Ionenradien einiger Elemente angegeben.

Das Energieminimum in Abbildung 2.13 entspricht der *Bindungsenergie*. Sie ist aufzuwenden, um eine Bindung zu lösen. Hohe Bindungsenergie bedeutet hohe Festigkeit und hohe Schmelztemperatur. Ionisch gebundene Materialien haben eine besonders große Bindungsenergie, bedingt durch den großen Unterschied in der Elektronegativität der beteiligten Ionen (s. Tab. 2.2). Die metallische Bindung (mit vergleichbarer Elektronegativität ihrer Partner) weist geringere Bindungsenergie auf.

Tabelle 2.2. Bindungsenergie der vier Bindungsarten

Bindungsart	Bindungsenergie (kJ/mol)
Ionisch	600 – 1500
Kovalent	500 – 1250
Metallisch	100 – 800
Van der Waals	< 50

Aus der in Abbildung 2.13 dargestellten Abstandsabhängigkeit von Kraft und Energie lassen sich weitere physikalische Materialeigenschaften ableiten. So steht beispielsweise der *Elastizitätsmodul*, der das Dehnungsverhalten von Stoffen in ihrem elastischen Bereich beschreibt, mit der Steigung der Kraft-Abstands-Kurve in Beziehung (s. Abb. 2.14). Ein steiler Verlauf dieser Kurve, der auch mit größerer Bindungsenergie und höherem Schmelzpunkt korreliert, bedeutet höheren Kraftaufwand für Abweichungen aus der Gleichgewichtslage und somit auch größeren Elastizitätsmodul.

Auch der *thermische Ausdehnungskoeffizient*, der die Expansion oder Kontraktion von Stoffen bei Temperaturänderungen beschreibt, hängt von der Stärke der interatomaren Bindung ab. Durch Zufuhr (oder Entzug) von Wärmeenergie wird die Amplitude der um ihre Gleichgewichtslage schwingenden Atome vergrößert

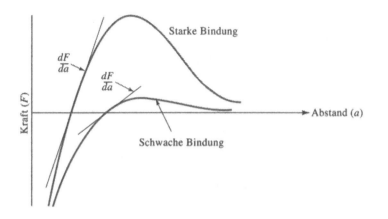

Abb. 2.14. Bindungskraft als Funktion des Abstands für unterschiedlich starke Bindungen. Die Kurvensteigung (*dF/da*) entspricht dem Elastizitätsmodul. Große Steigung bedeutet hohen Elastizitätsmodul.

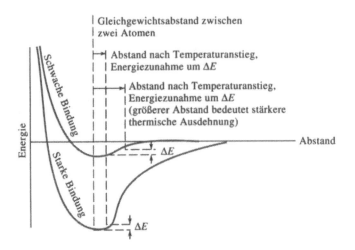

Abb. 2.15. Bindungsenergie als Funktion des Abstands zweier Atome. Substanzen mit steilem Kurvenverlauf und tiefer Energiemulde haben einen kleinen thermischen Ausdehnungskoeffizienten.

(oder verringert). Infolge des unsymmetrischen Verlaufs der Energie-Abstands-Kurve (der Potentialmulde in Abbildung 2.13) verändert sich dabei der mittlere zwischenatomare Abstand. Der Festkörper dehnt sich aus (oder zieht sich zusammen). Die Abstandsänderung hängt davon ab, ob es sich um eine tiefe oder flache Potentialmulde handelt. Sie wird also durch die Stärke der atomaren Bindung bestimmt. Abbildung 2.15 zeigt den unterschiedlichen Verlauf für zwei verschieden starke Bindungen. Die tiefe Kurve entspricht einem geringeren thermischen Ausdehnungskoeffizienten. Stoffe mit dieser Eigenschaft besitzen gute Formbeständigkeit bei Temperaturänderungen.

Beispiel 2.8

Die USA-Raumfähre „Spaceshuttle" ist mit einem langen Manipulatorarm ausgerüstet, der zum Aussetzen und Bergen von Satelliten dient. Für dieses Bauteil sind geeignete Materialien auszuwählen.

Lösung

Wir wollen uns auf zwei Auswahlkriterien beschränken, nämlich auf Biegefestigkeit und geringe Masse. Hohe Biegefestigkeit erleichtert die Manipulation (ist auch bei fehlender Schwerkraft von Bedeutung), geringe Masse vergrößert die anderweitig verfügbare Nutzlast.

Allgemein besitzen hochschmelzende Metalle wie Beryllium und Wolfram, keramische Stoffe und einige Fasermaterialien hinreichend große Biegefestigkeit (bzw. einen hohen Elastizitätsmodul). Wolfram scheidet jedoch wegen seines Gewichts aus, und Keramik ist zu spröde. Beryllium scheint dagegen geeignet. Sein Elastizitätsmodul ist größer als der von Stahl und seine Dichte kleiner als die von Aluminium. Noch vorteilhafter ist Verbundmaterial aus Kohlefasern und Epoxidmatrix. Kohlefasern tragen zu einem ungewöhnlich großen Elastizitätsmodul und Epoxidharz zu einer sehr geringen Dichte des Verbundwerkstoffs bei.   □

2.6 Zusammenfassung

Die Elektronenstruktur der Atome, beschrieben durch einen Satz von vier Quantenzahlen, bestimmt die Bindungsart und die darauf beruhenden physikalischen und mechanischen Eigenschaften von Werkstoffen. Entscheidend für das Bindungsverhalten sind die Valenzelektronen.

- Bei metallischer Bindung bilden die Valenzelektronen ein die Atomrümpfe (Gitterionen) umgebendes „Elektronengas", in dem sie quasi frei beweglich sind. Dieses Verhalten begünstigt die Duktilität von Metallen und erklärt ihre hohe elektrische und thermische Leitfähigkeit.
- Bei kovalenter Bindung, vorherrschend in Keramik, Halbleitern und Polymeren, gehen die Valenzelektronen benachbarter Atome Paarbildungen ein. Diese Elektronenpaare vermitteln eine starke und gerichtete Bindung zwischen den Atomen. Kovalent gebundene Stoffe verhalten sich spröde und haben nur geringe elektrische und thermische Leitfähigkeit.
- Ionenbindung, die wir in vielen keramischen Stoffen vorfinden, beruht auf der Abgabe von Valenzelektronen an benachbarte Atome mit größerer Elektronegativität. Abgebendes und aufnehmendes Atom verwandeln sich dabei in Ionen (in ein positiv geladenes Kation bzw. ein negativ geladenes Anion). Ionisch gebundene Stoffe verhalten sich ebenso wie kovalent gebundene Materialien spröde und haben nur geringe elektrische und thermische Leitfähigkeit.
- Die Van der Waals-Bindung beruht auf der elektrostatischen Anziehung zwischen Atomen oder Atomgruppen mit ungleichmäßig verteilter (polarisierter) elektrischer Ladung. Sie ist eine schwache Bindung und erklärt unter anderem das Verhalten thermoplastischer Polymere.
- Die Bindungsenergie ist ein Maß für die Stärke der Bindung. Sie ist in ionisch und kovalent gebundenen Stoffen besonders groß. Stoffe mit großer Bindungsenergie haben meist hohe Schmelztemperatur, großen Elastizitätsmodul und kleinen thermischen Ausdehnungskoeffizienten.

2.7 Glossar

Anion. Negativ geladenes Ion. Es entsteht, wenn ein Atom (gewöhnlich ein Nichtmetall) ein oder mehrere Elektronen aufnimmt.

Atomgewicht. Relative Atommasse, bezogen auf 1/12 der Masse eines Kohlenstoffatoms (genauer: des Kohlenstoff-Isotops ^{12}C).

Bindungsenergie. Energieaufwand zur Lösung atomarer Bindungen (bis zu unendlich weiter Entfernung der Bindungspartner aus ihrem Gleichgewichtsabstand). Sie ist ein Maß für die Stärke der Bindung.

Elastizitätsmodul. (Reziprokes) Maß für die Deformierbarkeit von Stoffen im elastischen Bereich. Größerer Elastizitätsmodul bedeutet geringere Deformation bei gegebener Krafteinwirkung.

Elektronegativität. Relatives Maß für die Tendenz von Atomen zur Aufnahme von Elektronen (wobei sie sich in Anionen verwandeln). Stark elektronegative Atome nehmen leicht Elektronen auf.

Elektronenschale. Gesamtheit der zu einer Hauptquantenzahl gehörigen, mit Elektronen besetzbarer Energiezustände eines Atoms.

Elektropositivität. Relatives Maß für die Tendenz von Atomen zur Abgabe von Elektronen (wobei sie sich in Kationen verwandeln). Stark elektropositive Atome geben leicht Elektronen ab.

Intermetallische Verbindung. Verbindung aus unterschiedlichen Metallen, wie z. B. Al_3V. Typisch für solche Stoffe ist das Nebeneinanderbestehen von Metall- und Ionenbindung.

Ionenbindung. Bindung zwischen Atomen unterschiedlicher Elektronegativität, wobei eine Atomart (Kationen) Valenzelektronen an die andere Atomart (Anionen) abgibt. Die entstandenen Ionen werden durch die elektrostatische Anziehungskraft gebunden.

Kation. Positiv geladenes Ion. Es entsteht, wenn ein Atom ein oder mehrere Elektronen abgibt.

Kovalente Bindung. Bindung zwischen zwei Atomen, die auf der Paarbildung ihrer Valenzelektronen beruht.

Loschmidtsche Zahl. Anzahl von Atomen oder Molekülen pro Mol: $L = 6,02 \cdot 10^{23}$ mol^{-1}.

Metallbindung. Bindung, die auf der Anziehung zwischen den (an ein „Elektronengas" abgegebenen) Valenzelektronen und den positiv geladenen Rumpfatomen beruht.

Mol. Menge von Atomen oder Molekülen, deren Anzahl der Loschmidtschen Zahl entspricht.

Molare Masse (Molmasse). Masse eines Mols von Atomen oder Molekülen.

Ordnungszahl. Kennzahl von Elementen, die gleich ist der Anzahl der Protonen oder Elektronen ihrer Atome.

Pauliprinzip. Besetzungsregel für Energieniveaus von Atomen, nach der nicht mehr als zwei Elektronen ein Energieniveau besetzen können.

Polarisierte Moleküle. Moleküle mit positiv und negativ geladenen Bereichen, die elektrostatische Anziehung auf ebenfalls polarisierte Nachbarmoleküle ausüben können.

Quantenzahlen. Zahlen zur Charakterisierung der diskreten Energieniveaus von Atomen. Es gibt vier Quantenzahlen: Hauptquantenzahl n, Nebenquantenzahl l, magnetische Quantenzahl m_l und Spinquantenzahl m_s.

Richtungsabhängigkeit. Bezieht sich auf kovalente Bindungen, die infolge der Elektronenpaarbildung an bestimmte Richtungen gebunden sind, die untereinander feste Winkel einschließen.

Sekundäre Bindung. Relativ schwache Bindung zwischen Molekülen (s. Van der Waals-Bindung) im Gegensatz zur starken primären Bindung innerhalb der Moleküle.

Thermischer Ausdehnungskoeffizient. Maß für die thermische Ausdehnung und Kontraktion von Stoffen.

Valenz. Chemische Wertigkeit von Elementen. Anzahl der Elektronen eines Atoms, die bei chemischen Reaktionen an der Bindung beteiligt sind. Gewöhnlich stimmt die Valenz mit der Anzahl der im äußeren kombinierten sp-Energieniveau befindlichen Eletronen überein.

Van der Waals-Bindung. Bindung, die auf schwacher elektrostatischer Anziehung zwischen polarisierten Molekülen beruht.

Zwischenatomarer Abstand. Gleichgewichtsabstand zwischen den Zentren zweier Atome. Bei gleichen Atomen (Atomen eines Elements) ist der Abstand gleich dem scheinbaren Atomdurchmesser.

2.8 Übungsaufgaben

2.1 Aluminiumfolie zur Aufbewahrung von Nahrungsmitteln hat eine Masse von etwa 0,045 g/cm^2. Wieviel Atome sind in 1 cm^2 dieser Folie enthalten?

2.2 Unter Nutzung der Daten im Anhang A ist die Anzahl von Atomen in einer Tonne Eisen zu berechnen.

2.3 Ein Stahlteil mit einer Oberfläche von 1000 cm^2 soll eine 0,05 mm dicke Nickel-auflage erhalten. Wie viele Ni-Atome (a) bzw. Ni-Mole (b) werden hierfür benötigt?

2.4 Das 4*f*-Niveau von Indium (mit der Ordnungszahl 49) ist unbesetzt. Welche Wertigkeit läßt sich daraus ableiten?

2.5 In Metallen erfolgt der Ladungstransport durch freie Valenzelektronen. Wie viele Elektronen stehen in einem 100 m langen Aluminiumdraht mit 1 mm Durchmesser als Ladungsträger zur Verfügung?

2.6 Welcher Anteil der in 0,5 kg Silicium enthaltenen Si-Atome muß durch As-Atome ersetzt werden, um eine Million frei beweglicher Elektronen zu erhalten? (Hinweis: As-Atome wirken im Si-Kristallgitter als Donatoren, d. h. sie stellen je ein Elektron als freien Ladungsträger zur Verfügung.)

2.7 Die Verbindung AlP ist ein Verbindungshalbleiter mit gemischter ionischer und kovalenter Bindung. Bestimme den ionischen Anteil der Bindung.

2.8 Die intermetallische Verbindung Ni_3Al ist überwiegend metallisch gebunden. Warum ist der ionische Anteil vernachlässigbar gering? Die Elektronegativität von Ni beträgt etwa 1,8.

2.9 Vergleich der thermischen Ausdehnung von Al_2O_3 und Aluminium. Welcher der beiden Stoffe hat den größeren thermischen Ausdehnungskoeffizienten und warum?

2.10 Warum ist der Elastizitätsmodul von einfachen Thermoplasten wie Polyethylen oder Polystyrol sehr klein im Vergleich zu dem von Metallen und Keramik?

3 Atomarer Aufbau von Festkörpern

3.1 Einleitung

Nachdem wir im vorangehenden Kapitel die Grundlagen des Bindungsverhaltens der Atome kennengelernt haben, wenden wir uns nun ihrer Anordnung im Festkörperverband zu. Diese Anordnung bestimmt die Mikrostruktur von Festkörpern und beeinflußt auf diese Weise viele der uns interessierenden Werkstoffeigenschaften. Aus ihr erklärt sich, weshalb Aluminium gut verformbar und Eisen sehr fest ist. Keramische Ultraschallwandler zum Nachweis von Geschwülsten im menschlichen Körper beruhen auf einer atomaren Struktur mit permanenter elektrischer Ladungstrennung (Polarisation), die auf Druckänderungen reagiert. Unterschiedliche atomare Strukturen bewirken, daß sich Polyethylen leicht verformbar, Gummi elastisch dehnbar und Epoxidharz widerstandsfähig und spröde verhält.

In diesem Kapitel beschränken wir uns auf störungsfreie Idealkristalle. Wir lernen die wichtigsten Strukturformen und die zu ihrer Beschreibung dienlichen Begriffe kennen. Im Anschluß daran befassen wir uns mit Realstrukturen und erfahren, wie sich Störungen der idealen atomaren Struktur zusätzlich auf die Eigenschaften von Festkörpern, zum Beispiel ihre Verformbarkeit und Festigkeit, auswirken können.

3.2 Nah- und Fernordnung

Die Anordnung von Atomen erfolgt mit unterschiedlichem Ordnungsgrad. Wenn wir von den in Realstrukturen vorhandenen Störungen zunächst absehen, lassen sich drei Ordnungsstufen unterscheiden (Abb. 3.1).

Ungeordnet. In Gasen, wie z. B. Argon, sind die Atome *ungeordnet*; die Ar-Atome füllen den ihnen zur Verfügung stehenden Raum beliebig aus, ihre räumliche Position ist zufällig.

Nahordnung. Unter *Nahordnung* verstehen wir eine für die Substanz charakteristische räumliche Anordnung von Atomen, die sich jedoch auf die unmittelbaren Nachbaratome beschränkt. Sie liegt z. B. in Wassermolekülen der Dampfphase vor (Nahordnung innerhalb von Molekülen) und beruht auf der kovalenten Bindung des O-Atoms mit zwei H-Atomen. Die beiden Bindungen sind gerichtet und schließen einen Winkel von 104,5° ein. Dagegen besteht zwischen den Wassermolekülen (in der Dampfphase) keine räumliche Ordnung.

Ähnliche Nahordnungen finden wir auch in keramischen Gläsern, z. B. die in Kapitel 2 beschriebene *Tetraederstruktur* von Silikat (Quarzglas). Der Zwang zur

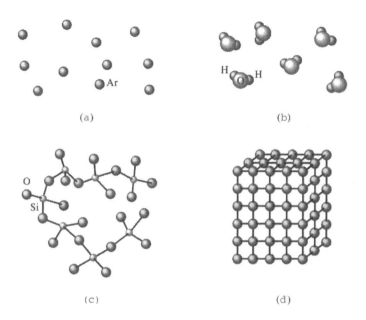

Abb. 3.1. Stufen der atomaren Anordnung in verschiedenen Materialien: (a) In Edelgasen sind die Atome ungeordnet. (b, c) Wassermoleküle (in der Dampfphase) und Gläser besitzen eine Nahordnung. (d) In Metallen und vielen anderen Festkörpern besteht eine Fernordnung der Atome, die sich durch das gesamte Material erstreckt.

Nahordnung ergibt sich aus der kovalenten Bindung von vier O-Atomen mit einem Si-Atom. Die vier Bindungsarme schließen Winkel von 109,5° ein und ergeben eine Tetraederanordnung. Eine über den Nahbereich hinausgehende Ordnung zwischen den Tetraedern besteht jedoch nicht.

Auch Polymere weisen eine Nahordnung auf, die sich mit der Quarzglasstruktur vergleichen läßt. Polyethylen besteht aus Kohlenstoffketten, in denen jeweils zwei H-Atome mit einem C-Atom verbunden sind. Da Kohlenstoff vierwertig ist und Kohlenstoff und Wasserstoff kovalente Bindungen eingehen, ergibt sich wiederum eine Tetraederstruktur (Abb. 3.2). Die Verknüpfung der Tetraeder zu Polymerketten läßt jedoch größere räumliche Vielfalt zu.

Solange in Festkörpern nur diese Nahordnung vorliegt, sprechen wir von *amorphen* Materialien. Zu ihnen zählen viele keramische Stoffe und Polymere, aber auch einige speziell behandelte Metalle und Halbleiter. *Gläser*, die sowohl in keramischer als auch polymerer Form vorkommen können, verfügen trotz ihrer amorphen Struktur über ungewöhnliche physikalische Eigenschaften.

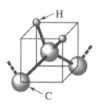

Abb. 3.2. Tetraederstruktur von Polyethylen.

Fernordnung. Fast alle Metalle und Halbleiter, viele keramische Stoffe und auch einige Polymere besitzen eine kristalline Struktur, in der sowohl *Nah-* als auch *Fernordnung* vorliegt. Die stoffspezifische Anordnung der Atome erstreckt sich durch den gesamten Festkörper und bildet ein sich räumlich wiederholendes netzartiges Muster oder Gitter. Unter *Gitter* verstehen wir ein Kollektiv von Punkten (*Gitterpunkten*), die sich in einer periodisch wiederkehrenden Anordnung mit jeweils gleicher Umgebung befinden. Jedem Gitterpunkt sind ein oder mehrere Atome zugeordnet.

Form und Periodenlänge des Gitters sind materialspezifisch und hängen von der Größe der Atome und der zwischen ihnen bestehenden Bindung ab. Die *Kristallstruktur* eines Materials beruht auf den geometrischen Eigenschaften des Gitters und der in ihm vorliegenden Anordnung der Atome.

3.3 Elementarzellen

Die *Elementarzelle* ist die kleinste Einheit des Kristallgitters, die alle Merkmale des gesamten Gitters aufweist (s. Abb. 3.3). Durch Zusammenfügen gleicher Elementarzellen entsteht das komplette Gitter. Die Begriffe Gitter, Kristallstruktur und Elementarzelle werden im folgenden häufig austauschbar verwendet.

Wir unterscheiden 14 Arten von Elementarzellen oder *Bravais-Gittern*, die in sieben Kristallsystemen zusammengefaßt sind (Abb. 3.4 und Tab. 3.1). Die Gitterpunkte befinden sich vorwiegend an den Ecken der Elementarzellen, aber auch auf ihren Frontflächen bzw. in ihrem Zentrum. Nachfolgend werden wichtige Merkmale des Gitters bzw. der Elementarzelle behandelt.

Gitterparameter. Form und Abmessungen der Elementarzellen werden durch *Gitterparameter* beschrieben. Sie umfassen die Seitenlängen (*Gitterkonstanten*) und die Winkel zwischen den Seiten (Abb. 3.5). Für Elementarzellen des kubischen Kristallsystems (mit gleich langen Würfelkanten und Winkeln von 90°) genügt die Kenntnis einer Seitenlänge. Ihr bei Raumtemperatur gemessener Wert ist die Gitterkonstante a_0. Er wird meist in Nanometern (nm) oder Ångström (Å) angegeben (1 Å = 0,1 nm = 10^{-10} m).

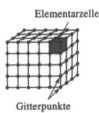

Elementarzelle

Gitterpunkte

Abb. 3.3. Ein Gitter ist eine räumlich periodische Anordnung von Punkten. Die Elementarzelle (hervorgehoben gekennzeichnet) ist die kleinste Einheit des Gitters, die noch alle Charakteristika des Gesamtgitters aufweist.

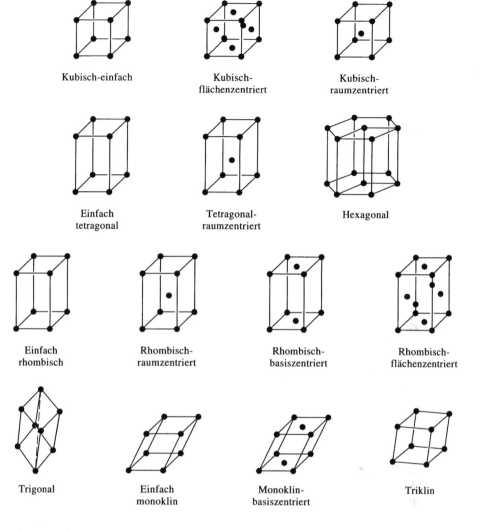

Abb. 3.4. Die vierzehn möglichen Elementarzellen oder Bravais-Gitter, zusammengefaßt in sieben Kristallsystemen. Die Charakteristika der Kristallsysteme sind in Tabelle 3.1 angegeben.

Die Charakterisierung nichtkubischer Elementarzellen verlangt mehrere Gitterparameter. Für die rhombische sind drei Seitenlängen (a_0, b_0 und c_0) und für die hexagonale zwei Seitenlängen (a_0 und c_0) und der von den a_0-Achsen aufgespannte Winkel von 120° erforderlich. Die trikline Elementarzelle besitzt die komplizierteste Form und wird durch drei unterschiedliche Seitenlängen und drei unterschiedliche Winkel bestimmt.

Anzahl der Atome in der Elementarzelle. Jede Elementarzelle enthält eine charakteristische Anzahl von Gitterpunkten. Leicht aufzufinden sind die Eckpunkte der Zelle, die raumzentrierte Lage (im Zentrum der Zelle gelegener Gitterpunkt) und die flächenzentrierten Lagen (in den Zentren der Seitenflächen gelegene Gitterpunkte), siehe Abbildung 3.4. Bei der Bestimmung der zu einer Zelle gehörigen

Tabelle 3.1. Charakteristika der sieben Kristallsysteme

Struktur	Achsen	Winkel zwischen den Achsen
Kubisch	$a = b = c$	Alle Winkel gleich 90°
Tetragonal	$a = b \neq c$	Alle Winkel gleich 90°
Rhombisch	$a \neq b \neq c$	Alle Winkel gleich 90°
Hexagonal	$a = b \neq c$	Zwei Winkel gleich 90°, ein Winkel gleich 120°
Trigonal	$a = b = c$	Alle Winkel sind gleich, aber ungleich 90°
Monoklin	$a \neq b \neq c$	Zwei Winkel gleich 90°, ein Winkel (β) ungleich 90°
Triklin	$a \neq b \neq c$	Alle Winkel sind verschieden und ungleich 90°

Anzahl der Gitterpunkte ist jedoch zu berücksichtigen, daß außenliegende Gitterpunkte anteilig auch den Nachbarzellen zugerechnet werden müssen. So zählt jeder Eckpunkt gleichermaßen zu sieben angrenzenden Elementarzellen; nur ein Achtel des Eckpunkts entfällt somit auf eine bestimmte Zelle. Die aus den Eckpositionen resultierende Anzahl von Gitterpunkten einer Elementarzelle beträgt folglich:

$$\left(\frac{1}{8} \frac{\text{Gitterpunkt}}{\text{Ecke}} \right) \left(8 \frac{\text{Ecken}}{\text{Zelle}} \right) = 1 \frac{\text{Gitterpunkt}}{\text{Elementarzelle}} .$$

Flächenzentrierte Positionen gehören zwei Nachbarzellen an und zählen für jede Zelle als halber Gitterpunkt. Nur raumzentrierte Positionen gehen ungeteilt in die Gesamtanzahl der Gitterpunkte einer Zelle ein.

Die Anzahl der Atome pro Elementarzelle ergibt sich als Produkt aus der Anzahl der Atome pro Gitterpunkt und der Anzahl der Gitterpunkte pro Zelle. In den meisten Metallen ist jeder Gitterpunkt mit einem Atom besetzt, so daß die Anzahl der Atome mit der Anzahl der Gitterpunkte übereinstimmt. Abbildung 3.6 zeigt entsprechende Modelle der kubisch-einfachen, der kubisch-raumzentrierten

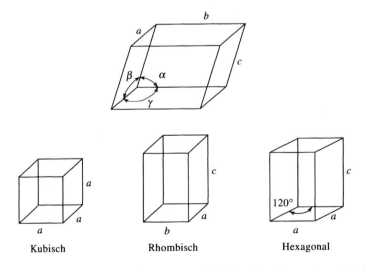

Abb. 3.5. Definition der Gitterparameter (oben) und ihre Verwendung in drei Kristallsystemen (unten).

Kubisch-einfach   Kubisch-raumzentriert   Kubisch-flächenzentriert

Abb. 3.6. Modelle von kubisch-einfachen, kubisch-raumzentrierten (krz) und kubisch-flächenzentrierten (kfz) Elementarzellen unter der Annahme von nur einem Atom pro Gitterplatz.

(krz) und der kubisch-flächenzentrierten (kfz) Elementarzelle. In komplizierteren Strukturen, wie in Polymeren und keramischen Materialien, können sich mehrere bis einige hundert Atome auf jedem Gitterpunkt befinden, so daß sehr komplexe Elementarzellen entstehen.

Beispiel 3.1
Bestimmung der Anzahl von Gitterpunkten in Zellen des kubischen Kristallsystems.
Lösung
In kubisch-einfachen Zellen befinden sich die Gitterpunkte nur an den Ecken des Würfels:

$$\frac{\text{Gitterpunkte}}{\text{Elementarzelle}} = (8 \text{ Ecken})\left(\frac{1}{8}\right) = 1.$$

In krz-Zellen befinden sich die Gitterpunkte an den Ecken und im Zentrum des Würfels:

$$\frac{\text{Gitterpunkte}}{\text{Elementarzelle}} = (8 \text{ Ecken})\left(\frac{1}{8}\right) + (1 \text{ Zentrum})(1) = 2.$$

In kfz-Zellen befinden sich die Gitterpunkte an den Ecken des Würfels und im Zentrum seiner Würfelflächen:

$$\frac{\text{Gitterpunkte}}{\text{Elementarzelle}} = (8 \text{ Ecken})\left(\frac{1}{8}\right) + (6 \text{ Flächen})\left(\frac{1}{2}\right) = 4. \qquad \square$$

Zusammenhang zwischen Atomradius und Gitterparametern. Die Größe der Atome, die Anzahl der zu einer Elementarzelle gehörigen Gitterpunkte und die Besetzung dieser Punkte mit Atomen bestimmen die Abmessungen der Elementarzelle. In einfachen Strukturen mit nur einem Atom pro Gitterpunkt läßt sich der Zusammenhang zwischen Größe der Atome und Größe der Elementarzelle leicht ermitteln. Geeignet sind hierfür die *dichtgepackten Richtungen* der Elementarzelle, in denen sich die Atome in ihrer Lage berühren. Aus der Länge dieser Richtungen innerhalb der Elementarzelle und der Anzahl der auf diese Länge entfallenden *Atomradien* ergibt sich die zugehörige Gitterkonstante.

Beispiel 3.2
Bestimmung des Zusammenhangs zwischen Atomradius und Gitterkonstante in kubisch-einfachen, kubisch-raumzentrierten und kubisch-flächenzentrierten Strukturen mit jeweils einem Atom pro Gitterpunkt.

Lösung

Der Abbildung 3.7 ist zu entnehmen, daß sich in kubisch-einfachen Strukuren die Atome entlang der Würfelkanten berühren. Die Eckatome befinden sich zentriert an den Würfelecken. Infolgedessen ergibt sich:

$$a_0 = 2r. \tag{3.1}$$

In krz-Strukturen berühren sich die Atome entlang der Raumdiagonale, deren Länge $\sqrt{3}a_0$ beträgt. Auf diese Länge entfallen zwei Atomradien des Zentralatoms und je ein Atomradius der beiden Eckatome. Daraus ergibt sich:

$$a_0 = \frac{4r}{\sqrt{3}}. \tag{3.2}$$

In kfz-Strukturen schließlich berühren sich die Atome entlang der Flächendiagonalen des Würfels mit einer Länge von $\sqrt{2}a_0$. Auf diese Länge entfallen vier Atomradien, davon zwei vom flächenzentrierten Atom und je einer von beiden Eckatomen. Daraus folgt:

$$a_0 = \frac{4r}{\sqrt{2}}. \tag{3.3}$$

$\square$

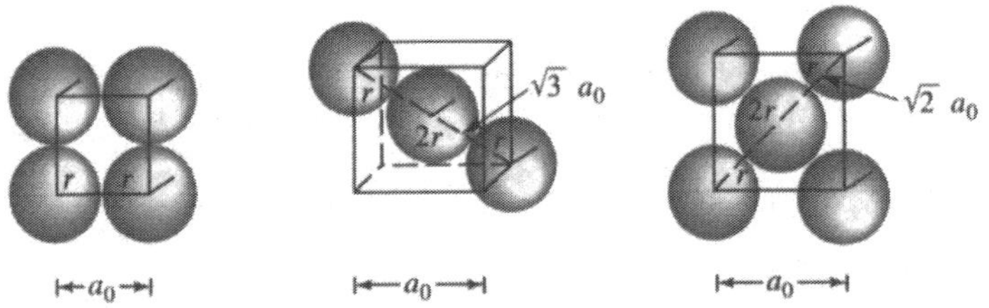

Kubisch-einfach   Kubisch-raumzentriert   Kubisch-flächenzentriert

Abb. 3.7. Zusammenhang zwischen dem Atomradius und der Gitterkonstanten im kubischen Kristallsystem (Beispiel 3.2).

Koordinationszahl. Unter der *Koordinationszahl* verstehen wir die Anzahl der nächstgelegenen Nachbaratome eines Atoms. Sie ist ein Maß für die Packungsdichte einer Struktur. In kubischen Strukturen mit nur einem Atom pro Gitterpunkt ergibt sich die Koordinationszahl unmittelbar aus der Gitterstruktur. Abbildung 3.8 läßt erkennen, daß jedes Atom der kubisch-einfachen Struktur eine Koordinationszahl von 6 aufweist, während in kubisch-raumzentrierten Strukturen jedes Atom 8 nächste Nachbarn besitzt. Wie in Abschnitt 3.5 noch gezeigt wird, beträgt in kubisch-flächenzentrierten Strukturen die Koordinationszahl jedes Atoms 12. Das ist zugleich ihr höchstmöglicher Wert.

Packungsfaktor. Der *Packungsfaktor* gibt den von Atomen besetzten Raumanteil an unter der Annahme, daß sich die Atome wie feste Kugeln verhalten:

$$\text{Packungsfaktor} = \frac{(\text{Anzahl der Atome/Zelle}) \, (\text{Volumen der Atome})}{\text{Volumen der Elementarzelle}}. \tag{3.4}$$

Beispiel 3.3

Berechnung des Packungsfaktors für die kubisch-flächenzentrierte Elementarzelle.

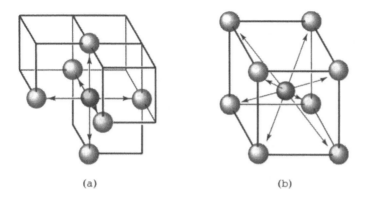

(a)   (b)

Abb. 3.8. Darstellung der Koordinationsverhältnisse in (a) kubisch-einfachen und (b) krz-Elementarzellen. Im Fall (a) wird jedes Atom von sechs Nachbaratomen berührt, im Fall (b) ist das raumzentrierte Atom von acht Eckatomen umgeben.

Lösung
Zur Elementarzelle gehören vier Gitterpunkte. Wenn sie einfach besetzt sind, befinden sich vier Atome in der Elementarzelle. Das Volumen eines Atoms beträgt $4\pi r^3/3$ und das der Elementarzelle a_0^3.

$$\text{Packungsfaktor} = \frac{(4 \text{ Atome/Zelle})\left(\frac{4}{3}\pi r^3\right)}{a_0^3}.$$

Für kfz-Zellen gilt $a_0 = 4r/\sqrt{2}$. Damit ergibt sich:

$$\text{Packungsfaktor} = \frac{(4)\left(\frac{4}{3}\pi r^3\right)}{(4r/\sqrt{2})^3} = 0{,}74. \qquad \square$$

Die kfz-Elementarzelle mit einem Packungsfaktor von 0,74 bedeutet für Metalle die dichtest mögliche Packung. Kubisch-raumzentrierte Zellen haben einen Packungsfaktor von 0,68 und kubisch-einfache Zellen einen Packungsfaktor von 0,52. Die effektivste Packung wird bei ausschließlich metallischer Bindung erreicht. Im Falle gemischter Bindung, wie zum Beispiel in Eisen, ist der Packungsfaktor kleiner. Kubisch-einfache Gitterstrukturen kommen hauptsächlich in keramischen Stoffen vor.

Dichte. Aus der Gitterstruktur von Metallen kann auch ihre theoretische Dichte ermittelt werden. Der Zusammenhang lautet:

$$\text{Dichte } \rho = \frac{(\text{Atome/Zelle}) (\text{Molmasse der Atome})}{(\text{Volumen der Elementarzelle}) (\text{Loschmidtsche Zahl})}. \qquad (3.5)$$

Beispiel 3.4
Bestimmung der Dichte von krz-Eisen mit einer Gitterkonstanten von 0,2866 nm.
Lösung
Atome / Zelle = 2,
$a_0 = 0{,}2866 \text{ nm} = 2{,}866 \cdot 10^{-8} \text{ cm}$,
Molmasse = 55,847 g/mol,

Volumen der Elementarzelle $= a_0^3 = (2,866 \cdot 10^{-8} \text{cm})^3 = 23,54 \cdot 10^{-24} \text{ cm}^3$,
Loschmidtsche Zahl $L = 6,02 \cdot 10^{23}$ Atome / mol,

$$\rho = \frac{(2)(55,847)}{(23,54 \cdot 10^{-24})(6,02 \cdot 10^{23})} = 7,882 \text{ g/cm}^3.$$

Die gemessene Dichte beträgt 7,870 g/cm³. Die geringe Abweichung von der berechneten Dichte ist auf Gitterfehler der Realstruktur zurückzuführen.   □

Hexagonal dichteste Kugelpackung. Eine spezielle Form des hexagonalen Gitters ist die hexagonal dichteste Kugelpackung oder hdp-Struktur (s. Abb. 3.9). Sie besitzt eine prismatische Elementarzelle mit nur einem Gitterpunkt (von acht Eckpunkten des Prismas), der aber mit zwei Atomen besetzt ist (einem Eckatom und einem innerhalb der Elementarzelle gelegenen Atom).

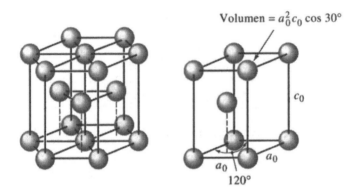

Volumen $= a_0^2 c_0 \cos 30°$

Abb. 3.9. Hexagonal dichtgepacktes (hdp) Gitter (links) und seine Elementarzelle (rechts).

Das Achsenverhältnis c_0/a_0 idealer (ausschließlich metallisch gebundener) hdp-Metalle beträgt 1,633. Infolge gemischter Bindung weicht jedoch der c_0/a_0-Wert der meisten hdp-Metalle leicht von diesem Idealwert ab. hdp-Strukturen haben ebenso wie kfz-Strukturen einen sehr effizienten Packungsfaktor von 0,74 und eine Koordinationszahl von zwölf. Aus diesem Grunde sind Metalle häufig in dieser Struktur vorzufinden. In Tabelle 3.2 sind die Charakteristika der wichtigsten Kristallstrukturen von Metallen zusammengefaßt.

Tabelle 3.2. Kristallographische Charakteristika häufig vorkommender Metalle

Struktur	$a_0 = f(r)$	Atome pro Zelle	Koordinationszahl	Packungsfaktor	Typische Metalle
Kubisch-einfach	$a_0 = 2r$	1	6	0,52	Keine
Kubisch-raumzentriert (krz)	$a_0 = 4r/\sqrt{3}$	2	8	0,68	Fe, Ti, W, Mo, Nb, Ta, K, Na, V, Cr, Zr
Kubisch-flächenzentriert (kfz)	$a_0 = 4r/\sqrt{2}$	4	12	0,74	Fe, Cu, Al, Au, Ag, Pb, Ni, Pt
Hexagonal-dichtgepackt (hdp)	$a_0 = 2r$ $c_0 = 1,633 a_0$	2	12	0,74	Ti, Mg, Zn, Be, Co, Zr, Cd

3.4 Allotrope oder polymorphe Übergänge

Materialien, die in mehr als einer Kristallstruktur vorkommen, heißen *allotrop* oder *polymorph*. Die Bezeichnung *Allotropie* ist üblicherweise reinen Elementen vorbehalten, während Polymorphie allgemeiner verwendet wird. Aus Tabelle 3.2 ist ersichtlich, daß sich einige Metalle wie Eisen und Titan polymorph verhalten und in verschiedener Kristallstruktur auftreten können. Eisen liegt bei tiefen Temperaturen in krz-Struktur vor und geht bei höherer Temperatur in kfz-Struktur über. Durch Warmbehandlung lassen sich diese Übergänge in Stahl und Titan gezielt herbeiführen und technisch nutzen.

Auch viele keramische Materialien, wie zum Beispiel Quarzglas (SiO_2), sind polymorph. Der strukturelle Übergang ist häufig mit Volumenänderung verbunden und erfordert somit sorgfältige Kontrolle, um Brüche und Materialausfall zu vermeiden.

Beispiel 3.5

Entwurf eines Sensors zur Messung von Volumenänderungen. Das Meßgerät soll mit einer Genauigkeit von 1% die Volumenänderung erfassen, die ein 1 cm³ großer Eisenwürfel bei Erhitzung über die polymorphe Übergangstemperatur erfährt. Bis zu einer Temperatur von 911 °C besitzt Eisen eine krz-Struktur mit einer Gitterkonstanten von 0,2863 nm. Oberhalb 913 °C ist Eisen kubisch-flächenzentriert mit einer Gitterkonstanten von 0,3591 nm.

Lösung

Das Volumen der krz-Elementarzelle beträgt:
$V_{krz} = a_0^3 = (0,2863 \text{ nm})^3 = 0,023467 \text{ nm}^3$.
Zu ihm gehören *zwei* Fe-Atome, da die krz-Elementarzelle von Eisen zwei einfach besetzte Gitterpunkte enthält.

Das Volumen der kfz-Elementarzelle beträgt:
$V_{kfz} = a_0^3 = (0,3591 \text{ nm})^3 = 0,046307 \text{ nm}^3$.
Es enthält *vier* Atome wegen vier einfach besetzter Gitterpunkte der kfz-Elementarzelle von Eisen. Infolgedessen gehen bei der Strukturänderung zwei krz-Zellen mit einem Gesamtvolumen von 2(0,023467) nm³ = 0,046934 nm³ in eine kfz-Zelle über. Die prozentuale Volumenänderung beträgt:

$$\frac{(0,046307 - 0,046934)}{0,046934} \cdot 100 = -1,34\%.$$

Das negative Vorzeichen zeigt an, daß eine Kontraktion stattfindet.

Der 1-cm³-Eisenwürfel hat sich nach dem Übergang auf ein Volumen von (1 − 0,0134) cm³ = 0,9866 cm³ verkleinert. Die geforderte Meßgenauigkeit von 1% bedeutet eine Nachweisgrenze von

$$\Delta V = (0,01)(0,0134) \text{ cm}^3 = 0,000134 \text{ cm}^3. \qquad \square$$

3.5 Kristallographische Punkte, Richtungen und Ebenen

Koordinaten. Die räumliche Lage von Punkten der Elementarzelle (Gitterpunkte, Zentren der Atome) wird durch ein rechtshändiges Koordinatensystem beschrieben (Abb. 3.10). Als Maßeinheit für den Abstand der Punkte vom Ursprung des Koordinatensystems dient die jeweilige Gitterkonstante in den Richtungen x, y und z. Die Schreibweise ist aus der Abbildung ersichtlich (Koordinatenwerte, getrennt durch Kommata).

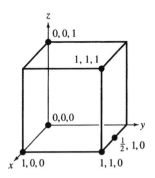

Abb. 3.10. Koordinaten ausgewählter Punkte einer Elementarzelle. Die Zahlenwerte beziehen sich auf den Abstand vom Ursprung, gemessen in Gitterkonstanten.

Richtungen. Bestimmte Richtungen der Elementarzelle sind von besonderer Bedeutung. Zum Beispiel verformt sich Eisen in Richtungen, in denen die Atome am dichtesten gepackt sind. Als Kurzbezeichnung für Richtungen dienen die *Miller*schen *Indizes*. Diese werden in folgender Weise ermittelt:
1. Auswahl von zwei Punkten der Richtungsgeraden und Bestimmung ihrer Koordinaten im rechtshändigen Koordinatensystems.
2. Subtraktion der Koordinaten des gewählten Anfangspunkts von den Koordinaten des gewählten Endpunkts der Richtung. Bestimmung der Anzahl der Gitterkonstanten, die sich auf jeder der drei Achsen des Koordinatensystems zwischen diesen beiden Punkten befinden.
3. Beseitigung von Brüchen bzw. Reduzierung der Zahlenwerte auf kleinste ganze Zahlen (jeweils bezogen auf das Zahlentripel).
4. Zusammenfassung der erhaltenen drei Zahlenwerte (Indizes) in rechteckigen Klammern [ ]. Negative Indizes werden durch einen Querstrich über der Zahl gekennzeichnet.

Beispiel 3.6
Bestimmung der Millerschen Indizes für die Richtungen A, B und C in Abbildung 3.11.
Lösung
Richtung A
1. End- und Anfangspunkt haben die Koordinaten 1,0,0 und 0,0,0.
2. 1,0,0 – 0,0,0 = 1,0,0.

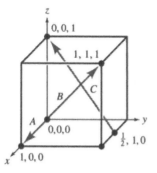

Abb. 3.11. Kristallographische Richtungen und Koordinaten (Beispiel 3.6).

3. Entfällt.
4. [100].

Richtung B
1. End- und Anfangspunkt haben die Koordinaten 1,1,1 und 0,0,0.
2. 1,1,1 – 0,0,0 = 1,1,1.
3. Entfällt.
4. [111].

Richtung C
1. End- und Anfangspunkt haben die Koordinaten 0,0,1 und 1/2,1,0.
2. 0,0,1 – 1/2,1,0 = – 1/2, – 1,1.
3. 2(– 1/2, – 1,1) = – 1, – 2,2.
4. [$\bar{1}\bar{2}2$].   □

Zusätzlich ist bei der Richtungsbezeichnung folgendes zu beachten:
1. Richtungen sind Vektoren und deshalb von ihrem Vorzeichen abhängig; die [100]-Richtung unterscheidet sich infolgedessen von der [$\bar{1}$00]-Richtung. Beide bilden zwar eine gleiche Linie, sind aber entgegengesetzt gerichtet.
2. Jede Richtung ist mit ihrem Vielfachen identisch; [100] bedeutet dieselbe Richtung wie [200].
3. Bestimmte Richtungen sind kristallographisch *äquivalent*; ihre unterschiedlichen Indizes ergeben sich nur aus der getroffenen Vereinbarung zur Ermittlung ihrer

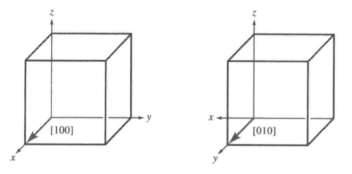

Abb. 3.12. Äquivalenz von kristallographischen Richtungen einer Form im kubischen System.

Koordinaten. Durch Drehung des Koordinatensystems entsteht zum Beispiel im kubischen Kristallsystem aus einer [100]-Richtung eine [010]-Richtung, wie Abbildung 3.12 uns zeigt. Die Gesamtheit kristallographisch äquivalenter Richtungen wird auch als *Form* dieser Richtungen oder *Richtungen einer Form* bezeichnet. Zu ihrer Kennzeichnung werden spitze Klammern ⟨ ⟩ verwendet. Tabelle 3.3 enthält alle Richtungen der Form ⟨110⟩.

Infolge ihrer strukturellen Äquivalenz kann man erwarten, daß auch die Materialeigenschaften in jeder dieser zwölf Richtungen gleich sind.

Tabelle 3.3. Richtungen der Form ⟨110⟩ im kubischen System

$$\langle 110 \rangle = \begin{cases} [110] & [\bar{1}\bar{1}0] \\ [101] & [\bar{1}0\bar{1}] \\ [011] & [0\bar{1}\bar{1}] \\ [1\bar{1}0] & [\bar{1}10] \\ [10\bar{1}] & [\bar{1}01] \\ [01\bar{1}] & [0\bar{1}1] \end{cases}$$

Äquivalente Richtungen besitzen auch gleichen *Wiederholabstand* oder gleichen Abstand der auf ihnen gelegenen Gitterpunkte. Abb. 3.13 zeigt als Beispiel die [110]-Richtung einer kfz-Elementarzelle. Ausgehend vom Anfangspunkt 0,0,0 befindet sich der nächste Gitterpunkt im Zentrum der Würfelfläche bzw. an der Position 1/2,1/2,0. Der Abstand zwischen beiden Gitterpunkten beträgt somit eine halbe Flächendiagonale oder $\frac{1}{2}\sqrt{2}a_0$. Für Kupfer mit einer Gitterkonstanten von 0,3615 nm ergibt sich in dieser Richtung ein Wiederholabstand von 0,2556 nm.

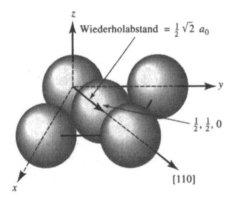

Abb. 3.13. Bestimmung von Wiederholabstand, linearer Dichte und Packungsanteil einer [110]-Richtung in kfz-Kupfer.

Als *lineare Dichte* bezeichnet man die Anzahl der Gitterpunkte pro Längeneinheit einer Richtung. Die Elementarzelle von Kupfer umfaßt in [110]-Richtung zwei Wiederholabstände. Ihre Länge beträgt $\sqrt{2}a_0$. Somit ergibt sich:

$$\text{Lineare Dichte} = \frac{2 \text{ Gitterpunkte}}{0{,}51125 \text{ nm}} = 3{,}91 \text{ Gitterpunkte/nm}.$$

Lineare Dichte und Wiederholabstand verhalten sich reziprok.

Schließlich läßt sich für jede Richtung ein *Packungsanteil* angeben. Er bezeichnet den Besetzungsgrad einer Richtung. Wenn jeder Gitterpunkt mit nur einem Atom besetzt ist, wie z. B. in Kupfer, entspricht der Packungsanteil dem Produkt aus linearer Dichte und doppeltem Atomradius. Für Kupfer mit einem Atomradius von $r = \sqrt{2}a_0/4 = 0,12781$ nm beträgt der Packungsanteil der [110]-Richtung:

$$\begin{aligned}
\text{Packungsanteil} &= (\text{lineare Dichte}) \cdot 2r \\
&= 3{,}91 \cdot 2 \cdot 0{,}12781 \\
&= 1{,}0 \,.
\end{aligned}$$

Ein Packungsanteil von 1 bedeutet, daß sich die Atome in dieser kristallographischen Richtung gegenseitig berühren. Die [110]-Richtung von kfz-Metallen ist eine dichtgepackte Kristallrichtung.

Ebenen. Auch kristallographische Ebenen sind für das Festkörperverhalten von Bedeutung. Zum Beispiel findet die Verformung von Metallen bevorzugt in Ebenen statt, die am dichtesten besetzt sind. Für die Bezeichnung der Ebenen werden ebenfalls die Millerschen Indizes verwendet. Dies geschieht in folgender Weise:

1. Zunächst sind die Punkte zu bestimmen, an denen die Ebene die Koordinatenachsen x, y und z schneidet. Als Maßeinheit dient wiederum die jeweilige Gitterkonstante. Wenn die Ebene durch den Ursprung des Koordinatensystems verläuft, muß dieser verschoben werden.
2. Von den erhaltenen Achsenabschnitten sind die Reziprokwerte zu bilden.
3. Brüche sind durch Erweiterung zu beseitigen, aber ganze Zahlen werden im Gegensatz zu den Richtungen nicht auf kleinste ganze Werte reduziert.
4. Die erhaltenen Indizes werden in runde Klammern ( ) gesetzt . Negative Vorzeichen werden wiederum durch Striche über den Zahlen vermerkt.

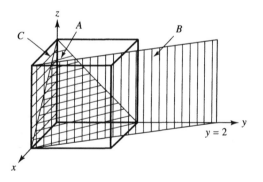

Abb. 3.14. Kristallographische Ebenen und Abstände zum Beispiel 3.7.

Beispiel 3.7
Bestimmung der Millerschen Indizes der Ebenen A, B und C in Abbildung 3.14.
Lösung
Ebene A
1. $x = 1$, $y = 1$, $z = 1$.
2. $\frac{1}{x} = 1$, $\frac{1}{y} = 1$, $\frac{1}{z} = 1$.

3. Entfällt.
4. (111).

Ebene B
1. Da die Ebene die z-Achse nicht schneidet, ergeben sich $x = 1$, $y = 2$ und $z = \infty$.
2. $\frac{1}{x} = 1$, $\frac{1}{y} = \frac{1}{2}$, $\frac{1}{z} = 0$.
3. Brüche werden durch Erweiterung beseitigt: $\frac{1}{x} = 2$, $\frac{1}{y} = 1$, $\frac{1}{z} = 0$.
4. (210).

Ebene C
1. Da die Ebene durch den Ursprung verläuft, muß dieser verschoben werden. Die Verschiebung erfolgt um eine Gitterkonstante in y-Richtung. So ergeben sich $x = \infty$, $y = -1$ und $z = \infty$.
2. $\frac{1}{x} = 0$, $\frac{1}{y} = -1$, $\frac{1}{z} = 0$.
3. Entfällt.
4. $(0\bar{1}0)$.   □

Bei Verwendung der Millerschen Indizes für die Bezeichnung von Ebenen sind noch folgende Punkte zu beachten:

1. Im Gegensatz zu Richtungen sind „positive" und „negative" Ebenen identisch, d. h. es gilt $(020) = (0\bar{2}0)$.
2. Ebenfalls im Gegensatz zu Richtungen besteht keine Äquivalenz von Ebenen und ihrem Vielfachen. Dies zeigt sich am Beispiel ihrer planaren Dichte und ihres planaren Packungsanteils. Die *planare Dichte* einer Ebene gibt die Anzahl der Atome pro Flächeneinheit an, die sich mit ihren Zentren auf dieser Ebene befinden. Unter ihrem Packungsanteil ist der Flächenanteil zu verstehen, der von diesen Atomen eingenommen wird. Beispiel 3.8 zeigt, wie beide Größen berechnet werden können.

Beispiel 3.8
Berechnung der planaren Dichte und des planaren Packungsanteils für die (010)- und (020)-Ebene in kubisch-einfachem Polonium mit einer Gitterkonstanten von 0,334 nm.

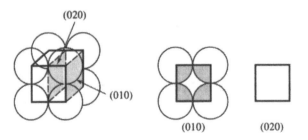

Abb. 3.15. Die (010)- und (020)-Ebene von kubisch-einfachen Elementarzellen haben unterschiedliche planare Dichten.

Lösung

Beide Ebenen sind in Abbildung 3.15 eingezeichnet. In der (010)-Ebene befinden sich die Atome zentriert an jeder Würfelecke, so daß 1/4 jedes Atoms auf die Seitenfläche der Elementarzelle entfällt. Die Gesamtanzahl der Atome auf dieser Fläche ist somit 1. Die planare Dichte beträgt:

$$\text{Planare Dichte (010)} = \frac{\text{Atome pro Fläche}}{\text{Größe der Fläche}} = \frac{1 \text{ Atom pro Fläche}}{(0{,}334)^2}$$

$$= 8{,}96 \text{ Atome/nm}^2 = 8{,}96 \cdot 10^{14} \text{ Atome/cm}^2.$$

Für den planaren Packungsanteil ergibt sich:

$$\text{Packungsanteil (010)} = \frac{\text{Flächenanteil der Atome}}{\text{Flächengröße}} = \frac{(1 \text{ Atom}) \, (\pi r^2)}{(a_0)^2}$$

$$= \frac{\pi r^2}{(2r)^2} = 0{,}79.$$

In den (020)-Ebenen befinden sich dagegen keine Atome. Ihre planare Dichte und ihr planarer Packungsanteil betragen deshalb null. Die (010)- und (020)-Ebenen sind folglich nicht äquivalent!   ☐

3. Äquivalente Ebenen einer Elementarzelle werden als *Ebenen einer Form* bezeichnet. Ihre unterschiedlichen Indizes erklären sich aus der unterschiedlichen Orientierung ihrer Koordinaten. Ebenen einer Form werden in geschweiften Klammern { } angegeben. Tabelle 3.4 enthält als Beispiel die Ebenen der Form {110} von kubischen Kristallsystemen.

Tabelle 3.4. Ebenen der Form {110} im kubischem System

$$\{110\} \left\{ \begin{array}{l} (110) \\ (101) \\ (011) \\ (1\bar{1}0) \\ (10\bar{1}) \\ (01\bar{1}) \end{array} \right.$$

Beachte: Positiv und negativ indizierte Ebenen sind identisch.

4. In kubischen Kristallsystemen stehen Richtungen auf Ebenen mit gleichen Indizes senkrecht.

Konstruktion von Richtungen und Ebenen. Die Konstruktion von Richtungen und Ebenen nach vorgegebenen Indizes geschieht in umgekehrter Reihenfolge zur oben beschriebenen Bestimmung von Indizes (s. Beispiel 3.9).

Beispiel 3.9

Konstruktion (a) der $[1\bar{2}1]$-Richtung und (b) der $(\bar{2}10)$-Ebene einer kubischen Elementarzelle.

Lösung

a) Infolge negativer y-Richtung wird der Ursprung des Koordinatensystems auf die Position 0,+1,0 verschoben. Dort befindet sich der Anfangspunkt der zu konstru-

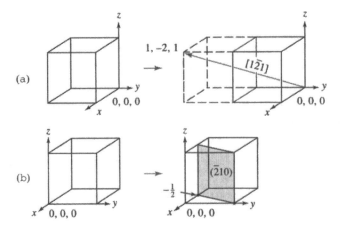

Abb. 3.16. Konstruktion einer Richtung (a) und einer Ebene (b) innerhalb einer Elementarzelle, siehe Beispiel 3.9.

ierenden Richtung. Ihr Endpunkt ergibt sich nach Bewegung um +1 in x-Richtung, -2 in y-Richtung und +1 in z-Richtung (s. Abb. 3.16a).

b) Die Darstellung der Ebene $(\bar{2}10)$ erfordert zunächst die Bildung der Reziprokwerte ihrer Indizes, um die Koordinaten ihrer Schnittpunkte auf den Achsen zu erhalten:

$$x = \frac{1}{-2} = -\frac{1}{2} \quad y = \frac{1}{1} \quad z = \frac{1}{0} = \infty.$$

Da der Abschnitt auf der x-Achse negativ ist, die Ebene aber innerhalb der Elementarzelle gezeichnet werden soll, wird der Koordinatenursprung in x-Richtung um +1 auf 1,0,0 verschoben. Dann liegen der x-Abschnitt bei $-1/2$ und der y-Abschnitt bei +1 innerhalb der Zelle. Die z-Achse wird nicht geschnitten, die Ebene verläuft zu ihr parallel (s. Abb. 3.16b). □

Millersche Indizes für hexagonale Elementarzellen. Für hexagonale Gitter ist wegen ihrer spezifischen Symmetrie ein spezieller Satz sogenannter *Miller-Bravais-Indizes* gebräuchlich (Abb. 3.17). Das zugehörige Koordinatensystem besitzt vier statt drei Achsen. Die a_3-Achse ist redundant. Die Indizes einer Ebene werden in gleicher Weise bestimmt, wie oben beschrieben, wobei sich jedoch vier Achsenabschnitte und somit auch vier Indizes (*hkil*) ergeben. Infolge der Redundanz der a_3-Achse und der speziellen Geometrie des Systems sind die drei ersten Indizes, die sich auf die Achsen a_1, a_2 und a_3 beziehen, über die Beziehung $h + k = -i$ miteinander verknüpft.

Richtungen werden in hdp-Gittern entweder im dreiachsigen oder vierachsigen System angegeben. Im dreiachsigen System erfolgt die Indizierung in der gleichen Weise wie oben (s. Beispiel 3.10). Im vierachsigen System, das die Aufteilung der Richtung auf vier Vektoren erfordert, ist die Bedingung $h + k = -i$ zu beachten. Abbildung 3.18 zeigt die Übereinstimmung der [010]-Richtung des dreiachsigen System mit der $[\bar{1}2\bar{1}0]$-Richtung des vierachsigen Systems.

Die Dreiachsen-Schreibweise kann über folgende Beziehungen in eine Vierachsen-Schreibweise übertragen werden, wobei h', k' und l' die Indizes im Dreiachsensystem bedeuten:

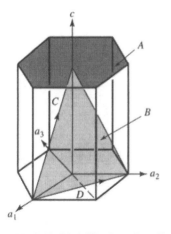

Abb. 3.17. Die Miller-Bravais-Indizes für kristallographische Ebenen in hdp-Elementarzellen ergeben sich durch Verwendung eines vierachsigen Koordinatensystems.

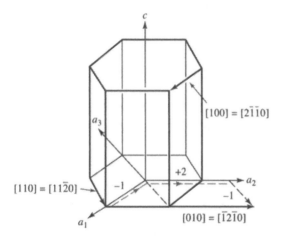

Abb. 3.18. Richtungen der hdp-Elementarzelle unter Verwendung des drei- und vierachsigen Koordinatensystems. Die gestrichelt dargestellte Linie zeigt, daß die $[\bar{1}2\bar{1}0]$-Richtung der [110]-Richtung
entspricht.

$$
\left.
\begin{aligned}
h &= \frac{1}{3}\left(2h' - k'\right) \\[4pt]
k &= \frac{1}{3}\left(2k' - h'\right) \\[4pt]
i &= -\frac{1}{3}\left(h' + k'\right) \\[4pt]
l &= l'.
\end{aligned}
\right\}
\tag{3.6}
$$

Nach erfolgter Konversion kann sich gegebenenfalls die Beseitigung von Brüchen
und/oder die Reduzierung der Indizes h, k, i und l auf kleinste ganze Zahlen erforderlich machen.

Beispiel 3.10

Bestimmung der Miller-Bravais-Indizes für die Ebenen A und B und die Richtungen C und D in Abbildung 3.17.

Lösung

Ebene A

1. $a_1 = a_2 = a_3 = \infty, c = 1$.

2. $\frac{1}{a_1} = \frac{1}{a_2} = \frac{1}{a_3} = 0, \ \frac{1}{c} = 1$.

3. Entfällt.

4. (0001).

Ebene B

1. $a_1 = a_2 = 1, a_3 = -\frac{1}{2}, \ c = 1$.

2. $\frac{1}{a_1} = 1, \frac{1}{a_2} = 1, \frac{1}{a_3} = -2, \ \frac{1}{c} = 1$.

3. Entfällt.

4. ($11\bar{2}1$).

Richtung C

1. End- und Anfangspunkt haben die Koordinaten 0,0,1 und 1,0,0.

2. $0,0,1 - 1,0,0 = -1,0,1$.

3. Entfällt.

4. [$\bar{1}01$] oder [$\bar{2}113$].

Richtung D

1. End- und Anfangspunkt haben die Koordinaten 0,1,0 und 1,0,0.

2. $0,1,0 - 1,0,0 = -1,1,0$.

3. Entfällt.

4. [$\bar{1}10$] oder [$\bar{1}100$].   □

Dichtgepackte Ebenen und Richtungen. Dichtgepackte Richtungen, in denen sich die Atome in unmittelbarem Kontakt befinden, halfen uns bereits bei der Ermittlung des Zusammenhangs zwischen Atomradius und Gitterkonstanten. Jetzt können wir diesen Richtungen die in Tabelle 3.5 angegebenen Millerschen Indizes zuordnen.

Tabelle 3.5. Dichtgepackte Ebenen und Richtungen

Struktur	Richtungen	Ebenen
Kubisch-einfach	$\langle 100 \rangle$	Keine
krz	$\langle 111 \rangle$	Keine
kfz	$\langle 110 \rangle$	{111}
hdp	$\langle 100 \rangle, \langle 110 \rangle$ oder $\langle 11\bar{2}0 \rangle$	(0001), (0002)

Bei näherer Betrachtung der kfz- und hdp-Elementarzellen stellen wir fest, daß in ihnen auch mindestens ein Satz dichtgepackter Ebenen vorhanden ist. Dichtgepackte Ebenen der hdp-Struktur sind in Abbildung 3.19 dargestellt. Erkennbar ist eine zweidimensionale hexagonale Anordnung der Atome. Die betreffenden Ebenen lassen sich in der hdp-Elementarzelle leicht auffinden; es handelt sich um die

Ebenen (0001) und (0002), die auch als *Basisebenen* bezeichnet werden. Die hdp-Struktur entsteht, wenn diese dichtgepackten Ebenen in der *Stapelfolge* ...*ABABAB*... übereinander geschichtet werden. Die Atome der *B*-Ebene oder (0002)-Ebene befinden sich dann über den Tälern zwischen den Atomen der *A*-Ebene oder (0001)-Ebene. Die Atome der Folgeebene, die wieder zur *A*-Ebene ausgerichtet ist, liegen über den Tälern der *B*-Ebene. Zu beachten ist, daß die in hdp-Strukturen möglichen dichtgepackten Ebenen, es handelt sich nur um die Basisebenen (0001) und (0002), parallel zueinander liegen.

Aus Abbildung 3.19 ergibt sich auch die Koordinationszahl für Atome in der hdp-Struktur. Das Zentralatom der Basisebene wird von sechs Nachbaratomen derselben Ebene und je drei Nachbaratomen der darüber und darunter befindlichen Ebene berührt. Die Koordinationszahl beträgt somit zwölf.

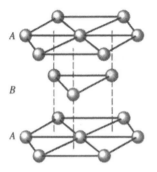

Abb. 3.19. Aus der *ABABAB*-Stapelfolge dichtgepackter Ebenen ergibt sich die hdp-Struktur.

In der kfz-Struktur haben die dichtgepackten Ebenen die Form {111} (s. Abb. 3.20). Bei der Stapelung paralleler (111)-Ebenen befinden sich die Atome der *B*-Ebene über den Tälern der *A*-Ebene und die Atome der *C*-Ebene über den Tälern sowohl der *A*- als auch *B*-Ebene. Die vierte Ebene liegt wieder deckungsgleich zu den Atomen der *A*-Ebene. Infolgedessen ergibt sich eine Stapelfolge ...*ABCABCABC*... aus (111)-Ebenen. Die Koordinationszahl jedes Atoms beträgt ebenfalls zwölf.

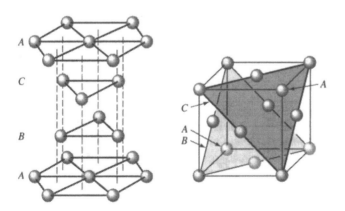

Abb. 3.20. Aus der *ABCABCABC*-Stapelfolge dichtgepackter Ebenen ergibt sich die kfz-Struktur.

Abweichend von der hdp-Elementarzelle existieren in der kfz-Zelle vier Sätze dichtgepackter Ebenen, die zueinander nicht parallel verlaufen: (111), (11$\bar{1}$), (1$\bar{1}$1) und ($\bar{1}$11). Dieser Unterschied zwischen kfz- und hdp-Elementarzellen – das Vorhandensein oder Nichtvorhandensein sich schneidender dichtgepackter Ebenen – wirkt sich auf das Verhalten von Metallen in diesen Strukturen aus.

Isotropes und anisotropes Verhalten. Als Folge der unterschiedlichen atomaren Anordnung in den Ebenen und Richtungen eines Kristalls können auch dessen Eigenschaften mit der Richtung variieren. Ein Material verhält sich *anisotrop*, wenn seine Eigenschaften von der kristallographischen Richtung abhängen, in der sie gemessen werden. Zum Beispiel beträgt der Elastizitätsmodul von Aluminium in ⟨111⟩-Richtungen 75,9 GPa, aber nur 63,4 GPa in ⟨100⟩-Richtungen. Sind dagegen die Eigenschaften in allen Richtungen identisch, liegt *isotropes* Verhalten des Kristalls vor.

Netzebenenabstand. Unter dem *Netzebenenabstand* (oder *interplanarem Abstand*) d_{hkl} verstehen wir den Abstand zwischen zwei benachbarten parallen Atomebenen mit gleichen Millerschen Indizes. In kubischen Kristallen gilt für diesen Abstand die Beziehung

$$d_{hkl} = \frac{a_0}{\sqrt{h^2 + k^2 + l^2}}, \tag{3.7}$$

wobei a_0 die Gitterkonstante und h, k und l die Millerschen Indizes der benachbarten Ebenen bedeuten.

3.6 Zwischengitterplätze

In allen bisher beschriebenen Kristallstrukturen existieren zwischen den normalen Gitteratomen (Wirtsatomen) auch Lücken, in denen sich kleinere Atome plazieren können. Diese Positionen heißen *Zwischengitterplätze*.

Wenn sich ein Atom auf einem Zwischengitterplatz befindet, berührt es zwei oder mehrere Wirtsatome des Gitters. Seine Koordinationszahl entspricht der Anzahl der berührten Atome. Abbildung 3.21 zeigt Zwischengitterplätze in kubisch-einfachen, kubisch-raumzentrierten und kubisch-flächenzentrierten Strukturen. Der *kubische* Zwischengitterplatz mit der Koordinationszahl 8 tritt nur in kubisch-einfachen Strukturen auf. *Oktaedrische Zwischengitterplätze* (oder *okta-*

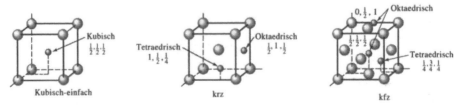

Abb. 3.21. Lage von Zwischengitterplätzen in kubischen Elementarzellen. Es sind nur wichtige Lagen eingetragen.

edrische Lücken) besitzen die Koordinationszahl 6 und *tetraedrische Zwischengitterplätze* (oder *tetraedrische Lücken*) die Koordinationszahl 4. In krz-Elementarzellen befinden sich zum Beispiel die oktaedrischen Plätze in der Mitte der Würfelflächen. Ein dort vorhandenes kleines Atom berührt vier Atome an den Ecken der Fläche, zusätzlich ein Atom im Zentrum der Elementarzelle und noch ein weiteres im Zentrum der benachbarten Elementarzelle, so daß sich als Koordinationszahl 6 ergibt. In kfz-Elementarzellen existieren oktaedrische Plätze sowohl in der Mitte der Würfelkanten als auch im Würfelzentrum.

Beispiel 3.11

Berechnung der Anzahl der zu kfz-Elementarzellen gehörigen oktaedrischen Zwischengitterplätze.

Lösung

Die Oktaederplätze umfassen die zwölf mittleren Kantenplätze der Zelle mit den Koordinaten

$$\frac{1}{2}, 0, 0 \qquad \frac{1}{2}, 1, 0 \qquad \frac{1}{2}, 0, 1 \qquad \frac{1}{2}, 1, 1$$

$$0, \frac{1}{2}, 0 \qquad 1, \frac{1}{2}, 0 \qquad 1, \frac{1}{2}, 1 \qquad 0, \frac{1}{2}, 1$$

$$0, 0, \frac{1}{2} \qquad 1, 0, \frac{1}{2} \qquad 1, 1, \frac{1}{2} \qquad 0, 1, \frac{1}{2}$$

und die raumzentrierte Position mit den Koordinaten 1/2, 1/2, 1/2. Da jeder Kantenplatz gleichzeitig vier Elementarzellen zugerechnet werden muß, zählt nur jeweils 1/4 dieser Plätze zu einer bestimmten Zelle. Die Gesamtanzahl der oktaedrischen Zwischengitterplätze einer Zelle beträgt somit:

$$(12 \text{ Kantenplätze}) \, (\frac{1}{4} \text{ pro Zelle}) + 1 \text{ Zentrumsplatz} = 4 \text{ Oktaederplätze.} \qquad \square$$

Zwischengitteratome, deren Radius geringfügig größer ist als der Radius des zur Verfügung stehenden Zwischengitterplatzes, können trotzdem diesen Platz besetzen, indem sie die Nachbaratome leicht wegdrücken. Wenn ihr Radius dagegen kleiner ist als der Radius der vorhandenen Lücke, bietet sich ihnen dort keine stabile Lage. Mit zunehmender Größe bevorzugen Zwischengitteratome Plätze mit höherer Koordinationszahl (Tab. 3.6). Zwischengitteratome mit einem Radienverhältnis zwischen 0,225 und 0,414 besetzen Tetraederplätze. Übersteigt das Radienverhältnis den Wert von 0,414, sind sie auf Oktaederplätzen anzutreffen. Wenn die Atome gleichen Radius besitzen, wie es in reinen Metallen der Fall ist, beträgt das Radienverhältnis 1 und die Koordinationszahl 12 in Übereinstimmung mit Metallen in kfz- und hdp-Struktur.

Beispiel 3.12

Eine strahlungsabsorbierende Wand soll aus 10 000 Bleikugeln mit einem Durchmesser von 3 cm bestehen, die sich in einer kubisch-flächenzentrierten Anordnung befinden. Zur Erhöhung des Absorptionsvermögens ist vorgesehen, die in dieser Anordnung verbleibenden Lücken zusätzlich mit kleineren Bleikugeln aufzufüllen. Es sind die Größe und Anzahl der dafür benötigten Kugeln zu ermitteln.

Tabelle 3.6. Koordinationszahl und Radienverhältnis

Koordinationszahl	Lage des Zwischengitterplatzes	Radienverhältnis	Schematische Darstellung
2	Linear (zwischen zwei Atomen)	0–0,155	
3	Im Zentrum eines Dreiecks	0,155–0,225	
4	Im Zentrum eines Tetraeders	0,225–0,414	
6	Im Zentrum eines Oktaeders	0,414–0,732	
8	Im Zentrum eines Würfels	0,732–1,000	

Lösung

Als auffüllbare Lücken kommen zum Beispiel oktaedrische Positionen in Betracht. Die dafür passende Kugelgröße ergibt sich aus der Diagonalen in Abbildung 3.22:

$$2R + 2r = 2R\sqrt{2},$$
$$r = \sqrt{2}R - R = (\sqrt{2} - 1)R,$$
$$r/R = 0{,}414.$$

Das Radienverhältnis $r/R = 0{,}414$ stimmt mit den Angaben in Tabelle 3.6 überein und ergibt für den gesuchten Radius der Bleikugeln:

$$r = 0{,}414R = (0{,}414)(3 \text{ cm}/2) = 0{,}621 \text{ cm}.$$

Gemäß Beispiel 3.11 befinden sich in der kfz-Elementarzelle vier oktaedrische Zwischengitterplätze. Da die kfz-Zelle ebenso viele normale Gitterplätze umfaßt, beträgt die Anzahl der kleinen Kugeln gleichfalls 10 000.

(Zusatzaufgaben: Bestimmung der durch die kleinen Kugeln bewirkten Vergrößerung des Packungsfaktors. Vergleich zwischen oktaedrischen und tetraedrischen Lücken.)   □

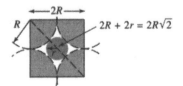

Abb. 3.22. Berechnung des Radius eines oktaedrischen Zwischengitterplatzes (Beispiel 3.12).

3.7 Ionenkristalle

Viele keramische Werkstoffe beruhen auf einer Ionenbindung zwischen Kationen und Anionen. Ihre Kristallstruktur muß die Bedingung elektrischer Neutralität erfüllen und gleichzeitig eine effiziente Packung von Ionen unterschiedlicher Größe ermöglichen.

Elektrische Neutralität. Bei gleichem Ladungsbetrag der Anionen und Kationen liegt eine Verbindung vom Typ *AX* vor. Die Koordinationszahl aller Ionen ist aus Gründen der Ladungsbilanz gleich. Wenn zum Beispiel jedes Kation von sechs Anionen umgeben ist, muß auch jedes Anion von sechs Kationen umgeben sein. Beträgt dagegen die Ladung des Kations +2 und die des Anions –1, sind für die Erfüllung der Neutralitätsbedingung doppelt so viele Anionen wie Kationen erforderlich. In diesem Fall besteht eine Verbindung vom Typ AX_2. Die Koordinationszahl der Kationen muß in der zugehörigen Struktur zweimal größer sein als die der Anionen. Wenn zum Beispiel zu jedem Kation acht Anionen als nächste Nachbarn gehören, sind es im Falle des Anions nur vier Kationen.

Ionenradien. In ionisch gebundenen Kristallstrukturen befinden sich die Kationen meist auf normalen Gitterplätzen, während die Anionen einen oder mehrere der im Abschnitt 3.6 beschriebenen Zwischengitterplätze einnehmen. Das Verhältnis ihrer Ionenradien beeinflußt sowohl die Art ihrer Packung als auch die Koordinationszahl (Tab. 3.6). Im folgenden werden häufig vorkommende Strukturen dieser Bindungsart beschrieben.

Cäsiumchlorid(CsCl)-Struktur. CsCl hat eine kubisch-einfache Struktur mit einem „kubischen" Zwischengitterplatz, der von einem Cl-Anion besetzt ist (Abb. 3.23). Das Radienverhältnis von r_{Cs}/r_{Cl} = 0,167 nm/0,181 nm = 0,92 bedeutet nach Tabelle 3.6, daß eine Koordinationszahl von 8 vorliegt. Diese Struktur kann als kubisch-einfach mit jeweils zwei Ionen pro Gitterplatz – einem Cs- und einem Cl-Ion – aufgefaßt werden und setzt gleiche Wertigkeit von Anion und Kation voraus.

Beispiel 3.13
Für KCl ist (a) der Nachweis zu führen, daß es eine gleiche Struktur besitzt wie CsCl, und (b) soll sein Packungsfaktor bestimmt werden.

Abb. 3.23. Cäsiumchlorid-Struktur. Die kubisch-einfache Elementarzelle enthält zwei Ionen (Cs$^+$ und Cl$^-$) pro Gitterpunkt.

Lösung

(a) Dem Anhang B sind für die Ionenradien von K und Cl die Werte $r_K = 0{,}133$ nm und $r_{Cl} = 0{,}181$ nm zu entnehmen. Daraus ergibt sich:

$$\frac{r_K}{r_{Cl}} = \frac{0{,}133}{0{,}181} = 0{,}735.$$

Wegen der Relation $0{,}732 < 0{,}735 < 1{,}000$ beträgt die Koordinationszahl für beide Ionenarten 8. Das Vorliegen einer CsCl-Struktur ist demnach wahrscheinlich.

(b) Die Ionen berühren sich entlang der Raumdiagonale der Elementarzelle. Daraus folgt für den Packungsfaktor:

$$\sqrt{3}a_0 = 2r_K + 2r_{Cl} = 2(0,133) + 2(0,181) = 0,628 \text{ nm},$$

$$a_0 = 0,363 \text{ nm},$$

$$\text{Packungsfaktor} = \frac{\frac{4}{3}\pi r_K^3 \,(1\text{ K-Ion}) + \frac{4}{3}\pi r_{Cl}^3 (1\text{ Cl-Ion})}{a_0^3}$$

$$= \frac{\frac{4}{3}\pi(0{,}133)^3 + \frac{4}{3}\pi(0{,}181)^3}{(0{,}363)^3} = 0,725. \qquad \square$$

Natriumchlorid(NaCl)-Struktur. Das Verhältnis der Ionenradien von Na und Cl beträgt $r_{Na}/r_{Cl} = 0{,}097\text{nm}/0{,}181\text{nm} = 0{,}536$; das Na-Ion hat eine Ladung von $+1$, das Cl-Ion eine Ladung von -1. Die Koordinationszahlen von Anion und Kation müssen wegen der Ladungsneutralität gleich sein und wegen des Verhältnisses der Ionenradien 6 betragen. Diese Bedingungen werden von der kfz-Struktur erfüllt, wobei sich die Cl-Anionen auf den kfz-Positionen und die Na-Kationen auf den vier oktaedrischen Zwischengitterplätzen befinden (Abb. 3.24). Man kann diese Anordnung auch als kfz-Struktur mit zwei Ionen – einem Na-Ion und einem K-Ion – auf gemeinsamen Gitterplätzen auffassen. Viele keramische Stoffe einschließlich MgO, CaO und FeO verfügen über eine solche NaCl-Struktur.

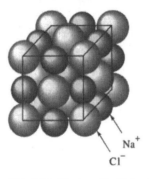

Abb. 3.24. Natriumchlorid-Struktur. Die kfz-Elementarzelle enthält zwei Ionen (Na^+ und Cl^-) pro Gitterpunkt.

Beispiel 3.14

Es ist nachzuweisen, daß MgO die gleiche Kristallstruktur wie NaCl besitzt, und es ist seine Dichte zu bestimmen.

Lösung

Gemäß Anhang B betragen die Ionenradien von Magnesium $r_{Mg} = 0{,}066$ nm und von Sauerstoff $r_O = 0{,}132$ nm, so daß sich als Radienverhältnis

$$\frac{r_{Mg}}{r_O} = \frac{0,066}{0,132} = 0,50$$

ergibt. Wegen $0,414 < 0,50 < 0,732$ beträgt die Koordinationszahl für jedes Ion 6, was mit der NaCl-Struktur übereinstimmt.

Die Molmasse von Mg und O beträgt 24,312 g/mol bzw. 16 g/mol. Die Ionen berühren sich entlang der Würfelkanten. Somit ergibt sich für die Dichte:

$$a_0 = 2r_{Mg} + 2r_O = 2(0,066) + 2(0,132) = 0,396 \text{ nm} = 3,96 \cdot 10^{-8} \text{ cm},$$

$$\rho = \frac{(4 \text{ Mg-Ionen})(24,312)+(4 \text{ O-Ionen})(16)}{(3,96 \cdot 10^{-8} \text{ cm})^3 (6,02 \cdot 10^{23})} = 4,31 \text{ g/cm}^3. \qquad \square$$

Zinkblende(ZnS)-Struktur. Obwohl Zn-Ionen mit einer Ladung von +2 und S-Ionen mit einer Ladung von –2 gleiche Ladungsbeträge aufweisen, scheidet eine NaCl-Struktur wegen des Radienverhältnisses von $r_{Zn}/r_S = 0,074$ nm / $0,184$ nm $= 0,402$ für Zinkblende aus. Dieses Radienverhältnis erfordert eine Koordinationszahl von 4, was zur Folge hat, daß die S-Ionen tedraedische Zwischengitterplätze in einer Elementarzelle besetzen, die in Abbildung 3.25 durch den kleinen „Sub-Würfel" angedeutet ist. Die kfz-Struktur mit Zn-Kationen auf den normalen Gitterplätzen und S-Anionen auf der Hälfte der vorhandenen tetraedrischen Zwischengitterplätze kann sowohl die Randbedingung der Ladungsbilanz als auch die der Koordinationszahl befriedigen. Eine Vielzahl von Materialien einschließlich der Halbleiterverbindung GaAs weist eine solche Struktur auf.

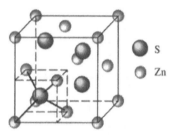

Abb. 3.25. Elementarzelle von Zinkblende.

Fluorit-Struktur. Die Fluorit-Struktur ist kubisch-flächenzentriert mit Anionen auf sämtlichen acht tetraedrischen Zwischengitterplätzen (Abb. 3.26). Daher befinden sich vier Kationen und acht Anionen in der Elementarzelle, und die keramische Verbindung ist vom Typ AX_2, wie zum Beispiel Calciumfluorid (CaF_2). Die Koordinationszahl der Ca-Ionen beträgt 8, aber die der F-Ionen nur 4, so daß sich wiederum Ladungsneutralität ergibt.

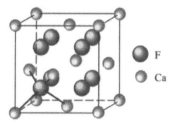

Abb. 3.26. Elementarzelle von Fluorit.

3.8 Kovalente Strukturen

Materialien mit kovalenter Bindung besitzen häufig sehr komplexe Strukturen, weil sie durch ihre Bindung Richtungseinschränkungen unterliegen.

Kubische Diamantstruktur. Elemente wie Silizium, Germanium und in Diamantform vorliegender Kohlenstoff bilden mit ihren vier kovalenten Bindungen eine Tetraederstruktur (s. Abb. 3.27a). Auf Grund dieser Bindungsstruktur beträgt die Koordinationszahl jedes Atoms nur 4.

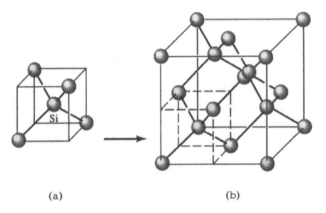

(a)   (b)

Abb. 3.27. (a) Tetraeder und (b) Diamantkubus-Elementarzelle von Silicium. Diese Struktur erfüllt die Richtungsbedingung der kovalenten Bindung.

Wenn sich diese Tetraedergruppen zum Kristall zusammensetzen, entsteht der in Abbildung 3.27 dargestellte Kubus. Dieser enthält acht kleine Würfel, von denen aber nur vier mit Tetraedern gefüllt sind. Der große Kubus (Diamantkubus) bildet die Elementarzelle des *Diamantgitters*. Die regulären kfz-Gitterpunkte werden von den Eckatomen der Tetraeder eingenommen. Zusätzlich gehören der Elementarzelle vier weitere Atome an, die sich im Zentrum der Tetraederwürfel befinden. Das Diamantgitter kann auch als ein kfz-Gitter mit zwei Atomen pro Gitterpunkt bzw. als zwei gegeneinander verschobene kfz-Gitter beschrieben werden. Infolgedessen gehören zur Elementarzelle des Diamantgitters insgesamt acht Atome.

Beispiel 3.15
Bestimmung des Packungsfaktors des Diamantgitters.
Lösung
Abbildung 3.28 läßt erkennen, daß sich die Atome entlang der Raumdiagonale berühren. Allerdings sind nicht alle Plätze der Raumdiagonalen mit Atomen besetzt, sondern auch freie Plätze vorhanden. Deshalb ergibt sich:

$$\sqrt{3}a_0 = 8r,$$
$$\text{Packungsfaktor} = \frac{(8 \text{ Atome/Zelle})\left(\frac{4}{3}\pi r^3\right)}{a_0^3}$$
$$= \frac{(8)\left(\frac{4}{3}\pi r^3\right)}{(8r/\sqrt{3})^3}$$
$$= 0,34.$$

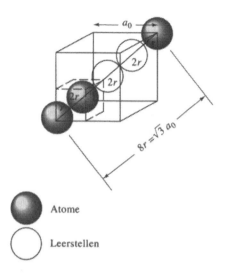

Atome

Leerstellen

Abb. 3.28. Zusammenhang zwischen der Gitterkonstanten einer Diamantkubus-Zelle und dem Atomradius (Beispiel 3.15).

Kristalline Silikate. Silikate (SiO_2) haben vielfach Strukturen mit teilweise kovalenter und teilweise ionischer Bindung. Abbildung 3.29 zeigt ein Beispiel möglicher Kristallformen, das sogenannte β-Kristobalit. Hierbei handelt es sich um eine sehr komplexe kfz-Struktur. Die Ionenradien von Si und O betragen 0,042 nm bzw. 0,132 nm, das Radienverhältnis infolgedessen $r_{Si}/r_O = 0,318$ und die Koordinationszahl 4.

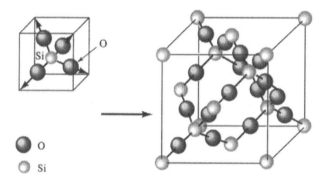

O

Si

Abb. 3.29. Silicium-Sauerstoff-Tetraeder und ihre Kombination zur β-Crystobalit-Form von Quarzglas.

Kristalline Polymere. Auch Polymere können kristalline Strukturen bilden. In Abbildung 3.30 deuten die gestrichelten Linien den Umriß der Elementarzelle des Polyethylen-Gitters an. Polyethylen entsteht durch die Verbindung von C_2H_4-Molekülen zu langen Polymerketten und besitzt eine rhombische Elementarzelle. Einige Polymere, zu denen auch Nylon gehört, sind polymorph.

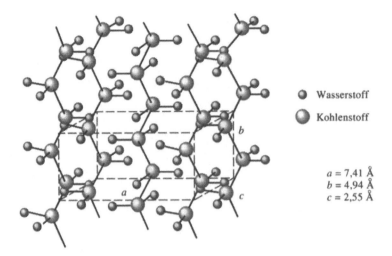

Wasserstoff

Kohlenstoff

$a = 7,41$ Å
$b = 4,94$ Å
$c = 2,55$ Å

Abb. 3.30. Elementarzelle von kristallinem Polyethylen.

Beispiel 3.16.
Es ist die Anzahl von C- und H-Atomen zu berechnen, die sich in der Elementarzelle von kristallinem Polyethylen befinden. Die Anzahl der H-Atome ist doppelt so groß wie die der C-Atome. Die Dichte von Polyethylen beträgt 0,9972 g/cm^3.

Lösung
Die Anzahl der C-Atome sei x, die Anzahl der H-Atome folglich $2x$. Mit den in Abbildung 3.30 angegebenen Gitterkonstanten erhält man:

$$\rho = \frac{(x)(12 \text{ g/mol}) + (2x)(1 \text{ g/mol})}{(7,41 \cdot 10^{-8} \text{ cm})(4,94 \cdot 10^{-8} \text{ cm})(2,55 \cdot 10^{-8} \text{ cm})(6,02 \cdot 10^{23})},$$

$$0,9972 = \frac{14x}{56,2},$$

$x = 4$ Kohlenstoff-Atome pro Zelle,
$2x = 8$ Wasserstoff-Atome pro Zelle.   □

3.9 Röntgenstrahlenbeugung

Die Röntgenstrahlenbeugung ist ein wichtiges Hilfsmittel zur Bestimmung von Kristallstrukturen. Sie beruht auf der Interferenz der von den Atomen verursachten Streustrahlung. Abhängig von der Wellenlänge der Röntgenstrahlen, ihrem Einfallswinkel und dem Netzebenenabstand der Atome wird die Streustrahlung durch Interferenz ausgelöscht oder verstärkt. Die Richtungen, in denen Verstärkung (*Beugung*) eintritt, sind über das *Braggsche Gesetz* mit dem Abstand der beugungswirksamen kristallographischen Ebenen verknüpft:

$$\sin \theta = \frac{\lambda}{2d_{hkl}}, \tag{3.8}$$

wobei der Winkel θ den halben Winkel zwischen einfallendem und gebeugtem Strahl, λ die Wellenlänge der Röntgenstrahlung und d_{hkl} den gesuchten interplanaren Abstand bedeuten (s. Abb. 3.31).

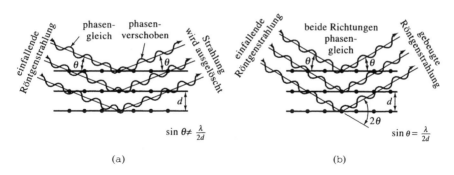

(a)   (b)

Abb. 3.31. (a) Auslöschende und (b) verstärkende Wechselwirkung zwischen Röntgenstrahlung und einem Kristall. Die Verstärkung erfolgt unter Winkeln, die dem Braggschen Gesetz genügen.

Abbildung 3.32a zeigt eine geeignete Meßeinrichtung, die auch als *Diffraktometer* bezeichnet wird. Die pulverförmige Materialprobe gewährleistet, daß auch bei fester Ausrichtung zur einfallenden Röntgenstrahlung stets genügend Materialpartikel vorhanden sind, die die Braggsche Bedingung bei passender Winkellage des Detektors erfüllen. Der sich bewegende Strahlungsdetektor registriert infolgedessen in Abhängigkeit vom doppelten Einfallswinkel 2θ Beugungsmaxima, die ein für die Materialprobe charakteristisches Beugungsspektrum ergeben (Abb. 3.32b). Bei Kenntnis der Wellenlänge der Röntgenstrahlung lassen sich hieraus die interplanaren Abstände und die kristallographische Identität der zugehörigen Ebenen bestimmen.

Aus dem Beugungsspektrum kubisch kristallisierender Stoffe läßt sich auch in einfacher Weise ermitteln, ob es sich um eine kfz-, krz- oder kubisch-einfache Struktur handelt. Zu diesem Zweck werden zunächst die $\sin^2\theta$-Werte der Beugungsmaxima berechnet. Aus Gleichung 3.7 und 3.8 ergibt sich der Zusammenhang:

$$\sin^2\theta = \frac{\lambda^2}{4a_0^2}\,(h^2 + k^2 + l^2). \tag{3.9}$$

In kubisch-einfachen Strukturen tragen alle vorhandenen Ebenen zur Beugung bei, so daß sich für $h^2 + k^2 + l^2$ eine Wertefolge von 1, 2, 3, 4, 5, 6, 8 ... ergibt. In krz-Strukturen erfolgt die Beugung nur an Ebenen, für die $h^2 + k^2 + l^2$ die geradzahligen Werte von 2, 4, 6, 8, 10, 12, 14, 16 ... annimmt. In kfz-Strukturen ist die auslöschende Wirkung der Interferenz noch größer, so daß nur Ebenen mit Werten von 3, 4, 8, 11, 12, 16 ... für $h^2 + k^2 + l^2$ zur Beugung beitragen. Durch Vergleich mit der Zahlenfolge $\sin^2\theta$ der Beugungsmaxima läßt sich folglich die zugehörige Art der kubischen Kristallstruktur ermitteln, siehe Beispiel 3.17.

Beispiel 3.17

Bei einer Röntgenbeugungsanalyse unter Verwendung von Röntgenstrahlung der Wellenlänge $\lambda = 0{,}7107$ Å ergeben sich entsprechend Tabelle 3.7 Beugungsmaxima unter folgenden 2θ-Winkeln:

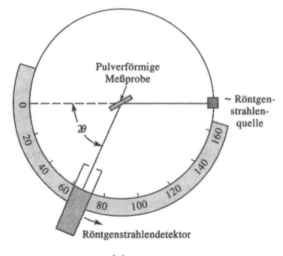

(a)

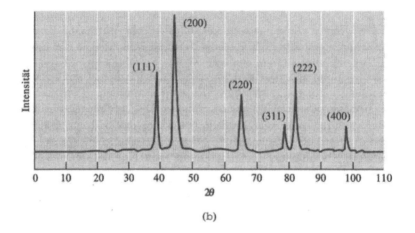

(b)

Abb. 3.32. (a) Schematische Darstellung eines Diffraktometers mit einfallendem und gebeugtem Röntgenstrahl, der in Pulverform vorliegenden Meßprobe und dem Röntgenstrahldetektor. (b) Beugungsspektrum einer Probe aus Goldpulver.

Tabelle 3.7.

Maximum	2θ	Maximum	2θ
1	20,20	5	46,19
2	28,72	6	50,90
3	35,36	7	55,28
4	41,07	8	59,42

Hieraus sind die Kristallstruktur, die Indizes der beugungswirksamen Ebenen und die Gitterkonstante des Materials zu bestimmen.

Lösung

Zunächst werden für alle Beugungsmaxima die Werte von $\sin^2\theta$ berechnet und auf ganze Zahlen normiert (Division durch ihren kleinsten Wert 0,0308).

Tabelle 3.8.

Maximum	2θ	$\sin^2\theta$	$\sin^2\theta/0,0308$	$h^2 + k^2 + l^2$	(hkl)
1	20,20	0,0308	1	2	(110)
2	28,72	0,0615	2	4	(200)
3	35,36	0,0922	3	6	(211)
4	41,07	0,1230	4	8	(220)
5	46,19	0,1539	5	10	(310)
6	50,90	0,1847	6	12	(222)
7	55,28	0,2152	7	14	(321)
8	59,42	0,2456	8	16	(400)

Die sich ergebende Zahlenfolge für $\sin^2\theta/0,0308$ lautet 1, 2, 3, 4, 5, 6, 7 und 8. Wegen der darin auftretenden Zahl 7 scheidet die kubisch-einfache Struktur als Lösung aus, da in ihr keine Ebene mit einem Wert von 7 für $h^2 + k^2 + l^2$ vorhanden ist. Übereinstimmung besteht dagegen mit der Zahlenfolge 2, 4, 6, 8, 10, 12, 14, 16, ..., so daß eine krz-Struktur vorliegen muß. Diese Zahlenfolge entspricht der Summe $h^2 + k^2 + l^2$ der in der letzten Tabellenspalte angegebenen Millerschen Indizes (hkl).

Anschließend kann aus dem 2θ-Wert eines beliebigen Beugungsmaximums der zugehörige Netzebenabstand und daraus die Gitterkonstante berechnet werden. Nachfolgend wird dafür das achte Maximum des Beugungsspektrums gewählt:

$$2\theta = 59,42 \quad \text{oder} \quad \theta = 29,71 \,,$$

$$d_{400} = \frac{\lambda}{2\sin\theta} = \frac{0,7107}{2\sin(29,71)} = 0,71699 \text{ Å} \,,$$

$$a_0 = d_{400}\sqrt{h^2 + k^2 + l^2} = (0,71699)(4) = 2,868 \text{ Å} \,.$$

Die ermittelte Gitterkonstante ist die von krz-Eisen.   □

3.10 Zusammenfassung

Atome können sich in Festkörpern in einer Nah- oder Fernordnung befinden. Amorphe Materialien wie Gläser oder Polymere besitzen nur eine Nahordnung. Kristalline Materialien, zu denen Metalle und viele keramische Stoffe zählen, weisen sowohl Nah- als auch Fernordnung auf. Die in diesen Materialien vorliegende Periodizität der atomaren Anordnung wird als Kristallstruktur bezeichnet:

- Es existieren sieben verschiedene Kristallsysteme mit insgesamt 14 unterschiedlichen Elementarzellen (Bravais-Gittern). Beispiele sind die kubisch-einfache, kubisch-raumzentrierte, kubisch-flächenzentrierte und hexagonale Struktur.
- Die Kristallstruktur wird durch die Gitterparameter ihrer Elementarzelle beschrieben. Diese ist die kleinste Einheit des Kristalls, die noch alle Einzelheiten der Gesamtstruktur enthält. Weitere Merkmale sind die Anzahl der in der Elementarzelle vorhandenen Gitterpunkte und Atome, die Koordinationszahl der Atome (oder Anzahl ihrer nächsten Nachbaratome) und der Packungsfaktor der Atome in der Elementarzelle.
- Allotrope oder polymorphe Materialien können in mehr als einer Kristallstruktur auftreten. Struktur und Eigenschaften solcher Materialien lassen sich häufig durch spezielle Wärmebehandlung beeinflussen.
- Kubisch-flächenzentrierte (kfz) und hexagonal-dichtgepackte (hdp) Kristallstrukturen weisen die dichtest möglichen Packungen von Atomen auf. Die beiden Strukturformen entstehen durch unterschiedliche Stapelfolgen ihrer dichtgepackten Netzebenen.
- Punkte, Richtungen und Ebenen innerhalb von Kristallstrukturen werden durch Koordinaten und Millersche Indizes gekennzeichnet.
- Wenn mechanische und physikalische Eigenschaften von der Richtung oder Ebene der Kristallstruktur abhängen, in der sie gemessen werden, verhält sich der Kristall anisotrop. Sind die Eigenschaften dagegen richtungsunabhängig, liegt ein isotroper Kristall vor.
- Zwischengitterplätze (bzw. Lücken zwischen den normalen Gitteratomen) können mit anderen Atomen oder Ionen aufgefüllt werden. Hierauf beruht die Kristallstruktur vieler keramischer Materialien. Die Besetzung von Zwischengitterplätzen hat auch großen Einfluß auf mechanische und physikalische Eigenschaften kristalliner Stoffe und besitzt somit metallurgische und technologische Bedeutung.

3.11 Glossar

Allotropie. Eigenschaft eines Materials, in mehr als einer Kristallstruktur auftreten zu können, abhängig von Temperatur und Druck.

Amorphe Materialien. Materialien, einschließlich Gläser, die keine Fernordnung oder Kristallstruktur besitzen.

Anisotropie. Richtungsabhängigkeit von Eigenschaften.

Atomradius. Radius eines Atoms, abgeleitet aus den Abmessungen einer Elementarzelle unter Annahme einer Kugelpackung in dichtgepackten Kristallrichtungen.

Basisebene. Bezeichnung für dichtgepackte Ebene in hexagonal dichtgepackten Elementarzellen (hexagonal dichteste Kugelpackung).

Beugung. Interferenzverstärkung von Röntgenstrahlen bei Wechselwirkung mit einem Festkörper. Aus dem Beugungsspektrum ergeben sich Informationen über die Kristallstruktur des Festkörpers.

Braggsches Gesetz. Zusammenhang zwischen Beugungswinkel und Kristallebenenabstand beim Einfall von Röntgenstrahlen bestimmter Wellenlänge auf kristallographische Ebenen.

Bravais-Gitter. Vierzehn mögliche Kristallgitter, die sich aus der periodischen Anordnung von Gitterpunkten ergeben können.

Diamantstruktur. Spezielle kubisch-flächenzentrierte Kristallstruktur von Kohlenstoff, Silicium und anderen Stoffen mit vierfach kovalenter Bindung.

Dichtgepackte Richtungen. Kristallrichtungen, in denen sich die Atome im Kontakt befinden (dichteste Kugelpackung).

Ebenen einer Form. Äquivalente kristallographische Ebenen unterschiedlicher Orientierung. Ihre Angabe erfolgt in geschweiften Klammern { }.

Elementarzelle. Kleinste Gittereinheit, die noch alle Charakteristika des Gesamtgitters aufweist.

Fernordnung. Regelmäßige periodische Anordnung von Atomen in einem Festkörper, die sich über große Entfernung erstreckt.

Gitter. Regelmäßige periodische Anordnung von Punkten im Raum.

Gitterkonstante. Kantenlänge von Elementarzellen. Siehe auch Gitterparameter.

Gitterparameter. Kantenlängen und Winkel zwischen Seitenflächen der Elementarzelle. Die Gitterparameter beschreiben die Größe und Gestalt der Elementarzelle.

Gitterpunkte. Punkte, die das Gitter bilden. Die Umgebung äquivalenter Gitterpunkte ist im Gitter überall gleich .

Glas. Festes, nichtkristallines Material, das nur eine Nahordnung zwischen den Atomen besitzt.

Interplanarer Abstand. Abstand zwischen benachbarten Kristallebenen (Netzebenen) mit gleichen Millerschen Indizes.

Isotropie. Richtungsunabhängigkeit von Eigenschaften.

Koordinationszahl. Anzahl der nächsten Nachbaratome eines Atoms.

Kristallstruktur. Anordnung der Atome eines Festkörpers in einem sich wiederholenden regelmäßigen Gitter.

Kubischer Platz. Zwischengitterplatz mit einer Koordinationszahl von 8.

Lineare Dichte. Anzahl der Gitterpunkte pro Elementarlänge einer Richtung.

Miller-Bravais-Indizes. Spezielle Kurzbezeichnung zur Kennzeichnung kristallographischer Ebenen in hexagonal-dichtgepackten Elementarzellen.

Millersche Indizes. Kurzbezeichnung zur Kennzeichnung kristallographischer Richtungen und Ebenen in Festkörpern.

Nahordnung. Regelmäßige Anordnung von Atomen über kurze Entfernung, gewöhnlich über ein oder zwei Atomabstände.

Netzebenenabstand. Siehe interplanaren Abstand.

Oktaedrischer Platz (oder oktaedrische Lücke). Zwischengitterplatz mit einer Koordinationszahl von 6. Ein Atom oder Ion, das sich auf diesem Platz befindet, berührt sechs andere Atome oder Ionen.

Packungsanteil. Anteil einer Richtung (linearer Packungsanteil) oder einer Ebene (planarer Packungsanteil), der mit Atomen oder Ionen besetzt ist. Wenn sich auf jedem Gitterpunkt ein Atom befindet, ist der lineare Packungsanteil einer Richtung das Produkt aus deren linearer Dichte und dem zweifachen Atomradius.

Packungsfaktor. Anteil des mit Atomen ausgefüllten Raumes.

Planare Dichte. Anzahl der Atome pro Flächeneinheit, die mit ihren Zentren in dieser Fläche liegen.

Polymorphie. Siehe Allotropie.

Richtungen einer Form. Äquivalente kristallographische Richtungen unterschiedlicher Orientierung. Ihre Angabe erfolgt in spitzen Klammern ⟨ ⟩.

Stapelfolge. Reihenfolge, in der dichtgepackte Ebenen gestapelt sind. Für die hexagonal-dichtgepackte Struktur gilt die Reihenfolge ABABAB, für die kubisch-flächenzentrierte Struktur die Reihenfolge ABCABCABC.

Tetraeder. Nahordnungstruktur zwischen Atomen mit vier Bindungsrichtungen.

Tetraedrischer Platz (oder tetraedrische Lücke). Zwischengitterplatz mit einer Koordinationszahl von 4. Ein Atom oder Ion, das sich auf diesem Platz befindet, berührt vier andere Atome oder Ionen.

Wiederholabstand. Entfernung zwischen benachbarten Gitterpunkten einer Richtung.

Zwischengitterplatz. Platz zwischen den normalen Atomen oder Ionen eines Gitters, auf dem ein weiteres, meist unterschiedliches Atom oder Ion untergebracht werden kann.

3.12 Übungsaufgaben

3.1 Berechne den Atomradius eines
(a) krz-Metalls mit $a_0 = 0,3294$ nm und einem Atom pro Gitterpunkt,
(b) kfz-Metalls mit $a_0 = 4,0862$ Å und einem Atom pro Gitterpunkt.

3.2 Kalium besitzt eine krz-Struktur mit einem Atom pro Gitterpunkt, eine Dichte von $0,855$ g/cm^3 und eine Molmasse von $39,09$ g/mol. Berechne
(a) die Gitterkonstante,
(b) den Atomradius von Kalium.

3.3 Ein Metall mit kubischer Struktur und einem Atom pro Gitterpunkt hat eine Dichte von $2,6$ g/cm^3, eine Molmasse von $87,62$ g/mol und eine Gitterkonstante von $6,0849$ Å. Bestimme die Kristallstruktur des Metalls.

3.4 Indium hat eine tetragonale Struktur mit $a_0 = 0,3252$ nm und $c_0 = 0,4946$ nm. Seine Dichte beträgt $7,286$ g/cm^3 und seine Molmasse $114,82$ g/mol. Handelt es sich um eine einfache oder raumzentrierte tetragonale Struktur?

3.5 Gallium besitzt eine rhombische Struktur mit $a_0 = 0,4526$ nm, $b_0 = 0,4519$ nm und $c_0 = 0,7657$ nm. Der Atomradius beträgt $0,1218$ nm, die Dichte $5,904$ g/cm^3 und die Molmasse $69,72$ g/mol. Bestimme
(a) die Anzahl der Atome pro Elementarzelle,
(b) den Packungsfaktor der Elementarzelle.

3.6 Titan liegt oberhalb von 882 °C in krz-Struktur mit $a_0 = 0,332$ nm und unterhalb dieser Temperatur in hdp-Struktur mit $a_0 = 0,2978$ nm und $c_0 = 0,4735$ nm vor. Bestimme die prozentuale Volumenänderung, die beim Übergang von krz- in hdp-Titan eintritt. Handelt es sich um eine Kontraktion oder Ausdehnung?

3.7 Eine typische Büroklammer wiegt $0,59$ g und besteht aus krz-Eisen. Berechne
(a) die Anzahl der Elementarzellen und
(b) die Anzahl der Eisenatome in der Büroklammer. (Die benötigten Daten sind dem Anhang A zu entnehmen.)

3.8 Bestimme die Millerschen Indizes für die in Abbildung 3.33 eingezeichneten Richtungen einer kubischen Elementarzelle.

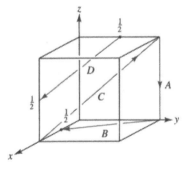

Abb. 3.33. Richtungen in einer kubischen Elementarzelle (zur Aufgabe 3.8).

3.9 Bestimme die Millerschen Indizes für die in Abbildung 3.34 eingezeichneten Ebenen einer kubischen Elementarzelle.

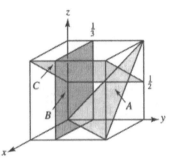

Abb. 3.34. Ebenen in einer kubischen Elementarzelle (zur Aufgabe 3.9).

3.10 Bestimme die Millerschen Indizes für die in Abbildung 3.35 eingezeichneten Richtungen eines hexagonalen Gitters unter Verwendung der Dreiachsen- und Vierachsen-Schreibweise.

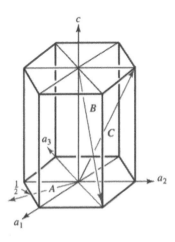

Abb. 3.35. Richtungen in einem hexagonalen Gitter (zur Aufgabe 3.10).

3.11 Bestimme die Millerschen Indizes für die in Abbildung 3.36 eingezeichneten Ebenen eines hexagonalen Gitter.

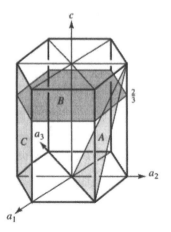

Abb. 3.36. Ebenen in einem hexagonalen Gitter (zur Aufgabe 3.11).

3.12 Bestimme die sechs Richtungen der Form $\langle 110 \rangle$, die in der $(11\bar{1})$-Ebene einer kubischen Elementarzelle liegen.

3.13 Bestimme die Anzahl der Richtungen der Form $\langle 110 \rangle$ einer tetragonalen Elementarzelle und vergleiche sie mit der Anzahl der Richtungen der Form $\langle 110 \rangle$ einer rhombischen Elementarzelle.

3.14 Bestimme die Millerschen Indizes der Ebene, die durch drei Punkte mit folgenden Koordinaten verläuft:
(a) 0,0,1; 1,0,0 und 1/2,1/2,0.
(b) 1/2,0,1; 1/2,0,0 und 0,1,0.
(c) 1,0,0; 0,1,1/2 und 1,1/2,1/4.
(d) 1,0,0; 0,0,1/4 und 1/2,1,0.

3.15 Bestimme den Wiederholabstand, die lineare Dichte und den Packungsanteil in den Richtungen [100], [110] und [111] von krz-Lithium mit einer Gitterkonstanten von 0,3509 nm. Welche dieser Richtungen ist eine dichtgepackte?

3.16 Bestimme die planare Dichte und den Packungsanteil von kfz-Nickel mit einer Gitterkonstanten von 0,3517 nm in den Ebenen (100), (110) und (111).

3.17 Ein 1 mm dickes Blech aus kfz-Rhodium ist so hergestellt, daß seine (111)-Ebene parallel zur Oberfläche ausgerichtet ist. Bestimme die Anzahl der interplanaren d_{111}-Abstände, die auf die Blechdicke entfallen. Benötigte Zahlenwerte sind dem Anhang A zu entnehmen.

3.18 Bestimme den minimalen Radius eines Atoms, das einen
(a) tetraedrischen Zwischengitterplatz in kfz-Nickel,
(b) oktaedrischen Zwischengitterplatz in krz-Lithium besetzen kann.

3.19 Unter Verwendung der im Anhang B angegebenen Ionenradien ist die für folgende Verbindungen zu erwartende Koordinationszahl zu bestimmen:
(a) Y_2O_3, (b) UO_2, (c) BaO, (d) Si_3N_4, (e) GeO_2, (f) MnO, (g) MgS, (h) KBr.

3.20 Besitzt UO_2 eine Natriumchlorid-, Zinkblende- oder Fluorit-Struktur? Davon abhängig sind
(a) die Gitterkonstante,
(b) die Dichte,
(c) der Packungsfaktor zu bestimmen.

3.21 Besitzt CsBr eine Natriumchlorid-, Zinkblende-, Fluorit- oder Cäsiumchlorid-Struktur? Davon abhängig sind
(a) die Gitterkonstante,
(b) die Dichte,
(c) der Packungsfaktor zu bestimmen.

3.22 MgO, das eine Natriumchlorid-Struktur besitzt, hat eine Gitterkonstante von 0,396 nm. Bestimme die planare Dichte und den planaren Packungsanteil für die (111)- und (222)-Ebene. Welche Ionenart befindet sich auf welcher Ebene?

3.23 Die Dichte von Cristobalit beträgt 1,538 g/cm^3 und seine Gitterkonstante 0,8037 nm. Berechne die Anzahl der in der Elementarzelle befindlichen SiO_2-, Si- und O-Ionen.

3.24 Bei der Beugung von Röntgenstrahlen mit einer Wellenlänge von 0,1542 nm an (311)-Ebenen von Aluminium tritt unter dem Winkel 2θ von 78,3° ein Beugungsmaximum auf. Berechne die Gitterkonstante von Aluminium.

3.25 Abbildung 3.37 zeigt das Ergebnis einer Röntgenbeugungsanalyse (Beugungspektrum) als Intensitätsverlauf in Abhängigkeit vom Beugungswinkel 2θ. Die Wellenlänge der Röntgenstrahlung beträgt 0,0711 nm. Bestimme
(a) die Kristallstruktur des Metalls,
(b) die Indizes der beugenden Ebenen,
(c) die Gitterkonstante.

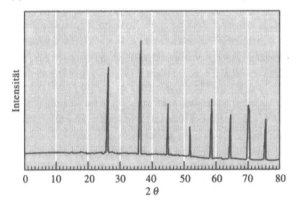

Abb. 3.37. Röntgenbeugungsspektrum (zur Aufgabe 3.25).

4 Störungen des atomaren Aufbaus von Festkörpern

4.1 Einleitung

Alle realen Festkörper enthalten in ihrer Kristallstruktur Abweichungen von der idealen atomaren Anordnung (Gitterstörungen). Diese Störungen haben beträchtliche Auswirkung auf die Materialeigenschaften. Durch kontrollierten Einbau von Defekten lassen sich die mechanischen Eigenschaften von Metallen und Legierungen verbessern und Materialien mit völlig neuartigen Eigenschaften erzeugen. Beispiele darauf beruhender Produkte sind Transistoren und Solarzellen, leistungsfähige Magnete, farbenprächtige Gläser und viele moderne Erzeugnisse mit hohem Gebrauchswert.

In diesem Kapitel machen wir uns mit den drei Grundtypen von Gitterstörungen vertraut: den Punktdefekten, den linearen Defekten (oder Versetzungen) und den flächenförmigen Defekten. Dabei müssen wir uns stets vergegenwärtigen, daß sich der Begriff „Störung" ausschließlich auf die Kristallstruktur und nicht den Werkstoff als solchen bezieht. Vielmehr erhalten Werkstoffe oftmals erst durch diese Störungen ihre gewünschten Eigenschaften. Nachfolgende Kapitel werden uns zeigen, welche technologischen Möglichkeiten dafür zur Verfügung stehen.

4.2 Versetzungen

Versetzungen sind lineare Störungen eines ansonsten perfekten Kristallgitters. Sie entstehen im allgemeinen beim Übergang aus der Schmelze in den festen Zustand oder bei der Materialverformung. Obwohl Versetzungen in allen kristallinen Festkörpern einschließlich keramischer und polymerer Stoffe auftreten, sind sie vor allem geeignet, das mechanische Verhalten von Metallen zu erklären. Wir können zwei Arten von Versetzungen unterscheiden: die Schraubenversetzung und die Stufenversetzung.

Schraubenversetzungen. Die *Schraubenversetzung* läßt sich bildlich veranschaulichen durch partielle Auftrennung eines perfekten Kristalls und anschließende Scherung der durch den Einschnitt getrennten Kristallbereiche um einen Atomabstand (s. Abb. 4.1). Wenn wir die Scherachse, wie in der Abbildung dargestellt, am Punkt x beginnend in einer kristallographischen Ebene umlaufen und dabei in jeder Richtung gleich viele Atomabstände durchmessen, endet der Umlauf einen Atomabstand unterhalb des Startpunkts am Punkt y. Der Vektor, der benötigt wird, um die Schleife bis zum Startpunkt zu schließen, ist der *Burgers-Vektor* **b**. Bei Fortsetzung des Umlaufs würden wir eine Spiralbahn durchlaufen. Die Achse oder

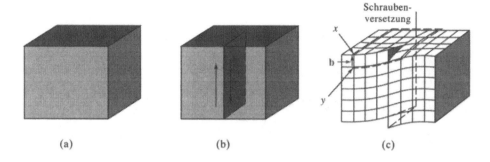

Abb. 4.1. Entstehen einer Schraubenversetzung: Der perfekte Kristall (a) wird partiell aufgetrennt (b) und um einen Atomabstand geschert (c). Der Burgers-Vektor **b** schließt den Umlauf um die Schraubenversetzung.

Linie, um die sich diese Bahn windet, ist die Schraubenversetzung. Der Burgers-Vektor ist parallel zur Schraubenversetzung ausgerichtet.

Stufenversetzungen. Zur Veranschaulichung der *Stufenversetzung* gehen wir zunächst ähnlich vor. Die aufgetrennten Kristallbereiche werden aber nicht geschert, sondern gespreizt, und der entstandene Spalt mit einer Halbebene aufgefüllt (s. Abb. 4.2). Der untere Rand dieser eingefügten Halbebene bildet die Versetzungslinie. Wenn wir am Punkt x beginnend die Stufenversetzung im Uhrzeigersinn umlaufen und gleich viele Atomabstände in jeder Richtung zurücklegen, endet der Umlauf einen Atomabstand vor dem Startpunkt x am Punkt y. Der erforderliche Vektor zur Komplettierung der Schleife ist wiederum der Burgers-Vektor. In diesem Fall ist der Burgers-Vektor senkrecht zur Versetzung gerichtet. Die oberhalb der Versetzungslinie gelegenen Atome sind durch die eingefügte Halbebene einer Druckbeanspruchung ausgesetzt, während die unterhalb der Versetzung befindlichen Atome auseinandergezogen werden. Das umgebende Gitter ist durch das Vorhandensein der Versetzung gestört.

Gemischte Versetzungen. Wie aus Abbildung 4.3 ersichtlich, besitzen *gemischte Versetzungen* sowohl Stufen- als auch Schraubenkomponenten. Der Burgers-Vektor bleibt jedoch für beide Teile gleich.

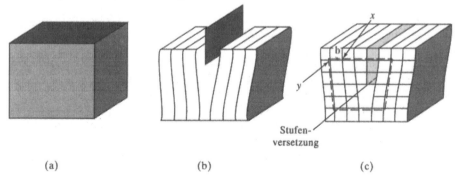

Abb. 4.2. Entstehen einer Stufenversetzung: Der perfekte Kristall (a) wird partiell aufgetrennt (b). In den entstandenen Spalt wird eine Zusatzebene eingeschoben (c). Der Burgers-Vektor **b** schließt den Umlauf um die Stufenversetzung.

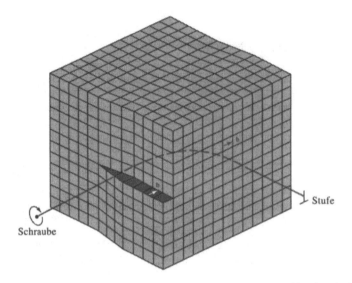

Abb. 4.3. Gemischte Versetzung. Die Schraubenversetzung (links) geht in eine Stufenversetzung (rechts) über. (Entnommen aus: *W.T.Read*, Dislocations in Crystals. *McGraw-Hill*, 1953.)

Gleitvorgang. Wenn man den Burgers-Vektor von der oben beschriebenen Umlaufschleife parallel bis zur Stufenversetzung verschiebt (s. Abb. 4.4), bildet er mit der Versetzungslinie eine Ebene, die für das Verständnis von Materialverformungen sehr hilfreich ist.

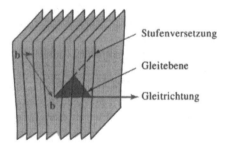

Abb. 4.4. Nach Parallelverschiebung des Burgers-Vektors von der Umlaufschleife zur Versetzungslinie bilden Burgers-Vektor und Stufenversetzung eine Ebene (Gleitebene).

Bei Einwirkung einer Scherkraft in Richtung des Burgers-Vektors verlagert sich die Versetzung schrittweise um jeweils eine Atomebene (Abb. 4.5). Dabei werden atomare Bindungen der Folgeebene aufgebrochen. Die ursprüngliche Halbebene vereinigt sich mit dem unteren Teil der Folgeebene. Der obere Teil der Folgeebene bildet eine neue Halbebene. Bei Fortsetzung dieses Vorgangs wandert die Versetzung durch den gesamten Kristall, bis auf dessen Außenseite eine Stufe entsteht; der Kristall wird deformiert. Wenn fortlaufend weitere Versetzungen von einer Seite in den Kristall eingeführt werden und durch ihn hindurchwandern, kann der Kristall schließlich in zwei Teile zerfallen.

Diese Versetzungsbewegung mit der Folge einer Materialverformung wird als *Gleitvorgang* bezeichnet. Die Richtung der Versetzungsbewegung ist die *Gleitrich-*

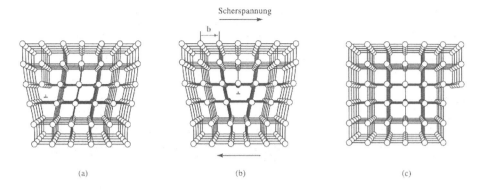

Abb. 4.5. Bei Einwirken einer Scherkraft (a) werden die Atome in Nachbarschaft der Versetzung verschoben. Die Versetzung verlagert sich schrittweise um jeweils einen Burgers-Vektor in Gleitrichtung (b). Wenn sich die Versetzungsbewegung fortsetzt, entsteht auf der Außenseite des Kristalls eine Stufe (c). Der Kristall hat sich verformt. (Entnommen aus: *A.G.Guy*, Essentials of Materials Science. *McGraw-Hill*, 1976.)

tung und stimmt mit der Richtung des Burgers-Vektors der Stufenversetzung überein. Die Ebene, in welcher die Versetzung wandert und die vom Burgers-Vektor und der Stufenversetzung aufgespannt wird, heißt *Gleitebene*. Gleitrichtung und Gleitebene bilden zusammen ein *Gleitsystem*. Schraubenversetzungen führen zum gleichen Ergebnis; in diesem Fall bewegt sich die Versetzung senkrecht zum Burgers-Vektor, obwohl sich der Kristall parallel zu ihm verformt.

Während des Gleitvorgangs wandert die Versetzung von einer Gleichgewichtslage zur nächsten, wobei jede Lage eine gleiche Umgebung aufweist. Dieser Platzwechsel ist mit der Überwindung von Potentialschwellen verbunden. Die dafür notwendige *Peierls-Nabarro-Spannung* beträgt:

$$\tau = c \exp\left(-kd/\mathbf{b}\right), \tag{4.1}$$

wobei τ die erforderliche Verschiebungsspannung, d den interplanaren Abstand zwischen benachbarten Gleitebenen, $\mathbf{b}$ den Burgers-Vektor und c und k Materialkonstanten bedeuten. Die Versetzung bewegt sich in einem Gleitsystem, das den jeweils geringsten Energieaufwand erfordert. Nach Gleichung 4.1 ergeben sich hierfür folgende Auswahlkriterien:

1. Die Verschiebungsspannung wächst exponentiell mit der Länge des Burgers-Vektors. Infolgedessen sind Gleitrichtungen mit kleinem Wiederholabstand bzw. hoher linearer Dichte bevorzugt. Dies trifft z. B. für die dichtgepackten Kristallrichtungen von Metallen zu, die sich gewöhnlich als Gleitrichtungen erweisen.

2. Die Verschiebungsspannung nimmt exponentiell mit dem Netzebenenabstand der Gleitebenen ab. „Glatte" Atomebenen (mit nur kleinen atomaren „Hügeln und Tälern" auf ihrer Oberfläche) und Ebenen mit möglichst großem interplanaren Abstand erleichtern den Gleitvorgang. Diese Bedingung wird von Ebenen mit hoher planarer Dichte erfüllt. Typische Gleitebenen sind folglich dichtgepackte Kristallebenen bzw. solche, die unter den vorliegenden Bedingungen am dichtesten gepackt sind. In Tabelle 4.1 sind Gleitsysteme von einigen Materialien zusammengefaßt.

Tabelle 4.1. Gleitebenen und Gleitrichtungen in wichtigen Kristallstrukturen

Kristallstruktur	Gleitebene	Gleitrichtung
krz-Metall	$\{110\}$	$\langle 110 \rangle$
	$\{112\}$	
	$\{123\}$	
kfz-Metall	$\{111\}$	$\langle 110 \rangle$
hdp-Metall	$\{0001\}$	$\langle 100 \rangle$
	$\{11\bar{2}0\}$	$\langle 110 \rangle$
	$\{10\bar{1}0\}$ Siehe Anmerkung	oder $\langle 11\bar{2}0 \rangle$
	$\{10\bar{1}1\}$	
MgO, NaCl (ionisch)	$\{110\}$	$\langle 110 \rangle$
Silicium (kovalent)	$\{111\}$	$\langle 110 \rangle$

Anmerkung: Diese Ebenen werden meist erst bei erhöhter Temperatur aktiviert.

3. Kovalente Bindungen (Silicium, Polymere) erschweren die Versetzungsbewegung. Ihre Stärke und Richtungsabhängigkeit erfordern sehr hohe Spannungen, die leicht zu Sprödbruch führen, bevor Gleitvorgänge einsetzen können.
4. Materialien mit ionischer Bindung (Keramik) sind ebenfalls sehr gleitresistent. Versetzungsbewegungen erfordern in ihnen die Aufhebung des Ladungsgleichgewichts zwischen Anionen und Kationen. Ihre starken Bindungen müssen unterbrochen werden. Ionen gleicher Ladung gleiten dicht aneinander vorbei und stoßen sich ab. Schließlich ist auch der Wiederholabstand bzw. der Burgers-Vektor größer als in Metallen. Infolgedessen ist auch in diesen Materialien der Sprödbruch wahrscheinlicher als der Gleitprozeß von Versetzungen.

Beispiel 4.1
Bestimmung der Länge des Burgers-Vektors für die in Abbildung 4.6 dargestellte Stufenversetzung eines MgO-Kristalls. MgO besitzt NaCl-Struktur und eine Gitterkonstante von 0,396 nm.

Lösung
Wir umlaufen die Versetzung im Uhrzeigersinn und beginnen den Umlauf am Punkt x der Abbildung 4.6. Nach gleich vielen Atomabständen in den sich gegenüberliegenden Richtungen endet der Umlauf am Punkt y. Der Vektor **b** ist der Burgers-Vektor. Er hat die Richtung [110], seine Länge ist folglich der Abstand zweier benachbarter (110)-Ebenen. Diese beträgt nach Gleichung (3.7):

$$d_{110} = \frac{a_0}{\sqrt{h^2 + k^2 + l^2}} = \frac{0,396}{\sqrt{1^2 + 1^2 + 0^2}} = 0,280 \text{ nm}.$$

Im Gegensatz zu Kristallen, die aus nur einem Element bestehen, wird im Falle der vorliegenden Verbindung die Stufenversetzung durch zwei zusätzliche Halbebenen gebildet – die eine besteht aus O-Ionen, die andere aus Mg-Ionen. □

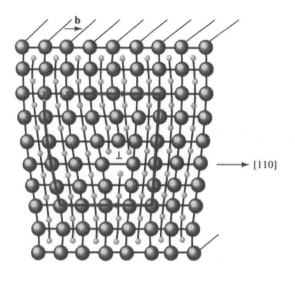

b

[110]

◎ Sauerstoff

◉ Magnesium

Abb. 4.6. Stufenversetzung in MgO mit Gleitrichtung und Burgers-Vektor (zu Beispiel 4.1). (Entnommen aus: *W.D.Kingery, H.K.Bowen, D.R.Uhlmann*, Introduction to Ceramics. *John Wiley*, 1976.)

Beispiel 4.2

Berechnung der Länge des Burgers-Vektors in Kupfer.

Lösung

Cu besitzt kfz-Struktur mit einer Gitterkonstanten von 0,3615 nm. Die dichtgepackten Richtungen und folglich auch die Richtungen des Burgers-Vektors haben die Form ⟨110⟩. Der Wiederholabstand entlang der ⟨110⟩-Richtungen beträgt eine halbe Frontflächendiagonale, da sich die Gitterpunkte an den Ecken und im Zentrum der Würfelfläche befinden.

$$\text{Frontflächendiagonale} = \sqrt{2}a_0 = (\sqrt{2})(0,36151) = 0,51125 \; nm.$$

Die Länge des Burgers-Vektors oder des Wiederholabstandes beträgt:

$$\mathbf{b} = \frac{1}{2}(0,51125 \text{ nm}) = 0,25563 \text{ nm}. \qquad \square$$

Beispiel 4.3

Die planare Dichte der (112)-Ebene von krz-Eisen beträgt $9{,}94 \cdot 10^{14}$ Atome/cm². Berechnet werden sollen (a) die planare Dichte der (110)-Ebene und (b) die interplanaren Abstände für (112)- und (110)-Ebenen. Welche dieser Ebenen ist bei Gleitvorgängen bevorzugt?

Lösung

(a) Die Gitterkonstante von krz-Fe beträgt nach Anhang A 0,2866 nm. Abbildung 4.7 zeigt die (110)-Ebene, wobei die innerhalb der Elementarzelle gelegenen Atome schattiert dargestellt sind. Auf die (110)-Fläche der Elementarzelle entfallen jeweils ein Viertel der vier Eckatome und ein Zentralatom, also insgesamt zwei Atome. Für die planare Dichte der (110)-Ebene ergibt sich:

$$\text{Planare Dichte (110)} \quad = \frac{\text{Atome}}{\text{Fläche}} = \frac{2}{\sqrt{2}\,(2{,}866 \cdot 10^{-8})^2}$$

$$= 1{,}72 \cdot 10^{15} \text{ Atome/cm}^2.$$

Planare Dichte (112) $= 0{,}994 \cdot 10^{15}$ Atome/cm^2 (gemäß Aufgabenstellung).

(b) Die interplanaren Abstände beider Ebenen betragen:

$$d_{110} = \frac{2{,}866 \cdot 10^{-8}}{\sqrt{1^2 + 1^2 + 0}} = 2{,}0266 \cdot 10^{-8} \text{ cm}$$

$$d_{112} = \frac{2{,}866 \cdot 10^{-8}}{\sqrt{1^2 + 1^2 + 2^2}} = 1{,}17 \cdot 10^{-8} \text{ cm.}$$

Die planare Dichte und der interplanare Abstand der (110)-Ebene sind größer als die der (112)-Ebene. Bevorzugte Gleitebene ist folglich die (110)-Ebene. $\square$

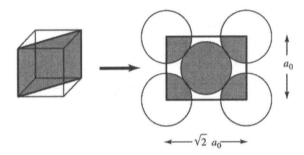

Abb. 4.7. Atomlagen auf der (110)-Ebene der krz-Elementarzelle (zu Beispiel 4.3).

4.3 Bedeutung von Versetzungen

Obwohl Gleitvorgänge von Versetzungen auch in keramischen und polymeren Werkstoffen auftreten können, sind sie vor allem geeignet, uns das mechanische Verhalten von Metallen zu erklären.

Erstens machen sie verständlich, weshalb die Festigkeit von Metallen wesentlich kleiner ist, als man nach der Stärke der metallischen Bindung erwartet. Die Ursache hierfür liegt im beschriebenen Mechanismus des Gleitvorgangs, der nur ein schrittweises Aufbrechen der senkrecht zur Gleitebene verlaufenden atomaren Bindungen verlangt und nicht eine gleichzeitige Trennung in der gesamten Ebene. Entsprechend geringer ist die erforderliche Kraft.

Zweitens erklärt das Gleiten von Versetzungen die gute Verformbarkeit von Metallen. Ohne Versetzungen würde sich Eisen spröde verhalten. Bearbeitungsverfahren wie Schmieden wären ausgeschlossen.

Drittens kann die Beweglichkeit von Versetzungen durch Unregelmäßigkeiten in der Kristallstruktur auch beeinträchtigt werden. Eingebaute Störungen blockieren den Gleitvorgang oder erfordern einen größeren Kraftaufwand für ihre Überwindung. Höherer Kraftaufwand aber bedeutet größere Festigkeit !

Die Anzahl der in Realkristallen vorhandenen Versetzungen ist außerordentlich groß. Als Maß dient die *Versetzungsdichte* oder die Gesamtlänge der Versetzungen pro Volumeneinheit. Ihr Wertebereich in Metallen erstreckt sich von 10^6 cm/cm^3 (sehr weiche Metalle) bis 10^{12} cm/cm^3 (nach starker Verformung).

Versetzungen können mit einem Transmissionselektronenmikroskop (TEM) sichtbar gemacht werden. Das Meßverfahren beruht auf der unterschiedlichen Durchlaßfähigkeit (bzw. Streuwirkung) gestörter und ungestörter Kristallbereiche für Elektronen. Verwendet werden dünne Materialproben, die für die im TEM erzeugten und beschleunigten Elektronen hinreichend durchlässig sind. Der durch das Material hindurchtretende (transmittierte) Elektronenstrahl weist Intensitäts-unterschiede auf, die nach elektronenoptischer Vergrößerung auf einem Fluoreszenzschirm oder einer Fotoplatte sichtbar gemacht werden können. Die Intensitäts-unterschiede sind auf die unterschiedliche Streuwirkung versetzungsfreier und versetzungbehafteter Materialbereiche zurückzuführen und ergeben so ein Abbild der Versetzungsverteilung des durchstrahlten Materials. Abbildung 4.8 zeigt die elektronenoptische Aufnahme von Versetzungsanordnungen in Ti$_3$Al.

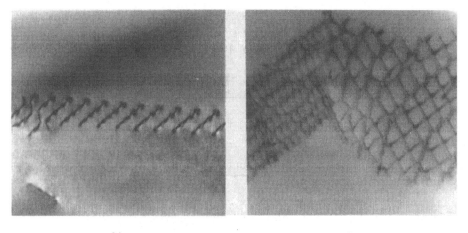

(a)   (b)

Abb. 4.8. Elektronenoptische Aufnahmen von Versetzungen in Ti$_3$Al: (a) Versetzungsstapel (36 500-fache Vergrößerung) und (b) Versetzungsnetze (15 750 fache Vergrößerung). (Mit freundlicher Genehmigung von *Gerald Feldewerth*.)

4.4 Gesetz von Schmid

Der für die Auslösung von Gleitvorgängen erforderliche Spannungsaufwand ist abhängig von der Kristallstruktur des Materials und von der Richtung der einwirkenden Kraft. Abbildung 4.9 zeigt einen zylindrischen Stab, bestehend aus einem Einkristall, der in axialer Richtung einer Verformungskraft F ausgesetzt ist. Gleitebene und Gleitrichtung des Kristalls sind durch die Winkel λ und ϕ bestimmt. λ gibt den Winkel zwischen Kraft und Gleitrichtung und ϕ den Winkel zwischen Kraft und Gleitebenennormale an.

Die auf das Gleitsystem wirkende Komponente der anliegenden Kraft F ist die resultierende Scherkraft F_r:

$$F_r = F \cos \lambda .$$

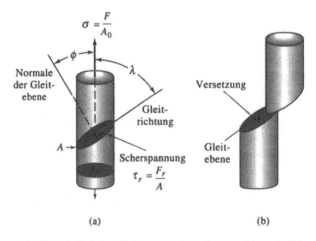

(a)   (b)

Abb. 4.9. (a) Auf das Gleitsystem wirkt eine resultierende Scherspannung τ. (b) Die in diesem Gleitsystem erfolgende Versetzungsbewegung deformiert den Kristall.

Wenn wir diese Gleichung durch die Fläche der Gleitebene $A = A_0/\cos\phi$ dividieren, erhalten wir das *Gesetz von Schmid*:

$$\tau_r = \sigma \cos\phi \cos\lambda, \tag{4.2}$$

wobei

$$\tau_r = \frac{F_r}{A} = \text{die resultierende Scherspannung in Gleitrichtung}$$

und

$$\sigma = \frac{F}{A_0} = \text{die axial auf den Zylinder einwirkende äußere Spannung bedeuten.}$$

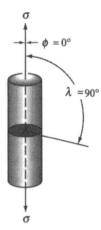

Abb. 4.10. Wenn die Gleitebene senkrecht zur äußeren Spannung σ verläuft, beträgt der Winkel λ 90°. Die resultierende Scherspannung ist null.

Beispiel 4.4

Wenn die Gleitebene die in Abbildung 4.10 dargestellte Lage einnimmt, betragen $\phi = 0°$ und $\lambda = 90°$. Wegen $\cos \lambda = 0$ ergäbe sich auch bei extrem großer einwirkender Kraft keine resultierende Scherspannung in Gleitrichtung und demzufolge keine Versetzungsbewegung. Das gleiche gilt nach dem Gesetz von Schmid auch für $\phi = 90°$. □

Als *kritische resultierende Scherspannung* τ_{kr} bezeichnet man den Schwellenwert der Scherspannung, von dem an Gleitvorgänge stattfinden können:

$$\tau_r = \tau_{kr}. \tag{4.3}$$

Beispiel 4.5

Ein Stab aus einkristallinem Aluminium soll als Sensor für mechanische Kräfte dienen und sich bei Einwirkung einer axialen äußeren Spannung von 3,5 N/mm^2 unter einem Winkel von 45°, bezogen auf die Achsenrichtung, durch Gleitung verformen. Die kritische resultierende Scherspannung von Al beträgt 1,02 N/mm^2. Gefragt ist nach dem Winkel ϕ zwischen der Normalen der Gleitebene und der Stabachse.

Lösung

Die Versetzungsbewegung beginnt, wenn die resultierende Scherspannung den kritischen Wert von 1,02 N/mm^2 erreicht. Nach dem Gesetz von Schmid gilt

$$\tau_r = \sigma \cos \lambda \cos \phi$$

oder

$$1{,}02 \text{ N/mm}^2 = (3{,}5 \text{ N/mm}^2) \cos \lambda \cos \phi.$$

Da der Gleitvorgang unter einem Winkel von 45° zur Achsenrichtung stattfinden soll, beträgt $\lambda = 45°$:

$$\cos \phi = \frac{1{,}02}{3{,}5 \cos 45} = \frac{1{,}02}{(3{,}5)(0{,}707)} = 0,412$$
$$\phi = 65{,}7°.$$

Der herzustellende Stab muß demzufolge so orientiert sein, daß $\lambda = 45°$ und $\phi = 65{,}7°$ betragen.

Dies läßt sich durch einen geeignet geführten Erstarrungsprozeß verwirklichen. Dabei wird die Gußform mit einem entsprechend orientierten Al-Keim ausgelegt. Die Erstarrung der zugeführten Al-Schmelze beginnt an der Oberfläche des Keimkristalls. Der Al-Stab wächst auf dem Keim einkristallin auf und übernimmt dessen kristallographische Orientierung. □

4.5 Einfluß der Kristallstruktur

Die Auslösung von Gleitvorgängen (Gleitwahrscheinlichkeit) hängt von drei wichtigen Kristalleigenschaften ab: der kritischen resultierenden Scherspannung, der Anzahl der vorhandenen Gleitsysteme und der Möglichkeit einer Quergleitung (bzw. eines Gleitsystemwechsels). Tabelle 4.2 faßt diese Eigenschaften für Metalle in kfz-, krz- und hdp-Struktur zusammen. Zu beachten ist, daß sich die in der Tabelle vorgenommenen Angaben auf nahezu perfekte Einkristalle beziehen. Technische Werkstoffe liegen nur selten in einkristalliner Form vor und enthalten fast immer eine große Anzahl von Defekten, die das Gleitverhalten modifizieren können.

Tabelle 4.2. Zusammenfassung von Einflußfaktoren auf das Gleitverhalten von Metallen

Einflußfaktor	kfz	krz	hdp ($c/a > 1,633$)
Kritische resultierende Scherspannung (N/mm^2)	0,35 – 0,7	35 – 70	0,35 – 0,7[a]
Anzahl vorhandener Gleitsysteme	12	48	3[b]
Quergleitung	möglich	möglich	nicht möglich[b]
Gesamtbewertung	duktil	fest	relativ spröde

[a] Gültig für Basisebenen.

[b] Durch Legierung oder Erhitzung lassen sich zusätzliche Gleitsysteme aktivieren. Dadurch erhöht sich die Wahrscheinlichkeit für Quergleiten, so daß sich die Duktilität verbessert.

Kritische resultierende Scherspannung. Die kritische resultierende Scherspannung ist ein Maß für die Festigkeit. Große Werte von τ_{kr} erfordern große äußere Kräfte zur Auslösung von Gleitvorgängen.

kfz-Metalle verfügen über dichtgepackte {111}-Ebenen und haben deshalb eine niedrige kritische resultierende Scherspannung mit Werten im Bereich um 0,5 N/mm^2. Sie sind infolgedessen gut verformbar (duktil), ihre Festigkeit ist relativ gering. Dagegen enthalten krz-Metalle keine dichtgepackten Ebenen, ihre kritische resultierende Scherspannung liegt in der Größenordnung von 50 N/mm^2. Demzufolge weisen krz-Metalle im allgemeinen eine hohe Festigkeit auf.

Das Verhalten von hdp-Metallen ist unterschiedlich und hängt von dem c/a-Verhältnis ihrer Elementarzelle ab. Die dichtgepackten Basisebenen bieten bei großem c/a-Verhältnis einen ähnlich geringen Wert der kritischen resultierenden Scherspannung wie kfz-Metalle (s. Tab. 4.2). Beispiel hierfür ist Zink mit einem c/a-Verhältnis größer oder gleich dem theoretischen Wert von 1,633. Wenn jedoch das c/a-Verhältnis kleiner als 1,633 beträgt, die dichtgepackten Ebenen also enger benachbart liegen oder weniger dicht gepackt sind, wie zum Beispiel in hdp-Titan, wird der Gleitvorgang in diesen Ebenen erschwert. Die Gleitung findet dann auf den Außenflächen des Hexaeders (z. B. der (10$\bar{1}$0)-Ebene) statt, und die kritische resultierende Scherspannung wird vergleichbar mit der von krz-Metallen oder sogar noch größer.

Anzahl der Gleitsysteme. Eine zweite wichtige Einflußgröße für die Auslösung von Gleitvorgängen ist die Anzahl der zur Verfügung stehenden Gleitsysteme. Mit dieser Anzahl wächst die Wahrscheinlichkeit, daß mindestens ein Gleitsystem bezüglich der Spannungsrichtung günstig orientiert ist. Nur geringer Kraftaufwand ist erforderlich, wenn die Winkel λ und ϕ nahe bei 45° liegen.

Ideale hdp-Metalle verfügen nur über einen Satz paralleler dichtgepackter Ebenen, die (0001)-Ebenen, und über drei dichtgepackte Richtungen, so daß sich insgesamt auch nur drei Gleitsysteme mit geringem τ_{kr}-Wert ergeben. Die Wahrscheinlichkeit einer günstigen Orientierung ist somit relativ klein. Aus diesem Grunde können hdp-Kristalle Sprödbruch erleiden, bevor eine nennenswerte Gleitung einsetzt.

Wenn hdp-Metalle jedoch ein kleines c/a-Verhältnis aufweisen oder geeignet legiert sind bzw. sich auf hoher Temperatur befinden, können in ihnen auch zusätzliche Gleitsysteme aktiviert werden, wodurch sich die Wahrscheinlichkeit des Sprödbruchs verringert.

kfz-Metalle enthalten vier nichtparallele dichtgepackte Ebenen der Form {111} und drei dichtgepackte Richtungen der Form ⟨110⟩ innerhalb jeder Ebene, so daß sich insgesamt 12 Gleitsysteme ergeben. Die Wahrscheinlichkeit einer günstigen Orientierung ist deshalb groß. Als Folge davon besitzen kfz-Metalle eine hohe Duktilität.

Noch größer ist die Anzahl verfügbarer Gleitsysteme in krz-Metallen. Sie beträgt bis zu 48 Systemen. Allerdings sind diese weniger dicht gepackt als in kfz- oder hdp-Metallen.

Quergleitung. Wenn eine sich bewegende Versetzung auf ein Hindernis trifft, kann sie möglicherweise ihre Bewegung fortsetzen, in dem sie in ein anderes Gleitsystem überwechselt. Voraussetzung hierfür ist, daß dieses neue System das bisherige schneidet und noch hinreichend günstig orientiert ist. Dieser Vorgang wird als *Quergleitung* bezeichnet.

In vielen hdp-Metallen ist ein Gleitsystemwechsel ausgeschlossen, weil alle Gleitebenen parallel verlaufen und sich folglich nicht schneiden. Ideale hdp-Metalle neigen deshalb zu sprödem Verhalten. Durch Legierung oder Erhitzung lassen sich jedoch zusätzliche Gleitsysteme aktivieren, die die Duktilität erhöhen.

In kfz- und krz-Metallen sind dagegen hinreichend viele sich schneidende Gleitsysteme vorhanden, so daß Gleitsystemwechsel leicht stattfinden können. Die Möglichkeit dieser Quergleitung erhöht die Verformbarkeit der Metalle.

4.6 Punktdefekte

Punktdefekte sind nulldimensionale Gitterfehler, die ein Atom – oder in Abhängigkeit von der Besetzung des Gitterpunktes auch mehrere Atome – betreffen (s. Abb. 4.11). Mögliche Ursachen sind Temperaturerhöhung (verstärkte thermische Bewegung der Atome), Einbau von Fremdatomen, Legierungsvorgänge und andere technologische Einflüsse.

Leerstellen. Leerstellen sind unbesetzte normale Gitterplätze. Sie können beim Übergang in die feste Phase, unter hohen Temperaturen oder durch Strahlungseinwirkung entstehen. Bei Zimmertemperatur sind nur sehr wenige Leerstellen vorhanden. Ihre Anzahl steigt jedoch exponentiell mit der Temperatur entsprechend einer Arrhenius-Beziehung:

$$n_v = n \exp\left(\frac{-Q}{RT}\right), \tag{4.4}$$

wobei n_v die Anzahl der Leerstellen pro cm^3, n die Anzahl der Gitterpunkte pro cm^3, Q die zur Erzeugung eine Leerstelle benötigte Energie in J/mol, R die Gaskonstante (8,314 J/mol · K) und T die Temperatur in K bedeuten. Bei Temperaturen in Nähe des Schmelzpunktes kann die relative Leerstellenkonzentration n_v/n wegen der verfügbaren hohen thermischen Energie Werte bis zu 10^{-3} annehmen.

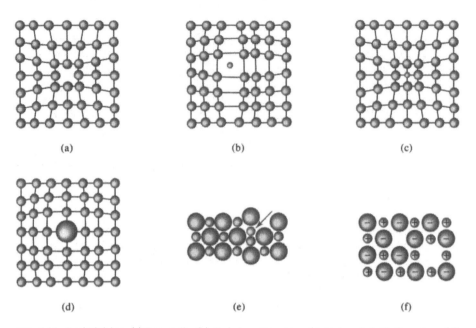

(a)   (b)   (c)

(d)   (e)   (f)

Abb. 4.11. Punktdefekte: (a) Leerstelle, (b) Zwischengitteratom, (c) kleines Substitutionsatom, (d) großes Substitutionsatom, (e) Frenkel-Defekt, (f) Schottky-Defekt.

Beispiel 4.6

Die Anzahl der bei Raumtemperatur in Kupfer vorhandenen Leerstellen soll durch Erwärmung um den Faktor 10^3 erhöht werden. Die Erzeugung einer Leerstelle in Kupfer erfordert ca. 84 kJ/mol.

Lösung

Die Gitterkonstante von kfz-Cu beträgt 0,3615 nm. Für die Anzahl der Cu-Atome oder Gitterpunkte pro cm^3 ergibt sich:

$$n = \frac{4\ \text{Atome/Zelle}}{(3{,}6151 \cdot 10^{-8}\ \text{cm})^3} = 8{,}47 \cdot 10^{22}\ \text{Cu-Atome/cm}^3 .$$

Bei Raumtemperatur $T = 25 + 273 = 298$ K beträgt die Leerstellenkonzentration:

$$n_v = (8{,}47 \cdot 10^{22})\ \exp\left[(-84\,000)/(8{,}314)(298)\right]$$

$$= 1{,}6 \cdot 10^8\ \text{Leerstellen / cm}^3 .$$

Diese Anzahl soll durch Erhitzen auf $n_v = 1{,}6 \cdot 10^{11}$ Leerstellen pro cm^3 erhöht werden. Die dafür notwendige Temperatur ergibt sich in folgender Weise:

$$n_v = 1{,}6 \cdot 10^{11} = (8{,}47 \cdot 10^{22})\ \exp\left[(-84\,000)/(8{,}314)T\right],$$

$$\exp\left[(-84\,000)/(8{,}314)T\right] = \frac{1{,}6 \cdot 10^{11}}{8{,}47 \cdot 10^{22}} = 1{,}9 \cdot 10^{-12},$$

$$\frac{-84000}{(8{,}314)T} = \ln(1{,}9 \cdot 10^{-12}) = -26{,}98,$$

$$T = \frac{84000}{(8{,}314)(26{,}98)} = 374\ \text{K} = 101\ °C.$$

Die gewünschte Erhöhung der Leerstellenkonzentration gelingt durch Erwärmung des Kupfers auf wenig über 100 °C (hierfür genügt fast das Eintauchen in kochendes Wasser) und anschließende schnelle Abkühlung auf Zimmertemperatur. Durch das Abschrecken werden die zusätzlich entstandenen Leerstellen in der Struktur eingefroren.   □

Zwischengitterdefekte. *Zwischengitterdefekte* entstehen durch Besetzung von Punkten der Elementarzelle, die nicht zu den normalen Gitterplätzen gehören. Tabelle 3.6 enthält eine Übersicht in Frage kommender Positionen. Die für die Besetzung geeigneten Atome sind kleiner als die Wirtsatome, aber noch größer als die zur Verfügung stehenden Plätze. Infolgedessen wird das sie umgebende Gitter komprimiert und somit gestört. Zwischengitteratome wie zum Beispiel H-Atome sind oft schon als Verunreinigung vorhanden. C-Atome werden dagegen gezielt in Fe-Gitter eingebaut, um Stahl zu erzeugen. Die Konzentration eingebauter Zwischengitteratome bleibt nahezu konstant und hängt nicht wie die Leerstellenkonzentration von der Temperatur ab.

Substitutionsdefekte. *Substitutionsdefekte* entstehen, wenn normale Gitteratome durch andere Atome ersetzt werden. Die Substitutionsatome nehmen somit normale Gitterpositionen ein. Substitutionsatome können sowohl größer als auch kleiner als die Wirtsatome sein, so daß in ihrer atomaren Umgebung entweder Druck- oder Zugbelastungen auftreten. In beiden Fällen ergeben sich Störungen der Kristallstruktur. Ebenso wie Zwischengitteratome können auch Substitutionsatome als zufällige Verunreinigung oder als gewollte Dotierung in den Festkörper gelangen. Analog zu Zwischengitteratomen ist die Anzahl eingebauter Substitutionsdefekte nahezu unabhängig von der Temperatur.

Andere Punktdefekte. Zwischengitterbesetzungen können auch durch Wirtsatome erfolgen, die ihren normalen Gitterplatz verlassen haben. Die Wahrscheinlichkeit dieser Fehlbesetzung wächst mit der Abnahme des Packungsfaktors.

Das bei diesem Platzwechsel entstehende Leerstellen-Zwischengitter-Paar wird als *Frenkel-Defekt* bezeichnet. In ionisch gebundenen Kristallen müssen aus Gründen der Ladungsbilanz gleichzeitig ein Anion und ein Kation ihre Gitterpositionen verlassen, so daß ein Leerstellenpaar zurückbleibt. Diese Fehlart heißt *Schottky-Defekt*.

Punktdefekte liegen auch vor, wenn z. B. einfach geladene Ionen durch zweifach geladene substituiert werden (Abb. 4.12). In diesem Fall wird zusätzlich ein einfach geladenes Ion verdrängt, um die notwendige Ladungsneutralität einzuhalten.

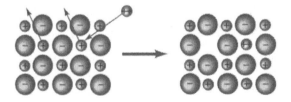

Abb. 4.12. Wenn ein zweiwertiges Kation ein einwertiges verdrängt, muß zusätzlich ein zweites einwertiges Kation verdrängt werden, so daß gleichzeitig eine Leerstelle entsteht.

Bedeutung von Punktdefekten. Punktdefekte stören die Anordnung der sie umgebenden Atome und können sich noch in Entfernungen von hundert Atomabständen im Gitter auswirken. Wenn sich Versetzungen durch die Nachbarschaft von Punktdefekten bewegen, treffen sie auf gestörte Gitterbereiche. Ihre Fortbewegung erfordert größere mechanische Spannung; das Material hat sich durch die Punktdefekte verfestigt.

Beispiel 4.7

Bestimmung der Leerstellenkonzentration von krz-Eisen mit einer Dichte von 7.87 g/cm³. Die Gitterkonstante von krz-Eisen beträgt $2{,}866 \cdot 10^{-8}$ cm.

Lösung

Die theoretische Dichte von leerstellenfreiem Eisen ergibt sich aus der Gitterkonstanten, der Molmasse und der Besetzung der krz-Elementarzelle mit zwei Fe-Atomen:

$$\rho = \frac{(2 \text{ Atome/Zelle})(55{,}847 \text{ g/mol})}{(2{,}866 \cdot 10^{-8} \text{ cm})^3 (6{,}02 \cdot 10^{23} \text{ Atome/mol})} = 7{,}8814 \text{ g/cm}^3.$$

Um Eisen mit geringerer Dichte zu erzeugen, sollen Leerstellen in das Gitter eingebaut werden. Die für eine Dichte von 7,87 g/cm³ benötigte Anzahl ergibt sich wie folgt:

$$\rho = \frac{(\text{Atome/Zelle})(55{,}847 \text{ g/mol})}{(2{,}866 \cdot 10^{-8} \text{ cm})^3 (6{,}02 \cdot 10^{23} \text{ Atome/mol}} = 7{,}87 \text{ g/cm}^3$$

$$\text{Atome/Zelle} = \frac{(7{,}87)(2{,}866 \cdot 10^{-8})^3 (6{,}02 \cdot 10^{23})}{55{,}847} = 1{,}9971.$$

Auf die Elementarzelle bezogen ergibt sich eine Leerstellenmenge von 0,0029. Die Leerstellenanzahl pro cm³ beträgt:

$$\text{Leerstellen/cm}^3 = \frac{0{,}0029 \text{ Leerstellen/Zelle}}{(2{,}866 \cdot 10^{-8} \text{ cm})^3} = 1{,}23 \cdot 10^{20}.$$

Bei Kenntnis der Aktivierungsenergie der Leerstellenbildung in Eisen kann analog zum Beispiel 4.6 auch die für diese Konzentration notwendige Temperatur bestimmt werden.   □

Beispiel 4.8

In kfz-Eisen befinden sich C-Atome auf oktaedrischen Zwischengitterplätzen, und zwar in Würfelkantenmitte (1/2, 0, 0) und im Zentrum der Elementarzelle (1/2, 1/2,1/2). In krz-Eisen nehmen die C-Atome tetraedrische Zwischengitterplätze wie zum Beispiel die Position 1/4, 1/2, 0 ein. Die Gitterkonstante von kfz-Eisen beträgt 0,3571 nm und die von krz-Fe 0,2866 nm. C-Atome besitzen einen Atomradius von 0,071 nm. (1) In welcher der beiden Strukturen entsteht durch den Einbau der C-Atome die größere Gitterstörung? (2) Wie groß ist der prozentuale C-Anteil in beiden Fe-Strukturen, wenn sämtliche Zwischengitterplätze besetzt sind?

Lösung

1. Mit Hilfe der Abbildung 4.13 läßt sich die Größe des Zwischengitterplatzes an der Position 1/4, 1/2, 0 berechnen.
   Der Radius R_{krz} des Fe-Atoms beträgt:

$$R_{\text{krz}} = \frac{\sqrt{3}a_0}{4} = \frac{(\sqrt{3})(0{,}2866)}{4} = 0{,}1241 \text{ nm}.$$

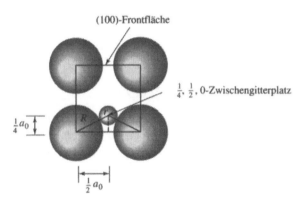

Abb. 4.13. Lage des Zwischengitterplatzes mit den Koordinaten 1/4,1/2,0 in krz-Kristallen. Die Darstellung veranschaulicht die relative Lage der Wirtsatome und des Zwischengitteratoms (zu Beispiel 4.8).

Aus Abbildung 4.13 folgt:

$$\left(\frac{1}{2}a_0\right)^2 + \left(\frac{1}{4}a_0\right)^2 = (r_{\text{Zwischengitter}} + R_{\text{krz}})^2$$

$$(r_{\text{Zwischengitter}} + R_{\text{krz}})^2 = 0{,}3125a_0^2 = (0{,}3125)(0{,}2866\text{ nm})^2 = 0{,}02567$$

$$r_{\text{Zwischengitter}} = \sqrt{0{,}02567} - 0{,}1241 = 0{,}0361\text{ nm}.$$

In kfz-Fe befindet sich der Zwischengitterplatz vom Typ 1/2, 0, 0 in [100]-Richtung. Für die Radien des Fe-Atoms und des Zwischengitterplatzes ergeben sich:

$$R_{\text{kfz}} = \frac{\sqrt{2}a_0}{4} = \frac{(\sqrt{2})(0{,}3571)}{4} = 0{,}1263\text{ nm}$$

$$2r_{\text{Zwischengitter}} + 2R_{\text{kfz}} = a_0$$

$$r_{\text{Zwischengitter}} + \frac{0{,}3571 - (2)(0{,}1263)}{2} = 0{,}0522\text{ nm}.$$

Der Zwischengitterplatz in krz-Fe ist kleiner als der in kfz-Fe, die durch das C-Atom verursachte Störung im krz-Gitter folglich größer als die im kfz-Gitter. In krz-Fe sind deshalb weniger C-Atome auf Zwischengitterpositionen zu erwarten als in kfz-Fe.

2. Die Elementarzelle von krz-Fe enthält 2 Fe-Atome. Insgesamt befinden sich in ihr 24 Zwischengitterplätze vom Typ 1/4, 1/2, 0. Da sich aber jeder dieser Plätze auf der Würfelfläche der Elementarzelle befindet, gehört nur die Hälfte von ihnen zu einer Zelle:

$$(24\text{ Plätze})\left(\frac{1}{2}\right) = 12\text{ Zwischengitterplätze/Zelle}.$$

Wenn alle Zwischengitterplätze aufgefüllt sind, beträgt der prozentuale C-Anteil

$$\text{Atom\% C} = \frac{12\text{C-Atome}}{12\text{ C-Atome} + 2\text{ Fe-Atome}} \cdot 100 = 86\%.$$

Die Elementarzelle von kfz-Fe enthält 4 Fe-Atome, und für die Anzahl der Zwischengitterplätze ergibt sich:

(12 Kantenplätze) $\left(\dfrac{1}{4}\right) + 1$ Zentrumsplatz = 4 Zwischengitterplätze/Zelle.

Wenn wiederum alle Zwischengitterplätze aufgefüllt sind, beträgt der prozentuale C-Anteil

$$\text{Atom}\% \ C = \frac{4 \ \text{C-Atome}}{4 \ \text{C-Atome} + 4 \ \text{Fe-Atome}} \cdot 100 = 50\%.$$

Wie wir jedoch später noch sehen werden, erreicht der prozentuale atomare C-Anteil in den beiden Fe-Strukturen unter Gleichgewichtbedingungen nur folgende Werte:

krz: 1,0 %,
kfz: 8,9 %.

Die durch die Zwischengitteratome im Fe-Gitter hervorgerufene Spannung bewirkt, daß der Anteil der besetzbaren Zwischengitterplätze sehr klein ist.   □

4.7 Flächendefekte

Zu den *Flächendefekten* zählen die Oberflächen des Festkörpers und die Grenzflächen zwischen Kristallbereichen unterschiedlicher Orientierung oder Struktur.

Oberflächen. Die Oberflächen bilden die äußeren Grenzflächen des Festkörpers, an denen das Gitter abrupt abbricht. Die dort gelegenen Atome haben geringere Koordinationszahlen als im Festkörperinneren, ihre Bindungen sind einseitig unterbrochen. Äußere Oberflächen können auch sehr rauh sein, Kratzer oder andere Unregelmäßigkeiten aufweisen und sich chemisch reaktiver verhalten als die Atome im Innern (Bulkatome) mit abgesättigten Bindungen.

Korngrenzen. Die Mikrostruktur von Festkörpern ist überwiegend *polykristallin*. Sie wird aus einer Vielzahl einzelner *Kristallite* gebildet, die sich in der Orientierung oder auch der Struktur ihrer atomaren Anordnung voneinander unterscheiden. Abbildung 4.14 zeigt als Beispiel drei benachbarte Kristallite mit zwar gleicher Struktur, aber unterschiedlicher Orientierung. Die zwischen ihnen befindlichen Grenzflächen werden als *Korngrenzen* bezeichnet. Sie bestehen aus schmalen Übergangszonen mit gestörter atomarer Anordnung. Die fehlgelagerten Atome bewirken in ihrer Umgebung Druck- oder Zugspannungen.
Eine viel genutzte Methode, Werkstoffeigenschaften zu verändern, besteht in der Beeinflussung ihrer Kristallit- oder Korngröße (Gefügestruktur). Durch Reduzierung der Korngröße vergrößert sich die Anzahl der Kristallite, der Volumenanteil der Korngrenzenbereiche nimmt zu. Damit steigt auch die Wahrscheinlichkeit, daß Versetzungen in ihrer Gleitbewegung auf Korngrenzen als Hindernis treffen. Ihre Weiterbewegung erfordert höheren Kraftaufwand, die Korngrenzen haben das Material verfestigt. Der Zusammenhang zwischen Korngröße und Streckgrenze des Materials wird durch die *Hall-Petch-Gleichung* beschrieben:

$$\sigma_y = \sigma_0 + K d^{-1/2}. \tag{4.5}$$

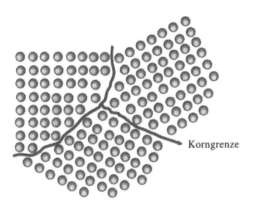

Abb. 4.14. Die in Nähe der Korngrenzen gelegenen Atome sind in ihrer Gleichgewichtslage gestört.

σ_y ist die Streck- oder Elastizitätsgrenze (Spannungswert, von dem an bleibende Materialverformung einsetzt), d der mittlere Korndurchmesser, σ_0 und K sind Materialkonstanten. Abbildung 4.15 zeigt diesen Zusammenhang für Stahl. In späteren Kapiteln lernen wir technologische Verfahren kennen (Erstarrungsvorgänge, Legierungsprozesse, Warmbehandlungen), mit denen Korngrößen wirksam beeinflußt werden können.

Für den optischen Nachweis von Korngrenzen genügt der Vergrößerungsbereich der *Lichtmikroskopie*. Der damit befaßte Zweig der Metallkunde heißt *Metallographie*. Er umfaßt den Gesamtkomplex der notwendigen Untersuchungsmethodik von der Probenpräparation bis zur Aufzeichnung. Die Oberfläche der zu untersuchenden Materialprobe wird zunächst geschliffen und poliert und anschließend chemisch angeätzt. Dabei werden die gestörten (und reaktiveren) Korngrenzenzonen stärker angegriffen als die ungestörten Kristallbereiche innerhalb der Kristallite. Die entstandenen Gräben erscheinen im Auflichtmikroskop als dunkle Linien (s. Abb. 4.16).

Kristallite werden häufig nach einer speziell definierten Korngrößenzahl klassifiziert. Gebräuchlich ist z. B. die Klassifizierung nach der ASTM-Norm (American Society for Testing & Materials). Die Korngrößenzahl n ergibt sich aus der Beziehung

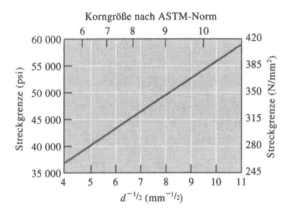

Abb. 4.15. Einfluß der Korngröße auf die Streckgrenze von Stahl bei Zimmertemperatur.

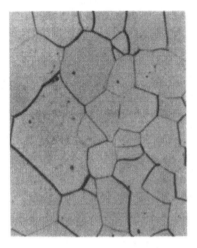

Abb. 4.16. Mikrostruktur von Palladium (100fache Vergößerung). (Entnommen aus: Metals Handbook, Bd. 9, 9. Aufl., *American Society for Metals*, 1985.)

$$\mathcal{N} = 2^{n-1}, \tag{4.6}$$

wobei $\mathcal{N}$ die pro Flächeneinheit (gemessen in square inch) ausgezählte Anzahl der Kristallite bei vorgegebener Vergößerung (100fach) bedeutet. Ein großer Wert von n entspricht einer kleinen Korngröße und somit einer hohen Materialfestigkeit.

Beispiel 4.9
Ein Keramikteil aus KCl soll über eine Streckgrenze von 20 N/mm^2 verfügen. Aus früheren Untersuchungen sind für KCl folgende Zusammenhänge bekannt: Korngrößen von 5 μm ergeben eine Streckgrenze von 27,5 N/mm^2; Korngrenzen von 100 μm eine Streckgrenze von 8 N/mm^2.
Lösung
Aus den beiden Wertepaaren lassen sich die Materialkonstanten σ_0 und K der Hall-Petch-Gleichung bestimmen. Zunächst ergibt sich für die Korngröße von 5 μm:

$$\sigma_y = \sigma_0 + K d^{-1/2}$$

$$27,5 = \sigma_0 + K(5)^{-1/2} = \sigma_0 + 0,447K$$

$$\sigma_0 = 27,5 - 0,447K.$$

Für die Korngröße von 100 μm gilt:

$$8 = \sigma_0 + K(100)^{-1/2} = 27,5 - 0,477K + 0,1K$$

$$(0,447 - 0,1)K = 27,5 - 8$$

$$K = \frac{19,5}{0,347} = 56,2$$

und $\sigma_0 = 27,5 - (0,447)(56,2) = 2,38$ N/mm^2.

Die Korngröße für eine Streckgrenze von 20 N/mm² beträgt somit:

$$20 = 2{,}38 + 56{,}2(d)^{-1/2}$$

$$d^{-1/2} = \frac{20-2{,}38}{56{,}2} = 0{,}313$$

$$d = 10{,}2 \ \mu\text{m}.$$

Keramikteile mit vorgegebenem Korngrößenbereich lassen sich in folgender Weise erzeugen: Zunächst wird das Rohmaterial (hier KCl) zerkleinert und in mehreren Stufen gesiebt, um den Größenbereich der Körner gezielt einzugrenzen. Anschließend werden die selektierten Partikel bei hoher Temperatur in gewünschte Formen gepreßt. Im vorliegenden Falle würde die zu selektierende Partikelgröße ungefähr 10 μm betragen. ☐

Kleinwinkelkorngrenzen. *Kleinwinkelkorngrenzen* bestehen aus aufgereihten Versetzungen, die eine schwache Fehlorientierung der angrenzenden Gitterbereiche verursachen (Abb. 4.17). Ihre Grenzflächenenergie ist im Vergleich zu gewöhnlichen Korngrenzen nur gering. Aus diesem Grunde stellen sie für Gleitvorgänge auch ein weniger großes Hindernis dar. Kleinwinkelkorngrenzen aus Stufenversetzungen werden als *Kippkorngrenzen* (oder *Neigungskorngrenzen*) und solche aus Schraubenversetzungen als *Verdrehungskorngrenzen* (oder *Verschränkungskorngrenzen*) bezeichnet.

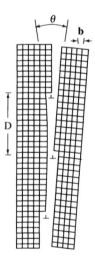

Abb. 4.17. Kleinwinkelkorngrenze, entstanden durch Aufreihung von Versetzungen, mit einer Fehlorientierung der benachbarten Kristallbereiche um den Winkel θ. D ist der Abstand der aufgereihten Versetzungen und **b** der Burgers-Vektor.

Stapelfehler. Unter einem *Stapelfehler* versteht man die Nichteinhaltung der regulären Stapelfolge dichtgepackter Ebenen in kfz-Gittern. Normalerweise lautet die Reihenfolge dichtgepackter kfz-Ebenen: *ABCABCABC*. Wenn jedoch eine Ebene ausgelassen wird, z. B. die *C*-Ebene in der Folge *ABCABAB*C*ABC*, liegt in der betroffenen schmalen Region eine flächenförmige Störung vor. Die dort fälschlicherweise bestehende Stapelfolge *ABAB* entspricht der hdp-Struktur. Stapelfehler stellen für Gleitvorgänge von Versetzungen ebenfalls Hindernisse dar.

Zwillingsgrenze. Als *Zwillingsgrenze* bezeichnet man die Grenzfläche zwischen spiegelbildlich orientierten Gitterbereichen (Zwillingen), siehe Abbildung 4.18. Zwillinge können entstehen, wenn Atome, wie in Abbildung 4.18b angedeutet, durch eine Scherkraft aus ihrer Lage verschoben werden. Zwillingsbildung beobachtet man bei Verformung oder Warmbehandlung von Metallen. Die Zwillingsgrenzen behindern den Gleitprozeß und erhöhen somit die Festigkeit von Metallen. Zwillingsgrenzen können sich auch verschieben und eine Verformung des Materials hervorrufen. Abbildung 4.18c zeigt eine mikrofotografische Aufnahme von Zwillingen einer Messingprobe.

Das Vermögen von Flächendefekten, Gleitvorgänge zu stören, läßt sich anhand ihrer Grenzflächenenergie (s. Tab. 4.3) einschätzen. Die hochenergetischen Korngrenzen stellen für Versetzungsbewegungen größere Hindernisse dar als Stapelfehler oder Zwillingsgrenzen.

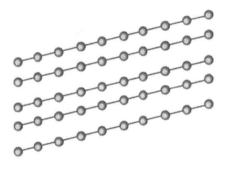

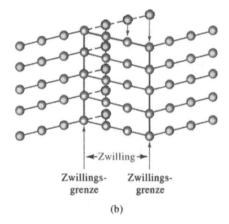

←Zwilling→

Zwillings-   Zwillings-
grenze   grenze

(a)   (b)

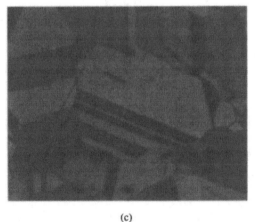

(c)

Abb. 4.18. Durch Spannungsbelastung eines störungsfreien Kristalls (a) werden Atome aus ihrer ungestörten Lage verschoben (b). Im Ergebnis entsteht ein Zwillingskristall. (c) Mikrofotografie von Zwillingen innerhalb eines Messing-Kristallkorns (250 fache Vergrößerung).

Tabelle 4.3. Energiedichte von Flächendefekten (10^{-7} J/cm^2) ausgewählter Metalle

Defektart	Al	Cu	Pt	Fe
Stapelfehler	200	75	95	–
Zwillingsgrenzen	120	45	195	190
Korngrenzen	625	645	1 000	780

4.8 Technologische Beeinflussung des Gleitverhaltens

Die regelmäßige Anordnung von Atomen in einer störungsfreien Gitterstruktur bildet den niedrigsten Energiezustand eines Kristalls. Störungen dieser Idealstruktur verursachen in ihrer Umgebung Druck- oder Zugspannungen und bewirken lokale Energieerhöhungen.

Eine einzelne Versetzung kann sich in einem ansonsten störungsfreien Gitter ohne Behinderung bewegen, sobald die resultierende Scherspannung einen materialspezifischen kritischen Wert erreicht. Wenn sie jedoch auf gestörte Kristallbereiche trifft, in denen Abweichungen von der regulären atomaren Anordnung und somit lokale Energieerhöhungen vorliegen, sind für ihre Weiterbewegung größere Spannungen erforderlich. Das Material hat sich durch die Störungen verfestigt. Dieses Kristallverhalten eröffnet technologische Möglichkeiten, die mechanische Festigkeit von Werkstoffen durch Anzahl und Art eingebauter Störungen zu beeinflussen. Die nachstehend genannten drei Methoden beruhen auf dem Einbau der behandelten drei Hauptdefektarten.

Kaltverfestigung. Die *Kaltverfestigung* nutzt den Einbau zusätzlicher Versetzungen. Abbildung 4.19 zeigt die dadurch erzielte Störungswirkung. Die unterhalb der Versetzungslinie *B* gelegenen Atome werden komprimiert, die darüber befindlichen auseinandergezogen. Beides bedeutet eine lokale Zunahme der inneren Energie. Wenn sich die Versetzung *A* nach rechts bewegt und auf diesen gestörten Gitter-

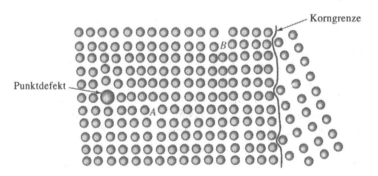

Abb. 4.19. Wenn sich die Versetzung *A* nach links bewegt, wird sie in ihrer Wanderung durch einen Punktdefekt behindert. Bei Verschiebung nach rechts trifft sie auf einen Gitterbereich, der durch die Versetzung *B* gestört ist. Bei weiterer Bewegung nach rechts wird die Versetzung durch eine Korngrenze blockiert.

bereich trifft, benötigt sie für ihre Weiterbewegung einen erhöhten Spannungsaufwand. Durch den Einbau zusätzlicher Versetzungen hat sich das Material verfestigt. Näheres zu dieser Methode erfahren wir im Kapitel 7.

Mischkristallverfestigung. Diese Technologie beruht auf dem Einbau von Substitutions- oder Zwischengitteratomen, die als Punktdefekte ebenfalls einen gestörten Energiebereich hervorrufen und die Bewegung von Versetzungen erschweren. In Abbildung 4.19 tritt diese Situation ein, wenn sich die Versetzung *A* nach links bewegt. Die Methode der *Mischkristallverfestigung* wird im Kapitel 9 behandelt.

Feinkornverfestigung. Schließlich bilden auch Flächendefekte, wie zum Beispiel Korngrenzen, Störungen der Gitterstruktur. Wenn sich die Versetzung *B* in Abbildung 4.19 nach rechts bewegt, wird ihre Wanderung von einer Korngrenze blockiert. Die Methode der *Feinkornverfestigung* beruht auf der Erzeugung zusätzlicher Korngrenzen bzw. der Verkleinerung von Korngrößen und wird nachfolgend in mehreren Kapitel behandelt.

Beispiel 4.10
Materialspezifizierung für eine Haltevorrichtung für Ziegelsteine in Brennöfen. Die Vorrichtung muß genügend fest sein, aber auch hinreichend verformbar, damit sie nicht zerbricht und lokale Überlastungen durch Verbiegung ausgleichen kann. Außerdem muß sie in einem Temperaturbereich bis 600 °C einsetzbar sein. Bei der Materialauswahl sind auch die Möglichkeiten der Materialverfestigung durch Einbau von Gitterstörungen (Härtungsverfahren) zu berücksichtigen.
Lösung
Wegen des vorgegebenen Temperaturbereichs scheiden Polymere als Werkstoff aus, so daß sich die Auswahl auf Metalle oder keramische Werkstoffe beschränkt.

Das zweite Auswahlkriterium betrifft die für den Einsatz erforderliche Mindestverformbarkeit. Sie setzt die Möglichkeit von Gleitvorgängen voraus, so daß auch keramische Materialien als Werkstoff ausscheiden. Die weitere Auswahl beschränkt sich daher auf Metalle. Durch die obere Betriebstemperatur von 600 °C ist auch für Metalle ein Temperaturkriterium vorgegeben. Aluminium mit einem Schmelzpunkt bei 660 °C ist für den Einsatz ungeeignet. Eisen stellt dagegen eine brauchbare Lösung dar.

Die erforderliche Festigkeit kann durch Einbau von Punktdefekten, linearen Defekten oder Flächendefekten erzielt werden, wobei als Randbedingung die Stabilität im gesamten Temperaturbereich zu beachten ist. Unter diesem Gesichtspunkt sind die Methoden der Kaltverfestigung und der Feinkornverfestigung vermutlich wenig geeignet. In Kapitel 5 und 7 erfahren wir, daß Kristallite bei erhöhter Temperatur anwachsen und Versetzungen sich wieder auflösen können. In beiden Fällen nehmen die Konzentration der wirksamen Störungen und damit die Materialfestigkeit mit steigender Temperatur ab. Auch die Anzahl der Leerstellen ist, wie wir gesehen haben, sehr von der Temperatur abhängig, und zwar in der Weise, daß sie im unteren Temperaturbereich nicht ausreichend zur Verfügung stehen.

Als geeignete Methode bietet sich der Einbau von Zwischengitter- oder Substitutionsatomen an. Diese können auf ihren Plätzen „eingefroren" werden, so daß sie im gesamten Temperaturbereich störungswirksam bleiben. Für Eisen kommen

C-Atome auf Zwischengitterplätzen oder V-Atome auf Substitutionsplätzen in Frage.

Darüber hinaus bestehen weitere Auswahlkriterien, z. B. die Resistenz gegen- über oxydierender Atmosphäre und anderen chemischen Reaktionen.   □

4.9 Zusammenfassung

- Wir unterscheiden drei Grundtypen von Gitterstörungen: Punktdefekte, lineare Defekte (Versetzungen) und zweidimensionale Defekte (Flächendefekte).
- Versetzungen sind lineare Defekte, die sich bei Krafteinwirkung bewegen und Materialdeformation hervorrufen können.
  - Für die Versetzungsbewegung ist eine kritische resultierende Scherspannung erforderlich.
  - Die Versetzung bewegt sich in einem Gleitsystem, das durch Gleitebene und Gleitrichtung bestimmt wird. Dichtgepackte Richtungen und Ebenen sind für den Gleitvorgang bevorzugt.
  - Die Gleiteigenschaften von Materialien werden durch Anzahl und Typ der vorhandenen Gleitrichtungen und Gleitebenen bestimmt. kfz-Metalle besit- zen eine geringe kritische resultierende Scherkraft und verfügen über eine optimale Anzahl von Gleitebenen; sie verhalten sich daher duktil. In krz- Metallen sind dagegen keine dichtgepackten Ebenen vorhanden, die kritische resultierende Scherkraft ist demzufolge groß. krz-Metalle sind vergleichsweise hart. Auch hdp-Metalle haben nur eine begrenzte Anzahl von Gleitsystemen und neigen deshalb zu sprödem Verhalten.
- Punktdefekte, zu denen Leerstellen, Zwischengitteratome und Substitutions- atome zählen, bewirken in ihrer Umgebung Druck- oder Zugspannungen, die den Gleitvorgang von Versetzungen erschweren, so daß sich die Festigkeit des Materials erhöht. Die Leerstellenkonzentration ist stark temperaturabhängig. Dagegen werden Zwischengitteratome (Fremdatome auf Zwischengitterplätzen) und Substitutionsatome (Fremdatome auf Wirtsatomplätzen) häufig „eingefro- ren", so daß ihre Konzentration kaum von der Temperatur abhängt. Ihr Einbau wird deshalb gezielt zur Verfestigung von Metallen genutzt.
- Zu den Flächendefekte gehören insbesondere Korngrenzen (Grenzflächen zwi- schen Kristalliten). Mit Verringerung der Korngröße wächst die Gesamtfläche der Korngrenzen. Sie behindern den Gleitvorgang von Versetzungen und tragen erheblich zur Festigkeit des Materials bei.
- Anzahl und Typ der Gitterstörungen beeinflussen die Beweglichkeit von Verset- zungen und damit auch die mechanischen Eigenschaften des Materials. Diese Möglichkeit wird technisch durch Kaltverfestigung (Einbau von Versetzungen), Mischkristallverfestigung (Einbau von Punktdefekten) und Feinkornverfestigung (Verringerung der Korngröße) genutzt.

4.10 Glossar

ASTM grain size number. Maßeinheit für Korngrößen von polykristallinen Materialien. Beruht auf der ASTM-Norm (American Society for Testing & Materials).

Burgers-Vektor. Richtung und Schrittlänge einer Versetzungsbewegung.

Flächendefekt. Zweidimensionale Störung des Kristallgitters (Korngrenzen).

Frenkel-Defekt. Punktdefektpaar (Leerstellen-Zwischengitter-Paar), das durch Wechsel eines Wirtsatoms von einem regulären Gitterplatz auf einen Zwischengitterplatz entsteht.

Gemischte Versetzung. Versetzung mit Stufen- und Schraubenkomponente.

Gleitebene. Kristallographische Ebene, durch die sich die Versetzung während des Gleitvorgangs bewegt. Gleitebenen sind gewöhnlich dichtgepackte Kristallebenen.

Gleitrichtung. Richtung im Gitter, in der sich die Versetzung bewegt. Die Gleitrichtung stimmt mit der Richtung des Burgers-Vektors überein.

Gleitsystem. Kombination aus Gleitebene und Gleitrichtung.

Gleitvorgang. Bewegung von Versetzungen im Kristallgitter.

Hall-Petch-Gleichung. Zusammenhang zwischen Festigkeit und Korngröße in polykristallinen Materialien (s. Gleichung 4.5).

Kippkorngrenze. Kleinwinkelkorngrenze, die durch Aufreihung von Stufenversetzungen gebildet wird. (Auch als Neigungskorngrenze bezeichnet.)

Kleinwinkelkorngrenze. Aufreihung von Versetzungen, die eine Grenzfläche zwischen schwach fehlorientierten Gitterbereichen bilden.

Korngrenze. Grenzfläche zwischen Kristalliten.

Kristallit (Kristallkorn). Teil eines polykristallinen Festkörpers, in dem einheitliche Kristallstruktur und kristallographische Orientierung vorliegen.

Kritische resultierende Scherspannung. Erforderliche Scherspannung zur Auslösung von Versetzungsbewegungen (Gleitvorgängen).

Leerstelle. Unbesetzter Gitterpunkt.

Metallographie. Analytischer Zweig der Metallkunde. Umfaßt die Methodik der Probenpräparation und die mikroskopische Untersuchung von Mikrostrukturen.

Peierls-Nabarro-Spannung. Scherspannung zur Auslösung einer Versetzungsbewegung in Abhängigkeit vom Burgers-Vektor und interplanaren Abstand (s. Gleichung 4.1).

Punktdefekt. Nulldimensionale Störung des Kristallgitters.

Quergleitung. Wechsel des Gleitsystems bei Versetzungsbewegungen.

Schmidsches Gesetz. Zusammenhang zwischen Scherspannung, äußerer Spannung und Orientierung des Gleitsystems (s. Gleichung 4.2).

Schottky-Defekt. Punktdefektpaar (Leerstellenpaar) in ionisch gebundenen Materialien, bestehend aus einer Kation- und einer Anion-Leerstelle zwecks Einhaltung der Ladungsneutralität.

Schraubenversetzung. Versetzung, die durch Verdrehung des Kristalls entsteht, so daß die Atomebenen spiralenförmige Rampen um die Versetzung bilden.

Stapelfehler. Flächenfehler in kfz-Strukturen, der durch unregelmäßige Stapelfolge dichtgepackter Ebenen entsteht.

Stufenversetzung. Versetzung, die durch Einfügung einer „zusätzlichen Halbebene" in das Kristallgitter entsteht.

Substitutionsstörstelle. Punktdefekt. Besetzung eines regulären Gitterpunktes durch ein Fremdatom mit (im allgemeinen) abweichender Größe.

Transmissionselektronenmikroskop (TEM). Auf Elektronenoptik beruhendes Meßgerät zum Nachweis mikrostruktureller Gebilde.

Verdrehungskorngrenze. Kleinwinkelkorngrenze, die durch Aufreihung von Schraubenversetzungen gebildet wird.

Versetzung. Lineare Störung des Kristallgitters. Versetzungsbewegungen erklären den atomaren Mechanismus von Materialverformungen.

Versetzungsdichte. Gesamtlänge der Versetzungslinien pro Volumeneinheit.

Zwillingsgrenze. Flächendefekt, der zwei spiegelbildlich fehlorientierte Gitterbereiche trennt.

Zwischengitterstörstelle. Punktdefekt, bei dem ein Zwischengitterplatz besetzt ist.

4.11 Übungsaufgaben

4.1 Wie lauten die Millerschen Indizes der Gleitrichtungen in
(a) der (111)-Ebene einer kfz-Zelle,
(b) der (011)-Ebene einer krz-Zelle?

4.2 Wie lauten die Millerschen Indizes der {110}-Gleitebenen in krz-Elementarzellen, die die [111]-Gleitrichtung einschließen?

4.3 Bestimme die Länge des Burgers-Vektors und des interplanaren Abstands für das in kfz-Al erwartete Gleitsystem. Wiederhole das gleiche unter der Annahme, daß das Gleitsystem aus einer (110)-Ebene und einer [1$\bar{1}$1]-Richtung besteht. Wie groß ist das Verhältnis der in beiden Fällen erforderlichen Scherspannung? Für die Konstante k in Gleichung (4.1) wird ein Wert von 2 angenommen.

4.4 Wieviel Gramm Al mit einer Versetzungsdichte von 10^{10} cm^{-2} sind erforderlich, wenn die Gesamtlänge der darin enthaltenen Versetzungslinien 1 000 km betragen soll?

4.5 In Nähe einer Versetzung soll ein Zwischengitter- oder ein großes Substitutionsatom in das Gitter eingebaut werden. Würde sich das Atom am Beispiel der Abbildung 4.5b leichter oberhalb oder unterhalb der Versetzungslinie einfügen lassen? Begründe das Ergebnis.

4.6 Ein kfz-Einkristall ist in [001]-Richtung einer Spannung von 35 N/mm^2 ausgesetzt. Berechne die resultierende Scherspannung auf die (111)-Gleitebene in den Gleitrichtungen [$\bar{1}$10], [0$\bar{1}$1] und [10$\bar{1}$]. Welches der Gleitsysteme wird als erstes aktiviert?

4.7 Berechne die Leerstellendichte von Kupfer bei 1 085 °C (dicht unterhalb der Schmelztemperatur). Die Aktivierungsenergie der Leerstellenbildung beträgt 84 kJ/mol.

4.8 Dichte und Gitterkonstante von kfz-Palladium betragen 11,98 g/cm^3 bzw. 3,89 Å. Berechne
(a) den relativen Anteil der Leerstellen, bezogen auf die vorhandenen Gitterpunkte, und
(b) die Anzahl der Leerstellen in 1 cm^3 Pd.

4.9 krz-Lithium hat eine Gitterkonstante von 3,51 Å und enthält 1 Leerstelle pro 200 Elementarzellen. Berechne
(a) die Anzahl der Leerstellen pro cm^3,
(b) die Dichte von Li.

4.10 Eine Niobium-Legierung in krz-Struktur enthält W-Atome auf Substitutionsplätzen. Die Gitterkonstante beträgt 0,3255 nm und die Dichte 11,95 g/cm^3. Berechne den Anteil der W-Atome dieser Legierung.

4.11 In dem krz-Gitter von Chrom werden 7,5% der Cr-Atome durch Ta-Atome ersetzt. Röntgenstrahlenbeugung ergibt, daß die Gitterkonstante 0,2916 nm beträgt. Berechne die Dichte der Legierung.

4.12 krz-Eisen hat nach Einbau von H-Atomen auf Zwischengitterplätze eine Dichte von 7,882 g/cm^3 und eine Gitterkonstante von 0,2866 nm. Berechne
(a) den Anteil der H-Atome,
(b) die Anzahl der im Mittel von H-Atomen besetzten Elementarzellen.

4.13 Berechne die Anzahl der Schottky-Defekte in Zinkblende
(a) pro Elementarzelle,
(b) pro cm^3,
wenn die Dichte 3,02 g/cm^3 und die Gitterkonstante 0,5958 nm betragen.

5 Diffusion von Atomen in Festkörpern

5.1 Einleitung

Unter *Diffusion* versteht man die Bewegung von Atomen oder Molekülen durch Festkörper oder Flüssigkeiten. Die Diffusion wirkt in Richtung des Ausgleiches von Konzentrationsunterschieden, d. h. sie führt zu einer homogenen Zusammensetzung der betreffenden Substanz. Viele der zur Werkstoffbehandlung angewandten Verfahren beruhen auf dieser Art atomarer Bewegung. Diffusion ist von grundlegender Bedeutung bei der Wärmebehandlung von Metallen und der Keramikproduktion, bei der Herstellung von Transistoren und Solarzellen, für Erstarrungsvorgänge und für die elektrische Leitung in vielen keramischen Materialien. Kenntnisse des mit der Diffusion verbundenen Massetransports werden auf ganz unterschiedlichen Gebieten benötigt, wie zur Entwicklung von Materialbearbeitungsmethoden, gasdichten Verpackungen oder sogar Reinigungsanlagen.

In diesem Kapitel wollen wir uns auf das Studium der Diffusion in Festkörpern konzentrieren. Zusätzlich werden eine Anzahl von Beispielen zur Anwendung der Diffusion bei der Materialauswahl und der Gestaltung technologischer Prozesse behandelt.

5.2 Platzwechsel von Atomen

Bereits im vierten Kapitel wurde gezeigt, daß eingebaute Fremdatome die Gitterdynamik beeinflussen. Fremdatome und normale Gitterbausteine sind weder in Ruhe, noch völlig fest an ihren Platz gebunden. Statt dessen führen alle Atome ständig unregelmäßige Schwingungen um ihre Gleichgewichtsposition im Gitter aus, deren Intensität gleichbedeutend mit der Temperatur des Kristalles ist. Die mit diesen Bewegungen verbundene kinetische Energie wird deshalb als thermische Energie der Atome bezeichnet. Bei den ständigen Stößen zwischen benachbarten Gitteratomen findet auch ein Energieaustausch statt. Ein besonders starker Stoß kann ein Atom von seinem normalen Gitterplatz nach einer nahegelegenen Leerstelle befördern oder ein Atom von einem Zwischengitterplatz zum nächsten. Atome können Korngrenzen überspringen und damit eine Verschiebung der Korngrenze bewirken.

In dem Maße, wie die Temperatur, d. h. die thermische Energie der Atome zunimmt, vergrößert sich auch das Diffusionsvermögen der Atome oder Gitterfehler. Der Zusammenhang zwischen Häufigkeit der Platzwechsel (Rate der atomaren Sprünge) und Temperatur (thermische Energie) wird durch die *Arrhenius-Gleichung* beschrieben:

$$\text{Sprungrate} = c_0 \exp\left(\frac{-Q}{RT}\right). \tag{5.1}$$

c_0 ist eine Konstante, R die Gaskonstante (8,314 J/mol · K), T die absolute Temperatur (K) und Q die Aktivierungsenergie (J/mol). Dieser Gleichung liegt die statistische Berechnung der Wahrscheinlichkeit dafür zu Grunde, daß ein Atom durch einen thermischen Stoß die zusätzliche Energie Q erhält, die für einen Platzwechsel erforderlich ist. Die Platzwechselrate hängt von der Anzahl der diffundierenden Atome ab.

Logarithmieren jeder Seite der Gleichung ergibt

$$\ln(\text{Sprungrate}) = \ln(c_0) - \frac{Q}{RT}. \tag{5.2}$$

Wenn $\ln$(Sprungrate) einer Reaktion über $1/T$ aufgetragen wird (s. Abb. 5.1), erhält man als Kurvenanstieg $-Q/R$ und damit Q. Die Größe c_0 ist der Abschnitt bei $1/T$ gleich null.

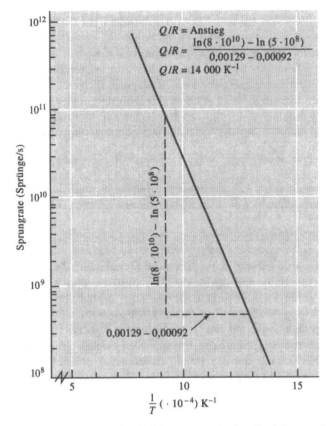

Abb. 5.1. Bestimmung der Aktivierungsenergie einer Reaktion aus der Darstellung $\ln$(Sprungrate) über $1/T$.

Beispiel 5.1
Wir betrachten Übergänge von Zwischengitteratomen von einem Zwischengitterplatz zum nächsten. Die Rate (Sprünge je s) bei 500 °C soll $5 \cdot 10^8$ und bei 800 °C $8 \cdot 10^{10}$ betragen. Zu berechnen ist die Aktivierungsenergie Q für diesen Prozeß.

Lösung

Obige Zahlenwerte sind in das Diagramm ln(Sprungrate) über $1/T$ der Abbildung 5.1 eingetragen und aus dem Kurvenanstieg die Werte $Q/R = 14\,000$ K^{-1} bzw. $Q = 116\,800$ J/mol berechnet worden. Alternativ zu dieser graphischen Methode kann die Lösung auch rein rechnerisch ermittelt werden:

$$5 \cdot 10^8 = c_0 \exp\left[\frac{-Q}{(8{,}314)(500+273)}\right] = c_0 \exp(-0{,}000155Q)\,,$$

$$8 \cdot 10^{10} = c_0 \exp\left[\frac{-Q}{(8{,}314)(800+273)}\right] = c_0 \exp(-0{,}000112Q)\,.$$

Wegen

$$c_0 = \frac{5 \cdot 10^8}{\exp(-0{,}000155Q)}$$

ist

$$8 \cdot 10^{10} = \frac{(5 \cdot 10^8)\exp(-0{,}000112Q)}{\exp(-0{,}000155Q)}$$

$$160 = \exp[0{,}000155 - 0{,}000112)Q] = \exp(0{,}0000435Q)$$
$$\ln(160) = 5{,}075 = 0{,}0000435Q$$

$$Q = \frac{5{,}075}{0{,}0000435} = 116\,600 \text{ J/mol.} \qquad \square$$

5.3 Diffusionsmechanismen

Auch in völlig reinen Festkörpern ändern Atome gelegentlich ihre Position im Gitter. Diesen als *Selbstdiffusion* bezeichneten Vorgang kann man mittels radioaktiver Atome nachweisen. Atome des radioaktiven Goldisotops [198]Au werden in die Oberfläche einer Probe aus normalem Gold [197]Au eingebracht. Im Laufe der Zeit wandern die radioaktiven Atome in das Innere der Probe und sind am Ende im gesamten Probenvolumen gleichmäßig verteilt. Obwohl Selbstdiffusion in allen Stoffen stattfindet, hat sie für das Materialverhalten praktisch keine Bedeutung.

Auch Atome fremder Elemente können in einen Festkörper hineindiffundieren (s. Abb. 5.2). Wird ein Nickelblech auf ein Kupferblech gebondet, so diffundieren allmählich Ni-Atome in das Kupfer und Cu-Atome in das Nickel. Wiederum sind am Ende des Vorganges Ni- und Cu-Atome gleichmäßig verteilt.

Zwei Mechanismen sind für den Ablauf der Diffusion von besonderer Bedeutung (s. Abb. 5.3).

Leerstellendiffusion. Selbstdiffusion und Diffusion von Substitutionsatomen (Fremdatome auf Gitterplätzen) verlaufen in der Weise, daß ein Atom von seinem Gitterplatz auf eine benachbarte Leerstelle übergeht. Am ursprünglichen Gitterplatz ist eine neue Leerstelle entstanden. Diese sogenannte *Leerstellendiffusion* ist demnach mit zwei gegeneinander gerichteten Strömen von Atomen bzw. Leerstellen verbunden. Die mit der Temperatur steigende Anzahl an Leerstellen bestimmt

wesentlich die Intensität der Selbstdiffusion und der Diffusion von Substitutionsatomen.

Zwischengitterdiffusion. Bei dieser Diffusionsart wechseln kleine Zwischengitteratome von ihren Zwischengitterplätzen zum jeweils nächsten über. Der Mechanismus verläuft wegen der großen Anzahl von Zwischengitterplätzen und da er keine
Leerstellen benötigt, sehr schnell.

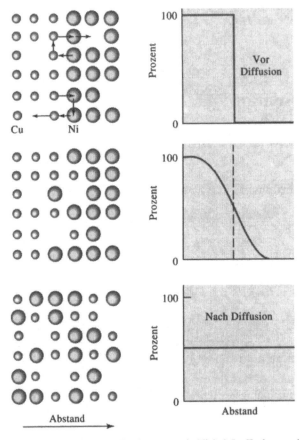

Abb. 5.2. Diffusion von Kupferatomen in Nickel. Im Endzustand sind die Kupferatome gleichmäßig
im Nickel verteilt.

Abb. 5.3. Diffusionsmechanismen in Festkörpern: (a) Diffusion von Leerstellen oder Substitutionsatomen, (b) Zwischengitterdiffusion.

5.4 Aktivierungsenergien bei Diffusionsprozessen

Ein diffundierendes Atom muß sich zwischen den in der Umgebung liegenden Atomen hindurchbewegen, um eine andere Position zu erreichen. Dazu benötigt es eine hinreichend große kinetische Energie. Dieser Sachverhalt ist in Abbildung 5.4 für Leerstellen- und Zwischengitterdiffusion schematisch dargestellt. Das Atom befindet sich zunächst auf einem relativ stabilen Platz, seine kinetische Energie ist gering. Um auf einen neuen Platz zu gelangen, muß es eine Energiebarriere überwinden. Der hierfür nötige Energiebetrag, den das Atom durch einen gelegentlich vorkommenden, besonders starken thermischen Stoß erhält, ist die schon oben eingeführte *Aktivierungsenergie Q* (Anregungsenergie).

Ein Zwischengitteratom benötigt normalerweise weniger Energie, um sich an den umgebenden Atomen vorbeizudrängen. Daher sind die Aktivierungsenergien für Diffusion von Zwischengitteratomen kleiner als die für Leerstellendiffusion. In Tabelle 5.1 sind typische Werte für Aktivierungsenergien angegeben. Eine kleine Aktivierungsenergie bedeutet schnelle Diffusion.

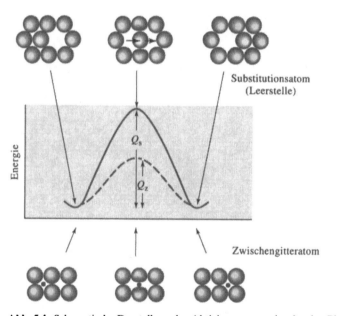

Abb. 5.4. Schematische Darstellung der Aktivierungsenergien für den Platzwechsel eines Substitutionsatomes (Q_s) und eines Zwischengitteratoms (Q_z). Für den zweiten Vorgang ist die Aktivierungsenergie im allgemeinen kleiner.

5.5 Diffusionsstrom (Erstes Ficksches Gesetz)

Als Maß für die Geschwindigkeit des Diffusionsvorgangs dient der *Diffusionsstrom* *J*, der angibt, wieviele Atome pro Zeiteinheit durch die Einheitsfläche hindurchtreten (s. Abb. 5.5). Die mathematische Beziehung zur Bestimmung des Diffusionsstromes heißt *erstes Ficksches Gesetz*:

$$J = -D\,\frac{\Delta c}{\Delta x}.\tag{5.3}$$

J ist der Diffusionstrom(Atome/cm$^2 \cdot$ s), *D* der *Diffusionskoeffizient* (cm^2/s) und $\Delta c/\Delta x$ das *Konzentrationsgefälle* (Atome/cm$^3 \cdot$ cm).

Konzentrationsgefälle. Das Konzentrationsgefälle (Konzentrationsgradient) beschreibt die Ortsabhängigkeit der Zusammensetzung des Materials: Δc ist die

Tabelle 5.1. Diffusionsparameter ausgewählter Stoffe

Diffusionspaar	Q (kJ/mol)	D_0 (cm^2/s)
Zwischengitterdiffusion:		
C in kfz Fe	138	0,23
C in krz Fe	87,6	0,011
N in kfz Fe	145	0,0034
N in krz Fe	76,7	0,0047
H in kfz Fe	43,2	0,0063
H in krz Fe	15,1	0,0012
Selbstdiffusion (Leerstellendiffusion):		
Pb in kfz Pb	109	1,27
Al in kfz Al	135	0,10
Cu in kfz Cu	208	0,36
Fe in kfz Fe	279	0,65
Zn in hdp Zn	91,3	0,1
Mg in hdp Mg	135	1,0
Fe in krz Fe	247	4,1
W in krz W	600	1,88
Si in Si (kovalent)	461	1800,0
C in C (kovalent)	683	5,0
Heterogene Diffusion (Leerstellendiffusion):		
Ni in Cu	243	2,3
Cu in Ni	258	0,65
Zn in Cu	184	0,78
Ni in kfz Fe	268	4,1
Au in Ag	191	0,26
Ag in Au	168	0,072
Al in Cu	166	0,045
Al in Al$_2$O$_3$	478	28,0
O in Al$_2$O$_3$	637	1900,0
Mg in MgO	331	0,249
O in MgO	344	0,000043

Aus mehreren Quellen, u.a. Y. Adda and J. Philibert, *La Diffusion dans les Solides.* Vol. 2, 1966.

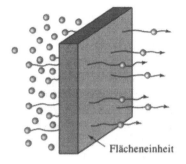

Abb. 5.5. Der Diffusionsstrom ist definiert als Anzahl von Atomen, die sich je Zeiteinheit durch die Flächeneinheit bewegen.

Änderung der Konzentration auf einer Länge Δx (s. Abb. 5.6). Ein Konzentrationsgefälle entsteht zum Beispiel, wenn Stoffe unterschiedlicher Zusammensetzung miteinander verbunden werden oder wenn Gase oder Flüssigkeiten mit einem Festkörper in Kontakt stehen. Eine andere Ursache sind bei Materialbearbeitung entstehende Nichtgleichgewichtszustände.

Der Diffusionsstrom bleibt bei gegebener Temperatur nur konstant, wenn dies auch für das Konzentrationsgefälle zutrifft. (In Abbildung 5.5 müßte die Zusammensetzung auf jeder Seite der Trennfläche gleich bleiben.) In vielen praktischen Fällen ändert sich aber die Zusammmensetzung mit der Umverteilung der Atome und damit ändert sich auch der Diffusionsstrom. Ein anfänglich großer Strom verringert sich in dem Maße, wie der zugrunde liegende Konzentrationsunterschied abnimmt.

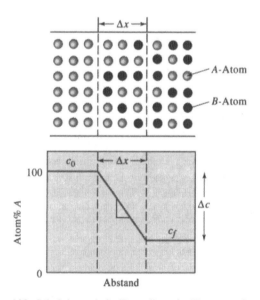

Abb. 5.6. Schematische Darstellung des Konzentrationsgefälles.

Beispiel 5.2

Ein technologisches Verfahren zur Herstellung von Transistoren für die Verstärkung elektrischer Signale beruht darauf, Fremdatome (Dotierungselemente) in einen Halbleiter wie Silicium einzudiffundieren. Als Substrat sei eine 0,1 cm dicke Siliciumscheibe (Wafer) angenommen, die im Ausgangszustand 1 P-Atom auf 10 Millionen Si-Atome enthält. Durch Eindiffusion wird der P-Gehalt an der Scheibenoberfläche auf das 400fache gesteigert (s. Abb. 5.7). Das sich ergebende Konzentrationsgefälle ist (a) in Atom%/cm und (b) in Atome/cm³ · cm zu berechnen. Si hat eine Gitterkonstante von 0,54307 nm.

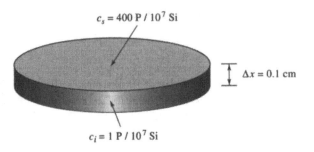

$$c_s = 400\,\text{P} / 10^7\,\text{Si}$$

$$\Delta x = 0.1\ \text{cm}$$

$$c_i = 1\,\text{P} / 10^7\,\text{Si}$$

Abb. 5.7. Siliciumscheibe (zu Beispiel 5.2).

Lösung

Zunächst werden die zu Beginn der Diffusion vorhandenen Konzentrationen (in Atom%) im Inneren (c_i) und auf der Oberfläche (c_s) berechnet:

$$c_i = \frac{1\,\text{P-Atom}}{10\,000\,000\,\text{Atome}} \cdot 100 = 0{,}00001\ \text{Atom\% P}$$

$$c_s = \frac{400\,\text{P-Atome}}{10\,000\,000\,\text{Atome}} \cdot 100 = 0{,}004\ \text{Atom\% P}$$

$$\frac{\Delta c}{\Delta x} = \frac{0{,}00001 - 0{,}004\ \text{Atom\% P}}{0{,}1\ \text{cm}} = -0{,}0399\ \text{Atom\% P/cm}.$$

Zur Berechnung des Gefälles in der Maßeinheit (Atome/cm³)/cm benötigen wir das Volumen der Elementarzelle (EZ):

$$V = (5{,}4307 \cdot 10^{-8}\ \text{cm})^3 = 1{,}6 \cdot 10^{-22}\ \text{cm}^3/\text{EZ}.$$

10 Millionen Si-Atome nehmen in der kubischen Diamantstruktur mit 8 Atomen pro Elementarzelle folgendes Volumen ein:

$$V = \frac{10\,000\,000\,\text{Atome}}{8\,\text{Atome/EZ}} (1{,}6 \cdot 10^{-22}\ \text{cm}^3/\text{EZ}) = 2 \cdot 10^{-16}\ \text{cm}^3.$$

Die Zusammensetzung in Einheiten Atome/cm³ ist:

$$c_i = \frac{1\,\text{P-Atom}}{2 \cdot 10^{-16}\ \text{cm}^3} = 0{,}005 \cdot 10^{18}\ \text{P-Atome/cm}^3$$

$$c_s = \frac{400\,\text{P-Atome}}{2 \cdot 10^{-16}\ \text{cm}^3} = 2 \cdot 10^{18}\ \text{P-Atome/cm}^3$$

$$\frac{\Delta c}{\Delta x} = \frac{(0{,}005 \cdot 10^{18} - 2 \cdot 10^{18}) \; \text{P-Atome/cm}^3}{0{,}1 \; \text{cm}}$$

$$= -1{,}995 \cdot 10^{19} \; \text{P-Atome/cm}^3 \cdot \text{cm}. \qquad \square$$

Beispiel 5.3

Eine 0,05 cm dicke MgO-Schicht befindet sich als Diffusionsbarriere zwischen zwei Schichten aus Nickel und Tantal (s. Abb. 5.8). Bei 1 400 °C entstehen Ni-Ionen und diffundieren durch die MgO-Keramik in die Tantalschicht. Die Anzahl der Ni-Ionen, die je Sekunde die MgO-Schicht passieren, soll bestimmt werden. Bei 1 400 °C beträgt der Diffusionskoeffizient von Ni in MgO $9 \cdot 10^{-12}$ cm²/s, und die Gitterkonstante von Ni ist $3{,}6 \cdot 10^{-8}$ cm.

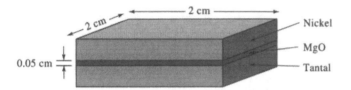

Abb. 5.8. Diffusionspaar (zu Beispiel 5.3).

Lösung

An der Berührungsfläche Ni/MgO beträgt die Ni-Konzentration in der Ni-Schicht 100 %, also ist:

$$c_{\text{Ni/MgO}} = \frac{4 \; \text{Ni-Atome/EZ}}{(3{,}6 \cdot 10^{-8} \; \text{cm})^3} = 8{,}57 \cdot 10^{22} \; \text{Atome/cm}^3.$$

An der Trennfläche Ta/MgO ist die Nickelkonzentration 0 %. Damit ergibt sich ein Konzentrationsgefälle:

$$\Delta c / \Delta x = \frac{(0 - 8{,}57 \cdot 10^{22}) \; \text{Atome/cm}^3}{0{,}05 \; \text{cm}} = -1{,}71 \cdot 10^{24} \; \text{Atome/cm}^3 \cdot \text{cm}.$$

Der Diffusionsstrom von Ni-Atomen durch das MgO hat die Größe:

$$J = -D \frac{\Delta c}{\Delta x} - (9 \cdot 10^{-12} \; \text{cm}^2/\text{s})(-1{,}71 \cdot 10^{24} \; \text{Atome/cm}^3 \cdot \text{cm})$$

$$J = 1{,}54 \cdot 10^{13} \; \text{Ni Atome/cm}^2 \cdot \text{s}.$$

Die Gesamtzahl von Ni-Atomen, die die 2 cm · 2 cm große Zwischenschicht je Sekunde durchdringen, beträgt:

$$\text{Anzahl Ni-Atome} = (J)(\text{Fläche}) = (1{,}54 \cdot 10^{13})(2 \; \text{cm})(2 \; \text{cm})$$

$$= 6{,}16 \cdot 10^{13} \; \text{Ni-Atome/s}.$$

Obwohl diese Zahl sehr groß erscheint, diffundiert je Sekunde von der Nickelschicht lediglich folgendes Volumen ab:

$$\frac{6{,}16 \cdot 10^{13} \text{ Ni-Atome/s}}{8{,}57 \cdot 10^{22} \text{Ni-Atome/cm}^3} = 0{,}72 \cdot 10^{-9} \text{ cm}^3/\text{s}.$$

Dem entspricht eine Dickenabnahme der Nickelschicht von:

$$\frac{0{,}72 \cdot 10^{-9} \text{ cm}^3/\text{s}}{4 \text{ cm}^2} = 1{,}8 \cdot 10^{-10} \text{ cm/s}.$$

Um 10^{-4} cm Nickel abzutragen, ist folgende Zeit erforderlich:

$$\frac{10^{-4} \text{ cm}}{1{,}8 \cdot 10^{-10} \text{ cm/s}} = 556000 \text{ s} = 154 \text{ h}. \qquad \square$$

Temperatur und Diffusionskoeffizient. Der Zusammenhang zwischen Diffusionskoeffizient D und Temperatur kann durch eine Arrhenius-Gleichung beschrieben werden:

$$D = D_0 \exp\left(\frac{-Q}{RT}\right).$$
(5.4)

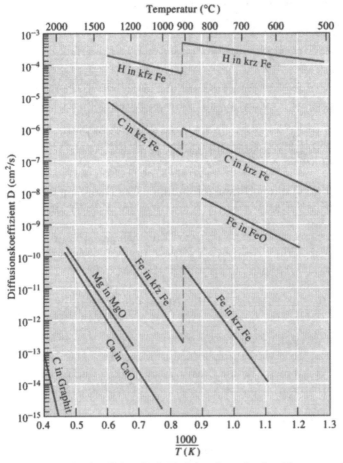

Abb. 5.9. Diffusionskoeffizient D als Funktion der reziproken Temperatur für einige Metalle und keramische Materialien. In diesem Arrhenius-Diagramm entspricht die Größe von D der Diffusionsgeschwindigkeit. Ein steiler Kurvenanstieg bedeutet hohe Aktivierungsenergie.

Q ist die Aktivierungsenergie (J/mol), R die Gaskonstante (8,314 J/mol · K) und T die absolute Temperatur (K). D_0 ist für das betrachtete Diffusionssystem eine Konstante. Tabelle 5.1 zeigt typische Werte für D_0, während in Abbildung 5.9 die Temperaturabhängigkeit von D für einige Substanzen dargestellt ist.

Der Diffusionskoeffizient eines Stoffes und der Diffusionsstrom werden mit steigender Temperatur größer. Bei höheren Temperaturen sind die diffundierenden Atome auf Grund ihrer größeren thermischen Energie in der Lage, Energiebarrieren leichter zu überwinden und zu neuen Gitterplätzen zu gelangen. Bei niedrigen Temperaturen, oft schon unterhalb des 0,4fachen der absoluten Schmelztemperatur des Materials, geht die Diffusion so langsam von statten, daß sie bedeutungslos wird. Aus diesem Grunde erfolgt die Wärmebehandlung von Metallen und die Keramikproduktion bei hohen Temperaturen, bei denen Atome schnell reagieren und Gleichgewichtszustände erreichen.

Beispiel 5.4

Ein dickes Rohr mit 3 cm Durchmesser und 10 cm Länge ist durch eine Eisenmembran abgeteilt (s. Abb. 5.10). Auf einer Seite der Membran wird ständig eine Gasmischung aus Stickstoff und Wasserstoff zugeführt, die $0,5 \cdot 10^{20}$ N-Atome und die gleiche Anzahl H-Atome pro cm^3 enthält. Das Gas auf der anderen Seite der Membran besitzt ebenfalls eine konstante Zusammensetzung von je $1 \cdot 10^{18}$ N- und H-Atomen pro cm^3. Die Anordnung soll sich auf einer Temperatur von 700 °C befinden, wo Eisen eine krz-Struktur besitzt. Zu berechnen ist, wie dick die Eisenmembran sein muß, damit je Stunde nicht mehr als 1% des Stickstoffs, aber mindestens 90% des Wasserstoffs hindurchdiffundieren.

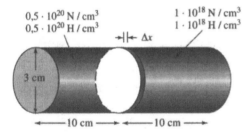

Abb. 5.10. Eisenmembran (zu Beispiel 5.4).

Lösung

Die Anzahl von N-Atomen im Rohr beträgt

$$(0,5 \cdot 10^{20} \text{ N/cm}^3)(\pi/4)(3 \text{ cm})^2(10 \text{ cm}) = 35{,}343 \cdot 10^{20} \text{ N-Atome.}$$

Davon dürfen 1% diffundieren:

$$\text{N-Atome pro h} = (0{,}01)(5{,}34 \cdot 10^{20}) = 35{,}343 \cdot 10^{18} \text{ N-Atome/h}$$

$$\text{N-Atome pro s} = (35{,}343 \cdot 10^{18} \text{ N-Atome/h})/(3600 \text{ s/h})$$

$$= 0{,}0098 \cdot 10^{18} \text{ N-Atome/s,}$$

also beträgt der Diffusionsstrom

$$J = \frac{(0{,}0098 \cdot 10^{18}\ \text{N-Atome/s})}{(\pi/4)(3\ \text{cm})^2}.$$

Der Diffusionskoeffizient von Stickstoff in krz-Eisen bei 700 °C = 973 K ist

$$D_N = 0{,}0047 \exp\left(-76\,700/RT\right)$$

$$= 0{,}0047 \exp\left(-9{,}47\right) = 3{,}64 \cdot 10^{-7}\ \text{cm}^2/\text{s}.$$

Aus Gleichung 5.3 folgt als Mindestdicke der Membran:

$$J = -D\Delta c/\Delta x = 0{,}00139 \cdot 10^{18}\ \text{N-Atome/cm}^2 \cdot \text{s}$$

$$\Delta x = -D\Delta c/J = \frac{(-3{,}64 \cdot 10^{-7}\ \text{cm}^2/\text{s})(1 \cdot 10^{18} - 50 \cdot 10^{18}\ \text{N/cm}^3)}{0{,}00139 \cdot 10^{18}\ \text{N/cm}^2 \cdot \text{s}}$$

$$\Delta x = 0{,}0128\ \text{cm} = \text{minimale Dicke}.$$

Auf ähnliche Weise kann die maximale Dicke der Membran aus der Forderung berechnet werden, daß 90% Wasserstoff diffundieren sollen.

$$\text{H-Atome pro h} = (0{,}90)(35{,}343 \cdot 10^{20}) = 31{,}80 \cdot 10^{20}$$

$$\text{H-Atome pro s} = 0{,}0088 \cdot 10^{20}$$

$$J = 0{,}125 \cdot 10^{18}\ \text{H-Atome/cm}^2 \cdot \text{s}.$$

$$D_H = 0{,}0012 \exp\left(-15100/RT\right) = 1{,}86 \cdot 10^{-4}\ \text{cm}^2/\text{s}$$

$$\Delta x = \frac{(1{,}86 \cdot 10^{-4})(49 \cdot 10^{18})}{0{,}125 \cdot 10^{18}} = 0{,}0729\ \text{cm} = \text{maximale Dicke}$$

Zur Lösung der gestellten Aufgabe muß die Wanddicke im Bereich von 0,0128 cm bis 0,0729 cm liegen.   □

Einflußfaktoren für Diffusion und Aktivierungsenergie. Eine kleine Aktivierungsenergie Q hat einen großen Diffusionskoeffizienten und großen Diffusionsstrom zur Folge, da wenig thermische Energie nötig ist, um die zugehörige niedrige Energiebarriere zu überwinden. Die Aktivierungsenergie und damit auch die Geschwindigkeit der Diffusion wird durch eine Reihe von Faktoren beeinflusst.

Zwischengitterdiffusion verläuft infolge kleiner Aktivierungsenergie meist viel schneller, als Diffusion von Leerstellen oder von Fremdatomen auf Gitterplätzen.

Im allgemeinen sind Aktivierungsenergien für Diffusion in dichtgepackten Kristallstrukturen größer als für Diffusion in Strukturen niedriger Packungsdichte. Da die Aktivierungsenergie mit der Stärke der atomaren Bindung ansteigt, ist sie für Diffusion in Stoffen mit hoher Schmelztemperatur relativ groß (s. Abb. 5.11). Besonders hoch sind die Aktivierungsenergien von Kohlenstoff und Silicium infolge ihrer starken kovalenten Bindung (s. Tab. 5.1).

In ionisch gebundenen Stoffen, wie Keramik, kann ein diffundierendes Ion nur auf einen ladungsmäßig äquivalenten Gitterplatz übergehen. Um diesen zu erreichen, muß es sich zwischen benachbarten, entgegengesetzt geladenen Ionen hindurchbewegen und eine relativ große Strecke zurücklegen (s. Abb. 5.12). Aus die-

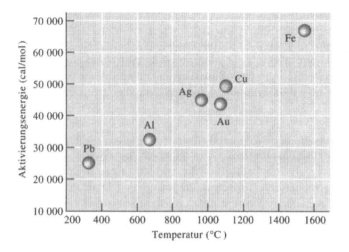

Abb. 5.11. Zunahme der Aktivierungsenergie für Selbstdiffusion mit steigender Schmelztemperatur der Metalle. (1 cal = 4,18 J).

sen Gründen ist die Aktivierungsenergie hoch und die Diffusionsgeschwindigkeiten in Stoffen mit Ionenbindung sind kleiner, als in Metallen.

Die Diffusionskoeffizienten von Kationen sind wegen ihrer kleinen Abmessungen größer als die von Anionen. Zum Beispiel ist bei Kochsalz die Aktivierungsenergie für Diffusion von Cl-Ionen doppelt so groß wie die für Na-Ionen.

Mit der Diffusion von Ionen ist auch ein Transport elektrischer Ladungen verbunden. Da Diffusion und Ladungstransport mit steigender Temperatur schneller verlaufen, nimmt im gleichen Maße auch die elektrische Leitfähigkeit zu. Deshalb hängt die elektrische Leitfähigkeit von Keramik mit Ionenbindung gemäß einer Arrhenius-Gleichung von der Temperatur ab.

In Polymeren können Atome oder kleine Moleküle zwischen den langen Kettenmolekülen diffundieren. Dies ist zum Beispiel bei der Verwendung von Plastefolien zum Verpacken von Nahrungsmitteln zu beachten, die durch eindringende Luft verderben können. Autoreifen erschlaffen, wenn der innere Gummischlauch durch Diffusion Luft verliert. Zum Aufquellen eines Polymers kann es kommen, wenn bestimmte Moleküle eindringen. Andererseits wäre ein gleichmäßiges Einfärben von Synthetikstoffen ohne Diffusion nicht möglich. Selektive Diffusion durch Polymermembranen wird zum Entsalzen von Wasser genutzt. Während die kleinen Wassermoleküle die Membran durchdringen können, werden Salzmoleküle zurückgehalten.

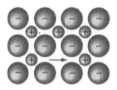

Abb. 5.12. Diffusion in Ionenkristallen. Ionen können nur auf ladungsmäßig äquivalente Plätze wechseln.

In jedem dieser Beispiele diffundieren die Atome oder Moleküle nicht längs der Kettenstrukturen von einem Platz zum nächsten, sondern wandern zwischen den Molekülen durch das Material. Sind die diffundierenden Teilchen klein oder befinden sich Lücken zwischen den Makromolekülen, so ist die Diffusionsgeschwindigkeit besonders groß. Daher verlaufen Diffusionsvorgänge in amorphen Polymeren, deren Dichte wegen fehlender Fernordnung kleiner ist, schneller, als in kristallinen Polymeren.

Diffusionsarten. Wir unterscheiden Volumendiffusion, Korngrenzendiffusion und Oberflächendiffusion. Bei *Volumendiffusion* bewegen sich die Atome von einem Gitter- oder Zwischengitterplatz zum nächsten. Die Aktivierungsenergie ist wegen der umgebenden Atome groß und die Diffusionsgeschwindigkeit relativ klein.

Atome können aber auch längs Korngrenzen, flächenhaften Gitterstörungen und Oberflächen diffundieren. Wegen der im Vergleich zum ungestörten Kristall geringeren Packungsdichte des Korngrenzenbereiches ist hier auch die Aktivierungsenergie für atomare Fortbewegung kleiner. Daher ist *Korngrenzendiffusion* sehr effektiv (s. Tab. 5.2). Noch leichter ist *Oberflächendiffusion* möglich, da die Bewegung von Atome längs Oberflächen noch weniger Einschränkungen unterliegt.

Zeit. Der Ausgleich von Konzentrationsunterschieden kann auch bei höheren Temperaturen viel Zeit beanspruchen. Trotzdem läßt sich durch Anwendung hoher Temperaturen die Zeitdauer einer Wärmebehandlung wesentlich verkürzen. Auch kurze *Diffusionswege* tragen zur Zeitersparnis bei.

Besondere Strukturen und Eigenschaften entstehen, wenn man die Diffusion unterdrückt. In Stahl, der von hoher Temperatur schnell abgeschreckt wird, bilden sich Nichtgleichgewichtszustände, die als Grundlage für verfeinerte Verfahren der Wärmebehandlung dienen.

Beispiel 5.5
Nachdem ein je zur Hälfte aus reinem Wolfram bzw. Wolfram mit 1% Thorium bestehendes Diffusionspaar einige Minuten lang einer Temperatur von 2 000 °C ausgesetzt war, hat sich eine 0,01 cm dicke Übergangszone gebildet. Wie groß ist zu diesem Zeitpunkt der Diffusionstrom von Th-Atomen bei (a) Volumendiffusion, (b) Korngrenzendiffusion und (c) Oberflächendiffusion (s. Tab. 5.2).

Tabelle 5.2. Einfluß des Diffusionsmechanismus auf Diffusion von Thorium in Wolfram und Selbstdiffusion von Silber

	Diffusionskoeffizient	
Diffusionsart	Thorium in Wolfram	Silber in Silber
Oberfläche	$0{,}47 \exp (-278\ 000/RT)$	$0{,}068 \exp (-37\ 300/RT)$
Korngrenze	$0{,}74 \exp (-377\ 000/RT)$	$0{,}24 \exp (-95\ 300/RT)$
Volumen	$1{,}00 \exp (-503\ 000/RT)$	$0{,}99 \exp (-191\ 000/RT)$

Lösung
krz-Wolfram hat eine Gitterkonstante von etwa 0,3165 nm. Somit ist die Anzahl der W-Atome in einem cm^3:

$$\frac{\text{W-Atome}}{\text{cm}^3} = \frac{2 \text{ Atome/EZ}}{(3,165 \cdot 10^{-8})^3 \text{ cm}^3/\text{EZ}} = 6,3 \cdot 10^{22}.$$

In der Legierung ist die Anzahl der Th-Atome:

$$c_{\text{Th}} = (0,01)(6,3 \cdot 10^{22}) = 6,3 \cdot 10^{20} \text{ Th-Atome/cm}^3.$$

Im reinen W ist der Th-Gehalt gleich null, so daß sich als Konzentrationsgefälle ergibt:

$$\frac{\Delta c}{\Delta x} = \frac{0-6,1 \cdot 10^{20}}{0,01 \text{ cm}} = -6,3 \cdot 10^{22} \text{ Th-Atome/cm}^3 \cdot \text{cm}.$$

(a) Volumendiffusion:

$$D = 1,0 \exp(-503000/RT) = 2,72 \cdot 10^{-12} \text{ cm}^2/\text{s}$$

$$J = -D \cdot \frac{\Delta c}{\Delta x} = -(2,72 \cdot 10^{-12})(-6,3 \cdot 10^{22}) = 17,2 \cdot 10^{10} \text{ Th-Atome/cm}^2 \cdot \text{s}.$$

(b) Korngrenzendiffusion

$$D = 0,74 \exp(-377000/RT) = 1,59 \cdot 10^{-9} \text{ cm}^2/\text{s}$$

$$J = -(1,59 \cdot 10^{-9})(-6,3 \cdot 10^{22}) = 10,0 \cdot 10^{13} \text{ Th-Atome/cm}^2 \cdot \text{s}.$$

(c) Oberflächendiffusion

$$D = 0,47 \exp(-278000/RT) = 1,91 \cdot 10^{-7} \text{ cm}^2/\text{s}$$

$$J = 12,0 \cdot 10^{15} \text{ Th-Atome/cm}^2 \cdot \text{s}. \qquad \square$$

5.6 Konzentrationsprofil (Zweites Ficksches Gesetz)

Als *zweites Ficksches Gesetz* wird die Differentialgleichung $dc/dt = D(d^2c/dx^2)$ bezeichnet, mit deren Hilfe berechnet werden kann, wie sich die in einem Festkörper vorhandenen Konzentrationsunterschiede im Laufe der Zeit ändern. Die Lösungen der Gleichung hängen von den Konzentrationswerten an den Grenzen des betrachteten Volumens ab. Für den einfachen, aber besonders wichtigen Fall, daß die Konzentrationsänderung nur in einer Richtung erfolgt, lautet die Lösung:

$$\frac{c_a-c_x}{c_a-c_0} = \text{erf}\left(\frac{x}{2\sqrt{Dt}}\right). \tag{5.5}$$

c_a bedeutet eine konstante Konzentration an der Oberfläche des betrachteten Volumens, c_0 ist die Ausgangskonzentration im Inneren und c_x die Konzentration an der Stelle x nach der Zeit t. erf steht für die sogenannte Fehlerfunktion. Die Darstellung in Abbildung 5.13 zeigt die Ortsabhängigkeit der Konzentration zu einem bestimmten Zeitpunkt. Tabelle 5.3 enthält einige Werte der Fehlerfunktion.

Unter der Voraussetzung, daß die Konzentration an der Oberfläche und in der Tiefe des Körpers konstant bleibt, kann mittels der angeführten Lösung des zweiten Fickschen Gesetzes die Konzentration einer diffundierenden Spezies nahe der Oberfläche als Funktion von Zeit und Abstand berechnet werden. Das Gesetz ist

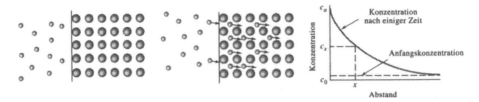

Abb. 5.13. Modellschema der Diffusion von Atomen in eine Materialoberfläche und Darstellung der Ortsabhängigkeit der Konzentration nach dem zweiten Fickschen Gesetz.

Tabelle 5.3. Fehlerfunktion für das zweite Ficksche Gesetz.

$\frac{x}{2\sqrt{Dt}}$	$\mathrm{erf}\ \frac{x}{2\sqrt{Dt}}$
0	0
0,10	0,1125
0.20	0,2227
0,30	0,3286
0,40	0,4284
0,50	0,5205
0,60	0,6039
0,70	0,6778
0,80	0,7421
0,90	0,7970
1,00	0,8427
1,50	0,9661
2,00	0,9953

auch Grundlage für die Entwicklung einer Vielzahl von Verfahren zur Materialbehandlung einschließlich der Härtung von Stahl, die im folgenden Beispiel behandelt wird.

Beispiel 5.6

Die Oberfläche eines Stahlstückes mit 0,1% Kohlenstoffgehalt soll durch Aufkohlung gehärtet werden. Dazu wird der Stahl bei hoher Temperatur einer Atmosphäre ausgesetzt, die 1,2% C enthält. Der Kohlenstoff diffundiert von der Oberfläche aus in den Stahl. Optimale Eigenschaften ergeben sich bei einem Kohlenstoffgehalt von 0,45% in einer Tiefe von 0,2 cm. Es ist ein Verfahren zu entwickeln, mit dem dieser Zustand erreicht werden kann. Die Temperatur soll hoch genug sein (mindestens 900 °C), damit der Stahl in krz-Struktur vorliegt.

Lösung

Bekannt sind folgende Werte: $c_a = 1,2\%$ C, $c_0 = 0,1\%$ C, $c_x = 0,45\%$ C und $x = 0,2$ cm. Damit folgt:

$$\frac{c_a - c_x}{c_a - c_0} = \frac{1,2 - 0,45}{1,2 - 0,1} = 0,68 = \mathrm{erf}\left(\frac{0,2}{2\sqrt{Dt}}\right) = \mathrm{erf}\left(\frac{0,1}{\sqrt{Dt}}\right).$$

Aus Tabelle 5.3 entnehmen wir:

$$\frac{0,1}{\sqrt{Dt}} = 0,71 \ \ \text{oder} \ \ Dt = \left(\frac{0,1}{0,71}\right)^2 = 0,0198.$$

Jede Kombination von D mit t, die als Produkt 0,0198 ergibt, ist eine Lösung der gestellten Aufgabe. Die Temperaturabhängigkeit des Diffusionkoeffizienten für Diffusion von Kohlenstoff in kfz-Eisen ist:

$$D = 0,23 \ \exp\left(\frac{-137660}{8{,}314 \cdot T}\right) = 0,23 \ \exp\left(\frac{-16\,558}{T}\right).$$

Deshalb gilt für den Zusammenhang zwischen Zeit und Temperatur der Wärmebehandlung:

$$t = \frac{0,0198}{D} = \frac{0,0198}{0{,}23 \ \exp\left(-16\,558/T\right)} = \frac{0,0861}{\exp\left(-16\,558/T\right)}.$$

Einige Kombinationsmöglichkeiten sind:

$T = \ \ \ 900\,°\mathrm{C} = 1\,173\,\mathrm{K}, \ \ \ t = 116\,174\,\mathrm{s} = 32{,}3\,\mathrm{h}$
$T = 1\,000\,°\mathrm{C} = 1\,273\,\mathrm{K}, \ \ \ t = \ \ 36\,360\,\mathrm{s} = 10{,}7\,\mathrm{h}$
$T = 1\,100\,°\mathrm{C} = 1\,373\,\mathrm{K}, \ \ \ t = \ \ 14\,880\,\mathrm{s} = \ \ 4{,}13\,\mathrm{h}$
$T = 1\,200\,°\mathrm{C} = 1\,473\,\mathrm{K}, \ \ \ t = \ \ \ \ 6\,560\,\mathrm{s} = \ \ 1{,}82\,\mathrm{h}.$

Unter wirtschaftlichem Aspekt kann es vorteilhaft sein, die Diffusion bei einer höheren Temperatur in kürzerer Zeit durchzuführen. □

Beispiel 5.6 zeigt, daß ein bestimmtes Konzentrationsprofil auf unterschiedliche Art erreichbar ist, solange das Produkt Dt konstant bleibt. Es ist daher möglich, Temperatur und Zeitdauer einer Wärmebehandlung aufeinander abzustimmen.

Beispiel 5.7
In diesem Beispiel wollen wir die Kosten einer Wärmebehandlung näher betrachten. Um eine Charge von 500 Stahlteilen bei 900 °C (hier besitzt Eisen kfz-Struktur) aufzukohlen, sind 10 h erforderlich. Die Betriebskosten des Ofens mögen bei 900 °C 1 000 DM/h und bei 1 000 °C 1 500 DM/h betragen. Zu berechnen ist, ob es kostengünstiger wäre, die Diffusion bei 1 000 °C durchzuführen.
Lösung
Die interessierenden Temperaturen sind 900 °C = 1 173 K und 1 000 °C = 1 273 K. Die Aktivierungsenergie für Diffusion von Kohlenstoff in kfz-Eisen beträgt 137 900 J/mol. Wir berechnen die Zeit, die nötig ist, um bei 1 000 °C denselben Effekt zu erzielen, wie bei 900 °C:

$$D_{1273}t_{1273} = D_{1173}t_{1173}$$

$$t_{1273} = \frac{D_{1173}t_{1173}}{D_{1273}} = \frac{(10\mathrm{h}) \ \exp\left[137900/(8{,}314)(1173)\right]}{\exp\left[137900/(8{,}314)(1273)\right]}$$

$$t_{1273} = (10) \ \exp\left(-1{,}111\right) = 3{,}29 \ \mathrm{h}.$$

Stückkosten bei 900 °C: (1 000 DM/h)(10 h)/500 Teile = 20 DM/Teil.
Stückkosten bei 1 000 °C: (1 500 DM/h)(3,3 h)/500 Teile = 9,9 DM/Teil.

Sofern nur die Betriebskosten des Ofens berücksichtigt werden, läßt sich durch die höhere Arbeitstemperatur eine Senkung der Kosten und eine Steigerung des Durchsatzes erreichen.   □

Gleichung (5.5) setzt eine konstante Konzentration an der Grenzfläche des betrachteten Volumens voraus. Diese Randbedingung ist bei der Aufkohlung von Stahl (Beispiel 5.6) wegen der kontinuierlichen Zuführung von Kohlenstoff erfüllt. Oft jedoch ändert sich während der Wärmebehandlung die Konzentration an der Grenzfläche, da Atome in entgegengesetzter Richtung diffundieren (s. Abb. 5.2). Dann ist Gleichung (5.5) nicht mehr anwendbar.

Gegeneinandergerichtete Diffusionsströme können auffällige Veränderungen bewirken. Wenn zum Beispiel Aluminium bei höherer Temperatur auf Gold gebondet wird, diffundieren die Al-Atome schneller in das Gold, als Au-Atome in das Aluminium. Am Ende des Vorganges ist auf der Seite des Goldes eine größere Anzahl von Atomen vorhanden als zu Beginn. Die ursprüngliche Trennfläche zwischen beiden Metallen hat sich dadurch nach der Aluminiumseite verschoben. Alle in der Grenzfläche sitzenden Fremdatome nehmen an der Ortsveränderung teil. Die durch unterschiedliche Diffusionsgeschwindigkeiten verursachte Grenzflächenverschiebung zwischen zwei Stoffen wird als *Kirkendall-Effekt* bezeichnet.

In manchen Fällen entstehen in einer Grenzfläche infolge des Kirkendall-Effektes Hohlräume. Dies kann bei integrierten Schaltkreisen zu Frühausfällen führen. Als äußere elektrische Verbindungen bei Schaltkreisen benutzt man Golddrähte, die auf Aluminiumkontakte gebondet werden. Im Laufe der Zeit bilden sich durch Vereinigung von Leerstellen, die beim Bonden entstanden sind, Hohlräume, deren weiteres Wachstum zur völligen Zerstörung der Verbindung führen kann. Der beschriebene Fehler geht mit einer Verfärbung der Umgebung des Kontaktes einher und wird als „purple plaque" bezeichnet. Man begegnet dem Problem dadurch, daß die Bondverbindung einer Wasserstoffatmosphäre ausgesetzt wird. H-Atome diffundieren in das Aluminium ein, füllen die Leerstellen aus und verhindern dadurch die Bildung von Hohlräumen und die Diffusion von Al-Atomen.

5.7 Diffusion und Materialbearbeitung

Diffusionsvorgänge erlangen besondere Bedeutung, wenn Stoffe bei hohen Temperaturen eingesetzt oder bearbeitet werden. In diesem Abschnitt wollen wir drei derartige Fälle behandeln, später folgen noch andere Beispiele.

Kornwachstum. In feinkristallinem Material stellt die Gesamtheit aller Korngrenzen wegen der dort vorhandenen geringen Packungsdichte einen Bereich mit erhöhter Energie dar. Kornwachstum, verbunden mit einer Verringerung der Korngrenzenfläche, ist deshalb gleichbedeutend mit einem Energiegewinn.

Kornwachstum nennt man einen Vorgang, bei dem einige Kristallite auf Kosten benachbarter Kristallite wachsen, so daß sich die Korngrenzen verschieben. Da dieser Prozeß mit einer Diffusion von Atomen im Korngrenzbereich verbunden ist (s. Abb. 5.14), hängt die Geschwindigkeit des Kornwachstums entscheidend von der entsprechenden Aktivierungsenergie ab. Je höher die Temperatur und je kleiner die Aktivierungsenergie, um so größere Kristallite können sich bilden. Viele Arten der Wärmebehandlung von Metallen, einschließlich des Temperns (Halten eines Teiles bei konstanter Temperatur), erfordern eine sehr sorgfältige Prozeßführung, wenn übermäßiges Kornwachstum vermieden werden soll.

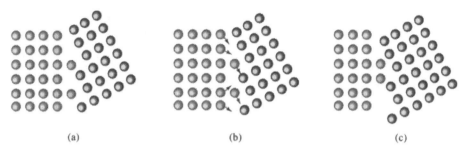

(a)   (b)   (c)

Abb. 5.14. Kornwachstum infolge Diffusion von Atomen durch die Korngrenze.

Diffusionsbonden. Unter *Diffusionsbonden* versteht man eine Technologie zur Verbindung von Metallen, die drei Schritte umfaßt (s. Abb. 5.15). Im ersten Schritt preßt man die zu verbindenden Teile bei hoher Temperatur unter hohem Druck zusammen. Dadurch werden die Berührungsflächen eingeebnet, Verunreinigungen zerkleinert, und es entstehen große Gebiete mit engem atomarem Kontakt. Wird der Druck bei hoher Temperatur aufrechterhalten, beginnen Atome entlang der Korngrenzen zu den Hohlräumen zu diffundieren und sie auszufüllen. Dieser zweite Schritt verläuft sehr schnell, da Korngrenzendiffusion wenig Energie erfordert. Schließlich werden im dritten Schritt noch vorhandene Hohlräume von den Korngrenzen abgetrennt und allmählich durch Volumendiffusion aufgefüllt.

Diffusionsbonden wendet man oft an, um reaktive Metalle wie Titan oder sehr verschiedenartige Stoffe oder Keramik miteinander zu verbinden.

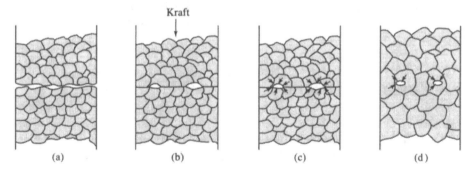

Kraft

(a)   (b)   (c)   (d)

Abb. 5.15. Schrittfolge des Diffusionsbondens: (a) Anfangszustand mit kleinen Kontaktflächen; (b) Druck ebnet die Oberflächen ein und vergrößert die Berührungsflächen; (c) Korngrenzendiffusion bewirkt das Schrumpfen der Hohlräume; (d) Volumendiffusion läßt Hohlräume vollständig verschwinden.

Sintern. Die Formgebung mancher Materialien erfolgt mittels einer als *Sintern* bezeichneten Technologie. Kleine Teilchen des Materials werden zunächst in die gewünschte Form gepreßt und danach bei hohen Temperaturen gehalten. Dabei

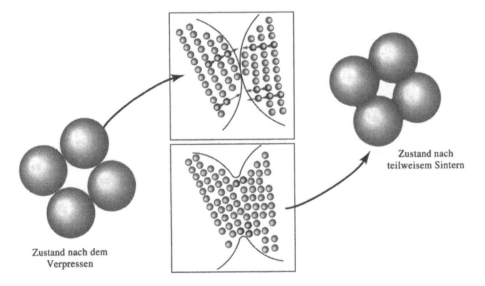

Zustand nach
teilweisem Sintern

Zustand nach dem
Verpressen

Abb. 5.16. Diffusion bei Sinterprozessen und in der Pulvermetallurgie. Atome diffundieren zu den Kontaktstellen, bilden Brücken und füllen Poren aus.

verringert sich allmählich das Porenvolumen. Das Sinterverfahren wird vor allem in der Keramikproduktion, in der *Pulvermetallurgie* und zur Herstellung mancher Verbundwerkstoffe angewendet.

Das in eine Form gepreßte Material enthält einen erheblichen Porenanteil zwischen den sich punktförmig berührenden Pulverteilchen. Diffusion von Atomen zu den Kontaktstellen bewirkt ein Bonden der Partikel, die Poren schrumpfen und die Oberflächenenergie der Partikel nimmt ab (s. Abb. 5.16). Wird das Sintern genügend lange fortgesetzt, so entsteht ein praktisch porenfreies, dichtes Material. Die erforderliche Sinterzeit hängt von Temperatur, Aktivierungsenergien, Diffusionskoeffizienten und den zu Beginn des Prozesses vorhandenen Partikelgrößen ab.

5.8 Zusammenfassung

Diffusionsmechanismen führen besonders bei hohen Temperaturen und bei Vorhandensein von Konzentrationsunterschieden zur Bewegung von Atomen durch einen Festkörper. Es gelten folgende Zusammenhänge.

- Wichtige Mechanismen sind Leerstellendiffusion und Zwischengitterdiffusion. Die Diffusion von Substitutionsatomen erfolgt über den Leerstellenmechanismus.
- Die Diffusionsgeschwindigkeit nimmt entsprechend einer Arrhenius-Gleichung exponentiell mit der Temperatur zu. Diffusion wird bedeutend bei Temperaturen oberhalb etwa dem 0,4 fachen der Schmelztemperatur (in Kelvin) eines Stoffes.
- Die Aktivierungsenergie Q ist eine Energieschwelle, die diffundierende Atome bei jedem Elementarschritt überwinden müssen. Je kleiner die Aktivierungsener-

gie ist, um so schneller läuft die Diffusion ab. Niedrige Aktivierungsenergie und hohe Diffusionsgeschwindigkeiten findet man bei: (1) Zwischengitterdiffusion, (2) Kristallen mit geringer Packungsdichte, (3) Stoffen mit niedriger Schmelztemperatur oder schwacher zwischenatomarer Bindung und (4) Diffusion längs Korngrenzen oder Oberflächen.

● Der Diffusionsstrom nimmt mit wachsendem Konzentrationsgefälle und Größe des Diffusionskoeffizienten zu.

● In jedem System ist der Verlauf der Diffusion wesentlich durch das Produkt Dt bestimmt, das daher für die Optimierung des Temperatur-Zeit-Regimes der Diffusion genutzt werden kann.

Die Diffusion ist von fundamentaler Bedeutung für technologische Prozesse wie Sintern, Pulvermetallurgie und Bonden. Auf Diffusionsvorgängen beruhen viele Wärmebehandlungs- und Härtungsverfahren, mit denen Gefüge und Eigenschaften von Werkstoffen gezielt verändert werden können. Auch Gefügestabilität und Eigenschaften von Werkstoffen, die bei hohen Temperaturen eingesetzt sind, hängen von Diffusionsvorgängen ab. Schließlich lassen sich, indem man Diffusion absichtlich verhindert, Nichtgleichgewichtszustände einfrieren und auf diese Weise Stoffe mit besonderen Eigenschaften erzeugen. In den folgenden Kapiteln werden zahlreiche Vorgänge behandelt, bei denen Diffusion eine wichtige Rolle spielt.

5.9 Glossar

Aktivierungsenergie. Energieschwelle für den Ablauf einer elementaren Reaktion. Im Falle der Diffusion die Energie, die ein Atom für einen Platzwechsel besitzen muß.

Diffusion. Wanderung von Atomen in einem Material.

Diffusionsbonden. Verbindungstechnik, bei der zwei Stoffe bei hoher Temperatur unter hohem Druck zusammengepreßt werden. Atome diffundieren zur Trennfläche, füllen Hohlräume aus und stellen feste Verbindungen her.

Diffusionsweg. Weg, den diffundierende Atome zurücklegen, z. B. Abstand zwischen maximaler und minimaler Konzentration.

Diffusionskoeffizient. Stoffspezifischer, von Temperatur und Aktivierungsenergie abhängiger Parameter, der zusammen mit dem Konzentrationsgefälle den Diffusionsstrom bestimmt.

Diffusionsstrom. Anzahl von Atomen, die pro Zeiteinheit durch die Einheitsfläche hindurchdiffundieren. Proportional zum Diffusionsstrom findet ein Transport von Masse statt.

Erstes Ficksches Gesetz. Differentialgleichung für die Abhängigkeit des Diffusionsstromes von Diffusionskoeffizient und Konzentrationsgefälle.

Kirkendall-Effekt. Verschiebung der Trennfläche zwischen zwei Stoffen infolge unterschiedlich schneller Diffusion zweier Atomarten.

Konzentrationsgefälle. Änderung der Konzentration über die Einheitslänge. Maßeinheiten sind (Atome/cm^3)/cm oder Atom%/cm.

Korngrenzendiffusion. Diffusion von Atomen längs Korngrenzen. Verläuft wegen der im Korngrenzenbereich geringeren Packungsdichte schneller als Volumendiffusion.

Kornwachstum. Wachstum einzelner Kristallkörner auf Kosten der übrigen, verbunden mit Energiegewinn infolge Verkleinerung der Gesamtfläche aller im Festkörper vorhandenen Korngrenzen.

Leerstellendiffusion. Platzwechsel eines regulären Gitteratoms in eine Leerstelle. Dabei entsteht am ursprünglichen Gitterplatz eine neue Leerstelle und der Vorgang kann sich fortsetzen.

Oberflächendiffusion. Diffusion von Atomen längs Oberflächen (Risse oder Außenflächen).

Pulvermetallurgie. Technologie, bei der durch Verpressen von Metallpulver Formteile hergestellt und anschließend einer Wärmebehandlung unterzogen werden. Durch Diffusion und Sinterung entsteht ein kompaktes, festes Metallteil.

Selbstdiffusion. Platzwechsel von Atomen, die thermisch bedingt sind und auch ohne Konzentrationsgefälle ablaufen.

Sintern. Hochtemperaturbehandlung zur Verbindung kleiner Teilchen. Atome diffundieren zu Kontaktstellen, bilden zunächst Brücken und füllen schließlich alle Hohlräume aus.

Volumendiffusion. Diffusion von Atomen im Inneren von Kristalliten.

Zweites Ficksches Gesetz. Partielle Differentialgleichung für die raum-zeitliche Änderung der Konzentration in einem Festkörper.

Zwischengitterdiffusion. Diffusion kleiner Atome längs Zwischengitterplätzen.

5.10 Übungsaufgaben

5.1 Für eine Aktivierungsenergie von 125,7 kJ/mol soll die atomare Platzwechselrate $5 \cdot 10^5$ Sprünge/s bei 400 °C betragen. Wie groß ist die Rate bei 750 °C?

5.2 Der Diffusionskoeffizient für die Diffusion von Cr in Cr_2O_3 vergrößert sich von $6 \cdot 10^{-15}$ cm²/s bei 727 °C auf $1 \cdot 10^{-9}$ cm²/s bei 1 400 °C. Zu berechnen ist (a) die Aktivierungsenergie, (b) die Konstante D_0.

5.3 In einer 0,2 mm dicken Siliciumscheibe soll ein konstantes Konzentrationsgefälle von Sb-Atomen bestehen. Auf je 10^8 Si-Atome soll die eine Oberfläche 1 Sb-Atom, die andere 500 Sb-Atome enthalten. Mittels der in Anhang A gegebenen Gitterkonstanten von Si ist das Konzentrationsgefälle zu berechnen: (a) in Atom% Sb pro cm, (b) als Sb-Atome/cm³ · cm.

5.4 Ein Behälter, der Wasserstoffgas mit einer Temperatur von 650 °C enthält, ist durch eine 0,0254 mm dicke Eisenfolie (krz-Struktur) abgeteilt. Die Konzentration von H-Atomen beträgt auf einer Seite $5 \cdot 10^8$ Atome/cm³, auf der anderen Seite $2 \cdot 10^3$ Atome/cm³. Zu bestimmen ist (a) das Konzentrationsgefälle der H-Atome, (b) der Diffusionsstrom durch die Folie.

5.5 Ein kugelförmiger Behälter aus krz-Eisen mit einem Durchmesser von 4 cm und einer Wanddicke von 0,5 mm enthält Stickstoff von 700 °C. An der Innenwand beträgt die Konzentration 0,05 Atom%, außen 0,002 Atom%. Wieviel Gramm Stickstoff verliert der Behälter pro Stunde?

5.6 In einer krz-Eisenfolie besteht ein Konzentrationsgefälle von H-Atomen der Größe $-5 \cdot 10^{16}$ Atome/cm$^3 \cdot$ cm. Gesucht ist die maximale Temperatur, bei welcher der Diffusionsstrom kleiner bleibt als 2 000 Atome/cm$^2 \cdot$ s.

5.7 Die Diffusionskoeffizienten von Wasserstoff und Stickstoff in kfz-Eisen bei 1 000 °C sind zu vergleichen.

5.8 Ein Stahlstück mit 0,1% C-Gehalt wird bei 980 °C (kfz-Struktur) aufgekohlt. Die Konzentration soll an der Oberfläche konstant 1% C betragen. Zu berechnen ist der C-Gehalt nach einer Stunde in einer Tiefe von 0,01 cm, 0,05 cm und 0,1 cm.

5.9 Bei welcher Temperatur steigt in einem 0,2% C-Stahl (kfz-Struktur) in 0,5 mm Tiefe im Verlaufe von 2 Stunden die C-Konzentration auf 0,5%, wenn die Konzentration an der Oberfläche 1,1% C beträgt.

5.10 Durch Aufkohlen eines 0,02% C-Stahles bei 1 200 °C soll die C-Konzentration in 0,6 mm Tiefe in 4 Stunden auf 0,45% gesteigert werden. Wie groß muß die C-Konzentration an der Oberfläche sein?

5.11 Ein 0,80% C-Stahl befindet sich bei 950 °C in einer oxidierenden Atmosphäre. Die C-Konzentration an seiner Oberfläche ist null. Die C-Konzentration darf nur in einer 0,02 cm dicken Schicht des Stahlteiles unter 0,75% sinken. Nach welcher Zeit ist dieser Zustand erreicht?

5.12 Welche Zeit erfordert das Nitrieren eines 0,002%-N-Stahles bei 625 °C, um 0,0508 mm unter der Oberfläche eine N-Konzentration von 0,12% zu erhalten? Die N-Konzentration an der Oberfläche betrage 0,15%.

5.13 Die Zusammensetzung einer Cu-Zn-Legierung erweist sich nach dem Erstarren als inhomogen. Dreistündiges Tempern bei 600 °C verbessert die Homogenität durch Diffusion von Zn-Atomen. Mit welcher Temperatur läßt sich derselbe Effekt in 30 Minuten erreichen?

Teil II

Steuerung der Mikrostruktur und der mechanischen Eigenschaften von Materialien

6 Mechanische Prüfverfahren und Eigenschaften

6.1 Einleitung

Die Auswahl von Werkstoffen richtet sich nach den Anforderungen, denen sie im Anwendungsfall genügen müssen. Dabei stehen zunächst die mechanischen Beanspruchungen im Vordergrund. Ihre Ermittlung setzt sorgfältige Analyse aller Einsatzbedingungen voraus. Wird ein festes, starres oder verformbares Material benötigt? Ist das vorgesehene Bauteil starken zyklischen Kräften oder hohen Spitzenbelastungen ausgesetzt? Liegt eine Dauerbeanspruchung bei erhöhter Temperatur vor? Muß das Material mechanischem Verschleiß widerstehen? Aus diesem Fragenkatalog ergeben sich die zu erfüllenden Hauptanforderungen. Als nächster Schritt folgt die Auswahl eines dafür geeigneten Werkstoffs anhand von Datenlisten, die uns z. B. aus Materialhandbüchern zur Verfügung stehen. Das setzt allerdings voraus, daß uns die Bedeutung und Definition der dort angegebenen Kenngrößen und die zu ihrer Bestimmung angewandten Meßverfahren genau bekannt sind. Wir müssen beachten, daß diese Kennwerte unter idealisierten Prüfbedingungen ermittelt wurden, die häufig nur näherungsweise mit der realen Einsatzsituation übereinstimmen.

In diesem Kapitel lernen wir eine Reihe von Prüfmethoden kennen, die uns über die Widerstandsfähigkeit von Materialien gegenüber mechanischen Kräften Auskunft geben. Als Ergebnis dieser Prüfungen erhalten wir gebräuchliche Kenngrößen der mechanischen Materialeigenschaften.

6.2 Zugversuch: Anwendung der Spannungs-Dehnungs-Kurve

Der *Zugversuch* dient zur Bestimmung der Widerstandsfähigkeit von Werkstoffen gegenüber konstanter oder langsam veränderlicher Krafteinwirkung. Abbildung 6.1 zeigt einen gebräuchlichen Meßaufbau. Typische Abmessungen des zylindrischen Prüflings liegen bei 1 cm im Durchmesser und 5 cm im Meßmarkenabstand (Meßlänge). Der Prüfling erfährt durch die Kraft F eine *Zugbeanspruchung* und dehnt sich aus. Die Längenänderung wird mit einer Dehnungslehre (Extensometer) gemessen. Tabelle 6.1 zeigt die Auswirkung einer Zugbeanspruchung auf die Probenlänge einer Aluminiumlegierung.

Technische Zugspannung und Dehnung. Wir können die im Zugversuch gewonnenen Meßergebnisse auf beliebige Probenabmessungen und -formen übertragen, wenn wir die anliegende Zugkraft in Zugspannung und die Änderung des Meßmar-

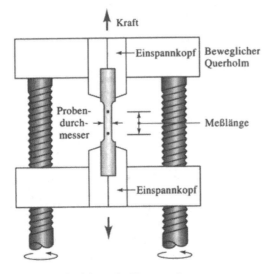

Abb. 6.1. Vorrichtung für Zugversuch.

kenabstandes in Dehnung (relative Längenzunahme) umrechnen. *Technische Spannung* und *technische Dehnung* werden durch folgende Gleichungen definiert:

$$\text{Technische Spannung} = \sigma = \frac{F}{A_0}, \tag{6.1}$$

$$\text{technische Dehnung} = \varepsilon = \frac{l - l_0}{l_0}, \tag{6.2}$$

wobei A_0 den Anfangsquerschnitt der Probe, l_0 den Anfangsabstand der Meßmarken und l den Meßmarkenabstand nach der Belastung bedeuten. Tabelle 6.1 enthält neben den Meßwerten auch die daraus berechneten Werte von Spannung und Dehnung. Ihre graphische Darstellung ergibt die Spannungs-Dehnungs-Kurve in Abbildung 6.2.

Beispiel 6.1
Umrechnung der Meßwertepaare Zugkraft/Meßlänge der Tabelle 6.1 in Wertepaare Spannung/Dehnung und Übertragung der Ergebnisse in eine Spannungs-Dehnungs-Kurve.

Lösung
Für eine Zugkraft von 4 448 N ergibt sich:

$$\sigma = \frac{F}{A_0} = \frac{4448\,\text{N}}{(\pi/4)(12{,}8\,\text{mm})^2} = \frac{4448\,\text{N}}{129\,\text{mm}^2} = 34{,}4\,\text{N/mm}^2,$$

$$\varepsilon = \frac{l - l_0}{l_0} = \frac{0{,}001}{2} = 0{,}0005.$$

Die Ergebnisse der weiteren Umrechnung können Tabelle 6.1 entnommen werden und sind in Abbildung 6.2 graphisch dargestellt. □

Maßeinheiten. In Handbüchern und in anderen Veröffentlichungen werden Meßwerte außer in SI-Einheiten auch in angelsächsischen Maßeinheiten angegeben. In

Tabelle 6.1. Ergebnisse einer Zugfestigkeitsprüfung an einem Al-Prüfling mit einem Probendurchmesser von 0,505 inch (1,28 cm)[+]

Meßwerte				Umrechnungswerte		
Zugkraft		Meßlänge		Zugspannung		Dehnung
[lb]	[N]	[in]	[cm]	[psi]	[N/mm^2]	[in/in bzw. mm/mm]
0	0	2,000	5,080	0	0	0
1 000	4 448	2,001	5,082	5 000	34,5	0,0005
3 000	13 344	2,003	5,088	15 000	103,4	0,0015
5 000	22 240	2,005	5,093	25 000	172,4	0,0025
7 000	31 136	2,007	5,098	35 000	241,3	0,0035
7 500	33 360	2,030	5,156	37 500	258,6	0,0150
7 900	35 139	2,080	5,283	39 500	272,3	0,0400
8 000[1]	35 584	2,120	5,385	40 000	275,8	0,0600
7 950	35 362	2,160	5,486	39 700	273,7	0,0800
7 600[2]	33 805	2,205	5,601	38 000	262,0	0,1025

[1] Maximalbelastung

[2] Bruch

[+] Die Meßwerte sind zum Vergleich hier in SI-Einheiten und angelsächsischen Maßeinheiten angegeben. Umrechnungsfaktoren siehe Tabelle 6.2.

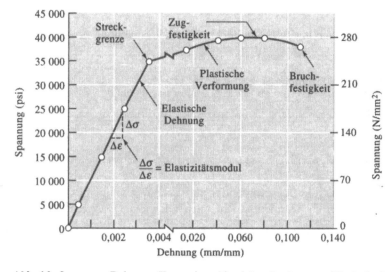

Abb. 6.2. Spannungs-Dehnungs-Kurve einer Aluminium-Legierung auf Basis der in Tabelle 6.1 angegebenen Meßdaten.

einigen Fällen werden sie im folgenden zum Vergleich genannt. Tabelle 6.2 enthält die Umrechnungsfaktoren.

Tabelle 6.2. Umrechnungsfaktoren von Maßeinheiten

Angelsächsische Einheiten	SI-Einheiten
1 in (inch)	0,0254 m
1 ft (foot)	0,3048 m
1 lb (pound)	4,448 N
1 psi (pounds per square inch)	0,006895 N/mm^2 (oder MPa)
1 ksi (1000 psi)	6,895 N/mm^2 (oder MPa)
1 ksi $\sqrt{\text{in}}$	1,0989 MPa$\sqrt{\text{m}}$
1 ft · lb	1,356 J (oder N · m)
39,37 in	1 m
0,2248 lb	1 N
145 psi	1 N/mm^2 (oder MPa)

Beispiel 6.2

Berechnung einer Hängevorrichtung. Ein Aluminiumstab soll für Zugkräfte bis $2 \cdot 10^5$ N ausgelegt sein. Die maximal zulässige Zugspannung wird nach Abbildung 6.2 unter Berücksichtigung eines Sicherheitsfaktors auf 160 N/mm^2 begrenzt. Der Stab soll mindestens 4 m lang sein, aber sich nur um maximal 6 mm bei Belastung dehnen.

Lösung

Aus der Definitionsgleichung (6.1) der technischen Zugspannung ergibt sich für den erforderlichen Mindestquerschnitt des Stabes:

$$A_0 = \frac{F}{\sigma} = \frac{2 \cdot 10^5}{160} = 1250 \text{ mm}^2.$$

Die Form des Querschnitts ist dabei beliebig. Bei kreisförmigem Querschnitt ergibt sich als Durchmesser:

$$d = 2\sqrt{\frac{A_0}{\pi}} \approx 40 \text{ mm}^2.$$

Als zweite Forderung ist die Begrenzung der elastischen Dehnung des Stabes auf 6 mm vorgegeben. Diesem Wert entspricht nach Gleichung (6.2) eine zulässige Dehnung von:

$$\varepsilon = \frac{l - l_0}{l_0} = \frac{\Delta l}{l_0} = \frac{6 \text{ mm}}{4 \text{ m}} = 1,5 \cdot 10^{-3}.$$

Nach der Spannungs-Dehnungs-Kurve in Abbildung 6.2 sind jedoch bei Zugspannungen von 160 N/mm^2 für die betrachtete Al-Legierung Dehnungen um $2,3 \cdot 10^{-3}$ zu erwarten. Dies bedeutet, daß für den oben berechneten Stabquerschnitt nur eine maximale Stablänge von

$$l_0 = \frac{\Delta l}{\varepsilon} = \frac{6 \cdot 10^{-3} \text{ m}}{2,3 \cdot 10^{-3}} \approx 2,6 \text{ m}$$

zulässig wäre. Die vorgegebene Stablänge von 4 m bei gleichzeitiger Begrenzung der Dehnung auf $1,5 \cdot 10^{-3}$ erfordert deshalb eine Vergrößerung des Stabquerschnitts. Als notwendiger Wert ergibt sich unter Zuhilfenahme der Spannungs-Dehnungs-Kurve:

$$A_0 = \frac{F}{\sigma} \approx \frac{2 \cdot 10^5 \text{ N}}{100 \text{ N/mm}^2} = 2 \cdot 10^3 \text{ mm}^2.$$

Bei Annahme eines kreisförmigen Querschnitts beträgt der zugehörige Durchmesser 50,5 mm. □

6.3 Materialeigenschaften, die sich aus dem Zugversuch ergeben

Der Zugversuch liefert Informationen über die Festigkeit, Steifigkeit und Dehnbarkeit (Duktilität, Plastizität) von Werkstoffen.

Streckgrenze. Eine wichtige Kenngröße der Materialfestigkeit ist die *Streckgrenze* (oder Fließgrenze). Sie teilt das Widerstandsverhalten des Materials in einen *elastischen* und einen *plastischen* Bereich. Wenn die Spannungsbeanspruchung die Streckgrenze übersteigt, setzen Gleitvorgänge von Versetzungen ein; das Material wird plastisch verformt. Bauteile, die keiner plastischen Verformung unterliegen dürfen, müssen aus Werkstoffen hoher Streckgrenze bestehen bzw. so dimensioniert sein, daß die Streckgrenze im Einsatzfall nicht überschritten wird.

Bei einigen Materialien ist der Übergangspunkt vom elastischen in das plastische Verhalten in der Spannungs-Dehnungs-Kurve nicht deutlich ausgeprägt. In diesem Fall wird eine *Ersatzstreckgrenze* als Materialkenngröße definiert (s. Abb. 6.3a). Sie ergibt sich aus der Spannungs-Dehnungs-Kurve und einer Hilfs-

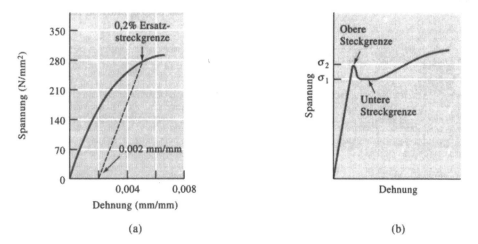

(a)   (b)

Abb. 6.3. (a) Bestimmung der 0,2%-Ersatzstreckgrenze von Graugußeisen. (b) Obere und untere Streckgrenze von kohlenstoffarmem Stahl.

linie, die parallel zum geradlinigen Anfangsteil der Spannungs-Dehnungs-Kurve verläuft, aber auf der Abszisse um den Betrag 0,002 vom Ursprung nach rechts verschoben ist. Der Schnittpunkt dieser Hilfslinie mit der Spannungs-Dehnungs-Kurve ist die 0,2%-Ersatzstreckgrenze. Nach Abbildung 6.3a hat die 0,2%-Ersatzstreckgrenze für Graugußeisen einen Wert von 280 N/mm^2.

Mitunter weist die Spannungs-Dehnungs-Kurve im Bereich der Streckgrenze einen Höcker auf, der auch als obere Streckgrenze bezeichnet wird (s. Abb. 6.3b). Die Überhöhung ist auf kleine Zwischengitteratome zurückzuführen, die um Versetzungen gruppiert sind und deren Bewegung erschweren. Der Gleitvorgang erfordert größere Spannungen, die Streckgrenze hat sich bis zu dem höheren Wert σ_2 verschoben. Erst nach Erreichen dieser höheren Spannung können sich die Versetzungen aus der Umklammerung der Zwischengitteratome lösen. Ihre Weiterbewegung erfolgt nunmehr unbehindert, die Streckgrenze fällt auf ihren normalen Wert σ_1 (untere Streckgrenze) zurück.

Zugfestigkeit. Die *Zugfestigkeit* entspricht der höchstmöglichen *Zugbelastung* eines Werkstoffs und somit dem Maximum seiner technischen Spannungs-Dehnungs-Kurve. Das Maximum erklärt sich durch die nicht gleichmäßige Verformung während der Zugbeanspruchung. Einige Materialbereiche können sich von einer bestimmten Belastung an stärker verformen als andere. Es entstehen lokale Querschnittsverminderungen oder *Einschnürungen* (Abb. 6.4). Die auf den Anfangsquerschnitt der Probe bezogene technische Zugspannung nimmt in diesen Bereichen folglich ab, d. h. es genügen dort geringere Kräfte, um die Deformation fortzusetzen. Die Zugfestigkeit ist der Spannungswert, bei dem in dehnbaren Materialien die Einschnürung beginnt.

Abb. 6.4. Einschnürung einer duktilen Materialprobe beim Zugversuch infolge lokaler Deformation.

Elastische Eigenschaften. Der *Elastizitätsmodul* (oder *Youngsche Modul*) *E* entspricht der Steigung der Spannungs-Dehnungs-Kurve im elastischen Bereich. Dieser Zusammenhang wird auch als *Hookesches Gesetz* bezeichnet:

$$E = \frac{\sigma}{\varepsilon}.$$ (6.3)

Der Elastizitätsmodul hängt eng mit den atomaren Bindungsenergien zusammen (Abb. 2.14). Ein steiler Verlauf der Kraft-Abstands-Kurve in Nähe des Gleichgewichtsabstands der Atome bedeutet, daß für die Abstandsvergrößerung ein hoher Kraftaufwand erforderlich ist. Das Material dehnt sich elastisch, sein Elastizitätsmodul ist groß. Starke Bindungskräfte und hoher Elastizitätsmodul sind typisch für hochschmelzende Materialien (Tab. 6.3).

Tabelle 6.3. Elastische Eigenschaften und Schmelztemperatur (T_S) ausgewählter Materialien

Material	T_S (°C)	E (GPa)	μ
Pb	327	13,8	0,45
Mg	650	44,8	0,29
Al	660	69,0	0,33
Cu	1 085	124,8	0,36
Fe	1 538	206,9	0,27
W	3 410	408,3	0,28
Al_2O_3	2 020	379,3	0,26
Si_3N_4		303,4	0,24

Der Elastizitätsmodul ist auch ein Maß für die *Steifigkeit* eines Werkstoffs. Steife Materialien mit großem Elastizitätsmodul behalten bei elastischer Beanspruchung weitgehend ihre Größe und Form. Abbildung 6.5 vergleicht das elastische Verhalten von Stahl und Aluminium. Bei einer Spannung von 210 N/mm² verformt sich Stahl um relativ 0,001 und Aluminium um relativ 0,003. Der Elastizitätsmodul von Eisen ist dreimal größer als der von Aluminium.

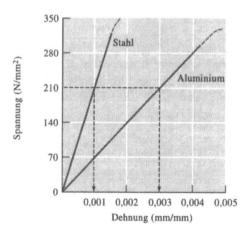

Abb. 6.5. Vergleich des elastischen Verhaltens von Stahl und Aluminium.

Der *Rückfederungsmodul* E_r entspricht der elastischen Energie, die ein Material während der Belastung absorbiert und anschließend wieder freigibt. Diese hängt mit der Fläche unterhalb des elastischen Teils der Spannungs-Dehnungs-Kurve zusammen. Für lineares elastisches Verhalten gilt:

$$E_r = \frac{\text{Streckgrenze}}{2 \cdot (\text{Dehnung an der Streckgrenze})} \cdot \tag{6.4}$$

Das Verhalten von Sprungfedern oder Golfbällen beruht auf hohen Werten des Rückfederungsmoduls.

Die *Poissonsche Konstante* μ bezeichnet das Verhältnis von Querkontraktion zu Längsdehnung im elastischen Bereich:

$$\mu = \frac{-\varepsilon_{\text{lateral}}}{\varepsilon_{\text{longitudinal}}} \cdot \tag{6.5}$$

Ihr Wert liegt im Bereich um 0,3 (s. Tab. 6.3).

Beispiel 6.3
Berechnung des Elastizitätsmoduls einer Al-Legierung aus den Meßwerten der Tabelle 6.1 und Bestimmung der Länge, auf den sich ein aus dieser Legierung bestehender Al-Stab mit einer Anfangslänge von 1 m bei Einwirkung einer Zugspannung von 200 N/mm² ausdehnt.

Lösung
Bei einer Spannung von z. B. 241,3 N/mm² (35 000 psi) beträgt die Dehnung 0,0035. Daraus folgt für den Elastizitätsmodul:

$$E = \frac{\sigma}{\varepsilon} = \frac{241{,}3 \text{ N/mm}^2}{0{,}0035} = 68{,}9 \cdot 10^3 \text{ N/mm}^2.$$

Mit diesem Wert ergibt sich für die Spannungsbeanspruchung von 200 N/mm² eine Dehnung von

$$\varepsilon = \frac{\sigma}{E} = \frac{200}{68{,}9} \cdot 10^{-3} = 0{,}0029.$$

Die gesuchte Stablänge beträgt:

$$l = l_0 + \varepsilon l_0 = 1{,}0029 \text{ m}. \qquad \square$$

Dehnbarkeit. Die *Dehnbarkeit* (*Verformbarkeit, Duktilität*) bezeichnet die maximale Längenänderung, die ein Werkstoff bis zu seinem Bruch erfahren kann. Sie läßt sich aus der Meßlängendifferenz des Prüflings vor und nach entsprechender Zugbeanspruchung ermitteln. Gebräuchliche Kenngröße ist die *Bruchdehnung*. Ihre Angabe erfolgt in %:

$$\% \text{ Bruchdehnung} = \frac{l_b - l_0}{l_0} \cdot 100, \tag{6.6}$$

wobei sich die Meßlänge l_b auf den Spannungswert bezieht, bei dem der Bruch eintritt.

Eine alternative Möglichkeit bietet die Messung der Querschnittsänderung als Folge der Zugbeanspruchung. Die zugehörige Kenngröße ist die *Brucheinschnürung*, ebenfalls in %:

$$\% \text{ Brucheinschnürung} = \frac{A_0 - A_b}{A_0} \cdot 100, \tag{6.7}$$

wobei A_b den Endquerschnitt der Probe an ihrer Bruchstelle bedeutet.

Die Dehnbarkeit spielt sowohl in der Konstruktion als auch in der Produktion von Bauteilen eine wichtige Rolle. Der Konstrukteur bevorzugt Materialien mit einer Mindestdehnbarkeit, um auch bei extremer Belastung Brüche mit hinreichender Sicherheit auszuschließen. In der Fertigung erleichtert die Dehnbarkeit die Bearbeitung komplizierter Bauteilformen.

Beispiel 6.4
Die im Beispiel 6.1 untersuchte Probe einer Al-Legierung weist nach ihrem Bruch einen Meßmarkenabstand von 5,58 cm und einen Durchmesser an der Bruchstelle von 1,01 cm auf. Aus diesen Werten ist die Dehnbarkeit der Legierung zu berechnen.
Lösung

$$\% \text{ Bruchdehnung} = \frac{l_b - l_0}{l_0} \cdot 100 = \frac{5{,}58 - 5{,}08}{5{,}08} \cdot 100 = 9{,}8\%,$$

$$\% \text{ Brucheinschnürung} = \frac{A_0 - A_b}{A_0} \cdot 100$$

$$= \frac{(1{,}28)^2 - (1{,}01)^2}{(1{,}28)^2} \cdot 100 = 37{,}8\%.$$

Der Endbetrag des Meßmarkenabstandes ist geringer als der in Tabelle 6.1 angegebene Wert, weil sich der elastische Teil der Dehnung nach dem Bruch zurückbildet.   □

Temperatureinfluß. Zugbelastungseigenschaften hängen von der Temperatur ab (s. Abb. 6.6). Streckgrenze, Zugfestigkeit und Elastizitätsmodul verringern sich mit steigender Temperatur, während die Dehnbarkeit gewöhnlich ansteigt. Aus diesem Verhalten resultiert das Bestreben, Werkstoffe bei möglichst hoher Temperatur zu verformen (*Warmverformung*), um den Vorteil leichterer Verformbarkeit zu nutzen und Spannungsaufwand einzusparen.

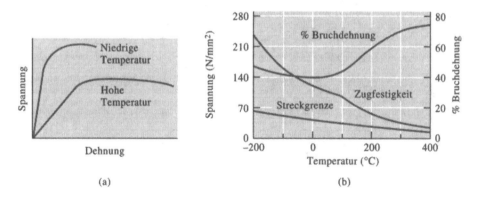

(a)   (b)

Abb. 6.6. Einfluß der Temperatur auf (a) die Spannungs-Dehnungs-Kurve und (b) die Eigenschaften einer Aluminium-Legierung.

6.4 Biegeversuch für spröde Materialien

Die technische Spannungs-Dehnungs-Kurve duktiler Werkstoffe durchläuft ein Maximum; dieses Maximum entspricht der Zugfestigkeit des Materials. Ein Bruch ereignet sich erst dann, wenn das Maximum durchlaufen ist und sich der Probenquerschnitt durch Einschnürung verkleinert hat. Infolge der Querschnittsverringerung sind für den Bruch technische Spannungswerte unterhalb des Maximums ausreichend. In spröderen Werkstoffen tritt der Bruch dagegen im Bereich der maximalen Belastung auf. Zug- und Bruchfestigkeit stimmen überein. In sehr spröden Materialien einschließlich Keramik sind die Spannungswerte der Streckgrenze, Zugfestigkeit und Bruchfestigkeit praktisch gleich (s. Abb. 6.7).

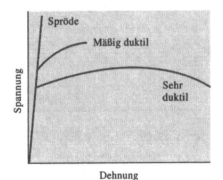

Abb. 6.7. Vergleich des Spannungs-Dehnungs-Verhaltens von Materialien unterschiedlicher Duktilität.

Der Zugversuch ist für spröde Werkstoffe nur wenig geeignet, da die Prüfung durch Oberflächenrisse erschwert wird. Schon beim Einspannen in die Zugvorrichtung kann die Probe zerbrechen. Für solche Materialien empfiehlt sich als Alternative der *Biegeversuch* (Abb. 6.8). Die an drei Punkten belastete Probe erfährt eine Durchbiegung, wobei auf ihrer Unterseite (gegenüber der Druckstelle) eine Zugbeanspruchung auftritt. An dieser Stelle setzt auch der Materialbruch ein. Als Kenngröße zur Charakterisierung des Widerstandsvermögens des Materials wird die *Biegefestigkeit* (oder der *Bruchmodul*) verwendet:

$$\text{Biegefestigkeit} = \frac{3FL}{2wh^2}, \tag{6.8}$$

wobei F die Bruchlast, L den Abstand zwischen den Auflagepunkten, w die Probenbreite und h die Probendicke bedeuten.

Die Ergebnisse der Biegeprüfung ähneln einer Spannungs-Dehnungs-Kurve, wobei jedoch anstelle der Dehnung die Durchbiegung als Variable erscheint (Abb. 6.9). Für den elastischen Bereich dieser Kurve existiert in analoger Weise ein Elastizitätsmodul oder *Biegemodul*:

$$\text{Biegemodul} = \frac{L^3 F}{4wh^3 \delta}, \tag{6.9}$$

wobei δ die Durchbiegung bei einwirkender Kraft F bedeutet.

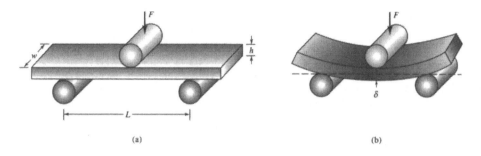

Abb. 6.8. (a) Biegeversuch zur Bestimmung der Festigkeit spröder Materialien. (b) Durchbiegung δ in Abhängigkeit von der Biegebeanspruchung.

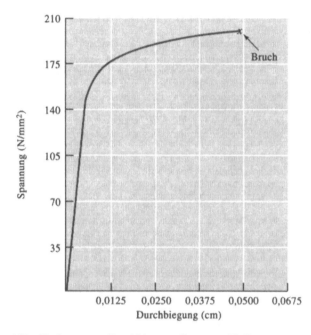

Abb. 6.9. Spannungs-Durchbiegungs-Kurve von MgO.

Spröde Materialen eignen sich gut für Anwendungen, bei denen sie einer Kompression ausgesetzt sind, weil sich Sprünge und Risse bei dieser Beanspruchung zusammenschließen. Ihre Druckfestigkeit ist deshalb sehr viel größer als ihre Zugfestigkeit (Tab. 6.4).

Beispiel 6.5
Die Biegefestigkeit eines glasfaserverstärkten Verbundwerkstoffs beträgt 300 N/mm^2 und sein Biegemodul 10^5 N/mm^2. Eine daraus bestehende Probe mit den Abmessungen 1,5 cm Breite, 1 cm Dicke und 20 cm Länge wird einem Biegeversuch unterzogen. Der Auflagenabstand beträgt 10 cm. Unter der Annahme, daß keine plastische Verformung eintritt, sind die zum Bruch führende Biegekraft und die Durchbiegung der Probe zu bestimmen.

Tabelle 6.4. Vergleich der Zug-, Druck- und Biegefestigkeit ausgewählter keramischer und polymerer Werkstoffe

Material	Zugfestigkeit (N/mm^2)	Druckfestigkeit (N/mm^2)	Biegefestigkeit (N/mm^2)
Polyester-50% Glasfaser	160	220	310
Polyester-50% Glasfaserstoff	255	185[a]	320
Al_2O_3 (99% Reinheit)	210	2 590	345
SiC (drucklos gesintert)	175	3 860	550

[a] Viele Verbundmaterialien weisen nur geringe Druckfestigkeit auf.

Lösung

Mit den vorgegebenen Probenabmessungen ergibt sich für die notwendige Kraft nach Gleichung (6.8):

$$F = (\text{Biegefestigkeit})\frac{2wh^2}{3L} = \frac{(300)(2)(15)(10)^2}{(3)(100)} = 3000 \text{ N}.$$

Die Probendurchbiegung beträgt nach Gleichung (6.9):

$$\delta = \frac{L^3 F}{4wh^3 \, (\text{Biegemodul})} = \frac{(100)^3 (3000)}{(4)(15)(10)^3 (10)^5} = 0,5 \text{ mm}. \qquad \square$$

6.5 Wahre Spannung – wahre Dehnung

Die Abnahme der technischen Spannung nach Überschreiten des Zugfestigkeitspunktes der Spannungs-Dehnungs-Kurve ist definitionsbedingt, da die technische Spannung nach Gleichung (6.1) auf den Anfangsquerschnitt A_0 des Prüflings bezogen wird. Die *wahre Spannung* und *wahre Dehnung* werden durch folgende Gleichungen definiert:

$$\text{Wahre Spannung} = \sigma_\omega = \frac{F}{A}, \tag{6.10}$$

$$\text{Wahre Dehnung} = \int \frac{dl}{l} = \ln\left(\frac{l}{l_0}\right) = \ln\left(\frac{A_0}{A}\right), \tag{6.11}$$

wobei A den aktuellen Querschnitt bei Einwirkung der Kraft F bedeutet. Der Ausdruck $\ln(A_0/A)$ gilt für den Bereich der Einschnürung. Abbildung 6.10 zeigt einen Vergleich von technischer und wahrer Spannungs-Dehnungs-Kurve. Die wahre Spannung steigt auch nach der Einschnürung weiter an, da die Verringerung der benötigten Kraft durch die Abnahme des Probenquerschnitts überkompensiert wird.

Wahre Spannung und wahre Dehnung werden als Parameter nur selten verwendet. Ihre Werte unterscheiden sich erst oberhalb der Streckgrenze deutlich von denen der technischen Spannung und technischen Dehnung, also in einem Bereich, der für die meisten Anwendungsfälle wegen starker Verformung kaum noch in Betracht kommt.

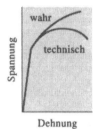

Abb. 6.10. Unterschied zwischen wahrer und technischer Spannungs-Dehnungs-Kurve.

Beispiel 6.6
Vergleich der technischen Spannung und Dehnung mit der wahren Spannung und Dehnung für die Aluminiumprobe nach Tabelle 6.1 und Beispiel 6.1 bei (a) Maximallast und (b) Bruchlast. Der Probendurchmesser beträgt im Fall (a) 12,6 mm und im Fall (b) 10,1 mm.

Lösung

(a) Technische Spannung $\sigma = \dfrac{F}{A_0} = \dfrac{35584}{(\pi/4)(12,8)^2} = 276\ \text{N/mm}^2$,

Wahre Spannung $\sigma_w = \dfrac{F}{A} = \dfrac{35584}{(\pi/4)(12,6)^2} = 285\ \text{N/mm}^2$,

Technische Dehnung $\varepsilon = \dfrac{\Delta l}{l_0} = 0,060$,

Wahre Dehnung $\varepsilon_w = \ln\left(\dfrac{l}{l_0}\right) = \ln\left(\dfrac{2,12}{2,0}\right) = 0,058$.

(b) Technische Spannung $\sigma = \dfrac{F}{A_0} = 262\ \text{N/mm}^2$,

Wahre Spannung $\sigma_w = \dfrac{F}{A} = \dfrac{\sigma A_0}{A} = \sigma\left(\dfrac{d_0}{d}\right)^2 = 421\ \text{N/mm}^2$,

Technische Dehnung $\varepsilon = \dfrac{\Delta l}{l_0} = 0,103$,

Wahre Dehnung $\varepsilon_w = \ln\left(\dfrac{A_0}{A}\right) = 0,474$.

Die wahre Spannung wird erst nach Beginn der Einschnürung wesentlich größer als die technische.   □

6.6 Härteprüfverfahren: Prinzip und Anwendung

Mit der *Härteprüfung* wird der Widerstand von Werkstoffen gemessen, den sie dem Eindringen harter Objekte in ihre Oberfläche entgegensetzen. Es existieren mehrere Prüfverfahren. Am gebräuchlichsten sind die Methoden nach Rockwell und Brinell (Abb. 6.11).

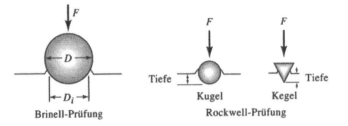

Abb. 6.11. Härteprüfungen nach Brinell und Rockwell.

Bei der Härteprüfung nach *Brinell* wird eine harte Stahlkugel (üblicherweise mit einem Durchmesser von 10 mm) in die Materialoberfläche eingedrückt. Meßgröße ist der Durchmesser der Eindruckstelle (im allgemeinen zwischen 2 und 6 mm). Hieraus wird die *Brinellhärte* (abgekürzt HB) in folgender Weise berechnet:

$$HB = \frac{F}{(\pi/2)D(D - \sqrt{D^2 - D_i^2})},$$ (6.12)

wobei F die Eindrucklast (in kg), D den Durchmesser der Eindruckkugel und D_i den Durchmesser der Eindruckstelle (beide in mm) bedeuten.

In der Härteprüfung nach *Rockwell* kommen für weiche Materialien kleine Stahlkugeln und für harte Stoffe Diamantkegel als Druckkörper zur Anwendung. Die Eindrucktiefe wird automatisch von der Prüfeinrichtung registriert und in *Rockwellhärte* (abgekürzt HR) umgerechnet. Es sind verschiedene Meßvarianten gebräuchlich. Einige von ihnen enthält Tabelle 6.5. Die Rockwellhärte C (HRC) wird zum Beispiel für sehr harte Stähle als Meßgröße verwendet, während für Aluminium die Rockwellhärte F (HRF) besser geeignet ist.

Tabelle 6.5. Vergleich verschiedener Härteprüfverfahren

Verfahren	Eindringkörper	Belastung	Anwendungsbereich
Brinell	10-mm-Stahlkugel	3 000 kg	Gußeisen und Stahl
Brinell	10-mm-Stahlkugel	500 kg	Nichteisenmetalle
Rockwell A	Diamantkegel	60 kg	Sehr harte Materialien
Rockwell B	1/16-inch-Stahlkugel	100 kg	Messing, weicher Stahl
Rockwell C	Diamantkegel	150 kg	Harter Stahl
Rockwell D	Diamantkegel	100 kg	Harter Stahl
Rockwell E	1/8-inch-Stahlkugel	100 kg	Sehr weiche Materialien
Rockwell F	1/16-inch-Stahlkugel	60 kg	Aluminium, weiche Materialien
Vickers	Diamantpyramide	10 kg	Harte Materialien
Knoop	Diamantpyramide	500 g	Alle Materialien

Die Methoden nach Vickers (HV) und Knoop (HK) sind Mikrohärteprüfverfahren. Sie hinterlassen so kleine Eindrücke, daß ein Mikroskop zur Ausmessung erforderlich ist.

Härtewerte werden vor allem für Materialvergleiche, technologische Entscheidungen, Qualitätskontrollen und als Korrelativ zu anderen Materialeigenschaften

genutzt. Ein Beispiel ist der Zusammenhang der Brinellhärte mit der Zugfestigkeit:

$$\text{Zugfestigkeit [N/mm}^2] = 3.5 \text{ HB,} \tag{6.13}$$

bzw. Zugfestigkeit [psi] = 500 HB.

So bietet sich die Möglichkeit, in nur wenigen Minuten und praktisch ohne Präpa-
rationsaufwand durch eine Härtemessung in brauchbarer Näherung Angaben über
die Zugfestigkeit zu gewinnen.

Die Härte korreliert auch gut mit der Verschleißfestigkeit. Werkstoffe, die in
Zerkleinerungs- oder Mahlvorrichtungen zur Anwendung kommen, müssen genügend hart sein, um nicht vom Mahlgut beschädigt zu werden. Ähnliche Anforderungen werden an Zahnräder in Getrieben und Antriebsaggregaten gestellt, die
sich andernfalls zu schnell abnutzen. Allgemein ist festzustellen, daß Polymere nur
geringe, keramische Stoffe dagegen große Härte aufweisen und Metalle zwischen
diesen beiden Stoffgruppen einzuordnen sind.

6.7 Schlagprüfung

Werkstoffe verhalten sich bei stoßartiger Belastung, die mit extrem großer Verformungsgeschwindigkeit verbunden ist, sehr viel spröder als unter den Bedingungen
der quasi statischen Zugfestigkeitsprüfung. Diese Extremsituation wird mit der
Schlagprüfung erfaßt. Zu der Vielzahl hierfür entwickelter Methoden zählen die
Kerbschlagbiegeversuche nach *Charpy* und *Izod*. Das Izod-Verfahren kommt vorwiegend bei nichtmetallischen Stoffen zur Anwendung. Die Probe kann gekerbt
oder ungekerbt vorliegen. V-förmig gekerbte Proben sind allerdings besser geeignet, die Widerstandsfähigkeit gegenüber Rißwachstum zu erfassen.

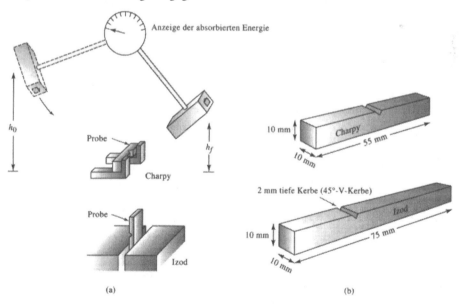

Abb. 6.12. Schlagversuch nach den Methoden von Charpy und Izod. (a) Probenanordnung, (b) Probenabmessungen.

Die Prüfeinrichtung besteht aus einem Pendelschlagwerk (Abb. 6.12). Der Pendelhammer trifft aus der Fallhöhe h_0 auf den im Auflager befindlichen Prüfling und erreicht nach dessen Durchschlag die Steighöhe h_f. Die Differenz beider Höhen bzw. der ihnen zugeordneten potentiellen Energien entspricht der beim Durchschlag der Probe aufgebrauchten *Schlagenergie*. Meßergebnis des Charpy-Verfahrens ist diese absorbierte Energie in J. Die Ergebnisse der Izod-Verfahrens werden in J/m angegeben. Das Widerstandsvermögen von Werkstoffen gegenüber Schlageinwirkungen wird als *Zähigkeit* (oder *Kerbschlagzähigkeit*) bezeichnet.

6.8 Ableitbare Eigenschaften aus Schlagversuchen

Abbildung 6.13 zeigt die Ergebnisse einer Schlagversuchsreihe, die an einem polymeren Werkstoff in Abhängigkeit von der Temperatur vorgenommen wurde.

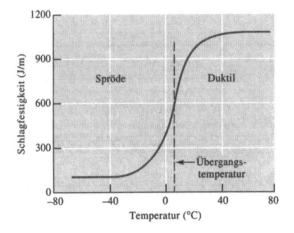

Abb. 6.13. Ergebnisse einer Schlagversuchsserie nach der Izod-Methode an einer Polymerprobe (Nylon-Thermoplast).

Übergangstemperatur. Die in der Abbildung ausgewiesene *Übergangstemperatur* trennt den Bereich des Sprödbruchs (links) vom Bereich des Verformungsbruchs (rechts). Sie ergibt sich aus dem Mittelwert der in beiden Bereichen verbrauchten Schlagenergie oder aus charakteristischen Erscheinungsbildern beider Brucharten. Im duktilen Bereich ist die verbrauchte Schlagenergie größer, das Material verhält sich dort widerstandsfähiger. Werkstoffe, die großer Stoßbelastung ausgesetzt sind, sollten deshalb eine möglichst niedrige Übergangstemperatur besitzen, die sich unterhalb der im Einsatzfall herrschenden Umgebungstemperatur befindet.

Nicht alle Materialien weisen eine deutlich ausgeprägte Übergangstemperatur auf. Im Gegensatz zu krz-Metallen ist sie bei den meisten kfz-Metallen praktisch nicht erkennbar (Abb. 6.14). kfz-Metalle absorbieren jedoch allgemein mehr Schlagenergie. Diese nimmt nur wenig mit der Temperatur ab und mitunter sogar zu.

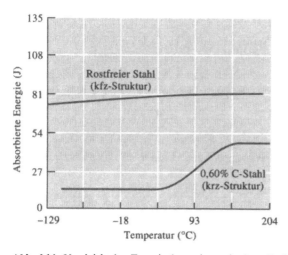

Abb. 6.14. Vergleich der Energieabsorption gekerbter Proben aus kohlenstoffhaltigem krz-Stahl und rostfreiem kfz-Stahl im Schlagversuch nach der Charpy-Methode. Die kfz-Kristallstruktur bewirkt größere Energieabsorption und besitzt keine Übergangstemperatur.

Kerbempfindlichkeit. Kerben, die durch unsachgemäße Bearbeitung oder Werkstoffauswahl entstehen können, vermindern den Materialquerschnitt und damit die Widerstandfähigkeit gegenüber Stößen. Ein Maß für den Zähigkeitsverlust ist die *Kerbempfindlichkeit* des Materials. Sie kann aus dem Vergleich gekerbter und ungekerbter Proben im Schlagversuch ermittelt werden. Meßgröße ist der Unterschied der absorbierten Energien. Die Kerbempfindlichkeit eines Werkstoffs ist um so größer, je weniger Energie von der gekerbten Probe im Vergleich zur ungekerbten absorbiert wird.

Zusammenhang mit der Spannungs-Dehnungs-Kurve. Die für einen Materialbruch erforderliche Energie steht in Beziehung zur Fläche unterhalb der wahren Spannungs-Dehnungs-Kurve (Abb. 6.15). Metalle, die sowohl hohe Festigkeit als auch große Duktilität besitzen, zeichnen sich auch durch große Zähigkeit aus. Dagegen verfügen keramische Stoffe und viele Verbundmaterialien trotz hoher Festigkeit über nur geringes Widerstandsvermögen, da sie praktisch keine Duktilität aufweisen.

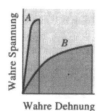

Abb. 6.15. Die Fläche unterhalb der wahren Spannungs-Dehnungs-Kurve steht im Zusammenhang mit der absorbierten Schlagenergie. Obwohl das Material *B* eine geringere Streckgrenze besitzt, absorbiert es mehr Energie als *A*.

Schlußfolgerungen aus Schlagprüfergebnissen. Absorbierte Energie und Übergangstemperatur hängen sehr empfindlich von den Belastungsbedingungen ab. Schnellere Energiezufuhr hat zum Beispiel eine geringere Energieabsorption und eine Erhöhung der Übergangstemperatur zur Folge. Auch die Probengröße beeinflußt die Ergebnisse. Da sich dickere Proben nicht so leicht verformen können wie dünnere, ist für ihren Bruch weniger Energie erforderlich. Das Schlagverhalten hängt auch von der Form der vorhandenen Einkerbungen ab. Oberflächenkratzer verringern die Energieabsorption in stärkerem Maße als V-förmige Kerben. Da diese vielfältigen Einflüsse in ihrer Auswirkung kaum übersehbar sind, bietet die Schlagprüfung eine willkommene experimentelle Methode des Vergleichs und der Vorauswahl von Werkstoffen.

Beispiel 6.7
Notwendige Materialeigenschaften für einen 4-kg-Vorschlaghammer für das Eintreiben von stählernen Zaunpfählen.

Lösung
Auch dieser schlicht anmutende Anwendungsfall bedarf einer überlegten Materialauswahl. Die Anforderungen sind leicht überschaubar:
– Das Material für den Hammerstiel muß ausreichend bruchfest sein, aber zugleich auch leicht.
– Für den Hammerkopf stehen als Anforderungen eine hohe Schlag- und Splitterfestigkeit bis in den Bereich von Temperaturen unterhalb 0 °C.
– Der Hammerkopf soll sich durch den Gebrauch nicht wesentlich verformen.
– Der Hammerkopf muß hinreichend groß sein, um den Zaunpfahl beim Schlagen nicht zu verfehlen, und hinreichend glatt, um Absplitterungen zu vermeiden.
– Schließlich sollen die Kosten für den Hammer nur gering sein.

Obwohl sich faserverstärkte Polymere wegen ihres geringen Gewichts und der guten mechanischen Eigenschaften als Ideallösung für den Hammerstiel anbieten, genügt ein etwa 75 cm langer Holzstiel. Er ist beträchtlich billiger und hinreichend widerstandsfähig. Wie noch später gezeigt wird, kann Holz als natürlicher faserverstärkter Verbundstoff angesehen werden.

Für den Hammerkopf wird ein Material gewählt, das eine niedrige Übergangstemperatur aufweist, große Energiebeträge absorbieren kann und trotzdem noch genügend Härte besitzt, um sich nicht zu verformen. Wegen ihrer mangelnden Stoßfestigkeit scheiden Keramikmaterialien praktisch aus. kfz-Metalle, wie rostfreier Stahl oder Kupfer, besitzen zwar große Zähigkeit (Stoßfestigkeit), sind aber relativ weich und teuer. Eine preislich angemessene Lösung ist einfacher krz-Stahl. Er ist billig, verfügt über ausreichende Härte und Festigkeit und besitzt auch noch bei niedriger Temperatur hinreichendes Widerstandsvermögen (Zähigkeit) gegenüber Schlägen.

Die Dichte von Eisen beträgt 7,87 g/cm^3 (s. Anhang A). Ein 4-kg-Hammerkopf hat daher ein Volumen von ungefähr 500 cm^3. Im Interesse guter Handhabbarkeit (Treffsicherheit) würde man bei einer zylindrischen Form des Kopfes einen Durchmesser von etwa 7 cm wählen, so daß sich eine Länge von ca. 13 cm ergibt.   □

6.9 Bruchzähigkeit

Die *Bruchmechanik* ist ein Arbeitsgebiet, das sich mit dem Verhalten von sprung-
und rißbehafteten Festkörpern befaßt. Fehler dieser Art sind praktisch in allen
Materialien vorhanden. Als *Bruchzähigkeit* bezeichnen wir die maximale Spannungsbelastung, der ein Werkstoff bei einer bestimmten Rißgeometrie noch widerstehen kann. Im Gegensatz zu den Ergebnissen der Schlagprüfung ist die Bruchzähigkeit eine quantitative Materialeigenschaft.

Die Bruchzähigkeit kann aus dem Zugversuch ermittelt werden. Die zugehörigen Proben enthalten Risse bekannter Größe und Geometrie (Abb. 6.16), an
denen sich die einwirkende Spannung verstärkt (die Risse wirken als *Spannungs-
verstärker*). Der geometrische Zusammenhang wird durch den *Spannungsintensitätsfaktor K* beschrieben. Dieser beträgt für die in Abbildung 6.16 dargestellte Ver-
suchsbedingung:

$$K = f\sigma\sqrt{\pi a}, \tag{6.14}$$

wobei f einen für Probe und Riß charakteristischen Geometriefaktor, σ die anliegende Spannung und a die Rißtiefe (entsprechend ihrer Definition in Abbildung
6.16) bedeuten. Wenn für die Probe eine „unendliche" Breite angenommen wird,
beträgt $f = 1,0$.

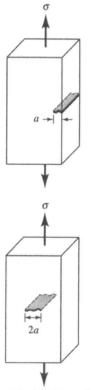

Abb. 6.16. Versuchsproben zur Bestimmung der Bruchzähigkeit mit Rissen im Innern und an der
Oberfläche.

Aus dem Zugversuch gewinnt man für K einen kritischen Wert K_c, der zu Rißausbreitung und Materialbruch führt. Dieser kritische Spannungsintensitätsfaktor wird als die *Bruchzähigkeit* des Materials definiert:

$$K_c = K\text{-Wert, erforderlich für Rißausbreitung.} \qquad (6.15)$$

Die Bruchzähigkeit hängt von der Probendicke ab: Mit zunehmender Probendicke verringert sich die Bruchzähigkeit auf einen konstanten Wert K_{Ic} (s. Abb. 6.17). Er stellt die untere Grenze der Bruchzähigkeit dar (auf ebenen Spannungszustand bezogene Bruchzähigkeit) und wird allgemein als Werkstoffkenngröße verwendet. Tabelle 6.6 vergleicht die K_{Ic}-Werte einiger Werkstoffe mit den Werten ihrer Streckgrenze. Maßeinheit der Bruchzähigkeit ist MPa$\sqrt{\text{m}}$.

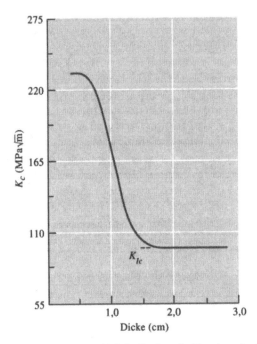

Abb. 6.17. Bruchzähigkeit K_c einer Stahlprobe mit einer Streckgrenze von 2100 N/mm². Mit Zunahme der Probendicke verringert sich K_c auf den konstanten Wert K_{Ic} (untere Grenze der Bruchzähigkeit).

Das Widerstandsvermögen von Werkstoffen gegenüber Rißausbreitung wird durch mehrere Faktoren beeinflußt:

1. Einfluß der Rißtiefe. Mit zunehmender Rißtiefe verringert sich die Spannungbelastbarkeit des Materials. Deshalb werden Technologien bevorzugt, mit denen sich Rißtiefen einschränken lassen. Hierzu gehören z. B. die Ausfilterung von Verunreinigungen aus Metallschmelzen und Warmpreßverfahren für die Herstellung keramischer Bauteile aus pulverförmiger Ausgangssubstanz.

2. Einfluß der Verformbarkeit. In duktilen Metallen kann sich das Material am Rißende verformen, so daß dieses Ende stumpf wird. Dadurch verringert sich der *Spannungsintensitätsfaktor*, das weitere Anwachsen des Risses wird verhindert. Festigkeitszunahme von Metallen bedeutet Abnahme ihrer Duktilität und führt

zur Verminderung ihrer Bruchzähigkeit (s. Tab. 6.6). Spröde Materialien wie keramische und viele polymere Stoffe haben geringere Bruchzähigkeit als Metalle.

3. Einfluß der Körperform. Die Bruchzähigkeit dicker Körper ist geringer als die von dünnen.

4. Einfluß der Stoßgeschwindigkeit. Schnellere Krafteinwirkung, wie sie bei Schlagversuchen auftritt, hat im allgemeinen kleinere Bruchzähigkeit zur Folge.

5. Einfluß der Temperatur. Temperaturzunahme vergrößert gewöhnlich die Bruchzähigkeit (Analogie zur Übergangstemperatur beim Schlagverhalten).

6. Einfluß der Struktur. Feinkörniges Gefüge erhöht im allgemeinen die Bruchzähigkeit, während Punktdefekte und Versetzungen sie vermindern. Feinkörnige Keramik besitzt hohes Widerstandsvermögen gegenüber Rißwachstum.

Tabelle 6.6 Auf ebene Verformung bezogene Bruchzähigkeit K_{Ic} ausgewählter Materialien

Material	Bruchzähigkeit K_{Ic} (MPa$\sqrt{m}$)	Streckgrenze (MPa)
Al-Cu-Legierung	25	455
	35	325
Ti(6%)-Al(4%)-V	55	900
	100	860
Ni-Cr-Stahl	50	1 640
	90	1 420
Al_2O_3	1,8	205
Si_3N_4	5,0	550
ZrO_2	11	415
Si_3N_4-SiC-Verbund	56	830
Polymethylmethacrylat (PMMA)	1,0	28
Polycarbonat (PC)	3,3	56

6.10 Bedeutung der Bruchmechanik

Die Bruchmechanik berücksichtigt das unvermeidbare Vorhandensein von Rissen. Drei Einflußgrößen sind von Bedeutung: die Materialeigenschaft (ausgedrückt durch die Werte K_c oder K_{Ic}), die Spannungsbelastung σ und die Rißtiefe a. Wenn zwei dieser Einflußgrößen vorgegeben sind, ist auch die dritte damit festgelegt.

Werkstoffauswahl. Bei vorgegebener Rißtiefe a und Spannung σ kann ein Werkstoff mit genügend großem K_c- oder K_{Ic}-Wert ausgewählt werden, um Rißwachstum zu verhindern.

Bauteilauslegung. Wenn die maximale Rißtiefe bekannt ist und auch der Werkstoff festliegt (und damit K_c oder K_{Ic}), kann die maximal zulässige Spannung errechnet werden. Daraus ergeben sich die notwendigen Abmessungen des Bauteils.

Herstellungs- und Prüfverfahren. Wenn sowohl Werkstoff, auftretende Spannung als auch Bauteilabmessungen festliegen, kann die maximal zulässige Rißtiefe bestimmt werden. Dann wäre durch geeignete (nichtzerstörende) Prüfmethoden oder Wahl der Bearbeitungstechnologie (wie noch gezeigt wird) sicherzustellen, daß Risse ab der ermittelten kritischen Größe im Material vermieden werden.

Beispiel 6.8
Nichtzerstörende Prüfmethode für Bruchzähigkeit. Eine im Kernkraftwerk eingesetzte große Stahlplatte mit einem K_{Ic}-Wert von 80 MPa$\sqrt{m}$ ist einer Spannungsbelastung von 300 MPa ausgesetzt. Damit liegen zwei Einflußgrößen fest. Als dritte ist die maximal zulässige Rißtiefe zu bestimmen und ein dafür geeignetes Nachweisverfahren auszuwählen.

Lösung
Für die kritische Rißtiefe, von der an Rißausbreitung einsetzt, ergibt sich nach Gleichung (6.14) unter Annahme eines Geometriefaktors $f = 1$:

$$K_{Ic} = f\sigma\sqrt{a\pi},$$

$$80 = (1)(300)\sqrt{a\pi},$$

$$a = 2,25 \text{ cm.}$$

Diese Rißtiefe kann an der Oberfläche relativ leicht nachgewiesen werden. Hierfür reicht schon eine visuelle Inspektion. Zweckmäßiger sind jedoch Methoden, die auch geringere Rißtiefen erfassen (Farbeindringprüfungen, magnetische Rißprüfung, Wirbelstromverfahren). So lassen sich bei regelmäßiger Kontrolle Risse schon detektieren, bevor sie in den Bereich der kritischen Abmessung kommen. In Kapitel 23 werden diese Testmethoden noch eingehender behandelt.   □

6.11 Schwingversuch

Bauteile unterliegen häufig einer zyklischen Belastung unterhalb der Streckgrenze des Werkstoffs. Diese kann durch Rotation, Biegung oder Vibration entstehen. Obwohl diese zyklische Beanspruchung noch im elastischen Bereich erfolgt, kann sie bei längerer Dauer zum Ausfall führen. Man bezeichnet diese Erscheinung als *Ermüdungsbruch*.

Der Ermüdungsbruch entwickelt sich normalerweise in drei Stufen. In der ersten Stufe entstehen – meist erst nach längerer Belastungszeit – kleine Oberflächenrisse. Wenn die zyklische Belastung anhält, breiten sich in der nächsten Stufe die Risse allmählich aus. Schließlich kann in der dritten Stufe, wenn der verbleibende Materialquerschnitt für die anliegende Last zu klein geworden ist, der Bruch eintreten.

Eine gebräuchliche Methode zur Bestimmung der Ermüdungsfestigkeit zeigt Abbildung 6.18. Die zylindrische Probe ist einseitig in das Futter eines Antriebsmotors gespannt und wird am frei hängenden Ende mit einem Gewicht belastet. Die jeweilige Oberseite unterliegt somit einer Zugbeanspruchung, während die Unterseite komprimiert wird. Infolge ihrer Rotation durchlaufen die Oberflächenpunkte der Probe einen sinusförmigen Wechsel von Zug- und Druckbelastungen. Die maximal auftretende Spannung beträgt bei dieser Probenform:

$$\sigma = \frac{10,18\,lF}{d^3},\tag{6.16}$$

wobei l die Probenlänge, F die wirksame Last und d den Probendurchmesser bedeuten.

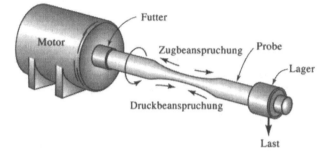

Abb. 6.18. Dauerschwingversuch mit einseitig eingespannter rotierender Probe.

Meßgröße ist die Anzahl der Umdrehungen bis zum Probenbruch. Sie ist belastungs- und materialabhängig. Die Ergebnisse werden in Belastungsdiagrammen dargestellt, in denen die Spannung (S) über der bis zum Bruch führenden Umdrehungsanzahl (N) aufgetragen ist (Abb. 6.19).

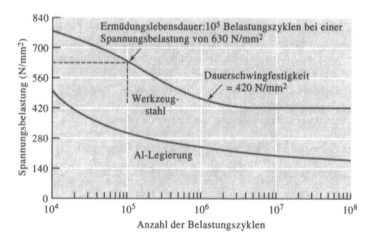

Abb. 6.19. (S-N)-Kurven einer Werkzeugstahl- und einer Al-Legierungs-Probe.

6.12 Aussagen des Schwingversuchs

Der Schwingversuch gibt darüber Auskunft, wie lange eine Probe einer zyklischen Beanspruchung standhält oder wie groß die maximale Last sein darf, bis zu der mit großer Wahrscheinlichkeit noch kein Bruch eintritt.

Kenngrößen dieses Schwingverhaltens sind die Ermüdungslebensdauer, die Dauerschwingfestigkeit und die Zeitschwingfestigkeit.

Die *Dauerschwingfestigkeit* (oder Dauerfestigkeit) ist definiert als Spannungswert, unterhalb dessen die Bruchwahrscheinlichkeit kleiner als 50% beträgt. Sie ist ein wichtiges Auswahlkriterium für Werkstoffe. Um zum Beispiel den Ermüdungsbruch von Werkzeugstahl zu vermeiden, darf die Belastung nach Abbildung 6.19 nicht größer als 420 N/mm^2 sein.

Die *Ermüdungslebensdauer* gibt an, wie lange ein Bauteil einer bestimmten Spannungsbelastung widersteht. Für den Werkzeugstahl nach Abbildung 6.19 beträgt die Ermüdungslebensdauer bei einer Spannungsbelastung von 630 N/mm^2 10^5 Belastungszyklen. Die *Zeitschwingfestigkeit* (oder Zeitfestigkeit) ist der Spannungswert, der nur endlich oft bis zu einer vorgegebenen Schwingzahl, z. B. $5 \cdot 10^8$ ertragen wird. Für Aluminium (s. Abb. 6.19) und Polymere, die keine Dauerschwingfestigkeit in der (S-N)-Kurve erkennen lassen, wird deshalb die Zeitschwingfestigkeit als Kenngröße in der Konstruktion verwendet.

Für einige Materialien einschließlich Stahl besitzt die Dauerschwingfestigkeit etwa den halben Wert der Zugfestigkeit. Das Verhältnis beider Werte wird als *Dauerschwingverhältnis* bezeichnet:

$$\text{Dauerschwingverhältnis} = \frac{\text{Dauerschwingfestigkeit}}{\text{Zugfestigkeit}} \approx 0,5. \qquad (6.17)$$

Das Dauerschwingverhältnis erlaubt Abschätzungen des Ermüdungsverhaltens aus dem Zugversuch.

Die meisten Werkstoffe erweisen sich als *kerbempfindlich*, d. h. ihr Ermüdungsverhalten hängt in starkem Maße von Oberflächenrissen ab. Risse, die sich oft durch Konstruktions- oder Bearbeitungsfehler ergeben können, bewirken Spannungserhöhungen und vermindern bei konstanter Krafteinwirkung die Dauerschwingfestigkeit, die Zeitschwingfestigkeit oder die Ermüdungslebensdauer. Aus diesem Grunde werden häufig Oberflächenpolituren vorgenommen, um auf diese Weise die Gefahr von Ermüdungsbrüchen zu senken.

Beispiel 6.9
Querschnittsdimensionierung einer aus Werkzeugstahl (gemäß Abb. 6.19) bestehenden Welle für Zementbrennöfen. Die Welle soll 2,40 m lang und für kontinuierlichen Betrieb über ein Jahr unter einer Belastung von $5,5 \cdot 10^4$ N ausgelegt sein. Ihre Umdrehungszahl beträgt 1/min.

Lösung
Die für die Welle vorgegebene Ermüdungslebensdauer entspricht N Umdrehungen der Welle während eines Jahres:

$N = (1 \text{ Umdrehung/min})(60 \text{ min/h})(24 \text{ h/d})(365 \text{ d/a})$,

$N = 5,256 \cdot 10^5$ Umdrehungen /a.

Daraus folgt nach Abbildung 6.19, daß die Spannungsbelastung kleiner als 500 N/mm^2 bleiben muß. Bei Gültigkeit der Gleichung (6.16) ergibt sich für den Wellendurchmesser:

$$\sigma = \frac{10{,}18 \; lF}{d^3}$$

$$500 \text{ N/mm}^2 = \frac{(10{,}18)(2400 \text{ mm})(5{,}5 \cdot 10^4 \text{ N})}{d^3}$$

d = 139 mm.

Dieser Durchmesser würde unter den vorgegebenen Bedingungen einen störungsfreien Betrieb von einem Jahr gewährleisten. Zusätzlich sollte jedoch eine Sicherheitstoleranz berücksichtigt werden. Ein möglicher Ansatz wäre, die Dimensionierung so zu wählen, daß Brüche unter der gegebenen Belastung praktisch ausgeschlossen sind. Die zugehörige Kenngröße ist die Dauerschwingfestigkeit. Sie beträgt für den ausgewählten Werkzeugstahl ca. 400 N/mm^2 (s. Abb. 6.19). In diesem Fall ergibt sich als notwendiger Durchmesser:

$$400 \text{ N/mm}^2 = \frac{(10{,}18)(2400 \text{ mm})(5{,}5 \cdot 10^4 \text{ N})}{d^3}$$

d = 150 mm.

Schon eine geringfügige Vergrößerung des Durchmessers bewirkt demnach eine erhebliche Reduzierung der Bruchwahrscheinlichkeit.

Der vorgesehene Einsatzfall stellt allerdings noch zusätzliche Anforderungen. Die Zementherstellung erfolgt bei hoher Temperatur und in korrosiver Atmosphäre. Unter diesen Bedingungen wird auch der Ermüdungsprozeß der Welle beschleunigt. □

6.13 Anwendungen des Schwingversuchs

Bauteile sind oft zyklischen Laständerungen ausgesetzt, bei denen ungleiche Zug- und Druckbeanspruchungen vorliegen. Zum Beispiel kann die maximale Druckspannung kleiner sein als die maximale Zugspannung (Abb. 6.20b). Die Belastung kann auch zwischen einer hohen und einer niedrigen Zugspannung wechseln (Abb. 6.20c). In solchen Fällen ist in der (S-N)-Kurve die Spannung S durch die Spannungsamplitude σ_a zu ersetzen. Die *Spannungsamplitude* σ_a bezeichnet die halbe Differenz von maximaler und minimaler Spannung, die *Mittelspannung* σ_m den Mittelwert beider Spannungen:

$$\sigma_a = \frac{\sigma_{max} - \sigma_{min}}{2}, \tag{6.18}$$

$$\sigma_m = \frac{\sigma_{max} + \sigma_{min}}{2}. \tag{6.19}$$

Druckspannungen werden als „negative" Spannungen gewertet. Wenn also die maximale Zugspannung 300 N/mm^2 beträgt und das Minimum einer Druckspan-

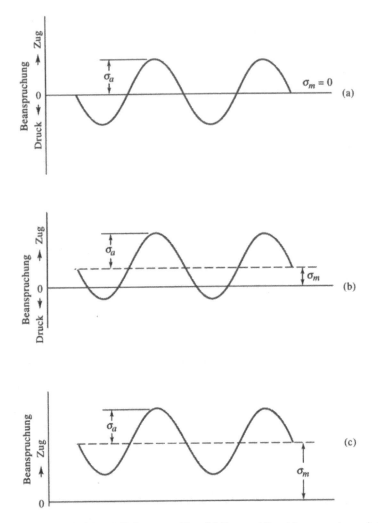

Abb. 6.20. Beispiele von Belastungszyklen. (a) Zug- und Druckbeanspruchung sind gleich. (b) Zug-beanspruchung ist größer als Druckbeanspruchung. (c) Es liegt nur Zugbeanspruchung vor.

nung von 60 N/mm^2 entspricht, ergibt sich als Spannungsamplitude ein Wert von $[300 - (-60)]/2 = 180$ N/mm^2 und als Mittelspannung ein Wert von $[300 + (-60)]/2 = 120$ N/mm^2.

Bei zunehmender Mittelspannung muß die Spannungsamplitude abnehmen, damit das Material die vorgegebene Spannungsobergrenze nicht überschreitet. Dieser Zusammenhang wird durch die Goodman-Beziehung wiedergegeben:

$$\sigma_a = \sigma_0[1 - (\sigma_m/\sigma_z)], \qquad (6.20)$$

wobei σ_0 die erforderliche Schwingfestigkeit und σ_z die Zugfestigkeit des Materials bedeuten. Infolgedessen kann bei einem Rotationstest wie in Abbildung 6.18, bei dem die Mittelspannung null beträgt, eine große Spannungsamplitude zugelassen werden. Flugzeugflügel sind dagegen bis dicht an ihre Streckgrenze belastet (der

σ_m-Wert ist groß), so daß schon kleine Vibrationsamplituden zu Problemen führen können.

Rißausbreitung. In vielen Fällen ist auch bei Anwesenheit von Rissen die Bruchgefahr nur gering. Eine Abschätzungsmöglichkeit bietet die Wachstumsgeschwindigkeit der Risse (Rißausbreitung). Abbildung 6.21 zeigt die Rißausbreitung in Abhängigkeit von dem Schwankungsbereich ΔK des Spannungsintensitätsfaktors, der durch die Rißgeometrie und die Spannungsamplitude bestimmt wird. Unterhalb eines Schwellenwertes von ΔK ist das Rißwachstum null und steigt mit höheren Werten zunächst nur langsam an. Nach weiterer Spannungszunahme beträgt die Wachstumsrate:

$$\frac{da}{dN} = C(\Delta K)^n. \tag{6.21}$$

Schließlich wird ein Bereich erreicht, in dem die Rißausbreitung sehr schnell und instabil stattfindet und zum Bruch führt.

Die Wachstumsrate nimmt mit der Rißgröße zu. Zunächst folgt aus Gleichung (6.14) für ΔK:

$$\Delta K = K_{max} - K_{min} = f\sigma_{max}\sqrt{\pi a} - f\sigma_{min}\sqrt{\pi a} = f\Delta\sigma\sqrt{\pi a}. \tag{6.22}$$

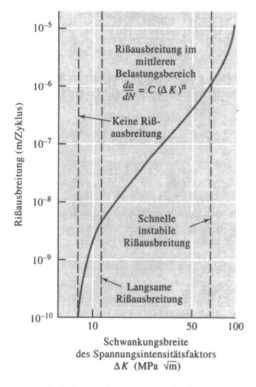

Abb. 6.21. Rißausbreitung in einem hochfesten Stahl in Abhängigkeit von der Schwankungsbreite des Spannungsintensitätsfaktors bei zyklischer Belastung. Die Materialkonstanten C und n betragen für die benutzten Maßeinheiten: $C = 1{,}62 \cdot 10^{-12}$ und $n = 3{,}2$.

Mit ΔK steigt nach Gleichung (6.21) auch da/dN mit der Rißgröße an. Bei Verwendung der Gleichung (6.22) muß jedoch beachtet werden, daß unter Druckbelastung kein Rißwachstum stattfindet. Wenn also der Belastungszyklus auch Kompressionsphasen durchläuft, ist der in diesem Fall negative Wert von σ_{min} gleich null zu setzen.

Die Kenntnis der Rißausbreitung ist hilfreich bei der Konstruktion und der Abschätzung der Bruchgefährdung von Bauteilen. Einen Lösungsansatz bietet die Ermittlung der Anzahl von Belastungszyklen, die zum Bruch führt. Aus Gleichung (6.21) ergibt sich nach Substitution von ΔK:

$$dN = \frac{1}{Cf^n \, \Delta\sigma^n \, \pi^{n/2}} \, \frac{da}{a^{n/2}}.$$

Nach Integration folgt:

$$N = \frac{2[(a_c)^{(2-n)/2} - (a_i)^{(2-n)/2}]}{(2-n)Cf^n \, \Delta\sigma^n \, \pi^{n/2}}, \tag{6.23}$$

wobei a_i die Anfangsrißgröße und a_c die zum Bruch führende Rißgröße bedeuten. Bei Kenntnis der Materialkonstanten n und C läßt sich hieraus die Anzahl der Belastungszyklen abschätzen, die bei vorgegebener Spannungsbelastung Bruch verursacht (Beispiel 6.10).

Beispiel 6.10

Vorgaben für Fertigung und Qualitätskontrolle einer ermüdungsresistenten Stahlplatte (Abb. 6.21) mit einer Bruchzähigkeit K_{Ic} von 80 MPa $\sqrt{m}$. Die Platte wird im Wechsel (Zyklusdauer 5 Minuten) mit einer Zugspannung von 500 MPa und einer Druckspannung von 60 MPa belastet. Die Einsatzzeit der Platte soll 10 Jahre betragen.

Lösung

Die Vorgaben ergeben sich aus der für die Belastung maximal zulässigen Rißgröße. Ihr kritischer Wert a_c kann aus der Bruchzähigkeit (Gleichung 6.14) und der maximalen Spannungsbeanspruchung errechnet werden:

$$K_{Ic} = f\sigma\sqrt{\pi a_c},$$

$$80\,\text{MPa}\sqrt{m} = (1)(500\,\text{M Pa})\sqrt{\pi a_c},$$

$$a_c = 0,0081\,\text{m} = 8,1\,\text{mm}.$$

Die maximale Spannung beträgt 500 MPa; die minimale Spannung hingegen null, da die Druckbeanspruchung von 60 MPa kein Rißwachstum verursacht. Infolgedessen ergibt sich für $\Delta\sigma$:

$$\Delta\sigma = \sigma_{max} - \sigma_{min} = 500 - 0 = 500\,\text{MPa}.$$

Die minimale Anzahl der Belastungszyklen beträgt:

N = (1 Zyklus/5 min)(60 min/h)(24 h/d)(365 d/a)(10 a)

$= 1,0512 \cdot 10^6$ Zyklen.

Wenn wir für alle Rißtiefen $f = 1$ annehmen, ergibt sich mit den Materialkonstanten $C = 1,62 \cdot 10^{-12}$ und $n = 3,2$ aus Gleichung (6.23):

$$1,0512 \cdot 10^6 = \frac{2[(0,0081)^{(2-3,2)/2} - (a_i)^{(2-3,2)/2}]}{(2-3,2)(1,62 \cdot 10^{-12})(1)^{3,2}(500)^{3,2}\pi^{3,2/2}},$$

$$1,0512 \cdot 10^6 = \frac{2[18 - a_i^{(-0,6)}]}{(-1,2)(1,62 \cdot 10^{-12})(1)^{3,2}(4,332 \cdot 10^8)(6,244)},$$

$$a_i^{-0,6} = 18 + 2764 = 2782,$$

$$a_i = 1,82 \cdot 10^{-6} \text{ m} = 0,00182 \text{ mm als zulässige Oberflächenrißtiefe}$$

und

$2a_i = 0,00364$ mm für innere Risse (vgl. Abb. 6.16).   □

Temperatureffekt. Mit steigender Temperatur nehmen die Ermüdungslebensdauer und die Dauerschwingfestigkeit ab. Darüber hinaus können auch Temperaturwechsel zu thermischer Ermüdung führen und Ausfälle begünstigen. Wenn sich Material ungleichmäßig erwärmt, dehnt es sich örtlich unterschiedlich aus. Es entstehen Spannungen, die sich bei nachfolgender Abkühlung im Vorzeichen umkehren. Diese thermisch induzierten Spannungswechsel führen in gleicher Weise zu Materialermüdung wie von außen wirkende mechanische Beanspruchungen.

Auch die Frequenz, mit der die Spannungsänderung erfolgt, beeinflußt das Ermüdungsverhalten. In polymeren Stoffen können hohe Spannungsfrequenzen Erwärmung verursachen, die zusätzlich die Bruchgefahr vergrößert.

6.14 Kriechversuch

Materialien können sich auch unterhalb der Streckgrenze plastisch verformen. Diese Erscheinung ist bei erhöhter Temperatur zu beobachten und wird als *Kriechen* bezeichnet.

Auskunft über das Kriechverhalten von Werkstoffen vermittelt der *Kriechversuch*. Dabei wird die aufgeheizte Probe mit konstanter Spannung belastet und ihre Dehnung in Abhängigkeit von der Zeit gemessen (Abb. 6.22). Unmittelbar nach dem Anlegen der Spannung dehnt sich die Probe zunächst elastisch um den Betrag ε_0, der von der Größe der Spannung und vom Elastizitätsmodul des Materials bei der jeweiligen Temperatur abhängt.

Klettern von Versetzungen. In Metallen können sich Versetzungen bei erhöhter Temperatur durch *Klettern* verlagern. Hierunter versteht man eine *senkrecht* zur Gleitebene stattfindende Bewegung, die durch die Diffusion von Atomen verursacht wird (Abb. 6.23). Atome können sowohl zur Versetzung hin als auch von ihr weg diffundieren. Als Folge davon klettert die Versetzung senkrecht zu ihrer Gleitebene nach oben oder unten. Wenn die Versetzung in ihrer ursprünglichen Lage durch Gitterstörungen blockiert war, kann sie durch den Klettervorgang in weniger gestörte Bereiche gelangen und dort ihren Gleitprozeß bei nunmehr geringerer Spannung fortsetzen.

Kriechkurve und Bruchzeit. Ergebnis des Kriechversuchs ist die als Kriechkurve bezeichnete Abhängigkeit der Probendehnung von der Zeit bei konstanter Bela-

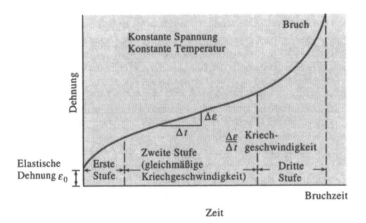

Abb. 6.22. Typischer Verlauf einer Kriechkurve: Dehnung in Abhängigkeit von der Zeit bei konstanter Spannungsbelastung und Temperatur.

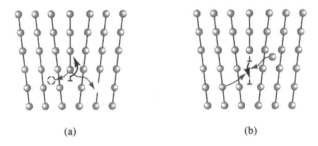

Abb. 6.23. Klettervorgang von Versetzungen: (a) Atome verlassen die Versetzung und besetzen Zwischengitterplätze oder Leerstellen. (b) Atome wandern zur Versetzung und hinterlassen unbesetzte Zwischengitterplätze oder Leerstellen.

stung (Abb. 6.22). In der ersten Stufe der Belastungszeit überwiegt das Freisetzen von Versetzungen; die Probe deformiert sich relativ schnell. Anschließend geht die Kurve in einen Bereich konstanter *Kriechgeschwindigkeit* über:

$$\text{Kriechgeschwindigkeit} = \frac{\Delta \, \text{Dehnung}}{\Delta \, \text{Zeit}}. \tag{6.24}$$

In dieser zweiten Stufe halten sich Kletterrate und Blockierungsrate von Versetzungen etwa die Waage. In der dritten Stufe setzt Probeneinschnürung ein, die wirksame Spannung erhöht sich infolge Querschnittsminderung, die Kriechgeschwindigkeit nimmt erneut zu und führt schließlich zum Materialbruch. Die dafür erforderliche Gesamtzeit ist die von Temperatur und Spannung abhängige *Bruchzeit*.

Für die Kriechgeschwindigkeit und die Bruchzeit gelten Arrhenius-Beziehungen:

$$\text{Kriechgeschwindigkeit} = C\sigma^n \exp\left(- Q_k/RT\right), \tag{6.25}$$

$$t_b = K\sigma^m \exp\left(Q_b/RT\right), \tag{6.26}$$

wobei R die Gaskonstante, T die Temperatur in Kelvin, C, K, n und m Materialkonstanten bedeuten. Q_k ist die Aktivierungsenergie des Kriechvorgangs und Q_b die Aktivierungsenergie des Kriechbruchs.

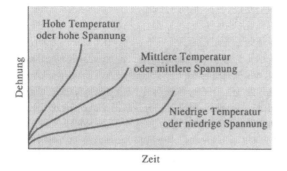

Abb. 6.24. Kriechkurven bei unterschiedlicher Temperatur und Spannung.

Wenn, wie im betrachteten Fall, Klettervorgänge den Kriechprozeß bestimmen, hängt Q_k mit der Aktivierungsenergie der Selbstdiffusion zusammen.

In kristalliner Keramik sind andere Vorgänge von Bedeutung. Zu ihnen gehören die Verschiebung von Korngrenzen und die Keimbildung von Mikrorissen. Oft befinden sich an Korngrenzen nichtkristalline oder glasartige Einschlüsse. In diesem Fall ist die Kriechgeschwindigkeit größer als bei reinkristalliner Keramik, bedingt durch die geringe Aktivierungsenergie der Glasverformung. Dies trifft für Gläser und Polymere generell zu.

6.15 Anwendung von Kriechergebnissen

Aus dem in Abbildung 6.25a dargestellten Zusammenhang zwischen Spannung, Temperatur und Bruchzeit läßt sich die unter gegebenen Einsatzbedingungen zu erwartende Lebensdauer von Bauteilen abschätzen. Der *Larson-Miller-Parameter* (L.M.) faßt diese Abhängigkeiten in einer Einzelkurve zusammen (Abb. 6.25b):

$$\text{L.M.} = (T/1000)(A + B \ln t), \tag{6.27}$$

wobei T die Temperatur in Kelvin, t die Zeit in Stunden und A und B Materialkonstanten bedeuten.

Beispiel 6.11
Dimensionierung von Kettengliedern aus duktilem Gußeisen (Abb. 6.26), die in einem Brennofen für Ziegelsteine zum Einsatz kommen sollen. Die Betriebszeit des Ofens ist mit 5 Jahren veranschlagt. Die Kette wird mit einer Last von $2,5 \cdot 10^4$ N bei einer Umgebungstemperatur von 600 °C beansprucht.
Lösung
Der Larson-Miller-Parameter für duktiles Gußeisen beträgt:

$$\text{L.M.} = \frac{T(36 + 0,78 \ln t)}{1000}.$$

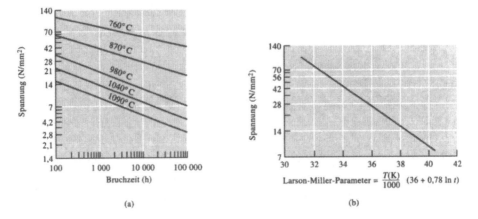

(a)   (b)

Abb. 6.25. Ergebnisse von Kriechversuchen: (a) Zusammenhang von Spannungsbelastung und Bruchzeit einer Fe-Cr-Ni-Legierung bei verschiedenen Temperaturen. (b) Zusammenhang von Spannungsbelastung und Larson-Miller-Parameter für duktiles Gußeisen.

Abb. 6.26. Belastetes Kettenglied (zu Beispiel 6.11).

Als Lebensdauer ist vorgegeben:

$t = (24 \text{ h/d})(365 \text{ d/a})(5 \text{ a}) = 43\,800 \text{ h}.$

Damit ergibt sich:

$$\text{L.M.} = \frac{(600 + 273)[36 + 0{,}78 \ln (43\,800)]}{1000} = 38{,}7.$$

Die hierfür zulässige Spannungsbelastung beträgt nach Abbildung 6.25b 14 N/mm².

Als notwendiger Gesamtquerschnitt des Kettengliedes für eine Last von $2{,}5 \cdot 10^4$ N ergibt sich:

$$A = F/\sigma \ = \frac{2{,}5 \cdot 10^4}{14} = 1786 \text{ mm}^2,$$

bzw. für eine Kettengliedhälfte A/2 = 893 mm². Der notwendige Durchmesser beträgt ca. 30 mm.   □

6.16 Zusammenfassung

Das mechanische Verhalten von Werkstoffen wird durch mechanische Eigenschaften beschrieben, die durch einfache, idealisierte Versuche bestimmt werden. Diese Prüfungen beinhalten unterschiedliche Belastungsarten. Die in verschiedenen Handbüchern zusammengefaßten Materialkennwerte sind Ergebnisse solcher Messungen. Bei ihrer Verwendung müssen die Versuchsbedingungen beachtet werden, unter denen sie gewonnen wurden.

- Der Zugversuch beschreibt das Verhalten eines Werkstoffs gegenüber allmählich ansteigender Zugspannung. Wichtige Kenngrößen sind die Streckgrenze (Spannungswert, von dem an plastische Verformung einsetzt), die Zugfestigkeit (Spannungswert bei maximaler Belastung), der Elastizitätsmodul (Steigung der Spannungs-Dehnungs-Kurve in ihrem elastischen Teil), die Bruchdehnung und die Brucheinschnürung (beide angegeben in % und Kenngrößen für die Duktilität).
- Der Biegeversuch wird angewendet, um das Zugverhalten spröder Werkstoffe zu bestimmen. Hieraus können Elastizitätsmodul und Biegefestigkeit (Analogon zur Zugfestigkeit) abgeleitet werden.
- Die Härteprüfung gibt Auskunft über das Widerstandsvermögen gegenüber Eindrücken und über die Verschleiß- und Abriebbeständigkeit. Zu der Vielzahl gebräuchlicher Prüfverfahren zählen die Methoden von Rockwell und Brinell. Die Härte korreliert häufig mit anderen mechanischen Eigenschaften, insbesondere der Zugfestigkeit.
- Der Schlagversuch beschreibt das Materialverhalten bei schnell einwirkender Belastung. Typische Methoden sind die von Izod und Charpy. Als Kennwert wird die beim Bruch aufgebrachte Energie gemessen. Sie dient als Basis für Werkstoffvergleiche. Zusätzlich kann aus dem Versuch eine Übergangstemperatur ermittelt werden, die den Bereich des Sprödbruchs (unterhalb der Übergangstemperatur) vom Bereich des Verformungsbruchs (oberhalb der Übergangstemperatur) trennt.
- Die Bruchzähigkeit sagt aus, wie leicht sich Sprünge oder Risse im Material ausbreiten können. Kenngröße ist die Bruchzähigkeit (K_c oder K_{Ic}).
- Der Dauerschwingversuch (Ermüdungstest) dient zur Ermittlung des Materialverhaltens bei zyklischer Beanspruchung. Wichtige Eigenschaften sind die Dauerschwingfestigkeit (maximale Spannung, bis zu der kein Ausfall stattfindet), die Zeitschwingfestigkeit (maximale Spannung, bis zu der eine bestimmte Zykluszahl nicht zum Ausfall führt) und die Ermüdungslebensdauer (Anzahl der zulässigen Belastungszyklen bei vorgegebener Spannung). Aus der Kenntnis des Rißwachstums lassen sich Schlüsse auf die Ermüdungslebensdauer ziehen.
- Der Kriechversuch gibt Auskunft über die Materialbelastbarkeit bei erhöhter Temperatur. Wichtige Kenngrößen sind die Kriechgeschwindigkeit und die Bruchzeit.

6.17 Glossar

Biegefestigkeit. Zum Bruch führende Spannung beim Biegeversuch. Auch als Bruchmodul bezeichnet.

Biegemodul. Elastizitätsmodul, abgeleitet aus den Ergebnissen des Biegeversuchs. Entspricht der Steigung der Spannungs-Durchbiegungs-Kurve.

Biegeversuch. Prüfverfahren, bei dem eine zweiseitig gelagerte Probe in der Mitte zwischen den Auflagern belastet wird, um das Widerstandsvermögen des Materials gegen statische oder langsam ansteigende Belastung zu ermitteln. Er wird insbesondere zur Untersuchung spröder Materialien angewendet.

%Bruchdehnung. Maximale prozentuale Längenzunahme einer Probe im Zugversuch.

%Brucheinschnürung. Maximale prozentuale Querschnittsminderung einer Probe im Zugversuch.

Bruchmechanik. Arbeitsrichtung zur Ermittlung der Widerstandsfähigkeit von rißbehafteten Werkstoffen gegen Spannungseinwirkung.

Bruchzähigkeit. Widerstandsvermögen rißbehafteter Werkstoffe gegenüber Brüchen.

Dauerschwingfestigkeit. Maximale Spannung im Dauerschwingversuch, bis zu der kein Materialbruch stattfindet.

Dauerschwingverhältnis. Verhältnis der Dauerschwingfestigkeit zur Zugfestigkeit eines Materials. Das Verhältnis beträgt bei Eisenmetallen ungefähr 0,5.

Dauerschwingversuch. Prüfverfahren zur Ermittlung der Widerstandsfähigkeit von Materialien gegen zyklische Belastung unterhalb der Streckgrenze.

Duktilität. Permanente Verformbarkeit eines Materials ohne Bruch.

Einschnürung. Lokale Querschnittsminderung bei Zugbeanspruchung. Die Einschnürung beginnt ab der Zugfestigkeitsbelastung.

Elastische Deformation. Materialdeformation, die sich nach Beenden der Krafteinwirkung zurückbildet.

Elastizitätsmodul. Youngscher Modul. Entspricht der Steigung der Spannungs-Dehnungs-Kurve im elastischen Bereich.

Ersatzstreckgrenze. Graphisch ermittelte Streckgrenze. Ihr Wert definiert einen Spannungszustand, bei dem die plastische Verformung einen vorgegebenen Wert nicht überschreitet.

Härteprüfung. Prüfverfahren zur Bestimmung der Widerstandsfähigkeit von Werkstoffen gegen das Eindrücken (spitzer) Objekte in ihre Oberfläche. Bekannte Verfahren sind die Methoden von Brinell, Rockwell, Knoop und Vickers.

Hookesches Gesetz. Zusammenhang zwischen Spannung und Dehnung im elastischen Bereich der Spannungs-Dehnungs-Kurve.

Kerbempfindlichkeit. Charakterisiert den Einfluß von Kerben, Kratzern und ähnlichen Unregelmäßigkeiten auf die Zähigkeit und Dauerschwingfestigkeit von Materialien.

Klettern. Bewegungsmechanismus von Versetzungen senkrecht zu ihrer Gleitebene. Wird ausgelöst durch die Diffusion von Atomen in Richtung zur Versetzungslinie oder von ihr weg.

Kriechgeschwindigkeit. Deformierungsrate von Werkstoffen bei Spannungseinwirkung unter hoher Temperatur.

Kriechversuch. Prüfverfahren zur Ermittlung der Widerstandsfähigkeit gegen Deformation und Bruch bei statischer Beanspruchung unterhalb der Streckgrenze bei erhöhter Temperatur.

Larson-Miller-Parameter. Charakterisiert den Zusammenhang von Spannung, Temperatur und Bruchzeit (beim Kriechversuch).

Last. Krafteinwirkung bei mechanischen Versuchen.

Plastische Verformung. Verbleibende Materialverformung nach Beenden der Krafteinwirkung.

Poissonsche Konstante. Verhältnis von Querkontraktion zu Längsdehnung im elastischen Bereich.

Schlagenergie. Energie, die beim Schlagversuch für einen Probenbruch aufzuwenden ist.

Schlagversuch. Prüfverfahren zur Bestimmung der bei plötzlicher Lasteinwirkung von der Probe aufgenommenen Energie ohne Bruch. Gebräuchliches Verfahren ist die Methode nach Charpy.

Spannungs-Bruch-Kurve. Spannung in Abhängigkeit von der Bruchzeit. Beschreibt das Ergebnis von Kriechversuchen.

Steifheit. Qualitative Kenngröße für elastische Deformation. Steife Materialien besitzen einen hohen Elastizitätsmodul.

Streckgrenze. Spannungsbelastung beim Zugversuch, von der an plastische Verformung eintritt.

Technische Dehnung. Dehnung pro Längeneinheit im Zugversuch.

Technische Spannung. Belastung (einwirkende Kraft), bezogen auf den Anfangsquerschnitt einer Probe.

Übergangstemperatur. Unterhalb dieser Temperatur verhalten sich Materialien beim Schlagversuch spröde.

Wahre Dehnung. Entspricht der logarithmischen Längenänderung $\ln (l/l_0)$ im Zugversuch.

Wahre Spannung. Bezieht sich auf den aktuellen Probenquerschnitt beim Zugversuch.

Zähigkeit. Qualitative Kenngröße für das Schlagverhalten von Materialien. Werkstoffe mit großer Widerstandsfähigkeit gegenüber Schlageinwirkung (bruchresistent) gelten als zäh.

Zeitschwingfestigkeit. Spannungsbelastung, die bei vorgegebener Anzahl von Belastungszyklen zum Ermüdungsbruch führt.

Zugfestigkeit. Spannungswert, der der maximalen Belastung beim Zugversuch entspricht.

Zugversuch. Prüfverfahren, das über das Verhalten von Werkstoffen bei einachsiger Zugbeanspruchung Auskunft gibt. Daraus ermittelte Kenngrößen sind die Streckgrenze, die Zugfestigkeit, der Elastizitätsmodul und die Duktilität.

6.19 Übungsaufgaben

6.1 Ein Nickeldraht mit einem Durchmesser von 3,8 mm, einer Streckgrenze von 310 N/mm² und einer Zugfestigkeit von 380 N/mm² wird einer Zugbelastung von 3 780 N ausgesetzt. Berechne,
(a) ob sich der Draht plastisch verformt,
(b) ob sich der Draht einschnürt.

6.2 Berechne die maximale Zugbelastung einer zylindrischen Al$_2$O$_3$-Probe mit einem Durchmesser von 5 mm und einer Streckgrenze von 240 N/mm², die noch keine plastische Verformung hervorruft.

6.3 Ein Polymerstab mit einem Querschnitt von 2,5 cm mal 5,0 cm und einer Länge von 40,0 cm dehnt sich unter Belastung auf eine Länge von 40,5 cm aus. Sein Elastizitätsmodul beträgt $4 \cdot 10^3$ N/mm². Welche Kraft ist für diese Dehnung erforderlich?

6.4 Mit einem Stahlkabel, das einen Durchmesser von 3 cm und eine Länge von 15 m aufweist, soll eine Last von $1,8 \cdot 10^5$ N gehoben werden. Der Elastizitätsmodul des Stahls beträgt $2 \cdot 10^5$ N/mm². Auf welche Länge dehnt sich das Kabel unter der vorgegebenen Last aus?

6.5 Eine Probe aus duktilem Gußeisen mit einem Durchmesser von 20 mm ergab beim Zugversuch folgende Meßwerte:

Tabelle 6.7

Belastung (N)	Meßlänge (mm)
0	40,0000
25 000	40,0185
50 000	40,0370
75 000	40,0555
90 000	40,20
105 000	40,60
120 000	41,56
131 000	44,00 (Maximale Last)
125 000	47,52 (Bruch)

Nach dem Bruch betrugen der Wert der Meßlänge 47,42 mm und der Wert des Durchmessers 18,35 mm. Trage die Daten in einer Spannungs-Dehnungs-Kurve auf und berechne:
(a) die 0,2%-Ersatzstreckgrenze,
(b) die Zugfestigkeit,
(c) den Elastizitätsmodul,
(d) die Bruchdehnung in %,
(e) die Querschnittsminderung in %,
(f) die technische Spannung beim Eintritt des Bruchs,
(g) die wahre Spannung beim Eintritt des Bruchs,
(h) den Rückfederungsmodul.

6.6 Ein zylindrischer Ti-Stab mit einem Durchmesser von 10 mm und einer Länge von 30 cm wird einer Zugbelastung von $2{,}2 \cdot 10^3$ N ausgesetzt. Die Streckgrenze des Materials beträgt 345 N/mm^2, der Elastizitätsmodul $1{,}1 \cdot 10^5$ N/mm^2 und die Poisson-Konstante 0,30. Bestimme die Länge und den Durchmesser des Stabes bei Belastung.

6.7 An einer ZrO$_2$-Probe mit einer Länge von 20 cm, einer Breite von 1,25 cm und einer Dicke von 0,625 cm wird ein Dreipunktbiegeversuch durchgeführt. Der Auflagenabstand beträgt 10 cm. Die Belastung von $1{,}8 \cdot 10^3$ N ergibt eine Probendurchbiegung von 0,94 mm und führt zum Bruch. Berechne
(a) die Biegefestigkeit,
(b) den Biegemodul
unter der Annahme, daß keine plastische Verformung eintritt.

6.8 Eine Probe aus glasverstärktem Duroplast ist 2 cm breit, 0,5 cm dick und 10 cm lang. Der Biegemodul des Materials beträgt $6{,}9 \cdot 10^3$ N/mm^2. Welcher Auflagenabstand ist erforderlich, wenn sich die Probe unter einer Last von 500 N um 0,5 mm durchbiegen soll? Tritt bei dieser Belastung Bruch ein, wenn die Biegefestigkeit des Polymers 85 N/mm^2 beträgt? Es sei angenommen, daß keine plastische Verformung stattfindet.

6.9 Die Brinell-Härteprüfung einer Al-Probe ergibt mit einer 10-mm-Eindruckkugel und einer Last von 500 kg einen Durchmesser der Eindruckstelle von 4,5 mm. Bestimme den Wert der Brinellhärte (HB).

6.10 kfz-Metalle werden häufig für einen Einsatz bei tiefen Temperaturen empfohlen, besonders wenn sie dort plötzlichen Belastungen ausgesetzt sind. Welcher Grund liegt dafür vor?

6.11 Eine Reihe von Al-Si-Legierungen besitzen Gefügestrukturen mit scharfkantigen Platten aus sprödem Silicium in weicher Al-Umgebung. Verhalten sich diese Legierungen bei Schlagversuchen kerbempfindlich? Besitzen diese Legierungen eine hohe Zähigkeit?

6.12 Ein Verbundstoff mit keramischer Matrix enthält innere Risse bis zu einer Länge von 0,01 mm. Das Material besitzt eine Bruchzähigkeit von 45 MPa$\sqrt{\text{m}}$ und eine Zugfestigkeit von 550 MPa. Für den Geometriefaktor f sei der Wert 1 angenommen. Tritt bei dem Verbundstoff vor Erreichen der Zugfestigkeit Bruch ein?

6.13 Ein zylindrischer Werkzeugstahl mit einer Länge von 15 cm und einem Durchmesser und 6,3 mm ist einseitig in einer Drehvorrichtung eingespannt. Bestimme die an seinem freien Ende maximal zulässige Last unter der Annahme, daß die Spitzenwerte der Zug- und Druckspannungen gleich sind. Vergleiche Abbildung 6.19.

6.14 Eine einseitig eingespannte, 25 cm lange Al-Welle ist an seinem freien Ende einer zyklischen Last von 6 500 N ausgesetzt. Die Welle soll mindestens 10^6 Belastungszyklen überstehen. Welchen Mindestdurchmesser muß die Welle aufweisen (s. Abb. 6.19)?

6.15 Berechne die Konstanten C und n der Gleichung (6.21) für das Rißwachstum einer Acrylharz-Probe unter Verwendung der Abbildung 6.27.

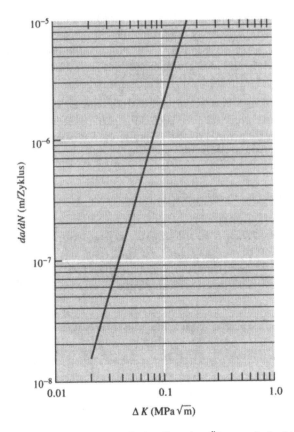

Abb. 6.27. Rißausbreitung in Acrylharz (zur Übungsuafgabe 6.15).

7 Kaltverfestigung und Entspannung

7.1 Einleitung

Dieses Kapitel befaßt sich mit drei Hauptthemen: der *Kaltverformung*, durch die Metalle verformt und gleichzeitig verfestigt werden, der *Warmverformung*, die bei erhöhter Temperatur stattfindet, aber keine Materialverfestigung bewirkt, und mit der *Entspannung*, die eine durch Kaltverformung hervorgerufene Verfestigung vollständig oder teilweise wieder aufhebt. Die Materialverfestigung mittels Kaltverformung beruht auf einer Vergrößerung der Versetzungsdichte und wird auch als *Kaltverfestigung* oder *Umformverfestigung* bezeichnet. Durch zweckmäßige Kombination der Verformung und Wärmebehandlung läßt sich die Formgebung von Halbzeugen und Bauteilen mit der gezielten Einstellung der gewünschten Materialeigenschaften verbinden.

Die auf Vervielfachung von Versetzungen beruhende Kaltverfestigung setzt duktiles Material voraus und ist deshalb auf Metalle und Legierungen beschränkt. Für spröde Materialien (z. B. keramische Werkstoffe) ist die Kaltverfestigung nicht anwendbar. Später wird gezeigt, daß sich auch thermoplastische Polymere bei Verformung verfestigen können. Dieser Effekt beruht jedoch auf einem grundsätzlich anderen Mechanismus.

7.2 Zusammenhang zwischen Kaltverformung und Spannungs-Dehnungs-Kurve

Abbildung 7.1a zeigt die Spannungs-Dehnungs-Kurve einer duktilen Metallprobe. Bei einer Spannung σ_1 oberhalb der Streckgrenze liegt eine permanente Verformung bzw. Dehnung ε_1 vor, die auch nach Aufhebung der Spannungsbelastung erhalten bleibt. Wenn wir das so vorbelastete Material einer erneuten Spannungsbeanspruchung unterziehen, ergibt sich der Kurvenverlauf nach Abbildung 7.1b. Die Streckgrenze ist jetzt bis zu dem Erstbelastungswert σ_1 verschoben, die Zugfestigkeit des Materials hat sich vergößert und seine Duktilität verringert. Wenn wir den Versuch fortsetzen und die Spannung bis auf den Wert σ_2 erhöhen, die Belastung wiederum abbrechen und neu beginnen, verschiebt sich die Streckgrenze bis zu dem Zweitbelastungswert σ_2. Mit jeder Wiederholung dieses Ablaufs steigen Streckgrenze und Zugfestigkeit weiter an, während die Duktilität abnimmt. Schließlich hat sich das Metall so weit verfestigt, daß Streckgrenze, Zugfestigkeit und Bruchfestigkeit zusammenfallen und keine Duktilität mehr vorhanden ist. Das Metall hat einen Zustand erreicht, in dem es nicht weiter plastisch verformt werden kann (Abb. 7.1c).

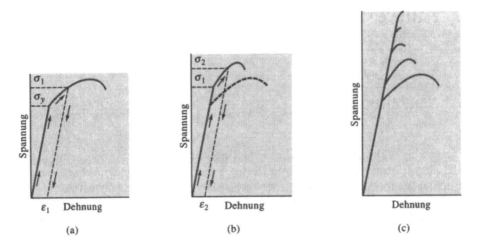

(a)   (b)   (c)

Abb. 7.1. Auswirkung der Kaltverfestigung auf das Spannungs-Dehnungs-Diagramm. (a) Belastung der Probe bis über die Streckgrenze. (b) Streckgrenze und Zugfestigkeit haben sich erhöht, die Duktilität hat sich verringert. (c) Mehrfache Wiederholung der Belastung bewirkt eine kontinuierliche Zunahme der Festigkeit und Abnahme der Duktilität. Schließlich wird ein spröder Endzustand erreicht, in dem keine weitere Verformung möglich ist.

Durch eine die ursprüngliche Streckgrenze überschreitende Spannungsbelastung wurde das Metall *kaltverfestigt* und gleichzeitig in die gewünschte Form überführt (*kaltverformt*).

Kaltverfestigungskoeffizient. Die Kaltverformbarkeit von Metallen wird durch den Kaltverfestigungskoeffizienten n charakterisiert. Er entspricht der Steigung der wahren Spanungs-Dehnungs-Kurve im plastischen Bereich in logarithmischer Darstellung (Abb. 7.2):

$$\sigma_w = K\varepsilon_w^n \tag{7.1}$$

oder

$$\ln \sigma_w = \ln K + n \ln \varepsilon_w.$$

Für $\varepsilon_w = 1$ ist $K = \sigma_w$.

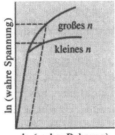

Abb. 7.2. Wahre Spannungs-Dehnungs-Kurven von Metallen mit großem und kleinem Kaltverfestigungskoeffizienten. Bei großem Wert von n ergibt sich eine stärkere Verfestigung.

Tabelle 7.1 enthält den Kaltverfestigungskoeffizienten einiger Metalle und Legierungen und läßt den Einfluß der Struktur erkennen. hdp-Metalle haben einen kleinen n-Wert, krz-Metalle einen mittleren und kfz-Metalle einen deutlich größeren. Metalle mit kleinem n-Wert sind für die Kaltverformung wenig geeignet.

Tabelle 7.1. Kaltverfestigungskoeffizient gebräuchlicher Metalle und Legierungen

Metall	Kristallstruktur	n	K (N/mm^2)
Titan	hdp	0,05	1 205
Entspannter Legierungsstahl	krz	0,15	640
Abgeschreckter und getemperter halbweicher Stahl (0,4 – 0,6 % Cu)	krz	0,10	1 570
Molybdän	krz	0,13	725
Kupfer	kfz	0,54	315
Cu-Zn(30 %)	kfz	0,50	895
Austenitischer rostfreier Stahl	kfz	0,52	1 515

Entnommen aus: *G. Dieter*, Mechanical Metallurgy. *McGraw-Hill*, 1961, und anderen Quellen.

7.3 Mechanismen der Kaltverfestigung

Die Verfestigung, die Metalle durch Kaltverformung erfahren, beruht auf der Zunahme ihrer Versetzungen. Vor der Verformung beträgt die Versetzungsdichte etwa 10^6 cm^{-2}. Dies ist ein vergleichsweise geringer Wert.

Verformung setzt das Überschreiten der Streckgrenze voraus und beruht auf Gleitvorgängen von Versetzungen. Die Gleitbewegung bleibt jedoch nicht ungestört. Früher oder später treffen die Versetzungen auf Hindernisse, an denen sich ihre Enden verankern können (Abb. 7.3a). Bei weiterer Spannungserhöhung beult sich die verankerte Versetzung aus (Abb. 7.3b), bis schließlich eine Schleife entsteht (Abb. 7.3c), die sich nach Selbstberührung abtrennt und eine neue Versetzung bildet (Abb. 7.3d). Die ursprüngliche Versetzung bleibt verankert und kann auf gleiche Weise weitere Versetzungen erzeugen. Der zugrunde liegende Generierungsmechanismus wird als *Frank-Read-Quelle* bezeichnet. Abbildung 7.3e zeigt die elektronenmikroskopische Aufnahme einer Frank-Read-Quelle.

Die Versetzungsdichte in Metallen kann auf diese Weise eine Größenordnung von 10^{12} cm^{-2} erreichen. Damit erhöht sich auch die Wahrscheinlichkeit ihrer Wechselwirkungen, so daß sich das Metall gleichzeitig verfestigt.

Auch keramische Stoffe enthalten Versetzungen und lassen sich bis zu einem gewissen Grade kaltverfestigen. Der Effekt ist allerdings sehr begrenzt, da die Sprödheit dieser Stoffe keine nennenswerte Verformung und Verfestigung bei niedrigen Temperaturen zuläßt. Stärkere Verformungsgrade sind erst bei höherer Temperatur möglich und werden durch Korngrenzenverschiebung und andere Phänomene verursacht. Auch kovalent gebundene Materialien wie Silicium sind für eine Kaltverfestigung zu spröde.

Verfestigung als Folge einer Verformung wird auch bei thermoplastischen Polymeren beobachtet. Dieser Vorgang beruht auf der Ausrichtung polymerer Mole-

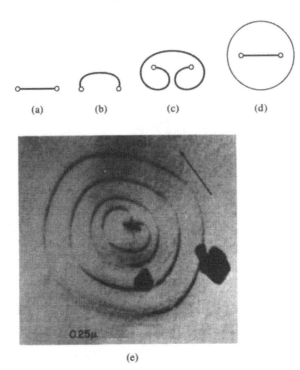

(a)   (b)   (c)   (d)

(e)

Abb. 7.3. Versetzungsbildung durch eine Frank-Read-Quelle. (a) Eine sich bewegende Versetzung verankert sich mit ihren Enden an Gitterstörungen. (b) Bei Weiterbewegung beult sich die Versetzung aus und bildet (c) eine Schleife. (d) Die Schleife koppelt sich von der Mutterversetzung ab. (e) Elektronenmikroskopische Aufnahme einer Frank-Read-Quelle (30 000 fach). (Aus *J. Brittain*, Climb Sources in Beta Prime-NiAl. Metallurgical Transactions, Vol. 6A, April 1975.)

külketten und hat nichts mit dem beschriebenen Mechanismus der Kaltverfestigung zu tun. Wenn die mechanische Belastung die Streckgrenze der Polymere überschreitet, brechen die zwischen den Ketten bestehenden Van der Waals-Bindungen auf. Die Ketten strecken sich in Richtung der anliegenden Spannung und bewirken eine richtungsabhängige Festigkeitserhöhung (Abb. 7.4).

7.4 Materialeigenschaften in Abhängigkeit vom Kaltverformungsgrad

Es gibt eine Vielzahl von Technologien, die gleichzeitig Formgebung und Verfestigung von Metallen durch Kaltbearbeitung ermöglichen (Abb. 7.5): *Walzen* dient zur Herstellung von Platten, Blechen und Folien. *Schmieden* eignet sich zur Realisierung komplexer Bauteile wie z. B. Kurbelwellen oder Pleuelstangen; als Formgeber (Gegenstück) kommen Hohlkörper oder Gesenke zur Anwendung. Drähte (auch polymere Fäden) werden durch Düsen gezogen (*Ziehen*). *Strangpressen* dient zur Herstellung von Rohren und Profilmaterial. *Tiefziehen*, *Strecken* und *Biegen* sind Technologien für die Verformung von Blechmaterial.

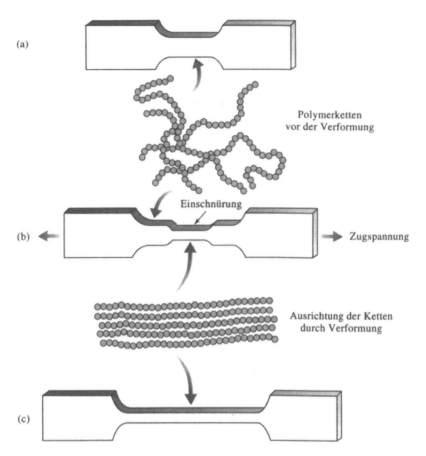

Abb. 7.4. (a) Ungeordnete Lage von Polymerketten eines thermoplastischen Materials vor der Verformung. (b) Unter Einwirkung einer Zugspannung richten sich die Ketten parallel aus und verursachen eine örtliche Einschnürung. (c) Der Ausrichtung setzt sich fort, die Einschnürung breitet sich aus. Die Festigkeit des Polymers hat sich in Zugrichtung erhöht.

Als quantitatives Maß des Verformungsgrades dient die *prozentuale Kaltverformung* (KV):

$$\text{Prozentuale Kaltverformung} = \frac{A_0 - A_f}{A_0} \cdot 100, \tag{7.2}$$

wobei A_0 den Ausgangsquerschnitt und A_f den Endquerschnitt des Metallkörpers nach der Umformung bedeuten.

Abbildung 7.6 zeigt den Einfluß der Kaltverformung auf die mechanischen Eigenschaften von handelsüblichem, reinem Kupfer. Mit zunehmender Kaltverformung steigen die Streckgrenze und die Zugfestigkeit an, während die Duktilität bis auf null absinkt. Bei weiterer Kaltverformung würde das Material brechen. Infolgedessen existiert ein maximal zulässiger Kaltverformungsgrad.

Beispiel 7.1

Eine 10 mm dicke Kupferplatte wurde in der ersten Stufe auf eine Dicke von 5,0 mm und in der zweiten Stufe auf die Enddicke von 1,6 mm kaltgewalzt (Abb. 7.7).

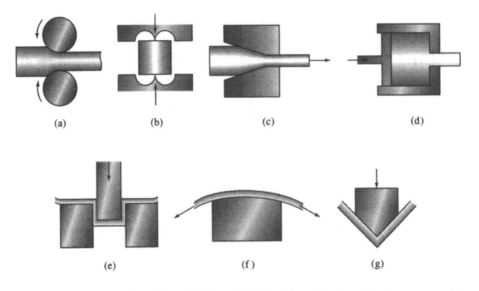

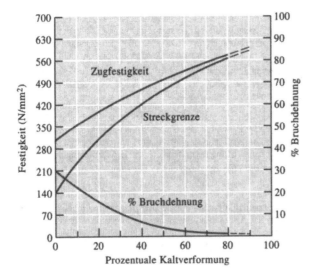

Abb. 7.5. Verformungstechnologien. (a) Walzen, (b) Schmieden, (c) Ziehen, (d) Strangpressen, (e) Tiefziehen, (f) Strecken, (g) Biegen.

Abb. 7.6. Einfluß der Kaltverformung auf die mechanischen Eigenschaften von Kupfer.

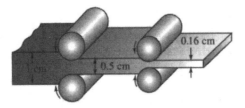

Abb. 7.7. Schrittweise Reduzierung der Banddicke mittels Walzen (zu Beispiel 7.1).

Wie groß sind der totale Kaltverformungsgrad und die Zugfestigkeit im Endzustand?

Lösung

Es liegt nahe, die Verformungsgrade einzeln für jeden Schritt zu berechnen:

$$\% \, KV = \frac{A_0 - A_f}{A_0} \cdot 100 = \frac{t_0 - t_f}{t_0} \cdot 100 = \frac{1 - 0{,}50}{1} \cdot 100 = 50\,\%,$$

$$\% \, KV = \frac{A_0 - A_f}{A_0} \cdot 100 = \frac{t_0 - t_f}{t_0} \cdot 100 = \frac{0{,}50 - 0{,}16}{0{,}50} \cdot 100 = 68\,\%.$$

Eine Zusammenfassung dieser Werte zur Ermittlung des totalen Verformungsgrades wäre jedoch unkorrekt. Die Definition des Kaltverformungsgrades nach Gleichung (7.2) bezieht sich auf den Ausgangs- und Endwert des Probenquerschnitts, unabhängig davon, nach wie vielen Zwischenschritten der Endzustand erreicht wird. Aus diesem Grunde ergibt sich:

$$\% \, KV = \frac{t_0 - t_f}{t_0} \cdot 100 = \frac{1 - 0{,}16}{1} \cdot 100 = 84\,\%.$$

Die Zugfestigkeit beträgt nach Abbildung 7.6 im Endzustand ca. 560 N/mm². □

Aus der Kenntnis des Kaltverformungsgrades lassen sich Materialeigenschaften voraussagen und die Einsatzeignung von Bauteilen abschätzen.

Umgekehrt kann bei vorgegebenen Materialeigenschaften auch der Kaltverformungsprozeß an die Einsatzbedingungen angepaßt werden. Dazu ist zunächst der für die Eigenschaften notwendige Kaltverformungsgrad festzulegen und anschließend aus den vorgegebenen Endabmessungen der Ausgangsquerschnitt des Bauteils zu bestimmen.

Beispiel 7.2

Festlegung der Kaltverformung für ein 1 mm dickes Kupferblech, das mindestens eine Zugfestigkeit von 450 N/mm², eine Streckgrenze von 420 N/mm² und eine Bruchdehnung von 5 % aufweisen soll.

Lösung

Nach Abbildung 7.6 sind für die geforderte Zugfestigkeit eine Kaltverformung um mindestens 35 % und für die Streckgrenze eine Kaltverformung um mindestens 40 % erforderlich. Um den Mindestwert der vorgegebenen Bruchdehnung einzuhalten, darf der Kaltverformungsgrad nicht größer als 45 % sein. Somit beträgt die zulässige Toleranzbreite der Kaltverformung 40 % bis 45 %.

Zur Herstellung des Bleches bietet sich ein Kaltwalzverfahren an. Die notwendige Ausgangsdicke des Kupferblechs kann nach Gleichung (7.2) bestimmt werden, wobei eine konstante Blechbreite angenommen wird. Der mögliche Bereich des Kaltverformungsgrades zwischen 40 % und 45 % läßt für die Ausgangsblechdicke folgenden Toleranzbereich zu:

$$\% \, KV_{min} = 40 = \frac{t_{min} - 0{,}1}{t_{min}} \cdot 100 \qquad t_{min} = 0{,}167 \text{ cm},$$

$$\% \, KV_{max} = 45 = \frac{t_{max} - 0{,}1}{t_{max}} \cdot 100 \qquad t_{max} = 0{,}182 \text{ cm}. \qquad □$$

7.5 Mikrostruktur und innere Spannung

Während der Verformung entsteht durch Streckung der Korngrenzen ein Fasergefüge (Faserstruktur), siehe Abbildung 7.8.

Anisotropes Verhalten. Korngrenzen werden bei der Verformung sowohl gedreht
als auch in die Länge gestreckt, so daß sich kristallographische Richtungen und
Ebenen gleichmäßig ausrichten. Als Folge davon ergeben sich bevorzugte Orientierungen oder Texturen, die ein anisotropes Verhalten verursachen.

Drahtziehprozesse bewirken eine *Fasertextur*. In krz-Metallen werden die ⟨110⟩-
Richtungen zur Drahtachse ausgerichtet. In kfz-Metallen gilt dies für ⟨111⟩- und
⟨100⟩-Richtungen. Durch diese Längsausrichtung ergibt sich in Achsenrichtung,
wie erwünscht, die höchste Festigkeit. Eine vergleichbare Situation ist in Polyme-

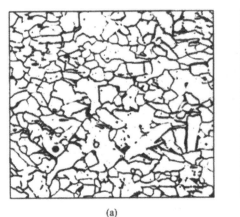

(a)

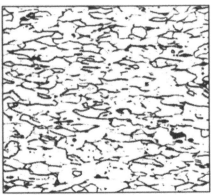

(b)

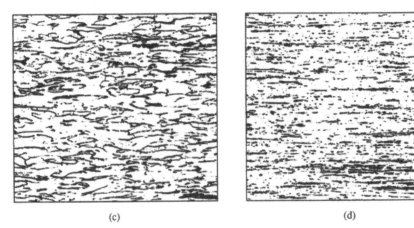

(c)   (d)

Abb. 7.8. Fasergefüge eines kohlenstoffarmen Stahls nach Kaltverformung: (a) 10% KV, (b) 30%
KV, (c) 60% KV, (d) 90% KV. (Aus Metals Handbook. Vol. 9, 9. Aufl., *American Society for Metals*,
1985.)

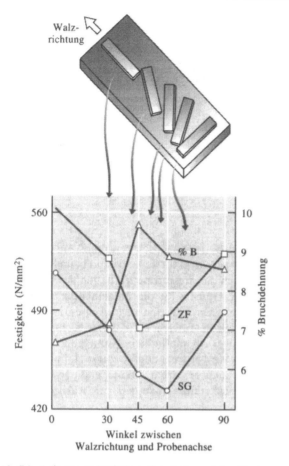

Abb. 7.9. Anisotropes Verhalten eines kaltgewalzten Blechs aus Al-Li-Legierung (angewendet im Flugzeugbau). Die Skizze verdeutlicht die Winkellage der Proben zur Walzrichtung. (% B = % Bruchdehnung, ZF = Zugfestigkeit, SG = Streckgrenze.)

ren zu beobachten. Polymerketten richten sich beim Ziehen ebenfalls längs der Fadenachse aus, und analog zu Metallen haben die Fäden in ihrer Achsenrichtung die größte Festigkeit.

Walzprozesse erzeugen eine *Schichttextur* mit bevorzugten kristallographischen Richtungen und Ebenen längs der Walzrichtung. Die Eigenschaften gewalzter Bleche oder Platten hängen infolgedessen von der Richtung ab, in der sie gemessen werden. Abbildung 7.9 zeigt als Beispiel das Festigkeitsverhalten einer kaltverformten Al-Li-Legierung, die im Flugzeugbau zur Anwendung kommt. Zugfestigkeit und Streckgrenze sind in Walzrichtung am größten, während die Duktilität unter einem Winkel von 45° zur Walzrichtung ihren Maximalwert erreicht.

Beispiel 7.3

Bei der Anwendung von Stanzverfahren zur Herstellung von Ventilatorflügeln aus kaltgewalztem Stahlblech kam es bei einer Reihe von Flügelblättern zum Ausfall durch Ermüdungsrisse senkrecht zur Blattachse (Abb. 7.10), während bei den übrigen Exemplaren keine Probleme auftraten. Es besteht die Aufgabe, das unterschiedliche Verhalten zu erklären und die Herstellungstechnologie zu korrigieren.

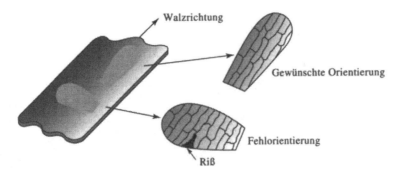

Abb. 7.10. Probenorientierung (zu Beispiel 7.3).

Lösung
Es kommen mehrere Fehlerursachen in Betracht: Falsch gewähltes Ausgangsmaterial, verschlissenes Stanzwerkzeug oder unkorrekter Teileabstand beim Stanzen.

Die Ausfälle können aber auch durch das anisotrope Verhalten des kaltgewalzten Stahlblechs hervorgerufen werden. Günstig für die Flügelblätter ist die Ausrichtung ihrer Blattachse in Walzrichtung. Dann weisen sie in Achsenrichtung hohe Festigkeit aus, und da auch die Korngrenzen vorwiegend in dieser Richtung verlaufen, sind sie an ihren Blatträndern weniger rißempfindlich. Wenn jedoch der Stanzprozeß beliebige Winkel zuläßt (bis zu 90° verdreht zur Vorzugsrichtung), sind die aufgetretenen Ausfälle durch diesen Fehler erklärbar. Die technologische Lösung besteht in einer Zwangsausrichtung des Stanzwerkzeuges zur Walzrichtung des Stahlblechs.   □

Innere Spannungen. Während der Verformung entstehen *innere Spannungen*, die die Gesamtenergie der Struktur erhöhen. Ein kleiner Teil der einwirkenden Spannung – ungefähr 10% – wird in Versetzungsknäueln gespeichert.

Die inneren Spannungen sind nicht gleichmäßig verteilt. Zum Beispiel können an der Oberfläche gewalzter Platten Druckspannungen und in ihrem Volumen Zugspannungen vorherrschen. Wenn man in diesem Fall eine dünne Oberflächenschicht auf einer Seite abträgt, wird das innere Spannungsgleichgewicht aufgehoben. Das Material verzieht sich, bis ein neuer Gleichgewichtszustand erreicht ist.

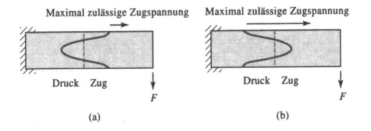

Abb. 7.11. Innere Spannungen können die Belastbarkeit eines Bauteils vergrößern oder verringern. (a) Die an der Oberfläche des Bauteils vorhandene innere Zugspannung reduziert die zulässige äußere Zugspannung. (b) Die an der Oberfläche des Bauteils vorhandene innere Druckspannung vergrößert die zulässige äußere Zugspannung.

Innere Spannungen beeinflussen auch die Belastbarkeit von Bauteilen (Abb. 7.11). Wenn ein Materialstück, das bereits innere Zugspannungen enthält, zusätzlich mit einer äußeren Zugspannung beauflagt wird, addieren sich beide Spannungen. Ist jedoch an seiner Oberfläche eine innere Druckspannung gespeichert, wird ein Teil der äußeren Zugspannung durch diese kompensiert, so daß sich die insgesamt zulässige Last vergrößert.

Mitunter lassen sich Bauteile, die der Gefahr von Ermüdungsbrüchen ausgesetzt sind, durch *Kugelstrahlen* verfestigen. Durch das Oberflächenbombardement entstehen an der Materialoberfläche innere Druckspannungen, die das Widerstandsvermögen gegenüber Ermüdungsbrüchen erhöhen.

Beispiel 7.4

Erhöhung der Ermüdungslebensdauer von Wellen. Bereits in sehr großer Stückzahl produzierte Wellen sind für eine Zeitschwingfestigkeit von 140 N/mm^2 ausgelegt. Nach Einsatz der ersten Wellen kommt es schon nach kurzer Belastungszeit zu Ausfällen. Ihre Biegebeanspruchung während der Rotation ist offensichtlich höher als angenommen. Welche Möglichkeiten bestehen für eine Nacharbeit der produzierten Wellen?

Lösung

Ermüdungsbrüche rotierender Teile beginnen typischerweise an ihrer Oberfläche. Um die Lebensdauer von Wellen zu erhöhen, muß deshalb die Festigkeit ihrer Oberfläche vergrößert werden.

Wellen aus Stahl können zum Beispiel durch Aufkohlung der Oberfläche gefestigt werden. Dieses Verfahren beruht auf der Eindiffusion von Kohlenstoff, der nach geeigneter Wärmebehandlung die Oberflächenfestigkeit erhöht und – was für die vorgesehene Anwendung wichtig ist – innere Druckspannungen an der Oberfläche erzeugt.

Eine zweite Möglichkeit bietet die Kaltverformung, die ebenfalls die Festigkeit erhöht und innere Druckspannungen aufbaut. Verformung bedeutet jedoch Querschnittsverminderung und schließt daher die Verwendbarkeit der bereits gefertigten Teile aus.

Eine weitere Alternative bietet das Kugelstrahlen. Dabei werden lokalisiert an der Oberfläche innere Druckspannungen ohne Querschnittsänderung erzeugt. Mit inneren Druckspannungen in der Größenordnung von 60 N/mm^2 erhöht sich die für die Welle zulässige Gesamtspannung auf 200 N/mm^2. Dieses Verfahren ist zugleich kostengünstig und für die Nacharbeit gut geeignet.   □

7.6 Merkmale der Kaltverformung.

Die Verfestigung mittels Kaltverformung bietet eine Reihe von Vorteilen, unterliegt aber in ihrer Anwendung auch Einschränkungen:

1. Verfestigung und Formgebung erfolgen gleichzeitig.
2. Bei der Formgebung werden enge Toleranzen eingehalten und eine gute Oberflächenbeschaffenheit erzielt.

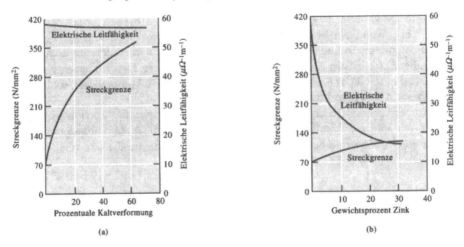

(a)   (b)

Abb. 7.12. Vergleich der Verfestigung von Kupfer durch (a) Kaltverformung und (b) Legierung mit Zink. Die Kaltverformung bewirkt größere Festigkeit und hat geringeren Einfluß auf die elektrische Leitfähigkeit.

3. Das Verfahren ist kostengünstig für große Stückzahlen (niedrige Kostenumlage der Umformtechnik) und kleine Bauteile (geringe Umformkraft).

4. Einige Metalle, wie hexagonal dichtgepacktes Magnesium, besitzen nur eine begrenzte Anzahl von Gleitsystemen und sind bei Zimmertemperatur sehr spröde. Der realisierbare Kaltverformungsgrad ist infolgedessen nur gering.

5. Kaltverformung beeinträchtigt die Duktilität, die elektrische Leitfähigkeit und die Korrosionsbeständigkeit. Im Vergleich zu anderen Verfahren (z. B. Legierungsprozessen) ist jedoch die Verminderung der elektrischen Leitfähigkeit nur gering (Abb. 7.12). Aus diesem Grund eignet sich die Kaltverformung gut für die Verfestigung von Kupferdrähten, die als Leitermaterial vorgesehen sind.

6. Die Kaltverformung erzeugt innere Spannungen und anisotrope Materialeigenschaften. Beides ist in vielen Anwendungsfällen erwünscht.

7. Einige Verformungsaufgaben lassen sich prinzipiell nur mittels Kaltverformung verwirklichen. Zu ihnen gehört das Ziehen von Drähten (Abb. 7.13). Auf Grund des unterschiedlichen Drahtquerschnitts erzeugt die Ziehkraft F_Z im Anfangs- und Endzustand des Drahtes unterschiedliche Spannungen. Die geringere Spannung im Anfangszustand muß die dort bestehende Streckgrenze des Materials überschreiten, damit sich der Draht plastisch verformen kann. Im Endzustand, wenn der Querschnitt geringer und die Spannung folglich größer ist, darf dagegen die Streckgrenze nicht mehr überschritten werden. Dies setzt voraus, daß sich die Streckgrenze durch die Kaltverformung genügend erhöht.

$$\text{Spannung} = \frac{F_z}{\frac{\pi}{4}d_0^2} > \text{Anfangsstreckgrenze} \qquad \text{Spannung} = \frac{F_z}{\frac{\pi}{4}d_f^2} < \text{Endstreckgrenze}$$

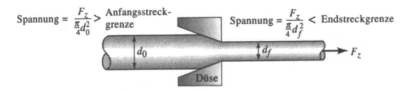

Abb. 7.13. Drahtziehprozeß. Die Ziehkraft F_Z ist für den Anfangs- und Endquerschnitt gleich und verursacht somit für den Endquerschnitt eine größere Spannung. Wenn sich der Draht während des Ziehvorgangs nicht verfestigen würde, könnte er der Endbelastung nicht standhalten.

Beispiel 7.5

Herstellung von Kupferdraht mit 5 mm Durchmesser.

Lösung

Naheliegendes Verfahren ist ein Drahtziehprozeß. Um ihn so effektiv wie möglich zu gestalten, wird eine höchstmögliche Durchmesserreduzierung angestrebt. Dabei ist sicherzustellen, daß sich der Draht während des Ziehvorgangs genügend kaltverfestigt (die Streckgrenze sich ausreichend erhöht).

Wir wählen zunächst einen Anfangsdurchmesser von 10 mm (ohne vorherige Verformung, d. h. in einem möglichst weichen Zustand). Der notwendige Verformungsgrad beträgt:

$$\% \; KV = \frac{A_0 - A_f}{A_0} \cdot 100 = \frac{(\pi/4)d_0^2 - (\pi/4)d_f^2}{(\pi/4)d_0^2} \cdot 100$$

$$= \frac{10^2 - 5^2}{10^2} \cdot 100 = 75\%.$$

Die Streckgrenze von Kupfer beträgt nach Abbildung 7.6 für 0% Verformungsgrad ca. 150 N/mm^2 und für 75% Verformungsgrad ca. 550 N/mm^2 (bei nur noch geringer Duktilität). Für die benötigte Ziehkraft ergibt sich:

$$F = \sigma A_0 = (150)(\pi/4)(10)^2 = 1{,}17 \cdot 10^4 \; \text{N}.$$

Die nach dem Passieren der Ziehdüse auf den Draht wirkende Spannung beträgt:

$$\sigma = \frac{F}{A_f} = \frac{1{,}17 \cdot 10^4}{(\pi/4)(5)^2} = 596 \; \text{N/mm}^2.$$

Diese Spannung ist größer als die ermittelte Streckgrenze, so daß der Draht zerreißt.

Tabelle 7.2 und Abbildung 7.14 enthalten weitere Ergebnisse, die sich bei kleinerem Anfangsquerschnitt des Drahtes ergeben.

Tabelle 7.2. Streckgrenze und Ziehspannung kaltgezogener Drähte

d_0 (mm)	KV (%)	Streckgrenze (N/mm^2)	Ziehkraft (N)	Ziehspannung (N/mm^2)
6,35	36	400	4 804	237
7,6	56	470	6 917	341
8,9	67	510	9 416	465
10,0	75	535	12 298	607

Die graphische Darstellung zeigt, daß die Ziehspannung die Streckgrenze des gezogenen Drahtes bei einem Anfangsdurchmesser von etwa 9,4 mm überschreitet. Der Anfangsdurchmesser sollte also wenig unterhalb dieses Wertes gewählt werden.   □

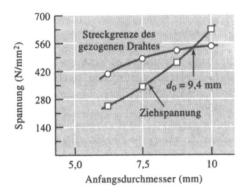

Abb. 7.14. Streckgrenze und Ziehspannung des Drahtes (zu Beispiel 7.5).

7.7 Drei Stufen der Entspannung

Entspannen ist eine Warmbehandlung, die den Verfestigungseffekt der Kaltverformung ganz oder teilweise wieder aufhebt. Das vollständig entspannte Material ist weich und duktil, verfügt aber noch über die gute Oberflächenbeschaffenheit und die engen Maßtoleranzen, die mit der Kaltverformung erzielt wurden. Die wiedergewonnene Duktilität ermöglicht eine weitere Kaltverformung. Durch wiederholte Kombination von Kaltverformung und Entspannung lassen sich insgesamt sehr große Verformungsgrade realisieren. Schließlich kann durch ein Entspannen bei niedriger Temperatur die bei der Kaltverformung erzeugte innere Spannung abgebaut werden, ohne daß die mechanischen Eigenschaften des Endprodukts verlorengehen. Es lassen sich drei Stufen der Entspannung unterscheiden, deren Einfluß auf die Eigenschaften von Messing in Abbildung 7.15 dargestellt ist:

Erholung. Die Mikrostruktur kaltverformter Materialien besteht aus deformierten Kristalliten, die viele Versetzungsknäuel enthalten (Abb. 7.16a). Die in der ersten Erwärmungsstufe zugeführte thermische Energie bewirkt, daß sich die Versetzungen bewegen und eine *polygone Subkornstruktur* bilden (Abb. 7.16b). Die Versetzungsdichte bleibt jedoch praktisch unverändert. Diese Niedertemperaturphase wird als *Erholung* bezeichnet.

Wegen der kaum veränderten Versetzungsdichte bleiben die mechanischen Eigenschaften des kaltverformten Materials noch weitgehend erhalten. Durch die Umordnung der Versetzungen werden jedoch innere Spannungen abgebaut oder sogar aufgehoben; die Erholung wird deshalb auch als *Entspannungsglühen* (oder Spannungsfreiglühen) bezeichnet. Zusätzlich bewirkt die Erholung eine Wiederherstellung der elektrischen Leitfähigkeit von Metallen, so daß kaltgezogene Kupfer- oder Aluminiumdrähte nach dieser Wärmebehandlung als genügend feste und zugleich hinreichend leitfähige Materialien für elektrische Stromverbindungen zur Verfügung stehen.

Rekristallisation. *Rekristallisation* bedeutet Keimbildung und Wachstum neuer Kristallite, die nur wenige Versetzungen enthalten. Wenn Metalle bis über die Rekri-

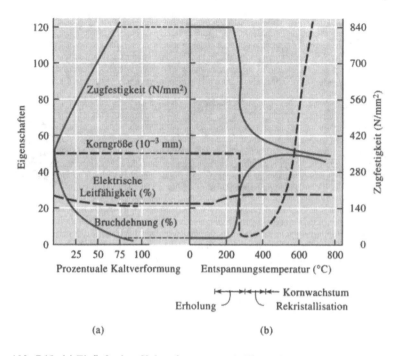

(a)   (b)

Abb. 7.15. (a) Einfluß der Kaltverformung auf Eigenschaften einer Cu-Zn(35%)-Legierung. (b) Einfluß der Entspannung auf eine Cu-Zn(35%)-Legierung mit einem Kaltverformungsgrad von 75%.

stallisationstemperatur erhitzt werden, findet ein schneller Erholungsprozeß statt mit Aufhebung innerer Spannungen und Erzeugung polygoner Subkorngrenzen. An diesen Grenzen bilden sich dann neue kleine Kristallite, wobei die Versetzungen weitgehend abgebaut werden (Abb. 7.16c). Wegen ihrer stark reduzierten Versetzungsdichte besitzen rekristallisierte Metalle nur geringe Festigkeit, aber hohe Duktilität.

Kornwachstum. Bei weiter erhöhter Entspannungstemperatur laufen sowohl die Erholung als auch die Rekristallisation sehr schnell ab, und es entsteht zunächst ein sehr feinkörniges Gefüge. Doch die Kristallite beginnen zu wachsen, indem

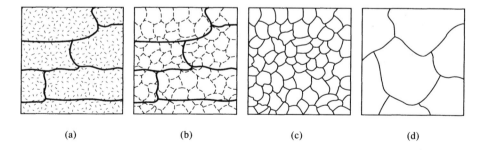

(a)   (b)   (c)   (d)

Abb. 7.16. Einfluß der Entspannungstemperatur auf das Gefüge kaltverformter Metalle: (a) Nach Kaltverformung, (b) nach Erholung, (c) nach Rekristallisation, (d) nach Kornwachstum.

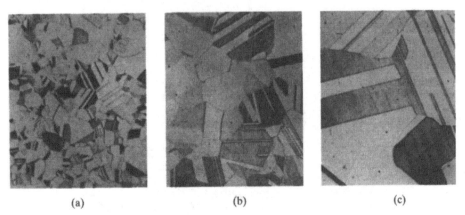

Abb. 7.17. Einfluß der Entspannungstemperatur auf die Korngröße in Messing (75fach). In den Aufnahmen sind auch Zwillingsgrenzen erkennbar. (a) 400 °C, (b) 650 °C, (c) 800 °C. (Aus *R.Brick, A.Phillips*, The Structure and Properties of Alloys. *McGraw-Hill*, 1949.)

bevorzugte Kristallite kleinere in sich aufnehmen (Abb. 7.16d). Dieses als Kornwachstum bezeichnete Phänomen wurde schon im Kapitel 5 beschrieben. Abbildung 7.17 zeigt den Einfluß der Entspannungstemperatur auf das Gefüge einer Cu-Zn-Legierung. Das Kornwachstum ist in den meisten Anwendungen unerwünscht.

7.8 Steuerung der Entspannung

Die zweckmäßige Gestaltung des Entspannungsregimes setzt die Kenntnis der Abhängigkeiten von Rekristallisationstemperatur und Korngröße des rekristallisierten Gefüges voraus.

Rekristallisationstemperatur. Die Rekristallisationstemperatur wird durch folgende Einflußgrößen bestimmt:

1. Die Rekristallisationstemperatur sinkt mit steigendem Kaltverformungsgrad. Größerer Kaltverformungsgrad vermindert die Stabilität der Metalle und begünstigt die Keimbildung. Unterhalb eines Mindestwerts des Kaltverformungsgrades, etwa zwischen 30% und 40%, findet keine Rekristallisation mehr statt.
2. Die Rekristallisationstemperatur sinkt mit Verkleinerung der Ausgangskorngröße des kaltverformten Materials, weil durch Vergrößerung der Korngrenzenfläche mehr Plätze für die Keimbildung zur Verfügung stehen.
3. Reine Metalle rekristallisieren bei geringerer Temperatur als Legierungen.
4. Die Rekristallisationstemperatur sinkt mit zunehmender Dauer der Entspannung ab (Abb. 7.18), weil mehr Zeit für Keimbildung und Kornwachstum zur Verfügung steht.
5. Die Rekristallisationstemperatur steigt mit der Schmelztemperatur. Da die Rekristallisation von Diffusionsvorgängen abhängt, verhält sich die Rekristallisationstemperatur in grober Näherung proportional zu $0{,}4\,T_S$ Grad Kelvin. Tabelle 7.3 enthält typische Rekristallisationstemperaturen ausgewählter Metalle.

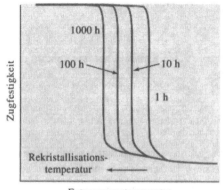

Abb. 7.18. Die Rekristallisationstemperatur nimmt mit der Verlängerung der Entspannungszeit ab.

Tabelle 7.3. Rekristallisationstemperatur ausgewählter Metalle

Metall	Schmelztemperatur (°C)	Rekristallisationstemperatur (°C)
Sn	232	< Raumtemperatur
Pb	327	< Raumtemperatur
Zn	420	< Raumtemperatur
Al	660	150
Mg	650	200
Ag	962	200
Cu	1 085	200
Fe	1 538	450
Ni	1 453	600
Mo	2 610	900
W	3 410	1 200

Entnommen aus: *R. Brick, A. Pense, R. Gordon*, Structur and Properties of Engineering Materials. *McGraw-Hill*, 1977.

Rekristallisierte Korngröße. Auch die Korngröße der rekristallisierten Strukturen hängt von mehreren Faktoren ab. Verringerung der Entspannungstemperatur, der Aufheizzeit oder der Entspannungszeit reduziert die Möglichkeit des Kornwachstums und bedeutet geringere Korngröße. Ebenso wirkt sich eine Erhöhung des Kaltverformungsgrades aus, da in diesem Fall mehr Keimplätze für neue Kristallite zur Verfügung stehen. Schließlich behindert auch das Vorhandensein einer zweiten Mikrostrukturphase das Kornwachstum und bewirkt eine kleinere Kristallitgröße.

7.9 Entspannungsverhalten und Prozeßgestaltung

Die Effekte der Erholung, Rekristallisation und des Kornwachstums spielen eine wichtige Rolle bei der Gestaltung technologischer Prozesse und bei der Wahl zwischen reinen Metallen und Legierungen.

Verformungsprozeß. Durch Ausnutzung von Entspannungseffekten läßt sich der erzielbare Verformungsgrad erhöhen. Wenn eine Metallplatte mit einer Ausgangsdicke von 125 mm auf eine Blechdicke von 1,25 mm verformt werden soll, kann die Kaltverformung in mehreren Schritten erfolgen, wobei jeweils ein Entspannungsprozeß eingeschoben wird, um für den Folgeschritt eine möglichst große Duktilität zu erhalten. Der letzte Verformungsschritt kombiniert die Erzielung der Endabmessungen mit der Einstellung der gewünschten Materialeigenschaften.

Beispiel 7.6
Es besteht die Aufgabe, ein 0,1 cm dickes und 6 cm breites Kupferband mit einer Streckgrenze von mindestens 420 N/mm² und mindestens 5% Bruchdehnung herzustellen. Handelsmäßig stehen in dieser Breite nur Bänder mit einer Dicke von 5 cm zur Verfügung.

Lösung
Vom Beispiel 7.2 ist uns bekannt, daß die geforderten Eigenschaften mit einem Kaltverformungsgrad zwischen 40% und 45% erreichbar sind. Das Ausgangsmaterial muß folglich eine Dicke zwischen 0,167 cm und 0,182 cm aufweisen und so weich wie möglich sein. Da nur 5 cm dickes Lagermaterial erhältlich ist, muß zunächst eine Dickenreduzierung auf mindestens 1,82 cm erfolgen, bevor mit dem letzten Kaltverformungsschritt die Einstellung der geforderten Endeigenschaften vorgenommen wird. Dies bedeutet:

$$\% \, KV = \frac{5-0,182}{5} \cdot 100 = 96,4\%.$$

Dieser Verformungsgrad ist jedoch nicht in einem Schritt realisierbar. Die maximale Verformung beträgt nach Abbildung 7.6 etwa 90%. Infolgedessen muß die Verformung in mehreren Schritten mit zwischengeschalteter Entspannung erfolgen. Als Ablauf käme in Frage:

1. Kaltverformung um 80% auf eine Dicke von 1 cm:

$$80 = \frac{5-t_i}{5} \cdot 100 \quad \text{oder} \quad t_i = 1 \, \text{cm}.$$

2. Entspannung zur Wiederherstellung der Duktilität. Falls die Rekristallisationstemperatur nicht bekannt ist, kann ersatzweise ihr Zusammenhang mit der Schmelztemperatur (0,4 T_s) für eine Abschätzung herangezogen werden. Der Schmelzpunkt von Kupfer beträgt 1 085 °C:

$$T_r \cong (0,4)(1085 + 273) = 543 \, \text{K} = 270 \, °\text{C}.$$

3. Kaltverformung des 1 cm dicken Bandes auf eine Dicke von 0,182 cm:

$$\% \, KV = \frac{1-0,182}{1} \cdot 100 = 81,8\%.$$

4. Erneute Entspannungstemperung bei 270 °C zur Wiederherstellung der Duktilität.

5. Abschließende Kaltverformung um 45% auf die Enddicke von 0,1 cm. Der Ablauf endet mit den gewünschten Abmessungen und Eigenschaften.   □

Hochtemperaturanwendungen. Weder Kaltverfestigung noch Feinkornhärtung sind für Anwendungen bei erhöhter Temperatur geeignet, wie zum Beispiel in Fällen, wo Kriechbeständigkeit gefordert ist. Wenn kaltverformtes Metall bei hoher Temperatur zum Einsatz kommt, bewirkt die Rekristallisation sofort eine drastische Abnahme der Festigkeit. Zusätzlich hält diese Festigkeitsabnahme infolge des Kornwachstums der neu gebildeten Kristallite kontinuierlich an.

Verbindungsprozesse. Wenn kaltverformte Metalle mittels Schweißen verbunden werden, erhitzt sich die an der Schweißnaht gelegene Zone bis über die Rekristallisations- und Kornwachstumstemperatur. Diese Region wird als *wärmebeeinflußte Zone* bezeichnet. Struktur und Eigenschaften dieser Zone sind in Abbildung 7.19 dargestellt. Die Materialeigenschaften werden durch die Hitzeeinwirkung des Schweißvorgangs erheblich verschlechtert. Schweißverfahren mittels Elektronen- oder Laserstrahlen bieten den Vorteil höherer Aufheizrate und kürzerer Wärmebelastungszeit oberhalb der Rekristallisationstemperatur und vermindern auf diese Weise das Ausmaß der Schädigung.

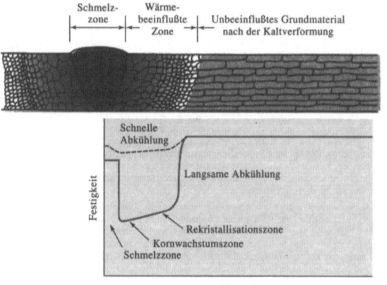

Abb. 7.19. Gefüge und Eigenschaften der Schweißnahtumgebung eines kaltverformten Metalls. In der wärmebeeinflußten Zone ist der Festigkeitsverlust durch Rekristallisation und Kornwachstum erkennbar.

7.10 Warmverformung

Die Formgestaltung von Metallen kann auch durch *Warmverformung* erfolgen. Hierunter versteht man die plastische Verformung oberhalb der Rekristallisationstemperatur. Während der Warmverformung findet eine kontinuierliche Rekristallisation statt (Abb. 7.20).

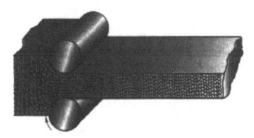

Abb. 7.20. Gleichzeitig mit der Warmverformung erfolgt die Rekristallisation der durch die Verformung gestreckten Kristallite. Bei geeigneter Wahl der Temperatur läßt sich ein sehr feines Gefüge erzeugen.

Fehlende Verfestigung. Die Warmverformung bewirkt keine Verfestigung; der plastische Verformungsgrad ist demzufolge unbegrenzt. Dicke Ausgangsplatten lassen sich in kontinuierlicher Folge in dünne Bleche umformen. Die ersten Schritte werden weit oberhalb der Rekristallisationstemperatur vorgenommen, um die geringere Festigkeit des Metalls voll auszunutzen. Der letzte Schritt erfolgt dicht oberhalb der Rekristallisationstemperatur mit einem hohen Verformungsgrad, um ein möglichst feines Gefüge als Endzustand zu erzeugen.

Warmverformung eignet sich gut für große Teile, da Metalle bei erhöhter Temperatur geringe Festigkeit und hohe Duktilität aufweisen. Außerdem besitzen hexagonal dichtgepackte Metalle wie Magnesium bei hoher Verarbeitungstemperatur mehr aktive Gleitsysteme; die höhere Duktilität läßt stärkere Verformungen zu, als sie mit Kaltbearbeitung möglich wären.

Beispiel 7.7
Gefragt sei wiederum nach einer Herstellungstechnologie für 0,1 cm dickes und 6 cm breites Kupferband mit einer Streckgrenze von 420 N/mm^2 und einer Bruchdehnung von 5%, wobei erneut nur 5 cm dickes Ausgangsmaterial zur Verfügung steht. Es soll eine Technologie gefunden werden, die weniger Bearbeitungsschritte als die vom Beispiel 7.6 benötigt.

Lösung
Im Beispiel 7.6 wurde die Aufgabe mit einer Folge von Kaltverformungs-Entspannungs-Zyklen gelöst. Bei Anwendung einer Warmverformung (WV) kann der Zwischenschritt bis zur Dicke von 1 cm eingespart werden, und es ergeben sich:

$$\% \text{ WV} = \frac{5-0{,}182}{5} \cdot 100 = 96{,}4\%$$

oder

$$\% \text{ WV} = \frac{5-0{,}167}{5} \cdot 100 = 96{,}7\%.$$

Die hohen Verformungsgrade sind erreichbar, weil gleichzeitig während der Warmverformung eine Rekristallisation stattfindet. Getrennte Entspannungsbehandlungen sind nicht erforderlich. Der technologische Ablauf könnte somit lauten:

1. Warmverformung um 96,4% von 5 cm auf 0,182 cm Dicke.
2. Kaltverformung um 45% von 0,182 cm auf 0,1 cm Enddicke mit Erzeugung der vorgegebenen Abmessungen und Eigenschaften.   □

Beseitigung innerer Fehler. Die Warmverformung beseitigt im Ausgangsmaterial vorhandene Fehler oder reduziert deren Auswirkungen. Gasporen können sich auflösen. Konzentrationsunterschiede werden durch Diffusion abgebaut.

Anisotropie. Die Eigenschaften warmverformter Teile sind nicht isotrop. Die Umformwerkzeuge befinden sich normalerweise auf geringerer Temperatur als das Werkstück und verursachen an dessen Oberfläche eine schnellere Abkühlung und demzufolge auch feinere Kornstrukturen als im Inneren. Zusätzlich können sich Einschlüsse und Zweitphasenpartikel in der Umformrichtung strecken und zu anisotropen Eigenschaften führen.

Oberflächenbeschaffenheit und Maßtoleranz. Die Oberflächenbeschaffenheit ist nach Warmverformung gewöhnlich schlechter als nach Kaltverformung. Sauerstoff reagiert mit der Metalloberfläche und erzeugt Oxidschichten, die bei der Verformung in die Oberfläche eingedrückt werden. Einige Metalle, wie Wolfram oder Beryllium, müssen unter Schutzatmosphäre bearbeitet werden.

Maßtoleranzen lassen sich bei der Warmverformung ebenfalls schwerer einhalten. Da der Elastizitätsmodul bei der Verarbeitungstemperatur gering ist, treten größere elastische Dehnungen ein. Zusätzlich zieht sich das Material bei der Abkühlung zusammen. Die Effekte der elastischen Dehnung und thermischen Kontraktion müssen bei der Einstellung der Umformwerkzeuge sorgfältig beachtet werden. Außerdem ist eine genaue Temperaturkontrolle erforderlich.

7.11 Superplastizität

Einige Metalle ermöglichen bei spezieller Wärmebehandlung und Prozeßführung einen extrem hohen Verformungsgrad – in einigen Fällen bis über 1 000%. Dieses Verhalten wird als *Superplastizität* bezeichnet. Es wird unter anderem in Verbindung mit Diffusionsvorgängen in Bondtechnologien genutzt, um komplizierte Verbindungsstrukturen in einem Schritt zu erzeugen. Mehrere Bedingungen müssen für das superplastische Verhalten erfüllt sein:

1. Das Metall muß ein sehr feines Gefüge besitzen mit Korndurchmessern unter 5 μm.
2. Die Verformungstemperatur muß groß sein (etwa 0,5 bis 0,65 der Schmelztemperatur in K).
3. Die *Verformungsgeschwindigkeit* darf nur gering sein und erfordert eine sorgfältige Einstellung der Verformungsspannung. Sobald Einschnürung einsetzt, ver-

formt sich die Legierung in dem betroffenen Bereich schneller. Höhere Verformungsgeschwindigkeit aber bedeutet stärkere Verfestigung und bremst den Ein-
schnürungsvorgang, so daß sich das Material gleichmäßig weiter verformt.

4. Die Kristallite müssen sich leicht gegeneinander verschieben oder drehen können. Dafür sind ausreichende Temperatur und kleine Korngröße erforderlich.

Für superplastische Verformung eignen sich Legierungen wie Ti-Al(6%)-
V(4%), Cu-Al(10%) und Zn-Al(23%). Aber auch Materialien, die normalerweise
als spröde gelten, wie die keramischen Verbindungen Al_2O_3 und ZrO_2, können
superplastisches Verhalten zeigen.

7.12 Zusammenfassung

Die Eigenschaften von Metallen lassen sich durch Kombination plastischer Verformung und einfacher Wärmebehandlungen einstellen. Bei der Kaltverformung wird
das Material durch Vergrößerung seiner Versetzungsdichte verfestigt. Diese Technologie bewirkt eine sehr starke Festigkeitszunahme. Thermoplastische Polymere
verfestigen sich durch Ausrichtung ihrer Kettenmoleküle (im Unterschied zur Kaltverfestigung von Metallen). In spröden Materialien, wie keramischen Stoffen, ist
die durch Verformung erreichbare Verfestigung vernachlässigbar. Für Metalle gilt:

- Kaltverformung bewirkt zusätzlich zur Erhöhung der Festigkeit und Härte eine
  Zunahme der inneren Spannungen, erzeugt anisotropes Verhalten und reduziert
  die Duktilität, die elektrische Leitfähigkeit und die Korrosionsbeständigkeit.
- Der Grad der möglichen Kaltverfestigung wird durch die gleichzeitige Abnahme
  der Duktilität begrenzt. kfz-Metalle eignen sich gut zur Kaltverfestigung.
- Hohe Temperatur wirkt infolge Rekristallisation der Kaltverfestigung entgegen.
- Durch Entspannungstemperung (-glühen) werden die Effekte der Kaltverfesti-
  gung teilweise oder vollständig wieder aufgehoben:
  - In der Erholungsphase werden zunächst bei noch niedriger Temperatur innere
    Spannungen abgebaut und die elektrische Leitfähigkeit wiederhergestellt. Die
    durch die Kaltverformung erzielte Festigkeit bleibt noch erhalten.
  - Bei höherer Temperatur findet Rekristallisation statt und beseitigt nahezu
    alle durch die Kaltverfestigung erzielten Effekte. Die Versetzungsdichte
    nimmt erheblich ab. Es bilden sich neue Kristallite.
  - Nach weiterem Temperaturanstieg tritt (meist unerwünschtes) Kornwachstum
    ein.
- Warmverformung verbindet plastische Verformung und Entspannen zu einem
  Arbeitsschritt und ermöglicht große Verformungsgrade ohne Materialversprö-
  dung.
- Superplastische Verformung bewirkt in einigen Materialien extrem große Verfor-
  mungsgrade. Hierbei ist sorgfältige Kontrolle von Temperatur, Korngröße und
  Verformungsgeschwindigkeit erforderlich.

7.13 Glossar

Entspannung. Wärmebehandlung zur teilweisen oder vollständigen Aufhebung von Effekten der Kaltverformung.

Entspannungsglühen. Siehe Erholung.

Erholung. Niedertemperaturphase der Entspannungsbehandlung. Dient zum Abbau innerer Spannungen ohne Verlust der durch Kaltverfestigung erzielten Materialeigenschaften.

Fasertextur. Vorzugsorientierung von Kristalliten nach Ziehprozessen. Bestimmte kristallographische Richtungen orientieren sich in Ziehrichtung. Verursacht anisotropes Verhalten.

Frank-Read-Quelle. An Gitterstörungen verankerte Versetzung, die unter Spannung neue Versetzungen erzeugt. Dieser Mechanismus ist zumindest teilweise für die Kaltverfestigung verantwortlich.

Innere Spannungen. Spannungen, die durch äußere Kräfte in das Material eingeführt werden, ohne zunächst eine Verformung zu bewirken. Sie werden im Material gespeichert und können später bei Freisetzung zu unerwünschter Verformung führen.

Kaltverfestigung. Siehe Kaltverformung.

Kaltverfestigungskoeffizient. Effekt der Formänderung von Materialien auf ihre Festigkeit. Werkstoffe mit hohem Kaltverfestigungskoeffizienten gewinnen bereits nach geringem Verformungsgrad hohe Festigkeit.

Kaltverformung. Metallverformung unterhalb der Rekristallisationstemperatur. Während der Kaltverformung nimmt die Versetzungsdichte stark zu, so daß gleichzeitig mit der Formgebung eine Verfestigung eintritt.

Kugelstrahlen. Oberflächenbearbeitung mit Stahlkugeln, bei der an der Materialoberfläche innere Druckspannungen entstehen.

Polygone Struktur. Subkornstruktur, die in der Anfangsphase des Entspannungsprozesses entsteht. Die zugehörigen Subkorngrenzen werden von Versetzungsnetzwerken gebildet, die aus Umordnungsprozessen der Versetzungen entstanden sind.

Schichttextur. Vorzugsorientierung von Kristalliten nach Walzbearbeitung. Bestimmte kristallographische Richtungen orientieren sich in Walzrichtung; bestimmte kristallographische Ebenen richten sich parallel zur Oberfläche aus.

Strangpreßverfahren. Umformtechnologie, bei der das Ausgangsmaterial durch eine Preßform gedrückt wird.

Superplastizität. Materialeigenschaft, die extrem große und gleichmäßige Verformungsgrade ermöglicht. Notwendige Randbedingungen sind sorgfältige Kontrolle von Temperatur, Korngröße und Verformungsgeschwindigkeit.

Verformungsgeschwindigkeit. Geschwindigkeit, mit der Verformungen stattfinden. Das Verhalten von Werkstoffen hängt davon ab, ob sie langsam oder schlagartig in ihre Endform gebracht werden.

Warmverformung. Metallverformung oberhalb der Rekristallisationstemperatur. Formgebungsverfahren, bei dem keine Verfestigung stattfindet. Die Ausgangsfestigkeit bleibt nahezu unverändert.

Wärmebeeinflußte Zone. Bereich in Nachbarschaft einer Schweißnaht. Erreicht beim Schweißvorgang Temperaturen, unter denen strukturelle Veränderungen wie Kornwachstum oder Rekristallisation stattfinden können.

Ziehverfahren. Umformtechnologie, bei der das Ausgangsmaterial durch eine Ziehdüse gezogen wird.

7.14 Übungsaufgaben

7.1 Aus der in Abbildung 7.21 dargestellten wahren Spannungs-Dehnungs-Kurve ist der Kaltverfestigungskoeffizient des zugehörigen Materials zu bestimmen.

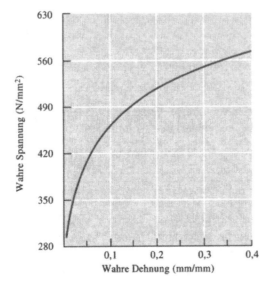

Abb 7.21. Wahre Spannungs-Dehnungs-Kurve (zu Aufgabe 7.1).

7.2 Ein 6 mm dicker Kupferdraht soll um 63% kaltverformt werden. Berechne den Enddurchmesser des Drahtes.

7.3 Abbildung 7.22 zeigt die Auswirkungen der Kaltverformung auf Eigenschaften einer 3105 Al-Legierung. Bestimme die Endeigenschaften einer aus dieser Legierung bestehenden Platte nach Verringerung ihrer Dicke von 4 mm auf 2,4 mm mittels Kaltverformung.

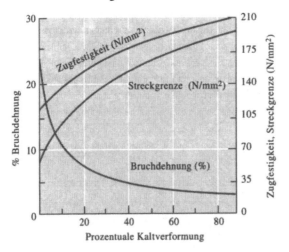

Abb. 7.22. Einfluß des Kaltverformungsgrades auf die Eigenschaften einer Al-Legierung.

7.4 Der Durchmesser einer zylindrischen 3105 Al-Probe verringert sich durch Kalt-verformung in folgenden Stufen: von 25 mm auf 20 mm (1), auf 15 mm (2) und auf 10 mm (3). Bestimme den jeweiligen Kaltverformungsgrad und die nach jedem Schritt vorliegenden Materialeigenschaften (s. Abbildung 7.22).

7.5 Eine Messingplatte aus Cu-Zn(30%), siehe Abbildung 7.23, mit einer Ausgangs-dicke von 30 mm soll so verformt werden, daß sich eine Streckgrenze von größer 350 N/mm^2 und eine Bruchdehnung von mindestens 10% ergeben. In welchem Bereich muß sich ihre Enddicke befinden?

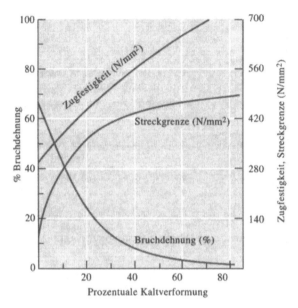

Abb. 7.23. Einfluß der Kaltverformung auf die Eigenschaften einer Cu-Zn(30%)-Legierung.

7.6 Eine Platte aus 3105 Aluminium (Abbildung 7.22) wurde bereits um 20% auf eine Dicke von 50 mm verformt. In einem weiteren Kaltverformungsschritt soll die Dicke auf 33 mm verringert werden. Berechne die prozentuale Gesamtverformung und bestimme die Endeigenschaften der Platte.

7.7 Ein Kupferdraht mit 7,5 mm Durchmesser und einer Streckgrenze von 140 N/mm^2 soll auf einen Durchmesser von 6,5 mm gezogen werden.
(a) Berechne die notwendige Ziehkraft bei Vernachlässigung der Reibung.
(b) Besteht nach Abbildung 7.6 für den Draht Bruchgefahr?

7.8 Tabelle 7.4 enthält Meßergebnisse, die an einem kaltverformten Metallkörper nach Entspannungstemperung erhalten wurden:
(a) Schätze aus den Meßergebnissen die Temperaturen für Erholung, Rekristallisa-tion und Kornwachstum des Metallgefüges.
(b) Empfehle eine geeignete Temperatur für das Entspannungsglühen.
(c) Empfehle eine geeignete Temperatur für die Warmverformung.
(d) Schätze die Höhe der Schmelztemperatur der Legierung.

7.9 Eine Ti-Legierung enthält eine sehr feine Dispersion von winzigen Er_2O_3-Parti-keln. Welchen Einfluß haben diese Partikel auf die Kornwachstumstemperatur und die Korngrößen während des Entspannungsvorgangs?

Tabelle 7.4

Entspannungstemperatur (°C)	Elektrische Leitfähigkeit $(\mathrm{Ohm} \cdot \mathrm{cm})^{-1}$	Streckgrenze $(\mathrm{N/mm^2})$	Korngröße (mm)
400	$3{,}04 \cdot 10^5$	86	0,10
500	$3{,}05 \cdot 10^5$	85	0,10
600	$3{,}36 \cdot 10^5$	84	0,10
700	$3{,}45 \cdot 10^5$	83	0,098
800	$3{,}46 \cdot 10^5$	52	0,030
900	$3{,}46 \cdot 10^5$	47	0,031
1 000	$3{,}47 \cdot 10^5$	44	0,070
1 100	$3{,}47 \cdot 10^5$	42	0,120

7.10 Unter Verwendung der Werte in Tabelle 7.3 ist für jedes Metall die Rekristallisationstemperatur in Abhängigkeit von der Schmelztemperatur in Grad Kelvin aufzutragen. Bestimme den Kurvenanstieg und vergleiche den Wert mit dem im Text angegebenen Zusammenhang.

7.11 Es besteht die Aufgabe, einen Kupferdraht mit einem Durchmesser von 5 mm, einer minimalen Streckgrenze von 420 N/mm² und einer minimalen Bruchdehnung von 5% zu erzeugen. Der Ausgangsdurchmesser des Drahtes beträgt 50 mm und der Kaltverformungsgrad soll pro Schritt 80% nicht überschreiten. Unter Verwendung der Daten in Abbildung 7.6 ist ein geeigneter Ablauf zu konzipieren mit Angabe der notwendigen Kaltverformungs- und Entspannungsstufen. Als Alternative ist ein Ablauf anzugeben, bei dem im ersten Schritt eine Warmverformung erfolgt.

8 Grundlagen der Erstarrung

8.1 Einleitung

Fast alle Materialien (von Metallen bis Polymeren) kommen während ihrer Herstellung oder Verarbeitung auch im flüssigen Zustand vor. Der Übergang in den festen Zustand erfolgt nach Abkühlen bis unter den Schmelzpunkt. Dieser Erstarrungsvorgang hat wesentlichen Einfluß auf Struktur und Eigenschaften des Festkörpers. Insbesondere werden durch seinen Ablauf die Form und Größe der Kristallite bestimmt. Von diesem Gefüge und den gestellten Anforderungen ist abhängig, ob das erstarrte Material bereits in gebrauchsfähigem Zustand vorliegt bzw. in welcher Weise seine weitere mechanische und thermische Behandlung erfolgen muß.

Während der Erstarrung geht die Anordnung der Atome aus einer Nahordnung in eine Fernordnung über. Diese Umwandlung erfolgt in zwei Schritten. Im ersten Schritt findet die *Keimbildung* statt. Sie endet mit der Herausbildung wachstumsfähiger stabiler Partikel (Keime). Die zweite Stufe umfaßt die Phase des *Wachstums*. Während des Wachstums lagern sich kontinuierlich weitere Atome an die vorhandenen Keime und schon entstandenen Kristallite an, bis die Schmelze vollständig aufgebraucht ist.

In diesem Kapitel befassen wir uns zunächst mit den Grundlagen der Erstarrung und beschränken uns dabei auf reine Stoffe. In späteren Kapiteln folgt die Erweiterung auf Legierungen und Vielphasenstoffe.

8.2 Keimbildung

Man könnte annehmen, daß der Übergang aus der flüssigen in die feste Phase bereits dann erfolgt, wenn die Abkühlung den Schmelz- oder Erstarrungspunkt des Materials erreicht hat. Die Erklärung hierfür wäre die geringere freie Volumenenergie des Festkörpers im Vergeich zur Flüssigkeit. Die frei werdende Energiedifferenz beträgt ΔG_v und wächst mit dem Volumen des Festkörpers an.

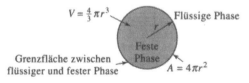

Abb. 8.1. Beim Übergang von dem flüssigen in den festen Zustand bildet sich zwischen beiden Phasen eine Grenzfläche.

Gleichzeitig entsteht jedoch mit der festen Phase auch eine Grenzfläche zur umgebenden Flüssigkeit (Abb. 8.1). Diese Grenzfläche ist mit einer freien Oberflächenenergie σ verbunden, die ebenfalls mit der Größe des Festkörpers anwächst. Die Gesamtänderung der Energie ergibt sich somit aus der Bilanz der freigesetzten Volumenenergie und der verbrauchten Oberflächenenergie:

$$\Delta G = \frac{4}{3}\pi r^3\, \Delta G_v + 4\pi r^2 \sigma. \tag{8.1}$$

Hierbei bedeuten $\frac{4}{3}\pi r^3$ das Volumen des kugelförmigen Keimlings mit dem Radius r, $4\pi r^2$ seine Oberfläche, σ die freie Oberflächenenergie und ΔG_v die freie Volumenenergie, die mit negativem Vorzeichen in diese Bilanz eingeht (Abb. 8.2).

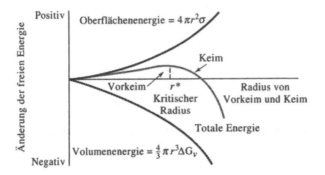

Abb. 8.2. Die freie Gesamtenergie des Zweiphasensystems (fest/flüssig) ändert sich mit der Größe des Festkörpers. Unterhalb des kritischen Radius existiert nur ein Vorkeim. Oberhalb des kritischen Radius liegt ein stabiler Keim vor.

Solange der Festkörper noch sehr klein ist (im Radius kleiner als r^* in Abbildung 8.2), nimmt seine freie Gesamtenergie beim Wachstum zu. Infolgedessen unterliegt er der Tendenz, sich wieder aufzulösen und Energie abzugeben. Er befindet sich in dem noch instabilen Stadium des *Vorkeims*. Die Schmelze ist unterkühlt. Die Differenz von Gleichgewichtschmelztemperatur T_m und vorliegender Temperatur T ist die *Unterkühlung* ΔT.

Erst nach Überschreiten von r^* nimmt die Gesamtenergie mit wachsendem Radius ab. Aus dem Vorkeim hat sich ein stabiler *Keim* entwickelt. Die Keimbildungsphase ist abgeschlossen, und es beginnt die Wachstumsphase.

Homogene Keimbildung. Unter *homogener Keimbildung* versteht man die Keimbildung in der reinen Schmelze ohne Beteiligung von Fremdkörperoberflächen. Sie setzt eine ausreichend große Unterkühlung voraus. Durch die niedrige Temperatur können sich erstens mehr Atome anhäufen und größere Vorkeime bilden, und zweitens verringert sich der kritische Radius r^* als Folge des größeren energetischen Unterschieds von flüssiger und fester Phase.

Für den *kritischen Radius r^** gilt folgender Zusammenhang:

$$r^* = \frac{2\sigma T_m}{\Delta H_e\, \Delta T}, \tag{8.2}$$

wobei ΔH_e die latente Erstarrungsswärme, T_m die Schmelztemperatur in Grad Kelvin und $\Delta T = T_m - T$ die Unterkühlung bedeuten. Die *latente Erstarrungswärme* ist die Wärmeenergie, die beim Übergang von der flüssigen in die feste Phase freigesetzt wird (ohne den ebenfalls in der Volumenenergie enthaltenen Anteil der spezischen Wärme). Gleichung (8.1) besagt, daß sich der für die Keimbildung erforderliche kritische Radius mit zunehmender Unterkühlung verringert und daß ohne Unterkühlung eine homogene Keimbildung nicht stattfinden kann. Tabelle 8.1 enthält Werte von σ, ΔH_e und ΔT ausgewählter Materialien.

Tabelle 8.1. Erstarrungstemperatur, latente Erstarrungswärme, Oberflächenenergie und Unterkühlung für ausgewählte Materialien

Material	Erstarrungs-temperatur (°C)	Latente Erstarrungswärme (J/cm^3)	Oberflächen-energie (J/cm^2)	Typische Unterkühlung für homogene Keimbildung (°C)
Ga	30	488	$56 \cdot 10^{-7}$	76
Bi	271	543	$54 \cdot 10^{-7}$	90
Pb	327	237	$33 \cdot 10^{-7}$	80
Ag	962	965	$126 \cdot 10^{-7}$	250
Cu	1 085	1 628	$177 \cdot 10^{-7}$	236
Ni	1 453	2 756	$255 \cdot 10^{-7}$	480
Fe	1 538	1 737	$204 \cdot 10^{-7}$	420
NaCl	801			169
CsCl	645			152
H$_2$O	0			40

Beispiel 8.1
Berechnung des kritischen Radius und der Anzahl der im kritischen Keim vorhandenen Atome bei homogener Keimbildung von Kupfer.
Lösung
Mit den Werten aus Tabelle 8.1 ergibt sich für den kritischen Radius:

$$\Delta T = 236\,°C \qquad T_m = 1085 + 273 = 1358\,K$$

$$\Delta H_e = 1628\,J/cm^3$$

$$\sigma = 177 \cdot 10^{-7}\,J/cm^2$$

$$r^* = \frac{2\sigma T_m}{\Delta H_e\,\Delta T} = \frac{(2)(177 \cdot 10^{-7})(1358)}{(1628)(236)} = 12{,}51 \cdot 10^{-8}\,cm.$$

Die Gitterkonstante von kfz-Kupfer beträgt $a_0 = 0{,}3615$ nm. Für das Volumen der Elementarzelle und das Volumen des kritischen Keims ergeben sich:

$$V_{\text{Elementarzelle}} = (a_0)^3 = (3{,}615 \cdot 10^{-8})^3 = 47{,}24 \cdot 10^{-24}\,cm^3$$

$$V_{r^*} = \frac{4}{3}\pi r^3 = (\tfrac{4}{3}\pi)(12{,}51 \cdot 10^{-8})^3 = 8200 \cdot 10^{-24}\,cm^3.$$

Der kritische Keim enthält somit

$$\frac{8200 \cdot 10^{-24}}{47{,}24 \cdot 10^{-24}} = 174 \text{ Elementarzellen.}$$

Da zu einer kfz-Elementarzelle 4 Atome gehören, befinden sich im kritischen Keim

$$(4 \text{ Atome/Zelle})(174 \text{ Zellen}) = 696 \text{ Atome.} \qquad \square$$

Heterogene Keimbildung. Homogene Keimbildung spielt, abgesehen von Laborexperimenten, kaum eine Rolle. Praktisch findet die Keimbildung an Verunreinigungen oder Behälterwänden statt, deren Oberflächen hierfür günstige energetische Bedingungen bieten. Der Krümmungsradius des Keimlings ist jetzt größer als der kritische Keimbildungsradius bei gleichzeitig verringerter Grenzfläche zwischen Keim und Flüssigkeit (Abb. 8.3). Die Keimbildung erfordert weniger Atome, und die notwendige Unterkühlung ist geringer. Diese auf Fremdoberflächen stattfindende Keimbildung wird als *heterogene Keimbildung* bezeichnet.

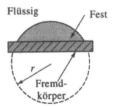

Abb. 8.3. Heterogene Keimbildung auf Fremdoberflächen. Infolge der kleineren Grenzfläche fest/flüssig (oben) ist die darin enthaltene Flächenenergie bei gleichem Radius geringer als bei homogener Keimbildung (unten). Heterogene Keimbildung benötigt deshalb weniger Unterkühlung.

Feinkornverfestigung. Häufig werden den Schmelzen absichtlich Fremdpartikel zugesetzt. Diesen Vorgang bezeichnet man als *Kornfeinen* oder *Impfen*. Bei vielen Al-Legierungen ist z. B. ein Zusatz aus 0,03% Ti und 0,01% B gebräuchlich. Durch Reaktion mit Al bilden sich Al_3Ti- oder TiB_2-Partikel, die als Fremdkeime dienen und eine heterogene Keimbildung ermöglichen. Durch die Vielzahl der Keime entsteht eine sehr feinkristalline Struktur. Die mit ihr verbundene große Korngrenzenfläche hat eine *Feinkornverfestigung* des Materials zur Folge.

Gläser. Bei sehr schneller Abkühlung steht für Keimbildung und Kristallwachstum keine ausreichende Zeit zur Verfügung. Die Flüssigkeitsstruktur wird gewissermaßen eingefroren. Ergebnis ist eine amorphe – oder glasartige – Festkörperstruktur. Wegen ihres komplexen Aufbaus genügen in keramischen und polymeren Stoffen bereits kleine Abkühlungsgeschwindigkeiten, um die Keimbildung für kristalline Strukturen zu verhindern.

In Metallen sind dagegen Abkühlungsgeschwindigkeiten von 10^6 C°/s und mehr erforderlich, um einen gleichen Effekt zu erzielen. Die Erzeugung metallischer Gläser (oder das Einfrieren anderer Nichtgleichgewichtszustände) durch schnelle Abkühlung wird als *Abschrecken* bezeichnet. Die dafür notwendigen hohen Abkühlungsgeschwindigkeiten lassen sich durch Zusatz von Metallpulver oder dünnen Metallbändern (ca. 50 μm) erzielen.

Zu den metallischen Gläsern gehören komplexe Fe-Ni-B-Legierungen mit Cr, P, Co und anderen Elementen. Einige metallische Gläser erreichen eine Festigkeit von über $3,5 \cdot 10^3$ N/mm^2 und Bruchzähigkeitswerte von mehr als 10 MPa$\sqrt{m}$. Sie zeichnen sich durch hohe Korrosionsbeständigkeit und gute magnetische und andere physikalische Eigenschaften aus und bieten sich für Anwendungen in der Elektrotechnik, im Flugzeug- und im Werkzeugbau an.

8.3 Wachstum

Nachdem die Keimbildung abgeschlossen ist, wächst der Festkörper durch Anlagerung von Atomen aus der Schmelze weiter an. Der Wachstumsvorgang hängt von dem Abtransport der freigesetzten Wärme ab. Diese besteht aus zwei Anteilen: der spezifischen Wärme der Schmelze und der latenten Erstarrungswärme. Als *spezifische Wärme* bezeichnet man die pro Masseneinheit eines Stoffs erforderliche Wärmemenge für die Temperaturerhöhung um ein Grad. Spezifische Wärme wird freigesetzt, wenn sich die Schmelze bis auf die Erstarrungstemperatur abkühlt. Ihre Abführung aus der Schmelze erfolgt durch Strahlung an die umgebende Atmosphäre oder durch Leitung zur Gefäßwand. Die latente Wärme wird erst beim Erstarrungsvorgang frei und muß solange von der Festkörper-Flüssigkeits-Grenze weggeführt werden, bis die Schmelze aufgebraucht ist.

Planares Wachstum. Wenn sich eine gut geimpfte Schmelze unter Gleichgewichtsbedingungen abkühlt, liegt ihre Temperatur oberhalb und die des Festkörpers bei oder unterhalb der Erstarrungstemperatur. Die freigesetzte Erstarrungswärme wird von der Festkörper-Flüssigkeits-Grenze durch den Festkörper an die Umgebung abgeleitet. Jede Oberflächenerhebung, die sich beim Wachstum an der Grenzfläche herausbildet, ist von Schmelze umgeben, die sich auf einer Temperatur oberhalb des Erstarrungspunkts befindet (Abb. 8.4). Infolgedessen wird das

Abb. 8.4. Wenn sich die Temperatur der Schmelze oberhalb der Erstarrungstemperatur befindet, können sich an der Wachstumsfront keine Erhebungen ausbilden. Die Grenzfläche zur Schmelze verschiebt sich planar. Die latente Wärme wird von der Grenzfläche durch den Festkörper abgeleitet.

Wachstum der Erhebung verlangsamt, bis die angrenzende Wachstumsfront des Festkörpers wieder aufschließt. Die Festkörper-Flüssigkeits-Grenze verschiebt sich gleichmäßig in die Schmelze hinein (*planares Wachstum*).

Dendritisches Wachstum. Bei schwacher Keimbildung unterkühlt sich die Schmelze, bevor die Erstarrung einsetzt (Abb. 8.5). Unter diesen Bedingungen werden kleine Erhebungen, auch als *Dendriten* bezeichnet, im Wachstum begünstigt. Die freigesetzte Erstarrungswärme wird in die unterkühlte Flüssigkeit abgeführt und bewirkt dort einen Temperaturanstieg. Sekundäre und tertiäre Dendriten, die sich von dem ursprünglichen Auswuchs abzweigen, sorgen für weiteren Wärmenachschub. Das dendritische Wachstum hält solange an, bis sich die unterkühlte Schmelze auf die Erstarrungstemperatur erwärmt hat. Dann geht der Erstarrungsprozeß in planares Wachstum über. Beide Wachstumsformen sind auf unterschiedliche Wärmesenken zurückzuführen. Beim planaren Wachstum wird die frei werdende Wärme von der Gefäßwand und beim dendritischen Wachstum zunächst von der unterkühlten Schmelze aufgenommen.

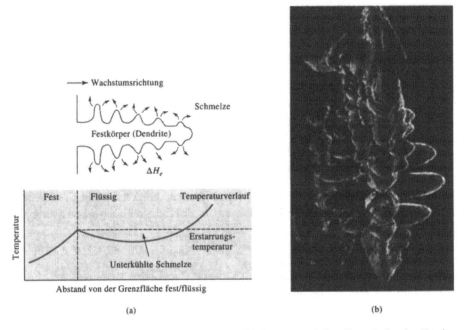

(a)   (b)

Abb. 8.5. (a) Bei unterkühlter Schmelze können Erhebungen auf der Grenzfläche fest/flüssig schnell als Dendriten anwachsen. Die latente Erstarrungswärme wird an die Schmelze abgeführt und deren Unterkühlung dadurch vermindert. (b) Rasterelektronenmikroskopische Aufnahme von Dendriten in Stahl (15fach).

In reinen Metallen ist der Anteil des dendritischen Wachstums am Gesamtwachstums nur gering:

$$\text{Dendritischer Anteil} = \frac{c\Delta T}{\Delta H_e}, \tag{8.3}$$

wobei c die spezifische Wärme der Schmelze bedeutet. Der Zähler repräsentiert die Wärmemenge, die von der unterkühlten Schmelze aufgenommen werden kann, der Nenner enthält die gesamte bei der Erstarrung frei werdende latente Wärmemenge. Mit zunehmender Unterkühlung ΔT steigt das Dendritenwachstum an.

8.4 Erstarrungszeit und Dendritengröße

Die Wachstumsgeschwindigkeit des Festkörpers hängt von der Abkühlungsrate bzw. dem dafür notwendigen Wärmetransport ab. Schnelle Abkühlung hat kurze Erstarrungszeiten zur Folge. Die Zeit, die ein einfaches Gußstück bis zu seiner vollständigen Erstarrung benötigt, kann nach der *Chvorinov-Regel* berechnet werden:

$$t_s = B\left(\frac{V}{A}\right)^n ,$$

(8.4)

wobei V das Volumen des Gußstücks bedeutet, das gleichzeitig ein Maß für die bis zur Erstarrung abzuleitende Wärmemenge bildet. A ist die mit der Gußform in Kontakt stehende Oberfläche, durch die die Wärme abfließt, n eine Konstante (ungefähr 2) und B die sog. *Gußformkonstante*, die von den Wärmeleitungseigenschaften und den Anfangstemperaturen des Gießgutes und der Gußform abhängt.

Beispiel 8.2
Erhöhung der Festigkeit eines Messinggußstücks durch Reduzierung der Abkühlungszeit um 25%. Das Gußstück besitzt eine Scheibenform und hat eine Dicke x von 5 cm und einen Durchmesser d von 45 cm. Mit der Festigkeitserhöhung soll gleichzeitig eine Gewichtseinsparung erzielt werden. Für die Gußformkonstante wird ein Wert von 3,5 min/cm^2 angenommen.
Lösung
Die Lösung besteht in einer Verringerung der Dicke des Gußstücks bei gleicher Gießtechnologie (bzw. gleicher Gußformkonstanten). Die Volumenverkleinerung bewirkt eine Verkürzung der Erstarrungszeit. Die notwendige Dickenreduzierung ergibt sich aus der Chvorinov-Regel:

$$V = (\pi/4)d^2x = (\pi/4)(45)^2(5) = 7952 \text{ cm}^3,$$

$$A = 2(\pi/4)d^2 + \pi dx = 2(\pi/4)(45)^2 + \pi(45)(5) = 3888 \text{ cm}^2,$$

$$t = B\left(\frac{V}{A}\right)^2 = 3,5\left(\frac{7952}{3888}\right)^2 = 14,6 \text{ min.}$$

Die um 25% reduzierte Erstarrungzeit beträgt ca. 11 min. Für das V/A-Verhältnis des neuen Gußstücks ergibt sich bei unverändertem B-Wert:

$$\left(\frac{V}{A}\right)_{red} = \left(\frac{V}{A}\right)\sqrt{\frac{t_{red}}{t}} = \left(\frac{7952}{3888}\right)\sqrt{0,75} = 1,77.$$

Daraus ergibt sich als reduzierte Dicke:

$$\frac{V_{red}}{A_{red}} = \frac{(\pi/4)d^2 x}{2(\pi/4)d^2 + \pi dx} = 1,77 \quad \text{bzw.} \quad x = 4,2 \text{ cm.}$$

Die Gewichtsreduzierung beträgt somit 16%.   □

Neben der Gesamtzeit, die für die komplette Erstarrung eines Gußstücks benötigt wird, interessiert auch der zeitliche Ablauf des Erstarrungsvorgangs. Für die idealisierte Bedingung einer ebenen Kontaktfläche zur wärmeabführenden Gefäßwand und weiterer vereinfachender Annahmen ergibt sich für das Dickenwachstum des Festkörpers das sog. Quadratwurzelgesetz oder $\sqrt{t}$-Gesetz:

$$d = k\sqrt{t} - c. \tag{8.5}$$

Hierin bedeutet t die Zeit nach dem Gießen; die Konstante k hängt vom Material und der Gußform ab und die Konstante c von der Gießtemperatur.

Auswirkung der Erstarrungszeit auf Eigenschaften des Festkörpers. Die Erstarrungszeit beeinflußt die Größe der Dendriten. Diese wird üblicherweise aus dem Abstand ihrer Verzweigungen bestimmt (Abb. 8.6). Der sog. *SDAS*-Wert (*secondary dendrite arm spacing*) nimmt mit Zunahme der Erstarrungsgeschwindigkeit ab. Feinere und ausgedehntere Dendritennetzwerke bilden ein effektiveres Leitsystem für die Abführung der latenten Wärme in die unterkühlte Schmelze. Zwischen dem *SDAS*-Wert und der Erstarrungszeit besteht folgender Zusammenhang:

$$SDAS = kt_s^m, \tag{8.6}$$

wobei die Konstanten m und k von der Zusammensetzung des Materials abhängen. Abbildung 8.7 zeigt eine graphische Darstellung dieser Beziehung für einige Metalle bzw. Legierungen. Mit Verringerung der Verzweigungsabstände vergrößern sich nach Abbildung 8.8 die Festigkeit und die Bruchdehnung.

Schnelle Erstarrungsvorgänge werden genutzt, um möglichst feine Dendritenstrukturen zu erzeugen. Eine spezielle Methode ist das Zerstäubungsverfahren. Hierbei wird die Schmelze in kleine Tropfen zerstäubt, in denen die Abkühlungs-

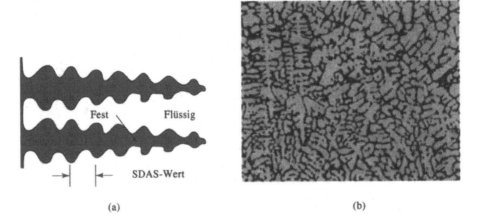

(a)   (b)

Abb. 8.6. (a) Sekundärer Verzweigungsabstand der Dendriten (SDAS). (b) Dendriten einer Al-Legierung (50 fach). (Aus Metals Handbook, Vol. 9, 9. Aufl., *American Society for Metals*, 1985.)

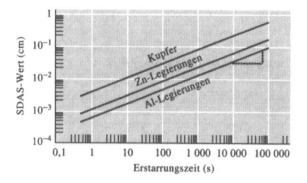

Abb. 8.7. Einfluß der Erstarrungszeit auf die SDAS-Werte von Kupfer, Zink und Aluminium.

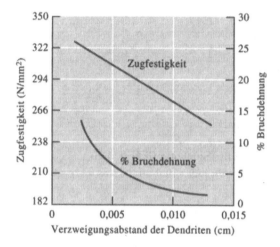

Abb. 8.8. Einfluß des SDAS-Wertes auf die Eigenschaften von Al-Guß.

geschwindigkeit Werte um 10^4 °C/s erreicht. Diese Geschwindigkeit ist noch nicht groß genug, um metallische Gläser zu erzeugen, sie bewirkt jedoch extrem feine Dendritenstrukturen. Die erstarrten Tropfen werden mittels pulvermetallurgischer Verfahren zu kompakten Werkstoffen verarbeitet, die sich durch gute Materialeigenschaften auszeichnen.

Beispiel 8.3
Bestimmung der Konstanten m und k der Gleichung (8.6) für Al-Legierungen nach Abbildung 8.7.
Lösung
Die beiden Konstanten können aus zwei Wertepaaren der Al-Kurve in Abbildung 8.7 ermittelt werden. Die doppelt-logarithmischen Darstellung ermöglicht jedoch auch die Bestimmung von m aus dem Kurvenanstieg:

$$m = \frac{5}{12} = 0,42.$$

Die Konstante k ist wegen

$$\log SDAS = \log k + m \log t_s$$

gleich dem $SDAS$-Wert für $t_s = 1$ und beträgt nach Abbildung 8.7:

$$k = 8 \cdot 10^{-4} \text{ cm} \cdot \text{s}^{-m}. \qquad \square$$

Beispiel 8.4

Ein 10 cm dicker Al-Barren erstarrt innerhalb von 5 min bis in eine Tiefe von 1,25 cm. Nach 20 min ist die Erstarrung bis in eine Tiefe von 3,75 cm fortgeschritten. Wieviel Zeit wird für die komplette Erstarrung benötigt?

Lösung

Aus den beiden Meßwerten lassen sich die Konstanten k und c der Gleichung (8.5) bestimmen:

$$1{,}25 \text{ cm} = k \sqrt{5\text{min}} - c,$$

$$3{,}75 \text{ cm} = k \sqrt{20\text{min}} - c,$$

$$k = \frac{(3{,}75 - 1{,}25) \text{ cm}}{(\sqrt{20} - \sqrt{5}) \sqrt{\text{min}}} = 1{,}118 \frac{\text{cm}}{\sqrt{\text{min}}},$$

$$c = 1{,}118 \frac{\text{cm}}{\sqrt{\text{min}}} \sqrt{5\text{min}} - 1{,}25 \text{ cm} = 1{,}25 \text{ cm}.$$

Die Erstarrung ist abgeschlossen, wenn d in Gleichung (8.5) den Wert des halben Durchmessers erreicht (da der Erstarrungsvorgang von beiden Seiten erfolgt):

$$5 \text{ cm} = k \sqrt{t} - c,$$

$$t = \left(\frac{5 + 1{,}25}{1{,}118} \right)^2 \approx 31 \text{ min}.$$

Die tatsächlich benötigte Erstarrungszeit ist etwas größer, weil sich die Gußform erhitzt und die Wärmeabfuhr aus diesem Grunde langsamer erfolgt. $\qquad \square$

Beispiel 8.5

Festlegung der Dicke für ein Al-Gußstück zur Erzielung einer Zugfestigkeit von 290 N/mm^2. Das Gußstück soll aus der in Abbildung 8.8 angegebenen Al-Legierung bestehen und eine Länge von 30 cm und eine Breite von 20 cm besitzen. Die Gußformkonstante B der Chvorinov-Regel beträgt für Al-Guß in eine Sandform 7 min/cm^2.

Lösung

Nach Abbildung 8.8 entspricht die vorgegebene Zugfestigkeit einem $SDAS$-Wert von ungefähr 0,007 cm. Die Erstarrungszeit beträgt für diese Dendritenverzweigung ca. 300 s bzw. 5 min (s. Abb. 8.7). Mit dem Wert der Erstarrungszeit ergibt sich die gesuchte Dicke x aus der Chvorinov-Regel:

$$t_s = B \left(\frac{V}{A} \right)^2,$$

$$V = (20)(30)x = [(600)x] \text{ cm}^3,$$

$$A = 2(20)(30) + 2(x)(20) + 2(x)(30) = [100x + 1\ 200]\ \text{cm}^2,$$

$$5\ \text{min} = \left(7\ \text{min/cm}^2\right) \left(\frac{600x}{100x + 1200}\right)^2,$$

$$\frac{600x}{100x + 1200} = \sqrt{5/7} = 0{,}845,$$

$$600x = 84{,}5x + 1014,$$

$$x \approx 2{,}0\ \text{cm}. \qquad \qquad \Box$$

8.5 Abkühlungskurven

Wir können das bisher Behandelte am Verlauf der in Abbildung 8.9 dargestellten Abkühlungskurve verfolgen. Am Beginn befindet sich die Schmelze auf *Gießtemperatur*. Die Differenz von Gieß- und Erstarrungstemperatur ist ihre *Überhitzung*. Durch Wärmeabgabe an die Gußform und Umgebung kühlt sich die Schmelze bis auf ihre Erstarrungstemperatur ab. Die Abkühlungsgeschwindigkeit $\Delta T/\Delta t$ entspricht der Steigung der Abkühlungskurve in diesem Anfangsteil.

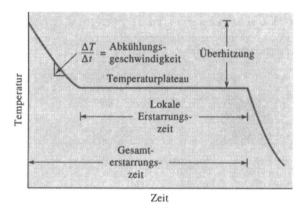

Abb. 8.9. Abkühlungskurve für reines Material.

Bei heterogener Keimbildung setzt der Erstarrungsvorgang nach Erreichen des Schmelzpunktes ein. Infolge Freisetzung der latenten Erstarrungswärme bleibt die Temperatur solange konstant, bis die Schmelze aufgebraucht ist. Unter diesen Bedingungen findet ein planares Wachstum des Festkörpers statt. Die *Gesamterstarrungszeit* des Gußstücks beinhaltet die Abkühlungsphase der Schmelze (Abführung der spezifischen Wärme) und die sich anschließende Erstarrungsphase (Abführung der latenten Wärme). Sie entspricht der Zeit t_s, die sich aus der Chvorinov-Regel ergibt. Unter *lokaler Erstarrungszeit* wird die Zeit verstanden, die für die Abführung der latenten Wärme an einer bestimmten Stelle des Gußstücks benötigt wird.

8.6 Guß- oder Blockstruktur

Metallschmelzen werden in Gußformen (oder Kokillen) gegossen, in denen sie erstarren. Dabei wird zwischen Halbzeugguß und Formguß unterschieden. Beim *Formguß* liegt das entstandene Gußstück bereits in seiner Gebrauchsform vor. Beim *Halbzeugguß* entsteht zunächst ein Rohblock (oder *Ingot*), der erst nach Umformung seine gewünschte Endform erhält. Die *Makrostruktur* dieses Rohblocks (mitunter auch als *Ingot-Struktur* bezeichnet) kann aus drei verschiedene Zonen bestehen (Abb. 8.10).

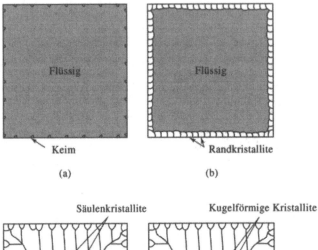

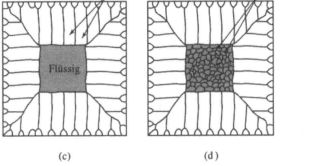

Abb. 8.10. Entwicklung der Makrostruktur eines Gußstücks bei Erstarrung: (a) Beginn der Keimbildung, (b) Entstehen der Randzone, (c) bevorzugtes Kristallitwachstum verursacht eine Säulenstruktur, (d) zusätzliche Keimbildung führt zu kugelförmigen Kristalliten (Globularzone).

Abschreckzone (oder feinkristalline Randzone). Die *Abschreckzone* befindet sich an der Gußstückoberfläche und besteht aus einer dünnen Schicht beliebig orientierter Kristallite. Dieser Randbereich kühlt sich als erster Teil der Schmelze bis zum Erstarrungspunkt ab. Die Gefäßwand bietet eine Vielzahl von Keimplätzen und bewirkt eine heterogene Keimbildung.

Säulenzone (oder Transkristallisationszone). Die *Säulenzone* enthält länglich gestreckte Kristallite mit bevorzugter kristallographischer Orientierung, die aus Kristalliten der Abschreckzone hervorgehen und in Gegenrichtung zum Wärmeabfluß senkrecht zur Gefäßwand in die Schmelze hineinwachsen.

Ihre Vorzugsorientierung ist auf unterschiedliche Wachstumgeschwindigkeit kristallographischer Richtungen zurückzuführen. In Metallen mit kubischer Kristallstruktur sind Randzonenkristallite mit ⟨100⟩-Orientierung senkrecht zur Gefäßwand im Wachstum begünstigt, während davon abweichende Richtungen im Wachstum zurückbleiben (Abb. 8.11). Die Kristallite der Säulenzone sind deshalb vorzugsweise in ⟨100⟩-Richtung orientiert und bewirken in diesem Gußstückbereich anisotrope Materialeigenschaften.

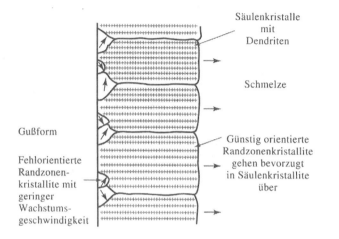

Abb. 8.11. Unter den beliebig orientierten Kristalliten der Randzone sind Kristallite mit Vorzugsorientierung im Wachstum begünstigt.

Die Säulenzone ist primär durch Wachstums- und nicht durch Keimbildungsphänomene geprägt. Bei Unterkühlung der Schmelze gehen die Säulenkristallite aus Dendriten hervor, andernfalls wachsen sie in planarer Form an.

Globularzone (oder Grobkristallisationszone bzw. globulardendritische Zone). Obwohl sich das Säulenwachstum bis zum Aufbrauch der Schmelze fortsetzen kann, bilden sich im Zentrum häufig neue, willkürlich orientierte Kristallite, die eine weitgehend runde Form aufweisen, aus der sich die Bezeichnung *Globularzone* erklärt. Ursache sind zumeist geringe Gießtemperatur oder das Vorhandensein von Legierungselementen und anderer Reaktionsstoffe (zur Kornverfeinerung oder zum Impfen der Schmelze). Die Globularzone ist durch Keimbildungsprozesse bestimmt und besitzt isotrope Materialeigenschaften.

8.7 Erstarrung von Polymeren.

Das Erstarren von Polymeren unterscheidet sich wesentlich von dem der Metalle und erfordert, daß sich lange Polymerketten zueinander ausrichten. Auf diese Weise entstehen lamellare oder plattenförmige Strukturen (Abb. 8.12). Die Bereiche zwischen den Lamellen enthalten Polymerketten in amorpher Anordnung.

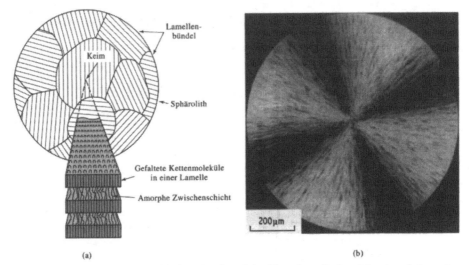

(a)

(b)

Abb. 8.12. (a) Polymerer Sphärolith, bestehend aus kristallinen Lamellenbündeln mit zwischengelagerten amorphen Schichten. Die Lamellen enthalten kristallin angeordnete Polymerketten. (b) Polystyrol-Sphärolith (8 000 fach). (Aus *R. Young, P. Lovell*, Introduction to Polymers. 2. Aufl., *Chapman & Hall*, 1991.)

Aus einem gemeinsamen Keim entstehen mehrere Lamellenbündel, die sich aber in ihrer Orientierung unterscheiden. Wenn diese Bündel anwachsen, bilden sich *Sphärolithe* (bezeichnet nach ihrer Kugelform), die aus vielen Bündeln mit unterschiedlich orientierten Lamellen bestehen.

In vielen Polymeren findet bei Abkühlung keine Kristallisation statt, weil die Keimbildungsgeschwindigkeit zu gering ist oder die Komplexität der Polymerketten ein Kristallwachstum nicht zuläßt. Auch in den anderen Fällen bleibt die Kristallisation von Polymeren nur unvollkommen. Zwischen den Lamellen, Lamellenbündeln und Sphärolithen existieren stets auch amorphe Bereiche.

8.8 Erstarrungsfehler

Von den vielen Defektarten, die beim Erstarrungsvorgang potentiell auftreten können, sind zwei Fehler besonders zu erwähnen.

Schrumpfung. Fast alle Materialien sind in ihrem festen Zustand dichter als im flüssigen. Die Kontraktion bei ihrer Erstarrung kann bis zu 7% betragen (Tab. 8.2).

Wenn die Erstarrung an allen Oberflächen des Gußstücks gleichzeitig einsetzt, entstehen als Folge der *Schrumpfung* meist Hohlräume oder *Innenlunker* (Abb. 8.13a); wenn eine Oberfläche langsamer erstarrt als die anderen entwickeln sich *Außenlunker* (Abb. 8.13b).

Tabelle 8.2. Schrumpfung ausgewählter Materialien während der Erstarrung

Material	Schrumpfung (%)
Al	7,0
Cu	5,1
Mg	4,0
Zn	3,7
Fe	3,4
Pb	2,7
Ga	+ 3,2 (Ausdehnung)
H_2O	+ 8,3 (Ausdehnung)

Um diese Lunker im Gußstück zu vermeiden, werden *Speiser* vorgesehen, aus denen Schmelze in die Hohlräume nachfließen kann (Abb. 8.13c). Das setzt allerdings voraus, daß die Schmelze im Speiser später erstarrt als im Gußstück und ein innerer Kanal vorhanden ist, über den die Schmelze im Speiser mit den noch flüssigen Bereichen des Gußstücks verbunden bleibt. Die Chvorinov-Regel kann benutzt werden, um die dafür notwendigen Abmessungen des Speisers zu ermitteln.

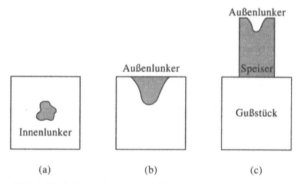

Abb. 8.13. Schrumpfung hinterläßt Innen- und Außenlunker. Durch Speiser können Lunker vermieden werden.

Beispiel 8.6
Dimensionierung eines zylindrischen Speisers mit vorgegebenem Durchmesser-Längen-Verhältnis für ein quaderförmiges Gußstück mit den in Abbildung 8.14 angegebenen Abmessungen.
Lösung
Die Funktion des Speisers hängt davon ab, daß er erst nach dem Gußstück in den festen Zustand übergeht. Als ausreichend wird eine um 25% verlängerte Erstarrungszeit angenommen:

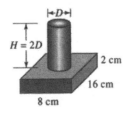

Abb. 8.14. Geometrie eines Gußstücks mit Speiser (zu Beispiel 8.6).

$$t_{\text{Speiser}} = 1{,}25\, t_{\text{Gußstück}} \quad \text{oder} \quad B\left(\frac{V}{A}\right)^2_{Sp} = 1{,}25 B\left(\frac{V}{A}\right)^2_{G}.$$

Die Gußformkonstante B ist für Gußstück und Speiser gleich:

$$(V/A)_{Sp} = \sqrt{1{.}25}\,(V/A)_G,$$

$$V_G = (2)(8)(16) = 256 \text{ cm}^3,$$

$$A_G = (2)(2)(8) + (2)(2)(16) + (2)(8)(16) = 352 \text{ cm}^2.$$

Für die Abmessungen des zylindrischen Speisers ergibt sich mit der Randbedingung $H = 2D$:

$$V_{Sp} = (\pi/4)D^2 H = (\pi/4)D^2(2D) = (\pi/2)\,D^3,$$

$$A_{Sp} = 2(\pi/4)D^2 + \pi DH = 2(\pi/4)D^2 + \pi D(2D) = (5\pi/2)D^2,$$

$$\frac{V_{Sp}}{A_{Sp}} = \frac{(\pi/2)(D)^3}{(5\pi/2)(D)^2} = \frac{D}{5} > \sqrt{(1{,}25)}\,\frac{256}{352},$$

$$D = 4{,}06 \text{ cm} \qquad H = 2D = 8{,}12 \text{ cm} \qquad V_{Sp} = 105{,}12 \text{ cm}^3.$$

Obwohl das Volumen des Speisers kleiner ist als das des Gußstücks, erstarrt der Speiser wegen seiner kompakteren Form langsamer.   □

Interdendritische Schrumpfung entsteht durch porenförmige Lunker zwischen Dendriten (Abb. 8.15). Diese *Mikroschrumpfung* läßt sich durch Speiser kaum verhindern. Eine besser geeignete Gegenmaßnahme ist schnelle Abkühlung, bei der nur kurzarmige Dendriten entstehen, die den Nachfluß der Schmelze weniger blockieren. Die dennoch verbleibenden Lunker sind sehr klein und gleichmäßig verteilt.

Gasporosität. In vielen Metallschmelzen sind in großer Menge Gase enthalten, z. B. Wasserstoff in Aluminium. Nur ein geringer Teil dieser Gasmenge kann bei der Erstarrung vom Festkörper aufgenommen werden (Abb. 8.16). Der überschüssige Wasserstoff bildet Blasen, die als *Gasporen* im festen Metall eingeschlossen sind. Die in der Metallschmelze lösbare Gasmenge beträgt nach dem *Gesetz von Sievert*:

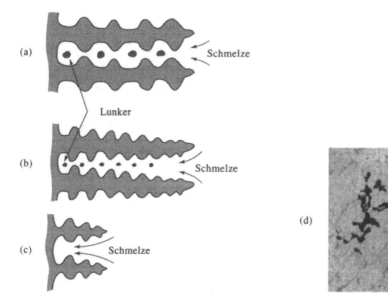

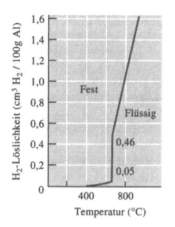

Abb. 8.15. (a) Lunkerbildung zwischen primären Dendritenarmen. (b) Kleine SDAS-Werte ergeben kleinere und gleichmäßiger verteilte Lunker. (c) Kurze primäre Dendritenarme verhindern Lunkerbildung. (d) Interdendritische Lunker in einer Al-Legierung (80fach).

$$\text{Gelöste Gasmenge in \%} = K\sqrt{p_{gas}}, \tag{8.7}$$

wobei p_{gas} den Partialdruck des Gases im Kontakt mit dem Metall und K eine für das Metall-Gas-System charakteristische Konstante bedeuten, wobei K mit der Temperatur anwächst. Die Gasporosität von Gußstücken läßt sich durch niedrige Temperatur der Schmelze, durch Zusatz gasbindender Stoffe oder durch Reduzierung des Gasdrucks gering halten. Letzteres wird erreicht, wenn sich die Schmelze in einer Vakuumkammer befindet oder Inertgas hindurchperlt. In beiden Fällen wird der Schmelze Gas (durch das Vakuum bzw. das Inertgas) entzogen.

Abb. 8.16. Löslichkeit von H_2-Gas in Al bei einem H_2-Partialdruck von 10^5 Pa.

Beispiel 8.7

Entgasungstechnologie für eine Kupferschmelze mit 0,01 Gewichts% Sauerstoff (Konzentration bei Atmosphärendruck). Um Gasporosität des Gußstücks zu verhindern, soll die O-Konzentration vor dem Gießen auf 10^{-5} Gewichts% herabgesetzt werden.

Lösung

Die Entgasung kann durch Evakuierung oder Fremdstoffzusatz erfolgen. Für die Vakuumtechnologie ist nach dem Gesetz von Sievert folgende Druckreduzierung erforderlich:

$$\frac{\%O_{Anfang}}{\%O_{Vakuum}} = \frac{K\sqrt{P_{Anfang}}}{K\sqrt{P_{Vakuum}}} = \sqrt{\left(\frac{P_{Anfang}}{p_{Vakuum}}\right)}$$

$$\frac{0,01\%}{0,00001\%} = \sqrt{\left(\frac{P_{Anfang}}{p_{Vakuum}}\right)}$$

$$\frac{P_{Anfang}}{p_{Vakuum}} = (1000)^2 \quad \text{oder} \quad p_{Vakuum} = 10^{-6}\, p_{Anfang} \quad \text{bzw.} \quad p_{Vakuum} \approx 10^{-1}\,\text{Pa.}$$

Als Fremdstoffzusatz eignet sich eine Cu-P(15%)-Legierung. P reagiert mit O zu P_2O_5, das aus der Schmelze gefloatet wird:

$$5O + 2P \rightarrow P_2O_5.$$

Ungefähr 0,01% bis 0,02% P sind als Zusatz erforderlich, um die geforderte O-Reduzierung zu erzielen.   □

8.9 Gießverfahren

Abbildung 8.17 zeigt vier Beispiele aus einer großen Vielzahl industriell genutzter Gießverfahren. Das Naßsandverfahren (Grünsandverfahren) gehört zu den Methoden der Sandformtechnik. Hierbei wird Quarzsand (SiO_2) mit feuchtem Lehm um das entfernbare Modell (Muster) gebettet. Trockenformverfahren nutzen feinkörnige keramische Formmassen; sie werden als Dispersion um das wiederverwendbare Modell gegossen, das nach dem Aushärten der Form entfernt wird. Beim Investmentguß (einem Feingußverfahren) werden Wachsmodelle von einer keramischen Dispersion überzogen. Nach deren Aushärtung wird das Wachs geschmolzen und abgezogen. Es hinterläßt den gewünschten Hohlraum für die Metallschmelze.

Die Dauerform- und Kokillentechnik nutzt Formen aus Metall, die nach dem Gieß- und Erstarrungsvorgang zur Entnahme des Gußstücks geöffnet und danach wiederverwendet werden können. Sie ergeben wegen der hohen Abkühlungsgeschwindigkeit die höchsten Festigkeitswerte. Keramische Formen sind gute Wärmeisolatoren und bewirken eine langsamere Abkühlung und niedrigere Festigkeitswerte der Gußstücke.

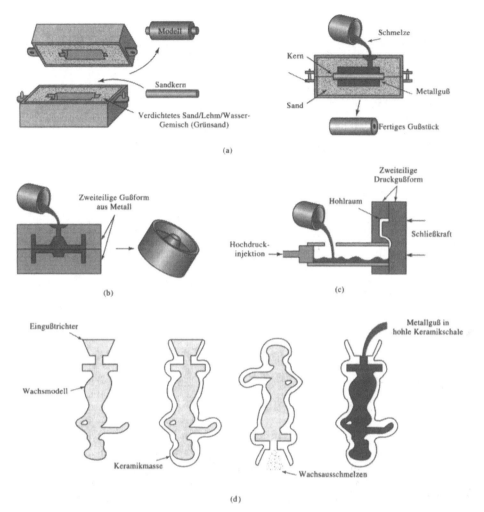

Abb. 8.17. Vier typische Gießtechnologien: (a) Beim Grünsandverfahren wird lehmgebundener Sand um das Modell geschichtet. Mittels Sandkernen lassen sich Hohlräume im Gußstück erzeugen. (b) Beim Dauerformverfahren wird Metallschmelze in eine Stahlform gegossen. (c) Beim Druckgußverfahren wird die Metallschmelze unter hohem Druck in die Form gepreßt. (d) Das Investmentverfahren verwendet ausschmelzbare Wachsmodelle. Diese werden mit einer Keramikmasse umhüllt, die nach Ausschmelzen und Abziehen des Wachses als Gußform dient.

Stranggußverfahren. Gießverfahren eignen sich auch zur Herstellung von Band- und Stangenmaterial. Abbildung 8.18 zeigt ein Stranggußverfahren für Stahlbänder. Die Schmelze wird aus einem Vorratsbehälter (Zwischenpfanne) in eine wassergekühlte Kupferform geleitet, die an der Oberfläche für schnelle Abkühlung sorgt. Der teilweise erstarrte Stahl wird mit gleicher Geschwindigkeit aus der Form abgezogen, wie oben neue Schmelze nachfließt. Die Mittelzone erstarrt erst, nachdem der Strang die Form verlassen hat. Anschließend wird das Stranggußmaterial in vorgesehene Längen geschnitten. Stranggußverfahren kommen auch zur Erzeugung von Aluminium- und Kupferbändern und von Glasprodukten zur Anwendung.

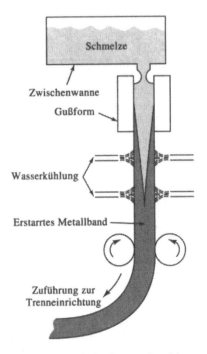

Abb. 8.18. Vertikales Stranggußverfahren zur Herstellung von Stahlprodukten. Die Schmelze fließt aus der Zwischenwanne kontinuierlich nach. Der Erstarrungsvorgang endet erst nach Austritt aus der Gußform.

Beispiel 8.8

Stranggußverfahren für Aluminium-Platten mit den in Abbildung 8.19 vorgegebenen Abmessungen. Die Al-Schmelze wird in den Zwischenraum von zwei sich langsam drehenden Stahlwalzen geleitet und soll bis zum Austritt komplett erstarrt sein. Die Gußformkonstante B der Walzenanordnung beträgt 0,8 min/cm², wenn das Aluminium mit passender Überhitzung zugeführt wird. Es besteht die Aufgabe, die Abmessungen der Walzen zu bestimmen.

Lösung

Vereinfachend wird der in Abbildung 19b schraffiert dargestellte Bereich als „Gußstück" mit einer mittleren Dicke von 0,9 cm und einer mit den Walzen in Kontakt stehenden Länge l angenommen:

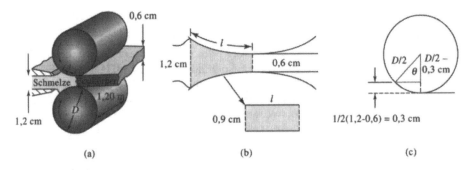

Abb. 8.19. Horizontaler Strangguß von Aluminium (zu Beispiel 8.8).

$$V = (\text{Dicke})(\text{Länge})(\text{Breite}) = (0,9)(l)(b) \text{ cm}^3,$$

$$A = 2(\text{Länge})(\text{Breite}) = 2(l)(b) \text{ cm}^2,$$

$$\frac{V}{A} = \frac{0,9}{2} = 0,45 \text{ cm}.$$

Für die Erstarrungszeit ergibt sich nach der Chvorinov-Regel:

$$t_s = B\left(\frac{V}{A}\right)^2 = (0,8)(0,45)^2 = 0,16 \text{ min}.$$

Aus dieser Zeit lassen sich der notwendige Walzendurchmesser und die Drehgeschwindigkeit der Walzen bestimmen. Nach Abbildung 8.19c gilt für den Drehwinkel zwischen Eintrittspunkt der Schmelze und Austrittspunkt des Gußstrangs:

$$\cos\theta = \frac{(D/2)-0,3}{(D/2)} = \frac{D-0,6}{D}$$

Die Oberflächengeschwindigkeit der Walzen ergibt sich aus ihrem Kreisumfang πD und ihrer Umdrehungszahl R (min^{-1}): $v = \pi D R$. Sie entspricht der Ziehgeschwindigkeit des Gußstranges. Innerhalb der Zeit

$$t = \frac{l}{v} = 0,16 \text{ min}$$

soll der Erstarrungsvorgang nach Vorgabe abgeschlossen sein. Für die Länge l gilt:

$$l = \frac{\pi D\theta}{360}.$$

Durch Substitution von l und v ergibt sich:

$$t = \frac{l}{v} = \frac{\pi D\theta}{360\pi D R} = \frac{\theta}{360 R} = 0,16,$$

$$R = \frac{\theta}{(360)(0,16)} = 0,017\theta.$$

Mit zunehmendem Walzendurchmesser wächst auch die Kontaktlänge l. Dies erlaubt eine größere Oberflächengeschwindigkeit v der Walzen und somit eine höhere Produktivität. Aus diesem Grunde werden die Walzendurchmesser so groß wie möglich gewählt, wobei allerdings der ansteigende Aufwand für ihre Lagerung zu berücksichtigen ist.

In der praktischen Anwendung dieses Verfahrens können auch höhere Rotationsgeschwindigkeiten genutzt werden, da die Schmelze nicht – wie hier angenommen – nach dem Verlassen der Anordnung schon vollständig erstarrt sein muß.   □

Gerichtete Erstarrung. Für bestimmte Anwendungen sind Globularzonen in Gußstücken nicht erwünscht. Hierzu zählen z. B. Blätter und Schaufeln für Turbinen (Abb. 8.20), die häufig aus Kobalt- oder Nickellegierungen bestehen und nach dem Investmentverfahren gegossen werden.

Die gerichtete Erstarrung erhöht die Kriech- und Bruchfestigkeit des Materials. Sie läßt sich dadurch erreichen, daß die Gußform auf einer Seite erhitzt und auf der anderen Seite gekühlt wird. Die Kristallite wachsen säulenförmig, die Korn-

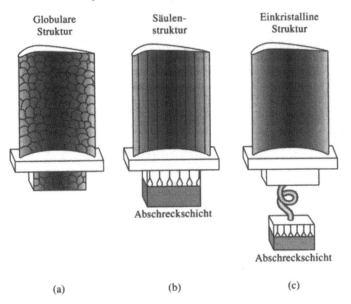

Abb. 8.20. Steuerung der Kornstruktur von Turbinenschaufeln: (a) Globulare Kornstruktur, (b) gerichtete Säulenstruktur, (c) Einkristall.

grenzen verlaufen in Längsrichtung. Querliegende Korngrenzen, die die Bruchgefahr erhöhen, sind im Wachstum benachteiligt.

Noch bessere Eigenschaften lassen sich mit Einkristallen erzielen. Hierbei entsteht der Festkörper aus einem einzigen Keim.

8.10 Erstarren von Schweißverbindungen

Erstarrungsvorgänge spielen auch beim *Schmelzschweißen* eine wichtige Rolle. Das Metallstück wird an der vorgesehenen Verbindungsstelle aufgeschmolzen. Es bildet sich eine *Schmelzzone* (Abb. 8.21). Häufig werden der Schmelze auch Reaktionsmittel zugesetzt. Nach dem Erstarren der Schmelzzone liegt eine feste Schweißverbindung vor.

Für diesen Erstarrungsvorgang ist keine Keimbildung erforderlich. Der Festkörper wächst auf bereits vorhandenen Korngrenzen auf, und zwar meistens in Säulenstruktur. Dieses Wachstum bezeichnet man als *Epitaxie*.

Struktur und Eigenschaften der Schmelzzone hängen weitgehend von gleichen Einflußfaktoren ab wie die eines Gußstücks. Durch Zusatz von Impfstoffen läßt sich die Korngröße in der Schmelzzone ebenso verringern wie durch größere Abkühlungsgeschwindigkeit. Diese hängt von der Wirksamkeit der umgebenden Wärmesenken ab. Größere Materialdicke, kleinere Schmelzzone, geringe Ausgangstemperatur begünstigen die Abkühlungsgeschwindigkeit. Auch das angewandte Schweißverfahren ist von Einfluß. Zum Beispiel erfordert die geringe Brennerleistung des Azetylen-Sauerstoff-Verfahrens (Autogenschweißen) lange

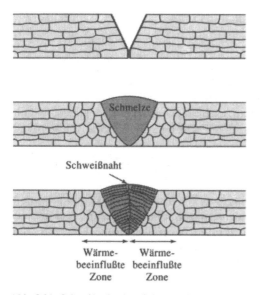

Abb. 8.21. Schweißnaht einer Schmelzschweißverbindung: (a) Vorbereitete Schweißstelle, (b) Schweißnaht bei maximaler Temperatur mit Schweißzusatz, (c) Schweißnaht nach Erstarrung.

Schweißzeiten, so daß sich auch die Umgebung stark erwärmen kann. Dadurch verringert sich ihre Wirkung als Wärmesenke. Lichtbogenschweißen ermöglicht dagegen wegen der stärkeren Wärmequelle eine schnellere Aufheizung und demzufolge auch eine schnellere Abkühlung. Noch intensiver wirken Laser- und Elektronenstrahl-Schweißverfahren, mit denen sich sehr große Abkühlungsgeschwindigkeiten und hohe Festigkeit der Schweißverbindung erreichen lassen.

8.11 Zusammenfassung

Der Erstarrungsvorgang bildet eine der ersten Einflußmöglichkeiten auf Struktur und mechanische Eigenschaften von Werkstoffen. Er bestimmt die Größe und Form der entstehenden Kristallite und kann Strukturen erzeugen, die anisotrope Eigenschaften aufweisen. Möglichkeiten der Einflußnahme bieten die Keimbildungs- und die Wachstumsphase.

- Während der Keimbildung entwickeln sich aus der Schmelze Festkörperpartikel, die sich erst nach Erreichen einer kritischen Größe stabil verhalten.
  - Homogene Keimbildung erfordert eine starke Unterkühlung der Schmelze und ist technisch von untergeordneter Bedeutung.
  - Heterogene Keimbildung wird durch Zusatz von Fremdpartikeln ausgelöst (Impfen oder Kornfeinung der Schmelze). Dadurch läßt sich die Korngröße des Festkörpers beeinflußen.
  - Schnelle Abkühlung der Schmelze verhindert Keimbildung und Kristallwachstum. Der entstehende Festkörper ist amorph oder glasartig mit ungewöhnlichen mechanischen und physikalischen Eigenschaften.

● Nach Abschluß der Keimbildung beginnt die Wachstumsphase. Die Keime (Kristallite) wachsen in die Schmelze hinein, wobei zwischen planarem und dendritischem Wachstum zu unterscheiden ist.

  ● Bei planarem Wachstum liegt keine oder nur geringe Unterkühlung der Schmelze vor. Die Grenzfläche zwischen Festkörper und Schmelze ist eben und verschiebt sich gleichmäßig.

  ● Bei dendritischem Wachstum ist die Schmelze unterkühlt. Schnelle Abkühlung und kurze Erstarrungszeit erzeugen sehr feine Dendritenstrukturen und können verbesserte mechanische Eigenschaften bewirken.

● Die Chvorinov-Regel $t_s = B(V/A)^n$ ermöglicht die Abschätzung der Erstarrungszeit eines Gußstücks.

Durch Beeinflussung von Keimbildung und Wachstum lassen sich unterschiedliche Gefügestrukturen erzeugen (Säulenstruktur, Globularzonen-Struktur, gemischte Strukturen). Globularzonen-Strukturen besitzen isotrope Eigenschaften, Säulenstrukturen verhalten sich anisotrop.

Gußfehler, wie Schrumpfung oder Gasporen, lassen sich technisch durch spezielle Formgebung des Gußstücks (Speisersystem) oder durch Vorbehandlung der Schmelze verhindern.

8.12 Glossar

Abschrecken. Einfrieren von Nichtgleichgewichtszuständen (mit speziellen Strukturen und Eigenschaften) durch extrem hohe Abkühlungsgeschwindigkeit.

Abschreckzone. Siehe Randzone.

Außenlunker. Konisch geformte Hohlräume an der Oberfläche von Gußkörpern, die durch Volumenkontraktion beim Erstarrungsvorgang entstehen.

Blockstruktur (Ingotstruktur). Makrostruktur von Gußkörpern, bestehend aus Randzone, Säulenzone und Globularzone.

Chvorinov-Regel. Die Erstarrungszeit verhält sich proportional zum Quadrat des Volumen-Oberflächen-Verhältnisses des Gußstücks.

Dendriten. Baumartig verzweigte Strukturen, die sich bei Unterkühlung der Schmelze bilden.

Epitaxie. Kristallographisch orientiertes Kristallwachstum auf schon vorhandenen Kristallen.

Gasporosität. Gasblasen in Gußstücken. Sie entstehen beim Erstarren, wenn die Löslichkeit des Gases im Festkörper geringer ist als in der Schmelze.

Gesamterstarrungszeit. Zeit, die nach dem Gießen bis zum vollständigen Erstarren der Schmelze vergeht.

Gießtemperatur. Temperatur der Schmelze beim Eingießen in die Form.

Globularzone. Zentrumsbereich von Gußstücken mit Kristalliten unterschiedlicher Orientierung.

Heterogene Keimbildung. Keimbildung auf Fremdoberflächen.

Homogene Keimbildung. Keimbildung innerhalb reiner Schmelzen bei Unterkühlung.

Impfen. Zusatz von Fremdstoffen für heterogene Keimbildung zur Kornfeinung.

Interdendritische Lunker. Kleine Lunker zwischen Dendritenverzweigungen.

Keim. Stabile Anhäufung von Atomen aus der Schmelze.

Keimbildung. Erstarrungsphase einer Schmelze, in der sich stabile Partikel (Keime) bilden.

Latente Wärme. Erstarrungs- oder Schmelzwärme, die der Energiedifferenz zwischen flüssiger und fester Phase entspricht.

Lokale Erstarrungszeit. Zeit für die Abführung der latenten Wärme von einem (lokalisierten) Teil des Gußstücks vom Beginn der Keimbildung bis zur Erstarrung.

Lunker. Hohlräume in Gußstücken, die durch Volumenkontraktion beim Erstarrungsvorgang entstehen.

Makrostruktur. Struktur von Festkörpern, die mit bloßem Auge erkennbar ist.

Planares Wachstum. Gleichmäßiges Wachstum einer ebenen Festkörper-Flüssigkeits-Oberfläche bei Abwesenheit von Unterkühlung.

Randzone. Schmaler Bereich der Gußstückoberfläche, bestehend aus beliebig orientierten Kristalliten nach heterogener Keimbildung an der Gefäßwand.

Säulenzone. Gußstückbereich mit gestreckten Kristalliten, die mit einer Vorzugsorientierung in Längsrichtung gewachsen sind.

Schmelzschweißen. Verbindungsverfahren, bei dem die Werkstücke an der Verbindungsstelle aufgeschmolzen werden.

Schmelzzone. Aufgeschmolzener Teil der Schweißverbindung.

SDAS. *Secondary dendrite arm spacing.* Mittenabstand benachbarter Dendritenzweige.

Sievert-Gesetz. Zusammenhang zwischen gelöster Gasmenge im Festkörper und dem Partialdruck des Gases in der Umgebung.

Speiser. Reservoir für Schmelze am Gußstück zur Auffüllung von Lunkern.

Spezifische Wärme. Wärmemenge pro Masseneinheit zur Temperaturerhöhung um ein °C.

Sphärolith. Kugelförmiges kristallines Gebilde in erstarrten Polymeren.

Temperaturplateau. Konstanter Teil der Abkühlungskurve während des Erstarrens, verursacht durch Freisetzung von latenter Wärme.

Unterkühlung. Negative Differenz zwischen Temperatur der Schmelze und Erstarrungstemperatur zur Erzeugung von Keimen.

Überhitzung. Differenz zwischen Gießtemperatur der Schmelze und Erstarrungstemperatur.

Vorkeim. Instabiles Partikel, das wegen zu geringer Größe wieder zerfällt.

Wachstum. Anwachsen des Festkörpers durch Kristallisation aus der Schmelze.

8.13 Übungsaufgaben

8.1 (a) Wie groß ist der kritische Radius für homogene Keimbildung in einer unterkühlten Ni-Schmelze? (b) Wie groß ist die Anzahl der Ni-Atome im Keim? Die Gitterkonstante von kfz-Ni beträgt 0,356 nm.

8.2 Bestimme den Anteil des dendritischen Wachstums von Eisen für
(a) 10 °C Unterkühlung,
(b) 100 °C Unterkühlung,
(c) homogene Keimbildung.
Die spezifische Wärme von Eisen beträgt $5{,}78\ \mathrm{J/cm^3 \cdot {}^\circ C}$.

8.3 Die Analyse eines Ni-Gußstücks ergibt, daß der Anteil des dendritischen Wachstums 28% beträgt. Bestimme die Temperatur der Keimbildung. Die spezifische Wärme von Ni beträgt 4,1 J/cm$^3 \cdot$ °C.

8.4 Eine Kugel mit 5 cm Durchmesser erstarrt in einer Zeit von 1050 s. Bestimme die Erstarrungszeit eines quaderförmigen Gußstücks mit den Abmessungen 0,3cm · 10cm · 20cm unter sonst gleichen Bedingungen. Für n wird eine Wert von 2 angenommen.

8.5 Bestimme die Konstanten B und n der Chvorinov-Regel aus der doppelt-logarithmischen Darstellung der in Tabelle 8.3 angegebenen Werte.

Tabelle 8.3

Gußstückabmessungen (cm)	Erstarrungszeit (s)
1 · 1 · 6	28,58
2 · 4 · 4	98,30
4 · 4 · 4	155,89
8 · 6 · 5	306,15

8.6 Abbildung 8.6b zeigt die Aufnahme einer Al-Legierung. Bestimme (a) den SDAS-Wert und (b) die lokale Erstarrungszeit dieses Legierungsbereichs.

8.7 Bestimme die Konstanten c und m für die in Tabelle 8.4 angegebenen SDAS-Werte unter Verwendung einer doppelt-logarithmischen Darstellung.

Tabelle 8.4

Erstarrungszeit (s)	SDAS (cm)
156	0,0176
282	0,0216
606	0,0282
1 356	0,0374

8.8 Der SDAS-Wert einer Elektronenstrahl-Schweißnaht von Kupfer beträgt 9,5 · 10^{-4} cm. Schätze die Zeit ihres Erstarrens ab.

8.9 Bestimme für die in Abbildung 8.22 dargestellte Abkühlungskurve
(a) die Gießtemperatur,
(b) die Erstarrungstemperatur,
(c) die Überhitzung,
(d) die Abkühlungsgeschwindigkeit unmittelbar vor Beginn der Erstarrung,
(e) die Gesamterstarrungszeit,
(f) die lokale Erstarrungszeit,
(g) die Unterkühlung,
(h) das vermutliche Metall.
(i) Bestimme die Gußformkonstante unter der Annahme, daß die Abkühlungskurve im Zentrum des skizzierten Gußstücks aufgenommen wurde und $n = 2$ beträgt.

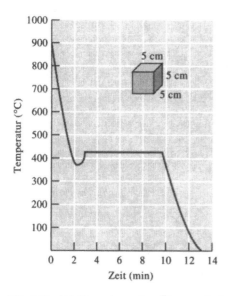

Abb. 8.22. Abkühlungskurve (zur Übungsaufgabe 8.9).

9 Mischkristallverfestigung und Phasengleichgewicht

9.1 Einleitung

Die mechanischen Eigenschaften von Festkörpern lassen sich durch Einbau von Substitutions- oder Zwischengitteratomen, die als Punktdefekte wirken, gezielt beeinflußen. Punktdefekte rufen eine Verzerrung der Gitterstruktur hervor, die insbesondere in Metallen die Gleitbewegung von Versetzungen behindert. Die dadurch verursachte Festigkeitserhöhung wird als Mischkristallverfestigung bezeichnet.

Zusätzlich verändert der Fremdstoffeinbau auch die stoffliche Zusammensetzung des Grundmaterials und dessen Erstarrungsverhalten. Diese Auswirkungen sind am Phasen- oder Zustandsdiagramm des Systems ablesbar. Aus ihm läßt sich vorhersagen, wie zum Beispiel der Phasenübergang aus dem flüssigen in den festen Zustand unter Gleichgewichts- oder Nichtgleichgewichtsbedingungen abläuft.

9.2 Phasen und das Einstoff-Phasendiagramm

Obwohl in vielen technischen Anwendungen auch reine Substanzen (im Sinne einer Stoffkomponente) zum Einsatz kommen, treffen wir in den meisten Fällen Legierungen oder gemischte Werkstoffe an. Wir können zwei Arten von Legierungen unterscheiden: Einphasen- und Mehrphasenlegierungen. In diesem Kapitel befassen wird uns mit dem Verhalten von Einphasenlegierungen. Zunächst wollen wir definieren, was unter einer Phase zu verstehen ist und wie die Zustände fest, flüssig und gasförmig über die Phasenregel zusammenhängen.

Phase. Eine *Phase* ist durch folgende Merkmale charakterisiert: (1) Sie besitzt eine durchgehend gleiche Struktur bzw. atomare Anordnung; (2) sie hat nahezu konstante stoffliche Zusammensetzung und Eigenschaften; (3) zwischen unterschiedlichen Phasen existieren definierte Grenzflächen. Wenn wir zum Beispiel einen Eisblock in einer Vakuumkammer einschließen (Abb. 9.1a), beginnt das Eis zu schmelzen und ein Teil des Wassers zu verdampfen. Unter diesen Bedingungen existieren nebeneinander drei Phasen: festes, flüssiges und gasförmiges H_2O. Jeder dieser Zustände des H_2O bildet eine Phase mit spezifischer atomarer Ordnung, spezifischen Eigenschaften und definierten Grenzflächen zu den angrenzenden Nachbarphasen. Die drei Phasen bestehen zwar aus einem einheitlichen Stoff, unterscheiden sich aber durch die angeführten Merkmale und sind deshalb nicht als einheitliche Phase anzusehen.

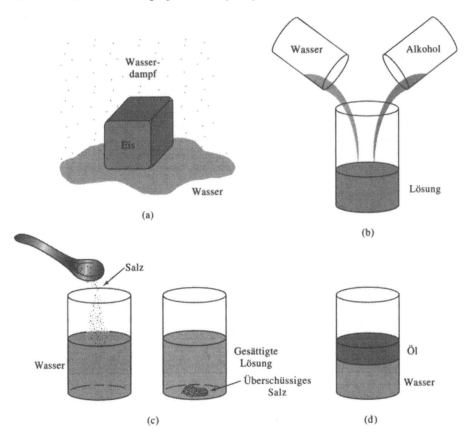

Abb. 9.1. Anschauliche Darstellung von Phasen und Löslichkeit: (a) Die drei Zustandsformen des Wassers – gasförmig, flüssig und fest – bilden jeweils eine Phase. (b) Wasser und Alkohol besitzen untereinander unbegrenzte Löslichkeit. (c) Salz ist in Wasser nur begrenzt löslich. (d) Öl und Wasser sind ineinander praktisch unlöslich.

Phasenregel. Die *Gibbssche Phasenregel* beschreibt den Zustand eines heterogenen Stoffsystems und hat folgende allgemeine Form:

$$F = C - P + 2. \tag{9.1}$$

C ist die Anzahl der im System enthaltenen Stoffkomponenten (Elemente oder Verbindungen), F die Anzahl der Freiheitsgrade bzw. Variablen (Temperatur, Druck, Zusammensetzung), die im Gleichgewichtszustand ohne Änderung der Phasenanzahl unabhängig voneinander gewählt werden können, und P die Anzahl der vorhandenen Phasen. Die Zahl 2 bedeutet, daß im Gleichgewichtszustand die Anzahl der jeweils existierenden Freiheitsgrade um 2 größer ist als die Differenz aus Anzahl der vorhandenen Stoffkompenten (C) und Anzahl der vorhandenen Phasen (P).

Als Beispiel für die Anwendung der Phasenregel betrachten wir das Einstoffsystem aus reinem Magnesium. Abbildung 9.2 zeigt das zugehörige Einstoff-Phasendiagramm. Es enthält Grenzlinien, die die Phasen flüssig, fest und gasförmig voneinander trennen. Das Einstoff-Phasendiagramm bezieht sich auf nur eine

Stoffkomponente, nämlich Magnesium. Abhängig von Temperatur und Druck können jedoch eine, zwei oder sogar drei Phasen nebeneinander bestehen: festes Magnesium, flüssiges Magnesium und gasförmiges Magnesium. Die gestrichelt eingezeichnete Linie entspricht dem Normaldruck (Atmosphärendruck). Die Schnittpunkte dieser Linie mit den Linien des Zustandsdiagramms ergeben die Schmelz- und Siedetemperatur von Magnesium unter Normaldruck. Bei sehr niedrigem Druck kann festes Magnesium *sublimieren*, d. h. ohne vorher zu schmelzen in die Dampf- oder Gasphase übergehen.

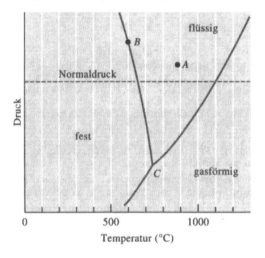

Abb. 9.2. Einstoff-Zustandsdiagramm von Magnesium mit Markierung der Schmelz- und Siedetemperatur unter Normaldruck.

Wenn wir die unabhängigen Variablen Temperatur und Druck so wählen, daß wir uns am Punkt *A* des Zustandsdiagramms befinden, liegt Magnesium im flüssigen Zustand vor. Zu diesem Punkt gehören eine Stoffkomponente ($C = 1$) und eine Phase ($P = 1$), so daß nach der Phasenregel

$$F = C - P + 2 = 1 - 1 + 2 = 2$$

zwei Freiheitsgrade bestehen. Innerhalb vorgegebener Grenzen können sowohl der Druck oder die Temperatur als auch beide verändert werden, ohne daß die flüssige Phase verlassen wird. Wenn wir einen bestimmten Zustandspunkt innerhalb der flüssigen Phase fixieren wollen, müssen wir beide Variablen (Temperatur und Druck) diesem Punkt entsprechend festlegen.

Der Punkt *B* dagegen befindet sich auf der Grenzlinie zwischen den Zustandsbereichen fest und flüssig. Die Anzahl *C* der Stoffkomponenten beträgt weiterhin 1, aber die Anzahl *P* der Phasen ist jetzt 2, da am Punkt *B* feste und flüssige Phase gemeinsam existieren. Nach der Phasenregel

$$F = C - P + 2 = 1 - 2 + 2 = 1$$

liegt nur noch ein Freiheitsgrad vor. Wenn wir jetzt die Temperatur verändern wollen, ohne die Grenzlinie zu verlassen, muß auch der Druck korrespondierend zum Verlauf dieser Grenzlinie mitverändert werden. Oder wir können bei vorgegebenem Druck aus dem Zustandsdiagramm die Temperatur ablesen, bei der feste und flüssige Phase des Einstoffsystems koexistieren.

Schließlich liegen im Punkt C des Zustandsdiagramms feste, flüssige und gasförmige Phase gleichzeitig vor. Nach der Phasenregel beträgt die Anzahl der Freiheitsgrade jetzt null:

$$F = C - P + 2 = 1 - 3 + 2 = 0.$$

Die Koexistenz der drei Phasen ist nur bei einem bestimmten Druck und bei einer bestimmten Temperatur möglich. Dieser Punkt des Zustandsdiagramms heißt *Tripelpunkt*.

Beispiel 9.1
Für Raumfahrtanwendungen sind leichte Materialien erwünscht. Es ist zu bewerten, ob sich Magnesium als Werkstoff für Raumflugkörper im Orbit eignet.
Lösung
Außerhalb der Erdatmosphäre ist der Gasdruck sehr gering. Da Magnesium auch bei niedriger Temperatur merklich sublimiert und sich in der Niederdruckumgebung quasi ungestört entfernen kann, tritt ein das Raumfahrzeug gefährdender Materialverlust ein. Außerdem bewirkt die Sonneneinstrahlung eine Aufheizung des Flugkörpers, die den Materialverlust zusätzlich beschleunigt.

Aus diesem Grunde ist ein Leichtmetall mit höherem Siedepunkt vorzuziehen, bei dem auch die Sublimationverluste geringer sind. Unter Normaldruck beträgt die Siedetemperatur von Aluminium 2 494 °C und die von Beryllium 2 770 °C, im Vergleich dazu liegt der Siedepunkt von Magnesium nur bei 1 107 °C. Obwohl Aluminium und Beryllium geringfügig dichter sind als Magnesium, stellen sie wegen ihres geringeren Sublimationsverlusts die bessere Lösung dar.   □

9.3 Löslichkeit und Lösungen

Wenn wir unterschiedliche Materialien miteinander vermischen, wie zum Beispiel beim Zusatz von Legierungsstoffen in Metallen, entstehen Lösungen. Hierbei ist die Frage von Bedeutung, in welchem Mengenverhältnis die Materialien miteinander mischbar sind, ohne daß sich eine zweite Phase ausscheidet. Wir fragen nach der *Löslichkeit* des Stoffs in einem vorgegebenem Grundmaterial.

Unbegrenzte Löslichkeit. Als Beispiel betrachten wir einen Becher Wasser und einen Becher Alkohol. Wasser und Alkohol liegen als zwei getrennte Phasen vor. Wenn wir beide Substanzen zusammengießen und durchmischen, entsteht aus beiden Ausgangsphasen eine neue, gemeinsame Phase (Abb. 9.1b). Der Becher enthält eine aus Wasser und Alkohol bestehende Lösung mit einheitlicher Struktur, einheitlicher Zusammensetzung und einheitlichen Eigenschaften. Wasser und Alkohol sind ineinander löslich. Sie besitzen sogar *unbegrenzte Löslichkeit*, d. h. unabhängig vom Mengenverhältnis bildet sich bei der Mischung von Alkohol und Wasser nur eine Phase.

Gleiches Verhalten zeigen auch flüssiges Kupfer und flüssiges Nickel. Ihre Mischung bildet eine flüssige Legierung, die überall gleiche Zusammensetzung, gleiche Eigenschaften und gleiche Struktur aufweist (Abb. 9.3a). Kupfer und Nickel sind im flüssigen Zustand unbegrenzt ineinander löslich.

Wenn diese flüssige Cu-Ni-Legierung erstarrt und auf Raumtemperatur abgekühlt wird, bleibt auch im festen Zustand eine einheitliche Phase erhalten. Die Cu- und Ni-Atome werden beim Erstarrungsvorgang nicht separiert, sondern besetzen eng durchmischt und beliebig verteilt die verfügbaren kfz-Gitterplätze. Innerhalb dieser festen Phase liegen einheitliche Struktur, Zusammensetzung und Eigenschaften vor, und es existieren keine inneren Grenzflächen zwischen Cu- oder Ni-angereicherten Bereichen. Kupfer und Nickel haben somit auch im festen Zustand eine unbegrenzte Löslichkeit. Die feste Phase liegt in Form einer *festen Lösung* vor (Abb. 9.3b).

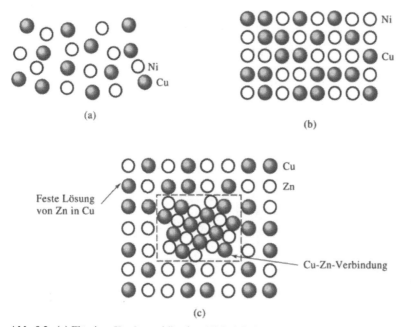

Abb. 9.3. (a) Flüssiges Kupfer und flüssiges Nickel sind vollständig ineinander löslich. (b) Cu-Ni-Legierungen weisen im festen Zustand vollständige Löslichkeit auf, wobei die Cu- und Ni-Atome beliebige Gitterplätze besetzen. (c) Cu-Zn-Legierungen mit mehr als 30% Zn-Gehalt bilden eine zweite Phase, da Zink nur begrenzt in Kupfer löslich ist.

Feste Lösungen werden auch als *Mischkristalle* bezeichnet. Sie sind von Kristallgemischen zu unterscheiden! Kristallgemische enthalten mehr als eine Phase, deren spezifische Eigenschaften bei der Mischung erhalten bleiben. In der festen Lösung (im Mischkristall) dagegen lösen sich die Ausgangssubstanzen ineinander auf und verlieren dabei ihre individuellen Eigenschaften.

Begrenzte Löslichkeit. In einem anderen Beispiel setzen wir eine kleine Menge Salz (erste Phase) einem mit Wasser (zweite Phase) gefüllten Becher zu und rühren um, bis das Salz im Wasser vollständig aufgelöst ist. Wiederum liegt nur eine Phase vor – Salzwasser oder Sole. Wenn wir aber dem Wasser zu viel Salz zusetzen, sinkt das überschüssige Salz zu Boden (Abb. 9.1c). Es bilden sich zwei Phasen – Wasser gesättigt mit Salz und überschüssiges festes Salz. In diesem Fall liegt nur eine *begrenzte Löslichkeit* vor.

Wir wiederholen dieses Experiment mit flüssigem Kupfer und flüssigem Zink. Solange die Zn-Menge gering ist, erhalten wir eine flüssige Lösung, die nach Abkühlen und Erstarren in eine feste Lösung, einen Mischkristall mit kfz-Struktur übergeht, bei der sich die Cu- und Zn-Atome beliebig über die Gitterpositionen verteilen. Wenn jedoch die Zn-Menge einen Anteil von 30% übersteigt, verbinden sich die überschüssigen Zn-Atome mit Cu-Atomen zu CuZn (Abb. 9.3c). Es entstehen zwei Phasen: eine feste gesättigte Lösung von etwa 30% Zn in Cu und eine CuZn-Verbindung. Die Löslichkeit von Zn in Cu ist also begrenzt. Abbildung 9.4 zeigt einen Ausschnitt des Cu-Zn-Zustandsdiagramms, aus dem die Löslichkeit von Zn in Cu ablesbar ist. Wir erkennen, daß die Löslichkeit mit steigender Temperatur zunimmt.

Im Extremfall kann auch völlige Unlöslichkeit bestehen, wie es zum Beispiel für Öl in Wasser (Abb. 9.1d) oder Cu-Pb-Legierungen zutrifft.

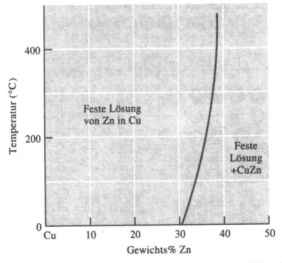

Abb. 9.4. Löslichkeit von Zink in Kupfer. Die Kurve bildet die Löslichkeitsgrenze. Bei überschüssigem Zink wird die Löslichkeitsgrenze überschritten, und es existieren zwei Phasen nebeneinander.

9.4 Bedingungen für unbegrenzte Löslichkeit im festen Zustand

Für unbegrenzte Löslichkeit, wie sie z. B. im Cu-Ni-System vorliegt, müssen bestimmte Bedingungen erfüllt sein. Sie sind in den *Hume-Rothery-Regeln* zusammengefaßt:

1. Atomgröße: Die Partneratome müssen etwa gleich groß sein. Ihr Atomradius darf nicht mehr als 15% voneinander abweichen, um keine zu großen Gitterverzerrungen zu verursachen.

2. Kristallstruktur: Die Stoffkomponenten müssen gleiche Gitterstruktur besitzen. Andernfalls würde ab einer bestimmten Zusammensetzung der Übergang in eine zweite Phase mit abweichender Struktur erfolgen.
3. Valenz: Die Atome müssen gleiche Wertigkeit haben. Abweichungen in der Valenz favorisieren das Entstehen von Verbindungen anstelle von Lösungen.
4. Elektronegativität: Die Atome müssen auch annähernd gleiche Elektronegativität aufweisen (d. h. einen geringen Abstand in der elektrochemischen Spannungsreihe besitzen). Trifft dies nicht zu, entstehen ebenfalls Verbindungen wie im Falle von Natrium und Chlor, die sich zu Kochsalz verbinden.

Die Erfüllung der Hume-Rothery-Bedingungen ist eine zwar notwendige, aber nicht hinreichende Voraussetzung für die unbegrenzte Löslichkeit in Metallen.

Auch in keramischen Stoffen läßt sich ein ähnliches Verhalten beobachten. Abbildung 9.5 zeigt die Strukturen von MgO und NiO. Mg- und Ni-Ionen stimmen in Valenz und auch annähernd in der Größe überein. Sie können sich deshalb in dem Kochsalz-Gittertyp gegenseitig ersetzen, so daß sich eine komplette Serie von festen Lösungen der Form (Mg, Ni)O ergibt.

Die Löslichkeit von Zwischengitteratomen ist dagegen immer begrenzt. Zwischengitteratome sind deutlich kleiner als Wirtsgitteratome, so daß die erste Hume-Rothery-Bedingung verletzt wird.

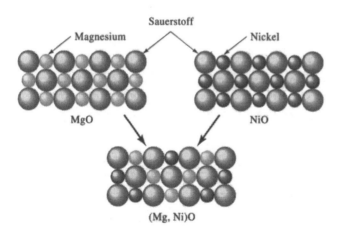

Abb. 9.5. MgO und NiO haben gleiche Kristallstrukturen, vergleichbare Ionenradien und gleiche Valenz. Beide keramische Substanzen können deshalb feste Lösungen eingehen.

Beispiel 9.2
NiO und MgO bilden eine feste Lösung. NiO ist jedoch relativ teuer. Aus diesem Grunde soll für NiO eine alternative Substanz gefunden werden, die sich ebenfalls in MgO vollständig auflöst.
Lösung
Das metallische Kation der gesuchten Oxidverbindung muß gleiche Valenz und annähernd gleichen Ionenradius wie das Mg-Kation aufweisen. Die Valenz des Mg-Ions beträgt + 2 und der Ionenradius 0,066 nm. Nach Anhang B kommen folgende Alternativen in Frage:

Tabelle 9.1.

	r	r/r_{Mg}	Struktur
Cd in CdO	$r_{Cd} = 0{,}97$ Å	47%	NaCl
Ca in CaO	$r_{Ca} = 0{,}99$ Å	50%	NaCl
Co in CoO	$r_{Co} = 0{,}72$ Å	9%	NaCl
Fe in FeO	$r_{Fe} = 0{,}74$ Å	12%	NaCl
Sr in SrO	$r_{Sr} = 1{,}12$ Å	70%	NaCl
Zn in ZnO	$r_{Zn} = 0{,}74$ Å	12%	NaCl

In der Tabelle sind auch die prozentualen Unterschiede der Ionenradien bezogen auf Mg und die Struktur der Ausgangssubstanzen angegeben. Kristallographisch geeignet und kostenmäßig günstig ist das System FeO-MgO. Auch Systeme mit CoO und ZnO sind vom Ionenradius her möglich.   □

9.5 Mischkristallverfestigung

Legierungsbildung in Form fester Lösungen ist stets mit einer *Mischkristallverfestigung* verbunden. Beim Cu-Ni-System wird sie durch den Einbau von Ni-Substitutionsatomen in das Cu-Grundgitter hervorgerufen. Die entstandene Cu-Ni-Legierung hat eine größere Festigkeit als reines Kupfer. Einen ähnlichen Effekt bewirkt auch der Einbau von Zn (bis zu 30 Gewichts%). Auch Zn verhält sich als Substitutionsatom und führt zu einer Festigkeitserhöhung der Cu-Zn-Legierung im Vergleich zu reinem Cu.

Grad der Mischkristallverfestigung. Die erzielbare Mischkristallverfestigung hängt von zwei Faktoren ab. Erstens steigt der Härtungseffekt mit der Differenz der Atomgröße zwischen lösendem Stoff (Solvens, Lösungsmittel) und gelöstem Stoff. Dieses Verhalten erklärt sich aus der stärkeren Verzerrung des Gitters bei größerer Radiendifferenz der Gitterbausteine und der damit verbundenen Behinderung von Gleitvorgängen (Abb. 9.6).

Zweitens steigt der Härtungseffekt mit dem Mengenanteil des Legierungszusatzes (Abb. 9.6). Eine Cu-Ni(20%)-Legierung ist fester als eine Cu-Ni(10%)-Legierung. Allerdings kann bei Überschreiten der Löslichkeitsgrenze auch ein anderer Härtungseffekt wirksam werden, nämlich die *Ausscheidungshärtung*, auf die wir im Kapitel 10 näher eingehen werden.

Beispiel 9.3
Anhand der Atomradien soll der in Abbildung 9.6 dargestellte Härtungseffekt verschiedener Legierungselemente in Kupfer erklärt werden.
Lösung
Die nachfolgende Tabelle enthält die Atomradien der in Frage kommenden Elemente und den prozentualen Radienunterschied zum Kupferatom.

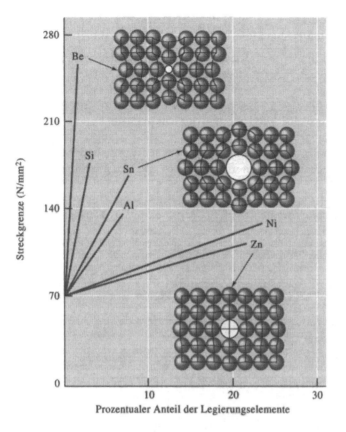

Abb. 9.6. Einfluß verschiedener Legierungselemente auf die Streckgrenze von Kupfer. Ni- und Zn-Atome haben etwa die gleiche Größe wie Cu-Atome, dagegen weichen Be- und Sn-Atome erheblich in der Größe ab. Mit zunehmender Größendifferenz und wachsendem Anteil der Legierungselemente nimmt der Effekt der Mischkristallverfestigung zu.

Tabelle 9.2.

Material	Radius (Å)	$\frac{r - r_{Cu}}{r_{Cu}} \cdot 100$
Cu	1,278	
Zn	1,332	+4,2%
Al	1,432	+12,1%
Sn	1,509	+18,1%
Ni	1,243	–2,7%
Si	1,176	–8,0%
Be	1,143	–10,6%

Sowohl für kleinere als auch für größere Atome als Cu nimmt die Verfestigung mit steigender Radiendifferenz zu.   □

Einfluß der Mischkristallverfestigung auf Materialeigenschaften. Die Mischkristallverfestigung wirkt sich auf folgende Materialeigenschaften aus (Abb. 9.7):

1. Streckgrenze, Zugfestigkeit und Härte der Legierung werden gegenüber den
   reinen Metallen, aus denen sie besteht, erhöht.
2. Die Duktilität der Legierung nimmt gegenüber den reinen Metallen fast immer
   ab. Nur in seltenen Fällen (zum Beispiel Cu-Zn-Legierungen) tritt neben der
   Festigkeitserhöhung auch eine Vergrößerung der Duktilität ein.
3. Die elektrische Leitfähigkeit der Legierung ist deutlich geringer als die ihrer
   reinen Metallbestandteile. Aus diesem Grunde ist für Kupfer- und Aluminiumdrähte, die als elektrisches Leitermaterial eingesetzt werden, Mischkristallverfestigung ungeeignet.
4. Der Kriechwiderstand wird erhöht. Mischkristallverfestigte Legierungen sind
   gegenüber hohen Temperaturen beständiger als reine Metalle. Deshalb bestehen
   Hochtemperaturwerkstoffe, wie sie z. B. in Strahltriebwerken zum Einsatz kommen, häufig aus mischkristallverfestigten Legierungen.

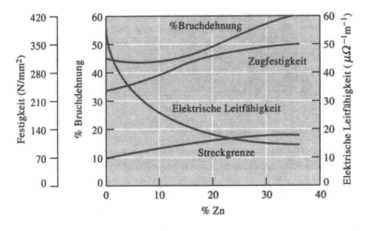

Abb. 9.7. Einfluß des Zn-Gehalts auf die Eigenschaften von Cu-Zn-Legierungen. Die Zunahme der
Bruchdehnung ist nicht typisch für Mischkristallverfestigung.

9.6 Isomorphe Zustandsdiagramme

Zustands- oder *Phasendiagramme* geben Auskunft über die in einer Legierung existierenden Phasen und deren Zusammensetzung in Abhängigkeit von Temperatur
und Gesamtzusammensetzung der Legierung (zumeist auf Normaldruck bezogen).
Wenn die Legierung aus nur zwei Stoffkomponenten besteht, liegt ein *binäres
Zustandsdiagramm* (Zustandsdiagramm eines Zweistoffsystems) vor. Bei vollständiger Löslichkeit handelt es sich um *isomorphe binäre Zustandsdiagramme*. Dies
trifft auf eine Vielzahl metallischer und keramischer Systeme zu. Zu ihnen gehören
auch die schon erwähnten Systeme Cu-Ni und NiO-MgO (siehe Abb. 9.8). In diesen Systemen bildet sich nur eine feste Phase; beide Komponenten sind hierin voll-

ständig gelöst. Aus diesen Zustandsdiagrammen lassen sich folgende wichtige Informationen ablesen.

Liquidus- und Solidustemperaturen. Die obere Linie des Zustandsdiagramms gibt die *Liquidustemperatur* der Legierung in Abhängigkeit von ihrer Zusammensetzung an (siehe als Beispiel das System der Cu-Ni-Legierung in Abbildung 9.8a). Um eine Cu-Ni-Legierung bestimmter Zusammensetzung zu schmelzen (als Voraussetzung für nachfolgenden Gießprozeß), muß sie bis über die jeweilige Liquidustemperatur erhitzt werden. Der Erstarrungsvorgang setzt ein, wenn die Temperatur die Liquiduslinie wieder unterschreitet. Nach Abbildung 9.8a beträgt die Liquidustemperatur der Cu-Ni(40%)-Legierung 1 280 °C.

Die *Solidustemperatur* entspricht der unteren Linie des Zustandsdiagramms. Der Erstarrungsvorgang ist erst dann vollständig abgeschlossen, wenn die Solidustemperatur unterschritten ist. Umgekehrt dürfen Werkstoffe, die unter hohen Temperaturen zum Einsatz kommen, nicht über die Solidustemperatur hinaus belastet werden, da sie sonst unerwünscht aufschmelzen würden. Für die Legierung Cu-Ni(40%) beträgt die Solidustemperatur 1 240 °C.

Legierungen schmelzen und erstarren in einem Temperaturbereich, der von ihrer Liquidus- und Soliduslinie eingeschlossen wird. Der Abstand zwischen Liquidus- und Solidustemperatur ist der *Erstarrungsbereich* der Legierung. Innerhalb dieses Bereichs existieren flüssige und feste Phase nebeneinander. Der Festkörper besteht aus einem Mischkristall (einer festen Lösung). Feste Phasen werden im allgemeinen mit kleinen griechischen Buchstaben wie z. B. α gekennzeichnet. Für die Cu-Ni(40%)-Legierung beträgt nach Abbildung 9.8a der Erstarrungsbereich (1 280 – 1 240) °C = 40 °C.

Existierende Phasen. Die Übersicht über den Phasenzustand eines Legierungssystems hat in praktischen Anwendungen große Bedeutung. Voraussetzung für Gießprozesse ist z. B., daß die Legierung komplett als Schmelze vorliegt. Sollen ande-

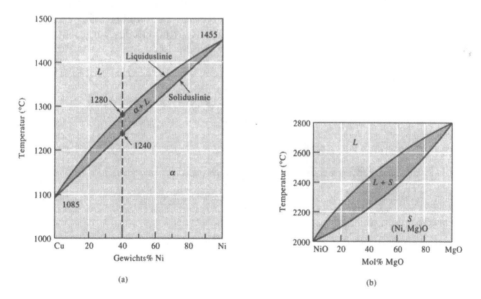

(a)

(b)

Abb. 9.8. Gleichgewichts-Zustandsdiagramme für Cu-Ni- und NiO-MgO-Systeme. Für die Cu-Ni(40%)-Legierung sind die Liquidus- und Solidustemperatur eingetragen.

rerseits Legierungen im festen Zustand speziellen Wärmebehandlungen unterzogen werden, dürfen sie dabei nicht aufschmelzen. Das Zustandsdiagramm ist ein geeignetes Hilfsmittel, um die jeweils zu beachtenden Temperaturen in Abhängigkeit von der Zusammensetzung der Legierung zu ermitteln.

Beispiel 9.4
Zusammensetzung eines feuerfesten Materials aus NiO-MgO, das bei 2 600 °C geschmolzen und in Ziegelform gegossen werden soll und für Einsätze im Temperaturbereich bis 2 300 °C vorgesehen ist.
Lösung
Das Material muß eine Liquidustemperatur unterhalb 2 600 °C und eine Solidustemperatur oberhalb 2 300 °C aufweisen. Aus dem Zustandsdiagramm des NiO-MgO-Systems in Abbildung 9.8b läßt sich die dafür geeignete Zusammensetzung ablesen.

Für Liquidustemperaturen unterhalb 2 600 °C ist ein MgO-Gehalt bis ca. 65 Mol% zulässig. Die Solidustemperatur über 2 300 °C setzt einen MgO-Mindestgehalt von ca. 50 Mol% voraus. Somit steht für die Zusammensetzung ein Bereich von (50 bis 65) Mol% MgO zur Verfügung. Die genaue Festlegung innerhalb dieses Bereichs wird von zusätzlichen Kriterien, z. B. den Kosten beider Oxidverbindungen oder ihrer Verträglichkeit mit Umgebungsbedingungen, bestimmt.   □

Beispiel 9.5
Beurteilung von Verbundwerkstoffen. Um die Bruchzähigkeit einer Al_2O_3-Keramik zu erhöhen, wurde vorgesehen, die keramische Matrix durch keramische Cr_2O_3-Fasern mit einem Anteil von 25% zu verstärken. Der Verbundstoff war für Temperaturbelastungen bis 2 000 °C über mehrere Monate vorgesehen.
Lösung
Die Einsatztauglichkeit des Materials setzt voraus, daß seine Bestandteile – Cr_2O_3-Fasern und Al_2O_3-Matrix – im Temperaturbereich bis 2 000 °C nicht miteinander reagieren, da sonst der Verstärkungseffekt der Fasern verlorenginge. Das Zustandsdiagramm in Abbildung 9.9 ermöglicht uns eine Beurteilung des vorgeschlagenen Werkstoffs.

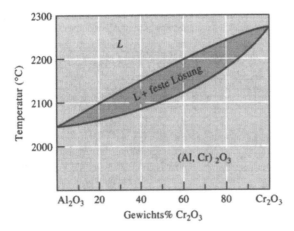

Abb. 9.9. Zustandsdiagramm des Al_2O_3-Cr_2O_3-Systems (zu Beispiel 9.5).

Die Solidustemperaturen von reinem Cr_2O_3, reinem Al_2O_3 und dem Verbundmaterial Al_2O_3-Cr_2O_3(25%) liegen oberhalb 2 000 °C. Aus diesem Grunde besteht für keines dieser Bestandteile eine Schmelzgefahr. Cr_2O_3 und Al_2O_3 sind jedoch unbegrenzt ineinander löslich. Bei der hohen Einsatztemperatur von 2 000 °C können Al^{3+}-Ionen aus der Matrix in die Fasern diffundieren und dort Cr^{3+} ersetzen. Umgekehrt werden Al^{3+}-Ionen der Matrix durch eindiffundierte Cr^{3+}-Ionen verdrängt. Noch vor Ablauf der geplanten Einsatzdauer werden sich die Fasern vollständig im Grundmaterial aufgelöst haben. Damit wäre ihr Verstärkungseffekt wieder aufgehoben. Die vorgesehene Lösung ist deshalb ungeeignet.   □

Stoffliche Zusammensetzung von Phasen. Jede Phase weist eine bestimmte Zusammensetzung auf, die durch die prozentualen Anteile der darin enthaltenen Stoffe ausgedrückt wird. Die Angabe erfolgt gewöhnlich in Gewichts%. Ist nur eine Phase in der Legierung vorhanden, sind Phase und Gesamtmaterial und somit auch ihre Zusammensetzungen identisch. Wenn die Ausgangszusammensetzung des Materials verändert wird, verändert sich in gleichem Maße auch die Zusammensetzung der Phase.

Wenn dagegen zwei Phasen, z. B. eine flüssige und eine feste, in einem System koexistieren, unterscheiden sich die Zusammensetzungen beider Phasen sowohl untereinander als auch von der ursprünglichen Gesamtzusammensetzung. Geringe Änderungen der Ausgangszusammensetzung wirken sich in diesem Fall, wenn die Temperatur konstant gehalten wird, nicht auf die Zusammensetzungen beider Phasen aus.

Dieser Unterschied erklärt sich aus der Gibbsschen Phasenregel. Abweichend von dem schon behandelten Beispiel eines Einstoffsystems aus reinem Magnesium halten wir jetzt den Druck konstant, und zwar auf Normaldruck, wie es bei binären Zustandsdiagrammen üblich ist. Die Gleichung (9.1) kann in folgender Weise umgeschrieben werden:

$$F = C - P + 1 \qquad \text{(für konstanten Druck),} \qquad (9.2)$$

wobei wiederum C die Anzahl der Stoffkomponenten, P die Anzahl der Phasen und F die Anzahl der Freiheitsgrade des Systems bedeuten. Die Verwendung der Zahl 1 anstelle der 2 ergibt sich aus der Festlegung des Drucks. In einem binären System beträgt die Anzahl der Stoffkomponenten 2. Die bestehenden Freiheitsgrade beziehen sich auf die Temperatur und die stoffliche Zusammensetzung der Phasen. Beispiel 9.6 zeigt die Anwendung dieser Form der Phasenregel auf das Cu-Ni-System.

Beispiel 9.6
Es ist die Anzahl der Freiheitsgrade in einer Cu-Ni(40%)-Legierung bei 1 300 °C, 1 250 °C und 1 200 °C zu bestimmen.
Lösung
Bei 1 300 °C beträgt $P = 1$, da nur eine Phase (flüssig) existiert. $C = 2$ folgt aus dem Vorhandensein von Cu- und Ni-Atomen. Somit ergibt sich für die Anzahl der Freiheitsgrade:

$$F = 2 - 1 + 1 = 2.$$

Um den Zustand der Cu-Ni-Legierung im flüssigen Zustand vollständig zu definieren, müssen sowohl die Temperatur als auch die Zusammensetzung der Flüssigkeit festliegen.

Bei 1 250 °C beträgt $P = 2$, da sowohl eine flüssige als auch eine feste Phase vorhanden sind. C beträgt weiterhin 2. Für die Anzahl der Freiheitsgrade ergibt sich demnach:

$$F = 2 - 2 + 1 = 1.$$

Mit Festlegung der Temperatur in der Zweiphasenregion ist gleichzeitig die Zusammensetzung beider Phasen bestimmt. Das bedeutet auch: Wenn die Zusammensetzung einer der beiden Phasen festliegt, sind gleichzeitig die Temperatur und die Zusammensetzung der anderen Phase fixiert.

Bei 1 200 °C beträgt P wiederum 1, da nur eine Phase (fest) vorhanden ist. C beträgt unverändert 2. Für die Anzahl der Freiheitsgrade ergibt sich erneut:

$$F = 2 - 1 + 1 = 2,$$

so daß sowohl Temperatur als auch Zusammensetzung festliegen müssen, um den Zustand der festen Phase vollständig zu beschreiben.   □

Da in der Zweiphasenregion eines binären Zustandsdiagramms nur ein Freiheitsgrad vorhanden ist, wird die Zusammensetzung beider Phasen durch die Temperatur eindeutig festgelegt. Das gilt auch für den Fall, daß sich die Gesamtzusammensetzung der Legierung verändert. Wir können eine waagerechte Verbindungslinie ($T = \text{const}$) im Zustandsdiagramm nutzen, um die Zusammensetzung beider Phasen zu bestimmen. Diese Linie wird auch als *Hebellinie* (oder Konode) bezeichnet (Abb. 9.10). Hebellinien spielen in Einstoff-Phasenregionen keine Rolle. In isomorphen Systemen verbinden sie die zur gleichen Temperatur gehörigen Liquidus- und Soliduspunkte. Aus diesen Punkten ergeben sich die Zusammensetzungen der koexistierenden beiden Phasen.

Für alle Ausgangszusammensetzungen zwischen c_L und c_S liegt die Zusammensetzung der Flüssigkeit bei c_L und die Zusammensetzung des Festkörpers bei c_S.

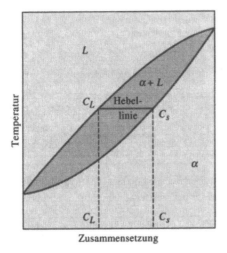

Abb. 9.10. Innerhalb des Zweiphasenbereichs einer Legierung wird die Zusammensetzung beider Phasen für jede Temperatur durch eine Hebellinie bestimmt. Dies ist eine Folge der Gibbsschen Phasenregel, die in diesem Bereich nur einen Freiheitsgrad zuläßt.

Beispiel 9.7

Unter Verwendung von Abbildung 9.11 ist die Zusammensetzung der Phasen einer Cu-Ni(40%)-Legierung bei 1 300 °C, 1 270 °C, 1 250 °C und 1 200 °C zu bestimmen.

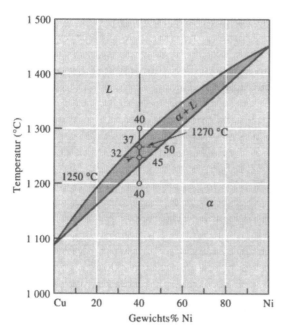

Abb. 9.11. Hebellinien und Phasenzusammensetzungen einer Cu-Ni(40%)-Legierung bei verschiedenen Temperaturen (zu Beispiel 9.7).

Lösung

Die vertikale Linie mit 40% Ni bestimmt die Gesamtzusammensetzung.

1 300 °C: Es ist nur Flüssigkeit vorhanden. Der Ni-Gehalt beträgt 40% entsprechend der Gesamtkonzentration.

1 270 °C: Es existieren zwei Phasen. Innerhalb des ($\alpha + L$)-Feldes wird eine dem Temperaturwert entsprechende Waagerechte gezogen. Ihr Schnittpunkt mit der Liquiduslinie ergibt eine Konzentration von 37% Ni und der Schnittpunkt mit der Soliduslinie eine Konzentration von 50% Ni. Diese Konzentrationswerte entsprechen dem Ni-Gehalt in der flüssigen bzw. festen Phase im Zweiphasenbereich.

1 250 °C: Wiederholung der beschriebenen Prozedur ergibt für den veränderten Temperaturwert einen Ni-Gehalt der flüssigen Phase von 32% und der festen Phase von 45%.

1 200 °C: Es existiert nur die feste Phase α. Ihr Ni-Gehalt beträgt 40%. □

Das Beispiel 9.7 zeigt, daß der Ni-Gehalt der festen Phase α größer ist als der Ni-Anteil in der Gesamtzusammensetzung und daß umgekehrt die flüssige Phase mehr Kupfer enthält. Generell gilt, daß sich die Komponente mit höherem Schmelzpunkt (in diesem Fall Ni) bevorzugt in der sich zuerst bildenden festen Phase ansammelt.

Phasenanteil (Hebelgesetz oder Konodenregel). Schließlich interessiert uns der relative Anteil der Phasen an der Legierung. Dieser Anteil wird gewöhnlich in Gewichts% angegeben.

In Einphasenbereichen beträgt der Anteil der einzigen Phase 100%. In Zweiphasenbereichen muß der Anteil jeder Phase berechnet werde. Eine Möglichkeit hierfür ergibt sich aus der Stoffbilanz, wie uns Beispiel 9.8 zeigt.

Beispiel 9.8

Berechnung der Phasenanteile von α und L der Cu-Ni(40%)-Legierung nach Abbildung 9.12 bei einer Temperatur von 1 250 °C.

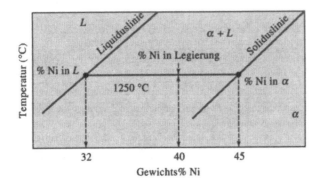

Abb. 9.12. Hebellinie des Cu-Ni-Systems bei 1 250 °C, die im Beispiel 9.8 zur Bestimmung der beiden Phasenanteile genutzt wird.

Lösung

Es sei x der Anteil der Legierung, der sich im festen Zustand, also der Phase α befindet:

$$(\% \text{ Ni in } \alpha)(x) + (\% \text{ Ni in } L)(1-x) = (\% \text{ Ni in Legierung}).$$

Nach Multiplikation und Umstellung ergibt sich:

$$x = \frac{(\% \text{ Ni in Legierung}) - (\% \text{ Ni in } L)}{(\% \text{ Ni in } \alpha) - (\% \text{ Ni in } L)}.$$

Aus dem Phasendiagramm ergibt sich für 1 250 °C:

$$x = \frac{40-32}{45-32} = \frac{8}{13} = 0,62.$$

Wenn wir den Gewichtsanteil in Gewichts% angeben, besteht die Legierung bei 1 250 °C aus 62% α und 38% L.   □

Um die Anteile der füssigen und festen Phase zu bestimmen, kann man eine waagerechte Linie benutzen, die als ein Waagebalken (Hebellinie) anzusehen ist, dessen Drehpunkt sich am Punkt der Ausgangszusammensetzung der Legierung befindet. Der jeweils abgewandte Hebelarm (Konodenabschnitt), dividiert durch die Gesamtlänge der Hebels (Konode), ergibt den gesuchten Phasenanteil. Im Beispiel 9.8 entspricht der Nenner des Bruchs der Hebellänge und der Zähler des Bruchs dem der festen Phase abgewandten Hebelarm. Das *Hebelgesetz* besagt, daß sich die Phasenanteile zueinander wie die abgewandten Hebelarme verhalten (oder: die Phasenanteile sind den abgewandten Hebelarmen proportional), und lautet in allgemeiner Form:

$$\text{Prozentualer Phasenanteil} = \frac{\text{abgewandter Hebelarm}}{\text{Hebellänge}} \cdot 100. \tag{9.3}$$

Das Hebelgesetz ist auf alle binären Zustandsdiagramme anwendbar. Es verliert aber seinen Sinn in Einphasenbereichen, da sich dort als triviales Ergebnis ein Phasenanteil von 100% ergeben würde.

Beispiel 9.9
Bestimmung der Phasenanteile der in Abbildung 9.11 dargestellten Cu-Ni(40%)-Legierung bei den Temperaturen 1 300 °C, 1 270 °C, 1 250 °C und 1 200 °C.
Lösung
1 300 °C: Es existiert nur eine Phase mit 100% L.

$$1\,270\,°C: \%L = \frac{50-40}{50-37} \cdot 100 = 77\%$$

$$\%\alpha = \frac{40-37}{50-37} \cdot 100 = 33\%.$$

$$1\,250\,°C: \%L = \frac{45-40}{45-32} \cdot 100 = 38\%$$

$$\%\alpha = \frac{40-32}{45-32} \cdot 100 = 62\%.$$

1 200 °C: Es existiert nur eine Phase mit 100% α. $\qquad\qquad\qquad\qquad$ □

Mitunter erfolgt die Mengenangabe in Atom% statt in Gewichts%. Die Umrechnung zeigt das folgende Beispiel einer Cu-Ni-Legierung mit den Molekulargewichten M_{Cu} und M_{Ni}.

$$\text{Atom\% Ni} = \frac{\text{Gewichts\% Ni}/M_{Ni}}{(\text{Gewichts\% Ni}/M_{Ni}) + (\text{Gewichts\% Cu}/M_{Cu})} \cdot 100, \tag{9.4}$$

$$\text{Gewichts\% Ni} = \frac{(\text{Atom\% Ni})(M_{Ni})}{(\text{Atom\% Ni})(M_{Ni}) + (\text{Atom\% Cu})(M_{Cu})} \cdot 100. \tag{9.5}$$

9.7 Zusammenhang zwischen Materialeigenschaften und Zustandsdiagramm

Wir haben bereits erfahren, daß eine Legierung aus Cu und Ni infolge Mischkristallverfestigung härter ist als die beiden reinen Metalle. In Abbildung 9.13 sind mechanische Eigenschaften von Cu-Ni-Legierungen in Abhängigkeit von ihrer Zusammensetzung aufgetragen.

Die Festigkeit von Kupfer steigt mit dem Ni-Gehalt an, bis dieser 60% beträgt. Analog verfestigt sich Nickel durch Zugabe von Kupfer, bis der Cu-Anteil einen Wert von 40% erreicht. Die Cu-Ni(60%)-Legierung weist die höchste Festigkeit auf

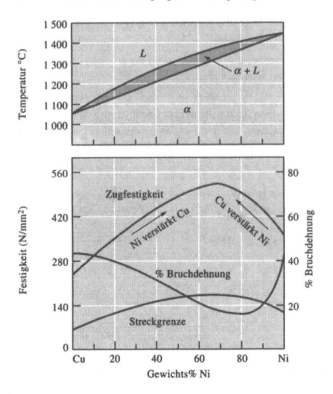

Abb. 9.13. Mechanische Eigenschaften von Cu-Ni-Legierungen. Die Festigkeit nimmt bis zu einem Ni-Gehalt von 60% bzw. einem Cu-Gehalt von 40% zu.

und ist auch unter dem Namen *Monel* bekannt. Das Maximum liegt im Phasendiagramm näher zur Ni-Seite, weil Nickel im reinen Zustand fester ist als Kupfer.

Beispiel 9.10
Benötigt wird eine Cu-Ni-Legierung mit einer minimalen Streckgrenze von 140 N/mm^2, einer minimalen Zugfestigkeit von 420 N/mm^2 und einer minimalen %Bruchdehnung von 20%. Das gewünschte Material soll aus Lagerbeständen einer Cu-Ni(20%)-Legierung und reinem Nickel mittels Gießen erzeugt werden.

Lösung
Zunächst wird aus Abbildung 9.13 die notwendige Zusammensetzung der Legierung ermittelt. Die vorgegebene Streckgrenze erfordert einen Ni-Gehalt zwischen 30 und 90%, die Zugfestigkeit einen Wert zwischen 33 und 90%, die %Bruchdehnung einen Ni-Anteil kleiner 60% oder größer 90%. Diese Bedingungen werden von folgenden Legierungen erfüllt:

Cu-Ni(90%) oder Cu-Ni(33% bis 60%).

Da Nickel teurer ist als Kupfer, entscheiden wir uns für eine Legierung mit geringem Ni-Gehalt. Da in diesem Fall auch die Liquidustemperatur niedriger liegt, wird zusätzlich Energieaufwand für den Gießprozeß eingespart. Eine sinnvolle Lösung bietet Cu-Ni(35%).

Um diese Zusammensetzung zu erreichen, muß dem verfügbaren Rohblock aus Cu-Ni(20%) reines Nickel zugesetzt werden. Für eine Menge von 10 kg der gewünschten Legierung werden

$$(10 \text{ kg}) \left(\frac{35\% \text{ Ni}}{100\%} \right) = 3,5 \text{ kg Ni benötigt.}$$

$$(x) \text{ kg [Cu-Ni(20\%)]} \left(\frac{20\%}{100\%} \right) + (10\text{-}x) \text{ kg Ni} \left(\frac{100\%}{100\%} \right) = 3,5 \text{ kg Ni}$$

$$0,2x + 10 - x = 3,5$$
$$6,5 = 0,8x$$
$$x = 8,125 \text{ kg [Cu-Ni(20\%)]}.$$

Somit müssen 8,125 kg der Cu-Ni(20%)-Legierung und 1,875 kg des reinen Nickels aufgeschmolzen und miteinander vermengt werden, um die Zielzusammensetzung zu gewinnen. Anschließend muß diese Legierung auf ihre Liquidustemperatur von 1 250 °C erhitzt werden, um sie in die gewünschte Form zu gießen.   □

9.8 Erstarren bei vollständiger Mischbarkeit der Komponenten

Wenn eine Legierung wie Cu-Ni(40%) aufgeschmolzen und wieder abgekühlt wird, durchläuft sie beim Erstarren eine Keimbildungs- und eine Wachstumsphase. Heterogene Keimbildung setzt keine oder nur geringfügige Unterkühlung voraus, so daß der Erstarrungsvorgang praktisch mit Erreichen der Liquidustemperatur beginnt. Aus dem Zustandsdiagramm in Abbildung 9.14 und der am Erstarrungspunkt eingezeichneten Hebellinie ist ersichtlich, daß die sich zuerst bildende feste Phase eine Zusammensetzung von Cu-Ni(52%) aufweist.

Zwei Bedingungen müssen für das Wachstum der α-Phase erfüllt sein. Erstens verlangt das Wachstum den Abtransport der latenten Erstarrungswärme, die beim Übergang in den festen Zustand an der Grenzfläche fest/flüssig frei wird. Zweitens muß im Gegensatz zu reinen Metallen die Zusammensetzung der festen und flüssigen Phase dem Verlauf der Solidus- und Liquiduslinie während der Abkühlung folgen, was entsprechende Diffusionsvorgänge voraussetzt. Der Abtransport der latenten Wärme erfolgt jetzt über einen Temperaturbereich, so daß die Abkühlungskurve keinen Haltepunkt der Temperatur, sondern Knickpunkte aufweist (Abb. 9.15).

Zu Beginn des Erstarrungsvorgangs enthält die Schmelze einen Ni-Anteil von 40% und der sich bildende Festkörper einen Ni-Anteil von 52%. Demzufolge müssen Ni-Atome zu diesem entstehenden Festkörper diffundieren und sich dort anreichern. Nach Abkühlung auf 1 250 °C ist die Erstarrung fortgeschritten. Gemäß Zustandsdiagramm müssen jetzt in der flüssigen Phase 32% Ni und in der festen Phase 45% Ni enthalten sein. Diese Konzentrationänderung erfolgt durch Diffusion von Ni-Atomen aus dem Anfangsbereich des erstarrten Festkörpers in den hinzugewachsenen Teil. Zusätzlich müssen weitere Ni-Atome aus der Schmelze in den Festkörper diffundieren. Zwischenzeitlich hat sich die Cu-Konzentration – durch Diffusion – in der Schmelze erhöht. Dieser Prozeß setzt sich solange fort, bis die Solidustemperatur erreicht ist, bei der die letzte Schmelze mit einer Zusammensetzung Cu-Ni(28%) erstarrt und in einen Festkörper der Zusammensetzung

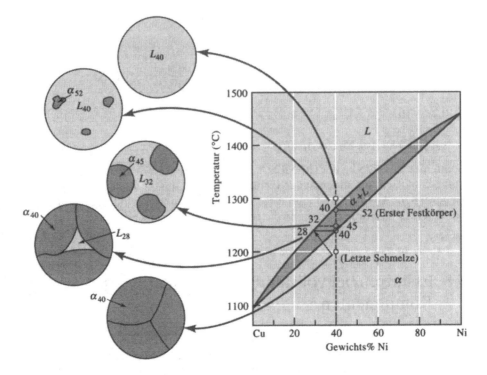

Abb. 9.14. Strukturveränderungen einer Cu-Ni(40%)-Legierung bei Gleichgewichtserstarrung. Ni- und Cu-Atome müssen während der Abkühlung diffundieren, um die nach Zustandsdiagramm geltenden Gleichgewichtskonzentrationen einzustellen.

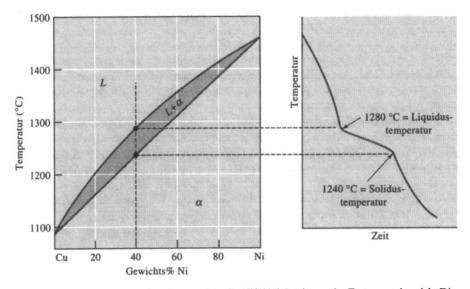

Abb. 9.15. Abkühlungskurve einer isomorphen Cu-Ni(40%)-Legierung im Erstarrungsbereich. Die Knickpunkte markieren die Liquidus- und Solidustemperatur.

Cu-Ni(40%) übergeht. Unterhalb des Soliduspunktes hat der gesamte Festkörper eine gleichmäßige Konzentration von 40% Ni.

Um diese Gleichgewichtsstruktur zu erreichen, muß jedoch die Abkühlungsgeschwindigkeit extrem gering sein, damit für die notwendige Diffusion der Cu- und Ni-Atome zur Einstellung der durch das Zustandsdiagramm bestimmten Konzentrationswerte ausreichend Zeit zur Verfügung steht. In fast allen praktischen Gießvorgängen ist die Abkühlgeschwindigkeit zu groß, um das Gleichgewicht einzuhalten.

9.9 Nichtgleichgewichtserstarren und Seigerung

Wenn die Abkühlung zu schnell erfolgt, kann sich durch Diffusion kein Gleichgewichtszustand einstellen. Als Folge davon entstehen im Gußstück abweichende Strukturen. Wir wollen die Auswirkung einer schnellen Abkühlung am Beispiel der Cu-Ni(40%)-Legierung verfolgen.

Die sich zuerst bildende feste Phase nach Erreichen der Liquidustemperatur enthält wiederum 52% Ni (Abb. 9.16). Nach Abkühlen auf 1 260 °C sind aus den Schnittpunkten der Hebellinie mit der Liquidus- und Soliduskurve in der Schmelze 34% und im Festkörper 46% Ni zu erwarten. Da die Diffusion in der Flüssigkeit hinreichend schnell erfolgt, können wir annehmen, daß die Konzentrationswerte

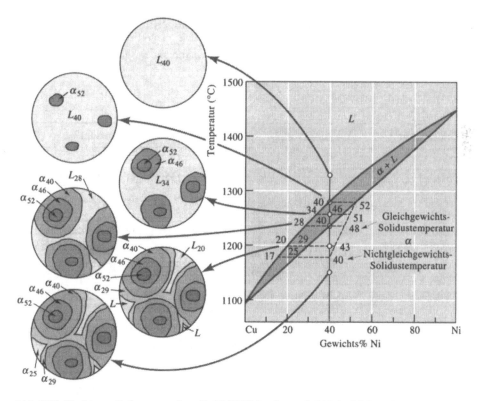

Abb. 9.16. Strukturveränderungen einer Cu-Ni(40%)-Legierung bei Nichtgleichgewichtserstarrung. Infolge ungenügender Diffusionszeit entsteht eine Seigerungsstruktur.

der Schmelze der Vorhersage aus dem Zustandsdiagramm weitgehend entsprechen. Anders verhält es sich im Festkörper. Die Anfangskonzentration entspricht zwar noch dem theoretischen Wert von 52%, es findet jedoch nur ungenügender Diffusionsausgleich mit dem hinzugewachsenen Bereich des Festkörpers statt. Wenn dort der Ni-Anteil 46% beträgt, kann sich zum Beispiel ein mittlerer Wert von 51% ergeben. Dies entspräche einem Nichtgleichgewichtspunkt, der vom Zustandsdiagramm abweicht. Mit fortschreitender Erstarrung weicht die Nichtgleichgewichts-Soliduslinie kontinuierlich von ihrem Gleichgewichtsverlauf ab.

Nach Erreichen der Gleichgewichts-Solidustemperatur von 1 240 °C verbleibt noch ein beträchtlicher Rest an flüssiger Phase, der erst bei einer Temperatur von 1 180 °C vollständig erstarrt. Diese Temperatur entspricht dem Schnittpunkt der Nichtgleichgewichts-Soliduslinie mit der Ausgangskonzentration von 40% Ni. Die Restschmelze hat bei dieser Temperatur eine Ni-Konzentration von 17% und der sich zuletzt bildende Festkörper eine Ni-Konzentration von 25%, wie sich aus dem Gleichgewichtsverlauf der Liquidus- und Soliduskurve ergibt. Die mittlere Ni-Konzentration des gesamten Festkörpers beträgt 40%. Dieser Ni-Gehalt ist jedoch nicht gleichmäßig verteilt.

Die Lage der Nichtgleichgewichts-Soliduslinie und der abschließenden Nichtgleichgewichts-Solidustemperatur hängt von der Abkühlgeschwindigkeit ab. Schnellere Abkühlung führt zu stärkerer Abweichung vom Gleichgewicht.

Beispiel 9.11

Berechnung der Zusammensetzung und der Phasenanteile einer Cu-Ni(40%)-Legierung unter den in Abbildung 9.16 angegebenen Nichtgleichgewichtsbedingungen für die Temperaturen von 1 300 °C, 1 280 °C, 1 260 °C, 1 240 °C, 1 200 °C und 1 150 °C. Die Ergebnisse sind mit den Werten zu vergleichen, die sich für Gleichgewichtsbedingungen ergeben.

Lösung

Tabelle 9.3.

Temperatur	Gleichgewicht		Nichtgleichgewicht	
1 300 °C	L: 40% Ni	100% L	L: 40% Ni	100% L
1 280 °C	L: 40% Ni	100% L	L: 40% Ni	100% L
	α: 52% Ni	~ 0% α	α: 52% Ni	~ 0%
1 260 °C	L: 34% Ni	$\dfrac{46-40}{46-34}=50\%\ L$	L: 34% Ni	$\dfrac{51-40}{51-34}=65\%\ L$
	α: 46% Ni	$\dfrac{40-34}{46-34}=50\%\ \alpha$	α: 51% Ni	$\dfrac{40-34}{51-34}=35\%\ \alpha$
1 240 °C	L: 28% Ni	~ 0% L	L: 28% Ni	$\dfrac{48-40}{48-28}=40\%\ L$
	α: 40% Ni	100% α	α: 48% Ni	$\dfrac{40-28}{48-28}=60\%\ \alpha$
1 200 °C	α: 40% Ni	100% α	L: 20% Ni	$\dfrac{43-40}{43-20}=13\%\ L$
			α: 43% Ni	$\dfrac{40-20}{43-20}=87\%\ \alpha$
1 150 °C	α: 40% Ni	100% α	α: 40% Ni	100% α

Mikroseigerung. Die ungleichmäßige Zusammensetzung, die sich bei Nichtgleichgewichtserstarrung ergibt, wird als *Seigerung* bezeichnet. *Mikroseigerung*, oder interdendritische Seigerung, tritt über kurze Entfernungen auf, oft zwischen kleinen Dendritenarmen. Die Dendritenzentren, die aus zuerst erstarrtem Material bestehen, sind mit der höher schmelzenden Komponente der Legierung angereichert. Die Bereiche zwischen den Dendriten sind dagegen mit der niedriger schmelzenden Komponente angereichert, da sie erst zuletzt erstarren. Die entstandene α-Phase unterscheidet sich von Bereich zu Bereich, so daß sich für das Gußstück verschlechterte Eigenschaften ergeben.

Mikroseigerung kann *Warmbrüchigkeit* verursachen, worunter das Aufschmelzen des niedriger schmelzenden interdendritischen Materials bei Temperaturen unter dem Gleichgewichts-Soliduspunkt zu verstehen ist. Wenn wir eine CuNi(40%)-Legierung auf 1 225 °C erhitzen (unterhalb der Gleichgewichts-Solidustemperatur, aber schon oberhalb der Nichtgleichgewichts-Solidustemperatur), werden die zwischendendritischen Bereiche mit geringem Ni-Gehalt aufgeschmolzen.

Homogenisieren. Die interdendritische Seigerung und die damit verbundenen Probleme der Warmbrüchigkeit lassen sich durch *Homogenglühen* (oder *Diffusionsglühen*) reduzieren. Bei Temperaturen unterhalb des Nichtgleichgewichts-Soliduspunktes findet ein Konzentrationsausgleich durch Diffusion von Ni-Atomen aus den Dendritenzentren in die zwischendendritischen Bereiche und durch gegengerichtete Diffusion von Cu-Atomen statt (Abb. 9.17). Da es sich nur um kurze Entfernungen handelt, werden die Konzentrationsunterschiede meist schon nach wenigen Stunden abgebaut. Die Homogenisierungszeit hängt von dem SDAS-Wert der Dendriten ab (s. Kapitel 8) und beträgt:

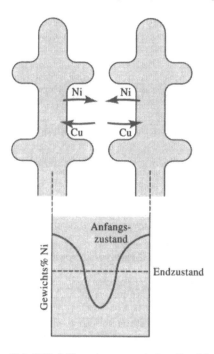

Abb. 9.17. Mikroseigerung zwischen Dendriten kann durch Homogenglühen abgebaut werden. Gegendiffusion von Ni- und Cu-Atomen heben die bestehenden Konzentrationsunterschiede auf.

$$t = c(SDAS)^2/D_s. \tag{9.6}$$

D_s ist der Diffusionskoeffizient des gelösten Elements und c eine Konstante. Kleine SDAS-Werte bedeuten geringe Diffusionsabstände und erlauben kürzere Homogenisierungszeiten.

Makroseigerung. *Makroseigerung* tritt über große Abstände zwischen Oberfläche und Zentrum von Gußkörpern auf. Die Oberfläche, die zuerst erstarrt, enthält einen Anteil der höher schmelzenden Komponente, der geringfügig über der Durchschnittskonzentration liegt. Makroseigerungen lassen sich durch Homogenglühen wegen der großen Diffusionsabstände nur ungenügend abbauen. Möglichkeiten ihrer Reduzierung ergeben sich durch die im Kapitel 7 behandelte Warmverformung.

9.10 Zusammenfassung

- Mischkristallverfestigung beruht auf dem gezielten Einbau von Legierungselementen, die als Punktdefekte wirken:
  - Der Grad der erzielbaren Verfestigung wächst (1) mit zunehmender Konzentration des Legierungselements und (2) mit zunehmendem Größenunterschied zwischen Wirtsatomen und Legierungsatomen.
  - Der Mengenanteil des Legierungselements, das zur Verfestigung zugesetzt wird, ist durch dessen Löslichkeit im Grundmaterial begrenzt. Begrenzte Löslichkeit liegt vor, wenn sich (1) die Atomgrößen um mehr als 15% unterscheiden, wenn (2) der Legierungsstoff eine vom Wirtsgitter abweichende Struktur besitzt, und wenn sich (3) Valenz und Elektronegativität beider Atomarten voneinander unterscheiden.
  - Neben der Erhöhung von Festigkeit und Härte bewirkt die Mischkristallverfestigung eine Verminderung von Duktilität und elektrischer Leitfähigkeit. Eine wichtige Zielstellung der Mischkristallverfestigung besteht in der Verbesserung der Hochtempertureigenschaften des Materials.
- Der Zusatz von Legierungselementen bewirkt neben der Mischkristallverfestigung auch Veränderungen der physikalischen Eigenschaften der Legierung, wie zum Beispiel ihrer Schmelztemperatur. Die Änderungen lassen sich aus dem Zustandsdiagramm erklären:
  - Bei vollständiger Löslichkeit ergibt sich ein isomorphes Zustandsdiagramm.
  - Der Erstarrungsvorgang beginnt am Liquiduspunkt und endet am Soliduspunkt. Er erstreckt sich somit über einen Temperaturbereich, der durch den Abstand beider Punkte bestimmt ist.
  - Die Anteile der Phasen im Zweiphasenbereich des Zustandsdiagramms lassen sich mit Hilfe des Hebelgesetzes bestimmen.
- Bei Nichtgleichgewichtserstarrung finden Seigerungen statt:
  - Mikroseigerung erfolgt über kurze Abstände, oft zwischen Dendriten. Die Zentren der Dendriten sind mit der höher schmelzenden Komponente angereichert, die zwischendendritischen Bereiche, die zuletzt erstarren, mit der niedriger schmelzenden Komponente. Mikroseigerung kann durch Homogenisieren vermindert werden.

- Makroseigerung bedeutet Zusammensetzungsunterschiede über große Entfernungen, zum Beispiel zwischen Oberfläche und Zentrum eines Gußstücks. Makroseigerung läßt sich durch Warmverformung reduzieren.

9.11 Glossar

Begrenzte Löslichkeit. Liegt vor, wenn ein Stoff nur begrenzt in einem anderen Stoff lösbar ist.

Binäres Zustandsdiagramm. Zustandsdiagramm eines Systems mit zwei Stoffkomponenten.

Einstoff-Zustandsdiagramm. Zustandsdiagramm eines Systems mit einer Stoffkomponente.

Erstarrungsbereich. Temperaturdifferenz zwischen Liquidus- und Solidustemperatur.

Feste Lösung (oder Mischkristall). Feste Phase mit mehr als einer Stoffkomponente und gleichmäßiger (ortsunabhängiger) Zusammensetzung.

Gibbssche Phasenregel. Legt die Anzahl der Freiheitsgrade bzw. der unabhängigen Zustandsvariablen eines Systems fest.

Hebelgesetz (Konodenregel). Methode zur Bestimmung der Phasenanteile eines Zweiphasensystems.

Hebellinie (Konode). Waagerechte Linie im Zweiphasenbereich eines Zweikomponentensystems zur Bestimmung der jeweiligen Anteile beider Phasen.

Homogenglühen. Wärmebehandlung zur Reduzierung einer nach Nichtgleichgewichtserstarrung vorliegenden Seigerung.

Hume-Rothery-Regeln. Notwendige, aber nicht hinreichende Bedingungen für unbegrenzte Löslichkeit in einem Legierungssystem.

Isomorphes Zustandsdiagramm. Zustandsdiagramm für Systeme mit unbegrenzter Löslichkeit.

Konodenregel. Siehe Hebelgesetz.

Liquidustemperatur (-punkt). Temperatur, bei der sich bei Abkühlung der erste Festkörper bildet.

Löslichkeit. Relativer Mengenanteil eines Stoffs, der sich in einem zweiten Stoff (Lösungsmittel) ohne Bildung einer zweiten Phase vollständig auflösen kann.

Makroseigerung. Zusammensetzungsabweichung innerhalb eines Festkörpers über große Entfernung infolge Nichtgleichgewichtserstarrung.

Mikroseigerung. Zusammensetzungsabweichung innerhalb eines Festkörpers über kurze Entfernung. Auch als zwischendendritische Seigerung bekannt.

Mischkristall. Siehe feste Lösung.

Mischkristallverfestigung. Materialverfestigung durch Einbau von Atomen eines Legierungselements, die in der Festkörperstruktur als Punktdefekte wirken.

Phase. Materialbereich mit gleicher Zusammensetzung, Struktur und gleichen Eigenschaften.

Phasendiagramm. Siehe Zustandsdiagramm.

Seigerung. Vorhandensein von Zusammensetzungsunterschieden im Festkörper als Nichtgleichgewichtszustand, zumeist hervorgerufen durch ungenügende Diffusionszeit während des Erstarrens.

Solidustemperatur (-punkt). Temperatur, bei der eine Schmelze vollständig erstarrt ist.

Tripelpunkt. Druck- und Temperaturwert, bei dem drei Phasen eines Einstoffsystems im Gleichgewicht koexistieren.

Unbegrenzte Löslichkeit. Unbegrenzte Auflösung eines Stoffs in einem zweiten Stoff (Lösungsmittel) ohne Bildung einer zweiten Phase.

Warmbrüchigkeit. Aufschmelzen von Bestandteilen eines im Nichtgleichgewicht erstarrten Mehrkomponentenmaterials unterhalb des Gleichgewichtsschmelzpunkts. Betroffen sind Bestandteile mit niedrigem Nichtgleichgewichts-Schmelzpunkt (unterhalb des Gleichgewichts-Schmelzpunktes gelegen).

Zustandsdiagramm. Darstellung der Phasen und ihrer Zusammensetzung in Abhängigkeit von der Temperatur und der Gesamtzusammensetzung des Stoffsystems.

9.12 Übungsaufgaben

9.1 Welche der nachfolgenden Zweistoffsysteme könnte nach den Hume-Rothery-Bedingungen unbegrenzte Löslichkeit aufweisen?
(a) Au-Ag
(b) Al-Cu
(c) Al-Au
(d) U-W
(e) Mo-Ta
(f) Nb-W
(g) Mg-Zn
(h) Mg-Cd

9.2 Es sei angenommen, daß sich 1 Atom% der unten angeführten Elemente in Aluminium ohne Erreichen der Löslichkeitsgrenze auflöst. Welches der Elemente würde die elektrische Leitfähigkeit am geringsten beeinträchtigen? Kann erwartet werden, daß eines der Elemente unbegrenzte Löslichkeit besitzt?
(a) Li
(b) Ba
(c) Be
(d) Cd
(e) Ga

9.3 Bestimme die Liquidustemperatur, die Solidustemperatur und den Erstarrungsbereich von NiO-MgO-Keramik nachfolgender Zusammensetzung (vergl. Abb. 9.8):
(a) NiO-MgO(30 Mol%),
(b) NiO-MgO(45 Mol%),
(c) NiO-MgO(60 Mol%),
(d) NiO-MgO(85 Mol%).

9.4 Bestimme die Anzahl der vorhandenen Phasen, ihre Zusammensetzung und den Anteil jeder Phase in Mol% von NiO-MgO-Keramik nachfolgender Zusammensetzung bei 2 400 °C (vergl. Abb. 9.8):

(a) NiO-MgO(30 Mol%),
(b) NiO-MgO(45 Mol%),
(c) NiO-MgO(60 Mol%),
(d) NiO-MgO(85 Mol%).

9.5 Berechne die Zusammensetzung einer Legierung von 65 Gewichts% Cu und 35 Gewichts% Al in Atom%.

9.6 Eine NiO-MgO(20 Mol%)-Keramik wird auf 2 200 °C erhitzt. Bestimme
(a) die Zusammensetzung der festen und der flüssigen Phase in Mol% und in Gewichts%,
(b) den Anteil jeder Phase in Mol% und Gewichts%,
(c) den Anteil jeder Phase in Volumen% unter der Annahme, daß die Dichte der festen Phase 6,32 g/cm^3 und die Dichte der flüssigen Phase 7,14 g/cm^3 betragen.

9.7 Wieviel Gramm Ni müssen 500 g Cu hinzugefügt werden, um eine Legierung mit einer Liquidustemperatur von 1 350 °C zu erzeugen? Wie groß ist das Mengenverhältnis von Ni-Atomen und Cu-Atomen?

9.8 Wieviel Gramm MgO müssen 1 kg NiO hinzugefügt werden, um eine Keramik mit einer Solidustemperatur von 2 200 °C zu erzeugen?

9.9 Eine feste MgO-FeO-Keramik soll bei 1 200 °C aus gleichen Mol%-Anteilen von MgO und FeO bestehen. Bestimme den Gewichts%-Anteil von FeO (s. Abb. 9.18).

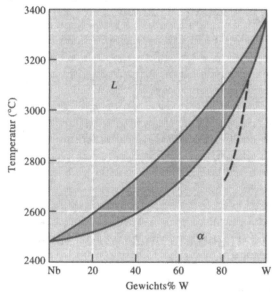

Abb. 9.18. Gleichgewichts-Zustandsdiagramm des MgO-FeO-Systems.

9.10 Eine Nb-W-Legierung ist bei 2 800 °C teilweise flüssig und teilweise fest.
(a) Bestimme die Zusammensetzung beider Legierungsphasen.
(b) Bestimme den Anteil beider Phasen (s. Abb 9.19).

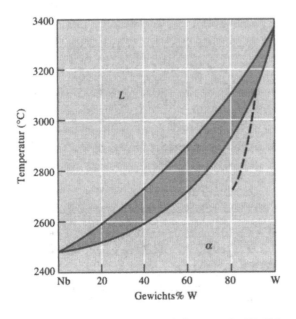

Abb. 9.19. Gleichgewichts-Zustandsdiagramm des Nb-W-Systems.

9.11 Ein Schmelztiegel aus reinem Ni enthält 500 g flüssiges Cu bei einer Temperatur von 1 150 °C. Beschreibe, was sich in dem System ereignet, wenn die Temperatur mehrere Stunden aufrechterhalten bleibt.

9.12 Es seien 75 cm^3 Nb und 45 cm^3 W miteinander vermischt und geschmolzen. Bestimme
(a) die Liquidustemperatur, die Solidustemperatur und den Erstarrungsbereich der Legierung,
(b) die vorhandene(n) Phase(n), ihre Zusammensetzung(en) und ihren (ihre) Anteil(e) bei 2 800 °C. Vergleiche Abbildung 9.19.

9.13 Eine Nb-W(35 %)-Legierung wird bis zur Erstarrung abgekühlt. Bestimme
(a) die Zusammensetzung der sich zuerst bildenden festen Phase,
(b) die Zusammensetzung der letzten Schmelze bei Erstarren unter Gleichgewichtsbedingungen. Vergleiche Abbildung 9.19.

9.14 Bestimme für eine MgO-FeO(65 Gewichts%)-Keramik unter der Annahme von Nichtgleichgewichtsbedingungen
(a) die Liquidustemperatur,
(b) die Nichtgleichgewichts-Solidustemperatur,
(c) den Erstarrungsbereich,
(d) die Zusammensetzung der sich zuerst bildenden festen Phase,
(e) die Zusammensetzung der zuletzt erstarrenden Schmelze,
(f) die bei 1 800 °C vorhandenen Phasen, ihre Zusammensetzung und ihren Anteil,
(g) die bei 1 600 °C vorhandenen Phasen, ihre Zusammensetzung und ihren Anteil. Vergleiche Abbildung 9.18.

9.15 Bestimme für eine Nb-W(80 Gewichts%)-Legierung unter Nichtgleichgewichtsbedingungen (s. Abb. 9.19)
(a) die Liquidustemperatur,

(b) die Nichtgleichgewichts-Solidustemperatur,
(c) den Erstarrungsbereich,
(d) die Zusammensetzung der sich zuerst bildenden festen Phase,
(e) die Zusammensetzung der zuletzt erstarrenden Schmelze,
(f) die bei 3 000 °C vorhandenen Phasen, ihre Zusammensetzung und ihren Anteil,
(g) die bei 2 800 °C vorhandenen Phasen, ihre Zusammensetzung und ihren Anteil.

9.16 Abbildung 9.20 zeigt die Abkühlungskurve einer Nb-W-Legierung. Bestimme
(a) die Liquidustemperatur,
(b) die Solidustemperatur,
(c) den Erstarrungsbereich,
(d) die Gießtemperatur,
(e) die Überhitzung,
(f) die lokale Erstarrungszeit,
(g) die totale Erstarrungszeit,
(h) die Zusammensetzung der Legierung.

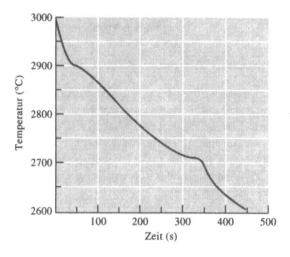

Abb. 9.20. Abkühlungskurve einer Nb-W-Legierung (zur Aufgabe 9.16).

10 Ausscheidungshärtung beim Erstarren

10.1 Einleitung

Wenn beim Abkühlen einer Legierung die Löslichkeitsgrenze überschritten wird, scheidet sich der überschüssige Legierungsstoff als zweite Phase aus, und es entsteht eine Zweiphasenlegierung. Die Grenzfläche zwischen beiden Phasen unterbricht die atomare Anordnung des Materials. Infolgedessen wirkt sie in Metallen störend auf Gleitvorgänge von Versetzungen und verursacht eine Materialverfestigung. Diese Erscheinung wird als *Ausscheidungshärtung* bezeichnet.

Wir befassen uns im folgenden zunächst mit den Grundlagen der Ausscheidungshärtung, um die Strukturen zu bestimmen, die dabei anzustreben sind. Danach untersuchen wir die Reaktionen, die zu Mehrphasenlegierungen führen. Und schließlich betrachten wir im einzelnen die Methoden, die zur Steuerung der Ausscheidungshärtung über den Erstarrungsprozeß zur Verfügung stehen.

10.2 Grundlagen der Ausscheidungshärtung

Ausscheidungshärtung von Legierungen wird durch das Auftreten von mehr als einer festen Phase hervorgerufen. Wir bezeichnen die kontinuierlich (d. h. im Volumen zusammenhängend) und gewöhnlich auch mit hohem Anteil auftretende Phase als *Matrix* und die zweite, gewöhnlich mit geringerem Anteil vorhandene Phase als *Ausscheidung*. In einigen Fällen entstehen zwei Phasen gleichzeitig. Das auch im Schliffbild erkennbare Gemisch beider Phasen bezeichnen wir als *Gefüge* und bei sehr feiner Struktur auch als *Mikrogefüge*.

Es gibt einige allgemeingültige Kriterien, wie sich Matrix und Ausscheidungen auf das mechanische Eigenschaftsprofil von Legierungen auswirken. Abbildung 10.1 vergleicht den Einfluß verschiedener Matrix- und Ausscheidungsmerkmale auf das Festigkeits- und Duktilitätsverhalten von Legierungen.

1. Die Matrix sollte weich und duktil sein, die Ausscheidung dagegen hart. So können die Ausscheidungen Versetzungsbewegungen stören (das Material verfestigen), während über die Matrix noch eine begrenzte Duktilität der Legierung erhalten bleibt.

2. Die harten Ausscheidungen sollten sich diskontinuierlich in der weichen und duktilen Matrix verteilen. Wären sie ebenfalls kontinuierlich vorhanden wie die Matrix, könnten sich Risse durch die gesamte Struktur ausbreiten. Bei diskontinuierlicher Ausscheidung bleiben die Risse dagegen auf die spröden Bereiche der Ausscheidungen begrenzt.

3. Die Ausscheidungen sollten klein und zahlreich sein. In diesem Fall erhöht sich die Wahrscheinlichkeit ihrer Wechselwirkung mit Gleitprozessen von Versetzungen.

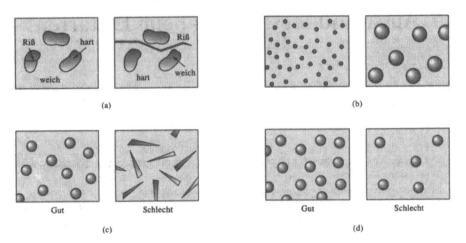

Abb. 10.1. Bedingungen für effektive Ausscheidungshärtung: Die Ausscheidungen sollten (a) hart und ungleichmäßig verteilt, (b) klein und zahlreich, (c) rund statt nadelförmig sein und (d) einen möglichst hohen Gesamtanteil an der Legierung aufweisen.

4. Runde Ausscheidungsformen sind günstiger als nadelförmige oder spitze, weil damit eine geringere Wahrscheinlichkeit für Rißbildung verbunden ist.
5. Die Festigkeit der Legierung steigt mit zunehmendem Anteil der Ausscheidungen.

Zweiphasenstoffe bieten nicht nur eine Festigkeitserhöhung, sondern können auch andere Effekte bewirken, auf welche die oben angeführten Kriterien nicht zutreffen. Zum Beispiel läßt sich durch Ausscheidungen auch die Bruchzähigkeit von Materialien erhöhen. Diesen Effekt bewirkt der Einbau einer duktilen Phase in keramische Matrix oder einer Kautschukphase in duroplastisches Polymer. In einigen Ti-Legierungen kann das Rißwachstum auch durch ein dichtes Netz nadelfömiger Ausscheidungen behindert werden. Ein weiteres Beispiel ist die Verbesserung der spanabhebenden Bearbeitbarkeit von Kupfer durch sehr weiche kugelförmige Pb-Ausscheidungen. Im folgenden befassen wir uns jedoch hauptsächlich mit Erscheinungen, die mit der Festigkeitserhöhung im Zusammenhang stehen.

10.3 Intermetallische Verbindungen

Ausscheidungsgehärtete Legierungen enthalten oft *intermetallische Verbindungen*. Diese bestehen aus zwei oder mehreren Elementen, die eine neue Phase mit eigener Zusammensetzung, Kristallstruktur und spezifischen Eigenschaften bilden. Intermetallische Verbindungen sind fast ausnahmslos sehr hart und spröde.

Stöchiometrische intermetallische Verbindungen weisen eine definierte Zusammensetzung auf. Stähle werden durch die stöchiometrische Verbindung Fe_3C gehärtet, deren Zusammensetzung durch das feste Verhältnis von drei Fe-Atomen zu einem C-Atom bestimmt ist. Stöchiometrische intermetallische Verbindungen werden im Zustandsdiagramm durch eine senkrechte Linie wiedergegeben (Abb. 10.2a).

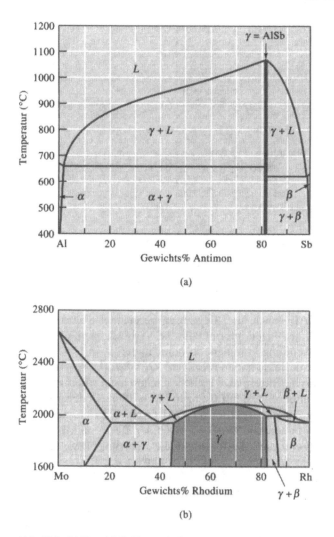

Abb. 10.2. (a) Das Al-Sb-Zustandsdiagramm enthält eine stöchiometrische intermetallische Verbindung γ. (b) Das Mo-Rh-Zustandsdiagramm enthält eine nichtstöchiometrische intermetallische Verbindung γ.

Nichtstöchiometrische intermetallische Verbindungen haben dagegen keine feste Zusammensetzung. Im Mo-Rh-System (Abb. 10.2b) liegt die γ-Phase z. B. als eine intermetallische Verbindung vor, deren Rh-Gehalt bei 1 600 °C zwischen 45 und 83 Gewichts% variieren kann. Viele wichtige Al-Legierungen werden durch Ausscheidungen nichtstöchiometrischer Cu-Al-Verbindungen verfestigt.

Intermetallische Verbindungen werden vorteilhaft genutzt, um sie in weicher und duktiler Matrix zu dispergieren, wie wir in diesem und in nachfolgenden Kapiteln noch erfahren werden. Aber sie weisen auch für sich allein bemerkenswerte Eigenschaften auf, die zunehmendes Interesse finden. Zu ihren herausragenden Merkmalen zählen ihr hoher Schmelzpunkt, eine große Steifigkeit und der hohe Oxydations- und Kriechwiderstand. Vertreter dieser neuen Werkstoffgruppe sind Ti_3Al und Ni_3Al. Diese Stoffe behalten ihre Festigkeit bis zu hohen

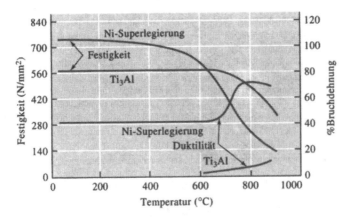

Abb. 10.3. Festigkeit und Duktilität der intermetallischen Verbindung Ti_3Al und einer konventionellen Ni-Superlegierung.

Temperaturen und können sogar eine merkliche Duktilität erreichen, wie Abbildung 10.3 zeigt.

Die Ti-Aluminide wie TiAl – auch als γ-Legierung bezeichnet – und Ti_3Al – auch als α_2-Legierung bezeichnet – sind intermetallische Verbindungen, die in vielen Einsatzgebieten zur Anwendung kommen, so unter anderem in Gasturbinen und im modernen Flugzeugbau. Beide haben *geordnete Kristallstrukturen*, in denen die Ti- und Al-Atome spezifische Gitterplätze einnehmen und nicht willkürlich verteilt sind wie in den meisten anderen festen Lösungen (Abb. 10.4). In der geordneten flächenzentrierten tetragonalen Struktur von TiAl (Abb. 10.5) befinden sich die Ti-Atome an den Eckpositionen und in den Zentren der Deck- und Bodenfläche der Elementarzelle, während die Al-Atome nur die Zentrumsplätze der vier Seitenflächen einnehmen. Die geordnete Struktur erschwert die Bewegung von Versetzungen (was eine verringerte Duktilität bei niedrigen Temperaturen zur Folge hat), aber sie verursacht auch eine hohe Aktivierungsenergie für Diffusionsvorgänge, so daß sich eine hohe Kriechresistenz bei erhöhten Temperaturen ergibt. Geordnete Verbindungen von NiAl und Ni_3Al sind ebenfalls interessant für Anwendungen in der Überschallflugtechnik, in Strahltriebwerken und auch in zivilen Hochgeschwindigkeitsflugzeugen.

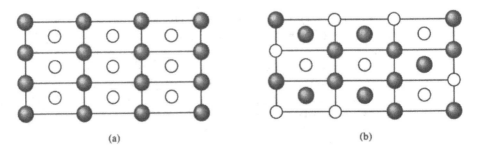

Abb. 10.4. (a) In geordneten Gitterstrukturen besetzen die Substitutionsatome nur spezifische Gitterplätze. (b) In anderen Gitterstrukturen sind sie zufällig über die Gitterplätze verteilt.

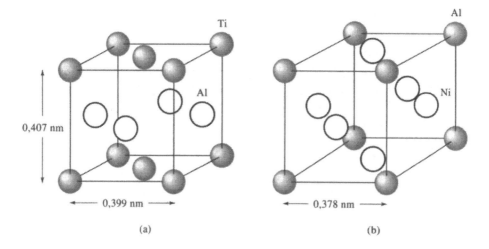

Abb. 10.5. Elementarzellen von zwei intermetallischen Verbindungen: (a) Die Elementarzelle von TiAl ist flächenzentriert tetragonal, (b) die von Ni_3Al flächenzentriert kubisch.

Beispiel 10.1

Materialauswahl für Teile eines Raumflugkörpers, die bei Wiedereintritt in die Erdatmosphäre hohen Temperaturen ausgesetzt sind.

Lösung

Das Material muß den hohen Temperaturen bei Wiedereintritt in die Erdatmosphäre standhalten, wobei es gleichzeitig dem Angriff von Sauerstoff ausgesetzt ist. Es muß eine Mindestduktilität zum Toleranzausgleich mechanischer Verspannungen aufweisen und sollte im Interesse der Gewichtseinsparung nur geringe Dichte besitzen.

Metalle wie Wolfram ($19,254$ g/cm^3), Nickel ($8,902$ g/cm^3) und Titan ($4,507$ g/cm^3) sind zwar hochtemperaturbeständig, aber für den Einsatzfall zu schwer (Wolfram, Nickel) bzw. ungenügend resistent gegenüber Sauerstoff (Titan). Als geeignet bieten sich intermetallische Verbindungen wie TiAl und Ni_3Al an. Diese verfügen über gute Hochtemperatureigenschaften und Sauerstoffresistenz und weisen auch eine gewisse Mindestduktilität bei hoher Temperatur auf. Wir können ihre Dichte aus der Struktur abschätzen.

Die Gitterkonstanten der flächenzentrierten tetragonalen Elementarzelle von TiAl betragen $a_0 = 3,99 \cdot 10^{-8}$ cm und $c_0 = 4,07 \cdot 10^{-8}$ cm. Zur Elementarzelle gehören zwei Ti- und zwei Al-Atome. Somit ergibt sich für die Dichte:

$$\rho_{TiAl} = \frac{(2Ti)(47,9) + (2Al)(26,981)}{(3,99 \cdot 10^{-8})^2(4,07 \cdot 10^{-8})(6,02 \cdot 10^{23})} = 3,84 \text{ g/cm}^3.$$

Die Gitterkonstante von Ni_3Al beträgt $3,78 \cdot 10^{-8}$ cm. Die Elementarzelle enthält drei Ni-Atome und ein Al-Atom:

$$\rho_{Ni_3Al} = \frac{(3Ni)(58,71) + (1Ti)(47,9)}{(3,78 \cdot 10^{-8})^3(6,02 \cdot 10^{23})} = 6,89 \text{ g/cm}^3.$$

Die Dichte von TiAl ist etwa nur halb so groß wie die von Ni_3Al, so daß, wenn alle anderen Eigenschaften vergleichbar sind, wir uns für TiAl entscheiden. ☐

10.4 Zustandsdiagramme mit Dreiphasenreaktionen

Für viele Zweistoffsysteme gelten kompliziertere Zustandsdiagramme als wir sie von isomorphen Systemen kennen. In diesen Systemen treten Reaktionen auf, an denen drei Phasen beteiligt sind. In Abbildung 10.6 sind die fünf wichtigsten Reaktionen in einer Übersicht zusammengefaßt. Sie lassen sich im Zustandsdiagramm auf folgende Weise identifizieren:

Eutektisch	$L \rightarrow \alpha + \beta$	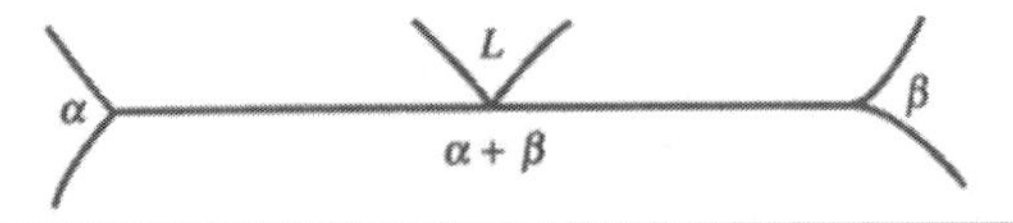
Peritektisch	$\alpha + L \rightarrow \beta$	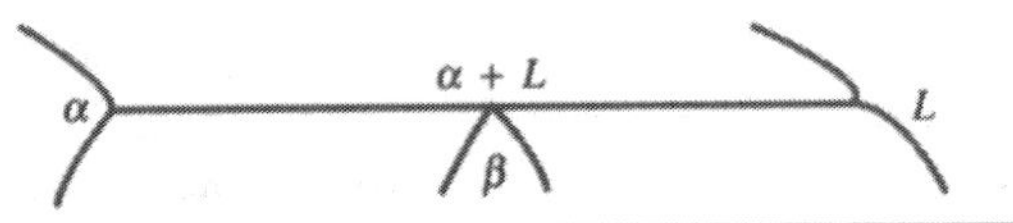
Monotektisch	$L_1 \rightarrow L_2 + \alpha$	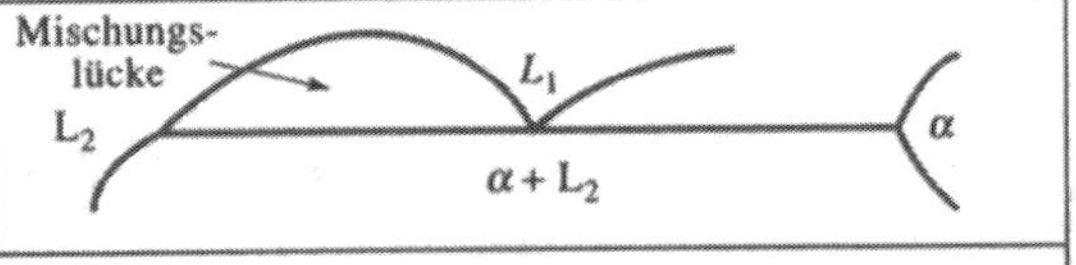
Eutektoid	$\gamma \rightarrow \alpha + \beta$	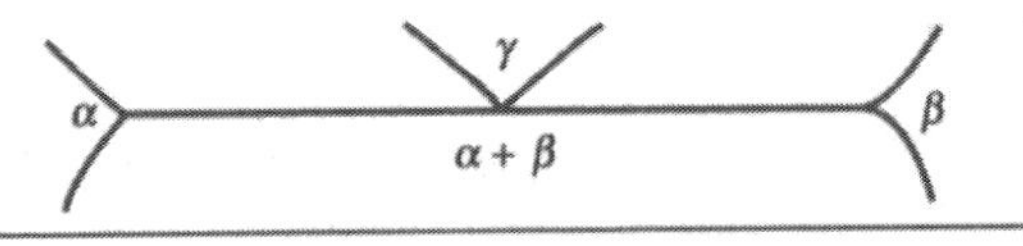
Peritektoid	$\alpha + \beta \rightarrow \gamma$	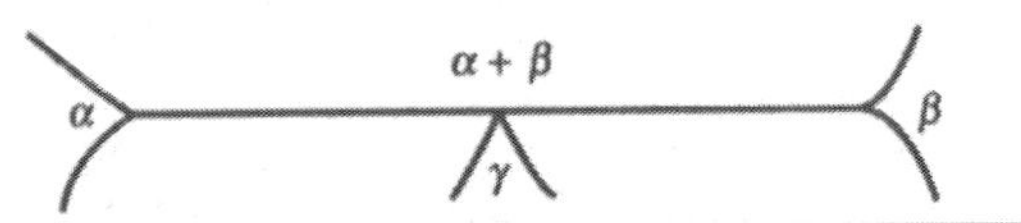

Abb. 10.6. Die fünf wichtigsten Dreiphasenreaktionen im binären Zustandsdiagramm.

1. Dreiphasenreaktionen sind im Zustandsdiagramm an horizontalen Linien erkennbar. Die vertikale Lage dieser Linien markiert die Temperatur, bei der die Reaktion unter Gleichgewichtsbedingungen stattfindet.
2. Die horizontalen Linien enthalten drei charakteristische Punkte: ihre beiden Endpunkte und einen dritten, häufig nahe der Mitte gelegenen Punkt. Der mittlere Punkt gibt die stoffliche Zusammensetzung an, bei der die Dreiphasenreaktion abläuft.
3. Die an der Reaktion beteiligten Phasen befinden sich unmittelbar über bzw. unter dem mittleren Punkt. Die zugehörige Reaktionsgleichung enthält auf der linken Seite die oberhalb des Punktes gelegene(n) Phase(n) und auf der rechten Seite die unterhalb gelegene(n) Phase(n). Aus dem Vergleich mit den in Abbildung 10.6 angeführten Reaktionsgleichungen ergibt sich dann die Art der jeweiligen Reaktion.

Beispiel 10.2

Anhand des Zustandsdiagramms in Abbildung 10.7 sind die in diesem Zweistoffsystem stattfindenden Dreiphasenreaktionen und die zugehörigen Temperatur- und Konzentrationswerte zu bestimmen.

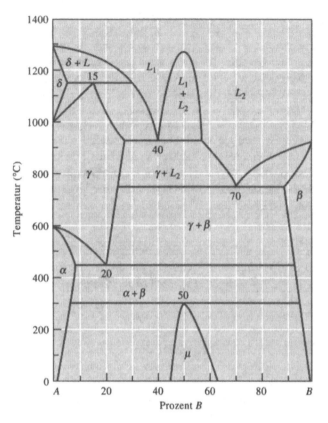

Abb. 10.7. Hypothetisches Zustandsdiagramm (zu Beispiel 10.2).

Lösung

Das Diagramm enthält fünf horizontale Linien bei den Temperaturen 1 150 °C, 920 °C, 750 °C, 450 °C und 300 °C, an denen folgende Reaktionen stattfinden:

1 150 °C: Der mittlere Punkt entspricht einer Konzentration von 15% der Substanz B. Oberhalb des Punktes existieren die Phasen $\delta + L$ und unterhalb des Punktes die Phase γ. Die Reaktionsgleichung lautet:

$\delta + L \rightarrow \gamma$, d. h. es findet eine peritektische Reaktion statt.

Analog ergibt sich für die anderen Linien:

920 °C: 40% B,
$L_1 \rightarrow \gamma + L_2$, monotektisch.
750 °C: 70% B,
$L \rightarrow \gamma + \beta$, eutektisch.
450 °C: 20% B,
$\gamma \rightarrow \alpha + \beta$, eutektoid.

300 °C: 50% B,

    $\alpha + \beta \to \mu$, peritektoid.   □

Eutektische, peritektische und *monotektische* Reaktionen sind Teil des Erstarrungsvorgangs. Legierungen, die zum Gießen und Löten verwendet werden, profitieren von dem niedrigeren Schmelzpunkt der eutektischen Reaktion. Das Zustandsdiagramm monotektischer Reaktionen weist eine *Mischungslücke* in Form einer „Haube" auf, in der zwei flüssige Phasen koexistieren. Im Cu-Pb-System erzeugt die monotektische Reaktion Kügelchen aus dispergiertem Blei, das die mechanische Bearbeitbarkeit der Cu-Legierung verbessert. Peritektische Reaktionen führen zu Nichtgleichgewichts-Erstarrung und Seigerung.

Die *eutektoiden* und *peritektoiden* Reaktionen sind ausschließlich Festkörperreaktionen. Die eutektoide Reaktion bildet die Basis für die Wärmebehandlung verschiedener Legierungssysteme einschließlich Stahl. Die peritektoide Reaktion verläuft extrem langsam und erzeugt unerwünschte Nichtgleichgewichts-Strukturen.

Jede dieser Dreiphasenreaktionen erfolgt bei bestimmter Temperatur und bestimmter Zusammensetzung. Die Gibbssche Phasenregel für eine Dreiphasenreaktion (bei konstantem Druck) lautet

$$F = C - P + 1 = 2 - 3 + 1 = 0, \tag{10.1}$$

da sich das binäre Zustandsdiagramm auf zwei Stoffkomponenten (C) bezieht und an der Reaktion drei Phasen (P) beteiligt sind. Wenn sich die drei Phasen während der Reaktion im Gleichgewicht befinden, ist kein Freiheitsgrad vorhanden.

10.5 Eutektisches Zustandsdiagramm

Das Pb-Sn-System enthält nur eine eutektische Reaktion (Abb. 10.8) und bildet die Basis für Lotmaterialien. Wir wollen vier Legierungsklassen dieses Systems näher betrachten.

Legierungen aus festen Lösungen. Legierungen mit einem Sn-Gehalt zwischen 0 und 2 % verhalten sich exakt wie Cu-Ni-Legierungen; während des Erstarrens bildet sich eine einphasige feste Lösung α (Abb. 10.9). Diese Legierungen werden durch Mischkristallverfestigung, durch Kaltverfestigung und durch Kornverfeinerung (als Folge eines kontrollierten Erstarrungsvorgangs) gehärtet.

Legierungen, die die Löslichkeitsgrenze überschreiten. Legierungen mit einem Sn-Gehalt zwischen 2 und 19% erstarren ebenfalls zu einer einphasigen festen Lösung α. Bei weiterer Abkühlung findet jedoch eine Festkörperreaktion statt, bei der sich eine zweite feste Phase β aus der Ursprungsphase α ausscheidet (Abb. 10.10).

α ist eine feste Lösung von Zinn in Blei. Die Löslichkeit von Zinn in der α-Phase ist jedoch begrenzt. Bei 0 °C sind nur 2% Zinn in α lösbar. Mit zunehmender Temperatur erhöht sich der in Blei lösbare Sn-Anteil, bis bei 183 °C ein Anteil von 19% erreicht ist. Dieser Wert entspricht der maximalen Löslichkeit von Zinn in Blei. Die Löslichkeit von Zinn in festem Blei in Abhängigkeit von der Temperatur wird durch die *Solvuslinie* (Löslichkeitslinie) beschrieben. Pb-Legierungen mit

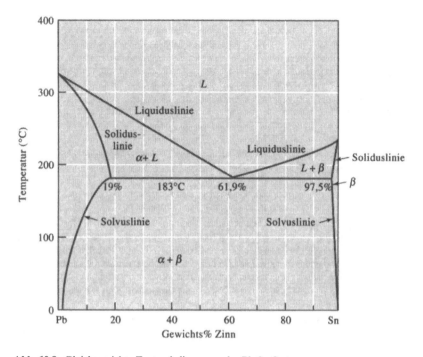

Abb. 10.8. Gleichgewichts-Zustandsdiagramm des Pb-Sn-Systems.

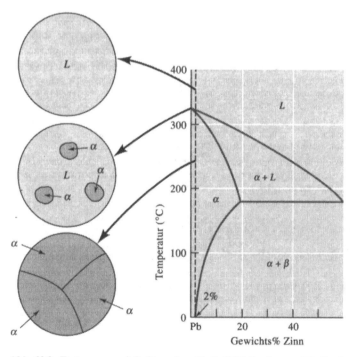

Abb. 10.9. Erstarrung und Gefüge einer Pb-Sn(2%)-Legierung. Die Legierung ist eine einphasige feste Lösung.

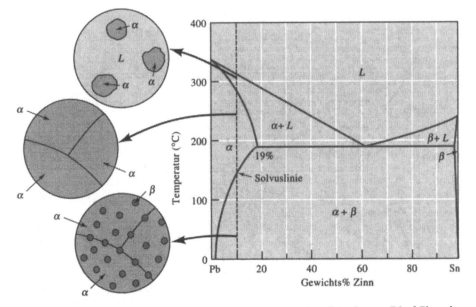

Abb. 10.10. Erstarrung, Ausscheidung und Gefüge einer Pb-Sn(10%)-Legierung. Die β-Phase bewirkt eine Ausscheidungshärtung.

einem Sn-Gehalt zwischen 2 und 19% übersteigen nach Unterschreiten der Solvus-linie die Löslichkeitsgrenze für Zinn, und es bildet sich eine β-Phase.

Die mechanischen Eigenschaften dieses Legierungstyps lassen sich durch verschiedene Methoden beeinflussen. Zu ihnen gehören die Mischkristallverfestigung im α-Teil der Struktur, die Gefügebeeinflussung während des Erstarrens und die Steuerung des Anteils und der Eigenschaften der β-Phase. Der zuletzt genannte Mechanismus gehört zur Ausscheidungshärtung in Verbindung mit der Umwandlung fester Phasen (kein Erstarrungsvorgang), auf die wir im Kapitel 11 näher eingehen werden.

Beispiel 10.3
(a) Bestimmung der Löslichkeit von Sn in festem Pb bei 100 °C.
(b) Bestimmung der maximalen Löslichkeit von Pb in festem Sn.
(c) Bestimmung des Anteils der β-Phase, die sich bei Abkühlung einer Pb-Sn(10%)-Legierung auf 0 °C bildet.

Lösung
(a) Die Temperaturlinie von 100 °C schneidet die Solvuslinie bei 5% Sn. Die Löslichkeit von Sn in Pb bei 100 °C beträgt demzufolge 5%.
(b) Die maximale Löslichkeit von Pb in Sn ist auf der Sn-Seite des Zustandsdiagramms ablesbar und beträgt 2,5% bei einer Temperatur von 183 °C (identisch mit der eutektischen Temperatur).
(c) Bei 0 °C befindet sich die Pb-Sn(10%)-Legierung in einer α + β-Region des Zustandsdiagramms. Mit Hilfe einer Hebellinie bei 0 °C und Anwendung des Hebelgesetzes ergibt sich:

$$\% \beta = \frac{10-2}{100-2} \cdot 100 = 8,2\%.$$ □

Eutektische Legierungen. Die Legierung mit 61,9% Sn-Anteil besitzt eutektische Zusammensetzung (Abb. 10.11). Oberhalb von 183 °C ist diese Legierung flüssig und muß als Schmelze 61,9% Sn enthalten. Nach Abkühlung auf 183 °C setzt die eutektische Reaktion ein:

$$L_{61,9\% \text{ Sn}} \rightarrow \alpha_{19\% \text{ Sn}} + \beta_{97,5\% \text{ Sn}}.$$

Hierbei entstehen zwei feste Lösungen, α und β. Ihre Zusammensetzungen sind durch die Enden der eutektischen Linie bestimmt.

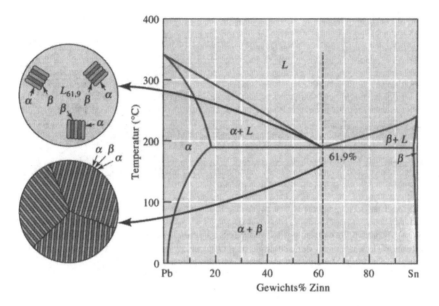

Abb. 10.11. Erstarrung und Gefüge der eutektischen Pb-Sn(61,9%)-Legierung.

Das Wachstum der beiden Phasen des Eutektikums während des Erstarrungsvorgangs erfordert sowohl die Ableitung der frei werdenden latenten Wärme als auch die Umverteilung beider Atomarten durch Diffusion. Da die Erstarrung vollständig bei 183 °C abläuft, entspricht die Abkühlungskurve der eines reinen Metalls (Abb. 10.12), d. h. sie weist bei der eutektischen Temperatur einen Haltepunkt (Temperaturplateau) auf.

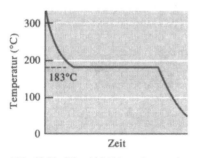

Abb. 10.12. Die Abkühlungskurve einer eutektischen Legierung enthält einen einfachen Haltepunkt, da Eutektika bei konstanter Temperatur erstarren bzw. schmelzen.

Als Folge der Umverteilung der Atome im Verlaufe der eutektischen Reaktion entsteht eine charakteristische Gefügestruktur. Im Pb-Sn-System wachsen die α- und β-Phasen in *Lamellar-* oder Schichtstruktur (Abb. 10.13). Diese Lamellenstruktur ist favorisiert, weil hierbei die zur Umverteilung der Pb- und Sn-Atome erforderliche Diffusionsbewegung innerhalb der Schmelze (mit hoher Diffusionsgeschwindigkeit) und über kurze Entfernungen ablaufen kann. Die Lamellarstruktur ist charakteristisch für eine Vielzahl eutektischer Systeme.

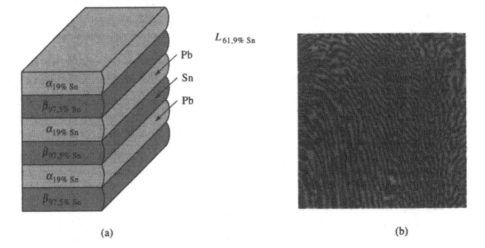

(a)   (b)

Abb. 10.13. (a) Atomare Umverteilung während des lamellaren Wachstums eines Pb-Sn-Eutektikums. Sn-Atome diffundieren aus der Schmelze bevorzugt in die β-Lamellen und Pb-Atome in die α-Lamellen. (b) Mikrofotografie eines eutektischen Pb-Sn-Gefüges (400fach).

Im Ergebnis der eutektischen Reaktion entsteht eine spezifische Anordnung der festen Phasen, die auch als *eutektisches Gefüge* bezeichnet wird. Bei einer Pb-Sn(61,9%)-Legierung geht die Schmelze vollständig in dieses eutektische Gefüge über.

Beispiel 10.4
Bestimmung von Anteil und Zusammensetzung der Phasen des eutektischen Gefüges einer Pb-Sn-Legierung.
Lösung
Das Eutektikum enhält 61,9% Zinn. Um die Phasenanteile zu bestimmen, wenden wir das Hebelgesetz bei einer Temperatur dicht unterhalb der eutektischen Temperatur an, also bei etwa 182 °C, wo die eutektische Reaktion gerade abgeschlossen ist. Der Drehpunkt des Hebels befindet sich bei 61,9% Zinn. Die Endpunkte der Hebellinie fallen annähernd mit den Endpunkten der eutektischen Linie zusammen, aus denen sich die stofflichen Zusammensetzungen der Phasen ergeben:

$$\alpha: \text{Pb-19\% Sn}, \qquad \%\alpha = \frac{97,5-61,9}{97,5-19} \cdot 100 = 45\%,$$

$$\beta: \text{Pb-97,5\% Sn}, \quad \%\beta = \frac{61,9-19}{97,5-19} \cdot 100 = 55\%. \qquad \square$$

Unter- und übereutektische Legierungen. Wenn sich eine flüssige Pb-Sn-Legierung mit einem Sn-Gehalt zwischen 19 und 61,9% abkühlt, beginnt die Schmelze bei der Liquidustemperatur zu erstarren. Den Abschluß des Erstarrungsvorgangs bildet jedoch eine eutektische Reaktion (Abb. 10.14). Dieser Erstarrungsablauf erfolgt immer dann, wenn die Ausgangskonzentrationslinie sowohl die Liquiduslinie als auch die eutektische Linie schneidet.

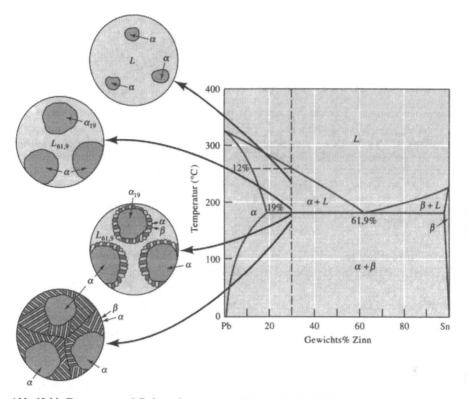

Abb. 10.14. Erstarrung und Gefüge einer untereutektischen Pb-Sn(30%)-Legierung.

Pb-Sn-Legierungen mit einem Sn-Gehalt zwischen 19 und 61,9% werden als *untereutektische Legierungen* bezeichnet, da sie weniger Zinn enthalten, als der eutektischen Zusammensetzung entspricht. Legierungen mit einem Sn-Gehalt zwischen 61,9 und 97.5%, die sich im Zustandsdiagramm rechts von der eutektischen Zusammensetzung befinden, heißen *übereutektische Legierungen*.

Wir betrachten zunächst eine untereutektische Legierung in der Zusammensetzung Pb-Sn(30%) und verfolgen die Strukturveränderungen während des Erstarrens (Abb. 10.14). Nach Erreichen der Liquidustemperatur von 260 °C bildet sich die feste Phase α mit ungefähr 12% Zinn. Die α-Phase wächst während der Abkühlung bis dicht oberhalb der eutektischen Temperatur weiter an. Bei 184 °C ergibt sich aus der Hebellinie ein Sn-Gehalt der α-Phase von 19%, während in der verbleibenden Schmelze 61,9% Zinn enthalten sind. Die Schmelze besitzt also bei 184 °C eutektische Zusammensetzung ! Bei ihrer Abkühlung unter 183 °C geht sie durch eutektische Reaktion in eine lamellare Struktur, bestehend aus α-Phase und β-Phase, über. Diese Struktur ist in Abbildung 10.15a erkennbar. Das eutektische Gefüge umgibt die α-Phase, die zwischen Liquidustemperatur und eutektischer

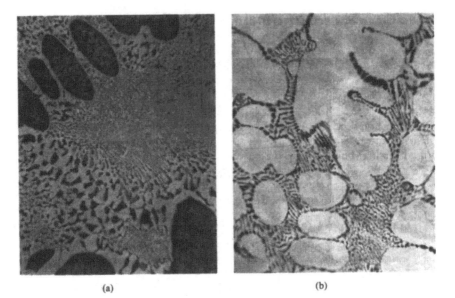

Abb. 10.15. (a) Untereutektische Pb-Sn-Legierung. (b) Übereutektische Pb-Sn-Legierung. Die dunklen Bestandteile sind die bleireiche α-Phase, die hellen Bestandteile die zinnreiche β-Phase und die feine Lamellenstruktur das Eutektikum (400fach).

Temperatur entstanden ist. Das eutektische Gefüge bildet den zusammenhängenden (kontinuierlich vorhandenen) Bestandteil des Festkörpers.

Beispiel 10.5
Bestimmung der in einer Pb-Sn(30%)-Legierung bei 300 °C, 200 °C, 184 °C, 182 °C und 0 °C vorhandenen Phasen, ihrer Anteile und ihrer Zusammensetzung.
Lösung

Tabelle 10.1.

Temperatur (°C)	Phasen	Zusammensetzung	Mengenanteil
300	L	L: 30% Sn	$L = 100\%$
200	$\alpha + L$	L: 55% Sn	$L = \dfrac{30-18}{55-18} \cdot 100 = 32\%$
		α: 18% Sn	$\alpha = \dfrac{55-30}{55-18} \cdot 100 = 68\%$
184	$\alpha + L$	L: 61,9% Sn	$L = \dfrac{30-19}{61,9-19} \cdot 100 = 26\%$
		α: 19% Sn	$\alpha = \dfrac{61,9-30}{61,9-19} \cdot 100 = 74\%$
182	$\alpha + \beta$	α: 19% Sn	$\alpha = \dfrac{97,5-30}{97,5-19} \cdot 100 = 86\%$
		β: 97,5% Sn	$\beta = \dfrac{30-19}{97,5-19} \cdot 100 = 14\%$
0	$\alpha + \beta$	α: 2% Sn	$\alpha = \dfrac{100-30}{100-2} \cdot 100 = 71\%$
		β: 100% Sn	$\beta = \dfrac{30-2}{100-2} \cdot 100 = 29\%$

□

Wir bezeichnen die Phase α, die sich während der Abkühlung zwischen Liquidus- und eutektischer Temperatur bildet, als *primären* oder *voreutektischen Gefügebestandteil*. Diese Phase nimmt nicht an der eutektischen Reaktion teil. Es zeigt sich häufig, daß die Anteile und Zusammensetzungen von Gefügebestandteilen für die Eigenschaften der Legierung größere Bedeutung haben als die Anteile und Zusammensetzungen der Phasen.

Beispiel 10.6
Bestimmung der Anteile und Zusammensetzungen der Gefügbestandteile einer Pb-Sn(30%)-Legierung unmittelbar nach Abschluß der eutektischen Reaktion.
Lösung
Bei den vorliegenden Gefügebestandteilen handelt es sich um die primär entstandene α-Phase und das Eutektikum. Wir können ihre Anteile und Zusammensetzungen aus ihrer Entstehung ableiten. Die primäre α-Phase bildet sich, bevor die Legierung auf eutektische Temperatur abgekühlt ist. Die verbleibende Schmelze geht durch eutektische Reaktion in das Eutektikum über. Bei einer Temperatur dicht oberhalb der eutektischen Temperatur, etwa bei 184 °C, ergeben sich für die α-Phase und die flüssige Phase folgende Anteile und Zusammensetzungen:

$$\alpha: 19\%\ Sn, \qquad \%\alpha = \frac{61,9-30}{61,9-19} \cdot 100 = 74\% = \%\ \text{primäres}\ \alpha,$$

$$L: 61,9\%\ Sn, \quad \%L = \frac{30-19}{61,9-19} \cdot 100 = 26\% = \%\ \text{Eutektikum}.$$

Wenn sich die Legierung bis unter die eutektische Temperatur von 182 °C abkühlt, verwandelt sich die bei 184 °C noch vorhandene Schmelze in das Eutektikum, dessen Sn-Gehalt 61,9% beträgt. Die bei 184 °C vorhandene α-Phase bleibt unverändert und ist der primäre Gefügebestandteil.   □

Die Abkühlungskurve einer untereutektischen Legierung besteht aus einem oberen Teil, der in seinem Verlauf der Abkühlungskurve einer festen Lösung entspricht, und einem horizontalen Teil, in dem die eutektische Reaktion stattfindet (Abb. 10.16).

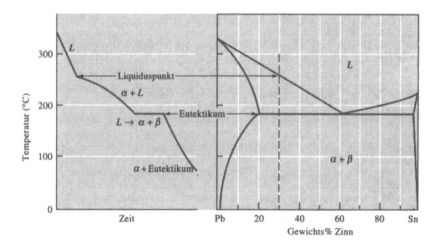

Abb. 10.16. Abkühlungskurve einer untereutektischen Pb-Sn(30%)-Legierung.

Der obere Teil enthält einen Knickpunkt, der mit dem Unterschreiten der Liquiduslinie und dem Beginn der Bildung der primären α-Phase zusammenfällt. Die
während des Wachstums dieser Phase frei werdende latente Erstarrungswärme verlangsamt die Abkühlungsgeschwindigkeit. Wenn die Temperatur bis auf die eutektische Temperatur abgesunken ist, erreicht sie einen Haltepunkt, bei dem die
eutektische Reaktion abläuft (im Falle des als Beispiel betrachteten Pb-Sn-Systems
befindet sich der Haltepunkt bei einer Temperatur von 183 °C). Die Erstarrungs-
kurve der übereutektischen Legierung verläuft ähnlich und führt zu der in Abbildung 10.15b dargestellten Gefügestruktur.

10.6 Festigkeit eutektischer Legierungen

Jede Phase einer eutektischen Legierung weist bis zu einem gewissen Grade Mischkristallverfestigung auf. Die α-Phase des Pb-Sn-Systems, die aus einer festen
Lösung von Zinn in Blei besteht, ist fester als reines Blei. Einige eutektische Legierungen können auch durch Kaltverformung verfestigt werden. Eine weitere Möglichkeit bietet die Kornverfeinerung durch geeigneten Zusatz von Impfstoffen.
Schließlich werden die Legierungseigenschaften auch durch den Anteil und die
Zusammensetzung des Eutektikums beeinflußt.

Größe eutektischer Kolonien. Eutektische Kolonien oder Körner entstehen und
wachsen unabhängig voneinander. Innerhalb jeder Kolonie ist die Lamellarstruktur
des Eutektikums gleich. Beim Übergang zur Nachbarkolonie verändert sich die
Ausrichtung der Lamellen (Abb. 10.21a). Durch Zusatz von Impfstoffen läßt sich
die Größe eutektischer Kolonien verkleinern und dadurch ebenfalls die Festigkeit
der Legierung erhöhen.

Zwischenlamellarer Abstand. Unter dem *zwischenlamellaren Abstand* eines Eutektikums ist der Abstand der Zentren zweier α-Lamellen zu verstehen (Abb. 10.17).
Kleine Abstände haben eine große Grenzfläche zwischen α und β und somit größere Festigkeit des Eutektikums zur Folge.
    Der zwischenlamellare Abstand wird in erster Linie durch die Wachstumsge-
schwindigkeit des Eutektikums bestimmt:

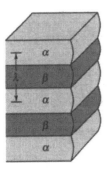

Abb. 10.17. Zwischenlamellarer Abstand einer eutektischen Struktur.

$$\lambda = cR^{-1/2}, \tag{10.2}$$

wobei R die Wachstumsgeschwindigkeit in cm/s und c eine Konstante bedeuten. Abbildung 10.18 zeigt diese Abhängigkeit am Beispiel des Pb-Sn-Eutektikums. Die Wachstumsgeschwindigkeit R läßt sich vergrößern bzw. der zwischenlamellare Abstand verringern, indem die Abkühlungsgeschwindigkeit erhöht und somit die Erstarrungszeit verkürzt wird (Verkürzung der möglichen Diffusionswege).

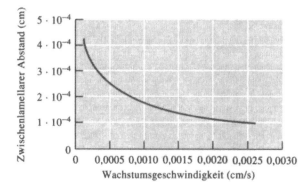

Abb. 10.18. Abhängigkeit des zwischenlamellaren Abstands des Pb-Sn-Eutektikums von der Wachstumsgeschwindigkeit.

Beispiel 10.7

Erstarrungsablauf zur Erzeugung einer „Einkorn"-Struktur eines eutektischen Pb-Sn-Mikrogefüges mit einem zwischenlamellaren Abstand von 3,4 μm.

Lösung

Zur Erzeugung der Einkorn-Struktur wird ein gerichteter Erstarrungsvorgang genutzt, bei dem der zwischenlamellare Abstand über die Wachstumsgeschwindigkeit gesteuert wird. Um den vorgegebenen Wert von $\lambda = 0,00034$ cm zu erreichen, muß nach Abbildung 10.18 die Wachstumsgeschwindigkeit 0,00025 cm/s betragen.

Abbildung 10.19 zeigt eine dafür geeignete Anordnung. Zunächst wird die Pb-Sn(61,9%)-Legierung in einer beheizten Form geschmolzen. Anschließend wird die Form mit einer Geschwindigkeit von 0,00025 cm/s aus dem Ofen gezogen und mit einem Wasserstrahl abgeschreckt. Wenn nur eine eutektische Kolonie durch die Spirale wächst, richten sich alle Lamellen parallel zu dieser Wachstumsrichtung aus. Für eine Gußstücklänge von 10 cm wird eine Zeit von 40 000 s bzw. 11 h benötigt.

Diese Methode kommt für hochtemperaturbeständige, auf eutektischer Ni-Basis beruhende Bauteile für Strahltriebwerke zur Anwendung.   □

Anteil des Eutektikums. Die mechanischen Eigenschaften der Legierung werden auch durch das Verhältnis von Primärgefüge und Eutektikum bestimmt. Im Pb-Sn-System ändert sich der Anteil des Eutektikums von 0% bis 100%, wenn der Sn-Gehalt von 19% auf 61,9% anwächst. Mit zunehmendem Anteil des festeren Eutektikums wächst auch die Festigkeit der Legierung (Abb. 10.20). Ein ähnliches Verhalten ist zu beobachten, wenn der Pb-Gehalt in Zinn von 2,5% auf 38,1% ansteigt. In diesem Fall nimmt die primäre β-Phase der übereutektischen Legierung ab und der Anteil des festen Eutektikums zu, so daß sich wiederum die Gesamtfe-

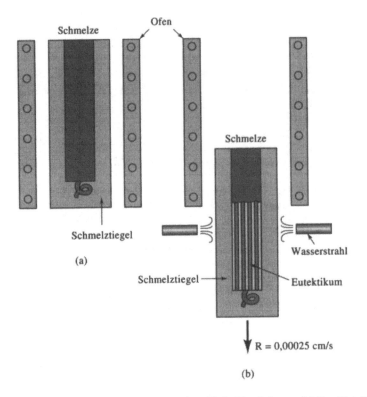

Abb. 10.19. Gerichtete Erstarrung eines Pb-Sn-Eutektikums: (a) Das Metall wird geschmolzen. (b) Der Schmelztiegel wird langsam aus dem Ofen gezogen und das Gußstück abgekühlt (zu Beispiel 10.7).

stigkeit erhöht. Wenn beide individuellen Phasen α und β etwa gleiche Festigkeit besitzen, ist die Festigkeit der eutektischen Legierung am höchsten.

Struktur des Eutektikums. Nicht alle Eutektika haben eine lamellare Struktur. Die Formen beider Phasen im Mikrogefüge hängen von der Abkühlungsgeschwindigkeit, dem Vorhandensein von Verunreinigungen und der Legierungsart ab (Abb. 10.21).

Das in Abbildung 10.22 dargestellte Zustandsdiagramm des Al-Si-Eutektikums ist typisch für eine Vielzahl technisch wichtiger Legierungen. Der Si-Teil des Eutektikums wächst in Form dünner flacher Plättchen, die in der Vergrößerung nadelförmig erscheinen (Abb. 10.21b). Diese spröden Si-Plättchen konzentrieren innere Spannungen und bewirken eine Verringerung der Duktilität und Zähigkeit des Materials.

Die eutektische Struktur der Al-Si-Legierung kann durch Modifizierung, auch als *Veredelung* bezeichnet, verändert werden. Die *Veredelung* bewirkt, daß die Si-Phase in Form dünner, miteinander verbundener Stäbchen zwischen den Al-Dendriten wächst (Abb. 10.21c), was eine Verbesserung der Zugfestigkeit und der % Bruchdehnung zur Folge hat. Zweidimensional betrachtet scheint das veredelte Silicium aus sehr feinen runden Partikeln zu bestehen. Bei schneller Abkühlung der Legierung, wie es beim Druckguß der Fall ist, findet die Veredelung auf natür-

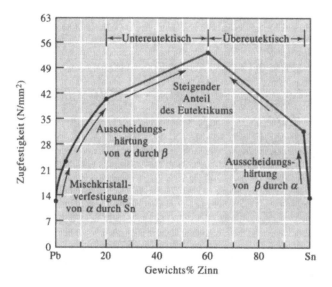

Abb. 10.20. Einfluß der Zusammensetzung und des Verfestigungsmechanismus auf die Zugfestigkeit von Pb-Sn-Legierungen.

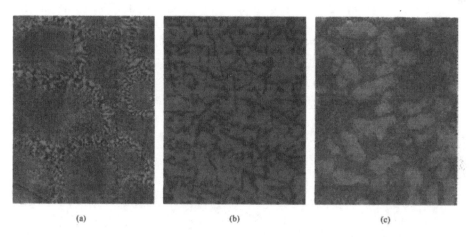

Abb. 10.21. Typische eutektische Gefüge: (a) Kolonien innerhalb des Pb-Sn-Eutektikums (300fach), (b) nadelförmige Si-Plättchen im Al-Si-Eutektikum (100fach), (c) abgerundete Al-Stäbchen eines veredelten Al-Si-Eutektikums (100fach).

liche Weise während des Erstarrungsvorgangs statt. Langsamere Abkühlung erfordert den Zusatz von 0,02% Na oder 0,01% Cr.

Auch die Form der Primärphase ist wichtig. Diese wächst häufig dendritisch. Durch Verringerung des Abstands der sekundären Dendritenarme (SDAS) der Primärphase lassen sich die Eigenschaften der Legierung verbessern. In übereutektischen Al-Si-Legierungen besteht jedoch die Primärphase aus grobkörnigem β, siehe Abbildung 10.23a. Da die β-Phase hart ist, eignen sich übereutektische Al-Si-Legierungen für verschleißfeste Teile von Verbrennungsmotoren. Die grobkörnige β-Phase ist aber nur schlecht spanabhebend bearbeitbar und verursacht Schwer-

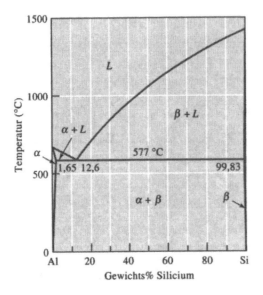

Abb. 10.22. Al-Si-Zustandsdiagramm.

kraftseigerung, indem die primäre β-Phase sich während des Erstarrens an der Oberfläche des Gußstücks absetzt. Durch Zusatz von 0,05% P wird die Keimbildung der primären Si-Phase gefördert, wodurch sich deren Korngröße verfeinert und der Nachteil grober Kornstruktur minimiert wird (Abb. 10.23b).

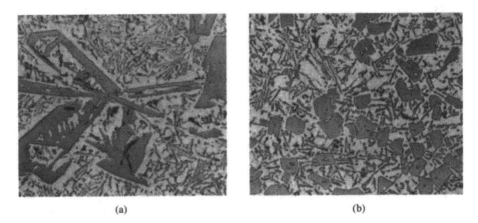

(a)   (b)

Abb. 10.23. Einfluß der P-Härtung auf das Gefüge von übereutektischen Al-Si-Legierungen: (a) Grobes primäres Si, (b) feines primäres Si nach Verfeinerung durch P-Zusatz (75fach). (Aus *Metals Handbook*, Vol. 7, 8. Aufl., *American Society for Metals*, 1972.)

Beispiel 10.8

Materialauswahl für Weichlot zum Ausfüllen von Einbeulungen in Metalloberflächen. Für diese Anwendung soll das Weichlot folgende Eigenschaften aufweisen: (1) Schmelztemperatur unter 230 °C, (2) Zugfestigkeit über 40 N/mm^2, (3) 60% bis 70% Schmelzanteil während der Anwendung, (4) möglichst geringe Kosten.

Lösung

Als Materialbasis wird das Pb-Sn-System ausgewählt. Die Vorgabe (1) wird nach Abbildung 10.8 mit einem Sn-Gehalt von über 40% erfüllt.

Die Vorgabe (2) erfordert nach Abbildung 10.20 einen Sn-Gehalt zwischen 21 und 80%. In Verbindung mit (1) ergibt sich ein zulässiger Sn-Gehalt von 40 bis 80%.

Da der Kilopreis von Zinn etwa 7 $ und der von Blei nur etwa 0,7 $ beträgt, ist die zinnarme Zusammensetzung von Pb-Sn(40%) kostenmäßig am günstigsten.

Schließlich soll sich das Füllmaterial auf einer Temperatur befinden, bei dem es einen Flüssigkeitsanteil von 60 bis 70% besitzt. Aus der nachfolgenden Berechnung ergibt sich hierfür ein Temperaturbereich von 200 °C bis 210 °C:

$$\%L_{200} = \frac{40-18}{55-18} \cdot 100 = 60\%, \qquad \%L_{210} = \frac{40-17}{50-17} \cdot 100 = 70\%.$$

Als geeignet ergeben sich eine Pb-Sn(40%)-Legierung und eine Arbeitstemperatur von 205 °C, bei der 65% Flüssigkeit und 35% primäre α-Phase vorliegen. □

Beispiel 10.9

Materialauswahl für ein leichtgewichtiges zylindrisches Bauteil mit sehr hoher Verschleißfestigkeit auf seiner Innenseite und zugleich ausreichender Duktilität und Zähigkeit des Gesamtkörpers. Solche Bauteile werden für die Auskleidung von Zylinderlaufflächen in Verbrennungsmotoren benötigt.

Lösung

Verschleißfeste Bauteile werden häufig aus Stahl hergestellt, der jedoch eine relativ hohe Dichte besitzt. Übereutektische Al-Si-Legierungen mit einer primären β-Phase bieten die gewünschte Verschleißfestigkeit bei nur einem Drittel des Gewichts eines vergleichbaren Bauteils aus Stahl.

Wegen der vorgegebenen zylindrischen Form empfiehlt sich ein zentrifugales Gießverfahren (Abb. 10.24). Hierbei wird die Schmelze in eine rotierende Form gegossen, so daß sich unter der Zentrifugalwirkung eine Hohlform bildet. Zusätzlich werden dichtere Bestandteile der Legierung an die Außenseite des Gußstücks gedrängt, während sich weniger dichte Bestandteile auf seiner Innenseite anreichern.

Beim Zentrifugalguß einer übereutektischen Legierung beginnt die Keimbildung mit der primären β-Phase, die zunächst allein anwächst. Die β-Dichte beträgt nach Anhang A 2,33 g/cm^3, im Vergleich dazu hat reines Aluminium eine Dichte von ungefähr 2,7 g/cm^3. Wenn sich primäre β-Phase aus der Schmelze ausscheidet, sammelt sie sich infolge der Zentrifugalwirkung bevorzugt auf der Innenseite des Gußstücks an. Das Gußstück besteht somit aus einem eutektischen Gefüge auf der Außenseite mit angemessener Duktilität und einem Bereich übereutektischer Zusammensetzung mit hohem Anteil der primären β-Phase auf der Innenseite.

Eine typische Legierungszusammensetzung für Motorenteile ist Al-Si(17%). Nach Abbildung 10.22 beträgt der Gesamtanteil der primären β-Phase bei 578 °C, also dicht oberhalb der eutektischen Temperatur:

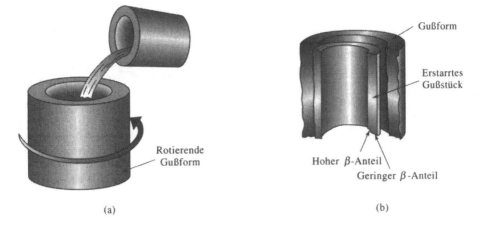

Abb. 10.24. Schleuderguß einer übereutektischen Al-Si-Legierung: (a) Schmelze wird in die rotierende Gußform eingefüllt. (b) Das erstarrte Gußstück ist auf der Innenseite übereutektisch und auf der Außenseite eutektisch (zu Beispiel 10.9).

$$\% \text{ primäres } \beta = \frac{17-12,6}{99,83-12,6} \cdot 100 = 5,0\%.$$

Obwohl dieser Anteil nur 5% beträgt, kann sich der β-Gehalt auf der Innenseite des Gußkörpers durch die Zentrifugalkraft verdoppeln bis verdreifachen.   □

10.7 Anwendungsbeispiele für eutektische Materialien

Viele Verarbeitungsverfahren beruhen auf der niedrigen Schmelztemperatur von Eutektika. Pb-Sn-Legierungen bilden die Grundlage für Lotmaterialien. Wenn z. B. Kupferrohre miteinander verbunden werden sollen, können die einzelnen Segmente durch eine niedrig schmelzende eutektische Pb-Sn-Legierung verlötet werden (Abb. 10.25). Nach Erwärmung der Kupferrohre bis wenig oberhalb der eutektischen Temperatur wird die Pb-Sn-Legierung aufgeschmolzen und durch Kapillarwirkung in den Zwischenraum zwischen Rohr und Hülse gezogen. Wenn die Legierung sich abgekühlt hat und erstarrt ist, sind die Kupferrohre miteinander fest verbunden.

Auch viele Gußlegierungen bestehen aus Eutektika. Durch die niedrige Schmelztemperatur werden Energiekosten eingespart, Gußfehler, wie z. B. Gasporosität, reduziert und unerwünschte Reaktionen zwischen Schmelze und Formmaterial verhindert. Gußeisen und die meisten Al-Legierungen sind eutektische Legierungen.

Eutektika spielen auch in der Glasindustrie eine wichtige Rolle. Viele Gebrauchsgläser bestehen aus SiO_2, das erst bei 1 710 °C schmilzt. Durch Zusatz von Na_2O entsteht ein Eutektikum mit einem Schmelzpunkt von ungefähr 790 °C. Gläser aus SiO_2-Na_2O können also schon bei niedrigen Temperaturen verarbeitet werden.

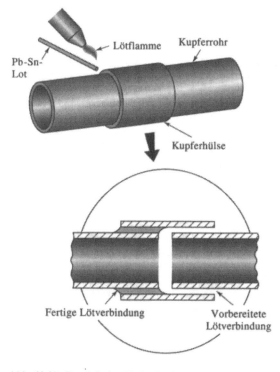

Abb. 10.25. Eutektische Pb-Sn-Legierungen dienen als Lotmittel für metallische Verbindungen. Durch eine Wärmequelle werden sowohl die zu verbindenden Teile als auch das Lotmittel erhitzt. Das geschmolzene Lot wird in den Zwischenraum gezogen, wo es erstarrt.

Eutektische Reaktionen werden auch genutzt, um Diffusionsbonden zu beschleunigen oder die Sintergeschwindigkeit verpreßter Pulver von metallischen und keramischen Systemen zu erhöhen. In beiden Fällen begünstigen eutektische Schmelzen die Verbindung unterschiedlicher Komponenten, die für sich allein erst bei höherer Temperatur schmelzen würden.

In einigen Fällen sind Eutektika jedoch unerwünscht. Da Eutektika als letzte erstarren, umgeben sie die primär entstandenen Phasen des Festkörpers. Spröde Eutektika verringern daher die Duktilität der Gesamtlegierung, selbst wenn sie nur mit kleinem Anteil im Gefüge vertreten sind. Bei Verformung entsteht durch das spröde Eutektikum die Gefahr von Materialbrüchen.

Ein weiteres Beispiel ist Al_2O_3 mit einer Schmelztemperatur von 2 020 °C, das sich als hitzebeständiges Behältermaterial für Stahlschmelzen eignet. Eine noch höhere Schmelztemperatur weist CaO mit 2 570 °C auf. Wenn jedoch Al_2O_3-Ziegel mit CaO-Ziegel in Kontakt kommen, entstehen mehrere Eutektika mit Schmelzpunkten, die unter der Temperatur gewöhnlicher Stahlschmelzen liegen. Ein aus diesem Material bestehender Behälter wäre deshalb für Stahlschmelzen nicht verwendbar.

10.8 Nichtgleichgewichts-Erstarrung von eutektischen Systemen

Wir betrachten eine Legierung aus Pb-Sn(15%), die unter Gleichgewichtsbedingungen als feste Lösung erstarrt. Die letzte Schmelze geht bei etwa 230 °C, also noch weit über der eutektischen Temperatur in den festen Zustand über. Wenn die Legierung sich jedoch zu schnell abkühlt, ergibt sich eine Nichtgleichgewichts-Soliduslinie (Abb. 10.26). Die primäre α-Phase wächst weiter an, bis dicht oberhalb 183 °C die verbleibende Nichtgleichgewichts-Schmelze einen Sn-Gehalt von 61,9% aufweist. Diese Restschmelze geht dann in ein eutektisches Gefüge über, das die primäre α-Phase umgibt. Unter den in Abbildung 10.26 dargestellten Bedingungen beträgt der Anteil des Nichtgleichgewichts-Eutektikums:

$$\% \text{ Eutektikum} = \frac{15-10}{61,9-10} \cdot 100 = 9,6\%.$$

Bei Erwärmung einer Legierung wie Pb-Sn(15%) darf die eutektische Temperatur von 183 °C nicht überschritten werden, um Warmbrüchigkeit zu vermeiden.

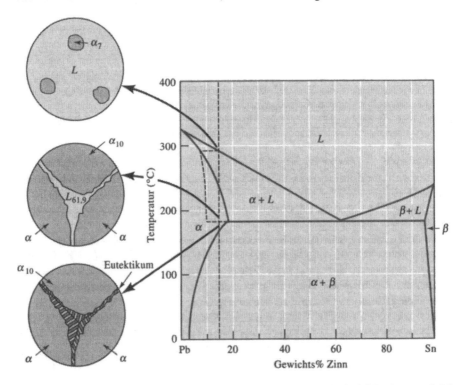

Abb. 10.26. Nichtgleichgewichts-Erstarrung und Gefüge einer Pb-Sn(15%)-Legierung. Infolge schneller Abkühlung bildet sich ein eutektisches Nichtgleichgewichts-Gefüge.

10.9 Ternäre Zustandsdiagramme

Viele Legierungssysteme bestehen aus drei oder auch mehr Elementen. Wenn drei Elemente vorhanden sind, liegt ein *ternäres* System vor. Um dessen Struktur in Abhängigkeit von der Temperatur zu beschreiben, ist ein dreidimensionales Zustandsdiagramm erforderlich. Abbildung 10.27 zeigt ein hypothetisches *ternäres Zustandsdiagramm* mit den Elementen *A*, *B* und *C*. Auf den vorderen Seitenflächen des Diagramms sind zwei binäre Eutektika zu erkennen; das dritte binäre Eutektikum aus den Elementen *B* und *C* wird auf der nicht sichtbaren Rückseite dargestellt.

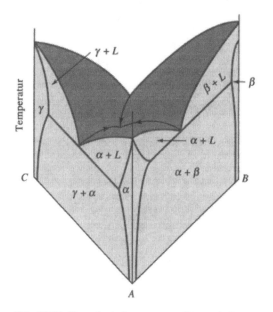

Abb. 10.27. Hypothetisches ternäres Zustandsdiagramm. Die drei Außenseiten enthalten binäre Zustandsdiagramme.

Die dreidimensionale Darstellung des ternären Systems ist nicht einfach überschaubar. Wir können jedoch die darin enthaltenen Informationen in einem zweidimensionalen Liquidus- oder Isothermen-Schaubild wiedergeben.

Liquidus-Schaubild. Der Temperaturbereich, in dem Erstarrung einsetzt, ist in Abbildung 10.27 schattiert hervorgehoben. Wir können diese Temperaturwerte für jede Stoffkombination in ein Dreieckdiagramm übertragen, wie in Abbildung 10.28 dargestellt, und die Liquidustemperaturen als Isothermen markieren. Diese Darstellungsweise ist günstig für die Vorhersage von Erstarrungstemperaturen in Abhängigkeit von der Materialzusammensetzung. Gleichzeitig ermöglicht das Liquidus-Schaubild eine Bestimmung der primären Phase, die sich für jede Stoffkomposition ergibt.

Isothermen-Schaubild. Das Isothermen-Schaubild bietet eine Übersicht über die in Abhängigkeit von der Temperatur vorhandenen Phasen. Es bietet die Möglichkeit,

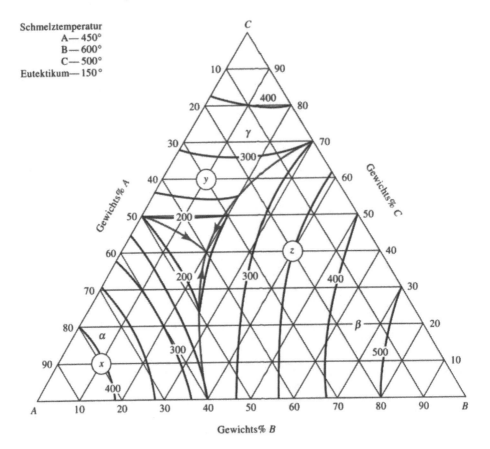

Abb. 10.28. Liquidus-Schaubild eines hypothetischen ternären Zustandsdiagramms.

die Idendität, die Anteile und die Zusammensetzung der Phasen zu ermitteln. Das in Abbildung 10.29 gezeigte Isothermen-Schaubild ist aus dem ternären Zustandsdiagramm der Abbildung 10.27 abgeleitet und gilt für Raumtemperatur.

Beispiel 10.10
Unter Verwendung der ternären Darstellungen in den Abbildungen 10.28 und 10.29 sind die Liquidustemperatur, die primäre Phase und die Phasen bei Raumtemperatur für folgende Systeme zu bestimmen:
(a) A–$B(10\%)$–$C(10\%)$,
(b) A–$B(10\%)$–$C(60\%)$,
(c) A–$B(40\%)$–$C(40\%)$.
Lösung
Die Zusammensetzung (a) befindet sich in beiden Darstellungen am Punkt x. Nach Abbildung 10.28 beträgt die Liquidustemperatur 400 °C. Die primäre Phase ist α. Bei Raumtemperatur liegt nach Abbildung 10.29 ebenfalls α vor.

Die Zusammensetzung (b) befindet sich am Punkt y. Aus der Interpolation der Isothermenlinien in Abbildung 10.28 ergibt sich eine Liquidustemperatur von ungefähr 270 °C. Die in diesem Bereich entstehende primäre Phase ist γ, und bei Raumtemperatur liegen die Phasen α und γ vor.

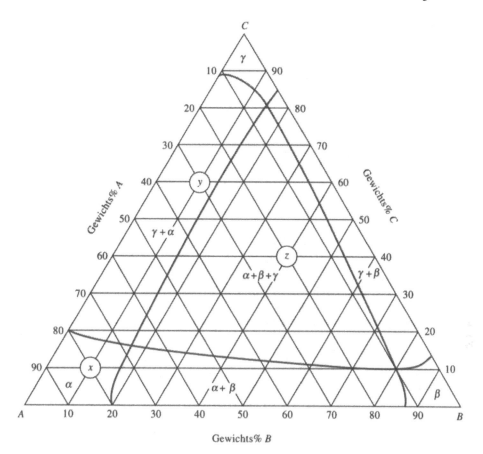

Abb. 10.29. Isothermen-Schaubild eines hypothetischen ternären Zustandsdiagramms für Raumtemperatur.

Die Zusammensetzung (c) befindet sich am Punkt z. Die Liquidustemperatur beträgt an diesem Punkt 350 °C, als primäre Phase liegt β vor. Die Raumtemperaturphasen sind α, β und γ.   □

10.10 Zusammenfassung

Werkstoffe, die aus zwei oder mehreren Phasen bestehen, sind ausscheidungsgehärtet. In Metallen behindern die zwischen den Phasen vorhandenen Grenzflächen die Bewegung von Versetzungen, so daß sich die Festigkeit erhöht. Mehrphasensysteme bieten darüberhinaus weitere Vorteile; zu ihnen gehören die Erhöhung der Bruchfestigkeit von keramischen und polymeren Materialien.

● Optimale Ausscheidungshärtung, insbesondere von Metallen, erfordert die Bildung einer Vielzahl kleiner, harter und isoliert verteilter Präzipitate in einer weichen duktilen Matrix, um Versetzungsbewegungen möglichst wirksam zu behindern. Kugelförmige Präzipitate minimieren Spannungskonzentrationen. Die Endeigenschaften der Legierung werden durch das Mengenverhältnis von Ausscheidung und Matrix bestimmt.

● Häufig werden intermetallische Verbindungen, die sehr hart und spröde sind, als Präzipitate eingebaut. Matrixstrukturen mit intermetallischen Verbindungen zeichnen sich durch gute Hochtemperatureigenschaften aus.

● Zustandsdiagramme von Mehrphasensystemen enthalten normalerweise eine oder mehrere Dreiphasenreaktionen:

  ● Bei der eutektischen Reaktion erstarren die in der Schmelze vorhandenen Substanzen in enger Vermischung. Die Eigenschaften dieser Eutektika lassen sich durch Steuerung des Erstarrungsvorgangs über einen breiten Wertebereich einstellen. Wichtige Einflußfaktoren sind die Korngröße und der Abstand sekundärer Dendritenarme des Primärgefüges, die Größe eutektischer Kolonien, der Lamellenabstand bzw. die Form der Phasen des Eutektikums und dessen Mengenanteil an der Legierung.

  ● Bei der eutektoiden Reaktion geht eine feste Phase in zwei andere feste Phasen über. Wie im nachfolgenden Kapitel gezeigt wird, bieten Wärmebehandlungen zur Steuerung der eutektoiden Reaktion eine sehr gute Möglichkeit für Ausscheidungshärtungen.

  ● In peritektischen und peritektoiden Reaktionen gehen zwei Phasen in eine über. In diesem Fall findet keine Ausscheidungshärtung statt, und es können sich erhebliche Seigerungsprobleme ergeben.

  ● Die monotektische Reaktion führt zu einem Gemisch aus Festkörper und Flüssigkeit. Obwohl sich dabei keine Ausscheidungshärtung ergibt, kann diese Reaktion andere Vorteile bieten, z. B. eine gute spanabhebende Bearbeitbarkeit einiger Legierungen.

10.11 Glossar

Ausscheidungshärtung. Festigkeitssteigerung von Werkstoffen durch Gemische von zwei oder mehreren Phasen. Durch zweckmäßige Steuerung von Größe, Form, Anteil und Ausgangseigenschaften der Phasen lassen sich wesentlich verbesserte Gesamteigenschaften erzielen.

Ausscheidung (Präzipitat). Feste Phase, die sich aus der ursprünglichen Matrix nach Überschreiten der Löslichkeitsgrenze bildet. Der Vorgang wird gezielt genutzt, um optimale Verfestigung zu erreichen.

Eutektische Reaktion. Dreiphasenreaktion, bei der aus einer flüssigen Phase zwei feste Phasen entstehen.

Eutektisches Gefüge. Charakteristisches Feingefüge zweier fester Phasen, die bei der eutektischen Reaktion entstehen.

Eutektoide Reaktion. Dreiphasenreaktion, bei der aus einer festen Phase zwei andere feste Phasen entstehen.

Gefüge. Phase oder Gemisch von Phasen einer Legierung mit bestimmtem Erscheinungsbild. Häufig werden Mikrostrukturen besser durch ihr Gefüge als durch die vorhandenen Phasen beschrieben.

Geordnete Kristallstruktur. Feste Lösung, bei der die unterschiedlichen Atome nicht zufällig, sondern auf spezifischen Gitterplätzen verteilt sind.

Intermetallische Verbindung. Verbindung von zwei oder mehreren Metallen mit spezifischer Zusammensetzung, Struktur und spezifischen Eigenschaften.

Isothermen-Schaubild. Horizontaler Schnitt durch ein ternäres Phasendiagramm, aus dem die bei einer bestimmten Temperatur vorhandenen Phasen ersichtlich sind.

Lamelle. Dünne plattenförmige Phase, die bei bestimmten Dreiphasenreaktionen entsteht, wie bei der eutektischen oder eutektoiden Reaktion.

Liquidus-Schaubild. Zweidimensionale Darstellung, aus der die Erstarrungstemperatur von Dreikomponentensystemen ablesbar ist.

Matrix. Die im allgemeinen zusammenhängend (kontinuierlich) vorhandene Phase eines komplexen Gefüges. Innerhalb der Matrix können feste Ausscheidungen vorliegen.

Mischungslücke. Bereich eines Zustandsdiagramms, in dem zwei Phasen mit gleicher Struktur sich nicht vermischen, bzw. keine Löslichkeit untereinander besitzen.

Monotektische Reaktion. Dreiphasenreaktion, bei der aus einer flüssigen Phase eine feste und eine andere flüssige Phase entstehen.

Nichtstöchiometrische intermetallische Verbindung. Phase, in der aus zwei Stoffkomponenten eine intermetallische Verbindung entstanden ist, deren Struktur und Eigenschaften sich von denen der Ausgangsstoffe unterscheiden. Das Anteilsverhältnis der Stoffkomponenten ist in der nichtstöchiometrischen Verbindung variabel.

Peritektische Reaktion. Dreiphasenreaktion, bei der aus einer festen und einer flüssigen Phase eine andere feste Phase entsteht.

Peritektoide Reaktion. Dreiphasenreaktion, bei der aus zwei festen Phasen eine dritte feste Phase entsteht.

Primärgefüge. Gefüge, das vor dem Beginn einer Dreiphasenreaktion entsteht.

Solvuslinie. Löslichkeitslinie zwischen einem festen Einphasenbereich und einem festen Zweiphasenbereich im Zustandsdiagramm.

Stöchiometrische intermetallische Verbindung. Phase, in der aus zwei Stoffkomponenten eine intermetallische Verbindung entstanden ist, deren Struktur und Eigenschaften sich von denen der Ausgangsstoffe unterscheiden. Das Anteilsverhältnis der Stoffkomponenten ist in der stöchiometrischen Verbindung konstant.

Ternäre Legierung. Legierung aus drei Elementen oder Stoffkomponenten.

Ternäres Zustandsdiagramm. Zustandsdiagramm eines Dreikomponentensystems, aus dem die bei unterschiedlichen Temperaturen vorhandenen Phasen ersichtlich sind. Dieses Diagramm erfordert eine dreidimensionale Darstellung.

Unter-. Vorwort für eine Legierungszusammensetzung, die sich unterhalb der Zusammensetzung einer Dreiphasenreaktion befindet.

Untereutektische Legierungen. Legierungen unterhalb der eutektischen Zusammensetzung, aber mit anteiligem Eutektikum.

Über-. Vorwort für eine Legierungszusammensetzung, die sich oberhalb der Zusammensetzung einer Dreiphasenreaktion befindet.

Übereutektische Legierungen. Legierungen oberhalb der eutektischen Zusammensetzung, aber mit anteiligem Eutektikum.

Veredelung (Modifikation). Zusatz von Legierungselementen wie Natrium oder Strontium zur Veränderung des eutektischen Gefüges einer Al-Si-Legierung.

Zwischenlamellarer Abstand. Mittenabstand von Lamellen oder plättchenförmigen Phasen.

10.12 Übungsaufgaben

10.1 Abbildung 10.30 zeigt ein hypothetisches Phasendiagramm.

(a) Stelle fest, ob darin intermetallische Verbindungen vorhanden sind. Wenn ja, bestimme ihre Identität und ermittle, ob es sich um stöchiometrische oder nichtstöchiometrische Verbindungen handelt.

(b) Identifiziere die in dem System vorhandenen festen Lösungen.

(c) Bestimme die Dreiphasenreaktionen durch Angabe der Temperatur, der Reaktionsgleichung, der Zusammensetzung der beteiligten Phasen und der Reaktionsart.

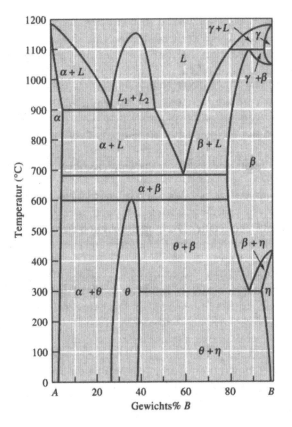

Abb. 10.30. Hypothetisches Zustandsdiagramm (zur Aufgabe 10.1).

10.2 In Abbildung 11.5 ist ein Teil des Zustandsdiagramms von Al-Cu dargestellt.

(a) Bestimme die chemische Formel der θ-Komponente.

(b) Bestimme die Dreiphasenreaktion durch Angabe der Temperatur, der Reaktionsgleichung, der Zusammensetzung der beteiligten Phasen und der Reaktionsart.

10.3 Bestimme die chemische Formel einer intermetallischen Cu-Sn-Verbindung mit 38 Gewichts% Anteil Sn.

10.4 Unter Nutzung der Phasenregel ist die Anzahl der festen Phasen zu bestimmen, die bei einer eutektischen Reaktion in einem ternären System bei konstantem Druck entstehen.

10.5 Unter Verwendung der Abbildung 13.3 sind für eine erstarrende Al-Mg(12%)-Legierung folgende Aussagen zu treffen:
(a) Zusammensetzung der ersten sich bildenden festen Phase,
(b) Liquidus-, Solidus-, Solvustemperatur und Erstarrungsbereich der Legierung,
(c) Anteil und Zusammensetzung jeder Phase bei 525 °C,
(d) Anteil und Zusammensetzung jeder Phase bei 450 °C,
(e) Anteil und Zusammensetzung jeder Phase bei 25 °C.

10.6 Für eine Pb-Sn(70%)-Legierung sind folgende Aussagen zu treffen:
(a) Ist die Legierung unter- oder übereutektisch?
(b) Zusammensetzung der sich bei der Erstarrung zuerst bildenden festen Phase,
(c) Anteil und Zusammensetzung jeder Phase bei 184 °C,
(d) Anteil und Zusammensetzung jeder Phase bei 182 °C,
(e) Anteil und Zusammensetzung jedes Gefügebestandteils bei 182 °C,
(f) Anteil und Zusammensetzung jeder Phase bei 25 °C.

10.7 Für eine Al-Si(4%)-Legierung sind folgende Aussagen zu treffen:
(a) Ist die Legierung unter- oder übereutektisch?
(b) Zusammensetzung der sich bei der Erstarrung zuerst bildenden festen Phase,
(c) Anteil und Zusammensetzung jeder Phase bei 578 °C,
(d) Anteil und Zusammensetzung jeder Phase bei 576 °C,
(e) Anteil und Zusammensetzung jedes Gefügebestandteils bei 576 °C,
(f) Anteil und Zusammensetzung jeder Phase bei 25 °C.

10.8 Eine Pb-Sn-Legierung enthält 45% α und 55% β bei einer Temperatur von 100 °C. Bestimme die Zusammensetzung der Legierung. Ist die Legierung unter- oder übereutektisch?

10.9 Eine Pb-Sn-Legierung enthält 23% primäres α und 77% Eutektikum. Bestimme die Zusammensetzung der Legierung.

10.10 Bestimme für folgende Fälle die maximale Löslichkeit:
(a) Li in Al (Abb. 13.6),
(b) Al in Mg (Abb. 13.8),
(c) Cu in Zn (Abb. 13.10),
(d) C in γ-Fe (Abb. 11.13).

10.11 Im Gefüge einer Al-Li-Legierung (Abb. 13.6) werden 28% Eutektikum und 72% primäres β vorgefunden.
(a) Bestimme die Zusammensetzung der Legierung und entscheide, ob es sich um eine unter- oder übereutektische Legierung handelt.
(b) Wieviel α und β sind in dem eutektischen Gefüge enthalten?

10.12 Abbildung 10.31 zeigt die Abkühlungskurve einer Al-Si-Legierung. Bestimme
(a) die Gießtemperatur,
(b) die Überhitzung,
(c) die Liquidustemperatur,
(d) die eutektische Temperatur,
(e) die Erstarrungstemperatur,

(f) die lokale Erstarrungszeit,
(g) die totale Erstarrungszeit,
(h) die Zusammensetzung der Legierung.

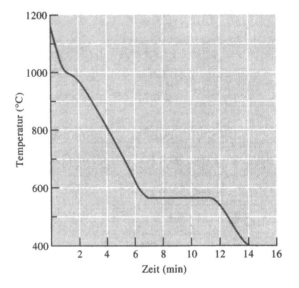

Abb. 10.31. Abkühlungskurve einer Al-Si-Legierung (zur Aufgabe 10.13).

10.13 Abbildung 14.38 zeigt das Zustandsdiagramm von SiO_2-Al_2O_3. Für Metallschmelzen mit Temperaturen von 1 900 °C wird hitzebeständiges Behältermaterial benötigt.
(a) Ist reines Al_2O_3 dafür geeignet?
(b) Ist Al_2O_3 mit einem Gehalt von 1% SiO_2 dafür geeignet?

10.14 Mit Hilfe der ternären Zustandsdiagramme in Abbildung 10.28 und 10.29 sind die Liquidustemperatur, die sich zuerst bildende feste Phase und die bei Raumtemperatur vorhandenen Phasen zu bestimmen, und zwar für folgende Zusammensetzungen:
(a) A-B(5%)-C(80%),
(b) A-B(50%)-C(5%),
(c) A-B(30%)-C(35%).

11 Ausscheidungshärtung durch Phasenumwandlung und Wärmebehandlung

11.1 Einleitung

In diesem Kapitel setzen wir die Behandlung der Materialverfestigung durch Ausscheidungen fort, indem wir uns den vielfältigen Möglichkeiten der Phasenumwandlung im festen Zustand zuwenden, zu denen vor allem das Aushärten und die eutektoide Reaktion gehören. Dabei schließen wir auch Nichtgleichgewichts-Übergänge ein und betrachten insbesondere die martensitische Reaktion. Alle diese auf Ausscheidung beruhenden Verfahren der Materialverfestigung erfordern eine Wärmebehandlung.

Auch für diese Methoden gelten bezüglich ihres Härtungseffekts die schon im Kapitel 10 dargelegten allgemeinen Kriterien. Die Matrix des Festkörpers sollte relativ weich und duktil sein, die darin befindliche Ausscheidung oder zweite Phase vergleichsweise hart. Die Ausscheidungen sollten eine möglichst abgerundete Form aufweisen, diskontinuierlich verteilt auftreten und klein und zahlreich sein. Allgemein gilt, daß mit der Auscheidungsmenge auch die Härte der Legierung ansteigt. Wie schon in Kapitel 10 konzentrieren wir uns bei den Auswirkungen der Phasenumwandlungen auf die Festigkeit des Materials, ohne dabei zu übersehen, daß auch andere Materialparameter hierdurch beeinflußt werden.

11.2 Keimbildung und Wachstum bei Phasenumwandlungen im festen Zustand

Ausscheidungen aus einer festen Matrix setzen Keimbildung und Wachstum voraus. Die für die Keimbildung kugelförmiger Ausscheidungen erforderliche Änderung der freien Energie beträgt:

$$\Delta G = \frac{4}{3}\pi r^3 \Delta G_v + 4\pi r^2 \sigma + \frac{4}{3}\pi r^3 \varepsilon. \tag{11.1}$$

Die beiden ersten Terme beziehen sich auf die Änderung der freien Volumenenergie und der Grenzflächenenergie, die uns auch schon vom Erstarrungsvorgang aus der Schmelze bekannt sind (Gleichung 8.1). Der dritte Term berücksichtigt die *Verformungsenergie ε*, die aufgebracht werden muß, wenn sich die Ausscheidung innerhalb einer festen Matrixumgebung bildet. Wenn die Ausscheidung ein größeres Volumen einnimmt als das Material, aus dem sie hervorgeht, muß für ihre Unterbringung innerhalb der Matrix zusätzliche Energie aufgewendet werden.

Keimbildung. Analog zum Erstarrungsvorgang setzt die Keimbildung bevorzugt an Grenzflächen ein, die bereits in der Struktur vorhanden sind, da sich hierbei in der Energiebilanz der Anteil der Grenzflächenenergie verringert. Zu diesen Plätzen gehören Korngrenzen und andere Gitterdefekte.

Wachstum. Das Wachstum der Ausscheidungen erfolgt normalerweise durch Diffusion und Umverteilung von Atomen über weite Entfernungen (Ferntransport). Die diffundierenden Atome müssen sich von ihren Ursprungspositionen lösen (zum Beispiel von Gitterpositionen einer festen Lösung), durch das umgebende Material bis zum Ausscheidungskeim wandern und in dessen Gitter eingebaut werden. In einigen Fällen sind sie in ihrer Ursprungsposition so fest gebunden, daß die dafür erforderliche Ablöseenergie die Wachstumsgeschwindigkeit der Ausscheidung begrenzt. In anderen Fällen bildet die Anbindung an den Keim – z. B. infolge von Gitterverspannungen – den begrenzenden Vorgang. Diese Situation ist mitunter an speziellen Ausscheidungsformen erkennbar, die in bezug auf die umgebende Matrix so gestaltet sind, daß sich die Verspannungen verringern. In der überwiegenden Anzahl der Fälle wird jedoch das Wachstum durch den Diffusionsschritt bestimmt.

Kinetik. Die Gesamtgeschwindigkeit oder *Kinetik* des Umwandlungsvorgangs hängt sowohl von der Keimbildung als auch vom Wachstum ab. Je mehr Keime bei einer bestimmten Temperatur vorhanden sind, um so mehr Plätze stehen auch für das Wachstum zur Verfügung, so daß die Phasenumwandlung in kürzerer Zeit abgeschlossen ist. Andererseits erhöht sich mit steigender Temperatur der Diffusionskoeffizient, so daß sich bei gleicher Keimanzahl infolge der größeren Wachstumsgeschwindigkeit ebenfalls die Umwandlungszeit verkürzt.

Für die Umwandlungsgeschwindigkeit bzw. den Anteil der transformierten Materialmenge in Abhängigkeit von der Zeit gilt die *Avrami-Beziehung*:

$$f = 1 - \exp\left(-ct^n\right). \tag{11.2}$$

Hierin bedeuten c und n temperaturabhängige Konstanten. In der grafischen Darstellung dieses Zusammenhangs (Abbildung 11.1) ergibt sich für den Anteil f ein S-förmiger Verlauf. Während der Inkubationszeit t_0 ist noch keine Umwandlung beobachtbar. Diese Zeit wird für die Keimbildung beansprucht. Die Umwandlungsgeschwindigkeit ist in dieser Anfangsphase nur gering. Nach Ablauf der Inkubationszeit beschleunigt sich das Wachstum, um sich gegen Ende der Transformationszeit wieder zu verlangsamen, da sich die Quellen für die diffundierenden Atome erschöpfen. Die Zeit τ gibt an, wann die Umwandlung bis zur Hälfte abgeschlossen ist. Ihr Reziprokwert wird häufig als Maß für die Umwandlungsgeschwindigkeit benutzt:

$$\text{Umwandlungsgeschwindigkeit} = 1/\tau. \tag{11.3}$$

Temperatureinfluß. Bei vielen Phasenumwandlungen kühlt sich das Material tiefer ab, als für die Umwandlung unter Gleichgewichtsbedingungen erforderlich wäre. Da sowohl die Keimbildung als auch das Wachstum von der Temperatur abhängen, wirkt sich die Unterkühlung auf beide Einflußgrößen der Umwandlungskinetik aus. Die Keimbildungsrate wächst mit zunehmender Unterkühlung an (zumindest gültig bis zu einem gewissen Ausmaß der Unterkühlung). Gleichzeitig nimmt die

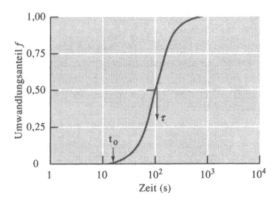

Abb. 11.1. S-förmiger Verlauf der Umwandlungsgeschwindigkeit von kfz-Eisen bei konstanter Temperatur. Eingezeichnet sind die Inkubationszeit t_0 und die Zeit τ, bis zu der die Umwandlung zu 50% erfolgt ist.

Wachstumsgeschwindigkeit der neuen Phase ab, da sich die Diffusion mit größerer Unterkühlung verringert. Die Wachstumsgeschwindigkeit gehorcht einer Arrhenius-Beziehung:

$$\text{Wachstumssgeschwindigkeit} = A \exp\left(-Q/RT\right), \tag{11.4}$$

wobei Q die Aktivierungsenergie, R die Gaskonstante, T die Temperatur und A eine Konstante bedeuten.

Abbildung 11.2 zeigt S-Kurven, die den Zeitverlauf der Kupferrekristallisation bei verschiedenen Temperaturen angeben. Mit zunehmender Temperatur wächst die Rekristallisationsgeschwindigkeit, weil in Kupfer das Kristallwachstum den geschwindigkeitsbestimmenden Faktor der Rekristallisation darstellt.

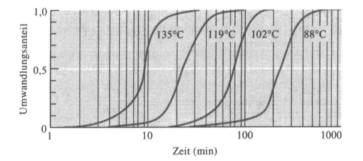

Abb. 11.2. Einfluß der Temperatur auf die Rekristallisation von kaltverformtem Kupfer.

Bei jeder Temperatur wird die Umwandlungsgeschwindigkeit durch das Produkt von Keimbildungs- und Wachstumsgeschwindigkeit gebildet. Dieser Zusammenhang geht auch aus Abbildung 11.3a hervor. Bei einer kritischen Unterkühlung durchläuft die Umwandlungsgeschwindigkeit ein Maximum. Dem entspricht nach Abbildung 11.3b ein Minimum der Umwandlungszeit, die sich reziprok zur Geschwindigkeit verhält. Dieser C-förmige Verlauf ist typisch für viele Umwandlungsvorgänge, die in Metallen, Polymeren, Gläsern und keramischen Stoffen statt-finden.

Bei einigen Umwandlungsprozessen, wie zum Beispiel der Rekristallisation von kaltverformten Metallen, nimmt die Umwandlungsgeschwindigkeit kontinuierlich mit der Temperatur ab. In diesen Fällen erfolgt die Keimbildung sehr leicht, so daß die Umwandlungsgeschwindigkeit nahezu ausschließlich durch den Diffusionsvor-gang, also die Wachstumsphase, bestimmt wird.

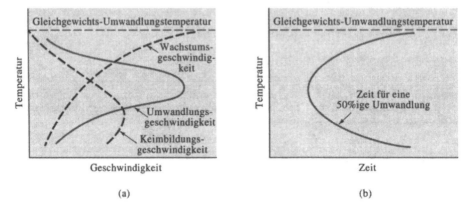

(a)   (b)

Abb. 11.3. Die Geschwindigkeit einer Phasenumwandlung ist das Produkt aus Keimbildungs- und Wachstumsgeschwindigkeit. Die Temperaturabhängigkeit beider Faktoren ergibt für die Geschwin-digkeit der Phasenumwandlung ein Maximum bei einer kritischen Temperatur (a). Dieses Maximum entspricht dem Minimum der benötigten Umwandlungszeit in der benachbarten C-Kurve (b).

Beispiel 11.1

Bestimmung der Aktivierungsenergie für die Rekristallisation von Kupfer anhand der in Abbildung 11.2 dargestellten Zeitverläufe.

Lösung

Die Umwandlungsgeschwindigkeit ist gleich dem Reziprokwert der Zeit τ, bis zu der die Umwandlung zur Hälfte abgeschlossen ist. Nach Abbildung 11.2 betragen die τ-Werte für die dort angegebenen Temperaturen:

Tabelle 11.1.

T (°C)	T (K)	τ (min)	Geschwindigkeit (min^{-1})
135	408	9	0,111
119	392	22	0,045
102	375	80	0,0125
88	361	250	0,0040

Die halblogarithmische Darstellung der τ-Werte in Abhängigkeit von $1/T$ ergibt eine Gerade (Abb. 11.4), aus der die Aktivierungsenergie Q und die Konstante A der Arrhenius-Beziehung bestimmt werden können:

$$\text{Anstieg} = \frac{-Q}{R} = \frac{\Delta \ln (\text{Geschwindigkeit})}{\Delta (1/T)} = \frac{\ln (0,111) - \ln (0,004)}{1/408 - 1/361}$$

$$Q/R = 1,04 \cdot 10^4$$

$$Q = 8,65 \cdot 10^4 \text{ J/mol}$$

$$0,111 = A \exp{(-1,04 \cdot 10^4/408)}$$

$$A = 0,111/8,5 \cdot 10^{-12} = 1,3 \cdot 10^{10} \text{ min}^{-1}$$

$$\text{Rate} = 1,3 \cdot 10^{10} \exp{(-8,65 \cdot 10^4 / RT)} \text{ min}^{-1}$$

Die Umwandlungsgeschwindigkeit nimmt mit wachsender Temperatur zu, womit zum Ausdruck kommt, daß die Reaktion vorrangig durch Diffusionsvorgänge bestimmt wird.   □

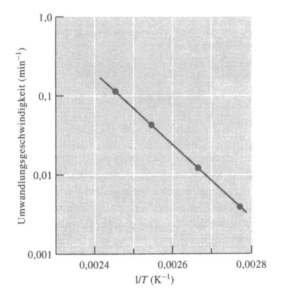

Abb. 11.4. Arrhenius-Beziehung für die Rekristallisationsgeschwindigkeit von Kupfer in Abhängigkeit von der reziproken Temperatur (zu Beispiel 11.1).

11.3 Verfestigung von Legierungen durch Überschreiten der Löslichkeitsgrenze

Im Kapitel 10 haben wir erfahren, daß Pb-Sn-Legierungen mit einem Sn-Gehalt zwischen 2 und 19% durch Ausscheidungen verfestigt werden, weil die Löslichkeitsgrenze von Sn in Pb überschritten ist.

Eine ähnliche Erscheinung ist in Al-Cu-Legierungen zu beobachten. Nach Abbildung 11.5 liegt zum Beispiel Al-Cu(4%) oberhalb 500 °C als α-Phase bzw. als Al-Festkörperlösung vor. Nach Abkühlen unter die Solvustemperatur bildet sich eine zweite Phase θ. Hierbei handelt es sich um die harte und spröde intermetallische Verbindung $CuAl_2$, die eine Verfestigung des Materials bewirkt (Ausscheidungshärtung). Bei einem Cu-Gehalt der Legierung von 4% beträgt der Anteil dieser θ-Phase im Endzustand der Umwandlung nur ungefähr 7,5%. Der erzielte Härtungseffekt hängt davon ab, wie weit die oben angeführten Kriterien für effektive Verfestigung bei der Ausscheidung erfüllt werden konnten.

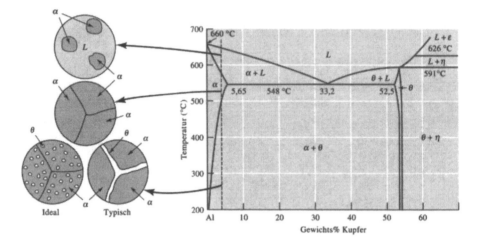

Abb. 11.5. Al-Cu-Zustandsdiagramm und Gefügestrukturen, die beim Abkühlen einer Al-Cu(4%)-Legierung entstehen können.

Widmanstätten-Struktur. Das Wachstum der Ausscheidungsphase kann in der Weise erfolgen, daß sich die Ausscheidung kristallographisch bevorzugt zu bestimmten Ebenen und Richtungen der Matrix ausrichtet und sogenannte *Widmanstätten-Strukturen* bildet. Diese Ausrichtung verringert innere Verspannungen und Grenzflächenenergien und ermöglicht höhere Wachstumsgeschwindigkeit. Das Widmanstätten-Wachstum ist an charakteristischen Ausscheidungsformen erkennbar. Wenn die Ausscheidung nadelförmig erfolgt (Abb. 11.6a), erhöht sich die Rißanfälligkeit des Materials und die Duktilität des Materials nimmt ab. Andere Ausscheidungsformen wiederum wirken der Rißausbreitung entgegen und erhöhen die Bruchzähigkeit des Materials. Auf diese Weise erlangen z. B. bestimmte Ti-Legierungen und keramische Stoffe hohe Zähigkeitswerte.

Einfluß der Grenzflächenenergie auf Ausscheidungsformen. Bei Abwesenheit innerer Grenzflächen wird das Ausscheidungswachstum aus energetischen Gründen kugelförmig erfolgen. Wenn sich jedoch die Ausscheidung an einer bereits vorhandenen inneren Grenzfläche bildet, hängt ihre Form zusätzlich von der Energie γ_m der Matrix-Korngrenze und der Grenzflächenenergie γ_p zwischen Ausscheidung und Matrix ab. Der Einfluß beider Energien auf die Ausscheidungsform wird durch folgende Beziehung bestimmt:

$$\gamma_m = 2\gamma_p \cos \frac{\theta}{2}. \tag{11.5}$$

Hierin bedeutet θ den *Neigungswinkel*, der sich zwischen benachbarten Matrix-Ausscheidungs-Grenzflächen bildet, siehe Abbildung 11.7. Ist dieser Neigungswinkel klein, scheidet sich die zweite Phase kontinuierlich um die Matrix-Korngrenzen

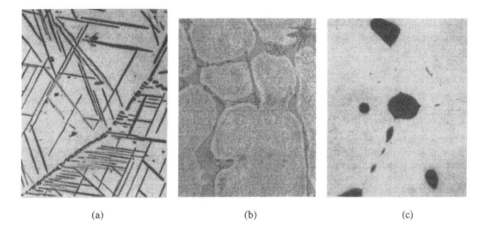

(a)   (b)   (c)

Abb. 11.6. (a) Widmanstätten-Nadeln in einer Cu-Ti-Legierung (420fach). (Aus *Metals Handbook*, Vol.9, 9. Aufl. *American Society for Metals*, 1985.) (b) Kontinuierliche θ-Ausscheidung in einer Al-Cu(4%)-Legierung, verursacht durch langsame Abkühlung (500fach). (c) Ausscheidungen von Blei an Korngrenzen von Kupfer (500fach).

aus. Wenn diese Phase außerdem hart und spröde ist, ergibt sich durch den spröden dünnen Film, der die Matrix-Korngrenzen umgibt, eine insgesamt spröde Legierung (Abb. 11.6b). Große Neigungswinkel bewirken dagegen eine diskontinuierliche Verteilung der Ausscheidungen. Im Extremfall ($\theta = 180°$) nehmen die Ausscheidungen eine Kugelform an (Abb. 11.6c).

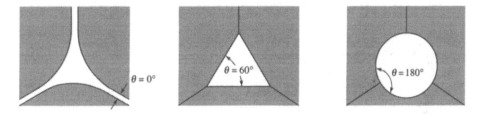

Abb. 11.7. Einfluß von Grenzflächenenergie und Neigungswinkel auf die Form einer Ausscheidung.

Kohärente Ausscheidung. Auch wenn sich diskontinuierliche Ausscheidungen gleichmäßig in der Matrix verteilen, können sich ihre strukturellen Auswirkungen auf die Matrix in Grenzen halten, so daß ihr Störeinfluß auf Versetzungsbewegungen gering bleibt. Abbildung 11.8a zeigt ein solches Beispiel. Die Unterbrechung der Matrixstruktur bezieht sich hier nur auf das Volumen der Ausscheidung, die umgebende Matrix bleibt ungestört.

Liegt dagegen eine *kohärente Ausscheidung* vor, dann besteht zwischen den Netzebenen des Ausscheidungsgitters und den Netzebenen des Matrixgitters eine strukturelle Kopplung, die sich kontinuierlich über ausgedehnte Gitterbereiche der Matrix erstrecken kann (Abb. 11.8b). In diesem Fall wirkt sich die Störung des Matrixgitters bis in Bereiche aus, die das Volumen der Ausscheidung beträchtlich überschreiten, so daß noch weit entfernte Versetzungsbewegungen davon beeinflußt werden. Kohärente Ausscheidungsstrukturen können durch spezielle Wärmebehandlungen (Aushärten) erzeugt werden.

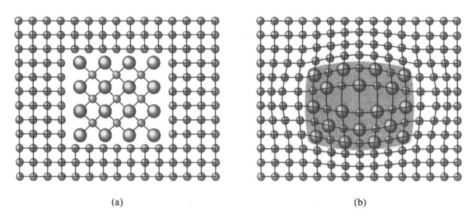

(a)   (b)

Abb. 11.8. (a) Nichtkohärente Ausscheidungen wirken sich strukturell nicht auf die umgebende Matrix aus. (b) Kohärente Ausscheidungen stimmen kristallographisch annähernd mit der Matrixstruktur überein und bewirken eine ausgedehnte Verzerrung der Matrix.

11.4 Aushärten

Unter *Aushärten* verstehen wir einen komplexen Prozeß, in dessen Ergebnis feine, harte kohärente Ausscheidungen gleichmäßig verteilt in einer weichen und duktilen Matrix vorliegen. Die Al-Cu(4%)-Legierung ist ein klassisches Beispiel für aushärtbare Legierungen. Das Aushärten erfolgt in drei Schritten (Abb. 11.9).

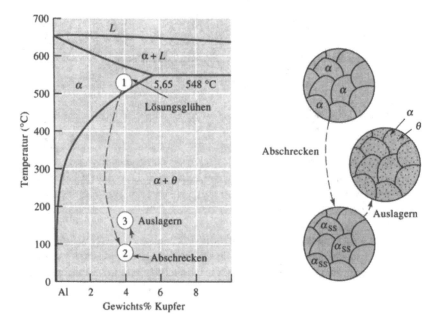

Abb. 11.9. Darstellung der drei Schritte des Aushärtungsprozesses am Beispiel einer Al-Cu-Legierung mit Angabe der dabei entstehenden Gefügestrukturen.

1. Schritt: Lösungsbehandlung. Die *Lösungsbehandlung* (oder das *Lösungsglühen*) dient zur Erzeugung einer homogenen festen Lösung. Zu diesem Zweck wird die Legierung bis über die Solvustemperatur erhitzt und solange auf dieser Temperatur gehalten, bis sich die θ-Ausscheidung wieder aufgelöst hat und in der Legierung vorhandene Seigerungen abgebaut sind. Als Ergebnis liegt eine homogene Phase α als feste Lösung vor.

Um die Homogenisierungsgeschwindigkeit zu vergrößern, könnte es als sinnvoll erscheinen, die Legierung möglichst hoch, also bis dicht unterhalb der Solidustemperatur zu erhitzen. Dabei wächst jedoch die Gefahr, daß möglicherweise vorhandene eutektische Nichtgleichgewichts-Gefüge aufschmelzen. Aus diesem Grunde findet die Lösungsbehandlung der Al-Cu(4%)-Legierung in einem Temperaturbereich zwischen 500 °C und 548 °C, d. h. noch unterhalb der eutektischen Temperatur statt.

2. Schritt: Abschrecken. Nach der Lösungsbehandlung wird die Legierung, die jetzt nur aus der α-Phase besteht, sehr schnell abgekühlt (abgeschreckt). Dabei steht für die gelösten Atome nicht genügend Zeit zur Verfügung, um zu potentiellen Keimbildungsplätzen zu diffundieren, an denen sich wieder eine θ-Phase auszuscheiden kann. Nach dem Abschrecken existiert deshalb weiterhin nur die α-Phase, und zwar nunmehr als *übersättigte feste Lösung* α_{ss}, die überschüssiges Cu enthält und sich nicht im Gleichgewicht befindet.

3. Schritt: Auslagern. Schließlich wird das übersättigte α in einem Bereich unterhalb der Solvustemperatur wärmebehandelt. Bei dieser *Auslagerungstemperatur* können die Atome nur über kurze Entfernungen diffundieren. Es findet ein Nahtransport statt, bei dem überschüssige Cu-Atome der übersättigten α-Phase nur zu nahe gelegenen, aber in großer Anzahl vorhandenen Keimplätzen wandern, so daß sich sehr fein verteilte Ausscheidungen bilden. Nach hinreichend langer Auslagerung liegt die Legierung in der Gleichgewichtsstruktur $\alpha + \theta$ vor.

Beispiel 11.2
Vergleich des Cu-Gehalts der festen Lösung α einer Al-Cu(4%)-Legierung bei Raumtemperatur, der sich (a) nach Abkühlen unter Gleichgewichtsbedingungen und (b) nach Abschrecken ergibt.
Lösung
Abbildung 11.5 zeigt das für Gleichgewichtsbedingungen gültige Zustandsdiagramm. Mit Hilfe der Hebellinie ergibt sich in diesem Fall ein Cu-Anteil der α-Phase von ca. 0,02%. Demgegenüber beträgt der Cu-Anteil nach dem Abschrecken unverändert 4%. Der höhere Cu-Gehalt bedeutet, daß α mit Cu übersättigt ist.   □

Beispiel 11.3
Temperaturregime zum Aushärten einer Mg-Al-Legierung. Abbildung 13.3 zeigt das Zustandsdiagramm des Mg-Al-Systems. Wir wählen eine Legierungszusammensetzung mit 8% Mg, von der wir annehmen, daß sie für Aushärten geeignet ist.
Lösung
1. Schritt: Lösungsglühen bei einer Temperatur zwischen der Solvus- und der eutektischen Temperatur zur Vermeidung von Aufschmelzvorgängen (Warmbrüchigkeit). Der in Frage kommende Temperaturbereich liegt zwischen 340 °C und 451 °C.

2. Schritt: Schnelles Abschrecken auf Raumtemperatur zur Verhinderung von Ausscheidungen.

3. Schritt: Auslagern bei einer Temperatur unterhalb der Solvustemperatur, also unterhalb von 340 °C. □

Nichtgleichgewichts-Ausscheidungen während des Auslagerns. Beim Auslagern von Al-Cu-Legierungen bilden sich vorm Erreichen der Gleichgewichtsphase θ mehrere Ausscheidungszwischenstufen. Anfangs häufen sich Cu-Atome an {100}-Ebenen der α-Matrix an und erzeugen dort sehr dünne Ausscheidungen, die auch als *Guinier-Preston-Zonen* (GP-I) bezeichnet werden. Mit fortschreitender Auslagerung diffundieren weitere Cu-Atome zu diesen Stellen, so daß sich die Ausscheidungen zu Scheiben verdicken und die GP-I-Zonen in GP-II-Zonen übergehen. Nach weiterer Diffusion nimmt der Ordnungsgrad der Ausscheidungen zu, es entsteht eine θ'-Phase, die als Vorstufe der stabilen θ-Phase anzusehen ist.

Die Nichtgleichgewichts-Ausscheidungsformen – GP-I, GP-II und θ' – sind kohärent. Die Festigkeit der Legierung nimmt während des Auslagerns solange zu, wie diese kohärenten Phasen noch anwachsen. Wir sprechen in diesem Abschnitt des Prozesses vom ausgelagerten Zustand der Legierung. Abbildung 11.10 zeigt die Mikrostruktur einer ausgelagerten Al-Ag-Legierung.

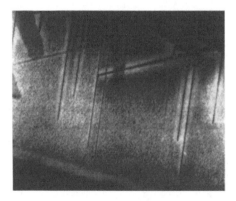

Abb. 11.10. Elektronenmikroskopische Aufnahme von ausgelagertem Al-Ag(15%) mit kohärenten γ'-Platten und runden GP-Zonen, 40 000fach. (Mit freundlicher Genehmigung von *J.B.Clark*.)

Wenn die stabile nichtkohärente θ-Phase entsteht, nimmt die Festigkeit der Legierung wieder ab. Die Legierung befindet sich jetzt in einem überalterten Zustand. Mit dem Anwachsen der θ-Phase geht der Härtungseffekt kontinuierlich zurück.

11.5 Einfluß von Auslagerungstemperatur und -zeit

Die Eigenschaften ausgehärteter Legierungen hängen sowohl von der Auslagerungstemperatur als auch von der Auslagerungszeit ab (Abb. 11.11). In der Al-Cu(4%)-Legierung laufen bei 260 °C die Diffusionsvorgänge so schnell ab, daß sich schon nach kurzer Zeit Ausscheidungen bilden können. Die Festigkeit erreicht bereits nach 0,1 h ihren Maximalwert. Danach tritt schon Überalterung ein.

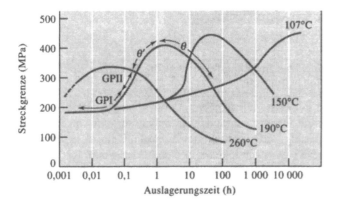

Abb. 11.11. Einfluß von Auslagerungstemperatur und -zeit auf die Streckgrenze einer Al-Cu(4%)-Legierung.

Bei 190 °C, einer für viele Al-Legierungen typischen Auslagerungstemperatur, wird dagegen eine längere Zeit benötigt, um optimale Festigkeit zu erreichen. Trotzdem sprechen für die geringere Temperatur mehrere Vorteile. Erstens steigt die erreichbare maximale Festigkeit mit abnehmender Auslagerungstemperatur an. Zweitens erstreckt sich das Maximum über einen längeren Auslagerungszeitraum. Und drittens sind die erzeugten Materialeigenschaften homogener im Volumen verteilt. Bei einer Auslagerung von nur 10 min, wie zum Beispiel bei 260 °C, werden diese Temperatur und die zugehörige Festigkeit nur im Oberflächenbereich erreicht, während das Volumen kälter bleibt und der Härtungseffekt dort entsprechend geringer ist.

Beispiel 11.4
Ein für die Auslagerung von Al-Cu(4%)-Legierung genutzter Ofen wird versehentlich um eine Stunde länger beschickt als vorgegeben. Wie wirkt sich diese Prozeßverlängerung auf die Streckgrenze der Legierung aus, wenn die Auslagerung in einem Fall bei 190 °C und im anderen Fall bei 260 °C stattfindet?
Lösung
Nach Abbildung 11.11 wird bei 190 °C die maximale Streckgrenze von ca. 400 MPa nach 2 h erreicht. Auch nach 3 h ist Streckgrenze nahezu unverändert.

Bei 260 °C beträgt die maximale Streckgrenze nur 340 MPa. Dieser Wert liegt schon nach 0,06 h vor. Nach Ablauf von 1,06 h ist die Streckgrenze bereits auf einen Wert von 250 Mpa abgefallen.

Die höhere Auslagerungstemperatur verursacht also geringere Festigkeit und eine größere Abhängigkeit von der Auslagerungszeit.   □

Auslagerungen bei 190 °C oder 260 °C, wie im behandelten Beispiel, werden auch als *künstliche Alterung* bezeichnet, da die Legierung hierbei erhitzt und der Ausscheidungsprozeß durch die höhere Temperatur unterstützt wird. Einige Legierungen härten (nach Lösungsglühen und Abschrecken) auch bei Raumtemperatur aus. In diesem Fall sprechen wir von *natürlicher Alterung*. Hierfür sind lange Zeiten, oft mehrere Tage, erforderlich. Im Ergebnis liegt aber eine höhere Festigkeit vor als nach künstlicher Alterung, und es findet auch keine Überalterung statt.

11.6 Bedingungen für Aushärtung

Nicht jede Legierung ist in der beschriebenen Weise aushärtbar. Vier Bedingungen müssen als Eignungskriterien erfüllt sein:

1. Das Zustandsdiagramm muß eine mit der Temperatur abnehmende Löslichkeit des Legierungselements im festen Grundmaterial aufweisen. Oder mit anderen Worten gesagt, die Legierung muß oberhalb der Solvuslinie einphasig vorliegen und bei Abkühlung unter die Solvuslinie in zwei Phasen übergehen.
2. Die Matrix sollte möglichst weich und duktil sein und die Ausscheidung möglichst hart und spröde. In der überwiegenden Anzahl der aushärtbaren Legierungen liegt die Ausscheidung in Form intermetallischer Verbindungen vor.
3. Die Legierung muß abschreckbar sein. Bei einigen Legierungen trifft dies nicht zu, d. h. die Abkühlung kann nicht schnell genug erfolgen, um Ausscheidungen zu verhindern. Ursache hierfür sind innere Spannungen, die beim Abschrecken entstehen und zur Verwerfung des Werkstücks führen können. Um das Auftreten innerer Spannungen zu minimieren, werden Al-Legierungen nur auf die Temperatur von heißem Wasser (ungefähr 80 °C) abgeschreckt.
4. Die Ausscheidung muß kohärent sein.

Eine Vielzahl wichtiger Legierungen, zu denen auch rostfreier Stahl und Legierungen auf Basis von Aluminium, Magnesium, Titan, Nickel und Kupfer gehören, erfüllen diese Bedingungen und sind aushärtbar.

11.7 Einsatz ausgehärteter Legierungen bei hohen Temperaturen

Nach dem dargelegten Entstehungsprozeß ist eine ausgehärtete Al-Cu(4 %)-Legierung für Hochtemperatureinsätze nur wenig geeignet. Im Bereich zwischen 100 °C und 500 °C tritt Überalterung ein, so daß die Legierung ihre Festigkeit verliert. Oberhalb von 500 °C löst sich die zweite Phase in der Matrix auf, und die Ausscheidungsverfestigung geht gänzlich verloren. Allgemein gilt, daß ausgehärtete Al-Legierungen nur für einen Einsatz in Nähe Raumtemperatur verwendbar sind. Es gibt allerdings auch Ausnahmen. So behalten einige Mg-Legierungen ihre Festigkeit bis zu Temperaturen um 250 °C bei, und Ni-Superlegierungen sind sogar bis 1 000 °C gegen Überalterung resistent.

    Probleme können sich auch ergeben, wenn ausgehärtete Legierungen geschweißt werden sollen (Abb. 11.12). Während des Schweißvorgangs werden die benachbarten Metallbereiche stark erhitzt. Innerhalb des wärmebeeinflußten Bereichs lassen sich zwei verschieden belastete Zonen unterscheiden. Die Niedertemperaturzone in Nachbarschaft des unbeeinflußten Grundmaterials ist Temperaturen unterhalb der Solvustemperatur ausgesetzt und kann überaltern. In der unmittelbar an die Schweißnaht grenzenden Hochtemperaturzone wird die Solvustemperatur überschritten, und die Ausscheidungen gehen in feste Lösung über, der vorherige Aushärtungseffekt wird aufgehoben. Bei langsamer Abkühlung bildet sich in dieser Zone eine stabile θ-Phase, die sich an Korngrenzen ausscheidet und zur Versprödung führt. Diese Auswirkungen lassen sich verringern, wenn schnell ablaufende Schweißverfahren, wie z. B. Elektronenstrahlschweißen, zur Anwendung kommen. Vorteilhaft sind auch Wärmenachbehandlungen nach Abschluß des Schweißvorgangs oder Schweißen im lösungsgeglühten Zustand.

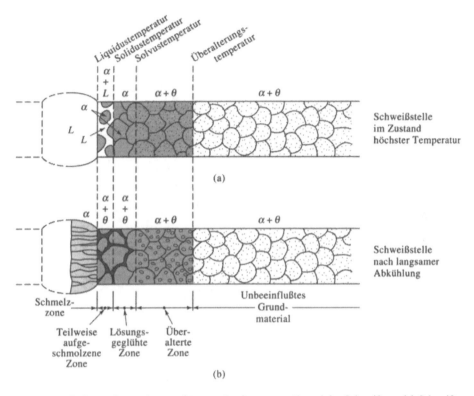

Abb. 11.12. Gefügeänderung in ausgehärteten Legierungen während des Schweißens: (a) Schweißstellengefüge beim Temperaturhöchstwert, (b) Schweißstellengefüge nach langsamer Abkühlung auf Raumtemperatur.

11.8 Eutektoide Reaktion

Wie schon im Kapitel 10 definiert, verstehen wir unter einer eutektoiden Reaktion die Umwandlung einer festen Phase in zwei neue feste Phasen nach folgender Reaktionsgleichung:

$$S_1 \to S_2 + S_3. \tag{11.6}$$

Mit dem Entstehen der beiden Phasen ist eine Ausscheidungsverfestigung verbunden. Als Beispiel für die gezielte Nutzung dieser Reaktion zur Einstellung gewünschter Legierungsgefüge und -eigenschaften wollen wir das in Abbildung 11.13 dargestellte Zustandsdiagramm des $Fe\text{-}Fe_3C$-Systems näher untersuchen, auf dem die Erzeugung von Stahl und Gußeisen basiert.

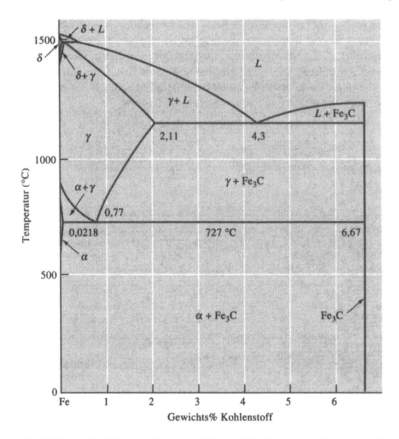

Abb. 11.13. Fe-Fe$_3$C-Zustandsdiagramm. Die vertikale Linie bei 6,67% C entspricht der stöchiometrischen Verbindung Fe$_3$C.

Feste Lösungen. Eisen durchläuft während des Erhitzens oder Abkühlens zwei allotrope Transformationen. Beim Erstarren bildet sich zunächst *δ-Ferrit* mit krz-Struktur. Nach weiterer Abkühlung geht Eisen in eine γ-Phase mit kfz-Struktur über, die auch als *Austenit* bezeichnet wird. Schließlich wandelt sich Eisen bei niedrigen Temperaturen wieder in eine krz-Struktur mit der Bezeichnung α-Ferrit um. Beide Ferrite und der Austenit sind feste Lösungen von C-Atomen auf Zwischengitterplätzen in Eisen (Beispiel 4.8). Da die Zwischengitterlücken im kfz-Gitter etwas größer sind als im krz-Gitter, läßt sich im kfz-Gitter eine größere Menge von C-Atomen unterbringen. Aus diesem Grunde beträgt die maximale Löslichkeit von Kohlenstoff in Austenit 2,11%, während sie in krz-Eisen wesentlich geringer ist, nämlich 0,0218% in α- und 0,09% in δ-Ferrit. Die festen Lösungen sind relativ weich und duktil, aber härter als reines Eisen infolge der Mischkristallverfestigung durch den gelösten Kohlenstoff.

Verbindungen. Nach Überschreiten der Kohlenstofflöslichkeit bildet sich im Eisen die stöchiometrische Verbindung Fe$_3$C oder *Zementit*. Diese Phase enthält 6,67% C, ist extrem hart und spröde und in allen handelsüblichen Stählen enthalten. Über die Menge, Größe und Form der Fe$_3$C-Ausscheidungen lassen sich der Grad der Ausscheidungshärtung und die Eigenschaften von Stählen beeinflussen.

Eutektoide Reaktion. Wenn wir eine in eutektoider Zusammensetzung vorliegende Fe-C-Legierung (also mit einem C-Gehalt von 0,77%) über 727 °C erhitzen, ergibt sich eine Struktur, die ausschließlich Austenit enthält. Nach Abkühlen auf 727 °C beginnt die eutektoide Reaktion:

$$\gamma_{0,77\% \text{ C}} \rightarrow \alpha_{0,0218\% \text{ C}} + Fe_3C_{6,67\% \text{ C}}. \tag{11.7}$$

Da die beiden entstehenden Phasen unterschiedliche Zusammensetzungen aufweisen, muß während der Reaktion eine Diffusion stattfinden (Abb. 11.14). Der überwiegende Teil der im Austenit enthaltenen C-Atome diffundiert in die Fe_3C-Phase und der überwiegende Teil der Fe-Atome in die α-Phase. Die Umverteilung erfolgt umso leichter, je kürzer die dafür erforderlichen Diffusionslängen sind, wie es bei einem lamellaren Wachstum beider Phasen der Fall ist.

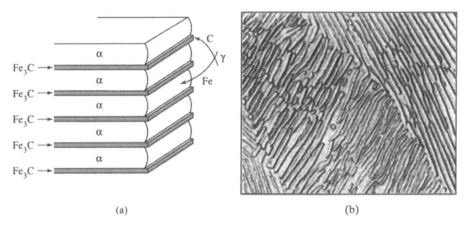

(a)   (b)

Abb. 11.14. Wachstum und Gefüge von Perlit: (a) Umverteilung von Kohlenstoff und Eisen, (b) Mikrofotografie von Perlit-Lamellen (2 000fach). (Aus *Metals Handbook*, Vol.7, 8. Aufl. *American Society for Metals*, 1972.)

Perlit. Die aus α und Fe_3C bestehende lamellare Struktur innerhalb des Fe-C-Systems wird als *Perlit* bezeichnet und ist ein Gefügebestandteil des Stahls. Die Lamellenstruktur des Perlits ist sehr viel feiner ausgebildet als die im Pb-Sn-Eutektikum, da die Fe- und C-Atome hier durch festen Austenit und nicht durch die Schmelze wie bei der eutektischen Reaktion diffundieren müssen.

Beispiel 11.5
Berechnung der in Perlit vorhandenen Anteile von Ferrit und Zementit.
Lösung
Da Perlit 0,77% C enthalten muß, ergibt sich nach dem Hebelgesetz:

$$\% \ \alpha = \frac{6,67-0,77}{6,67-0,0218} \cdot 100 = 88,7\%,$$

$$\% \ Fe_3C = \frac{0,77-0,0218}{6,67-0,0218} \cdot 100 = 11,3\%. \qquad \square$$

Das Ergebnis des Beispiels 11.5 zeigt an, daß Perlit hauptsächlich aus Ferrit besteht. Auch metallographisch ist erkennbar, daß die Fe_3C-Lamellen des Perlits von der α-Phase umgeben sind. Das Perlitgefüge weist infolgedessen eine Ausscheidungshärtung auf – der kontinuierlich verteilte Ferrit ist relativ weich und duktil, der harte und spröde Zementit ist darin diskontinuierlich eingebettet.

Primäre Gefügebestandteile. Untereutektoide Stähle enthalten weniger als 0,77% C und übereutektoide Stähle mehr als 0,77% C. Ferrit bildet den primären oder voreutektoiden Gefügebestandteil in untereutektoiden Legierungen und Zementit den primären oder voreutektoiden Gefügebestandteil in übereutektoiden Legierungen. Wenn wir eine untereutektoide Legierung mit einem C-Gehalt von 0,60% auf über 750 °C erhitzen, liegt nur noch Austenit vor. Abbildung 11.15 zeigt, welche Phasenumwandlungen das Material erfährt, wenn sich der Austenit abkühlt. Unterhalb von 750 °C beginnen die Keimbildung und das Wachstum von Ferrit, und zwar gewöhnlich an den Korngrenzen des Austenits. Der primäre Ferrit wächst an, bis die Temperatur auf 727 °C abgesunken ist. Der jetzt noch vorhandene Austenit ist vollständig von Ferrit umgeben, seine Zusammensetzung hat sich von 0,60% C-Gehalt auf 0,77% C-Gehalt erhöht. Bei weiterer Abkühlung wandelt sich der restliche Austenit über eine eutektoide Reaktion in Perlit um. Die Endstruktur besteht somit aus zwei Phasen, Ferrit und Zementit, enthalten in zwei Gefügebestandteilen, primärem Ferrit und Perlit.

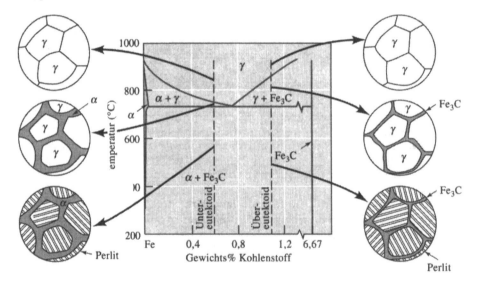

Abb. 11.15. Gefügebildung von unter- und übereutektoiden Stählen während des Abkühlens mit Angabe der zugehörigen Positionen im Zustandsdiagramm.

Das Gefüge besteht in seiner Endform aus Perlitinseln, die von primärem Ferrit umgeben sind (Abb. 11.16a). Diese Struktur verleiht der Legierung sowohl Festigkeit, bedingt durch den ausscheidungsgehärteten Perlit, als auch Duktilität, die auf den kontinuierlich vorhandenen Ferrit zurückzuführen ist.

In übereutektoiden Legierungen (rechte Seite der Abbildung 11.15) bildet sich als primäre Phase dagegen Zementit (Fe_3C), und zwar ebenfalls durch Ausscheidung an den Korngrenzen des Austenits. Nach Abkühlung bis unter die eutektoide Temperatur setzt sich der Stahl aus hartem, sprödem Zementit und darin einge-

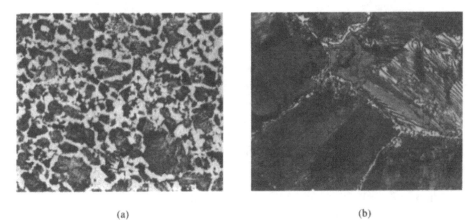

(a)   (b)

Abb. 11.16. (a) Untereutektoider Stahl mit primärem α (hell) und Perlit (400fach). (b) Übereutektoider Stahl mit primärem Fe_3C und Perlit (800fach). (Aus *Metals Handbook*, Vol.7, 8. Aufl. *American Society for Metals*, 1972.)

schlossenen Perlitinseln zusammen (Abb. 11.16b). Da jetzt ein harter und spröder Gefügebestandteil die kontinuierliche Phase bildet, ist der Stahl insgesamt ebenfalls spröde. Durch Wärmebehandlung lassen sich jedoch die Eigenschaften von übereutektoiden Stählen verbessern.

Beispiel 11.6
Bestimmung von Mengenanteil und Zusammensetzung der Phasen und Gefügebestandteile einer Fe-C(0,60%)-Legierung bei 726 °C.
Lösung
Als Phasen liegen Zementit und Ferrit vor. Unter Nutzung der Hebellinie und Anwendung des Hebelgesetzes ergibt sich für eine Temperatur von 726 °C:

$$\alpha: 0{,}0218\% \text{ C}, \qquad \% \,\alpha = \frac{6{,}67-0{,}60}{6{,}67-0{,}0218} \cdot 100 = 91{,}3\%,$$

$$Fe_3C: 6{,}67\% \text{ C}, \qquad \% \,Fe_3C = \frac{0{,}60-0{,}0218}{6{,}67-0{,}0218} \cdot 100 = 8{,}7\%.$$

Die Gefügebestandteile sind primärer Ferrit und Perlit. Aus der Hebellinie dicht oberhalb von 727 °C ergeben sich die Anteile und die Zusammensetzung von Ferrit und Austenit unmittelbar vor Beginn der eutektoiden Reaktion. Der Austenit geht dann vollständig in Perlit über, während der Ferrit als primärer Ferrit erhalten bleibt:

$$\text{primäres } \alpha: 0{,}0218\% \text{ C}, \qquad \% \text{ primäres } \alpha = \frac{0{,}77-0{,}60}{0{,}77-0{,}0218} \cdot 100 = 22{,}7\%,$$

$$\text{Perlit: } 0{,}77\% \text{ C}, \qquad \% \text{ Perlit} = \frac{0{,}60-0{,}0218}{0{,}77-0{,}0218} \cdot 100 = 77{,}3\%. \qquad \square$$

11.9 Steuerung eutektoider Reaktionen

Die Ausscheidungshärtung eutektoider Legierungen läßt sich in ähnlicher Weise steuern wie die von eutektischen Legierungen.

Steuerung über den eutektoiden Anteil der Legierung. Der Anteil der harten zweiten Phase hängt von der Zusammensetzung der Legierung ab. Wenn sich der C-Gehalt eines Stahls bis auf die eutektoide Konzentration von 0,77% erhöht, nehmen auch die Anteile von Fe_3C und Perlit zu und damit auch die Festigkeit der Legierung. Diese Festigkeitszunahme erreicht jedoch ein Maximum, d. h. die erzielten Eigenschaften bleiben anschließend konstant bzw. sinken bei noch höherem C-Gehalt in ihren Werten sogar wieder ab (Tab. 11.2).

Tabelle 11.2. Einfluß von Kohlenstoff auf die Festigkeit von Stählen

Kohlenstoff (%)	Langsame Abkühlung (grober Perlit)			Schnelle Abkühlung (feiner Perlit)		
	Streckgrenze (N/mm^2)	Zugfestigkeit (N/mm^2)	%Bruch-dehnung	Streckgrenze (N/mm^2)	Zugfestigkeit (N/mm^2)	%Bruch-dehnung
0,20	295	394	36,5	346	441	36,0
0,40	353	519	30,0	374	590	28,0
0,60	372	625	23,0	420	775	18,0
0,80	376	615	25,0	524	1 010	11,0
0,95	380	657	13,0	500	1 014	9,5

Nach *Metals Progress Materials and Processing Databook*, 1981.

Steuerung über die Korngröße des Austenits. Perlit wächst in Form von Körnern oder *Kolonien*, in denen die Lamellen gleichmäßig ausgerichtet sind. Diese Kolonien bilden sich vorzugsweise an den Korngrenzen der ursprünglichen Austenitstruktur. Wenn man die Austenitkorngröße verringert, was durch Anwendung niedriger Temperaturen bei der Austenitisierung möglich ist, nimmt die Korngrenzenfläche des Austenits und damit die Anzahl der Perlit-Kolonien entsprechend zu. Mit dieser Zunahme ist gewöhnlich auch eine Erhöhung der Festigkeit von Legierungen verbunden.

Steuerung über die Abkühlungsgeschwindigkeit. Mit zunehmender Abkühlungsgeschwindigkeit der Legierung während der eutektoiden Reaktion verringern sich der Diffusionskoeffizient und damit die Weglänge, die Atome beim Aussscheidungsvorgang zurücklegen können. Infolgedessen bilden sich feinere und dichter geschichtete Lamellen. Feineres Perlitgefüge wiederum bewirkt größere Festigkeit der Legierung (Tab. 11.2 und Abb. 11.17).

Steuerung über die Umwandlungstemperatur. Die eutektoide Reaktion läuft sehr langsam ab, so daß sich Stahl bis unter die eutektoide Gleichgewichtstemperatur abkühlen kann, bevor die Reaktion einsetzt. Niedrige Umwandlungstemperaturen ergeben ein feineres und festeres Gefüge (Abb. 11.18), wirken sich auf die für die

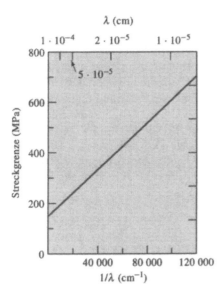

Abb. 11.17. Einfluß des interlamellaren Abstands auf die Streckgrenze von Perlit.

Umwandlung erforderliche Zeit aus und verändern auch die Anordnung beider Phasen. Aussagen hierüber liefert das in Abbildung 11.19 dargestellte *Zeit-Temperatur-Umwandlungsdiagramm* (ZTU). (Im Gegensatz zu den Zustandsdiagrammen, welche die Gefügeausbildung im thermodynamischen Gleichgewicht angeben, charakterisieren die ZTU-Diagramme das Umwandlungsverhalten einer Legierung in Abhängigkeit vom Temperatur-Zeit-Regime.) Das Diagramm, das mitunter auch als *isothermisches Umwandlungsdiagramm* oder als C-Kurve bezeichnet wird, ermöglicht eine Vorhersage der Struktur und Eigenschaften von Stählen und eine Bestimmung der erforderlichen Wärmebehandlung.

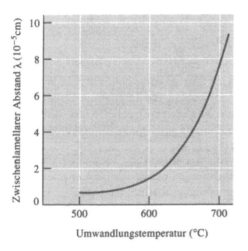

Abb. 11.18. Einfluß der Umwandlungstemperatur von Austenit auf den zwischenlamellaren Abstand in Perlit.

Das ZTU-Diagramm wird durch die Kinetik der eutektoiden Reaktion bestimmt. Aus ihm läßt sich für jede Temperatur der Zeitablauf der Umwandlung ablesen. Abbildung 11.20 zeigt als Beispiel den Ablauf der Umwandlung von Austenit in ein Gemisch aus Ferrit und Zementit. Für die Keimbildung wird zunächst eine Inkubationszeit benötigt. Die P_s-Linie (s für „start") gibt den Beginn der Umwandlung an, die P_f-Linie (f für „finish") den Abschluß der Umwandlung. Wenn die Temperatur unterhalb von 727 °C weiter absinkt, nimmt die Keimbildungsgeschwindigkeit zu, während die Wachstumsgeschwindigkeit des Eutektoids abnimmt. Wie bereits in Abbildung 11.3 ergibt sich ein Maximum der Umwandlungsgeschwindigkeit bzw. Minimum der Umwandlungszeit. Dieses Extremum befindet sich für eutektoiden Stahl bei einer Temperatur von ca. 550 °C (Abb. 11.19).

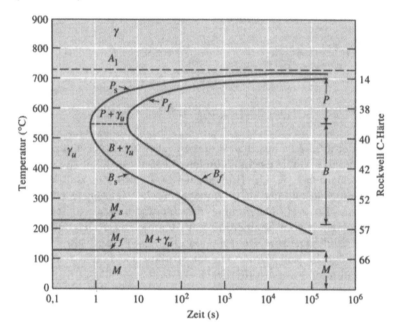

Abb. 11.19. Zeit-Temperatur-Umwandlungs(ZTU)-Diagramm für eutektoiden Stahl.

Im Ergebnis der Umwandlung entstehen zwei unterschiedliche Gefügearten. Oberhalb von 550 °C bildet sich Perlit (P) und bei tieferer Temperatur Bainit (B).

1. *Keimbildung und Wachstum von Perlit*: Nach Abschrecken bis dicht unter die eutektoide Temperatur ist der Austenit nur wenig unterkühlt. Infolgedessen sind lange Zeiten erforderlich, bis sich stabile Ferrit- und Zementitkeime bilden können. Die Wachstumsphase läuft dagegen schneller ab, weil die Atome bei der relativ hohen Temperatur noch relativ schnell diffundieren. Es entsteht *grober* Perlit; die Umwandlung ist nach der Zeit P_f abgeschlossen. Erfolgt das Abschrecken des Austenits bis auf tiefere Temperaturen, wird er stärker unterkühlt. Dann findet auch die Keimbildung schneller statt, und die Zeit P_s verkürzt sich. Die Diffusion erfolgt jedoch langsamer, so daß nur kürzere Entfernungen zurückgelegt werden und *feiner* Perlit entsteht. Trotz der geringeren Wachstumsgeschwindigkeit ist die Gesamtzeit der Umwandlung wegen der kürzeren Inkubationszeit jetzt kleiner.

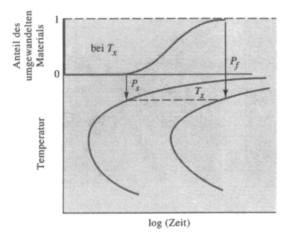

Abb. 11.20. Die S-Kurve korrespondiert mit der Start- und Abschlußzeit des ZTU-Diagramms von Stahl. Im vorliegenden Fall wandelt sich Austenit in Perlit um.

Ein Minimum der Umwandlungszeit stellt sich bei einer Temperatur von 550 °C an der sogenannte *Nase* oder dem *Knie* der ZTU-Kurve ein (Abb. 11.19). Die Struktur des Perlits ist hier noch feiner.

2. *Keimbildung und Wachstum von Bainit*: Bei Temperaturen unterhalb der Nase des ZTU-Diagramms erfolgt die Diffusion sehr langsam, und die Gesamtumwandlungszeit nimmt wieder zu. Zusätzlich bemerken wir ein verändertes Gefüge. Würde sich weiterhin Perlit bilden, wären die Lamellen infolge der geringen Temperatur extrem dünn und die Grenzfläche zwischen Ferrit und Zementit entsprechend groß. Das hätte eine erhöhte Grenzflächenenergie zur Folge, und die innere Gesamtenergie des Stahls würde stark anwachsen. Die Legierung weicht diesem Energieaufwand dadurch aus, daß sich der Zementit jetzt in Form isolierter, abgerundeter Partikel innerhalb der Ferrit-Matrix ausscheidet. Diese neue Gefügeform aus Ferrit und Zementit wird als *Bainit* oder *Zwischenstufengefüge* bezeichnet. Die Umwandlung beginnt zur Startzeit B_s und endet zur Zeit B_f.

Die Zeiten für Beginn und Abschluß der Umwandlung von Austenit in Bainit nehmen mit sinkender Umwandlungstemperatur zu. Gleichzeitig verfeinert sich das Bainitgefüge. Bainit, der sich unmittelbar unterhalb der Knietemperatur bildet, heißt grober, oberer oder federförmiger Bainit. Der bei tieferer Temperatur entstehende Bainit wird als feiner, unterer oder nadelförmiger (azikulärer) Bainit bezeichnet. Abbildung 11.21 zeigt typische Gefügestrukturen von Bainit.

Aus Abbildung 11.22 ist der Einfluß der Umwandlungstemperatur auf die Eigenschaften von eutektoidem Stahl ersichtlich. Mit abnehmender Temperatur zeichnet sich ein genereller Trend zu höherer Festigkeit und geringerer Duktilität ab, der auf das feiner werdende Gefüge zurückzuführen ist.

Beispiel 11.7
Temperatur-Zeit-Regime zur Erzeugung des in Abbildung 11.14b dargestellten Perlitgefüges.

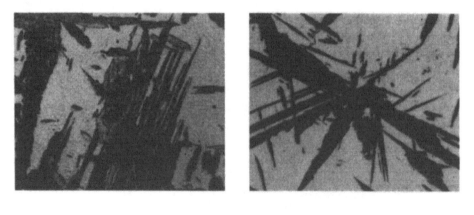

(a)   (b)

Abb. 11.21. (a) Oberer Bainit (graue fasrige Platten), 600fach. (b) Unterer Bainit (dunkle Nadeln), 400fach. (Aus *Metals Handbook*, Vol. 8, 8. Aufl. *American Society for Metals*, 1973.)

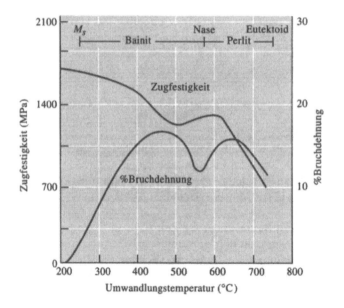

Abb. 11.22. Einfluß der Umwandlungstemperatur auf die Eigenschaften von eutektoidem Stahl.

Lösung

Charakteristisches Merkmal des Perlitgefüges ist der interlamellare Abstand der Ferrit-Zementit-Schichtfolge. Als Maß dient der Mittenabstand zweier aufeinanderfolgender α-Schichten. Wir zählen diese Abstände im oberen rechten Teil der Abbildung 11.14b und ermitteln 14 Abstände über eine Bildlänge von 2 cm. Wegen der verwendeten 2 000fachen Vergrößerung entspricht diese Bildlänge einer realen Gefügelänge von 0,001 cm. Somit ergibt sich:

$$\lambda = \frac{0{,}001 \text{ cm}}{14 \text{ Abstände}} = 7{,}14 \cdot 10^{-5} \text{ cm.}$$

Unter Annahme einer isothermen Reaktion erhalten wir aus Abbildung 11.18 eine hiermit korrespondierende Umwandlungstemperatur von ca. 700 °C. Nach dem ZTU-Diagramm in Abbildung 11.19 ist somit folgender Temperatur-Zeit-Verlauf erforderlich:

1. Erhitzen des Stahls auf ungefähr 750 °C und Halten der Temperatur über etwa 1 h zur vollständigen Umwandlung in Austenit.
2. Abschrecken auf 700 °C und Halten der Temperatur über mindestens 10^5 s (entspricht der Zeit P_f).
3. Abkühlen auf Raumtemperatur.

Der so behandelte Stahl hat eine Rockwell C-Härte von 14 (Abb. 11.19) und eine Streckgrenze von 200 MPa, wie wir der Abbildung 11.17 entnehmen können.

□

Beispiel 11.8
Bainit zeichnet sich durch eine günstige Kombination von Härte, Festigkeit und Zähigkeit aus. Um diese Eigenschaften zu erzeugen, wurde folgendes Temperatur-Zeit-Regime gewählt: (1) Austenitisieren des eutektoiden Stahls bei einer Temperatur von 750 °C, (2) Abschrecken auf 250 °C und Halten der Temperatur über 15 min, (3) Abkühlen auf Raumtemperatur. Liegt nach diesem Ablauf das gewünschte Bainitgefüge vor?
Lösung
Wir verfolgen den verwendeten Temperatur-Zeit-Verlauf anhand der Abbildung 11.19. Nach Erhitzen auf 750 °C ist der Stahl vollständig in Austenit (γ) umgewandelt. Nach Abschrecken auf 250 °C bleibt der Austenit noch reichlich 100 s als instabile Phase erhalten. Anschließend beginnt seine Umwandlung in den gewünschten feinen Bainit. Nach der vorgegebenen Zeit von 15 min bzw. 900 s sind erst etwa 50% des instabilen Austenits in Bainit umgewandelt. Wie wir später noch sehen werden, geht der noch verbliebene Rest bei Abkühlung auf Raumtemperatur in Martensit über. Die Endstruktur besteht somit aus einem Gemisch von Bainit und dem harten und spröden Martensit. Diese Wärmebehandlung hat folglich nicht das gestellte Ziel erreicht! Hierfür wäre ein Anhalten der Umwandlungstemperatur von 250 °C über mindestens 10^4 s bzw. 3 h erforderlich gewesen.   □

11.10 Martensitische Reaktion und Anlassen

Martensit ist eine Phase, die im Ergebnis einer diffusionslosen Festkörper-Umwandlung entsteht. Zum Beispiel wandelt sich Kobalt aus der kfz-Struktur durch eine geringfügige Verschiebung von Atomen, die die Stapelfolge dichtgepackter Ebenen verändert, in eine hdp-Struktur um. Da diese Umwandlung nicht auf Diffusionsvorgängen beruht, handelt es sich bei der martensitischen Reaktion um eine *athermische Umwandlung*, d. h. die Reaktion hängt zwar von der Temperatur, nicht aber von der Zeit ab. Martensitische Reaktionen verlaufen oft mit

Geschwindigkeiten, die mit der Schallgeschwindigkeit im betreffenden Material vergleichbar sind.

Martensit in Stählen. In Stählen mit weniger als 0,2% C-Gehalt wandelt sich kfz-Austenit in eine übersättigte kubisch-raumzentrierte Martensitstruktur um. In kohlenstoffreicheren Stählen geht kfz-Austenit in eine raumzentrierte tetragonale Martensitstruktur über. Abbildung 11.23a veranschaulicht diesen Übergang, bei dem C-Atome, die sich in der kfz-Elementarzelle auf Zwischengitterplätzen des Typs 1/2, 0, 0 befinden, während der Umwandlung in die raumzentrierte tetragonale

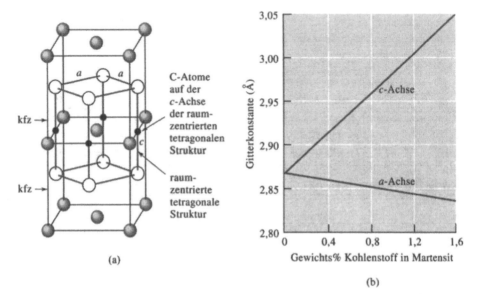

(a)

(b)

Abb. 11.23. (a) Die Elementarzelle von raumzentriertem tetragonalem Martensit, hervorgegangen aus der kfz-Struktur des Austenits. (b) Mit zunehmendem C-Gehalt werden mehr Zwischengitterplätze durch C-Atome aufgefüllt. Dabei weitet sich die tetragonale Zelle zunehmend auf (größerer Unterschied zwischen a- und c-Achse).

Struktur auf deren c-Achsen eingefangen werden. Mit zunehmendem C-Gehalt des Stahls wächst die Anzahl der dafür zur Verfügung stehenden C-Atome, so daß sich der Unterschied in den Längen der a- und c-Achse vergrößert (Abb. 11.23b).

Um Martensit zu erzeugen, muß der Stahl aus dem Bereich des stabilen Austenits sehr schnell abgekühlt (also abgeschreckt) werden, damit die Bildung von Perlit, Bainit oder primärer Gefügebestandteile verhindert wird. Die martensitische Reaktion beginnt in eutektoiden Stählen bei Abkühlung unter 220 °C. Das ist die in Abbildung 11.19 markierte Martensit-Starttemperatur M_s. Der Anteil des Martensits wächst mit abnehmender Temperatur. Nach Unterschreiten der Temperatur M_f besteht der Stahl vollständig aus Martensit. Die Anteile bei den Zwischentemperaturen hängen nur von der Temperatur, aber nicht von der Zeit ab.

Martensit muß die gleiche Zusammensetzung aufweisen wie der Austenit, aus dem er entstanden ist. Es findet keine Diffusion statt, die diese Zusammensetzung verändern könnte. Deshalb bleibt in Fe-C-Legierungen die Zusammsetzung des anfänglichen Austenits in dem daraus entstehenden Martensit erhalten.

Beispiel 11.9

Prozeßführung für einen Zweiphasenstahl. Stahl mit einem Gehalt von 50% Ferrit und 50% Martensit verfügt über außergewöhnliche Eigenschaften. Die Martensit-Phase sorgt für Festigkeit, und die Ferrit-Phase bietet Duktilität und Zähigkeit. Wir wollen einen Prozeßablauf für einen Zweiphasenstahl konzipieren, dessen Martensit-Phase 0,6% C enthält.

Lösung

Um eine Mischung aus Ferrit und Martensit zu erhalten, muß untereutektoider Stahl bis in die $\alpha + \gamma$-Region des Zustandsdiagramms erhitzt werden. Danach wird der Stahl abgeschreckt, wobei der γ-Teil der Struktur in Martensit übergeht.

Die notwendige Temperatur für den Aufheizschritt wird durch die Randbedingung bestimmt, daß der Martensit 0,6% C enthalten soll. Aus der Löslichkeitskurve zwischen den Zustandsbereichen γ und $\alpha + \gamma$ ergibt sich für einen C-Gehalt von 0,6% in Austenit eine Temperatur von ungefähr 750 °C (genauere Werte können aus Abbildung 12.2 abgeschätzt werden).

Um einen Anteil von 50% Martensit zu erzeugen, müssen wir einen Stahl auswählen, der bei einer Haltetemperatur von 750 °C einen Anteil von 50% Austenit ergibt. Für den C-Gehalt x dieses Stahls ergibt sich:

$$\% \; \gamma = \frac{x - 0,02}{0,60 - 0,02} \cdot 100 = 50 \qquad \text{oder} \qquad x = 0,31\% \; \text{C}.$$

Somit ergibt sich folgende Herstellungstechnologie:

1. Auswahl eines untereutektoiden Stahls mit 0,31% C-Gehalt.
2. Erhitzen des Stahls auf 750 °C mit einer Haltezeit von ungefähr 1 h (abhängig von der Dicke des Materials) zur Erzeugung einer Struktur von 50% Ferrit und 50% Austenit (mit 0,6% C-Gehalt).
3. Abschrecken auf Zimmertemperatur. Dabei geht Austenit unter Beibehalt des C-Gehalts in Martensit über.   □

Eigenschaften von Stahlmartensit. Martensit in Stählen ist sehr hart und spröde. Die raumzentrierte tetragonale Kristallstruktur besitzt keine dichtgepackten Gleitebenen, in denen eine leichte Versetzungsbewegung möglich ist. Der Martensit ist stark mit Kohlenstoff übersättigt, da Eisen normalerweise nur einen C-Gehalt von weniger als 0,0218% bei Raumtemperatur aufweist. Er besitzt auch ein sehr feinkörniges Gefüge, das noch feinere Substrukturen innerhalb der Körner enthält.

Gefüge und Eigenschaften von Stahlmartensit hängen vom C-Gehalt der Legierung ab (Abb. 11.24). Bei geringem C-Gehalt wächst der Martensit als sogenannter „Lattenmartensit", der aus einem Bündel dünner Schichten besteht (Abb. 11.25a). Dieser Martensit ist nicht sehr hart. Bei höherem C-Gehalt bildet sich sogenannter „Plattenmartensit". Hierbei wachsen einzelne Schichten individuell stärker auf Kosten der anderen Schichten des Bündels (Abb. 11.25b). Die Härte des kohlenstoffreicheren Plattenmartensits ist größer, teilweise bedingt durch stärkere Verformung bzw. das größere c/a-Verhältnis der Kristallstruktur.

Anlassen von Stahlmartensit. Der Martensit ist keine Gleichgewichtsstruktur. Bei Erhitzen von Stahlmartensit unterhalb der eutektoiden Temperatur scheiden sich stabiles α und Fe_3C aus. Dieser Vorgang wird als *Anlassen* bezeichnet. Durch den

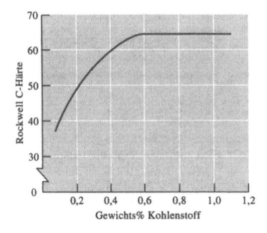

Abb. 11.24. Einfluß des C-Gehalts auf die Härte von Martensit in Stählen.

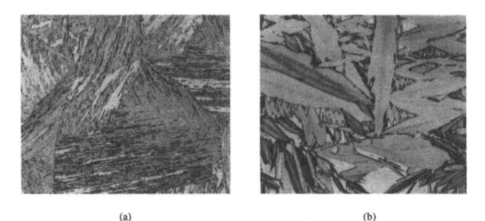

(a)   (b)

Abb. 11.25. (a) Lattenmartensit in kohlenstoffarmem Stahl (80fach). (b) Plattenmartensit in kohlenstoffreichem Stahl (400fach). (Aus *Metals Handbook*, Vol. 8, 8. Aufl. *American Society for Metals*, 1973.)

Zerfall des Martensits verringern sich die Festigkeit und Härte der Legierung, während die Duktilität und Schlagzähigkeit gleichzeitig zunehmen (Abb. 11.26).

Bei tiefen Anlaßtemperaturen kann der Martensit zwei Übergangsphasen bilden – kohlenstoffärmeren Martensit und sehr feinkörniges Nichtgleichgewichts-ε-Karbid, bzw. $Fe_{2,4}C$. Dieser Stahl ist weiterhin fest und spröde und eventuell sogar härter als vor dem Anlassen. Bei höheren Anlaßtemperaturen bilden sich stabiles α und Fe_3C, und der Stahl wird weicher und duktiler. Wenn das Anlassen dicht unterhalb der eutektoiden Temperatur stattfindet, wird das Fe_3C sehr grobkörnig und die Ausscheidungshärtung weitgehend aufgehoben. Durch geeignet gewählte Anlaßtemperatur lassen sich daher die Legierungseigenschaften in einem breiten Bereich einstellen. Im Ergebnis der Anlaßbehandlung liegt ein Gefüge vor, das auch als angelassener Martensit bezeichnet wird (Abb. 11.27).

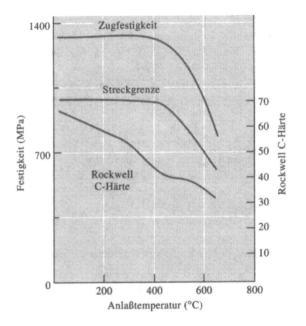

Abb. 11.26. Einfluß der Anlaßtemperatur auf Eigenschaften von eutektoidem Stahl.

Abb. 11.27. Angelassener Martensit in Stahl (500fach). (Aus *Metals Handbook*, Vol.9, 9Aufl. *American Society for Metals*, 1985.)

Martensit in anderen Systemen. Die Umwandlungscharakteristik martensitischer Reaktionen hängt auch von den Legierungssystemen ab, in denen sie stattfinden. Zum Beispiel kann sich in Fe-Legierungen mit geringem oder fehlendem C-Gehalt Martensit durch Übergang von der kfz- in eine krz-Struktur bilden. In bestimmten stark manganhaltigen und in rostfreien Stählen ist die martensitische Reaktion mit dem Übergang aus der kfz- in eine hdp-Struktur verbunden. Außerdem werden martensitische Reaktionen auch bei Strukturumwandlungen von polymorphen keramischen Stoffen einschließlich ZrO_2 und von kristallinen Polymeren beobachtet.

Auch die Eigenschaften des in anderen Systemen gebildeten Martensits unterscheiden sich von denen des Stahlmartensits. In Ti-Legierungen geht das krz-Titan in eine hdp-Martensit-Struktur beim Abschrecken über. Der Ti-Martensit ist jedoch weicher und schwächer als die ursprüngliche Struktur.

Der Martensit anderer Legierungen kann ebenfalls angelassen werden. Beim Anlassen von Ti-Martensit scheidet sich eine zweite Phase aus, die jedoch im Gegensatz zu Stahl die Festigkeit der Ti-Legierung erhöht.

Formgedächtniseffekt. Einige Legierungen, in denen martensitische Reaktionen stattfinden, weisen als besondere Eigenschaft einen *Formgedächtniseffekt* (Shape-Memory-Effekt) auf. Hierunter wird die Wiedergewinnung der äußeren Ursprungsform eines Materialstücks nach zwischenzeitlicher Umformung verstanden. Dieser Effekt ist z. B. bei Ni-Ti(50%) und einigen Cu-Legierungen zu beobachten. Wenn man diese Legierungen thermomechanisch behandelt, um Martensit zu erzeugen, und sie dabei in eine vorgegebene Form bringt, können sie nach anschließender mechanischer Verformung und erneuter Wärmebehandlung die ursprüngliche Form zurückgewinnen. Zu den Anwendungen dieses Effekts zählen Stellglieder und auch medizintechnische Instrumente wie kieferorthopädische Klammern und Filter für Blutgerinnsel.

Beispiel 11.10

Es besteht die Aufgabe, Ti-Rohre an freier Luft (ohne Schutzatmosphäre oder Vakuum) miteinander zu verbinden. Der Vorgang soll möglichst schnell erfolgen.

Lösung

Titan ist sehr reaktiv und bei fehlenden Schutzbedingungen starker Kontamination ausgesetzt. Die Anwendung hoher Temperaturen scheidet aus diesem Grunde aus.

Eine Lösung bietet die Nutzung des Formgedächtniseffekts (Abb. 11.28). Wir verwenden eine Verbindungsmuffe aus Ni-Ti, die der martensitischen Reaktion unterzogen und dabei auf einen genügend kleinen Durchmesser verformt wird. Anschließend wird die Muffe auf einen größeren Durchmesser geweitet, so daß sie bequem auf die zu verbindenden Rohrenden aufgesteckt werden kann. Nach

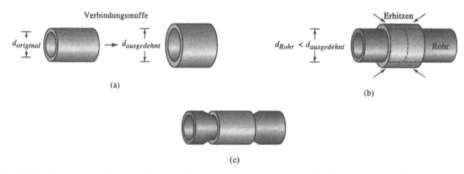

Abb. 11.28. Nutzung des Formgedächtniseffekts von Legierungen für die Verbindung von Rohren: (a) Ausdehnung eines Rohrstücks aus Ni-Ti-Legierung. (b) Verwendung dieses Rohrstücks als Verbindungsmuffe für die zu verbindenen Rohre. (c) Wiederaufheizung des Rohrstücks bewirkt dessen Schrumpfen auf den ursprünglichen Durchmesser, so daß die darunter befindlichen Rohrenden fest zusammengedrückt werden (zu Beispiel 11.10).

Erwärmung auf nur geringe Temperatur, bei der noch keine Kontaminationsgefahr besteht, verengt sich die Muffe auf ihren ursprünglichen Durchmesser und bewirkt eine feste mechanische Verbindung beider Rohre.   □

11.11 Zusammenfassung

Phasenumwandlungen im festen Zustand haben grundlegende Bedeutung für Gefüge und Eigenschaften von Legierungen und können durch geeignete Wärmebehandlung (Temperatur-Zeit-Regime) beeinflußt werden. Ziel dieser Behandlung ist eine möglichst günstige Phasenverteilung innerhalb der Gefügestruktur. Die mit neu entstandenen Phasen verbundene Ausscheidungshärtung bietet eine große Variationsbreite für Gefüge und Legierungseigenschaften.

● Die Umwandlung erfolgt über einen Keimbildungs- und einen Wachstumsschritt der sich aus der Ursprungsstruktur ausscheidenden Phasen. Aus der Kenntnis der Kinetik dieser Vorgänge und der ihr zugrunde liegenden Mechanismen können wir den technologischen Ablauf gezielt steuern, um gewünschte Gefügestrukturen zu erzeugen. Zustandsdiagramme ermöglichen die Auswahl geeigneter Materialzusammensetzung und Temperaturen.

● Unter Aushärten verstehen wir einen Stufenprozeß, der sich in vielen Legierungen als leistungsfähiges Verfahren zur Erzeugung sehr fein verteilter kohärenter Ausscheidungen erweist. Er zerfällt in die Schritte: (a) Lösungsglühen zur Erzeugung einer einphasigen festen Lösung, (b) Abschrecken der festen Lösung auf tiefe Temperaturen, wobei der einphasige Zustand erhalten bleibt, (c) Auslagern zur Bildung feiner Ausscheidungen. Diese Aushärtung setzt voraus, daß die Löslichkeit der in der Legierung gelösten Stoffkomponenten mit sinkender Temperatur abnimmt.

● Die eutektoide Reaktion ermöglicht die Umwandlung einer feste Phase in zwei andere festen Phasen. Die Kinetik dieses Vorgangs hängt von der Keimbildung der neuen Phasen und von der Diffusion der beteiligten Atomarten im Grundmaterial ab, die für das Wachstum der neuen Phasen bestimmend ist. Ihre breiteste Anwendung finden eutektoide Reaktionen bei der Herstellung von Stählen aus Fe-C-Legierungen:

  ● Durch eutektoide Reaktion entstehen in Stahl Perlit oder Bainit. Zusätzlich können primärer Ferrit oder primärer Zementit vorhanden sein, abhängig vom C-Gehalt der Legierung.

  ● Für die mechanischen Eigenschaften des entstehenden Gefüges sind folgende Faktoren bestimmend:
  (a) die Zusammensetzung der Legierung (Anteil des eutektoiden Gefügebestandteils), (b) die Korngrößen des ursprünglichen Festkörpers, des eutektoiden Gefügebestandteils und der primären Gefügebestandteile, (c) die Feinheit der Struktur innerhalb des eutektoiden Gefügebestandteils (zwischenlamellarer Abstand), (d) die Abkühlungsgeschwindigkeit während der Phasenumwandlung und (e) die Temperatur, bei der die Umwandlung stattfindet (Grad der Unterkühlung).

- Martensitische Reaktionen erfolgen ohne thermisch aktiviertes Wachstum (athermische Reaktion), d. h. ohne Materialtransport durch Diffusion. Besonders bekannt und bedeutungsvoll ist Martensitbildung in Stahl:
    - Der Anteil des gebildeten Martensits hängt von der Temperatur und nicht von der Zeit ab.
    - Martensit ist sehr hart und spröde, wobei die Härte primär durch den C-Gehalt bestimmt wird.
    - Der Anteil und die Zusammensetzung des Martensits stimmen mit denen des Austenits überein, aus dem er hervorgegangen ist.
- Martensit kann angelassen werden. Dabei entsteht eine dispersionsgehärtete Struktur. In Stählen werden Festigkeit und Härte durch Anlassen reduziert, Duktilität und Zähigkeit dagegen verbessert.
- Bei der Anwendung wärmebehandelter Materialien muß beachtet werden, daß sich Struktur und Eigenschaften bei Einsatz unter erhöhter Temperatur weiter verändern können. Dieses Phänomen wird als Überalterung bezeichnet und stellt eine natürliche Fortsetzung der beschriebenen Umwandlungsprozesse dar.

11.12 Glossar

Anlassen. Wärmebehandlung von Martensit bei niedriger Temperatur, die zur Härtereduzierung genutzt wird. Hierbei wandelt sich Martensit zunehmend in Gleichgewichtsphasen um.

Athermische Umwandlung. Umwandlungsprozeß, bei dem der transformierte Materialanteil nur von der Temperatur, aber nicht von der Zeit abhängt (vergleiche isothermische Umwandlung).

Aushärten. Spezielle Ausscheidungshärtung, bestehend aus Lösungsglühen, Abschrecken und Auslagern. Durch die entstehende kohärente Ausscheidung wird ein beträchtlicher Verfestigungseffekt erzielt.

Auslagern. Wärmebehandlung einer lösungsgeglühten und abgeschreckten Legierung unterhalb der Solvustemperatur zur Erzeugung fein verteilter Ausscheidungen.

Austenit. Eisen in kfz-Kristallstruktur.

Avrami-Beziehung. Beschreibt die Kinetik von Phasenumwandlungen (Umwandlungsanteil als Funktion der Zeit).

Bainit. Zweiphasiges Gefüge in Stählen, das aus Ferrit und Zementit besteht und sich nach isothermischer Umwandlung bei relativ niedrigen Temperaturen bildet.

Ferrit. Eisen in krz-Kristallstruktur.

Formgedächtniseffekt. Eigenschaft einiger Materialien in Verbindung mit martensitischer Reaktion, nach Verformung und Erwärmung seine zuvor bestehende äußere Form wieder annehmen zu können.

Guinier-Preston-Zonen. Nahentmischungszonen im Frühstadium der Auslagerung, die zur Materialverfestigung führen. Obwohl es sich um kohärente Ausscheidungen handelt, ist der Verfestigungseffekt wegen ihrer geringen Größe nur gering.

Isotherme Umwandlung. Umwandlungsprozeß bei konstanter Temperatur, bei dem der transformierte Materialanteil von der Zeit abhängt (vergleiche athermische Umwandlung).

Kohärente Ausscheidung. Ausscheidung mit nur geringfügig von der Matrixstruktur abweichenden Gitterparametern. Die Matrix paßt sich der Ausscheidungsstruktur durch eine ausgedehnte Gitterverzerrung kontinuierlich an. Diese ausgedehnte Störung stellt ein räumlich großes Hindernis für Versetzungsbewegungen dar und bewirkt eine entsprechend starke Verfestigung.

Künstliche Alterung (s. Auslagern). Energetische Unterstützung des Ausscheidungsprozesses durch Wärmezufuhr (im Gegensatz zur natürlichen Alterung, s. dort).

Lösungsglühen. Erster Schritt des Aushärtungsprozesses, bei dem die Legierung bis über die Solvustemperatur erhitzt wird, um ausgeschiedene Phasen aufzulösen und eine homogene Einphasenstruktur (feste Lösung) zu erzeugen.

Martensit. Metastabile Phase in Stählen und anderen Materialien, die sich bei einer diffusionslosen, athermischen Umwandlung bildet.

Natürliche Alterung. Bildung kohärenter Ausscheidungen nach Lösungsglühen und Abschrecken bei Raumtemperatur (vergleiche künstliche Alterung).

Perlit. Lamellares zweiphasiges Gefüge aus Ferrit und Zementit, das sich in Stählen bei normaler Abkühlung oder isothermer Umwandlung bei relativ hohen Temperaturen bildet.

Phasengrenzflächenenergie. Energie, die mit der Grenzfläche zwischen zwei Phasen verbunden ist.

Übersättigte feste Lösung. Einphasige feste Lösung in einem Zustandsbereich, in dem unter Gleichgewichtsbedingungen zwei (oder mehrere) Phasen existieren. Sie kann entstehen, wenn eine Legierung aus einer Hochtemperatur-Einphasenregion sehr schnell in eine Niedertemperatur-Zweiphasenregion abgekühlt (abgeschreckt) wird, so daß sich die zweite Phase nicht ausscheiden kann. Da diese abgeschreckte Phase mehr Legierungsatome enthält, als der Löslichkeit entsprechen, handelt es sich um eine übersättigte feste Lösung.

Verspannungsenergie. Energieaufwand zur Bildung von Ausscheidungen innerhalb einer Matrix während Keimbildung und Wachstum.

Widmanstätten-Struktur. Nadel- oder plattenförmige Ausscheidungen einer zweiten Phase, die parallel zu kristallographischen Vorzugsebenen oder -richtungen der Matrix orientiert sind.

Zementit. Intermetallische Verbindung Fe_3C, die sich beim Überschreiten der Löslichkeitsgrenze von Kohlenstoff in festem Eisen bildet. Sie ist sehr hart und spröde und trägt wesentlich zur Verfestigung von Stählen bei.

ZTU-Diagramm. Zeit-Temperatur-Umwandlungs-Diagramm. Es beschreibt das Umwandlungsverhalten von Legierungen in Abhängigkeit vom Temperatur-Zeit-Regime und wird vor allem genutzt, um die bei einer bestimmten Temperatur erforderliche Zeit für eine Phasenumwandlung zu bestimmen. Dabei wird konstante Temperatur während der Umwandlung vorausgesetzt.

11.13 Übungsaufgaben

11.1 Bestimme die Konstanten c und n der Gleichung 11.2 für die Kristallisationsgeschwindigkeit von Polypropylen bei 140 °C nach Abbildung 11.29.

11.2 Bestimme die Aktivierungsenergie für die Kristallisation von Polypropylen nach Abbildung 11.29.

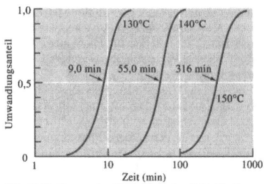

Abb. 11.29. Temperaturabhängigkeit der Kristallisation von Polypropylen (zu Aufgaben 11.1 und 11.2).

11.3 Unter der Annahme, daß das Al-Mg-System (Abb. 13.3) für Aushärtung geeignet ist, sind für die Legierungen Al-Mg(4%), Al-Mg(6%) und Al-Mg(12%)

(a) Wärmebehandlungen für künstliche Alterung (Auslagerung) festzulegen und

(b) die dabei gebildeten Anteile der β-Ausscheidung zu vergleichen.

(c) Im Ergebnis wird festgestellt, daß alle Legierungen nur in begrenztem Maße verfestigt wurden. Welche der Bedingungen für effektive Aushärtung waren vermutlich nicht erfüllt?

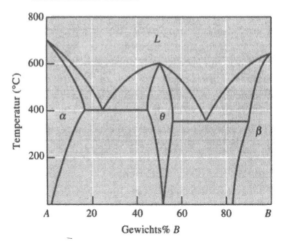

Abb. 11.30 Hypothetisches Zustandsdiagramm (zur Aufgabe 11.4).

11.4 Abbildung 11.30 zeigt ein hypothetisches Zustandsdiagramm. Bestimme, welche der folgenden Legierungen sich gut für Aushärtung eignen, und lege die dafür erforderliche Wärmebehandlung fest.

(a) A–B(10%),

(b) A–B(20%),

(c) A–B(55%),

(d) A–B(87%),

(e) A–B(95%).

11.5 Bestimme für die Fe-C(0,35%)-Legierung

(a) die Temperatur, bei der im Verlauf der Abkühlung die Umwandlung des Austenits beginnt,

(b) den sich bildenden primären Gefügebestandteil,

(c) die Zusammensetzung und den Anteil der bei 728 °C vorhandenen Phasen,

(d) die Zusammensetzung und den Anteil der bei 726 °C vorhandenen Phasen,

(e) die Zusammensetzung und den Anteil der bei 726 °C vorhandenen Gefügebestandteile.

11.6 Eine Stahlsorte enthält bei Raumtemperatur 8% Zementit und 92% Ferrit. Schätze den C-Gehalt des Stahls ab. Handelt es sich um unter- oder übereutektoiden Stahl?

11.7 Eine Stahlsorte enthält bei Raumtemperatur 18% Perlit und 82% primären Ferrit. Schätze den C-Gehalt des Stahls ab. Handelt es sich um unter- oder übereutektoiden Stahl?

11.8 Eine Stahlsorte enthält bei 750 °C 55% α und 45% γ. Schätze den C-Gehalt des Stahls ab.

11.9 Ein Stahl wird erhitzt, bis sich 40% Austenit mit einem C-Gehalt von 0,5% gebildet hat. Schätze die Temperatur und den Gesamt-C-Gehalt des Stahls ab.

11.10 Bestimme für folgende Systeme die eutektoide Temperatur, die Zusammensetzung jeder Phase der eutektoiden Reaktion und den Anteil jeder Phase im eutektoiden Gefüge. Erkläre, ob ein duktiles oder sprödes eutektoides Gefüge zu erwarten ist.

(a) ZrO_2-CaO (vergl. Abb. 14.23),

(b) Cu-Al mit 11,8% Al (vergl. Abb. 13.10),

(c) Cu-Zn mit 47% Zn (vergl. Abb. 13.10),

(d) Cu-Be (vergl. Abb. 13.10).

11.11 Ein isothermisch umgewandelter eutektoider Stahl weist eine Festigkeit von 410 N/mm^2 auf. Schätze

(a) die Umwandlungstemperatur und

(b) den zwischenlamellaren Abstand im Perlit ab.

11.12 Beschreibe Härte und Struktur eines eutektoiden Stahls, der auf 800 °C erhitzt (Haltezeit 1 h), anschließend auf 350 °C abgeschreckt (Haltezeit 750 s) und schließlich auf Raumtemperatur abgeschreckt wird.

11.13 Beschreibe Härte und Struktur eines eutektoiden Stahls, der auf 800 °C erhitzt, anschließend auf 300 °C abgeschreckt (Haltezeit 10 s) und schließlich auf Raumtemperatur abgeschreckt wird.

11.14 Ein Stahl enthält 0,3% C und wird auf verschiedene Temperaturen (a) bis (d) oberhalb der eutektoiden Temperatur erhitzt, 1 h auf der jeweiligen Temperatur gehalten und dann auf Raumtemperatur abgeschreckt. Anhand der Abbildung 12.2 sind der Anteil, die Zusammensetzung und die Härte des Martensits für die vorgegebenen Temperaturen zu bestimmen:

(a) 728 °C,

(b) 750 °C,

(c) 790 °C,

(d) 850 °C.

11.15 Das Gefüge eines Stahls enhält 75% Martensit und 25% Ferrit; der Martensit hat einen C-Gehalt von 0,6%. Unter Verwendung der Abbildung 12.2 sind

(a) die Temperatur, von der aus der Stahl abgeschreckt wurde, und

(b) der C-Gehalt des Stahls zu bestimmen.

11.16 Ein Stahl hat einen C-Gehalt von 0,8% und wird abgeschreckt, um Martensit zu erzeugen. Schätze die dabei erfolgende Volumenänderung ab unter der Annahme einer Gitterkonstanten des Austenits von 0,36 nm. Findet eine Ausdehnung oder Kontraktion des Stahls statt?

11.17 Beschreibe die komplette Wärmebehandlung, die erforderlich ist, um einen abgeschreckten und angelassenen eutektoiden Stahl mit einer HCR-Härte von 50 zu erzeugen.

Teil III

Technische Werkstoffe

12 Eisenlegierungen

12.1 Einleitung

Eisenlegierungen basieren auf dem Eisen-Kohlenstoff-System und umfassen unlegierte Stähle, legierte Stähle, Werkzeugstähle, nichtrostende Stähle und Gußeisen. Stahl kann auf zweierlei Weise hergestellt werden: durch Aufbereitung von Eisenerz und durch Wiedergewinnung aus Stahlschrott (Abb. 12.1).

Bei der primären Stahlerzeugung wird Eisenerz (Eisenoxid) in einem *Hochofen* in Gegenwart von Koks (Kohlenstoff) und Sauerstoff erhitzt. Das Eisenoxid wird zu flüssigem Roheisen reduziert; Kohlendioxid und verbliebenes Kohlenmonoxid entweichen als Abprodukte. Der zur Bindung von Begleitstoffen zugesetzte Kalkstein wird aufgeschmolzen und bildet flüssige Schlacke. Da das flüssige Roheisen

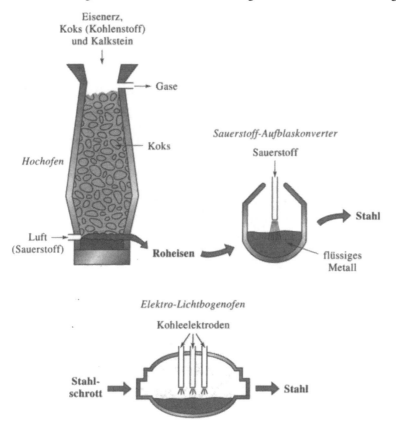

Abb. 12.1. Im Hochofen wird Eisenerz unter Verwendung von Koks (Kohlenstoff) und Luft reduziert und flüssiges Roheisen erzeugt. Nachfolgend wird der Schmelze in einem Sauerstoff-Aufblaskonverter Kohlenstoff entzogen und flüssiger Stahl erzeugt. Zur Stahlrückgewinnung aus Stahlschrott dient ein Elektro-Lichtbogenofen.

große Mengen an Kohlenstoff bindet, ist im Folgeschritt eine Entkohlung erforderlich. Diese geschieht, wie in Abbildung 12.1 dargestellt, durch Aufblasen von Sauerstoff in einem *Konverter* (*Sauerstoff-Aufblaskonverter*).

Stahl kann auch aus Stahlschrott wiedergewonnen werden. Das Aufschmelzen geschieht in einem *Elektro-Lichtbogenofen*. Diese Technologie eignet sich auch zur Herstellung von Legierungen und von Spezialstählen.

Der flüssige Stahl wird entweder direkt in die gewünschte Endform oder in eine Rohform gegossen. Die Rohform erfordert eine nachträgliche Bearbeitung in Form von Walzen oder Schmieden, um hieraus die Gebrauchsform zu gewinnen. Der Stahlguß erfolgt in diesem Fall entweder in eine große Blockform (Ingot) oder kontinuierlich als Strangguß (siehe Stranggußverfahren in Abbildung 8.18).

Bei den Eisenlegierungen treffen wir nahezu alle Härtungsmechanismen an, die wir vorangehend kennengelernt haben. Wir konzentrieren uns im folgenden auf die eutektoide Reaktion und erfahren, wie sich Gefüge und Eigenschaften von Stählen durch Wärmebehandlung und Legierungszusätze beeinflussen lassen. Schließlich befassen wir uns näher mit zwei speziellen Gruppen von Eisenlegierungen, den nichtrostenden Stählen und den Gußeisenarten.

12.2 Bezeichnung von Stählen

Das Fe-Fe_3C-Zustandsdiagramm bildet die Grundlage für das Verständnis der Herstellungstechnologie und der Eigenschaften von Stählen. Grundaussagen zum Zustandsdiagramm, zu den beteiligten Phasen und zu den Gefügebestandteilen von Stählen haben wir schon im Kapitel 11 erfahren. Die Grenze zwischen Stählen und Gußeisen verläuft bei einem Kohlenstoffgehalt von 2,11 %. Oberhalb dieser Konzentration treffen wir auf den Bereich der eutektischen Reaktion. Für Stähle ist der eutektoide Teil des Zustandsdiagramms mit den Löslichkeitskurven und der eutektoiden Isotherme von Bedeutung (Abbildung 12.2). Die A_3-Kurve zeigt die

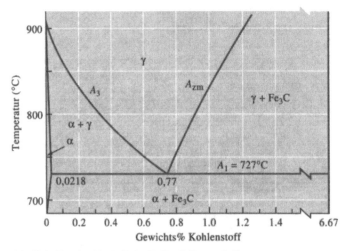

Abb. 12.2. Eutektoider Teil des Fe-Fe_3C-Zustandsdiagramms.

Temperaturen an, bei denen bei Abkühlung die Ferritbildung einsetzt. Die A_{zm}-Kurve bezieht sich in analoger Weise auf den Beginn der Zementitbildung. Die A_1-Linie repräsentiert die eutektoide Temperatur.

Fast alle Wärmebehandlungen von Stählen sind auf das Ziel gerichtet, ein für das gewünschte Eigenschaftsprofil passendes Gemisch aus Ferrit und Zementit zu erzeugen. Abbildung 12.3 zeigt die drei wichtigen Gefügestrukturen, die dabei angestrebt werden. Perlit besteht aus einer lamellaren Schichtung von Ferrit und Zementit. Im Bainit, der erst bei großer Unterkühlung des Austenits entsteht, besitzt der ausgeschiedene Zementit eine mehr abgerundete Form. Angelassener Martensit ist das Ergebnis einer nachträglichen Wärmebehandlung nach dem Abschrecken und enthält sehr fein verteilte und nahezu runde Zementitpartikel, umgeben von Ferrit.

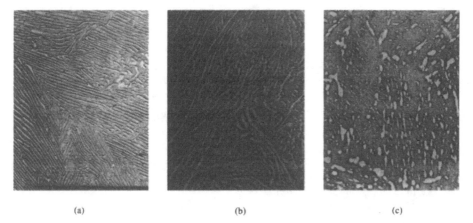

(a)   (b)   (c)

Abb. 12.3. Elektronenmikroskopische Aufnahmen von (a) Perlit, (b) Bainit und (c) angelassenem Martensit (7 500fach). Die Gefüge unterscheiden sich in der Größe und Form des Zementits. (Aus *The Making, Shaping und Treating of Steel*, 10. Aufl. Mit freundlicher Genehmigung von *Association of Iron and Steel Engineers.*)

Bezeichnungen. Die Bezeichnungssysteme für Stähle nach AISI (*American Iron and Steel Institute*) und SAE (*Society of Automotive Engineers*) werden international überwiegend verwendet und basieren auf vier- oder fünfstelligen Zahlen (Tab. 12.1). Die beiden ersten Stellen beziehen sich auf die Hauptlegierungselemente und die letzten zwei oder drei Stellen auf den prozentualen C-Gehalt. Bei der Sorte AISI-1040 handelt es sich um einen unlegierten Stahl mit 0,40% C-Gehalt. Die Sorte SAE 10120 ist ein unlegierter Stahl mit 1,20% C-Gehalt und die Sorte AISI-4340 ein legierter Stahl mit 0,40% C-Gehalt. In Deutschland sind die technischen Eisensorten durch die Deutschen Werkstoff-Normen DIN 1600-1699 und ab DIN 17000 genormt. Eine Zusammenstellung der international üblichen Bezeichnungen befindet sich z. B. in P. M. Unterweiser, H. M. Cobb (Hrg.): Worldwide Guide to Equivalent Irons and Steels. 2. Aufl. Metals Park, Ohio: ASM Internat. 1987.

Beispiel 12.1

Einfache Methode zur Bestimmung von AISI-Nummern. In einem Produktionsbetrieb für Autofelgen hat sich ein unlegierter Werkzeugstahl unbekannter AISI-Nummer für die Bearbeitung von Alu-Felgen als sehr geeignet erwiesen und soll

Tabelle 12.1. Zusammensetzung ausgewählter AISI-SAE-Stähle

AISI-SAE-Nummer	% C	% Mn	% Si	% Ni	% Cr	Andere
1020	0,18–0,23	0,30–0,60				
1040	0,37–0,44	0,60–0,90				
1060	0,55–0,65	0,60–0,90				
1080	0,75–0,88	0,60–0,90				
1095	0,90–1,03	0,30–0,50				
1140	0,37–0,44	0,70–1,00				0,08–0,13% S
4140	0,38–0,43	0,75–1,00	0,15–0,30		0,80–1,10	0,15–0,25% Mo
4340	0,38–0,43	0,60–0,80	0,15–0,30	1,65–2,00	0,70–0,90	0,20–0,30% Mo
4620	0,17–0,22	0,45–0,65	0,15–0,30	1,65–2,00		0,20–0,30% Mo
52100	0,98–1,10	0,25–0,45	0,15–0,30		1,30–1,60	
8620	0,18–0,23	0,70–0,90	0,15–0,30	0,40–0,70	0,40–0,60	0,15–0,25% V
9260	0,56–0,64	0,75–1,00	1,80–2,20			

deshalb nachbestellt werden. Aus der Gefügestruktur des Stahls geht hervor, daß es sich um angelassenen Martensit handelt. Für die Nachbestellung ist eine möglichst genaue Kenntnis des C-Gehalts erforderlich. Da keine chemische Analysentechnik zur Verfügung steht, sind für die Bestimmung des C-Gehalts einfache Ersatzlösungen zu finden.

Lösung

Das im angelassenen Martensit sehr fein verteilt vorliegende Fe_3C wird durch einfache Wärmebehandlung in leichter analysierbare Ausscheidungsformen überführt. Dies kann auf zwei Wegen geschehen.

Eine Möglichkeit besteht darin, den Stahl bis auf Temperaturen dicht unterhalb A_1 zu erwärmen und ihn auf dieser Temperatur längere Zeit zu halten, so daß eine Überlagerung eintritt und sich große, kugelförmige Fe_3C-Ausscheidungen bilden können. Daraus lassen sich relativ leicht die Anteile von Ferrit und Zementit abschätzen und mit Hilfe des Hebelgesetzes der C-Gehalt bestimmen. Wenn zum Beispiel 16% Fe_3C ermittelt wurden, ergibt sich folgender C-Gehalt:

$$\% \ Fe_3C = \frac{x-0{,}0218}{6{,}67-0{,}0218} \cdot 100 = 16 \quad \text{oder} \quad x = 1{,}086\% \ C.$$

Eine noch bessere Möglichkeit bietet die Erwärmung des Stahl bis über die A_{zm}-Temperatur und seine vollständige Umwandlung in Austenit. Die Abkühlung wird anschließend so langsam vorgenommen, daß im Gegensatz zur Martensitbildung ein gut erfaßbares Gemisch aus Perlit und Zementit entsteht. Wenn wir daraus eine Zusammensetzung von 95% Perlit und 5% primäres Fe_3C abschätzen, ergibt sich:

$$\% \ Perlit = \frac{6{,}67-x}{6{,}67-0{,}77} \cdot 100 = 95 \quad \text{oder} \quad x = 1{,}065\% \ C.$$

Der gesuchte C-Gehalt liegt im Bereich von 1,065 bis 1,086%, das entspricht einer AISI-Nummer von 10110.

Gewichts- und Volumenprozentangaben der Gefügeanteile wurden hierbei als gleich angenommen, was für Stahl hinreichend genau zutrifft.   □

12.3 Wärmebehandlung von Stählen

Wir unterscheiden vier Grundvarianten der Wärmebehandlung: Rekristallisationsglühen, Grobkornglühen, Normalglühen und Weichglühen (Abb. 12.4). Diese Behandlungen sind auf eines der folgenden drei Ziele gerichtet: (1) Aufhebung von Kaltverformungseffekten, (2) Steuerung der Ausscheidungshärtung oder (3) Verbesserung der spanabhebenden Bearbeitbarkeit.

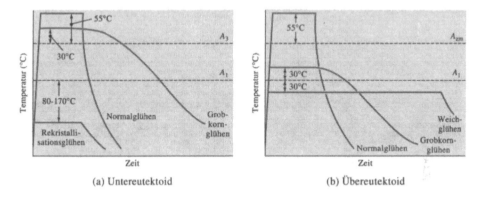

(a) Untereutektoid   (b) Übereutektoid

Abb. 12.4. Schematische Zusammenfassung der einfachen Wärmebehandlungen für (a) untereutektoide Stähle und (b) übereutektoide Stähle.

Rekristallisationsglühen. Das *Rekristallisationsglühen* (auch als *Zwischenglühen* bezeichnet) dient zur Aufhebung von Effekten der Kaltverformung in Stählen mit weniger als ungefähr 0,25% C-Gehalt. Es findet zwischen 80 °C und 170 °C unterhalb der A_1-Temperatur statt.

Grobkornglühen und Normalglühen. Beide Verfahren beeinflussen den Grad der Ausscheidungshärtung, und zwar über die Feinheit des entstehenden Perlitgefüges. In beiden Fällen wird der Stahl zunächst erhitzt, um homogenen Austenit zu erzeugen (auch als *Austenitisieren* bezeichnet). Die Gefügebeeinflussung erfolgt durch den nachfolgenden Abkühlungsverlauf. Beim *Grobkornglühen* findet eine langsame Abkühlung im Ofen, beim *Normalglühen* eine schnellere Abkühlung an Luft statt. Im ersten Fall entsteht grober, im zweiten Fall feiner Perlit. Abbildung 12.5 zeigt die Bandbreite der mechanischen Eigenschaften, die von den beiden Glühverfahren in unlegierten Stählen überdeckt werden kann.

Beim Grobkornglühen ist außerdem zwischen unter- und übereutektoiden Stählen zu unterscheiden (Abb. 12.4). Untereutektoide Stähle werden bei etwa 30 °C oberhalb A_3 austenitisiert, so daß der Stahl vollständig in Austenit übergeht. Bei übereutektoiden Stählen erfolgt das Austenitisieren dagegen nur bei etwa 30 °C oberhalb A_1. In diesem Fall liegt neben Austenit auch Fe_3C vor. Dadurch wird vermieden, daß sich in dem kohlenstoffreicheren Stahl bei langsamer Ofenkühlung sprödes Fe_3C kontinuierlich an den Korngrenzen ausscheiden und die mechanischen Eigenschaften verschlechtern kann. In beiden Fällen bewirkt der durch die langsame Ofenkühlung entstandene grobe Perlit eine relativ geringe Festigkeit und gute Duktilität.

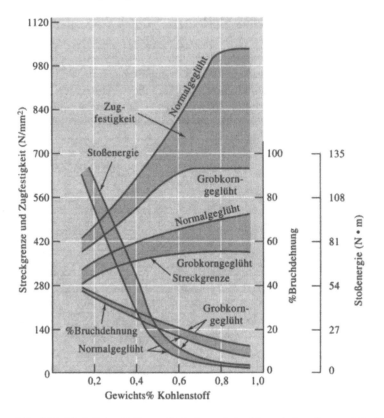

Abb. 12.5. Einfluß des Kohlenstoffgehalts und der Wärmebehandlung auf die Eigenschaften von unlegiertem Stahl.

Beim Normalglühen erfolgt das Austenitisieren etwa 55 °C oberhalb A_3 bzw. A_{zm}; anschließend wird der Stahl dem Ofen entnommen und an Luft abgekühlt. Durch die schnellere Abkühlung bildet sich feiner Perlit, der größere Festigkeit bewirkt.

Weichglühen. Kohlenstoffreiche Stähle mit hohem Fe_3C-Gehalt sind mechanisch schlecht bearbeitbar. Durch *Weichglühen* (oder *sphäroidisierendes* Glühen), das über mehrere Stunden bei etwa 30 °C unterhalb A_1 stattfindet, läßt sich die Bearbeitbarkeit verbessern. Dabei nehmen die Fe_3C-Ausscheidungen die Form großer runder Partikel an, um ihre Grenzflächenenergie zu verringern. Der entstehende *kugelige Zementit* befindet sich in einer kontinuierlichen Matrix aus weichem Ferrit, der gut bearbeitbar ist (Abb. 12.6). Nach der maschinellen Bearbeitung wird der Stahl einer speziellen Wärmebehandlung unterzogen, um die gewünschten mechanischen Eigenschaften einzustellen. Das entstehende Gefüge ist vergleichbar mit dem von angelassenem Martensit, wenn die Anlaßbehandlung dicht unterhalb A_1 und über längere Zeit stattfindet.

Beispiel 12.2
Temperaturauswahl für Rekristallisationsglühen, Grobkornglühen, Normalglühen und Weichglühen von Stählen der AISI-Nummer 1020, 1077 und 10120.

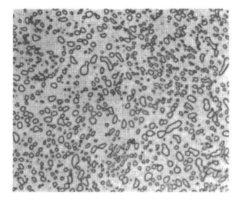

Abb. 12.6. Mikrogefüge mit kugelförmigem Zementit. Die Fe_3C-Partikel sind in der Ferrit-Matrix dispergiert (800fach). (Aus *Metals Handbook*, Vol.7, 8. Aufl. *American Society for Metals*, 1972.)

Lösung

Aus Abbildung 12.2 sind die für die Wärmebehandlung der drei Stahlsorten maßgeblichen Temperaturen A_1, A_3 und A_{zm} ablesbar. Daraus ergeben sich für die einzelnen Behandlungenarten folgende Temperaturempfehlungen:

Tabelle 12.2.

	1020	1077	10120
Kritische Temperaturen	$A_1 = 727\,°C$ $A_3 = 830\,°C$	$A_1 = 727\,°C$	$A_1 = 727\,°C$ $A_{zm} = 895\,°C$
Rekristallisationsglühen	$727 - (80$ bis $170)$ $= 557\,°C$ bis $647\,°C$	–	–
Grobkornglühen	$830 + 30 = 860\,°C$	$727 + 30 = 757\,°C$	$727 + 30 = 757\,°C$
Normalglühen	$830 + 55 = 885\,°C$	$727 + 55 = 782\,°C$	$895 + 55 = 950\,°C$
Weichglühen	–	$727 - 30 = 697\,°C$	$727 - 30 = 697\,°C$

□

12.4 Isotherme Wärmebehandlungen

Im Kapitel 11 haben wir den Einfluß der Umwandlungstemperatur auf die Eigenschaften eines eutektoiden Stahls der AISI-Nummer 1080 behandelt. Mit abnehmender Übergangstemperatur verfeinert sich das Perlitgefüge, bis schließlich Bainit entsteht. Bei sehr niedrigen Temperaturen bildet sich Martensit.

Zwischenstufenumwandlung und isothermes Glühen. Die isotherme Umwandlungsbehandlung zur Erzeugung von Bainit (auch als *Zwischenstufenumwandlung* oder *Zwischenstufenvergüten* bezeichnet) beinhaltet das Austenitisieren des Stahls, sein Abschrecken auf eine Temperatur unterhalb der Nase der ZTU-Kurve und das Halten der Temperatur, bis sich der gesamte Austenit in Bainit umgeformt hat (Abb. 12.7).

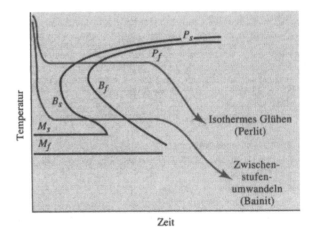

Abb. 12.7. Zwischenstufenumwandeln und isothermes Glühen von 1080-Stahl.

Grobkornglühen und Normalglühen werden üblicherweise genutzt, um die Feinheit des Perlitgefüges wie gewünscht einzustellen. Wenn man jedoch *isothermes Glühen* anwendet, sind die Eigenschaften im Material gleichmäßiger verteilt, da räumlich inhomogene Temperaturen, wie sie beim Grobkornglühen oder Normalglühen auftreten können, vermieden werden.

Einfluß des Kohlenstoffgehalts auf das ZTU-Diagramm. Sowohl für unter- als auch übereutektoide Stähle muß das ZTU-Diagramm die mögliche Bildung primärer Phasen erkennen lassen. Abbildung 12.8 zeigt die ZTU-Diagramme der Stahlsorten 1050 und 10110. Charakteristisch für beide Stahlsorten ist das Auftreten eines „Flügels", der sich in Höhe der Nase abzweigt und sich asymptotisch der Temperatur A_3 bzw. A_{zm} annähert. Dieser Flügel markiert in untereutektoiden Stählen den Beginn der Ferritbildung (F_s) und in übereutektoiden Stählen den Beginn der Zementitbildung (Z_s).

Wenn 1050-Stahl austenitisiert, auf eine Temperatur zwischen A_1 und A_3 abgeschreckt und auf dieser Temperatur gehalten wird, bildet sich primärer Ferrit, der so lange anwächst, bis sich ein Gleichgewichtsverhältnis von Ferrit und Austenit eingestellt hat. In analoger Weise bildet sich in 10110-Stahl zwischen der A_{zm}- und A_1-Temperatur Zementit, bis ebenfalls das Gleichgewicht erreicht ist.

Wird dagegen der austenitisierte 1050-Stahl tiefer bis auf eine Temperatur zwischen A_1 und der ZTU-Nase abgeschreckt, entsteht zwar wiederum primärer Ferrit bis zum Gleichgewichtsanteil. Der verbliebene Austenit wandelt sich jedoch vollständig in Perlit um. Vergleichbar damit entstehen in übereutektoidem Stahl primärer Zementit und Perlit.

Beim Abschrecken bis auf eine Temperatur unterhalb der Nase bildet sich in beiden Fällen Bainit, unabhängig vom C-Gehalt.

Beispiel 12.3
Wärmebehandlung von Achsen aus 1050-Stahl zur Erzeugung eines gleichmäßigen Gefüges und einem HRC-Wert von 23.

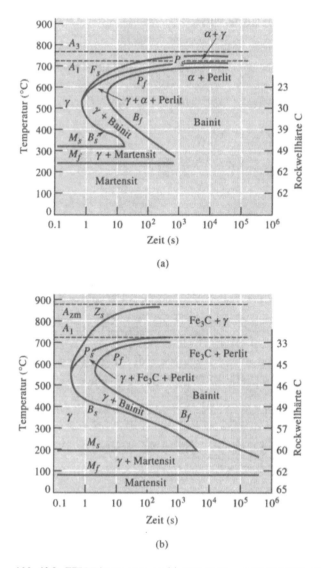

(a)

(b)

Abb. 12.8. ZTU-Diagramme von (a) 1050-Stahl und (b) 10110-Stahl.

Lösung

Für die Härtung bieten sich verschiedene Lösungswege. Eine Möglichkeit besteht darin, den Stahl zu austenitisieren und die gewünschte Härte mittels Grobglühen oder Normalglühen einzustellen. Beide Verfahren ergeben jedoch eine ungleichmäßiges Gefüge über den Achsenquerschnitt und eine entsprechend inhomogene Härteverteilung.

Besser geeignet ist die Anwendung einer isothermen Wärmebehandlung, für die nach Abbildung 12.8a zur Erzeugung der Rockwellhärte C eine Temperatur von 600 °C erforderlich ist. Die A_3-Temperatur der Stahlsorte 1050 ist ebenfalls der Abbildung 12.8a (und noch genauer der Abbildung 12.2) zu entnehmen und beträgt 770 °C. Somit ergibt sich folgendes Temperatur-Zeit-Regime:

1. Austenitisieren des Stahls bei 770 °C + (30 bis 55) °C = 800 °C bis 825 °C. Halten dieser Temperatur über etwa 1 h, um vollständig γ zu erzeugen.

2. Abschrecken des Stahls auf 600 °C und Halten der Temperatur über mindestens 10 s. Nach etwa 1,0 s bildet sich primärer Ferrit, und nach 1,5 s beginnt das Wachstum von Perlit. Nach 10 s ist der Austenit vollständig in Ferrit und Perlit umgewandelt. Im Ergebnis liegen folgende Gefügeanteile vor:

$$\text{Primäres } \alpha = \frac{0,77-0,5}{0,77-0,0218} \cdot 100 = 36\%,$$

$$\text{Perlit} = \frac{0,5-0,0218}{0,77-0,0218} \cdot 100 = 64\%.$$

3. Abkühlen auf Raumtemperatur an Luft, wobei die Gleichgewichtsanteile von primärem Ferrit und Perlit erhalten bleiben. Gefüge und Härte sind wegen der isothermen Behandlung homogen.   □

Unterbrechung der isothermen Umwandlung. Wenn die isotherme Wärmebehandlung unterbrochen wird, ergeben sich komplexere Gefügeformen. Abbildung 12.9 zeigt als Beispiel einen 1050-Stahl, der bei 800 °C austenitisiert und auf 650 °C abgeschreckt wird, aber nur über 10 s auf dieser Temperatur verbleibt. Während dieser kurzen Zeit ist die Umwandlung des Austenits in Ferrit und Perlit noch nicht abgeschlossen (der P_f-Punkt noch nicht erreicht). Nach weiterem Abschrecken auf 350 °C und Halten dieser Temperatur über 1 h wandelt sich der noch verbliebene Austenit nun in Bainit um. Die Endstruktur besteht somit aus einem Gemisch von Ferrit, Perlit und Bainit.

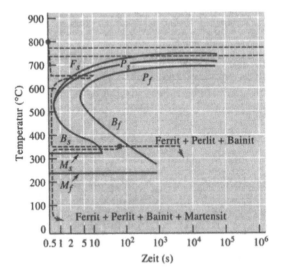

Abb. 12.9. Bildung komplizierter Strukturen durch Unterbrechen der isothermen Behandlung von 1050-Stahl.

Diese Prozedur läßt sich weiter fortsetzen, indem auch die isotherme Behandlung auf dem zweiten Temperaturplateau (350 °C) bereits nach 1 min durch einen erneuten Abschreckvorgang unterbrochen wird. Nach dieser Zeit ist auch die Bildung von Bainit noch nicht abgeschlossen. Der noch weiterhin vorhandene Austenit wandelt sich nach Abschrecken auf Raumtemperatur schließlich in Martensit um. Das Endgemisch besteht nach dieser zweimaligen Unterbrechung aus Ferrit, Perlit, Bainit und Martensit. Zu beachten ist, daß bei jeder Unterbrechung die Zeit im ZTU-Diagramm stets von Null an neu gezählt werden muß.

Wie sich solche Unterbrechungen im Gefüge auswirken können, zeigt Abbildung 12.10 am Beispiel eines Stahls mit 0,5% C-Gehalt. Hier wurde die Umwandlung des Austenits in Bainit durch einen zusätzlichen Abschreckvorgang unterbrochen. Der noch verbliebene Austenit ging nach dem Abschrecken in Martensit über. Die Abbildung veranschaulicht die komplexen Gefügeformen, die bei Unterbrechungen der isothermen Umwandlung entstehen können. Da die Eigenschaften solcher Strukturen schwer voraussagbar sind, werden sie technologisch kaum genutzt.

Abb. 12.10. Keilförmiger Bainit (dunkel), umgeben von Martensit (hell), entstanden nach Unterbrechung des isothermen Umwandlungsprozesses (1 500fach). (Aus *Metals Handbook* Vol.9, 9. Aufl. *American Society for Metals*, 1985.)

12.5 Abschrecken und Anlassen

Eine noch feinere Verteilung von Fe_3C läßt sich erzielen, wenn man Austenit zunächst abschreckt, um Martensit zu erzeugen, und den entstandenen Martensit anschließend einer Wärmenachbehandlung unterhalb der eutektoiden Temperatur unterzieht. Dabei bildet sich, wie schon im Kapitel 11 gezeigt, ein sehr feines Gemisch aus Ferrit und Zementit. Diese Anlaßbehandlung ist als eine Vergütung anzusehen, mit welcher die Gebrauchseigenschaften des Stahls eingestellt werden können (Abb. 12.11).

Beispiel 12.4
Ablaufplan einer Abschreck- und Anlaßbehandlung für Antriebswellen aus 1050-Stahl. Ziel der Behandlung sind eine Streckgrenze von mindestens 1 000 N/mm^2 und eine Bruchdehnung von mindestens 15%.

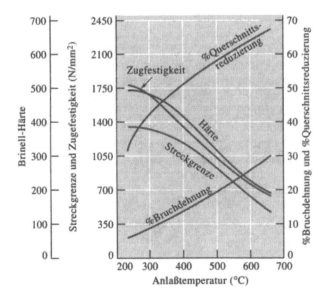

Abb. 12.11. Einfluß der Anlaßtemperatur auf mechanische Eigenschaften von 1050-Stahl.

Lösung

Aus Abbildung 12.5 ist ersichtlich, daß die geforderte Eigenschaftskombination nicht durch einfache Wärmebehandlungen wie Grobkornglühen oder Normalglühen erzielt werden kann. Geeignet ist hingegen eine Abschreck-Anlaß-Behandlung. Hierbei entsteht ein Gefüge, das sowohl Festigkeit als auch Zähigkeit in dem gewünschten Maße erzeugt. Abbildung 12.11 zeigt, daß der vorgegebene Mindestwert der Streckgrenze bei Anlaßtemperaturen unterhalb 460 °C und der vorgegebene Mindestwert der Bruchdehnung bei Anlaßtemperaturen oberhalb 425 °C erreicht werden. Die A_3-Temperatur der Stahlsorte beträgt 770 °C. Daraus ergibt sich folgendes Temperatur-Zeit-Regime:

1. Austenitisieren oberhalb der A_3-Temperatur von 770 °C über eine Zeit von 1 h, z. B. bei (770 + 55) °C = 825 °C.
2. Schnelles Abschrecken auf Raumtemperatur. Da der M_f-Wert ungefähr 250 °C beträgt, bildet sich dabei Martensit.
3. Anlassen bei 440 °C. Für nicht zu dicken Stahl ist eine Zeit von 1 h ausreichend.
4. Abkühlen auf Raumtemperatur.   □

Restaustenit. Bei der Umwandlung von Austenit in Martensit dehnt sich das Material aus. Als Folge davon bleiben zwischen den sich bildenden Martensitplatten kleine, isolierte Austenitbereiche bestehen, deren Umwandlung dadurch behindert wird, daß der umgebende Martensit sehr fest ist und sich nicht verformen läßt (Abb. 12.12). Infolgedessen bilden sich entweder Risse, oder der noch vorhandene Austenit bleibt inselförmig im Gefüge erhalten.

Dieser *Restaustenit* kann für die Legierung nachteilige Folgen haben. Da die Duktilität des Martensits während des Anlassens zunimmt, kann sich der Austenit wegen des jetzt verformbaren Martensits bei Abkühlung unter die M_s- und M_f-Temperaturen noch nachträglich umwandeln. Der dabei neu entstehende Martensit

Abb. 12.12 Restaustenit (weiß), eingebettet zwischen Martensit-Nadeln (schwarz), 1 000fach. (Aus *Metals Handbook*, Vol. 8, 8 Aufl. *American Society for Metals*, 1973.)

ist wiederum hart und spröde, so daß eine zweite Anlaßbehandlung erforderlich wird, um gleiche Eigenschaften zu erzeugen.

Restaustenit ist auch ein Problem in kohlenstoffreichen Stählen, da sich die Start- und Abschlußtemperaturen der Martensitbildung mit zunehmendem C-Gehalt verringern (Abb. 12.13). Kohlenstoffreiche Stähle müssen deshalb tiefgekühlt werden, um Austenit vollständig in Martensit umzuwandeln.

Innere Spannungen und Rißbildung. Als Folge der Volumenänderung ergeben sich auch innere Spannungen. Die Oberflächenzonen des abgeschreckten Stahls kühlen sich schnell ab und gehen dabei in Martensit über. Bei der späteren Umwandlung des im Inneren noch vorhandenen Austenits entstehen an der Oberfläche Zug- und im Volumen Druckspannungen. Wenn dabei an der Oberfläche die Streckgrenze

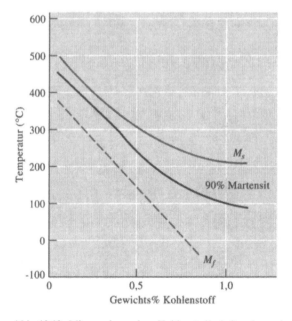

Abb. 12.13. Mit zunehmendem Kohlenstoffgehalt nehmen in Stählen die Temperaturwerte von M_s und M_f ab.

überschritten wird, bilden sich *Abschreckrisse* (Abb. 12.14). Diese Erscheinung läßt sich vermeiden, wenn die Abkühlung zunächst nur bis dicht oberhalb des Martensitpunktes M_s erfolgt und die Temperatur dort solange gehalten wird, bis sie sich im Stahlvolumen ausgleicht. Anschließend wird das Abschrecken fortgesetzt, wobei die Umwandlung im gesamten Stahlkörper annähernd gleichzeitig erfolgt (Abb. 12.15). Diese Technologie wird auch als *Warmbadhärten* bezeichnet.

Abschreckgeschwindigkeit. Bei der Anwendung des ZTU-Diagramms haben wir vorausgesetzt, daß die Abkühlung von der Austenitisierungstemperatur auf die Umwandlungstemperatur quasi sprunghaft erfolgt. Unter realen Bedingungen können sich jedoch während der endlichen Abschreckzeit unerwünschte Gefügebe-

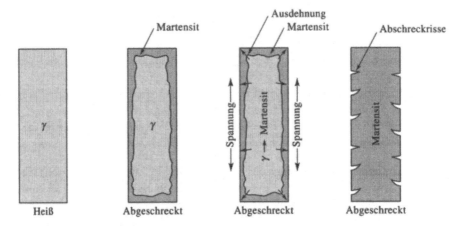

Abb. 12.14. Rißbildung durch innere Spannungen beim Abschrecken eines Stahlkörpers. Die Darstellung verdeutlicht das Entstehen der Spannungen beim Übergang von Austenit in Martensit.

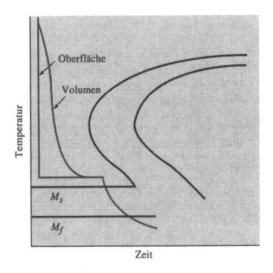

Abb. 12.15. Warmbadhärten zur Reduzierung von inneren Spannungen und Abschreckrissen.

standteile bilden. So entsteht zum Beispiel beim Durchlaufen des Nasenbereichs der ZTU-Kurve Perlit, und zwar insbesondere in unlegierten Stählen, deren Übergangszeit in diesem Bereich weniger als eine Sekunde beträgt.

Die Abschreckgeschwindigkeit hängt von mehreren Faktoren ab. Erstens verläuft die Abkühlung an der Oberfläche stets schneller als im Innern. Zusätzlich nimmt die Abkühlgeschwindigkeit mit wachsendem Volumen des Stahlkörpers ab. Und schließlich hängt die Geschwindigkeit auch von der Temperatur und den Wärmeableitbedingungen der umgebenden Medien ab (Tab. 12.3). Abschrecken in Öl ergibt beispielsweise einen geringeren H-Koeffizienten bzw. eine geringere Abkühlgeschwindigkeit als Abschrecken in Wasser oder in Kühlsohle.

Tabelle 12.3. H-Koeffizient oder Abschreckeffekt verschiedener Abschreckmedien

Medium	H-Koeffizient	Abkühlgeschwindigkeit im Zentrum eines 2,5 cm dicken Barrens (°C/s)
Öl (ohne Bewegung)	0,25	18
Öl (mit Bewegung)	1,0	45
H_2O (ohne Bewegung)	1,0	45
H_2O (mit Bewegung)	4,0	190
Kühlsole (ohne Bewegung)	2,0	90
Kühlsole (mit Bewegung)	5,0	230

ZTA-Diagramme. Der Einfluß der Abschreckgeschwindigkeit wird in sog. *ZTA-Diagrammen* erfaßt (ZTA für Zeit-Temperatur-Auflösung). Sie geben Auskunft über die in Abhängigkeit von konstanter Abkühlgeschwindigkeit entstehenden Gefügestrukturen. Abbildung 12.16 zeigt das ZTA-Diagramm von 1080-Stahl. Es unterscheidet sich vom ZTU-Diagramm in Abbildung 11.19 durch längere Startzeiten für den Beginn der Umwandlung und durch das Fehlen des Bainitbereichs.

Dem Diagramm ist zu entnehmen, daß sich Austenit in 1080-Stahl bei einer Abkühlgeschwindigkeit von 5 °C/s in groben Perlit umwandelt (entspricht dem Grobkornglühen mit Abkühlung im Ofen). Bei 35 °C/s entsteht feiner Perlit (entspricht dem Normalglühen). Abkühlgeschwindigkeiten von 100 °C/s lassen nur den Beginn der Perlit-Bildung zu, die Reaktion verläuft unvollständig, und der noch verbliebene Austenit geht in Martensit über. 100%iger Übergang in Martensit erfolgt erst bei Abkühlgeschwindigkeiten größer als 140 °C/s. Andere Stähle, wie zum Beispiel der kohlenstoffarme Stahl in Abbildung 12.17, weisen kompliziertere ZTA-Diagramme auf.

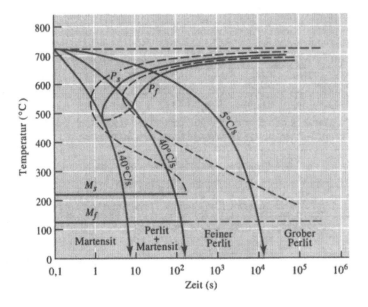

Abb. 12.16. ZTA-Diagramm (ausgezogene Linien) im Vergleich mit ZTU-Diagramm (gestrichelte Linien) für 1080-Stahl.

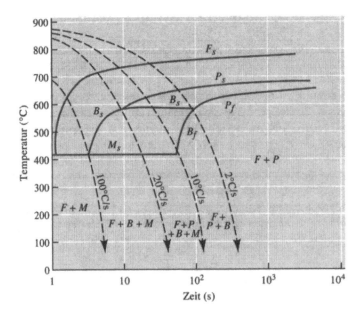

Abb. 12.17. ZTA-Diagramm für unlegierten Stahl mit 0,2% C-Gehalt.

12.6 Einfluß von Legierungselementen

Legierungszusätze dienen (a) der Mischkristallverfestigung von Ferrit, (b) der Ausscheidung von Legierungskarbiden anstelle von Fe_3C, (c) der Verbesserung der Korrosionsbeständigkeit und anderer spezieller Eigenschaften und (d) der Verbesserung der Härtbarkeit. Das zuletzt genannte Ziel steht bei den Legierungs- und Werkzeugstählen im Vordergrund.

Einfluß auf die Härtbarkeit. Unlegierte Stähle haben ZTU- und ZTA-Diagramme, deren Nasen bei sehr kurzen Zeiten liegen, so daß sehr große Abkühlgeschwindigkeiten erforderlich sind, um einen vollständigen Übergang in Martensit zu ermöglichen. In dünnen Stahlkörpern können dabei Verwerfungen und Risse entstehen. In kompakten Stahlkörper verläuft die Temperaturänderung zu langsam. Alle gebräuchlichen Legierungselemente von Stählen bewirken eine Verschiebung der ZTU- und ZTA-Kurven zu größeren Zeiten, so daß auch bei geringerer Abkühlgeschwindigkeit und in dickeren Stählen die vollständige Martensitbildung möglich wird. Abbildung 12.18 zeigt die ZTU- und ZTA-Kurven von 4340-Stahl.

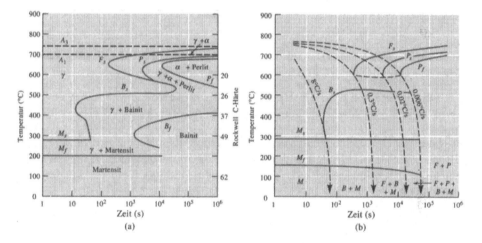

Abb. 12.18. (a) ZTU-Kurven und (b) ZTA-Kurven von 4340-Stahl.

Die *Härtbarkeit* von Stählen gibt an, wie leicht sich Martensit erzeugen läßt. Unlegierte Stähle weisen eine geringe Härtbarkeit auf – Martensit entsteht in ihnen nur bei sehr hoher Abkühlgeschwindigkeit. Legierte Stähle sind leichter härtbar – die Martensitbildung kann sogar bei Abkühlung an Luft erfolgen. Der Begriff Härtbarkeit bezieht sich nur auf den Vorgang des Härtens, nicht aber auf den damit erzielbaren Härtewert des Stahls. Ein kohlenstoffarmer, hochlegierter Stahl kann zwar leicht Martensit bilden (gut härtbar sein), die erreichbare Härte des Martensits ist jedoch wegen des geringen C-Gehalts nicht groß.

Einfluß auf das Zustandsdiagramm. Legierungselemente verändern das binäre Fe-Fe_3C-Zustandsdiagramm (Abb. 12.19). Sie bewirken, daß die eutektoide Reaktion bei geringerem Kohlenstoffgehalt stattfindet, und verschieben die A_1-, A_3- und A_{zm}-

Temperaturen. So ist z. B. unlegierter Stahl mit einem C-Gehalt von 0,6% untereu-tektoid und noch bis 700 °C verwendbar, ohne daß die Umwandlung in Austenit ein-setzt. Nach einem Zusatz von 6% Mangan verhält er sich jedoch bei gleichem C-Gehalt übereutektoid und befindet sich bei 700 °C schon in der Austenitzone.

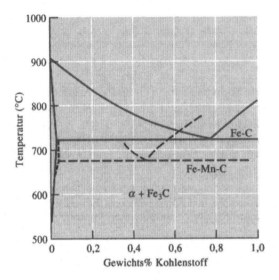

Abb. 12.19. Auswirkung eines Mn-Gehalts von 6% auf den eutektoiden Teil des Fe-Fe$_3$C-Zustands-diagramms.

Einfluß auf die Form des ZTU-Diagramms. Legierungselemente können auch eine „Einbuchtung" des ZTU-Diagramms hervorrufen, wie Abbildung 12.18 am Bei-spiel eines 4340-Stahls zeigt. Diese Einbuchtung bildet die Grundlage für thermo-mechanische Behandlungen (TMB), die auch unter dem Namen *Ausforming* (oder *Austenitformhärten*) bekannt sind. Dabei wird der Stahl austenitisiert und zunächst nur bis in das Gebiet der Einbuchtung abgeschreckt, dort plastisch verformt und anschließend weiter abgeschreckt bis zur Martensitbildung (Abb. 12.20).

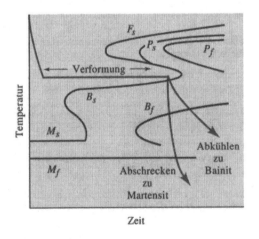

Abb. 12.20. Die durch Legierungselemente verursachte Ausbuchtung der ZTU-Kurven bedeutet eine Verringerung der Umwandlungsgeschwindigkeiten und ermöglicht eine plastische Verformung des Austenits (Ausforming) vor seinem Übergang in Bainit oder Martensit.

Einfluß auf die Anlaßbehandlung. Legierungselemente setzen die Anlaßgeschwindigkeit herab (Abb. 12.21). Dieser Effekt ermöglicht für legierte Stähle höhere Einsatztemperaturen als für unlegierte.

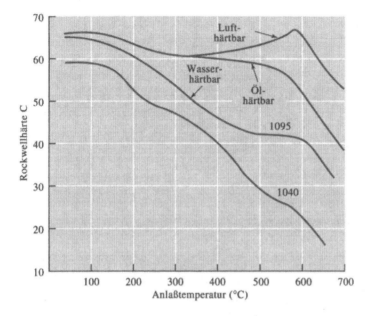

Abb. 12.21. Einfluß von Legierungselementen auf die Anlaßkurven von Stählen. Der lufthärtbare Stahl weist ein zweites Härtungsmaximum auf.

12.7 Härtbarkeit

Für viele Stähle stehen keine ZTA-Diagramme zur Verfügung. Um ihre Härtbarkeit zu vergleichen, kann ersatzweise ein *Stirnabschreckversuch* (*Jominy-Test*) genutzt werden (Abb. 12.22). Ein zylindrischer Probestab bestimmter Länge und bestimmten Durchmessers wird austenitisiert und am unteren Ende mit einem Wasserstrahl abgeschreckt, während sich das gegenüberliegende Ende an Luft abkühlt. Dabei stellt sich längs der Stabachse ein kontinuierliches Gefälle der Abkühlgeschwindigkeit von Wasserabschreckung bis Luftkühlung ein. Härtemessungen, die nach Abschluß der Umwandlungsvorgänge in Probenlängsrichtung vorgenommen werden, ergeben *Härtbarkeitskurven* wie in Abbildung 12.23 dargestellt. Der *Jominy-Abstand* ist der Abstand des Meßpunktes vom abgeschreckten Stabende und steht in direktem Zusammenhang mit der Abkühlgeschwindigkeit. (Aus Übungsgründen wird in Tab. 12.4 und bei den folgenden Beispielen inch statt cm als Maßeinheit verwendet.)

Nahezu jede Stahlsorte wandelt sich am abgeschreckten Ende in Martensit um. Infolgedessen wird die Härte des Stahls an diesem Ende allein durch seinen C-Gehalt bestimmt. Mit Zunahme des Jominy-Abstandes wächst die Wahrscheinlichkeit, daß sich Bainit oder Perlit anstelle von Martensit bilden. Stähle mit großer Härtbarkeit (wie 4340) zeigen einen flachen Verlauf der Härtbarkeitskurve; bei

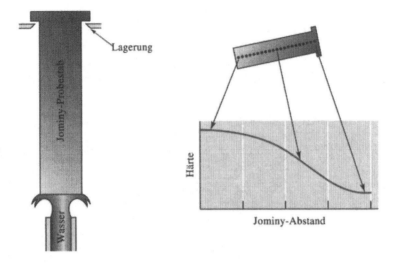

Abb. 12.22. Jominy-Test zur Bestimmung der Härtbarkeit von Stählen.

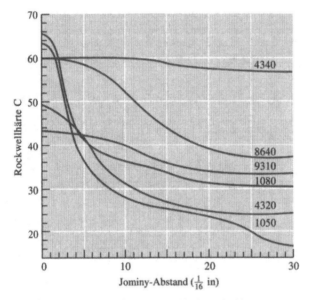

Abb. 12.23. Härtbarkeitskurven verschiedener Stähle.

unlegierten Stählen (wie 1050) fällt die Kurve dagegen schnell ab. Die Härtbarkeit wird vorrangig durch den Legierungsgehalt des Stahls bestimmt.

Härtbarkeitskurven werden zur einsatzgerechten Auswahl von Stählen genutzt. Dabei ist die Tatsache hilfreich, daß sich unterschiedliche Stähle unter gleichen Abschreckbedingungen mit derselben Geschwindigkeit abkühlen.

Beispiel 12.5
Zahnräder aus 9310-Stahl, die nach dem Abschrecken eine Rockwellhärte C (HRC) von 40 aufweisen, unterliegen lokalisiert einer Beanspruchung, die einen

Tabelle 12.4. Zusammenhang zwischen Abkühlgeschwindigkeit und Jominy-Abstand

Jominy-Abstand (in)	Abkühlgeschwindigkeit (°C/s)
$\frac{1}{16}$	315
$\frac{2}{16}$	110
$\frac{3}{16}$	50
$\frac{4}{16}$	36
$\frac{5}{16}$	28
$\frac{6}{16}$	22
$\frac{7}{16}$	17
$\frac{8}{16}$	15
$\frac{10}{16}$	10
$\frac{12}{16}$	8
$\frac{16}{16}$	5
$\frac{20}{16}$	3
$\frac{24}{16}$	2,8
$\frac{28}{16}$	2,5
$\frac{36}{16}$	2,2

höheren HRC-Wert von wenigstens 50 erfordert. Für den Einsatzfall ist deshalb ein besser geeigneter Stahl auszuwählen.

Lösung

Stähle gleicher Form und Abmessung kühlen sich unter gleichen Abschreckbedingungen mit gleicher Geschwindigkeit ab und weisen gleiche Jominy-Abstände auf. Nach Abbildung 12.23 entspricht ein HRC-Wert von 40 bei 9310-Stahl einem Jominy-Abstand von 10/16 in (10 °C/s). Bei gleichem Jominy-Abstand haben die anderen Stahlsorten der Abbildung 12.23 folgende HRC-Werte:

1050	HRC 28
1080	HRC 36
4320	HRC 31
8640	HRC 52
4340	HRC 60.

Geeignet sind demnach die Stahlsorten 8640 und 4340. Die Sorte 4320 hat zu geringen C-Gehalt, um HRC 50 zu erreichen; die Sorten 1050 und 1080 besitzen zwar ausreichend Kohlenstoff, aber ihre Härtbarkeit ist zu gering. Nach Tabelle 12.1 enthalten 86xx-Stähle weniger Legierungsanteile als 43xx-Stähle. Somit ist zu erwarten, daß die Stahlsorte 8640 billiger sein wird als die Sorte 4340.   □

Eine weitere einfache Bestimmungsmethode bieten die in Abbildung 12.24 (auch als Grossman-Karte bezeichneten) Kurven. Sie geben in Abhängigkeit vom Abschreckmedium (ausgedrückt durch den H-Koeffizienten nach Tabelle 12.3) an, bei welchem Durchmesser zylindrischer Proben in ihrem Kern die gleichen Abkühlungsverhältnisse herrschen wie in bestimmten Stirnabständen einer Jominy-Probe. In Verbindung mit den Härtbarkeitskurven in Abbildung 12.23 läßt sich daraus eine Härtevoraussage für das Zentrum von Rundstählen in Abhängigkeit von deren Durchmesser und den jeweiligen Abschreckbedingungen gewinnen (s. Beispiel 12.6.).

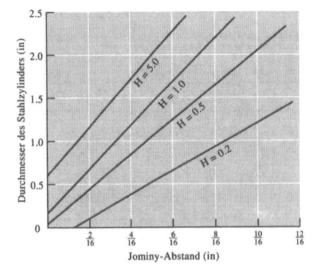

Abb. 12.24. Die Grossman-Karte dient zur Bestimmung der Härtbarkeit des Kerns zylindrischer Stäbe, indem sie den Zusammenhang zwischen Stabdurchmesser und Jominy-Abstand für unterschiedliche Abschreckmedien herstellt.

Beispiel 12.6

Abschrecktechnologie für einen 4320-Stahlzylinder mit einem Durchmesser von 1.5 in., dessen Zentrum mindestens einen HRC-Wert von 40 aufweisen soll.

Lösung

Tabelle 12.3 enthält die H-Koeffizienten für verschiedene Abschreckmedien. Bezogen auf den vorgegebenen Durchmesser des Stahlzylinders von 1,5 in werden aus Abbildung 12.24 die den verschiedenen Abschreckmedien entsprechenden Jominy-Abstände ermittelt. Aus Abbildung 12.23 ergeben sich schließlich die zugehörigen Härtewerte für das Zentrum des Stahlzylinders.

Tabelle 12.5.

	H-Koeffizient	Jominy-Abstand (in)	HRC
Öl (ohne Bewegung)	0,25	11/16	30
Öl (mit Bewegung)	1,00	6/16	39
H_2O (ohne Bewegung)	1,00	6/16	39
H_2O (mit Bewegung)	4,00	4/16	44
Kühlsole (ohne Bewegung)	2,00	5/16	42
Kühlsole (mit Bewegung)	5,00	3/16	46

Die Härtevorgabe wird von den drei letzten in der Tabelle angeführten Abschreckbedingungen erfüllt. Die Verwendung der Kühlsole ohne Umwälzung ist hiervon am billigsten, weil die Kosten der Umwälzeinrichtung entfallen. Andererseits verhält sich Wasser weniger korrodierend als Kühlsole.   □

12.8 Spezialstähle

Wir unterscheiden mehrere Gruppen von Spezialstählen. Zu ihnen gehören Werkzeugstähle, hochfeste niedriglegierte Stähle, mikrolegierte Stähle, Zweiphasen-Stähle und Maraging-Stähle.

Werkzeugstähle sind gewöhnlich kohlenstoffreiche Stähle, die ihre Härte nach Abschrecken und Anlassen erhalten. Wir finden sie in Schneidwerkzeugen, Druckgußdüsen, Umformdüsen und weiteren Anwendungen, die hohe Streckgrenze, Härte, Bruchzähigkeit und Warmfestigkeit als Eigenschaftsprofil erfordern.

Die Härtbarkeit und Warmfestigkeit von Werkzeugstählen lassen sich durch Legierungselemente verbessern. Wasserhärtbare Stähle wie 1095 müssen schnell abgeschreckt werden, um in ihnen Martensit zu erzeugen, und sie erweichen oft schnell und schon bei relativ geringen Temperaturen. In ölhärtbaren Stählen verläuft die Martensitbildung leichter, und der Anlaßvorgang erfolgt langsamer, aber sie erweichen ebenfalls bei erhöhter Temperatur. Lufthärtbare Werkzeugstähle gehen noch bei Abkühlung an Luft in Martensit über und erweichen erst bei Temperaturen in Nähe der A_1-Temperatur. Hochlegierte Werkzeugstähle können mit steigender Temperatur ein *zweites Härtungsmaximum* bei 500 °C durchlaufen, wie Abbildung 12.21 zeigt, wobei der Zementit zerfällt und sich harte Legierungscarbide ausscheiden. Diese sind besonders stabil (sie wachsen nicht an und gehen nicht in Kugelform über wie Zementit beim Weichglühen) und sind wichtig für die Hochtemperaturresistenz dieser Stähle.

Hochfeste niedriglegierte und mikrolegierte Stähle sind kohlenstoffarm und haben zum Ausgleich einen geringen Gehalt an Legierungselementen. Hochfeste niedriglegierte Stähle sind für Streckgrenzen bis zu Werten von 600 N/mm^2 ausgelegt und enthalten nur soviel Legierungszusätze, wie für das Erreichen ihrer Festigkeit ohne Wärmebehandlung erforderlich sind. In mikrolegierten Stählen werden durch sorgfältige Prozeßführung Carbid- und Nitridausscheidungen von Co, V, Ti oder Zr erzeugt, die für Dispersionshärtung und Feinkörnigkeit sorgen.

Zweiphasen-Stähle enthalten gleichmäßig verteilten Ferrit und Martensit, wobei der dispergierte Martensit Streckgrenzen von 400 bis 1 000 N/mm^2 bewirkt. Bei Anwendung der üblichen Abschreckverfahren reicht der Legierungsgehalt dieser kohlenstoffarmen Stähle für eine gute Härtbarkeit nicht aus. Wenn jedoch der Stahl bis in den (Ferrit + Austenit)-Bereich des Zustandsdiagramms erhitzt wird, reichert sich der Austenit mit Kohlenstoff an, der die Härtbarkeit verbessert. Während des Abschreckens wandelt sich nur der Austenit in Martensit um (Abb. 12.25).

Maraging-Stähle oder *martensitisch ausgehärtete Stähle* sind kohlenstoffarm und hochlegiert. Sie werden austenitisiert und abgeschreckt, um weichen Martensit zu erzeugen, der weniger als 0,3% Kohlenstoff enthält. Wenn dieser Martensit bei ungefähr 500 °C ausgelagert wird, scheiden sich intermetallische Verbindungen wie Ni_3Ti, Fe_2Mo und Ni_3Mo aus.

Viele Stähle werden zur Erzielung eines ausreichenden Korrosionsschutzes beschichtet. *Galvanisierte* Stähle sind mit einer dünnen Zn-Schicht überzogen, *Ternestahl* ist mit Blei beschichtet, andere Stähle tragen ein Schutzschicht aus Aluminium oder Zinn.

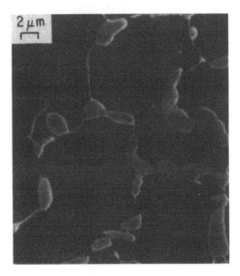

Abb. 12.25. Gefüge eines Zweiphasen-Stahls mit Martensitinseln (hell) in Ferrit (2 500fach). (Aus *G. Speich: Physical Metallurgy of Dual-Phase Steels*. Fundamentals of Dual-Phase Steels, *The Metall-urgical Society of AIME*, 1981.)

12.9 Oberflächenbehandlungen

Durch geeignete Wärmebehandlung lassen sich Gefügeverteilungen erzeugen, die an der Oberfläche des Werkstücks für Härte und Festigkeit (Verschleiß- und Ermü-dungsfestigkeit) sorgen, während dessen Kern weich und duktil bleibt und ausrei-chende Bruchzähigkeit und Schlagresistenz behält.

Selektives Erhitzen der Oberfläche. Eine erste Möglichkeit zur Erzeugung der genannten Eigenschaften bietet bei Stählen mit mittlerem C-Gehalt das schnelle Aufheizen ihrer Oberfläche bis über die A_3-Temperatur, wobei die Temperatur im Inneren unterhalb der A_1-Temperatur bleibt. Nach dem Abschrecken besteht das Volumen aus einem weichen Gemisch von Ferrit und Perlit, während sich an der Oberfläche Martensit gebildet hat (Abb. 12.26). Die Tiefe der Martensitschicht bezeichnet man als *Härtetiefe*. Nach dem Anlassen stellt sich an der Oberfläche die gewünschte Härte ein. Die Erwärmung der Oberfläche kann unter Verwendung von Gasbrennern, Induktionsspulen, Laserstrahlen oder Elektronenstrahlen auch lokalisiert erfolgen. Auf diese Weise lassen sich Bereiche der Oberfläche, die einer hohen Verschleißbeanspruchung unterliegen, selektiv härten.

Aufkohlen und Nitrieren. Eine alternative Möglichkeit der Oberflächenhärtung, bei der das Volumen noch weitgehender verschont bleibt, ist das *Aufkohlen* (oder *Einsatzhärten*). Ausgangsbasis bildet in diesem Fall ein kohlenstoffarmer Stahl. Bei Temperaturen oberhalb von A_3 wird in dessen Oberfläche Kohlenstoff eindif-fundiert (Abb. 12.27). Infolge der schnellen Diffusion und der hohen Löslichkeit

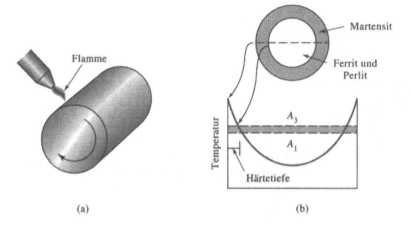

Abb. 12.26. (a) Oberflächenhärtung durch lokalisiertes Erhitzen. (b) Nur die Oberfläche erhitzt sich auf Temperaturen bis oberhalb *A*3 und wird anschließend zu Martensit abgeschreckt.

von Kohlenstoff in Austenit stellt sich an der Oberfläche ein hoher C-Gehalt ein. Nach dem Abschrecken und Anlassen liegen an der Oberfläche kohlenstoffreicher Martensit und im Volumen weicher und duktiler Ferrit vor. Die Dicke der gehärteten Randschicht, hier auch als Einsatzhärtetiefe bezeichnet, ist bei aufgekohlten Stählen wesentlich geringer als in flammen- oder induktionsgehärteten Stählen.

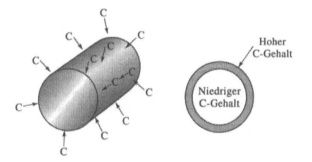

Abb. 12.27. Aufkohlen eines kohlenstoffarmen Stahls zur Erzeugung einer kohlenstoffreichen verschleißfesten Oberfläche.

Stickstoff bewirkt einen ähnlichen Härtungseffekt wie Kohlenstoff. Beim Zyanidbadhärten wird Stahl in Zyanidschmelze getaucht, wobei sowohl Kohlenstoff als auch Stickstoff in die Stahloberfläche eindiffundieren. Beim Karbonitrieren erfolgt das Eindiffundieren von Kohlenstoff und Stickstoff aus einem Gas, bestehend aus Kohlenstoffmonoxid und Ammoniak. Eine weitere Methode stellt das Nitrieren dar, bei dem nur Stickstoff aus N_2-haltigem Gas in den Stahl eindiffundiert. Das Nitrieren findet bei Temperaturen unterhalb der A_1-Temperatur statt.

Bei allen diesen Verfahren entstehen an der Materialoberfläche Kompressionsspannungen, die zusätzlich zu der günstigen Kombination von Härte, Festigkeit und Zähigkeit auch für ausgezeichnete Ermüdungsfestigkeit sorgen.

Beispiel 12.7

Oberflächenhärtung von Antriebwellen und Getriebezahnrädern für Kraftfahrzeuge (Abb. 12.28).

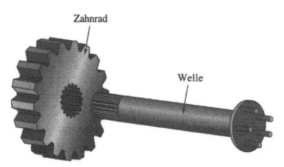

Abb. 12.28. Welle und Zahnrad (zu Beispiel 12.7).

Lösung

Beide Teile erfordern eine hohe Ermüdungsfestigkeit. Die Zahnräder müssen zusätzlich ausreichende Härte gegenüber Verschleiß und die Wellen genügend Gesamtfestigkeit gegenüber Biege- und Torsionsbeanspruchungen aufweisen. Beide Teile sollen hohe Bruchzähigkeit besitzen. Da sehr große Stückzahlen benötigt werden, ist eine möglichst billige Lösung zu finden.

Abgeschreckte und angelassene Legierungsstähle erfüllen die gestellten mechanischen Bedingungen (Kombination von Festigkeit und Zähigkeit), sind aber zu teuer. Eine alternative Lösung ist folgende:

Die Wellen werden aus geschmiedetem 1050-Stahl hergestellt, der eine Matrix aus Ferrit und Perlit enthält. Die Oberflächenhärtung erfolgt durch induktives Aufheizen der Randzone bis über die A_3-Temperatur (ungefähr 770 °C). Nach dem Durchlaufen der Induktionsspule wird die erhitzte Randzone durch das angrenzende kalte Volumen der Wellen abgeschreckt und in Martensit umgewandelt. Nachfolgendes Anlassen erhöht die Duktilität des Martensits. Diese Kombination von C-Gehalt des Stahls und Wärmebehandlung erfüllt die gestellten Forderungen. Der unlegierte Stahl ist billig, der aus Ferrit und Perlit bestehende Kern sorgt für gute Zähigkeit und Festigkeit, und die Oberfläche besitzt ausreichende Ermüdungs- und Verschleißfestigkeit.

Für die Zahnräder, die noch höheren Belastungen als die Wellen unterworfen sind, reicht 1050-Stahl nicht aus. Als Lösung wird das Aufkohlen von 1010-Stahl gewählt. Das Ausgangsmaterial besteht überwiegend aus Ferrit und besitzt somit gute Duktilität und Zähigkeit. Mittels eines Gasaufkohlungsverfahrens oberhalb der A_3-Temperatur (ungefähr 860 °C) wird ca. 1% Kohlenstoff in einen dünnen Randbereich der Getriebezähne eingebracht. Diese kohlenstoffreiche Zone wandelt sich beim Abschrecken in Martensit um und wird anschließend angelassen. Der kohlenstoffarme Ferritkern der Zahnräder sorgt für ausreichende Bruchzähigkeit, die kohlenstoffreiche Randzone für hohe Verschleißfestigkeit und wegen der beim Aufkohlen im Randbereich erzeugten Kompressionsspannungen auch für hohe Ermüdungsfestigkeit. Außerdem ist der unlegierte 1010-Stahl ein kostengünstiges Ausgangsmaterial, das vor der Wärmebehandlung leicht in die gewünschte Gebrauchsform geschmiedet werden kann.   □

12.10 Schweißbarkeit von Stählen

Während des Schweißvorgangs werden Stähle in Nähe der Schweißnaht bis oberhalb der A_3-Temperatur aufgeheizt und austenitisiert (Abb. 12.29). Das nach dem Abkühlen vorliegende Gefüge hängt von der Abkühlgeschwindigkeit und dem ZTA-Diagramm des Stahls ab. Unlegierte Stähle haben so geringe Härtbarkeit, daß bei normaler Abkühlung nur selten Martensit entsteht. Legierte Stähle müssen dagegen vorgeheizt werden, um die Abkühlgeschwindigkeit zu verringern, oder nachbehandelt, um den entstandenen Martensit anzulassen.

Bei ursprünglich abgeschreckten und angelassenen Stählen treten zwei Probleme auf. Erstens kann sich in dem Teil der wärmebeeinflußten Zone, der sich bis oberhalb von A_3 erhitzt, bei Abkühlung Martensit bilden. Zweitens kann die angrenzende Zone mit Temperaturen unterhalb A_3 überlagert werden. Deshalb sind abgeschreckte und angelassene Stähle nicht gut schweißbar.

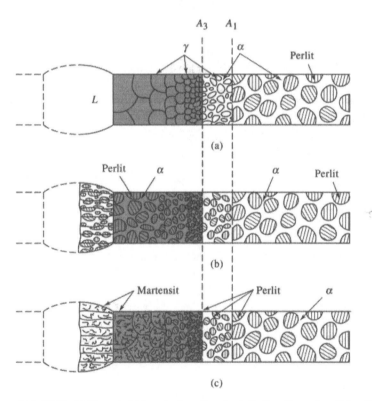

Abb. 12.29. Gefügeentwicklung in der wärmebeeinflußten Zone einer Schweißnaht: (a) Gefüge bei maximaler Temperatur, (b) Gefüge nach Abkühlung bei einem Stahl geringer Härtbarkeit, (c) Gefüge nach Abkühlung bei einem Stahl großer Härtbarkeit.

Beispiel 12.8

Gefügevergleich der wärmebeeinflußten Schweißzonen der Stahlsorten 1080 und 4340 nach Abkühlen mit einer Geschwindigkeit von 5 °C/s.

Lösung

Nach den ZTA-Diagrammen in Abbildung 12.16 und 12.18 ergeben sich folgende Gefüge:

    1080: 100% Perlit,

    4340: Bainit und Martensit.

Der legierte Stahl ist wegen seiner großen Härtbarkeit weniger zum Schweißen geeignet als der unlegierte, da der in ihm entstehende Martensit die Schweißnaht versprödet.   □

12.11 Nichtrostende Stähle

Nichtrostende Stähle zeichnen sich durch hohe Korrosionsbeständigkeit aus. Sie enthalten mindestens 12% Chrom, das auf der Oberfläche eine dünne Schutzschicht aus Chromoxid bildet, wenn der Stahl einer Sauerstoffatmosphäre ausgesetzt ist.

Chrom wirkt auch als *ferritstabilisierendes Element*. Abb. 12.30a veranschaulicht diesen Effekt am Fe-C-Zustandsdiagramm. Bei Anwesenheit von Chrom nimmt der Existenzbereich des Austenits ab, während der des Ferrits gleichzeitig anwächst. Bei hohem Chrom- und geringem Kohlenstoffgehalt existiert der Ferrit einphasig bis zur Solidustemperatur.

Rostfreie Stähle werden nach ihrer Kristallstruktur und dem in ihnen wirksamen Verfestigungsmechanismus unterschieden. Tabelle 12.6 enthält eine Sortenübersicht mit zugehörigen Eigenschaften.

Ferritische rostfreie Stähle. Diese enthalten bis zu 30% Chrom und weniger als 0,12% Kohlenstoff. Wegen ihrer krz-Struktur verfügen ferritische rostfreie Stähle über gute Festigkeit und mittlere Duktilität, hervorgerufen durch Mischkristall- und Kaltverfestigung. Sie weisen hohe Korrosionsbeständigkeit auf und sind relativ preiswert.

Martensitische rostfreie Stähle. Abbildung 12.30a zeigt das Zustandsdiagramm einer Fe-Legierung mit 17% Cr-Gehalt und 0,5% C-Gehalt. Nach Aufheizen auf 1 200 °C wandelt sich die Legierung vollständig in Austenit und nach ihrem Abschrecken im Ölbad in Martensit um. Anschließend wird das martensitische Gefüge angelassen, um hohe Festigkeit und Härte zu erzeugen (Abb. 12.31a).

Der Cr-Gehalt beträgt gewöhnlich weniger als 17%, da andernfalls der Austenitbereich sehr klein wäre und eine genaue Steuerung der Prozeßbedingungen (Temperatur, C-Gehalt) erforderlich würde, um diesen Bereich zu treffen. Abnehmender Cr-Gehalt ermöglicht eine größere Variationsbreite des C-Gehalts zwischen 0,1 und 1,0%, so daß auch unterschiedlich harter Martensit erzeugt werden kann. Mit ihrer günstigen Kombination von Härte, Festigkeit und Korrosionsbeständigkeit empfehlen sich diese Legierungen für qualitativ hochwertige Messer, Kugellager und Armaturen.

Austenitische rostfreie Stähle. Nickel wirkt auf Austenit stabilisierend und vergrößert den Existenzbereich von Austenit, während Ferrit fast vollständig aus dem Fe-Cr-C-Diagramm verschwindet (Abb. 12.30b). Bei einem C-Gehalt unter 0,03% bil-

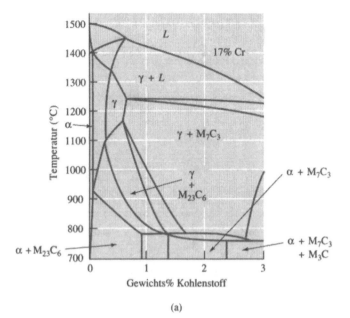

(a)

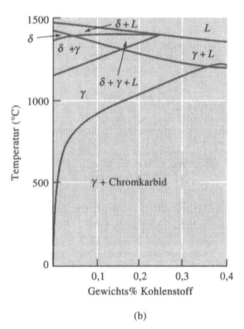

(b)

Abb. 12.30. (a) Einfluß von 17% Chrom auf das Fe-C-Zustandsdiagramm. Bei niedrigem C-Gehalt ist Ferrit bei allen Temperaturen stabil. (b) Ausschnitt aus dem Fe-Cr-Ni-C-Zustandsdiagramms für 18% Cr und 8% Ni. Bei niedrigem C-Gehalt liegt Austenit bei Raumtemperatur als stabile Phase vor.

Tabelle 12.6. Typische Zusammensetzungen und Eigenschaften rostfreier Stähle

Stahl	% C	% Cr	% Ni	Andere	Zugfestig-keit (N/mm^2)	Streck-grenze (N/mm^2)	% Bruch-dehnung	Zustand
Austenitisch								
201	0,15	17	5	6,5% Mn	655	310	40	Grobkorngeglüht
304	0,08	19	10		520	210	30	Grobkorngeglüht
					1 275	965	9	Kaltverformt
304L	0,03	19	10		520	210	30	Grobkorngeglüht
316	0,08	17	12	2,5% Mo	520	210	30	Grobkorngeglüht
321	0,08	18	10	0,4% Ti	590	240	55	Grobkorngeglüht
347	0,08	18	11	0,8% Nb	620	240	50	Grobkorngeglüht
Ferritisch								
430	0,12	17			450	210	22	Grobkorngeglüht
442	0,12	20			520	280	20	Grobkorngeglüht
Martensitisch								
416	0,15	13		0,6% Mo	1 240	965	18	Abgeschreckt und angelassen
431	0,20	16	2		1 380	1 035	16	Abgeschreckt und angelassen
440C	1,10	17		0,7% Mo	1 965	1 900	2	Abgeschreckt und angelassen
Ausscheidungsgehärtet								
17-4	0,07	17	4	0,4% Nb	1 310	1 170	10	Ausgehärtet
17-7	0,09	17	7	1,0% Al	1 655	1 590	6	Ausgehärtet

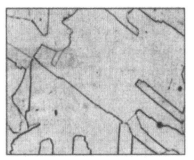

(a)   (b)

Abb. 12.31. (a) Martensitischer rostfreier Stahl mit großen primären Karbiden und kleinen Karbiden, die sich während des Anlassens bilden (350fach). (b) Austenitischer rostfreier Stahl (500fach). (Aus *Metals Handbook*, Vol.7 und 8, 8. Aufl. *American Society for Metals*, 1972, 1973.)

den sich keine Carbide, und der Stahl besteht bei Raumtemperatur nahezu vollständig aus Austenit (Abb.12.31b).

Die austenitischen rostfreien Stähle besitzen kfz-Struktur und sind sehr duktil, gut verformbar und korrosionsbeständig. Die Festigkeit wird durch effektive Mischkristallverfestigung erreicht, außerdem lassen sich austenitische rostfreie Stähle durch Kaltverformung besser verfestigen als ferritische. Da sie keine Übergangstemperatur aufweisen, besitzen sie auch eine hohe Stoßfestigkeit bei tiefen Temperaturen. Austenitische rostfreie Stähle sind außerdem nicht ferromagnetisch. Wegen des hohen Ni- und Cr-Gehalts sind die Legierungen relativ teuer.

Ausscheidungsgehärtete rostfreie Stähle. Diese Stähle enthalten Al, Nb oder Ta und gewinnen ihre Eigenschaften aus der Mischkristall- und Kaltverfestigung, der Aushärtung und der martensitischen Reaktion. Die Stähle werden austenitisiert und zu Martensit abgeschreckt. Nachträgliches Erwärmen erzeugt Ausscheidungen wie Ni_3Al. Auch bei geringem C-Gehalt sind die mechanischen Eigenschaften sehr gut.

Rostfreie Stähle mit Duplexgefüge. Hierbei handelt es sich um Gemische aus ungefähr 50% Ferrit und 50% Austenit, die durch geeignete Prozeßführung und Wärmebehandlung erzeugt werden. Diese Stähle bieten eine Kombination von mechanischen Eigenschaften, Korrosionsbeständigkeit, Formbarkeit und Schweißbarkeit, wie sie keiner der anderen rostfreien Stähle aufweist.

Beispiel 12.9
Verfahren zur Trennung von rostfreiem Stahlschrott mit hohem und niedrigem Ni-Gehalt.
Lösung
Eine Trennung auf Grund chemischer Analysen an jedem Einzelteil scheidet wegen des zu hohen Aufwandes aus. Das Aussortieren der Teile nach ihrer Härte scheint weniger aufwendig, ist jedoch kaum aussichtsreich, weil auf Grund der unterschiedlichen Vorbehandlung – Glühen, Kaltbearbeiten, Abschrecken, Anlassen – die Härte nicht mehr eindeutig auf die Zusammensetzung der Stähle schließen läßt.

Geeignet ist eine magnetische Trennung, da sich Ni-reiche rostfreie Stähle von Ni-armen rostfreien Stählen im magnetischen Verhalten unterscheiden.   □

12.12 Phasenumwandlungen in Gußeisen

Gußeisen-Werkstoffe sind Fe-C-Si-Legierungen mit einem C-Gehalt von 2% bis 4% und einem Si-Gehalt zwischen 0,5% und 3%, die beim Erstarren eine eutektische Reaktion durchlaufen.

Abbildung 12.32 zeigt schematisch die Gefügestrukturen der fünf wichtigen Gußeisenarten. *Graues Gußeisen* (so bezeichnet wegen der dunkel erscheinenden Bruchfläche) enthält kleine, miteinander verbundene Graphitlamellen, die geringe Festigkeit und Duktilität bewirken. *Weißes Gußeisen* (so bezeichnet wegen der hell erscheinenden Bruchfläche) ist eine harte und spröde Legierung mit großen Mengen an Fe_3C. *Temperguß* entsteht bei Wärmebehandlung von weißem Gußeisen und enthält flockenförmige Graphitausscheidungen (auch als Temperkohle bezeichnet),

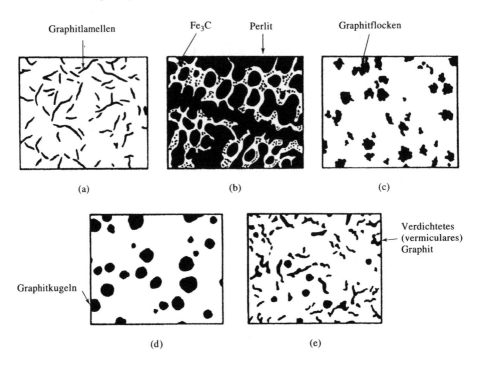

Abb. 12.32. Schematische Darstellung der fünf Arten von Gußeisen: (a) Graues Gußeisen, (b) Weißes Gußeisen, (c) Temperguß, (d) Kugelgraphit-Gußeisen und (e) Gußeisen mit Vermiculargraphit.

die beim Zerfall des Zementits enstehen. In *duktilem Gußeisen* bildet sich beim Erstarren kugelförmiger Graphit. *Gußeisen* mit *Vermikulargraphit* enthält kugelförmige, miteinander verbundene Graphitausscheidungen (auch als verdichtetes Graphit bezeichnet).

Das Entstehen dieser unterschiedlichen Gefüge läßt sich aus dem Zustandsdiagramm, dem Erstarrungsvorgang und den Phasenumwandlungen der Legierungen erklären.

Die eutektische Reaktion in Gußeisen. Ausgehend vom Fe-Fe$_3$C-Zustandsdiagramm (gestrichelte Linien in Abbildung 12.33) lautet die eutektische Reaktion in Fe-C-Legierungen bei 1 140 °C:

$$L \rightarrow \gamma + Fe_3C. \qquad (12.1)$$

In reinen Fe-C-Legierungen entsteht bei dieser Reaktion *weißes Gußeisen* mit einem Gefüge aus Fe$_3$C und Perlit. Das Fe-Fe$_3$C-System ist jedoch metastabil. Unter Gleichgewichtsbedingungen ergibt sich:

$$L \rightarrow \gamma + Graphit. \qquad (12.2)$$

Das Fe-C-Diagramm ist in Abbildung 12.33 mit ausgezogenen Linien dargestellt. Wenn bei 1 146 °C die stabile eutektische Reaktion $L \rightarrow \gamma + $ Graphit stattfindet, entsteht graues, duktiles oder Gußeisen mit Vermikulargraphit.

Die Schmelze von Fe-C-Legierungen kann sich leicht um 6 °C unterkühlen (das entspricht der Temperaturdifferenz zwischen der stabilen und der metastabilen

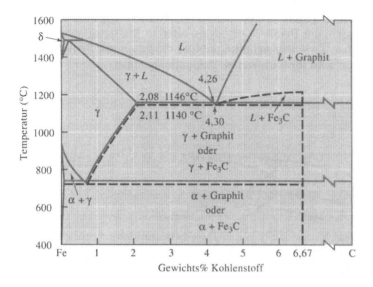

Abb. 12.33. Fe-C-Zustandsdiagramm mit Angabe der Gleichgewichtslinien (ausgezogene Linien) für die Graphitbildung und der (gestrichelten) Linien für die metastabile Eisen-Zementit-Reaktion.

eutektischen Temperatur), so daß sich weißes Gußeisen bildet. Ein Zusatz von 2% Silicium vergrößert die Temperaturdifferenz beider Eutektika und läßt für den Ablauf der stabilen Reaktion größere Unterkühlungen und längere Zeiten zu. Silicium wirkt somit stabilisierend auf die Graphitbildung. Elemente wie Chrom oder Wismut bewirken den gegenteiligen Effekt und begünstigen die Bildung von weißem Gußeisen.

Wir können auch Impfstoffe, wie z. B. FeSi-Legierungen, nutzen, um die Keimbildung von Graphit zu unterstützen, oder die Abkühlgeschwindigkeit reduzieren, so daß mehr Zeit für die Graphitbildung zur Verfügung steht.

Mit dem Anteil an Silicium verringert sich der für die eutektische Zusammensetzung notwendige Kohlenstoffanteil. Dieser Effekt wird durch das sogenannte *Kohlenstoff-Äquivalent* (CE) berücksichtigt:

$$CE = \% \, C + \frac{1}{3} \, \% \, Si. \tag{12.3}$$

Die eutektische Zusammensetzung befindet sich immer in Nähe eines CE-Werts von 4,3%. Ein hohes C-Äquivalent begünstigt die stabile eutektische Reaktion.

Die eutektoide Reaktion in Gußeisen. Die Matrixstruktur und die Eigenschaften aller Gußeisenarten werden durch die Umwandlung des Austenits während der eutektoiden Reaktion bestimmt. In dem für Stähle genutzten Fe-Fe$_3$C-Zustandsdiagramm wandelt sich Austenit in Ferrit und Zementit um, häufig in der Form von Perlit. Silicium unterstützt aber auch die *stabile* eutektoide Reaktion:

$$L \rightarrow \alpha + Graphit. \tag{12.4}$$

Unter Gleichgewichtsbedingungen diffundieren C-Atome aus dem Austenit in die existierenden Graphitbereiche und hinterlassen kohlenstoffarmes Ferrit.

Das Umwandlungsdiagramm in Abbildung 12.34 beschreibt, wie dieser Übergang erfolgt. Ofenabkühlung des Gußeisens ergibt eine weiche ferritische Matrix.

Die schnellere Luftkühlung führt zu einer perlitischen Matrix. Gußeisen kann auch zwischengeglüht werden, um Bainit zu erzeugen, oder zu Martensit abgeschreckt und angelassen werden. Zwischengeglühtes duktiles Gußeisen mit Festigkeitswerten bis zu 1 400 N/mm² wird für hochwertige Zahnräder genutzt.

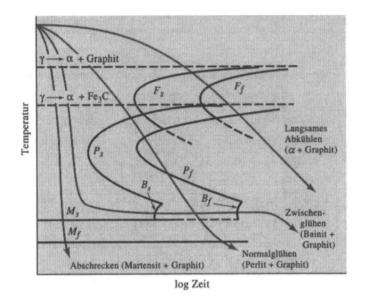

Abb. 12.34. Umformungsdiagramm für Austenit in Gußeisen.

12.13 Eigenschaften und Herstellungsverfahren von Gußeisen

Die Herstellung des gewünschten Gußeisentyps erfordert eine sorgfältige Steuerung der eutektischen Erstarrung, bei der häufig modifizierende Zusätze zur Unterstützung der eutektischen Reaktion zur Anwendung kommen. Eine Übersicht der typischen Eigenschaften zeigt Tabelle 12.7.

Graues Gußeisen. Graues Gußeisen enthält viele Cluster oder *eutektische Zellen* von miteinander verbundenen Graphitlamellen (Abb. 12.35). Die Stelle, an der die Lamellen miteinander verbunden sind, ist der ursprüngliche Graphitkeim. Durch Zusatz von Impfstoffen werden die eutektischen Zellen verkleinert und die Festigkeit erhöht.

Graues Gußeisen wird durch Klassennummern von 20 bis 80 spezifiziert. Die Klasse 20 hat einen Nennwert der Zugfestigkeit von 140 N/mm². In dicken Gußstücken kann jedoch die Zugfestigkeit infolge grober Graphitlamellen bis auf Werte von 70 N/mm² absinken (Abb. 12.36), während sich in dünnen Gußstücken feiner Graphit und Perlit bilden und für Zugfestigkeitswerte bis nahe 280 N/mm²

Tabelle 12.7. Typische Eigenschaften von Gußeisen

	Zugfestigkeit (N/mm^2)	Streckgrenze (N/mm^2)	% Bruchdehnung	Bemerkungen
Graues Gußeisen:				
Klasse 20	80 – 280	–	–	
Klasse 40	190 – 370	–	–	
Klasse 60	300 – 450	–	–	
Temperguß:				
32510	345	225	10	Ferritisch
35018	365	240	18	Ferritisch
50005	480	350	5	Perlitisch
70003	585	480	3	Perlitisch
90001	720	620	1	Perlitisch
Duktiles Gußeisen:				
60-40-18	410	280	18	Grobkorngeglüht
65-45-12	450	310	12	Gegossen ferritisch
80-55-06	550	380	6	Gegossen perlitisch
100-70-03	690	480	3	Normalgeglüht
120-90-02	830	620	2	Abgeschreckt und angelassen
Gußeisen mit verdichtetem Graphit				
geringe Festigkeit	280	190	5	90% ferritisch
hohe Festigkeit	450	380	1	80% perlitisch

sorgen. Noch höhere Festigkeitswerte werden durch Reduzierung des C-Äquivalents, durch Legierungszusätze oder Glühbehandlung erzeugt.

Die Graphitlamellen konzentrieren Spannungen auf sich und verursachen geringe Festigkeit und Duktilität. Totzdem bietet graues Gußeisen eine Reihe attraktiver Eigenschaften, zu denen hohe Druckfestigkeit, gute mechanische Bearbeitbarkeit, Widerstandsfähigkeit gegenüber Reibungsbeanspruchung und thermischer Ermüdung, gute Wärmeleitfähigkeit und Schwingungsdämpfung gehören.

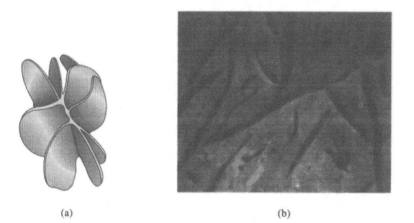

(a)   (b)

Abb. 12.35. (a) Modell und (b) Mikrophotographie von Graphitlamellen in grauem Gußeisen (100fach).

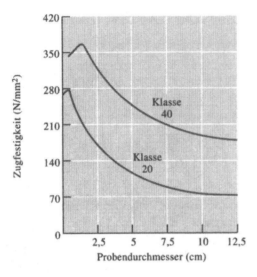

Abb. 12.36. Einfluß der Abkühlgeschwindigkeit oder der Gußkörpergröße auf die Zugeigenschaften von zwei Graugußarten.

Weißes Gußeisen. Hochlegiertes weißes Gußeisen ist wegen seiner Härte und Abriebfestigkeit von Interesse. Elemente wie Chrom, Nickel oder Molybdän bilden während des Erstarrens Legierungscarbide und verursachen bei nachfolgender Wärmebehandlung die Bildung von Martensit.

Beispiel 12.10
Materialauswahl für kostengünstige Scheren für Papierschneidearbeiten.
Lösung
Qualitativ hochwertige Scheren, die auch für Produktionsaufgaben einsetzbar sind, bestehen überwiegend aus rostfreiem Stahl. Sie sind jedoch für die vorgesehene Anwendung zu teuer.

Eine billigere Lösung ermöglicht der keilförmige Querschnitt der Scherenblätter. Da dieser bewirkt, daß sich die Schneidekante der Blätter schneller abkühlt als ihr Volumen, entsteht bei passendem C-Äquivalent an der Schneidekante weißes Gußeisen und im Volumen graues Gußeisen. Die Schneide ist dadurch hinreichend hart und kann auch geschärft werden.

Zu beachten ist, daß diese Materiallösung keine hohe Biegebeanspruchung verträgt. Sowohl die Weiß- als auch die Graugußbereiche der Blätter sind sehr spröde und können schon bei geringer Verbiegung zerbrechen. □

Temperguß. Temperguß entsteht bei der Glühbehandlung von weißem Gußeisen mit 3% Kohlenstoff-Äquivalent (2,5% C, 1,5% Si). Während des Temperns zerfällt der beim Erstarren gebildete Zementit, und es bildet sich flockenförmiger Graphit. Die abgerundete Form sorgt für Festigkeit und Duktilität.

Die Herstellung von Temperguß erfordert mehrere Schritte (Abb. 12.37). Graphitflocken keimen bei langsamer Erwärmung des weißen Gußeisens. Während der *ersten Graphitisierungsstufe* (1.GS) zerfällt Zementit in stabilen Austenit und Graphit, wobei Kohlenstoff aus dem Fe_3C zu den Graphitkeimen diffundiert. Die Umwandlung des Austenits nach der 1.GS hängt von der Abkühlgeschwindigkeit ab.

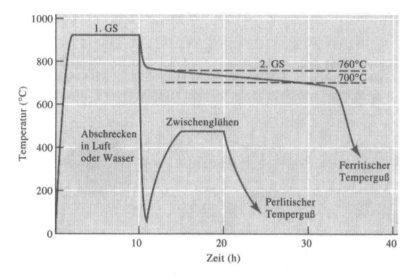

Abb. 12.37. Glühbehandlung zur Erzeugung von ferritischem und perlitischem Temperguß.

Abbildung 12.38a zeigt das Gefüge von weißem Gußeisen als Ausgangsstadium. *Ferritischer Temperguß* entsteht bei langsamer Abkühlung durch den eutektoiden Temperaturbereich. Dieser Abschnitt wird als *zweite Graphitisierungsstufe* bezeichnet (2.GS). Ferritischer Temperguß verfügt im Vergleich zu anderen Gußeisensorten über gute Zähigkeit, da durch sein niedriges Kohlenstoff-Äquivalent die Übergangstemperatur bis unter die Raumtemperatur herabgesetzt wird.

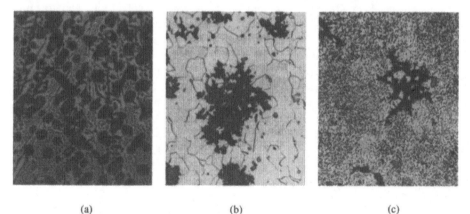

(a)   (b)   (c)

Abb. 12.38. (a) Weißes Gußeisen vor der Glühbehandlung (100fach). (b) Ferritischer Temperguß mit Graphitflocken und kleinen MnS-Einschlüssen in einer Ferritmatrix (200fach). (c) Perlitischer Temperguß (500fach). (Bilder (a) und (b) aus *Metals Handbook*, Vol. 7 und 8, 8 Aufl. *American Society for Metals*, 1972, 1973.)

Perlitischer Temperguß entsteht bei schnellerer Abkühlung, wobei Austenit in Perlit oder Martensit übergeht. In beiden Fällen ist die Matrix hart und spröde. Durch anschließende Wärmebehandlung unterhalb der eutektoiden Temperatur werden der Martensit angelassen und der Perlit sphäroidisiert. Mit zunehmender

Temperatur dieser Nachbehandlung verringert sich die Festigkeit und erhöhen sich Duktilität und Zähigkeit.

Duktiles Gußeisen (Kugelgraphit-Gußeisen). Duktiles Gußeisen entsteht, wenn man Schmelzen mit relativ hohem Kohlenstoff-Äquivalent Magnesium zusetzt und dadurch die Ausscheidung von Kugelgraphit beim Erstarren bewirkt. Der Herstellungsprozeß umfaßt mehrere Schritte (Abb. 12.39).

Entschwefelung   Agglomerisation   Impfen

Abb. 12.39. Schematische Darstellung der Herstellungsschritte von duktilem Gußeisen.

1. *Entschwefelung.* Die Anwesenheit von Schwefel begünstigt die Ausscheidung von Lamellengraphit. Seine Reduzierung ist durch Verwendung von schwefelarmem Einsatzgut, durch spezielle Schmelzöfen, die Schwefel von der Schmelze fernhalten, und durch Zusatz von Desulferierungsmitteln wie Calciumcarbid möglich.
2. *Agglomerieren.* Magnesium, das während des Agglomerierens zugesetzt wird, entzieht der Schmelze noch vorhandene Reste von Schwefel und Sauerstoff und verbleibt mit einer Restkonzentration von 0,03%, die Wachstum von Kugelgraphit verursacht. Der Zusatz von Magnesium erfolgt bei etwa 1 500 °C. Nachteilig ist der niedrige Verdampfungspunkt von Magnesium nahe 1 150 °C (Reaktionsgefahr). Deshalb werden meist Mg-Vorlegierungen genutzt (FeSiMg, NiMg).
   Die Wirkung des Magnesiums schwächt sich mit der Zeit ab. Deshalb muß auch die langsame Verdampfung oder Oxydation des Magnesiums sorgfältig gesteuert werden und das Gießen innerhalb weniger Minuten nach dem Agglomerieren erfolgen, um die Bildung von grauem Gußeisen (Lamellengraphit) zu verhindern.
3. *Impfen.* Magnesium ist für sich allein ein effektiver Karbidstabilisator und kann die Bildung von weißem Gußeisen bewirken! Infolgedessen muß die Schmelze vor dem Abguß mit feinkörnigem FeSi geimpft werden. Auch diese Impfwirkung schwächt sich mit der Zeit ab.
   Im Vergleich zu grauem Gußeisen verfügt duktiles Gußeisen über ausgezeichnete Festigkeit, Duktilität und Zähigkeit. Duktilität und Festigkeit sind auch größer als die von Temperguß, wegen des höheren Si-Gehalts ist die Zähigkeit allerdings geringer. Abbildung 12.40 zeigt typische Gefügestrukturen von duktilem Gußeisen.

Gußeisen mit Vermikulargraphit. Die Graphitausscheidungen haben in dieser Gußeisenart eine mittlere Form zwischen Lamellen und Kugeln und bestehen aus abgrundeten Graphitstäbchen, die mit dem Keim der eutektischen Zelle verbunden sind (Abb. 12.41). Dieser Graphit wird mitunter auch als *verdichteter Graphit* bezeichnet und entsteht auch, wenn sich die Bildung von duktilem Gußeisen abschwächt.

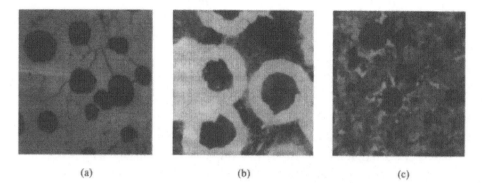

(a)   (b)   (c)

Abb. 12.40. (a) Geglühtes duktiles Gußeisen mit einer Ferrit-Matrix (250fach). (b) Duktiles Gußeisen im gegossenen Zustand mit einer Matrix aus Ferrit (weiß) und Perlit (250fach). (c) Normalgeglühtes duktiles Gußeisen mit einer Perlit-Matrix (250fach).

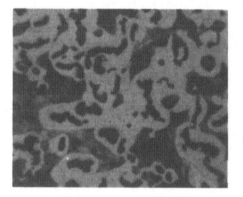

Abb. 12.41. Gußeisen mit Vermikulargraphit mit einer Matrix aus Ferrit (weiß) und Perlit (250fach).

Der Vermikulargraphit bewirkt höhere Festigkeits- und Duktilitätswerte als die von grauem Gußeisen, sichert aber auch gute Wärmeleitfähigkeit und Schwingungsdämpfung. Die Herstellungstechnologie ist ähnlich wie die von duktilem Gußeisen, wobei jedoch nur 0,015% Mg zugesetzt werden.

Beispiel 12.11
Materialauswahl für gußeiserne Schlüssel.
Lösung
Schlüssel sind beim Drehen im Schloß häufig großen Belastungen ausgesetzt. Sie müssen deshalb fest und duktil sein, um nicht abzubrechen. Dies schließt die Verwendung von grauem oder weißem Gußeisen aus.

Schlüssel haben im allgemeinen nur einen kleinen Durchmesser und können deshalb beim Gießen schnell erstarren. Duktiles Gußeisen ist daher selbst durch effektives Impfen der Schmelze nur schwer herstellbar. Durch die hohe Abkühlgeschwindigkeit entsteht jedoch weißes Gußeisen, das zu Temperguß nachbehandelt werden kann. Geeignet wären die Sorten 50005 oder 70003.   □

Beispiel 12.12
Gußeisen für Glasbläserformen zur Produktion von Glasflaschen.

Lösung
Die Glasbläserform besteht aus zwei Teilen und wird durch Eisenguß in eine Sandform hergestellt. Im geringen Umfang ist eine nachträgliche mechanische Bearbeitung erforderlich, um eine glatte Oberfläche zu erzeugen, gegen die das Glas formend geblasen werden kann.

Die Produktivität der Glasflaschenherstellung soll möglichst hoch sein. Gleichzeitig ist zu beachten, daß der Glasformungsprozeß nur bei einer bestimmten Temperatur der Form optimal abläuft. Beim Einbringen von heißem Glas heizt sich die Form auf. Damit verlangsamt sich die anschließende Abkühlung der Flaschen. Die Zeit bis zur Entnahme der Flaschen aus der Form wird entsprechend verlängert. Zusätzlich muß sich die Form wieder auf die optimale Temperatur bis zur Neubeschickung abkühlen. Um die benötigte Zykluszeit geringzuhalten, ist ein schneller Abtransport der Wärme von der Grenzfläche zwischen Form und Glas erforderlich.

Die Form heizt sich während des Arbeitszyklus nicht gleichmäßig auf; die an das Glas grenzende Oberfläche erreicht die höchsten Temperaturen und erfährt die stärkste Ausdehnung. Dadurch entstehen zyklische Spannungsänderungen, die zum Ermüdungsbruch der Form führen können.

Graues Gußeisen stellt die günstigste Materiallösung dar. Es besitzt gute mechanische Bearbeitbarkeit und reduziert den Kostenaufwand für die Endbearbeitung. Die Graphitlamellen verteilen die thermisch induzierten Spannungen und verringern die Gefahr von Ermüdungsbruch. Schließlich sorgen die miteinander verbundenen Graphitlamellen für gute thermische Leitfähigkeit, so daß die entstehende Wärme schnell von der Formoberfläche abgeführt werden kann.   □

12.14 Zusammenfassung

Die durch Ausscheidungshärtung geprägten Eigenschaften von Stählen hängen von dem Anteil, der Größe, der Form und der Verteilung des ausgeschiedenen Zementits ab. Die technologische Steuerung dieser Einflußfaktoren erfolgt durch Legierungszusätze und Wärmebehandlungen.

- Kaltverformte Stähle werden durch Zwischenglühen (Rekristallisationsglühen) rekristallisiert.
- Weichglühen (sphäroidisierendes Glühen) erzeugt großen kugeligen Zementit (Fe_3C) und gute spanabhebende Bearbeitbarkeit von kohlenstoffreichen Stählen.
- Grobkornglühen mit Abkühlung im Ofen nach dem Austenitisieren ergibt eine grobes Perlitgefüge mit lamellarem Fe_3C.
- Normalglühen mit Abkühlung an Luft nach dem Austenitisieren erzeugt ein feineres Perlitgefüge (mit geringerem interlamellarem Abstand) und höhere Festigkeit im Vergleich zum Grobkornglühen.
- Isothermes Glühen (Phasenumwandlung bei konstanter Temperatur) führt zu einem Perlitgefüge mit gleichmäßigem interlamellarem Abstand (wegen homogener Temperaturverteilung).

- Zwischenstufenumwandlung (Zwischenstufenvergütung) erzeugt Bainit mit Fe_3C in abgerundeter Form.
- Abschrecken nach dem Austenitisieren erzeugt harten und spröden Martensit (diffusionslose Umwandlung der Gitterstruktur zur Zwangslösung der C-Atome). Beim nachträglichen Anlassen zerfällt der metastabile Martensit, und es bildet sich sehr fein verteiltes Fe_3C (Duktilität, Zähigkeit).

Zum besseren Verständnis der bei den Glühbehandlungen ablaufenden Umwandlungsvorgänge dienen das ZTU- und ZTA-Diagramm und die Härtbarkeitskurven.

- ZTU-Diagramme beschreiben den Übergang von Austenit in Perlit und Bainit bei konstanter Temperatur.
- ZTA-Diagramme beschreiben die Umwandlung von Austenit bei kontinuierlicher Abkühlung und sagen z. B. aus, welche Abkühlgeschwindigkeit zur Bildung von Martensit erforderlich ist.
- Härtbarkeitskurven geben Auskunft, wie leicht sich in Stahlsorten Martensit bilden kann.
- Legierungselemente verlängern die Umwandlungszeit bei Phasenübergängen (s. ZTU-Diagramme), verringern die zur Bildung von Martensit erforderlichen Abkühlgeschwindigkeiten (s. ZTA-Diagramme) und verbessern die Härtbarkeit von Stählen (s. Härtbarkeitskurven).

Spezialstähle zeichnen sich durch besondere Eigenschaftsprofile (Kombinationen von Eigenschaften) aus. Oberflächenhärtungsverfahren (z. B. Aufkohlen bzw. Einsatzhärten) sind von großer praktischer Bedeutung und erzeugen hohe Schlag- und Ermüdungsfestigkeit. Nichtrostende Stähle enthalten mindestens 12% Chrom und verfügen über ausgezeichnete Korrosionsbeständigkeit.

Gußeisen erstarrt in eutektischer Reaktion. In Abhängigkeit von Zusammensetzung und Prozeßführung bilden sich beim Erstarren γ und Fe_3C (metastabile Reaktion) oder γ und Graphit (stabile Reaktion):

- Weißes Gußeisen entsteht, wenn sich bei der eutektischen Reaktion Fe_3C bildet. Es ist hart und spröde, besitzt aber auch hohe Verschleißfestigkeit.
- Temperguß entsteht durch Wärmebehandlung von weißem Gußeisen, wobei der Zementit zerfällt und sich flockenförmige Graphitausscheidungen bilden. Temperguß verfügt über gute Festigkeit, Duktilität und Zähigkeit.
- Graues Gußeisen, duktiles Gußeisen und Gußeisen mit Vermikulargraphit entstehen, wenn sich direkt bei der eutektischen Reaktion Graphit bildet. Graues Gußeisen enthält den Graphit in Lamellenform und besitzt deshalb nur begrenzte Festigkeit und Duktilität. Duktiles Gußeisen enhält dagegen Graphit in Kugelform. Der Kugelgraphit wird durch Zusatz von Magnesium bewirkt und sorgt für gute Festigkeit und Duktilität. Gußeisen mit Vermikulargraphit liegt mit seinen Eigenschaften zwischen denen der beiden anderen Gußeisenarten.

12.15 Glossar

Abschreckrisse (Härterisse). Rißbildung an Stahloberflächen beim Abschrecken. Ursache sind innere Spannungen infolge der Volumenänderung beim Übergang von Austenit in Martensit.

Angelassener Martensit. Mikrogefüge aus Ferrit und Zementit, das beim Anlassen von Martensit entsteht.

Anlassen. Wärmebehandlung zur Umwandlung von Martensit in Ferrit und fein verteilten Zementit.

Aufkohlen (oder Einsatzhärten). Oberflächenhärtung von Stählen durch Eindiffusion von Kohlenstoff.

Ausforming. Thermomechanische Behandlung (TMB) mit plastischer Austenitverformung unterhalb der A_1-Temperatur in einer Einbuchtung des ZTU-Diagramms zwischen Perlit- und Bainitbereich und anschließende Umwandlung in Bainit oder Martensit.

Austenitformhärten. Siehe Ausforming.

Austenitisieren. Aufheizen von Stahl oder Gußeisen bis in einen Temperaturbereich, in dem homogener Austenit entsteht. Austenitisieren ist die erste Stufe vieler Glühbehandlungen von Stählen und Gußeisen.

Duktiles Gußeisen. Mit Magnesium behandeltes Gußeisen zur Erzeugung kugelförmiger Graphitausscheidungen während des Erstarrens. Die Kugelform bewirkt hohe Festigkeit und Duktilität.

Duplexstahl. Spezielle Klasse rostfreier Stähle mit etwa gleichen Gefügeanteilen von Ferrit und Austenit.

Erste Graphitisierungsstufe. Erste Stufe der Glühbehandlung zur Erzeugung von Temperguß, in der der beim Erstarren entstandene Zementit in Graphit und Austenit zerfällt.

Eutektische Zelle. Beim Erstarren entstehendes Cluster von Graphitlamellen, die mit einem gemeinsamen Keim verbunden sind.

Glühen (Ausglühen) **von Gußeisen.** Glühbehandlung zur Erzeugung einer Ferrit-Matrix in Gußeisen durch Austenitisieren und anschließender Ofenabkühlung.

Graues Gußeisen. Gußeisen mit lamellaren Graphitausscheidungen, die geringe Festigkeit und Duktilität bewirken.

Grobkornglühen von Stahl. Glühbehandlung zur Erzeugung von weichem, grobem Perlit durch Austenitisieren und anschließender Ofenabkühlung.

Gußeisen. Eisenlegierungen mit hohem Kohlenstoffgehalt und eutektischer Reaktion beim Erstarren.

Gußeisen mit verdichtetem Graphit. Siehe Gußeisen mit Vermikulargraphit.

Gußeisen mit Vermikulargraphit. Gußeisen mit kleinen Mengen von Magnesium oder Titan. Die Zusätze bewirken Graphitausscheidungen, die (korallenförmig) miteinander verbunden sind. Die Eigenschaften liegen zwischen denen von grauem und duktilem Gußeisen.

Härtbarkeit. Eigenschaft, die angibt, wie leicht sich Stahl beim Abschrecken in Martensit umwandeln läßt (Abhängigkeit von Abkühlgeschwindigkeit).

Härtbarkeitskurven. Beschreiben den Einfluß der Abkühlgeschwindigkeit auf die Härte abgeschreckter Stähle.

Härtetiefe. Randschicht von Stählen, die durch Aufkohlen oder andere Verfahren gehärtet wird.

Impfen. Zusatz von Reaktionsmitteln zur Unterstützung von Keimbildungen (z. B. für Graphitausscheidungen in Gußeisenschmelzen).

Isothermes Glühen. Wärmebehandlung von Stählen bei konstanter Temperatur. Speziell: Glühverfahren zur Erzeugung eines sehr homogenen Perlitgefüges durch Austenitisieren, schnelle Abkühlung in einen Temperaturbereich zwischen A_1 und der Nase der ZTU-Kurve und Konstanthalten der Temperatur bis zur Umwandlung des Austenits in Perlit (vergl. Abb. 12.7).

Jominy-Abstand. Abstand vom abgeschreckten Ende eines Jominy-Meßstabes mit abstandsspezifischer Abkühlgeschwindigkeit.

Jominy-Test. Test zur Bewertung der Härtbarkeit von Stählen. Dabei wird eine stabförmige austenitisierte Stahlprobe an einem Ende abgeschreckt, so daß sich in ihrer Längsrichtung ein abstandsabhängiges Gefälle der Abkühlgeschwindigkeit einstellt.

Karbonitrieren. Oberflächenhärtung von Stahl durch Eindiffusion von Kohlenstoff und Stickstoff aus spezieller Umgebungsatmosphäre.

Kohlenstoff-Äquivalent. C-Gehalt + 1/3 Si-Gehalt in Gußeisen.

Kugelgraphit-Gußeisen. Siehe Duktiles Gußeisen.

Maraging-Stahl (martensitisch ausgehärteter Stahl). Spezielle Klasse von Stahllegierungen mit hoher Festigkeit, erzeugt durch eine Kombination von martensitischer Reaktion und Aushärten.

Nitrieren. Oberflächenhärtung von Stahl durch Eindiffusion von Stickstoff aus spezieller Umgebungsatmosphäre.

Normalglühen. Einfache Glühbehandlung, bestehend aus dem Austenitisieren und Abkühlen an Luft zur Erzeugung einer feinen Perlit-Struktur. Anwendbar für Stähle und Gußeisen.

Rekristallisationsglühen. Niedertemperatur-Wärmebehandlung zur Aufhebung von Kaltverformungseffekten.

Restaustenit. Austenit, der sich wegen Volumenausdehnung beim Abschrecken nicht in Martensit umwandeln kann.

Rostfreier Stahl. Gruppe von Fe-Legierungen mit mindestens 12% Cr-Gehalt und außergewöhnlicher Korrosionsbeständigkeit.

Sekundäres Härtungsmaximum. Ungewöhnliche Härte in Stählen, verursacht durch Carbidausscheidungen bei hohen Anlaßtemperaturen.

Temperguß. Gußeisen, das nach Wärmebehandlung aus weißem Gußeisen entsteht, wobei der Zementit in abgerundete Graphitpartikel zerfällt. Verfügt über gute Festigkeit und Duktilität.

Vermikulargraphit. Abgerundeter und miteinander verbundener Graphit, der sich beim Erstarren in Gußeisen bildet. Siehe Gußeisen mit Vermikulargraphit.

Warmbadhärten. Wärmebehandlung zur Vermeidung von inneren Spannungen und Abschreckrissen bei der Martensitbildung. Das Abschrecken des Austenits erfolgt zunächst nur bis zu einer Temperatur dicht oberhalb des Martensitpunktes M_s. Dort wird die Temperatur gehalten, bis sie sich im Volumen ausgeglichen hat. Erst dann erfolgt die weitere Abkühlung mit einer räumlich gleichmäßigen Umwandlung in Martensit und entsprechend homogenen Materialeigenschaften.

Weißes Gußeisen. Gußeisen, in dem sich beim Erstarren Zementit statt Graphit bildet.

Werkzeugstähle. Gruppe von kohlenstoffreichen Stählen, die eine große Härte und Zähigkeit und hohe Temperaturresistenz aufweisen.

Zweiphasen-Stähle. Speziell behandelte Stähle mit dispergiertem Martensit in Ferrit-Matrix.

Zweite Graphitisierungsstufe. Glühbehandlung mit langsamer Abkühlung durch den eutektoiden Temperaturbereich zur Erzeugung von ferritischem Temperguß.

Zwischenstufenumwandlung. Wärmebehandlung, bestehend aus dem Austenitisieren, Abschrecken auf eine Temperatur unterhalb der Nase des ZTU-Diagramms und Halten der Temperatur, bis sich der Austenit in Bainit umgewandelt hat (vergl. Abb. 12.7).

Zyanidbadhärten. Oberflächenhärtung von Stählen mit Kohlenstoff- und Stickstoffeinbau aus Zyanidlösung.

12.16 Übungsaufgaben

12.1 Berechne die Anteile von Ferrit, Zementit, Primärgefüge und Perlit folgender Stahlsorten:

(a) 1015   (b) 1035   (c) 1095   (d) 10130

12.2 Komplettiere folgende Tabelle:

	1035-Stahl	10115-Stahl
A_1-Temperatur		
A_3- oder A_{zm}-Temperatur		
Temperatur für Grobkornglühen		
Temperatur für Normalglühen		
Temperatur für Rekristallisationsglühen		
Temperatur für Weichglühen		

12.3 Benenne die in 1050-Stahl nach folgenden Behandlungsschritten vorliegenden Gefüge:

(a) Aufheizen auf 820 °C, Abschrecken auf 650 °C und 90 s Halten, Abschrecken auf 25 °C,

(b) Aufheizen auf 820 °C, Abschrecken auf 450 °C und 90 s Halten, Abschrecken auf 25 °C,

(c) Aufheizen auf 820 °C und Abschrecken auf 25 °C,

(d) Aufheizen auf 820 °C, Abschrecken auf 720 °C und 100 s Halten, Abschrecken auf 25 °C,

(e) Aufheizen auf 820 °C, Abschrecken auf 720 °C und 100 s Halten, Abschrecken auf 400 °C und 500 s Halten, Abschrecken auf 25 °C,

(f) Aufheizen auf 820 °C, Abschrecken auf 720 °C und 100 s Halten, Abschrecken auf 400 °C und 10 s Halten, Abschrecken auf 25 °C,

(g) Aufheizen auf 820 °C, Abschrecken auf 25 °C, Aufheizen auf 500 °C und 10^3 s Halten, Abkühlung an Luft auf 25 °C.

12.4 Bestimme Temperatur und Zeit für isotherme Wärmebehandlungen zur Erzeugung folgender Härtevorgaben:

(a) Isothermes Glühen von 1050-Stahl zur Erzeugung von HRC 23,

(b) Isothermes Glühen von 10110-Stahl zur Erzeugung von HRC 40,

(c) Isothermes Glühen von 1080-Stahl zur Erzeugung von HRC 38,

(d) Zwischenstufenumwandlung von 1050-Stahl für HRC 40,

(e) Zwischenstufenumwandlung von 10110-Stahl für HRC 55,

(f) Zwischenstufenumwandlung von 1080-Stahl für HRC 50.

12.5 Technologie zur Herstellung eines 1050-Stahls mit einer Brinell-Härte von wenigstens 330 und einer Bruchdehnung von mindestens 15%.

(a) Empfehle eine geeignete Wärmebehandlung. Bestimme die dabei erreichbaren Werte für Streckgrenze und Zugfestigkeit.

(b) Welche Streckgrenze und Zugfestigkeit würden sich bei gleicher Behandlung von 1080-Stahl ergeben?

(c) Welche Streckgrenze, Zugfestigkeit und Bruchdehnung würden sich ergeben, wenn der 1050-Stahl normalgeglüht wäre?

12.6 Ein unsachgemäß behandelter 1050-Stahl besteht nach dem Abschrecken und Anlassen aus 60% Martensit und 40% Ferrit. Schätze den C-Gehalt des Martensits und die Austenitisierungstemperatur ab. Welche Temperatur wäre empfehlenswert gewesen?

12.7 Die Mikrostruktur eines unlegierten Stahls mit 0,2% C-Gehalt (Abb. 12.17) besteht nach dem Abschrecken aus Ferrit, Perlit, Bainit und Martensit. Welches Gefüge würde im Falle eines 1080- und eines 4340-Stahls vorliegen?

12.8 Das Gefüge eines bei 750 °C austenitisierten 1070-Stahls enthält Perlit und einen geringen Anteil von Korngrenzen-Ferrit und bietet brauchbare Festigkeits- und Duktilitätswerte. Welche Änderungen würden sich im Gefüge ergeben, wenn der 1070-Stahl Legierungselemente wie Mo oder Chrom enthielte und warum?

12.9 Ein abgeschreckter Stahl soll HRC-Werte von 38 bis 40 aufweisen. Welche Abkühlgeschwindigkeiten sind dafür im Falle folgender Stahlsorten erforderlich?

(a) 4340,   (b) 8640,   (c) 9310,

(d) 4320,   (e) 1050,   (f) 1080.

12.10 Ein aus 4320-Stahl hergestelltes Bauteil hat nach dem Abschrecken an einer kritischen Stelle einen HRC-Wert von 35. Bestimme

(a) die Abkühlgeschwindigkeit an dieser Stelle und

(b) das Gefüge und die Härte, die sich ergeben würden, wenn das Teil aus 1080-Stahl bestünde.

12.11 Bestimme Härte und Gefüge im Zentrum eines 1080-Stahls mit 3,8 cm Durchmesser nach Abschrecken in

(a) unbewegtem Öl,

(b) unbewegtem Wasser und

(c) bewegter Kühlsole.

12.12 Ein Stahlzylinder wird in bewegtem Wasser abgeschreckt. Bestimme für nachfolgende Stahlsorten den maximalen Durchmesser des Zylinders, bei dem sich eine Mindesthärte von HRC 40 ergibt:

(a) 1050,   (b) 1080,   (c) 4320,

(d) 8640,   (e) 4340.

12.13 Ein 1010-Stahl soll in einer Gasatmosphäre aufgekohlt werden, um 1,0% C-Gehalt an seiner Oberfläche zu erzeugen. Als Härtetiefe wird der Abstand von der

Oberfläche angenommen, bei der ein C-Gehalt von mindestens 0,5% vorliegt. Bestimme für eine Aufkohlungstemperatur von 1 000 °C und eine Härtetiefe von 0,25 mm die dafür benötigte Zeit. (Siehe Kapitel 5.)

12.14 Ein 1050-Stahl wurde geschweißt. Nach dem Abkühlen werden die in der Tabelle angegebenen Härtewerte in den angegebenen Abständen vom Rande der Schweißnaht ermittelt. Bestimme die an gleicher Stelle vorliegenden Härtewerte und Gefügestrukturen im Falle eines 1080-Stahls.

Abstand vom Rande der Schweißzone	Härte von 1050-Stahl
0.05 mm	HRC 50
0,10 mm	HRC 40
0,15 mm	HRC 32
0,20 mm	HRC 38

12.15 Nach dem Schweißen von austenitischem rostfreiem Stahl kann sich das Schweißgut gelegentlich leicht magnetisch verhalten. Welche Phase könnte ausgehend von dem in Abbildung 12.30b dargestellten Zustandsdiagramm hierfür verantwortlich sein? Warum konnte sich diese Phase bilden? Welche Möglichkeit besteht, das nichtmagnetische Verhalten wiederherzustellen?

12.16 Graues Gußeisen soll ohne primären Austenit oder Graphit erstarren. Welcher Prozentsatz an Silicium ist hierfür erforderlich, wenn der C-Gehalt 3,5% beträgt?

12.17 Mit wachsender Dicke von Kugelgraphit-Gußeisen nimmt die Anzahl der Graphitflocken normalerweise ab.

(a) Welchen Einfluß hat dieses Ergebnis auf den in der Matrix vorhandenen Anteil von Ferrit?

(b) Angenommen, es läge ein entgegengesetzter Dickeneffekt bezüglich des Ferritanteils vor. Wie ließe sich dieses Phänomen erklären?

12.18 Vergleiche die Härtbarkeit von unlegiertem Stahl, Temperguß und duktilem Gußeisen und erkläre die erwarteten Unterschiede.

13 Nichteisenmetalle

13.1 Einleitung

Während sich bei den Eisenlegierungen die Verfahren zur Erzeugung gewünschter Gefügestrukturen und Eigenschaften – selbst für rostfreie Stähle und Gußeisen – sehr ähneln, treffen wir bei den *Nichteisenmetallen* auf eine Vielfalt von Materialgruppen, die sich in Struktur und Eigenschaften sehr unterscheiden und auch unterschiedliche Herstellungstechnologien erfordern. Zum Beispiel variieren die Schmelztemperaturen zwischen annähernd Raumtemperatur für Gallium bis über 3 000 °C für Wolfram. Die Festigkeitswerte überdecken einen Bereich von ca. 10 N/mm^2 bis über 1 500 N/mm^2. Die „Leichtmetalle" Aluminium, Magnesium und Beryllium haben sehr geringe Dichten, die „Schwermetalle" Blei und Wolfram hingegen außergewöhnlich hohe.

Für viele Anwendungen spielt das Gewicht eine mitentscheidende Rolle. Die *spezifische Festigkeit* bezieht die Festigkeit eines Materials auf seine Masse und ist durch folgendes Verhältnis definiert:

$$\text{Spezifische Festigkeit} = \frac{\text{Festigkeit}}{\text{Dichte}} . \tag{13.1}$$

Tabelle 13.1 vergleicht die spezifische Festigkeit einiger hochfester Nichteisenmetalle.

Tabelle 13.1. Spezifische Festigkeit und Kosten von Nichteisenmetallen

Metall	Dichte (g/cm^3)	Zugfestigkeit (N/mm^2)	Spezifische Festigkeit (N · m/g)	Kosten (US \$/kg, Stand 1992)
Aluminium	2,7	570	211	1,20
Beryllium	1,85	380	205	600,00
Kupfer	8,93	1 035	116	2,20
Blei	11,36	70	6	0,70
Magnesium	1,74	380	218	2,80
Nickel	8,90	1 240	139	8,20
Titan	4,51	1 100	244	10,10
Wolfram	19,25	1 035	54	20,00
Zink	7,13	520	73.	1,10
Eisen	7,87	1 400	178	0,20

Ein weiteres Auswahlkriterium für Nichteisenmetalle sind ihre Kosten, die sich ebenfalls erheblich unterscheiden. Tabelle 13.1 enthält die ungefähren Weltmarktpreise des Jahres 1992. Allerdings ist zu berücksichtigen, daß die Materialkosten nur einen geringen Teil der Gesamtkosten von Erzeugnissen ausmachen. Wesentlich größer sind häufig die Kostenanteile für die Verarbeitung bis zum Endprodukt und die ebenfalls hohen Aufwendungen für Marketing und Vertrieb.

13.2 Aluminium

Aluminium ist das auf der Erde am zweithäufigsten vorkommende Metall, aber es war bis Ende des 19. Jahrhunderts nur schwierig zu gewinnen und daher als Werkstoff sehr teuer. Die etwa 3 kg schwere Haube des Washington-Denkmals galt 1884 als eines der größten bis dahin gefertigten Aluminiumteile. Erst nach der industriellen Verfügbarkeit elektrischer Energie und der Entwicklung des *Hall-Heroult-Verfahrens* stand mit der elektrolytischen Reduzierung von Al_2O_3 zu flüssigem Metall (Abb. 13.1) eine breit genutzte und billige Lösung zur Gewinnung von technischem Aluminium bereit. Die Anwendungsmöglichkeiten sind außerordentlich vielfältig und reichen von Getränkedosen über Haushaltsgegenstände, Chemieanlagen, elektrische Energieübertragung, Fahrzeugkomponenten bis zu Anwendungen in der Luft- und Raumfahrt.

Allgemeine Eigenschaften von Aluminium. Aluminium hat eine Dichte von

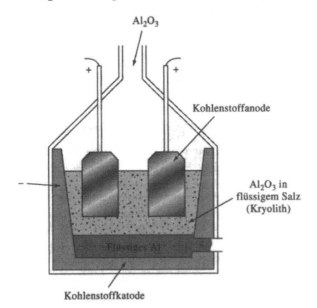

Abb. 13.1. Elektrolytische Gewinnung von Aluminium.

$2{,}70$ g/cm^3 (dies entspricht etwa einem Drittel der Dichte von Stahl) und einen Elastizitätsmodul von $7 \cdot 10^4$ N/mm^2. Obwohl Al-Legierungen im Vergleich zu Stahl nur geringe Zugfestigkeitswerte aufweisen, ist ihre spezifische Festigkeit (das Verhältnis von Festigkeit zu Dichte) ausgezeichnet. Aus diesem Grunde kommt Aluminium häufig dann zur Anwendung, wenn Gewichtsprobleme von Bedeutung sind, wie zum Beispiel im Flugzeug- oder Fahrzeugbau.

Aluminium läßt sich gut verfestigen. Tabelle 13.2 vergleicht die Festigkeit von reinem geglühtem Aluminium mit der von Legierungen, hergestellt mit unterschiedlichen Härtungsverfahren.

Tabelle 13.2. Einfluß von Verfestigungsmechanismen auf die Eigenschaften von Aluminium und Al-Legierungen

Material	Zugfestigkeit (N/mm^2)	Streckgrenze (N/mm^2)	% Bruch-dehnung	Verhältnis von Streck-grenze Legierung zu Streckgrenze Reinmetall
Reines Aluminium	45	17	60	
Handelsübliches reines Al	90	34	45	2
Mischkristallverfestigte Al-Legierung	110	41	35	2
Kaltverformtes Al	165	152	15	8,9
Ausscheidungsgehärtete Al-Legierung	290	152	35	8,9
Ausgehärtete Al-Legierung	572	503	11	29,6

Zu den vorteilhaften physikalischen Eigenschaften zählen auch die hohe elektrische und thermische Leitfähigkeit, das nichtmagnetische Verhalten und die gute Widerstandsfähigkeit gegen Oxidation und Korrosion. Aluminium reagiert bereits bei Raumtemperatur mit Sauerstoff und bildet an seiner Oberfläche einen dünnen Oxidbelag, der das darunter befindliche Metall gegen viele korrosive Umgebungseinflüsse wirksam schützt.

Andererseits hat Aluminium eine nur geringe Dauerschwingfestigkeit, so daß schon relativ kleine Schwingbelastungen zum Ermüdungsbruch führen können. Außerdem ist es wegen seines niedrigen Schmelzpunkts nicht für Hochtemperaturanwendungen geeignet. Nachteilig ist auch seine geringe Härte, die nur begrenzte Verschleißfestigkeit zur Folge hat.

Beispiel 13.1

Ein Stahlkabel mit 12,5 mm Durchmesser hat eine Streckgrenze von 315 N/mm^2. Die Dichte des Stahls beträgt etwa 7,87 g/cm^3. Unter Nutzung der Daten in Tabelle 13.5 sind (a) die maximal zulässige Belastung des Kabels, (b) der Durchmesser einer kaltverformten Al-Mn-Legierung (3004-H18) für gleiche Belastung und (c) die Metergewichte des Stahl- und Aluminiumkabels zu bestimmen.

Lösung

(a) Belastung $= F = \sigma_{st} A = 315\,(\pi/4)\,(12,5)^2 = 38\ 656$ N.

(b) Die Streckgrenze der Al-Legierung beträgt 250 N/mm^2. Somit ergibt sich für den notwendigen Durchmesser:

$$A = \frac{\pi}{4} d^2 = \frac{F}{\sigma_{st}} = 38\ 656/250 = 155 \text{ mm}^2,$$

$$d = 14,0 \text{ mm}.$$

(c) Dichte von Stahl $= 7,87 \text{ g/cm}^3 = 7,87 \cdot 10^3 \text{ kg/m}^3,$
    Dichte von Aluminium $= 2,70 \text{ g/cm}^3 = 2,70 \cdot 10^3 \text{ kg/m}^3,$

Metergewicht des Stahlkabels $= (\pi/4)\,(0{,}0125)^2\,(7{,}87 \cdot 10^3)$
                                  $= 0{,}966$ kg/m,

Metergewicht des Al-Kabels $= (\pi/4)\,(0.014)^2\,(2{,}70 \cdot 10^3)$
                                  $= 0{,}416$ kg/m.

Trotz geringerer Streckgrenze und eines folglich größeren Durchmessers des Al-Kabels beträgt dessen Gewicht weniger als die Hälfte eines gleichwertigen Stahlkabels.   □

Bezeichnungen. Al-Legierungen werden abhängig vom Herstellungsverfahren zwei Hauptgruppen zugeordnet, den plastisch verformbaren Knetlegierungen und den Gußlegierungen. Beide unterscheiden sich signifikant in ihrer Zusammensetzung und Gefügestruktur. Innerhalb der Hauptgruppen können wir zusätzlich zwischen aushärtbaren und nicht aushärtbaren Legierungen als Untergruppen unterscheiden.

Die Benennung der Legierungen erfolgt nach dem in Tabelle 13.3 angegebenen Numerierungssystem der USA. (Die deutschen Werkstoffnormen für Aluminium und seine Legierungen enthält DIN 1745.) Die erste Stelle bezieht sich auf die Hauptlegierungselemente, die restlichen Stellen auf die spezifische Zusammensetzung.

Die Härtungsverfahren sind durch den nachfolgenden Großbuchstaben gekennzeichnet. Die Buchstaben T und H geben an, ob die Legierung durch Wärmebehandlung oder Kaltverformung verfestigt wurde (Tab. 13.4). Der Buchstabe O bezeichnet weichgeglühte, der Buchstabe W lösungsbehandelte Legierungen. Der Buchstabe F besagt, daß die Legierung keine zusätzliche Behandlung nach ihrer Herstellung erfahren hat. Die den Buchstaben T und H folgenden Zahlen geben den Grad der Kaltverformung, die genaue Wärmebehandlung oder andere Einzelheiten des verwendeten Verfahrens an. Tabelle 13.5 enthält eine Übersicht typischer Legierungen und ihrer Eigenschaften.

Tabelle 13.3. Bezeichnungssystem für Aluminiumlegierungen

Knetlegierungen

1xxx	Handelsübliches reines Al (> 99 %)	Nicht aushärtbar
2xxx	Al-Cu und Al-Cu-Li	Aushärtbar
3xxx	Al-Mn	Nicht aushärtbar
4xxx	Al-Si und Al-Mg-Si	Aushärtbar bei Anwesenheit von Mg
5xxx	Al-Mg	Nicht aushärtbar
6xxx	Al-Mg-Si	Aushärtbar
7xxx	Al-Mg-Zn	Aushärtbar
8xxx	Al-Si, Sn, Zr oder B	Aushärtbar

Gußlegierungen

1xx	Handelsübliches reines Al	Nicht aushärtbar
2xx	Al-Cu	Aushärtbar
3xx	Al-Si-Cu oder Al-Mg-Si	Teilweise aushärtbar
4xx	Al-Si	Nicht aushärtbar
5xx	Al-Mg	Nicht aushärtbar
7xx	Al-Mg-Zn	Aushärtbar
8xx	Al-Sn	Aushärtbar

(Bezeichnungssystem in internationaler Literatur, deutsche Bezeichnungen s. DIN 1745.)

Tabelle 13.4. Zustandsbezeichnungen für Aluminiumlegierungen

F	Im bearbeiteten Zustand (warmverformt, geschmiedet, gegossen usw.)	
O	Geglüht (in der schwächst möglichen Form)	
H	Kaltverformt	
	H1x	Nur kaltverformt (das „x" bezieht sich auf den Grad der Kaltverformung und der Verfestigung)
	H12	Kaltverformt mit einer Zugfestigkeit zwischen O und H14
	H14	Kaltverformt mit einer Zugfestigkeit zwischen O und H18
	H16	Kaltverformt mit einer Zugfestigkeit zwischen H14 und H18
	H18	Kaltverformt (ca. 75% Reduktion)
	H19	Kaltverformt mit einer Zugfestigkeit, die um 14 N/mm^2 (2 000 psi) größer ist als die nach H18-Behandlung
	H2x	Kaltverformt und teilweise geglüht
	H3x	Kaltverformt und bei niedriger Temperatur stabilisiert, um Aushärtung der Struktur zu vermeiden
W	Lösungsbehandelt	
T	Ausgehärtet	
	T1	Von der Herstellungstemperatur abgekühlt und natürlich gealtert
	T2	Von der Herstellungstemperatur abgekühlt, kaltverformt und natürlich gealtert
	T3	Lösungsbehandelt, kaltverformt und natürlich gealtert
	T4	Lösungsbehandelt und natürlich gealtert
	T5	Von der Herstellungstemperatur abgekühlt und künstlich gealtert
	T6	Lösungsbehandelt und künstlich gealtert
	T7	Lösungsbehandelt und durch Überalterung stabilisiert
	T8	Lösungsbehandelt, kaltverformt und künstlich gealtert
	T9	Lösungsbehandelt, künstlich gealtert und kaltverformt
	T10	Von der Herstellungstemperatur abgekühlt, kaltverformt und künstlich gealtert

(Bezeichnungssystem in internationaler Literatur.)

Knetlegierungen. Die 1xxx-, 3xxx-, 5xxx- und die meisten 4xxx-*Knetlegierungen* sind nicht aushärtbar. Bei den 1xxx- und 3xxx-Legierungen handelt es sich um Einphasenlegierungen, wenn man von kleinen Mengen an Einschlüssen oder intermetallischen Verbindungen absieht (Abb. 13.2). Ihre Eigenschaften werden durch Kaltverformung, Mischkristallverfestigung und Einstellung des Korngefüges bestimmt. Da jedoch die Löslichkeit von Fremdstoffen in Aluminium bei Raumtemperatur nur gering ist, bleibt das Ausmaß der Mischkristallverfestigung begrenzt.

Die 5xxx-Legierungen enthalten zwei Phasen bei Raumtemperatur: α, eine feste Lösung von Magnesium in Aluminium, und Mg_2Al_3, eine harte, spröde intermetallische Verbindung (Abb. 13.3). Die Festigkeit von Al-Mg-Legierungen beruht auf feindispersen Mg_2Al3-Ausscheidungen, Mischkristallverfestigung und Feinkornhärtung. Aushärtung ist dagegen nicht möglich, da Mg_2Al_3 nicht in kohärenter Form vorliegt.

4xxx-Legierungen enthalten ebenfalls zwei Phasen, nämlich α und die aus nahezu reinem Silicium bestehende β-Phase (Abb.10.22). Legierungen, die Silicium und Magnesium enthalten, lassen sich durch Mg_2Si-Ausscheidung verfestigen.

Tabelle 13.5. Eigenschaften typischer Al-Legierungen

Legierung		Zugfestigkeit (N/mm^2)	Streckgrenze (N/mm^2)	% Bruch-dehnung	Anwendungen
Nichtwärmebehandelbare Knetlegierungen					
1100-O	> 99% Al	90	35	40 ⎱	Elektrische Komponenten, Folien,
1100-H18		165	150	10 ⎰	Nahrungsmitteltechnik
3004-O	1,2% Mn-1,0% Mg	180	70	25 ⎱	Getränkedosen,
3004-H18		280	250	9 ⎰	Architekturelemente
4043-O	5,2% Si	145	70	22 ⎱	Schweißzusatz-
4043-H18		280	270	1 ⎰	material
5182-O	4,5% Mg	290	130	25 ⎱	Getränkedosendeckel,
5182-H19		420	390	4 ⎰	Schiffsbauteile
Wärmebehandelbare Knetlegierungen					
2024-T4	4,4% Cu	500	325	20	Lastwagenräder
2090-T6	2,4% Li-2,7% Cu	550	520	6	Außenhaut von Flugzeugen
4032-T6	12% Si-1% Mg	345	320	9	Kolben
6061-T6	1% Mg-0,6% Si	310	275	15	Kesselwagen
7075-T6	5,6% Zn-2,5% Mg	570	500	11	Flugzeugrümpfe
Gußlegierungen					
201-T6	4,5% Cu	480	435	7	Getriebegehäuse
319-F	6% Si-3,5% Cu	185	125	2	Mehrzweckgußmaterial
356-T6	7% Si-0,3% Mg	230	165	3	Flugzeugarmaturen
380-F	8,5% Si-3,5% Cu	320	160	3	Motorgehäuse
390-F	17% Si-4,5% Cu	280	240	1	Kraftwagenmotoren
443-F	5,2% Si (Sandguß)	130	55	8	Kochgeschirr,
	(Dauerformguß)	160	60	10	Schiffsarmaturen
	(Druckguß)	230	110	9	

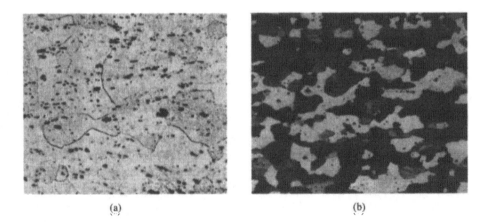

(a)   (b)

Abb. 13.2. (a) FeAl$_3$-Einschlüsse in weichgeglühtem 1100-Aluminium (350fach). (b) Mg$_2$Si-Ausscheidungen in geglühter 5457-Al-Legierung (75fach). (Aus *Metals Handbook*, Bd.7, 8. Aufl. *American Society for Metals*, 1972.)

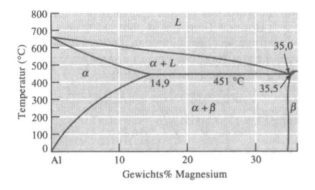

Abb. 13.3. Ausschnitt aus dem Al-Mg-Zustandsdiagramm.

2xxx-, 6xxx- und 7xxx-Legierungen sind aushärtbar. Obwohl sehr hohe spezifische Festigkeiten erreicht werden, ist die Menge der Ausscheidungen begrenzt. Außerdem sind die Legierungen oberhalb 175 °C nicht mehr im ausgehärteten Zustand einsetzbar.

Gußlegierungen. Viele der in Tabelle 13.5 angeführten Gußlegierungen enthalten genügend Silicium für eine eutektische Reaktion. Dadurch ergeben sich niedrige Schmelzpunkte und gute Werte für Fließvermögen und Gießbarkeit. Das *Fließvermögen* charakterisiert die Fähigkeit von Schmelzen, ohne vorzeitiges Erstarren zu fließen (speziell durch die Gießvorrichtungen). Der Begriff *Gießbarkeit* beschreibt die Brauchbarkeit der Legierung zur Herstellung möglichst fehlerfreier Gußstücke.

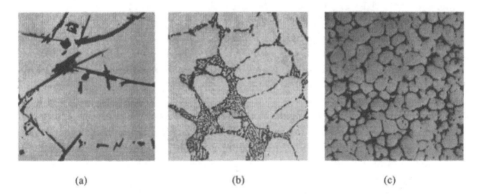

(a)   (b)   (c)

Abb. 13.4. (a) Sandguß einer 443-Al-Legierung mit Einschlüssen und grobem Silicium. (b) Dauerformguß einer 443-Al-Legierung mit dendritischen Zellen und feinverteiltem Silicium aufgrund schnellerer Abkühlung. (c) Druckguß einer 443-Al-Legierung mit noch feinerer Gefügestruktur (350fach). (Aus *Metals Handbook*, Bd.7, 8. Aufl. *American Society for Metals*, 1972.)

Die Eigenschaften von Al-Si-Legierungen werden durch Mischkristallverfestigung der α-Phase, durch Verfestigung infolge Ausscheidung der β-Phase und durch den Erstarrungsvorgang bestimmt, von dem primäre Korngröße, Form der Kristallite und Art des eutektischen Mikrogefüges abhängen. Schnelle Abkühlung, wie sie im Druck- oder Strangguß erfolgt, vergrößert die Festigkeit durch feineres Gefüge

(Abb. 13.4). Weitere Methoden zur Verbesserung der Gefügestruktur sind die Kornverfeinerung durch Zusatz von Bor und Titan, die Modifizierung des eutektischen Gefüges durch Zusatz von Natrium und Strontium und die Verfeinerung der primären Silicium-Phase durch Zusatz von Phosphor. Viele Legierungen enthalten auch Kupfer, Magnesium oder Zink, die ein Aushärten ermöglichen.

Beispiel 13.2
Rückgewinnung von Al-Legierungen aus Getränkedosen.
Lösung
Die Wiederaufbereitung von gebrauchtem Aluminium ist vorteilhaft, weil hierfür weniger Energie benötigt wird als für die Al-Gewinnung aus Al_2O_3. Beim Recycling-Prozeß von Getränkedosen ist jedoch zu beachten, daß diese aus zwei verschiedenen Al-Legierungen unterschiedlicher Zusammensetzung bestehen: Legierung 3004 für den Dosenkörper und Legierung 5182 für den Deckel (Tab. 13.5). Die Legierung 3004 besitzt die notwendige Verformbarkeit für den Tiefziehprozeß; die Legierung 5182 ist härter und eignet sich für den abziehbaren Verschluß. Wenn die Dosen geschmolzen werden, enthält das Gemisch sowohl Mg als auch Mn und ist damit unbrauchbar.

Eine erfolgreiche Wiederaufbereitung setzt die Trennung beider Legierungen voraus. Eines der möglichen Verfahren beruht auf mechanischer Trennung. Die Dosen werden zunächst zerkleinert und erhitzt, um die Lackfarbe zu entfernen, die sich als Schutzschicht auf den Dosen befindet. Die weitere Zerkleinerung findet bei einer Temperatur statt, bei der die 5182-Legierung schon zu schmelzen beginnt. Diese Legierung hat einen breiteren Erstarrungsbereich als 3004 und zerfällt in sehr kleine Teile, während die duktilere 3004-Legierung in größeren Teileabmessungen erhalten bleibt. Dieser Unterschied ermöglicht eine Trennung beider Legierungen mittels Aussieben. Anschließend erfolgt ihre getrennte Aufbereitung bis zur Wiederverwendbarkeit.

Eine alternative Möglichkeit geht von einer gemeinsamen Schmelze aus, durch die Chlorgas geführt wird. Das Chlor reagiert selektiv mit Magnesium, das als $MgCl_2$ ausfällt. Die verbleibende Schmelze kann in der Zusammensetzung auf die der Legierung 3004 abgestimmt werden.   □

Weiterentwickelte Al-Legierungen. Verbesserungen in der Zusammensetzung und Herstellung haben den Gebrauchswert von Al-Legierungen ständig erhöht. Zu diesen Weiterentwicklungen zählt die Nutzung von Lithium als Legierungselement. Lithium hat eine Dichte von 0,534 g/cm^3; aus diesem Grunde sind Al-Li-Legierungen bis zu 10% leichter als konventionelle Al-Legierungen (Abb. 13.5). Sie besitzen einen größeren Elastizitätsmodul und eine mindestens gleich hohe Festigkeit (siehe Legierung 2090 in Tabelle 13.5). Weitere Vorteile sind die nur langsame Ausbreitung von Ermüdungsrissen (entspricht einer erhöhten Ermüdungsfestigkeit) und die gute Zähigkeit bei kryogenen Temperaturen. Al-Li-Legierungen lassen sich superplastisch verformen und finden vielfältige Anwendung in der Luft- und Raumfahrttechnik, z. B. für Bodenplatten, Außenhaut und Rümpfe von Flugkörpern.

Die hohe Festigkeit von Al-Li-Legierungen beruht auf Aushärtung (Abb. 13.6). Legierungen mit einem Li-Gehalt bis zu 2,5% können auf konventionelle Weise wärmebehandelt werden. Legierungen mit höherem Li-Gehalt (bis zu 4%) müssen

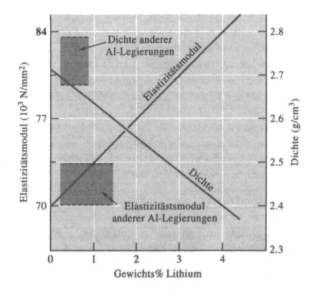

Abb. 13.5. Einfluß von Lithium auf die Steifigkeit und Dichte von Al-Legierungen.

einen schnellen Erstarrungsprozeß durchlaufen. Der höhere Li-Gehalt verringert die Dichte der Legierung und vergrößert zusätzlich ihre Festigkeit.

Auch moderne Herstellungsverfahren tragen zur Festigkeitserhöhung bei, insbesondere zur Verbesserung der Festigkeit im Hochtemperaturbereich. So läßt sich die *schnelle Erstarrung*, bei der die Schmelze in kleine, schnell erstarrende Tropfen zerfällt, mit pulvermetallurgischen Methoden kombinieren. Eine Gruppe von Al-Legierungen mit den Übergangselementen Eisen und Chrom enthält feindisperse intermetallische Verbindungen (Dispersoide) wie z. B. Al_6Fe. Die Eigenschaften dieser Legierungen sind zwar bei Raumtemperatur mit denen herkömmlicher Legierungen vergleichbar, bei hohen Temperaturen, wo sonst Rekristallisation

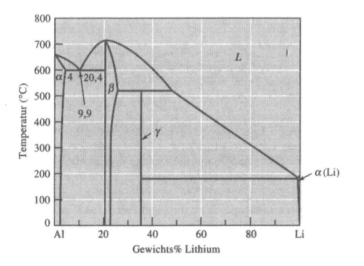

Abb. 13.6. Aluminium-Lithium-Zustandsdiagramm.

oder Überalterung stattfindet, bieten sie jedoch infolge der temperaturstabilen Dispersoide Vorteile. Zu den potentiellen Anwendungsgebieten dieser Legierungen zählen wiederum viele Bauteile von Flugkörpern.

Al-Legierungen werden auch im *Thixogußverfahren* zu Bauteilen verarbeitet. Dabei wird die Schmelze während des Erstarrungsvorgangs stark umgerührt, um die sich bildenden Dendriten in kleine, abgerundete Al-Kristallite aufzulösen, die von eutektischem Material umgeben sind (Abb. 13.7). Der so entstandene Barren wird anschließend auf eine Temperatur erhitzt, die sich zwischen Liquidus- und eutektischer Temperatur befindet. Die zum Teil flüssige und zum Teil feste Legierung wird nun unter Druck in die vorgesehene Form gegossen, als wäre sie vollständig flüssig. Das entstehende Gußstück hat ein gleichmäßiges Gefüge und kaum noch Gußfehler. Mit diesem Verfahren werden unter anderem Bauteile für Kraftfahrzeuge wie Kolben oder Radfelgen hergestellt.

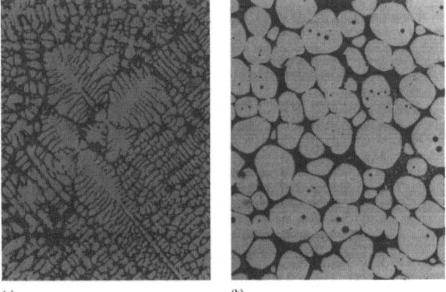

(a)   (b)

Abb. 13.7. Die normale Dendritenstruktur im Gußstück einer untereutektischen Al-Si-Legierung (a) kann im Thixogußverfahren durch einen Rührvorgang aufgebrochen werden (b). Die primäre Al-Phase bildet im Thixoguß eine runde, globulere Gefügestruktur (200fach). (Aus *Metals Handbook*, Bd.2, 10. Aufl. *ASM International*, 1990.)

Al-Legierungen dienen auch als Matrix in Verbundwerkstoffen. Sie enthalten verstärkende nichtmetallische Substanzen in Faserform (z. B. Bor) oder Partikelform (z. B. Silicium), wodurch sich ihre Härte und Temperaturbeständigkeit erhöhen.

Beispiel 13.3
Materialauswahl für einen Tieftemperaturtank für flüssigen Wasserstoff in Raumflugkörpern.
Lösung
Flüssiger Wasserstoff muß bei Temperaturen unterhalb –253 °C gespeichert werden. Grundvoraussetzung ist daher ein gutes Tieftemperaturverhalten des Behäl-

termaterials. Zusätzlich ist der Tank im vorgesehenen Einsatzfall großen Spannungsbelastungen ausgesetzt. Das Material muß deshalb auch hohe Zähigkeit aufweisen, um Bruchgefahren, die verheerende Folgen hätten, weitestgehend auszuschließen. Schließlich sollte der Tank zugunsten sonstiger Nutzlast möglichst leicht sein.

Aluminium eignet sich sowohl wegen seines geringen Gewichts als auch seiner Tieftemperatureigenschaften. Aus Abbildung 6.6 ist ersichtlich, daß seine Festigkeit und Duktilität im Tieftemperaturbereich noch ansteigen. Als Folge der guten Duktilität erwarten wir auch eine hohe Bruchzähigkeit, insbesondere wenn die Legierung in weichgeglühter Form vorliegt.

5083-O ist eine der gebräuchlichsten kryogenen Al-Legierungen. Auch Al-Li-Legierungen kommen für Tieftemperaturanwendungen in Betracht, die im vorgesehenen Anwendungsfall auch den zusätzlichen Vorteil verringter Dichte einbringen.   □

Beispiel 13.4
Gußverfahren für leichte Autofelgen mit zuverlässigen und homogenen Eigenschaften.
Lösung
Autofelgen werden häufig im Kokillenguß aus 356-Aluminium hergestellt. Hierbei wird die Al-Schmelze einer vorgeheizten Gußeisenform zugeführt, in der sie erstarrt. Um Lunkerbildung zu vermeiden, werden Speiser verwendet. Aus diesem Grunde steht bei der Materialauswahl das Gießverhalten stärker im Vordergrund als das Gewicht der Legierung. Weiterhin ist zu beachten, daß sich Gußstücke ungleichmäßig abkühlen und deshalb Strukturinhomogenitäten enthalten können, wie z. B. sekundäre Dendritenarme, die auch inhomogene mechanische Eigenschaften zur Folge haben.

Eine alternative Möglichkeit bildet das Thixogußverfahren. Hierfür wählen wir eine Legierung mit einem breiten Erstarrungsbereich, so daß ein wesentlicher Teil des Erstarrungsvorgangs als Dendritenwachstum stattfindet. Geeignet ist eine untereutektische Al-Si-Legierung. Beim Thixoguß werden die Dendriten durch mechanische Bewegung während des Erstarrens zerkleinert. Später wird der Gußbarren aufgeheizt, bis der eutektische Anteil der Legierung wieder schmilzt, und das Fest-Flüssig-Gemisch bei Temperaturen unterhalb der Liquidus-Temperatur in die Gußform gepreßt. Nach dem erneuten Erstarren liegt die primäre Al-Phase gleichmäßig verteilt und in abgerundeter (anstelle dendritenartiger) Form vor, umgeben von einer kontinuierlichen Matrix aus Eutektikum. Da während des Druckgusses etwa die Hälfte der Legierung schon fest ist, finden Schrumpfung und Lunkerbildung nur noch in geringem Umfang statt. Damit verringert sich die Gefahr innerer Defekte, und es entfällt die Notwendigkeit von Speisern, so daß die Form der Felgen mehr nach Anwendungsgesichtspunkten als nach Erfordernissen der Gießtechnologie gestaltet werden kann.   □

13.3 Magnesium

Magnesium wird zumeist elektrolytisch aus angereichertem $MgCl_2$ aus dem Meerwasser gewonnen. Es ist leichter als Aluminium (seine Dichte beträgt 1,74 g/cm^3) und schmilzt bei tieferer Temperatur. Unter vielen Umgebungsbedingungen verhält sich Magnesium ähnlich korrosionsbeständig wie Aluminium; ausgenommen ist die Einwirkung von Salzen, wie z. B. in maritimer Umgebung, die eine schnelle Auflösung bewirken. Obwohl Mg-Legierungen geringere Festigkeit besitzen als Al-Legierungen, ist ihre spezifische Festigkeit wegen der geringeren Dichte vergleichbar groß. Zu ihren Anwendungsgebieten zählen Bauteile in der Luft- und Raumfahrttechnik, in Hochgeschwindigkeits- und Transporteinrichtungen sowie Handhabungsgeräten.

Magnesium hat jedoch einen kleinen Elastizitätsmodul ($45 \cdot 10^3$ N/mm^2) und geringe Ermüdungs-, Kriech- und Abriebfestigkeit. Außerdem ist seine Handhabung mit Risiken verbunden, da es sich leicht mit Sauerstoff verbindet und entzünden kann. Magnesium läßt sich auch schlecht verfestigen.

Struktur und Eigenschaften. Magnesium hat hdp-Struktur und ist weniger duktil als Aluminium. In legierter Form ist seine Duktilität etwas größer, da in diesem Fall mehr potentielle Gleitebenen zur Verfügung stehen. Während bei Raumtemperatur nur eine begrenzte Verformung und Kaltverfestigung möglich sind, ist Magnesium bei höheren Temperaturen leicht verformbar. Wegen des geringen Verfestigungskoeffizienten ist der Kaltverformungseffekt in reinem Magnesium relativ gering.

Ähnlich wie in Aluminium ist auch in Magnesium die Löslichkeit von Legierungselementen begrenzt, so daß nur eine geringe Mischkristallverfestigung erreichbar ist. Mit ansteigender Temperatur nimmt jedoch die Lösbarkeit vieler Legierungselemente zu, wie am Mg-Al-Zustandsdiagramm in Abbildung 13.8 erkennbar. Infolgedessen können Mg-Legierungen durch Dispersions- oder Aushärtung verfestigt werden. Einige ausgehärtete Legierungen, wie z. B. solche mit

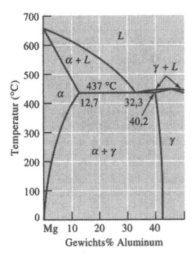

Abb. 13.8. Magnesium-Aluminium-Zustandsdiagramm.

Tabelle 13.6. Eigenschaften typischer Magnesiumlegierungen

Legierung	Zusammensetzung	Zugfestigkeit (N/mm^2)	Streckgrenze (N/mm^2)	% Bruchdehnung
Reines Mg:				
geglüht		160	90	3–15
kaltverformt		180	120	2–10
Gußlegierungen:				
AM100-T6	10% Al-0,1% Mn	275	150	1
AZ81A-T4	7,6% Al-0,7% Zn	275	80	15
ZK61A-T6	6% Zn-0,7% Zr	310	190	10
Knetlegierungen:				
AZ80A-T5	8,5% Al-0,5% Zn	380	275	7
ZK40A-T5	4% Zn-0,45% Zr	275	255	4
HK31A-H24	3% Th-0,6% Zr	260	210	8

Zr, Th, Ag oder Ce, sind bis zu 300 °C gegen Überalterung beständig. Legierungen mit einem Li-Gehalt bis zu 9% haben eine geringe Dichte. Tabelle 13.6 zeigt eine Übersicht typischer Mg-Legierungen.

Zu den weiterentwickelten Mg-Werkstoffen zählen Legierungen mit sehr geringem Fremdstoffgehalt und Legierungen mit einem hohen Anteil (> 5%) an Cer und anderen Seltenerdmetallen. Diese Legierungen bilden einen Schutzfilm aus MgO, der ihnen eine hohe Korrosionsresistenz verleiht. Bei schnellerem Ablauf der Erstarrung erhöht sich der lösbare Legierungsanteil und damit auch die Korrosionsresistenz. Festigkeitsverbesserungen insbesondere im Bereich hoher Temperaturen lassen sich durch Einbau keramischer Partikel oder Fasern (wie z. B. aus SiC) erzielen.

Beispiel 13.5

Transportwagen für Druckköpfe in Druckern mit hoher Operationsgeschwindigkeit.

Lösung

Druckköpfe moderner Drucker bewegen sich mit hoher Geschwindigkeit und ständigem Richtungswechsel. Wegen der damit verbundenen hohen Beschleunigung ist für den Transportwagen ein möglichst leichtes Material erwünscht, um die notwendigen Kräfte zu minimieren. Eine auch wirtschaftlich akzeptable Lösung bietet Magnesium. Es ist leicht und verfügt bei Druckgußherstellung (verbunden mit schneller Erstarrung) oder nach Aushärtungsbehandlung auch über hinreichende Festigkeit. □

Beispiel 13.6

Getriebegehäuse für Rotoren von Marine-Hubschraubern.

Lösung

Getriebegehäuse müssen ausreichende Festigkeit aufweisen und sollten bei Einsatz in Fluggeräten möglichst leicht sein. In Marine-Hubschraubern sind sie zusätzlich der Einwirkung von Salzwasser ausgesetzt. Gewöhnlich kommen hierfür Al-Legierungen zur Anwendung. Magnesium würde aber den Vorteil eines noch geringeren

Gewichts bieten. Nachteilig ist jedoch die größere Korrosionsanfälligkeit konventioneller Mg-Legierungen in salzhaltiger Atmosphäre.

Eine Lösung bietet die Verwendung hochreiner Mg-Legierungen. Mit verringertem Fremdstoffgehalt erhöht sich die Korrosionsresistenz selbst in salzwasserhaltiger Umgebung. Verglichen mit mechanisch gleichwertigen Getriebegehäusen aus Al-Legierungen kann eine Gewichtseinsparung bis zu 30% erzielt werden.   □

13.4 Beryllium

Beryllium hat eine Dichte von 1,85 g/cm^3 und ist somit leichter als Aluminium. Sein Elastizitätsmodul beträgt $2,9 \cdot 10^5$ N/mm^2 und übersteigt den von Stahl. Be-Legierungen mit Streckgrenzen zwischen 200 und 350 N/mm^2 besitzen eine hohe spezifische Festigkeit und behalten ihre Festigkeit und Steifigkeit bis zu hohen Temperaturen bei (Abb. 13.9). Anwendungsbeispiele sind Meßgeräte (Trägheitsnavigationssysteme, in denen nur minimale elastische Verformungen auftreten dürfen), Bauteile in der Luft- und Raumfahrttechnik und strahlungsdurchlässige Fenster in der Kerntechnik.

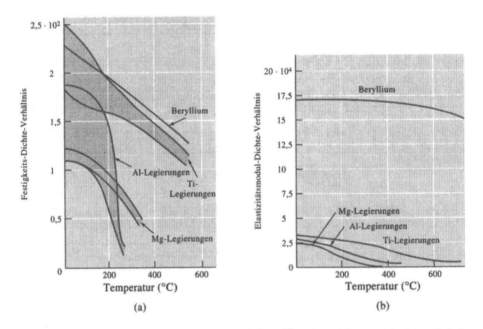

Abb. 13.9. Vergleich des Festigkeits-Dichte-Verhältnisses (a) und Elastizitätsmodul-Dichte-Verhältnisses (b) von Beryllium und anderen Nichteisenlegierungen.

Beryllium ist sehr teuer, spröde, reaktiv und giftig. Seine Herstellung umfaßt folgende Schritte: Erzaufbereitung zur Gewinnung von Berylliumsulfat, Umwandlung in Berylliumhydroxid, Auflösung und Ausscheidung von Berylliumfluorid, Reaktion mit Magnesium zur Gewinnung von metallischem Beryllium. Das begrenzte Erzvorkommen und die aufwendige Herstellungstechnologie bestimmen den hohen Preis des Metalls. Beryllium hat hdp-Struktur. Seine Duktilität bei Raumtemperatur ist nur gering. Wenn es an Luft hohen Temperaturen ausgesetzt wird, reagiert es schnell zu BeO. Dieses Verhalten bedingt komplizierte Verarbeitungsverfahren, wie Vakuumguß, Vakuumschmieden und Pulvermetallurgie, die zusätzliche Kosten verursachen. Schließlich kann BeO auch krebserregend wirken, so daß im Umgang mit Beryllium besondere Sorgfalt und eine spezielle Ausrüstung erforderlich sind.

Beispiel 13.7
Antennenspiegel für Satelliten.
Lösung
Satelliten müssen für Signalempfang und -sendung mit großen und in ihren Abmessungen stabilen Antennenspiegeln ausgerüstet sein, um eine möglichst verlustfreie Signalübertragung zu gewährleisten. Die Spiegel müssen leicht sein und eine große Lebensdauer besitzen.

Leichtmetalle – Aluminium, Magnesium und Beryllium – erfüllen die Gewichtsanforderungen. Magnesium ist jedoch wegen seines geringen Siedepunkts für den Einsatz unter Vakuumbedingungen schlecht geeignet (Materialverlust durch Sublimation). Die Stabilität der Abmessungen erfordert ein Material, das sich – auch elastisch – wenig deformiert. Somit fällt die Wahl auf Beryllium, dessen Elastizitätsmodul über viermal größer ist als der von Aluminium.   □

13.5 Kupfer

Kupfer wird gewöhnlich mit pyrometallurgischen Verfahren gewonnen. Stark schwefelhaltiges (sulfidisches) Kupfererz oder Konzentrat wird aufgeschmolzen, wobei ein Gemisch aus Kupfersulfid und Eisensulfid entsteht (Mattbrenne). Unter Sauerstoffeinwirkung wandeln sich das Eisensulfid in Eisenoxid und das Kupfersulfid in unreines oder *Blisterkupfer* (*Blasenkupfer*) um, das anschließend gereinigt wird. Bei Anwendung hydrometallurgischer Verfahren wird das Kupfer mit verdünnter Säure aus schwefelarmem Kupfererz ausgelaugt und anschließend aus der Lösung elektrolytisch extrahiert.

Kupferlegierungen sind schwerer als Eisen. Obwohl die Streckgrenze einiger Legierungen hoch liegt, haben sie eine geringere spezifische Festigkeit als Aluminium- oder Magnesiumlegierungen. Andererseits besitzen Kupferlegierungen größere Ermüdungs-, Kriech- und Verschleißfestigkeit als Aluminium- und Magnesiumlegierungen. Besondere Merkmale vieler Kupferlegierungen sind ihre ausgezeichnete Duktilität, Korrosionsbeständigkeit und elektrische und thermische Leitfähigkeit. Sie sind überwiegend gut verarbeitbar und lassen sich leicht miteinander verbinden. Zu den Hauptanwendungen zählen elektrische Bauteile (Leiterdrähte), Pumpen, Ventile und Installationsmaterialien, bei denen diese Eigenschaften vorteilhaft zur Geltung kommen.

Kupferlegierungen sind wegen ihrer dekorativen Farben auch für Schmuckartikel geeignet. Reines Kupfer ist rot; Zinkzusatz ergibt eine gelbe und Nickelzusatz eine silberne Farbe. Wie Tabelle 13.7 zeigt, kommen bei Cu-Legierungen nahezu alle behandelten Verfestigungsmechanismen zur Anwendung, wodurch sich ein breites Wertespektrum der mechanischen Parameter ergibt.

Tabelle 13.7. Eigenschaften typischer Cu-Legierungen in Abhängigkeit von der Härtungsbehandlung

Material	Zugfestigkeit (N/mm^2)	Streckgrenze (N/mm^2)	% Bruch- dehnung	Härtungsmechanismus
Reines Cu, geglüht	210	35	60	
Handelsübliches reines Cu, grobkorngeglüht	220	70	55	
Handelsübliches reines Cu, feinkorngeglüht	235	75	55	Korngrenzenhärtung
Handelsübliches reines Cu, 70% kaltverformt	390	365	4	Kaltverfestigung
Geglühtes Cu-Zn(35%)	325	105	62	Feste Lösung
Geglühtes Cu-Sn(10%)	455	190	68	Feste Lösung
Kaltverformtes Cu-Zn(35%)	675	435	3	Feste Lösung + Kaltverfestigung
Ausgehärtetes Cu-Be(2%)	1 300	1 210	4	Aushärtung
Cu-Al, abgeschreckt + angelassen	760	415	5	Martensitische Reaktion
Gegossene Manganbronze	490	190	30	Eutektoide Reaktion

Kupferlegierungen für elektrisches Leitermaterial haben weniger als 1% Fremdstoffgehalt. Geringe Zusätze von Cadmium, Silber und Al_2O_3 vergrößern ihre Härte ohne wesentliche Beeinträchtigung ihrer Leitfähigkeit. Einphasige Kupferlegierungen werden mittels Kaltverformung gehärtet. Beispiele hierfür zeigt Tabelle 13.7. kfz-Kupfer besitzt ausgezeichnete Duktilität und einen hohen Kaltverfestigungskoeffizienten.

Mischkristallverfestigte Legierungen. Einige Kupferlegierungen enthalten große Mengen an Legierungselementen und bleiben trotzdem einphasig. Wichtige Beispiele zeigen die binären Zustandsdiagramme in Abbildung 13.10.

Kupfer-Zink-Legierungen (*Messing*) mit weniger als 40% Zink bilden einphasige feste Lösungen von Zink in Kupfer. Die mechanischen Eigenschaften, einschließlich der Bruchdehnung, verbessern sich mit steigendem Zinkgehalt. Diese Legierungen eignen sich gut für Kaltverformung und zur Herstellung komplizierter und korrosionsbeständiger Bauteile. Manganbronze ist eine besonders feste Legierung, in der neben Zink auch Mangan zur Mischkristallverfestigung beiträgt.

Zinnbronzen, mitunter auch als Phosphorbronzen bezeichnet, sind bis zu einem Zinngehalt von 10% einphasig. Das Zustandsdiagramm läßt theoretisch auch die Verbindung Cu_3Sn (ε) zu. Die Reaktionsgeschwindigkeit ist jedoch für die Bildung dieser Ausscheidung zu gering.

Auch Kupferlegierungen mit weniger als 9% Aluminium oder 3% Silicium sind einphasig. Diese Aluminium- bzw. Siliciumbronzen haben gute Verarbeitungseigenschaften und werden oft wegen ihrer guten Festigkeit und ausgezeichneten Zähigkeit verwendet.

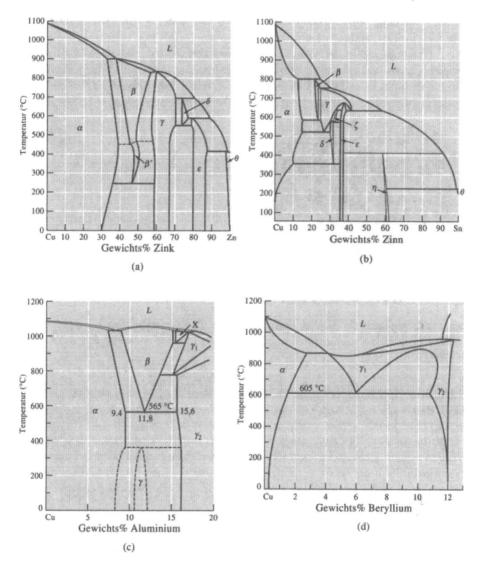

Abb. 13.10. Binäre Phasendiagramme von Kupfer-Zink, (b) Kupfer-Zinn, (c) Kupfer-Aluminium und (d) Kupfer-Beryllium.

Aushärtbare Legierungen. Eine Reihe von Kupferlegierungen sind aushärtbar. Zu ihnen gehören Zirkonkupfer, Chromkupfer und Berylliumkupfer. Kupfer-Beryllium-Legierungen werden wegen ihrer hohen Festigkeit und Steifigkeit für Federn und, da sie keine Funken bilden, für Werkzeuge in Nähe entflammbarer Gase oder Flüssigkeiten genutzt.

Phasenumwandlungen. Aluminiumbronzen mit mehr als 9% Aluminium bilden bei Erhitzung über die eutektoide Temperatur von 565 °C eine β-Phase (Abb. 13.10c). Nachfolgende Abkühlung führt über die eutektoide Reaktion zu einer lamellaren Struktur oder Perlit, der eine spröde γ_2-Verbindung enthält. Die bei tieferer Temperatur mögliche peritektoide Reaktion $\alpha + \gamma_2 \rightarrow \gamma$ findet normalerweise nicht statt. Das eutektoide Produkt ist mechanisch relativ schwach und spröde. Wenn jedoch die β-Phase abgeschreckt wird, entsteht Martensit oder β', der größere Festigkeit besitzt. Durch nachträgliches Anlassen ergibt sich eine Eigenschaftskombination, die durch hohe Festigkeit, Duktilität und Zähigkeit gekennzeichnet und auf plattenförmige α-Ausscheidungen aus der β'-Phase zurückzuführen ist (Abb. 13.11).

Abb. 13.11. Mikrostruktur einer abgeschreckten und angelassenen Aluminiumbronze mit α-Platten in einer β-Matrix (150fach). (Aus *Metals Handbook*, Bd.7, 8. Aufl. *American Society for Metals*, 1972.)

Bleihaltige Kupferlegierungen. Fast alle Knetlegierungen enthalten bis zu 4,5% Blei. Blei reagiert mit Kupfer monotektisch und erzeugt kleine Bleikugeln während des Erstarrens der letzten Schmelzreste.

Mitunter enthalten Kupferlegierungen auch größere Bleimengen. Diese Legierungen eignen sich als Lagerstoffe, da ihr Pb-Gehalt einen hohen Schmiereffekt bewirkt und die Fähigkeit vermittelt, feste Partikel in die Lageroberfläche einzubetten, wodurch Riefenbildung und Verschleiß der Gleitschicht vermindert werden.

Nachteilig ist die Umweltbelastung durch bleihaltige Kupferlegierungen. Blei ist gesundheitsgefährdend, seine Verwendung in Rohrleitungssystemen kann unzulässig hohe Bleikonzentrationen im Trinkwasser verursachen. Alternative Lösungen, wie die Verwendung von Phosphor als Zusatzstoff, bieten ebenfalls eine gute Verarbeitbarkeit und damit günstige Herstellungskosten der Bauteile.

Beispiel 13.8
Kontaktmaterial für Hochstromschalter.
Lösung
Beim Öffnen und Schließen von Schalter- oder Relaiskontakten unterliegen die Kontaktflächen mechanischem Verschleiß und Funkenerosion. Der mechanische Verschleiß läßt sich durch genügende Härte der Werkstoffe vermindern. Gleichzeitig müssen jedoch geringe Kontaktwiderstände gewährleistet bleiben, um unzulässige Erwärmung und Funkenbildung zu vermeiden.

Der auszuwählende Werkstoff muß deshalb sowohl hohe elektrische Leitfähigkeit als auch ausreichende Verschleißfestigkeit besitzen. Ideal wäre eine dispersionsgehärtete Kupferlegierung mit relativ geringem Fremdstoffgehalt, deren harte

Ausscheidungsphase die Gitterstruktur des Kupfers kaum stört (nichtkohärente Ausscheidung). Das trifft z. B. auf eine Cu-Al$_2$O$_3$-Legierung zu. Die darin enthaltenen harten Oxidpartikel sorgen für hohe Verschleißfestigkeit, ohne die elektrische Leitfähigkeit der Kupfermatrix wesentlich zu beeinträchtigen.   □

Beispiel 13.9
Technologie zur Herstellung einer hochfesten Cu-Al-Legierung (Aluminiumbronze) mit 10% Aluminium für Anwendung in Getrieben.
Lösung
Aluminiumbronze läßt sich durch Abschrecken und Auslagern verfestigen. Nach Abbildung 13.10c muß eine Cu-Al(10%)-Legierung auf über 900 °C erhitzt werden, um sie vollständig in β umzuwandeln. Die eutektoide Temperatur der Legierung beträgt 565 °C. Somit empfiehlt sich folgender technologische Ablauf:

1. Aufheizen der Legierung auf 950 °C und Halten der Temperatur, um 100% β zu erzeugen.
2. Abschrecken der Legierung auf Raumtemperatur zur Umwandlung von β in Martensit (β'), der in Kupfer übersättigt vorliegt.
3. Anlassen unterhalb von 565 °C; ausreichend wären z. B. 400 °C. Dabei wandelt sich der Martensit in α und γ_2 um. Der Anteil von γ_2, der sich bei 400 °C bildet, beträgt:

$$\%\gamma_2 = \frac{10-9,4}{15,6-9,4} \cdot 100 = 9,7\%.$$

4. Schnelle Abkühlung auf Raumtemperatur, um die Bildung der Gleichgewichtsphase γ zu vermeiden. Würde die Wärmebehandlung unterhalb von 370 °C erfolgen, entstünde dabei γ anstelle von γ_2.   □

13.6 Nickel und Cobalt

Ni- und Co-Legierungen werden technisch vor allem wegen ihrer hohen Korrosions- und Temperaturbeständigkeit genutzt, wobei ihr hoher Schmelzpunkt und ihre große Festigkeit von Vorteil sind. Nickel besitzt kfz-Struktur und ist gut verformbar. Cobalt zeigt allotropes Verhalten mit einer kfz-Struktur oberhalb 417 °C und einer hdp-Struktur im darunter befindlichen Temperaturbereich. Spezielle Co-Legierungen kommen wegen ihrer außergewöhnlich hohen Verschleißfestigkeit und Beständigkeit gegenüber Körperflüssigkeiten in Prothesen zur Anwendung. Typische Legierungen und Anwendungsbeispiele sind in Tabelle 13.8 angegeben.

Nickel und Monel. Nickel und seine Legierungen sind sehr korrosionsbeständig und gut verformbar. Ni-Cu-Legierungen erreichen ihre größte Festigkeit bei einem Ni-Gehalt von ungefähr 60%. Legierungen mit etwa dieser Zusammensetzung werden als Monelmetalle bezeichnet und sind wegen ihrer Festigkeit und Resistenz gegenüber Salzwasser von Interesse. Einige Monelmetalle enthalten kleine Mengen an Aluminium und Titan. Diese Legierungen härten durch Ausscheidung von γ' aus. Hierbei handelt es sich um koheränte Ni$_3$Al- oder Ni$_3$Ti-Ausscheidungen,

Tabelle 13.8. Zusammensetzung, Eigenschaften und Anwendungen ausgewählter Nickel- und Cobaltlegierungen

Material	Zugfestigkeit (N/mm^2)	Streckgrenze (N/mm^2)	% Bruch-dehnung	Härtungs-mechanism.	Anwendungen/Eigenschaften
Reines Ni (99,9% Ni)	345	110	45	Geglüht	Korrosionsfest
	655	620	4	Kaltverformt	Korrosionsfest
Ni-Cu-Legierungen:					
Monel 400 [Ni-Cu(31,5%)]	540	270	37	Geglüht	Ventile, Pumpen, Wärmeaustausch.
Monel K-500 [Ni-Cu(29,5%)-Al(2,7%)-Ti(0,6%)]	1 035	760	30	Ausgehärt	Wellen, Federn, Laufräder
Ni-Superlegierungen:					
Inconel 600 [Ni-Cr(15,5%)-Fe(8%)]	620	200	49	Carbide	Ofen-ausrüstungen
Hastelloy B-2 [Ni-Mo(28%)]	900	410	61	Carbide	Korrosionsfest
DS-Ni [Ni-ThO$_2$(2%)]	490	330	14	Dispersion	Gasturbinen
Fe-Ni-Superlegierungen:					
Incoloy 800 [Ni-Fe(46%)-Cr(21%)]	615	280	37	Carbide	Wärmeaustausch.
Co-Superlegierungen:					
Stellit 6B [Co(60%)-Cr(30%)-W(4,5%)]	1 220	710	4	Carbide	Abriebfest

die die Zugfestigkeit der Legierung nahezu verdoppeln. Diese Ausscheidungen sind bis zu 425 °C widerstandsfähig gegen Überalterung (Abb. 13.12).

Ni-Legierungen weisen auch einige spezielle Eigenschaften auf. Hierzu zählt ihr ferromagnetisches Verhalten, das sie für die Verwendung in Permanentmagneten geeignet macht. Die Ni-Ti(50%)-Legierung verfügt über den in Kapitel 11 behandelten Formgedächtniseffekt. Die als Invar bekannte Ni-Fe(36%)-Legierung dehnt sich bei Erwärmung kaum aus, was bei der Herstellung von Bimetallstreifen Anwendung findet.

Superlegierungen. *Superlegierungen* sind Ni-, Fe-Ni- und Co-Legierungen mit hohen Legierungsanteilen, die ein durch große Temperaturfestigkeit, hohen Kriechwiderstand bis zu Temperaturen von 1 000 °C und hohe Korrosionsbeständigkeit geprägtes Eigenschaftsprofil ergeben. Das außergewöhnliche Temperaturverhalten wird erzielt, obwohl die Schmelztemperatur der Legierungen nicht höher liegt als die von Stählen. Zu den typischen Anwendungen zählen Turbinenschaufeln, Wärmeaustauscher, Bauteile von Chemieanlagen und Ausrüstungen für Wärmebehandlungen.

Voraussetzung für die hohe Temperaturfestigkeit und den hohen Kriechwiderstand ist eine bis zu hohen Temperaturen stabile Gefügestruktur, die durch Mischkristallverfestigung, Dispersionshärtung und Aushärtung erzeugt wird.

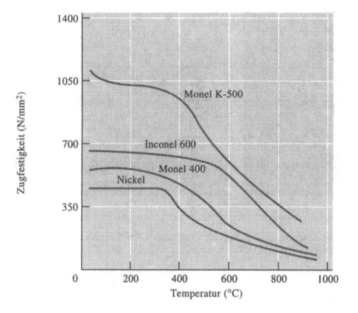

Abb. 13.12. Temperaturabhängigkeit der Zugfestigkeit einiger Ni-Legierungen.

Mischkristallverfestigung. Zur Mischkristallverfestigung dienen große Zusätze von Chrom, Molybdän und Wolfram und kleinere Mengen von Tantal, Zirkon, Niob und Bor. Die damit erzielte Härtung ist stabil und ergibt somit auch einen hohen Kriechwiderstand der Legierung, insbesondere wenn große (und deshalb langsam diffundierende) Atome wie Molybdän oder Wolfram beteiligt sind.

Dispersionshärtung durch Carbide. Alle Ni- und Co-Legierungen enthalten kleine Mengen an Kohlenstoff, der durch Verbindung mit anderen Elementen ein feines und stabiles Netzwerk von Carbidpartikeln erzeugt. Das Carbidnetzwerk interferiert mit Versetzungsbewegungen und verhindert Korngrenzengleitung. Zu diesen Carbiden gehören TiC, BC, ZrC, TaC, Cr_7C_3, $Cr_{23}C_6$, Mo_6C, W_6C und noch komplexere Verbindungen aus mehreren Legierungselementen. Stellit 6B, eine als Schneidmetall verwendete Co-Superlegierung, besitzt auf Grund des Carbidgehalts ungewöhnlich hohe Verschleißfestigkeit bis in den Bereich hoher Temperaturen.

Aushärtung. Viele der Ni- und Ni-Fe-Superlegierungen, die Aluminium und Titan enthalten, bilden während des Aushärtens kohärente γ'-Ausscheidungen (Ni_3Al oder Ni_3Ti). Die γ'-Partikel (Abb. 13.13) haben mit der Ni-Matrix vergleichbare Struktur und Gitterparameter. Diese Ähnlichkeit hat eine geringe Oberflächenenergie der Ausscheidungen zur Folge und erschwert das Überaltern der Legierungen, so daß ihre gute Festigkeit und ihr hoher Kriechwiderstand bis zu hohen Temperaturen aufrechterhalten bleiben.

Durch Variation der Aushärtungstemperatur lassen sich Ausscheidungen unterschiedlicher Größe erzeugen. Kleine Ausscheidungen, entstanden bei tiefen Aushärtungstemperaturen, wachsen zwischen den großen Ausscheidungen weiter an, die sich bei höheren Temperaturen bilden, und vergrößern das Volumen der γ'-Phase und die Festigkeit der Legierung (Abb.13.13b).

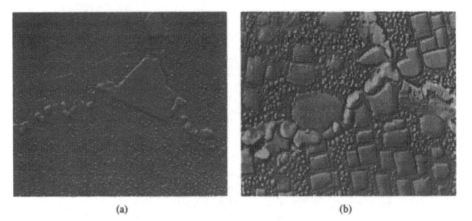

(a)   (b)

Abb. 13.13. (a) Gefügestruktur einer Superlegierung mit Carbiden an den Korngrenzen und γ'-Ausscheidungen in der Matrix (15 000fach). (b) Gefügestruktur einer Superlegierung, die auf zwei Temperaturstufen ausgehärtet wurde, mit großen und kleinen kubischen γ'-Ausscheidungen (10 000fach). (Aus *Metals Handbook*, Bd.9, 9. Aufl. *American Society for Metals*, 1985.)

Die Hochtemperatur-Eignung von Superlegierungen kann durch Überzüge aus Keramik oder intermetallischen Verbindungen weiter verbessert werden. In einem der möglichen Verfahren kommt als Unterschicht ein metallischer Überzug aus einer komplexen NiCoCrAlY-Legierung zur Anwendung, die von einer zweiten Schicht aus ZrO_2-Keramik bedeckt wird. Die Überzüge verringern die Oxidationsgefährdung der Superlegierung und ermöglichen höhere Betriebstemperaturen (und damit höheren Wirkungsgrad) von Strahltriebwerken.

Beispiel 13.10
Auswahl einer Superlegierung auf Nickelbasis für Turbinenschaufeln von Turbo-Strahltriebwerken mit möglichst großer Zeitstandfestigkeit bei Temperaturen von ungefähr 1 100 °C.

Lösung
Das Material muß als erste Voraussetzung eine sehr stabile Gefügestruktur aufweisen. Durch Zusatz von Aluminium oder Titan entstehen während der Glühbehandlung γ'-Ausscheidungen mit einem Volumenanteil bis zu 60%, die eine Einsatztemperatur der Legierung bei etwa 0,85 der Schmelztemperatur ermöglichen. Nach Zusatz von Kohlenstoff und Legierungselementen wie Tantal und Hafnium bilden sich Carbidausscheidungen, die eine Korngrenzengleitung bei hohen Temperaturen verhindern. Schließlich bewirkt der Zusatz weiterer Legierungselemente wie Molybdän und Wolfram eine Mischkristallverfestigung.

Zweitens sollte eine möglichst gerichtete Erstarrung angestrebt werden, bei der säulenförmige Kristallite entstehen (Kapitel 10), die möglichst günstig zur späteren Beanspruchung orientiert sind und auf diese Weise die mechanischen Eigenschaften der Turbinenschaufeln verbessern. Bei vollständig einkristallinem Wachstum sind überhaupt keine Korngrenzen mehr vorhanden. Durch Verwendung des Investment-Feingußverfahrens (Genaugußverfahrens) werden störende Partikel vor dem Eintritt der Schmelze in die Gußform ausgefiltert.

Anschließend wird der Gußkörper glühbehandelt, um die gewünschte Größe und Verteilung der Carbid- und γ'-Ausscheidungen zu erzielen. Zur Erzeugung eines größtmöglichen Volumenanteils der γ'-Phase empfiehlt sich eine mehrfache Auslagerung bei verschiedenen Temperaturen.

Schließlich sollten die Turbinenschaufeln kleine Kühlkanäle in ihrer Längsrichtung enthalten, durch welche die Verbrennungsluft der Brennkammer zugeführt wird. Auf diese Weise kann die durchströmende Luft vor ihrer Reaktion mit dem Treibstoff zur Kühlung der Schaufelblätter beitragen.

Abbildung 13.14 zeigt die in den letzten Jahrzehnten bei der Herstellung von Turbinenschaufeln gelungene Leistungssteigerung.   □

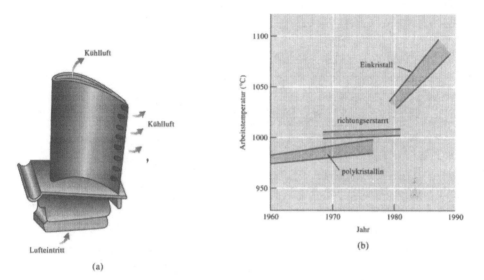

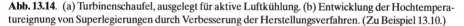

Abb. 13.14. (a) Turbinenschaufel, ausgelegt für aktive Luftkühlung. (b) Entwicklung der Hochtemperatureignung von Superlegierungen durch Verbesserung der Herstellungsverfahren. (Zu Beispiel 13.10.)

13.7 Titan

Titan wird aus TiO_2 nach dem Kroll-Verfahren gewonnen. Dabei wird TiO_2 zunächst in $TiCl_4$ umgewandelt und anschließend mit Natrium oder Magnesium zu Titan reduziert. Titan verfügt über ausgezeichnete Korrosionsbeständigkeit, hohe spezifische Festigkeit und gute Hochtemperatureigenschaften. Festigkeitswerte bis zu 1 400 N/mm^2 und eine Dichte von 4,505 g/cm^3 bilden die Basis für sein exzellentes mechanisches Verhalten. Eine natürliche Schutzschicht aus TiO_2 verleiht ihm hohe Resistenz gegen Korrosion und Kontamination unterhalb 535 °C. Bei höheren Temperaturen zerfällt die Oxidschicht, so daß kleine Atome wie Kohlenstoff, Sauerstoff, Stickstoff und Wasserstoff eindringen und das Titan verspröden können.

Wegen seines hohen Korrosionswiderstandes eignet sich Titan sehr gut für Chemie- und Schiffsausrüstungen und für medizinische Implantate. Es ist auch ein wichtiger Werkstoff der Luft- und Raumfahrttechnik und findet Anwendung in Flugzeugrümpfen und Strahltriebwerken. Mit Niob bildet es eine supraleitende Substanz, mit Nickel eine Legierung mit Formgedächtniseffekt und mit Aluminium eine neue Klasse von intermetallischen Verbindungen, auf die schon im Kapitel 10 hingewiesen wurde.

Titan verhält sich allotrop mit hdp-Struktur (α) bei niedrigen Temperaturen und krz-Struktur (β) oberhalb 882 °C. Legierungselemente bewirken Mischkristallverfestigung und verändern die allotrope Übergangstemperatur. Dabei können vier Gruppen von Legierungselementen unterschieden werden (Abb. 13.15). Zusätze wie Zinn und Zirkon ergeben eine Mischkristallverfestigung ohne Veränderung der Übergangstemperatur. Aluminium, Sauerstoff, Wasserstoff und weitere, die α-Phase stabilisierende Elemente erhöhen die Übergangstemperatur, und β-stabilisierende Elemente wie Vanadium, Tantal, Molybdän und Niob setzen sie herab, so

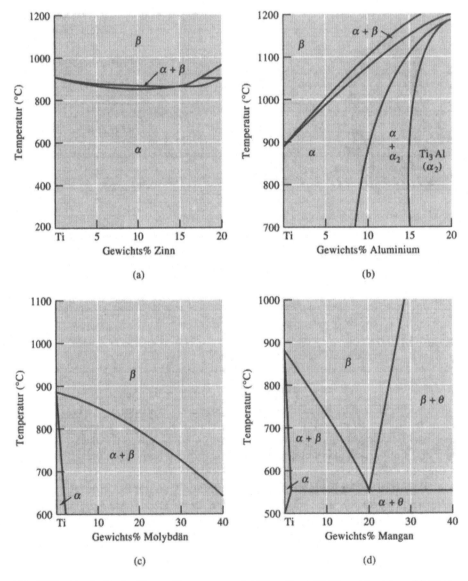

Abb. 13.15. Ausschnitte der Phasendiagramme von (a) Titan-Zinn, (b) Titan-Aluminium, (c) Titan-Molybdän und (d) Titan-Mangan.

daß sogar bei Raumtemperatur β stabil existieren kann. Schließlich verursachen Mangan, Chrom und Eisen eine eutektoide Reaktion, die den α-β-Übergang zu niedrigeren Temperaturen verschiebt und die Existenz einer Zweiphasenstruktur bei Raumtemperatur zur Folge hat. In Tabelle 13.9 sind einige Titanlegierungen mit ihren mechanischen Eigenschaften angegeben.

Tabelle 13.9. Eigenschaften ausgewählter Titanlegierungen

Material	Zugfestigkeit (N/mm^2)	Streckgrenze (N/mm^2)	% Bruchdehnung
Handelsübliches reines Titan:			
99,5% Ti	240	170	24
99,0% Ti	550	480	15
Alpha-Ti-Legierungen:			
Al (5%)-Sn(2,5%)	860	780	15
Beta-Ti-Legierungen:			
V(13%)-Cr(11%)-Al(3%)	1 290	1 210	5
Alpha-Beta-Ti-Legierungen:			
Al(6%)-V(4%)	1 030	960	8

Handelsübliches reines Titan. Unlegiertes Titan findet wegen seiner hervorragenden Korrosionsbeständigkeit breite Anwendung. Verunreinigungen wie Sauerstoff vergrößern zwar seine Festigkeit (Abb. 13.16), vermindern aber die Korrosionsresistenz. Zu den Einsatzgebieten zählen Wärmeaustauscher, Rohrleitungssysteme, Reaktoren, Pumpen und Ventile für die chemische und petrochemische Industrie.

Alpha-Ti-Legierungen. Die gebräuchlichsten Alpha-Legierungen enthalten 5% Al und 2,5% Sn, die eine Mischkristallverfestigung der hdp-Struktur bewirken. Sie werden bei hohen Temperaturen in der β-Region getempert. Nach schneller Abkühlung ergibt sich eine azikuläre (nadelförmige) α-Kornstruktur (Widmanstätten-Struktur), die eine hohe Ermüdungsfestigkeit bewirkt (Abb. 13.17). Langsame Ofenkühlung ergibt ein mehr plattenförmiges α-Gefüge, das sich durch höheren Kriechwiderstand auszeichnet.

Beta-Ti-Legierungen. Durch hohe Zusätze an Vanadium oder Molybdän entsteht bei Raumtemperatur eine fast reine β-Struktur. Bei den sogenannten Beta-Legierungen wird der gleiche Effekt mit geringerem Legierungszusatz, aber unter Verwendung von β-Stabilisatoren erzielt. Diese bewirken, daß sich bei schneller Abkühlung eine metastabile Struktur bildet, die vollständig aus β besteht. Die Härtung dieses Gefüges erfolgt sowohl durch Mischkristallverfestigung unter Beteiligung der in großer Menge vorhandenen Legierungselemente als auch durch α-Ausscheidungen, die sich bei Auslagerung der metastabilen β-Struktur bilden. Zu den Anwendungen der Beta-Legierungen gehören hochfeste Verbindungselemente (Nieten), Tragelemente und andere Formteile in der Luft- und Raumfahrt.

Alpha-Beta-Ti-Legierungen. Wenn sowohl α- als auch β-Stabilisatoren vorhanden sind, ergeben sich Ti-Legierungen, die bei Raumtemperatur aus einem Gemisch von α und β bestehen. Ein Beispiel ist die Legierung Ti-Al(6%)-V(4%), die mit

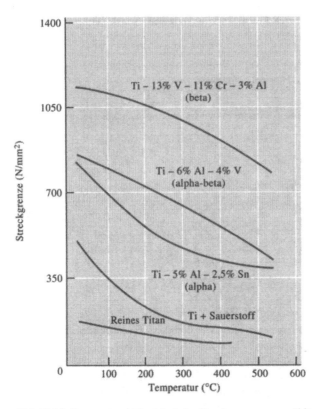

Abb. 13.16. Temperaturabhängigkeit der Streckgrenze ausgewählter Ti-Legierungen.

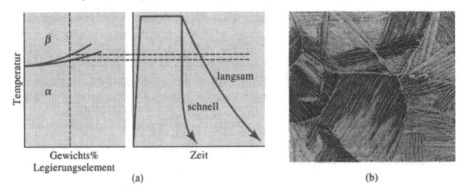

Abb. 13.17. (a) Wärmebehandlung und (b) Gefügestruktur von schnell gekühltem Alpha-Titan (100fach). Sowohl die Korngrenzenausscheidungen als auch die Widmanstätten-Platten bestehen aus Alpha.

Abstand die am meisten verwendete Titanlegierung darstellt. Da diese Legierungen zwei Phasen enthalten, sind ihre Gefügestruktur und Eigenschaften gut durch Wärmebehandlungen steuerbar.

Mit folgendem Ablauf ergibt sich eine gute Kombination aus Duktilität, Festigkeit und homogenen Eigenschaften: Die Legierung wird zunächst auf eine Temperatur dicht unterhalb des α-β-Übergangs erhitzt. Dabei verbleibt nur ein kleiner α-Rest, Kornwachstum wird verhindert (Abb. 13.18). Bei langsamer Abkühlung bilden sich globulare α-Kristallite, die gute Duktilität und Verformbarkeit des Gefüges bewirken und die Bildung von Ermüdungsrissen erschweren. Schnellere Abkühlung, besonders aus Temperaturbereichen oberhalb der α-β-Übergangstemperatur, führt zu einer azikulären – „korbgeflechtartigen" – α-Phase (Abb. 13.18). Obwohl in dieser Struktur Ermüdungsrisse leichter entstehen können, sind sie in ihrer Ausbreitung an einen gewundenen Weg entlang der Phasengrenzen zwischen α und β gebunden. Unter diesen Bedingungen ist ihre Ausbreitungsgeschwindigkeit gering, so daß sich weiterhin gute Bruchzähigkeit und Kriechresistenz ergeben.

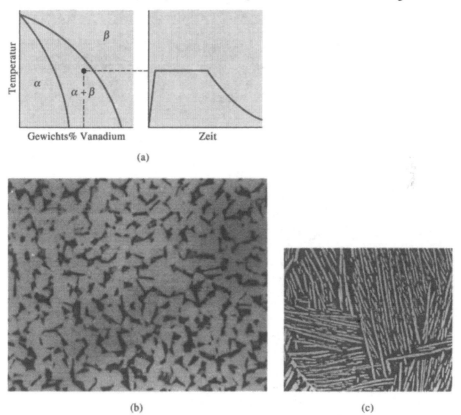

Abb. 13.18. Wärmebehandlung einer Alpha-Beta-Titan-Legierung: (a) Erwärmen auf Temperaturen bis dicht unterhalb des Alpha-Beta-Übergangs, (b) langsames Abkühlen ergibt globulare α-Kristallite (250fach), (c) schnelle Abkühlung führt zu azikulären α-Kristalliten (2 500fach). (Aus *Metals Handbook*, Bd. 7, 8. Aufl. *American Society for Metals*, 1972.)

Beim Abschrecken der β-Phase können zwei verschiedene Gefügestrukturen entstehen. Abbildung 13.19 veranschaulicht die dafür maßgeblichen Bedingungen. Wenn beim Abschrecken die Martensit-Startkurve gekreuzt wird (gestrichelte Kurve im Zustandsdiagramm der Abbildung 13.9), entsteht Titan-Martensit (α′). Hierbei handelt es sich um eine relativ weiche und übersättigte Phase. In der nachfolgenden Anlaßbehandlung scheidet sich hieraus β nach folgender Reaktion aus:

$$\alpha' \rightarrow \alpha + (\beta\text{-Ausscheidungen}).$$

Feine β-Ausscheidungen bewirken eine Erhöhung der Festigkeit gegenüber dem α'-Zustand. Wenn jedoch die Wärmenachbehandlung bei zu hohen Temperaturen erfolgt, tritt statt Verfestigung ein Erweichen der Legierung ein.

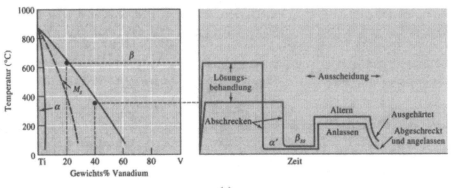

(a)

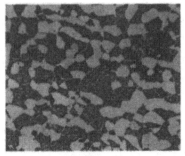

(b)

Abb. 13.19. (a) Wärmebehandlung und (b) Mikrostruktur von Alpha-Beta-Titan-Legierungen. Die Struktur enthält primäres α (helle Gebiete) und eine (dunkle) β-Matrix mit nadelförmigem α, das während der Auslagerung entsteht (250fach).

Höherlegierte α-β-Legierungen sind aushärtbar. Bei ihrem Abschrecken aus dem β-Bereich verbleibt ein im Titan übersättigt vorliegendes β_{ss}. Nach Auslagerung scheidet sich α in Form einer Widmanstätten-Struktur aus und erhöht Festigkeit und Ermüdungszähigkeit der Legierung (Abb. 13.19):

$$\beta_{ss} \rightarrow \beta + (\alpha\text{-Auscheidungen}).$$

Typische Anwendungen wärmebehandelter Alpha-Beta-Legierungen sind Flugzeugrümpfe, Raketen, Strahltriebwerke und Fahrwerke. Einige Legierungen, zu denen auch Ti-Al(6%)-V(4%) gehört, verhalten sich superplastisch und können bis zu 1 000% verformt werden.

Beispiel 13.11

Wärmeaustauscher für die petrochemische Industrie mit einem Durchmesser von 1,5 m und einer Länge von 9 m. (Abb. 13.20).

Abb. 13.20. Wärmeaustauscher aus Titanrohren (zu Beispiel 13.11).

Lösung

Durch die Einsatzbedingungen sind für das auszuwählende Material mehrere Kriterien vorgegeben. Das Material muß den bei der Erdölraffination auftretenden aggressiven Medien standhalten, relativ temperaturbeständig sein und sich leicht zu Blechen und Rohren verformen lassen, wie sie für die Funktion des Austauschers erforderlich sind. Die Bleche und Rohre müssen schließlich mit dem Bodenkörper des Austauschers verschweißbar sein.

Unter der Voraussetzung, daß die Betriebstemperatur der Anlage kleiner als 535 °C ist, stellt Titan eine sinnvolle Lösung dar, da dessen Oxidschicht bis zu dieser Temperatur einen hinreichenden Korrosionsschutz bietet. Handelsübliches reines Titan wäre hierfür am besten geeignet.

Reines Titan läßt sich auch sehr gut verformen und verschweißen und würde somit auch dieses Kriterium erfüllen. Wenn seine Festigkeit nicht ausreichen sollte, käme eine Alpha-Titan-Legierung in Frage, die ebenfalls noch gute Korrosionsbeständigkeit und Verarbeitungseigenschaften aufweist, gleichzeitig aber eine höhere Festigkeit bietet. □

Beispiel 13.12

Pleuelstangen für Hochleistungsmotoren von Rennwagen (Abb. 13.21).

Abb. 13.21. Pleuelstange (zu Beispiel 13.12).

Lösung

Hochleistungsmotoren erfordern Materialien, die sowohl hohen Betriebstemperaturen und Spannungsbeanspruchungen standhalten als auch nur geringes Gewicht einbringen. In normalen Kraftwagen werden Pleuelstangen aus geschmiedetem Stahl oder Temperguß verwendet. Wenn man diese Materialien durch Titan ersetzt, läßt sich eine beträchtliche Gewichtseinsparung erzielen.

Wegen der notwendigen hohen Festigkeit käme eine Alpha-Beta-Ti-Legierung in Betracht. Ti-Al(6%)-V(4%) wäre auf Grund seiner Verfügbarkeit eine günstige

Variante. Die Legierung wird auf ungefähr 1 065 °C erhitzt, wo sie sich im β-Bereich des Phasendiagramms befindet. Nach dem Abschrecken bildet sich Titan-Martensit, und nach dem anschließenden Anlassen liegt eine aus α-Matrix und β-Ausscheidungen bestehende Gefügestruktur vor.

Da die Glühbehandlung in einem Temperaturbereich stattfindet, in dem nur noch die β-Phase existiert, hat das sich anschließend bildende Martensit eine azikuläre Struktur, die die Ausbreitungsgeschwindigkeit von möglicherweise entstehenden Ermüdungsrissen vermindert.   □

13.8 Hochschmelzende Metalle

Hochschmelzende Metalle, zu denen Wolfram, Molybdän, Tantal und Niob gehören, haben außergewöhnlich hohe Schmelztemperaturen (bis über 1 925 °C) und sind deshalb potentielle Materiallösungen für Hochtemperaturanwendungen. Beispiele sind Glühwendeln für Lampen, Bugnasen von Raketen, Kernreaktoren und Chemieanlagen. Wegen ihrer hohen Dichte haben diese Metalle jedoch eine relativ geringe spezifische Festigkeit (Tab. 13.10).

Tabelle 13.10. Eigenschaften hochschmelzender Metalle

| Metall | Schmelztemperatur (°C) | Dichte (g/cm^3) | T = 1 000 °C | | Übergangstemperatur (°C) |
			Zugfestigkeit (N/mm^2)	Streckgrenze (N/mm^2)	
Nb	2 468	8,57	120	55	–140
Mo	2 610	10,22	345	210	30
Ta	2 996	16,6	185	165	–270
W	3 410	19,25	455	105	300

Oxydation. Hochschmelzende Metalle beginnen zwischen 200 °C und 425 °C zu oxydieren und können schnell verunreinigt werden und verspröden. Aus diesem Grunde sind beim Schmelzen, Heißbearbeiten, Schweißen und bei pulvermetallurgischen Prozessen besondere Vorkehrungen zu treffen. Auch bei hohen Einsatztemperaturen müssen die Metalle geschützt bleiben. Wolframwendeln von Lampen befinden sich z. B. im Vakuum.

Für einige Anwendungen sind die Metalle mit einer Silicid- oder Aluminidschicht überzogen. Die Schutzschichten müssen (a) hohen Schmelzpunkt besitzen, (b) mit den Metallen verträglich sein, (c) eine Diffusionsbarriere gegen eindringende Fremdstoffe bilden und (d) im thermischen Ausdehnungsverhalten mit den Metallen weitgehend übereinstimmen. Es stehen Schutzschichten zur Verfügung, die bis zu Einsatztemperaturen von 1 650 °C verwendbar sind.

Verformungseigenschaften. Hochschmelzende Metalle besitzen krz-Struktur. Ihr Verformungsverhalten ist durch eine Übergangstemperatur gekennzeichnet, die die Bereiche mit duktilem und sprödem Verhalten voneinander trennt. Für Niob und Tantal liegt die Übergangstemperatur unterhalb der Raumtemperatur, so daß beide Metalle bei Raumtemperatur leicht bearbeitbar sind. Geglühtes Molybdän und Wolfram haben dagegen Übergangstemperaturen oberhalb der Raumtemperatur, so daß sie sich unter normalen Bearbeitungsbedingungen spröde verhalten. Durch Heißverformung läßt sich jedoch in diesen Metallen eine faserförmige Gefügestruktur erzeugen, die die Übergangstemperatur herabsetzt.

Legierungen. Durch Zusatz von Legierungselementen wird das mechanische Verhalten sowohl bei Raumtemperatur als auch bei hohen Temperaturen erheblich verbessert. Wolfram, legiert mit Hafnium, Rhenium und Kohlenstoff, ist bis 2 100 °C einsetzbar. Diese Legierungen sind typischerweise mischkristallverfestigt. Wolfram und Molybdän können ähnlich wie Kupfer und Nickel eine komplette Serie fester Lösungen bilden. Einige Legierungen, wie $W-ThO_2(2\%)$, werden bei pulvermetallurgischer Verarbeitung durch Oxidpartikel dispersionsverfestigt. Gute Hochtemperatureigenschaften weisen auch Verbundwerkstoffe auf, wie z. B. wolframfaserverstärktes Niob.

13.9 Zusammenfassung

Nichteisenlegierungen (Legierungen, die nicht auf Eisen als Basismetall beruhen) überdecken einen außerordentlich breiten Bereich physikalischer und mechanischer Eigenschaften. Zwischen den einzelnen Gruppen bestehen große Unterschiede in Dichte, spezifischer Festigkeit, Schmelztemperatur und Korrosionsverhalten. Dennoch sind in ihnen die gleichen Verfestigungsmechanismen wirksam, die schon in den vorangehenden Kapiteln behandelt wurden.

- Zu den „Leichtmetallen" gehören Legierungen geringer Dichte mit den Basismetallen Aluminium, Magnesium und Beryllium. Diese Legierungen haben jedoch eine hohe spezifische Festigkeit und finden deshalb in der Luft- und Raumfahrttechnik ein breites Anwendungsfeld. Aluminium zeichnet sich zudem durch hohe Korrosionsbeständigkeit und elektrische Leitfähigkeit aus, wodurch sich eine Vielzahl weiterer Einsatzgebiete ergibt. Der hauptsächliche Verfestigungsmechanismus dieser Legierungen ist das Aushärten. Aluminium und Magnesium sind in der Anwendung auf niedrige Temperaturen beschränkt, da sich ihre mechanischen Eigenschaften bei höherer Temperatur infolge Überalterung oder Rekristallisation verschlechtern. Beryllium hat eine hohe spezifische Festigkeit, die im Vergleich zu Aluminium und Magnesium weniger mit zunehmender Temperatur abfällt, und ist ungewöhnlich steif. Titanlegieren mit noch vergleichbaren spezifischen Festigkeiten, aber schon höherer Dichte, zeichnen sich außerdem durch gute Korrosionsbeständigkeit aus und eignen sich ebenfalls gut für Anwendungen in der Luft- und Raumfahrttechnik, aber auch für Chemieanlagen. Titanlegierungen reagieren sehr wirksam auf Verfestigung durch Aushärten und Abschreck-Anlaß-Behandlungen.
- Nickel- und Kobaltlegierungen einschließlich Superlegierungen weisen auch noch bei höheren Temperaturen gute Eigenschaften auf. In Verbindung mit ihrer hohen Korrosionsresistenz finden sie in Flugzeugmotoren und in Ausrüstungen der Chemieindustrie viele Anwendungen. Ihre Verfestigung, die auf Aushärten,

Mischkristallverfestigung und Dispersion von Legierungskarbiden beruht, bleibt auch noch bei hohen Temperaturen erhalten.

- Hochschmelzende Metalle weisen den höchsten Einsatztemperaturbereich aus, wenngleich sie durch spezielle Umgebungsatmosphäre oder Überzüge gegen Oxydation geschützt sein müssen.
- Auf Kupferlegierungen sind alle vorangehend behandelten Verfestigungsmechanismen anwendbar. Ihre Anwendung erstreckt sich von der Elektronik über die Energieerzeugung und -übertragung bis zur chemischen Anlagentechnik.

13.10 Glossar

Blisterkupfer (Blasenkupfer). Verunreinigtes Kupfer, das bei der Raffination anfällt.

Fließvermögen. Fähigkeit von Metallschmelzen zur Ausfüllung von Hohlräumen der Gießform ohne vorzeitiges Erstarren.

Gießbarkeit. Eignung von Metallschmelzen zur Herstellung fehlerfreier Gußstücke ohne ungewöhnlichen und kostenintensiven technischen Aufwand.

Hall-Heroult-Prozeß. Elektrolyseverfahren zur Aluminiumgewinnung.

Hochschmelzende Metalle. Metalle mit Schmelztemperaturen oberhalb des Schmelzpunktes von Titan.

Knetlegierungen. Legierungen, die sich leicht verformen lassen.

Messing. Gruppe von Kupferlegierungen mit Zink als Hauptlegierungselement.

Monel. Cu-Ni-Legierung mit einem Ni-Gehalt von ungefähr 60%, die die höchste Festigkeit dieses binären Legierungssystems besitzt.

Nichteisenmetalle (-legierungen). Legierungen mit anderem Basismetall als Eisen.

Spezifische Festigkeit. Verhältnis von Festigkeit zur Dichte eines Materials.

Superlegierungen. Gruppe von Ni-, Fe-Ni- und Co-Legierungen mit außergewöhnlich hoher Hitzebeständigkeit, Kriechfestigkeit und Korrosionsbeständigkeit.

Thixoguß. Verfahren, bei dem eine Material während des Erstarrens umgerührt wird, so daß ein Festkörper-Flüssigkeits-Gemisch entsteht, das sich ohne einwirkende Kraft schon wie ein Festkörper verhält, aber unter Druck noch wie eine Flüssigkeit fließt.

13.11 Übungsaufgaben

13.1 Erkläre, warum Al-Legierungen mit mehr als 15% Mg ungebräuchlich sind.

13.2 Für die in Abbildung 13.4 verglichenen drei Gußverfahren sind (a) der SDAS-Wert der Dendritstrukturen und (b) die zugehörige Erstarrungszeit unter Verwendung der Abbildung 8.7 abzuschätzen. Für welches der drei Verfahren (Druckguß, Dauerformguß, Sandguß) ist die höchste Festigkeit zu erwarten und warum?

13.3 Bestimme unter Verwendung der Abbildung 7.22 die mechanischen Eigenschaften von 3105-Aluminium, wenn sich diese Legierung im H18-Zustand befindet.

13.4 Vergleiche den β-Anteil einer schnell aus der Schmelze abgekühlten, übersättigten und ausgehärteten Al-Li(7%)-Legierung mit dem einer 2090-Legierung.

13.5 Welche der nachfolgenden Legierungen ist ausgehend vom Phasendiagramm am besten für Thixoguß geeignet und warum? Vergleiche Abbildung 10.22, 11.5 und 13.3.
(a) Al-Si(12%),   (b) Al-Cu(1%),   (c) Al-Mg(10%).

13.6 In der Gefügestruktur einer auf Raumtemperatur abgekühlten Cu-Sn(20%)-Schmelze wurden als Bestandteile 50% α, 30% β und und 20% γ ermittelt. Welche Gefügestruktur wäre unter Gleichgewichtsbedingungen zu erwarten? Erkläre, warum die beobachtete Struktur entstehen konnte.

13.7 Vergleiche den prozentualen Zuwachs der Streckgrenze von handelsüblichem weichgeglühtem Aluminium, Magnesium und Kupfer nach Kaltverformung. Erkläre die Unterschiede.

13.8 Eine Anzahl von Gußlegierungen haben einen hohen Bleigehalt; aber der Bleigehalt von Knetlegierungen ist vergleichsweise gering. Warum werden Knetlegierungen nicht stärker verbleit? Welche Vorsichtsmaßnahmen sind bei Warmverformung oder Glühbehandlung verbleiter Knetlegierungen zu beachten?

13.9 Welche der beiden in Abbildung 13.13a erkennbaren Ausscheidungen bewirken in Superlegierungen den größeren Verfestigungseffekt bei niedrigen Temperaturen, die γ'-Ausscheidung oder die Carbide?

13.10 Abbildung 13.13b zeigt eine Ni-Superlegierung mit zwei unterschiedlich großen γ'-Ausscheidungen. Welche von beiden Ausscheidungsformen entsteht vermutlich als erste? Welche entsteht bei höherer Temperatur? Worauf ist dieser Effekt zurückzuführen?

13.11 Eine Ti-V(15%)- und eine Ti-V(35%)-Legierung werden bis auf eine Temperatur erhitzt, bei der vollständig β vorliegt. Anschließend werden sie abgeschreckt und auf eine Temperatur von 300 °C wieder aufgeheizt. Beschreibe die Änderungen in der Gefügestruktur, die durch dieses Wärmeregime in beiden Legierungen eintreten, und bestimme die Phasenanteile. Woraus besteht jeweils die Matrix und woraus die Ausscheidung? In welchem Fall liegt Aushärten und in welchem eine Abschreck-Anlaß-Behandlung vor?

13.12 Ein mit einer Schutzschicht versehenes Wolframteil wird erhitzt. Was geschieht, wenn sich die Schutzschicht stärker ausdehnt als das darunter befindliche Wolfram? Und was geschieht im umgekehrten Fall?

14 Keramische Stoffe

14.1 Einleitung

Keramische Stoffe bestehen aus komplexen chemischen Verbindungen metallischer und nichtmetallischer Elemente; Aluminiumoxid (Al_2O_3) z. B. enthält Aluminium als Metall und Sauerstoff als Nichtmetall. Sie haben sehr breit gefächerte mechanische und physikalische Eigenschaften. Ihre Einsatzgebiete erstrecken sich von Töpferwaren über Mauerziegel, Fliesen, Abfallrohre, Glaswaren, Schamotte, magnetische Werkstoffe, Elektrobauteile, Faserwerkstoffe bis zu Schleifmitteln. Auch in Hochtechnologien kommen keramische Stoffe zur Anwendung. Z. B. ist der Raumtransporter „Space Shuttle" mit schützenden Silikat-Kacheln verkleidet. Keramische Stoffe zeichnen sich durch charakteristische Eigenschaften und Eigenschaftskombinationen aus, die wir in dieser Art bei keiner anderen Materialart antreffen und die ihnen unter den industriell genutzten Werkstoffen einen festen Platz einräumen.

Als Folge ihrer ionischen und kovalenten Bindung sind keramische Stoffe überwiegend hart und spröde. Weitere Merkmale sind hoher Schmelzpunkt, geringe elektrische und thermische Leitfähigkeit, gute chemische und thermische Resistenz und hohe Druckfestigkeit. Mitunter finden wir jedoch auch Eigenschaften, die von diesem allgemein bekannten Verhalten abweichen. So existieren z. B. Verbundwerkstoffe mit keramischer Matrix (wie Si_3N_4-SiC), die trotz der immanenten Sprödigkeit keramischer Materialien Bruchzähigkeitswerte aufweisen, die über denen von Metallen (z. B. von ausgehärteten Al-Legierungen) liegen. In einigen Fällen kann man sogar superplastisches Verhalten beobachten. Auffallend sind auch die elektrische und thermische Leitfähigkeit von SiC und AlN, die denen von Metallen nahekommen. Zu erwähnen sind ferner die Halbleitereigenschaften von FeO und ZnO und die Supraleitfähigkeit von Stoffen wie $YBa_2Cu_3O_{7-x}$.

Im Mittelpunkt dieses Kapitels steht das Verformungsverhalten keramischer Materialien bei mechanischer Belastung. Von kritischem Einfluß ist hierbei, daß keramische Stoffe erstens spröde sind und in ihrer Struktur unvermeidlich Fehler enthalten, die spannungsverstärkend wirken und zu Sprödbruch führen können, und daß zweitens Größe und Anzahl dieser Fehler von Bauteil zu Bauteil stark schwanken, so daß die Bruchfestigkeit nur statistisch eingeschätzt werden kann. Diese Unsicherheit erschwert die konstruktive Berechnung von Keramikbauteilen und schränkt ihre Verwendbarkeit als hochbelastete Strukturelemente erheblich ein.

In nachfolgenden Kapiteln werden wir auch die elektrischen, magnetischen, thermischen und optischen Eigenschaften keramischer Stoffe behandeln und mit denen anderer Stoffe vergleichen.

14.2 Struktur kristalliner keramischer Stoffe

Im Kapitel 3 haben wir verschiedene Kristallstrukturen heteropolar gebundener Materialien kennengelernt. Sie unterliegen der Bedingung, daß sich die Ionen auf Gitterplätzen befinden müssen, die im Verbund mit den Nachbarionen einen Ladungsausgleich bewirken (passende Koordinationszahl). Eine große Anzahl keramischer Stoffe besitzt Natriumchlorid-Struktur. Zu ihnen gehören CaO, MgO, MnS, NiO, MnO, FeO und HfN. Andere wie ZnS, BeO und SiC haben Zinkblende-Struktur, CaF_2, ThO_2, CeO_2, UO_2, ZrO_2 und HfO_2 Fluorit-Struktur. In den meisten Fällen treffen wir jedoch auf wesentlich kompliziertere Kristallstrukturen. Beispiele zeigt Abbildung 14.1.

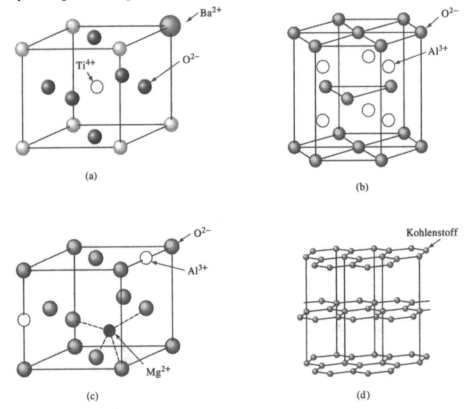

(a)

(b)

(c)

(d)

Abb. 14.1. Komplexe keramische Kristallstrukturen: (a) Perowskitstruktur, (b) Teil einer Korund-zelle (zwei Drittel der Al^{3+}-Plätze sind besetzt), (c) Teil einer Spinellzelle, (d) Graphit.

Perowskit-Struktur. Wichtige Vertreter dieser Struktur sind $BaTiO_3$ und $SrTiO_3$, die wegen ihres ferroelektrischen Verhaltens bekannt sind. Abbildung 14.1a zeigt die Elementarzelle von Bariumtitanat. Diese enthält drei Ionenarten: Ba-Ionen auf den Eckplätzen des Würfels, O-Ionen auf den flächenzentrierten Positionen und Ti-Ionen in der raumzentrierten Position. Bei Verformung der Elementarzelle entsteht durch die Ladungsverschiebung ein elektrisches Signal, das für Drucksensoren oder akustoelektrische Wandler genutzt werden kann.

Korund-Struktur. Korund ist eine der möglichen Strukturformen von Aluminium-oxid (Al_2O_3) und der hexagonal dichtgepackten Kristallstruktur sehr ähnlich, ent-hält jedoch 12 Al-Ionen und 18 O-Ionen pro Elementarzelle (Abb. 14.1b). Alumi-niumoxid gehört zu den meistgebräuchlichen feuerfesten Materialien und kommt auch als elektrischer Isolator und als Schleifmittel zum Einsatz. Weitere Vertreter dieser Strukturart sind Cr_2O_3 und Fe_2O_3.

Spinell-Struktur. Typischer Vertreter der Spinell-Struktur (Abb. 14.1c) ist $MgAl_2O_4$. Diese Struktur besteht aus einer kubischen Elementarzelle, die man sich aus acht kleineren Würfeln aufgebaut vorstellen kann. In jedem dieser kleineren Würfel befinden sich die O-Ionen auf flächenzentrierten Positionen. Außerdem enthalten die kleineren Würfel je vier oktaedrische und acht tetraedrische Zwi-schengitterplätze. Von diesen zwölf verfügbaren Plätzen werden drei von den Kationen eingenommen. In *normalen* Spinellen befinden sich die zweiwertigen Ionen (wie Mg^{2+}) auf Tetraederplätzen und die dreiwertigen Ionen (wie Al^{3+}) auf Oktaederplätzen. In *inversen* Spinellen besetzen die zweiwertigen und die Hälfte der dreiwertigen Ionen Oktaederplätze. Viele wegen ihrer elektrischen und magne-tischen Eigenschaften wichtige keramische Stoffe (z. B. Fe_3O_4) kommen in dieser Struktur vor.

Graphit. Graphit ist eine der kristallinen Modifikationen von Kohlenstoff und wird gelegentlich – im Gegensatz zur Definition in der Einleitung dieses Kapitels – als einatomarer keramischer Stoff angesehen. Graphit hat hexagonale Schichtstruktur (Abb. 14.1d) und kommt als feuerfestes Material, als Schmiermittel und als Faser-werkstoff zum Einsatz.

Beispiel 14.1
Korund (Al_2O_3) hat eine hexagonale Elementarzelle (Abb. 14.1b). Die Gitterkon-stanten betragen $a_0 = 4,75$ Å und $c_0 = 12,99$ Å und seine Dichte ca. 3,98 g/cm^3. Wieviele Al_2O_3-Gruppen, Al^{3+}- und O^{2-}-Ionen befinden sich in einem hexagona-len Prisma dieser Abmessungen?

Lösung
Die molare Masse von Aluminiumoxid beträgt $2(26,98) + 3(16) = 101,96$ g/mol. Das Volumen des hexagonalen Prismas ist:

$$V = a_0^2 c_0 \cos 30° = (4,75)^2 (12,99) \cos 30° = 253,82 \text{ Å}^3$$

$$= 253,82 \cdot 10^{-24} \text{ cm}^3/\text{Prisma}.$$

Für die Anzahl x der Al_2O_3-Gruppen im Prisma gilt:

$$3,98 = \frac{101,96x}{(253,82 \cdot 10^{-24})(6,02 \cdot 10^{23})},$$

$$x = \frac{(3,98)(253,82 \cdot 10^{-24})(6,02 \cdot 10^{23})}{101,96} = 6.$$

Das hexagonale Prisma enthält somit 6 Al_2O_3-Gruppen mit 12 Al- und 18 O-Ionen.   □

14.3 Struktur kristalliner Silikate

Einige keramische Materialien sind kovalent gebunden. Ein wichtiges Beispiel ist die Cristobalit-Form von SiO_2, das für viele keramische Substanzen als Rohmaterial dient (Abb. 14.2). Die Atome sind in der Elementarzelle so angeordnet, daß sowohl die für das Ladungsgleichgewicht notwendige Koordinationszahl als auch die Richtungsbedingung der kovalenten Bindung eingehalten werden.

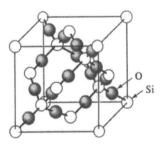

Abb. 14.2. Cristobalitstruktur als eine der möglichen Modifikationen von SiO_2.

Die kovalente Bindung erfordert, daß die Si-Atome von jeweils vier nächsten Nachbarn (vier O-Atomen) umgeben sind, so daß eine Tetraeder-Struktur entsteht. Dieser Silicium-Sauerstoff-Tetraeder ist der Grundbaustein von Silikatverbindungen und auch der von komplizierter zusammengesetzten Strukturen wie Ton und Silikatgläsern. Der als $(SiO_4)^{4-}$-Verbindung vorliegende Tetraederblock verhält sich wie eine Ionengruppe. Die an seinen Ecken befindlichen O-Ionen binden entweder andere Ionen oder gehören gleichzeitig zwei Tetraedergruppen an, wodurch sich ebenfalls Ladungsgleichgewicht einstellt. Abbildung 14.3 faßt die möglichen Verkettungen zusammen.

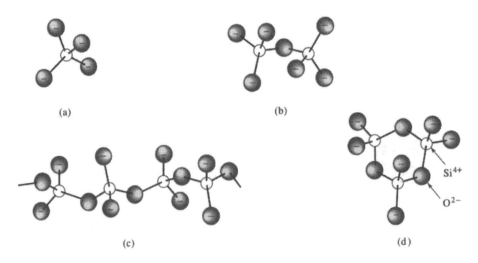

Abb. 14.3. Anordnungsvarianten von SiO_2-Tetraedern: (a) Orthosilikat-Insel, (b) Pyrosilikat-Insel, (c) Kette, (d) Ring. Positive Ionen werden von den Silikatgruppen angezogen.

Silikatverbindungen. Wenn pro Tetraeder zwei Mg^{2+}-Ionen als Bindungspartner zur Verfügung stehen, bildet sich Mg_2SiO_4 (oder Forsterit). Die beiden Mg^{2+}-Ionen erfüllen die Ladungsbedingung und neutralisieren die $(SiO_4)^{4-}$-Ionengruppe. Die entstandenen Mg_2SiO_4-Gruppen ordnen sich in einer dreidimensionalen kristallinen Struktur an. In gleicher Weise verbinden sich Fe^{2+}-Ionen mit SiO_4-Tetraedern zu Fe_2SiO_4. Mg_2SiO_4 und Fe_2SiO_4 bilden eine Reihe fester Lösungen, die auch als *Olivine* oder *Orthosilikate* bekannt sind.

Durch ein gemeinsames Sauerstoffatom können sich zwei SiO_4-Tetraeder zu einem Doppeltetraeder bzw. einer $(Si_2O_7)^{6-}$-Ionengruppe verbinden. Wenn sich diese Gruppe mit anderen Ionen verbindet, entstehen *Pyrosilikate* oder Doppeltetraeder-Verbindungen.

Ring- und Kettenstrukturen. SiO_4-Tetraeder können auch zwei ihrer O-Ionen mit zwei Nachbartetraedern teilen, so daß sich eine Ring- oder Kettenstruktur mit der Formel $(SiO_3)_n^{2n-}$ ergibt, wobei sich n auf die Anzahl der $(SiO_3)^{2-}$-Gruppen im Ring oder in der Kette bezieht. Diese *Metasilikat*-Struktur ist bei einer großen Anzahl keramischer Stoffe anzutreffen. Wollaston ($CaSiO_3$) ist aus Si_3O_9-Ringen aufgebaut, Beryll ($Be_3Al_2Si_6O_{18}$) enthält große Si_6O_{18}-Ringe, und Enstatit ($MgSiO_3$) besitzt eine Kettenstruktur.

Schichtstrukturen (Tone). Wenn das O/Si-Summenverhältnis 2/5 beträgt, verbinden sich die SiO_4-Tetraeder zu schichtförmigen Strukturen (Abb. 14.4). Im Idealfall befinden sich drei der vier O-Atome jedes Tetraeders auf einer Ebene in hexagonaler Anordnung. Die Si-Atome der Tetraeder bilden eine zweite Ebene, ebenfalls in hexagonaler Anordnung. Das vierte O-Atom jedes Tetraeders treffen wir in einer dritten Ebene an. Die O-Atome dieser dritten Ebene sind mit anderen atomaren Gruppen ionisch verbunden, wodurch Materialien wie Ton, Glimmer oder Talk entstehen.

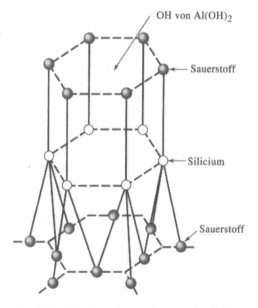

OH von $Al(OH)_2$

Sauerstoff

Silicium

Sauerstoff

Abb. 14.4. SiO_2-Tetraeder mit hexagonaler Schichtstruktur bilden die Basis für Tone und andere Mineralien. Jedes in der Mittelschicht befindliche Si-Atom ist kovalent mit 4 O-Atomen verbunden. (Die Schichtanordnung ist zur besseren Übersicht in der *c*-Achse maßstablich verzerrt dargestellt.)

Im Kaolinit, einem sehr verbreiteten Ton, enthält die dritte Schicht Al und OH-Gruppen. Es ergeben sich dünne, hexagonal strukturierte Tonschichten mit der Formel $Al_2Si_2O_5(OH)_4$, vergleiche Abbildung 14.5a. Montmorillonit, oder $Al_2(Si_2O_5)_2(OH)_2$, enthält zwei SiO_4-Schichten, die sandwichartig eine dazwischenliegende Schicht aus Al + (OH) umschließen (Abb. 14,5b). Innerhalb der Schichten liegen kovalente und ionische Bindungen vor; untereinander sind die Schichten durch schwache Van der Waals-Kräfte gebunden. Tone sind wichtige Bestandteile vieler Keramikstoffe.

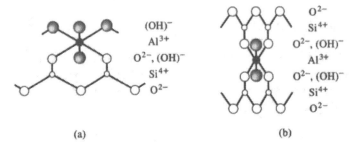

(a)   (b)

Abb. 14.5. Silikatschicht-Strukturen von Tonen: (a) Kaolinit, (b) Montmorillonit.

SiO₂. Wenn schließlich alle vier Eckatome des Tetraeders mit Nachbartetraedern geteilt werden, liegt Silikat (SiO_2) in Cristobalit-Form vor. Silikat kann in mehreren allotropen Formen existieren. Mit steigender Temperatur wandelt es sich von α-Quarz in β-Quarz, in β-Tridymit und schließlich in β-Cristobalit um, bevor es schmilzt. Das Druck-Temperatur-Zustandsdiagramm in Abbildung 14.6 enthält die Stabilitätsbereiche dieser Modifikationen. Der Übergang von α- zu β-Quarz ist mit einer abrupten Volumenänderung verbunden (Abb. 14.7)), die Spannungen hervorruft und auch zum Bruch führen kann.

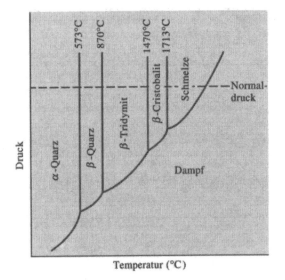

Abb. 14.6. Druck-Temperatur-Zustandsdiagramm von SiO_2.

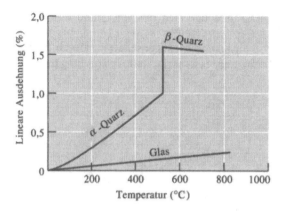

Abb. 14.7. Ausdehnung von Quarz. Der regulären – fast linearen – Ausdehnung ist eine große, sprunghafte Ausdehnung überlagert, die durch die Umwandlung von α-Quarz in β-Quarz verursacht wird. Gläser dehnen sich im Vergleich dazu gleichmäßig aus.

Beispiel 14.2

Für folgende komplexe Keramikstoffe ist der zu erwartende Strukturtyp zu bestimmen:

$$CaO \cdot MnO \cdot 2SiO_2, \qquad NaO \cdot 2SiO_2, \qquad Sc_2O_3 \cdot 2SiO_2,$$
$$3FeO \cdot Al_2O_2 \cdot 3SiO_2.$$

Lösung

Durch Umordnung der chemischen Formeln erhalten wir das für die Strukturart charakteristische Verhältnis von Silicium zu Sauerstoff:

$$CaO \cdot MnO \cdot 2SiO_2 = CaMn(SiO_3)_2 \text{ oder Metasilikat,}$$

$$Na_2O \cdot 2SiO_2 = Na_2(Si_2O_5) \text{ oder Schichtstruktur,}$$

$$Sc_2O_3 \cdot 2SiO_2 = Sc_2(Si_2O_7) \text{ oder Pyrosilikat,}$$

$$3FeO \cdot Al_2O_3 \cdot 3SiO_2 = Fe_3Al_2(SiO_4)_3 \text{ oder Orthosilikat.} \qquad \square$$

14.4 Störungen kristalliner Keramikstrukturen

Ebenso wie Metalle enthalten auch kristalline keramische Stoffe eine Vielzahl struktureller Störungen. Punktdefekte sind vor allem für physikalische Eigenschaften wie die elektrische Leitfähigkeit von Bedeutung. Mechanische Eigenschaften werden mehr durch Grenzflächen (Korngrenzen, Partikeloberflächen, Porenoberflächen) beeinflußt.

Punktdefekte. Viele keramische Stoffe liegen als substitutionelle und interstitionelle feste Lösungen vor. Beispiele sind das NiO-MgO-System (Abb. 9.8), das Al$_2$O$_3$-Cr$_2$O$_3$-System (Abb. 9.9) und das MgO-FeO-System (Abb. 9.18), die unbegrenzte Löslichkeit aufweisen und isomorphe Zustandsdiagramme besitzen. Das gleiche gilt für Olivine, $(Mg, Fe)_2SiO_4$, in denen sich die Mg^{2+}- und Fe^{2+}-Ionen gegenseitig vollständig auf den Gitterplätzen ersetzen können (Abb. 14.8). Feste Lösungen besitzen oft ungewöhnliche physikalische Eigenschaften. Durch Einbau von Cr_2O_3 in Al_2O_3 entsteht z. B. Rubin, der als Laserkristall Anwendung findet.

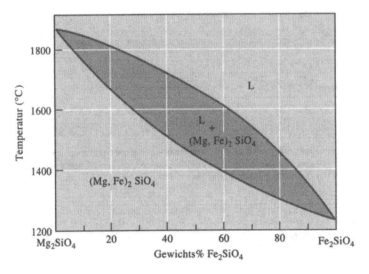

Abb. 14.8. Das Mg_2SiO_4-Fe_2SiO_4-Zustandsdiagramm weist unbegrenzte Festkörperlöslichkeit aus.

Häufig ist jedoch die Löslichkeit begrenzt. Das MgO-Al_2O_3-System (Abb. 14.9) zeigt oberhalb von ungefähr 1 600 °C eine begrenzte Lösbarkeit von Al_2O_3 in MgO an, während andererseits MgO in Al_2O_3 bei allen Temperaturen nahezu unlöslich ist. Dieses System enthält auch eine intermediäre feste Lösung, nämlich $MgAl_2O_4$ oder Spinell. Das in Abbildung 14.10 dargestellte SiO_2-MgO-System weist keine Löslichkeitsbereiche auf, sondern besitzt mit $MgSiO_3$ (Enstatit) und Mg_2SiO_4 (Forsterit) zwei stöchiometrische Verbindungen.

Die Einhaltung des Ladungsgleichgewichts nach Einführung lösbarer Ionen ist schwierig. In keramischen Stoffen stehen zum Ausgleich entstehender Ladungsdifferenzen verschiedene Möglichkeiten zur Verfügung. Wenn z. B. im Zentrum einer Montmorrillonit-Tonschicht ein Al^{3+}-Ion durch ein Mg^{2+}-Ion substituiert wird, lädt sich die Schicht negativ auf. Zum Ausgleich wird ein positiv geladenes Ion wie Natrium oder Calcium an der Oberfläche der Tonschicht adsorbiert (Abb. 14.11). Art und Anzahl der adsorbierten Ionen beeinflussen die Oberflächenchemie der Tonschichten und wirken sich auf die Verformbarkeit und Festigkeit der Tonprodukte aus.

Eine andere Möglichkeit des Ladungsausgleichs bietet sich durch Leerstellen (beschrieben in Kapitel 4). Im Falle von FeO würde man eine $NaCl$-Struktur mit gleichen Anteilen von Fe^{2+}- und O^{2-}-Ionen erwarten. Stattdessen liegt jedoch FeO stets in einer nichtstöchiometrischen Struktur vor, in der Fe^{2+}-Ionen teilweise durch Fe^{3+}-Ionen substituiert sind, und zwar im Verhältnis 3 zu 2. Als Folge davon ergeben sich an Positionen, die normalerweise mit Fe-Ionen besetzt sind, Leerstellen (Abb. 14.12). Die Anwesenheit von Fe^{3+}-Ionen bewirkt, daß weniger Fe-Ionen als O-Ionen in der Struktur enthalten sind und die Zusammensetzung vom stöchiometrischen Verhältnis 1 Fe zu 1 O abweicht. Das Eisenoxid wird somit durch die

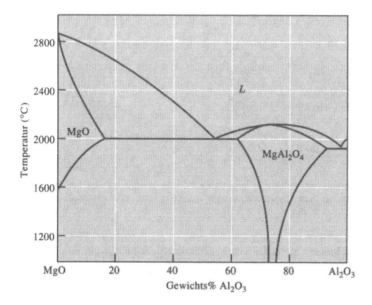

Abb. 14.9. Das MgO-Al$_2$O$_3$-Zustandsdiagramm weist begrenzte Festkörperlöslichkeit aus und einen Existenzbereich von MgAl$_2$O$_4$ oder Spinell.

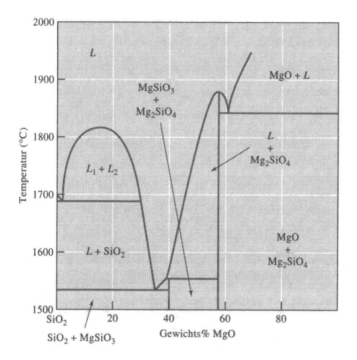

Abb. 14.10. Das SiO$_2$-MgO-Zustandsdiagramm weist keine Festkörperlöslichkeit aus und enthält Existenzbereiche von MgSiO$_3$ (Enstatit) und Mg$_2$SiO$_4$ (Forsterit).

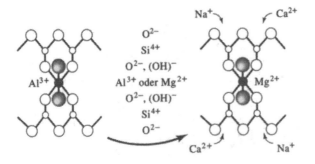

Abb. 14.11. Durch Austausch von Al^{3+}-Ionen gegen Mg^{2+}-Ionen in den dünnen Schichten von Montmorillonit-Ton entsteht ein Ladungsungleichgewicht, das die Anziehung von Kationen wie Na^+ oder Ca^{2+} bewirkt.

Formel $Fe_{1-x}O$ beschrieben, die seine nichtstöchiometrische Zusammensetzung zum Ausdruck bringt. Defekte dieser Art sind in keramischen Stoffen häufig anzutreffen und haben spezielle Eigenschaften zur Folge. Z. B. verhält sich FeO wegen dieses Leerstellendefekts wie ein Halbleiter.

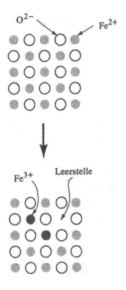

Abb. 14.12. Leerstellenbildung in FeO bei Einbau von Substitutionsionen mit abweichender Wertigkeit. Durch die Leerstellen wird die Ladungsbilanz wieder ausgeglichen.

An dem Substitutionsaustausch können auch mehrere Ionenarten beteiligt sein. Z. B. lassen sich in MgO zwei Mg^{2+}-Ionen durch je ein Li^+-Ion und je ein Fe^{3+}-Ion ersetzen. Da hierbei die Ladungsbilanz erhalten bleibt, ist die Bildung von Leerstellen überflüssig. Unabhängig davon können jedoch Leerstellen in Verbindung mit Frenkel- oder Schottky-Defekten vorhanden sein (Abb. 4.11). Ein Frenkel-Defekt liegt vor, wenn nur eine Gitterposition verlassen ist; beim Schottky-Defekt handelt es sich dagegen um ein Leerstellenpaar, das aus einer Kation- und einer Anionleerstelle besteht.

Beispiel 14.3

Verfahren zur Änderung der Zusammensetzung von Tonen.

Es ist bekannt, daß sich Montmorillonit-Ton (oder Bentonit) unter Zusatz von Wasser als Bindemittel für Sandkörner eignet und deshalb zur Herstellung von Grünsandformen für den Metallguß genutzt wird. In Abhängigkeit vom Abbaugebiet besitzt der Ton jedoch unterschiedliche Zusammensetzungen. In den Südstaaten der USA wird z. B. Bentonit mit einem Gehalt von 1% Ca gewonnen, das an der Oberfläche der Tonschichten adsorbiert ist. Bessere Gußformeigenschaften (geringere thermische Ausdehnung und leichteres Recycling) wären jedoch erzielbar, wenn der Ton Natrium anstelle von Calcium enthielte. Es wird deshalb nach einer Methode gesucht, mit der sich Ca-Bentonit auf einfache Weise in Na-Bentonit umwandeln läßt.

Lösung

Der Ca-haltige Ton wird mit Natriumcarbonat (Na_2CO_3) gemischt. Die Na- und Ca-Ionen tauschen sich gegenseitig aus, indem Na-Ionen an den Tonschichten adsorbiert werden und Ca sich zu $CaCO_3$ verbindet. Dieser „aktivierte" Ton hat vergleichbare Eigenschaften wie der sonst im Westen der USA gewonnene Na-Bentonit.

Die Formel von Montmorillonit lautet $Al_2(Si_2O_5)_2(OH)_2$, seine Molmasse beträgt 360,28 g/mol. In einem kg Ton befinden sich 1 000/360,28 = 2,776 Mole Montmorillonit.

Wenn 1 Gewichts% des Tons aus Calcium (M = 40,08 g/mol) besteht, befinden sich in 1 kg Ton etwa 10 g Calcium, bzw. 10/40,08 = 0,25 Mole. Um alle vorhandenen Ca^{2+}-Ionen durch Na^+-Ionen zu ersetzen, müssen deshalb zur Aufrechterhaltung der Ladungsbilanz 0,50 Mole Natrium (M = 22,99 g/mol) oder 22,99 · 0,50 = 11,50 g Natrium zugesetzt werden. Die Molmasse von Na_2CO_3 beträgt 105,98 g/mol. In 1 Mol Natriumcarbonat befinden sich 2 Mole Natrium; somit benötigen wir für die Substitution 0,25 Mole Natriumcarbonat, bzw. (0,25)(105,98) = 26,50 g.

Unter der idealisierten Annahme, daß das zugesetzte Natriumcarbonat vollständig aufgebraucht wird, ist zur Aktivierung des Tons ein Mischungsverhältnis von 26,50 g Natrium zu 1 000 g Südstaaten-Bentonit erforderlich.   □

Beispiel 14.4

Störstellenbehaftete keramische Verbindungen können als Halbleiter wirken. In FeO wird durch jede Leerstelle ein freier Ladungsträger erzeugt. Welche quantitative Zusammensetzung ist erforderlich, um eine Ladungsträgerkonzentration von $5{,}7 \cdot 10^{21}$ cm^{-3} einzustellen? FeO hat NaCl-Struktur und eine Gitterkonstante von 0,412 nm.

Lösung

Die FeO-Elementarzelle enthält bedingt durch die NaCl-Struktur 4 Fe^{2+}- und 4 O^{2-}-Gitterplätze. Die vorgegebene Ladungsträgerkonzentration erfordert eine gleiche Anzahl von Fe^{2+}-Leerstellen pro Volumeneinheit:

$$(5{,}7 \cdot 10^{21} \text{ Leerstellen/cm}^3)(4{,}12 \cdot 10^{-8} \text{ cm})^3 = 0{,}4 \text{ Leerstellen/Elementarzelle.}$$

Um diese Leerstellen unter Beibehaltung des Ladungsgleichgewichts zu erzeugen, muß ein Teil der Fe^{2+}-Ionen durch Fe^{3+}-Ionen ersetzt werden. Wir nehmen an, daß 25 Elementarzellen vorhanden seien und folglich 100 O- und 100 Fe-Gitterplätze. Die Anzahl der benötigten Leerstellen beträgt in diesem Fall (0,4 Leerstellen/Zelle)(25) = 10 Leerstellen. Folglich sind 30 Fe^{2+}-Ionen durch 20 Fe^{3+}-Ionen zu ersetzen, und wir erhalten:

100 O-Ionen,
 70 Fe^{2+}-Ionen,
 20 Fe^{3+}-Ionen,
 10 Leerstellen.

Die „Formel" dieser Zusammensetzung lautet $Fe_{0,9}O$.

Der O-Gehalt der Struktur beträgt in Atom%:

$$\text{Atom\% O} = \frac{100 \text{ O-Atome}}{100 \text{ O} + 70 \text{ Fe}^{2+} + 20 \text{ Fe}^{3+}} \cdot 100 = 52,6\%$$

und in Gewichts%:

$$\text{Gewichts\% O} = \frac{(52,6)(16 \text{ g/mol})}{(52,6)(16 \text{ g/mol}) + (47,4)(55,847 \text{ g/mol})} \cdot 100 = 24,1. \qquad \square$$

Versetzungen. In einigen keramischen Stoffen werden auch Versetzungen beobachtet. Das trifft zum Beispiel auf LiF, Saphir (Al_2O_3) und MgO zu. Diese Versetzungen sind jedoch schwer beweglich. Gründe dafür sind der große Burgers-Vektor, die nur geringe Anzahl vorhandener Gleitsysteme, die Notwendigkeit, feste ionische Bindungen aufzubrechen, und ladungsbedingte elektrostatische Kräfte, die den Gleitvorgang behindern. Wegen dieser geringen Gleitwahrscheinlichkeit verhalten sich keramische Materialien überwiegend spröde, weil vorhandene Risse nicht durch Materialdeformation an ihrer Spitze abgestumpft werden können und sich stattdessen weiter ausbreiten.

Auch im Bereich höherer Temperaturen, wo die Beweglichkeit von Versetzungen zunimmt, werden Deformationen vorwiegend durch Korngrenzengleitung oder viskoses Fließen (Glasphasen) hervorgerufen.

Grenzflächendefekte. Korngrenzen (Abb. 14.13) und Partikeloberflächen spielen in keramischen Stoffen eine wichtige Rolle. Mit Verringerung der Korngröße erhöht sich im allgemeinen ihre Festigkeit. Kleine Korngrößen gleichen besser die bei anisotroper Dehnung oder Kompression entstehenden Spannungen aus. Wichtige Voraussetzung für kleine Korngrößen ist häufig schon ein feinkörniges Rohmaterial.

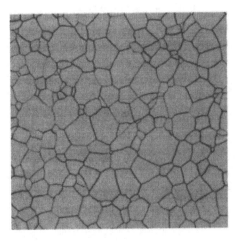

Abb. 14.13. Kornstruktur von PLZT (Blei-Lanthan-Zirconium-Titanat), das als Sensormaterial (z. B. für Druckwellen) genutzt wird (600fach). (Mit freundlicher Genehmigung von *G. Haertling*.)

Partikeloberflächen verhalten sich infolge der unterbrochenen und somit ungesättigten kovalenten und ionischen Bindungen reaktiv. Zum Beispiel können an ihnen Gasmoleküle adsorbiert werden und die Oberflächenenergie herabsetzen. Die Eigenschaften von Tonen hängen von ihren jeweiligen Lagerstätten ab, da örtlich unterschiedliche Fremdionenarten von ihren Schichtoberflächen adsorbiert werden, die unterschiedliche Zusammensetzung und Verformbarkeit zur Folge haben (Abb. 14.14).

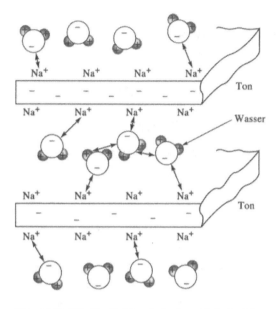

Abb. 14.14. Die Partikeloberfläche ist wichtig für Eigenschaften und Verwendbarkeit von Tonen, indem sie andere Ionen und Moleküle adsorbiert und ermöglicht, daß der feuchte Ton gröbere Materialien in den Keramikkörper einbindet.

Porosität. Poren kann man als eine spezielle Art von Flächendefekten betrachten. Sie können miteinander verbunden sein oder isoliert voneinander in geschlossener Form auftreten. Die *scheinbare Porosität* erfaßt nur den Anteil der miteinander verbundenen Poren und ist ein Maß für die Durchlässigkeit des Materials für Gase und Flüssigkeiten. Sie wird ermittelt aus dem Trockengewicht des Keramikteils (W_t), seinem Tauchgewicht nach Untertauchen in Wasser (W_{tau}) und seinem Naßgewicht nach Herausnahme aus dem Wasser (W_n). Unter Verwendung der Maßeinheiten g und cm^3 ergibt sich:

$$\text{Scheinbare Porosität} = \frac{W_n - W_t}{W_n - W_{tau}} \cdot 100. \tag{14.1}$$

Die *wahre Porosität* berücksichtigt zusätzlich auch die geschlossenen Poren und korreliert besser mit den Gesamteigenschaften der Keramik:

$$\text{Wahre Porosität} = \frac{\rho - B}{\rho} \cdot 100. \tag{14.2}$$

Hierin bedeuten

$$B = \frac{W_t}{W_n - W_{tau}} \tag{14.3}$$

die *Bulkdichte* und ρ die Dichte der keramischen Substanz. Die Bulkdichte entspricht dem Quotienten aus Masse und Volumen des porenbehafteten Keramikteils.

Beispiel 14.5
Bestimmung der scheinbaren und wahren Porosität eines Keramikteils aus gebranntem SiC und des Anteils seiner geschlossenen Poren. Die Dichte von SiC beträgt 3,2 g/cm^3. Das Keramikteil hat ein Trockengewicht von 360 g, ein Naßgewicht von 385 g und ein Tauchgewicht von 224 g.
Lösung

$$\text{Scheinbare Porosität} = \frac{W_n - W_t}{W_n - W_{tau}} \cdot 100 = \frac{385 - 360}{385 - 224} \cdot 100 = 15,5\%,$$

$$\text{Bulkdichte} = B = \frac{W_t}{W_n - W_{tau}} = \frac{360}{385 - 224} = 2,24,$$

$$\text{Wahre Porosität} = \frac{\rho - B}{\rho} \cdot 100 = \frac{3,2 - 2,24}{3,2} \cdot 100 = 30\%.$$

Der Prozentsatz der geschlossenen Poren ergibt sich als Differenz aus wahrer und scheinbarer Porosität: $(30 - 15,5)\% = 14,5\%$. Der Anteil der geschlossenen Poren beträgt: $\frac{14,5}{30} = 0,483$. □

14.5 Struktur keramischer Gläser

Gläser bilden die wichtigste Gruppe nichtkristalliner Keramik. Sie erstarren ohne Kristallisation und liegen nach Abkühlen unter den Schmelzpunkt zunächst als unterkühlte Flüssigkeit vor, bevor sie nach Unterschreiten der *Glastemperatur* in den festen Zustand übergehen. Hierbei friert die Struktur der unterkühlten Schmelze gewissermaßen ein. Die Volumenkontraktion ist jedoch von da an geringer als im Bereich der unterkühlten Schmelze (Abb. 14.15). Glasstrukturen bestehen aus nichtkristallinen (fernordnungslosen) Netzwerken miteinander verbundener SiO$_4$-Tetraeder, in die auch andere Ionengruppen einbezogen sein können (Abb. 14.6).

Nichtkristalline Strukturen treffen wir auch in extrem feinen Pulvermaterialien wie Gelen oder Kolloiden an. Die Abmessungen der Teilchen, aus denen diese amorphen Materialien bestehen, können weniger als 10 nm betragen. Zu diesen Stoffen zählen auch Zemente und Klebemittel. Sie entstehen durch Kondensation aus der Dampfphase, durch galvanische Abscheidung oder chemische Reaktionen.

Silikatgläser. Silikatgläser bilden die am häufigsten genutzte Glasart. *Quarzglas* besteht aus reinem SiO$_2$, besitzt einen hohen Schmelzpunkt und zeigt nur geringe thermische Ausdehnung (Abb. 14.7). Im allgemeinen werden jedoch dem Silikatglas Oxide zugesetzt (Tab. 14.1). Dabei ist zwischen Oxiden zu unterscheiden, die wie SiO$_2$ als *Netzwerkbildner* wirken, und solchen, die ohne eigenen Vernetzungsbeitrag nur in bestehende Netzwerke eingebunden werden. Zu den zuletzt genannten Oxiden gehören unter anderem Blei- und Aluminiumoxid. Eine dritte Gruppe von Oxiden (*Netzwerkwandler*), brechen die Netzwerkstruktur auf und führen schließlich zur Entglasung oder Kristallisation.

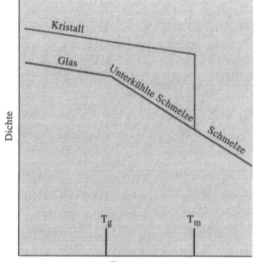

Abb. 14.15. Wenn SiO_2-Schmelze kristallisiert, tritt eine sprungartige Erhöhung der Dichte ein. Geht jedoch die unterkühlte Schmelze in den Glaszustand über, ändert sich an der Übergangstemperatur nur die Steigung des Dichte-Temperatur-Verlaufs.

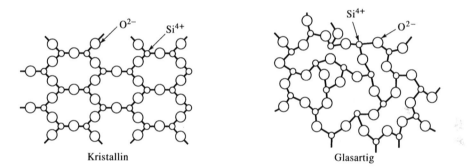

Kristallin   Glasartig

Abb. 14.16. Kristalline und glasartige Struktur von Silikat. Beide Strukturen besitzen Nahordnung, aber nur die kristalline auch eine Fernordnung.

Tabelle 14.1. Einteilung von Oxidverbindungen in Netzwerkbildner, Netzwerk-Einbindungen und Netzwerkwandler

Netzwerkbildner	Netzwerk-Einbindungen	Netzwerkwandler
B_2O_3	TiO_2	Y_2O_3
SiO_2	ZnO	MgO
GeO_2	PbO	CaO
P_2O_5	Al_2O_3	PbO_2
V_2O_3	BeO	Na_2O

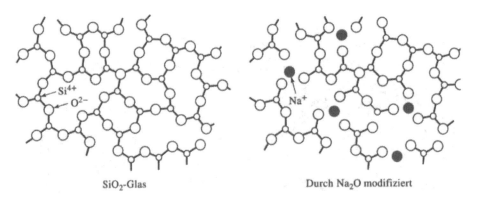

SiO$_2$-Glas   Durch Na$_2$O modifiziert

Abb. 14.17. Einfluß von Na$_2$O auf das Silikatnetzwerk. Na$_2$O ist ein Netzwerkwandler, der die Vernetzung unterbricht und schließlich Entglasung (Kristallisation) hervorruft.

Modifizierte Silikatgläser. Die Wirkung von Netzwerkwandlern beruht auf einer Veränderung des Verhältnisses von Sauerstoff und Silicium im SiO$_2$-Netzwerk. Wenn z. B. Na$_2$O zugesetzt wird, binden sich nur die hinzukommenden O-Ionen in das Netzwerk ein, während sich die Na-Ionen in dessen Maschen einlagern (Abb. 14.17). Dadurch entsteht innerhalb des Netzverbandes ein O-Ionen-Überschuß, der von den Si-Ionen des Netzwerks nicht mehr abgesättigt werden kann. Das hohe O/Si-Verhältnis hat zur Folge, daß sich die SiO$_4$-Tetraeder zu Ketten, Ringen oder Einzelkomplexen verbinden und keine Glasstrukturen mehr bilden können. Die Glasbildung ist bereits sehr erschwert, wenn das O/Si-Verhältnis einen Wert von 2,5 übersteigt. Ab einem Verhältnis von 3 ist Glasbildung nur noch unter speziellen Bedingungen möglich, z. B. durch schnelle Abkühlung.

Netzwerkwandler verringern auch den Schmelzpunkt und die Viskosität von SiO$_2$ und können auf diese Weise Glasbildung bei niedrigeren Temperaturen ermöglichen. Dieser Effekt ist am Beispiel des SiO$_2$-Na$_2$O-Zustandsdiagramm in Abbildung 14.18 erkennbar. Durch Zusatz von CaO läßt sich außerdem die Löslichkeit dieser Gläser in Wasser reduzieren.

Beispiel 14.6
Durch Zusatz von B$_2$O$_3$ läßt sich eine hohe chemische Resistenz von Silikatgläsern erzielen. Um ausreichendes Glasbildungsverhalten zu bewahren, soll jedoch das O/Si-Verhältnis durch diesen Zusatz nicht den Wert von 2,5 übersteigen. Gleichzeitig ist auch eine Reduzierung der Schmelztemperatur erwünscht, um die Glasherstellung zu erleichtern und Kosten einzusparen. Es ist ein dafür geeigneter B$_2$O$_3$-Gehalt des Glases zu bestimmen.

Lösung
Um den technologischen Spielraum voll auszunutzen, wird ein O/Si-Verhältnis von 2,5 angestrebt. Wenn f_B den Molanteil des B$_2$O$_3$-Zusatzes und $1-f_B$ den Molanteil des SiO$_2$ bedeuten, läßt sich die benötigte Menge an B$_2$O$_3$ in folgender Weise berechnen:

$$\frac{O}{Si} = \frac{\left(3\frac{O-Ionen}{B_2O_3}\right)(f_B) + \left(2\frac{O-Ionen}{SiO_2}\right)(1-f_B)}{\left(1\frac{Si-Ion}{SiO_2}\right)(1-f_B)} = 2,5 \quad ,$$

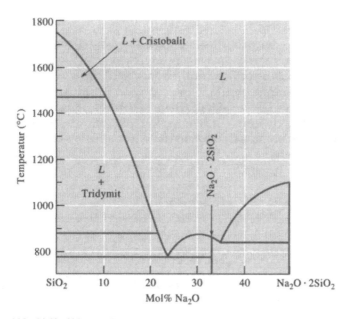

Abb. 14.18. SiO_2-Na_2O-Zustandsdiagramm. Durch Zusatz von Na_2O sinkt die Schmelztemperatur von SiO_2 stark ab.

$$3f_B + 2 - 2f_B = 2,5 - 2,5f_B \qquad \text{oder} \qquad f_B = 0,143.$$

Daraus folgt, daß das Glas nicht mehr als 14,3 Mol% B_2O_3 enthalten darf. In Gewichts% lautet das Ergebnis:

$$\text{Gewichts\% } B_2O_3 = \frac{(f_B)(69,62 \text{ g/mol})}{(f_B)(69,62 \text{ g/mol}) + (1 - f_B)(60,08 \text{ g/mol})} \cdot 100,$$

$$\text{Gewichts\% } B_2O_3 = \frac{(0,143)(69,62)}{(0,143)(69,62) + (0,857)(60,08)} \cdot 100 = 16,2. \qquad \Box$$

14.6 Mechanische Fehler keramischer Stoffe

Sowohl kristalline als auch nichtkristalline keramische Stoffe sind sehr spröde, besonders bei niedrigen Temperaturen. Die Belastungsprobleme verschärfen sich durch Fehler wie kleine Risse, Porosität, Fremdeinschlüsse, Glasphasen oder große Kornabmessungen, die bei der Herstellung entstehen können. Größe, Form und Orientierung dieser Fehler können sowohl innerhalb eines Keramikbauteils als auch zwischen den Bauteilen stark schwanken.

Sprödbruch. Jeder Riß oder vergleichbare Fehler vermindert die Widerstandfähigkeit keramischer Bauteile gegenüber Zugbeanspruchungen. Ursache ist die durch den Riß (mitunter auch als *Griffith-Fehler* bezeichnet) bewirkte Konzentration und Vergrößerung der Spannung. Abbildung 14.19 zeigt einen Oberflächenriß mit der Tiefe a und dem Spitzenradius r. Bei einer Zugbelastung σ beträgt die Zugspannung an der Rißspitze:

$$\sigma_{wirksam} \cong 2\sigma \sqrt{a/r}. \tag{14.4}$$

Für sehr feine Risse (kleines r) oder tiefe Risse (großes a) ergibt sich ein großes Verhältnis von $\sigma_{wirksam}/\sigma$, d. h. eine starke Spannungsvergrößerung. Wenn dadurch die Streckgrenze des Materials überschritten wird, nimmt die Rißtiefe weiter zu, bis das Material schließlich auseinanderbricht, obwohl die den Bruch auslösende Zugspannung, auf den ungestörten Querschnitt des Bauteils bezogen, nur klein ist.

In einer anderen Versuchsdurchführung stellen wir fest, daß sich das Material bei anliegender Spannung elastisch dehnt, abhängig von seinem Elastizitätsmodul

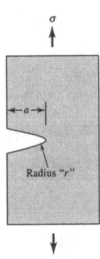

Abb. 14.19. Schematische Darstellung eines Griffith-Fehlers in Keramik.

E. Die dabei vom Material aufgenommene Dehnungsenergie wird durch die Rißbildung wieder frei. Gleichzeitig entstehen jedoch bei der Rißbildung zwei neue Oberflächen, so daß sich die Oberflächenenergie des Teiles insgesamt erhöht. Aus der Bilanz beider gegenläufiger Energieänderungen ergibt sich eine kritische Spannung, von der ab die Rißausbreitung einsetzt (Griffith-Gleichung):

$$\sigma_{kritisch} = \sqrt{2E\gamma/\pi a}, \tag{14.5}$$

Hierin bedeuten a wiederum die Tiefe eines Oberflächenrisses (oder die halbe Länge eines inneren Risses) und γ die auf die Flächeneinheit bezogene Oberflächenenergie. Die Gleichung macht deutlich, daß schon kleine Rißtiefen die Festigkeit von Keramikteilen ernsthaft einschränken können.

Ein ähnlicher Zusammenhang ergibt sich auch nach Umformen der Gleichung (6.14), die den Spannungserhöhungsfaktor K beschreibt:

$$\sigma = \frac{K}{f\sqrt{\pi a}}. \tag{14.6}$$

Die möglichst weitgehende Vermeidung von Rissen bei der Herstellung und Verarbeitung von Keramikteilen ist deshalb für ihre Festigkeit von ausschlaggebender Bedeutung.

Eine andere Situation liegt bei Einwirkung von Druckspannungen vor. In diesem Fall werden vorliegende Risse durch die Spannungsbelastung geschlossen. Aus diesem Grunde besitzen keramische Werkstoffe im allgemeinen eine hohe Kompressionsfestigkeit.

Beispiel 14.7

Ein aus Sialon bestehendes Keramikteil, an dessen Oberfläche ein 0,25 mm tiefer Riß festgestellt wurde, fällt bei einer Zugbelastung von 4,0 N/mm^2 unerwartet durch Rißausbreitung aus. Die Zugfestigkeit von Sialon beträgt 400 N/mm^2. Wie groß muß in diesem Fall der Radius der Rißspitze gewesen sein, um diesen Ausfall zu erklären?

Lösung

Der Ausfall tritt bei Überschreiten der Zugfestigkeit des Materials durch Spannungskonzentration an der Rißstelle ein. Die dort wirksame Belastung beträgt nach Gleichung (14.4):

$$\sigma_{\text{wirksam}} = 2\sigma\sqrt{a/r},$$

$$400 = (2)(4)\sqrt{0,25/r},$$

$$50 = \sqrt{0,25/r} \quad \text{oder} \quad 0,25/r = 2\,500,$$

$$r = 1 \cdot 10^{-4}\ \text{mm}.$$

Kurvenradien dieser Größenordnung sind mit einfachen Mitteln kaum noch zu erfassen. Aus diesem Grunde ist das Widerstandsvermögen von Keramikteilen gegenüber Zugbelastungen nur schwer abschätzbar, obwohl uns mit Gleichung (14.4) eine Beziehung zur Verfügung steht, die den dafür gültigen theoretischen Zusammenhang enthält.   □

Beispiel 14.8

Bestimmung der notwendigen Dicke eines 7,5 cm breiten Keramikhalters (mit rechteckigem Querschnitt) aus Sialon für eine Zugbelastung von $2 \cdot 10^5$ N. Sialon besitzt eine Bruchzähigkeit von 10 MPa$\sqrt{\text{m}}$. Die Dicke richtet sich nach den mit nichtzerstörenden Meßmethoden noch bestimmbaren Rißtiefen.

Lösung

Folgende drei Meßmethoden stehen für die Rißtiefenbestimmung zur Verfügung: Röntgenstrahlprüfung mit einer Nachweisgrenze von 0,5 mm, Gammastrahlprüfung mit einer Nachweisgrenze von 0,2 mm und Ultraschallprüfung mit einer Nachweisgrenze von 0,15 mm. Unter der Voraussetzung, daß in dem Keramikteil keine Rißtiefen vorhanden sind, die diese Nachweisgrenzen überschreiten, ist die für die vorgegebene Last einzuhaltende Minimaldicke abzuschätzen. Aus Gleichung (14.6) ergibt sich unter der Annahme von $f = 1$:

$$\sigma_{\max} = \frac{K_{Ic}}{\sqrt{\pi a}} = \frac{F}{A},$$

$$A = \frac{F\sqrt{\pi a}}{K_{Ic}} = \frac{2 \cdot 10^5\ \text{N}(\sqrt{\pi})(\sqrt{a})}{10^7\ \text{Nm}^{-2}\ \sqrt{\text{m}}}$$

$$A = 3,54 \cdot 10^{-2}\ \frac{\sqrt{a}}{\sqrt{\text{m}}} = \text{m}^2 = 354\ \frac{\sqrt{a}}{\sqrt{\text{m}}}\ \text{cm}^2\ (a\ \text{gemessen in m}).$$

Gesuchte minimale Dicke $= A / 7,5$ cm $= 47,2 \sqrt{a}$ cm.

Für die drei Nachweisgrenzen ergeben sich die in der Tabelle angeführten notwendigen Materialdicken.

Tabelle 14.2.

Zerstörungsfreie Meßverfahren	Kleinste nachweisbare Rißtiefe (m)	Minimale Fläche (cm^2)	Minimale Dicke (cm)	Maximale Spannung (N/mm^2)
Röntgenstrahlung	0,0005	7,92	1,06	252
γ-Strahlung	0,0002	5,00	0,67	400
Ultraschall	0,00015	4,33	0,57	461

Die Größe des Keramikteils hängt somit von der meßtechnischen Nachweisgrenze für Rißtiefen und der technologischen Sicherheit ab, daß diese Rißtiefen nicht überschritten werden. Bei Anwendung der Ultraschallprüfung und Nichtüberschreiten der damit nachweisbaren Rißtiefe kann die Materialdicke am geringsten gehalten werden.

Auch die Bruchzähigkeit ist von Einfluß. Wenn anstelle von Sialon das weniger zähe Si_3N_4 eingesetzt wird, dessen Bruchzähigkeit nur etwa ein Drittel des Wertes für Sialon beträgt, ergäben sich im Falle des Ultraschalltests eine minimale Dicke von 1,7 cm und eine maximale Spannung von nur 151 MPa bzw. N/mm^2. $\square$

Statistische Abschätzung der Bruchgefährdung. Wegen der kritischen Abhängigkeit der Zugeigenschaften von Größe und Form der unvermeidlich vorhandenen Risse können die aus Zug-, Biege- oder Ermüdungsversuchen ermittelten Festigkeitswerte von Keramikmaterialien erheblich streuen. Keramikteile, die aus gleichem Material bestehen und identisch hergestellt wurden, verhalten sich unter Belastung unterschiedlich. Um sie als tragende Elemente einzusetzen, muß ihre Bruchgefährdung genau bekannt sein. Die Weibull-Verteilung und der Weibull-Modul sind geeignete Hilfsmittel für eine statistische Abschätzung der Bruchgefährdung.

Die *Weibull-Verteilung* (Abbildung 14.20a) beschreibt den Ausfallanteil rißbehafteter Proben in Abhängigkeit von der Belastung. Die Ausfallwahrscheinlichkeit durchläuft ein Maximum. Bei kleiner Spannungsbelastung fallen erst wenige Proben mit entsprechend großer Rißtiefe aus; die meisten Ausfälle ereignen sich bei mittlerer Belastung; bei hohen Belastungen geht die Ausfallwahrscheinlichkeit wieder zurück und wird durch die noch verbleibende Probenmenge mit sehr geringer Rißtiefe bestimmt. Um hohe statistische Sicherheit zu gewinnen, sind möglichst schmale Weibull-Verteilungen erwünscht.

Ausfallwahrscheinlichkeit und Bruchspannung hängen in folgender Weise zusammen:

$$\ln\left[\ln\left(\frac{1}{1-P}\right)\right] = m \ln(\sigma_b), \tag{14.7}$$

wobei P die kumulative Bruchwahrscheinlichkeit, σ_b die zum Bruch führende Spannung und m den *Weibull-Modul* bedeuten. Abbildung 14.20b zeigt die kumulative Bruchwahrscheinlichkeit von zwei Al_2O_3-Sorten, die sich im Herstellungsverfahren unterscheiden. Bei hohen Spannungen besteht für beide Sorten eine

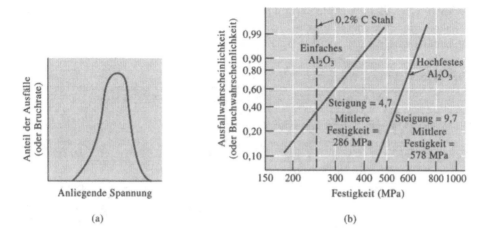

(a)   (b)

Abb. 14.20. (a)Weibull-Verteilung der Bruchrate in Abhängigkeit von der Spannung. (b) Kumulative Bruchwahrscheinlichkeit bei verschiedener Spannungsbelastung (dargestellt unter Verwendung spezieller Koordinatenmaßstäbe). Die Steigung der Geraden ergibt den Weibull-Modul. Die eingezeichneten Geraden beziehen sich auf unterschiedlich hergestellte Al_2O_3-Proben. Zum Vergleich ist die Festigkeit von kohlenstoffarmem Stahl angegeben. Hohe Werte des Weibull-Moduls bedeuten hohe Zuverlässigkeit der Keramikteile.

große Ausfallwahrscheinlichkeit. Mit sinkender Spannung nimmt die Ausfallwahrscheinlichkeit ab. Auch bei kleinen Spannungen ist noch eine Restwahrscheinlichkeit für Ausfälle vorhanden, bedingt durch Proben mit sehr großer Rißtiefe. Diese Restwahrscheinlichkeit hat zur Folge, daß Keramikteile für kritische Anwendungen nur begrenzt einsetzbar sind.

Der Weibull-Modul entspricht der Steigung der kumulativen Wahrscheinlichkeitskurve. Für zugbelastete Keramikteile sollte der Weibull-Modul möglichst groß sein. Große Steigung bedeutet, daß das Material eine schmale Ausfallwahrscheinlichkeitsverteilung aufweist und die Rißtiefen somit nur in engem Bereich streuen. Unter diesen Bedingungen ist eine zuverlässigere Dimensionierung der Keramikteile möglich. Der Weibull-Modul von herkömmlichem Aluminiumoxid ist nach Abbildung 14.20b nur etwa halb so groß wie der von hochfestem Aluminiumoxid, für das feineres Pulver als Ausgangsstoff verwendet wird. Dieses weiterentwickelte Aluminiumoxid ist im Vergleich zum herkömmlichen sowohl fester als auch zuverlässiger. Der Weibull-Modul neuentwickelter Keramikstoffe beträgt typischerweise 10 bis 20. Allerdings erfordert ihre Herstellung hochreines Rohmaterial und aufwendige Verfahren, so daß die daraus bestehenden Keramikteile sehr teuer sind.

Beispiel 14.9

In einer Versuchsreihe ergaben sich für Proben aus Siliciumcarbid folgende Bruchfestigkeitwerte: 23 MPa, 49 MPa, 34 MPa, 30 MPa, 55 MPa, 43 MPa und 40 MPa. Hieraus sind der Weibull-Modul des Materials zu bestimmen und seine Zuverlässigkeit als Konstruktionswerkstoff für belastete Teile einzuschätzen.

Lösung

In einer näherungsweisen Lösung ordnen wir den n Proben zunächst den numerischen Rang 1 bis n zu, und zwar in der Reihenfolge zunehmender Bruchfestigkeit (n beträgt in unserem Fall 7). Die kumulative Wahrscheinlichkeit P ergibt sich als

Verhältnis $n/(n+1)$. Dann wird $\ln\,[\ln\,(1/1-P)]$ in Abhängigkeit von $\ln\,\sigma_b$ aufgetragen. Die Ergebnisse sind in der folgenden Tabelle und in Abbildung 14.21 zusammengefaßt.

Tabelle 14.3.

Rangfolge der Proben	σ_b (MPa)	P	$\ln\left[\ln\left(\dfrac{1}{1-P}\right)\right]$
1	23	$1/8 = 0{,}125$	$-2{,}013$
2	30	$2/8 = 0{,}250$	$-1{,}246$
3	34	$3/8 = 0{,}325$	$-0{,}755$
4	40	$4/8 = 0{,}500$	$-0{,}367$
5	43	$5/8 = 0{,}625$	$-0{,}019$
6	49	$6/8 = 0{,}750$	$+0{,}327$
7	55	$7/8 = 0{,}875$	$+0{,}732$

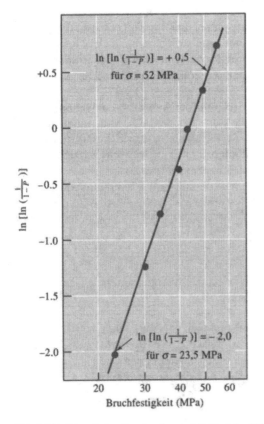

Abb. 14.21. Kumulative Bruchwahrscheinlichkeit in Abhängigkeit von der Bruchspannung (zu Beispiel 14.9).

Als Kurvensteigung oder Weibull-Modul m ergibt sich (unter Verwendung der beiden in Abbildung 14.21 markierten Punkte):

$$m = \frac{0{,}5-(-2{,}0)}{\ln(52)-\ln(23{,}5)} = \frac{2{,}5}{3{,}951-3{,}157} = 3{,}15.$$

Dieser niedrige Weibull-Modul läßt auf einen breit streuenden Bereich der Bruchfestigkeit des keramischen Materials schließen, was dieses für hoch belastete Bauteile wenig geeignet macht. □

Festigkeitserhöhende Maßnahmen. Um die Bruchfestigkeit und Belastbarkeit keramischer Stoffe zu erhöhen, stehen verschiedene Möglichkeiten zur Verfügung. Eine herkömmliche Methode nutzt die Umhüllung der spröden Keramikpartikel mit einer weicheren und zäheren Matrixsubstanz. Das geschieht bei der Herstellung von *Cermets* für Schneidwerkzeuge und Schleifmitteln (Abb. 14.22a). In diesen Verbundwerkstoffen sind z. B. harte Wolframcarbid-Partikel (WC) in einer Cobalt-Matrix eingebettet. Der keramische Bestandteil des Verbundes sorgt für

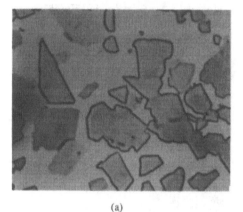

(a)

(b)   (c)

Abb. 14.22. Gefügestrukturen keramischer Stoffe mit verbesserter Bruchfestigkeit: (a) Wolframcarbid in Cobaltmatrix (1 500fach), (b) durch SiC-Fasern verstärkte Glaskeramik (100fach), (c) teilweise stabilisiertes ZrO_2 mit Platten aus tetragonaler Phase in monokliner Matrix (15 000fach). (Aus *Metals Handbook*, Vol.9, 9. Aufl. *American Society for Metals*, 1985.)

große Härte und Schneidfähigkeit, während das weichere und duktilere Cobalt Verformbarkeit und Energieabsorption ermöglicht. Andere Cermets wie TiC in Ni-Matrix oder TiB in Co-Matrix besitzen gute Hochtemperatur- und Korrosionsbeständigkeit für den Einsatz in Raketentriebwerken. UO_2 in Al-Matrix wird als Kernbrennstoff verwendet.

Eine andere Möglichkeit bieten Verbunde mit keramischer Matrix. Hierbei werden keramische Fasern oder Agglomerate in keramische Matrix eingebaut. Die stabilisierende Wirkung dieser Maßnahmen ist darauf zurückzuführen, daß die Ausbreitung von Rissen durch die Grenzfläche zwischen Matrix und Faser blockiert wird (Abb. 14.22b).

Risse und Spannungskonzentrationen können in keramischen Stoffen auch durch Phasenübergänge beim Aufheizen oder Abkühlen entstehen. Zirkon (ZrO_2) geht z. B. bei Abkühlung aus einer tetragonalen in eine monokline Struktur über (Abb. 14.23), wobei es sich stark ausdehnt. Da sich die ergebenden Spannungen nicht durch plastische Verformung der Umgebung ausgleichen können, führen sie zur Entstehung und Ausbreitung von Rissen. Die Gegenmaßnahme besteht in der Vermeidung dieses Strukturübergangs. Durch Zusatz von CaO, MgO oder anderer Materialien bildet sich eine kubische und bei allen Temperaturen stabile feste Lösung, die auch als *stabilisiertes Zirkon* bezeichnet wird. Diese feste Lösung

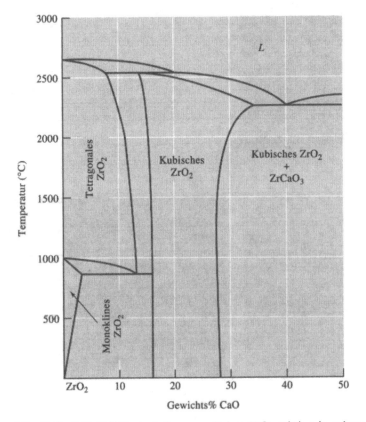

Abb. 14.23. ZrO_2-CaO-Zustandsdiagramm. Reines ZrO_2 existiert in polymorphen Phasen. Nach Zusatz von 16% bis 26% CaO liegt ZrO_2 bei allen Temperaturen nur noch in kubischer Struktur vor.

schließt Phasenübergänge aus und läßt auch einen Einsatz der Substanz als feuerfestes Material zu. Seine Bruchzähigkeit beträgt jedoch nur ungefähr 2,75 MPa$\sqrt{m}$.

Phasenübergänge können andererseits auch zu höherer Festigkeit führen. Dieses Phänomen ist ebenfalls in Zirkon zu beobachten. Voraussetzung ist die Anwesenheit einer metastabilen Phase, die sich durch Absorption von Rißenergie in eine stabilere Phase umwandelt. Damit wird der Rißausbreitung Energie entzogen, und Risse werden verschlossen. *Partiell stabilisiertes Zirkon* (PSZ) enthält zu diesem Zweck nur eine geringe Menge an stabilisierendem Oxid. Die aus monokliner Phase bestehende Matrix wird durch eingelagerte Platten aus tetragonaler Phase gehärtet, die durch martensitische Reaktion entstanden sind (Abb. 14.22c). Die Bruchzähigkeitswerte betragen bis zu 8,8 Mpa$\sqrt{m}$.

Eine weitere Einflußnahme auf die Bruchzähigkeit keramischer Stoffe bietet ihre Herstellungstechnologie. Günstig für Festigkeit und Zähigkeit sind Verfahren, die sehr feinkörnige, hochreine und möglichst dichte Substanzen erzeugen. Andere Verfahren nutzen den gezielten Einbau von Mikrorissen, die einerseits zu klein sind, um sich selbst auszubreiten, aber andererseits größere Risse abstumpfen können, so daß deren Wachstum erschwert wird.

14.7 Verformung keramischer Stoffe bei hohen Temperaturen

Da Versetzungen in keramischen Stoffen nahezu unbeweglich sind, findet bei niedrigen Temperaturen keine nennenswerte plastische Verformung statt. Bei höheren Temperaturen werden *viskoses Fließen* und Korngrenzengleitung als Verformungsmechanismen wirksam. Viskoses Fließen ist in Gläsern und solchen keramischen Stoffen zu beobachten, die neben kristallinen auch Glasphasen enthalten; Korngrenzengleitung tritt in keramischen Stoffen auf, die vorrangig kristallin sind.

Viskoses Fließen von Glas. Glas verformt sich bei genügend hohen Temperaturen durch viskoses Fließen. Der Vorgang ist mit dem Verhalten von Flüssigkeiten zu vergleichen, die zwischen Flüssigkeitsgrund und Flüssigkeitsoberfläche einer Scherspannung τ ausgesetzt sind. Die Fließgeschwindigkeit der Flüssigkeitsschichten hängt von ihrer Lage bezogen auf die einwirkende Scherspannung ab. An der Oberfläche bewegt sich die Flüssigkeit am schnellsten; mit zunehmender Tiefe verringert sich die Fließgeschwindigkeit (Abb 14.24), und es entsteht ein Geschwindigkeitsgefälle dv/dz. Die Viskosität η ist durch folgende Gleichung definiert:

$$\eta = \frac{\tau}{dv/dz}. \tag{14.8}$$

Die Maßeinheit der Viskosität lautet Pa · s oder Poise (P) mit 1 P = 0,1 Pa · s. Wasser fließt schon bei geringer Scherspannung relativ schnell; seine Viskosität ist klein und beträgt bei 20 °C nur 0,001 Pa · s. Um die gleiche Fließgeschwindigkeit in dickflüssigeren Medien wie Glyzerin zu erhalten, sind höhere Scherspannungen erforderlich; die Viskosität von Glyzerin beträgt etwa 1,5 Pa · s.

In Gläsern müssen sich beim Fließen Atomgruppen (Silikatinseln, -ringe oder -ketten) aneinander vorbeibewegen. Diese setzen der Scherspannung infolge ihrer

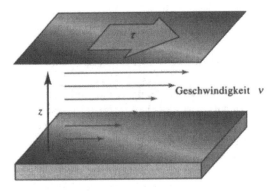

Geschwindigkeit v

Abb. 14.24. Die Viskosität ist umgekehrt proportional zum Geschwindigkeitsgradienten in einer Flüssigkeitsschicht bei anliegender Scherspannung τ.

gegenseitigen Anziehung einen hohen Widerstand entgegen. Erst bei hohen Temperaturen – etwa oberhalb des Schmelzpunktes – sind Gläser so dünnflüssig, daß sie gegossen werden können, d. h. sie können unter der Wirkung ihres eigenen Gewichts fließen und sich verformen. Die Viskosität von geschmolzenem Glas beträgt im allgemeinen weniger als 50 Pa · s. Es bleibt damit zwar viskoser als Wasser, kann aber leicht fließen.

Die Viskosität von Glas hängt jedoch von der Temperatur ab:

$$\eta = \eta_0 \exp \frac{Q_\eta}{RT}. \tag{14.9}$$

Mit sinkender Temperatur nimmt die Viskosität zu und die Verformbarkeit ab. Für das Vorbeigleiten der Atomgruppen ist eine Aktivierungsenergie Q_η aufzubringen. Netzwerkwandler wie Na_2O brechen die Netzwerkstruktur auf und erleichtern die Bewegung der Atomgruppen; sie reduzieren den Wert von Q_η und die Viskosität des Glases (Abb. 14.25).

Die Viskosität von Gläsern bestimmt wichtige Temperaturbereiche ihrer Herstellung und Verarbeitung. Der *Schmelzbereich* ist durch niedrige Viskosität gekennzeichnet mit Werten zwischen etwa 5 und 50 Pa · s. Die Viskositätswerte im *Verarbeitungsbereich*, in welchem Gläser verformt werden können, variieren zwischen 10^3 und 10^6 Pa · s. Am *oberen Kühlpunkt* (Entspannungspunkt) beträgt die Viskosität etwa 10^{12} Pa · s, was noch ausreicht, um innere Spannungen durch Bewegung von Atomgruppen auszugleichen. Erst ab dem *unteren Kühlpunkt* (Verformungspunkt) sind Gläser vollständig starr.

Kriechvorgänge in keramischen Stoffen. Da Keramikteile häufig für Einsatz unter hohen Temperaturen vorgesehen sind, ist ihr Kriechverhalten von Bedeutung. Kristalline keramische Stoffe haben einen hohen Kriechwiderstand, bedingt durch hohe Schmelztemperatur und hohe Aktivierungsenergie für Diffusionsvorgänge. Abbildung 14.26 vergleicht die Biegefestigkeit einiger keramischer Stoffe mit der einer Ni-Cr-Superlegierung. In der Tendenz zeigt sich, daß keramische Stoffe ihre Festigkeitswerte bis in Bereiche über 1 200 °C beibehalten können.

Kriechvorgänge in kristallinen keramischen Stoffen beruhen vorrangig auf Korngrenzengleitung. Dabei können Risse entstehen und zum Ausfall führen. Folgende Faktoren kommen der Korngrenzengleitung entgegen und reduzieren den Kriechwiderstand:

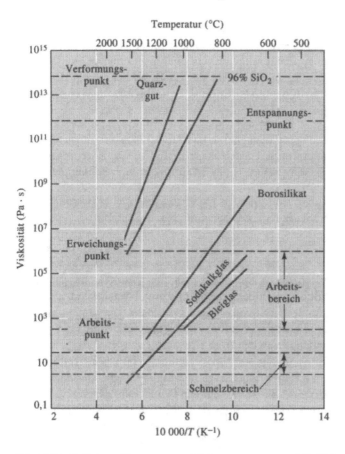

Abb. 14.25. Einfluß von Temperatur und Zusammensetzung auf die Viskosität von Gläsern.

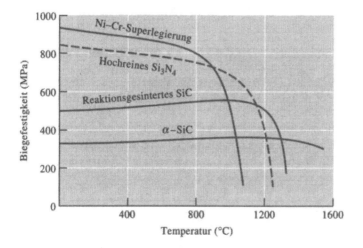

Abb. 14.26. Einfluß der Temperatur auf die Biegefestigkeit verschiedener keramischer Stoffe verglichen mit der Ni-Cr-Superlegierung.

1. *Kleine Korngröße.* Die größere Anzahl der Korngrenzen erleichtert den Gleitprozeß und hat eine erhöhte Kriechgeschwindigkeit zur Folge (Abb. 14.27a).
2. *Porosität.* Zunehmende Porosität reduziert den effektiven Querschnitt des Keramikteils und erhöht die bei anliegender Last wirksame Spannung. Außerdem erleichtern Poren den Gleitprozeß von Korngrenzen. Die Kriechgeschwindigkeit nimmt zu (Abb.14.27b).
3. *Fremdstoffe.* Verschiedene Fremdstoffe können die Bildung glasartiger Phasen an Korngrenzen auslösen und Kriechen durch viskoses Fließen verursachen.
4. *Temperatur.* Hohe Temperaturen reduzieren die Festigkeit von Korngrenzen, vergrößern die Diffusionsgeschwindigkeit und begünstigen die Bildung glasartiger Phasen.

Die Kriechgeschwindigkeit von Gläsern hängt eng mit der Viskosität zusammen. In einigen Gläsern wird die Kriechgeschwindigkeit $d\varepsilon/dt$ durch

$$\frac{d\varepsilon}{dt} = \frac{\sigma}{\eta} \tag{14.10}$$

beschrieben, wobei σ die anliegende Spannung bedeutet. Die Kriechgeschwindigkeit nimmt somit exponentiell mit steigender Temperatur (abnehmender Viskosität) zu. Der Kriechwiderstand von Silikatgläsern ist im Falle von reinem SiO_2 am größten. Durch Zusatz von Netzwerkwandlern wie MgO, SrO und PbO werden Viskosität und Kriechwiderstand verringert.

Viele keramische Stoffe bestehen aus einem Gemisch von glasartigen und kristallinen Phasen. So werden häufig bei der Keramikherstellung Glasphasen zwischen kristallinen Partikeln erzeugt. Beim Erhitzen begünstigt das viskose Fließen der Glasphase die Korngrenzengleitung und reduziert die Hochtemperaturfestigkeit und den Kriechwiderstand der Substanz. Andererseits wird die Viskosität von Gläsern durch Ausscheidung kristalliner Phasen innerhalb der Glasphase erhöht und der Kriechwiderstand verbessert. Dieser Effekt wird in sogenannten glaskeramischen Werkstoffen genutzt, in denen kristalline Ausscheidungen die Hochtemperatureigenschaften der zuvor reinen Gläser verbessern.

Beispiel 14.10
Eine 100 cm lange Glastafel aus Sodakalkglas dient als Fensterscheibe eines Ofens und wird in Längsrichtung mit einer Zugspannung von 100 MPa belastet. Die Temperatur des Glases beträgt 150 °C. Wie groß ist die Verformungsgeschwindigkeit des Glases und um wieviel dehnt es sich nach einer kontinuierlichen Betriebszeit von 20 Jahren aus?

Lösung
Abbildung 14.25 enthält zwar nicht den benötigten Viskositätswert für 150 °C, kann aber genutzt werden, um die Konstanten der Gleichung (14.9) zu bestimmen. Aus dem Verlauf der Geraden für Sodakalkglas ergibt sich für $10\,000/T = 6{,}1$ bzw. $T = 1\,639$ K ein Viskositätswert η von 10^2 Poise und für $10\,000/T = 9{,}9$ bzw. $T = 1\,010$ K ein Viskositätswert von 10^6 Poise. Aus dem Gleichungspaar

$$\ln 10^2 = 4{,}605 = \ln \eta_0 + \frac{Q_\eta}{1{,}987(1639)} = \ln \eta_0 + 0{,}000307 Q_\eta,$$

$$\ln 10^6 = 13{,}816 = \ln \eta_0 + \frac{Q_\eta}{1{,}987(1010)} = \ln \eta_0 + 0{,}000498 Q_\eta.$$

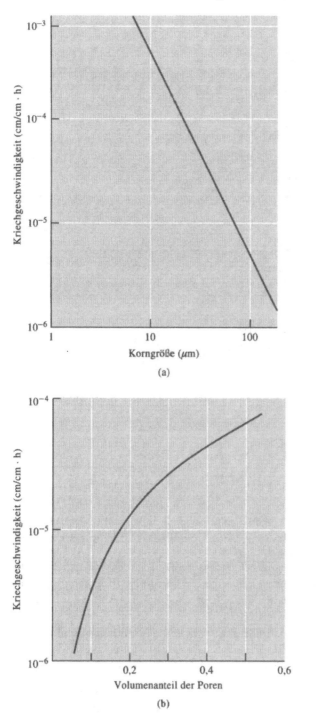

Abb. 14.27. (a) Die Kriechgeschwindigkeit von MgO nimmt mit zunehmender Korngröße ab. (b) Die Kriechgeschwindigkeit von Al_2O_3 wächst mit zunehmender Porosität.

ergibt sich:

$$Q_\eta = \frac{9,211}{0,00019} = 48\,500 \text{ cal/mol},$$

$$\ln \eta_0 = 13,816 - (0,000498)(48\,500) = -10,337 \text{ oder}$$

$$\eta_0 = 3,24 \cdot 10^{-5}.$$

Bei 150 °C bzw. 423 K beträgt die Viskosität:

$$\eta = 3,24 \cdot 10^{-5} \exp \frac{48\,500}{(1,987)(423)} = 3,723 \cdot 10^{20} \text{ Poise}$$

$$= 3,723 \cdot 10^{19} \text{ Pa} \cdot \text{s}.$$

Nach Gleichung (14.10) ergibt sich für die Verformungsgeschwindigkeit:

$$\frac{d\varepsilon}{dt} = \frac{\sigma}{\eta} = 100 \text{ MPa} \frac{10^6 \text{ Pa/MPa}}{3,723 \cdot 10^{19} \text{ Pa} \cdot \text{s}},$$

$$\frac{d\varepsilon}{dt} = 2,686 \cdot 10^{-12} \text{ cm/cm} \cdot \text{s}.$$

20 Jahre entsprechen einer Zeit von $6,3 \cdot 10^8$ s. Die Gesamtdehnung beträgt:

$$\Delta\varepsilon = (2,686 \cdot 10^{-12})(6,3 \cdot 10^8) = 0,00169 \text{ cm/cm}.$$

Die 100 cm lange Glasscheibe dehnt sich in dem vorgegebenen Betriebszeitraum um 0,169 cm aus.   □

14.8 Technologie und Anwendungen von Gläsern

Gläser werden in Temperaturbereichen bearbeitet, in denen ihre Viskosität eine Verformung ohne Zerbrechen zuläßt. Nach Abbildung 14.25 kann man folgende Bearbeitungsbereiche unterscheiden.

1. *Schmelzbereich*. Scheiben- und Tafelglas werden aus der Schmelze hergestellt. Als Verfahren kommen Walzen zwischen wassergekühlten Rollen und Floaten (Gießen und Abkühlen) auf einem Zinnbad zur Anwendung (Abb. 14.28). Letzteres ergibt besonders glatte Glasoberflächen.

Optische Linsen werden in Formen gegossen und extrem langsam abgekühlt, um Restspannungen und Risse zu vermeiden. Glasfasern werden aus der Schmelze unter Verwendung von Platindüsen gezogen (Abb. 14.29c). Dabei werden viele Fasern simultan erzeugt.

2. *Verarbeitungsbereich*. Glasbehälter oder Glaskolben für Glühlampen können durch Pressen, Ziehen oder Blasen hergestellt werden (Abb. 14.29). Beim *Speisertropfen*-Verfahren wird das Glas zunächst in eine Vorform (*Külbel*) gegossen und anschließend durch eine erhitzte Düse in die Endform gepreßt oder geblasen. Das Glas befindet sich hierbei in einem Temperaturbereich, in dem es verformt werden kann, aber nicht „wegläuft".

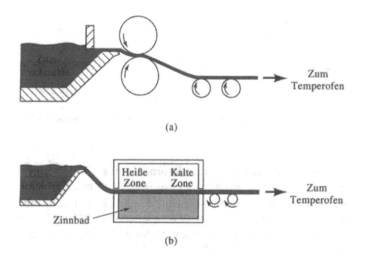

Abb. 14.28. Herstellungsverfahren für Glasscheiben und -platten: (a) Walzen, (b) Floaten auf Zinnbad.

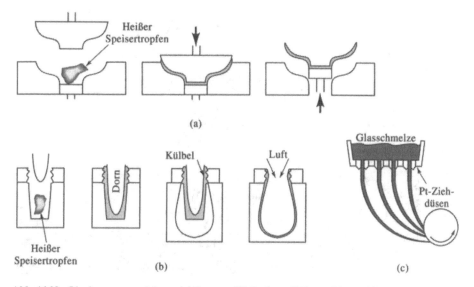

Abb. 14.29. Glasformungsverfahren: (a) Pressen, (b) Preß- und Blasverfahren, (c) Ziehen von Glasfasern.

3. *Entspannungsbereich.* Einige Glaskörper müssen entspannt werden, um die beim Verformen entstandenen Spannungen abzubauen. Große Gußstücke werden zur Vermeidung von Rissen extrem langsam abkühlt. Einige Gläser werden auch zum Zwecke der *Entglasung* oder Ausscheidung kristalliner Phasen wärmebehandelt.

Vorgespanntes Glas entsteht durch Abschrecken von Tafelglas an Luft, wobei sich die Oberflächenschicht schnell abkühlt und zusammenzieht. Die in der Abkühlung nachfolgenden inneren Glasschichten können sich nicht mehr in gleicher Weise kontrahieren, so daß sich in den Randschichten Druck- und in den inneren Schichten Zugspannungen ausbilden (Abb. 14.30). Vorgespanntes Glas besitzt größere Widerstandsfähigkeit gegenüber Zugspannungen und Schlagbeanspruchungen.

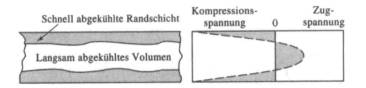

Abb. 14.30. Vorgespanntes Glas entsteht durch Kompressionsspannungen in der Randschicht infolge schneller Abkühlung.

Zusammensetzung und Zustandsdiagramme von Gläsern. Reines SiO_2 muß auf sehr hohe Temperaturen erhitzt werden, um Viskositätswerte zu erhalten, die eine wirtschaftliche Verformung erlauben. Für die meisten handelsüblichen Gläser stellt SiO_2 die Grundsubstanz dar. Durch Zusatz von Netzwerkwandlern wie Na_2O wird die Netzwerkstruktur aufgebrochen und der Schmelzpunkt herabgesetzt; der Zusatz von Kalk (CaO) reduziert die Löslichkeit des Glases in Wasser. Die gebräuchlichste Glassorte enthält ungefähr 75% SiO_2, 15% Na_2O und 10% CaO. Abbildung 14.31 enthält ein Liquidus-Schaubild des ternären Zustandsdiagramms, das sowohl den Einfluß von Na_2O als auch von CaO erkennen läßt. Das einge-

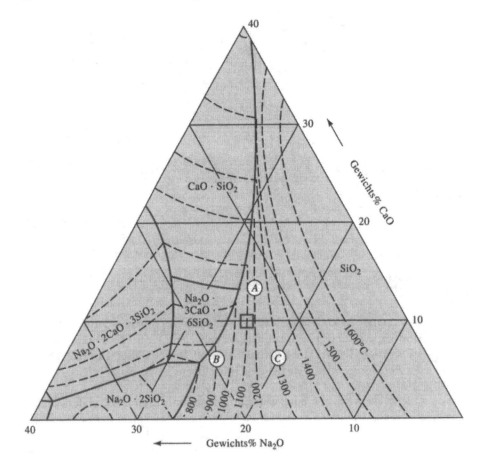

Abb. 14.31. Liquidus-Schaubild des SiO_2-CaO-Na_2O-Zustandsdiagramms.

zeichnete Quadrat zeigt an, daß die Zusammensetzung SiO_2-Na_2O(15%)-CaO(10%) eine Liquidustemperatur von ungefähr 1 100 °C besitzt. Sodakalkgläser sind zwar billig herstellbar, besitzen aber geringe Widerstandsfähigkeit gegenüber chemischen Angriffen und thermischen Spannungen. Tabelle 14.4 enthält eine Übersicht über die Zusammensetzung verschiedener Glassorten.

Tabelle 14.4. Zusammensetzung technischer Gläser (in Gewichts%)

Glassorte	SiO	Al_2O_3	CaO	Na_2O	B_2O_3	MgO	PbO	andere
Quarzglas	99							
Vycorglas	96			4				
Pyrexglas	81	2		4	12			
Flaschenglas	74	1	5	15		4		
Fensterglas	72	1	10	14		2		
Tafelglas	73	1	13	13				
Glühlampenglas	74	1	5	16		4		
Glasfasern	54	14	16		10	4		
Thermometerglas	73	6		10	10			
Bleiglas	67			6			17	10% K_2O
optisches Flintglas	50			1			19	13% BaO, 8% K_2O, ZnO
optisches Kronglas	70			8	10			2% BaO, 8% K_2O
E-Glasfasern	55	15	20		10			
S-Glasfasern	65	25			10			

Borosilikatgläser mit einem Gehalt von ungefähr 15% B_2O_3 sind chemisch sehr widerstandsfähig und formstabil. Zu ihren Anwendungen zählen Laborglaswaren (Pyrex) und Deponiecontainer für hochradioaktive Nuklearabfälle. Calcium-Alumoborsilikatglas, oder E-Glas, eignet sich als Allzweckfaser für Verbundwerkstoffe (Glasfaserstoffe). Alumosilikatglas mit 20% Al_2O_3 und 12% MgO und Hochsilkatgläser mit 3% B_2O_3 sind sehr temperaturbeständig und widerstandsfähig gegenüber thermischem Schock. S-Glas ist ein Magnesium-Alumosilikat und findet Anwendung als hochfestes Fasermaterial in Verbundwerkstoffen. Quarzglas oder nahezu reines SiO_2 besitzt die höchste Resistenz gegenüber hoher Temperatur, thermischem Schock und chemischem Angriff, ist aber sehr teuer. Besonders hochwertiges Quarzglas findet Anwendung in optischen Glasfasersystemen.

Gläser können auch über bemerkenswerte optische Eigenschaften verfügen. Hierzu zählt z. B. ihre Lichtempfindlichkeit. Spezielle Gläser verdunkeln sich bei Einstrahlung von ultraviolettem Licht (Fototropie), was vorteilhaft für Sonnenbrillen genutzt werden kann. Bei fotosensitiven Gläsern hält die Verdunkelung permanent an. Wenn ihre Bestrahlung selektiv erfolgt (unter Verwendung abschirmender Masken), kann das Glas anschließend in Flußsäure selektiv geätzt werden. Polychromatisches Glas besitzt eine breitbandige Lichtempfindlichkeit, die nicht nur auf den ultravioletten Wellenlängenbereich beschränkt ist.

Beispiel 14.11
Zusammensetzung von Sodakalkglas für eine Gießtemperatur von 1 000 °C.
Lösung
Der Gießprozeß erfordert die Erhitzung des Glases bis über die Liquidustempera-
tur. Die Viskosität sollte möglichst klein sein, um ein leichtes Fließen in die Guß-
form zu ermöglichen. Für eine Gießtemperatur von 1 000 °C wäre deshalb eine
Liquidustemperatur von z. B. 900 °C zweckmäßig. Wir vergleichen drei in Abbil-
dung 14.31 durch Buchstaben markierte Zusammensetzungen:

Glas A: $SiO_2(74\%)$-$CaO(13\%)$-$Na_2O(13\%)$,

Glas B: $SiO_2(74\%)$-$CaO(6\%)$-$Na_2O(20\%)$,

Glas C: $SiO_2(80\%)$-$CaO(7\%)$-$Na_2O(13\%)$.

Dem Diagramm ist zu entnehmen, daß die Liquidustemperatur der Glassorte A
1 200 °C, der Glassorte B 900 °C und der Glassorte C 1 300 °C beträgt. Hiervon ist
nur die Sorte B für den vorgesehenen Einsatz geeignet.

Natürlich kämen auch andere Zusammensetzungen in Frage, die ebenfalls eine
Liquidustemperatur von 900 °C aufweisen. Das trifft z. B. auf Gläser mit geringerem oder größerem CaO-Gehalt zu. In beiden Fällen sind jedoch Nachteile in Kauf
zu nehmen. So erhöht sich mit abnehmendem CaO-Gehalt die Löslichkeit in Wasser, und mit zunehmendem CaO-Gehalt wird die Herstellung komplizierter.   □

14.9 Technologie und Anwendungen von Glaskeramik

Glaskeramiken sind Gläser mit einem kristallinen Anteil von über 50%. Die Vor-
züge reiner Gläser sind ihre geringe Porosität und ihre Verarbeitbarkeit mittels
konventioneller Techniken wie Pressen oder Blasen. Andererseits ist jedoch ihr
Kriechwiderstand nur gering. Durch Ausscheidung kristalliner Phasen nach
Abschluß der Formgebung lassen sich die Hochtemperatureigenschaften von Gläsern verbessern.

Bei der Herstellung ist zunächst darauf zu achten, daß die Kristallisation nicht
schon während der Abkühlung von der Verformungstemperatur einsetzt. Dies
kann bei zu langsamer Abkühlung geschehen und zu unkontrollierter Keimbildung
und willkürlichem Kristallwachstum führen. Abbildung 14.32a zeigt das dem Vorgang zugrundeliegende Umwandlungsdiagramm, das weitgehend an die ZTA-Diagramme von Stählen erinnert. Um das Überschreiten der Umwandlungskurve bei
der Abkühlung zu vermeiden, kann ähnlich wie bei Stählen die Umwandlungskurve durch Zusatz von Fremdstoffen (bei Gläsern handelt es sich um netzwerk-
wandelnde Oxide) auf der Zeitachse verschoben werden, so daß auch bei geringer
Abkühlungsgeschwindigkeit noch keine Entglasung eintritt.

Die Keimbildungsphase läßt sich auf zwei Wegen beeinflussen. Einmal können
dem Glas Reaktionsstoffe wie TiO_2 zugesetzt werden, die als Keimbildungszentren
wirken. Eine zweite Möglichkeit besteht in der Beeinflussung der Keimanzahl
durch geeignete Wärmebehandlung. Bei dieser Methode wird zunächst ein relativ
niedriges Temperaturniveau eingestellt, das für maximale Keimbildungsgeschwin-

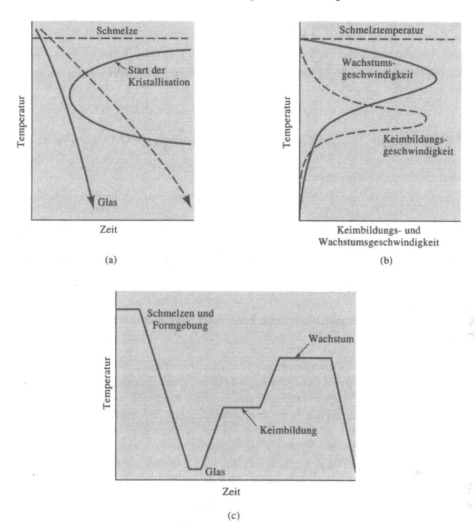

Abb. 14.32. Herstellung von glaskeramischen Stoffen: (a) Bei schneller Abkühlung erfolgt keine Kristallisation. (b) Die Keimbildungsgeschwindigkeit kristalliner Ausscheidungen durchläuft bei niedrigen Temperaturen ein Maximum, ihre Wachstumsgeschwindigkeit dagegen bei hohen Temperaturen. (c) Beim üblichen Herstellungsablauf wird zunächst eine homogene Glasstruktur erzeugt, wobei gleichzeitig die Formgebung erfolgen kann; daran schließen sich eine Auslagerung bei günstiger Keimbildungstemperatur und nachfolgend eine weitere Auslagerung (noch unterhalb der Schmelztemperatur) für schnelles Kristallwachstum an. Durch diesen Temperatur-Zeit-Verlauf wird eine geringe Gesamtzeit für die Herstellung erreicht.

digkeit sorgt (Abb. 14.32b). Im zweiten Schritt wird dann auf höherem Temperaturniveau das Kristallwachstum gefördert. Insgesamt ergibt sich ein Temperatur-Zeit-Verlauf wie in Abbildung 14.32c dargestellt. Der mittlere Temperaturhaltepunkt bewirkt ausreichende Keimbildung, der obere Temperaturhaltepunkt sorgt für das notwendige Kristallwachstum. Bei diesem Verfahren kann das Glas bis zu 90% kristallisieren.

Das bei der Kristallisation entstehende Gefüge besitzt gute mechanische Festigkeit und Zähigkeit und zeichnet sich meist durch niedrigen thermischen Ausdehnungskoeffizienten und durch Korrosionsfestigkeit bis zu hohen Temperaturen aus. Bedeutung haben vor allem Gläser, die auf dem Li_2O-Al_2O_3-SiO_2-System basieren. Anwendungsfelder sind Kochgeräte und Öfen. Weitere Anwendungen beziehen sich auf Bauteile der Kommunikations- und Computertechnik.

14.10 Technologie und Anwendungen von Tonprodukten

Kristalline keramische Stoffe werden aus feinpulverisierten Rohmaterialien hergestellt, die zunächst zu einer verformbaren Masse verdichtet und anschließend mittels chemischer Reaktionen, teilweiser oder vollständiger *Vitrifikation* oder durch Sintern fest verbunden werden.

Eine traditionelle Gruppe kristalliner Keramik bilden Tonprodukte. Zu ihnen gehören Rohrleitungen, Ziegelsteine, Küchengefäße und viele andere Gebrauchsgegenstände. Hierbei dienen Tone (z. B. Kaolinit) in Verbindung mit Wasser als Initialbindemittel für keramische Pulverteilchen, meist SiO_2 (Quarzmehl). Als Flußmittel (Netzwerkbildner) während nachfolgender Wärmebehandlungen kommt unter anderem Feldspat $[(K, Na)_2O \cdot Al_2O_3 \cdot 6SiO_2]$ zur Anwendung.

Formgebungsverfahren für Tonprodukte. Pulver, Ton, Flußmittel und Wasser werden miteinander vermischt und auf verschiedene Weise geformt (Abb. 14.33). Bei einfach geformten Produkten genügen trockene bis halbtrockene Gemische, die in eine „grüne" (ungebrannte) Form mit ausreichender Festigkeit für die weitere Handhabung gepreßt werden. Komplexere Formen erfordern isostatische Preßverfahren, um möglichst gleichmäßige Verdichtung zu erzielen. Abbildung 14.33b zeigt eine dafür verwendete Gummiform, die über gasförmige oder flüssige Medien einem gleichmäßigen Druck ausgesetzt wird. Mit zunehmendem Feuchtigkeitsgehalt verbessern sich Plastizität und Formbarkeit des Pulvers. Dies ermöglicht *hydroplastische* Formgebungsverfahren wie Strangpressen, Töpferdrehverfahren und manuelle Formgebung. Mitunter werden keramische Dispersionen erzeugt, die große Mengen organischer Gleitmittel anstelle von Wasser enthalten und sich zum Einspritzen in Formen eignen.

Bei noch höherem Wassergehalt entsteht eine auch als *Schlicker* bezeichnete, gießbare Aufschlämmung feiner Pulverteilchen. Das Formgebungsverfahren ist in diesem Falle ein Gießprozeß. Das für die Form verwendete Material ist porös und entzieht dem eingegossenen Schlicker an der Gefäßwand Wasser, so daß dort eine formstabile, wenn auch noch weiche Randschicht mit geringem Feuchtigkeitsgehalt entsteht. Wenn dem Schlicker genügend Wasser entzogen ist und sich die gewünschte Materialdicke der halbtrockenen Randschicht gebildet hat, wird der Vorgang unterbrochen und die noch vorhandene Flüssigkeit abgegossen (dekantiert). Das Gußstück liegt nun als vorgefertigter hohler Keramikkörper vor. *Schlickerguß* wird zur Herstellung von Gefäßen und ähnlichen Hohlkörpern eingesetzt.

Nach der Formgebung ist die grüne Keramik noch nicht sehr fest. Sie enthält weiterhin Wasser oder andere Gleitmittel, ist porös und muß einem nachträglichen Trocknungs- und Brennprozeß unterzogen werden.

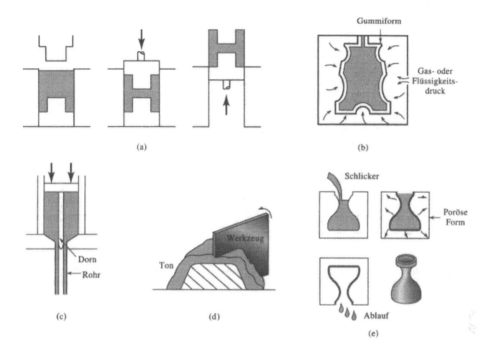

Abb. 14.33. Formgebungsverfahren für kristalline keramische Stoffe: (a) Drücken, (b) isostatisches Pressen, (c) Strangpressen, (d) Manuelle Formung, (e) Schlickerguß.

Trocknen und Brennen von Tonprodukten. Während des Trocknens tritt aus den geformten Keramikteilen überschüssige Feuchtigkeit aus. Dieser Vorgang ist mit großer Volumenänderung verbunden (Abb. 14.34). Zunächst verdampft das zwischen den Tonplättchen eingelagerte Wasser, was den größten Teil der Schrumpfung ausmacht. Nur noch geringe Volumenänderung erfolgt bei der Verdampfung des verbliebenen Porenwassers. Temperatur und Luftfeuchtigkeit müssen genau kontrolliert werden, um eine gleichmäßige Trocknung zu gewährleisten und die Bildung von Spannungen, Verwerfungen und Rissen zu minimieren.

Ihre abschließende Konsistenz und Festigkeit erhalten die Keramikteile durch den Brennvorgang. Während des *Brennens* werden der Ton dehydriert, d. h. das in der Kaolinit-Struktur gebundene Wasser entfernt, und die Vitrifikation bzw. der Schmelzvorgang eingeleitet (Abb. 14.35). Fremdstoffe und Flußmittel reagieren mit den SiO_2-Partikeln und dem Ton und erzeugen an den Korngrenzen eine flüssige Phase mit niedrigem Schmelzpunkt. Die Flüssigkeit verschließt die Poren und wandelt sich nach Abkühlung in festes Glas um, das die Keramikpartikel miteinander verbindet. Die Glasphase sorgt für eine *keramische Bindung* und bewirkt gleichzeitig eine zusätzliche Schrumpfung des Keramikkörpers.

Die Korngröße der kristallinen Keramik wird im Endzustand primär durch die Größe der originalen Pulverpartikel bestimmt. Mit wachsendem Anteil des Flußmittels nimmt die Schmelztemperatur ab, es bildet sich mehr Glas, und die Poren werden runder und kleiner. Durch geringere anfängliche Korngröße wird dieser Prozeß gefördert, da eine größere Grenzfläche zur Verfügung steht, an der die Vitrifikation stattfinden kann.

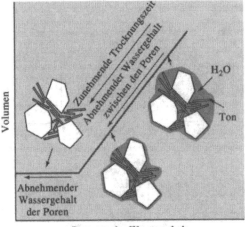

Abb. 14.34. Volumenänderung von Keramikkörpern infolge Feuchtigkeitsentzug beim Trocknen. Die Schrumpfung endet, wenn das zwischen den Partikeln befindliche (adsorbierte) Wasser entfernt ist.

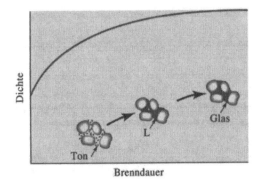

Abb. 14.35. Während des Brennens reagieren Ton und andere Flußmittel mit den gröberen Keramikpartikeln (SiO_2) und erzeugen an den Korngrenzen eine verbindende Glasschicht und verringern die Porosität.

Anwendung von Tonerzeugnissen. Die beschriebenen Prozesse bilden die Grundlage für die Erzeugung vieler Baumaterialen und feinkeramischer Erzeugnisse (Weißwaren). Mauer- und Dachziegel werden in die gewünschten Formen gepreßt und anschließend getrocknet und gebrannt. Höhere Brenntemperaturen und feinere Ausgangspartikel bewirken stärkere Vitrifikation, geringere Porosität und größere Dichte. Mit zunehmender Dichte verbessern sich auch die mechanischen Eigenschaften der Ziegel oder Kacheln, ihr Isolationsvermögen wird jedoch vermindert.

Töpferwaren bestehen aus porösen Tonkörpern, die bei relativ niedriger Temperatur gebrannt werden. In ihnen findet nur geringe Vitrifikation statt; ihre inneren Poren sind miteinander verbunden und können zu Durchlässigkeit führen. Aus diesem Grunde müssen Töpferwaren mit einer undurchlässigen Glasur überzogen sein.

Steingut erfordert höhere Brenntemperaturen, die stärkere Vitrifikation und geringere Porosität zur Folge haben. Zu seinen Anwendungen zählen Drainage- und Abwasserrohre mit einer Porosität von nur 2 bis 4%. Noch höhere Brenntemperaturen kommen bei der Herstellung von Porzellan zur Anwendung. Hier findet vollständige Vitrifikation statt, und es ist nahezu keine Porosität mehr vorhanden.

14.11 Technologie und Anwendungen neu entwickelter keramischer Stoffe

Moderne keramische Stoffe zeichnen sich gegenüber den herkömmlichen Materialien durch verbesserte mechanische Eigenschaften bei hohen Temperaturen aus. Voraussetzung hierfür ist eine sorgfältigere Kontrolle von Reinheit, Prozeßführung und Struktur, als es bei konventioneller Keramik der Fall ist. Die Rohmaterialien werden häufig synthetisch erzeugt, um auf diese Weise die notwendige Reinheit zu gewährleisten. Auch für den Formungsprozeß kommen spezielle Techniken zur Anwendung. In Tabelle 14.5 sind am Beispiel von Si_3N_4 drei verschiedene Verfahren verglichen.

Tabelle 14.5. Eigenschaften von Si_3N_4

Herstellungsverfahren	Druckfestigkeit (N/mm^2)	Biegefestigkeit (N/mm^2)
Schlickerguß	140	70
Reaktionssintern	770	210
Heißpressen	3 500	875

Aus *Ceramic Data Book*, Cahners Publishing Co., 1982.

Pressen und Sintern. Das pulverförmige Ausgangsmaterial wird mit einem Gleitmittel gemischt, um die Verdichtung zu erhöhen, und in gewünschter Weise geformt. Der nachfolgende Sinterprozeß bestimmt die Eigenschaften und Struktur des Materials. Anstelle einer Vitrifikation finden dabei Diffusionsvorgänge statt, die die Bindung und die Festigkeit des Keramikteils bewirken.

Während des Sinterns diffundieren Ionen entlang von Korngrenzen bis zu Stellen, an denen sich die Partikel berühren, und bilden Brücken zwischen den Pulverkörnern (Abb. 14.36). Mit fortschreitender Diffusion werden die Poren verkleinert und die Materialdichte vergrößert, wobei die Poren sich gleichzeitig abrunden. Bei Verringerung der Ausgangspartikelgröße und steigender Sintertemperatur nimmt die Schrumpfgeschwindigkeit der Poren zu.

Trotzdem sind auch nach langen Sinterzeiten immer noch Poren vorhanden, und die Bruchwahrscheinlichkeit ist noch unzulässig hoch. Als Gegenmaßnahme können dem Rohmaterial Sinterungshilfsmittel zugesetzt werden, die die Verdichtung erleichtern. Dabei wird jedoch eine niedrig schmelzende Glasphase erzeugt. Im Ergebnis liegt zwar eine verringerte Porosität vor, die jedoch mit dem Verlust anderer Eigenschaften, z. B. des Kriechwiderstandes, erkauft worden ist.

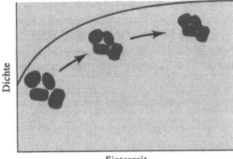

Sinterzeit

Abb. 14.36. Während des Sinterns bilden sich durch Diffusionsvorgänge zwischen den Keramikpartikeln Brücken. Poren werden dabei aufgefüllt.

In einigen Fällen erfolgt die Formgebung unter hohen Temperaturen in einem sogenannten Heißpreßverfahren (HIP: „hot isostatic pressing"). Hierbei werden die Pulverteilchen in einer Druckkammer mittels Inertgas gleichzeitig erhitzt und verdichtet. Dieses Verfahren erfordert weniger Gleitmittel, bewirkt ein gleichmäßigeres Sintern und hat geringere Porosität zur Folge.

Ein wichtiger Unterschied zwischen neu entwickelter Keramik und gewöhnlichen Metallen besteht darin, daß nach Abschluß des Sinterns die Gefügestruktur der keramischen Substanz nicht mehr verändert werden kann.

Reaktionssintern. Beim *Reaktionssintern* findet der Bindungsvorgang gleichzeitig mit der chemischen Reaktion statt, die auch die substantielle Verbindung erzeugt. So entsteht Si_3N_4-Keramik durch chemische Reaktion zwischen Stickstoff und dem Si-Pulver, das als Rohmaterial dient und zuvor geformt wurde. Reaktionssintern erfordert geringere Temperaturen und ermöglicht eine höhere Maßhaltigkeit der Fertigteile als Heißpreßverfahren. Es werden jedoch nicht die gleichen Dichten und mechanischen Eigenschaften erreicht.

Sol-Gel-Verfahren. Das *Sol-Gel-Verfahren* dient zur Erzeugung und Verdichtung sehr reiner und feinkörniger keramischer Pulver. Ausgangssubstanz bildet eine flüssige kolloidale Lösung von Metallionen. Durch Hydrolyse wird eine organometallische Lösung (Sol) erzeugt, die polymerartige Ketten von Metallionen und Sauerstoff enthält. Hieraus bildet sich eine festes Gel, bestehend aus amorphen Oxidteilchen. Anschließend wird das Gel getrocknet und gebrannt, um die Partikel zu sintern und zu verdichten. Wegen der großen Reaktionsfähigkeit des feinen Keramikpulvers sind die Sintertemperaturen nur gering. Höhere Brenntemperaturen ergeben Gläser oder Glaskeramik. Anwendung findet das Sol-Gel-Verfahren unter anderem zur Erzeugung von UO_2 als Reaktorbrennstoff, von Bariumtitanat für elektronische Bauelemente und von ultrafeinkörnigem Aluminiumoxid für hochfeste keramische Bauteile.

Verbindung keramischer Bauteile. Keramische Stoffe werden meist zu monolithischen Bauteilen verarbeitet und kommen nur selten im Verband mehrerer Bauteile zur Anwendung. Der Grund hierfür sind Spannungen, die sich in den spröden

Randzonen der verbundenen Keramikteile unter Last aufbauen können und eine Bruchgefährdung hervorrufen.

Abgesehen von dieser Gefährdung stehen auch nur beschränkte Möglichkeiten zur Verbindung von Keramikteilen zur Verfügung. Schweißen oder Verformungsbonden scheiden aus. Bei niedrigen Temperaturen können Klebverbindungen mit polymeren Klebern verwendet werden. Höhere Temperaturen erfordern keramischen Zement als Bindemittel. Mitunter werden Keramik-Keramik- oder Keramik-Metall-Verbindungen mittels Diffusionsbonden erzeugt.

Anwendung von neu entwickelten keramischen Stoffen. Neu entwickelte keramische Stoffe umfassen Carbide, Boride, Nitride und Oxide (Tab. 14.6). Sie zeichnen sich vor allem durch gute mechanische und physikalische Eigenschaften bei hohen Temperaturen aus. Wegen ihrer großen Verschleißfestigkeit im Hochtemperaturbereich kommen sie für Bauteile in Verbrennungsmotoren und in Düsen- und Turbotriebwerken zum Einsatz. Eine große Gruppe dieser Substanzen werden für nichtkonstruktive Anwendungen genutzt. Diese basieren auf ihren speziellen magnetischen, elektronischen und optischen Eigenschaften, auf ihrer hohen Korrosionsfestigkeit im Hochtemperaturbereich, auf ihrer Eignung als Katalysator für chemische Reaktionen und als Detektor für gefährliche Gase. Ein weiteres Anwendungsgebiet bezieht sich auf Endoprothesen und andere Implantate in der Humanmedizin.

Tabelle 14.6. Mechanische Eigenschaften ausgewählter neuer Keramikstoffe

Material	Dichte (g/cm^3)	Zug-festigkeit (N/mm^2)	Biege-festigkeit (N/mm^2)	Druck-festigkeit (N/mm^2)	Young-Modul (N/mm^2)	Bruch-zähigkeit (N/mm$^2 \cdot \sqrt{m}$)
Al_2O_3	3,98	210	560	2 800	$3,9 \cdot 10^5$	5,5
SiC (gesintert)	3,1	175	560	3 920	$4,2 \cdot 10^5$	4,4
Si_3N_4 (reaktionsgesintert)	2,5	140	245	1 050	$2,1 \cdot 10^5$	3,3
Si_3N_4 (heißgepreßt)	3,2	560	910	3 500	$3,2 \cdot 10^5$	5,5
Sialon	3,24	420	980	3 500	$3,2 \cdot 10^5$	9,9
ZrO_2 (teilweise stabilisiert)	5,8	455	700	1 890	$2,1 \cdot 10^5$	11,0
ZrO_2 (umwandlungsgestärkt)	5,8	350	805	1 750	$2,0 \cdot 10^5$	12,0

Aluminiumoxid (Al_2O_3) wird als Gefäßmaterial für Metallschmelzen genutzt und kommt in Fällen zur Anwendung, die große mechanische Festigkeit unter hohen Temperaturen verlangen. Es eignet sich auch als Substratmaterial für integrierte Schaltkreise. Sehr verbreitet ist seine Verwendung in Zündkerzen für Verbrennungsmotoren. Aus dem Anwendungsbereich der Medizin sind Zahnprothesen und andere Implantate zu erwähnen. Chromdotiertes Aluminiumoxid dient als Lasermaterial.

Aluminiumnitrid (AlN) ist ein guter elektrischer Isolator, besitzt aber eine hohe thermische Leitfähigkeit. Wegen seines mit Silicium vergleichbaren thermischen Ausdehnungskoeffizienten ist AlN eine geeignete Substitionslösung für Al_2O_3 als Trägermaterial für integrierte Schaltungen. Durch das ähnliche Ausdehnungsverhalten reduziert sich die Bruchgefährdung bei Erwärmung, gleichzeitig sorgt die

Substanz sowohl für die notwendige elektrische Isolation als auch den schnellen Abtransport der entstehenden Verlustleistung. Auch in Hochfrequenz-Schaltkreisen ist AlN besser geeignet als viele Konkurrenzwerkstoffe.

Borcarbid (B$_4$C) ist sehr hart und trotzdem ungewöhnlich leicht. Neben seiner Nutzung als Bremsmaterial für Kernstrahlung sind als weitere Anwendungen kugelsichere Panzerungen und Einsatzgebiete zu erwähnen, die hohe Abriebfestigkeit erfordern. Die Hochtemperatureigenschaften sind allerdings weniger gut.

Siliciumcarbid (SiC) verfügt über eine außergewöhnliche Oxidationsresistenz selbst bei Temperaturen oberhalb der Schmelztemperatur von Stahl. Wichtiges Anwendungsgebiet sind daher Schutzüberzüge für Metalle, Verbundwerkstoffe und andere keramische Materialien. In Teilchen- oder Faserform kommt SiC auch zur Verstärkung von Verbundmaterialien zur Anwendung, sowohl im Falle metallischer als auch keramischer Matrix (Abb. 14.37).

(a)   (b)

Abb. 14.37. Siliciumcarbid als Verstärkungsmaterial: (a) SiC-Whisker, (b) SiC-Einkristallplättchen. (Mit freundlicher Genehmigung von *American Matrix, Inc.*)

Siliciumnitrid (Si$_3$N$_4$) hat vergleichbare Eigenschaften wie SiC, weist aber etwas geringere Oxidationsresistenz und Hochtemperaturfestigkeit auf. Beide sind vielversprechende Materialien für Bauteile in Verbrennungsmotoren und Gasturbinen, weil sie höhere Betriebstemperaturen (Treibstoffökonomie) zulassen als Metalle und Legierungen und gleichzeitig über geringeres Gewicht verfügen.

Sialon ist ein Hochtemperaturwerkstoff, der durch teilweise Substitution von Silicium und Stickstoff durch Aluminium und Sauerstoff in Siliciumnitrid entsteht. Seine allgemeine Formel lautet Si$_{6-z}$Al$_z$O$_z$N$_{8-z}$; für $z = 3$ ergibt sich hieraus Si$_3$Al$_3$O$_3$N$_5$. Sialonkristalle werden zunächst in eine Glasphase eingebettet, die aus Y$_2$O$_3$ besteht. Anschließend erfolgt durch Wärmebehandlung eine Entglasung zur Verbesserung des Kriechwiderstandes. Im Ergebnis liegt eine relativ leichte keramische Substanz vor mit kleinem thermischen Ausdehnungskoeffizienten, guter Bruchzähigkeit und höherer Festigkeit als viele andere neu entwickelte keramische Stoffe. Sialon kommt in Einsatzgebieten zur Anwendung, die hohe Temperatur- und Verschleißfestigkeit erfordern.

Titanborid (TiB$_2$) besitzt sowohl gute elektrische als auch thermische Leitfähigkeit. Zusätzlich verfügt es über sehr gute Zähigkeit. TiB$_2$ wird wie Borcarbid, Siliciumcarbid und Aluminiumoxid in Schutzvorrichtungen verwendet.

Uranoxid (UO$_2$) wird wie schon erwähnt als Kernbrennstoff genutzt. Es besitzt außergewöhnliche Formstabilität und kann Kernspaltprodukte in seine Kristallstruktur ohne wesentliche Veränderung der äußeren Abmessungen aufzunehmen.

Beispiel 14.12
Materialauswahl für keramische Pleuelstangen zur Verbindung von Kolben und Kurbelwelle in Verbrennungsmotoren. Metallische Pleuelstangen haben normalerweise Streckgrenzen von ungefähr 500 N/mm^2.

Lösung
Als Metallersatz käme neu entwickelte Keramik mit einschlägigen Eigenschaften in Betracht. Nach Tabelle 14.6 haben bereits Al$_2$O$_3$ und gesintertes SiC Biegefestigkeiten in der gewünschten Größenordnung, während die von heißgepreßtem Si$_3$N$_4$, Sialon und ZrO$_2$ sogar noch deutlich darüber liegen.

Andererseits gibt Tabelle 14.6 jedoch keine Auskunft über das Zuverlässigkeitsverhalten dieser Materialien, z. B. über die Größe des Weibull-Moduls. Neu entwickelte keramische Werkstoffe zeichnen sich zwar durch gute Festigkeit und Hochtemperaturbeständigkeit aus, sind aber ebenso wie einfache keramische Stoffe wesentlich stärker bruchgefährdet als Metalle. Selbst wenn man davon ausgeht, daß Pleuelstangen vorwiegend Druckbelastungen ausgesetzt sind und die Druckfestigkeit von Keramik ausreichend hoch ist, muß dennoch einkalkuliert werden, daß unter realen Einsatzbedingungen auch Zugspannungen auftreten können, die bei rißbehafteten Teilen schnell zu Bruch führen.

Auch die Montage bereitet Probleme. Diese muß so gleichmäßig erfolgen, daß im späteren Betrieb keine lokalen Überlastungen entstehen, die ebenfalls kritische Rißausbreitungen verursachen können.

Aus den genannten Gründen sind keramische Werkstoffe nach heutigem technischen Stand für die betrachtete Anwendung nicht zu empfehlen. □

14.12 Feuerfeste keramische Stoffe

Feuerfeste Stoffe sind wichtige Materialien für Ausrüstungen der Stahl- und Glasindustrie, für die Auskleidung von Öfen und für viele weitere Hochtemperatureinrichtungen. Sie müssen hohen Temperaturen und der Korrosionswirkung umgebender Medien widerstehen. Ihr Hauptbestandteil sind grobe Oxidpartikel, die durch ein feineres Material gebunden sind. Letzteres schmilzt beim Brennvorgang und bewirkt so den Bindeeffekt. In einigen Fällen enthalten feuerfeste Steine einen sichtbaren Porenanteil von ungefähr 20% bis 25%, der für bessere thermische Isolation sorgt.

Feuerfeste Stoffe werden nach ihrem chemischen Verhalten in drei Gruppen eingeteilt: in saure, basische und neutrale Stoffe (Tab. 14.7).

Saure feuerfeste Stoffe. Zu den meist verbreiteten sauren feuerfesten Stoffen gehören Silikasteine (SiO$_2$), Tonerde (Al$_2$O$_3$) und Schamotte (unreines Kaolinit). Reiner Silikastein dient zur Auskleidung von Schmelzöfen. In einigen Fällen wird er mit geringen Beimengungen von Boroxid verwendet. Bei Zusatz von Aluminiumoxid ergibt sich ein sehr niedrig schmelzendes Eutektikum (Abb. 14.38), das

Tabelle 14.7. Zusammensetzung feuerfester keramischer Stoffe (in Gewichtsprozent)

Material	SiO_2	Al_2O_3	MgO	Fe_2O_3	Cr_2O_3
Saure Stoffe					
Silica-Stein	95–97				
Silica-Stein für Stahlwerke	51–53	43–44			
Schamottestein mit hohem Aluminiumoxidgehalt	10–45	50–80			
Basische Stoffe					
Magnesit			83–93	2–7	
Olivin	43		57		
Neutrale Stoffe					
Chromit	3–13	12–30	10–20	12–25	30–50
Chromit-Magnesit	2–8	20–24	30–39	9–12	30–50

den Einsatzbereich auf Temperaturen unterhalb 1 600 °C begrenzt. In dieser Zusammensetzung ist das Material für Schmelzöfen nur noch eingeschränkt verwendbar. Wenn jedoch größere Mengen an Aluminiumoxid zugesetzt werden, vermehrt sich der Gehalt an Mullit ($3Al_2O_3 \cdot 2SiO_2$), das einen höheren Schmelzpunkt besitzt. Schamottesteine haben relativ geringe Festigkeit, sind aber billig. Der Al_2O_3-Gehalt von hochfeuerfesten Stoffen beträgt mehr als 50%.

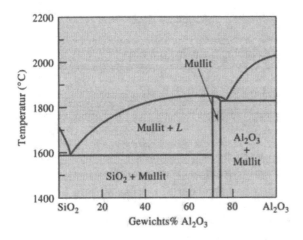

Abb. 14.38. Das SiO_2-Al_2O_3-Zustandsdiagramm bildet die Grundlage für feuerfeste Aluminiumoxid-Silikate.

Basische feuerfeste Stoffe. Eine Gruppe feuerfester Stoffe basiert auf MgO (Magnesitsteine oder Periklas). Reines Magnesiumoxid hat hohen Schmelzpunkt, gute Feuerfestigkeit und gutes Widerstandsvermögen gegenüber basischen Medien, wie sie bei der Stahlherstellung auftreten können. Olivin enthält Forsterit (Mg_2SiO_4) und besitzt ebenfalls hohe Schmelztemperatur (Abb. 14.8). Andere Magnesitsteine können CaO oder Kohlenstoff enthalten. Im allgemeinen sind basische feuerfeste Stoffe teurer als saure.

Neutrale feuerfeste Stoffe. Diese Stoffe, zu denen Chromit und Chromit-Magnesit gehören, werden als Puffermaterial zwischen sauren und basischen Stoffen verwendet, um zwischen ihnen unerwünschte Reaktionen auszuschließen.

Spezielle feuerfeste Stoffe. Graphit eignet sich als feuerfestes Material, solange die Anwesenheit von Sauerstoff ausgeschlossen werden kann. Weitere Stoffe sind Zirconstein (ZrO_2), Zirconiumorthosilikat ($ZrO_2 \cdot SiO_2$) und verschiedene Nitride, Carbide und Boride. Die meisten Carbide wie TiC und ZrC sind nicht sehr sauerstoffresistent und nur unter reduzierender Atmosphäre für Hochtemperaturanwendungen geeignet. Eine Ausnahme bildet jedoch SiC; es überzieht sich bei Oxidation unter hoher Temperatur mit einer dünnen SiO_2-Schicht, die das darunter befindliche SiC bis zu Temperaturen von 1 500 °C vor weiterer Oxidation schützt. Nitride und Boride weisen ebenfalls hohe Temperaturresistenz auf und sind weniger oxidationsempfindlich. Einige Oxide und Nitride kommen auch für Anwendungen in Strahltriebwerken in Betracht.

14.13 Weitere keramische Stoffe und ihre Anwendungen

Bindemittel (Zement). Bindemittel ersetzen das Brennen oder Sintern keramischer Rohmaterialien durch sogenanntes Zementieren. Hierunter wird eine chemische Reaktion verstanden, durch die eine als Bindemittel wirkende flüssige keramische Substanz in den festen Zustand überführt wird und dabei andere keramische Partikel miteinander verbindet. Ein Beispiel ist Natriumsilikat, das unter der katalytischen Wirkung von CO_2-Gas dehydriert und in glasförmigen Zustand übergeht:

$$x Na_2 \cdot y SiO_2 \cdot H_2O + CO_2 \rightarrow Glas.$$

Abbildung 14.39 zeigt die Anwendung dieses Verfahrens auf die Verbindung von Quarzsand, der zur Auskleidung von Metallgußformen verwendet wird. Das flüssige Natriumsilikat überzieht zunächst die Sandkörner und bildet zwischen ihnen flüssige Brücken. Durch katalytische Einwirkung von CO_2 verfestigen sich diese Verbindungsbrücken.

Abb. 14.39. Fotographische Aufnahme von Quarzsandkörnern, die von Natriumsilikat überzogen und durch Zementierung gebunden sind (60fach).

Ein weiteres Beispiel ist Aluminiumoxidpulver, das mit Phosphorsäure katalytisch zu Aluminium-Phosphat-Zement umgesetzt wird:

$$Al_2O_3 + 2H_3PO_4 \rightarrow 2AlPO_4 + 3H_2O.$$

Dieser Zement kommt als Bindemittel für Aluminiumoxid-Partikel zur Anwendung und ergibt eine feuerfeste Substanz, die bis zu Temperaturen von 1 650 °C einsetzbar ist.

Auch Gips (Stuck- oder Modellgips) wird durch Zementierung gehärtet:

$$CaSO_4 \cdot \tfrac{1}{2}H_2O + \tfrac{3}{2}H_2O \rightarrow CaSO_4 \cdot 2H_2O.$$

Bei dieser Reaktion wachsen aus der Aufschlämmung kleine Gipskristalle ($CaSO_4$ $\cdot 2H_2O$), die als feste Verbindung wirken und nur sehr kleine Poren zwischen sich einschließen. Größere Wasseranteile in der Aufschlämmung verursachen größere Porosität und mindern gleichzeitig die Festigkeit des Gipses. Wichtiges Anwendungsfeld ist die Auskleidung von Wänden und Decken im Inneren von Gebäuden.

Die wohl bekannteste und am meisten genutzte Zementierungsreaktion findet im Portlandzement statt, der zur Herstellung von Beton genutzt wird. Nähere Einzelheiten darüber werden in Kapitel 17 behandelt.

Keramische Deckschichten. Keramische Stoffe werden auch für Schutzüberzüge auf anderen Materialien verwendet. Gebräuchlich sind vor allem Glasuren und Emaillen. Glasuren dienen als Schutzschicht für keramische Unterlagen, z. B. zur Versiegelung durchlässiger Tonkörper und auch zur Dekoration. Emaillen werden bei Metallen angewendet. Emaillen und Glasuren sind Tonprodukte, die beim Brennen leicht verglasen. Eine gebräuchliche Zusammensetzung ist $CaO \cdot Al_2O_3 \cdot 2SiO_2$.

Durch Zusatz von anderen Mineralien können Glasuren und Emaillen eingefärbt werden. Zirconiumsilikat ergibt weiße Glasuren, Cobaltoxid blaue, Chromoxid grüne, Bleioxid gelbe und eine Mischung von Selen- und Cadmiumsulfid rote.

Ein kritisches Problem von Glasuren und Emaillen ist ihre Rißgefährdung infolge unterschiedlicher thermischer Ausdehnung von Schicht und Unterlage. Daher wird in vielen Fällen die Zusammensetzung der Schichten unter dem Gesichtspunkt der Rißvermeidung gewählt.

Für Hochtemperaturwerkstoffe sind spezielle Überzüge erforderlich. SiC dient zur Verbesserung der Oxidationsresistenz von Kohlenstoff-Kohlenstoff-Verbundwerkstoffen. Zirconiumoxid wird als thermische Schutzschicht von Ni-Superlegierungen verwendet, um Aufschmelzen und unerwünschte Reaktionen zu verhindern.

Fasern. Keramische Fasern kommen unterschiedlich zur Anwendung: Sie verstärken Verbundwerkstoffe, werden in Textilien eingewebt oder in faseroptischen Systemen genutzt. Glasfasern aus Borosilikatglas sind am gebräuchlichsten und zeichnen sich durch Festigkeit und Steifigkeit aus. Fasern können aus sehr verschiedenen keramischen Substanzen bestehen, so unter anderem aus Aluminiumoxid, Siliciumcarbid und Borcarbid.

Eine interessante Anwendung keramischer Faserstoffe stellen die auf der Außenhaut des Raumtransporters „Space Shuttle" zum Wärmeschutz aufgebrachten Kacheln dar. Diese bestehen aus Silikatfasern, die mittels Silikatpulver in Kachelform gebunden sind, und sind extrem leicht mit Dichten bis herab zu 0,144 g/cm^3. Die Kacheln sind mit einer speziellen emissionswirksamen Glasur überzogen, die Temperaturbelastungen bis 1 300 °C erlaubt.

14.14 Zusammenfassung

Keramische Materialien bestehen aus Verbindungen von metallischen und nicht-metallischen Elementen, die eine harte, spröde und hochschmelzende Substanz ergeben. Sie sind im allgemeinen gute thermische und elektrische Isolatoren und zeichnen sich durch chemische Resistenz und Druckfestigkeit aus.

Nachteilig ist ihre Bruchgefährdung, verursacht durch die fehlende Möglichkeit plastischer Verformung. Da sich Risse praktisch nicht vermeiden lassen, ist die Einsetzbarkeit keramischer Bauteile unter Zugbelastungen sehr begrenzt. Erschwerend ist die Tatsache, daß Art und Tiefe der Risse von Keramikteil zu Keramikteil sehr schwanken, so daß nur eine statistische Aussage über ihre Verteilung möglich ist, was die Dimensionierungssicherheit der Bauteile im Vergleich zu Metallen erheblich einschränkt. Ein wichtiges Hilfsmittel für Konstruktionsberechnungen bietet die Weibull-Statistik. Auch Zähigkeitsmessungen können bei der Zuverlässigkeitsabschätzung helfen.

Nach ihrer Struktur können wir keramische Stoffe in drei Gruppen einteilen: Kristallkeramik, Glaskeramik und eine Mischung von beiden.

- Kristalline keramische Stoffe weisen gute Hochtemperatureigenschaften auf. Plastische Verformungen werden erst bei hohen Temperaturen beobachtet und sind auf Korngrenzengleitung zurückzuführen. Ihre Bruchzähigkeit läßt sich durch Faserverstärkung, Einbettung in metallische Matrix, strukturelle Umwandlungen bzw. durch geeignete Fertigungsverfahren und sorgfältige Kontrolle von Reinheit und Korngrößen verbessern.
- Keramische Gläser besitzen schlechtere Hochtemperatureigenschaften. Ihre plastische Verformung erfolgt durch viskoses Fließen, wobei oft hohe Kriechgeschwindigkeiten auftreten.
- Am häufigsten kommen keramische Stoffe als Gemische von Kristall- und Glasphasen vor. Letztere entstehen beim Brennen oder Sintern und verbessern die Bindung zwischen kristallinen Partikeln; in Glaskeramik scheiden sich kristalline Phasen in einer Glasmatrix aus und erhöhen deren Festigkeit. In beiden Fällen kann jedoch bei hohen Temperaturen viskoses Fließen eintreten und den Kriechwiderstand begrenzen.

Das mechanische Verhalten keramischer Stoffe hängt im hohen Maße vom Herstellungsverfahren ab. Großen Einfluß haben die Reinheit des Rohmaterials und die erzeugte Struktur, zu der auch die Porosität und die an den Korngrenzen entstandenen Phasen zu rechnen sind, beide abhängig vom Herstellungsprozeß. Die Nutzung moderner Keramikstoffe erfordert spezielle Methoden der Pulververarbeitung (von der Pulvererzeugung bis zum fertigen Preßkörper).

14.15 Glossar

Brennen. Wärmebehandlung von Keramikkörpern zur Erzeugung keramischer Bindung.
Bulkdichte. Masse eines Keramikkörpers pro Volumeneinheit einschließlich der Gesamtheit seiner Poren (geschlossene und miteinander verbundene).

Cermet. Verbundstoff aus Keramikpartikeln in metallischer Matrix, der große Härte mit anderen Eigenschaften verbindet, wie z. B. Zähigkeit.

Entglasung. Ausscheidung kristalliner Phasen aus der Glasphase bei hohen Brenntemperaturen.

Feuerfeste Stoffe. Keramische Stoffe, die hohen Temperaturen über längere Zeit standhalten können.

Flußmittel. Zusatzstoffe zum keramischen Rohmaterial zur Reduzierung der Schmelztemperatur.

Glasbildner (Netzwerkbildner). Oxide mit starken Bindungskräften, die die Netzwerkbildung beim Entstehen der Glasphase unterstützen.

Glaskeramik. Keramik, die in noch glasartigem Zustand geformt und durch nachfolgende Wärmebehandlung kristallisiert wird, wobei sich ihre Festigkeit und Zähigkeit erhöhen.

Glasübergangstemperatur. Temperatur, bei der die unterkühlte Schmelze mit ihrer Flüssigkeitsstruktur einfriert und festes Glas entsteht.

Griffith-Fehler. Risse oder andere Störungen in spröden Materialien, die spannungsverstärkend wirken.

Hydroplastische Verformung. Bearbeitungsverfahren zur Verformung feuchter keramischer Tonmassen.

Keramische Bindung. Verbindung von Keramikpartikeln zum Keramikkörper durch eine beim Brennvorgang zwischen ihnen erzeugte Glasphase.

Külbel. Dickwandiger Hohlkolben als Vorform von Glasgegenständen.

Metasilikate. Silikate mit Ring- oder Kettenstruktur.

Netzwerkwandler. Oxide, die das Glasnetzwerk aufbrechen, offene Maschen erzeugen und schließlich zur Kristallisation führen.

Netzwerkbildner. Siehe Glasbildner.

Orthosilikate. Silikate, deren Struktur aus Tetraedereinheiten besteht.

Pyrosilikate. Silikate, deren Struktur aus Doppeltetraedereinheiten besteht.

Reaktionssintern. Herstellungsverfahren von Keramikfertigteilen, bei dem der Gegenstand zunächst aus keramischem Rohmaterial geformt wird, das sich durch anschließende chemische Reaktion mit einem Reaktionsgas in ein anderes keramisches Material (Endprodukt) umwandelt.

Scheinbare Porosität. Prozentsatz des Volumens von Keramikkörpern, der aus miteinander verbundenen Poren besteht (vergleiche: wahre Porosität). Die scheinbare Porosität bestimmt die Durchlässigkeit von Keramikteilen.

Schlicker (Gießschlicker). Dünnflüssiger Brei (Aufschlämmung), der in Formen gegossen wird. Nach beginnender Trocknung an den Gefäßwänden wird das noch vorhandene Wasser abgesaugt oder vorsichtig abgegossen (dekantiert), so daß ein Hohlkörper zurückbleibt.

Schlickerguß. Herstellung hohler Keramikkörper durch Gießen von dünnflüssigem Keramikbrei in Formen. Dabei wird dem Brei (Schlicker) durch die porösen Gefäßwände Wasser entzogen, so daß eine getrocknete Randschicht entsteht. Anschließend wird die verbliebene Flüssigkeit dekantiert.

Sol-Gel-Prozeß. Herstellungsverfahren von keramischen Materialien. Ausgangsstufe bildet eine polymerartige Lösung (Sol) von Metallionen und Sauerstoff, aus der sich festes Oxid (Gel) ausscheidet, das anschließend gebrannt wird.

Übergangshärten. Erhöhung der Bruchzähigkeit keramischer Materialien durch Ausnutzung von Volumenänderungen infolge rißinduzierter polymorpher Übergänge.

Viskoses Fließen. Verformung von Gläsern bei hohen Temperaturen.

Vitrifikation. Glasbildung nach Schmelzen und Übergang in den Glaszustand.

Vorgespanntes Glas. Durch schnelle Abkühlung an der Oberfläche abgeschrecktes (vorgespanntes) Glas zur Erhöhung seiner Festigkeit.

Wahre Porosität. Prozentsatz des Volumens von Keramikkörpern, der von der Gesamtheit der Poren (geschlossene und miteinander verbundene) gebildet wird (vergleiche: scheinbare Porosität).

Weibull-Modul. Zuverlässigkeitskennwert von keramischen Materialien, der sich bei Verwendung eines speziellen Maßstabpapiers aus der Steigung der kumulativen Ausfallwahrscheinlichkeit in Abhängigkeit von der anliegenden Spannung ergibt.

Weibull-Verteilung. Ausfallhäufigkeit in Abhängigkeit von der Belastung.

Zementieren. Verbindung von keramischem Rohmaterial (in Pulverform) zu Keramikteilen ohne Brennvorgang unter Verwendung keramischer Bindemittel, die zwischen den Partikeln glas- oder gelartige Brücken bilden.

14.16 Übungsaufgaben

14.1 Berechne Gitterkonstante, Packungsfaktor und Dichte von $BaTiO_3$ unter Verwendung der in den Anhängen angegebenen Daten.

14.2 Quarz (SiO_2) besitzt hexagonale Struktur mit den Gitterkonstanten $a_0 = 0,4913$ nm und $c_0 = 0,5405$ nm und eine Dichte von 2,65 g/cm^3. Bestimme
(a) die Anzahl der in Quarz enthaltenen SiO_2-Gruppen und
(b) den Packungsfaktor der Elementarzelle.

14.3 Bestimme, ob es sich bei den nachfolgenden keramischen Verbindungen um Ortho-, Pyro-, Meta- oder Schichtsilikate handelt:
(a) $FeO \cdot SiO_2$,   (b) $3BeO \cdot Al_2O_3 \cdot 6SiO_2$,   (c) $Li_2O \cdot Al_2O_3 \cdot 4SiO_2$,
(d) $CaO \cdot Al_2O_3 \cdot 2SiO_2$,   (e) $2CaO \cdot MgO \cdot 2SiO_2$,   (f) $Al_2O_3 \cdot 2SiO_2$.

14.4 Es sei angenommen, daß in Montmorillonit 10% der Al^{3+}-Ionen durch Mg^{2+}-Ionen ersetzt sind. Wieviel Gramm Na^+-Ionen werden zum Ladungsausgleich pro kg dieser Tonmasse an der Schichtoberfläche adsorbiert?

14.5 Eine typische Zusammensetzung von FeO (Wustit) enthält 52 Atom% Sauerstoff. Berechne die in 1 cm^3 enthaltene Anzahl von Fe^{3+}-Ionen und Leerstellen. FeO besitzt Natriumchlorid-Struktur.

14.6 Unter Verwendung des Phasendiagramms von $MgO \cdot Al_2O_3$ ist der Gewichts%-Anteil von Al_2O_3 zu bestimmen, wenn der Spinell in stöchiometrischer Zusammensetzung vorliegt.
(a) Welche Art von Gitterstörungen liegen bei nichtstöchiometrischer Zusammensetzung auf der MgO-Seite des Diagramms vor?
(b) Welche Art von Gitterstörungen liegen bei nichtstöchiometrischer Zusammensetzung auf der Al_2O_3-Seite des Diagramms vor?

14.7 Die Dichte von Siliciumcarbid (SiC) beträgt 3,1 g/cm^3. Ein gesintertes SiC-Fertigteil hat ein Volumen von 500 cm^3 und eine Masse von 1 200 g. Nach Tränken in Wasser hat sich seine Masse auf 1 250 g vergrößert. Berechne die Bulkdichte, die wahre Porosität und den Volumenanteil der Porosität, der nur durch geschlossene Poren gebildet wird.

14.8 Wieviel Gramm BaO können 1 kg SiO_2 zugesetzt werden, ohne das kritische O/Si-Verhältnis von 2,5 zu überschreiten und die Glasbildung erheblich zu verschlechtern? Wie groß wäre im Vergleich dazu die kritische Menge von Li_2O als Zusatzstoff?

14.9 Blei kann auf zweierlei Weise in ein Glasnetzwerk eingebaut werden, als PbO (mit der Wertigkeit von +2) und als PbO_2 (mit der Wertigkeit von +4). Mittels einer Skizze (analog zu Abbildung 14.17) sind die Wirkungen beider Oxide zu veranschaulichen. Welches Oxid wirkt als Netzwerkwandler und welches erweitert das Netzwerk?

14.10 Heißgepreßtes Si_3N_4 hat eine Zugfestigkeit von 550 MPa. Ein daraus bestehendes Bauteil ist mit Rissen behaftet, deren Krümmungsradius an der Rißspitze 0,005 cm beträgt. Das Teil soll mit einer Zugspannung bis 200 MPa belastbar sein. Welche maximale Rißtiefe ist hierfür zulässig?

14.11 Ein großes Keramikteil, das aus teilweise stabilisiertem ZrO_2 besteht, hat eine Bruchzähigkeit von $10 \, MPa\sqrt{m}$ und eine erwartete Streckgrenze von 450 MPa. Für den Geometriefaktor f wird ein Wert von eins angenommen. Bestimme die maximale Rißtiefe, die für eine Belastung bis zur Hälfte der Streckgrenze zulässig ist.

14.12 An einer 9 Teile umfassenden Stichprobe gleichgeformter Keramikkörper wurden folgende, zum Bruch führende maximale Zugspannungen ermittelt: 152, 260, 500, 1 150, 700, 640, 370, 1 020 und 1 590 MPa. Bestimme den zugehörigen Weibull-Modul und bewerte die Zuverlässigkeit des Materials.

14.13 An der Oberfläche einer 1 cm dicken, aus Sodakalkglas bestehenden Glasscheibe wirkt eine Scherspannung von 20 MPa. Als Folge davon ergibt sich für die belastete Scheibenoberfläche eine Fließgeschwindigkeit von 1 cm/s, wenn die unbelastete in Ruhe bleibt. Wie groß ist die Viskosität des Glases bei Annahme eines linearen Geschwindigkeitsgradienten zwischen beiden Oberflächen? Welche Temperatur ist hierfür erforderlich?

14.14 Ein 15 cm langer, aus Borsilikatglas bestehender Glasstab soll sich bei einer Zugbelastung von 25 MPa und konstanter Temperatur während eines Jahres um nicht mehr als 0,1 cm ausdehnen. Welche maximale Temperatur ist hierfür zulässig, wenn die Viskosität des Glases bei einer Temperatur von $1 \, 042 \, K \, 10^7 \, Pa \cdot s$ und bei einer Temperatur von $1 \, 471 \, K \, 10^3 \, Pa \cdot s$ beträgt?

14.15 Ein aus $(SiO_2 \cdot Al_2O_3)$ bestehender Schamotteziegel ist bis 1 700 °C verwendbar, wenn das in seiner Struktur enthaltene Mullit von nicht mehr als 20% Flüssigkeit umgeben ist. Welcher minimale Prozentgehalt an Al_2O_3 ist hierfür erforderlich?

14.16 Ein aus 60 kg $(Al_2O_3 \cdot 4SiO_2 \cdot H_2O)$ und 120 kg $(2CaO \cdot Al_2O_3 \cdot SiO_2)$ gemischter Tonkörper wird getrocknet und bei 1 600 °C gebrannt. Bestimme seine Masse und Zusammensetzung nach dem Brennen.

15 Polymere

15.1 Einleitung

Polymere, zu denen so unterschiedliche Materialien wie Plaste, Gummi oder Kleber gehören, bestehen aus organischen, kettenförmigen Riesenmolekülen, die durch Zusammenschluß (*Polymerisation*) vieler kleiner Moleküle entstanden sind. Ihre Molmasse erreicht Werte von 10^4 bis über 10^6 g/mol. Neben einem breiten industriellen Anwendungsfeld sind Polymere auch in vielen Bereichen unseres täglichen Lebens anzutreffen. Zu ihnen zählen Spielzeuge, Haushaltsgeräte, Konstruktions- und Schmuckelemente, Deckschichten, Farben, Klebstoffe, Autoreifen, Seifen und Verpackungsmaterial. Auch in Verbundstoffen kommen Polymere zum Einsatz, und zwar sowohl als Matrix als auch als verstärkender Zusatzstoff, vorwiegend in Form von Fasern.

Allgemeine Kennzeichen *handelsüblicher* Polymere (sogenannte Massenkunststoffe) sind ihre geringe Dichte, gute Korrosionsbeständigkeit, geringe Festigkeit und ihre begrenzte Eignung für hohe Temperaturen. Aber sie sind andererseits billig und können in einfacher Weise zu einer Vielzahl von Gebrauchsgegenständen verarbeitet werden, die sich von Plastikbeuteln bis zu Badewannen erstrecken. *Technische* Polymere besitzen im Vergleich dazu größere Festigkeit und höhere Temperaturbeständigkeit. Sie werden nur in relativ kleinen Mengen erzeugt und sind oft sehr teuer. Einige von ihnen sind bis zu 350 °C einsetzbar. Andere, vor allem in Form von Fasern, erreichen Festigkeitswerte, die über denen von Stählen liegen.

Polymere haben auch viele interessante physikalische Eigenschaften. Plexiglas zum Beispiel ist durchsichtig und bietet wegen seiner sonstigen Eigenschaften eine oft zweckvolle Substitutionslösung für keramische Gläser. Obwohl Polymere im allgemeinen gute elektrische Isolatoren sind, gibt es unter ihnen auch Substanzen (z. B. Acetale oder polymere Verbundwerkstoffe), die eine bemerkenswerte elektrische Leitfähigkeit aufweisen. Teflon zeichnet sich durch niedrigen Reibungskoeffizienten und durch gute Antihafteigenschaften aus, so daß es verbreitet als Lagerwerkstoff oder zur Beschichtung von Küchengeräten zum Einsatz kommt. Von praktischer Bedeutung sind auch die hohe Korrosionsbeständigkeit und die chemische Resistenz vieler Polymere. In späteren Kapiteln kommen wir auf diese physikalischen Eigenschaften noch ausführlicher zurück.

15.2 Klassifizierung der Polymere

Polymere können nach verschiedenen Gesichtspunkten eingeteilt werden: nach der Synthese ihrer Moleküle, nach ihrem Molekularaufbau, nach ihrer chemischen Herkunft. Am gebräuchlichsten ist die Klassifizierung nach ihrem mechanischen und thermischen Verhalten. Hiernach unterscheiden wir drei Hauptgruppen. Tabelle 15.1 vergleicht ihre bestimmenden Merkmale.

Tabelle 15.1. Vergleich der drei Polymerarten

Verhalten	Allgemeine Struktur	Darstellung
Thermoplast	Flexible lineare Ketten	
Duroplast	Starres dreidimensionales Netzwerk	Querverbindung
Elastomer	Lineare Ketten mit Querverbindungen	Querverbindung

Thermoplaste (Plastomere) entstehen aus der Zusammenfügung kleiner Moleküle, den *Monomeren*, zu langen Kettenmolekülen und verhalten sich plastisch und duktil. Sie erweichen bei erhöhter Temperatur und können sich in diesem Bereich durch viskoses Fließen verformen. Thermoplastische Polymere sind leicht recycelbar.

Duroplaste (Duromere) bestehen ebenfalls aus langen Kettenmolekülen, die jedoch dreidimensional miteinander vernetzt sind. Sie sind im Vergleich zu Thermoplasten generell fester, aber auch spröder. Duroplaste besitzen keine feste Schmelztemperatur und können nach ihrer Vernetzung nicht mehr in einfacher Weise abgebaut werden.

Elastomere besitzen eine Zwischenstruktur, die durch teilweise Vernetzung ihrer Kettenmoleküle gekennzeichnet ist. Sie lassen sich in beträchtlichem Maße elastisch deformieren.

Der Polymerisationsvorgang beginnt bei allen Polymeren mit dem Aufbau langer Ketten, in denen die Atome kovalent miteinander verbunden sind. Die strukturelle Differenzierung setzt mit der Quervernetzung der Ketten ein. Hauptunterscheidungsmerkmale sind die Dichte und Festigkeit der zwischen den Ketten vorhandenen Vernetzungsstellen, die maßgeblich die spezifischen Eigenschaften der drei Polymergruppen bestimmen. Häufig ist diese Grenze jedoch nicht scharf. So besteht zwischen der sehr einfachen Struktur von Polyethylen (einem Thermoplast) und der wesentlich komplexeren Struktur von Epoxidharz (einem Duroplast) quasi ein Kontinuum möglicher Übergangszustände.

Darstellung von Polymerstrukturen. Alle Polymere besitzen komplexe dreidimensionale Molekularstrukturen, die sich nur vereinfacht darstellen lassen. Abbildung 15.1 zeigt drei gebräuchliche Darstellungsweisen am Beispiel eines Kettensegments von Polyethylen, dem einfachsten thermoplastischen Polymer. Die Hauptkette besteht aus C-Atomen, an die seitlich gegenüberliegend zwei H-Atome gebunden sind. Die Kette kann sich verdrehen und räumlich verbiegen. Die einfache zweidimensionale Darstellung in Abbildung 15.1c enthält die wesentlichen Elemente der

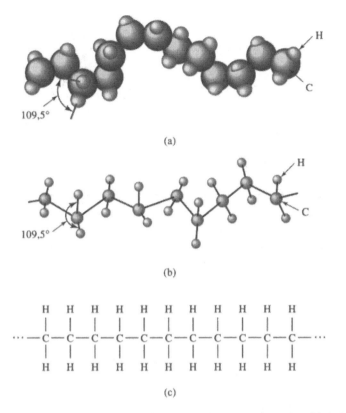

Abb. 15.1. Drei Darstellungsweisen der Struktur von Polyethylen: (a) dreidimensionales Kugelmodell, (b) dreidimensionales Lagemodell, (c) einfaches zweidimensionales Modell.

Polymerstruktur und dient zur allgemeinen Beschreibung des Polymers. Einfache Bindungsstriche (–) symbolisieren jeweils eine kovalente Bindung, z. B. zwischen einem C- und einem H-Atom. Zwei parallele Bindungsstriche (=) bedeuten eine kovalente Doppelbindung.

Polymere enthalten in ihren Ketten häufig auch Ringstrukturen. Ein Beispiel ist der Benzol-Ring in Styrol- oder Phenol-Molekülen (Abb. 15.2). Dieser *aromatische* Ring besteht aus sechs C-Atomen, die alternierend in kovalenten Einzel- und Doppelbindungen ringförmig miteinander verbunden sind. Zur vereinfachten Darstellung des Benzol-Rings wird ein Sechseck mit eingeschriebenem Kreis verwendet.

Beispiel 15.1
Auswahl von Polymerwerkstoffen für Chirurgenhandschuhe, Getränkekästen und Seilrollen.
Lösung
Chirurgenhandschuhe müssen ausreichend dehnbar sein, um sie leicht überstreifen zu können, und anschließend eng genug anliegen, um feinfühlige Instrumentenführung beim Operieren zu ermöglichen. Geignet hierfür sind Elastomere, die sich mit geringem Kraftaufwand dehnen lassen und danach wegen vernachlässigbarer plastischer Verformung eng anliegen.

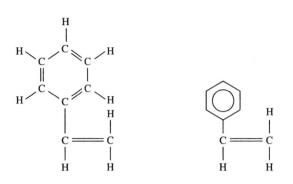

Abb. 15.2. Zwei Darstellungsweisen für Benzolringe. Im vorliegenden Fall ist der Benzolring Bestandteil von Styrol.

Getränkekästen sollten möglichst leicht und billig sein und eine gewisse Mindestduktilität und -zähigkeit besitzen, um Transportbeanspruchungen standzuhalten. Thermoplaste erfüllen diese Forderungen am besten.

Seilrollen müssen spannungs- und verschleißfest sein. Dies erfordert ein relativ stabiles und abriebfestes Material. Geeignet hierfür sind Duroplaste.   □

15.3 Kettenbildung durch Additionspolymerisation

Die *Additionspolymerisation* stellt die einfachste Polymerisationsart dar, bei der die Ketten durch Addition (Aneinanderreihung) von Einzelmolekülen, den Monomeren, entstehen. Repräsentatives Beispiel ist der Kettenaufbau von Polyethylen aus Ethylen-Molekülen. Ethylen hat die chemische Formel C_2H_4 und ist unter Normalbedingungen gasförmig. Die beiden C-Atome sind durch eine kovalente Doppelbindung verknüpft, die je zwei ihrer vier Valenzelektronen beansprucht. Die beiden restlichen Valenzelektronen jedes C-Atoms stehen für die kovalente Anbindung der H-Atome zur Verfügung (Abb. 15.3).

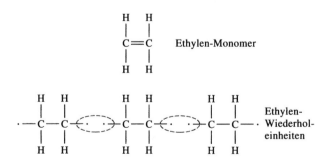

Abb. 15.3. Additionsreaktion zur Erzeugung von Polyethylen aus Ethylen-Molekülen. Die ungesättigte Doppelbindung des Monomers bricht auf und bildet an seinen Enden zwei aktive Zentren, an die sich Wiederholeinheiten anlagern können.

Bei Anwesenheit von Katalysatoren und unter geeigneten Druck- und Temperaturbedingungen wird die Doppelbindung der C-Atome in eine Einfachbindung umgewandelt, so daß jedes C-Atom über ein ungepaartes Elektron verfügt und als *freies Radikal* mit anderen freien Radikalen Bindungen eingehen kann. Dieses reaktive Molekül bildet den Grundbaublock oder die *Wiederholeinheit* des zugehörigen Polymers.

Ungesättigte Bindungen. Voraussetzung für die Additionspolymerisation ist das Vorhandensein einer Doppelbindung zwischen den C-Atomen des Monomers. Doppelbindungen sind *ungesättigte Bindungen*, die aktivierbar sind und dann nach außen bindungswirksam werden. Die Aktivierung geschieht durch Umwandlung der Doppelbindung in eine Einzelbindung. Die beiden C-Atome bleiben durch die Einzelbindung weiterhin miteinander verknüpft, können aber mit ihrem nun freien Bindungsarm auch Bindungen nach außen eingehen. Auf diese Weise entstehen durch Anlagerung von Wiederholeinheiten Polymerketten.

Funktionalität. Unter der Funktionalität ist die „Wertigkeit" einer Wiederholeinheit zu verstehen, d. h. die Anzahl ihrer möglichen Verbindungsstellen zu anderen Wiederholeinheiten. Ethylen verfügt über zwei Verbindungsstellen, die den beiden C-Atomen zugeordnet sind. Ethylen verhält sich daher *bifunktional* und kann sich nur zu linearen Ketten polymerisieren. Wenn dagegen drei oder mehr Verbindungsstellen existieren, an denen sich Moleküle anlagern können, ergibt sich die Möglichkeit einer dreidimensionalen Vernetzung.

Beispiel 15.2
Phenol-Moleküle (siehe Strukturbild) können sich miteinander verbinden, indem H-Atome aus der Ringstruktur gelöst werden und an einem Polykondensationsvorgang (s. u.) teilnehmen. Wie groß ist die Funktionalität des Phenols? Entsteht bei der Polykondensation eine Ketten- oder eine Netzwerkstruktur?

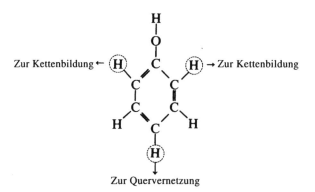

Lösung
An den Ecken des Phenol-Moleküls befinden sich 6 H-Atome. Davon ist das zur OH-Gruppe gehörige H-Atom sehr fest gebunden und nicht ablösbar. Am reaktivsten verhalten sich die drei durch Kreise markierten H-Atome. Infolgedessen beträgt die effektive Funktionalität 3. Zwei H-Atome nehmen an der Kettenbildung teil, während das dritte für die Vernetzung zum Duroplast zur Verfügung steht.   □

Auslösung der Additionspolymerisation (Startreaktion). Zur Auslösung der Additionspolymerisation wird ein Initiatorstoff benötigt, der dem Monomer zugesetzt wird (Abb.15.4). Der Initiator bildet freie Radikale mit einem aktiven Zentrum, das eines der beiden C-Atom des Ethylen-Monomers anzieht und somit die Doppelbindung aufklappt. Als Folge davon stellt das nunmehr einfach gebundene zweite C-Atome des Ethylen-Monomers ebenfalls ein aktives Zentrum dar, und zwar auf der anderen Seite des Moleküls, an der nun eine Kettenbildung beginnen kann. An das jeweils neue aktive Zentrum lagern sich Schritt für Schritt weitere Wiederholeinheiten an, bis schließlich eine lange Polyethylen-Kette entstanden ist.

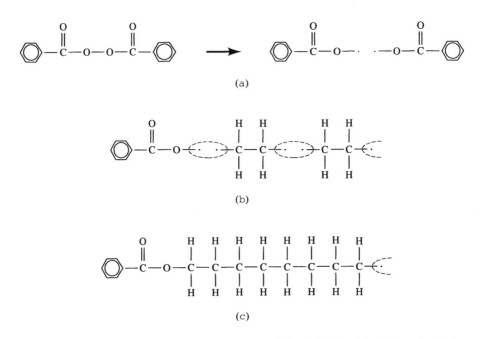

(a)

(b)

(c)

Abb. 15.4. Die Auslösung der Kettenbildung von Polyethylen beinhaltet (a) das Entstehen freier Radikale durch das als Initiator wirkende Benzoylperoxid, (b) die Anlagerung einer Polyethylen-Wiederholeinheit an eines der Initiator-Radikale und (c) die Anlagerung weiterer Wiederholeinheiten zur Fortsetzung der Kette.

Da die Initiatoren, bei denen es sich häufig um Peroxide handelt, sehr reaktiv sind und nicht nur mit Monomeren, sondern auch untereinander reagieren, ist ihre Lebensdauer nur kurz. Ein gebräuchlicher Initiatorstoff ist Benzoylperoxid (Abb. 15.4).

Wachstum von Additionsketten. Nach Auslösung der Kettenbildung findet eine schnelle Anlagerung von Wiederholeinheiten mit einigen tausend Additionen pro Sekunde statt (Abb. 15.5). Wenn die Monomere fast aufgebraucht sind, verlangsamt sich das Kettenwachstum, weil die wenigen noch verbliebenen Monomere lange Diffusionswege zurücklegen müssen, bevor sie aktive Kettenenden erreichen und sich dort anlagern können.

Abschluß der Additionspolymerisation. Die Kettenbildung kann durch zwei verschiedene Mechanismen zum Abbruch kommen (Abb. 15.6). Bei der *Kombination*

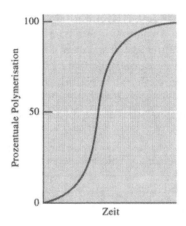

Abb. 15.5. Die Wachstumsgeschwindigkeit der Ketten ist anfangs gering, steigt später steil an und nimmt bei Annäherung an den Zustand der vollständigen Polymerisation wieder ab.

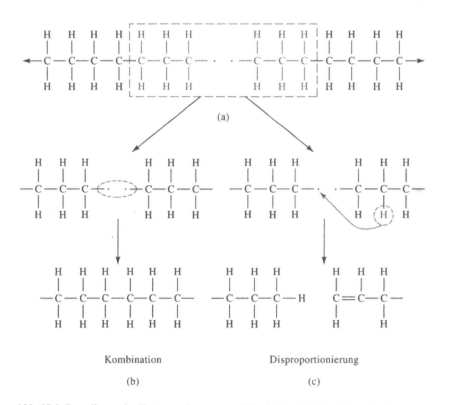

Abb. 15.6. Beendigung des Kettenwachstums von Polyethylen: (a) Die aktiven Enden zweier Ketten nähern sich an, (b) zwei Ketten verbinden sich miteinander (Kombination) oder (c) Umlagerung eines H-Atoms und Wiederentstehen einer Doppelbindung (Disproportionierung). Beim ersten Mechanismus entsteht aus zwei kurzen Ketten eine lange, beim zweiten Mechanismus bleiben die miteinander reagierenden Ketten getrennt.

verbinden sich die freien Enden zweier schon existierender Ketten miteinander und verhindern so die Anlagerung weiterer Wiederholeinheiten. Bei der *Dispro-portionierung* wird das aktive Ende einer Kette durch Anlagerung eines H-Atoms aus einer anderen Kette abgesättigt. Dabei entsteht in der abgebenden Kette eine C-Doppelbindung, so daß beide beteiligten Ketten in ihrem Wachstum gestoppt werden. Während beim Kombinationsvorgang aus jeweils zwei kleinen Ketten eine große entsteht, bleiben bei der Disproportionierung die beteiligten Ketten getrennt erhalten.

Tetraederstruktur von Kohlenstoff. Der Aufbau additiver Polymerketten basiert auf der kovalenten Bindung der C-Atome, die ebenso wie Si-Atome vierwertig sind. Die vier kovalenten Bindungen spannen mit ihren Bindungsrichtungen einen Tetraeder auf (Abb. 15.7a). Wenn Kohlenstoff in Diamantstruktur vorliegt, sind alle Tetraederplätze von C-Atomen besetzt.

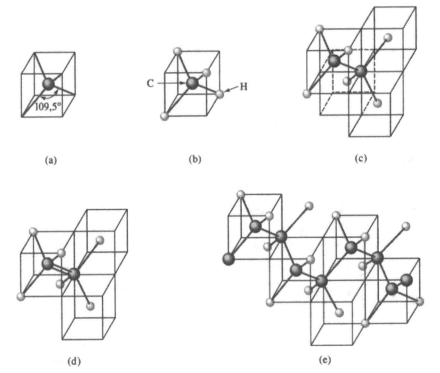

(a)   (b)   (c)

(d)   (e)

Abb. 15.7. Die tetraedrisch ausgerichteten Bindungen des Kohlenstoffatoms können auf verschiedene Weise zum Aufbau von Festkörpern, nichtpolymerisierbaren Gasmolekülen oder Polymeren dienen: (a) Kohlenstoff-Tetraeder, (b) Methan ohne ungesättigte Bindungen, (c) Ethan ohne ungesättigte Bindungen, (d) Ethylen mit einer ungesättigten Bindung, (e) Polyethylen.

In organischen Molekülen werden dagegen einige Plätze des Tetraeders von H-, Cl- oder F-Atomen eingenommen oder von Atomgruppen besetzt. Da H-Atome jeweils nur ein Elektron für die kovalente Bindung zur Verfügung haben, sind sie nicht imstande, den Tetraeder zu erweitern. Abbildung 15.7b zeigt die Struktur von Methan, dessen C-Atom von vier H-Atomen abgesättigt ist. Eine

Additionsreaktion ist in diesem Fall nicht möglich. Das gleiche trifft auch zu, wenn eine der C-Bindungen mit einem zweiten C-Atom einfach verbunden ist und die restlichen Bindungen weiterhin von H-Atomen besetzt sind. Diese Situation treffen wir im Ethan-Molekül an (Abb. 15.7c), das deshalb ebenfalls nicht polymerisieren kann.

Im Ethylen-Molekül liegt dagegen zwischen beiden C-Atomen eine ungesättigte Doppelbindung vor (Abb. 15.7d). Die anderen Bindungen sind zwar weiterhin von H-Atomen besetzt, die ungesättigte Doppelbindung kann jedoch in eine Einfachbindung und zwei aktive Zentren aufklappen und auf diese Weise beide C-Atome zur Additionsreaktion mit weiteren Ethylen-Wiederholeinheiten befähigen (Abb. 15.7e).

Kettenformen. Bedingt durch die Tetraederform der vierwertigen kovalenten Bindung können die Polymerketten räumlich verdreht anwachsen. Abbildung 15.8 veranschaulicht das Entstehen zweier möglicher Kettenformen. Nach Abbildung 15.8a lagert sich das dritte C-Atom auf einer beliebigen Kreisposition an, dessen Lage allein durch den kovalenten Bindungswinkel und den Gleichgewichtsabstand der Bindungspartner festgelegt ist. So kann sich wie in Abbildung 15.8b eine gestreckte Kette, wahrscheinlicher jedoch eine stark verdrehte Kette wie in Abbildung 15.8c bilden.

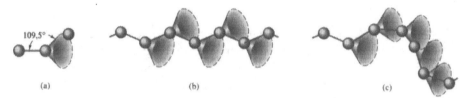

Abb. 15.8. Die Winkelbedingung für die Bindungen einer C-Kette wird erfüllt, wenn sich das dritte C-Atom auf dem dazu passenden Kreis anlagert (a). In Abhängigkeit von dieser Plazierung können gerade (b) oder stark verdrehte (c) Ketten entstehen.

Die Verwindung und Verdrehung der Ketten hängt von äußeren Faktoren ab, z. B. von der Temperatur oder von der örtlichen Lage der nächsten Wiederholeinheit. Wegen der Lagezufälligkeit können sich unabhängig wachsende Ketten miteinander verflechten. So entstehen Gebilde, die man sich vergrößert wie einen Knäuel Regenwürmer oder ein Spaghettigericht vorstellen kann. Das Verhaken der miteinander verschlungenen Ketten stellt einen wichtigen Verfestigungsmechanismus der Polymere dar. Um in dem angesprochenem Bild zu bleiben, kann mit dem Herausgreifen von wenigen Regenwürmern der gesamte Knäuel angehoben werden. Bei linear ausgerichteten Ketten machen sich zusätzlich auch die zwischen ihnen wirksamen Van der Waals-Kräfte bemerkbar, die ebenfalls zur Verfestigung beitragen.

Beispiel 15.3
Berechnung der benötigten Initiatormenge aus Benzoylperoxid zur Erzeugung von 1 kg Polyethylen (mit einer molaren Masse von $2 \cdot 10^5$ g/mol). Dabei sei angenommen, daß nur 20% des Initiatormaterials wirksam werden und die Kettenbildung durch einen Kombinationsvorgang zum Abschluß kommt.

Lösung

Bei 100%iger Effektivität des Initiators wird für jede Polyethylen-Kette ein Benzoylperoxid-Molekül benötigt. (Eines der freien Radikale löst die Bildung einer Kette aus, das andere freie Radikal die Bildung einer zweiten Kette; beide Ketten vereinigen sich durch Kombination zu einer großen.) Die Molmasse von Ethylen beträgt $(2\,C) \cdot (12) + (4\,H) \cdot (1) = 28$ g/mol. Die Anzahl der in einem kg Polyethylen enthaltenen Ethylen-Monomere beträgt somit:

$$\frac{200\,000\text{ g/mol}}{28\text{ g/mol}} = 7143 \text{ Ethylen-Moleküle pro Kette,}$$

$$\frac{(1000\text{ g Polyethylen})(6{,}02 \cdot 10^{23})}{28\text{ g/mol}} = 215 \cdot 10^{23} \text{ Monomere.}$$

Wegen des Kombinationsmechanismus wird für jede Kette ein Benzoylperoxid-Molekül benötigt:

$$\frac{215 \cdot 10^{23} \text{ Ethylen-Moleküle}}{7143 \text{ Ethylen-Moleküle pro Kette}} = 0{,}03 \cdot 10^{23}.$$

Die Molmasse von Benzoylperoxid beträgt $(14\,C) \cdot (12) + (10\,H) \cdot (1) + (4\,O) \cdot (16) = 242$ g / mol. Als notwendige Initiatormenge ergibt sich:

$$\frac{(0{,}03 \cdot 10^{23})(242\text{ g/mol})}{6{,}02 \cdot 10^{23}} = 1{,}206 \text{ g.}$$

Da jedoch nur 20% des Initiatormaterials wirksam sind, weil die restliche Menge entweder rekombiniert oder mit anderen Stoffen reagiert, wird die fünffache Menge bzw. 6,03 g Benzoylperoxid pro kg Polyethylen benötigt.   □

15.4 Kettenbildung durch Kondensation

Eine zweite Entstehungsmöglichkeit linearer Polymere bietet die *Kondensationsreaktion*, die mitunter auch als *Stufenwachstum* bezeichnet wird. Diese Polymerisationsart erzeugt Strukturen und Eigenschaften, die denen von additiv entstandenen linearen Polymeren sehr ähnlich sind. Der Stufenmechanismus erfordert jedoch zwei unterschiedliche Monomer-Arten. Ein wichtiges Beispiel ist Polyester. Abbildung 15.9 zeigt die an der Polymerisation beteiligten Monomer-Partner, Dimethylterephthalat (DMT) und Ethylenglykol, das entstehende Polymer und das bei der Reaktion anfallende Nebenprodukt.

Bei dieser Kondensationsreaktion verbindet sich ein (am OH-Ende befindliches) H-Atom des Ethylenglykol-Monomers mit der OCH_3-Gruppe des DMT-Monomers. Der als Nebenprodukt entstehende Methylalkokol entweicht, und die beiden Monomere vereinigen sich zu einem größeren Molekül, der Wiederholeinheit. Beide Monomere und die Wiederholeinheit sind bifunktional. Die Stufenpolymerisation setzt sich mit gleicher Reaktion fort. Im Ergebnis entsteht Polyester in Form langer Polymerketten.

Die Kettenlänge hängt davon ab, wie leicht die an der Reaktion beteiligten Monomere an das jeweilige Kettenende diffundieren können. Das Wachstum bricht ab, wenn keine Monomere das Kettenende mehr erreichen.

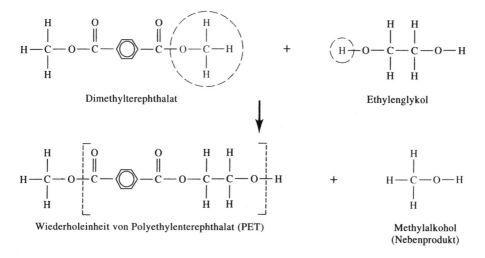

Abb. 15.9. Kondensationsreaktion von Polyethylenterephthalat (PET), einem gebräuchlichen Polyester. Bei der Verbindung beider Ausgangsmonomere spalten sich eine OCH₃-Gruppe und ein H-Atom ab und bilden Methylalkohol als Nebenprodukt.

Beispiel 15.4

6,6-Nylon ist ein lineares Polymer und entsteht durch Kondensationspolymerisation der Monomere Hexamethylendiamin und Adipinsäure. Welches Nebenprodukt entsteht bei der Reaktion beider Monomere zur Bildung der Wiederholeinheit? Wieviel Gramm 6,6-Nylon ergeben sich aus 1 000 g Hexamethylendiamin, und wieviel Gramm Adipinsäure sind hierfür erforderlich, wenn 100 %iger Umsatz angenommen wird?

Lösung

Die Molekularstruktur beider Monomere ist in der Abbildung dargestellt. Bei ihrer Reaktion verbindet sich ein H-Atom des Hexamethylendiamin mit einer OH-Gruppe der Adipinsäure zu einem Wassermolekül als Nebenprodukt.

Diese Reaktion kann sich an beiden Enden des neuen Moleküls fortsetzen und zu langen Ketten führen. Die Bezeichnung 6,6-Nylon bedeutet, daß beide beteiligten Monomere je 6 C-Atome enthalten.

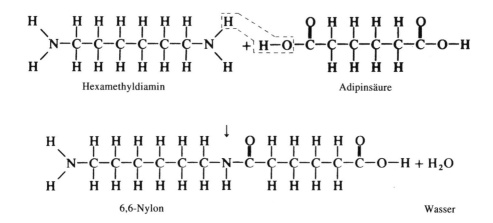

Aus ihrer Zusammensetzung ergeben sich für Hexamethylendiamin und Adipinsäure Molmassen von 116 g/mol bzw. 146 g/mol. Die Molmasse des Nebenprodukts Wasser beträgt 18 g/mol. Die Anzahl der Mole der an der Reaktion beteiligten Substanzen ist gleich:

$$\frac{1000\ \text{g}}{116\ \text{g/mol}} = 8,621\ \text{Mole} = \frac{x\ \text{g}}{146\ \text{g/mol}}.$$

Die benötigte Menge Adipinsäure beträgt somit $x = 1\ 259$ g.
Die Anzahl der Wassermole beträgt ebenfalls 8,621 und die zugehörige Masse

$$y = (8,621\ \text{Mole}) \cdot (18\ \text{g/mol}) = 155,2\ \text{g}\ H_2O$$

Da jedoch bei jeder einseitigen Anlagerung eines Monomers an den Kettenenden jeweils ein Wassermolekül freigesetzt wird, ergibt sich für die Masse des erzeugten Nylons: 1 000 g + 1 259 g − 2(155,2 g) = 1 948,6 g.   □

15.5 Polymerisationsgrad

Die mittlere Kettenlänge linearer Polymere (bzw. die Anzahl der im Mittel pro Kette enthaltenen Wiederholeinheiten) wird als *Polymerisationsgrad* bezeichnet. Er läßt sich auch durch das Verhältnis von Molmasse des Polymers zur Molmasse der Wiederholeinheit ausdrücken:

$$\text{Polymerisationsgrad} = \frac{\text{Molmasse des Polymers}}{\text{Molmasse der Wiederholeinheit}}. \qquad (15.1)$$

Wenn das Polymer nur eine Monomerart enthält, ist dessen Molmasse identisch mit der Molmasse der Wiederholeinheit. Enthält es jedoch mehrere Monomere, ergibt sich die Molmasse der Wiederholeinheit aus der Summe der Molmassen der beteiligten Monomere abzüglich der Molmasse des Nebenprodukts.
Die Kettenlänge linearer Polymere schwankt beträchtlich zwischen extrem kurzen Ketten, deren Wachstum früh abbricht, und extrem langen Ketten. Für solche Polymere läßt sich auf 2 Wegen eine mittlere Molmasse bestimmen:
Der *stoffmengenbezogene Mittelwert* $\overline{M}_s$ der Molmasse ergibt sich so, daß Größenbereiche der Molmasse gebildet und die Ketten in diese entsprechend eingeordnet werden. Dann wird der Anteil f_i der Ketten bestimmt, deren Masse M_i innerhalb der einzelnen Größenbereiche liegt. Der Mittelwert ergibt sich wie folgt:

$$\overline{M}_s = \sum f_i\,M_i. \qquad (15.2)$$

Der *anzahlbezogene Mittelwert* $\overline{M}_A$ der Molmasse wird ermittelt mit Hilfe des Anteils x_i von Ketten innerhalb der Größenbereiche der Molmasse mit der Molmasse M_i gegenüber der Gesamtanzahl der Ketten in allen Größenbereichen:

$$\overline{M}_A = \sum x_i\,M_i. \qquad (15.3)$$

Der anzahlbezogene Mittelwert der Molmasse ist stets kleiner als der stoffmengenbezogene Mittelwert.

Die Berechnungsweise beider Mittelwerte wird im Beispiel 15.6 erläutert.

Beispiel 15.5
Berechnung des Polymerisationsgrades von 6,6-Nylon mit einer Molmasse von
120 000 g/mol.
Lösung
Die Bildungsreaktion von 6,6-Nylon wurde bereits im Beispiel 15.4 beschrieben.
Hexamethylendiamin und Adipinsäure verbinden sich unter Freisetzung von Wasser, wobei im Mittel ein freigesetztes H_2O-Molekül auf ein sich anlagerndes Mono-
mer-Molekül entfällt. Die Molmasse von Hexamethylendiamin beträgt 116 g/mol,
die von Adipinsäure 146 g/mol und die von Wasser 18 g/mol. Die Zusammensetzung der Wiederholeinheit lautet:

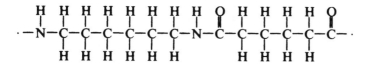

Ihre Molmasse ergibt sich als Summe der Molmassen beider Monomere minus der
doppelten Molmasse von Wasser:

$$M_{\text{Wiederholeinheit}} = 116 + 146 - 2(18) = 226 \text{ g/mol}.$$

Der Polymerisationsgrad beträgt:

$$\text{Polymerisationsgrad} = \frac{120\,000}{226} = 531.$$

Dieser Wert gibt die in der Kette enthaltene Anzahl von Wiederholeinheiten an
und bedeutet, daß sich in der Kette 531 Hexamethylendiamin- und 531 Adipin-
säure-Moleküle befinden. $\qquad\qquad\square$

Beispiel 15.6
Eine Polyethylen-Probe enthält 4 000 Ketten mit Molmassen zwischen 0 und 5 000
g/mol, 8 000 Ketten mit Molmassen zwischen 5 000 und 10 000 g/mol, 7 000 Ketten
mit Molmassen zwischen 10 000 und 15 000 g/mol und 2 000 Ketten mit Molmassen zwischen 15 000 und 20 000 g/mol. Hieraus sind der stoffmengenbezogene Mittelwert und der anzahlbezogene Mittelwert der Molmasse zu bestimmen.
Lösung
Für die vier Größenbereiche der Ketten sind zunächst die Anteile der Kettenanzahl x_i bzw. f_i zu ermitteln. Die Kettenanteile x_i ergeben sich aus der Anzahl der zu
jedem Größenbereich gehörigen Ketten bezogen auf die Gesamtzahl der Ketten
(21 000). Um die Kettenanteile f_i zu bestimmen, muß zunächst die Anzahl der zu
jedem Größenbereich gehörigen Ketten mit ihrer mittleren Molmasse multipliziert
werden, um die „Gruppenmassen" der einzelnen Größenbereiche zu gewinnen.
Die Kettenanteile f_i sind die Quotienten aus den „Gruppenmassen" und der
Gesamtmasse aller Ketten ($192,5 \cdot 10^6$). Die gesuchten Mittelwerte ergeben sich
schließlich aus den Gleichungen (15.2) und (15.3).

Kettenanzahl	Mittlere Molmasse pro Kette	x_i	x_iM_i	Gruppengewicht	f_i	f_iM_i
4 000	2 500	0,191	477,5	$10 \cdot 10^6$	0,0519	129,75
8 000	7 500	0,381	2 857,5	$60 \cdot 10^6$	0,3118	2 338,50
7 000	12 500	0,333	4 162,5	$87,5 \cdot 10^6$	0,4545	5 681,25
2 000	17 500	0,095	1 662,5	$35 \cdot 10^6$	0,1818	3 181,50
$\sum = 21\,000$		$\sum = 1,0$	$\sum = 9\,160$	$\sum = 192,5 \cdot 10^6$	$\sum = 1$	$\sum = 11,331$

$$\overline{M}_A = \sum x_i\, M_i = 9160 \; g/mol,$$

$$\overline{M}_s = \sum f_i\, M_i = 11\,331 \; g/mol.$$

Der stoffmengenbezogene Mittelwert ist größer als der anzahlbezogene.   □

15.6 Kettenanordnung in Thermoplasten

Während innerhalb der Kettenmoleküle von Thermoplasten kovalente Bindungen herrschen, sind die Ketten untereinander nur durch schwache sekundäre Bindungskräfte und durch Verhaken verbunden (Abb. 15.10). Infolgedessen können sich die Ketten bei Spannungsbelastung leicht verdrehen und gegenseitig verschieben. Diese Vorgänge hängen von der Temperatur und vom Aufbau der Polymere ab.

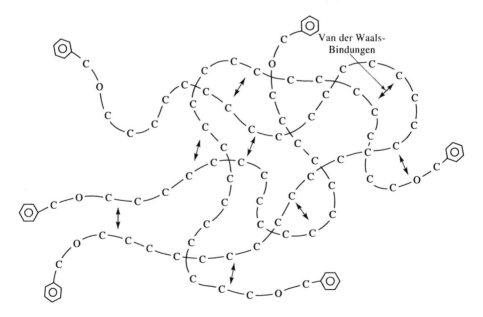

Abb. 15.10. Die Ketten werden durch Van der Waals-Kräfte und mechanisches Verhaken zusammengehalten.

Die Abbildungen 15.11 und 15.12 fassen das Verhalten zusammen und weisen markante, stoffspezifische Temperaturen aus.

Zersetzungstemperatur. Bei sehr hohen Temperaturen brechen die kovalenten Bindungen innerhalb der linearen Ketten auf; das Polymer verbrennt oder verkohlt. Die zugehörige kritische Temperatur T_z heißt *Zersetzungs-* oder *Zerfallstemperatur*. Bei Einwirkung von Sauerstoff, ultravioletter Strahlung oder Bakterien kann die Zersetzung auch schon bei niedrigeren Temperaturen erfolgen.

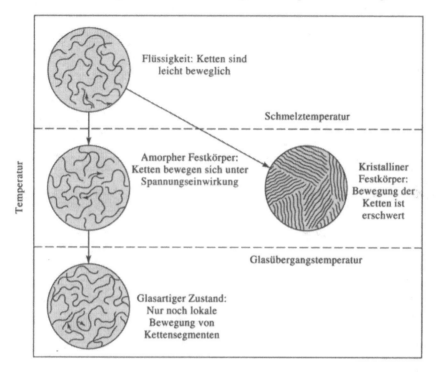

Abb. 15.11. Einfluß der Temperatur auf Struktur und Verhalten von Thermoplasten.

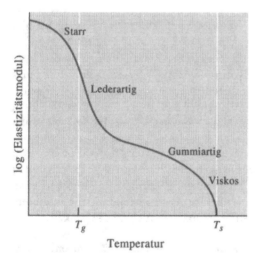

Abb. 15.12. Einfluß der Temperatur auf den Elastizitätsmodul eines amorphen Thermoplasts.

Flüssige Polymere. Oberhalb der Schmelztemperatur T_s ist die Bindung zwischen den verdrehten und verwundenen Ketten nur schwach. Einwirkende Kräfte können die Ketten leicht gegeneinander verschieben. Das Polymer beginnt ohne elastische Gegenwirkung zu fließen. Festigkeit und Elastizitätsmodul sind nahezu null. Polymere sind in diesem Zustand gießbar. Tabelle 15.2 enthält die Schmelzpunkte wichtiger Thermoplaste und Elastomere.

Tabelle 15.2. Schmelz- und Glasübergangstemperaturen ausgewählter Thermoplaste und Elastomere

Polymer	T_s (°C)	T_g (°C)
Additionspolymere		
Polyethylen geringer Dichte	115	–120
Polyethylen hoher Dichte	137	–120
Polyvinylchlorid	175–212	87
Polypropylen	168–176	–16
Polystyrol	240	85–125
Polyacrilonitril	320	107
Polytetrafluorethylen (Teflon)	327	
Polychlorotrifluorethylen	220	
Polymethylmethacrylat		90–105
ABS		88-125
Kondensationspolymere		
Acetal	181	–85
6,6-Nylon	265	50
Zelluloseacetat	230	
Polycarbonat	230	145
Polyester	255	75
Elastomere		
Silikon		–123
Polybutadien	120	–90
Polychloropren	80	–50
Polyisopren	30	–73

Kautschuk- oder lederartige Polymere. Unterhalb der Schmelztemperatur bleiben die Ketten verdreht und verschlungen. Das Polymer liegt in amorpher Struktur vor. Im oberen Temperaturbereich ist ein *gummiartiges* Verhalten zu beobachten. Bei Spannungseinwirkung treten sowohl elastische als auch plastische Verformungen ein. Nach Aufhebung der Spannung bildet sich der elastische Teil der Verformung schnell zurück, während der plastische Anteil eine durch Kettenverschiebung bedingte permanente Verformung hinterläßt. Auf diese Weise lassen sich große permanente Verformungen erzielen, wie sie bei verschiedenen Formgebungsverfahren genutzt werden.

Mit weiterer Temperaturabnahme verfestigen sich die Bindungen zwischen den Ketten, das Polymer wird steifer, und wir beobachten ein *lederartiges* Verhalten. Viele der handelsüblichen Polymere einschließlich Polyethylen besitzen in diesem Temperaturbereich eine für praktische Anwendungen brauchbare Festigkeit.

Glasartige Polymere. Unterhalb der *Glasübergangstemperatur* T_g verhalten sich lineare Polymere glasartig. Ihre Ketten sind weiterhin amorph angeordnet. Wie

Abbildung 15.13 zeigt, treten beim Unterschreiten des Übergangspunktes Änderungen in der Temperaturabhängigkeit von Materialparametern ein, z. B. der Dichte oder dem Elastizitätsmodul.

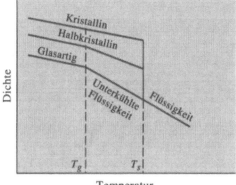

Abb. 15.13. Knickpunkte im Verlauf der Polymerdichte in Abhängigkeit von der Temperatur zeigen die Schmelz- und Glasübergangstemperatur an.

Obwohl glasartige Polymere nur wenig duktil und formbar sind, besitzen sie andererseits gute Festigkeit, Steifigkeit und Kriechresistenz. Einige wichtige Polymere, zu denen auch Polystyrol und Polyvinylchlorid gehören, haben Glasübergangstemperaturen oberhalb der Raumtemperatur (Tab. 15.2).

Die Glasübergangstemperaturen betragen meist das 0,5 bis 0,75fache der absoluten Schmelztemperatur T_s. Polymere wie Polyethylen, die keine komplizierten Seitengruppen an ihrer Kohlenstoffhauptkette besitzen, haben im Vergleich zu Polystyrol (mit komplizierten Seitengruppen) niedrige Glasübergangstemperaturen (teilweise unterhalb der Raumtemperatur).

Kristalline Polymere. Viele Thermoplaste können bei Abkühlung unter den Schmelzpunkt teilweise kristallisieren, wobei sich die Ketten über beträchtliche Entfernungen dicht und parallel zueinander ausrichten. Dabei tritt eine sprungartige Zunahme der Dichte ein (Abb. 15.3), bedingt durch den Übergang aus einer gewundenen Anordnung der Ketten im flüssigen Zustand in eine stärker geordnete und dichter gepackte Struktur.

Abbildung 15.14 zeigt das Modell einer möglichen Anordnung, das wegen seiner Struktur und Entstehung auch als *Faltkettenmodell* bezeichnet wird. Hierbei legen sich die Ketten faltenförmig zusammen, wobei die Länge einer Schleife etwa 100 C-Atome umfaßt. Die gefaltete Kette bildet dünne Platten oder Lamellen, aus denen unterschiedliche Kristallformen entstehen können. Besonders verbreitet sind sphärolithische Formen wie in Abbildung 8.12 und 15.15. Wie bei allen kristallinen Stoffen lassen sich diesen Strukturen Elementarzellen zuordnen. Tabelle 15.3 enthält Strukturtyp und Gitterparameter verschiedener Polymere. Einige Polymere sind auch polymorph und treten in mehr als einer Kristallstruktur auf.

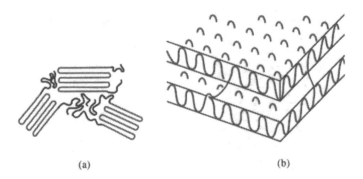

(a)   (b)

Abb. 15.14. Zweidimensionales (a) und dreidimensionales (b) Faltkettenmodell kristalliner Polymere.

Tabelle 15.3. Kristallstruktur verschiedener Polymere

Polymer	Kristallstruktur	Gitterparameter (nm)		
Polyethylen	Rhombisch	$a_0 = 0{,}742$	$b_0 = 0{,}495$	$c_0 = 0{,}255$
Polypropylen	Rhombisch	$a_0 = 1{,}450$	$b_0 = 0{,}569$	$c_0 = 0{,}740$
Polyvinylchlorid	Rhombisch	$a_0 = 1{,}040$	$b_0 = 0{,}530$	$c_0 = 0{,}510$
Polyisopren (cis)	Rhombisch	$a_0 = 1{,}246$	$b_0 = 0{,}886$	$c_0 = 0{,}810$

Abb. 15.15. Photographische Aufnahme sphärolithischer Kristalle in einer amorphen Nylon-Matrix (200fach). (Aus *R. Brick, A. Pense, R. Gordon*: Structur and Properties of Engineering Materials, 4. Aufl., *McGraw-Hill*, 1977.)

Zwischen den Lamellen und auch zwischen den Sphärolithen existieren jedoch stets dünne amorphe Übergangsbereiche. Für den prozentualen Gewichtsanteil des kristallinen Polymerbereichs gilt die Beziehung:

$$\% \text{ Kristallanteil} = \frac{\rho_c}{\rho} \frac{(\rho - \rho_a)}{(\rho_c - \rho_a)} \cdot 100, \tag{15.4}$$

wobei ρ die gemessene Polymerdichte, ρ_a die Dichte des amorphen Polymers und ρ_c die Dichte des vollständig kristallisierten Polymers bedeuten.

Folgende Faktoren bestimmen die Kristallisationsfähigkeit von Polymeren:

1. *Komplexität.* Einfache Additionspolymere wie Polyethylen kristallisieren am leichtesten, da keine sperrigen Molekül- oder Atomgruppen an der C-Kette angelagert sind, die einer dichten Packung der Ketten im Wege stehen.
2. *Abkühlungsgeschwindigkeit.* Langsame Abkühlung bietet den Ketten längere Zeiten für ihre Ausrichtung und begünstigt die Kristallisation.
3. *Wärmebehandlung.* Durch Wärmebehandlung dicht unterhalb der Schmelztemperatur werden Keimbildung und Wachstum der Kristallstrukturen thermisch aktiviert.
4. *Polymerisationsgrad.* Lange Ketten erschweren die Kristallisation.
5. *Verformung.* Kettenstreckung durch langsame Verformung im Bereich zwischen Schmelz- und Glasübergangstemperatur führt zu dichterer Kettenlage und unterstützt die Kristallisation.

Vollständig kristallisierte Polymere weisen keine Glasübergangstemperatur auf. Die amorphen Regionen halbkristalliner Polymere können dagegen unterhalb der Glasübergangstemperatur in glasartigen Zustand übergehen (Abb. 15.13).

Beispiel 15.7

Ein Metalltank für flüssigen Wasserstoff soll mit einem 3 mm dicken Polymerüberzug versehen werden, an den sich weitere Isolationsschichten anschließen. Die Temperatur dieser Zwischenschicht kann bis auf –80 °C abfallen. Für diese Anwendung ist ein geeignetes Polymermaterial auszuwählen.

Lösung

Das Material muß ausreichende Duktilität und/oder Elastizität aufweisen, da sich bei der Betankung infolge unterschiedlicher Ausdehnungskoeffizienten Spannungen in der Schicht bilden können. Aus diesem Grunde kommt entweder ein thermoplastisches Material oder ein Elastomer mit Glasübergangstemperaturen unterhalb — 80 °C in Frage. Von den in Tabelle 15.2 aufgelisteten Thermoplasten würden Polyethylen und Acetal dieser Bedingung genügen. Geeignete Elastomere wären Silicon und Polybutadien.

Elastomere sind wegen ihres elastischen Anpassungsvermögens günstiger als die nur plastisch verformbaren Thermoplaste.   □

Beispiel 15.8

Für Dünnschichtanwendungen wird biegsames und schlagfestes Polyethylen mit einer Dichte zwischen 0,88 und 0,915 g/cm^3 benötigt. Die gewünschte Polyethylen-Qualität soll durch Einstellung ihres Kristallanteils erzeugt werden. (Die Dichte von vollständig amorphem Polyethylen beträgt ungefähr 0,87 g/cm^3).

Lösung

Der erforderliche Kristallanteil kann nach Gleichung (15.4) bestimmt werden. Dazu ist allerdings auch die Kenntnis der Dichte von vollständig kristallisiertem Polyethylen notwendig. Diese können wir mit Hilfe der Tabelle 15.3 bestimmen, wenn wir berücksichtigen, daß sich in der Elementarzelle von kristallisiertem Polyethylen zwei Polyethylen-Wiederholeinheiten befinden (s. Beispiel 3.16):

$$\rho_c = \frac{(4\,C)(12) + (8\,H)(1)}{(7{,}42)(4{,}95)(2{,}55)(10^{-24})(6{,}02 \cdot 10^{23})} = 0{,}9932 \text{ g/cm}^3.$$

Da $\rho_a = 0{,}87$ g/cm^3 beträgt und ρ 0,88 bis 0,915 g/cm^3 betragen soll, muß der erforderliche Kristallanteil zwischen folgenden Grenzen liegen:

$$\% \text{ Kristallanteil} = \frac{(0,9932)(0,88-0,87)}{(0,88)(0,9932-0,87)} \cdot 100 = 9,2,$$

$$\% \text{ Kristallanteil} = \frac{(0,9932)(0,915-0,87)}{(0,915)(0,9932-0,87)} \cdot 100 = 39,6.$$

Das benötigte Polyethylen muß eine Kristallinität zwischen 9,2 und 39,6% besitzen. □

15.7 Verformung und Bruch thermoplastischer Polymere

Bei Einwirkung mechanischer Kräfte werden Thermoplaste sowohl elastisch als auch plastisch verformt. Das mechanische Verhalten ist wesentlich dadurch bestimmt, wie sich die Polymerketten relativ zueinander bewegen können. Die Verformung erfolgt komplizierter als in Metallen und keramischen Stoffen und hängt sowohl von der Dauer der Belastung als auch von der Geschwindigkeit ab, mit der sich die Belastung aufbaut. Abbildung 15.16 zeigt den Spannungs-Dehnungs-Verlauf eines thermoplastischen Polymers unter normalen Belastungsbedingungen.

Elastisches Verhalten. Im elastischen Dehnungsbereich sind zwei Mechanismen wirksam. Der eine besteht in der elastischen Streckung der kovalenten Bindungen innerhalb der Ketten und ist vergleichbar mit der elastischen Dehnung von Metal-

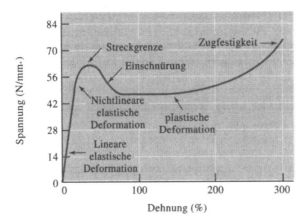

Abb. 15.16. Spannungs-Dehnungs-Kurve von 6,6-Nylon, einem typischen Thermoplast.

len oder keramischen Stoffen (mit Streckung von metallischen, ionischen oder kovalenten Bindungen). Die Ketten dehnen sich elastisch aus und gehen unmittelbar nach Beendigung der Zugspannung auf ihre ursprüngliche Form zurück.

Der zweite Mechanismus äußert sich in einer Verschiebung ganzer Kettenabschnitte. Die Aufhebung dieser Verformung nach Beendigung der Spannung verläuft weniger schnell und erfordert oft Zeiten in der Größenordnung von Stunden bis sogar Monaten. Dieses als *Viskoelastizität* bezeichnete Verhalten bestimmt die Verformung im nichtlinearen Bereich der Spannungs-Dehnungs-Kurve (Abb. 15.16).

Plastisches Verhalten amorpher thermoplastischer Polymere. Bei Erhöhung der Zugspannung bis über die Streckgrenze tritt plastische Verformung ein. Im Unterschied zu Metallen ist das plastische Verhalten jedoch nicht auf Versetzungsbewegungen zurückzuführen. Ursache der plastischen Verformung sind vielmehr Lageveränderungen der Ketten, die sich unter dem Spannungseinfluß dehnen und drehen können und aneinander vorbeigleiten. Dabei macht sich auch eine Entflechtung der Ketten bemerkbar, die den Spannungsabfall in der Spannungs-Dehnungs-Kurve nach Überschreiten des Streckpunktes erklärt. Anfangs sind die Ketten eng miteinander verschlungen. Mit zunehmender Spannung strecken und entflechten sie sich, das Material schnürt sich ein. Gleichzeitig werden jedoch die Ketten auch parallel zueinander ausgerichtet und dichter gepackt, so daß die zwischen ihnen wirksamen Van der Waals-Kräfte an Einfluß gewinnen und das Fortschreiten der Deformation erschweren. Nach weiterer Spannungszunahme tritt schließlich Materialbruch ein (Abb. 15.16).

Beispiel 15.9
Eine amorphe Polymerprobe wird einem Zugversuch unterzogen. Nach Anliegen einer genügend großen Zugspannung macht sich im Meßabschnitt der Probe eine Einschnürung bemerkbar, die jedoch nach Fortsetzung der Belastung wieder verschwindet. Wie läßt sich diese Erscheinung erklären?

Lösung
Normalerweise nimmt an Einschnürungen die wirksame Spannung infolge der Querschnittsverringerung zu und bewirkt eine Beschleunigung des Einschnürvorgangs. Im vorliegenden Falle werden jedoch die amorph angeordneten Polymerketten durch die erhöhte Spannung so ausgerichtet, daß eine geordnetere, kristalline Struktur entsteht (Abb. 15.17). Dadurch tritt lokale Verfestigung ein, die den Fort-

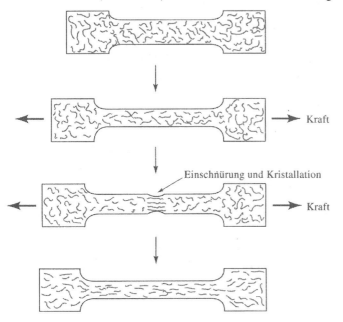

Abb. 15.17. Einschnürbereiche amorpher Polymere können sich durch Ausrichten der Ketten (Kristallisation) verfestigen.

gang der Deformation im Einschnürbereich erschwert. Die Deformation verlagert sich auf die Nachbarbereiche und führt schließlich zu dem beobachteten Querschnittsausgleich.   □

Viskoelastizität. In welchem Ausmaß mechanische Spannungen in Polymeren Kettengleitung und plastische Deformation hervorrufen können, hängt auch vom Zeitverlauf der Spannungseinwirkung und der Dehnungsgeschwindigkeit ab. Bei langsam ansteigender Spannung (kleiner Dehnungsgeschwindigkeit) folgen die Ketten gleichmäßig der einwirkenden Last. Bei schnellem Spannungsanstieg bleiben jedoch die Gleitreaktion und die damit verbundene Deformation hinter der Krafteinwirkung zurück; das Polymer verhält sich spröde.

Die Zeitabhängigkeit der elastischen und plastischen Deformation thermoplastischer Polymere läßt sich aus ihrem viskoelastischen Verhalten erklären. Bei niedriger Temperatur oder hoher Änderungsgeschwindigkeit der Belastung reagieren die Polymere wie andere feste Stoffe. Es existiert ein elastischer Bereich mit linearem Zusammenhang zwischen Spannung und Dehnung. Bei hoher Temperatur oder geringer Änderungsgeschwindigkeit der Belastung verhalten sich die Polymere dagegen wie viskose Flüssigkeiten. Das Verständnis der Viskoelastizität vermittelt uns Einsicht in das Deformationsverhalten der Thermoplaste unter Last und hilft bei der Konzipierung geeigneter Verformungsverfahren.

Die Viskosität η der Polymere ist ein Maß für die Gleitfähigkeit ihrer Ketten und somit eine Eigenschaft, die das Deformationsvermögen des Materials charakterisiert. Sie ist, wie schon in Kapitel 14 ausgeführt, durch folgende Beziehung definiert (Abb. 15.18):

$$\eta = \frac{\tau}{dv/dz}, \tag{15.5}$$

wobei τ die Scherspannung bedeutet, die das Vorbeigleiten benachbarter Ketten verursacht, und dv/dz den Gradienten der Gleitgeschwindigkeit angibt. Die Temperaturabhängigkeit der Viskosität wird wie bei keramischen Gläsern durch folgende Funktion beschrieben:

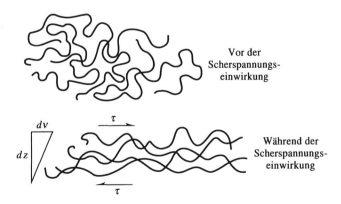

Vor der
Scherspannungs-
einwirkung

Während der
Scherspannungs-
einwirkung

Abb. 15.18. Eine Scherspannung τ bewirkt, daß sich Polymerketten durch viskoses Fließen relativ zueinander verschieben. Die durch den Geschwindigkeitsgradienten dv/dz verursachte Verschiebung hängt von der Viskosität η des Polymers ab.

$$\eta = \eta_0 \, \exp\left(\frac{Q_\eta}{RT}\right). \tag{15.6}$$

η_0 ist eine Konstante und Q_η die Aktivierungsenergie des Gleitvorgangs. Mit steigender Temperatur verringert sich die Viskosität, d. h. die Verformbarkeit des Polymers nimmt zu.

Kriechen. In amorphen Polymeren sind die Aktivierungsenergie der Kettengleitung und die Viskosität gering; das Polymer verformt sich schon bei kleinen Spannungen. Bei konstanter Zugbelastung reagiert das Polymer zunächst mit einer schnellen Streckung durch Verformung von Kettensegmenten. Im Gegensatz zu Metallen oder kristallinen keramischen Stoffen erreicht das Ausmaß der Dehnung jedoch keinen konstanten Endwert, vielmehr setzt sich die Dehnung mit der Zeit weiter fort (Abb. 15.19). Dieser Vorgang wird als *Kriechen* bezeichnet und ist bei einigen Polymeren schon bei Raumtemperatur zu beobachten. Die Kriechgeschwindigkeit vergrößert sich mit der Spannungsbelastung und der Temperatur (gleichbedeutend mit abnehmender Viskosität).

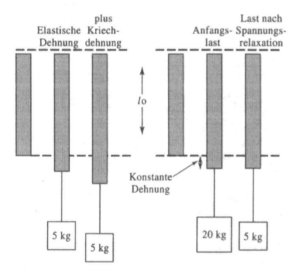

Abb. 15.19. Vergleich zwischen Kriechen und Spannungsabbau. Beim Kriechen (a) setzt sich die Dehnung bei konstanter Last kontinuierlich mit der Zeit fort. Die Spannungsrelaxation (b) bewirkt, daß zur Aufrechterhaltung einer konstanten Dehnung eine mit der Zeit abnehmende Spannung erforderlich ist.

Das Kriechverhalten kann auf verschiedene Weise ermittelt und dargestellt werden. Eine Möglichkeit bietet die Bestimmung von Spannungs-Bruch-Kurven, die schon im Kapitel 6 erläutert wurden (Abb. 15.20). Sie geben den Zusammenhang zwischen Belastung und Bruchzeit in Abhängigkeit von der Temperatur an.

Eine andere Möglichkeit zur Charakterisierung des Kriechverhaltens ergibt sich aus Dehnungsmessungen in Abhängigkeit von der Zeit für unterschiedliche Belastungen (Abb.15.21). Diese Zeitabhängigkeit wird häufig durch folgenden Zusammenhang beschrieben:

$$\varepsilon(t) = a t^n, \tag{15.7}$$

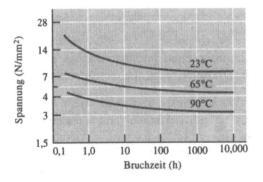

Abb. 15.20. Einfluß der Temperatur auf das Spannungs-Bruch-Verhalten von hochdichtem Polyethylen.

wobei $\varepsilon(t)$ die Zeitfunktion der Dehnung und a und b Konstanten bei vorgegebenen Druck- und Temperaturbedingungen bedeuten. Aus der Dehnung, die ein Polymer während seiner Einsatzdauer maximal erfahren darf, lassen sich mit Hilfe der Kurven die Höchstbelastung und die notwendige Dimensionierung des Bauteiles ableiten.

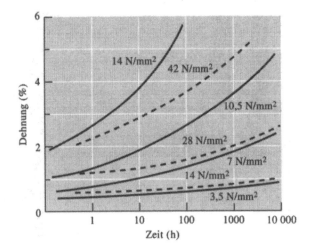

Abb. 15.21. Kriechkurven von PMMA (– – –) und Polypropylen (——) für 20 °C und verschiedene Spannungsbelastungen.

Beispiel 15.10

Für ein 30 cm langes Polymerteil, das bei 20 °C einer Zugkraft von 1 300 N unterliegt, und das sich während einer Belastungszeit von 1 000 h um nicht mehr als 2% ausdehnen darf, ist ein geeignetes Material auszuwählen.

Lösung

Als Basis für die Materialauswahl können wir die Kriechkurven in Abbildung 15.21 benutzen. Wir vergleichen die Eignung von Polypropylen (Kilopreis ca.1,0 $) mit Polymethylmethaacrylat (PMMA) (Kilopreis ca. 2,6 $). Für 1 000 h beträgt die maximale Belastung von Polypropylen 7,25 N/mm^2 und die von PMMA 27,5 N/mm^2.

Für eine Zugkraft von 1 300 N sind deshalb in beiden Fällen folgende Material-querschnitte erforderlich:

$$\text{Polypropylen: } A = \frac{F}{\sigma} = \frac{1000\,\text{N}}{7{,}25\,\text{N/mm}^2} = 180\,\text{mm}^2,$$

$$\text{PMMA: } A = \frac{F}{\sigma} = \frac{1000\,\text{N}}{27{,}5\,\text{N/mm}^2} = 47\,\text{mm}^2.$$

Die Dichte von Polypropylen beträgt 0,90 g/cm^3 und die von PMMA 1,22 g/cm^3. Damit ergeben sich folgende Materialkosten:

Für Polypropylen: (\$ 1,0/kg)(1,8 cm^2)(30 cm)(0,9 g/cm^3) = \$ 0,049.

Für PMMA: (\$ 2,6/kg)(0,047 cm^2)(30 cm)(1,22 g/cm^3) = \$ 0,045.

Obwohl PMMA im Kilopreis fast dreimal teurer ist als Polypropylen, bietet es auf Grund seines höheren Kriechwiderstandes und der dadurch möglichen geringeren Querschnittsdimensionierung die etwas kostengünstigere Lösung.   □

Eine dritte Möglichkeit zur Charakterisierung der Hochtemperatur- und Kriecheigenschaften von Polymeren bietet die Bestimmung der *Warmformbestän-digkeit*. Hierunter ist die Temperatur zu verstehen, bei der sich ein Probestab unter vorgegebenen Bedingungen in vorgegebenem Umfang deformiert. Hohe Tempera-turwerte bedeuten hohe Kriechresistenz und sind ein wichtiger Anhaltspunkt für die Materialauswahl. In Tabelle 15.4 sind Temperaturwerte von Polymeren angege-ben, die sich auf eine Versuchsanordnung beziehen, bei der die Durchbiegung der Proben 0,25 mm bei einer Last von 1,82 N/mm^2 und einem Auflagenabstand von 100 mm beträgt.

Tabelle 15.4. Warmformbeständigkeit ausgewählter Polymere bei einer Last von 1,82 N/mm^2

Polymer	Warmformbeständigkeit (°C)
Polyester	40
Polyethylen (ultahoher Dichte)	40
Polypropylen	60
Phenolharz	80
Polyamid (6,6-Nylon)	90
Polystyrol	100
Polyoxymethylen (Acetal)	130
Polyamidimid	280
Epoxid	290

Spannungsabbau. In vielen Anwendungsfällen sind Polymere nicht einer konstan-ten Last ausgesetzt, sondern um einen konstanten Betrag gedehnt. Die Spannung, die zur Erzeugung dieser Dehnung anfangs erforderlich ist, baut sich im Gegensatz zu Metallen mit der Zeit ab. Ursache dieses Verhaltens ist das viskose Fließen der Polymerketten (Abb. 15.19). Dieser *Spannungsabbau* (auch als Spannungsrelax-ation bezeichnet) ist ebenso wie der Kriechvorgang auf die viskoelastischen Eigen-schaften der Polymere zurückzuführen. Ein sehr anschauliches Beispiel ist das Verhalten eines Gummibandes (eines Elastomers), das um einen Stapel Bücher gespannt ist. Anfänglich herrscht in dem Band eine hohe Zugspannung; das Band ist gestrafft. Nach einigen Wochen hat die Spannung trotz konstanter Dehnung (dem Stapel wurde kein Buch entnommen) nachgelassen. Das Band umschließt zwar weiterhin den Bücherstapel, hält ihn aber nicht mehr so fest zusammen.

Die Geschwindigkeit, mit der sich die Spannung abbaut, wird durch die *Relaxationszeit* λ des Polymers beschrieben. Für die zeitliche Abnahme der Spannung gilt:

$$\sigma = \sigma_0 \exp(-t/\lambda), \qquad (15.8)$$

σ_0 bedeutet die Anfangsspannung. Die Relaxationszeit hängt ihrerseits von der Viskosität des Materials ab und somit auch von der Temperatur:

$$\lambda = \lambda_0 \exp(Q_n/RT), \qquad (15.9)$$

mit λ_0 als Konstante. Der Spannungsabbau erfolgt mit steigender Temperatur und abnehmender Viskosität des Materials schneller.

Beispiel 15.11

Ein Stahlrohrbündel soll über den Zeitraum eines Jahres mit Polyisopren-Band zusammengehalten werden. Wenn die Zugspannung des Bandes unter einen Wert von 10 N/mm² abfällt, ist das Bündel nicht mehr fest. Aus Testserien ist bekannt, daß sich die Spannung in Polyisopren nach sechs Wochen auf 98% ihres Anfangswerts abbaut. Wie groß muß die Anfangsspannung des Bandes sein, um den genannten Grenzwert nach der vorgegebenen Zeit nicht zu unterschreiten?

Lösung

Trotz konstanter Dehnung baut sich die Spannung des Elastomer-Bandes infolge Relaxation ab. Aus dem Testergebnis können wir zunächst unter Verwendung der Gleichung (15.8) die Relaxationszeit des Polymers bestimmen:

$$\sigma = \sigma_0 \exp\left(-\frac{t}{\lambda}\right),$$

$$98 = 100 \exp\left(-\frac{6}{\lambda}\right),$$

$$-\frac{6}{\lambda} = \ln\left(\frac{98}{100}\right) = \ln(0,98) = -0,0202,$$

$$\lambda = \frac{6}{0,0202} = 297 \text{ Wochen.}$$

Anschließend verwenden wir dieselbe Gleichung zur Bestimmung der Anfangsspannung σ_0 im gegebenen Beispiel:

$$10 = \sigma_0 \exp(-52/297) = \sigma_0 \exp(-0,175) = 0,839\sigma_0,$$

$$\sigma_0 = \frac{10}{0,839} = 11,9 \text{ N/mm}^2.$$

Das Polyisoprenband muß so straff über das Rohrbündel gezogen werden, daß eine Anfangsspannung von 11,9 N/mm² entsteht. Dann beträgt die Zugspannung wie vorgegeben nach einem Jahr noch 10 N/mm². □

Stoßverhalten. Aus dem viskoelastischen Verhalten von Polymeren kann auch auf ihre Stoßeigenschaften geschlossen werden. Bei sehr hoher Verformungsgeschwindigkeit, wie sie bei schlagartiger Belastung auftritt, steht den Polymerketten keine ausreichende Zeit für Gleitvorgänge zur Verfügung. Unter diesen Bedingungen verhalten sich Thermoplaste spröde. Abbildung 6.13 läßt erkennen, daß Polymere eine Übergangstemperatur besitzen, die Bereiche mit unterschiedlichem Verformungsverhalten voneinander trennt. Unterhalb der Übergangstemperatur ist das Material spröde und oberhalb der Übergangstemperatur auf Grund der größeren Kettenbeweglichkeit leichter verformbar.

Verformung kristalliner Polymere. Eine Anzahl von Polymeren kommt in kristallinem Zustand zum Einsatz. Wir wissen jedoch bereits, daß Polymere niemals durchgängig kristallin sind. Vielmehr befinden sich zwischen den kristallinen Lamellen oder Sphärolithen stets amorphe Übergangszonen. Die Makromoleküle der kristallinen Bereiche erstrecken sich bis in diese amorphen Zonen und wirken dort als Verbindungsketten.

Bei Einwirkung von Zugspannungen treten nacheinander folgende Veränderungen ein. Zunächst verschieben sich die kristallinen Lamellen innerhalb der Sphärolithe, wobei sie sich voneinander entfernen. Die zwischen den Lamellen befindlichen Ketten werden dadurch gestreckt (Abb. 15.22). Danach erfolgt ein Verkippen der Lamellen, wobei sie sich individuell zur einwirkenden Spannung ausrichten. Nach weiterer Deformation zerbrechen die kristallinen Lamellen in kleinere Teile. Auch die Sphärolithe verändern ihre Form und dehnen sich in Richtung der einwir-

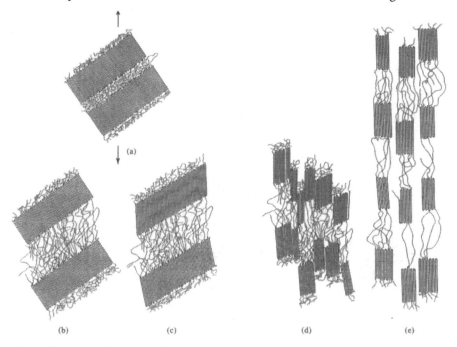

Abb. 15.22. Deformation eines halbkristallinen Polymers. (a) Ausgangszustand: Die kristallinen Lamellen sind durch amorphe Kettenbereiche getrennt. (b) Einwirkende Spannung verschiebt die Lamellen und zieht die Verbindungsketten auseinander. (c) Mit zunehmender Spannung orientieren sich die Lamellen in Zugrichtung. (d) Nach weiterem Spannungsanstieg zerfallen die Lamellen in kleinere Teile. (e) Die kristallinen Blöcke richten sich dicht nebeneinander in Zugrichtung aus.

kenden Spannung aus. Weiterer Spannungsanstieg bewirkt, daß sich die Verbindungsketten allmählich entflechten, bis sie schließlich zerreißen und das Material zerbricht.

Haarrißbildung. Haarrisse entstehen in thermoplastischen Polymeren, wenn sich lokalisierte Bereiche senkrecht zur einwirkenden Zugspannung deformieren. Sind die Stoffe transparent, werden die betroffenen Gebiete durch die Rißbildung undurchsichtig. Die Risse wirken wie Sprünge und dehnen sich bis über den gesamten Materialquerschnitt aus. Sie führen jedoch nicht zum Bruch des Materials. Die von ihnen befallenen Zonen bleiben weiterhin in Zugrichtung belastbar.

Abbildung 15.23 veranschaulicht das Entstehen von Haarrissen in halbkristallinem Polyethylen. Der Vorgang ist vergleichbar mit dem einer plastischen Deformation des Polymers, kann aber auch bei kleiner Spannung über lange Zeit ablaufen. Zunächst werden die Verbindungsketten gestreckt und entflochten. Zusatzstoffe oder Umgebungseinflüsse können die Glasübergangstemperatur der amorphen Bereiche herabsetzen und das Entflechten der Ketten begünstigen. Wenn die Entflechtung abgeschlossen ist, entfernen sich die kristallinen Bereiche voneinander und hinterlassen Löcher. Ähnlich verhalten sich auch nichtkristalline Polymere, mit dem Unterschied, daß keine kristallinen Blöcke vorhanden sind, die sich zur einwirkenden Spannung ausrichten.

Haarrisse können zum Sprödbruch der Polymere führen (Abb. 15.24). Wenn die Löcher anwachsen, erreichen sie bald eine Größe, bei der sie nur noch durch dünne Fibrillen voneinander getrennt sind, die hochgradig verformt sind und infolge der Spannungsverstärkung schließlich zerreißen. Aus dem Haarriß entsteht ein tatsächlicher Materialriß, der weiter anwächst und zum Bruch führt.

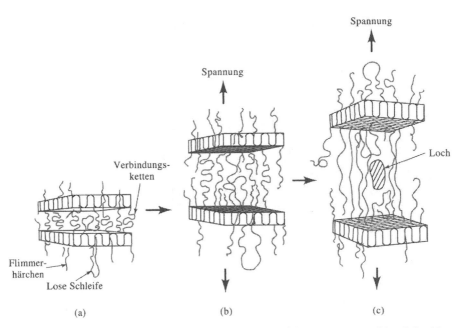

Abb. 15.23. Haarrißbildung in einem halbkristallinen Polymer. (a) Anfangszustand. (b) Bei einwirkender Spannung strecken und entflechten sich die zwischen benachbarten Lamellen befindlichen Ketten. (c) Nach weiterem Spannungsanstieg können Löcher aufreißen, die sich zum Haarriß ausweiten.

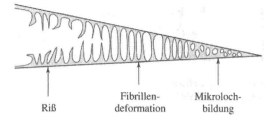

Riß   Fibrillen-   Mikroloch-
        deformation   bildung

Abb. 15.24. Rißentstehung aus Haarrissen. Wenn sich die Löcher ausdehnen, werden die dazwischen befindlichen Fibrillen gestreckt, bis sie schließlich zerreißen.

15.8 Beeinflussung von Struktur und Eigenschaften thermoplastischer Polymere

Nachdem wir das Verhalten der Polymere unter der Einwirkung äußerer Kräfte und in Abhängigkeit von der Temperatur kennengelernt haben, wollen wir uns der Frage zuwenden, wie sich die Eigenschaften thermoplastischer Polymere gezielt beeinflussen lassen. Die in Betracht kommenden Technologien können nach ihrem Wirkungsmechanismus drei Hauptgruppen geordnet werden. Wir unterscheiden zwischen Verfahren, die (1) die Kettenlänge, (2) die Festigkeit der Bindungen *innerhalb* der Ketten und (3) die Festigkeit der Bindungen *zwischen* den Ketten beeinflussen.

Polymerisationsgrad. Längere Ketten, d. h. höherer Polymerisationsgrad, ergeben – bis zu einer bestimmten Grenze – eine größere Festigkeit des Polymers. Mit zunehmender Länge sind die Ketten stärker verflochten, das Polymer weist höhere Schmelztemperatur, größere Festigkeit und höheren Kriechwiderstand auf. Wir können diesen Effekt an Polyethylen verfolgen, bei dem man je nach Dichte drei Qualitätsstufen unterscheidet. Handelsübliches Polyethylen (mit geringer Dichte) hat einen Polymerisationsgrad von ungefähr 7 000 (oder eine Molmasse von weniger als $2 \cdot 10^5$ g/mol). In Polyethylen hoher Dichte beträgt der Polymerisationsgrad etwa 18 000. Und Polyethylen mit ultrahoher Molmasse hat Polymerisationsgrade von etwa 150 000. Letzteres verfügt über Stoßfestigkeiten, die von keiner anderen Polymerart erreicht werden, und hat zusätzlich gute allgemeine Festigkeit und Duktilität.

Einfluß der Monomere auf die Bindung zwischen den Ketten. Wir beschränken uns in diesem Abschnitt auf *Homopolymere*, die nur eine Art von Wiederholeinheiten enthalten. In Homopolymeren beeinflußt der Monomertyp die Bindung zwischen den Ketten und ihre Fähigkeit, sich bei Spannungseinwirkung zu verdrehen oder gegeneinander zu verschieben.

Wir betrachten Monomere mit jeweils zwei C-Atomen in der Hauptkette:

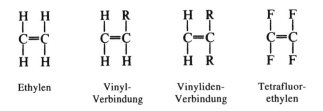

| Ethylen | Vinyl-Verbindung | Vinyliden-Verbindung | Tetrafluor-ethylen |

Der Buchstabe R steht für ein oder mehrere Atome oder Atomgruppen. Tabelle 15.5 enthält einige Polymerbeispiele, die diesem Aufbau entsprechen. Polyethylen-Ketten sind leicht drehbar und beweglich. Zwischen den Ketten sind keine polaren Bindungen wirksam. Polyethylen hat infolgedessen nur geringe Festigkeit.

In *Vinylverbindungen* ist eines der H-Atome durch eine andere Atomart oder Atomgruppe ersetzt (R). Wenn es sich dabei um Chlor handelt, entsteht Polyvinyl-chlorid (PVC); im Falle von CH_3 ergibt sich Polypropylen (PP); beim Austausch mit einem Benzolring entsteht Polystyrol (PS); und eine CN-Gruppe ergibt Poly-acrylnitril (PAN). Gewöhnlich beobachtet man eine Kopf-Schwanz-Anordnung der Wiederholeinheiten (Abb. 15.25). Wenn zwei H-Atome substituiert werden, ent-steht als Monomer eine *Vinyliden-Verbindung*. Wichtige Beispiele sind Polyvinyl-idenchlorid (Basismaterial für Saran-Textilfasern) und Polymethylmethacrylat (PMMA, Acrylverbindung wie Plexiglas).

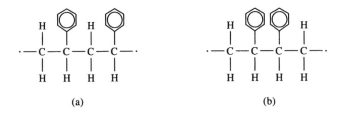

(a)   (b)

Abb. 15.25. Kopf-Schwanz-Polymerisation (a) und Kopf-Kopf-Polymerisation (b) von Wiederhol-einheiten. Die Kopf-Schwanz-Polymerisation kommt am häufigsten vor.

Wie sich die Substitution der H-Atome durch andere Atome oder Atomgrup-pen auf die mechanischen Eigenschaften der Polymere auswirkt, zeigt Tabelle 15.6. Größere Atome wie Chlor oder Atomgruppen wie Methyl (CH_3) und Benzol beeinträchtigen das Rotationsvermögen der Ketten und ihre Fähigkeit, sich bei Einwirkung äußerer Spannungen zu entflechten und durch viskoses Fließen zu ver-formen. Dies führt zu größerer Festigkeit, Steifigkeit und Schmelztemperatur des Materials im Vergleich zu Polyethylen. Zusätzlich bewirken die stärker polaren Atome oder Atomgruppen festere Van der Waals-Bindungen zwischen den Ketten. Das Cl-Atom in PVC und die CN-Gruppe in PAN sind durch Wasserstoffbrücken fest an H-Atome benachbarter Ketten gebunden.

Tabelle 15.5. Wiederholeinheiten und Anwendungen ausgewählter Additions-Thermoplaste

Polymer	Wiederholeinheit	Anwendungen
Polyethylen (PE)	$\cdots-\overset{\displaystyle H}{\underset{\displaystyle H}{C}}-\overset{\displaystyle H}{\underset{\displaystyle H}{C}}-\cdots$	Verpackungsfolie, Drahtisolierung, Spritzflaschen, Haushaltsgegenstände
Polyvinylchlorid (PVC)	$\cdots-\overset{\displaystyle H}{\underset{\displaystyle H}{C}}-\overset{\displaystyle Cl}{\underset{\displaystyle H}{C}}-\cdots$	Rohrleitungen, Ventile, Bodenfliesen, Drahtisolierung, Karosseriedächer
Polypropylen (PP)	$\cdots-\overset{\displaystyle H}{\underset{\displaystyle H}{C}}-\overset{\displaystyle H}{\underset{\displaystyle H-\overset{\displaystyle }{\underset{\displaystyle H}{C}}-H}{C}}-\cdots$	Tanks, Teppichfasern, Seile, Verpackungsmaterial
Polystyrol (PS)	$\cdots-\overset{\displaystyle H}{\underset{\displaystyle H}{C}}-\overset{\displaystyle H}{\underset{\displaystyle \text{C}_6\text{H}_5}{C}}-\cdots$	Verpackungs- und Isolationsschaumstoff, Leuchtflächen, Gerätekomponenten, Eierbehälter
Polyacrilnitril (PAN)	$\cdots-\overset{\displaystyle H}{\underset{\displaystyle H}{C}}-\overset{\displaystyle H}{\underset{\displaystyle C\equiv N}{C}}-\cdots$	Textilfasern, Vorprodukt von Kohlefasern, Nahrungsbehälter
Polymethylmethacrylat (PMMA) (Akryl-Plexiglas)	$\cdots-\overset{\displaystyle H}{\underset{\displaystyle H}{C}}-\overset{\displaystyle CH_3}{\underset{\displaystyle C=O,\ O-CH_3}{C}}-\cdots$	Fensterscheiben, Windschutzscheiben, Beläge, Hartkontaktlinsen, Leuchtanzeigen
Polychlortrifluorethylen (PCTFE)	$\cdots-\overset{\displaystyle F}{\underset{\displaystyle F}{C}}-\overset{\displaystyle Cl}{\underset{\displaystyle F}{C}}-\cdots$	Ventilteile, Dichtringe, elektrische Isolierungen
Polytetrafluorethylen (PTFE) (Teflon)	$\cdots-\overset{\displaystyle F}{\underset{\displaystyle F}{C}}-\overset{\displaystyle F}{\underset{\displaystyle F}{C}}-\cdots$	Dichtungen, Ventile, Antihaftbeschichtungen

Tabelle 15.6. Eigenschaften ausgewählter Thermoplaste

	Zugfestigkeit (N/mm^2)	% Bruch-dehnung	Elastizitäts-modul (N/mm^2)	Dichte (g/cm^3)	Kerbschlag-festigkeit nach Izod (J/m)
Polyethylen (PE)					
niedriger Dichte	20	800	275	0,92	480
hoher Dichte	40	130	1 240	0,96	210
ultrahoher Dichte	50	350	690	0,934	1 600
Polyvinylchlorid (PVC)	60	100	4 100	1,40	
Polypropylen (PP)	40	700	1 520	0,90	50
Polystyrol (PS)	55	60	3 100	1,06	20
Polyacrylnitril (PAN)	60	4	4 000	1,15	260
Polymethylmethacrylat (PMMA) (Plexiglas)	80	5	3 100	1,22	25
Polychlortrifluorethylen	40	250	2 070	2,15	140
Polytetrafluorethylen (PTFE) (Teflon)	50	400	550	2,17	160
Polyoxymethylen (POM) (Acetal)	80	75	3 600	1,42	120
Polyamid (PA) (Nylon)	80	300	3 500	1,14	110
Polyester (PET)	70	300	4 100	1,36	30
Polycarbonat (PC)	75	130	2 750	1,20	850
Polyimid (PI)	120	10	2 070	1,39	80
Polyetheretherketon (PEEK)	70	150	3 800	1,31	85
Polyphenylensulfid (PPS)	65	2	3 300	1,30	25
Polyethersulfon (PES)	85	80	2 400	1,37	85
Polyamidimid (PAI)	185	15	5 030	1,39	210

In Polytetrafluorethylen (PTFE oder Teflon) sind alle vier H-Atome durch F-Atome ersetzt. Das Monomer behält seinen symmetrischen Aufbau und ist nicht wesentlich fester als Polyethylen. Die C-F-Verbindung bewirkt jedoch einen höheren Schmelzpunkt und bietet als zusätzliche Vorteile geringe Reibung und gute Antihafteigenschaften. PTFE eignet sich infolgedessen als Lagermaterial und zur Beschichtung von Kochgeräten.

Abbildung 15.26 zeigt die jährlichen Verbrauchsmengen einfacher Polymere in den USA. Spitzenreiter sind Polyethylen, Polyvinylchlorid, Polystyrol und Polypropylen, die aus diesem Grunde auch billig sind (Tab. 15.7).

Einfluß der Monomere auf die Bindung innerhalb der Ketten. Eine große Anzahl von Polymeren, die oftmals nur für spezielle Anwendungen vorgesehen sind und nur in kleinen Mengen benötigt werden, besteht aus komplexen Monomeren. Sie werden meist durch Kondensation erzeugt. Ihre Ketten enthalten Sauerstoff, Stick-

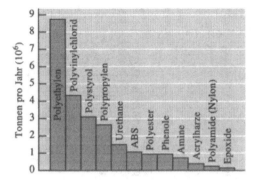

Abb. 15.26. Jahreverbrauch verschiedener Polymere in den USA. Die Jahresmenge aller restlichen Polymere liegt unter 3 Millionen Tonnen.

Tabelle 15.7 Ungefähre Preise für Polymere in handelsüblicher Form (USA, 1988)

Polymer	US $ pro kg
Polyethylen (geringer Dichte)	0,80
(ultrahoher Dichte)	2,20
Polystyrol	0,60
Polyvinylchlorid	2,50
Polymethylmethacrylat	2,60
Polypropylen	1,00
Acetal	3,70
Polyester (PET)	3,40
Nylon-6,6 (Polyamid)	4,40
Polycarbonat	4,20
PEEK	43,00
Polyetherimid	9,60
ABS	2,40
Flüssigkristallpolymer	32,00
Polybutylen	2,90
Thermoplastischer Elastomer	3,60
Amin	2,00
Phenolharz	1,20

stoff, Schwefel und Benzolringe (oder aromatische Gruppen). Tabelle 15.8 zeigt einige dieser Polymere mit zugehörigen Wiederholeinheiten und typischen Anwendungen. Polyoxymethylen (POM) oder Polyacetal ist ein einfaches Beispiel, in welchem die Hauptkette des Polymers abwechselnd C- und O-Atome enthält. Polyimide und Polyetheretherketone (PEEK) werden auch in der Luft- und Raumfahrttechnik genutzt.

Wegen der stärkeren Bindung innerhalb dieser komplexen Ketten sind die Dreh- und Gleitbewegungen der Ketten erschwert, so daß sich im Vergleich zu einfachen Additionspolymeren (Tab. 15.2) höhere Festigkeitswerte und Schmelztemperaturen ergeben. In einigen Fällen werden auch die Stoßeigenschaften verbessert (Tab. 15.6). Ein Beispiel hierfür ist Polycarbonat.

Tabelle 15.8. Wiederholeinheiten und Einsatzbereiche komplexer Thermoplaste

Polymer	Wiederholeinheit	Einsatzbereiche

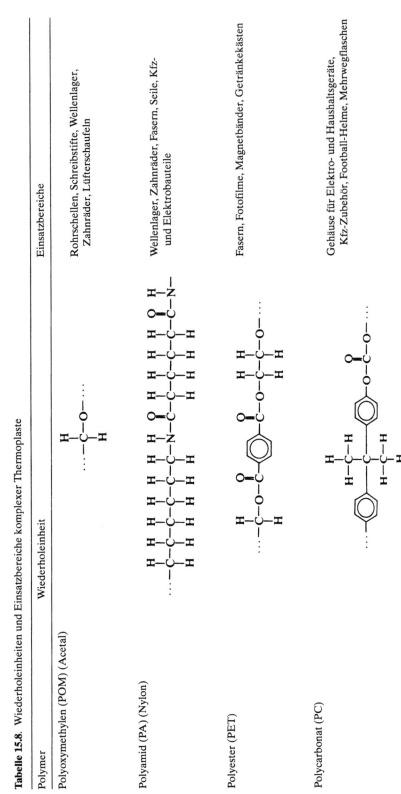

Polymer	Einsatzbereiche
Polyoxymethylen (POM) (Acetal)	Rohrschellen, Schreibstifte, Wellenlager, Zahnräder, Lüfterschaufeln
Polyamid (PA) (Nylon)	Wellenlager, Zahnräder, Fasern, Seile, Kfz- und Elektrobauteile
Polyester (PET)	Fasern, Fotofilme, Magnetbänder, Getränkekästen
Polycarbonat (PC)	Gehäuse für Elektro- und Haushaltsgeräte, Kfz-Zubehör, Football-Helme, Mehrwegflaschen

Polyimid (PI)

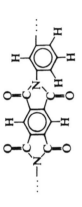

Klebstoffe, Leiterplatten, hochwertige Fasern

Polyetheretherketon (PEEK)

Temperaturbeständige elektrische Isolierungen und Überzüge

Polyphenylensulfid (PPS)

Schutzüberzüge, Flüssigkeitsbehälter, Elektrozubehör, Haartrockner

Polyethersulfon (PES)

Elektrozubehör, Kaffeemaschinen, Haartrockner, Mikrowellenöfen

Polyamidimid (PAI)

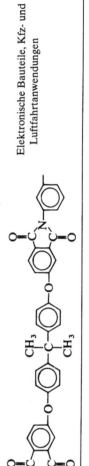

Elektronische Bauteile, Kfz- und Luftfahrtanwendungen

Flüssigkristallpolymere. Einige komplexe thermoplastische Polymere besitzen Ketten, die sich infolge ihres komplexen Aufbaus selbst oberhalb des Schmelzpunktes noch nicht auflösen. Diese Stoffe nennt man *Flüssigkristallpolymere* (LC-Polymere). Beispiele sind aromatische Polyester und aromatische Polyamide (oder *Aramide*). Sie kommen als hochfestes Fasermaterial in Verbundstoffen zur Anwendung (s. Kapitel 16). Am gebräuchlichsten ist die aus aromatischem Polyamid bestehende Aramidfaser Kevlar, die in der Luft- und Raumfahrttechnik und für kugelsichere Westen genutzt wird.

Kettenverzweigung. *Verzweigungen* entstehen, wenn Atome, die an der linearen Hauptkette angelagert sind, durch andere lineare Ketten ersetzt werden (Abb. 15.27). Dies kann, auf Kettenabschnitte von 100 C-Atomen bezogen, mehrfach auftreten. Solche Verzweigungen verhindern eine dichte Packung und Kristallisation der Ketten und reduzieren Dichte und Festigkeit des Materials. Polyethylen niedriger Dichte besitzt viele Verzweigungen und ist demzufolge weniger fest als Polyethylen hoher Dichte, das nahezu keine Verzweigungen enthält (Tab.15.6).

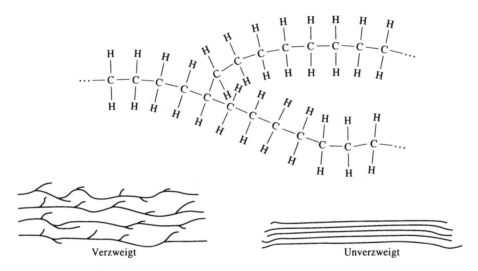

Abb. 15.27. Lineare Polymere können sich verzweigen. Die Verzweigungen erschweren die Kristallisation.

Copolymere. *Copolymere* sind aus linearen Additionsketten aufgebaut, die aus zwei oder mehr Molekülarten bestehen. ABS enthält Acrylnitril, Butadien (einen synthetischen Elastomer) und Styrol und gehört zu den meistverwendeten Polymerwerkstoffen (Abb. 15.28). Styrol und Acrylnitril bilden ein lineares Copolymer (SAN), das im ABS als Matrix dient. Styrol und Butadien bilden ebenfalls ein lineares Copolymer (BS-Gummi), das in ABS als Füllermaterial eingebaut ist. Die Kombination beider Copolymere verleiht dem ABS eine ausgezeichnetes Eigenschaftsprofil bezüglich Festigkeit, Starrheit und Zähigkeit.

Ein weiteres gebräuchliches Copolymer enthält Wiederholeinheiten aus Ethylen und Propylen. Während Polyethylen und Polypropylen für sich allein leicht kristallisieren, bleibt das zugehörige Copolymer amorph. Wenn es quervernetzt, verhält es sich wie ein Elastomer.

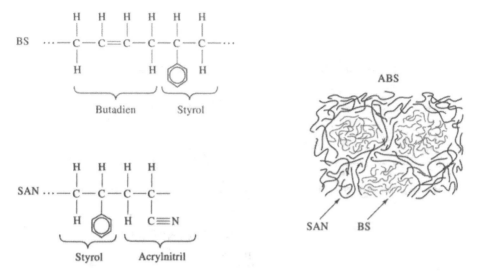

Abb. 15.28. Das Polymer ABS besteht aus der Kombination von zwei Copolymeren, SAN und BS.

Die Anordnung der Monomere im Copolymer kann auf verschiedene Weise erfolgen (Abb. 15.29). Wir unterscheiden zwischen alternierenden Anordnungen, zufälligen Anordnungen, Blockbildungen und Pfropfpolymerisaten.

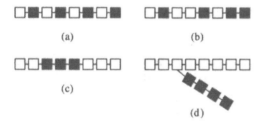

Abb. 15.29. Vier Möglichkeiten der Monomer-Anordnung in Copolymeren: (a) alternierend, (b) zufällig, (c) blockweise, (d) aufgepfropft.

Taktizität. Polymere, die aus unsymmetrischen Wiederholeinheiten aufgebaut sind, unterscheiden sich in Struktur und Eigenschaften nach der Anordnung ihrer Seitengruppen innerhalb der Ketten. Dieses Merkmal wird als *Taktizität* oder Raumisomerie bezeichnet. Bei *isotaktischer* Anordnung befinden sich die betroffenen Atome oder Atomgruppen auf nur einer Seite der Kette. Bei *syndiotaktischer* Anordnung besetzen sie alternierend die gegenüberliegenden Seiten. Und bei *ataktischem* Aufbau sind sie beliebig angeordnet (Abb. 15.30).

Die ataktische Anordnung ist unregelmäßig und wenig voraussagbar. Sie tendiert zu lockerer Packung, geringerer Dichte und Festigkeit und zu geringerer Beständigkeit gegenüber Hitze und chemischen Angriffen. Ataktische Polymere sind überwiegend amorph und haben eine relativ hohe Glasübergangstemperatur. Ein wichtiges Beispiel für die Bedeutung der Taktizität ist Polypropylen. Ataktisches Polypropylen ist ein amorphes, wachsartiges Material mit schlechten mechanischen Eigenschaften, während isotaktisches Polypropylen kristallisiert und zu den gebräuchlichsten Polymerwerkstoffen zählt.

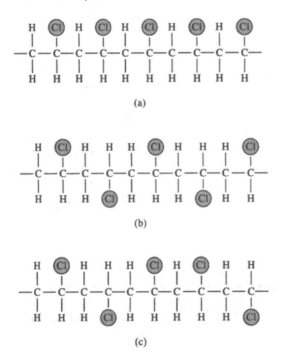

(a)

(b)

(c)

Abb. 15.30. Drei mögliche Anordnungen nichtsymmetrischer Monomere: (a) isotaktisch, (b) syndiotaktisch, (c) ataktisch.

Kristallisation und Deformation. Wie schon dargelegt, ergibt die Kristallisation eine größere Dichte und einen höheren Widerstand der Polymere gegen chemische Angriffe. Auch die mechanischen Eigenschaften werden bis in höhere Temperaturbereiche verbessert, bedingt durch die stärkere Bindung zwischen den Ketten. Bei Deformation richten sich die Ketten bevorzugt in Richtung der wirksamen Spannung aus. Diese Möglichkeit wird zur Herstellung von Fasern genutzt, die in Längsrichtung häufig bessere Eigenschaften aufweisen als metallische oder keramische Stoffe.

Mischen und Legieren. Die mechanischen Eigenschaften thermoplastischer Polymere lassen sich auch durch Mischen und Legieren verbessern. So können durch Hinzufügen von Elastomeren Zweiphasenpolymere erzeugt werden, wie wir sie schon am Beispiel von ABS kennengelernt haben. Das Elastomer ist hier allerdings nicht wie beim Copolymer an der Struktur beteiligt, kann aber Energie absorbieren und die Zähigkeit der Materialmischung erhöhen. Z. B. wird auf diese Weise die Zähigkeit von Polycarbonaten verbessert, aus denen durchsichtige Kabinenhauben von Flugzeugen bestehen.

Beispiel 15.12
Vergleich der mechanischen Eigenschaften von Polyethylen niedriger Dichte, Polyethylen hoher Dichte, Polyvinylchlorid, Polypropylen und Polystyrol und Erklärung der Unterschiede aus der Struktur.
Lösung
Die folgende Tabelle enthält die Zugfestigkeit und den Elastizitätsmodul dieser Polymere und eine Charakterisierung ihrer Strukturen.

Polymer	Zugfestigkeit (N/mm²)	Elastizitätsmodul (N/mm²)	Struktur
Polyethylen geringer Dichte	20	275	Stark verzweigte amorphe Struktur mit symmetrischen Monomeren
Polyethylen hoher Dichte	35	1 240	Amorphe, aber gering verzweigte Struktur mit symmetrischen Monomeren
Polypropylen	40	1 520	Amorphe Struktur mit kleinen Methyl-Seitengruppen
Polystyrol	55	3 100	Amorphe Struktur mit Benzol-Seitengruppen
Polyvinylchlorid	60	4 100	Amorphe Struktur mit großen Cl-Atomen als Seitengruppen

Aus dem Dargelegten läßt sich schließen:
1. Verzweigungen, die die dichte Packung von Ketten einschränken, sind die Ursache für die schlechteren mechanischen Eigenschaften von Polyethylen geringer Dichte.
2. Der Austausch von H-Atomen gegen andere Atome oder Atomgruppen erhöht die Festigkeit und Steifigkeit von Polymerketten. Die Methylgruppe bewirkt auf diese Weise eine Verbesserung der Eigenschaften von Polypropylen. Noch größer sind die Effekte des Benzolrings in Polystyrol und die Effekte des Cl-Atoms in Polyvinylchlorid.   □

15.9 Elastomere (Gummi- oder Kautschukstoffe)

Eine Vielzahl natürlicher und künstlich erzeugter linearer Polymere, auch als *Elastomere* bezeichnet, dehnen sich bei Zugbeanspruchung in starkem Maße aus. Gummibänder, Autoreifen, Dichtringe, Schläuche und Isolationsmaterial für elektrische Leitungen sind alltägliche Anwendungsbeispiele.

Strukturisomere. Einige Monomere besitzen trotz gleicher Zusammensetzung unterschiedliche Strukturen. Sie heißen aus diesem Grunde *Strukturisomere*. Isopren (oder Naturkautschuk) ist ein wichtiges Beispiel (Abb. 15.31). Das Monomer enthält zwei Doppelbindungen zwischen C-Atomen. Bei der Polymerisation brechen beide Doppelbindungen auf, wobei in der Molekülmitte eine neue Doppelbindung und an seinen Enden zwei aktive Zentren entstehen.

Wir unterscheiden zwischen der *cis*- und *trans*-Form des Isoprens. Die im Zentrum der Wiederholeinheit befindlichen Seitengruppen (ein H-Atom und eine Methylgruppe) sind in der *trans*-Form gegenüberliegend zur Doppelbindung angeordnet. Diese Konstellation ergibt relativ gerade Ketten; das Polymer kristallisiert und bildet ein als *Guttapercha* bekanntes hartes und starres Material.

In der *cis*-Form dagegen befinden sich das H-Atom und die Methylgruppe auf derselben Seite der Doppelbindung. Dies führt zu stark gekrümmten Polymerketten, die eine dichte Packung verhindern und eine amorphe, gummiartige Substanz

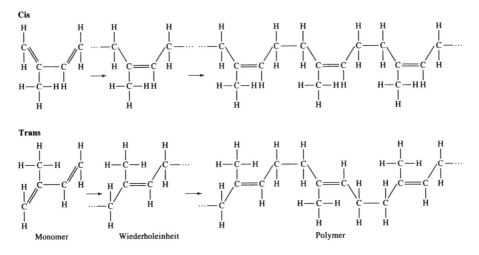

Abb. 15.31. *Cis-* und *trans-*Strukturen von Isopren.

ergeben. Auf einwirkende Spannungen reagiert das Polymer viskoelastisch. Die Ketten spulen sich ab, und ihre Bindungen werden elastisch gestreckt. Gleichzeitig können aber auch Ketten aneinander vorbeigleiten und eine bleibende plastische Verformung verursachen. Im letzteren Fall überwiegt das thermoplastische Verhalten des Polymers (Abb. 15.32).

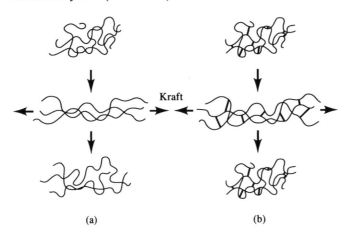

Abb. 15.32. (a) Wenn Thermoplaste keine Querverbindungen enthalten, werden sie bei einwirkender Spannung sowohl elastisch als auch plastisch gedehnt; die plastische Deformation bleibt nach Beendigung der Spannungseinwirkung erhalten. (b) Quervernetzte Elastomere können in starkem Maße elastisch gedehnt werden, ohne daß eine plastische Deformation zurückbleibt.

Quervernetzung. Die viskose plastische Verformung läßt sich, ohne das elastische Verhalten zu beeinträchtigen, durch *Quervernetzung* der Ketten unterdrücken. Ein hierfür geeignetes Verfahren ist das *Vulkanisieren* mittels Schwefelatomen. Abbildung 15.33 veranschaulicht die Wirkungsweise dieses Mechanismus. Nachdem das Polymer bei Temperaturen von etwa 120 °C bis 180 °C in die gewünschte Form gebracht ist, erfolgt die Quervernetzung seiner Ketten durch Verbindungsstränge aus S-Atomen. Dabei werden auch H-Atome des Polymers umgelagert und Doppelbindungen in Einzelbindungen verwandelt. Dieser Vernetzungsprozeß ist nicht reversibel. Aus diesem Grunde können diese Elastomere nicht in einfacher Weise recycelt werden.

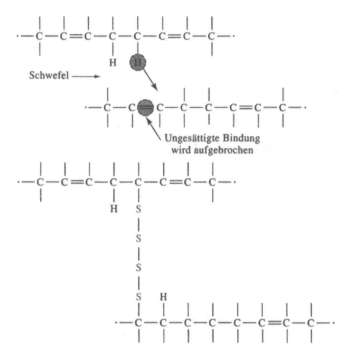

Abb. 15.33. Quervernetzung von Polyisopren-Ketten durch strangartige Aufreihungen von Schwefelatomen. Die Anknüpfungsstellen in den Ketten ergeben sich durch Umverteilung oder Abgabe von H-Atomen und Aufbrechen ungesättigter Bindungen.

Abbildung 15.34 zeigt die Spannungs-Dehnungs-Kurve eines Elastomers. Das Material verhält sich im gesamten Dehnungsbereich nahezu elastisch. Der Kurvenverlauf deutet jedoch auch ein nichtlineares Verhalten an. Anfangs nimmt der Elastizitätsmodul auf Grund der Kettenentspulung ab. Wenn sich die Ketten gestreckt haben, erfolgt die weitere elastische Dehnung durch Streckung der Bindungen. Der Elastizitätsmodul nimmt wieder zu.

Die Elastizität des Gummis hängt von der Dichte der Vernetzungsstellen und damit von der Menge des zugesetzten Schwefels ab. Geringer Schwefelgehalt ergibt weichen und flexiblen Gummi, wie er in elastischen Bändern oder Gummihandschuhen Anwendung findet. Zunehmender Schwefelgehalt unterdrückt das Abspulen der Ketten und macht den Gummi härter, starrer und auch spröder. Im allgemeinen liegt der Schwefelgehalt zwischen 0,5% und 5%.

Typische Elastomere. Elastomere sind amorph und kristallisieren kaum während der Verarbeitung. Ihre Glasübergangstemperatur liegt niedrig, und ihre Ketten lassen sich leicht elastisch deformieren. Tabelle 15.9 und 15.10 enthalten Angaben zu typischen Elastomeren.

Polyisopren ist ein natürlich vorkommender Kautschuk. Polychloropren oder Neopren wird für Schläuche und elektrische Isolationen verwendet. Bei vielen

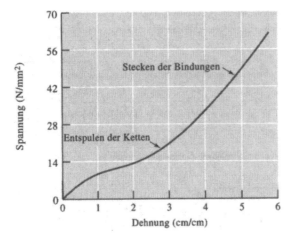

Abb. 15.34. Spannungs-Dehnungs-Kurve eines Elastomers. Die Dehnung erfolgt nahezu elastisch. Der Elastizitätsmodul ist dehnungsabhängig.

wichtigen synthetischen Elastomeren handelt es sich um Copolymere. Butadien-Styrol-Kautschuk (BS-Kautschuk) ist Bestandteil von ABS (Abb. 15.28) und Grundmaterial von Autoreifen. Eine weitere wichtige Elastomergruppe bilden Silikone, deren Ketten aus Si- und O-Atome bestehen. Siliconkautschuk besitzt hohe Temperaturbeständigkeit und kann bis zu 315 °C eingesetzt werden.

Thermoplastische Elastomere. *Thermoplastische Elastomere* (TPE) sind eine spezielle Polymergruppe, deren Elastizitätsverhalten nicht auf Quervernetzung beruht. Abbildung 15.35 zeigt die Morphologie eines Styrol-Butadien-Block-Copolymers, dessen Styrol-Wiederholeinheiten sich ausschließlich an den Kettenenden befinden. Der Styrol-Anteil der Ketten beträgt etwa 25%. Die Styrol-Enden mehrerer Ketten vereinigen sich zu kugelförmigen Domänen. Styrol hat eine hohe Glasübergangstemperatur; infolgedessen sind die Domänen starre Gebilde, die die Ketten fest zusammenhalten. Die Kettenbereiche zwischen den Domänen bestehen dagegen aus Butadien-Wiederholeinheiten und verhalten sich gummiartig. Ihre Glasübergangstemperatur liegt unterhalb der Raumtemperatur. Sie können sich bei Belastung elastisch und reversibel verformen. Ein plastisches Gleiten der Ketten ist jedoch infolge ihrer Verankerung durch die Styrol-Domänen im normalen Temperaturbereich ausgeschlossen.

Im Gegensatz zum Butadien-Styrol-Kautschuk ist für das elastische Verhalten der Styrol-Butadien-Block-Polymere keine Quervernetzung erforderlich. Sie wäre sogar unerwünscht, da die Kettenverankerung durch die Styrol-Domänen einen zusätzlichen Vorteil bietet. Bei Erwärmung bis oberhalb der Glasübergangstemperatur lösen sich die Styrol-Domänen nämlich auf. In diesem Temperaturbereich läßt sich das Material wie andere Thermoplaste viskos verformen und leicht verarbeiten. Beim Abkühlen bauen sich die Domänen wieder auf und stellen so auch die elastomeren Eigenschaften des Materials wieder her. Thermoplastische Elastomere verhalten sich also bei erhöhter Temperatur thermoplastische und bei niedrigen Temperaturen elastomer. Aus diesem Grunde können sie leichter recycelt werden als konventionelle Elastomere.

Tabelle 15.9. Wiederholeinheiten und Anwendungen ausgewählter Elastomere

Polymer	Wiederholeinheit	Anwendungen

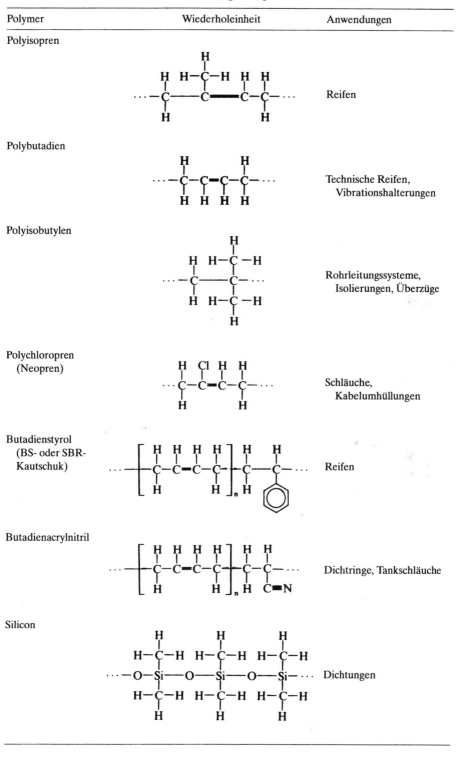

Polymer		Anwendungen
Polyisopren		Reifen
Polybutadien		Technische Reifen, Vibrationshalterungen
Polyisobutylen		Rohrleitungssysteme, Isolierungen, Überzüge
Polychloropren (Neopren)		Schläuche, Kabelumhüllungen
Butadienstyrol (BS- oder SBR-Kautschuk)		Reifen
Butadienacrylnitril		Dichtringe, Tankschläuche
Silicon		Dichtungen

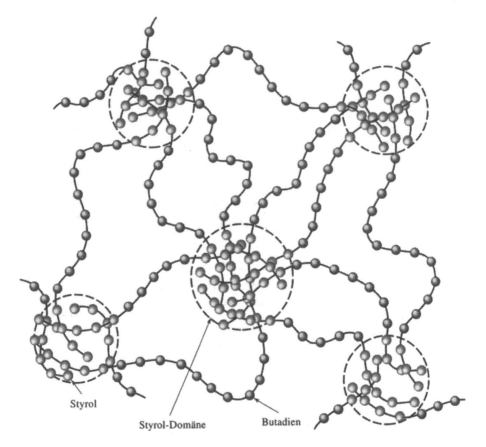

Abb. 15.35. Struktur eines SB-Copolymers innerhalb eines Thermoplasts. Die glasartige Natur der Styrol-Domänen bewirkt elastisches Verhalten ohne Quervernetzung des Butadien.

Tabelle 15.10. Eigenschaften ausgewählter Elastomere

	Zugfestigkeit (N/mm^2)	% Bruch-dehnung	Dichte (g/cm^3)
Polyisopren	20	800	0,93
Polybutadien	25		0,94
Polyisobutylen	28	350	0,92
Polychloropren (Neopren)	25	800	1,24
Butadienstyrol (BS- oder SBR-Kautschuk)	20	2 000	1,0
Butadienacrylnitril	4,5	400	1,0
Silicon	7	700	1,5
Thermoplastisches Elastomer	35	1 000	1,06

15.10 Duroplaste

Duroplaste sind stark vernetzt und bestehen aus einem dreidimensionalen Netzwerk. Da sich ihre Ketten weder verdrehen noch gegenseitig verschieben können, besitzen sie große Festigkeit, Steifigkeit und Härte. Andererseits haben sie jedoch auch geringe Duktilität und schlechte Stoßeigenschaften sowie eine hohe Glasübergangstemperatur. In Zugversuchen verhalten sich Duroplaste ähnlich wie spröde metallische oder keramische Stoffe.

Die Polymerisation der Duroplaste beginnt meist mit dem Aufbau linearer Ketten. In Abhängigkeit von der Art der Wiederholeinheiten und dem Polymerisationsgrad liegt das Polymer anfänglich als festes oder flüssiges Harz vor. In manchen Fällen kommt es auch in flüssiger Form zur Anwendung, z. B. in Zwei- oder Mehrkomponenten-Klebern. Die anschließende Vernetzung erfolgt durch Erwärmung, Druckeinwirkung, Vermischung verschiedener Harze oder durch andere Methoden. Sie ist nicht reversibel. Eine konventionelle Wiederaufbereitung von Duroplasten ist nicht möglich.

In Tabelle 15.11 sind die Funktionsgruppen bekannter Duroplaste angegeben. Tabelle 15.12 enthält wichtige Eigenschaften.

Phenole. Phenole sind die meistgenutzten Duroplaste. Sie werden in Klebstoffen, Überzügen, Laminaten oder für Gußteile in der Elektro- und Kfz-Technik verwendet. Ein sehr verbreitet eingesetzter Phenol-Duroplast ist Bakelit.

Das anfängliche lineare Phenolharz entsteht durch eine Kondensationsreaktion aus Phenol und Formaldehyd (Abb. 15.36). Das im Formaldehyd-Molekül enthaltene O-Atom reagiert mit je einem H-Atom von zwei benachbarten Phenol-Mole-

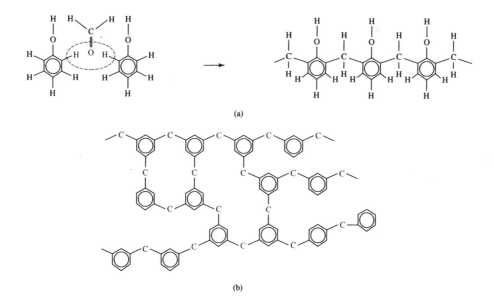

(a)

(b)

Abb. 15.36. Struktur von Phenol. In (a) ist die Kondensationsreaktion von zwei Phenolringen mit einem Formaldehyd-Molekül dargestellt, die zur linearen Kettenbildung führt. In (b) wirkt überschüssiges Formaldehyd als Vernetzungsmittel, so daß ein duroplastisches Netzwerk entsteht.

Tabelle 15.11. Funktionseinheiten und Anwendungen ausgewählter Duroplaste

Duroplast	Funktionseinheit	Typische Anwendungen
Phenole		Klebstoffe, Überzüge, Laminate
Amine	Urea	Klebstoffe, Küchengeräte, elektrische Bauteile
Polyester		elektrische Bauteile, Dekor-Platten, Matrix für Glasfasern
Epoxide		Klebstoffe, elektrische Bauteile, Matrixmaterial für Verbundstoffe
Urethane		Fasern, Überzüge, Schäume, Isolierstoffe
Silicone		Klebstoffe, Dichtungen

Tabelle 15.12. Eigenschaften typischer Duroplaste

	Zugfestigkeit (N/mm^2)	% Bruch- dehnung	Elastizitätsmodul (N/mm^2)	Dichte (g/cm^3)
Phenole	60	2	9	1,27
Amine	70	1	11	1,50
Polyester	90	3	4,5	1,28
Epoxide	105	6	3,5	1,25
Urethane	70	6		1,30
Silicone	30	0	8	1,55

külen, wobei Wasser als Nebenprodukt entsteht. Die beiden Phenol-Moleküle werden dann über das im Formaldehyd verbleibende C-Atom miteinander verbunden.

Dieser Prozeß setzt sich fort und führt zu einer linearen Phenol-Formaldehyd-Kette. Phenol ist jedoch trifunktional. Wenn sich die Kette gebildet hat, steht somit noch ein dritter Platz in jedem Phenolring zur Verfügung, von dem aus eine Quervernetzung zu anderen Ketten erfolgen kann.

Amine. Aminoharze entstehen aus der Verbindung von Harnstoff- oder Melamin-Monomeren mit Formaldehyd und sind in vielen Merkmalen den Phenolen ähnlich. Die Monomere werden durch das als Kettenglied fungierende Formaldehyd miteinander linear verbunden. Überschüssiges Formaldehyd besorgt die für feste und starre Substanzen notwendige Quervernetzung. Aminoharze kommen ebenfalls als Klebstoffe und Laminate zur Anwendung. Weitere Einsatzgebiete sind Küchengeräte und elektrische Bauteile wie Leistungsschalter, Schwachstromschalter, Steckdosen und Kontaktplatten.

Urethane. Urethane können sich in Abhängigkeit von der Dichte ihrer Vernetzungsstellen wie Duroplaste, Thermoplaste oder Elastomere verhalten. Zu ihren Anwendungen zählen Fasern, Beschichtungen, Schaumstoffe für Möbel, Matratzen und Isolierstoffe.

Polyester. Polyester entstehen durch Kondensationsreaktion von Säuren und Alkoholen mit Wasser als Nebenprodukt. Wenn die Ketten ungesättigte Bindungen enthalten, können sich durch Anlagerung von Styrol-Molekülen Quervernetzungen bilden. Polyester kommen als Gußmaterial in der Elektrotechnik, als dekorative Laminate, als Baumaterial für Boote und Bootsausrüstungen und als Matrix in Verbundmaterialien zur Anwendung.

Epoxidharze. Epoxidharze bestehen aus Molekülen, die einen C-O-C-Ring enthalten. Bei der Polymerisation brechen die C-O-C-Ringe auf, und die Bindungen ordnen sich um (Abb. 15.37). Das meistgebrauchte Epoxidharz besteht aus Bisphenol A, an das zwei Epoxide angelagert sind. Diese Moleküle polymerisieren zu Ketten und reagieren dann mit Härtern, um Quervernetzung zu erzeugen.

Epoxidharze werden als Kleber, als Gußmaterial zur Einbettung elektrischer Bauteile, als Material für Leiterplatten, in Fahrzeugbauteilen und Sportgeräten und als Matrix für hochbelastungsfähige, faserverstärkte Verbundstoffe in der Luft- und Raumfahrttechnik angewendet.

Polyimide. Polyimide besitzen eine Ringstruktur, in die ein Stickstoffatom eingebaut ist. Eine spezielle Gruppe bilden die Bismaleimide (BMI), die in der Luft- und Raumfahrttechnik genutzt werden. Zu ihren Merkmalen zählen die hohe Dauereinsatztemperatur von 175 °C und die Beständigkeit bis zu Spitzentemperaturen von 460 °C.

Durchdringungsnetzwerke. In einigen speziellen Polymeren sind lineare thermoplastische Ketten mit einem duroplasten Polymergerüst verwoben und bilden zusammen sogenannte *Durchdringungsnetzwerke*. So lassen sich z. B. Nylon-, Azetal- und Polypropylen-Ketten in quervernetzte Silicone einbauen. In modernen Versionen dieser Polymerart werden auch zwei unterschiedliche Duroplastgerüste verwendet.

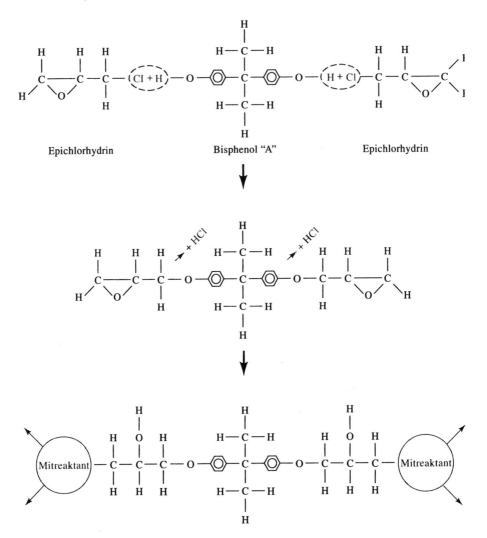

Abb. 15.37. Epoxidharzerzeugung durch Verbindung von Epichlorhydrin und Bisphenol A (mit HCl als Nebenprodukt). Bei Gegenwart eines trifunktionalen Mitreaktanten wächst die Polymerkette in zwei Richtungen.

15.11 Klebstoffe

Klebstoffe sind Polymere, die zur Verbindung anderer Materialien (Polymere, Metalle, keramische Stoffe, Verbundwerkstoffe oder Kombinationen hieraus) dienen. Sie kommen in vielfältiger Weise zum Einsatz. Hohe Anforderungen werden gestellt an lasttragende Anwendungen in der Fahrzeugtechnik, der Luft- und Raumfahrttechnik, der Haushalttechnik, der Elektrotechnik, der Bautechnik und in Sportgeräten.

Chemisch reaktive Klebstoffe. Zu dieser Gruppe gehören Polyurethane, Epoxid-harze, Silicone, Phenole, anaerobe (unter Luftabschluß härtende) Klebstoffe und Polyimide. Einkomponentensysteme bestehen aus nur einem Polymerharz, das unter dem Einfluß von Feuchtigkeit, Hitze oder – im Falle anaerober Substanzen – bei Abwesenheit von Sauerstoff gehärtet wird. Zweikomponentensysteme wie die Epoxidharze härten beim Vermischen von zwei Harzarten.

Verdampfungs- oder Diffusionsklebstoffe. Hierbei handelt es sich um Klebstoffe, die in gelöstem Zustand (in Wasser oder anderen Lösungsmitteln) auf die zu ver-bindenden Teile aufgebracht werden. Nach Verdampfen des Lösungsmittels sorgt das verbleibende Polymer für eine feste Verbindung. Wasserlösliche Klebstoffe kommen wegen ihres geringeren Gefährdungspotentials und ihrer besseren Umge-bungsverträglichkeit bevorzugt zur Anwendung. Das Polymer kann komplett in Wasser aufgelöst oder als Latex (Kunstharzdispersion in Wasser) vorliegen. Als Polymersubstanzen werden Elastomere, Vinyl- und Acrylharze genutzt.

Heißschmelzende Klebstoffe. Diese Klebstoffe sind Thermoplaste oder thermopla-stische Elastomere, die aufgeschmolzen werden und nach dem Abkühlen die von ihnen bedeckten Teile miteinander verbinden. Typische Schmelztemperaturen lie-gen zwischen 80 °C und 110 °C, was die Anwendbarkeit dieser Stoffe nach höheren Temperaturen beschränkt. Leistungsfähigere Kleber aus Polyamiden und Polyester sind bis 200 °C verwendbar.

Druckempfindliche Klebstoffe. Diese Kleber bestehen hauptsächlich aus Elasto-meren oder elastomeren Copolymeren in Form dünner Filme oder aufgebrachter dünner Schichten. Der für die Klebeverbindung aufzuwendende Druck dient allein zur Kontaktgabe der Klebschicht mit der Unterlage. Klebstoffe dieser Art kommen auf Briefumschlägen, Klebstreifen, Aufklebern, Bodenfliesen und ähnlichem zur Anwendung.

Leitende Klebstoffe. Klebstoffe können auch metallisches Füllmaterial in Pulver- oder Flockenform enthalten. Zusätze aus Silber, Kupfer oder Aluminium bewirken elektrische und thermische Leitfähigkeit. Für Anwendungsfälle, bei denen die ther-mische Leitfähigkeit im Vordergrund steht, eignen sich Aluminium- und Beryl-liumoxid, Bornitrid und Silikate als Füllstoff.

15.12 Polymerzusätze

Die meisten Polymere enthalten Zusätze, die ihnen spezielle Eigenschaften verlei-hen.

Füllstoffe. Füllstoffe werden zu vielerlei Zwecken genutzt. Eines der bekanntesten Beispiele ist der Zusatz von Ruß in Gummi, um die Festigkeit und Verschleißbe-ständigkeit von Reifen zu erhöhen. Anorganische Zusatzstoffe in Form von Flok-ken oder kurzen Fasern verbessern die mechanischen Eigenschaften von Polyme-ren. Als *Streckmittel* oder *Extender* werden Füllstoffe bezeichnet, die großvolumige

Polymerteile mit relativ geringer Polymerausgangsmasse ergeben. Hierfür werden häufig Calciumkarbonat, Silikate, Talk und Tone genutzt.

Pigmente. Pigmente dienen als Zusatzstoffe zur Erzeugung von Farben in Polymeren und Anstrichstoffen. Hierbei handelt es sich um feine Partikel, z. B. aus TiO_2, die gleichmäßig im Polymer dispergiert sind.

Stabilisatoren. Stabilisatoren sollen der Zersetzung von Polymeren unter Umgebungseinflüssen entgegenwirken. Polyvinylchloride erfordern Wärmestabilisatoren; andernfalls könnten H- und Cl-Atome in HCl-Form entweichen, und das Polymer würde verspröden. Stabilisatoren schützen auch gegen den schädigenden Einfluß ultravioletter Strahlung.

Antistatikmittel. Da die meisten Polymere schlechte elektrische Leiter sind, können sich leicht statische Aufladungen bilden. Antistatikmittel binden Luftfeuchtigkeit aus der Umgebung und erhöhen die Oberflächenleitfähigkeit des Polymers. Auf diese Weise werden kritische Aufladungen vermieden und die Gefahr von Funkenentladungen eingeschränkt.

Flammschutzmittel. Wegen ihrer organischen Grundsubstanz sind die meisten Polymere brennbar. Als Gegenmittel dienen Zusatzstoffe, die Chlor, Brom oder Metallsalze enthalten. Sie behindern das Entstehen oder die Ausbreitung von Polymerbränden.

Weichmacher. *Weichmacher* sind Moleküle oder Ketten mit niedriger Molmasse, die die Glasübergangstemperatur herabsetzen, wie Schmiermittel im Innern des Polymers wirken und dadurch seine Verformbarkeit verbessern. Weichmacher sind besonders wichtig in Polymeren mit relativ hoher Glasübergangstemperatur wie Polyvinylchlorid.

Verstärkungsmittel. Die Festigkeit von Polymeren läßt sich durch Einbau von Gläsern, anderen Polymeren und Kohlefasern als Verstärkungsmittel verbessern. Glasfasergewebe besteht z. B. aus kurzen Glasfasern, eingebettet in Polymermatrix.

15.13 Formgebungsverfahren

Die Formgebung von Polymeren erfolgt nach unterschiedlichen Methoden. Wichtige Verfahren sind das Formpressen, das Strangpressen und die Erzeugung von Filmen und Fasern. Wesentlich für die Auswahl des Verfahrens ist die Art des Polymers, insbesondere ob es sich um Thermo- oder Duroplaste handelt. Die Abbildungen 15.38 bis 15.40 zeigen typische Verfahren.

Bei Thermoplasten ist die Anzahl der verfügbaren Technologien am größten. Die Polymere werden bis dicht an oder bis über die Schmelztemperatur erhitzt, so daß sie sich gummiartig oder flüssig verhalten. Dann werden sie in Formen oder durch Düsen gedrückt. Auf gleiche Weise lassen sich auch thermoplastische Elastomere verformen. Der entstehende Abfall kann leicht zurückgewonnen und wiederverwendet werden, so daß die Verluste gering bleiben.

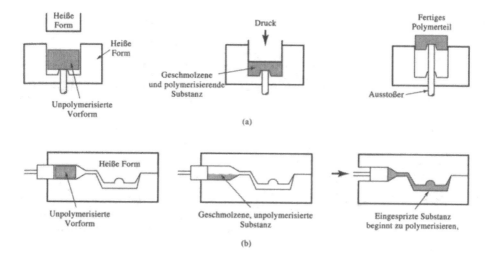

Abb. 15.38. Typische Formgebungsverfahren für Duroplaste: (a) Druckformen, (b) Fließformen.

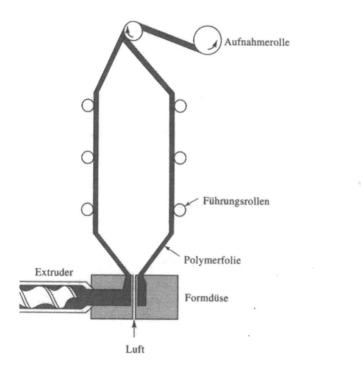

Abb. 15.39. Technologie zur Erzeugung von Polymerfolien. Die Folie wird in Beutelform extrudiert und durch Luftdruck bis zur Abkühlung auseinandergehalten.

Für Duroplaste stehen weniger Verfahren zur Verfügung. Nachdem ihre Quervernetzung erfolgt ist, können sie nicht mehr verformt werden. Das trifft auch auf Elastomere nach der Vulkanisation zu. Eine Abfallwiedergewinnung ist in diesen Fällen nicht möglich.

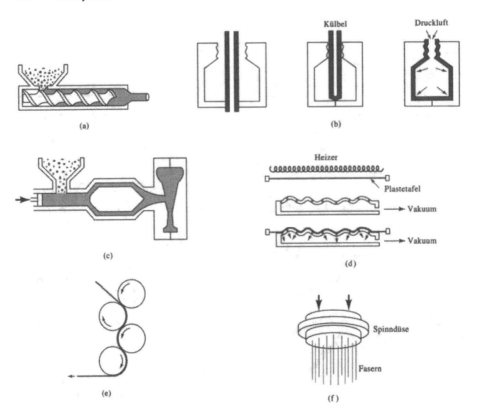

Abb. 15.40. Typische Formgebungsverfahren für Thermoplaste: (a) Extrusionsformen, (b) Blasformen, (c) Injektionsformen, (d) Thermoformen, (e) Kalandrieren, (f) Spinnen.

Extrusionsverfahren. Mittels einer Schneckenpresse (Extruder) werden erwärmte thermoplastische Polymere durch Düsen gedrückt, um Profile, Filme, Schläuche, Rohre oder Plastebeutel zu erzeugen. Abbildung 15.39 zeigt ein Beispiel. Extrusionsverfahren können auch zur Beschichtung von Drähten oder Kabeln mit Thermoplasten oder Elastomeren genutzt werden.

Blasformverfahren. Eine als *Külbel* bezeichnete hohle Vorform aus thermoplastischem Polymer wird in eine Form gelegt und mittels Gasdruck an die Wände der Form gepreßt. Diese Technologie eignet sich zur Herstellung von Plasteflaschen, Plastecontainern, Kraftstofftanks und ähnlichen Hohlkörpern.

Spritzgießverfahren. Geschmolzenes thermoplastisches Polymer wird in eine abgeschlossene Form eingespritzt. Das Verfahren ist vergleichbar mit analogen Technologien, die in der Metallformung angewandt werden. Der notwendige Druck wird mit einem Kolben oder einem Schraubenmechanimus (Schneckenspindel) erzeugt. Zu den Anwendungen zählen Gegenstände wie Tassen, Kämme, Geschirr, Müllbehälter und ähnliches.

Thermoformen. Thermoplasttafeln werden bis in den plastischen Bereich erwärmt und auf eine Form gedrückt, um z. B. Eierbehälter oder dekorative Paneelplatten herzustellen. Zur Druckerzeugung können Gegenformen, Vakuum oder Druckluft verwendet werden.

Kalandrieren. Geschmolzenes thermoplastisches Polymer (z. B. Polyvinylchlorid) wird in einen aus einem Walzensatz bestehenden Kalander gegossen, der es formt und als dünnes Platten- oder Folienmaterial ausstößt. Die Kalanderwalzen sind häufig mit einem Prägemuster versehen, das auf die Thermoplastschicht übertragen wird. Typische Anwendungsbeispiele sind Fliesentafeln oder Duschvorhänge.

Spinnen. Faserstoffe und Garne werden mittels Spinnverfahren erzeugt. Das geschmolzene thermoplastische Polymer wird durch eine *Spinndüse* gepreßt, die mehrere Öffnungen enthält. Beim Rotieren der Spinndüse entsteht Garn. In einigen Fällen, z. B. Nylon, werden die Fäden anschließend gestreckt, um die Ketten parallel zur Fadenachse auszurichten und ihre Festigkeit zu erhöhen.

Gießen. Viele Polymere können auch in Formen gegossen werden, in denen sie erstarren. Um dünne Folien zu erzeugen, kommen rotierende Formen zur Anwendung, in denen das Polymer an die Wand gedrückt wird.

Druckformverfahren. Dieses Verfahren kommt bei Duroplasten zur Anwendung. Die Formgebung findet vor der Quervernetzung statt, indem das in der Form befindliche Material zunächst bei hoher Temperatur und unter hohem Druck aufschmilzt, die Form ausfüllt und anschließend darin aushärtet. Anwendungsbeispiele sind Gehäuse für elektrische Bauteile wie auch Auskleidungen von Kotflügeln, Motorhauben und anderen Karosserieteilen von Kraftfahrzeugen.

Fließformverfahren. Dieses ebenfalls für Duroplaste genutzte Verfahren beruht auf einem Zweikammersystem. In einer Kammer wird das Polymer unter Druck erhitzt und aufgeschmolzen und dann in die als Form dienende Nebenkammer gedrückt. Bei diesem Prinzip kommen auch Vorteile des Spritzgießverfahrens für Duroplaste zur Geltung.

Reaktions-Spritzgießverfahren. Hierbei werden Duroplaste als flüssiges Harz zunächst in einen Mixer gespritzt und anschließend in die Form, in der die Formgebung und Aushärtung simultan erfolgen. Im verstärkenden Reaktions-Spritzgießverfahren befinden sich in der Form zusätzlich Faserstoffe oder Partikel, die in das flüssige Harz aufgenommen werden, so daß Verbundsubstanzen entstehen.

Schäumverfahren. Zum Aufschäumen eignen sich unter anderem Polystyrol, Urethane und Polymethylmethacrylat. Das Polymer wird in Perlenform aufbereitet. Häufig dienen Zusatzstoffe als Schaumtreiber, die beim Erhitzen in Stickstoff, Kohlendioxid, Pentan oder andere Gase zerfallen. In der Vorausdehnungsstufe vergrößern sich die Perlen auf Hohlkörper mit etwa 50fachem Durchmesser gegenüber ihrer Ausgangsgröße. Anschließend werden die vorausgedehnten Perlen in eine Form gedrückt, wobei die Perlen miteinander verschmelzen und eine sehr leichte Substanz mit Dichten von ungefähr $0{,}02 \ g/cm^3$ ergeben. Schaumpolystyrol dient hauptsächlich als Verpackungs- und Isolationsmaterial.

15.14 Zusammenfassung

Polymere bestehen aus großen Molekülen mit sehr hoher Molmasse, die durch Zusammensetzung aus kleinen Molekülen, den Monomeren, entstanden sind. Im Vergleich zu den meisten Metallen und keramischen Stoffen haben sie nur geringe Festigkeit, Steifheit und Schmelztemperatur; aber sie besitzen auch geringe Dichte und gute chemische Beständigkeit.

- Thermoplastische Polymere bestehen aus linearen Kettenmolekülen, die eine leichte Verformung des Materials ermöglichen und für gute Duktilität und Recycelbarkeit sorgen. Thermoplaste können amorphe Struktur besitzen, aus der sich ihre geringe Festigkeit und hohe Duktilität bei Temperaturen oberhalb der Glasübergangstemperatur erklärt. Unterhalb der Glasübergangstemperatur verhalten sie sich spröde und starr. Viele Thermoplaste sind aber auch teilweise kristallisiert und haben eine entsprechend größere Festigkeit.
  Die Festigkeit von Thermoplastketten erhöht sich durch unsymmetrisch aufgebaute Monomer-Moleküle. Sie erschweren die Entflechtung der Ketten bei einwirkender mechanischer Spannung. Zusätzlich können Ketten durch Einbau anderer Atome oder Atomgruppen verstärkt werden.
- Elastomere bestehen aus linearen Ketten, die auch schwach quervernetzt sind. Dies ermöglicht große elastische Dehnungen ohne bleibende plastische Verformung. Mit zunehmender Dichte der Vernetzungsstellen erhöht sich die Steifheit des Materials, und das Ausmaß der elastischen Dehnung wird verringert.
- Thermoplastische Elastomere vereinigen in sich die Merkmale von Thermoplasten und Elastomeren. Bei hohen Temperaturen sind sie wie Thermoplaste plastisch verformbar, bei niedrigen Temperaturen verhalten sie sich wie Elastomere.
- Duroplaste sind stark quervernetzt und bilden eine dreidimensionale Netzstruktur. Sie haben typischerweise eine hohe Glasübergangstemperatur sowie gute Festigkeit und verhalten sich meist spröde. Nachdem die Quervernetzung stattgefunden hat, sind sie nicht mehr recycelbar.
- Die Formgebungstechnologien sind von der Polymerart abhängig. Für die sich viskoelastisch verhaltenden Thermoplaste kommen Verfahren wie Extrudieren, Einspritzen, Thermoformen, Gießen, Ziehen und Spinnen zur Anwendung. Wegen ihres nichtreversiblen Bindungsverhaltens reduzieren sich bei Duroplasten die Formgebungsmöglichkeiten auf nur wenige Verfahren wie Druckformen oder Fließformen.

15.15 Glossar

Additionspolymerisation. Aufbau von Polymerketten aus Monomeren ohne Nebenprodukte.
Aramide. Polyamide mit aromatischen Gruppen in der linearen Polymerkette.
Copolymere. Additionspolymere mit mehr als einem Monomertyp.
Durchdringungsnetzwerk. Kettennetzwerk mit verwobenen (unterschiedlichen) Polymerstrukturen.
Duroplaste. Polymere mit hoher Vernetzungsdichte und fester Netzwerkstruktur.

Elastomere. Polymere mit stark verspulter und teilweise quervernetzter Kettenstruktur, die außergewöhnlich große elastische Dehnungen ermöglicht.

Flüssigkristallpolymere. Außergewöhnlich steife Polymerketten, die sich auch noch oberhalb der Schmelztemperatur wie starre Gebilde verhalten.

Funktionalität. Anzahl der reaktionsfähigen Molekülplätze von Monomeren, über die Polymerisation stattfinden kann.

Glasübergangstemperatur. Temperatur, unterhalb der amorphe Polymere eine starre glasartige Struktur annehmen.

Haarrißbildung. Lokale plastische Verformung in Polymeren. Haarrisse können sich zu Rissen aufweiten.

Homopolymere. Additionspolymere, die nur aus einer Monomerart bestehen.

Kondensationsreaktion. Kettenbildung durch chemische Reaktion von zwei oder mehr Molekülarten, bei der Nebenprodukte entweichen.

Külbel. Heiße Vorform weicher oder geschmolzener Polymere, die in ihre endgültige Form geblasen wird.

Monomer. Grundmolekül von Polymeren.

Polymerisationsgrad. Anzahl der Monomere in einer Polymerkette.

Quervernetzung. Verbindungsbrücken zwischen Ketten, die zu einem dreidimensionalen Netzwerk führen.

Relaxationszeit. Stoffeigenschaft von Polymeren, die über den zeitlichen Spannungsabbau im Material Auskunft gibt.

Spannungsabbau. Nachlassen der Spannung in Materialien bei konstanter Dehnung infolge viskoelastischer Deformation.

Spinndüse. Extrusionsform mit vielen kleinen Öffnungen zur Erzeugung von Polymerfäden. Beim Rotieren der Spinndüse werden die Fäden zu Garn verdrillt.

Streckmittel. Füllstoffe zur kostengünstigen Volumenvergrößerung von Polymeren.

Strukturisomere. Moleküle gleicher Zusammensetzung, aber unterschiedlicher Molekularstruktur.

Taktizität. Seitenspezifische Anordnung von Atomen oder Atomgruppen nichtsymmetrischer Monomere.

Thermoplaste. Polymere, die wiederaufgeschmolzen werden können.

Thermoplastische Elastomere. Polymere mit thermoplastischem Verhalten bei hohen Temperaturen und elastomerem Verhalten bei niedrigen Temperaturen.

Thermoplastische Polymere. Siehe Thermoplaste.

Verstärkungsmittel. Zusätze (z. B. Fasermaterial) zur Erhöhung der Festigkeit von Polymeren.

Ungesättigte Bindungen. Doppel- oder Dreifachbindungen zwischen Atomen in organischen Molekülen.

Verzweigen. Kettenverzweigung durch seitliche Anbindung separater Ketten.

Viskoelastizität. Deformation von Polymeren durch viskoses Fließen seiner Ketten oder Kettensegmente unter der Einwirkung mechanischer Spannungen.

Vulkanisieren. Quervernetzung von Elastomerketten durch Schwefelatome unter Druck und erhöhter Temperatur.

Warmformbeständigkeit. Temperatur, bei der unter bestimmter Last die Verformung von Polymeren einsetzt.

Weichmacher. Zusätze zur Herabsetzung der Glasübergangstemperatur.

Wiederholeinheit. Elementareinheit, aus der Polymere aufgebaut sind.

15.16 Übungsaufgaben

15.1 Die Molmasse von Polymethylmethacrylat (s. Tab. 15.5) beträgt 250 000 g/mol. Berechne unter der Voraussetzung, daß alle Ketten gleiche Länge besitzen
(a) den Polymerisationsgrad und
(b) die Kettenanzahl pro g des Polymers.

15.2 Der Abstand zwischen den Zentren benachbarter C-Atome innerhalb einer linearen Polymerkette beträgt ca. 0,15 nm. Berechne die Länge einer Polyethylenkette mit der ultrahohen Molmasse von $1 \cdot 10^6$ g/mol.

15.3 Einer Menge von 5 kg Propylen-Monomer (s. Tab. 15.5) werden 20 g Benzoylperoxid als Polymerisationsinitiatior zugesetzt. Berechne unter der Annahme, daß 30% der Initiatormenge wirksam sind, den zu erwartenden Polymerisationsgrad und die Molmasse von Polypropylen, wenn
(a) die Kettenbildung durch Kombination und
(b) durch Disproportionierung abgeschlossen wird.

15.4 Aus Ethylen- und Propylen-Monomeren entsteht ein bekanntes Copolymer. Berechne die Molmasse des Polymers, wenn 1 kg Ethylen und 3 kg Propylen verwendet wurden und der Polymerisationsgrad 5 000 beträgt.

15.5 Durch Kombination von 5 kg Dimethylterephthalat mit Ethylenglykol soll Polyester (PET) erzeugt werden. Berechne
(a) die dafür benötigte Menge Ethylenglykol,
(b) die dabei entstehende Menge des Nebenprodukts,
(c) die sich ergebende Menge Polyester.

15.6 Durch Kombination von 10 kg Ethylenglykol mit Terephthalsäure soll Polyester erzeugt werden. Das zweidimensionale Strukturmodell von Terephthalsäure ist in der Abbildung angegeben.
(a) Bestimme das bei der Kondensationsreaktion entstehende Nebenprodukt.
(b) Berechne die notwendige Menge von Terephthalsäure, die Menge des entstehenden Nebenprodukts und die Menge des erzeugten Polyesters.

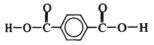

15.7 Eine Probenanalyse von Polyacrylnitril (s. Tab. 15.5) ergibt sechs Kettenlängenbereiche mit den in der Tabelle angeführten Mengen und mittleren Molmassen. Bestimme (a) den stoffmengenbezogenen Mittelwert und (b) den anzahlbezogenen Mittelwert der Molmasse.

Kettenanzahl	Mittlere Molmasse der Ketten (g/mol)
10 000	3 000
18 000	6 000
17 000	9 000
15 000	12 000
9 000	15 000
4 000	18 000

15.8 Welche der in Tabelle 15.2 angeführten Elastomere sind als Pumpendichtung für flüssiges CO_2 bei $-78\,°C$ geeignet? Erkläre, weshalb.

15.9 Welche der in Tabelle 15.2 angeführten Additionspolymere liegen bei Raumtemperatur in lederartigem Zustand vor? Wie wirkt sich dieser Zustand auf ihr mechanisches Verhalten im Vergleich zu anderen Additionspolymeren aus?

15.10 Die Dichte von Polyvinylchlorid beträgt etwa 1,4 g/cm^3. Bestimme die Anzahl der Vinylchlorid-Wiederholeinheiten, der H-Atome, der Cl-Atome und der C-Atome der Elementarzelle von kristallinem PVC.

15.11 Amorphes PVC hat eine Dichte von 1,38 g/cm^3. Berechne den prozentualen Kristallisationsanteil von PVC, wenn die Dichte 1,45 g/cm^3 beträgt. (*Hinweis*: Ermittle zunächst die Dichte von vollständig kristallisiertem PVC aus den Gitterparametern mit vier Wiederholeinheiten pro Elementarzelle.)

15.12 Zum Kriechverhalten eines Polymers wurden bei Raumtemperatur folgende Werte ermittelt:
Kriechgeschwindigkeit von 0,007 cm/cm · h bei 18 MPa,
Kriechgeschwindigkeit von 0,002 cm/cm · h bei 15,5 MPa,
Kriechgeschwindigkeit von 0,0009 cm/cm · h bei 14 MPa.
Die Kriechgeschwindigkeit verhält sich zur Spannungsbelastung nach der Beziehung $a\sigma^n$, wobei a und n Konstanten bedeuten. Bestimme a und n aus den angeführten Meßdaten und bestimme die maximal zulässige Spannungsbelastung, unter der sich das Polymer innerhalb eines Jahres um nicht mehr als 2% verformt.

15.13 Welches der nachfolgenden Polymere hat im paarweisen Vergleich die vermutlich bessere Stoßfestigkeit bei 25 °C?
(a) Polyethylen im Vergleich zu Polystyrol,
(b) Polyethylen geringer Dichte im Vergleich zu Polyethylen hoher Dichte,
(c) Polymethylmethacrylat im Vergleich zu Polytetrafluorethylen.

15.14 Beim Vulkanisieren von Polychloropren werden 1,5 Gewichts% Schwefel benötigt, um die gewünschten Eigenschaften zu erzielen. Berechne die Anzahl der aufzubrechenden ungesättigten Bindungen unter der Annahme, daß jeder Querverbindungsstrang im Mittel vier S-Atome enthält.

15.15 Wieviel Formaldehyd wird benötigt, um 10 kg Phenol komplett zu einem Phenol-Duroplast zu vernetzen? Welche Menge an Nebenprodukt wird dabei frei?

16 Verbundwerkstoffe

16.1 Einleitung

Verbundwerkstoffe bestehen aus mindestens zwei unterschiedlichen Materialien und zeichnen sich durch eine vorteilhafte Kombination von Eigenschaften aus, die von den Bestandteilen individuell eingebracht werden. Auf diese Weise lassen sich Festigkeit, Gewicht, Hochtemperaturbeständigkeit, Korrosionswiderstand, Härte oder Leitfähigkeit in ungewöhnlichen Wertekombinationen im Verbundmaterial vereinen.

Nach ihrem Aufbau unterscheiden wir drei Arten von Verbundwerkstoffen: Teilchenverbunde, Faserverbunde und Schichtverbunde (Abb. 16.1). Beton ist ein Gemisch aus Zement und Kies und gehört zu den Teilchenverbunden; Glasfaserstoff enthält in Polymer eingebettete Glasfasern und ist ein faserverstärkter Verbundstoff; Sperrholz besteht aus alternierend angeordneten Holzschichten unterschiedlicher Faserrichtung und stellt einen Schichtverbund dar. Teilchenverbunde, deren verstärkende Partikel gleichmäßig verteilt sind, haben isotrope Eigenschaften. Faserverbunde können sich sowohl isotrop als auch anisotrop verhalten; Schichtverbunde sind stets anisotrop.

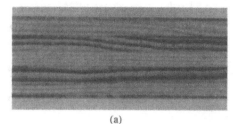

(a)

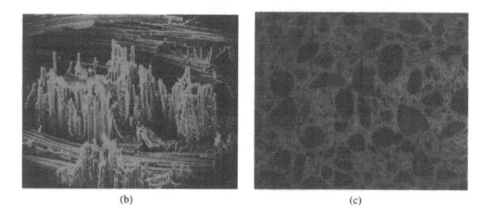

(b)   (c)

Abb. 16.1. Beispiele von Verbundwerkstoffen: (a) Sperrholz als Schichtverbund. (b) Faserglas als faserverstärkter Verbund aus steifen, festen Glasfasern in weicher Polymer-Matrix (175fach). (c) Beton als Teilchenverbund aus grobem Sand oder Kies in Zementmatrix (2fach verkleinert).

16.2 Dispersionsgehärtete Verbundwerkstoffe

Wenn wir den Verbundbegriff geringfügig erweitern, können wir auch dispersionsgehärtete Stoffe, die Partikel im Durchmesserbereich zwischen 10 nm und 250 nm enthalten, in diese Materialart einbeziehen. Die als *Dispersoide* bezeichneten Partikel, die gewöhnlich aus Metalloxiden bestehen, werden nicht durch Phasenumwandlungen in die Matrix eingebracht, wie es z. B. bei ausgehärteten Stählen der Fall ist, sondern durch andere Mechanismen. Obwohl sie nicht mit der Matrix kohärent sind, also keine großräumigen Gitterverzerrungen hervorrufen, können sie Versetzungsbewegungen blockieren und eine deutliche Verfestigung bewirken.

Bei Raumtemperatur ist die Festigkeit dispersionsgehärteter Verbundwerkstoffe geringer als die von konventionell ausgehärteten Legierungen mit kohärenten Ausscheidungsphasen. Während jedoch der Härtungseffekt von Ausscheidungen mit zunehmender Temperatur infolge Überalterung, Kornwachstum und Vergrößerung der Ausscheidungsphasen stark nachläßt, nimmt die Festigkeit dispersionsgehärteter Stoffe wesentlich langsamer mit der Temperatur ab (Abb. 16.2). Zusätzlich ist ihr Kriechwiderstand größer als der von Metallen und Legierungen.

Der dispergierte Stoff darf in der Matrix nur beschränkt löslich sein und nicht mit dem Matrixmaterial chemisch reagieren. Eine begrenzte Löslichkeit ist jedoch erwünscht, weil dadurch die Bindung zwischen den dispergierten Teilchen und der Matrix verbessert wird. Kupferoxid (Cu_2O) löst sich bei hohen Temperaturen in Kupfer auf; infolgedessen ist das Cu_2O-Cu-System nur eingeschränkt als Verbundstoff wirksam. Al_2O_3 ist dagegen in Aluminium unlöslich, so daß Al_2O_3-Al ein stabiles dispersionsgehärtetes System darstellt.

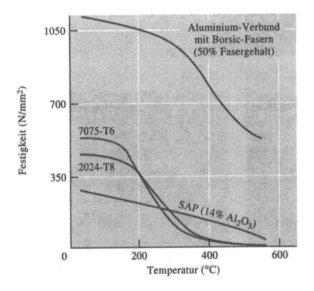

Abb. 16.2. Vergleich der Streckgrenzen von dispersiongehärtetem SAP (gesinterter Al-Al_2O_3-Pulver-Verbund) mit zwei konventionell gehärteten Zweiphasen-Al-Legierungen hoher Festigkeit. Der Verbund ist den Zweiphasenlegierungen bei Temperaturen oberhalb 300 °C überlegen. Als weiteres Vergleichsmaterial ist ein Al-Verbund mit Borsic-Faser-Verstärkung angegeben.

Beispiele dispersionsgehärteter Verbunde. Tabelle 16.1 enthält einige interessante Vertreter dieser Verbundgruppe. Das vielleicht bekannteste Beispiel ist gesintertes Al-Al$_2$O$_3$-Pulver. Dieses abgekürzt als SAP bezeichnete Verbundmaterial besteht aus einer Al-Matrix und bis zu 14% Al$_2$O$_3$ als Dispersoid. Der Verbund wird pulvermetallurgisch erzeugt. Dabei werden entweder Al- und Al$_2$O$_3$-Pulver gemischt, unter hohem Druck verdichtet und gesintert oder – in einer zweiten Verfahrensvariante – Al-Pulver als Ausgangsmaterial verwendet und dessen Partikel durch oxydierende Behandlung mit einer geschlossenen Al$_2$O$_3$-Schicht versehen. Beim Verdichten der Partikel zerbricht die Al$_2$O$_3$-Schicht in kleine Partikel, die während des Sinterns gleichmäßig in die Al-Umgebung eingebettet werden.

Tabelle 16.1. Anwendungsbeispiele ausgewählter dispersionsgehärteter Verbundwerkstoffe

System	Anwendungen
Ag-CdO	Elektrisches Kontaktmaterial
Al-Al$_2$O$_3$	Bauteile von Kernreaktoren
Be-BeO	Luft- und Raumfahrttechnik, Kernreaktoren
Co-ThO$_2$, Y$_2$O$_3$	Kriechfeste magnetische Materialien
Ni-20% Cr-ThO$_2$	Bauteile von Turbinen
Pb-PbO	Batterie-Gitter
Pt-ThO$_2$	Fäden, elektrische Komponenten
W-ThO$_2$, ZrO$_2$	Heizfäden

Eine weitere wichtige Gruppe dispersionsgehärteter Verbunde umfaßt Metalle mit dispergiertem Thoriumoxid (ThO$_2$). Zu ihnen gehört TD-Nickel (Abb. 16.3). Ausgangsmaterial ist Nickel mit Thorium als Legierungselement. Nach pulvermetallurgischer Aufbereitung wird dem verdichteten Metallpulver Sauerstoff zugeführt und das im Pulver verteilt enthaltene Thorium zu ThO$_2$ oxidiert.

Beispiel 16.1
Eine Ni-Probe enthält 2 Gewichts% ThO$_2$. Der Durchmesser der ThO$_2$-Partikel beträgt 100 nm. Wie groß ist die Anzahl der ThO$_2$-Partikel in 1 cm^3 des Verbundes?

Abb. 16.3. Elektronenmikroskopische Aufnahme von TD-Nickel. Die dispergierten ThO$_2$-Teilchen haben einen Durchmesser von 300 nm und darunter (2 000fach). (Aus: Oxide Dispersion Strengthening, S.714; *Gordon & Breach*, 1968. AIME.)

Lösung

Die Dichten von ThO_2 und Nickel betragen 9,69 g/cm^3 bzw. 8,9 g/cm^3. Der Volumenanteil von ThO_2 ist demnach

$$f_{ThO_2} = \frac{2/9,69}{2/9,69 + 98/8,9} = 0,0184.$$

In 1 cm^3 des Verbundes befinden sich somit 0,0184 cm^3 ThO_2. Das Volumen der ThO_2-Partikel und die gesuchte Anzahl betragen:

$$V_{ThO_2} = \frac{4}{3}\pi r^3 = \frac{4}{3}\pi(0,5 \cdot 10^{-5} \text{ cm})^3 = 0,52 \cdot 10^{-15} \text{ cm}^3,$$

$$\text{Anzahl der ThO}_2\text{-Partikel} = \frac{0,0184}{0,52 \cdot 10^{-15}} = 35,4 \cdot 10^{12} \text{ Teilchen/cm}^{-3}.$$

□

16.3 Teichenverbunde

Im engeren Sinne werden unter Teilchenverbunden Materialien mit groben und zahlreich vorhandenen, partikelförmigen Einschlüssen verstanden, die jedoch einen nur geringen Blockierungseffekt auf Gleitbewegungen ausüben. Das Ziel dieser Verbunde besteht weniger in der Verfestigung als in der Erzeugung ungewöhnlicher Eigenschaftskombinationen.

Mischungsregel. Für einige Materialeigenschaften gelten einfache *Mischungsregeln*, nach denen die Eigenschaften der Verbunde näherungsweise aus dem Mischungsverhältnis und den Eigenschaften der Ausgangskomponenten errechnet werden können. Die Dichte von Teilchenverbunden beträgt z. B.:

$$\rho_c = \Sigma f_i \rho_i = f_1 \rho_1 + f_2 \rho_2 + \cdots + f_n \rho_n, \tag{16.1}$$

wobei ρ_c die Dichte des Verbundes, $\rho_1, \rho_2, ..., \rho_n$ die Dichten seiner Komponenten und $f_1, f_2, ..., f_n$ die Volumenanteile seiner Komponenten bedeuten.

Sintercarbide (Sinterhartmetalle). *Sintercarbide* oder Cermets enthalten dispergierte harte Keramikteilchen in metallischer Matrix. Ein typischer Vertreter ist Wolframcarbid, das für Schneidwerkzeuge verwendet wird. Wolframcarbid (WC) ist ein hartes, steifes, hochschmelzendes, aber leider extrem sprödes keramisches Material.

Um die Zähigkeit zu verbessern, werden Wolframcarbid-Teilchen mit Cobalt-Pulver verpreßt und die Preßlinge bis oberhalb der Schmelztemperatur des Cobalts erhitzt. Das flüssige Cobalt umhüllt die Wolframcarbid-Teilchen, wie in Abbildung 16.4 zu erkennen. Nach dem Erstarren fungiert es als Bindemittel und sorgt für eine hohe Schlagfestigkeit des Verbundes. Auch andere Carbide wie TaC und TiC können zusätzlich in das Cermet eingebunden werden.

Beispiel 16.2

Berechnung der Dichte eines Sintercarbid-Werkzeugs, das aus 75 Gewichts% WC, 15 Gewichts% TiC, 5 Gewichts% TaC und 5 Gewichts% Co besteht.

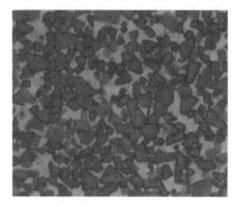

Abb. 16.4. Gefügestruktur von Wolframcarbid, eingebettet in Cobalt (1 300fach). (Aus *Metals Handbook*, Vol.7, 8. Aufl. *American Society for Metals*, 1972.)

Lösung

Zunächst müssen aus den Gewichtsprozenten und den Dichten der Komponenten ihre Volumenanteile ermittelt werden:

$$\rho_{WC} = 15{,}77 \text{ g/cm}^3 \qquad \rho_{TiC} = 4{,}94 \text{ g/cm}^3,$$

$$\rho_{TaC} = 14{,}5 \text{ g/cm}^3 \qquad \rho_{Co} = 8{,}90 \text{ g/cm}^3.$$

$$f_{WC} = \frac{75/15{,}77}{75/15{,}77 + 15/4{,}94 + 5/14{,}5 + 5/8{,}9} = \frac{4{,}76}{8{,}70} = 0{,}547,$$

$$f_{TiC} = \frac{15/4{,}95}{8{,}70} = 0{,}349,$$

$$f_{TaC} = \frac{5/14{,}5}{8{,}70} = 0{,}040.$$

$$f_{Co} = \frac{5/8{,}90}{8{,}70} = 0{,}064.$$

Nach der Mischungsregel ergibt sich für die Dichte des Verbundes:

$$
\begin{aligned}
\rho_c = \Sigma f_i \rho_i \; &= (0{,}547)(15{,}77) + (0{,}349)(4{,}94) + (0{,}040)(14{,}5) \\
&\quad + (0{,}064)(8{,}9) \\
&= 11{,}50 \text{ g/cm}^3.
\end{aligned}
$$
□

Schleifmittel. Schleifscheiben und Schneidblätter enthalten Aluminiumoxid (Al_2O_3), Siliciumcarbid (SiC) und kubisches Bornitrid (BN). Um die Zähigkeit zu verbessern, werden die Schleifpartikel in eine Glas- oder Polymermatrix gebunden. Für Diamantschleifmittel sind metallische Matrixstoffe gebräuchlich. Wenn die harten Partikel verschlissen sind, brechen sie aus der Matrix aus und geben gleichzeitig frische Schneidoberflächen frei.

Elektrische Kontakte. Kontaktmaterialien für Schalter und Relais müssen über hohe Verschleißfestigkeit und gute elektrische Leitfähigkeit verfügen. Andernfalls würden die Kontakte erodieren und große Übergangswiderstände und Funkenbildung verursachen. Wolfram-Silber-Verbunde bieten die gewünschte Eigenschaftskombination. Zunächst werden Preßkörper aus W-Pulver mit pulvermetallurgischen Verfahren erzeugt, wobei ein weitgehend poröser Preßling angestrebt wird (Abb. 16.5). Die verbliebenen Poren werden anschließend unter Vakuum mit flüssigem Silber gefüllt. Nach dieser Infiltration bilden Silber und Wolfram einen gleichmäßigen Verbund mit sowohl guter Leitfähigkeit (eingebracht durch Silber) als auch hoher Verschleißfestigkeit (eingebracht durch Wolfram).

Beispiel 16.3
Ein für elektrische Kontakte vorgesehener Silber-Wolfram-Verbund wird zunächst als poröser Wolframkörper pulvermetallurgisch vorbereitet und anschließend mit

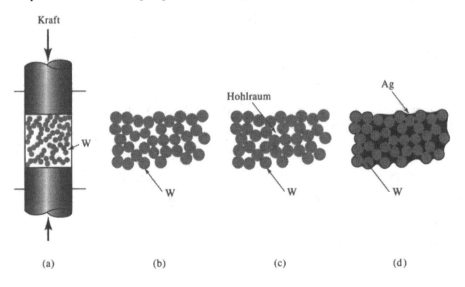

Abb. 16.5. Herstellungsschritte von Silber-Wolfram-Verbund für elektrische Kontakte: (a) Pressen des W-Pulvers, (b) locker gepackter Preßling, (c) Sintern, (d) Infiltration von Ag-Schmelze in die Poren des gesinterten W-Blocks.

reinem Silber gefüllt. Die Dichte des W-Preßlings vor der Ag-Infiltration beträgt 14,5 g/cm³. Wie groß sind der Volumenanteil der Poren und der Masseanteil des infiltrierten Silbers nach Abschluß des Prozesses?
Lösung
Die Dichten von reinem Wolfram und reinem Silber betragen 19,3 g/cm³ bzw. 10,49 g/cm³. Die Dichte der Poren (in g/cm³) ist vernachlässigbar. Somit ergibt sich nach der Mischungsregel:

$$\rho_c = f_W \rho_W + f_{Poren} \rho_{Poren},$$
$$14{,}5 = f_W(19{,}3) + f_{Poren}(0),$$
$$f_W = 0{,}75,$$
$$f_{Poren} = 1 - 0{,}75 = 0{,}25.$$

Nach Abschluß der Infiltration ist der Volumenanteil des Silbers gleich dem Volumenanteil der Poren:

$$f_{Ag} = f_{Poren} = 0{,}25,$$

$$\text{Gewichts\% Ag} = \frac{(0{,}25)(10{,}49)}{(0{,}25)(10{,}49) + (0{,}75)(19{,}3)} \cdot 100 = 15{,}3\%.$$

Bei dieser Rechnung wurde vorausgesetzt, daß alle Poren für das flüssige Silber von außen zugänglich sind.   □

Polymere. Viele Polymere enthalten Füllstoffe oder Streckmittel in Teilchenform. Ein bekanntes Beispiel ist Ruß in vulkanisiertem Gummi. Ruß besteht aus sehr feinen C-Sphäroiden mit nur 5 bis 500 nm Durchmesser. Er verbessert die Festigkeit, Steifigkeit, Härte, Verschleißfestigkeit und Wärmebeständigkeit des Gummis.

Streckmittel, wie Calciumcarbonat, Glaskugeln und verschiedene Tone, werden zur Volumenvergößerung von teuren Polymerstoffen genutzt. Sie können zusätzlich die Steifigkeit, Härte, Verschleißfestigkeit, thermische Leitfähigkeit und den Kriechwiderstand der Polymere vergrößern. Andererseits nehmen die Festigkeit und Duktilität durch den Zusatz normalerweise ab (Abb. 16.6). Hohle Glaskugeln bewirken neben den genannten Effekten auch eine merkliche Gewichtseinsparung.

Weitere Beispiele für die Erzielung spezieller Eigenschaften sind Elastomerpartikel zur Erhöhung der Zähigkeit von Polymeren und Schwermetallpartikel (z. B. Blei) in Polyethylen zur besseren Strahlungsabsorption in Nuklearanlagen.

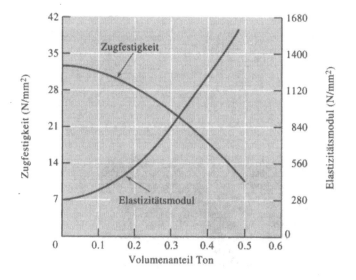

Abb. 16.6. Eigenschaften von Polyethylen in Abhängigkeit vom Tongehalt.

Beispiel 16.4
Materialauswahl für billige Spritzgußteile aus tonverstärktem Polyethylen. Die fertigen Teile sollen eine Zugfestigkeit von mindestens 21 N/mm^2 und einen E-Modul von wenigstens 560 N/mm^2 aufweisen. Polyethylen kostet etwa 1 US $/kg und Ton ungefähr 0,1 US $/kg. Die Dichten von Polyethylen und Ton betragen 0,95 g/cm^3 bzw. 2,4 g/cm^3.

Lösung
Nach Abbildung 16.6 ist für eine Zugfestigkeit größer 21 N/mm^2 nur ein Tongehalt von weniger als 0,35 Volumenanteil zulässig, während für den minimalen E-Modul von 560 N/mm^2 ein Anteil von mindestens 0,2 benötigt wird. Im Interesse geringer

Kosten wird zunächst der höchstmögliche Tongehalt gewählt, also ein Volumenanteil von 0,35.

1 000 cm^3 Verbundwerkstoff enthalten bei dieser Zusammensetzung 350 cm^3 bzw. 0,84 kg Ton und 650 cm^3 bzw. 0.62 kg Polyethylen. Die jeweiligen Materialkosten betragen 0,084 US $ für den benötigten Ton und 0,62 US $ für das benötigte Polyethylen. Die Dichte des Verbundwerkstoffs beträgt:

$$\rho_c = (0{,}35)(2{,}4) + (0{,}65)(0{,}95) = 1{,}4575 \text{ g/cm}^3.$$

In einer zweiten Variante wird unter Inkaufnahme höherer Kosten eine möglichst große Gewichtseinsparung angestrebt und deshalb in der Zusammensetzung die minimal zulässige Tonmenge gewählt, also ein Volumenanteil von 0,2. In diesem Fall ergeben sich nach gleicher Rechnung 0,48 kg Ton und 0,76 kg Polyethylen. Die Kosten betragen jetzt 0,048 US $ für Ton und 0,76 US $ für Polyethylen. Für die Dichte des Verbundwerkstoffs ergibt sich:

$$\rho_c = (0{,}2)(2{,}4) + (0{,}8)(0{,}95) = 1{,}24 \text{ g/cm}^3.$$

Mit einer Materialkostenerhöhung von etwa 10% wird eine Gewichtseinsparung von mehr als 10% erreicht.   □

Gußmetall-Teilchenverbunde. Gußkörper aus Aluminium mit dispergierten SiC-Partikeln für Kolben und Pleuel von Verbrennungsmotoren stellen eine wirtschaftlich sehr wichtige Anwendung von Teilchenverbunden dar (Abb. 16.7). Durch eine spezielle Benetzungstechnologie wird verhindert, daß die SiC-Partikel während des Erstarrens der Schmelze im noch flüssigen Volumen des Gußkörpers nach unten absinken und sich inhomogen verteilen.

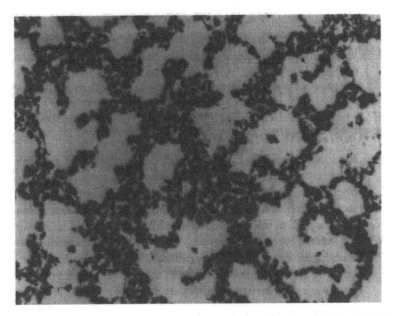

Abb. 16.7. Gefügestruktur einer Al-Gußlegierung, verstärkt durch SiC-Partikel. Die verstärkenden Partikel haben sich in interdendritischen Bereichen angereichert (125fach). (Mit freundlicher Genehmigung von *David Kennedy, Lester B. Knight*, Cast Metals Inc.)

Ein besonderes Herstellungsverfahren für teilchenverstärkte Gußkörper beruht auf dem thixotropischen Verhalten von teilweise festem und teilweise flüssigem Schmelzgut. Die zunächst vollständig flüssige Legierung wird auf einen Zustand abgekühlt, in dem sie bereits bis zu ca. 40% erstarrt ist. Während der Abkühlung wird das Fest-Flüssig-Gemisch kräftig umgerührt, um die sich bildenden Dendritenstrukturen aufzubrechen (Abb. 16.8). Dabei wird gleichzeitig die Partikel-Substanz dem Gemisch zugeführt. Die entstehende Aufschlämmung zeigt *thixotropische* Eigenschaften, d. h. sie verhält sich ohne Einwirkung äußerer Kräfte wie ein Festkörper und unter Druck wie eine Flüssigkeit. In diesem Zustand werden beide Komponenten gemeinsam in die Form gepreßt (*Verbundguß*). Anwendungsbeispiele dieser Methode sind die Einbettung von keramischen Partikeln und Glaspulver in Al- und Mg-Legierungen.

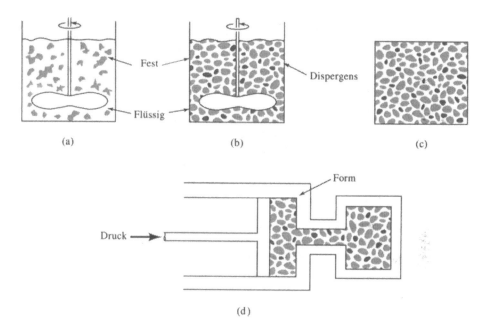

Abb. 16.8. Beim Verbundguß wird (a) die erstarrende Legierung umgerührt, um das sich bildende Dendritennetzwerk ständig wieder aufzubrechen, und (b) Verstärkungsmaterial darin dispergiert. (c) Fertige Dispersion als Fest-Flüssig-Gemisch. (d) Einpressen des Gemischs in die Form unter hohem Druck.

16.4 Faserverstärkte Verbunde

Faserverbunde bestehen aus zumeist sprödem Fasermaterial in einer im Vergleich dazu weichen und duktilen Matrix und zeichnen sich gegenüber der reinen Matrix durch größere Festigkeit, Ermüdungsresistenz sowie Steifigkeit und durch besseres Festigkeits-Dichte-Verhältnis aus. Einwirkende Kräfte werden von der Matrix auf die Fasern übertragen, die den größten Teil der Spannungsbelastung aufnehmen. Die hohe Festigkeit des Verbundes gilt sowohl für Raumtemperatur als auch für erhöhte Temperaturen (Abb. 16.2).

Faserverbunde sind keine Erfindung der Neuzeit. Strohverstärkte Lehmziegel z. B. werden schon seit Jahrhunderten erfolgreich als Baumaterial verwendet. Moderne Beispiele sind Stahlarmierungen von Beton, glasfaserverstärkte Kunststoffe und eine Vielzahl von Kombinationen hochwertiger Fasermaterialien wie Bor oder Kohlenstoff mit metallischen, polymeren und keramischen Matrixstoffen.

Mischungsregel für Faserverbunde. Analog zu Teilchenverbunden ergibt sich nach der Mischungsregel die Dichte des Faserverbundes aus den Dichten und Anteilen seiner Komponenten:

$$\rho_c = f_m \rho_m + f_f \rho_f, \tag{16.2}$$

wobei sich die Indizes m und f auf die Matrix bzw. Faser beziehen. Für die Anteile beider Komponenten gilt die Beziehung $f_m = 1 - f_f$.

Zusätzlich lassen sich für Verbunde mit kontinuierlichen und gleichgerichteten (unidirektionalen) Fasern auch die elektrische und thermische Leitfähigkeit nach der Mischungsregel bestimmen:

$$K_c = f_m K_m + f_f K_f, \tag{16.3}$$

$$\sigma_c = f_m \sigma_m + f_f \sigma_f, \tag{16.4}$$

wobei K die thermische und σ die elektrische Leitfähigkeit bedeuten. Sowohl der thermische als auch der elektrische Leitwert des Verbundes verhalten sich proportional zum Volumenanteil der jeweils leitfähigen Komponente. In einem Verbund aus metallischer Matrix und keramischem Fasermaterial findet der Energiefluß hauptsächlich durch die Matrix statt, in Verbunden aus metallfaserverstärkten Polymeren durch die Fasern.

Wenn dagegen die Fasern diskontinuierlich vorliegen oder nicht gleichgerichtet im Verbund verteilt sind, verliert die einfache Mischungsregel ihre Gültigkeit. So hängt z. B. die elektrische Leitfähigkeit eines Verbundes aus metallischen Fasern und polymerer Matrix von der Länge der Fasern, ihrem Volumenanteil und auch davon ab, wie häufig sich die Fasern im Verbundmaterial berühren.

Elastizitätsmodul. Für kontinuierliche und gleichgerichtet angeordnete Fasern kann die Mischungsregel auch zur Bestimmung des E-Moduls genutzt werden. In Faserrichtung gilt:

$$E_c = f_m E_m + f_f E_f. \tag{16.5}$$

Wenn sich jedoch die Matrix unter der Einwirkung großer Spannungen deformiert, ist der Verlauf der Spannungs-Dehnungs-Kurve nicht mehr linear (Abb. 16.9). Da in diesem Spannungsbereich die Matrix nur noch wenig zur Steifigkeit des Verbundes beiträgt, gilt näherungsweise:

$$E_c = f_f E_f. \tag{16.6}$$

Bei Belastungen senkrecht zur Faserrichtung reagieren die beiden Komponenten des Verbundes unabhängig voneinander. In diesem Fall ergibt sich für den E-Modul:

$$\frac{1}{E_c} = \frac{f_m}{E_m} + \frac{f_f}{E_f}. \tag{16.7}$$

Bei diskontinuierlichen und nicht gleichgerichtet angeordneten Fasern ist die Mischungsregel wiederum nicht anwendbar.

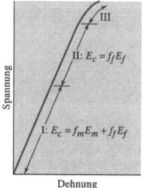

Abb. 16.9. Spannungs-Dehnungs-Kurve eines faserverstärkten Verbundes. Im unteren Spannungsbereich gehorcht der E-Modul der Mischungsregel. Im oberen Spannungsbereich wird die Mischungsregel infolge Matrixdeformation nicht mehr eingehalten.

Beispiel 16.5
Ableitung der Mischungsregel (Gleichung 16.5) für den E-Modul faserverstärkter Verbunde bei Spannungseinwirkung längs der Faserrichtung.
Lösung
Die auf den Verbund wirkende Kraft teilt sich auf beide Komponenten auf:

$$F_c = F_m + F_f.$$

Wegen $F = \sigma A$ ergibt sich:

$$\sigma_c A_c = \sigma_m A_m + \sigma_f A_f,$$

$$\sigma_c = \sigma_m \left(\frac{A_m}{A_c}\right) + \sigma_f \left(\frac{A_f}{A_c}\right).$$

Bei konstantem Faserdurchmesser entspricht der Volumenanteil f auch dem Flächenanteil der Fasern:

$$\sigma_c = \sigma_m f_m + \sigma_f f_f.$$

Nach dem Hookeschen Gesetz $\sigma = \varepsilon E$ ergibt sich:

$$E_c \varepsilon_c = E_m \varepsilon_m f_m + E_f \varepsilon_f f_f.$$

Bei fester Bindung der Fasern an die Matrix dehnen sich beide Komponenten im gleichen Ausmaß (Iso-Dehnungs-Bedingung):

$$\varepsilon_c = \varepsilon_m = \varepsilon_f,$$
$$E_c = f_m E_m + f_f E_f. \qquad\qquad \square$$

Beispiel 16.6

Ableitung der Mischungsregel (Gleichung 16.7) für den E-Modul faserverstärkter Verbunde bei Spannungseinwirkung senkrecht zur Faserrichtung.

Lösung

In diesem Fall dehnen sich beide Komponenten unterschiedlich aus. Die Dehnung des Verbundes ergibt sich nun aus der gewichteten Summe der Einzeldehnungen beider Komponenten bei gleicher Spannung (Iso-Spannungs-Bedingung):

$$\varepsilon_c = f_m\,\varepsilon_m + f_f\,\varepsilon_f,$$

$$\frac{\sigma_c}{E_c} = f_m\left(\frac{\sigma_m}{E_m}\right) + f_f\left(\frac{\sigma_f}{E_f}\right).$$

Wegen $\sigma_c = \sigma_m = \sigma_f$ gilt:

$$\frac{1}{E_c} = \frac{f_m}{E_m} + \frac{f_f}{E_f}. \qquad \qquad \square$$

Festigkeit von Verbunden. Die Festigkeit faserverstärkter Verbunde hängt von der Bindung zwischen Fasern und Matrix ab. Die Mischungsregel kann jedoch zur näherungsweisen Bestimmung der Zugfestigkeit genutzt werden, wenn die Fasern kontinuierlich vorliegen und parallel ausgerichtet sind:

$$\sigma_c = f_f\,\sigma_f + f_m\,\sigma_m, \qquad \qquad (16.8)$$

wobei σ_f die Zugfestigkeit der Fasern und σ_m die auf die Matrix einwirkende Spannung bedeuten, bei der die Fasern zerreißen. σ_m bedeutet also nicht die Zugfestigkeit der Matrix. Andere Materialparameter, wie Duktilität, Schlagfestigkeit, Ermüdungsverhalten und Kriecheigenschaften, lassen sich dagegen selbst für gleichsinnig ausgerichtete Fasern nur schwer vorhersagen.

Beispiel 16.7

Borsic-Fasern (mit 40% Volumenanteil) in Aluminium ergeben einen sehr wichtigen hochtemperaturresistenten und leichten Verbundstoff. Aus den Eigenschaften seiner Komponenten sind die Dichte, der *E*-Modul und die Zugfestigkeit des Verbundes parallel zur Faserachse und der *E*-Modul senkrecht zur Faserachse zu bestimmen.

Lösung

Die Eigenschaften beider Bestandteile des Verbundes sind in der nachfolgenden Tabelle angegeben.

Material	Dichte (g/cm^3)	E-Modul $(10^3\ N/mm^2)$	Zugfestigkeit (N/mm^2)
Fasern	2,36	380	2 800
Aluminium	2,70	70	35

Aus der Mischungsregel folgt:

$$\rho_c = (0{,}6)(2{,}7) + (0{,}4)(2{,}36) = 2{,}56\ g/cm^3,$$

$$E_c = (0{,}6)(0{,}70 \cdot 10^5) + (0{,}4)(3{,}80 \cdot 10^5) = 1{,}94 \cdot 10^5\ N/mm^2,$$

$$\text{Zugfestigkeit}_c = (0{,}6)(35) + (0{,}4)(2\ 800) = 1\ 141\ N/mm^2.$$

Senkrecht zur Faserrichtung ergibt sich:

$$\frac{1}{E_c} = \frac{0,6}{0,70 \cdot 10^5} + \frac{0,4}{3,80 \cdot 10^5} = 0,96 \cdot 10^{-5},$$

$$E_c = 1,04 \cdot 10^5 \text{ N/mm}^2.$$

Das Ergebnis stimmt mit dem gemessenen Wert des E-Moduls in Abbildung 16.10 gut überein. Dagegen liegt die abgeschätzte Festigkeit (1 141 N/mm^2) deutlich höher als die gemessene (ungefähr 910 N/mm^2). Außerdem stellen wir eine deutliche Anisotropie des E-Moduls fest; senkrecht zur Faserrichtung ist der E-Modul nur ungefähr halb so groß wie parallel zur Faserrichtung.   □

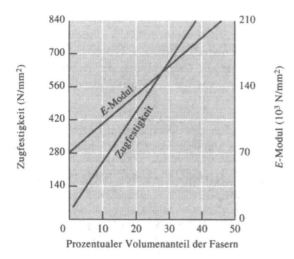

Abb. 16.10. Abhängigkeit der Eigenschaften von faserverstärktem Aluminium vom Volumenanteil der enthaltenen Borsic-Fasern in Faserrichtung (zu Beispiel 16.7).

Beispiel 16.8

Glasfaserverstärktes Nylon enthält 30 Volumen% E-Glas. Welcher Anteil der anliegenden Belastung wird von den Fasern getragen?

Lösung

Die E-Module beider Komponenten betragen:

$$E_{\text{Glas}} = 7,3 \cdot 10^4 \text{ N/mm}^2 \text{ und } E_{\text{Nylon}} = 0,28 \cdot 10^4 \text{ N/mm}^2.$$

Infolge ihrer engen Bindung dehnen sich Glasfasern und Nylon-Matrix in gleichem Maße aus. Somit gilt:

$$\varepsilon_c = \varepsilon_m = \varepsilon_f,$$

$$\varepsilon_m = \frac{\sigma_m}{E_m} = \varepsilon_f = \frac{\sigma_f}{E_f},$$

$$\frac{\sigma_f}{\sigma_m} = \frac{E_f}{E_m} = \frac{7,31}{0,281} = 26.$$

Der Anteil der von den Fasern übernommenen Kraft beträgt:

$$\text{Anteil} = \frac{F_f}{F_f + F_m} = \frac{\sigma_f\, A_f}{\sigma_f\, A_f + \sigma_m\, A_m} = \frac{\sigma_f(0{,}3)}{\sigma_f(0{,}3) + \sigma_m(0{,}7)}$$

$$= \frac{0{,}3}{0{,}3 + 0{,}7(\sigma_m/\sigma_f)} = \frac{0{,}3}{0{,}3 + 0{,}7\,(1/26)} = 0{,}92$$

Fast die gesamte auf den Verbund wirkende Beanspruchung wird von den Fasern getragen.   □

16.5 Charakteristische Kenngrößen von Faserverbunden

Die Eigenschaften von Faserverbunden werden durch viele Faktoren bestimmt. Zu ihnen gehören die Länge, der Durchmesser, die Orientierung, der Anteil und die Eigenschaften des Fasermaterials, die Eigenschaften der Matrix und die zwischen Matrix und Fasern bestehende Bindung.

Faserlänge und -durchmesser. Fasern können unterschiedlich lang sein und sogar kontinuierlich (als Endlosfasern) vorliegen. Ein wichtiges Qualitätsmerkmal ist das Verhältnis von Faserlänge l zu Faserdurchmesser d (Längen-Durchmesser-Verhältnis l/d). Der Faserdurchmesser variiert im allgemeinen zwischen 10 bis 150 μm.

Mit zunehmendem Längen-Durchmesser-Verhältnis steigt die Festigkeit des Faserverbundes an. Die Einflüsse von Durchmesser und Länge auf die Festigkeit kann man sich in folgender Weise veranschaulichen: Die Bruchgefahr für Fasern geht meist von Defekten an ihrer Oberfläche aus. Wenn man den Faserdurchmesser so klein wie möglich wählt, verringert sich die Oberfläche, so daß weniger Risse entstehen können. Der Längeneinfluß ist damit erklärbar, daß die Faserenden weniger zur Lastaufnahme beitragen als die sich dazwischen befindlichen Faserteile. Mit Verlängerung der Fasern verringert sich die Anzahl der Enden, so daß der belastbare Teil der Fasern zunimmt (Abb. 16.11).

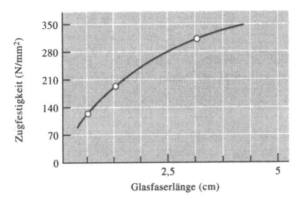

Abb. 16.11. Abhängigkeit der Zugfestigkeit einer durch E-Glasfasern verstärkten Epoxidmatrix in Abhängigkeit von der Faserlänge. Der Volumenanteil der Glasfasern beträgt in diesem Beispiel ca. 0,5.

Für viele faserverstärkte Systeme wird ein Kompromiß zwischen Herstellungs-
aufwand und erzielbaren Eigenschaften gesucht. So kommen meist diskontinuierliche (also kurze) Fasern zur Anwendung, allerdings oberhalb eines kritischen Wertes des Längen-Durchmesser-Verhältnisses. Für jeden Durchmesser läßt sich eine
zugehörige kritische Länge benennen:

$$l_c = \frac{\sigma_f d}{2\tau_i},$$ (16.9)

wobei σ_f die Zugfestigkeit der Faser und τ_i einen Parameter bedeuten, der die
Festigkeit der Bindung zwischen Fasern und Matrix charakterisiert, bzw. die Spannung, von der an sich die Matrix verformt. Solange die Faserlänge kleiner als die
kritische Länge l_c bleibt, ist der verstärkende Effekt nur gering. Wenn sie dagegen
den Wert von ungefähr 15 l_c übersteigt, verhalten sich die Fasern, als wären sie in
kontinuierlicher (also endloser) Form vorhanden. Die Festigkeit des Verbundes
läßt sich nach folgender Beziehung abschätzen:

$$\sigma_c = f_f \sigma_f \left(1 - \frac{l_c}{2l}\right) + f_m \sigma_m,$$ (16.10)

wobei die σ_m die auf die Matrix wirkende Spannung bedeuten, wenn die Fasern zerbrechen.

Faseranteil. Mit zunehmendem Volumenanteil der Fasern vergrößern sich die
Festigkeit und Steifigkeit des Verbundes, wie wir auch aus der Mischungsregel
schließen können. Der maximale Volumenanteil beträgt jedoch ungefähr 80%. Bei
Überschreiten dieses Wertes wären die Fasern nicht mehr vollständig von der
Matrix umgeben.

Faserorientierung. Fasern können in verschiedener Orientierung in die Matrix eingebaut werden. Kurze, zufällig ausgerichtete Fasern haben ein nur geringes Längen-Durchmesser-Verhältnis (typisch für Glasfaserstoffe), lassen sich leicht einbauen und ergeben Verbunde mit relativ isotropen Eigenschaften.

Lange und gleichgerichtet (unidirektional) eingebaute Fasern haben anisotrope
Eigenschaften zur Folge mit einer besonders hohen Festigkeit und Steifigkeit parallel zur Faserrichtung. Sie werden mitunter auch als 0°-Fäden bezeichnet, womit
zum Ausdruck kommen soll, daß die Fasern einheitlich in Spannungsrichtung
orientiert sind. Wenn jedoch die Belastung senkrecht zur Faserrichtung erfolgt, ist
ihre Festigkeit nur gering (Abb. 16.12).

Eine Eigenheit faserverstärkter Verbundwerkstoffe besteht darin, daß man ihre
Belastbarkeit den vorgesehenen Bedingungen anpassen kann. Das geschieht durch
zweckmäßige Wahl oder Kombination der Faserorientierungen innerhalb der
Matrix (Abb. 16.13). So ergeben bidirektionale Anordnungen (0°/90°) gute Festigkeitswerte in zwei (senkrechten) Richtungen. Und noch komplexere, multidirektio-
nale Anordnungen (0°/±45°/90°) wirken in mehreren Richtungen verstärkend.

Fasern können auch zu dreidimensionalen Anordnungen verflochten werden.
Selbst in einfachsten Textilien verlaufen die eingewebten Fasern etwas schräg zur
Stofflage. Noch bessere dreidimensionale Festigkeit ergibt sich, wenn die Gewebelagen quergestrickt (gewirkt) oder gesteppt sind. Abbildung 16.14 zeigt einen dreidimensionalen Faserverbund.

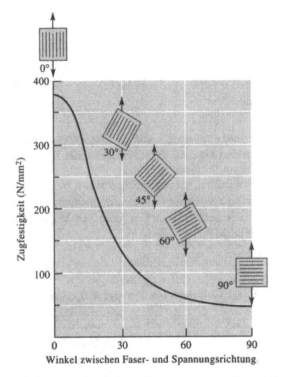

Abb. 16.12. Zugfestigkeit von E-faserverstärktem Epoxid-Verbund in Abhängigkeit von der Faserorientierung.

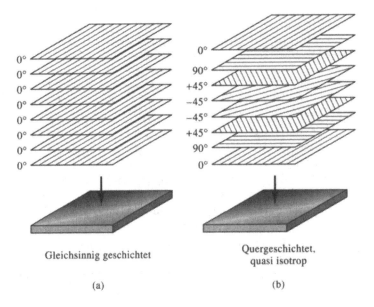

Abb. 16.13. (a) Bänder aus gerichteten Fasern in gleichgerichteter Packungslage. (b) Bänder aus gerichteten Fasern in verschieden gerichteter Packungslage ergeben quasi isotropes Verhalten des Verbundes. Es liegt ein sogenannter (0°/±45°/90°)-Verbund vor.

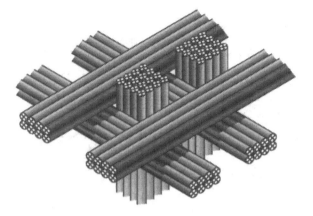

Abb. 16.14. Dreidimensionales Gewebe eines faserverstärkten Verbundes.

Fasereigenschaften. In den meisten Verbunden sind die Fasern fest, steif und leicht. Wenn der Verbundstoff bei hohen Temperaturen eingesetzt werden soll, müssen die Fasern auch einen entsprechend hohen Schmelzpunkt besitzen. Wichtige Eigenschaften sind die *spezifische Festigkeit* und der *spezifische Elastizitäts-Modul* der Fasern:

$$\text{Spezifische Festigkeit} = \frac{\sigma_y}{\rho}, \tag{16.11}$$

$$\text{Spezifischer } E\text{-Modul} = \frac{E}{\rho}, \tag{16.12}$$

wobei σ_y die Streckgrenze, ρ die Dichte und E den E-Modul bedeuten. Tabelle 16.2 und Abbildung 16.15 enthalten die Eigenschaften gebräuchlicher Faserstoffe. Hohe Werte des spezifischen Moduls findet man vor allem bei Stoffen mit geringer Ord-

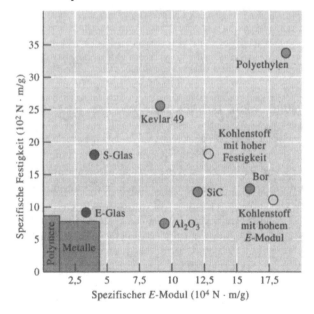

Abb. 16.15. Spezifische Festigkeit und spezifischer E-Modul von Faserstoffen im Vergleich zu Metallen und Polymeren.

Tabelle 16.2. Eigenschaften ausgewählter faserverstärkter Materialien

Material	Dichte (g/cm^3)	Zugfestig-keit (10^3 N/mm^2)	E-Modul (10^3 N/mm^2)	Schmelz-temperatur (°C)	Spezifischer E-Modul (10^3 N · m/g)	Spezifische Festigkeit (10^3 N · m/g)
Polymere						
Kevlar	1,44	4,5	125	500	87	3,1
Nylon	1,14	0,8	3	249	2,6	0,7
Polyethylen	0,97	3,3	170	147	175	3,4
Metalle						
Be	1,83	1,3	300	1 277	164	0,7
B	2,36	3,4	380	2 030	161	1,4
W	19,40	4,0	405	3 410	21	0,2
Gläser						
E-Glas	2,55	3,4	70	<1 725	27	1,3
S-Glas	2,50	4,5	85	<1 725	34	1,8
Kohlenstoff						
Hoher Festigkeit	1,75	5,7	275	3 700	157	3,3
Mit hohem E-Modul	1,90	1,9	530	3 700	279	1,0
Keramik						
Al$_2$O$_3$	3,95	2,0	380	2 015	96	0,5
B$_4$C	2,36	2,3	480	2 450	203	1,0
SiC	3,00	3,9	480	2 700	160	1,3
ZrO$_2$	4,84	2,0	340	2 677	70	0,4
Whisker						
Al$_2$O$_3$	3,96	20	430	1 982	108	5,0
Cr	7,20	8,9	240	1 890	33	1,2
Graphit	1,66	20	700	3 700	421	12,0
SiC	3,18	20	480	2 700	151	6,3
Si$_3$N$_4$	3,18	14	380		119	4,4

nungszahl und kovalenter Bindung wie z. B. Kohlenstoff und Bor. Diese beiden Elemente haben auch große Festigkeit und hohen Schmelzpunkt.

Aramidfasern (wie z. B. Kevlar) sind aromatische Polyamide, deren Hauptkette durch Benzolringe gefestigt ist (Abb. 16.16). Sie gehören zu den sogenannten Flüssigkristall-Polymeren, in denen die Kettenmoleküle auch noch in der Schmelze als starre Gebilde erhalten bleiben. Sowohl Aramid- als auch Polyethylen-Fasern besitzen ausgezeichnete Festigkeit und Steifigkeit, sind aber in der Anwendung auf niedrige Temperaturen beschränkt. Wegen der geringeren Dichte haben Polyethylen-Fasern bessere spezifische Festigkeit und besseren spezifischen E-Modul.

Keramische Fasern und Whisker (Haarkristalle), unter anderem aus Al$_2$O$_3$, Glas und SiC, sind hart und steif. Die überwiegend verwendeten Glasfasern bestehen aus reinem SiO$_2$, S-Glas [SiO$_2$-Al$_2$O$_3$(25%)-MgO(10%)] und E-Glas [SiO$_2$-CaO(18%)-Al$_2$O$_3$(15%)]. Keramische Fasern sind zwar beträchtlich dichter als Polymerfasern, können aber bis zu wesentlich höheren Temperaturen eingesetzt

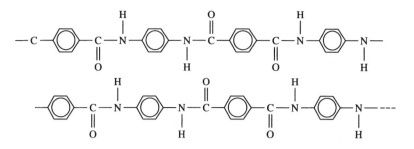

Abb. 16.16. Molekülstruktur von Kevlar. Die Fasern werden durch sekundäre Bindungen zwischen O- und H-Atomen benachbarter Ketten zusammengehalten.

werden. Auch die Metalle Beryllium und Wolfram sind wegen ihres hohen *E*-Moduls als Fasermaterial für bestimmte Anwendungen von Interesse.

Beispiel 16.9
Für die Außenhaut von Zivilflugzeugen wird konventionell unter anderem die Al-Legierung 7075-T6 verwendet mit einem *E*-Modul von ca. $7 \cdot 10^4$ N/mm². Die Masse eines Streifens der Verkleidung eines Flügels beträgt etwa 250 kg. Aus Erfahrungswerten ist bekannt, daß von einem kg Flugzeugmasse jährlich im Schnitt ca. 4 000 Liter Treibstoff verbraucht werden. Es besteht die Aufgabe, ein Material mit gleichem spezifischen *E*-Modul, aber geringerer Masse zu finden, das eine ökonomische Lebensdauer des Flugzeuges von 10 Jahren ermöglicht.

Lösung
Prinzipiell steht eine Vielzahl von Materialien zur Gewichtseinsparung zur Verfügung. Als Beispiel betrachten wir eine borfaserverstärkte Al-Li-Legierung in T6-Qualität. Sowohl durch die Borfasern als auch durch den Li-Legierungszusatz wird der *E*-Modul vergrößert; und beide Zusätze haben außerdem geringere Dichte als typische Al-Legierungen.

Für den spezifischen *E*-Modul der 7075-Legierung ergibt sich:

$$\frac{7 \cdot 10^4 \text{ N/mm}^2}{2,7 \text{ g/cm}^3} = 2,6 \cdot 10^4 \text{ N} \cdot \text{m/g}.$$

Die Dichte der Borfasern beträgt etwa 2,36 g/cm³ und die der Al-Li-Legierung etwa 2,5 g/cm³. Wenn 60 Volumen% des Verbundes aus Borfasern bestehen, ergeben sich für die Dichte, den *E*-Modul und den spezifischen Modul des Verbundes:

$$\rho_c = (0,6)(2,36) + (0,4)(2,5) = 2,42 \text{ g/cm}^3,$$

$$E_c = (0,6)(3,8 \cdot 10^5) + (0,4)(0,8 \cdot 10^5) = 2,6 \cdot 10^5 \text{ N/mm}^2,$$

Spezifischer Modul $= E_c / \rho_c = 10,7 \cdot 10^4 \text{ N} \cdot \text{m/g}.$

Wenn der *E*-Modul der für die Materialauswahl allein maßgebliche Parameter ist, können somit die Materialdicke um 75% reduziert und eine etwa gleich große Gewichts- und Treibstoffeinsparung erzielt werden.

Hierbei handelt es sich allerdings um eine optimistische Schätzung, da Herstellungs- und Festigkeitsprobleme in der Realität keine so weitgehende Dickenreduzierung zulassen.   □

Matrixeigenschaften. Die Matrix ist das Hüll-und Trägermaterial der Fasern. Sie hält die Fasern in der vorgesehenen Position, überträgt auf sie die einwirkenden Kräfte, schützt sie vor Beschädigungen während der Herstellung und Anwendung des Verbundes und verhindert, daß sich Faserrisse durch den gesamten Verbund ausbreiten können. Die Matrix bestimmt überwiegend die elektrischen Eigenschaften, das chemische Verhalten und die Hochtemperatureignung des Verbundmaterials.

Sehr verbreitet sind Kunststoffe als Matrix. Die meisten polymeren Substanzen – sowohl Thermo- als auch Duroplaste – sind als Verbundmaterial, verstärkt mit kurzen Glasfasern, verfügbar. Ihre Herstellung wurde schon im Kapitel 15 beschrieben. Sogenannte "Sheet-molding compounds" (SMCs) und „Bulk-molding compounds" (BMCs) sind typische Vertreter dieser Verbundwerkstoffart. Für Anwendungen bei höheren Temperaturen werden duromere aromatische Polyimide als Matrix genutzt.

Von den Metallen kommen insbesondere Aluminium, Magnesium, Kupfer, Nikkel und intermetallische Verbindungen als Matrixstoffe in Betracht. Die entsprechenden Verbunde enthalten verstärkende Fasern aus Keramik oder anderen Metallen. Metallmatrix-Verbundwerkstoffe eignen sich für eine Vielzahl von Anwendungen in der Luft- und Raumfahrttechnik und im Fahrzeugbau. Die Metallmatrix erlaubt einen Einsatz unter hohen Temperaturen, aber der Herstellungsprozeß ist häufig schwieriger als der von Verbundwerkstoffen mit Polymermatrix.

Erstaunlicherweise sind auch spröde Keramikstoffe als Matrix verwendbar. Verbunde mit keramischer Matrix zeichnen sich durch gute Hochtemperatureigenschaften aus und sind leichter als die im Hochtemperaturverhalten vergleichbaren Metallmatrix-Verbunde. In einem späteren Abschnitt erfahren wir, wie man Keramikmatrix-Verbunde mit brauchbarer Zähigkeit erzeugen kann.

Bindung und Fehler in Verbunden. Insbesondere in Verbunden mit polymerer und metallischer Matrix muß zwischen den verschiedenen Bestandteilen eine gute Bindung bestehen. Nur wenn die Fasern fest mit der Matrix verbunden sind, werden die äußeren Kräfte von der Matrix auf sie ausreichend übertragen. Zusätzlich können bei schlechter Bindung Fasern unter Last aus der Matrix herausgezogen werden, wodurch sich Festigkeit und Bruchstabilität des Verbundes vermindern. Abbildung 16.17 zeigt eine ungenügende Bindung zwischen Kohlefasern und Kupfermatrix. In einigen Fällen werden die Fasern speziell beschichtet, um die Bindung zu verbessern. Glasfasern erhalten beispielsweise einen „Haftgrund" aus Silanen als *Haftvermittler*, der die Bindung und Feuchtebeständigkeit von Glasfaserverbunden erhöht. Kohlefasern werden zum gleichen Zweck mit organischen Materialien beschichtet. Für Borfasern in Aluminiummatrix kommen Siliciumcarbid oder Bornitrid als Überzüge zur Anwendung. Aus diesem Grund werden diese Fasern auch als Borsic-Fasern bezeichnet, um die Anwesenheit von SiC zum Ausdruck zu bringen.

Ein anderer wichtiger Gesichtspunkt, der bei der Faserverbindung mit der Matrix beachtet werden muß, ist die möglichst weitgehende Übereinstimmung der thermischen Ausdehnungskoeffizienten beider Materialien. Bei zu großer Abweichung in diesem Parameter können die Fasern zerreißen oder die Bindungen zur Matrix aufbrechen, was in beiden Fällen zu vorzeitigem Materialausfall führt.

In vielen Verbundstoffen sind die Fasern zu Gewebeschichten verarbeitet. Auch zwischen diesen Schichten muß eine ausreichend feste Bindung bestehen, da andernfalls unter Last eine *Delaminierung* (Schichtabhebung) eintreten würde. Besser dagegen geschützt sind Verbundwerkstoffe mit dreidimensional verwebten Fasern.

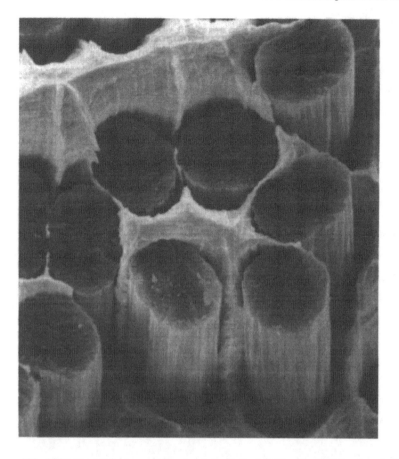

Abb. 16.17. Rasterelektronenmikroskopische Aufnahme der Bruchfläche einer kohlefaserverstärkten Ag-Cu-Legierung mit schwacher Bindung zwischen Fasern und Matrix (3 000fach). (Aus *Metals Handbook*, Vol.9, 9. Aufl. *American Society for Metals*, 1985.)

16.6 Herstellung von Faserverbunden

Die Herstellung faserverstärkter Verbunde umfaßt als Hauptschritte die Fasererzeugung, die Vereinigung der Fasern zu Bündeln oder textilen Geweben und der Einbau in die Matrix.

Fasererzeugung. Metallfasern, Glasfasern und viele Polymerfasern (einschließlich Nylon, Aramid und Polyacrilnitril) werden durch Ziehprozesse erzeugt, wie sie im Kapitel 7 (Drahtziehen von Metallen) und Kapitel 15 (Spinndüsenziehen für Polymerfäden) beschrieben wurden.

Bor, Kohlenstoff und keramische Materialien sind hierfür zu spröde und auch zu reaktiv. Borfasern werden mittels chemischer Dampfphasenabscheidung (CVD: „Chemical Vapor Deposition") hergestellt (Abbildung 16.18a). Als Substrat dient ein sehr feiner, geheizter Wolframfaden, der durch eine abgedichtete Schleuse in

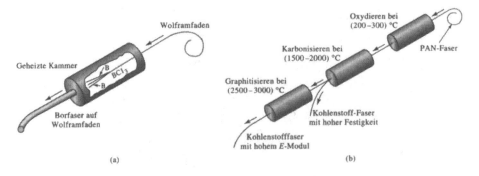

(a)   (b)

Abb. 16.18. Herstellungsverfahren für (a) Bor- und (b) Kohlefasern.

die Abscheidekammer eingeführt wird. Der Kammer werden dampfförmige Bor-
verbindungen (z. B. BCl_3) zugeführt, die sich in der Kammer reaktiv oder pyroly-
tisch zersetzen, so daß sich das freiwerdende Bor auf dem W-Draht abscheiden
kann (Abb. 16.19). In ähnlicher Weise werden auch SiC-Fasern hergestellt, wobei
Kohlefasern als Substrat für die SiC-Dampfphasenabscheidung dienen.

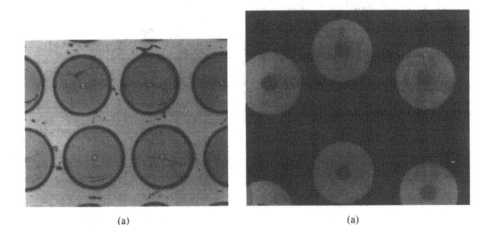

(a)   (a)

Abb. 16.19. Mikrophotographien von zwei faserverstärkten Verbunden: (a) Aluminium mit Borsic-
Fasern, die aus einer dicken B-Schicht auf dünnem W-Faden bestehen (1 000fach). (b) Mikrogefüge
eines Verbundes aus keramischen Fasern (SiC, abgeschieden auf einen Kohlenstoff-Precursor) und
keramischer Matrix (Si_3N_4), 125fach. (Mit freundlicher Genehmigung von *Dr. R. T. Bhatt*, NASA
Lewis Research Center.)

Kohlefasern werden durch *Karbonisieren* oder Pyrolysieren von organischen
Fasern erzeugt (Abb. 16.18b). Der organische Faden, auch als Precursor (Vorpro-
dukt der Faserherstellung) bezeichnet, besteht häufig aus Reyon (einem Zellulose-
polymer), Polyacrilnitril (PAN) oder Pech (verschiedenartigen aromatischen organischen Verbindungen). Unter hohen Temperaturen zerfallen die Polymere, wobei
nur der Kohlenstoff zurückbleibt. Mit steigender Karbonisierungstemperatur zwischen 1 000 °C und 3 000 °C nimmt die Zugfestigkeit ab, während der E-Modul
ansteigt (Abb. 16.20). Durch Ziehvorgänge während des Karbonisierens können
gewünschte Orientierungen der Kohlefäden eingestellt werden.

Whisker sind nadelförmige Einkristalle mit einem Längen-Durchmesser-Verhältnis von 20 bis 1 000. Da sie keine beweglichen Versetzungen enthalten, können in ihnen keine Gleitvorgänge stattfinden, so daß ihre Festigkeit sehr groß ist.

Wegen der aufwendigen Herstellungsverfahren sind die Faserkosten im allgemeinen sehr hoch. Tabelle 16.3 enthält die ungefähren Preise von gebräuchlichen Verstärkungsfasern.

Tabelle 16.3. Ungefähre Faserkosten (USA, ca. 1990)

Faser	Kosten (US $ / kg)
Bor	640
SiC	200
Al_2O_3	60
Aramid (Kevlar)	40
E-Glas	6

Faseranordnung. Sehr feine Fäden werden zu Roving, Garn oder Werg verbunden. In *Garnen* sind bis zu zehntausend Fäden miteinander verdrillt. *Werg* enthält einige hundert bis mehr als hunderttausend unverdrillte Fäden (Abb. 16.21). *Rovings* sind unverdrillte, getränkte Bündel von Fäden, Garnen oder Werg.

Häufig werden Fasern auf kurze Längen von 1 cm und darunter zerkleinert. Diese *Stapelfasern* lassen sich leicht in die Matrix einbinden. Sie sind typisch für SMCs und BMCs mit polymerer Matrix. Im allgemeinen sind sie mit beliebiger Orientierung im Verbund eingebettet.

Lange, kontinuierliche Fasern für Polymer-Matrix-Verbunde werden zu Matten oder Geweben verarbeitet. *Matten* enthalten unverwebte, zufällig orientierte

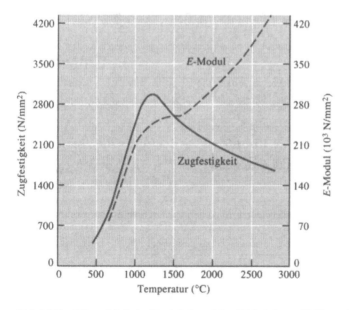

Abb. 16.20. Abhängigkeit der Festigkeit und des *E*-Moduls von Kohlenstoff-Fasern von der Herstellungstemperatur.

Abb. 16.21. Rasterelektronenmikroskopische Aufnahme von Kohlenstoff-Werg mit vielen einzelnen Fasern (200fach).

Fasern in losem Verbund. Fasern können aber auch zu zwei- oder dreidimensionalen Geweben verwoben, verflochten und verstrickt und anschließend mit Polymerharzen imprägniert werden. Die Harze sind bis zu diesem Zeitpunkt noch nicht vollständig polymerisiert. Deshalb werden die so präparierten Matten oder Gewebe auch als *Prepregs* oder vorimprägnierte Harzmatten bezeichnet.

Wenn die Fasern gleichmäßig ausgerichtet in die Polymermatrix eingebaut werden, entstehen *Bänder*. Einzelfasern werden von einem Spulenkörper abgespult und in vorgegebenen Abständen auf einen Dorn gewickelt und mit Polymerharz vorimprägniert. Diese nur faserdicken Bänder können bis 1,20 m breit sein. Abbildung 16.21 zeigt, daß die Bänder auch beidseitig mit Metallfolien bedeckt werden können, die anschließend durch Diffusionsbonden miteinander verbunden werden.

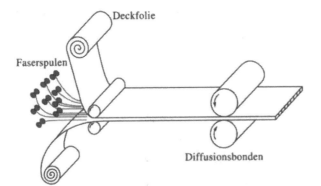

Abb. 16.22. Herstellung von Faserbändern durch Einbetten der Fasern zwischen zwei metallische Deckfolien und Diffusionsbonden.

Herstellungsverfahren für Verbunde. Abhängig von Material und Einsatzzweck kommt eine Vielzahl von Verfahren zur Anwendung. Bei kurzfaserverstärkten Verbunden werden die Fasern mit dem flüssigen oder plastischen Matrixmaterial vermischt und mittels konventioneller Formgebungsverfahren wie Injektionsformen (im Falle polymerer Matrix) oder Gießen (im Falle metallischer Matrix) zur

Gebrauchsform verarbeitet. Bei polymerer Matrix kann das Gemisch aus flüssigem Harz und kurzen Fasern auch auf eine Form aufgespritzt und dann ausgehärtet werden.

Für die Verarbeitung kontinuierlicher Fasern, sowohl in Band-, Matten- oder Gewebeform, sind spezielle Verfahren erforderlich (Abb. 16.23). Die Bänder, Matten oder Gewebe werden z. B. im Handauflegeverfahren auf Formkörper gelegt, mit Polymerharz getränkt und gerollt, um gute Kontaktgabe und Porenfreiheit zu erzielen, und schließlich ausgehärtet. Diese Technologie ist für die Herstellung glasfaserverstärkter Karosserieteile gebräuchlich, aber sehr unproduktiv und arbeitsaufwendig.

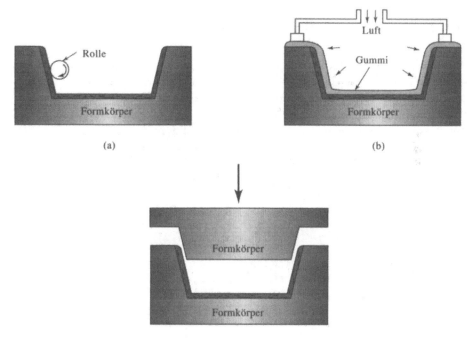

Abb. 16.23. Formung von Verbundwerkstoffen durch (a) Rollen per Hand, (b) Gummisack, (c) Formpressen.

Bänder und Gewebe können auch mittels Gummisack-Preßverfahren geformt werden. Hierbei wird hoher Gasdruck über eine Gummimembran auf das getränkte Fasermaterial übertragen, der für einen engen Bindungskontakt während des Aushärtens sorgt. Das Verfahren kommt im Flugzeugbau für große Außenhautteile zur Anwendung. Beim doppelseitigen Formen werden Kurzfasermatten zwischen zwei gegensinnige Stempel gelegt und zusammengepreßt.

Das *Wickelverfahren* wird zur Erzeugung stark beanspruchter Hohlkörper wie zum Beispiel Drucktanks genutzt (Abb. 16.24). Die Fasern werden auf einen Formkörper oder Dorn bis zu Dicken von mehreren Dezimetern aufgewickelt. Sie können bereits vorher von Polymerharz durchtränkt sein, oder sie werden während des Aufwickelns oder erst danach mit dem Harz imprägniert. Abschließend findet der Aushärtevorgang statt.

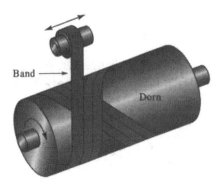

Abb. 16.24. Wickelverfahren zur Herstellung von Faserverbunden.

Einfach geformte Profile (runde, rechtwinklige, rohrförmige, plattenförmige, schichtförmige) werden mittels *Pultrusion* (einem Strangziehverfahren für faserverstärkte Kunststoffe) erzeugt. Abbildung 16.25 zeigt den Werdegang. Fasern oder Matten werden von einer Rolle abgespult und zur Imprägnierung durch ein Harzbad geführt. Anschließend durchlaufen sie eine Form, die sie zum gewünschten Profil bündelt, und abschließend einen Härtungsofen. Endprodukt ist ein kontinuierlicher Profil-Verbundstoff, der zu komplexer geformten Gegenständen (Angelruten, Golfschlägern, Skistöcken) weiterverarbeitet werden kann.

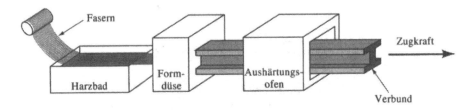

Abb. 16.25. Verbundherstellung durch Pultrusion.

Schwieriger herstellbar sind Langfaserverbunde mit metallischer Matrix. Abbildung 16.26 zeigt verschiedene technologische Möglichkeiten, die auf Gießverfahren beruhen: Harzumhüllung der Fasern durch Kapillarwirkung, durch Eindrücken, durch Vakuuminfiltration oder durch kontinuierliches Tränken. Auch Verformungsverfahren im festen Zustand kommen zur Anwendung. Abbildung 16.27 zeigt die Preßverformung eines Stapels vorgefertigter Bänder, bei der gleichzeitig zwischen den Bändern eine Bindung durch Diffusionsvorgänge erzeugt wird.

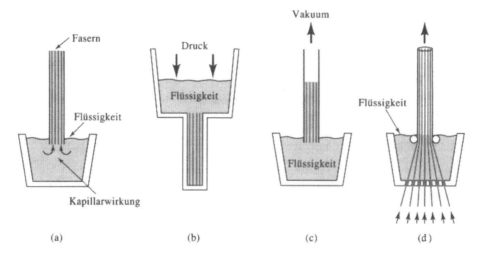

Abb. 16.26. Gießverfahren zur Herstellung von Verbunden: (a) Kapillarverfahren, (b) Druckguß, (c) Vakuuminfiltration, (d) Strangguß.

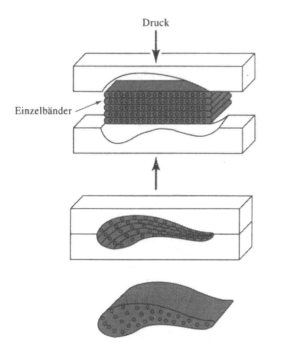

Abb. 16.27. Formgebungsverfahren zur Herstellung von Verbundteilen aus mehreren Bändern.

16.7 Faserverbundsysteme und ihre Anwendungen

Bevor wir die Behandlung der faserverstärkten Verbunde abschließen, betrachten wir im folgenden die Eigenschaften und Anwendungen einiger Hauptvertreter dieser Materialgruppe. Abbildung 16.28 vergleicht zunächst den spezifischen E-Modul und die spezifische Festigkeit gebräuchlicher Verbunde mit denen von Metallen und Polymeren. Die Werte liegen unter denen in Abbildung 16.15, da es sich hier um die kompletten Verbunde und nicht um das individuelle Fasermaterial handelt.

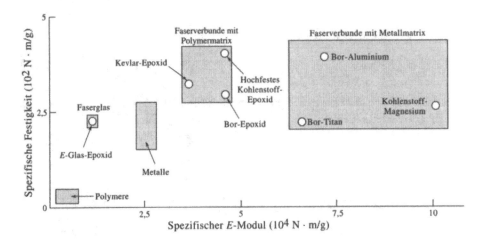

Abb. 16.28. Vergleich des spezifischen E-Moduls und der spezifischen Festigkeit verschiedener Verbundwerkstoffe mit den von Metallen und Polymeren.

Weiterentwickelte Verbundwerkstoffe. Der Begriff „weiterentwickelte Verbunde" wird häufig auf Komposite angewendet, die für sehr kritische Einsatzfälle, insbesondere in der Luft- und Raumfahrttechnik, konzipiert sind (Tab. 16.4). Sie bestehen überwiegend aus einer Polymermatrix, die durch hochfeste polymere, metallische oder keramische Fasern verstärkt ist. Kohlefasern kommen bevorzugt dort zum Einsatz, wo hohe Steifigkeit gefordert ist. Aramid- und Polyethylenfasern sind besser für Teile geeignet, bei denen Zähigkeit und Bruchresistenz im Vordergrund stehen. Nachteilig ist der schon bei relativ geringer Temperaturerhöhung eintretende Festigkeitsverlust der Polymerfasern (Abb. 16.29), ein Verhalten, das auch auf die polymere Matrix zutrifft.

Weiterentwickelte Verbundwerkstoffe werden auch für Sportgeräte genutzt. Hochwertige Tennis- oder Golfschläger, Skiausrüstungen, Bobs, Angelruten und vieles andere mehr bestehen aus Kohle- oder Aramidfaser-Verbunden, die höhere Steifigkeit als konventionelle Materialien ergeben. In Golfschlägern wird außerdem wegen des leichteren Materials der Schwerpunkt weitgehend aus dem Schaft in den Schlägerkopf verlagert. Polyethylen-Faserverbunde kommen als Segeltuch von Sportbooten zur Anwendung.

Ein spezielles Anwendungsgebiet von Aramid-Faserverbunden sind Panzerungen gegen Geschosse. Zähe Kevlar-Verbunde bieten besseren ballistischen Schutz als andere Materialien und eignen sich für leichte und flexible schußsichere Westen.

Tabelle 16.4. Anwendungsbeispiele faserverstärkter Verbundwerkstoffe

Material	Anwendungen
Borsic-Aluminium	Lüfterblätter von Motoren und andere Bauteile in der Luft- und Raumfahrttechnik
Kevlar-Epoxyd u. Kevlar-Polyester	Luft- und Raumfahrttechnik (z. B. Space Shuttle), Bootsrümpfe, Sportgeräte (Tennisschläger, Schäfte von Golfschlägern, Angelruten)
Graphit-Polymer	Luft- und Raumfahrttechnik, Fahrzeuge, Sportgeräte
Glas-Polymer	Kraftfahrzeugteile, Schiffsbauteile, korrosionsfeste Gegenstände, Sportgeräte, Bauteile der Luft- und Raumfahrttechnik

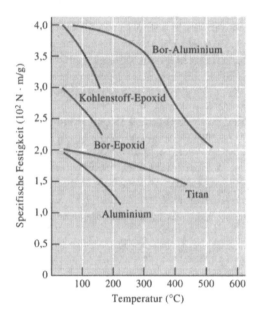

Abb. 16.29. Temperaturabhängigkeit der spezifischen Festigkeit verschiedener Verbundwerkstoffe und Metalle.

Hybridverbunde enthalten zwei oder mehr Faserarten. Zum Beispiel ergeben Kevlar-Fasern gemischt mit Kohlefasern höhere Zähigkeit und gemischt mit Glasfasern höhere Steifigkeit. Auf diese Weise können die Verbundeigenschaften „maßgeschneidert" den Einsatzbedingungen angepaßt werden.

Die Zähigkeit der Verbunde läßt sich auch durch Faserlänge und Matrixmaterial beeinflussen. Größere Faserlänge erhöht die Bruchzähigkeit von an sich spröden Faserstoffen; amorphe Polymere (z. B. PEEK und PPS) ergeben als Matrixmaterial bessere Zähigkeit als kristalline.

Verbunde mit metallischer Matrix. Metall-Matrix-Verbunde mit metallischen und keramischen Fasern zeichnen sich durch hohe Temperaturbeständigkeit aus. Aluminium, verstärkt mit Borsicfasern, kommt im großen Umfang in der Luft- und Raumfahrttechnik zur Anwendung. Als Beispiel seien die Federbeine des Space

Shuttle erwähnt. Kupferlegierungen, verstärkt mit SiC-Fasern, werden für Schiffsschrauben verwendet.

Aluminium ist ein sehr gebräuchliches Matrix-Material. In Verbindung mit Al_2O_3-Fasern wird es für Kolben von Dieselmotoren verwendet. Verstärkt mit SiC-Fasern oder -Whiskern eignet es sich für Versteifungselemente in der Luft- und Raumfahrttechnik und für Steuerflossen von Raketen. Der Antennenmast des Hubble-Teleskops besteht aus kohlefaserverstärktem Aluminium. Polymer-Fasern kommen wegen ihrer niedrigen Schmelz- und Zersetzungstemperaturen normalerweise kaum für Metall-Matrix-Verbunde in Betracht. Eine Ausnahme bilden die sogenannten *Polymets*, die mittels Strangpressen von Al-Pulver und hochschmelzenden Flüssigkristall-Polymeren hergestellt werden. Durch Querschnittsreduktion von 1 000 auf 1 während des Extrudierens wird das Polymer zu Fäden gestreckt und das Al-Pulver zu einer festen Matrix verpreßt.

Auch in Antrieben für Luft- und Raumfahrzeuge kommen Metall-Matrix-Verbunde zur Anwendung. Superlegierungen, verstärkt mit W-Fasern oder Keramikfasern (SiC oder B_4N), behalten ihre Festigkeitswerte bis zu höheren Temperaturen bei als ohne Faserverstärkung. Dies ermöglicht höhere Betriebstemperaturen und damit größere Wirtschaftlichkeit der Strahltriebwerke. Das gleiche trifft auf Turbinenschaufeln aus SiC-faserverstärkten Titanlegierungen zu.

Eine spezielle Anwendung von Metall-Matrix-Verbunden stellen supraleitende Drähte für Kernfusionsreaktoren dar. Die intermetallische Verbindung Nb_3Sn besitzt gute supraleitende Eigenschaften, ist aber sehr spröde. Als Draht ist sie deshalb nur in Verbundform nutzbar. Zu diesem Zweck wird reines Niob zunächst mit Kupfer umhüllt und ein aus zwei Metallen bestehender Drahtverbund erzeugt (Abb. 16.30). Anschließend wird der Verbund mit Zinn beschichtet, das durch den Kupfermantel bis zum Niobkern diffundiert und mit dem Niob zur intermetallischen Verbindung Nb_3Sn reagiert.

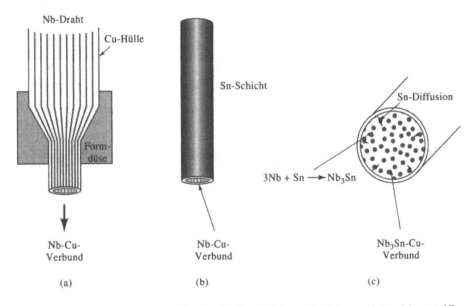

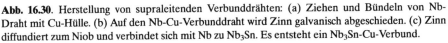

Abb. 16.30. Herstellung von supraleitenden Verbunddrähten: (a) Ziehen und Bündeln von Nb-Draht mit Cu-Hülle. (b) Auf den Nb-Cu-Verbunddraht wird Zinn galvanisch abgeschieden. (c) Zinn diffundiert zum Niob und verbindet sich mit Nb zu Nb_3Sn. Es entsteht ein Nb_3Sn-Cu-Verbund.

Verbunde mit keramischer Matrix. Auch Keramik-Keramik-Verbunde werden vielfach genutzt. Zwei Beispiele sollen die besonderen Eigenschaften und Einsatzmöglichkeiten dieser Materialien verdeutlichen.

Kohlenstoff-Kohlenstoff-Verbunde besitzen eine außergewöhnliche Temperaturfestigkeit und eignen sich vor allem für Anwendungen in der Luft- und Raumfahrttechnik. Ihr Einsatzbereich erstreckt sich bis zu Temperaturen von 3 000 °C, und ihre Festigkeit nimmt steigender Temperatur zu (Abb.16.31). Kohlenstoff-Kohlenstoff-Verbunde werden aus Geflechten von Polyacrilnitril- oder Kohlefasern erzeugt, die zunächst geformt und mit einem organischen Harz (Phenol) imprägniert werden. Durch Pyrolyse wandelt sich das Phenolharz in Kohlenstoff um. In diesem Anfangszustand ist der Verbund noch weich und porös. Erst nach mehrfacher Imprägnierung und pyrolytischer Behandlung nehmen Dichte, Festigkeit und Steifigkeit des Materials zu. Schließlich wird der Verbund mit SiC beschichtet, um ihn vor Oxidation zu schützen. Die Festigkeit kann im Endzustand bis zu 2 000 N/mm^2 betragen, und die Steifigkeit erreicht Werte von $3 \cdot 10^5$ N/mm^2. Zu den Anwendungen von Kohlenstoff-Kohlenstoff-Verbunden zählen Raketenspitzen und die Tragflächenvorderkanten von Hochleistungs-Flugkörpern wie dem Space Shuttle. Auch die Bremsscheiben von Rennwagen und Zivilflugzeugen bestehen aus diesem Material.

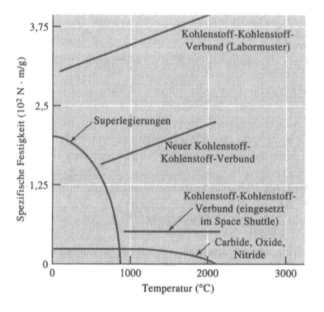

Abb. 16.31. Vergleich der spezifischen Festigkeit verschiedener Kohlenstoff-Kohlenstoff-Verbunde mit der von anderen Hochtemperaturmaterialien in Abhängigkeit von der Temperatur.

Verbunde aus keramischen Fasern und keramischer Matrix besitzen im Vergleich zu einfachen keramischen Materialien höhere Festigkeit und Bruchzähigkeit (Tab. 16.5). Die Erhöhung der Bruchzähigkeit läßt sich mit verschiedenen Effekten erklären. Erstens können Risse bei ihrer Ausbreitung in der Matrix auf Fasern stoßen. Wenn nur eine schwache Bindung zwischen Matrix und Faser besteht, verläuft der Riß bevorzugt entlang der Grenzfläche zwischen Faser und Matrix und lockert den Verbund weiter auf. Einzelne Fasern können ausgerissen werden (Abb. 16.31a). Beide Vorgänge verbrauchen Energie, wodurch sich die Bruchzähigkeit erhöht. Zweitens können Risse, die in der Matrix entstehen, durch ungebrochene Fasern überbrückt werden. Die dabei auf die Risse wirkende Druckspannung wirkt dem weiteren Auseinanderklaffen der Risse entgegen (Abb. 16.32b).

Tabelle 16.5. Einfluß der SiC-Faserverstärkung auf Eigenschaften ausgewählter Keramikstoffe.

Material	Biegefestigkeit (N/mm^2)	Bruchzähigkeit MPa$\sqrt{m}$
Al_2O_3	550	5,5
Al_2O_3/SiC	790	8,8
SiC	495	4,4
SiC/SiC	760	25,2
ZrO_2	205	5,5
ZrO_2/SiC	450	22,3
Si_3N_4	470	4,4
Si_3N_4/SiC	790	56,0
Glas	60	1,1
Glas/SiC	830	18,7
Glaskeramik	205	2,2
Glaskeramik/SiC	830	17,6

Im Unterschied zu Verbunden mit polymerer oder metallischer Matrix ist in diesem Fall paradoxerweise eine schlechte Bindung zwischen Faser und Matrix für das mechanische Verhalten von Vorteil! Aus diesem Grunde ist der Grenzfläche zwischen beiden Komponenten besondere Aufmerksamkeit zu schenken. In Glaskeramik-Verbunden (auf Basis von $Al_2O_3 \cdot SiO_2 \cdot Li_2O$), die durch SiC-Fasern verstärkt sind, wird z. B. eine Zwischenschicht aus Kohlenstoff und NbC erzeugt, die die Bindung von Faser und Matrix bewußt schwächen soll. Wenn jedoch der Verbund erhitzt wird, wirkt die an der Grenzfläche stattfindende Oxydation diesem Effekt wieder entgegen: Die wachsende Oxidschicht beansprucht Volumen und führt zu einer inneren Verspannung des Verbundes. Die nunmehr fest eingeklemmten Fasern können nicht mehr leicht herausgezogen werden. Die Bruchzähigkeit des Verbundes nimmt demzufolge wieder ab.

Beispiel 16.10
Auswahl eines Verbundwerkstoffs mit Epoxidmatrix und uniaxialen Fasern für Fahrwerk-Federbeine. Das Federbein soll eine Länge von 3 m besitzen und sich bei einer Belastung von 2 000 N um nicht mehr als 0,25 cm dehnen. Die einwirkende Spannung soll die Streckgrenze der Epoxidmatrix von 80 N/mm^2 nicht übersteigen. Falls die Fasern zerbrechen, dehnt sich das Federbein zwar weiter aus, es tritt jedoch noch kein Bruch ein. Epoxidharz kostet etwa 1,60 US $ pro kg und besitzt einen E-Modul von 3 500 N/mm^2.

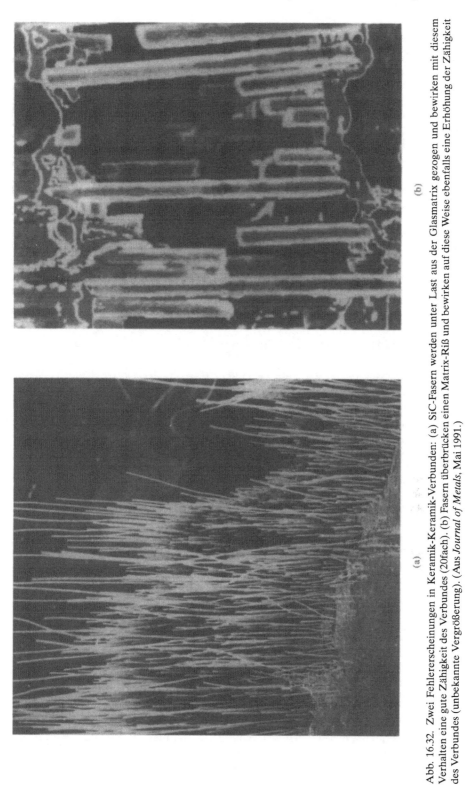

Abb. 16.32. Zwei Fehlererscheinungen in Keramik-Keramik-Verbunden: (a) SiC-Fasern werden unter Last aus der Glasmatrix gezogen und bewirken mit diesem Verhalten eine gute Zähigkeit des Verbundes (20fach). (b) Fasern überbrücken einen Matrix-Riß und bewirken auf diese Weise ebenfalls eine Erhöhung der Zähigkeit des Verbundes (unbekannte Vergrößerung). (Aus *Journal of Metals*, Mai 1991.)

Lösung

Wir betrachten zunächst die sich ergebende Lösung bei Verwendung von unverstärktem Epoxid:

$$\varepsilon_{max} = 0{,}25 / 300 = 0{,}83 \cdot 10^{-3},$$

$$\sigma_{max} = E\,\varepsilon = 3\,500 \cdot 0{,}83 \cdot 10^{-3} = 2{,}9 \; N/mm^2,$$

$$A_{Federbein} = F / \sigma = 2\,000 / 2{,}9 = 690 \; mm^2 \; \text{oder} \; d = 29{,}6 \; mm.$$

Da die Dichte von Epoxidharz 1,25 g/cm³ beträgt, ergeben sich für das zylindrische Federbein folgende Masse und Materialkosten:

$$\text{Masse} = (1{,}25)(6{,}9)(300) = 2\,588 \; g,$$

$$\text{Kosten} = (2{,}59)(1{,}6) = 4{,}14 \; US\,\$.$$

Ohne Faserverstärkung ist das Federbein groß und schwer. Auch die Materialkosten sind wegen des großen Epoxidbedarfs hoch.

Wir betrachten nun eine Lösung, die sich mit Verbundwerkstoff ergeben würde. Die zulässige relative Dehnung beträgt weiterhin $0{,}83 \cdot 10^{-3}$. Wir wählen den Verbund so, daß die Streckgrenze von Epoxid voll auszunutzen wird (d. h. 80 N/mm²), und bestimmen den minimalen E-Modul des Verbundes:

$$E_c > \frac{\sigma}{\varepsilon_{max}} = 80/0{,}00083 = 9{,}6 \cdot 10^4 N/mm^2.$$

Entsprechend diesem Wert ist ein geeignetes Fasermaterial auszuwählen. Glasfaserverstärkung erfüllt diese Bedingung nicht.

Kohlefasern haben einen E-Modul von $E = 5{,}3 \cdot 10^5$ N/mm²; ihre Dichte beträgt 1,9 g/cm³, und die Materialkosten belaufen sich auf ungefähr 60 US $ pro kg. Für den minimalen E-Modul des Verbundes von $9{,}6 \cdot 10^4$ N/mm² ist folgender minimaler Volumenanteil der Kohlefasern erforderlich:

$$E_c = f_c(5{,}3 \cdot 10^5) + (1 - f_c)\,(0{,}035 \cdot 10^5) > 0{,}96 \cdot 10^5 \; N/mm^2,$$

$$f_c > 0{,}176.$$

Der verbleibende Volumenanteil des Epoxids beträgt somit 0,824. Dieser Wert entspricht auch dem Flächenanteil des Epoxids am Querschnitt des Federbeins, dessen Streckgrenze von 80 N/mm² bei einer Last von 2 000 N gemäß Aufgabenstellung nicht überschritten werden darf. Dieser Flächenanteil muß somit betragen:

$$A_{epox} = 0{,}824 \, A_{total} = F / \sigma = 2\,000 / 80 = 25 \; mm^2,$$

$$A_{total} = 25 / 0{,}824 = 30{,}3 \; mm^2 \; \text{oder} \; d = 6{,}2 \; mm.$$

Die weitere Rechnung ergibt:

$$\rho = (1{,}9)(0{,}176) + (1{,}25)(0{,}824) = 1{,}36 \; g/cm^3,$$

$$\text{Masse} = \rho V = (1{,}36)(0{,}30)(300) = 122{,}4 \; g.$$

Die Federbeinmasse beträgt bei Verwendung von kohlefaserverstärktem Epoxidharz nur ungefähr 5% im Vergleich zu reinem Epoxidharz. Die Materialkosteneinsparung ist wegen des beträchtlich höheren Faserpreises allerdings geringer.   □

16.8 Schichtverbunde

Zu den Schichtverbunden zählen Laminate, Bimetalle oder Materialien, die mit Schichten bedeckt sind. Auch faserverstärkte Verbunde, die Faserbänder oder -geflechte enthalten, können wegen der flächenförmigen Faserverteilung unter gewissem Aspekt als Schichtverbunde aufgefaßt werden. Viele Schichtverbunde dienen dem Korrosionsschutz des Matrixmaterials unter Beibehaltung dessen sonstiger Eigenschaften. Weitere wichtige Ziele sind hohe Abriebfestigkeit, verbessertes Aussehen oder ungewöhnliches thermisches Ausdehnungsverhalten wie im Falle von Bimetallen.

Mischungsregel. Einige Eigenschaften der Verbunde parallel zur Schichtrichtung lassen sich näherungsweise aus der Mischungsregel abschätzen. Hierzu gehören die Dichte, die elektrische und thermische Leitfähigkeit und der E-Modul:

$$\begin{aligned}
\text{Dichte} = \rho_c &= \Sigma f_i\, \rho_i, \\
\text{Elektrische Leitfähigkeit} = \sigma_c &= \Sigma f_i\, \sigma_i, \\
\text{Thermische Leitfähigkeit} = K_c &= \Sigma f_i\, K_i, \\
E\text{-Modul} = E_c &= \Sigma f_i\, E_i.
\end{aligned} \tag{16.13}$$

Schichtverbunde sind in ihren Eigenschaften stark anisotrop. Senkrecht zur Schichtrichtung gelten folgende Beziehungen:

$$\begin{aligned}
\text{Elektrische Leitfähigkeit} &= \frac{1}{\sigma_c} = \Sigma\, \frac{f_i}{\sigma_i}, \\[2mm]
\text{Thermische Leitfähigkeit} &= \frac{1}{K_c} = \Sigma\, \frac{f_i}{K_i}, \\[2mm]
E\text{-Modul} &= \frac{1}{E_c} = \Sigma\, \frac{f_i}{E_i}.
\end{aligned} \tag{16.14}$$

Viele wichtige Eigenschaften, wie z. B. die Korrosions- und Verschleißfestigkeit, hängen jedoch im wesentlichen nur von einer Komponente des Verbundes ab, so daß sich die Mischungsregel erübrigt.

Herstellung von Schichtverbunden. Zur Herstellung von Schichtverbunden werden unterschiedliche Verfahren genutzt. Abbildung 16.33 zeigt einige wichtige Beispiele.

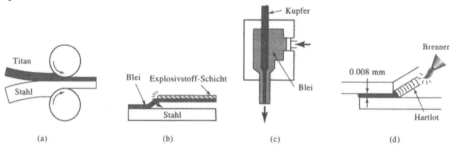

Abb. 16.33. Herstellungsverfahren für Schichtverbunde: (a) Rollbonden, (b) Explosionsbonden, (c) Koextrusion, (d) Hartlöten.

Beispiel 16.11

Kondensatoren zur Speicherung elektrischer Ladungen sind typische Vertreter von Schichtverbunden, bestehend aus alternierend gestapelten Leitungs- und Isolationsschichten (Abb. 16.34). Wir betrachten als Beispiel einen Kondensator, der aus 10 Glimmerschichten mit einer Dicke von 0,01 cm und 11 Aluminiumschichten mit einer Dicke von 0,0006 cm aufgebaut ist, und ermitteln die elektrische Leifähigkeit der Anordnung parallel und senkrecht zur Schichtrichtung. Die elektrische Leitfähigkeit von Aluminium beträgt $3{,}8 \cdot 10^5 \, \Omega^{-1}\mathrm{cm}^{-1}$ und die von Glimmer $10^{-13} \, \Omega^{-1}\mathrm{cm}^{-1}$.

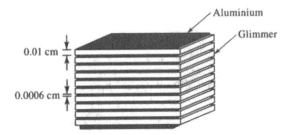

Abb. 16.34. Kondensator aus Aluminium- und Glimmerschichten als Beispiel für Schichtverbunde (zu Beispiel 16.11).

Lösung

Die Plattenfläche des Kondensators soll $1 \, \mathrm{cm}^2$ betragen. Für die Volumenanteile beider Komponenten ergibt sich:

$$V_{\mathrm{Al}} = (11 \text{ Schichten})(0{,}0006 \text{ cm})(1 \text{ cm}^2) = 0{,}0066 \text{ cm}^3,$$

$$V_{\mathrm{Glimmer}} = (10 \text{ Schichten})(0{,}01 \text{ cm})(1 \text{ cm}^2) = 0{,}1 \text{ cm}^3,$$

$$f_{\mathrm{Al}} = \frac{0{,}0066}{0{,}0066 + 0{,}1} = 0{,}062, \qquad f_{\mathrm{Glimmer}} = \frac{0{,}1}{0{,}0066 + 0{,}1} = 0{,}938.$$

Die Leitfähigkeit des Verbundes beträgt in Plattenrichtung

$$\sigma = (0{,}062)(3{,}8 \cdot 10^5) + (0{,}938)(10^{-13}) = 0{,}24 \cdot 10^5 \, \Omega^{-1} \cdot \mathrm{cm}^{-1}$$

und senkrecht dazu:

$$\frac{1}{\sigma} = \frac{0{,}062}{3{,}8 \cdot 10^5} + \frac{0{,}938}{10^{-13}} = 0{,}938 \cdot 10^{13},$$

$$\sigma = \frac{1}{0{,}938 \cdot 10^{13}} = 1{,}07 \cdot 10^{-13} \, \Omega^{-1} \cdot \mathrm{cm}^{-1}.$$

Der Kondensator besitzt parallel zur Plattenrichtung eine hohe Leitfähigkeit und wirkt senkrecht dazu als Isolator. ☐

Einzelschichten werden häufig durch *Kleben* verbunden und ergeben so einen mehrlagigen Schichtverbund. Ein bekanntes Beispiel ist Sperrholz. Dieses Verfahren wird auch bei Polymermatrix-Verbunden angewandt, die aus mehreren Gewebelagen oder vorimprägniertem Bandmaterial bestehen. Als Kleber wird eine noch unpolymerisierte Polymersubstanz verwendet, die unter Druck und erhöhter Temperatur polymerisiert und Dutzende von Lagen fest miteinander verbindet.

Die meisten metallischen Schichtverbunde wie Plattierungen oder Bimetalle werden durch *Deformationsbonden* (z. B. Warm- oder Kaltwalzen) verbunden. Der durch die Walzen ausgeübte Druck zerstört die Oxidbeläge der Metallschichten und bewirkt einen innigen Kontakt ihrer oberen Atomlagen, der zur Bindung führt. Auch Explosionsverfahren kommen zur Anwendung. Hierbei wird der Verbindungsdruck durch Zündung einer aufgebrachten Sprengstoffschicht erzeugt. Dieses Verfahren eignet sich besonders für die Verbindung sehr großer Platten, die wegen ihrer Abmessungen nicht mehr in Walzvorrichtungen bearbeitet werden können.

Koaxialkabel stellen ebenfalls einfache Schichtverbunde dar. Zu ihrer Herstellung werden zwei Materialien gleichzeitig durch eine Form gezogen, wobei die weichere Substanz als Ummantelung für die härtere Kernsubstanz dient. Auf diese Weise entstehen metallische Leitungsdrähte mit isolierenden Überzügen aus Thermoplasten.

Hartlöten wird zur Verbindung metallischer Platten verwendet. Die Platten werden bei sehr kleinem Abstand ihrer Verbindungsflächen (ca. 0,1 mm) bis über die Schmelztemperatur des Lotes erhitzt. Kapillarkräfte ziehen das flüssige Lot in den Zwischenraum, wo es nach Abkühlen erstarrt und beide Platten fest miteinander verbindet.

16.9 Beispiele und Anwendungen von Schichtverbunden

Eine systematische Gliederung von Schichtverbunden ist wegen ihrer Vielfalt und Verschiedenartigkeit kaum möglich. Aus diesem Grunde beschränken wir uns auf einzelne Beispiele.

Laminate. Laminate sind Schichtverbunde, die mittels organischer Kleber verbunden sind. Ein bekanntes Beispiel ist Sicherheitsglas. Es besteht aus zwei Glasscheiben, die von einem plastischen Kleber (z. B. Polyvinylbutyral) zusammengehalten werden. Der Kleber verhindert, daß sich beim Zerbrechen Glassplitter lösen und die Umgebung gefährden können. Laminate kommen zur Isolation von Motoren und Getrieben, in Leiterplatten und auch für dekorative Zwecke (z. B. Furniere) zur Anwendung.

Mikrolaminate bestehen aus einem Paket im Wechsel gestapelter Aluminium- und faserverstärkter Polymerschichten. Beispiele sind *Arall* (Aramid-Aluminium-Laminat) und *Glare* (Glas-Aluminium-Laminate). Sie dienen als Außenhautmaterial von Flugzeugen. Arall besteht aus zu Bändern verwebten Aramid-Fasern, die mit Kleber imprägniert sind und zwischen Schichten aus Al-Legierungen gestapelt werden (Abb. 16.35). Mikrolaminate weisen eine ungewöhnliche Kombination aus Festigkeit, Steifigkeit, Korrosionsbeständigkeit und geringer Masse auf. Auch ihre Bruchfestigkeit ist erhöht, da die Ausbreitung von Rissen durch die Grenzflächen des Schichtaufbaus behindert wird. Im Vergleich zu Verbunden mit polymerer Matrix sind Mikrolaminate weniger blitzgefährdet (wichtig für Luftfahrtanwendungen) und besser verarbeitbar (einschließlich Reparaturen).

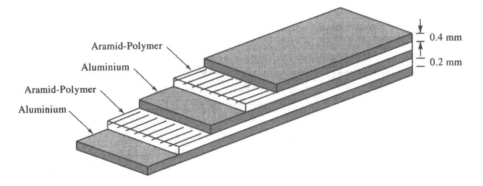

Abb. 16.35. Schematische Darstellung von Aramid-Aluminium-Laminat, entwickelt für Anwendungen in der Luft- und Raumfahrttechnik.

Metallplattierung. Plattierungen sind Metall-Metall-Verbunde. Eine bekannte und zugleich begehrte Anwendungsform sind Münzen. „Silbermünzen" der USA bestehen z. B. aus Cu-Ni(20%)-Legierung, beidseitig plattiert mit Cu-Ni(80%)-Legierung in einem Dickenverhältnis von 1/6 : 2/3 : 1/6. Der hohe Ni-Gehalt der Außenschichten verleiht den Münzen das Aussehen von Silber, während das überwiegend aus Kupfer bestehende Volumen für geringe Materialkosten sorgt.

Plattierte Materialien vereinigen guten Korrosionsschutz mit großer Festigkeit. *Alclad* ist ein Verbund aus hochfester Al-Legierung und aufplattiertem reinem Aluminium, das die darunter befindliche Legierung gegen Korrosion schützt. Die Dicke der Schicht aus reinem Aluminium beträgt etwa 1% bis 1,5% der Gesamtdicke des Verbundes. Alclad kommt in Flugzeugen, Wärmeaustauschern, Tragelementen oder Lagertanks zur Anwendung, wo Korrosionswiderstand, Festigkeit und geringes Gewicht von Bedeutung sind.

Bimetalle. Bimetalle sind zweilagige Metallverbunde mit unterschiedlichem thermischem Ausdehnungskoeffizienten ihrer Komponenten und dienen als Temperaturanzeiger oder temperaturabhängige Steuerglieder. Bei Erwärmung dehnt sich der Metallstreifen mit dem höheren Ausdehnungskoeffizienten stärker aus als der andere (Abb. 16.36). Wenn beide Streifen fest miteinander verbunden sind, führt die unterschiedliche Ausdehnung zu einer Verbiegung des Verbundes. Die dabei

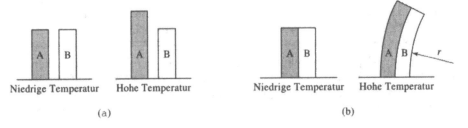

Abb. 16.36. Wirkungsweise von Bimetallstreifen: (a) Auf Grund abweichender thermischer Ausdehnungskoeffizienten dehnen sich beide Streifen bei Temperaturerhöhung unterschiedlich aus. (b) Wenn beide Streifen fest miteinander verbunden sind, bewirkt die unterschiedliche Ausdehnung eine Krümmung des Verbundes.

entstehende Auslenkung aus der Nullage ist temperaturabhängig und kann somit zur Temperaturmessung genutzt werden. In gleicher Weise ist das freie Ende des Bimetallstreifens als temperatursensibles Stellglied verwendbar.

Die für *Bimetalle* geeigneten Materialpaare müssen (a) einen möglichst großen Unterschied der thermischen Ausdehnungskoeffizienten beider Partner, (b) ein reversibles Dehnungsverhalten und (c) einen hohen *E*-Modul aufweisen. Der Streifen mit kleiner Ausdehnung besteht häufig aus Invar, einer Fe-Ni-Legierung, während für den Streifen mit großer Ausdehnung Messing, Monel oder reines Nickel verwendet wird.

Bimetalle dienen zur Unterbrechung von Stromkreisen und zur Regelung von Thermostaten.

16.10 Sandwich-Strukturen

Sandwich-Strukturen bestehen aus einer Stapelanordnung von zwei dünnen Außenschichten aus einem geeigneten Oberflächenmaterial und einem dazwischen befindlichen leichten Füllstoff wie Polymerschaum. Auch wenn weder das Oberflächenmaterial noch der Füllstoff für sich allein fest und starr sind, verbessern sich diese Eigenschaften deutlich im gemeinsamen Verbund. Ein sehr bekanntes Beispiel ist Karton aus Wellpappe, beidseitig mit glatten Papierschichten bedeckt.

Ein weiteres wichtiges Beispiel sind die in Flugkörpern genutzten Wabenstrukturen. Die *Waben* entstehen durch partielles Zusammmkleben dünner Aluminiumstreifen und anschließende Dehnung, wobei sich eine zellulare Struktur sehr geringer Dichte ergibt, die für sich allein instabil ist (Abb. 16.37). Wenn jedoch auf den Stirnflächen Al-Deckschichten aufgebracht werden, ergibt sich eine sehr steife und feste Sandwich-Struktur, die eine mittlere Dichte von nur ca. 0,04 g/cm^3 aufweist.

Die Waben können hexagonale, quadratische, rechteckige oder sinusförmige Querschnittsformen besitzen. Als Baumaterialien werden Aluminium, Glasfasern, Papier, Polymere (Aramide) und andere Stoffe verwendet. Wenn die Hohlräume der Waben mit Schaum oder Glasfasern ausgefüllt sind, wirken die Verbunde auch

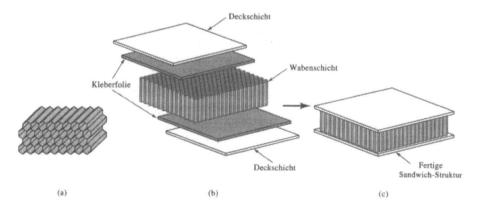

Abb. 16.37. (a) Kernschicht einer Sandwich-Struktur mit hexagonal geformten Waben. (b) Aufbringen der Deckschichten mittels zwischengelegter Kleberfolien. (c) Fertige Sandwich-Struktur.

schallschluckend und schwingungsdämpfend. Abbildung 16.38 zeigt schematisch ein Herstellungsverfahren für Wabenstrukturen.

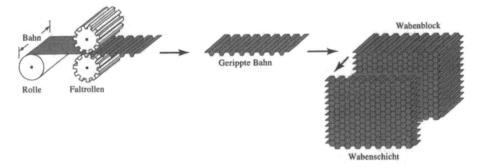

Abb. 16.38. Falttechnik (Wellpappenverfahren) zur Herstellung von Wabenstrukturen. Die Materialbahn (z. B. aus Aluminium) wird zwischen zwei Rollen gerippt. Anschließend werden die gefalteten Schichten zu Blöcken verklebt und in die gewünschten Schichten aufgetrennt.

16.11 Zusammenfassung

Verbundwerkstoffe (Komposite) bestehen aus zwei oder mehr miteinander verbundenen Materialien, die im Verbund Eigenschaftskombinationen aufweisen, die keine der beteiligten Komponenten für sich allein besitzt. Es sind nahezu alle Kombinationen von Metallen, Polymeren und keramischen Stoffen denkbar. In vielen Fällen können Mischungsregeln benutzt werden, um die Verbundeigenschaften aus den Einzeleigenschaften der Komponenten abzuschätzen.

- Dispersionsgehärtete Materialien, die im strengen Sinne noch nicht zu den Verbundstoffen zählen, enthalten außerordentlich kleine und fein verteilte Oxidpartikel innerhalb ihrer metallischen Matrix. Die kleinen, stabilen Dispersoide behindern Gleitvorgänge und ergeben auf diese Weise gute mechanische Eigenschaften bis in den Bereich hoher Temperaturen.
- Partikelverbunde im eigentlichen Sinne enthalten gröbere Partikel, die spezifische Eigenschaften in den Verbund einbringen. In Metall-Matrix-Verbunden bewirken keramische und metallische Partikel Verbesserungen der mechanischen Festigkeit, Verschleißfestigkeit, elektrischen Leitfähigkeit, Zähigkeit und Korrosionsfestigkeit. Polymer-Matrix-Verbunde enthalten vor allem Partikel, die ihre Steifigkeit, Wärmebeständigkeit oder elektrische Leitfähigkeit erhöhen, während die typischen Polymereigenschaften wie leichtes Materialgewicht, einfache Herstellbarkeit oder geringe Materialkosten (der Erzeugnisse) davon weitgehend unbeeinträchtigt bleiben.
- Faserverbunde ergeben bei metallischer und polymerer Matrix erhöhte Festigkeit, Steifigkeit und bessere Hochtemperatureigenschaften und bei keramischer Matrix eine erhöhte Zähigkeit:
  - Fasern haben im allgemeinen geringere Dichte als das Matrixmaterial und bewirken schon dadurch eine höhere spezifische Festigkeit und einen höheren spezifischen E-Modul. Sie sind jedoch häufig sehr spröde.

- Zu unterscheiden ist zwischen kontinuierlichen (endlosen) und diskontinuierlichen (kurzen) Fasern. Der Verstärkungseffekt diskontinuierlicher Fasern wächst mit ihrem Längen-Durchmesser-Verhältnis.
- Der Fasereinbau ist in verschiedenen Orientierungen möglich. Zufällige Orientierung diskontinuierlicher Fasern ergibt nahezu isotrope Verbundeigenschaften. Gleichsinnige Faserorientierung bewirkt anisotrope Verbundeigenschaften, insbesondere hohe Festigkeit und Steifigkeit parallel zur Faserrichtung. Durch Kombination verschiedener Einbaurichtungen können die Eigenschaften der Verbunde "maßgeschneidert" den realen Belastungsbedingungen angeglichen werden.
- Schichtverbunde sind aus Schichten (Platten) unterschiedlicher Materialien aufgebaut. Dabei kann es sich um verschiedenartige Metalle handeln, die einerseits Festigkeit und andererseits Härte oder Korrosionsfestigkeit in den Verbund einbringen. Zu den in Frage kommenden Schichtmaterialien zählen auch faserverstärkte Verbunde, die mit Metall- oder Polymerschichten oder auch mit Faserverbunden unterschiedlicher Faserorientierung kombiniert sind. Schichtverbunde sind in jedem Fall anisotrop.

  Sandwich-Materialien, zu denen Wabenstrukturen gehören, sind besonders leichte Schichtverbunde mit festen Außenflächen um einen fast hohlen Innenkörper.

16.12 Glossar

Aramidfasern. Aus Polyamiden bestehende Polymerfasern (z. B. Kevlar) mit Benzolringen innerhalb der Hauptkette.

Bänder. Vorpräparierte Bänder (Streifen) in Faserstärke aus gleichgerichteten, miteinander verflochtenen Fasern.

Bimetall. Schichtverbund aus zwei Metallstreifen mit unterschiedlichen thermischen Ausdehnungskoeffizienten, der sich bei Temperaturänderung verbiegt.

Chemische Dampfphasenabscheidung (CVD: Chemical Vapor Deposition). Schichterzeugung mittels Abscheidung aus der Dampfphase (unter Beteiligung chemischer Reaktionen).

Delamination. Schichtabhebung.

Dispersoide. Sehr feine Oxidpartikel innerhalb einer Metallmatrix, die Versetzungsbewegungen behindern und die Festigkeit der Matrix erhöhen. Der Härtungseffekt bleibt auch bei hohen Temperaturen erhalten.

Garne. Verdrillte kontinuierliche Fasern.

Haftverstärkung. Überziehen von Glasfasern mit organischem Material zur Verbesserung von Bindung und Feuchteresistenz.

Hartlöten. Verbindungsverfahren für Metallschichtverbunde.

Karbonisieren. Verfahren zur Herstellung von Kohlefasern aus Polymerfasern durch Austreiben der im Polymer enthaltenen Nichtkohlenstoffelemente.

Längen-Durchmesser-Verhältnis. Wichtiges Eigenschaftkriterium von Fasern.

Mischungsregel. Berechnungsmethode zur Bestimmung von Verbundeigenschaften aus den Einzeleigenschaften der Komponenten unter der Voraussetzung, daß letztere entsprechend dem Volumenanteil der Komponenten in die Verbundeigenschaften eingehen.

Plattieren. Erzeugung metallischer Schichtverbunde mit korrosions- oder verschleißresistenter Deckschicht auf weniger festem und billigerem Trägermetall.

Precursor. Polymerfaser als Vorstufe der Kohlefaser. Siehe Karbonisieren.

Prepreg. Vorpräparierte, noch unpolymerisierte Harzmatte. Nach Anordnung in die gewünschte Form werden die harzgetränkten Matten durch Polymerisation miteinander verbunden.

Pultrusion. Strangziehen.

Rovings. Bündel aus weniger als 10 000 Fasern.

Sandwich. Verbundstoff, der aus einem Kernmaterial geringer Dichte und zwei festen, dichten Deckschichten besteht. Die Sandwich-Anordnung kombiniert geringes Materialgewicht mit hoher Steifigkeit des Verbundes.

Schichtabhebung. Abtrennung von Gewebeschichten faserverstärkter Verbundwerkstoffe.

Sintercarbid (Sinterhartmetall). Partikelverbund, bestehend aus relativ weicher metallischer Matrix und eingebauten harten Keramikpartikeln. Er vereinigt in sich Härte und Stoßfestigkeit als notwendiges Eigenschaftsprofil von Schneidwerkzeugen.

Spezifische Festigkeit. Verhältnis von Festigkeit und Dichte.

Spezifischer Elastizitätsmodul. Verhältnis von E-Modul und Dichte.

Stapelfasern. Zerkleinerte Fasern.

Strangziehen. Herstellungsverfahren für Verbundwerkstoffe, die aus Mattengeflechten oder kontinuierlichen Fasern bestehen.

Thixotropisch. Eigenschaft von teilweise flüssigen und teilweise festen Materialien, gekennzeichnet durch Festkörperverhalten bei Abwesenheit von Kräften und Flüssigkeitsverhalten bei Anwesenheit von Kräften (z. B. beim Fließen).

Verbundguß. Druckgußverfahren zur Erzeugung von Verbundwerkstoffen aus thixotropischem Gemisch einer Legierung und eines Füllstoffs.

Waben. Leichte, aber stabile Anordnung miteinander verbundener Aluminiumstreifen, die nach Streckung eine Wabenstruktur ergeben.

Werg. Bündel aus mehr als 10 000 Fasern.

Whisker. Sehr feine, versetzungsfreie, einkristalline Glasfasern (Haarkristalle) mit nahezu theoretischen Festigkeitswerten der jeweiligen Glassorte.

Wickelverfahren. Herstellungsverfahren faserverstärkter Verbunde, bei dem kontinuierliche Fasern um einen Dorn gewickelt werden. Die Fasern sind entweder vorimprägniert oder werden im gewickelten Zustand imprägniert.

16.13 Übungsaufgaben

16.1 Nickel mit 2 Gewichts% Thorium wird zu Pulver verarbeitet, in eine Form gepreßt und in Gegenwart von Sauerstoff gesintert. Dabei wandelt sich das Thorium in ThO_2 um, das kugelförmige Partikel mit einem mittleren Durchmesser von 80 nm bildet. Berechne die Anzahl der ThO_2-Kugeln pro cm^3. Die Dichte von ThO_2 beträgt 9,86 g/cm^3.

16.2 In Wolfram werden kugelförmige Partikel aus Yttriumoxid (Y_2O_3) mit einem Durchmesser von 750 Å durch interne Oxidation erzeugt. Elektronenmikroskopische Auszählung ergab eine Partikeldichte von $5 \cdot 10^{14}$ cm^{-3}. Berechne die ursprünglich in der Legierung enthaltene Y-Menge in Gewichts%. Die Dichte von Y_2O_3 beträgt 5,01 g/cm^3.

16.3 Berechne die Dichte von Sintercarbid oder Cermet, das aus einer Ti-Matrix besteht, die zur Verstärkung 50 Gewichts% WC, 22 Gewichts% TaC und 14 Gewichts% TiC enthält. (Die Dichtewerte der Carbide können dem Beispiel 16.2 entnommen werden.)

16.4 Ein elektrisches Kontaktmaterial wird durch Infiltration von Kupfer in poröses Wolframcarbid erzeugt. Die Dichte des Verbundes beträgt im Endzustand 12,3 g/cm^3. Unter der Annahme, daß alle Poren mit Kupfer gefüllt sind, ist
(a) der Volumenanteil des Kupfers im Verbund,
(b) der Volumenanteil der Poren im Wolframcarbid vor der Kupferinfiltration und
(c) die ursprüngliche Dichte des Wolframcarbids vor der Kupferinfiltration zu bestimmen.

16.5 Wieviel Ton muß einer Menge von 10 kg Polyethylen zugesetzt werden, um einen billigen Verbundstoff mit einem E-Modul größer als 840 N/mm^2 und einer Zugfestigkeit größer als 14 N/mm^2 zu erzeugen? Die Dichte von Ton beträgt 2,4 g/cm^3 und die von Polyethylen 0,92 g/cm^3.

16.6 5 kg kontinuierliche Borfasern werden gleichgerichtet in 8 kg Al-Matrix eingebaut. Berechne
(a) die Dichte des Verbundes,
(b) den E-Modul in Faserrichtung,
(c) den E-Modul senkrecht zur Faserrichtung.

16.7 Ein Faserverbund besteht aus Epoxidmatrix und 60 Volumen% gleichgerichteter, kontinuierlicher HM-Kohlefasern. Das Epoxid hat eine Zugfestigkeit von 105 N/mm^2. Welcher Anteil der einwirkenden Zugspannung wird von den Fasern aufgenommen?

16.8 Eine Epoxid-Matrix ist mit 40 Volumen% E-Glasfasern verstärkt, damit ein daraus bestehender Stab mit 2 cm Durchmesser eine Last von 25000 N tragen kann. Welche Spannung wirkt auf die Fasern?

17 Baustoffe

17.1 Einleitung

Viele Materialien kommen als Baustoffe für Häuser, Straßen, Brücken und sonstige Einrichtungen unserer Infrastruktur zur Anwendung. Wir befassen uns in diesem Kapitel mit drei wichtigen Vertretern dieser Gruppe: mit Holz, Beton und Asphalt. Allen drei Materialien ist gemeinsam, daß es sich um Verbundstoffe handelt. Wir können daher erwarten, daß sich viele ihrer Eigenschaften aus den Gesetzmäßigkeiten erklären lassen, die wir im vorangehenden Kapitel zu Verbundwerkstoffen kennengelernt haben.

17.2 Struktur von Holz

Holz ist eines unserer gebräuchlichsten Materialien. Obwohl es nicht zu den High-Tech-Stoffen zählt, bestimmt es noch immer weitgehend unsere häusliche Umgebung. Wir schätzen es wegen seines Aussehens sowie seiner natürlichen Wärme und nutzen es für Möbel und als leichtes, festes und vielseitig verwendbares Baumaterial.

Holz ist ein komplexer, faserverstärkter Verbundstoff aus langen, gleichgerichteten, polymeren Röhren (Zellenstruktur) in einer polymeren Matrix. Die Röhrenwände bestehen aus Bündeln von zum Teil kristallinen Zellulosefasern, die unter verschiedenen Winkeln zur Röhrenachse ausgerichtet sind. Dieser Aufbau verleiht dem Holz in Längsrichtung ausgezeichnete Festigkeit.

Holz enthält vier Hauptbestandteile. 40 bis 50 Volumen% bestehen aus *Zellulose*-Fasern. Zellulose ist ein natürlich vorkommender Thermoplast mit einem Polymerisationsgrad von ungefähr 10 000. Abbildung 17.1 zeigt die zugehörige Molekülstruktur. Weitere 25% bis 35% bestehen aus *Hemizellulose* mit einem Polymerisationsgrad von etwa 200. *Lignin* nimmt einen Volumenanteil von 20% bis 30% ein

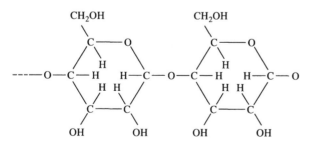

Abb. 17.1. Struktur von Zellulose

und hat nur eine geringe molare Masse. Es fungiert als organisches Bindemittel der einzelnen Bestandteile. Schließlich enthält Holz organische *Extraktionsstoffe*, wie z. B. Öle, die seine Farbe bestimmen sowie als Konservierungsmittel gegenüber Umgebungseinflüssen und Insekten wirken, und anorganische Mineralien, wie Silikate, die Sägeblätter beim Holzschneiden abstumpfen können. Der Volumenanteil der Extraktionsstoffe beläuft sich insgesamt auf etwa 10%.

Wir unterscheiden drei wichtige Strukturebenen des Holzes: Die Faserstruktur, die Zellenstruktur und die Makrostruktur (Abb. 17.2).

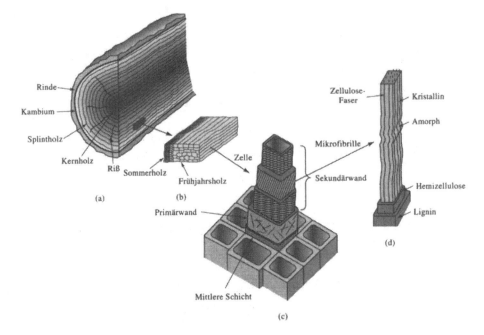

Abb. 17.2. Struktur von Holz: (a) Makrostruktur des Baumstamms mit Jahresringen. (b) Ausschnitt aus dem Bereich eines Jahresringes. (c) Mehrlagige Fibrillenstruktur aus Zellulosefasern, Hemizellulosefasern und Lignin. (d) Mikrofibrille aus gleichgerichteten und teilweise kristallinen Zellulose-Ketten.

Faserstruktur. Der Grundbestandteil von Holz ist Zellulose ($C_6H_{10}O_5$), deren Kettenmoleküle sich zu langen Fasern bündeln. Die Fasern sind in großen Abschnitten kristallin, unterbrochen von kurzen amorphen Bereichen. Die gebündelten Zellulose-Ketten werden von einer Schicht aus unorientierten, amorphen Hemizellulose-Ketten umgeben, die ihrerseits von Lignin bedeckt sind. Das gesamte Bündel, bestehend aus Zellulose-Ketten, Hemizelluloseketten und Lignin wird als *Mikrofibrille* bezeichnet und ist in der Länge nahezu unbegrenzt.

Zellenstruktur. Die nächst höhere Strukturebene bilden langgestreckte Zellen mit einem Längen-Durchmesser-Verhältnis von häufig mehr als 100. Sie machen etwa 95% der festen Holzsubstanz aus. Ihre Wände bestehen aus mehreren Mikrofibrillen-Schichten. In der primär gewachsenen Schicht (Primärwand) sind die Mikrofibrillen noch beliebig orientiert. Wenn sich die Zellwand verdickt, entstehen drei weitere Schichten, die zusammen als Sekundärwand bezeichnet werden. Diese Schichten weisen im Gegensatz zur Primärwand ausgeprägte Orientierungen der

Fibrillen auf. In den beiden nach außen liegenden Schichten sind die Mikrofibrillen in gekreuzten Richtungen angeordnet, die nicht mit der Zellenachse übereinstimmen. Die mittlere und zugleich dickste Schicht enthält gleichsinnig ausgerichtete Mikrofibrillen unter einem nur wenig von der Zellenachse abweichenden Winkel (Abb. 17.2c).

Makrostruktur. Bäume gliedern sich radial in mehrere Schichten. Die Borke bildet die schützende Außenschicht des Baumes. Unmittelbar darunter befindet sich das *Kambium*. Es stellt die Wachstumszone des Baumes dar, in der sich die neuen Zellen bilden. Als nächste Radialschicht schließt sich das *Splintholz* an, das noch hohle, lebende Zellen enthält, die zur Speicherung von Nährstoffen und zum Wassertransport dienen. Die Innenzone des Baumes besteht aus dem *Kernholz*. Es enthält ausschließlich abgestorbene Zellen und bildet das mechanische Stützgerüst des Baumes.

Das Wachstum der Bäume beruht auf dem Entstehen neuer Zellen in der Kambium-Schicht. Die im Frühjahr nachwachsenden Zellen haben einen großen Durchmesser. Später entstehende Zellen haben kleinere Durchmesser, dickere Wände und höhere Dichte. Dieser Unterschied zwischen Frühjahrs- und Sommerholz ergibt die erkennbaren Jahresringe. Einige Zellen wachsen auch in radialer Richtung. Diese *Querzellen* dienen der Speicherung und dem Transport von Nährstoffen.

Hart- und Weichholz. Zu den Harthölzern zählen Laubbäume wie Eiche, Ulme, Buche, Birke, Walnuß und Ahorn. Ihre Zellen sind relativ kurz mit Durchmessern unter 0,1 mm und Längen unter 1 mm. Hartholzbäume enthalten zusätzlich zu der beschriebenen Zellenstruktur noch longitudinale Gefäßsysteme, die der Wasserversorgung dienen (Abb. 17.3).

Weichhölzer stammen von immergrünen Nadelbäumen wie Kiefer, Tanne, Fichte oder Zeder und haben ähnliche Strukturen wie Harthölzer. Ihre Zellen sind jedoch etwas länger. Der Wassertransport erfolgt wegen Fehlens eines gesonderten Gefäßsystems ausschließlich über die Hohlräume der Zellen. Infolge ihres größeren Hohlvolumens ist die Dichte von Weichhölzern gewöhnlich geringer als die von Harthölzern.

17.3 Feuchtigkeitsgehalt und Dichte von Holz

Die Dichte des Zellenmaterials stimmt für alle Holzarten nahezu überein und beträgt ca. 1,45 g/cm^3. Wegen der eingeschlossenen Hohlräume ist die Dichte (Bulkdichte) des Holzes jedoch geringer.

Die Dichte von Holz hängt von der Baumart (bzw. dem für die Baumart typischen Hohlvolumen) und dem prozentualen Wassergehalt des Holzes ab, der wiederum durch den Trocknungsgrad des Holzes und die relative Feuchtigkeit während seiner Verwendung bestimmt ist. Vollständig trockenes Holz schwankt in der Dichte zwischen ungefähr 0,3 und 0,8 g/cm^3, wobei Harthölzer dichter sind als Weichhölzer. Unter realen Bedingungen ist die Dichte des Holzes infolge seines

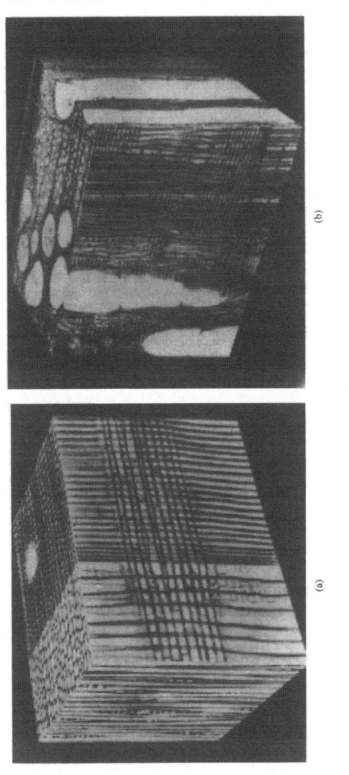

Abb. 17.3. Zellulare Struktur von (a) Weichholz und (b) Hartholz. Die Zellen von Weichhölzern sind länger als die von Harthölzern. Harthölzer enthalten jedoch Gefäße mit großem Durchmesser. In Weichhölzern erfolgt der Wassertransport durch die Zellen, in Harthölzern durch die Gefäße.

Wassergehalts größer. Der prozentuale Wassergehalt drückt sich in dem Verhältnis von Wassermasse zur Trockenmasse des Holzes aus:

$$\% \text{Wasser} = \frac{\text{Wassermasse}}{\text{Trockenmasse des Holzes}} \cdot 100. \tag{17.1}$$

Zu beachten ist, daß diese Definition formal auch einen Wassergehalt von größer 100% zuläßt. Das in den Zellen oder den Längsgefäßen befindliche Wasser ist dort weniger fest gebunden als das Wasser innerhalb der Zellulose-Struktur der Zellwände.

Während lebende Bäume große Wassermengen speichern, hängt der Wassergehalt gefällter Bäume davon ab, welcher Feuchtigkeit sie ausgesetzt sind; zunehmende Feuchtigkeit vergrößert die in den Zellwänden enthaltene Wassermenge. Dichtewerte von Holz werden gewöhnlich auf einen Wassergehalt von 12% bezogen, was einer Umgebungsfeuchtigkeit von 65% entspricht. In Tabelle 17.1 sind die Dichte und der parallel zur Maserung gemessene E-Modul verbreiteter Holzarten angegeben, bezogen auf den genannten Wassergehalt von 12%.

Tabelle 17.1. Eigenschaften typischer Holzarten

Holzart	Dichte (bezogen auf 12% Wassergehalt) (g/cm^3)	E-Modul (10^3 N/mm^2)
Zedernholz	0,32	7,7
Kiefernholz	0,35	8,4
Tannenholz	0,48	14,0
Ahornholz	0,48	10,5
Birkenholz	0,62	14,0
Eichenholz	0,68	12,6

Beispiel 17.1
Grünholz besitzt eine Dichte von 0,86 g/cm^3 und einen Wassergehalt von 175%. Es ist seine Dichte nach vollständiger Trocknung zu bestimmen.
Lösung
Ein Volumen von 100 cm^3 des Grünholzes hat eine Masse von 86 g. Nach Gleichung (17.1) ergibt sich:

$$\% \text{Wasser} = \frac{\text{Wassermasse}}{\text{Trockenmasse des Holzes}} \cdot 100 = 175$$

$$= \frac{\text{Grünmasse} - \text{Trockenmasse}}{\text{Trockenmasse}} \cdot 100 = 175.$$

$$\text{Trockenmasse des Holzes} = \frac{(100)(\text{Grünmasse})}{275}$$

$$= \frac{(100)(86)}{275} = 31,3 \text{ g}$$

$$\text{Dichte des trockenen Holzes} = \frac{31,3 \text{ g}}{100 \text{ cm}} = 0,313 \text{ g/cm}^3. \qquad \square$$

17.4 Mechanische Eigenschaften von Holz

Die Festigkeit des Holzes hängt von seiner Dichte ab, die ihrerseits sowohl durch den Wassergehalt als auch durch die Holzart bestimmt wird. Beim Trocknen tritt zuerst das in den Längsgefäßen enthaltene Wasser aus. Später folgt auch das Wasser der Zellenwände. Der Wasserverlust der Gefäße wirkt sich noch nicht auf die Festigkeit des Holzes aus (Abb. 17.4). Wenn jedoch der Wassergehalt bis unter 30% absinkt, wird auch den Zellulosefasern Wasser entzogen. Dadurch nähern sich die Fasern stärker an, so daß die Bindung zwischen ihnen anwächst. Das Holz wird dichter, fester und steifer.

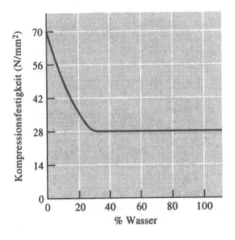

Abb. 17.4. Einfluß des prozentualen Wassergehalts von typischem Holz auf die Kompressionsfestigkeit parallel zur Maserung.

Auch die Holzart beeinflußt die Dichte. Weichhölzer, die weniger hochdichtes Spätholz enthalten, haben normalerweise geringere Dichte und deshalb auch geringere Festigkeit als Harthölzer. Zusätzlich sind die Zellen von Weichhölzern größer, länger und offener als die von Harthölzern, was ebenfalls zur geringeren Dichte beiträgt.

Die mechanischen Eigenschaften von Holz sind stark anisotrop. In Längsrichtung wirkende Zugkräfte (Abb. 17.5) werden von den sehr festen Zelluloseketten der Mittelschicht der Sekundärwand abgefangen. Diese sind weitgehend kristallin und relativ hoch belastbar. Radiale oder tangentiale Kräfte können dagegen die in dieser Richtung nur schwachen Bindungen zwischen den Mikrofibrillen und Zellulosefasern leicht aufbrechen, so daß die Festigkeit in diesen Richtungen wesentlich geringer ist als bei longitudinaler Belastung. Ein ähnliches Verhalten ist bei Druck- und Biegebeanspruchungen zu beobachten. Wegen dieser Anisotropie wird Nutzholz meist in Richtung der Baumachse zugeschnitten.

Holz ist generell nicht sehr druck- und biegefest. Druckbeanspruchungen können die Holzfasern verbiegen und schon unter kleiner Last zu Brüchen führen. Leider wird Holz in vielen Anwendungsfällen gerade in dieser ungünstigen Weise belastet. Auch der E-Modul ist stark anisotrop; sein Wert senkrecht zur Maserung

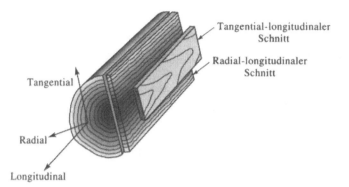

Abb. 17.5. Richtungen im Baumstamm. Infolge gleichgerichteter Zellenstruktur und Maserung sind die Holzeigenschaften richtungsabhängig.

beträgt etwa nur 1/20 des in Tabelle 17.1 für parallele Beanspruchung angegebenen Wertes. Tabelle 17.2 enthält eine Übersicht der Zug- und Druckfestigkeit verschiedener Hölzer sowohl in Längs- als auch Querrichtung.

Tabelle 17.2. Anisotropie verschiedener Hölzer (bei einem Wassergehalt von 12%)

Holzart	Longitudinale Zugfestigkeit (N/mm^2)	Radiale Zugfestigkeit (N/mm^2)	Longitudinale Druckfestigkeit (N/mm^2)	Radiale Druckfestigkeit (N/mm^2)
Buche	85	7	50	7
Ulme	120	4,5	38	4,8
Ahorn	110	7,5	54	8
Eiche	80	6,5	43	5,6
Zeder	45	2,2	42	6,3
Tanne	80	2,7	38	4,2
Kiefer	75	2,0	33	3
Fichte	60	2,6	39	4

Bezüglich der spezifischen Festigkeit und des spezifischen Moduls ist Holz vergleichbar mit anderen, als Baustoffe genutzten Materialien (Tab. 17.3). Es besitzt auch gute Zähigkeit, die vor allem auf die leichte Schräglage der Zellulosefasern in der Mittelschicht der Sekundärwand zurückzuführen ist. Unter Last werden die Fasern geradegezogen, was eine gewisse Duktilität bewirkt und Energie absorbiert.

Auch Unregelmäßigkeiten im Holz beeinflussen seine mechanischen Eigenschaften. Reines Holz ohne Äste hat longitudinale Zugfestigkeiten zwischen 70 und 140 N/mm^2. Billiges Schnittholz, das eine Vielzahl von Störungen enthält, besitzt dagegen nur noch Festigkeiten unter 50 N/mm^2. Astknoten unterbrechen auch die gleichmäßige Maserung des Holzes, so daß die in der Nachbarschaft befindlichen Zellstrukturen auch senkrecht zur Zugbeanspruchung ausgerichtet sein können.

Tabelle 17.3. Vergleich der spezifischen Festigkeit und des spezifischen E-Moduls von Holz mit denen anderer Baumaterialien

Material	Spezifische Festigkeit (N · m/g)	Spezifischer E-Modul (10^3 N · m/g)
Holz	175	24
Aluminium	125	26
1020-Stahl	50	26
Kupfer	38	14
Beton	15	9

17.5 Dehnung und Kontraktion von Holz

Wie alle Stoffe reagiert auch Holz auf Erwärmung oder Abkühlung mit einer Dehnung bzw. Kontraktion. In longitudinaler Richtung sind diese Längenänderungen sehr klein im Vergleich zu den Ausdehnungen von Metallen, Polymeren oder keramischen Stoffen. In radialer und tangentialer Richtung sind sie dagegen größer als die Änderungen der meisten anderen Materialien.

Zusätzlich zu Temperaturänderungen wirkt sich auch der Wassergehalt des Holzes auf seine Abmessungen aus. Auch hierbei reagiert das Holz in radialer und tangentialer Richtung stärker als in longitudinaler Richtung, da der Wassergehalt den Abstand der Zelluloseketten parallel zur Kettenrichtung beeinflußt. Für die Längenänderung Δx in radialer oder tangentialer Richtung gilt näherungsweise:

$$\Delta x = x_0[c(M_f - M_i)], \tag{17.2}$$

wobei x_0 die Anfangsabmessung, M_i den Wassergehalt im Anfangszustand und M_f den Wassergehalt im Endzustand bedeuten. Die Konstante c ist ein für die Ausdehnung charakteristischer Dimensionskoeffizient, der in radialer und tangentialer Richtung unterschiedliche Werte annimmt. Tabelle 17.4 enthält die c-Werte einiger Hölzer. In longitudinaler Richtung beträgt die relative Dehnung nur 0,1 bis 0,2 %.

Tabelle 17.4. Dimensionskoeffizient c (cm/cm · % H_2O) verschiedener Hölzer

Holz	Radial	Tangential
Buche	0,00190	0,00431
Ulme	0,00144	0,00338
Ahorn	0,00165	0,00353
Eiche	0,00183	0,00462
Zeder	0,00111	0,00234
Tanne	0,00155	0,00278
Kiefer	0,00141	0,00259
Fichte	0,00148	0,00263

Während der anfänglichen Trocknung können die starken Längenänderungen, die senkrecht zu den Zellen stattfinden, Verwerfungen oder sogar Brüche des Holzes hervorrufen. Unter den späteren Einsatzbedingungen kann sich zusätzlich der Wassergehalt des Holzes durch schwankende Luftfeuchtigkeit der Umgebung ändern. Mit jeder Wasseraufnahme quillt das Holz an, und bei jedem Wasserverlust schrumpft es wieder ein. Wenn Holzkonstruktionen diese Ausdehnungsänderungen nicht kompensieren, lassen sich Verziehungen oder Risse kaum vermeiden. Holzfußböden auf großen Flächen können sich bei übermäßiger Ausdehnung wölben. Starke Schrumpfung erzeugt Fugen zwischen den Brettern.

17.6 Sperrholz

Der Anisotropie des Holzes läßt sich begegnen, indem dünne Holzfolien mit gekreuzter Faserrichtung zu mehrlagigen Verbunden gestapelt werden. Ausgangsmaterial sind zumeist Weichhölzer. Die Folien werden aus Langholz geschnitten und in ungerader Anzahl so aufeinander gelegt, daß die Maserungen benachbarter Schichten möglichst senkrecht zueinander verlaufen. Je genauer der 90°-Winkel eingehalten wird, um so besser lassen sich Verwerfungen des Verbundes bei Änderung des Feuchtegehalts vermeiden. Als Bindemittel dient überwiegend Phenolharz, das zwischen den Schichten unter Druck und Wärme aushärtet.

Auf gleiche Weise werden auch Furniere hergestellt. Die sichtbare Deckschicht dieser Verbunde besteht zumeist aus wertvollem Holz, während für die darunter befindlichen Schichten billiges Weichholz verwendet wird. Auch Holzspäne können zwischen zwei Deckschichten zu Platten kompaktiert werden. Sperrholz eignet sich auch für Außenplatten von Wabenstrukturen (s. Kapitel 16).

17.7 Beton

Beton zählt neben Holz zu den meistverwendeten Baustoffen und ist ein Teilchenverbund, dessen Bestandteile (Partikel und Matrix) aus keramischen Materialien bestehen. Bei den Teilchen handelt es sich um Sand und grobe Zuschlagstoffe. Ausgangsmaterial der Matrix ist Portlandzement. Nach der Zementierungsreaktion zwischen Wasser und den im Zement enthaltenen Mineralien entsteht eine starre Matrix, in die die erwähnten Teilchen fest eingebunden sind und für eine hohe Kompressionsfestigkeit des Betons sorgen.

Zemente. Zemente sind sehr feinkörnig und bestehen aus Gemischen von $3CaO \cdot Al_2O_3$, $2CaO \cdot SiO_2$, $3CaO \cdot SiO_2$, $4CaO \cdot Al_2O_3 \cdot Fe_2O_3$ oder anderer Mineralien in unterschiedlicher Zusammensetzung. Bei Anwesenheit von Wasser findet eine Hydratationsreaktion statt, die ein festes Gel erzeugt, in welchem die Teilchen des Zusatzstoffs eingebunden werden. Mögliche Reaktionen sind folgende:

$$3CaO \cdot Al_2O_3 + 6H_2O \rightarrow Ca_3Al_2(OH)_{12} + \text{Wärme},$$

$$2CaO \cdot SiO_2 + xH_2O \rightarrow Ca_2SiO_4 \cdot xH_2O + \text{Wärme},$$

$$3CaO \cdot SiO_2 + (x+1)H_2O \rightarrow Ca_2SiO_4 \cdot xH_2O + Ca(OH)_2 + \text{Wärme}.$$

Nach der Hydratation ist der Bindungsprozeß abgeschlossen. Die Zementmenge muß ausreichen, um alle zugesetzten Teilchen zu umhüllen. Der Zementgehalt von Beton beträgt im Normalfall ungefähr 15 Volumen%.

Die Zusammensetzung des Zements ist entscheidend für die Abbindegeschwindigkeit und die Eigenschaften des fertigen Betons. Zum Beispiel bewirken die Bestandteile $3CaO \cdot Al_2O_3$ und $3CaO \cdot SiO_2$ ein schnelles Abbinden, aber nur geringe Festigkeit des Betons. Mit $2CaO \cdot SiO_2$ verläuft die Abbindung dagegen langsamer, führt aber letztlich zu höherer Festigkeit (Abb. 17.7). Normalerweise kann man davon ausgehen, daß der Abbindevorgang innerhalb von 28 Tagen praktisch abgeschlossen ist (Abb. 17.7), obgleich Resthärtungen sich noch über Jahre erstrecken können.

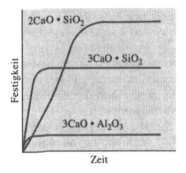

Abb. 17.6. Hydratationsgeschwindigkeit von Mineralien in Portlandzement.

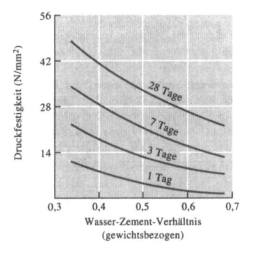

Abb. 17.7. Die Druckfestigkeit von Beton wächst mit der Zeit an. Nach ca. 28 Tagen erreicht Beton seine maximale Festigkeit.

Tabelle 17.5 enthält die Zusammensetzung verschiedener Zementsorten. Bei großen Bauwerken, wie z. B. Dämmen und Brücken, sollte die Abbindung möglichst langsam erfolgen, um eine zu starke Erwärmung durch Hydratation zu vermeiden. Geeignet sind hierfür die Sorten II oder IV mit einem nur geringen Gehalt an $3CaO \cdot SiO_2$. In anderen Fällen ist dagegen ein schnelles Abbinden erwünscht, um z. B. das für die Betonierung verwendete Verschalungsmaterial möglichst kurzfristig wieder verfügbar zu haben. Hierfür bietet sich die Sorte III mit einem höheren Gehalt an $3CaO \cdot SiO_2$ an.

Tabelle 17.5. Zementsorten

	Ungefähre Zusammensetzung				Charakteristika
	$3C \cdot S$	$2C \cdot S$	$3C \cdot A$	$4C \cdot A \cdot F$	
Sorte I	55	20	12	9	Allgemein verwendbar
Sorte II	45	30	7	12	Geringe Erwärmung, mäßige Sulfatresistenz
Sorte III	65	10	12	8	Schnelle Abbindung
Sorte IV	25	50	5	13	Sehr geringe Erwärmung
Sorte V	40	35	3	14	Gute Sulfatresistenz

Die Zusammensetzung des Zements hat auch Einfluß auf die Beständigkeit des Betons gegenüber Umgebungseinflüssen, z. B. Sulfat-Verschmutzungen. Größere Anteile von $4CaO \cdot Al_2O_3 \cdot Fe_2O_3$ und $2CaO \cdot SiO_2$, wie sie die Zementsorte V aufweist, vermindern die Sulfat-Anfälligkeit des Betons.

Sand. Sand besteht aus feinkörnigen Mineralien mit Teilchendurchmessern in der Größenordnung von 0,001 cm. Häufig ist in den Sandkörnern auch Wasser enthalten, das bei der Betonmischung berücksichtigt werden muß. Die Sandkörner füllen die Zwischenräume zwischen den gröberen Teilchen der Zusatzstoffe und ergeben somit hohen Packungsfaktor und geringe Porosität des Betons (sowohl bezüglich offener als auch geschlossener Poren). Auf diese Weise wirken sie der Auflockerung des Betons durch periodische Frost-Tau-Belastungen entgegen.

Zuschlagstoffe. Zuschlagstoffe bestehen aus grobem Kies und Gestein. Sie müssen sauber, fest und dauerhaft sein. Eine mehr kantige als abgerundete Teilchenform unterstützt ihren Verfestigungseffekt. Andererseits besitzen Teilchen mit kantiger Form auch größere Oberflächen, an denen sich Hohlräume oder Risse bilden können. Große Teilchen sind günstiger als kleine, da sie insgesamt weniger Angriffsfläche für Risse bieten. Verständlicherweise hängt die Teilchengröße auch von den Abmessungen des Betonkörpers ab. Als Faustregel gilt, daß die Teilchen nicht größer als 20% der Betondicke sein sollten.

In einigen Fällen kommen spezielle Zuschlagstoffe zur Anwendung. Leichtbeton z. B. enthält mineralische Schlacken, die bei der Stahlerzeugung entstehen, und besitzt dadurch besseres thermisches Isoliervermögen. Schwerbeton enthält demgegenüber ausgesprochen dichte Mineralstoffe oder Metallteilchen. Er wird unter anderem in Kernkraftwerken wegen seiner erhöhten Strahlungsabsorption verwendet. In Tabelle 17.6 sind die Dichten verschiedener Bestandteile angegeben.

Tabelle 17.6. Eigenschaften von Betonbestandteilen

Material	Wahre Dichte (g/cm³)	
Zement	3	
Sand	2,5	
Zuschlagstoff	2,7	Normaler
	1,3	Leichte Schlacke
	0,5	Leichter Vermikulit
	4,5	Schweres Eisenoxid
	6,2	Schweres Eisenphosphat
Wasser	1	

17.8 Eigenschaften von Beton

Die Eigenschaften von Beton hängen von vielen Einflußfaktoren ab. Zu den wichtigsten zählen das Mengenverhältnis von Wasser und Zement, die Menge der eingeschlossenen Luft und die Art der Zusatzstoffe.

Wasser-Zement-Verhältnis. Dieses Verhältnis ist für den Beton von mehrfacher Bedeutung:

Erstens erfordert die Hydratationsreaktion des Zements eine Mindestmenge an Wasser. Würde diese unterschritten, ergäbe sich eine zu geringe Festigkeit des Betons.

Zweitens wird die Mindestmenge durch die *Verarbeitbarkeit* des Betons bestimmt. Dazu gehört z. B. sein Verhalten beim Einbringen in vorgesehene Formen. Luftlöcher als Folge schlechter Verarbeitbarkeit hätten ebenfalls mangelhafte Festigkeit und Dauerhaftigkeit des Betons zur Folge. Die Verarbeitbarkeit läßt sich mit Hilfe eines *Setztestes* bestimmen (Abb. 17.8). Hierbei wird die Höhenabnahme einer standardisierten Setzprobe aus nassem Beton gemessen, die ihrem Eigengewicht überlassen ist. Die Probe ist etwa 30 cm hoch, die nach vorgegebener Zeit eingetretene Höhenabnahme ist das sogenannte *Setzmaß*. Ausreichende Verarbeitbarkeit erfordert im allgemeinen ein Wasser-Zement-Verhältnis von 0,4 (auf Gewichte bezogen). Das Setzmaß bewegt sich bei der angegebenen Probenhöhe im Bereich zwischen 2,5 und 15 cm. Für die Ausfüllung enger Formen werden Gemische mit hohem Setzmaß benötigt, während für großvolumige Formen solche mit kleinem Setzmaß ausreichen.

Setzmaß

Abb. 17.8. Setztest. Das Setzmaß ist die Höhenabnahme einer ihrem Eigengewicht überlassenen Setzprobe aus nassem Beton. Es dient zur Charakterisierung der Verarbeitbarkeit des nassen (unabgebundenen) Betons.

Wird *drittens* der durch die Verarbeitbarkeit vorgegebene Wassergehalt wesentlich überschritten, nimmt die Kompressionsfestigkeit des Betons ab. Als Meßprobe dient gewöhnlich ein Betonzylinder mit 15 cm Durchmesser und 30 cm Höhe. Abbildung 17.9 zeigt Meßergebnisse der Betonfestigkeit in Abhängigkeit vom Wasser-Zement-Verhältnis.

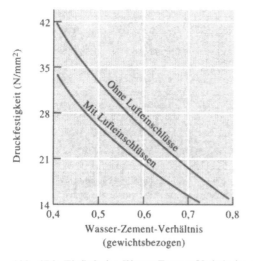

Abb. 17.9. Einfluß des Wasser-Zement-Verhältnisses und der eingeschlossenen Luft auf die 28-Tage-Druckfestigkeit von Beton.

Viertens nimmt die beim Abbinden des Betons eintretende Schrumpfung mit wachsendem Wasser-Zement-Verhältnis zu.

Wegen dieser unterschiedlichen Auswirkungen des Wasser-Zement-Verhältnisses muß zwischen Festigkeit, Verarbeitbarkeit und Schrumpfung des Betons ein zum jeweiligen Einsatzfall passender Kompromiß gesucht werden. Typische Werte des Wasser-Zement-Verhältnisses liegen zwischen 0,45 bis 0,55. Zur Verbesserung der Verarbeitbarkeit können dem Gemisch auch Gleitmittel zugesetzt werden, die sich nur geringfügig auf die Festigkeit auswirken.

Lufteinschluß. Beim Gießen des Betons sind Lufteinschlüsse nahezu unvermeidlich. Im Falle grober Zuschlagstoffe, z. B. Gestein mit 3 cm Durchmesser, beträgt der Luftgehalt des Betons etwa 1 Volumen%. Bei feineren Zuschlagstoffen, wie z. B. 1 cm grobem Kies, können bis zu 2,5 Volumen% Luft eingeschlossen sein.

Mitunter wird Luft auch absichtlich in den Beton eingebaut, und zwar bis zu Mengen von 8 % durch Verwendung von sehr feinem Kies. Dieser Lufteinschluß verbessert die Verarbeitbarkeit des Betons und entschärft Probleme, die sich durch Schrumpfung oder Frost-Tau-Perioden ergeben können, vermindert aber auch die Festigkeit des Betons (Abb. 17.9).

Art und Anteil der Zuschlagstoffe. Die Teilchengröße der Zuschlagstoffe beeinflußt das Mischungsverhältnis des Betons. Abbildung 17.10 enthält Angaben über die pro m³ Beton benötigte Wassermenge zur Erzielung einer gewünschten Verarbeitbarkeit bzw. des entsprechenden Setzmaßes. Für kleine Teilchengrößen ist mehr Wasser erforderlich. Abbildung 17.11 macht Angaben zum Volumenanteil der Zuschlagstoffe am Beton. Die Zahlenwerte beziehen sich auf die Schüttdichte der Zusatzstoffe, die nur etwa 60% der wahren Dichte gemäß Tabelle 17.6 beträgt.

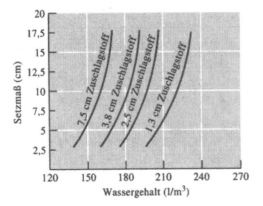

Abb. 17.10. Benötigte Wassermenge für 1 m³ Beton zur Erzielung einer bestimmten Verarbeitbarkeit (charakterisiert durch das Setzmaß) in Abhängigkeit von der Korngröße des groben Zuschlagstoffs.

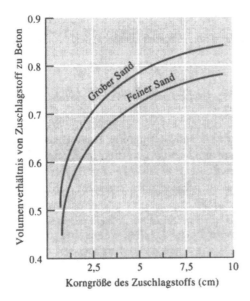

Abb. 17.11. Das Volumenverhältnis von Zuschlagstoff zu Beton hängt von der Korngröße des Sandes und des Zuschlagstoffs ab. (Zu beachten ist, daß beim Volumenverhältnis von der Schüttdichte ausgegangen wird, die ca. 60% der wahren Dichte beträgt.)

Beispiel 17.2

Bestimmung der Anteile von Wasser, Zement, Sand und Kies in 5 m³ Beton für ein Wasser-Zement-Verhältnis von 0,4 und ein Zement-Sand-Kies-Verhältnis von 1:2,5:4 (beide Verhältnisse auf Gewichte bezogen). Der Wassergehalt des Kieses beträgt 1% und der des Sandes 4%. Lufteinschlüsse im Beton werden vernachlässigt.

Lösung

Die gewünschte Betonmischung kann über die Volumina der Bestandteile berechnet werden, bezogen auf die Menge von einem Sack Zement (50 kg). Bei vernachlässigbaren Lufteinschlüssen gelten die wahren Dichten gemäß Tabelle 17.6.

Bezogen auf einen Sack Zement werden folgende Materialvolumina benötigt:

$$\text{Zement} = \frac{50 \text{ kg}}{3 \text{ g/cm}^3} = 0,017 \text{m}^3,$$

$$\text{Sand} \quad = \frac{(2,5)\,(50 \text{ kg})}{2,5 \text{ g/cm}^3} = 0,05 \text{m}^3,$$

$$\text{Kies} \quad = \frac{(4)\,(50 \text{ kg})}{2,7 \text{ g/cm}^3} = 0,074 \text{m}^3,$$

$$\text{Wasser} \ = \frac{(0,4)\,(50 \text{ kg})}{1 \text{ g/cm}^3} = 0,02 \text{m}^3.$$

Das Gesamtvolumen des Betons pro Sack Zement beträgt 0,16 m³. Für ein Volumen von 5 m³ Beton werden somit folgende Mengen benötigt:

$$\text{Zement} = \frac{5 \text{ m}^3}{0,16 \text{ m}^3/\text{Sack}} \approx 31 \text{ Säcke},$$

$$\text{Sand} \quad = (31 \text{ Säcke})\,(50 \text{ kg/Sack})\,(2,5) = 3\ 875 \text{ kg},$$

$$\text{Kies} \quad = (31 \text{ Säcke})\,(50 \text{ kg/Sack})\,(4) = 6\ 200 \text{ kg},$$

$$\text{Wasser} \ = (31 \text{ Säcke})\,(50 \text{ kg/Sack})\,(0,4) = 620 \text{ kg}.$$

Zusätzlich ist der Wassergehalt des verwendeten Sandes und Kieses zu berücksichtigen:

$$\text{Feuchter Sand} = (3\ 875 \text{ kg})\,(1,04) = 4\ 030 \text{ kg},$$

$$\text{Wassergehalt} \ = 4\ 030 - 3\ 875 = 155 \text{ kg}.$$

$$\text{Feuchter Kies} \ = (6\ 200 \text{ kg})\,(1,01) = 6\ 262 \text{ kg},$$

$$\text{Wassergehalt} \ = 6\ 262 - 6\ 200 = 62 \text{ kg}.$$

Der verbleibende Nettobedarf an Wasser beträgt folglich:

$$\text{Wasser} = 620 - 155 - 62 = 403 \text{ kg} = 403 \text{ l}.$$

Für den in Volumen und Zusammensetzung vorgegebenen Beton werden somit 31 Säcke Zement, 4 030 kg Sand und 6 262 kg Kies (mit angegebenem Feuchtegehalt) und 403 l Wasser benötigt. ☐

17.9 Stahl- und Spannbeton

Beton besitzt wie alle keramischen Substanzen eine gute Kompressionsfestigkeit. Infolge der Porosität und der in dem spröden Gefüge enthaltenen Grenzflächen ist seine Zugfestigkeit jedoch nur gering. Um die Zug- und Biegebelastbarkeit von Betonteilen zu erhöhen, stehen folgende Möglichkeiten zur Verfügung.

Stahlbeton. Durch Stahlarmierungen oder -bewehrungen werden die Zug- und Biegefestigkeit von Beton erhöht. Die einwirkende Zugspannung wird vom Beton auf den Stahl übertragen, der dieser Belastung besser standhält. Auch Polymerfasern, die weniger korrodieren als Stahl, können zur Verstärkung eingebunden werden.

Spannbeton mit sofortigem Verbund. Spannbeton entsteht durch Einbindung von Stahlstäben, die in Zugrichtung vorgespannt werden. Beim Spannbeton mit sofortigem Verbund wird der Stahl vor der Betonumhüllung vorgespannt (mittels spezieller Verankerung und Spannvorrichtung). Wenn nach dem Abbinden des Betons die Spannung aufgehoben wird, übt der Stahl durch sein Bestreben, sich wieder zusammenzuziehen, eine Druckspannung auf den umgebenden Beton aus. Diese innere Kompressionsspannung erlaubt eine höhere äußere Zug- und Biegebelastung der in dieser Weise hergestellten Betonteile. Um die Spannvorrichtungen kurzzeitig wieder verfügbar zu haben, wird für diese Betonierungsart bevorzugt die Zementsorte III (Tabelle 17.5) mit kurzer Abbindezeit verwendet.

Spannbeton mit nachträglichem Verbund. Eine alternative Möglichkeit zur Verstärkung von Betonteilen bietet das Einsetzen von Rohren, in die nach der Betonumhüllung und nach dem Abbinden des Betons Stahlstäbe eingezogen und in Zugrichtung gespannt werden. Die zugbelasteten Stahlstäbe üben auf den fertigen Beton eine Kompressionsspannung aus.

17.10 Asphalt

Asphalt ist ein Verbundmaterial, bestehend aus Zuschlagstoffen und *Bitumen*, einem vorwiegend aus Erdöl gewonnenen Thermoplast, und besitzt große Bedeutung für den Straßenbau. Die Eigenschaften von Asphalt werden durch die Art der Zuschlagstoffe und des Bindemittels, durch deren Mischungsverhältnis und durch weitere Zusätze bestimmt.

Ebenso wie bei Beton sollten die Zuschlagstoffe sauber und kantig sein und eine Korngrößenverteilung besitzen, die hohen Packungsfaktor und gute mechanische Verankerung der Teilchen gewährleistet (Abb. 17.12). Das thermoplastische Bitumen sorgt für die Bindung zwischen den Teilchen. Sein Einsatztemperaturbereich ist relativ schmal. Bei Minusgraden beginnt es zu verspröden, nach oben ist seine Anwendbarkeit durch einen sehr niedrigen Schmelzpunkt begrenzt. Zusätze wie Benzin oder Kerosin zum Bindemittel verbessern sein Fließvermögen während des Mischens und bewirken anschließend eine schnellere Aushärtung.

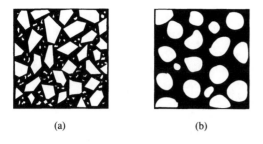

(a)   (b)

Abb. 17.12. Ideales Asphaltgefüge (a), verglichen mit ungünstigem Gefüge (b). Im Fall (b) begrenzen die abgerundeten Körner, die schmale Korngrößenverteilung und das überschüssige Bindemittel die Festigkeit im Endzustand.

Von Bedeutung ist das Verhältnis von Bindemittel und Zusatzstoffen. Einerseits muß die Menge des Bindemittels ausreichen, um alle Teilchen zu umhüllen und die Lochbildung einzuschränken. Andererseits kann überschüssiger Binder viskoses Fließen des Asphalts unter Last verursachen. Der Bitumengehalt üblicher Asphalt-Zusammensetzungen beträgt etwa 5 bis 10%. Auch ein gewisser Lochanteil von etwa 2 bis 5% ist erwünscht. Bei starker Kompression kann das Bitumen in diese Löcher ausweichen. Ein Austreten aus der Asphaltoberfläche wird dadurch vermieden. Andererseits begünstigt ein zu großer Lochanteil die Wasseraufnahme, was eine schnellere Zerstörung des Asphalts und Versprödung des Binders zur Folge haben kann.

Als Zuschlagstoffe werden normalerweise Sand und feiner Kies verwendet. Mitunter kommt auch Glasmehl zur Anwendung. *Glasphalt* (Asphalt mit Glasmehlzusatz) bietet eine nützliche Wiederverwertung von Glasabfällen.

17.11 Zusammenfassung

Baumaterialien sind natürlich vorkommende oder aus Naturstoffen hergestellte Verbundstoffe.

- Holz ist ein natürlicher, polymerer, faserverstärkter Verbundstoff. Zellulose-Fasern bilden ausgerichtete Zellen, die dem Holz in Längsrichtung hohe Festigkeit verleihen. Senkrecht zur Faser- und Zellrichtung sind seine Festigkeit und Steifigkeit nur gering. Holz hat demzufolge stark anisotrope Eigenschaften, die außerdem von der Baumart und vom Feuchtegehalt abhängen.

- Beton ist ein Teilchenverbund aus keramischen Teilchen wie Sand und Kies und einer keramischen Matrix aus Zement. Das Wasser-Zement-Verhältnis bestimmt wesentlich das Verhalten des Betons. Weitere Einflußfaktoren sind Lufteinschlüsse, die Zusammensetzung des Zements und die Beschaffenheit der Zuschlagstoffe.

- Asphalt ist ebenfalls ein Teilchenverbund mit gleichen Zuschlagstoffen wie Beton, hat aber einen polymeren Binder als Matrix.

17.12 Glossar

Bitumen. Organisches Bindemittel von Asphalt, bestehend aus niedrigschmelzenden Polymeren und Ölen.

Extraktionsstoffe. Organische Bestandteile von Holz.

Glasphalt. Asphalt mit Glasmehl als Zuschlagstoff.

Hemizellulose. Faserbestandteil des Holzes mit geringem Polymerisationsgrad.

Kambium. Baumschicht, in der das Zellenwachstum stattfindet.

Kernholz. Holz im Innern von Bäumen, bestehend aus abgestorbenen Zellen. Bildet das Stützgerüst der Bäume.

Lignin. Polymeres Bindemittel von Holz. Verbindet die Zellulose-Fasern zu Holzzellen.

Mikrofibrillen. Bündel von Zellulose- und anderer Polymerketten; bewirken die Faserverstärkung des Holzes.

Setzmaß. Höhenabnahme einer standardisierten Betonform unter Eigengewicht. Dient als Maß der Verarbeitbarkeit des Betons.

Sperrholz. Aus dünnen Holzlagen bestehender Schichtverbund mit gekreuzten Faserrichtungen.

Splintholz. Baumschicht mit lebenden Zellen, die Nährstoffe speichern und Wasser transportieren.

Verarbeitbarkeit. Eigenschaft von Betonaufschlämmungen. Charakterisiert das Vermögen des Betons zur Ausfüllung von Formen.

Zellulose. Natürlich vorkommendes Polymer mit hohem Polymerisationsgrad. Hauptbestandteil des Holzes.

17.13 Übungsaufgaben

17.1 Ein Holzklotz mit den Abmessungen von 7,5 cm · 10 cm · 30 cm hat eine Trockendichte von 0,35 g/cm^3.
(a) Bestimme die Wassermenge, die das Holz für einen Wassergehalt von 120% aufnehmen muß.
(b) Bestimme die Dichte des Holzes nach dieser Wasseraufnahme.

17.2 Eine 18 m · 18 m große Fußbodenfläche soll mit 2,5 cm starken Ahornbrettern ausgelegt werden, die eine Breite von 15 cm und eine Länge von 5 m besitzen. Die Bretter wurden tangential-longitudinal aus den Baumstämmen geschnitten und mit einem Feuchtegehalt von 12% ausgelegt. Nach einigen Tagen mit hoher Luftfeuchtigkeit ist der Wassergehalt der Bretter auf 45% angestiegen. Bestimme die Ausdehnungen der Bretter in Längs- und Querrichtung.

17.3 Erzeugung einer Betonmischung mit einem Volumen von 76,5 m^3 und einem auf Volumina bezogenen Anteilverhältnis von 1:2:4 für Zement, Sand und Kies. Das Wasser-Zement-Verhältnis (gewichtsbezogen) soll 0,5 betragen. Der Sand enthält 6 Gewichts% Wasser und der Kies 3 Gewichts% Wasser. Lufteinschlüsse werden vernachlässigt.

(a) Bestimme die Anzahl der erforderlichen Zementsäcke (Inhalt: 50 kg), die notwendigen Tonnen Sand und Kies und die benötigte Wassermenge.
(b) Berechne das Gewicht pro m^3 Beton.
(c) Wie groß ist das Gewichtsverhältnis von Zement zu Sand zu Kies?

Teil IV

Physikalische Eigenschaften von Werkstoffen

18 Elektrische Eigenschaften von Stoffen

18.1 Einleitung

Für viele Einsatzzwecke haben die elektrischen Eigenschaften von Werkstoffen größere Bedeutung als ihr mechanisches Verhalten. Um beispielsweise thermische Energieverluste von Energieübertragungs-Fernleitungen möglichst klein zu halten, ist vor allem gutes elektrisches Leitvermögen der Kabelwerkstoffe erforderlich. Keramik- oder Polymerisolatoren haben in erster Linie die Aufgabe, elektrische Durchschläge und Lichtbogenbildung zwischen spannungführenden Teilen zu verhindern. Damit Solarzellen als alternative Energiequellen immer mehr Eingang in die Praxis finden, muß vordringlich der Wirkungsgrad von Halbleitern für die Umwandlung von Solarstrahlung in elektrische Energie verbessert werden.

Die Anwendung von Stoffen in der Elektrotechnik und Elektronik setzt voraus, daß Eigenschaften wie die elektrische Leitfähigkeit gezielt an die Einsatzbedingungen angepaßt werden können. Zu berücksichtigen sind ferner die Einflüsse von Struktur, Bearbeitung und Umgebung auf das Widerstandsverhalten.

18.2 Ohmsches Gesetz und elektrische Leitfähigkeit

Das Ohmsche Gesetz lautet:

$$V = IR. \tag{18.1}$$

V ist die Spannung (Volt,V), I der Strom (Ampere, A) und R der Widerstand (Ohm, Ω). Der Widerstand R ist von Geometrie und Eigenschaften eines Leitermaterials abhängig:

$$R = \rho \frac{l}{A} = \frac{l}{\sigma A}. \tag{18.2}$$

l ist die Länge (cm) des Leiters, A seine Querschnittsfläche (cm^2), ρ der spezifische elektrische Widerstand ($\Omega \cdot cm$), und der reziproke Wert von ρ ist die elektrische Leitfähigkeit σ ($\Omega^{-1} \cdot cm^{-1}$). Mit Hilfe dieser Gleichungen kann man die Abmessungen von Widerständen an Vorgaben anpassen, da die Leitergeometrie frei wählbar ist.

Die thermische Verlustleistung elektrischer Leiter soll möglichst klein sein, um elektrische Energie einzusparen und unzulässige Erwärmung des Leitermaterials zu vermeiden. Die bei Stromdurchgang durch einen Widerstand entstehende Verlustleistung (P, Watt, W), ist:

$$P = VI = I^2R. \tag{18.3}$$

Sie nimmt mit der Größe des Widerstands R zu.

Eine zweite Form des Gesetzes ergibt sich durch Kombination der Gleichungen (18.1) und (18.2):

$$\frac{I}{A} = \sigma \frac{V}{l}.$$

Definieren wir I/A als *Stromdichte* J (A/cm^2) und V/l als *elektrische Feldstärke* ξ (V/cm), dann wird:

$$J = \sigma \xi. \tag{18.4}$$

Die Stromdichte J kann auch in folgender Form geschrieben werden:

$$J = nq\bar{v},$$

wo n die Anzahl der Ladungsträger (Ladungsträger/cm^3), q die Ladung jedes Ladungsträgers (1,6 · 10^{-19} Coulomb, C) und $\bar{v}$ die mittlere Driftgeschwindigkeit (cm/s) der Ladungsträger ist (Abb. 18.1). Daraus folgt:

$$\sigma \xi = nq\bar{v} \qquad \text{oder} \qquad \sigma = nq \frac{\bar{v}}{\xi}.$$

Der Term $\bar{v}/\xi$ ist die *Beweglichkeit* μ (cm^2/V · s):

$$\mu = \frac{\bar{v}}{\xi}.$$

Schließlich ist:

$$\sigma = nq\mu. \tag{18.5}$$

Die Ladung q ist eine Konstante. Nach Gleichung (18.5) hängt die elektrische Leitfähigkeit eines Materials von der der Anzahl der Ladungsträger und ihrer Beweglichkeit ab. Für die Leitungsvorgänge in Metallen ist die Beweglichkeit der Ladungsträger entscheidend, für die in Halbleitern und Isolatoren deren Anzahl.

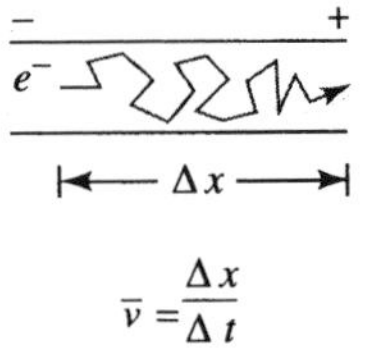

$$\bar{v} = \frac{\Delta x}{\Delta t}$$

Abb. 18.1. Zufällige Bewegungen eines Ladungsträgers in einem Leiter infolge Streuung an Atomen und Verunreinigungen. Die mittlere Geschwindigkeit in Feldrichtung ist die Driftgeschwindigkeit $\bar{v}$.

In Metallen, Halbleitern und vielen Isolatoren sind die Ladungsträger Elektronen, während in Ionenverbindungen der Ladungstransport im wesentlichen durch Ionen erfolgt (Abb. 18.2). Die Beweglichkeit ist abhängig von atomaren Bindungsverhältnissen, Gitterstörungen, Gefügestruktur und in Ionenverbindungen von der Diffusionsgeschwindigkeit. Auf der Vielfalt dieser Einflußgrößen beruht die große Variationsbreite der elektrischen Leitfähigkeit der in Tabelle 18.1 aufgeführten Stoffklassen. In Tabelle 18.2 sind einige wichtige Beziehungen zusammengestellt.

Tabelle 18.1. Elektrische Leitfähigkeit von Stoffen

Material	Elektronenstruktur	Leitfähigkeit ($\Omega^{-1} \cdot cm^{-1}$)
Alkalimetalle:		
Na	$1s^2 2s^2 2p^6 3s^1$	$2{,}13 \cdot 10^5$
K	$.........3s^2 3p^6 4s^1$	$1{,}64 \cdot 10^5$
Erdalkalimetalle:		
Mg	$1s^2 2s^2 2p^6 3s^2$	$2{,}25 \cdot 10^5$
Ca	$.........3s^2 3p^6 4s^2$	$3{,}16 \cdot 10^5$
Metalle der Gruppe III A:		
Al	$1s^2 2s^2 2p^6 3s^2 3p^1$	$3{,}77 \cdot 10^5$
Ga	$.....3s^2 3p^6 3d^{10} 4s^2 4p^1$	$0{,}66 \cdot 10^5$
Übergangsmetalle:		
Fe	$.......3d^6 4s^2$	$1{,}00 \cdot 10^5$
Ni	$.......3d^6 4s^2$	$1{,}46 \cdot 10^5$
Metalle der Gruppe I B:		
Cu	$.......3d^{10} 4s^1$	$5{,}98 \cdot 10^5$
Ag	$.......4d^{10} 5s^1$	$6{,}80 \cdot 10^5$
Au	$.......5d^{10} 6s^1$	$4{,}26 \cdot 10^5$
Metalle der Gruppe IV:		
C (Diamant)	$1s^2 2s^2 2p^2$	$<10^{-18}$
Si	$.........3s^2 3p^2$	$5 \cdot 10^{-6}$
Ge	$.........4s^2 4p^2$	$0{,}02$
Sn	$.........5s^2 5p^2$	$0{,}9 \cdot 10^5$
Polymere:		
Polyethylen		10^{-15}
Polytetrafluorethylen		10^{-18}
Polystyrol		10^{-17} bis 10^{-19}
Epoxid		10^{-12} bis 10^{-17}
Keramik:		
Al_2O_3		10^{-14}
Quarzglas		10^{-17}
Bornitrid (BN)		10^{-13}
Siliciumcarbid (SiC)		10^{-1} bis 10^{-2}
Borcarbid (B_4C)		1 bis 2

Tabelle 18.2. Maßeinheiten und Umrechnungen

1 Elektronenvolt = 1 eV = $1{,}6 \cdot 10^{-19}$ Joule = $1{,}6 \cdot 10^{-12}$ erg

1 Ampere = 1 Coulomb/s

1 Volt = 1 Ampere $\cdot \Omega$

k = Boltzmannkonstante = $8{,}63 \cdot 10^{-5}$ eV/K = $1{,}38 \cdot 10^{-23}$ Joule/K

kT (bei Raumtemperatur) = 0,025 eV

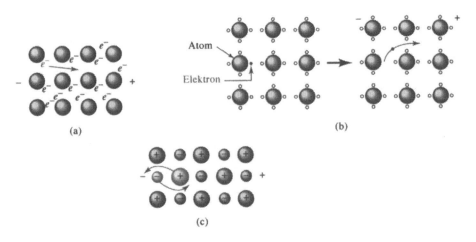

(a)   (b)

(c)

Abb. 18.2. Ladungsträger in unterschiedlichen Stoffen. (a) Leichtbewegliche Valenzelektronen in Metallen. (b) Bewegung von Elektronen in reinen Halbleitern und Isolatoren erfordert das Aufbrechen kovalenter Bindungen. (c) In ionisch gebundenen Stoffen erfolgt der Ladungstransport durch Diffusion von Ionen.

Beispiel 18.1

Ein elektrischer Leiter ist nach folgenden Vorgaben zu dimensionieren: Länge 1 500 m, Stromstärke 50 A, Verlustleistung maximal $5 \cdot 10^5$ W. Aus Tabelle 18.1 ist ein geeignetes Material auszuwählen.

Lösung

Die Verlustleistung ist das Produkt aus am Leiter anliegender Spannung und der Stromstärke:

$$P = VI = I^2R = (50^2)R = 5 \cdot 10^5 \text{ W}.$$

Als höchstzulässiger Widerstand ergibt sich:

$$R = 200 \ \Omega.$$

Aus Gleichung (18.2) folgt:

$$A = l/R\sigma = \frac{(1500 \text{ m})(100 \text{ cm/m})}{(200 \ \Omega)\sigma} = \frac{750}{\sigma}.$$

Drei Metalle mit sehr guter elektrische Leitfähigkeit kommen in Betracht, Aluminium, Kupfer und Silber. In der folgenden Tabelle sind die entsprechenden Daten und einige Parameter der Übertragungsleitung angegeben.

	$\sigma(\Omega^{-1} \cdot \text{cm}^{-1})$	A (cm^2)	Durchmesser (cm)
Aluminium	$3{,}77 \cdot 10^5$	0,00199	0,050
Kupfer	$5{,}98 \cdot 10^5$	0,00125	0,040
Silber	$6{,}80 \cdot 10^5$	0,00110	0,037

Von den Eigenschaften her ist offenbar jedes der Metalle geeignet, die Materialkosten jedoch unterscheiden sich erheblich. Die Masse der Leitung ist gleich dem Produkt aus Volumen (Querschnitt mal Länge) und Dichte (Dichteangaben sind in

Anhang A zu finden). Eine entsprechende Rechnung unter Berücksichtigung der ungefähren Kostenverhältnisse von Aluminium : Kupfer : Silber von 1:1,5:80 zeigt, daß eine Aluminiumleitung ungeachtet des größeren Durchmessers am billigsten ist. Bei Materialauswahl für Freileitungen wäre aber auch die Frage ausreichender Festigkeit gegenüber Zugbeanspruchungen zu beachten. $\square$

Beispiel 18.2

Unter der Annahme, daß in Kupfer alle Valenzelektronen am Ladungstransport teilnehmen, sind (a) die Beweglichkeit der Elektronen und (b) ihre durchschnittliche Driftgeschwindigkeit in einem 100 cm langen Kupferdraht bei einer anliegenden Spannung von 10 V zu berechnen.

Lösung

(a) Da Kupfer einwertig ist, stimmt die Anzahl der Valenzelektronen mit der der Atome überein. Kupfer hat die Gitterkonstante 0,36151 nm und entsprechend der kfz-Struktur 4 Atome je Elementarzelle (EZ). Nach Tabelle 18.1 ist der spezifische Widerstand $= 1/\sigma = 1/5,98 \cdot 10^5 \ \Omega^{-1} \cdot cm^{-1} = 1,67 \cdot 10^{-6} \ \Omega \cdot cm$:

$$n = \frac{(4 \ \text{Atome/EZ})(1 \ \text{Elektron/Atom})}{(3,6151 \cdot 10^{-8} \ cm)^3} = 8,466 \cdot 10^{22} \ \text{Elektronen/cm}^3,$$

$$q = 1,6 \cdot 10^{-19} \ C,$$

$$\mu = \frac{\sigma}{nq} = \frac{1}{\rho nq} = \frac{1}{(1,67 \cdot 10^{-6})(8,466 \cdot 10^{22})(1,6 \cdot 10^{-19})}$$

$$= 44,2 \ cm^2/\Omega \cdot C = 44,2 \ cm^2/V \cdot s.$$

(b) Die elektrische Feldstärke beträgt:

$$\xi = \frac{V}{l} = \frac{10}{100} = 0,1 \ V/cm.$$

Mit der Beweglichkeit 44,2 $cm^2/V \cdot s$ folgt:

$$\bar{v} = \mu\xi = (44,2)(0,1) = 4,42 \ cm/s.$$ $\square$

18.3 Bändertheorie

In Kapitel zwei ist gezeigt worden, daß die Elektronen eines einzelnen Atoms diskrete Energieniveaus besetzen, von denen jedes gemäß dem Pauliprinzip maximal zwei Elektronen mit entgegengesetztem Spin aufnehmen kann. Beispielsweise kann das 2s-Niveaus eines Atoms höchstens 2 Elektronen enthalten, die drei 2d-Niveaus zusammen maximal 6.

In einem aus N Atomen bestehenden Festkörper entspricht jedem Einzelniveau des isolierten Atomes ein Energiebereich, ein sogenanntes Energieband, das N eng benachbarte Niveaus enthält, für die ebenfalls das Pauliprinzip gilt. Somit enthält das 2s-Band eines Festkörpers N Energieniveaus mit maximal $2N$ Elektronen; aus den drei Niveaus des 2p-Zustandes jedes der Atome entsteht ein gemeinsames, breites 2p-Band mit 3N Niveaus, die maximal 6N Elektronen aufnehmen können usw. (Abb.18.3).

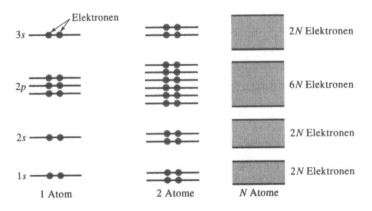

Abb. 18.3. Entstehung von Energiebändern aus diskreten Energieniveaus beim Zusammenführen vieler Atome.

Bandstruktur von Natrium. In Abbildung 18.4 ist am Beispiel von Natrium (Elektronenstruktur $1s^2 2s^2 2p^6 3s^1$) schematisch dargestellt, wie sich beim Zusammenrücken einer großen Anzahl von Atomen aus den einzelnen Energieniveaus Energiebänder bilden. Ihre Breite wächst mit abnehmendem Abstand zwischen den Atomen. Die Bandstruktur von Natrium entspricht dem durch die vertikale Linie bezeichneten zwischenatomaren Gleichgewichtsabstand. Die 3s-Niveaus bilden das *Valenzband*, die leeren 3p-Niveaus das durch eine Energielücke vom 3s-Band getrennte *Leitungsband*. (Der Sinn dieser Bandbezeichnungen wird bei der späteren Behandlung der Halbleiter klar werden.)

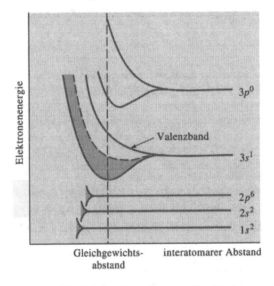

Abb. 18.4. Vereinfachte Darstellung der Bandstruktur von Natrium. Das nur zur Hälfte gefüllte 3s-Band verleiht Natrium seine gute elektrische Leitfähigkeit.

Natrium und die anderen Alkalimetalle der Gruppe IA des Periodensystems enthalten nur ein Elektron im $3s$-Niveau, so daß im $3s$-Band nur halb soviele Elektronen vorhanden sind wie Energieniveaus.

Am absoluten Temperaturnullpunkt ist genau die untere Hälfte der Niveaus bis zur sogenannten *Fermienergie* (E_f) gefüllt. Alle darüberliegenden Niveaus sind leer. Temperaturanstieg führt dazu, daß einige Elektronen aus Zuständen nahe der Fermienergie in höhere Energieniveaus übergehen können (Abb. 18.5). Unterhalb des Ferminiveaus entstehen gleichviele unbesetzte Zustände oder Löcher.

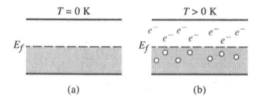

Abb. 18.5. (a) Am absoluten Nullpunkt sind alle Energieniveaus bis zur Fermienergie besetzt. (b) Mit steigender Temperatur werden Elektronen in höhere Niveaus angeregt. Die Fermienergie ändert sich dabei nicht.

Unabhängig von diesen thermischen Vorgängen bewirkt auch ein elektrisches Feld Übergänge von Elektronen aus der Umgebung der Fermienergie in höhere Niveaus. Diese angeregten Elektronen weisen eine Zusatzgeschwindigkeit in Feldrichtung auf und sind die Träger des elektrischen Stromes.

Bandstruktur von Magnesium und anderen Metallen. Abbildung 18.6 zeigt schematisch die Bandstruktur von Magnesium ($1s^2 2s^2 2p^6 3s^2$).

Magnesium und anderen Metalle der Gruppe IIA des Periodensystems haben 2 Elektronen im äußeren s-Band. Die hohe Leitfähigkeit dieser Metalle rührt daher, daß sich p- und s-Band überlappen, und daß deshalb den Elektronen die große Anzahl unbesetzter Energieniveaus des kombinierten $3s$-$3p$-Bandes zur Verfügung stehen. Auch in Aluminium und anderen Metallen der Gruppe IIIA überlappen sich in analoger Weise die $3s$- und $3p$-Bänder und bewirken gutes elektrisches Leitvermögen.

In den Übergangsmetallen Scandium bis Nickel überlappen sich $4s$-Band und ungefülltes $3d$-Band. Obwohl dadurch freie Niveaus für Elektronenanregungen zur Verfügung stehen, ist bei diesen Metallen infolge komplexer Interbandeffekte die Leitfähigkeit relativ klein. Kupfer dagegen besitzt ein gefülltes inneres $3d$-Band mit fest an den Atomkern gebundenen Elektronen. Zwischen den Elektronen des $4s$- und $3d$-Bandes besteht daher nur eine geringe Wechselwirkung, so daß Kupfer eine hohe Leitfähigkeit aufweist. Ähnlich liegen die Verhältnisse bei Silber und Gold.

Bandstruktur von Halbleitern und Isolatoren. Die Elemente in Gruppe IVA, Kohlenstoff (Diamant), Silicium, Germanium und Zinn, haben in ihrer äußeren p-Schale zwei Elektronen und sind vierwertig. Das nach den Ausführungen im vorigen Abschnitt zu erwartende hohe Leitvermögen wegen des nur teilweise gefüllten p-Bandes wird aber nicht beobachtet.

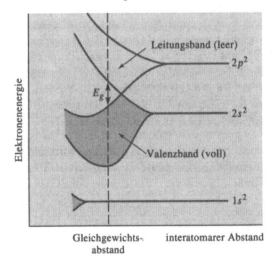

Abb. 18.6. Vereinfachte Darstellung der Bandstruktur von Magnesium. Im Gleichgewichtsabstand überlappen sich das gefüllte 3s- und das leere 3p-Band.

Der Grund ist die kovalente Bindung dieser Elemente und die dadurch bedingte starke Fixierung der Elektronen der äußeren s- und p-Bänder an ihre Atome. Die kovalente Bindung führt zu einer als *Hybridisierung* bezeichneten Veränderung der Bandstruktur. Hierunter versteht man die Bildung zweier durch eine verbotene Zone getrennter Bänder aus den 2s- und 2p-Niveaus (Abb. 18.7). Beide Bänder zusammen bieten Platz für 8 Elektronen pro Atom (z.B. C-Atome im Diamantgitter), vorhanden sind aber nur 4. Diese besetzen das untere der beiden Hybridbänder (das Valenzband) und füllen es vollständig auf. Das obere Hybridband (das Leitungsband) bleibt dagegen leer.

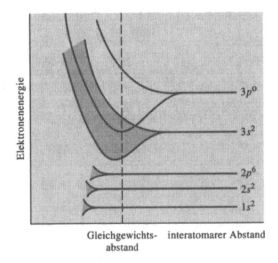

Abb. 18.7. Vereinfachte Darstellung der Bandstruktur der Diamantmodifikation von Kohlenstoff. Durch Kombination der 2s- und 2p-Niveaus entstehen zwei durch die Energielücke E_g getrennte Hybridbänder.

Da beide Bänder durch eine breite *Energielücke* voneinander getrennt sind, können nur wenige Elektronen die verbotene Zone überwinden und in das Leitungsband gelangen. Dies ist die Ursache für die mit weniger als 10^{-18} $\Omega^{-1} \cdot$ cm^{-1} sehr geringe Leitfähigkeit von Diamant. Auch andere kovalent oder ionisch gebundene Stoffe haben Bandstrukturen ähnlich der von Diamant und sind Isolatoren. Tabelle 18.1 enthält für Raumtemperatur Werte der elektrischen Leitfähigkeit einiger Polymere und keramischer Stoffe.

Mit steigender Temperatur oder durch elektrische Felder erhalten mehr Elektronen die zum Überwinden der Energielücke erforderliche Energie. So vergrößert sich z.B die elektrische Leitfähigkeit von Bornitrid von etwa 10^{-13} bei Raumtemperatur auf 10^{-4} $\Omega^{-1} \cdot$ cm^{-1} bei 800 °C.

Obwohl Kristall- und Bandstruktur von Silicium, Germanium und Zinn mit der von Diamant übereinstimmen, ist ihre Energielücke kleiner. Zinn zählt auf Grund seiner besonders schmalen Energielücke bereits zu den Metallen. Eine etwas breitere Energielücke macht Germanium und Silicium zu Halbleitern. Die elektrische Leitfähigkeit dieser vier Elemente ist in Tabelle 18.1 enthalten.

18.4 Methoden zur Einstellung der elektrischen Leitfähigkeit

Das durch die Elektronenstruktur seiner Atome bestimmte Leitvermögen eines reinen, defektfreien Metalls kann über die Beweglichkeit μ der Ladungsträger verändert werden. Die Beweglichkeit ist proportional zur Driftgeschwindigkeit $\bar{v}$. Diese hängt ab von der *mittleren freien Weglänge*, der durchschnittlichen Strecke, die Elektronen zwischen zwei Zusammenstößen mit Gitterstörungen zurücklegen. Große freie Weglänge bedeutet hohe Beweglichkeit und hohes Leitvermögen.

Temperatureinfluß. Die unter der Wirkung einer anliegenden Spannung beschleunigte Bewegung der Leitungselektronen wird durch Stöße mit thermisch schwingenden Gitterionen immer wieder abgebremst. Mit steigender Temperatur nimmt die Schwingungsweite der Ionen zu und führt zu stärkerer Streuung der Elektronen. Als Folge verringern sich freie Weglänge und Beweglichkeit, der Widerstand wird größer (Abb. 18.8).

Die Temperaturabhängigkeit des Widerstandes folgt näherungsweise der Gleichung:

$$\rho_T = \rho_r(1 + a\Delta T). \tag{18.6}$$

ρ_T ist der allein durch thermische Wechselwirkungen bedingte Widerstand, ρ_r der Widerstand bei Raumtemperatur (25 °C), ΔT die Differenz zwischen tatsächlicher Temperatur und 25 °C, a der Temperaturkoeffizient des elektrischen Widerstandes. Der spezifische elektrische Widerstand hängt über einen weiten Bereich linear von der Temperatur ab (Abb. 18.9). In Tabelle 18.3 sind Temperaturkoeffizienten einiger Metalle angegeben.

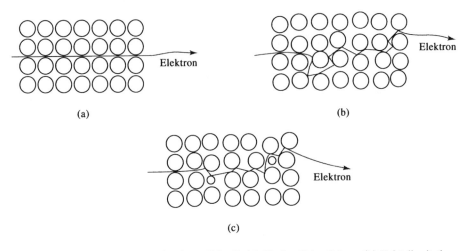

(a)

(b)

(c)

Abb. 18.8. Elektronenbewegung in einem Kristall. (a) Ideales Kristallgitter. (b) Kristall mit thermisch schwingenden Gitterbausteinen. (c) Kristall mit Gitterfehlern. In den Fällen (b) und (c) werden Beweglichkeit und Leitfähigkeit durch Streuprozesse vermindert.

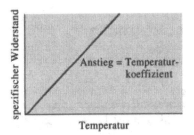

Abb. 18.9. Temperaturabhängigkeit des spezifischen elektrischen Widerstandes eines Metalls. Der Kurvenanstieg ist gleich dem Temperaturkoeffizienten des spezifischen Widerstandes.

Tabelle 18.3. Temperaturkoeffizient des spezifischen Widerstandes von Metallen

Metall	spezifischer Widerstand bei Raumtemperatur ($\cdot\ 10^{-6}\,\Omega \cdot$ cm)	Temperaturkoeffizient ($\Omega \cdot$ cm/ °C)
Be	4,0	0,0250
Mg	4,45	0,0165
Ca	3,91	0,0042
Al	2,65	0,0043
Cr	12,90	0,0030
Fe	9,71	0,0065
Co	6,24	0,0060
Ni	6,84	0,0069
Cu	1,67	0,0068
Ag	1,59	0,0041
Au	2,35	0,0040

Aus *ASM Metals Handbook*, Vol.2, 9th Ed.,1979.

Beispiel 18.3

Berechnung der elektrischen Leitfähigkeit von reinem Kupfer bei (a) 400 °C, (b) –100 °C.

Lösung

Kupfer hat bei Raumtemperatur einen spezifischen Widerstand von $1.67 \cdot 10^{-6}\,\Omega \cdot$ cm mit dem Temperaturkoeffizienten $0{,}0068\,\Omega \cdot$ cm/ °C.

1. Bei 400 °C

$$\rho = \rho_r(1 + a\Delta T) = (1{,}67 \cdot 10^{-6})[1 + 0{,}0068(400 - 25)]$$
$$\rho = 5{,}929 \cdot 10^{-6}\,\Omega \cdot \text{cm},$$
$$\sigma = 1/\rho = 1{,}69 \cdot 10^{5}\,\Omega^{-1} \cdot \text{cm}^{-1}.$$

2. Bei –100 °C

$$\rho = (1{,}67 \cdot 10^{-6})[1 + 0{,}0068(-100 - 25)] = 0{,}251 \cdot 10^{-6}\,\Omega \cdot \text{cm},$$
$$\sigma = 39{,}8 \cdot 10^{5}\,\Omega^{-1} \cdot \text{cm}^{-1}.$$ □

Einfluß von Gitterstörungen. Durch Elektronenstreuung an Gitterstörungen verringert sich die Beweglichkeit der Elektronen und damit das Leitvermögen der Metalle (Abb. 18.8(c)). Beispielsweise vergrößert sich der spezifische Widerstand durch Streuung an gelösten Fremdatomen gemäß:

$$\rho_d = b(1 - x)x. \tag{18.7}$$

ρ_d bedeutet die defektbedingte Zunahme des spezifischen Widerstands, x den atomaren Anteil der Fremdatome und b den „Defektkoeffizienten" des spezifischen Widerstands. In ähnlicher Weise wird die elektrische Leitfähigkeit von Metallen durch Leerstellen, Versetzungen und Korngrenzen herabgesetzt. Die Gesamtwirkung dieser Gitterstörungen auf den spezifischen Widerstand kann dargestellt werden als:

$$\rho = \rho_T + \rho_d. \tag{18.8}$$

ρ_d enthält die Beiträge aller Gitterstörungen. Die Wirkung der Defekte ist temperaturunabhängig (Abb. 18.10).

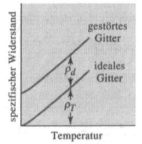

Abb. 18.10. Zwei Anteile des spezifischen elektrischen Widerstandes eines Metalls: Temperaturunabhängiger Widerstand infolge von Gitterdefekten ρ_d und temperaturabhängiger Anteil ρ_T.

Einflüsse von Bearbeitung und Härtung. Härtungsmechanismen und Verarbeitungstechnologien beeinflussen die elektrischen Eigenschaften von Metallen auf unterschiedliche Weise (Tab. 18.4). Mischkristallverfestigung eignet sich nicht zur

Härtung von Metallen, wenn hohe elektrische Leitfähigkeit verlangt wird. Die freie Weglänge wird durch die zufällig verteilten insterstitiellen oder substitutionellen Atome stark herabgesetzt. Abbildung 18.11 zeigt die Wirkung von Zink und anderen Metallen auf die elektrische Leitfähigkeit von Kupfer, die mit wachsendem Anteil an Legierungselementen wesentlich abnimmt.

Härtung durch Ausscheidungen setzt die elektrische Leitfähigkeit weniger stark herab, da zwischen den ausgeschiedenen Partikeln größere freie Weglängen vorhanden sind, als zwischen Punktdefekten. Noch geringeren Einfluß haben Kalthärtung und Feinkornhärtung (Abb. 18.11 und Tab. 18.4), da zwischen den Versetzungen und Korngrenzen ausgedehnte Bereiche mit großen freien Weglängen für Elektronen existieren. Kaltverformung ist daher eine effektive Methode, ohne wesentliche Verschlechterung der elektrischen Eigenschaften Metalle zu verfestigen. Darüber hinaus besteht die Möglichkeit, die Auswirkungen der Kaltverformung auf die Leitfähigkeit durch Erholungsglühen bei niedriger Temperatur rückgängig zu machen, ohne daß dabei die Festigkeit des Materials wieder verlorengeht.

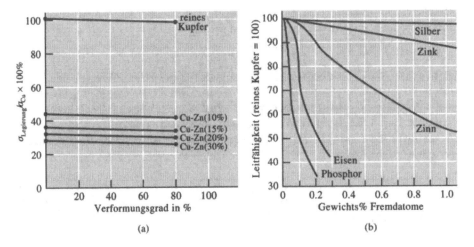

Abb. 18.11. (a) Einfluß von Mischkristallverfestigung und Kaltbearbeitung, (b) Einfluß verschiedener Elemente auf die elektrische Leitfähigkeit von Kupfer.

Tabelle 18.4. Änderung der elektrischen Leitfähigkeit von Kupfer durch Legieren, Härten und Bearbeiten

Legierung	$\dfrac{\sigma_{Legierung}}{\sigma_{Cu}} \cdot 100$	Bemerkungen
Reinkupfer, geglüht	101	Wenige Gitterdefekte, große freie Weglänge für Elektronen
Reinkupfer, 80% verformt	98	Infolge vernetzter Anordnung der zahlreichen Versetzungen noch große freie Weglänge
Cu-Al$_2$O$_3$(0,7%), dispersionsgehärtet	85	Geringe Beeinträchtigung der Leitfähigkeit durch grobdispersen, inkohärenten Al$_2$O$_3$-Anteil
Cu-Be(2%), Mischkristall	18	Einphasige Legierung. Starke Abnahme der Leitfähigkeit durch kleinen Berylliumanteil in übersättigter Lösung
Cu-Be(2%), ausgelagert	23	Berylliumatome bilden im Kupfergitter kohärente Ausscheidungen. Einfluß auf die Leitfähigkeit geringer als in fester Lösung
Cu-Zn(35%)	28	Mischkristallhärtung durch Zn-Atome (Größe vergleichbar mit der von Cu-Atomen). Einfluß auf Leitfähigkeit geringer als der von Be

18.5 Supraleitung

Der elektrische Widerstand eines ideal reinen Metalles würde entsprechend seiner Temperaturabhängigkeit am absoluten Nullpunkt völlig verschwinden, Ströme könnten verlustfrei fließen, das Material wäre supraleitend. Reale Metalle jedoch behalten bei noch so tiefer Temperatur einen durch Gitterfehler verursachten Restwiderstand. Manche Stoffe gehen aber bereits oberhalb des absoluten Nullpunkts in den supraleitenden Zustand über. Der Übergang von Normalleitung zur Supraleitung erfolgt plötzlich bei einer kritischen Temperatur T_c (Abb. 18.12).

Supraleitung ist ein komplexes physikalisches Phänomen, das sich nur ansatzweise anschaulich darstellen läßt. In großen Kollektiven von Leitungselektronen bilden sich zwischen ständig wechselnden Partnern Elektronenpaare, die als Gesamtheit energetisch so gekoppelt sind, daß die bei einem normalen Stoß zwischen Einzelelektron und Gitter übertragene Energie für das Aufbrechen eines

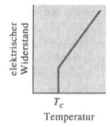

Abb. 18.12. Verschwinden des elektrischen Widerstandes eines Supraleiters bei der kritischen Temperatur T_c.

Paares nicht ausreicht. Daher kann ein Elektron im Paarzustand nicht gestreut werden, und Elektronenpaare bewegen sich widerstandslos durch das Kristallgitter.

Viele Metalle und intermetallische Verbindungen gehen unterhalb etwa 20 K in den supraleitenden Zustand über (Tab. 18.5). Zur Abkühlung dient meist flüssiges Helium, das bei ca. 4 K siedet. Supraleitung findet bei der Kernspin-Tomografie, einem modernen medizinischen Diagnoseverfahren, praktische Anwendung.

Ein Magnetfeld, das einen Supraleiter durchdringt, wird beim Übergang in den supraleitenden Zustand aus dem Material herausgedrängt. Dies ist auch die Ursache dafür, daß ein Supraleiter über einem Magneten schweben kann. Wird das Magnetfeld stärker, nimmt die Sprungtemperatur ab. Übersteigt die Feldstärke einen kritischen Wert H_c, dringen magnetische Flußlinien in das Material ein und die Supraleitung bricht zusammen. Der Zusammenhang zwischen kritischem Feld und Temperatur wird beschrieben durch

$$H_c = H_0 \left[1 - \left(\frac{T}{T_c} \right)^2 \right]. \tag{18.9}$$

H_0 ist das kritische Feld bei 0 K (Abb. 18.13). Supraleitung im Feldbereich unterhalb der eingezeichneten Kurve wird als Typ I-Supraleitung bezeichnet.

Tabelle 18.5. Kritische Temperaturen und kritische Magnetfelder einiger Supraleiter

Material	T_c (K)	H_0 (Oersted)
Typ I – Supraleiter		
W	0,015	1,15
Al	1,180	105,00
Sn	3,720	305,00
Typ II – Supraleiter		
Nb	9,25	1 970,00
Nb_3Sn	18,05	250 000,00
GaV_3	16,80	350 000,00
Keramische Supraleiter		
$(La, Sr)_2CuO_4$	40,0	
$YBa_2Cu_3O_{7-x}$	93,00	
$TlBa_2Ca_3Cu_4O_{11}$	122,0	

Die meisten Supraleiter, einschließlich Nb_3Sn, sind Typ II- oder Hochfeldsupraleiter. Auch bei diesen Stoffen zerstört ein genügend starkes Magnetfeld den supraleitenden Zustand vollständig, jedoch erfolgt bei steigender Feldstärke der Übergang in den Normalzustand schrittweise. Anfangs ist das gesamte Volumen supraleitend. Im folgenden Zustand, dem sogenannten Mischzustand, existieren supraleitende und normalleitende Bereiche nebeneinander. Bei weiterem Feldanstieg verringert sich der supraleitende Anteil, bis das Material durchweg normalleitend ist. Typ II-Supraleiter haben höhere kritische Temperaturen und höhere kritische Magnetfelder als Typ I-Supraleiter.

Auch widerstandslos fließende elektrische Ströme wirken auf den supraleitenden Zustand zurück. Übersteigt die Stromdichte J (A/cm^2) eine kritische Grenze, verschwindet die Supraleitung (Abb. 18.13). Interessant für technische Anwendungen sind vor allem Supraleiter mit hohen kritischen Parametern (Sprungtemperatur, Magnetfeld und Stromdichte).

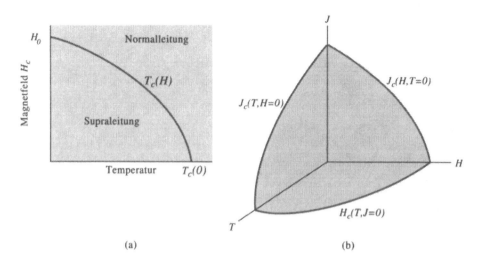

(a) (b)

Abb. 18.13. (a) Einfluß eines Magnetfeldes auf die Sprungtemperatur. (b) Existenzbereich des supraleitenden Zustandes in Abhängigkeit von Temperatur, Magnetfeld und Stromdichte.

Der technische Einsatz der Supraleitung war bis 1986 dadurch erschwert, daß zur Abkühlung der Supraleiter unter die kritische Temperatur flüssiges Helium verwendet werden mußte. Inzwischen ist aber eine Gruppe keramischer Stoffe entdeckt worden, deren kritische Temperaturen 77 K überschreiten, so daß die Kühlung mit relativ billigem und einfach zu handhabendem flüssigem Stickstoff erfolgen kann. Zu diesen Substanzen gehören die 1-2-3-Verbindungen des Typs $YBa_2Cu_3O_{7-x}$, wo x bedeutet, daß einige Sauerstoffionen in der komplizierten Perowskitstruktur fehlen (Abb. 18.14). Einige Stoffe wie $TlBa_2Ca_3Cu_4O_{11}$ haben sogar kritische Temperaturen oberhalb 100 K.

Stromdichten konventioneller Typ II-Supraleiter liegen im Bereich einiger 10^6 A/cm^2, die von einfach gesinterten keramischen Stoffen dagegen nur bei etwa 10^3 A/cm^2. Höhere Werte wurden in besonders orientierten Kristallstrukturen gemessen, die mit ausgeklügelten Erstarrungsmethoden erzeugt worden waren. Etwas einfacher sind dünne Filme herzustellen, die sogar noch höhere Stromdichten aufweisen (Abb. 18.15). Alle mit diesen komplizierten Verfahren hergestellten keramischen Supraleiter sind sehr spröde. Ein anderes Verfahren besteht darin, die Ausgangssubstanzen in Metallrohre zu pressen und diese zu Drähten zu ziehen. Die supraleitende Struktur entsteht während einer anschließenden Wärmebehandlung und läßt in dieser Form geringe Verformungen zu.

Neben Anwendungen in der Medizin entwickelt sich auch in der Technik ein zunehmend breiteres Einsatzfeld für Supraleiter. Beispiele sind elektronische Schalter, Übertragungsleitungen für sehr große elektrische Energien, Hochgeschwindigkeitscomputer, Magnetschwebebahnen, Energiespeicher für Elektrofahrzeuge, Fusionskraftwerke und Teilchenbeschleuniger.

Beispiel 18.4
Bestimmung des kritischen Magnetfeldes von Niob bei der Temperatur des flüssigen Heliums.

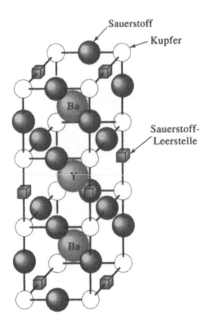

Abb. 18.14. Kristallstruktur der supraleitenden Verbindung $YBa_2Cu_3O_{7-x}$. Die orthorhombische Elementarzelle besteht aus drei schichtförmig übereinanderliegenden Perowskitzellen.

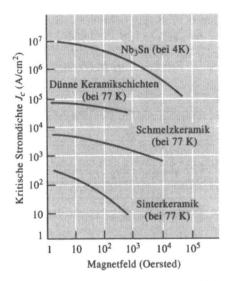

Abb. 18.15. Kritische Stromdichten keramischer Supraleiter. Die Werte liegen wesentlich niedriger als die von Nb_3Sn, hängen aber stark vom Herstellungsverfahren ab.

Lösung

Nach Tabelle 18.5 ist T_c = 9,25 K und H_0 = 1970 Oersted. Das kritische Feld bei 4 K folgt aus Gleichung (18.9):

$$H_c = H_0[1 - (T/T_c)^2]$$
$$H_c = 1970[1 - (4/9{,}25)^2] = (1970)(0{,}813) = 1602 \text{ Oersted.}$$

In magnetischen Feldern unterhalb 1602 Oerstedt ist Nb supraleitend.   □

18.6 Leitfähigkeit anderer Stoffe

Das elektrische Leitvermögen der meisten keramischen Stoffe und Polymere ist nur sehr gering. Es gibt jedoch auch in dieser Materialklasse mittelmäßige bis gute Leiter.

Leitung in Stoffen mit Ionenbindung. In diesen Stoffen erfolgt der Stromtransport gewöhnlich durch Ionen, da wegen der breiten Energielücke keine Elektronen in das Leitungsband gelangen können. Deshalb sind die meisten ionisch gebundenen Materialien Isolatoren. Für die Beweglichkeit der Ionen gilt die Beziehung:

$$\mu = \frac{ZqD}{kT}. \tag{18.10}$$

D ist der Diffusionskoeffizient, k die Boltzmannkonstante, T die absolute Temperatur, q die Elementarladung und Z die Wertigkeit des Ions. Die Beweglichkeit der Ionen ist um viele Größenordnungen geringer als die von Elektronen. Daher ist die Leitfähigkeit sehr klein:

$$\sigma = nZq\mu. \tag{18.11}$$

Fremdatome und Leerstellen verbessern das Leitvermögen. In Kristallen mit substitutionellen Verunreinigungen tragen die Fremdatome durch Diffusion über Leerstellen zum Stromtransport bei. Mit steigender Temperatur nehmen Diffusionsgeschwindigkeit und Leitfähigkeit zu.

Beispiel 18.5

Es sei angenommen, daß die elektrische Leitfähigkeit von MgO vor allen Dingen durch die Diffusion von Mg^{2+}-Ionen bedingt ist. Die Beweglichkeit der Ionen soll abgeschätzt und die elektrische Leitfähigkeit von MgO bei 1 800 °C berechnet werden.

Lösung

Gemäß Abbildung 5.9 hat für Diffusion von Mg^{2+}-Ionen in MgO bei 1 800 °C der Diffusionskoeffizient den Wert 10^{-10}cm²/s. Mit Z = 2/Ion, q = 1,6 · 10^{-19} C, k = 1,38 · 10^{-23} J/K und T = 2 073 K folgt:

$$\mu = \frac{ZqD}{kT} = \frac{(2)(1{,}6 \cdot 10^{-19})(10^{-10})}{(1{,}38 \cdot 10^{-23})(2073)} = 1{,}12 \cdot 10^{-9} \text{ C} \cdot \text{cm}^2/\text{J} \cdot \text{s.}$$

Wegen C = A · s und J = A · V · s ist μ = 1,12 · 10^{-9} cm²/V · s.

MgO besitzt eine NaCl-Struktur mit 4 Mg-Ionen pro Elementarzelle. Mit der Gitterkonstante $3{,}96 \cdot 10^{-8}$ cm folgt als Anzahl von Mg^{2+}-Ionen pro cm^3:

$$n = \frac{4\,Mg^{2+}\,Ionen/EZ}{(3{,}96 \cdot 10^{-8}\,cm)^3} = 6{,}4 \cdot 10^{22}\,Ionen/cm^3,$$

$$\sigma = nZq\mu = (6{,}4 \cdot 10^{22})(2)(1{,}6 \cdot 10^{-19})(1{,}12 \cdot 10^{-9})$$
$$= 22{,}94 \cdot 10^{-6}\,C \cdot cm^2/cm^3 \cdot V \cdot s.$$

Mit $C = A \cdot s$ und $V = A \cdot \Omega$ ergibt sich schließlich:

$$\sigma = 2{,}294 \cdot 10^{-5}\,\Omega^{-1} \cdot cm^{-1}. \qquad \qquad \square$$

Leitung in Polymeren. Polymere besitzen Bandstrukturen mit besonders breiter Energielücke, da ihre Elektronen nur schwer aus den kovalenten Bindungen zu lösen sind. Wegen der dadurch bedingten extrem kleinen Leitfähigkeit werden Polymere häufig als elektrische Isolierstoffe eingesetzt. Tabelle 18.1 enthält Angaben zur elektrischen Leitfähigkeit von vier gebräuchlichen Polymeren.

Das geringe Leitvermögen der Polymere kann für viele Anwendungen auch nachteilig sein. Beispiele hierfür sind Kunststoffgehäuse elektronischer Schaltungen, die sich leicht aufladen und keinen Schutz gegen elektromagnetische Störfelder bieten. Aus mechanischen Gründen für den Bau von Flugzeugtragflächen eingesetzte Polymer-Verbunde sind eine Gefahrenquelle bei Blitzeinschlägen, da sie die dabei auftretenden Ladungen nur ungenügend abführen. Diese Probleme lassen sich lösen, indem man das Leitvermögen der Polymere durch Zusatz geeigneter Stoffe verbessert, oder durch Synthese von Polymeren mit strukturbedingt geringerem elektrischen Widerstand.

Der spezifische Widerstand von Polymeren läßt sich durch Einbau ionisch gebundener Substanzen herabsetzen. Ionen wandern an die Polymeroberfläche und binden Feuchtigkeit, durch die statische elektrische Ladungen abfließen können. Dasselbe bewirken auch leitfähige Füllstoffe wie Ruß. Verbunde, die Kohlenstoffasern oder nickelplattierte Kohlenstoffasern in einer Polymermatrix enthalten, vereinen hohe Biegefestigkeit mit relativ guter elektrischer Leitfähigkeit. Hybridverbunde von metallischen Fasern mit normalen Kohlenstoff-, Glas- oder Aramidfasern dienen als blitzsichere Verkleidung von Flugzeugen. Nach Abbildung 18.16

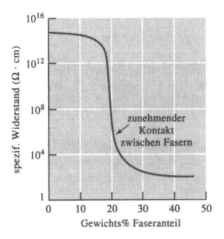

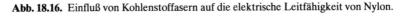

Abb. 18.16. Einfluß von Kohlenstoffasern auf die elektrische Leitfähigkeit von Nylon.

sinkt der Widerstand von Nylon um 13 Größenordnungen, wenn so viele Kohlenstoffasern eingebaut werden, daß zwischen ihnen elektrischer Kontakt besteht. Auch das Abschirmen elektromagnetischer Strahlung mit Polymeren ist durch Anwendung geeigneter Füllstoffe und Fasern möglich.

Manche Polymere weisen als Folge von Dotierung oder durch Anwendung besonderer Herstellungsmethoden von vornherein eine gute Leitfähigkeit auf. Das Leitvermögen von Azetalharzen läßt sich durch Dotieren mit Arsenpentafluorid auf Werte steigern, die fast denen von Metallen entsprechen. In Polyphtalocyanin und einigen anderen Polymeren können mit speziellen Polymerisationsverfahren Querverbindungen erzeugt werden, die ein Überwechseln der Elektronen zwischen den Kettenmolekülen ermöglichen. Die Leitfähigkeit steigt dadurch auf $10^2 \ \Omega^{-1} \cdot$ cm^{-1} und ist mit der von Halbleitern vergleichbar.

18.7 Eigenhalbleiter

Halbleitermaterialien bilden die stoffliche Basis der Mikro- und Optoelektronik bis hin zu Bauelementen der Leistungselektronik. Dominierend sind vor allem Silicium und in Spezialanwendungen auch Verbindungshalbleiter. Germanium, das im folgenden als Beispiel neben Silicium angeführt wird, ist zwar in seinem elektronischen Verhalten vergleichbar mit Silicium, besitzt aber nicht dessen Werkstoffeigenschaften, die für die moderne Halbleitertechologie und die Realisierbarkeit moderner Bauelementestrukturen entscheiden sind. Die Bedeutung der Halbleiter beruht vor allem auf der Eigenschaft, daß sie in relativ einfacher Weise und sehr genau in ihrer Leitfähigkeit und in ihrem Leitungstyp (p- und n-Leitung, s. u.) räumlich selektiv einstellbar sind. Dies ermöglicht die Erzeugung interner Leitfähigkeitsstrukturen, mit denen sich nahezu alle elektronischen Funktionen realisieren lassen (Gleichrichtung, Verstärkung, Signalwandlung, Signalspeicherung usw.).

Tabelle 18.6. Elektronenstruktur und elektrische Leitfähigkeit von Elementen der Gruppe IV A für 25 °C

Metall	Elektronen-struktur	elektrische Leitfähigkeit ($\Omega^{-1} \cdot$ cm^{-1})	Energielücke (eV)	Elektronenbeweglichkeit (cm^2/V $\cdot$ s)	Löcherbeweglichkeit (cm^2/V $\cdot$ s)
C (Diamant)	$1s^2 2s^2 2p^2$	$<10^{-18}$	5,4	1 800	1 400
Si	$1s^2 2s^2 2p^6 3s^2 3p^2$	$5 \cdot 10^{-6}$	1,107	1 900	500
Ge	......$4s^2 4p^2$	0,02	0,67	3 800	1 820
Sn	......$5s^2 5p^2$	$0,9 \cdot 10^5$	0,08	2 500	2 400

Reines Silicium und Germanium sind Eigenhalbleiter. Ihre Energielücke E_g zwischen Valenz- und Leitungsband ist schmal (Tab. 18.6), so daß unter Normalbedingungen stets einige Elektronen genügend thermische Energie besitzen, um in das Leitungsband zu gelangen. Diese angeregten Elektronen hinterlassen im Valenzband unbesetzte Energiezustände oder Löcher. Ein Elektron des Valenzbandes kann in ein solches Loch überwechseln, an seiner ursprünglichen Position bleibt

dabei aber ein neues Loch zurück. Die Wirkung ist so, als sei ein Loch entgegengesetzt zur Bewegungsrichtung des Elektrons gewandert. Die Löcher verhalten sich
wie positiv geladene Elektronen und tragen in entsprechender Weise zum Ladungstransport bei. Ein anliegendes elektrisches Feld beschleunigt die Elektronen des
Leitungsbandes zur positiven, die Löcher des Valenzbandes zur negativen Seite hin
(Abb. 18.17). Am Strom sind demnach sowohl Elektronen wie Löcher beteiligt.

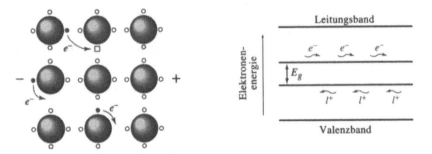

Abb. 18.17. Schematische Darstellung der Bewegung der Ladungsträger in einem Halbleiter unter
der Wirkung eines elektrischen Feldes. Elektronen driften im Leitungsband entgegen der Feldrichtung, Löcher im Valenzband in Richtung des Feldes (l^+ für Loch).

Die Anzahl von Elektron-Loch-Paaren bestimmt die Leitfähigkeit:

$$\sigma = n_e q \mu_e + n_l q \mu_l. \tag{18.12}$$

n_e ist die Anzahl von Elektronen im Leitungsband, n_l die Anzahl von Löchern im
Valenzband, μ_e und μ_l sind Beweglichkeiten von Elektronen und Löchern (Tab.
18.6). In Eigenhalbleitern gilt:

$$n = n_e = n_l.$$

Deshalb ist die Leitfähigkeit:

$$\sigma = nq(\mu_e + \mu_l). \tag{18.13}$$

In Eigenhalbleitern hängt die Anzahl der elektrischen Ladungsträger und damit
die elektrische Leitfähigkeit ausschließlich von der Temperatur ab. Am absoluten
Nullpunkt befinden sich alle Elektronen im Valenzband, alle Niveaus des Leitungsbandes sind leer (Abb. 18.18(a)).
Mit steigender Temperatur wächst die (für beide Vorgänge gleiche) Wahrscheinlichkeit, daß ein Energieniveau des Leitungsbandes besetzt oder ein Niveau des
Valenzbandes unter Bildung eines Loches geleert wird (Abb. 18.18(b)). Die Anzahl

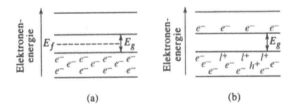

(a)   (b)

Abb. 18.18. Verteilung von Elektronen und Löchern (l^+) auf Leitungs- und Valenzband bei (a) T =
0 und (b) T > 0.

von Elektronen im Leitungsband bzw. von Löchern im Valenzband ist gegeben durch:

$$n = n_e = n_l = n_o \exp\left(\frac{-E_g}{2kT}\right). \tag{18.14}$$

Die Größe n_0 ändert sich nur wenig mit der Temperatur und kann als konstant angesehen werden. Bei höheren Temperaturen sind mehr Elektronen befähigt, die verbotene Zone zu überwinden und die Leitfähigkeit steigt an:

$$\sigma = n_o\, q(\mu_e + \mu_l) \exp\left(\frac{-E_g}{2kT}\right). \tag{18.15}$$

Da sich sowohl n wie σ gemäß $\exp(-Q/RT)$ mit der Temperatur ändern, hängt die Leitfähigkeit von Metallen und Halbleitern in entgegengesetzter Weise von der Temperatur ab. Mit steigender Temperatur erhöht sich die Leitfähigkeit von Halbleitern infolge zunehmender Anzahl von Ladungsträgern, während sie sich bei Metallen wegen abnehmender Beweglichkeit der Ladungsträger verringert (Abb. 18.19).

Gegenläufig zur Anregung von Elektronen-Loch-Paaren findet auch ihre Vernichtung (*Rekombination*) statt, d.h. im stationären Zustand fallen pro Zeiteinheit ebenso viele Elektronen in das Valenzband zurück, wie durch thermische Anregung aus ihm angehoben werden. Dieser Vorgang wird jedoch nur bemerkbar, wenn die Anregung plötzlich aufhört. (Bei thermischer Anregung ist das nicht möglich, wohl aber bei Anregung durch eine elektrische Spannung, s. u.). Die Anzahl der Elektronen im Leitungsband nimmt dann nach folgender Beziehung ab:

$$n = n_o \exp\left(\frac{-t}{\tau}\right). \tag{18.16}$$

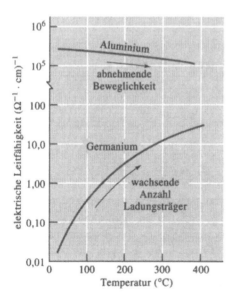

Abb. 18.19. Vergleich der Temperaturabhängigkeit der elektrischen Leitfähigkeit von Halbleitern und Metallen.

t ist die seit Abschalten der Anregungsquelle vergangene Zeit, n_0 eine Konstante und τ die sogenannte *Rekombinationszeit*. Der Rekombinationsvorgang hat für die Funktion von Halbleiterbauelementen große Bedeutung.

Beispiel 18.6

Für Germanium mit einer Temperatur von 25 °C ist abzuschätzen: (a) die Anzahl der Ladungsträger, (b) welcher Anteil der Elektronen des Valenzbandes sich im Leitungsband befindet, (c) die Konstante n_0.

Lösung

Nach Tabelle 18.6 ist:

$$\sigma = 0,02\ \Omega^{-1} \cdot cm^{-1}, \qquad E_g = 0,67\ eV,$$
$$\mu_e = 3800\ cm^2/V \cdot s, \qquad \mu_l = 1820\ cm^2/V \cdot s,$$
$$2kT = (2)(8,63 \cdot 10^{-5}\ eV/K)(273 + 25) = 0,0514\ eV \text{ bei } T = 25\ °C.$$

1. Nach Gleichung (18.12) gilt:

$$n = \frac{\sigma}{q(\mu_e + \mu_l)} = \frac{0,02}{(1,6 \cdot 10^{-19})(3800 + 1820)} = 2,2 \cdot 10^{13}\,cm^{-3}.$$

Germanium enthält bei Raumtemperatur folgende Ladungsträger: $2,2 \cdot 10^{13}$ Elektronen und ebensoviele Löcher pro cm^3.

2. Germanium mit Diamantstruktur hat die Gitterkonstante $5,6575 \cdot 10^{-8}$ cm. Die Gesamtzahl von Elektronen im Valenzband beträgt:

$$\text{Gesamtzahl Elektronen} = \frac{(8\ \text{Atome/EZ})(4\ \text{Elektronen/Atom})}{(5,6575 \cdot 10^{-8}\ cm)^3}.$$

$$= 1,77 \cdot 10^{23}\,cm^{-3}.$$

$$\text{Anteil angeregter Elektronen} = \frac{2,2 \cdot 10^{13}}{1,77 \cdot 10^{23}} = 1,24\ :\ 10^{-10}\,cm^{-3}.$$

3. Nach Gleichung (18.14) ist:

$$n_0 = \frac{n}{\exp(-E_g/2kT)} = \frac{2,2 \cdot 10^{13}}{\exp(-0,67/0,0514)} \cong 10^{19}\,cm^{-3}. \qquad \square$$

18.8 Störstellenhalbleiter

Die technische Nutzung der Halbleiter als Gleichrichter, Verstärker, Speicherelemente usw. setzt ihre *Dotierung* mit dafür geeigneten Fremdatomen voraus. Nur auf diese Weise lassen sich nahezu temperaturunabhängige Bereiche der Leitfähigkeit erzeugen und vor allem die für die elektronischen Funktionen unentbehrlichen Gebiete unterschiedlichen Leitungstyps. Im Gegensatz zur Eigenleitung sprechen wir in diesem Fall von *Störstellenleitung*. Die Anzahl der eingebauten Fremdatome bestimmt die Leitfähigkeit der Störstellenhalbleiter und die Art der Fremdatome ihren Leitungstyp.

n-Halbleiter. Wir betrachten als Beispiel den Einbau von Antimon mit Wertigkeit 5 in einen Siliciumeinkristall. Von den 5 Valenzelektronen des Sb-Atoms können nur 4 an den kovalenten Bindungen des Si-Wirtsgitters teilhaben. Das überschüssige fünfte Valenzelektron besetzt ein diskretes Energieniveau dicht unterhalb des Leitungsbandes, das auch als Donatorniveau bezeichnet wird (Abb. 18.20). Da es nur schwach an sein Mutteratom gebunden ist, genügt ein geringer Energiebetrag E_d, um es in das Leitungsband anzuheben. Die für den Leitungsvorgang maßgebliche Energielücke ist jetzt E_d und nicht mehr der Bandabstand E_g wie im Eigenhalbleiter. Tabelle 18.7 enthält Werte von E_d für die Donatorelemente P, As und Sb in Si und Ge. Im Gegensatz zur Eigenhalbleitung entstehen bei der Anregung von Donatorelektronen keine frei beweglichen Löcher, so daß die Anzahl der Elektronen jetzt größer ist als die Anzahl der Löcher im Valenzband. Es überwiegt Elektronenleitung, und es liegt ein n-Halbleiter vor.

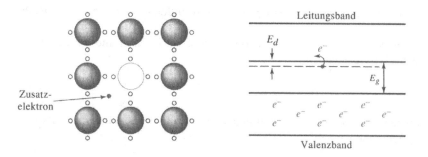

Abb. 18.20. Siliciumgitter mit einem 5-wertigen Fremdatom. Das zusätzliche Elektron befindet sich in einem Donatorniveau und kann leicht in das Leitungsband angeregt werden.

Tabelle 18.7. Energielücken der Donator- und Akzeptorniveaus in dotiertem Silicium und Germanium (Angaben in eV)

Dotand	Silicium		Germanium	
	E_d	E_a	E_d	E_a
P	0,045		0,0120	
As	0,049		0,0127	
Sb	0,039		0,0096	
B		0,045		0,0104
Al		0,057		0,0102
Ga		0,065		0,0108
In		0,160		0,0112

Neben der Störstellenleitung ist eine geringe Eigenleitung vorhanden, da einige Elektronen genügend Energie besitzen, um die große Energielücke E_g zu überwinden. Die Gesamtzahl der Ladungsträger beträgt:

$$n_{\text{Gesamt}} = n_e \text{ (Störstellen)} + n_e \text{ (Eigenleitung)} + n_l \text{ (Eigenleitung)}$$

oder

$$n_0 = n_{0d} \exp\left(\frac{-E_d}{kT}\right) + 2n_0 \exp\left(\frac{-E_g}{2kT}\right), \tag{18.17}$$

wo n_{0d} und n_0 nahezu konstant sind. Bei niedrigen Temperaturen ist die Eigenleitung vernachlässigbar und die Anzahl der Elektronen beträgt:

$$n_{total} \approx n_{0d} \exp\left(\frac{-E_d}{kT}\right). \tag{18.18}$$

Mit steigender Temperatur gelangen immer mehr Donatorelektronen in das Leitungsband. Als *Donatorerschöpfung* bezeichnet man den Zustand, wenn sich sämtliche Donatorelektronen im Leitungsband befinden (Abb. 18.21). Da keine weiteren Donatorelektronen zur Verfügung stehen, ist die Leitfähigkeit praktisch konstant und hat den Wert:

$$\sigma = n_d q \mu_e. \tag{18.19}$$

Die Maximalzahl n_d der Donatorelektronen stimmt mit der Anzahl von Fremdatomen überein. Dieser Zustand entspricht dem Anwendungsbereich dotierter Halbleiter.

Bei hohen Temperaturen dominiert der Term $\exp(-E_g/2kT)$ und die Leitfähigkeit wächst entsprechend:

$$\sigma = q n_d \mu_e q(\mu_e + \mu_l) n_0 \exp\left(\frac{-E_g}{2kT}\right). \tag{18.20}$$

Durch Auftragen von σ über $1/T$ erhält man eine Arrheniusdarstellung, aus der sich E_d und E_g berechnen lassen.

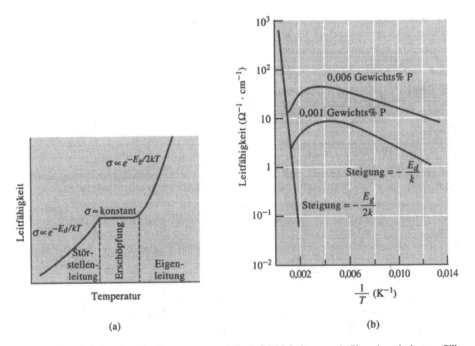

Abb. 18.21. Einfluß steigender Temperatur auf die Leitfähigkeit von mit Phosphor dotiertem Silicium. Leitfähigkeitsanstieg im niedrigen Temperaturbereich infolge zunehmender Elektronenübergänge aus Donatorniveaus in das Leitungsband bis zur Plateaubildung durch Donatorerschöpfung. Bei hohen Temperaturen setzt Eigenleitung ein. (a) Schematisches Diagramm. (b) Arrheniusdarstellung.

p-Halbleiter. Werden in den Halbleiterkristall Fremdatome mit der Wertigkeit 3 wie Gallium eingebaut, fehlt jeweils ein Elektron zur Komplettierung der kovalenten Bindungen. Die fehlenden Elektronen werden aus dem Valenzband angeregt und in Energieniveaus gebunden, die sich dicht oberhalb des Valenzbandes befinden und als Akzeptorniveaus bezeichnet werden (Abb. 18.22). Die Größe der zugehörige Energielücke E_a hängt vom jeweiligen Akzeptorelement B, Al, Ga oder In ab (Tab.18.7). Mit der Besetzung dieser diskreten Akzeptorniveaus entsteht eine gleich große Anzahl frei beweglicher Löcher im Valenzband, die ebenfalls elektrische Ladung transportieren können und eine p-Leitung des Halbleiters bewirken. Um im Äquivalenzbild des Löchermodells zu bleiben, kann man die Wirkung von Akzeptorniveaus auch so auffassen, als würden sie Löcher an das Valenzband abgeben wie Donatorniveaus Elektronen an das Leitungsband. Für die thermische Anregung sind in beiden Fällen die kleinen Energielücken E_a bzw. E_d bestimmend.

Wie bei n-Leitung kommt es bei genügend hoher Temperatur zur *Akzeptorsättigung*, dann gilt:

$$\sigma = n_a q \mu_l. \tag{18.21}$$

n_a ist die Maximalzahl der Löcher.

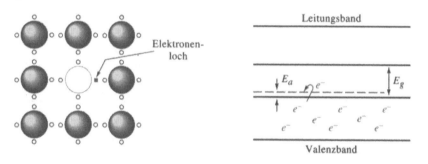

Abb. 18.22. Siliciumgitter mit einem 3-wertigen Fremdatom. Ein Elektron des Valenzbandes kann leicht in das mit der freien Valenz verbundene Akzeptorniveau angeregt werden. Dabei bleibt im Valenzband ein Loch mit hoher Beweglichkeit zurück.

Halbleitende Verbindungen. Silicium und Germanium sind die einzigen technisch genutzten halbleitenden Elemente. Halbleiterverhalten findet sich jedoch auch bei vielen Verbindungen. Beispiele sind in Tabelle 18.8 aufgeführt.

Verbindungshalbleiter besitzen meist ähnliche Kristall- und Bandstrukturen wie Silicium und Germanium. Zu ihnen gehören als wichtige Vertreter die Verbindungen aus Elementen der Gruppen III und V des Periodensystems. Zum Beispiel verbinden sich Gallium und As zu GaAs mit durchschnittlich 4 Valenzelektronen pro Atom. Aus den $4s^2 4p^1$-Niveaus von Ga und den $4s^2 4p^3$-Niveaus von Arsen bilden sich hybridisierte Bänder, von denen jedes $4N$ Elektronen enthalten kann. Valenz- und Leitungsband sind durch eine Energielücke von 1,35 eV getrennt. GaAs kann mittels Fremdatomen n- oder p-leitend dotiert werden. Wegen der größeren Energielücke zwischen Leitungs- und Valenzband ist der Eigenleitungsanteil geringer als in Silicium und das Störstellen-Erschöpfungsniveau demzufolge breiter. GaAs zeichnet sich unter anderem durch hohe Trägerbeweglichkeit aus, was insbesondere bei Hochfrequenzanwendungen Vorteile gegenüber Silicium bietet.

Tabelle 18.8. Energielücken und Beweglichkeiten in Verbindungshalbleitern

Verbindung	Energielücke (eV)	Elektronenbeweglichkeit ($cm^2/V \cdot s$)	Löcherbeweglichkeit ($cm^2/V \cdot s$)
ZnS	3,54	180	5
GaP	2,24	300	100
GaAs	1,35	8 800	400
GaSb	0,67	4 000	1 400
InSb	0,165	78 000	750
InAs	0,36	33 000	460
ZnO	3,2	180	
CdS	2,42	400	
PbS	0,37	600	600

Aus *Handbook of Chemistry and Physics*, 56th Ed., CRC Press, 1975.

Nichtstöchiometrische oder *Defekthalbleiter* sind Ionenverbindungen, die entweder einen Überschuß an Anionen (*p*-Leitung) oder Kationen (*n*-Leitung) enthalten. Zu den Oxiden und Sulfiden mit diesem Verhalten zählt ZnO mit Zinkblendestruktur. Zusätzliche Zn-Atome gelangen als Zn^{2+}-Ionen in das Gitter, und es erfordert nur wenig Energie, um die von ihnen abgelösten Elektronen zum Ladungstransport anzuregen und ZnO zu einem *n*-Halbleiter zu machen (Abb. 18.23).

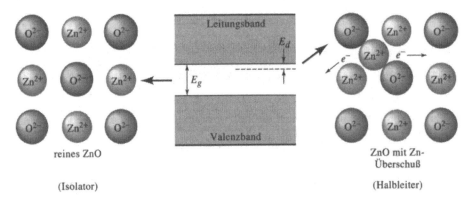

Abb. 18.23. n-Defektleitung in ZnO durch interstitielle Zinkatome, die ionisiert werden und dabei zusätzliche Elektronen in das Gitter abgeben.

Ein anderer Defekthalbleiter entsteht, wenn in FeO zwei Fe^{3+}-Ionen drei Fe^{2+}-Ionen ersetzen und dabei eine Leerstelle erzeugen (Abb. 18.24). Die Fe^{3+}-Ionen wirken als Elektronenakzeptoren und machen FeO zum *p*-Halbleiter. (Die entsprechende Kristallstruktur ist schon in Kapitel 14 eingehend behandelt worden.)

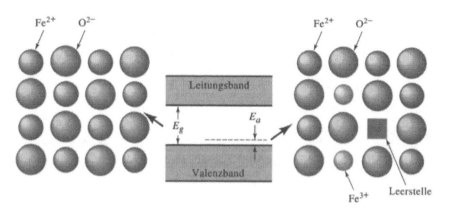

Abb. 18.24. p-Defektleitung in FeO: Zwei Fe^{3+}-Ionen ersetzen drei Fe^{2+}-Ionen. Das Ladungsgleichgewicht bleibt erhalten, aber es entsteht eine Leerstelle und ein Akzeptorniveau.

Beispiel 18.7

Dotierungsvorgaben für p-leitendes Silicium mit einer Leitfähigkeit von $100\ \Omega^{-1}\cdot$ cm^{-1}.

Lösung

Um die erforderliche Ladungsträgerzahl zu erzeugen, ist mit einer ausreichenden Anzahl von 3-wertigen Atomen zu dotieren. Wenn wir Eigenleitung vernachlässigen, gilt:

$$\sigma = n_d q \mu_l,$$

mit $\sigma = 100\ \Omega^{-1}\cdot cm^{-1}$ und $\mu_l = 500\ cm^2/V\cdot s$. Wegen $C = A\cdot s$ und $V = A\cdot\Omega$ ist die benötigte Ladungsträgerzahl:

$$n_d = \frac{\sigma}{q\mu_l} = \frac{100}{(1{,}6\cdot 10^{-19})(500)} = 1{,}25\cdot 10^{18}\ \text{Elektronen/cm}^3.$$

n_d ist gegeben durch:

$$n_d = \frac{(1\ \text{Elektron/Akzeptoratom})(x\,\text{Akzeptoratome/Si-Atom})(8\ \text{Si-Atome/EZ})}{(5{,}4307\cdot 10^{-8}\ cm)^3},$$

$$x = (1{,}25\cdot 10^{18})(5{,}4307\cdot 10^{-8})^3/8 = 25\cdot 10^{-6},$$

d. h. 25 Akzeptoratome pro 10^6 Si-Atome sind erforderlich. Mögliche Dotierungselemente wären z. B. B, Al, Ga oder In.   □

Beispiel 18.8

Herstellung von n-leitendem ZnO mit $20\cdot 10^{20}$ Ladungsträgern pro cm^3.

Lösung

Wir bestimmen zuerst die Anzahl der zusätzlichen Zn-Ionen, die im Kristall vorhanden sein müssen. ZnO besitzt Zinkblendestruktur (Abb. 3.25), in der sich Ionen auf Raumdiagonalen berühren:

$$4r_{Zn} + 4r_O = \sqrt{3a_0}.$$

Die Ionenradien sind $r_{Zn} = 0{,}074$ nm und $r_O = 0{,}132$ nm. Damit folgt:

$$4(0{,}74) + 4(1{,}32) = 8{,}24 = \sqrt{3a_0}$$

$$a_0 = 4{,}757 \text{ Å} = 4{,}757 \cdot 10^{-8} \text{ cm}.$$

Anzahl Zn-Ionen je cm^3 in stöchiometrischem ZnO:

$$\frac{4 \text{ Zn Ionen/EZ}}{(4{,}757 \cdot 10^{-8} \text{ cm})^3} = 3{,}72 \cdot 10^{22}.$$

Ladungsträger in nichtstöchiometrischem ZnO sind die von den überschüssigen Zn^{2+}-Ionen abgegebenen je 2 Elektronen. Wir müssen deshalb $10 \cdot 10^{20}$ Ionen je cm^3 zufügen, um die benötigte Ladungsträgerzahl zu erhalten. Das Verhältnis zur Anzahl regulärer Ionen beträgt:

$$\frac{10 \cdot 10^{20}}{3{,}7 \cdot 10^{22}} = 0{,}027 \text{ Überschußionen / reguläre Ionen}$$

oder 2,7 Überschußionen auf 100 reguläre Ionen.
Der entsprechende Zn-Gehalt beträgt in Atom%:

$$\frac{102{,}7 \text{ Zn}}{102{,}7 \text{ Zn} + 100 \text{ O}} \cdot 100 = 50{,}67 \text{ Atom\%},$$

oder in Gewichts%:

$$\frac{50{,}67(65.38)}{50{,}67(65.38) + 49{,}33(16)} \cdot 100 = 80{,}8 \text{ Gewichts\%}.$$

Ein ZnO-Kristall mit diesem Zn-Gehalt enthält die geforderte Anzahl Ladungsträger.   □

18.9 Halbleiterbauelemente

Die besonderen Eigenschaften halbleitender Elemente haben zur Entwicklung einer Vielfalt von Bauelementen geführt, von denen wir einige in diesem Kapitel behandeln. Mit anderen, insbesondere optischen Bauelementen, werden wir uns in Kapitel 20 befassen.

Thermistoren. *Thermistoren* sind Bauelemente mit stark temperaturabhängiger elektrischer Leitfähigkeit. Diese Eigenschaft wird z. B. zur Temperaturmessung und zur Aktivierung elektronischer Schaltungen in automatischen Feuermeldeanlagen genutzt.

Drucksensoren. Bandstruktur und Energielücke eines Halbleiters hängen vom Abstand zwischen seinen Atomen ab. Druck bewirkt eine Annäherung der Atome, die Energielücke wird schmaler, die Leitfähigkeit nimmt zu. Aus der Änderung der Leitfähigkeit kann der auf das Material wirkende Druck berechnet werden.

Gleichrichter (*pn*-Übergänge). Wenn in einem Halbleiter *p*- und *n*-leitende Gebiete aneinandergrenzen, entsteht ein sogenannter *pn*-Übergang (Abb.18.25(a)). Auf der *n*-Seite ist ein Elektronenüberschuß vorhanden (Elektronen sind Majoritätsladungsträger), auf der p-Seite ein Überschuß an Löchern. Mit der Ladungsdifferenz ist ein inneres Potentialgefälle an der Grenzfläche verbunden (Kontaktspannung).

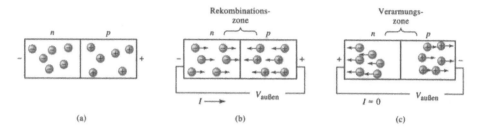

Abb. 18.25. Verhalten der Ladungsträger an einem *pn*-Übergang. (a) Gleichgewichtsverteilung ohne äußeres Feld. (b) Feld in Flußrichtung bewirkt Fließen eines Stromes. (c) Feld in Sperrichtung verhindert Stromfluß.

Ein *pn*-Übergang wirkt als *Gleichrichter*. Wenn wir eine Spannung so anlegen, daß sich der negative Pol auf der *n*-Seite befindet, bewegen sich Elektronen und Löcher aufeinander zu und rekombinieren, es fließt ein Strom in „Flußrichtung" (Abb. 18.25(b)). Mit steigender *Flußspannung* nimmt der Strom durch den Übergang zu (Abb. 18.26(a)).

Wird dagegen die Spannung in umgekehrter Richtung als *Sperrspannung* angelegt, bewegen sich Elektronen und Löcher von der Grenzfläche weg (Abb. 18.25(c)). Es entsteht eine von Ladungsträgern entblößte Verarmungszone, die isolierend wirkt und Stromfluß verhindert (Abb. 18.26(a)).

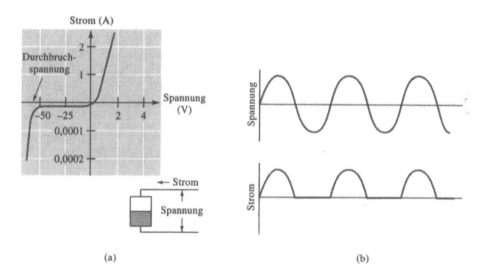

Abb. 18.26. (a) Strom-Spannungs-Kennlinie eines *pn*-Übergangs. Zu beachten ist, daß die Skalen im ersten und dritten Quadranten verschieden sind. (b) Durch die Richtwirkung entsteht bei anliegender Wechselspannung pulsierender Gleichstrom.

Da der *pn*-Übergang nur in einer Richtung stromdurchlässig ist, wird bei anliegender Wechselspannung jeweils nur die Halbwelle des Wechselstromes in Flußrichtung durchgelassen, während die andere gesperrt bleibt. Auf diese Weise wird der Wechselstrom in einen pulsierenden Gleichstrom umgewandelt (Abb. 18.26(b)). *pn*-Übergänge werden deshalb als *Gleichrichterdioden* bezeichnet.

Wie die Kennlinie in Abbildung 18.26(a) zeigt, fließt auch in Sperrichtung noch ein kleiner Strom (Sperrstrom), der auf Elektronen und Löcher zurückzuführen ist, die in der Verarmungszone der Sperrschicht thermisch aktiviert werden. Mit zunehmender Sperrspannung können diese Ladungsträger so stark beschleunigt werden, daß sie durch Stöße zusätzliche Ladungsträger freisetzen. Dieser Vorgang wächst lawinenartig an und führt zu dem in Abbildung 18.26(a) erkennbaren steilen Anstieg des Sperrstromes. Die zugehörige *Durchbruchspannung* hängt von der Dotierung des Halbleiters auf beiden Seiten des *pn*-Überganges ab. Dieser Effekt wird in sogenannten Zenerdioden genutzt, die zur Spannungsbegrenzung und zum Überstromschutz elektronischer Schaltungen dienen.

Bipolartransistoren. *Transistoren* sind Halbleiterbauelemente, die als Signalverstärker oder Schalter eingesetzt werden. Man unterscheidet Bipolar- und Unipolartransistoren. Der Bipolartransistor zeichnet sich durch hohe Signalverarbeitungsgeschwindigkeit aus und ist deshalb häufig in der Zentraleinheit schneller Computer anzutreffen. Er besteht aus einer *npn*- oder *pnp*-Schichtfolge in Sandwichanordnung, die durch entsprechende Dotierung im Halbleitermaterial erzeugt wird. Die drei Schichten wirken als Emitter, Basis und Kollektor. Der Emitter-Basis-Übergang wird in Flußrichtung, der Basis-Kollektor-Übergang in Sperrichtung betrieben.

Abbildung 18.27(a) zeigt als Beispiel einen *npn*-Transistor und seine äußere Beschaltung und Abbildung 18.27(b) den schematischen Querschnitt einer im Halbleiterchip realisierten Transistorstruktur. Das zu verstärkende Eingangssignal wird zwischen Basis und Emitter angelegt und das verstärkte Ausgangssignal zwischen Emitter und dem auf höherem Spannungsniveau liegenden Kollektor abgenommen.

Über den in Flußrichtung betriebenen Emitter-Basis-Übergang werden Elektronen aus dem *n*-Gebiet des Emitters in das *p*-Gebiet der Basis injiziert. Diese ist nur leicht dotiert und sehr dünn, damit möglichst viele Elektronen ohne Rekombinati-

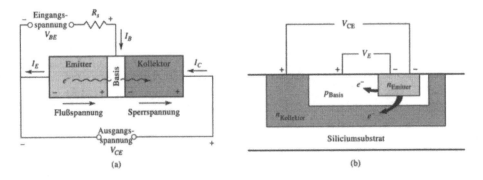

Abb. 18.27. (a) Äußere Beschaltung eines npn-Transistors. Über den in Flußrichtung betriebenen Emitter-Basis-Übergang werden Elektronen vom Emitter in das sehr schmale *p*-Gebiet der Basis injiziert. Die meisten gelangen ohne Rekombinationsverlust zum Kollektor. Das zu verstärkende Eingangssignal wird zwischen Basis und Emitter angelegt und das verstärkte Ausgangssignal zwischen Emitter und dem auf höherem Spannungsniveau liegenden Kollektor abgenommen. (b) Schematischer Querschnitt einer im Halbleiterchip realisierten Transistorstruktur.

onsverlust den Basis-Kollektor-Übergang erreichen und in das auf höherem Potential befindliche n-Gebiet des Kollektors gelangen. Auf diese Weise entsteht zwischen Emitter und Kollektor das verstärkte Ausgangssignal. Der Kollektorstrom beträgt:

$$I_c = I_0 \exp\left(\frac{V_E}{B}\right). \tag{18.22}$$

I_0 und B sind Konstante und V_E ist die Spannung zwischen Emitter und Basis. Steigende Eingangsspannung V_E erzeugt einen exponentiell wachsenden Ausgangsstrom I_c.

Feldeffekttransistoren (Unipolartransistoren). Feldeffekt- oder Unipolartransistoren beruhen auf der Steuerung des Ladungsträgerstromes durch ein quer zur Stromrichtung anliegendes elektrisches Feld. Wichtigster Vertreter ist der MOS-Feldeffekttransistor (MOSFET, nach *M*etal, *O*xid, *S*emiconductor), bei dem das benötigte Feld zwischen einer Torelektrode (dem Gate) und der darunter befindlichen Kanalgebiet im Halbleitersubstrat erzeugt wird. Abbildung 18.28 zeigt als Beispiel einen n-Kanal-MOSFET. Er besteht aus zwei in einem p-Substrat (Silicium) erzeugten n-Gebieten, die als Source (Quelle) und Drain (Senke) dienen, einem Gate (Tor), das durch eine dünne isolierende SiO_2-Schicht vom Substrat getrennt ist, und dem darunter befindlichen Kanalgebiet, dessen Leitwert durch die Torelektrode gesteuert wird.

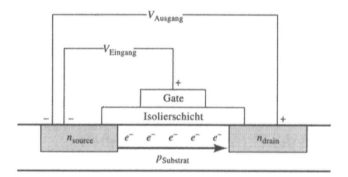

Abb. 18.28. Schematischer Aufbau eines n-Kanal-MOSFET. Er besteht aus zwei in einem p-Substrat (Silicium) erzeugten n-Gebieten, die als Source (Quelle) und Drain (Senke) dienen, einem Gate (Tor), das durch eine dünne isolierende SiO_2-Schicht vom Substrat getrennt ist, und dem darunter befindlichen Kanalgebiet, dessen Leitwert durch die Torelektrode gesteuert wird.

Bei Anliegen einer positiven Spannung am Gate (bezogen auf das Potential von Source und Substrat) werden Elektronen an der Si-SiO$_2$-Grenzfläche unter dem Gate angereichert. Die isolierende SiO_2-Schicht verhindert, daß diese Elektronen direkt bis zum Gate gelangen. Durch die erhöhte Elektronenkonzentration vergrößert sich die Leitfähigkeit des Kanalgebiets. Eine zwischen Source und Drain anliegende Spannung erzeugt bei der angegebenen Polung einen Elektronenfluß zum Drain. Das zwischen Gate und Source zugeführte Eingangssignal bewirkt zwischen Drain und Source eine verstärktes Ausgangssignal.

MOS-Transistoren sind einfacher und mit höherer Packungsdichte herstellbar als Bipolartransistoren und finden breite Anwendung in der Mikroelektronik (für alle Arten von integrierten Schaltungen einschließlich Speicherbauelementen). Hochintegrierte Speicherschaltkreise enthalten bereits bis zu 10^8 MOS-Transistoren pro Siliciumchip.

18.10 Herstellungstechnologie von Halbleiterbauelementen

Die moderne Halbleitertechnologie wird vorrangig durch die Anforderungen fortschreitender Schaltungsintegration bestimmt (Erhöhung von Integrationsgrad, Zuverlässigkeit und Geschwindigkeit; Verringerung von Verlustleistung und Kosten). In den oberen Integrationsstufen (mehr als 10^6 MOS-Transistoren pro Chip) befinden sich die Strukturgrößen im Mikrometer- und Submikrometerbereich. Zur Herstellung dieser Bauelemente sind eine Vielzahl spezieller Technologien erforderlich. Abbildung 18.29 zeigt einigeGrundschritte zur Herstellung von MOS-Transistoren.

Obwohl inzwischen bereits viele außergewöhnliche Materialien und Technologien zu Anwendung kommen, scheint die Entwicklung noch längst nicht abgeschlossen zu sein. In fast regelmäßigem Abstand erleben technologische Folgegenerationen ihre Produktionseinführung. Entwicklungsschwerpunkte bilden unter anderem die Röntgenlithographie zur Erzeugung noch kleinerer Strukturgrößen, die Verbesserung des Schichtaufbaus über dem Substrat, die Nutzung neuer Wirkprinzipien, die fortschreitende Einbeziehung von Verbindungshalbleitern wie GaAs. Weitere Akzente werden durch die im Kapitel 20 behandelte Optoelektronik gesetzt.

18.11 Isolatoren und dielektrische Eigenschaften

Isolierstoffe finden vielfältige Anwendung in Elektrotechnik und Elektronik. Da hierbei in erster Linie möglichst hoher elektrischer Widerstand gefragt ist, eignen sich zur Herstellung isolierender Werkstoffe besonders keramische Materialien und Polymere, deren Leitungsband durch eine breite Energielücke vom Valenzband getrennt ist.

Trotz des großen spezifischen Widerstandes dieser Stoffe kann es bei sehr hohen Spannungen zu elektrischen Durchschlägen kommen. Die sachgerechte Auswahl geeigneter Isolierstoffe verlangt Kenntnisse bezüglich der Mechanismen, die der Entstehung lokaler Ladungsanhäufungen und dem Ladungstransport in diesen Stoffen zugrunde liegen. Das Studium ihres dielektrischen Verhaltens wird zeigen, daß Isolierstoffe auf Grund spezifischer Eigenschaften Informationen erzeugen und empfangen oder in Kondensatoren elektrische Ladungen speichern können.

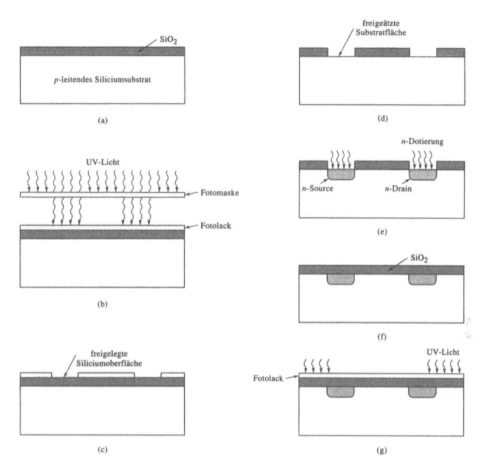

Abb. 18.29. Einige Grundschritte zur Herstellung von MOS-Transistoren. (a) Oxydieren eines *p*-Siliciumsubstrats. (b) Fotolitographie: UV-Belichten einer Fotolackschicht durch eine Maske. (c) Auflösen der belichteten Lackbereiche. (d) Abätzen der SiO$_2$-Schicht. (e) *n*-Dotieren zur Herstellung von Source und Drain. (f) Oxydieren. (g) Fotolitographie: Erzeugen anderer Schaltungskomponenten.

18.12 Dipole und Polarisation

Die Wirkung elektrischer Felder auf eine Substanz besteht darin, daß im Material Dipole entstehen und permanent vorhandene Dipole in Feldrichtung gedreht werden. Elementare Dipole sind Atome oder Atomgruppen mit einer solchen räumlichen Verteilung positiver und negativer Ladungen, daß die Ladungsschwerpunkte nicht zusammenfallen. Die elektrische Wirkung nach außen ist so, als stünden sich eine positive und eine negative Ladung in kleinem Abstand gegenüber. Die Ausrichtung der in einem Festkörper vorhandenen Dipole in Richtung eines einwirkenden elektrischen Feldes wird als Polarisation bezeichnet.

Dipole. Bringt man eine Substanz in ein elektrisches Feld, so entstehen auf atomarer oder molekularer Ebene in Richtung des Feldes Dipole. Im Material bereits vorhandene (permanente) Dipole stellen sich gleichfalls in Feldrichtung ein und tragen zur Gesamtpolarisation bei. Diese ist gegeben durch:

$$P = Zqd. \tag{18.23}$$

Z bezeichnet die Anzahl der pro m^3 verschobenen Ladungszentren, q die elektrische Elementarladung und d den Abstand zwischen positiver und negativer Ladung eines Dipols. Maßeinheit der Polarisation ist C/m^2. Man unterscheidet vier Polarisationsarten: (1) Elektronenpolarisation, (2) Ionenpolarisation, (3) Molekülpolarisation und (4) Polarisation durch Raumladungen (Abb. 18.30).

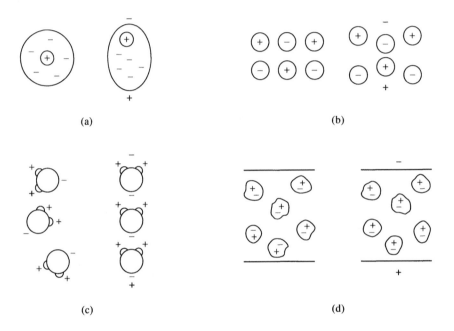

(a)   (b)

(c)   (d)

Abb. 18.30. Vier Polarisationsarten: (a) Elektronenpolarisation, (b) Ionenpolarisation, (c) Molekülpolarisation und (d) Polarisation durch Raumladungen.

Elektronenpolarisation. Wirkt ein elektrisches Feld auf ein Atom, verschieben sich dessen Elektronen geringfügig in positiver Feldrichtung und das Atom verhält sich wie ein Dipol. Dieser sehr kleine Effekt der Elektronenpolarisation tritt in allen Substanzen auf und verschwindet, sobald die Feldwirkung aufhört.

Beispiel 18.9
Berechnung der Polarisation von Kupfer, wenn durch ein elektrisches Feld die Elektronen der Cu-Atome um 0,1 nm relativ zum Atomkern verschoben sind.
Lösung
Cu hat die Ordnungszahl 29, so daß zu jedem Atom 29 Elektronen gehören. Mit der Gitterkonstante 0,36151 nm folgt:

$$Z = \frac{(4 \text{ Atome/EZ})(29 \text{ Elektronen/Atom})}{(3{,}6151 \cdot 10^{-10} \text{ m})^3} = 2,46 \cdot 10^{30} \text{ Elektronen/m}^3.$$

$$P = Zqd = \left(2,46 \cdot 10^{30} \frac{\text{Elektronen}}{\text{m}^3}\right)$$

$$\cdot \left(1,6 \cdot 10^{-19} \frac{\text{C}}{\text{Elektron}}\right)(10^{-8}\,\text{Å})(10^{-10}\,\text{m/Å})$$

$$= 3,94 \cdot 10^{-7}\,\text{C/m}^2. \qquad\qquad \square$$

Ionenpolarisation. In einem heteropolar gebundenen Material ruft ein elektrisches Feld eine geringfügige Ladungsverschiebung hervor. Die zwischen den Ionen wirkenden Bindungen werden dabei elastisch verformt. Abhängig von der Feldrichtung ist der Abstand zwischen Anionen und Kationen entweder größer oder kleiner als ohne Feld. Diese temporär induzierten Dipole ergeben eine Polarisation des Materials und können auch seine äußeren Abmessungen verändern.

Molekülpolarisation. Manche Stoffe enthalten permanente Dipole, die sich in Richtung eines äußeren Feldes einstellen. In Abbildung 18.30(c) ist als Beispiel die Polarisierung von Wassermolekülen im elektrischen Feld schematisch dargestellt. Viele organische Moleküle zeigen ähnliches Verhalten. Daher findet man Polarisationseffekte auch bei organischen Ölen und Wachsen.

In einigen Stoffen behalten die Dipole ihre Ausrichtung nach Abschalten des äußeren Feldes bei und erzeugen eine permanente Polarisation. Bariumtitanat ($BaTiO_3$) ist eine kristalline keramische Substanz mit bei Raumtemperatur asymmetrischer Kristallstruktur (Abb. 18.31). Die leichte Verschiebung des Ti-Ions aus dem Zentrum der Elementarzelle und der O-Ionen in entgegengesetzter Richtung aus ihren flächenzentrierten Positionen haben zur Folge, daß der Kristall tetragonale Struktur erhält und permanent polarisiert ist. In einem elektrischen Wechselfeld schwingen die Ti-Ionen entsprechend der Feldänderung zwischen diesen beiden Positionen hin und her. Die Polarisation von Bariumtitanat ist stark anisotrop

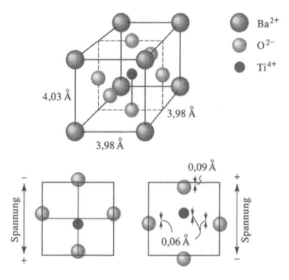

Abb. 18.31. Kristallstruktur von Bariumtitanat, $BaTiO_3$. Infolge der Verschiebung der O^{2-}- und Ti^{4+}-Ionen ist die Elementarzelle ein permanenter Dipol.

und kommt nur bei entsprechender Orientierung eines Einkristalls im Feld voll zur Wirkung.

Beispiel 18.10

Für Bariumtitanat sind maximale Polarisation pro cm^3 und maximale Ladung, die je cm^2 gespeichert werden kann, zu berechnen.

Lösung

Die Stärke eines Dipols, das sogenannte Dipolmoment, ist das Produkt aus Ladungsgröße und Abstand zwischen positiver und negativer Ladung. In $BaTiO_3$ ist dieser Abstand durch die Verschiebung der Ti^{4+}-Ionen und der O^{2-}-Ionen aus ihren Gleichgewichtslagen gegeben (Abb. 18.31). Die Ladung jedes Ions ist gleich dem Produkt von Elementarladung q und Anzahl überschüssiger oder fehlender Elektronen. Damit ergeben sich folgende Dipolmomente:

$$Ti^{4+} : (1{,}6 \cdot 10^{-19})(4\ \text{Elektronen/Ion})(0{,}06 \cdot 10^{-8}\ cm)$$
$$= 0{,}384 \cdot 10^{-27}\ C \cdot cm/\text{Ion},$$

$$O^{2-}_{(oben)} : (1{,}6 \cdot 10^{-19})(2\ \text{Elektronen/Ion})(0{,}09 \cdot 10^{-8}\ cm)$$
$$= 0{,}288 \cdot 10^{-27}\ C \cdot cm/\text{Ion},$$

$$O^{2-}_{(Seite)} : (1{,}6 \cdot 10^{-19})(2\ \text{Elektronen/Ion})(0{,}06 \cdot 10^{-8}\ cm)$$
$$= 0{,}192 \cdot 10^{-27}\ C \cdot cm/\text{Ion}.$$

Jedes Sauerstoffion gehört zwei Elementarzellen an. Das Dipolmoment pro Elementarzelle hat die Größe:

$$\begin{aligned}
\text{Dipolmoment pro EZ} &= (1\ Ti^{4+}/EZ)(0{,}384 \cdot 10^{-27}) \\
&\quad + (1\ O^{2-}\ \text{oben und unten})(0{,}288 \cdot 10^{-27}) \\
&\quad + (2\ O^{2-}\ \text{vier Seiten})(0{,}192 \cdot 10^{-27}) \\
&= 1{,}056 \cdot 10^{-27}\ C \cdot cm/EZ.
\end{aligned}$$

Die Polarisation pro cm^3 ist also:

$$P = \frac{1{,}056 \cdot 10^{-27}\ C \cdot cm/EZ}{(3{,}98 \cdot 10^{-8}\ cm)^2 (4{,}03 \cdot 10^{-8}\ cm)}$$
$$= 1{,}65 \cdot 10^{-5}\ C/cm^2.$$

Die Ladung auf einer 1 cm^2 großen Kristallaußenfläche beträgt:

$$Q = PA = (1{,}65 \cdot 10^{-5}\ C/cm^2)(1\ cm)^2$$
$$= 1{,}65 \cdot 10^{-5}\ C. \qquad \square$$

Raumladungen. Begünstigt durch Fremdatome können sich im Inneren eines Stoffes an Phasengrenzflächen Ladungen ansammeln, die in einem elektrischen Feld an die Oberfläche wandern. Diese Art Polarisation ist für die meisten Dielektrika ohne Bedeutung.

18.13 Dielektrische Eigenschaften

In den folgenden Abschnitten werden wir eine Reihe von Anwendungen dielektrischer Stoffe kennenlernen. Wir beginnen mit der Definition wichtiger dielektrischer Parameter und untersuchen ihren Zusammenhang mit Materialeigenschaften und Einsatzbedingungen.

Dielektrische Größen. Zwei durch Vakuum getrennte parallele Metallplatten bilden einen Plattenkondensator. Nach Anlegen einer elektrischen Spannung fließen in einem Stromstoß Ladungen auf die Platten und werden dort festgehalten (Abb. 18.32). Als Kapazität C bezeichnet man die Aufnahme- oder Speicherfähigkeit des Kondensators für Ladungen. Zwischen gespeicherter Ladungsmenge und Spannung gilt der Zusammenhang:

$$Q = CV. \tag{18.24}$$

Q ist die Ladung in Coulomb, C die Kapazität in Coulomb/Volt oder Farad (F) und V die an den Platten liegende Spannung in Volt.

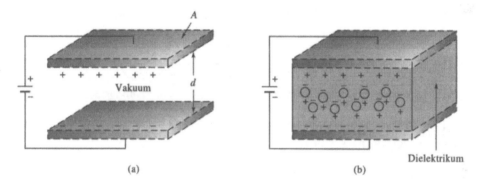

Abb. 18.32. (a) Plattenkondensator, bestehend aus zwei durch Vakuum getrennte parallelen Metallplatten. Nach Anlegen einer elektrischen Spannung fließen Ladungen auf die Platten und werden dort gespeichert. (b) Die gespeicherte Ladungsmenge ist größer, wenn sich im Zwischenraum ein Dielektrikum befindet.

Die Kapazität hängt von den Abmessungen der Kondensatorplatten, ihrem Abstand und dem zwischen ihnen befindlichen Material ab. Für die Vakuumanordnung der Abbildung 18.32(a) gilt:

$$C = \varepsilon_0 \frac{A}{d}. \tag{18.25}$$

A ist die Flächengröße jeder Platte, d ihr Abstand. ε_0 wird als *elektrische Feldkonstante* bezeichnet (früher Dielektrizitätskonstante des Vakuums) und hat die Größe $8{,}85 \cdot 10^{-12}$ F/m.

Ein an Stelle des Vakuums zwischen den Platten befindliches Material (Dielektrikum) wird polarisiert (Abb. 18.32(b)) und vergrößert dadurch die Kapazität des Kondensators, für die jetzt gilt:

$$C = \varepsilon \frac{A}{d}. \tag{18.26}$$

Die stoffspezifische Größe ε ist die sogenannte Permittivität des dielektrischen Materials. Meist wird im Zusammenhang mit Polarisations- und Ladungsvorgängen die *Permittivitätszahl* κ benutzt (früher relative Dielektrizitätskonstante):

$$\kappa = \frac{\varepsilon}{\varepsilon_0}. \tag{18.27}$$

Zwischen Permittivitätszahl und Polarisation des Dielektrikums besteht die Beziehung:

$$P = (\kappa - 1)\varepsilon_0 \xi. \tag{18.28}$$

ξ ist die elektrische Feldstärke in V/m. Leicht polarisierbare Stoffe besitzen große Permittivitätszahlen. Mit ihnen sind hohe Kapazitäten realisierbar, die große Ladungsmengen speichern können. Nach Gleichung (18.28) nimmt die Polarisation mit der Spannung bzw. der Feldstärke zu, bis alle Dipole ausgerichtet sind.

Durchschlagfestigkeit. Ist die Spannung an den Kondensatorplatten zu hoch oder der Abstand zwischen ihnen zu gering, kommt es zum elektrischen Durchschlag durch das Dielektrikum und zum Verlust der gespeicherten Ladung. Die Kenngröße Durchschlagfestigkeit gibt die maximal zulässige Feldstärke an, der ein Dielektrikum ausgesetzt werden darf. Sie setzt eine obere Grenze für C und Q:

$$\text{Durchschlagfestigkeit} = \xi_{\max} = \left(\frac{V}{d}\right)_{\max}. \tag{18.29}$$

Der Bau kleiner Kondensatoren zur Speicherung großer Ladungsmengen bei großen Feldstärken erfordert dielektrische Materialien mit hoher Durchschlagfestigkeit und großer Permittivitätszahl. In Tabelle 18.9 sind beide Kenngrößen für typische Dielektrika angegeben.

Elektrische Leitfähigkeit. Dielektrika müssen hohe Widerstände besitzen, um einen Ladungsaustausch zwischen den Kondensatorplatten zu verhindern. Deshalb werden als Dielektrika vor allem keramische Stoffe und Polymere mit Werten des spezifischen elektrischen Widerstandes oberhalb $10^{11}\ \Omega \cdot \text{cm}$ verwendet (Tab. 18.9).

Einflüsse der Materialstruktur. Zwischen der Polarisierbarkeit eines Materials, d. h. der Fähigkeit Ladung zu speichern, und seiner Struktur besteht ein enger Zusammenhang. Große Permittivitätszahlen findet man bei Stoffen mit leicht beweglichen permanenten Dipolen. Dazu gehören beispielsweise Wasser, organische Flüssigkeiten, Öle und Wachse, deren Moleküle Dipole sind und schnell auf Feldänderungen reagieren können.

Abschnitte der Kettenmoleküle amorpher Polymere verfügen über ausreichende Beweglichkeit, um polarisiert werden zu können. Deshalb eignen sich diese Polymere, die auch günstige mechanische Eigenschaften aufweisen, gut für dielektrische Anwendungen. Im Vergleich dazu sind in festeren, glasartigen oder kristallinen Polymeren die Moleküle weniger gut beweglich, und Permittivität und Durchschlagfestigkeit sind geringer. Amorphe Polymere mit asymmetrischen Ketten besitzen relativ große Permittivitätszahlen, da ihre Molekülabschnitte trotz

Tabelle 18.9. Eigenschaften dielektrischer Substanzen

Material	Permittivitätszahl		Durchschlag-festigkeit (10^6 V/m)	tan δ (bei 10^6 Hz)	spez. elektr. Widerstand ($\Omega \cdot$ cm)
	(bei 60 Hz)	(bei 10^6 Hz)			
Polyethylen	2,3	2,3	20	0,0001	$>10^{16}$
Teflon	2,1	2,1	20	0,00007	10^{18}
Polystyrol	2,5	2,5	20	0,0002	10^{18}
PVC	3,5	3,2	40	0,05	10^{12}
Nylon	4,0	3,6	20	0,04	10^{15}
Gummi	4,0	3,2	24		
Phenolharz	7,0	4,9	12	0,05	10^{12}
Epoxid	4,0	3,6	18		10^{15}
Paraffin-wachs		2,3	10		10^{13}–10^{19}
Quarzglas	3,8	3,8	10	0,00004	10^{11}–10^{12}
Sodakalkglas	7,0	7,0	10	0,009	10^{15}
Al_2O_3	9,0	6,5	6	0,001	10^{11}–10^{13}
TiO_2		14–110	8	0,0002	10^{13}–10^{18}
Glimmer		7,0	40		10^{13}
$BaTiO_3$		3 000,0	12		10^{8}–10^{15}
Wasser		78,3			10^{14}

schlechter Beweglichkeit sehr starke Dipole bilden. So sind die Permittivitätszahlen von PVC und Polystyrol größer als die von Polyethylen.

Permittivitäten derselben Größenordnung wie die von Polymeren haben amorphe keramische Gläser auf Grund einer gewissen Beweglichkeit von Segmenten der Glasstruktur sowie kristalline Keramikstoffe durch Polarisation von Elektronen und Ionen. Extrem große Permittivitätswerte finden sich bei einigen keramischen Stoffen als Folge asymmetrischer Elementarzellen, wie wir oben am Beispiel von Bariumtitanat gesehen haben.

Materialfehler können zu einer wesentlichen Verschlechterung dielektrischer Eigenschaften führen. So kommen elektrische Durchschläge oft durch Risse, Ansammlungen von Fremdatomen in Korngrenzen oder Feuchtigkeit zustande.

Dielektrische Verluste und Verlustfaktoren. Wir betrachten einen elektrischen Stromkreis, der nur aus der Wechselspannungsquelle und dem in Abbildung 18.32(a) dargestellten Plattenpaar mit Vakuumzwischenraum besteht. In diesem Kreis fließt ein um +90° gegen die Spannung phasenverschobener Wechselstrom, und es treten keinerlei Energieverluste auf. (Ohmsche Verluste in den Zuleitungen seien vernachlässigbar klein.)

Befindet sich dagegen zwischen den Platten ein Dielektrikum, wird es durch die Bewegung der Dipole erwärmt. Die damit verbundene Verlustleistung wird von der Spannungsquelle aufgebracht und spiegelt sich in einer Verringerung des Phasenvorlaufwinkels des Stromes auf 90° – δ wieder. δ ist der sogenannte dielektrische Verlustwinkel. Zwei andere wichtige Parameter sind:

$$\text{Verlustfaktor} = \tan \delta \qquad (18.30)$$

und

$$\text{Dielektrische Verlustzahl} = \kappa \tan \delta. \qquad (18.31)$$

Der Gesamtverlust an Energie hängt von Verlustfaktor, Permittivitätszahl, elektrischer Feldstärke, Frequenz f und Volumen V des Dielektrikums gemäß folgender Gleichung ab:

$$P_L = 5{,}556 \cdot 10^{-11} \, \kappa \tan \delta \xi^2 fV. \qquad (18.32)$$

Wenn die elektrische Feldstärke in V/m, die Frequenz in Hz und das Volumen in m³ gemessen werden, erhält man die Verlustleistung in Watt. Dielektrische Verluste können durch Verwendung von Materialien mit großer Permittivität, aber kleinem Verlustwinkel gering gehalten werden.

Frequenzeinfluß. In einem Wechselstromkreis unterliegen die Dipole eines Stoffes einem ständigen Richtungswechsel, der mit Energieverlusten (Dipolreibung) verbunden ist. Die Größe dieser dielektrischen Verluste hängt stark von der Frequenz ab (Abb. 18.33).

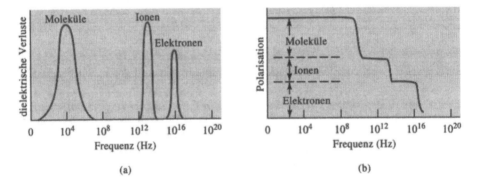

Abb. 18.33. Frequenzeinfluß auf dielektrische Eigenschaften. (a) Maximale dielektrische Verluste treten bei Frequenzen auf, bei denen ein Polarisationsmechanismus ausfällt. (b) Die Gesamtpolarisation hängt von der Anzahl aktiver Mechanismen ab. Bei tiefen Frequenzen können alle Polarisationsarten auftreten.

Wie die dielektrischen Verluste sind auch Permittivität und Polarisation frequenzabhängig (Abb. 18.33). Bei Frequenzen oberhalb etwa 10^{16} Hz können Dipole den schnellen Feldänderungen nicht mehr folgen, und es kommt keine Polarisation mehr zustande. Unterhalb 10^{16} Hz tritt zunächst nur Elektronenpolarisation auf, unterhalb etwa 10^{13} Hz auch Ionenpolarisation. Molekülpolarisation erfordert die Umordnung ganzer Atome oder Atomgruppen und wird deshalb erst bei niedrigen Frequenzen wirksam. Das Maximum der Polarisation liegt im Bereich niedriger Frequenzen, wo alle drei Polarisationsformen möglich sind.

Auch die Struktur der Stoffe hat Einfluß auf die Frequenzabhängigkeit ihres dielektrischen Verhaltens. So sind Gase und Flüssigkeiten bis zu höheren Frequenzen polarisierbar als Festkörper. Dasselbe gilt für amorphe Polymere und keramische Stoffe im Vergleich zu kristallinen Modifikationen. Polymere mit großen asymmetrischen Atomgruppen an den Kettenmolekülen polarisieren nur bei niedrigen Frequenzen. Deshalb ist die Permittivität von Polyethylen und Polytetrafluorethylen (Teflon) weitgehend unabhängig von der Frequenz, während die von PVC mit steigender Frequenz abnimmt.

Man kann eine Frequenz so wählen, daß Stoffe mit Elektronen- oder Ionenpolarisation niedrige, Stoffe mit permanenten Dipolen hohe dielektrische Verluste in Form von Materialerwärmung aufweisen. Diese unterschiedliche Reaktion auf Wechselfelder nutzt man bei der Härtung von Polymerklebern in Mikrowellenöfen aus. Die Arbeitsfrequenz wird so eingestellt, daß der Verlustfaktor des zu verbindenden Materials klein ist, der des Klebers groß. Durch die dielektrische Erwärmung des Klebers wird der Härtungsprozess beschleunigt.

18.14 Dielektrische Eigenschaften und Kondensatoren

Kondensatoren werden in elektrischen Schaltungen für sehr unterschiedliche Zwecke verwendet. Sie dienen vor allem zur Glättung von Strömen, zur Ladungsspeicherung und als frequenzabhängige Kopplungsglieder zwischen Wechsel- und Gleichstromkreisen. Entsprechend unterschiedlich sind auch ihre Dimensionierung und die für ihren Aufbau verwendeten dielektrischen Materialien. Abbildung 18.32 zeigt den für alle Kondensatoren geltenden prinzipiellen Aufbau aus zwei metallischen Schichten, zwischen denen sich ein Dielektrikum befindet. Die Speicherfähigkeit oder Kapazität eines Kondensators hängt von seiner Geometrie und von der Art des Dielektrikums ab, das möglichst folgende Eigenschaften aufweisen soll: Große Permittivität wegen leichter Polarisierbarkeit, hohen elektrischen Widerstand, um Ladungsaustausch zwischen den leitenden Schichten zu verhindern, hohe Durchschlagfestigkeit, damit dünne Schichten hohen Spannungen standhalten, sowie kleinen Verlustfaktor, um die Materialerwärmung gering zu halten.

Abbildung 18.34(a) zeigt einen Scheibenkondensator, der aber nur kleine Ladungsmengen speichern kann. Mit zunehmender Plattenzahl steigt die Speicherfähigkeit (Abb. 18.34(b)). Die Kapazität eines Kondensators mit n parallelen Platten beträgt:

$$C = \varepsilon_0 \, \kappa(n-1)\frac{A}{d}. \tag{18.33}$$

Nach dieser Gleichung kann die Kapazität durch Verwendung vieler großflächiger Platten, kleinen Plattenabstand und große Permittivitätszahl des Dielektrikums vergrößert werden. Abbildung 18.34(c) zeigt einen Wickelkondensator, bei dem hohe Kapazitätswerte durch eine große wirksame Fläche erreicht werden.

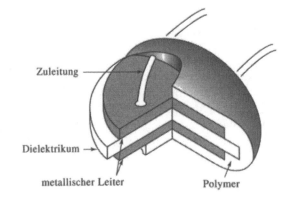

(a)

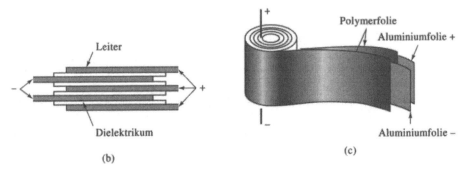

(b)   (c)

Abb. 18.34. Ausführungsformen von Kondensatoren. (a) Scheibenkondensator. (b) Mehrplatten-kondensator. (c) Wickelkondensator.

Beispiel 18.11
Aufbau eines Plattenkondensators mit einer Kapazität von 0,0252 μF. Als Dielektrikum dient 0,000254 cm dicke Glimmerfolie.
Lösung
Aus Tabelle 18.9 entnehmen wir die Eigenschaften von Glimmer: $\kappa = 7$ und Durchschlagfestigkeit = $40 \cdot 10^6$ V/m. Zu ermitteln sind Größe und Anzahl der Kondensatorplatten. Aus Gleichung (18.33) folgt:

$$C = \varepsilon_0 \, \kappa (A/d)(n-1) = 0,0252 \cdot 10^{-6} \text{ F},$$

$$A(n-1) = \frac{Cd}{\varepsilon_0 \, \kappa} = \frac{(0{,}0252 \cdot 10^{-6} \text{ F})(0{,}000254 \text{ cm})}{(8{,}85 \cdot 10^{-14} \text{ F/cm})(7)},$$

$$A(n-1) = 10,3 \text{ cm}^2.$$

Mit nur einer Glimmerschicht und 2 Platten wäre folgende Plattengröße erforderlich:

$$A = \frac{10{,}3}{(2-1)} = 10,3 \text{ cm}^2.$$

Die folgende Tabelle enthält andere Kombinationen für quadratische Platten.

Anzahl Zwischenlagen	Anzahl Platten	Flächengröße	Abmessungen
1	2	10,30	3,21 cm · 3,21 cm
2	3	5,15	2,27 cm · 2,27 cm
3	4	3,43	1,85 cm · 1,85 cm
4	5	2,58	1,60 cm · 1,60 cm
5	6	2,06	1,44 cm · 1,44 cm

Geometrie der Anordnung, Anzahl der Platten und Zwischenlagen sind weitgehend variabel. Mit der Durchschlagfestigkeit $40 \cdot 10^6$ V/m ergibt sich als zulässige Maximalspannung zwischen zwei Platten:

$$V_{max} = (40 \cdot 10^6 \text{ V/m})(2,54 \cdot 10^{-6} \text{ m}) = 101,6 \text{ V}. \qquad \square$$

18.15 Dielektrische Eigenschaften von Isolierstoffen

Als elektrische Isolierstoffe eignen sich Materialien mit hohem elektrischen Widerstand, hoher Durchschlagfestigkeit und kleinem Verlustfaktor. Große Permittivität ist dagegen nicht erforderlich, kann sogar von Nachteil sein. Die meisten Polymere und keramischen Stoffe erfüllen diese Anforderungen zumindest teilweise.

Hoher elektrischer Widerstand verhindert das Fließen von Leckströmen, hohe Durchschlagfestigkeit das Zustandekommen elektrischer Durchschläge bei hohen Feldstärken. Verunreinigungen im Material können jedoch ebenso zum Verlust der Isoliereigenschaften führen, wie Bogenentladungen längs Außenflächen oder durch Poren im Innern des Materials. So ist z. B. die Adsorption von Feuchtigkeit auf der Oberfläche von Keramikisolatoren ein Problem. Durch Aufbringen von Glasuren lassen sich Poren verschließen und Einflüsse von Oberflächenverunreinigungen mindern.

Um das Entstehen lokaler Ladungsanhäufungen zu verhindern, soll die Permittivität von Isolierstoffen möglichst klein sein.

18.16 Piezoelektrizität und Elektrostriktion

In einem elektrischen Feld können sich die Abmessungen eines Körpers infolge Polarisation ändern. Dieser *Elektrostriktion* genannte Effekt kann unterschiedliche Ursachen haben: Nichtkugelsymmetrisches Verhalten von Atomen, Längenänderung zwischenatomarer Bindungen oder Verzerrungen infolge Ausrichtung permanenter Dipole. Bei bestimmten als *piezoelektrisch* bezeichneten Stoffen kommt es zur Polarisation und zum Entstehen einer elektrischen Spannung, wenn durch äußere Kräfte die Abmessungen des Materials geändert werden (Abb. 18.35).

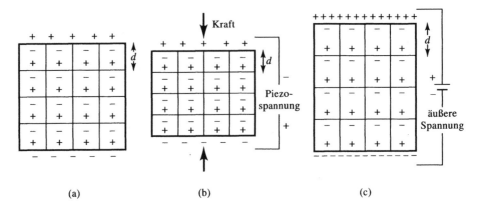

(a)   (b)   (c)

Abb. 18.35. Piezoelektrischer Effekt. (a) In einem Piezokristall sind permanente Dipole vorhanden. (b) Kompression verringert die Abstände zwischen den Ladungen, ändert die Polarisation und erzeugt eine piezoelektrische Spannung. (c) Anlegen einer äußeren Spannung bewirkt Längenänderung des Kristalls.

Zu den piezoelektrischen Substanzen zählen Quarz, Bariumtitanat, eine feste Lösung von $PbZrO_3$-$PbTiO_3$ (PZT) und kompliziertere Keramikstoffe wie (Pb,La)-(Ti,Zr)O_3 (PLTZ). Piezoelektrische Stoffe zeigen zwei Reaktionen:

$$\text{Feldstärke infolge mechanischer Spannung} = \xi = g\sigma, \tag{18.34}$$

$$\text{relative Längenänderung infolge elektrischer Feldstärke} = \varepsilon = d\xi. \tag{18.35}$$

ξ ist das elektrische Feld (V/m), σ die mechanische Spannung (Pa), ε die relative Längenänderung, und g und d sind Konstante. Tabelle 18.10 zeigt typische Werte für d. Zwischen den Konstanten d und g und dem Elastizitätsmodul E besteht die Beziehung:

$$E = \frac{1}{gd}. \tag{18.36}$$

Tabelle 18.10. Piezomodul d einiger Substanzen

Material	Piezomodul d $(C/Pa \cdot m^2 = m/V)$
Quarz	$2{,}3 \cdot 10^{-12}$
$BaTiO_3$	$100 \cdot 10^{-12}$
$PbZrTiO_6$	$250 \cdot 10^{-12}$
$PbNb_2O_6$	$80 \cdot 10^{-12}$

Der Piezoeffekt wird in elektroakustischen Wandlern dazu genutzt, Schallwellen in elektrische Signale umzuwandeln oder umgekehrt. Durch eine auftreffende Schallwelle wird das piezoelektrische Material im Rhythmus der Schallfrequenz verformt und polarisiert und erzeugt eine elektrische Wechselspannung. Diese kann nach entsprechender Verstärkung an einen zweiten Wandler weitergeleitet und in Schallwellen zurückverwandelt werden. Dieses Funktionsprinzip wird z. B. in manchen Phonogeräten genutzt.

Auch Temperaturänderungen erzeugen bei einigen Stoffen Polarisation und elektrische Spannungen. Solche *pyroelektrischen* Substanzen finden als Temperatursensoren Verwendung.

Beispiel 18.12

Ein 0,25 mm dicker $BaTiO_3$-Wafer am Ende eines Stabes mit 2,5 mm Durchmesser dient als Drucksensor einer Begrenzerschaltung. Diese soll ansprechen, sobald die auf den Wafer wirkende Kraft einen Wert von 200 N erreicht. Der Elastizitätsmodul von Bariumtitanat beträgt ca. $7 \cdot 10^4$ N/mm^2.

Lösung

Die Ansprechspannung der Schaltung ergibt sich aus dem Zusammenhang zwischen Druckbelastung und Ausgangssignal des Drucksensors. Der maximal zulässigen Kraft von 200 N entspricht ein Druck:

$$\sigma = \frac{F}{A} = \frac{200 \text{ N}}{(\pi/4)(2{,}5 \text{ mm})^2} = 40{,}7 \text{ N/mm}^2.$$

Mit $E = 7 \cdot 10^4$ N/mm^2 wird die relative Längenänderung:

$$\varepsilon = \frac{\sigma}{E} = \frac{40{,}7 \text{ N/mm}^2}{7 \cdot 10^4 \text{ N/mm}^2} = 5{,}8 \cdot 10^{-4}.$$

Nach Tabelle 18.10 ist $d = 100 \cdot 10^{-12}$ m/V, so daß:

$$\xi = \frac{\varepsilon}{d} = \frac{5{,}8 \cdot 10^{-4}}{10^{-10} \text{ m/V}} = 5{,}8 \cdot 10^6 \text{ V/m},$$

$$V = \xi \cdot \text{Dicke} = 1450 \text{ V}.$$

Die elektrische Schaltung muß bei einer Spannung von 1 450 V ansprechen.   □

18.17 Ferroelektrizität

In Bariumtitanat und einigen anderen Substanzen bleibt nach Abschalten des elektrischen Feldes eine gewisse Polarisation bestehen. Ursache dieses *ferroelektrischen* Verhaltens ist eine Wechselwirkung zwischen permanenten Dipolen, die deren einheitliche Orientierung begünstigt. Wir wollen die Vorgänge anhand der Abbildung 18.36 genauer verfolgen.

Ohne Feld ist die Richtung der Dipole zufällig, eine resultierende Polarisation besteht nicht. Mit zunehmender Feldstärke beginnen sich die Dipole auszurichten und die Polarisation durchläuft die Kurve (1) bis (3) in Abbildung 18.36. Bei (3) sind alle Dipole ausgerichtet und die Polarisation hat ihren maximalen Wert, die Sättigungspolarisation P_s erreicht. Wird nunmehr die Feldstärke auf null gesenkt, bleibt durch die Kopplung zwischen den Dipolen eine remanente Polarisation P_r bestehen. Diese Fähigkeit ferroelektrischer Stoffe, den polarisierten Zustand aufrechtzuerhalten, bietet eine Möglichkeit zur Informationsspeicherung.

Unter dem Enfluß eines in umgekehrter Richtung ansteigenden Feldes beginnen sich die Dipole zunehmend in die neue Richtung zu drehen. Bei der Koerzitivfeldstärke ξ_c ist wieder der ungeordnete Zustand der Dipole erreicht, es ist keine

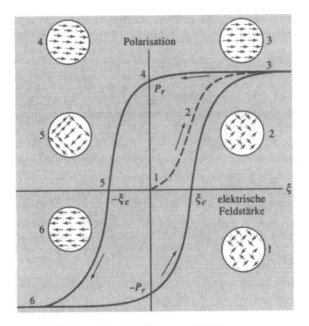

Abb. 18.36. Ferroelektrische Hystereseschleife.

Polarisation mehr vorhanden (5). Weiterer Feldanstieg führt zur Sättigungspolarisation in der neuen Feldrichtung (6). Mit erneuter Abnahme der Feldstärke durchläuft das ferroelektrische Material eine *Hystereseschleife*, deren Flächeninhalt der Energie entspricht, die für das Umpolarisieren aufgebracht werden muß.

Bei der sogenannten *Curietemperatur* verschwindet das ferroelektrische Verhalten (Abb. 18.37). In einigen Stoffen wie Bariumtitanat geht bei der Curietemperatur die verzerrte tetragonale Kristallstruktur (Abb. 18.31) in eine normale Perowskitstruktur (Abb. 14.1(a)) über, die keine permanenten Dipole enthält.

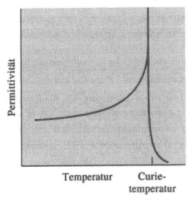

Abb. 18.37. Temperaturabhängigkeit der Permittivität von Bariumtitanat. Bei Überschreiten der Curietemperatur ändert sich die Kristallstruktur, und das ferroelektrische Verhalten verschwindet.

18.18 Zusammenfassung

- Die Werte der elektrischen Leitfähigkeit von Metallen, keramischen Stoffen und Polymeren unterscheiden sich um 25 Größenordnungen. Entscheidend für das Leitvermögen der Stoffe ist ihre Elektronenstruktur, von der Anzahl und Beweglichkeit der Ladungsträger abhängen. Das unterschiedliche Verhalten von Leitern, Halbleitern und Isolatoren kann aus der Energiebandstruktur erklärt werden.

- Das gute Leitvermögen von Metallen beruht auf der großen Anzahl frei beweglicher Elektronen. Die elektrische Leitfähigkeit nimmt mit steigender Temperatur und zunehmender Konzentration an Gitterfehlern ab. Dabei wirken in fester Lösung befindliche Fremdatome und kohärente Ausscheidungen wesentlich stärker als inkohärente Ausscheidungen, Korngrenzen oder Versetzungen.

- In heteropolar gebundenen Stoffen sind die Ladungsträger Ionen. Mit steigender Temperatur nehmen Diffusionsgeschwindigkeit der Ionen und elektrische Leitfähigkeit zu.

- Die im allgemeinen sehr schlechte elektrische Leitfähigkeit von Polymeren kann durch Füll- oder Faserstoffe verbessert werden. Einige Polymere sind auf Grund ihrer besonderen Molekülstruktur von Haus aus gute elektrische Leiter.

- Unterhalb ihrer kritischen Temperatur können in Supraleitern (bestimmte Metalle, intermetallische Verbindungen und keramische Substanzen) Ströme verlustfrei fließen. Die meisten dieser Stoffe müssen mit flüssigem Helium (Siedetemperatur 4 K) unter die kritische Temperatur abgekühlt werden. Bei einigen Keramikmaterialien mit höheren kritischen Temperaturen genügt hierfür bereits flüssiger Stickstoff (Siedetemperatur 77 K).

- Die relativ breite Energielücke zwischen Valenzband und Leitungsband in Halbleitern läßt nur kleine, stark temperaturabhängige Werte der elektrischen Leitfähigkeit zu. Durch Dotieren mit anderen Elementen entstehen Störstellenhalbleiter mit kleiner Anregungsenergie und relativ hoher elektrischer Leitfähigkeit, die in einem bestimmten Bereich nahezu temperaturunabhängig ist. Störstellenhalbleiter dienen zur Herstellung von Bauelementen wie Dioden, Transistoren und integrierten Schaltkreisen. Im Gegensatz zu Metallen bewirken steigende Temperatur oder höhere Störstellenkonzentration bei Halbleitern eine Zunahme der elektrischen Leitfähigkeit.

- Eine sehr breite Energielücke bedingt die extrem geringe elektrische Leitfähigkeit der meisten Keramikstoffe und Polymere. Vertreter dieser Stoffklassen mit hoher Durchschlagfestigkeit und kleiner Permittivität eignen sich als elektrische Isoliermaterialien. Für den Einsatz als Dielektrikum in Kondensatoren sind dagegen große Permittivitäten erwünscht. Eine Besonderheit stellt die Eigenschaft piezoelektrischer Substanzen dar, unter der Wirkung eines elektrischen Feldes ihre Abmessungen zu ändern.

18.19 Glossar

Akzeptorsättigung. Zustand eines p-Halbleiters, in dem alle Akzeptorniveaus mit Elektronen gefüllt sind.

Beweglichkeit. Driftgeschwindigkeit eines Ladungsträgers im Material bezogen auf die Feldstärke.

Curietemperatur. Temperatur, bei der Ferroelektrizität verschwindet.

Defekthalbleiter. Verbindungen wie ZnO oder FeO mit Halbleiterverhalten, das von Gitterfehlern herrührt.

Dielektrische Verluste. Energieverluste in einem im Wechselfeld befindlichen Dielektrikum.

Donatorerschöpfung. Zustand eines n-Halbleiters, in dem alle Donatorniveaus von Elektronen geleert sind.

Dotierung. Einbau von Fremdatomen in einen Halbleiter zur Einstellung von Bereichen unterschiedlichen Leitungstyps und ihres Leitvermögens.

Driftgeschwindigkeit. Durchschnittsgeschwindigkeit, mit der sich Ladungsträger in Feldrichtung durch ein Material bewegen.

Durchbruchspannung. Sperrspannung, bei der ein lawinenartig wachsender Sperrstrom durch einen pn-Übergang zu fließen beginnt.

Durchschlagfestigkeit. Maximale Feldstärke, der ein Dielektrikum ausgesetzt werden darf, ohne daß es zum elektrischen Durchbruch kommt.

Eigenhalbleiter. Halbleiter ohne Störstellen mit stark temperaturabhängiger elektrischer Leitfähigkeit.

Elektrisches Feld. Gradient der elektrischen Spannung (V/m).

Energielücke. Energiedifferenz zwischen Unterkante des Leitungsbandes und Oberkante des Valenzbandes.

Ferroelektrizität. Polarisation durch einheitliche Ausrichtung von Domänen, die auch ohne äußeres Feld bestehen bleibt.

Flußspannung. Spannung, die so gerichtet ist, daß sich Elektronen und Löcher zum pn-Übergang hinbewegen und ein Strom fließt.

Gleichrichter. Bauelemente mit pn-Übergang, die Stromfluß nur in einer Richtung zulassen.

Hystereseschleife. Geschlossener Kurvenzug in einem Diagramm Polarisation über Feldstärke, der bei zyklischer Änderung der Feldstärke durchlaufen wird.

Kondensator. Bauteil zur Ladungsspeicherung, dessen wesentliche Bestandteile metallische Schichten mit isolierenden Zwischenlagen sind.

Leitungsband. Energieband mit unbesetzten Niveaus. Im Leitungsband befindliche Elektronen sind Träger des elektrischen Stromes.

Löcher. Nicht besetzte Energieniveaus im Valenzband. Elektronenübergänge von einem Loch zum nächsten sind einem Ladungstransport durch Löcher in entgegengesetzter Richtung äquivalent.

Mittlere freie Weglänge. Durchschnittliche Strecke, die ein Elektron zwischen zwei Stößen zurücklegt.

Permittivität. Maß für die Polarisierbarkeit eines Stoffes.

Permittivitätszahl. Verhältnis der Permittivität eines Stoffes zur elektrischen Feldkonstante (Permittivität des Vakuums). Maß für die Polarisierbarkeit.

Piezoelektrizität. Eigenschaft eines Materials, bei Anlegen einer elektrischen Spannung seine Abmessungen zu ändern. Umgekehrt entsteht eine Spannung, wenn die Abmessungen durch äußere Kräfte geändert werden.

Polarisation. Einheitliche Ausrichtung von Dipolen.

Pyroelektrizität. Polarisation und Entstehen einer elektrischen Spannung infolge Temperaturänderung.

Rekombinationszeit. Maß für die Zeit, die Elektronen und Löcher benötigen, um nach Abschalten eines elektrischen Feldes zu rekombinieren.

Sperrspannung. Spannung, die so gerichtet ist, daß sich Elektronen und Löcher vom *pn*-Übergang fortbewegen, es fließt kein Strom.

Störstellenhalbleiter. Halbleiter mit Störstellen, die die Anzahl der Ladungsträger bestimmen.

Stromdichte. Strom pro Flächeneinheit.

Supraleitfähigkeit. Zustand eines Festkörpers, in dem elektrischer Strom ohne ohmschen Widerstand fließen kann.

Thermistor. Halbleiter mit stark temperaturabhängigem Widerstand, geeignet als Temperatursensor.

Transistor. Halbleiterbauelement zur Verstärkung elektrischer Signale.

Valenzband. Energieband, in dem die Energieniveaus der Valenzelektronen liegen.

Verbindungshalbleiter. Stöchiometrische Verbindungen wie GaAs mit Halbleiterverhalten.

Wandler. Bauteil zur Umwandlung einer Eingangsgröße (z. B. mechanische Spannung oder Licht) in eine Ausgangsgröße (z.B. elektrische Spannung).

Zenerdiode. Bauelement mit *pn*-Übergang zur Spannungsbegrenzung.

18.20 Übungsaufgaben

18.1 Ein Strom von 10 A fließt durch einen 1 000 m langen Draht mit 1 mm Durchmesser. Gesucht sind die ohmschen Verluste, wenn der Draht aus (a) Aluminium, (b) Silicium, (c) Siliciumcarbid besteht (Tab. 18.1).

18.2 Die Stromdichte in einem 50 m langen Golddraht mit 2 Ω Widerstand betrage 100 000 A/cm^2. Drahtdurchmesser und anliegende Spannung sind zu berechnen.

18.3 Welcher Anteil der Valenzelektronen von Silber nimmt am Ladungstransport teil, wenn die Beweglichkeit 75 cm^2/V · s beträgt.

18.4 An einen 2 mm dicken Aluminiumdraht von 20 m Länge wird eine Spannung von 10 V gelegt. Gesucht ist die durchschnittliche Driftgeschwindigkeit der Elektronen in km/h, wenn 10% der Valenzelektronen am Ladungstransport teilnehmen.

18.5 Berechne die elektrische Leitfähigkeit von Nickel für –50 °C und +500 °C.

18.6 Auf welche Temperatur muß man Cobalt abkühlen, damit seine elektrische Leitfähigkeit doppelt so groß wird wie bei 0 °C.

18.7 Der spezifische Widerstand einer Berylliumlegierung mit 5 Atom% Legierungsanteil betrage bei 400 °C 50 · 10^{-6} Ω · cm. Ausgehend vom Widerstand des reinen Berylliums bei 400 °C und dem durch Defekte verursachten Widerstand mit zugehörigem Temperaturkoeffizienten sind die thermisch und durch Defekte bedingten Widerstandsanteile zu bestimmen. Wie groß wäre der spezifische Widerstand bei 200 °C für 10 Atom% Legierungsanteil?

18.8 Wie groß ist das kritische Magnetfeld von supraleitendem V_3Ga bei 4 K?

18.9 Ein Nb_3Sn-Filament befindet sich bei 4 K in einem Magetfeld von 1 000 Oe. Bis zu welcher Stromstärke bleibt das Filament supraleitend?

18.10 Unter der Annahme, daß der Ladungstransport in Al_2O_3 im wesentlichen durch Al^{3+}-Ionen erfolgt, sind Ionenbeweglichkeit und elektrische Leitfähigkeit für 500 °C und 1 500 °C zu bestimmen (Tab. 5.1 und Beispiel 14.1).

18.11 Folgende Größen von Ge, Si, und Sn sind für 25 °C zu vergleichen: (a) Anzahl der Ladungsträger pro cm^3, (b) Anteil der in das Leitungsband angeregten Valenzelektronen, (c) die Konstante n_0.

18.12 Berechne die elektrische Leitfähigkeit von Si mit 0,0001 Atom% Sb und vergleiche mit der elektrische Leitfähigkeit bei einem Gehalt von 0,0001 Atom% In.

18.13 Ein ZnO-Kristall soll pro 500 Zn-Atome auf regulären Gitterplätzen ein interstitielles Zn-Atom enthalten. Abzuschätzen ist (a) die Anzahl der Ladungsträger pro cm^3, (b) die elektrische Leitfähigkeit bei 25 °C.

18.14 Für folgende Bedingungen ist die Verschiebung von Elektronen bzw. Ionen zu berechnen:
(a) Elektronenpolarisation von 2 · 10^{-7} C/m^2 in Ni,
(b) Elektronenpolarisation von 2 · 10^{-8} C/m^2 in Al,
(c) Ionenpolarisation von 4,3 · 10^{-8} C/m^2 in NaCl,
(d) Ionenpolarisation von 5 · 10^{-8} C/m^2 in ZnS.

18.15 Welche Spannung erzeugt ein Bariumtitanatwürfel mit 5 mm Kantenlänge, wenn seine Polarisation 5 · 10^{-5} C/cm^2 beträgt?

18.16 Berechne die maximale Spannung, die an 1 mm dickes Bariumtitanat gelegt werden darf, ohne daß es zum Durchschlag kommt.

18.17 Berechne die Kapazität eines Kondensator mit zwei parallelen Platten, die mit fünf 1 cm · 2 cm · 0,005 cm großen Lagen Glimmer isoliert sind.

18.18 Bestimme die relative Dickenänderung einer Bariumtitanatscheibe mit den Abmessungen 0,2 cm · 0,2 cm · 0,01 cm, wenn eine Spannung von 300 V angelegt wird.

19 Magnetische Eigenschaften von Stoffen

19.1 Einleitung

Zwischen der Wirkung magnetischer Felder auf magnetische Stoffe und der elektrischer Felder auf dielektrische Stoffe besteht weitgehende Analogie. Magnetwerkstoffe kommen in Elektromotoren, Generatoren und Transformatoren zum Einsatz, ebenso als Informationsspeicher in der Datenverarbeitung sowie als Aktoren und Sensoren. Weitere Anwendungsgebiete sind elektronenoptische, medizinische und zahlreiche andere technische Geräte. Am häufigsten genutzt werden aus ferromagnetischen Metallen und ihren Legierungen hergestellte Magnetwerkstoffe sowie ferrimagnetische Keramiken, wie Ferrite und Granate.

Das magnetische Verhalten der Stoffe ist in erster Linie durch ihre Elektronenstruktur bestimmt, von der die Stärke der atomaren magnetischen Dipole abhängt. Wechselwirkungen zwischen den Dipolen eines Stoffes sind eine weitere wichtige Einflußgröße. Die Eigenschaften von Magnetwerkstoffen lassen sich über Zusammensetzung, Mikrostruktur und Verarbeitung der Grundsubstanzen modifizieren.

19.2 Magnetische Dipole und magnetische Momente

Magnetisierung entsteht, wenn sich in einem Stoff induzierte oder permanent vorhandene magnetische Dipole infolge Wechselwirkung mit einem äußeren magnetischen Feld ausrichten. Die Magnetisierung verstärkt das einwirkende Feld und vergrößert die im Feld gespeicherte Energie, die permanent oder temporär gespeichert und zur Leistung mechanischer Arbeit genutzt werden kann.

Die Stärke des von einem magnetischen Dipol erzeugten Magnetfeldes ist sein *magnetisches Moment.* Zu jedem Elektron eines Atomes gehören zwei magnetische Momente. Das eine ist mit der Eigenrotation des Elektrons, dem Spin, verbunden. Das andere entsteht durch seinen Bahnumlauf um den Atomkern und wird deshalb als Bahnmoment bezeichnet (Abb. 19.1). Jedes von ihnen hat die Größe eines *Bohrschen Magnetons,* der Maßeinheit für die Stärke magnetischer Momente:

$$\text{Bohrsches Magneton} = \frac{qh}{4\pi m_e} = 9,27 \cdot 10^{-24} \text{ A} \cdot \text{m}^2. \tag{19.1}$$

q ist die Ladung, m_e die Masse des Elektrons und h die Plancksche Konstante.

Von der Behandlung der Elektronenstruktur und der Quantenzahlen im zweiten Kapitel ist uns bekannt, daß jedes diskrete Energieniveau höchstens durch zwei Elektronen mit entgegengesetztem Spin besetzt werden kann. Da sich die antiparallel gerichteten magnetische Momente beider Elektronen in ihrer Wirkung aufheben, weist ein voll besetztes Niveau kein resultierendes magnetisches Moment

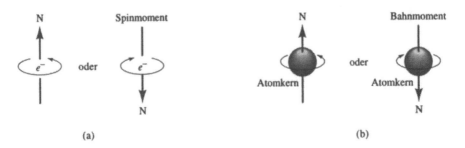

(a)   (b)

Abb. 19.1. Elementare magnetische Momente: (a) Magnetisches Moment, das mit dem Spin (Eigenrotation) des Elektrons verbunden ist und sich parallel oder antiparallel zum äußeren Feld einstellt (Spinquantenzahl $m_s = \pm 1/2$). (b) Bahnmoment infolge Rotation des Elektrons um den Atomkern.

auf. Atome mit gerader Ordnungszahl, d. h. mit gerader Anzahl an Elektronen, sollten sich daher unmagnetisch verhalten. Dagegen besitzt jedes Atom mit einer ungeraden Anzahl von Elektronen ein magnetisches Moment, das von dem ungepaarten Elektron herrührt. Die meisten aus solchen Atomen bestehenden Elemente zeigen jedoch keine besonderen magnetischen Eigenschaften, da das unpaare Elektron ein Valenzelektron ist, dessen magnetische Wirkung durch das entsprechende Elektron des Bindungspartners neutralisiert wird.

Bestimmte Elemente, wie die Übergangsmetalle, jedoch besitzen innere nicht vollständig gefüllte Elektronenschalen. Typisch hierfür sind die Elemente des Periodensystems von Scandium bis Kupfer, deren Elektronenstrukturen in Tabelle 19.1 dargestellt sind.

Tabelle 19.1. Spins der 3d- und 4s-Elektronen von Übergangsmetallen. Die Pfeile bezeichnen die Spinrichtungen

Metall	3d					4s
Sc	↑					↑↓
Ti	↑	↑				↑↓
V	↑	↑	↑			↑↓
Cr	↑	↑	↑	↑	↑	↑
Mn	↑	↑	↑	↑	↑	↑↓
Fe	↑↓	↑	↑	↑	↑	↑↓
Co	↑↓	↑↓	↑	↑	↑	↑↓
Ni	↑↓	↑↓	↑↓	↑	↑	↑↓
Cu	↑↓	↑↓	↑↓	↑↓	↑↓	↑

Die 4s-Elektronen der aufgeführten Elemente sind gepaart, außer in Chrom und Kupfer, bei denen sich aber die magnetischen Momente der 4s-Elektronen durch interatomare Wechselwirkungen neutralisieren. Da auch die 3d-Schale des Kupferatoms völlig gefüllt ist, besitzt es kein resultierendes magnetisches Moment.

In den anderen Übergangsmetallen bilden die Elektronen der 3d-Niveaus keine Paare, sondern mehrere Elektronen haben gleiche Spinrichtung. Deshalb besitzt jedes Atom ein der Anzahl ungepaarter Elektronen entprechendes magnetisches Moment, und es verhält sich als magnetischer Dipol. Paare entstehen erst, nachdem die 3d-Schale zur Hälfte gefüllt ist.

Die Reaktion eines Materials auf ein äußeres Magnetfeld hängt vom Verhalten seiner atomaren magnetischen Dipole ab. In den meisten Übergangsmetallen neutralisieren sich die magnetischen Momente der Atome, in Eisen, Nickel und Cobalt dagegen stellen sie sich infolge einer spezifischen interatomaren Wechselwirkung parallel und verstärken die Wirkung des äußeren Feldes.

19.3 Magnetisierung und Permeabilität

Wir wollen uns nun der quantitativen Beschreibung der Wirkung magnetischer Felder auf feste Stoffe zuwenden. Abbildung 19.2 zeigt eine Spule mit n Windungen. Ein in der Spule fließender elektrischer Strom erzeugt ein Magnetfeld der Stärke:

$$H = \frac{nI}{l}. \tag{19.2}$$

n ist die Windungszahl, l die Länge (m) der Wicklung und I die Stromstärke (A). Als Maßeinheit der magnetischen Feldstärke ergibt sich somit Ampere · Windungszahl/m oder einfach A/m. Tabelle 19.2 enthält neben den SI-Einheiten auch die gesetzlich nicht mehr zulässigen cgs-Einheiten, die in der älteren wissenschaftlichen Literatur häufig vorkommen.

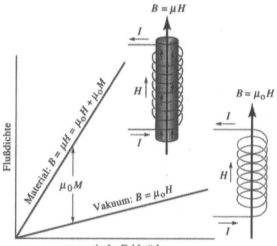

Abb. 19.2. Der Spulenstrom I erzeugt ein Magnetfeld H und die Flußdichte B. Die Flußdichte nimmt zu, wenn das Spuleninnere mit einem magnetischen Material (Spulenkern) ausgefüllt wird.

Ein Magnetfeld erzeugt im Vakuum einen magnetischen Fluß, dessen Stärke und Richtung sich durch Flußlinien veranschaulichen lassen. Die Anzahl dieser Linien pro Flächeneinheit, als Flußdichte B (oder Induktion) bezeichnet, ist der Feldstärke proportional:

$$B = \mu_0 H. \tag{19.3}$$

Tabelle 19.2. Magnetische Maßeinheiten

	cgs-Einheiten	SI-Einheiten	Umrechnung
Flußdichte B	Gauß	Tesla (Weber/m^2)	1 Tesla $= 10^4$ Gauß
magnet. Feldstärke H	Oersted	A/m	1 A/m $= 4\pi \cdot 10^{-3}$ Oersted
Magnetisierung M	Oersted	A/m	1 kA/m $= 12{,}6$ Oersted
magnet. Feldkonstante μ_0	1 Gauß/Oersted	$4\pi \cdot 10^{-7}$ Weber/A $\cdot$ m (Henry/m)	

B ist die Flußdichte, H die magnetische Feldstärke und μ_0 die *magnetische Feldkonstante*. Gemessen werden: H in A/m, B in Tesla (Weber/m^2) und $\mu_0 = 4\pi \cdot 10^{-7}$ Weber/A $\cdot$ m. Weiterhin gilt 1 Weber/A $=$ 1 Henry. (Mit den Maßeinheiten Oersted für H und Gauß für B wird $\mu_0 = 1$ Gauß/Oersted.)

Füllen wir das Innere der Spule mit einem Material (Abb.19.2), ändert sich die Flußdichte infolge Ausrichtung der im Material vorhandenen Dipole auf die Größe:

$$B = \mu H. \tag{19.4}$$

μ ist die (absolute) *Permeabilität* des Kernmaterials. Falls die magnetischen Momente die Richtung des äußeren Feldes annehmen, gilt $\mu > \mu_0$. Die Anzahl der Flußlinien wird durch das Material vergrößert und die Wirkung des magnetisches Feldes verstärkt. Bei Ausrichtung der Dipole entgegen der Feldrichtung ist $\mu < \mu_0$, und das Magnetfeld wird geschwächt.

Vielfach benutzt man zur Beschreibung des Materialverhaltens im Magnetfeld die Permeabilitätszahl μ_r (relative Permeabilität):

$$\mu_r = \frac{\mu}{\mu_0}, \tag{19.5}$$

die für magnetische Felder ähnliche Bedeutung besitzt wie die Permittivitätzahl (relative Permittivität) für elektrische Felder. Stoffe mit großer relativer Permeabilität verstärken die Wirkung des magnetischen Feldes wesentlich.

Die durch Material im Spuleninnern hervorgerufene Zunahme der Flußdichte ist gleich der *Magnetisierung M*:

$$B = \mu_0 H + \mu_0 M. \tag{19.6}$$

Ein Maß für die durch das Material entstehende Feldverstärkung ist die *magnetische Suszeptibilität* χ, das Verhältnis von Magnetisierung zu Feldstärke:

$$\chi = \frac{M}{H}. \tag{19.7}$$

Für die Größen μ_r und χ, die beide die durch ein Material entstehende Feldverstärkung beschreiben, gilt der Zusammenhang:

$$\mu_r = 1 + \chi. \tag{19.8}$$

Von besonderer technischer Bedeutung sind Magnetwerkstoffe, bei denen M wesentlich größer ist als H. Für diese gilt:

$$B \approx \mu_0 M, \tag{19.9}$$

und die Begriffe Flußdichte oder Magnetisierung können praktisch gleichberechtigt benutzt werden.

Beispiel 19.1
Berechnung der Sättigungsmagnetisierung von krz-Eisen mit der Gitterkonstante 0,2866 nm.
Lösung
Wegen der 4 ungepaarten Elektronenspins besitzt jedes Eisenatom 4 magnetische Dipole. Die Anzahl von Eisenatomen im m^3 beträgt:

$$\text{Anzahl Atome/m}^3 = \frac{2 \text{ Atome/EZ}}{(2{,}866 \cdot 10^{-10} \text{ m})^3} = 0{,}085 \cdot 10^{30}.$$

Damit wird die Magnetisierung:

$$M = (0{,}085 \cdot 10^{30} . \text{ Atome/m}^3)(4 \text{ Bohrmagnetonen/Atom})$$

$$\cdot (9{,}27 \cdot 10^{-24} \text{ A} \cdot \text{m}^2/\text{Bohrmagneton},$$

$$M = 3{,}15 \cdot 10^6 \text{ A/m}. \qquad \square$$

19.4 Wechselwirkungen zwischen magnetischen Dipolen und Magnetfeld

Festkörper zeigen in Abhängigkeit davon, wie sich ihre Atome im Magnetfeld verhalten, verschiedene Formen von Magnetismus (Abb. 19.3).

Diamagnetismus. In manchen Stoffen sind nur die magnetischen Bahnmomente der Elektronen wirksam. Diese stellen sich entgegen der Richtung eines äußeren Magnetfeldes ein und erzeugen dadurch eine negative Magnetisierung. Dieses *diamagnetisch* genannte Verhalten ergibt eine Permeabilitätszahl von etwa 0,99995, d. h. negative Suszeptibilität. Bei Raumtemperatur verhalten sich Kupfer, Silber, Gold und Aluminiumoxid diamagnetisch. Supraleiter stellen in nicht zu hohen Feldern ideale Diamagnete dar.

Paramagnetismus. Die Atome eines Festkörpers, die ungepaarte Elektronen enthalten, verhalten sich wie magnetische Dipole, die in einem ansteigenden Magnetfeld zunehmend Feldrichtung annehmen und dadurch eine positive Magnetisierung erzeugen. Da zwischen den Dipolen keine Wechselwirkungen bestehen, läßt sich eine vollständige Ausrichtung aller Dipole nur durch extrem starke Felder erreichen. Ohne äußeres Feld geht die Orientierung wieder verloren. Dieses *paramagnetische* Verhalten zeigen beispielsweise Aluminium, Titan und Kupferlegierungen. Die Permeabilitätszahl paramagnetischer Metalle liegt zwischen 1 und 1,01.

Ferromagnetismus. *Ferromagnetismus* entsteht bei Eisen, Nickel und Cobalt durch ungefüllte Niveaus in der 3*d*-Schale, ist aber auch bei einigen anderen Elementen wie Gadolinium zu finden. In ferromagnetischen Stoffen kommt es durch Wechsel-

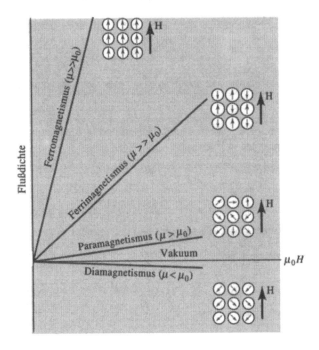

Abb. 19.3. Einfluß des Spulenkernmaterials auf die Flußdichte. Schwächung der Flußdichte in dia-magnetischen Stoffen infolge Dipoleinstellung gegen Feldrichtung. Zunehmende Verstärkung der Flußdichte durch para-, ferri- und ferromagnetische Stoffe bei gleichbleibender Feldstärke.

wirkungen zwischen den magnetischen Dipolen ungepaarter Elektronen bereits in relativ kleinen Feldern zur einheitlichen Ausrichtung aller magnetischen Dipole. Die Permeabilitätszahl erreicht Werte von 10^6.

Antiferromagnetismus. In Stoffen wie Mangan, Chrom, MnO und NiO stellen sich benachbarte Dipole im Magnetfeld antiparallel zueinander ein. Trotz großer Stärke

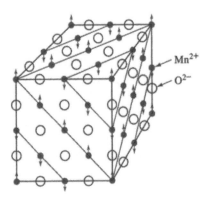

Abb. 19.4. Kristallstruktur von MnO. {111}-Ebenen sind im Wechsel mit O-Ionen bzw. Mn-Ionen besetzt. Die magnetischen Momente der Mn- Ionen haben in jeder zweiten Ebene entgegengesetzte Richtung und bewirken dadurch das antiferromagnetische Verhalten von MnO.

der individuellen Dipole entsteht keine resultierende Magnetisierung. Dieses *anti-ferromagnetisch* genannte Verhalten ist in Abbildung 19.4 am Beispiel MnO darge-stellt.

Ferrimagnetismus. In manchen keramischen Stoffen besitzen unterschiedliche Ionenarten verschieden starke magnetische Dipole. Im Magnetfeld stellen sich die Dipole der Ionen *A* in Feldrichtung, die der Ionen *B* in Gegenrichtung ein. Wegen der unterschiedlichen Dipolstärke ergibt sich als Differenz eine Nettomagnetisie-rung, die das äußere Feld wesentlich verstärken kann. Zu den keramischen Stoffen mit *ferrimagnetischem* Verhalten gehören die Ferrite, die wir noch eingehend behandeln werden.

Beispiel 19.2
Kernmaterial für eine einlagige Spule, in der eine Flußdichte von wenigstens 0,2 Tesla entstehen soll, wenn in der Wicklung ein Strom von 10 mA fließt. Die Dichte der Wicklung soll 10 Windungen pro cm betragen.
Lösung
Zunächst berechnen wir mit Hife der Gleichung (19.2) die magnetische Feldstärke *H*:

$$H = \frac{nI}{l} = \frac{(10)(0,01 \text{ A})}{0,01 \text{ m}} = 10 \text{ A/m}.$$

Aus der geforderten Flußdichte von 0,2 Tesla folgt für die Permeabilität des Spu-lenkerns:

$$\mu = \frac{B}{H} = 0,02 \text{ Tesla/A/m}$$

und als Mindestgröße der Permeabilitätszahl:

$$\mu_r = \frac{\mu}{\mu_0} = 1,6 \cdot 10^4.$$

Von den in Tabelle 19.3 aufgelisteten Stoffen wäre 45-Permalloy mit der Permeabi-litätszahl 25 000 als Kernmaterial geeignet.   □

19.5 Domänenstruktur und Hystereseschleife

Die starke Magnetisierung ferromagnetischer Substanzen beruht auf der Wechsel-wirkung zwischen magnetischen Dipolen benachbarter Atome. Sie erzeugt im Korngefüge eine Substruktur magnetischer Domänen, die auch ohne äußeres Magnetfeld vorhanden ist. *Domänen* sind Bereiche mit einheitlicher Ausrichtung magnetische Dipole. In einem Materialstück, das sich noch nicht in einem magneti-schen Feld befunden hat, ist die Anordnung der Domänen zufällig. Eine Magneti-sierung besteht in diesem Zustand nicht.

Domänen sind durch sogenannte *Blochwände* voneinander getrennt, in denen sich die Richtung der magnetischen Momente allmählich ändert (Abb. 19.5). Die

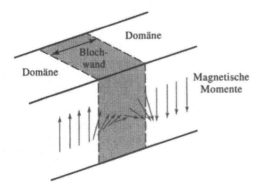

Abb. 19.5. Kontinuierliche Richtungsänderung magnetischer Momente in einer Blochwand.

Größe der Domänen liegt normalerweise bei 0,005 cm oder noch darunter, Blochwände sind etwa 100 nm dick.

Domänenbewegung im Magnetfeld. Unter der Wirkung eines ansteigenden äußeren Magnetfeldes beginnen Domänen, deren Orientierung ungefähr mit der Feldrichtung übereinstimmt, auf Kosten weniger günstig liegender Domänen zu wachsen. Dieser Vorgang ist mit einer Verschiebung von Blochwänden verbunden. Die dafür erforderliche Energie wird vom Magnetfeld aufgebracht. Domänen wachsen zunächst sehr langsam und erst bei relativ großer Feldstärke entsteht eine merkliche Magnetisierung. Dem entspricht in Abbildung 19.6 der flache Anstieg der Magnetisierungskurve und die kleine Anfangspermeabilität des Materials. Mit zunehmender Feldstärke können günstig liegende Domänen leichter wachsen, die Permeabilität wird größer und erreicht ein Maximum. Schließlich wird mit Ausrichtung aller Domänen die *Sättigungsmagnetisierung* erreicht, die maximal mögliche Magnetisierung des Materials.

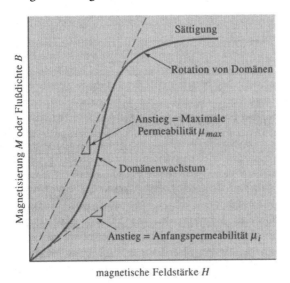

Abb. 19.6. Magnetisierung eines magnetischen Stoffes mit steigender Feldstärke.

Vorgänge im abnehmenden Magnetfeld. Im abnehmenden Feld wird die Auflösung der geordneten Domänenstruktur in Richtung zufälliger Orientierung durch Blochwände behindert. Viele Domänen behalten ihre Richtung bei und erzeugen bei Feldstärke null eine als *Remanenz* (B_r) bezeichnete Restmagnetisierung, wie Abbildung 19.7 am Magnetisierungs-Feld-Verlauf erkennen läßt. Das Material wirkt als Permanentmagnet.

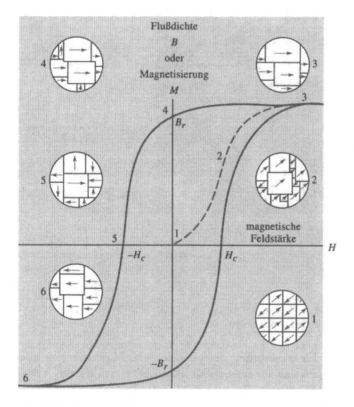

Abb. 19.7. Hystereseschleife eines ferromagnetischen Stoffes. Charakteristische Parameter: Sättigungsmagnetisierung (3), Remanenz (4), Koerzitivfeldstärke (5).

Vorgänge bei Umkehr der Feldrichtung. Unter dem Einfluß eines in umgekehrter Richtung ansteigenden Feldes beginnt Domänenwachstum in der neuen Richtung, bis bei der Koerzitivfeldstärke H_c die bisherige Vorzugsorientierung der Domänen aufgehoben ist und keine resultierende Magnetisierung mehr besteht.Weiterer Feldanstieg führt schließlich zur Sättigung der Magnetisierung in der neuen Richtung.

Mit erneuter Abnahme der Feldstärke durchläuft das magnetische Material eine *Hystereseschleife*, deren Flächeninhalt der Energie entspricht, die für das Ummagnetisieren aufgebracht werden muß (Abb. 19.7).

19.6 Anwendungen der Magnetisierungskurve

Größe und Form der Hystereseschleifen geben Auskunft über das Verhalten von Stoffen im Magnetfeld (Abb.19.8). Wir wollen drei Anwendungsbereiche magnetischer Werkstoffe näher betrachten.

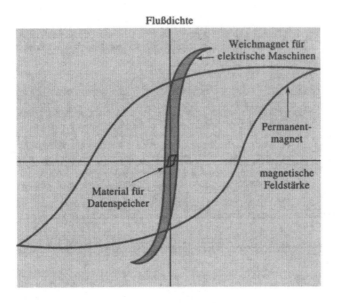

Abb. 19.8. Hystereseschleifen ferromagnetischer Werkstoffe verschiedener Einsatzgebiete: Elektrische Maschinen, Datenspeicher, Permanentmagnete.

Magnetwerkstoffe für die Elektrotechnik. Ferromagnetische Materialien werden zur Verstärkung des Magnetfeldes stromdurchflossener Leiter genutzt, um Arbeit zu leisten oder Energie zu übertragen. Beispiele sind Spulenkerne von Elektromagneten, Elektromotoren, Transformatoren, Generatoren und anderen elektrischen Geräten. Da hierbei Wechselstrom zur Anwendung kommt, durchläuft das Kernmaterial ständig die Hystereseschleife. Für diese Bedingungen sind am besten *weichmagnetische* Stoffe geeignet, die folgende Eigenschaften aufweisen: (a) hohe Sättigungsmagnetisierung, (b) große Permeabilität, (c) kleines Koerzitivfeld, (d) kleine Remanenz, (e) schnelle Reaktion auf hochfrequente Magnetfelder und (f) hohen elektrischen Widerstand.

Hohe Sättigungsmagnetisierung bedeutet hohe Verstärkung der magnetischen Wirkung, während bei großer Permeabilität nur relativ niedrige Feldstärken erforderlich sind, um in die Sättigung zu gelangen. Kleines Koerzitivfeld zeigt an, daß für das Umorientieren der Domänen geringe Feldstärken ausreichen. Kleine Remanenz ist erwünscht, damit ohne äußeres Feld nur eine kleine Restmagnetisierung bestehen bleibt. Den genannten Eigenschaften entsprechen schmale Hystereseschleifen und geringe Energieverluste im Wechselfeld. In Tabelle 19.3 sind Eigenschaften einiger wichtiger weichmagnetischer Stoffe angegeben.

Das Durchlaufen der Hystereseschleife führt infolge Dipolreibung zu Wärmeentwicklung und damit zu Energieverlusten, die mit der Frequenz des Wechselfel-

Tabelle 19.3. Eigenschaften weichmagnetischer Materialien für Anwendungen in der Elektrotechnik

Material	Maximale Permeabilitätszahl	Sättigungs-Flußdichte (Tesla)	Koerzitiv-Feldstärke (A/m)
99,95% Eisen	5 000	2,14	72
Fe-3% Si (orientiert)	50 000	2,01	7,2
Fe-3% Si (nicht orientiert)	8 000	2,01	56
45 Permalloy (55% Fe-45% Ni)	25 000	1,60	20
Supermalloy (79% Ni-16% Fe-5% Mo)	800 000	0,80	0,5
A6 Ferroxcube (Mn, Zn)Fe_2O_4		0,40	
B2 Ferroxcube (Ni, Zn)Fe_2O_4		0,30	

des ansteigen. In Magnetwerkstoffen für Hochfrequenzanwendungen müssen sich deshalb magnetische Dipole leicht und mit großer Schnelligkeit umorientieren lassen.

Energieverluste entstehen auch durch Wirbelströme, die von magnetischen Wechselfeldern im Werkstoff induziert werden und Joulesche Wärme erzeugen. Besonders im Hochfrequenzbereich muß die Entstehung von Wirbelströmen durch hohe spezifische Widerstände der Magnetwerkstoffe verringert werden. Diese Forderung ist bei keramischen Weichmagneten weitgehend erfüllt, so daß sie für Hochfrequenzanwendungen metallischen Magnetwerkstoffen überlegen sind.

Magnetische Speicherwerkstoffe. Magnetwerkstoffe können auch als Speichermedien in der Datenverarbeitung genutzt werden. Dabei wird von ihrer Eigenschaft Gebrauch gemacht, eine aufgeprägte Magnetisierung auch ohne Magnetfeld aufrechterhalten zu können. Den zwei entgegengesetzten Magnetisierungsrichtungen entsprechen die binären Werte 1 und 0.

Für diesen Einsatzzweck eignen sich Ferrite, die Mangan, Magnesium oder Cobalt enthalten. Sie besitzen eine rechteckige Hystereseschleife sowie kleine Sättigungsmagnetisierung, Remanenz und Koerzitivfeldstärke. Die Rechteckform der Hystereseschleife gewährleistet, daß die Information erst durch eine Gegenfeld bestimmter Größe gelöscht wird. Die kleinen charakteristischen Parameter ermöglichen das Aufprägen und Löschen von Informationen durch Ummagnetisieren mit geringen Feldstärken und geringen Verlustleistungen.

Werkstoffe für Hartmagnete. Materialien zur Herstellung von Permanentmagneten (auch als *Hartmagnete* bezeichnet) müssen folgende Eigenschaften aufweisen: Hohe Remanenz, Permeabilität und Koerzitivfeldstärke sowie große Hystereseschleife und große Energiedichte (BH-Produkt) (Tab. 19.4).

Die Stärke eines Permanentmagneten steht in Beziehung zur Größe der Hystereseschleife bzw. zum maximalen BH-Produkt. Dieses Produkt ist gleich der Fläche des größten Rechtecks, das man im zweiten oder vierten Quadranten der *B-H*-Kurve einzeichnen kann und ist ein Maß für die Energie, die zur Entmagnetisierung aufgebracht werden muß (Abb. 19.9). Ein großes BH-Produkt setzt große Werte für Remanenz und Koerzitivfeld voraus.

Tabelle 19.4. Einige Eigenschaften hartmagnetischer Stoffe

	Remanenz flußdiche (Tesla)	Koerzitiv- feldstärke (kA/m)	$(BH)_{max}$ (Tesla · kA/m)
Stahl (0,9% C, 1,0% Mn)	1,00	4	1,60
AlNiCo 1 (21% Ni, 12% Al, 5% Co, Fe)	0,71	35	11
AlNiCo 5 (24% Co, 14% Ni, 8% Al, 3% Cu, Fe)	1,31	51	48
AlNiCo 12 (35% Co, 18% Ni, 8% Ti, 6% Al, Fe)	0,58	76	13
CuNiFe (60% Cu, 20% Fe, 20% Ni)	0,54	44	12
Co_5Sm	0,95	760	200
$BaO \cdot 6Fe_2O_3$	0,40	190	20
$SrO \cdot 6Fe_2O_3$	0,34	260	29
Neodym-Eisen-Bor ($Nd_2Fe_{12}B$)	1,20	880	360

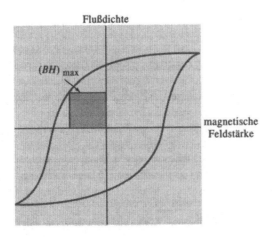

Abb. 19.9. Größtes Rechteck im zweiten (oder vierten) Quadranten der *B-H*-Kurve. Die Rechteckfläche ist gleich dem maximalen *BH*-Produkt oder der Energie zur Aufhebung der Magnetisierung.

Beispiel 19.3

Bestimmung des maximalen BH-Produkts aus dem Diagramm in Abbildung 19.10.

Lösung

Die in den vierten Quadranten der Kurve eingezeichneten Rechtecke ergeben folgende Werte des BH-Produkts:

$BH_1 = 1{,}2 \cdot 22 = 26$ Tesla · kA/m
$BH_2 = 1{,}1 \cdot 29 = 32$ Tesla · kA/m
$BH_3 = 1{,}0 \cdot 33 = 33$ Tesla · kA/m
$BH_4 = 0{,}9 \cdot 37 = 33$ Tesla · kA/m
$BH_5 = 0{,}8 \cdot 40 = 32$ Tesla · kA/m.

Das maximale BH-Produkt beträgt etwa $3{,}3 \cdot 10^4$ Tesla · A/m.   □

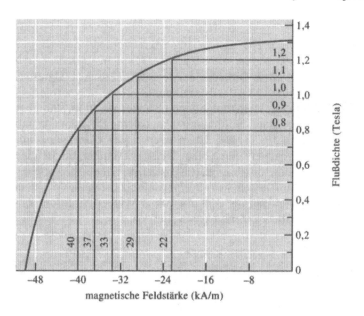

Abb. 19.10. Vierter Quadrant der *B-H*-Kurve eines Permanentmagneten (zu Beispiel 19.3).

Beispiel 19.4

Auswahl von Magnetwerkstoffen für folgende Anwendungsfälle: (a) Elektromotoren, (b) Magnethalter für Schranktüren, (c) Feldmagnete für Drehspulmeßwerke und (d) Magnete für die Kernspintomografie.

Lösung

(a) Um Hystereseverluste gering zu halten, empfiehlt sich als Werkstoff eine texturierte hochpermeable FeSi-Legierung. Wegen seiner relativ guten elektrischen Leitfähigkeit muß das Material jedoch in lamellierter Form in Schichtpaketen mit Schichtdicken kleiner als etwa 0,5 mm und sehr dünnen isolierenden Zwischenlagen eingesetzt werden, um das Entstehen von Wirbelströmen zu verhindern.

(b) Da es sich um ein Massenprodukt handelt, spielt der Kostenfaktor eine entscheidende Rolle. In Frage käme daher ein billiger ferritischer Stahl oder ein ebenfalls kostengünstiger $BaO \cdot 6\,Fe_2O_3$-Ferrit.

(c) Für diese Anwendung sind AlNiCo-Legierungen am besten geeignet. Ihre magnetischen Parameter sind relativ temperaturunabhängig und erfüllen damit die Vorausetzung für genaue Messungen in einem breiten Temperaturbereich.

(d) Dieses medizinische Diagnoseverfahren erfordert hochkonstante, starke magnetische Felder. Als Werkstoff käme $Nd_2Fe_{12}B$ in Betracht, ein hartmagnetisches Material mit sehr großem BH-Produkt.   □

19.7 Curietemperatur

Die Beweglichkeit der magnetischen Dipole eines ferromagnetischen Materials nimmt mit steigender Temperatur zu. Dadurch wird die spontane Magnetisierung innerhalb der Domänen schwächer, Domänen können leichter wachsen, sind aber bei sinkender Feldstärke weniger stabil. Sättigungsmagnetisierung, Remanenz und Koerzitivfeld nehmen ab (Abb. 19.11). Bei Überschreiten der *Curietemperatur* (Tab. 19.5) verschwindet Ferromagnetismus völlig. Die Curietemperatur ist eine materialspezifische Größe und kann durch Legierungszusätze verschoben werden.

Oberhalb der Curietemperatur lassen sich die magnetischen Dipole in einem Magnetfeld ausrichten, die Magnetisierung geht aber ohne Magnetfeld sofort wieder verloren. Das Material verhält sich somit paramagnetisch.

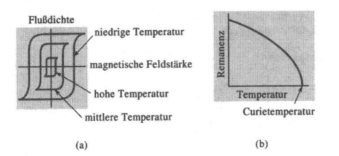

(a)   (b)

Abb. 19.11. Temperatureinfluß auf (a) Hystereseschleife und (b) Remanenz. Ferromagnetismus verschwindet oberhalb der Curietemperatur.

Tabelle 19.5. Curietemperaturen ausgewählter Stoffe

Material	Curietemperatur (°C)
Gadolinium	16
$Nd_2Fe_{12}B$	310
Nickel	358
$BaO \cdot 6Fe_2O_3$	450
Co_5Sm	725
Eisen	770
AlNiCo 1	780
CuNiCo	855
Alnico 5	900
Cobalt	1 131

Beispiel 19.5
Permanentmagnet für eine Raumsonde, der beim Wiedereintritt in die Erdatmosphäre kurzzeitig einem Magnetfeld von 50 000 A/m und einer Temperatur von 500 °C ausgesetzt ist. Der Magnet soll eine möglichst große Energiedichte besitzen und seine Magnetisierung unter den angegebenen Bedingungen beibehalten.

Lösung

Wichtigste Eigenschaften des auszuwählenden Werkstoffs sind ausreichend hohe Werte für Koerzitivfeld und Curietemperatur. Alle in Tabelle 19.5 enthaltenen Stoffe mit Curietemperaturen unterhalb 500 °C wie Gadolinium, Nickel, $Nd_2Fe_{12}B$ und keramische Ferrite sind nicht verwendbar. Andere Materialien, wie Stahl, CuNiFe und AlNiCo 1 kommen ebenfalls nicht in Betracht, da nach Tabelle 19.4 ihre Koerzitivfeldstärken zu klein sind. Von den permanentmagnetischen Materialien der Tabelle 19.4 bietet sich Co_5Sm wegen des großen BH-Produkts als optimale Lösung an, sofern der hohe Materialpreis in Kauf genommen werden kann.   □

19.8 Magnetwerkstoffe

Wir wollen uns jetzt typischen Metallegierungen und als Magnetwerkstoffe eingesetzten keramischen Materialien zuwenden und Methoden zur Verbesserung ihrer Eigenschaften kennenlernen.

Magnetische Metalle. In reiner Form werden Eisen, Nickel und Cobalt gewöhnlich nicht als Magnetwerkstoffe verwendet, da ihre gute elektrische Leitfähigkeit und starke Hysterese in Wechselfeldern große Energieverluste verursachen. Auch als Werkstoffe für Permanentmagnete sind sie wenig geeignet, weil sich ihre Domänen leicht umorientieren lassen und daher Remanenz und BH-Produkt klein sind. Gewisse Verbesserungen lassen sich durch Einbau von Defekten erzielen. Versetzungen, Korngrenzen und Phasengrenzflächen fixieren die Domänenwände, so daß die Magnetisierung auch ohne äußeres Feld bestehen bleibt.

Eisen-Nickel-Legierungen. Einige Eisen-Nickel-Legierungen wie Permalloy eignen sich aufgrund ihrer hohen Permeabilität gut zur Herstellung von Weichmagneten. Ein Anwendungsbeispiel sind Magnetköpfe für das Einschreiben und Lesen von Informationen auf PC-Disketten (Abb.19.12). Beim Speichervorgang werden magnetische Partikel in der Magnetschicht der vorbeigleitenden Diskette entsprechend der Richtung des vom Magnetkopf erzeugten Feldes ausgerichtet. Beim Auslesen induzieren diese magnetisierten Bereiche in der Feldwicklung des Kopfes Ströme, deren Richtung der lokalen Magnetisierung und damit den gespeicherten Informationen entspricht.

Eisen-Silicium. Eisenlegierungen mit 3% bis 5% Si kommen in Elektromotoren und Generatoren zur Anwendung. Hierbei wird von der magnetischen Anisotropie dieser Werkstoffe Gebrauch gemacht, die sich durch entsprechende Vorbehandlung erzielen läßt. So erzeugt Walzen und anschließende Wärmebehandlung eine Schichttextur mit <100>-Orientierung der Kristallite. Da FeSi in <100>-Richtungen am leichtesten magnetisierbar ist, tritt bereits bei geringen Feldstärken magnetische Sättigung ein, und sowohl Hysterese wie Remanenz sind klein (Abb.19.13).

Verbundmagnete. Wirbelstromverluste lassen sich durch Verwendung von Schichtpaketen herabsetzen, die aus dünnen FeSi-Blechen im Wechsel mit Folien eines

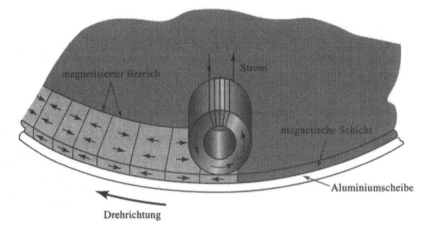

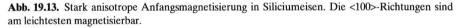

Abb. 19.12. Schematische Darstellung der Wirkungsweise des Schreib/Lese-Kopfes eines Disketten-laufwerks. Beim Schreibvorgang erzeugt der Spulenstrom des Kopfes in der magnetischen Schicht ein Magnetisierungsmuster, das beim Auslesen in der Wicklung des Kopfes einen Strom induziert, dessen zeitlicher Verlauf dem des Schreibstroms entspricht.

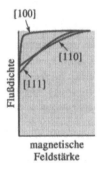

Abb. 19.13. Stark anisotrope Anfangsmagnetisierung in Siliciumeisen. Die <100>-Richtungen sind am leichtesten magnetisierbar.

Dielektrikums bestehen. Dieser Aufbau ergibt große elektrische Widerstände des leitenden Materials, so daß Schichtpakete für den Einsatz bei niedrigen bis mittle-ren Frequenzen geeignet sind.

Im Hochfrequenzbereich kommen Verbundmagnete zur Anwendung, die in eine Polymermatrix eingebettete magnetische Teilchen enthalten. Die Partikel oder Domänen sind leicht auszurichten, Wirbelströme können wegen des hohen elektrischen Widerstandes des Polymers nicht fließen.

Metallische Gläser. Durch extrem schnelles Abkühlen von Metallen aus dem flüssi-gen Zustand lassen sich amorphe Modifikationen, sogenannte metallische Gläser, herstellen (z. B. komplexe Bor-Eisen-Legierungen). Dünne Bänder metallischer Gläser ergeben aufeinandergestapelt massive weichmagnetische Blöcke mit sehr großer Permeabilität. Die im magnetischen Material enthaltenen Domänen sind wegen fehlender Korngrenzen gut beweglich, und infolge des hohen elektrischen Widerstandes treten nur geringe Wirbelstromverluste auf.

Magnetbänder. Magnetische Materialien zur Informationsspeicherung sollen möglichst rechteckige Hystereseschleifen und kleine Koerzitivfeldstärken besitzen, damit ein schneller Informationsaustausch möglich ist. Magnetbänder für Audio- oder Videoanwendungen bestehen aus einem Polyesterband mit aufgedampften, aufgesputterten oder elektrolytisch abgeschiedenen Partikeln eines magnetischen Materials wie Fe_2O_3.

Disketten und Plattenspeicher tragen auf einer Aluminiumunterlage einen Polymerfilm, in den magnetische Partikel eingebettet sind. Wegen der geringen Partikelgröße kann die Orientierung der Domänen mit hoher Geschwindigkeit geändert werden.

Komplexe Legierungen für Permanentmagnete. Das Gefüge hochentwickelter Permanentmagnete ist so feinkörnig, daß jeder Kristallit nur eine Domäne enthält. Die Domänen sind deshalb nicht mehr durch Blochwände, sondern durch Korngrenzen voneinander getrennt und können ihre Orientierung nur noch durch Rotation ändern. Dies erfordert mehr Energie als Domänenwachstum durch Blochwandverschiebung.

Magnetwerkstoffe entsprechender Gefügestruktur können durch geeignete Phasenumwandlungen oder pulvermetallurgisch hergestellt werden. AlNiCo, eine der meistgebrauchten Legierungen dieser Art, hat bei hohen Temperaturen einphasige krz-Struktur. Bei langsamer Abkühlung bis unter 800 °C wird eine eisen- und cobaltreiche zweite Phase so feinverteilt ausgeschieden, daß jedes Korn nur eine Domäne enthält. Das im Ergebnis vorliegende AlNiCo besitzt sehr große Remanenz, Koerzitivfeldstärke und Energiedichte. Läßt man die Legierung in einem Magnetfeld abkühlen, werden die Domänen bereits bei ihrer Entstehung ausgerichtet.

Pulvermetallurgische Methoden werden zur Herstellung verschiedener Legierungen der Seltenerdmetalle angewandt. Zu ihnen zählt die intermetallische Verbindung Co_5Sm mit großem BH-Produkt (Abb. 19.14), das durch ungepaarte Spins der 4f-Elektronen von Samarium bedingt ist. Die spröde Verbindung wird zu so feinem Pulver zermahlen, daß jedes Partikel nur eine Domäne enthält, und danach

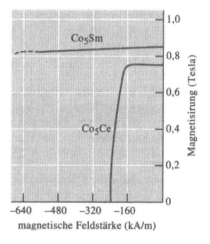

Abb. 19.14. Entmagnetisierungskurven von Co_5Sm und Co_5Ce. Die Kurven sind Teil der Hystereseschleife.

zur Ausrichtung der Domänen im Magnetfeld verdichtet. Im anschließenden Sinterprozeß, der zur Vermeidung von Partikelwachstum sehr sorgfältig geführt werden muß, entsteht ein fester Pulvermagnet. Ein anderer Magnetwerkstoff auf Basis von Neodym, Eisen und Bor hat ein BH-Produkt von $36 \cdot 10^4$ Tesla $\cdot$ A/m. Die Domänen befinden sich in diesem Fall in der feinkörnigen intermetallischen Verbindung $Nd_2Fe_{14}B$, während eine feine HfB_2-Ausscheidung die Domänenwände blockiert.

Ferrimagnetische Keramikwerkstoffe. Ferrite sind gebräuchliche keramische Magnetwerkstoffe mit Spinellstruktur (Abb. 19.15(a) und 14.1(c)), in der jedes Metallion einen Dipol darstellt. Obwohl die Dipole verschiedener Ionenarten entgegengesetzte Richtungen haben können, ergibt sich wegen ihrer unterschiedlichen Stärke eine resultierende Magnetisierung, und das Material verhält sich ferrimagnetisch.

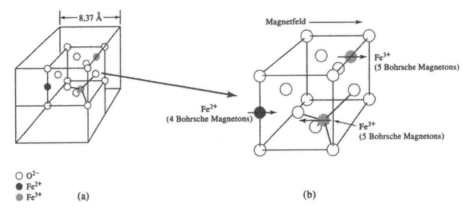

Abb. 19.15. (a) Struktur von Magnetit, Fe_3O_4. (b) Bau der Subzelle. Die magnetischen Momente der Ionen auf Oktaederplätzen nehmen Feldrichtung, die auf Tetraederplätzen Gegenrichtung an. Es entsteht eine resultierende Magnetisierung.

Zum besseren Verständnis des Verhaltens dieser keramischen Magnete wollen wir Magnetit (Fe_3O_4) ausführlicher behandeln. Magnetit enthält zwei verschiedene Eisenionen, Fe^{2+} und Fe^{3+}. Die genauere Form der Strukturformel ist deshalb

$$Fe^{2+}Fe_2^{3+}O_4^{2-}.$$

Das Grundgerüst der Magnetit- oder Spinellstruktur bildet eine kfz-Anordnung von Sauerstoffionen mit Eisenionen auf speziellen Zwischengitterplätzen. Obwohl die Elementarzelle der Spinellstruktur in Wirklichkeit 8 derartige Untereinheiten enthält, genügt es, eine dieser Subzellen zu betrachten (Abb.19.15(b)).

1. Die Subzelle enthält 4 flächenzentrierte Sauerstoffionen.
2. Jeder Eckpunkt und das Zentrum der Subzelle stellen Oktaederplätze dar, die jeweils von 6 O-Ionen umgeben sind. Ein Fe^{2+}- und ein Fe^{3+}-Ion befinden sich jeweils auf einem Oktaederplatz.
3. Einer der mit 1/4,1/4,1/4 indizierten Tetraederplätze ist mit einem Fe^{3+}-Ion besetzt.

4. Die zwei Fe^{2+}-Ionen haben ihre beiden 4s-Elektronen abgegeben, nicht aber ihre 3d-Elektronen. Da das 3d-Niveau von Eisen 4 ungepaarte Elektronen enthält, beträgt die Stärke des Fe^{2+}-Dipols 4 Bohrsche Magnetonen. Das Fe^{3+}-Ion dagegen hat außer den beiden 4s-Elektronen auch eines der 3d-Elektronen abgegeben, besitzt somit 5 ungepaarte Elektronen im 3d-Niveau und eine Dipolstärke von 5 Bohrschen Magnetonen.

5. Dipole auf Tetraederplätzen orientieren sich entgegen der äußeren Feldrichtung, Dipole auf Oktaederplätzen dagegen nehmen die Richtung des Feldes an und verstärken somit seine Wirkung (Abb. 19.15(b)). Während sich also Fe^{3+}-Ionen auf Tetraeder- und Oktaederplätzen wechselseitig neutralisieren (antiferrimagnetisches Verhalten), tragen die Fe^{2+}-Ionen voll zur Stärkung des äußeren Magnetfeldes bei. Bei Feldumkehr durchläuft Magnetit eine Hystereseschleife.

Beispiel 19.6
Berechnung des magnetischen Gesamtmoments eines Kubikzentimeters Magnetit.
Lösung
Das Gesamtmoment der Subzelle (Abb. 19.15(b)) von 4 Bohrschen Magnetonen rührt allein vom Fe^{2+}-Ion her, da sich die magnetischen Momente der beiden Fe^{3+}-Ionen gegenseitig aufheben.

Das Gesamtmoment der 8 Subzellen enthaltenden Elementarzelle beträgt daher 32 Bohrmagnetonen. Als Volumen erhalten wir mit der Gitterkonstante $8,37 \cdot 10^{-8}$ cm:

$$V_{EZ} = 5,86 \cdot 10^{-22} \text{ cm}^3.$$

Somit ist das magnetische Moment pro cm^3:

$$\text{Magn. Moment} =$$

$$\frac{32 \text{ Bohrmagnetonen/EZ}}{5,86 \cdot 10^{-22} \text{ cm}^3/\text{EZ}} = 5,46 \cdot 10^{22} \text{ Bohrmagnetonen/cm}^3$$

$$= (5,46 \cdot 10^{22})(9,27 \cdot 10^{-24} \text{ A} \cdot \text{m}^2/\text{Bohrmagneton})$$

$$= 0,51 \text{ A} \cdot \text{m}^2/\text{cm}^3 = 5,1 \cdot 10^5 \text{ A/m}^2/\text{m}^3 = 5,1 \cdot 10^5 \text{ A/m}.$$

Dieser Ausdruck stellt die Sättigungsmagnetisierung dar.   □

Werden in einer Spinellstruktur die Fe^{2+}-Ionen durch andere Ionen ersetzt, ändern sich die magnetischen Eigenschaften. Ionen, die in reinen Metallen keinen Ferromagnetismus erzeugen, können in Spinellen zum ferrimagnetischen Verhalten beitragen (s. Tab. 19.6). Weichmagnete entstehen durch Austausch der Fe^{2+}-Ionen gegen verschiedene Mischungen von Mangan, Zink, Nickel oder Kupfer. Die magnetischen Momente der Nickel- und Manganionen heben die Wirkung der beiden Eisenionen zum Teil auf und erzeugen Ferrimagnetismus mit schmaler Hystereseschleife. Derartige keramische Verbindungen eignen sich besonders für Hochfrequenzanwendungen, da wegen ihres hohen elektrischen Widerstandes nur geringe Wirbelstromverluste auftreten. Die für Speicheranwendungen benötigte Rechteckform der Hystereseschleife läßt sich durch Zusätze von Mangan, Magnesium oder Cobalt erreichen.

Tabelle 19.6. Magnetische Momente von Ionen in der Spinellstrukur

Ion	Bohrsche Magnetonen
Fe^{3+}	5
Mn^{2+}	5
Fe^{2+}	4
Co^{2+}	3
Ni^{2+}	2
Cu^{2+}	1
Zn^{2+}	0

Granate, z. B. Yttrium-Eisen-Granat ($Y_3Fe_5O_{12}$), bilden eine andere Gruppe keramischer Weichmagnete. Diese komplexen Oxide sind in ihren Eigenschaften den Ferriten sehr ähnlich. Sie lassen sich modifizieren, indem Eisen durch Aluminium oder Chrom ersetzt wird, oder Yttrium durch Lanthan oder Praseodym. Ein anderer Granat auf Basis von Gadolinium oder Gallium kann in Form dünner Schichten mit winzigen magnetischen Domänen hergestellt werden. Diese als *magnetische Blasen* bezeichneten Domänen dienen als Datenspeicher, deren Magnetisierung auch nach Stromausfall bestehen bleibt.

Zu den keramischen Hartmagneten gehört eine andere Familie komplexer Oxide, die hexagonalen Ferrite. Zu ihnen zählen $SrFe_{12}O_{19}$, $BaFe_{12}O_{19}$ und $PbFe_{12}O_{19}$.

Beispiel 19.7

Ausgangsmaterial zur Herstellung von Ferritmagneten mit einem magnetischen Moment von $5,5 \cdot 10^5$ A/m pro m^3.

Lösung

Aus Beispiel 19.6 ist bekannt, daß Fe_3O_4 pro m^3 ein magnetisches Moment von $5,1 \cdot 10^5$ A/m besitzt. Um eine höhere Sättigunsmagnetisierung zu erzielen, müssen Fe^{2+}-Ionen durch Ionen mit einer größeren Anzahl Bohrscher Magnetonen ersetzt werden. Eine Möglichkeit bietet das Mn^{2+}-Ion mit 5 Bohrschen Magnetonen (s. Tab. 19.6).

Wenn wir voraussetzen, daß sich die Größe der Elementarzelle durch das Manganion nicht wesentlich ändert, folgt aus Beispiel 19.6:

$$V_{EZ} = 5,86 \cdot 10^{-22} \text{ cm}^3 = 5,86 \cdot 10^{-28} \text{ m}^3.$$

Mit x als Anteil der Manganionen, $(1-x)$ als Anteil der Eisenionen ergibt sich als magnetisches Gesamtmoment:

Gesamtmoment

$$= \frac{(8 \text{ Subzellen})[x \cdot (5 \text{ Bohrmag.}) + (1-x)(4 \text{ Bohrmag.})](9,27 \cdot 10^{-24} \text{ A} \cdot \text{m}^2)}{5,86 \cdot 10^{-28} \text{ m}^3}$$

$$= \frac{8(5x + 4 - 4x)(9,27 \cdot 10^{-24})}{5,86 \cdot 10^{-28}} = 5,5 \cdot 10^5$$

$$x = -4 + 4,346 = 0,346.$$

Die geforderte Magnetisierung erhält man durch Austausch von 34,6 Atom% der Fe^{2+}-Ionen gegen Mn^{2+}-Ionen.   □

19.9 Zusammenfassung

- Die magnetischen Eigenschaften der Stoffe sind durch Wechselwirkungen magnetischer Dipole mit äußeren Magnetfeldern bestimmt. Magnetische Dipole haben ihren Ursprung in der Elektronenstruktur der Atome, die zu verschiedenen Arten magnetischen Verhaltens führen kann:
  - In diamagnetischen Substanzen stellen sich Dipole geringfügig entgegen der Feldrichtung ein.
  - In paramagnetischen Stoffen erfolgt eine schwache Feldverstärkung. Magnetisierung und Flußdichte sind klein.
  - In ferromagnetischen Materialien (wie Eisen, Nickel und Cobalt) bewirken magnetische Dipole eine hohe Verstärkung des äußeren Feldes und erzeugen große Magnetisierung und Flußdichte. Die Magnetisierung bleibt nach dem Entfernen des Magnetfeldes bestehen. Bei Überschreiten der Curietemperatur verschwindet Ferromagnetismus.
  - In ferrimagnetischen Keramiken wird das einwirkende Magnetfeld durch Dipole teilweise verstärkt, teilweise geschwächt. Insgesamt vergrößert sich das Feld oder die Flußdichte. Auch für Ferrimagnete existiert eine Curietemperatur.
- Ferro- und ferrimagnetische Stoffe enthalten Domänen, in denen alle magnetischen Dipole gleiche Richtung besitzen. In einem ansteigenden äußeren Feld orientieren sich die Dipole zunehmend in Feldrichtung, bis als maximaler Wert der Magnetisierung die Sättigungsmagnetisierung erreicht ist. Nach Entfernen des Feldes bleibt ein bestimmter Anteil der Magnetisierung bestehen, der als Remanenz bezeichnet wird:
  - Weichmagnetische Stoffe besitzen kleine Remanenz. Bestehende Vorzugsrichtung der Dipole wird durch ein kleines Koerzitivfeld (Feld in Gegenrichtung) aufgehoben. Der Energieaufwand zur Umorientierung der Domänen in einem Wechselfeld ist gering.
  - In hartmagnetischen oder permanentmagnetischen Stoffen behalten Domänen nach Abschalten eines äußeren Magnetfeldes ihre Orientierung fast vollständig bei, und es sind große Koerzitivfeldstärken erforderlich, um die Vorzugsausrichtung der Dipole zu beseitigen. In starken Wechselfeldern treten große Hystereseverluste auf.

19.10 Glossar

Antiferromagnetismus. Fehlende Magnetisierung infolge entgegengesetzter Orientierung benachbarter magnetischer Dipole.
Blochwände. Grenzbereich zwischen benachbarten Domänen.
Bohrsches Magneton. Stärke eines elementaren magnetischen Dipols.
Curietemperatur. Temperatur, bei deren Überschreiten Ferromagnetismus bzw. Ferrimagnetismus verschwinden.

Diamagnetismus. Orientierung magnetischer Bahnmomente der Elektronen entgegen der Richtung eines äußeren Magnetfeldes.

Domänen. Kleine Bereiche eines Materials mit einheitlicher Ausrichtung magnetische Dipole.

Energiedichte. Stärke eines Permanentmagneten, ausgedrückt durch das Maximalprodukt aus Flußdichte und Feldstärke.

Ferrimagnetismus. Magnetisches Verhalten, gekennzeichnet durch antiparallele Ausrichtung verschieden starker magnetischer Dipole mit resultierender Magnetisierung.

Ferromagnetismus. Magnetisches Verhalten, bei dem die einheitliche Orientierung von Domänen auch nach Entfernen des Magnetfeldes weitgehend erhalten bleibt.

Hartmagnet. Ferromagnet mit breiter Hystereseschleife und hoher Remanenz.

Hystereseschleife. Geschlossener Kurvenzug im Diagramm Magnetisierung über Feldstärke, der bei zyklischer Änderung der Feldstärke durchlaufen wird.

Magnetisches Moment. Stärke eines magnetischen Dipols.

Magnetisierung. Summe aller magnetische Momente pro Volumeneinheit.

Paramagnetismus. Teilweise Ausrichtung von Elektronenspins in Richtung eines äußeren Feldes.

Permeabilität. Verhältnis von Flußdichte zu Magnetfeldstärke.

Remanenz. Magnetisierung, die nach Entfernen des Magnetfeldes bestehen bleibt.

Sättigungsmagnetisierung. Maximale Magnetisierung durch Ausrichtung aller im Material vorhandenen magnetischen Dipole.

Suszeptibilität. Verhältnis von Magnetisierung zu Magnetfeldstärke.

Weichmagnet. Ferromagnetisches Material mit schmaler Hystereseschleife und geringen Energieverlusten im Wechselfeld.

19.11 Übungsaufgaben

19.1 Berechne die maximal zu erwartende Magnetisierung von Eisen, Nickel, Cobalt und Gadolinium. Im $4f$-Niveau von Gadolinium befinden sich sieben Elektronen.

19.2 Wie groß ist die Magnetisierung einer Legierung aus Nickel und 70 Atom% Kupfer, wenn keine Wechselwirkung zwischen den Elektronen vorhanden ist?

19.3 In einem Magnetfeld von 10 A/m hat eine Fe-Ni(49%)- Legierung eine maximale Permeabilitätszahl von 64 000. Wie groß ist die entsprechende Flußdichte und welcher Strom erzeugt die gleiche Flußdichte in einer 3 cm langen Spule mit 200 Windungen?

19.4 Ein Magnetwerkstoff hat eine Koerzitivfeldstärke von 167 A/m, eine Sättigungsmagnetisierung von 0,616 Tesla und eine Restinduktion von 0,3 Tesla. Zeichne die Hystereseschleife.

19.5 Für Co_5Ce ist aus Abbildung 19.14 das maximale BH-Produkt abzuschätzen.

19.6 Welchen Vorteil bietet Fe-Si(3%) gegenüber Supermalloy für den Einsatz in Elektromotoren?

19.7 Bestimme das magnetische Gesamtmoment pro cm^3 Magnetit, wenn 10% der Fe^{2+}-Ionen durch Cu^{2+}-Ionen ersetzt sind.

20 Optische Eigenschaften von Stoffen

20.1 Einleitung

Die optischen Eigenschaften der Stoffe sind durch ihre Wechselwirkungen mit elektromagnetischer Strahlung bestimmt, die in Form von Wellen oder Teilchen (*Photonen*) in Erscheinung treten kann. Nur ein schmaler Bereich des elektromagnetischen Spektrums ist für das menschliche Auge sichtbar. In diesem Kapitel wollen wir uns mit der Emission von Photonen und ihren Wechselwirkungen mit Festkörpern befassen. Diese Vorgänge sind von grundlegender Bedeutung für die Nutzung optischer Eigenschaften von Stoffen.

Photonen werden von ganz verschiedenen Quellen emittiert. Gammastrahlung beispielsweise entsteht bei Prozessen in Atomkernen, Röntgen-, UV- und sichtbare Strahlung infolge von Vorgängen in den Elektronenhüllen der Atome. Langwellige Infrarotstrahlen geringer Energie rühren von Schwingungen der Atome des Kristallgitters her.

Optische Erscheinungen, wie Reflexion, Refraktion, Absorption und Transmission, sowie bestimmte elektronische Effekte in Festkörpern beruhen auf Wechselwirkungen zwischen Photonen und Materie. Die Erforschung dieser Phänomene hat zum besseren Verständnis der Materialeigenschaften und zu einer großen Anzahl praktischer Anwendungen geführt: Lasereinsatz in Medizin, Kommunikation und Produktion; Faseroptik, Leuchtdioden und Solarzellen; Geräte zur Analyse von Kristallstrukturen oder der Materialzusammensetzung usw.

20.2 Das elektromagnetische Spektrum

Stoffe können Energie in Form elektromagnetischer Wellen abstrahlen. Für die als Photonen bezeichneten Energiequanten elektromagnetischer Strahlen gilt folgende Relation:

$$E = h\nu = \frac{hc}{\lambda}. \tag{20.1}$$

E bezeichnet die Energie des Photons, λ die Wellenlänge und ν die Frequenz der Strahlung, $c = 3 \cdot 10^{10}$ cm/s die Lichtgeschwindigkeit und $h = 6{,}62 \cdot 10^{-34}$ J $\cdot$ s $= 4{,}14 \cdot 10^{-15}$ eV $\cdot$ s die Plancksche Konstante. $(1{,}6 \cdot 10^{-19}$ J $= 1$ eV). Diese Gleichung bringt zum Ausdruck, daß ein Photon sowohl als Welle bestimmter Frequenz und Wellenlänge wie auch als Teilchen mit bestimmter Energie in Erscheinung treten kann.

Von der Sonne ausgehend trifft ständig ein Strom von Photonen auf die Erde, von denen aber nur ein Teil zum sichtbaren Spektralbereich gehört. Dieser Photonenstrom bildet die Grundlage des gesamten Lebens auf der Erde und liefert die Energie für alle erneuerbaren Energiequellen bis hin zu Solarzellen. Aber auch

Stoffe unserer unmittelbaren Umgebung können dazu angeregt werden, Photonen fast des gesamten in Abbildung 20.1 dargestellten Frequenzbereichs auszustrahlen. Gamma- und Röntgenstrahlen besitzen kurze Wellenlängen, hohe Frequenzen und energiereiche Photonen. Die Energie der Mikro- und Radiowellen ist dagegen sehr klein. Die Abbildung verdeutlicht, daß das sichtbare Spektrum nur einen kleinen Teil des Gesamtbereichs elektromagnetischer Strahlung ausmacht.

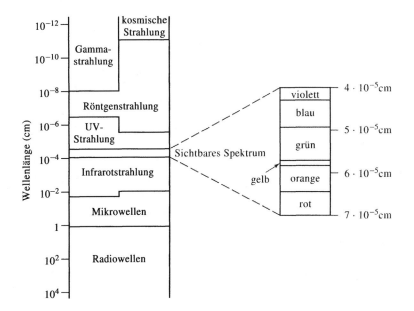

Abb. 20.1. Das Spektrum elektromagnetischer Strahlung.

20.3 Emission elektromagnetischer Strahlung

Wir wollen die Vorgänge betrachten, die der Emission von Strahlung in unterschiedlichen Frequenzbereichen zugrunde liegen, und werden dabei einige uns wohlvertraute Phänomene antreffen.

Gammastrahlen und Kernreaktionen. Der radioaktive Zerfall instabiler Atomkerne ist mit Emission von Gammastrahlen verbunden. Energie und Wellenlänge der Gammaquanten hängen von der Struktur der Atomkerne des zerfallenden Elements ab und haben daher sehr genau definierte Werte. Beispielsweise entstehen beim Zerfall von ^{60}Cobalt Gammaquanten mit Energien von $1,17 \cdot 10^6$ eV und $1,33 \cdot 10^6$ eV. Dem entsprechen Wellenlängen von $1,06 \cdot 10^{-10}$ cm bzw. $0,93 \cdot 10^{-10}$ cm. Gammastrahlen können feste Stoffe durchdringen und werden zum Nachweis von Defekten im Inneren von Werkstoffen benutzt.

Röntgenstrahlen und Quantensprünge in inneren Elektronenschalen. *Röntgenstrahlen* entstehen durch Elektronenübergänge von höheren in tiefere Energieniveaus, aus denen zuvor Elektronen angeregt worden sind. Die Anregung kann z.B. durch Stöße hochenergetischer (schneller) Elektronen erfolgen. Röntgenstrahlung wird in einem breiten Energiebereich als kontiniuerliches Spektrum oder als charakteristische Strahlung mit genau definierten Frequenzen emittiert.

Schnellfliegende Elektronen werden beim Eindringen in einen Festkörper durch Zusammenstöße mit Gitteratomen abgebremst und strahlen ihre kinetische Energie in Form von Photonen ab. Da der Energieverlust je Stoßprozeß verschieden sein kann, werden Photonen unterschiedlicher Energie, d.h. verschiedener Wellenlänge und Frequenz erzeugt (Abb. 20.2). Aus diesem Grund entsteht beim allmählichen Abbremsen des Elektrons ein *kontinuierliches Spektrum* (die glatten Kurvenabschnitte in Abbildung 20.3). Die *kurzwellige Grenze* λ_k dieses Spektrums ent-

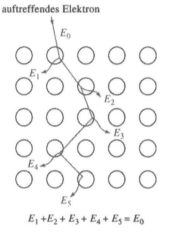

$$E_1 + E_2 + E_3 + E_4 + E_5 = E_0$$

Abb. 20.2. Schrittweise Energieabnahme eines Elektrons im Inneren eines Materials. Im angenommen Fall werden Photonen mit im allgemeinen unterschiedlichen Energien E_1 bis E_5 emittiert.

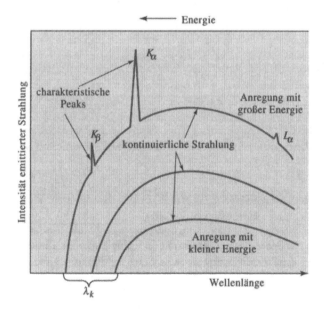

Abb. 20.3. Kontinuierliches und charakteristisches Emissionsspektrum einer Substanz. Bei niederenergetischer Anregung wird nur das kontinuierliche Spektrum emittiert. Erst genügend energiereiche Anregung führt zur Emission des charakteristischen Spektrums.

spricht dem Sonderfall, daß das Elektron seine gesamte Energie in einem einzigen Stoß abgibt. Mit steigender Energie der auftreffenden Elektronen wird daher die Grenzwellenlänge kleiner, und Anzahl und Energie der emittierten Photonen nehmen zu.

Falls die Energie der auftreffenden Elektronen ausreicht, Elektronen aus inneren Schalen der Gitterionen herauszuschlagen, gehen Elektronen von höheren Energieniveaus in die leeren Niveaus über und emittieren die dabei freiwerdende Energie als sogenannte charakteristische Röntgenstrahlung, die für jede Atomart spezifisch ist.

Die *charakteristische Strahlung* entsteht infolge der Existenz diskreter Energieniveaus. Beim Übergang von Elektronen aus höheren in tiefere Niveaus werden Photonen emittiert, deren Frequenzen oder Wellenlängen genau den Energiedifferenzen zwischen den beteiligten Niveaus entsprechen. Wir wollen die Vorgänge anhand der Abbildung 20.4 genauer untersuchen.

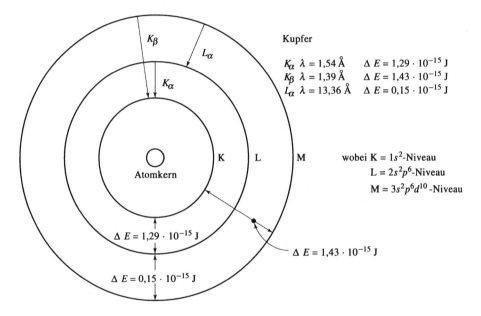

Abb. 20.4. Entstehung charakteristischer Röntgenstrahlung durch Elektronenübergänge in Kupfer. Energie und Wellenlänge der Röntgenphotonen entsprechen den Energiedifferenzen zwischen den Niveaus.

Die Energieschalen werden gemäß Kapitel 2 mit $K, L, M, \ldots$ bezeichnet. Wenn ein Elektron aus der K-Schale angeregt worden ist, können Elektronen aller höhergelegenen Schalen das leere Niveau besetzen. Normalerweise geht ein Elektron der nächst höheren Schale in das leere Niveau über und emittiert dabei ein Photon, dessen Energie gleich ist der Energiedifferenz zwischen den beteiligten Niveaus. Beispielsweise könnten Photonen der Energie $\Delta E = E_K - E_L$ (K_α-Strahlung) oder $\Delta E = E_K - E_M$ (K_β-Strahlung) emittiert werden. Beim Übergang eines Elektrons aus der M- in die L-Schale wird entsprechend ein Photon der Energie $\Delta E = E_L - E_M$ (L_α-Strahlung) emittiert. Das Erzeugen von K_α-Strahlung erfordert Elektronen mit höherer Energie, als das von L_α- Strahlung.

Als Folge der Emission von Photonen charakteristischer Frequenzen sind dem kontinuierlichen Spektrum Serien von Peaks überlagert (Abb. 20.3), deren Wellenlängen spezifisch für die emittierende Atomart sind. Sie können deshalb, Fingerabdrücken vergleichbar, zur Identifizierung von Elementen herangezogen werden. Aus einem Vergleich der Intensitäten der Peaks mit denen von Standardproben kann man darüber hinaus Aussagen zur Konzentration verschiedener Atomarten machen und auf diese Weise die Zusammensetzung von Stoffen ermitteln. Eine derartige Prüfmethode für große Proben wird als Röntgenfluoreszenzanalyse bezeichnet. Mittels des Rasterelektronenmikroskops (REM) ist es möglich, einzelne Phasen oder sogar Einschlüsse in der Gefügestruktur zu identifizieren.

Tabelle 20.1 zeigt Auschnitte der charakteristischen Strahlung einiger Elemente. Der Begriff Absorptionskante wird in einem späteren Abschnitt erklärt.

Tab. 20.1. Charakteristische Emissionslinien und Absorptionskanten ausgewählter Elemente

Metall	K_α (Å)	K_β (Å)	L_α (Å)	Absorptionskante (Å)
Al	8,337	7,981	–	7,951
Si	7,125	6,768	–	6,745
S	5,372	5,032	–	5,018
Cr	2,291	2,084	–	2,070
Mn	2,104	1,910	–	1,896
Fe	1,937	1,757	–	1,743
Co	1,790	1,621	–	1,608
Ni	1,660	1,500	–	1,488
Cu	1,542	1,392	13,357	1,380
Mo	0,711	0,632	5,724	0,620
W	0,211	0,184	1,476	0,178

Beispiel 20.1

Es ist zu klären, ob bei Beschuß von Kupfer mit auf 5 000 eV beschleunigten Elektronen K_α-, K_β- oder L_α-Strahlung emittiert wird.

Lösung

Um Elektronen der inneren Schalen anregen zu können, müssen auftreffende Elektronen eine Mindestenergie besitzen, d. h. ihre Wellenlängen müssen kleiner als die sein, die den Energiedifferenzen zwischen den Schalen entsprechen:

$$E = (5000 \, \text{eV})(1,6 \cdot 10^{-19} \, \text{J/eV}) = 8 \cdot 10^{-16} \, \text{J},$$

$$\lambda = \frac{hc}{E} = \frac{(6,62 \cdot 10^{-34})(3 \cdot 10^{10}}{8 \cdot 10^{-16}},$$

$$= 2,48 \cdot 10^{-8} \, \text{cm} = 2,48 \, \text{Å}.$$

Für Kupfer gelten folgende Wellenlängen: $K_\alpha = 1,542$ Å, $K_\beta = 1,392$ Å und $L_\alpha = 13,357$ Å.

Hiernach ist nur die Emission von L_α-Strahlung möglich. $\qquad\square$

Beispiel 20.2

Abbildung 20.5 zeigt in 1 000facher Vergrößerung die REM-Aufnahme einer drei-phasigen Materialprobe und die Energieverteilung der charakteristischen Röntgen-strahlung jeder Phase, die durch Anregung mit dem Elektronenstrahl des REM erhalten worden ist. Aus den Energiespektren ist die Zusammensetzung der Phasen zu ermitteln.

Lösung

Alle drei Phasen besitzen einen Peak bei etwa 1,5 keV = 1 500 eV. Die zugehörige Wellenlänge ist:

$$\lambda = \frac{hc}{E} = \frac{(6,62 \cdot 10^{-34} \text{ J} \cdot \text{s})(3 \cdot 10^{10} \text{ cm/s})}{(1500 \text{ eV})(1,6 \cdot 10^{-19} \text{ J/eV})(10^{-8} \text{ cm/A})} = 8,275 \text{ Å}.$$

Auf analoge Weise wurden die Energien und Wellenlängen der übrigen Peaks bestimmt und mit den Daten in Tabelle 20.1 verglichen. Das Ergebnis der Auswertung zeigt folgende Tabelle:

Phase	Peak-Energie	λ	λ (Tabelle 20.1.)	Element
A	1,5 keV	8,275 Å	8,337 Å	K_α Al
B	1,5 keV	8,275 Å	8,337 Å	K_α Al
	1,7 keV	7,30 Å	7,125 Å	K_α Si
C	1,5 keV	8,275 Å	8,337 Å	K_α Al
	1,7 keV	7,30 Å	7,125 Å	K_α Si
	5,8 keV	2,14 Å	2,104 Å	K_α Mn
	6,4 keV	1,94 Å	1,937 Å	K_α Fe
	7,1 keV	1,75 Å	1,757 Å	K_β Fe

Phase A besteht aus Aluminium, B ist offenbar eine Siliciumnadel mit Alumini-umanteil. Phase C ist eine Al-Si-Mn-Fe-Verbindung. Bei der Probe handelt es sich um eine Al-Si-Legierung mit stabilen Al- und Si-Phasen und Einschlüssen, in denen Mn- und Fe-Atome konzentriert sind.   □

Lumineszenz, Wechselwirkungen in den äußeren Elektronenschalen. Die Um-wandlung von Strahlung oder anderer Energieformen in sichtbares Licht wird als *Lumineszenz* bezeichnet. Grundlegender Vorgang ist die Anregung von Elektro-nen des Valenzbandes in das durch eine Energielücke getrennte Leitungsband. Die Elektronen fallen nach kurzer Zeit in das Valenzband zurück und emittieren dabei Photonen.

In Metallen tritt Lumineszenz nicht auf. Elektronen werden lediglich innerhalb des nur teilweise gefüllten Valenzbandes angeregt und können über sehr viele Zwi-schenstufen in das Ausgangsniveau zurückgelangen. Die dabei emittierten langwel-ligen Photonen liegen außerhalb des sichtbaren Bereichs (Abb. 20.6(a)).

In bestimmten keramischen Substanzen und Halbleitern jedoch ist die Energie-lücke zwischen den Bändern von solcher Größe, daß vom Leitungsband in das Valenzband zurückfallende Elektronen Photonen des sichtbaren Spektrums emit-tieren. In diesen Stoffen tritt Lumineszenz in zwei Formen auf, als Fluoreszenz und als Phosporeszenz. Bei *Fluoreszenz* fallen angeregte Elektronen in Sekunden-bruchteilen in das Valenzband zurück (Abb. 20.6(b)) und emittieren dabei vor-nehmlich Photonen der Frequenz, die der Energielücke entspricht. Nach Aufhören der Anregung bricht der Leuchtvorgang sofort ab. Dies ist an Leuchtstoffröhren zu

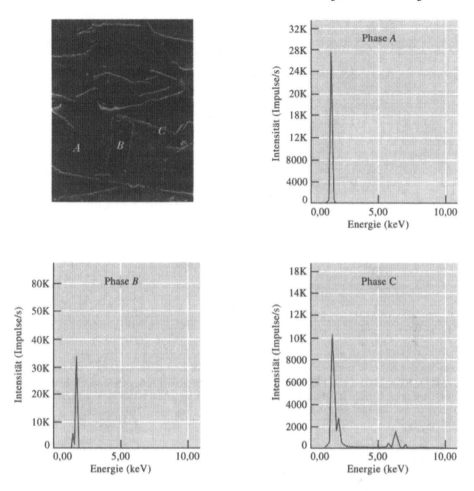

Abb. 20.5. Rasterelektronenmikroskopische Aufnahme einer mehrphasigen Probe. Die Diagramme zeigen den Intensitätsverlauf der von den Phasen A,B und C emittierten Strahlung, aus dem ihre Zusammensetzung ermittelt werden kann, vgl. Beispiel 20.2.

beobachten, die innen mit einer fluoreszierenden Schicht bedeckt sind und die aufhören zu leuchten, sobald die Netzspannung abgeschaltet wird.

Phosphoreszierende Substanzen enthalten von Fremdatomen herrührende Donatorniveaus innerhalb der Energielücke (Abb. 20.6(c)). Angeregte Elektronen fallen zunächst in diese Niveaus und bleiben dort eine Zeitlang gefangen, ehe sie in das Valenzband zurückkehren. Die Emission von Photonen folgt deshalb der Anregung mit einer gewissen Verzögerung nach. Bricht die Anregung ab, dauert das Entleeren der Donatorniveaus und die Lichtemission noch einige Zeit an. Für den zeitlichen Verlauf der Intensität der Phosphoreszenzstrahlung gilt die Gleichung:

$$\ln\left(\frac{I}{I_0}\right) = -\frac{t}{\tau}. \tag{20.2}$$

Die *Relaxationszeit* τ ist eine Materialkonstante. Zur Zeit t nach dem Ende der Anregung ist die Intensität der Phosphoreszenz vom Anfangswert I_0 auf den Wert I abgeklungen. Phosphoreszierende Stoffe sind wichtig für die Funktion von Fern-

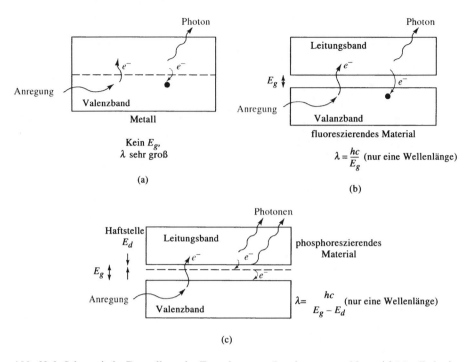

Abb. 20.6. Schematische Darstellung der Entstehung von Lumineszenzstrahlung. (a) Metalle besitzen keine Energielücke, daher kann Lumineszenz nicht auftreten. (b) Bei vorhandener Energielücke ist Fluoreszenz möglich. (c) Phosphoreszenz ist durch eine langsame Abnahme der Zahl emittierter Photonen nach Wegfall der Anregung gekennzeichnet. Ursache sind Donatorhaftstellen in der Energielücke.

sehbildschirmen. Die Relaxationszeiten müssen hierbei so klein sein, daß es nicht zur Überlagerung schnell aufeinanderfolgender Bilder kommt. Farbbildschirme enthalten drei Arten phosphoreszierender Stoffe, deren Energielücken so eingestellt sind, daß sie in rot, grün und blau leuchten. Auch Bildschirme von Computern, Radargeräten und Oszillographen arbeiten nach diesem Prinzip.

Beispiel 20.3
Beschichtungsmaterial für Fernsehbildröhren zur Erzeugung der Farbe Blau.
Lösung
Die Wellenlänge blauen Lichtes liegt etwa bei $4{,}5 \cdot 10^{-5}$ cm (Abb. 20.1). Die entsprechende Photonenenergie beträgt:

$$E = \frac{hc}{\lambda} = \frac{(4{,}14 \cdot 10^{-15}\ \text{eV} \cdot \text{s})(3 \cdot 10^{10}\ \text{cm/s})}{4{,}5 \cdot 10^{-5}\ \text{cm}}$$
$$= 2{,}76\ \text{eV}.$$

Von den in Tabelle 18.8 aufgeführten Stoffen besitzt keiner eine Energielücke von 2,76 eV. Die geforderte Phosphoreszenzfarbe ließe sich aber mit ZnO (Energielücke 3,54 eV) erzeugen, indem man durch geeignete Dotierung ein Donatorniveau 0,78 eV unterhalb des Leitungsbandes schafft. Die bei Elektronenübergängen von diesen Niveaus in das Valenzband emittierten Photonen hätten die richtige Energie.

Die Relaxationszeiten der verwendeten Stoffe dürfen nicht zu groß sein, wenn es keine verwaschenen Bilder geben soll. Ein gut geeignetes Material mit der Relaxationszeit $4 \cdot 10^{-6}$ s ist $CaWO_4$, das mit einer Wellenlänge von $4,3 \cdot 10^{-5}$ cm blau leuchtet. ZnO mit einem Überschuß an Zn-Atomen erzeugt Photonen der Wellenlänge $5,1 \cdot 10^{-5}$ cm (grün), $Zn_3(PO_4)_2$ mit Mangan dotiert ergibt die im Roten liegende Wellenlänge $6,45 \cdot 10^{-5}$ cm.   □

Leuchtdioden, Elektrolumineszenz. Eine wichtige Anwendung findet Lumineszenz in *Leuchtdioden* (LEDs: *L*ight *e*mitting *d*iodes). Displays von Uhren, Taschenrechnern und anderen elektronischen Geräten arbeiten mit LEDs, in denen eine äußere Spannung Elektronenübergänge und *Elektroluminenszenz* hervorruft. LEDs sind Bauelemente mit *pn*-Übergängen, deren Energielücken sichtbarer Strahlung entsprechen (häufig rotem Licht). Eine Spannung in Flußrichtung bewirkt, daß Elektronen und Löcher in der Übergangsschicht rekombinieren und dabei Photonen emittieren (Abb. 20.7). Typische Materialien für die Herstellung von LEDs sind GaAs, GaP, GaAlAs und GaAsP.

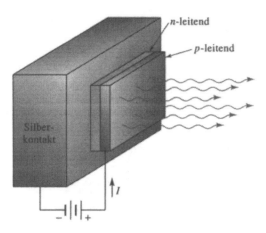

Abb. 20.7. Aufbau einer Lumineszenzdiode (LED). Ein in Flußrichtung vorgespannter *pn*-Übergang erzeugt Photonen.

Laser, Lumineszenzverstärkung. Der *Laser* (*L*ight *a*mplification by *s*timulatet *e*mission of *r*adiation, Lichtverstärkung durch angeregte Emission von Strahlung) ist ein weiteres Beispiel spezieller Anwendung der Lumineszenz. In bestimmten Stoffen kann man mittels einer geeigneten Energiequelle (beispielsweise mit einer Blitzröhre wie in Abbildung 20.8) Elektronen zur Emission von Photonen anregen, die ihrerseits die Emission weiterer Photonen gleicher Wellenlänge bewirken. Auf diese Weise entsteht eine hohe Verstärkung des anfänglichen Photonenstromes. Durch Wahl geeigneter Energiequellen und aktiver Substanzen läßt sich erreichen, daß die emittierte Strahlung im sichtbaren Bereich liegt. Der Laser erzeugt einen parallelen Strahl kohärenter Photonen gleicher Wellenlänge. Kohärenz bedeutet, daß die Schwingungsphasen aller Photonen übereinstimmen, so daß ein zusammenhängender, beliebig langer Wellenzug entsteht. Laser werden auf vielfältige Weise technisch genutzt. Beispiele sind das Schmelzen von Metallen, Schweißen, Trennen von Gewebe, Kartographie, Informationsübertragung und -verarbeitung sowie hochwertige Musikwiedergabe von CDs.

Abb. 20.8. Prinzip des Lasers. Energie einer stimulierenden Quelle wird in monochromatische kohärente Photonenstrahlung umgewandelt.

Laser lassen sich aus verschiedenen Materialien herstellen. So sind Al_2O_3 (Rubin), dotiert mit Cr_2O_3, und Yttrium-Aluminium-Granat (YAG), dotiert mit Neodym, häufig benutzte Ausgangsstoffe für Feststofflaser. Gaslaser enhalten z. B. CO_2 als aktives Medium.

Breite Anwendung finden Halbleiterlaser auf GaAs-Basis, die Licht im sichtbaren Bereich emittieren. Abbildung 20.9 zeigt schematisch das Funktionsprinzip eines Halbleiterlasers.

Unter der Wirkung einer äußeren Spannung gehen zahlreiche Elektronen aus dem Valenzband in das Leitungsband über und hinterlassen im Valenzband die entsprechende Anzahl an Löchern. Wenn ein Elektron aus dem Leitungsband in das

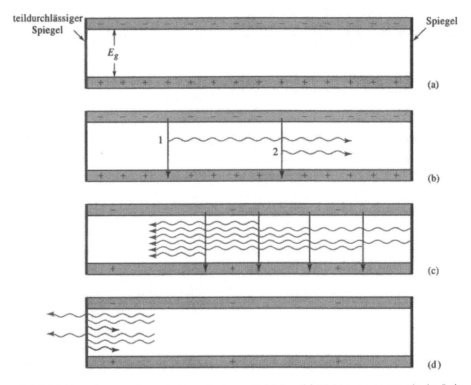

Abb. 20.9. Entstehung von Laserstrahlung in einem Halbleiter. (a) Elektronenanregung in das Leitungsband durch eine anliegende Spannung. (b) Elektron 1 rekombiniert mit einem Loch und erzeugt ein Photon, das die Rekombination des Elektrons 2 mit Emission eines zweiten Photons stimuliert. (c) Fortlaufendes Stimulieren weiterer Emissionvorgänge durch reflektierte Photonen. (d) Ein Teil der Photonen verläßt den aktiven Bereich als Laserstrahl.

Valenzband zurückspringt und mit einem Loch rekombiniert, wird die freigesetzte Energie als Photon emittiert. Da die Photonenergie genau der Energielücke entspricht, kommt es zu einer Resonanzwirkung auf die noch im Leitungsband befindlichen Elektronen, die nun lawinenartig in das Valenzband zurückfallen und dabei gleichartige Photonen emittieren, die (als Welle betrachtet) alle gleiche Phasenlage haben. Eine wesentliche Verstärkung des Effektes kommt durch Reflexion der Photonen an den innen verspiegelten Endflächen des aktiven Raumes zustande. Einer der Spiegel ist teildurchlässig. Durch diesen kann ein Teil der Photonen in Form eines monochromatischen, kohärenten und fast ideal parallelen Lichtbündels aus dem Laser austreten. Die reflektierten Photonen stimulieren neue Übergänge von Elektronen, die die Spannungsquelle ständig in das Leitungsband nachliefert. In Abbildung 20.10 ist eine Ausführungsform eines Halbleiterlasers dargestellt.

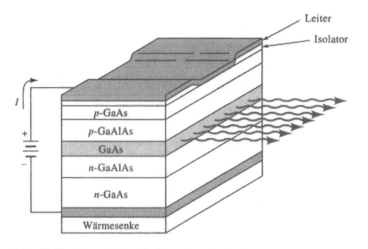

Abb. 20.10. Schematischer Aufbau eines GaAs-Lasers. Die Photonen werden von der aktiven GaAs-Schicht abgestrahlt, da die benachbarten p- und n-leitenden GaAlAs-Schichten eine größere Energielücke und kleineren Brechungsindex als GaAs besitzen.

Temperaturstrahlung. In allen Stoffen werden vor allem die in äußeren Schalen befindlichen und dort nur schwach gebundenen Elektronen ständig durch thermische Stöße in höhere Energieniveaus angeregt und strahlen die dabei gewonnene Energie wieder ab, wenn sie in das Ausgangsniveau zurückfallen. Die so entstehende Strahlung wird als *Temperaturstrahlung* oder Wärmestrahlung bezeichnet.

Das kontinuierliche Spektrum der Temperaturstrahlung zeigt ein ausgeprägtes Intensitätsmaximum, das sich mit steigender Temperatur nach kürzeren Wellenlängen verschiebt (Abb. 20.11). Auch die Intensität der auf den sichtbaren Bereich entfallenden Strahlung nimmt mit der Temperatur schnell zu, und ihre spektrale Zusammensetzung geht von vorherrschend Rot bei 700 °C über Orange bei 1 500 °C allmählich in Weiß bei noch höheren Temperaturen über, da dann alle sichtbaren Frequenzen etwa gleichstark vertreten sind. Aus der mit einem Pyrometer gemessenen Intensitätsverteilung der Wärmestrahlung eines Körpers kann seine Temperatur abgeschätzt werden.

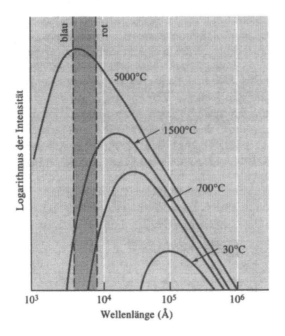

Abb. 20.11. Intensität der Temperaturstrahlung als Funktion der Wellenlänge. Mit steigender Temperatur wächst auch die Intensität des sichtbaren Bereiches.

20.4 Wechselwirkung zwischen Photonen und Festkörpern

Wechselwirkungen von Photonen mit der Elektronen- oder Kristallstruktur einer Substanz können unterschiedliche optische Erscheinungen hervorrufen (Abb. 20.12). Absorption von Strahlung geschieht, wenn Photonen ihre Energie an Valenzelektronen abgeben. Reflexion beruht auf Absorption mit sofortiger Reemission von Photonen. Transmission bedeutet den wechselwirkungsfreien Durchgang von Strahlung durch einen Festkörper. Die dabei im Inneren des Materials erfolgende Geschwindigkeits- und Richtungsänderung der Photonen wird als Refraktion oder Brechung bezeichnet.

Wie in Abbildung 20.12 dargestellt, können beim Auftreffen einer elektromagnetischen Welle auf einen Körper Reflexion, Absorption und Transmission gleichzeitig auftreten, so daß die Intensität I_0 der einfallenden Strahlung in drei Anteile zerfällt:

$$I_0 = I_r + I_a + I_t. \tag{20.3}$$

Die Indizes r, a und t bezeichnen die Intensitäten der reflektierten, absorbierten und durchgehenden Anteile der Welle. Wir wollen die Vorgänge im einzelnen betrachten und beginnen mit der Refraktion.

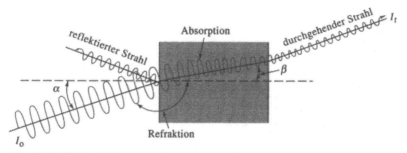

Abb. 20.12. Wechselwirkung von Photonen mit einem Festkörper. Neben Reflexion, Absorption und Transmission erfolgt Refraktion mit einer Änderung der Ausbreitungsrichtung. Der Brechungsindex ist ein Maß für die Größe der Richtungsänderung.

Refraktion. Im Inneren eines Festkörper breitet sich eine elektromagnetische Welle infolge Polarisation der Elektronen mit kleinerer Geschwindigkeit aus, als im Vakuum. Zwischen Permittivität und Permeabilität des Festkörpers und Ausbreitungsgeschwindigkeit der Welle besteht folgender Zusammenhang:

$$v = \frac{1}{\sqrt{\mu\varepsilon}}. \tag{20.4}$$

Da optisch interessante Stoffe meist unmagnetisch sind, kann die Permeabilität vernachlässigt werden.

Die elektromagnetische Welle ändert beim Eintritt in ein Material im Zusammenhang mit der Geschwindigkeitsänderung auch ihre Richtung (Abb. 20.12). Bedeuten α und β die Richtungswinkel von einlaufender und gebrochener Welle gegen das Einfallslot, so gilt:

$$n = \frac{c}{v} = \frac{\lambda_{\text{Vakuum}}}{\lambda} = \frac{\sin\alpha}{\sin\beta}. \tag{20.5}$$

n ist der *Brechungsindex*, c und v die Lichtgeschwindigkeit im Vakuum bzw. im Material. In Tabelle 20.2 sind Werte des Brechungsindex einiger Stoffe angegeben.

Gehen Photonen von einem Medium 1 in ein Medium 2 über, besteht zwischen den Geschwindigkeiten, den Brechungsindizes und den Ausbreitungsrichtungen in beiden Medien folgender Zusammenhang:

$$\frac{v_1}{v_2} = \frac{n_2}{n_1} = \frac{\sin\alpha}{\sin\beta}. \tag{20.6}$$

Im Falle $n_2 < n_1$ ergibt sich die unerfüllbare Forderung $\sin\beta > 1$, sobald der Einfallswinkel größer wird, als der zu $\beta = 90°$ gehörende Wert α_T. Dies bedeutet, daß sämtliche Photonen von der Trennfläche reflektiert werden (sogenannte Totalreflexion).

In leicht polarisierbaren Substanzen kommt es zu verstärkter Wechselwirkung zwischen Photonen und Elektronen. Der entsprechende Zusammenhang zwischen Brechungsindex und Permittivitätszahl eines unmagnetischen Stoffes folgt aus den Gleichungen (20.4) und (20.5):

$$n = \frac{c}{v} = \sqrt{\frac{\mu\varepsilon}{\mu_0\,\varepsilon_0}} \approx \sqrt{\frac{\varepsilon}{\varepsilon_0}} = \sqrt{\kappa}. \tag{20.7}$$

Mit der Dichte von Substanzen nimmt ihr Brechungsindex zu. Darauf beruht die besondere optische Brillanz von Erzeugnissen aus schwerem Kristallglas (Glas mit PbO-Gehalt). Zu beachten ist ferner, daß sich die Größe des Brechungsindex mit der Frequenz ändert.

Tab. 20.2. Brechungsindex ausgewählter Stoffe für Licht der Wellenlänge 5 890 Å

Material	Brechungsindex
Luft	1,00
Eis	1,309
Wasser	1,333
SiO_2 (Silikatglas)	1,46
SiO_2 (Quarz)	1,55
Gebrauchsglas	1,50
Bleiglas	2,50
TiO_2	1,74
Silicium	3,49
Diamant	2,417
Teflon	1,35
Polyethylen	1,52
Epoxidharz	1,58
Polystyrol	1,60

Beispiel 20.4

In eine Glasfaserleitung mit Brechungsindex 1,5 soll ein Laserstrahl so eingepeist werden, daß möglichst geringe Leitungsverluste entstehen.

Lösung

Um ein Austreten des Strahls aus der Faser zu verhindern, muß der Winkel α größer sein als der Grenzwert α_T, für den gilt $\beta = 90°$. Versuchsweise sei angenommen, daß der eintretende Strahl 60° gegen die Faserachse geneigt ist. Dann wird nach Abbildung 20.13 $\alpha = 90° - 60° = 30°$. Wir betrachten die Faser als Medium 1, die umgebende Luft ($n = 1,0$) als Medium 2 und erhalten aus Gleichung (20.6):

$$\frac{n_2}{n_1} = \frac{\sin \alpha}{\sin \beta} \qquad \text{oder} \qquad \frac{1}{1,5} = \frac{\sin 30°}{\sin \beta},$$

$$\sin \beta = 1,5 \sin 30° = 1,5(0,50) = 0,75 \qquad \text{oder} \qquad \beta = 48,6°.$$

Da β kleiner als 90° ist, könnten Photonen aus der Faser austreten und die Strahlintensität würde schnell abnehmen. Wir berechnen deshalb jetzt den zu $\beta = 90°$ gehörigen Eintrittswinkel des Strahls in die Faser.

$$\frac{1}{1,5} = \frac{\sin \alpha}{\sin \beta} = \frac{\sin \alpha}{\sin 90°} = \sin \alpha,$$

$$\sin \alpha = 0,6667 \qquad \text{oder} \qquad \alpha = 41,8°.$$

Ist der Winkel zwischen Strahl und Faserachse kleiner oder gleich 48,2°, kommt es zur Totalreflexion. Der Strahl wird ständig in die Faser zurückreflektiert und seine Intensität verringert sich lediglich durch Absorption.

Befände sich die Faser in Wasser ($n = 1,333$), so wäre:

$$\frac{1,333}{1,5} = \frac{\sin \alpha}{\sin \beta} = \frac{\sin \alpha}{\sin 90°} = \sin \alpha,$$

$$\sin \alpha = 0,8887 \quad \text{oder} \quad \alpha = 62,7°.$$

Die Photonen müßten unter einem kleineren Winkel als $90° - 62,7° = 27,3°$ in die Glasfaser eintreten, um total reflektiert zu werden. □

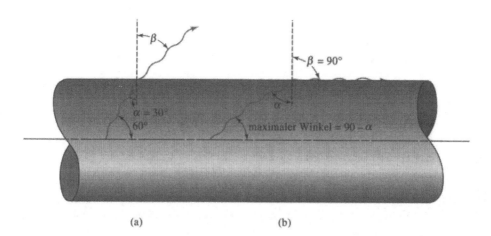

Abb. 20.13. Lichtausbreitung in einer Glasfaser, zu Beispiel 20.4: (a) Berechnung des Winkels β und (b) des maximalen Wertes des Winkels α.

Beispiel 20.5
Ein Lichtstrahl trifft mit dem Einfallswinkel von 10° auf Polyethylen. Aus den Materialdaten in Tabelle 18.9 ist der Brechungsindex des Polymers und der Winkel zwischen einfallendem und gebrochenem Strahl zu ermitteln.
Lösung
Wir entnehmen aus Tabelle 18.9 den Wert $\kappa = 2,3$ und benutzen die Beziehung zwischen Permittivitätszahl und Brechungsindex:

$$n = \sqrt{\kappa} = \sqrt{2,3} = 1,52 = \frac{\sin \alpha}{\sin \beta},$$

$$\sin \beta = \frac{\sin 10°}{1,52} = \frac{0,174}{1,52} = 0,114 \text{ und } \beta = 6,56°.$$

Reflexion. Beim Auftreffen von Licht auf ein Material können Photonen durch Wechselwirkung mit den Valenzelektronen ihre Energie verlieren. Insbesondere sollten Metalle, deren Leitungselektronen durch beliebige Strahlungsquanten in höhere Niveaus angeregt werden können, Strahlung völlig absorbieren und schwarz erscheinen. Statt dessen beobachtet man an Metallen wie Aluminium oder Silber starke Reflexion, die darauf beruht, daß die angeregten Elektronen sofort wieder in ihre Ausgangszustände zurückfallen und dabei Photonen emittieren, deren Wellenlängen mit denen der anregenden Photonen übereinstimmen.

Das *Reflexionsvermögen R* gibt den vom Brechungsindex abhängigen Anteil einfallender Strahlung an, der reflektiert wird. Für in Luft oder Vakuum befindliches Material besteht folgende Beziehung:

$$R = \left(\frac{n-1}{n+1}\right)^2. \tag{20.8}$$

Ist das Material von einem anderen Medium mit Brechungsindex n_i umgeben, gilt:

$$R = \left(\frac{n-n_i}{n+n_i}\right)^2. \tag{20.9}$$

Stoffe mit hohem Brechungsindex reflektieren besonders stark. Da der Brechungsindex von der Frequenz abhängt, trifft dies auch für das Reflexionsvermögen zu.

Das Reflexionsvermögen von Metallen liegt im Bereich von 0,9 bis 0,95, das von Gläsern nur bei 0,05.

Absorption. Der nicht reflektierte Teil einfallender Strahlung wird entweder absorbiert oder er durchdringt das Material. Die Stärke der Absorption hängt von den Wechselwirkungen zwischen Photonen und Atomen bzw. Elektronen sowie von der im Material zurückgelegten Wegstrecke ab:

$$I = I_0 \exp(-\mu x). \tag{20.10}$$

I_0 ist die Anfangsintensität des Strahls im Inneren des Materials, I die Intensität nach Durchlaufen der Strecke x und μ der *Absorptionskoeffizient* des Materials.

Es gibt mehrere Mechanismen, die zur Intensitätsabnahme der durchgehenden Strahlung beitragen können. Ablenkung von Photonen durch Hüllelektronen ohne Änderung der Photonenenergie wird als *Raleighstreuung* bezeichnet. Bei *Comptonstreuung* gibt das Photon soviel seiner Energie an ein Elektron ab, daß dieses die Elektronenhülle verlassen kann. Beide Mechanismen spielen vor allem bei Streuung niederenergetischer Photonen an Atomen hoher Ordnungszahlen eine Rolle. Der sogenannte *Photoeffekt* besteht darin, daß Elektronen durch Übernahme der Gesamtenergie der Photonen von ihren Atomen abgelöst werden. Hierbei werden bevorzugt solche Photonen absorbiert, deren Energie gerade mit der Bindungsenergie der Elektronen übereinstimmt. Dadurch entstehen bei der Darstellung der Wellenlängenabhängigkeit des Absorptionskoeffizienten sogenannte Absorptionskanten, die für röntgenanalytische Verfahren besonders wichtig sind, wie wir in Beispiel 20.6 sehen werden. Die Absorptionskanten in Abbildung 20.14 entsprechen der Ablösung eines Elektrons aus der K-Schale.

Beispiel 20.6
Filter für das Röntgenspektrum von Nickel, das K_β-Strahlen absorbiert und für K_α-Strahlen durchlässig ist.
Lösung
Zur Bestimmung von Kristallstrukturen oder zum Nachweis unbekannter Substanzen mittels röntgenographischer Methoden benutzt man vornehmlich Röntgenstrahlen einer definierten Wellenlänge. Die Analyse ist wesentlich schwieriger, wenn sowohl K_α- wie K_β-Peaks vorhanden sind.

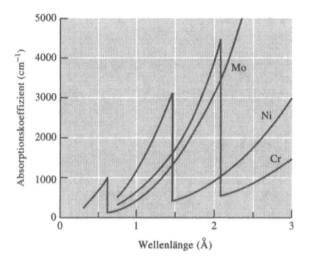

Abb. 20.14. Absorptionskoeffizient einiger Metalle als Funktion der Wellenlänge. Sprunghafte Änderungen treten an den Absorptionskanten auf.

Mittels selektiver Absorption soll deshalb die K_β-Strahlung unterdrückt werden. Die erforderlichen Informationen enthält Tabelle 20.1. Filtermaterial mit einer Absorptionskante zwischen den Wellenlänge der K_α- und K_β-Strahlung absorbiert K_β fast völlig und ist für K_α weitgehend durchlässig. Für Nickel mit $K_\alpha = 1,660$ Å und $K_\beta = 1,500$ Å ist Cobalt ein brauchbares Filtermaterial, da es eine Absorptionskante bei 1,608 Å besitzt. Abbildung 20.15 demonstriert die Wirkung des Filters.   □

Metalle besitzen besonders im sichtbaren Bereich große Absorptionskoeffizienten (Abb. 20.16(a)). Da für Leitungselektronen keine Energielücke existiert, können sie Photonen beliebig kleiner Energie absorbieren und in höhere Energieniveaus gelangen. In Isolatoren dagegen ist Absorption von Photonen nicht möglich, sofern ihre Energie nicht ausreicht, Elektronen über die Energielücke zwischen Valenzband und Leitungsband zu heben (Abb. 20.16(b)). Sind außerdem nur wenige Gitterstörungen vorhanden, mit denen die Photonen in Wechselwirkung treten können, erscheinen Isolatoren *transparent*. Beispiele sind Glas, viele hochreine kristalline Keramikstoffe sowie amorphe Polymere wie Acryle, Polycarbonate und Polysulfone.

In Halbleitern, besonders in Störstellen-Halbleitern mit Donator- und Akzeptorniveaus ist die Energielücke schmaler als in Isolatoren. Eigenhalbleiter absorbieren Photonen, deren Energie größer als die Energielücke E_g ist und sind für Photonen kleinerer Energie durchsichtig (Abb. 20.16(b)). In Störstellen-Halbleitern erfolgt Absorption, wenn die Photonenenergien die Werte E_a bzw. E_d übersteigen (Abb. 20.16(c)). Halbleiter sind deshalb undurchsichtig für kurzwellige Strahlung und durchsichtig für lange Wellen. So sind beispielsweise Germanium und Silicium durchlässig für langwelliges Infrarot.

Beispiel 20.7
Bestimmung der kritischen Energielücken für vollständige Transmission bzw. vollständige Absorption sichtbaren Lichtes.

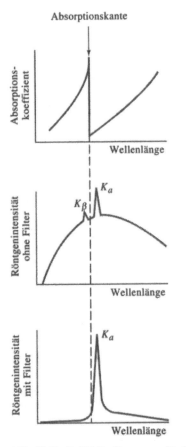

Abb. 20.15. Bei Wellenlängen unmittelbar oberhalb einer Absorptionskante ist das Absorptionsvermögen von Elementen gering. Filtermaterial mit einer Absorptionskante zwischen den K_α- und K_β-Peaks einer anderen Substanz ist nur durchlässig für die K_α-Strahlung (zu Beispiel 20.6).

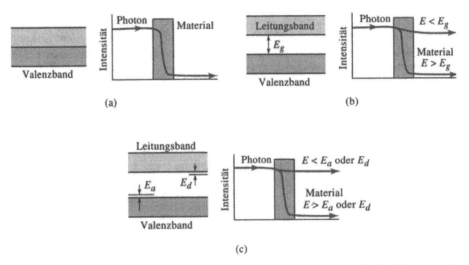

Abb. 20.16. Einfluß der Energielücke auf das Absorptionsverhalten: (a) Metalle, (b) Isolatoren und Eigenhalbleiter, (c) Störstellen-Halbleiter.

Lösung

Der Bereich sichtbarer Wellenlängen erstreckt sich von $4 \cdot 10^{-5}$ cm bis $7 \cdot 10^{-7}$ cm. Falls keine Absorption erfolgen soll, muß die Energielücke mindestens folgende Größe besitzen:

$$E_g = \frac{hc}{\lambda} = \frac{(6{,}62 \cdot 10^{-34} \text{ J} \cdot \text{s})(3 \cdot 10^{10} \text{ cm/s})}{(4 \cdot 10^{-5} \text{ cm})(1{,}6 \cdot 10^{-19} \text{ J/eV})}$$

$$= 3{,}1 \text{ eV.}$$

Vollständige Absorption sichtbaren Lichtes erfordert einen Wert kleiner oder gleich:

$$E_g = \frac{hc}{\lambda} = \frac{(6{,}62 \cdot 10^{-34} \text{ J} \cdot \text{s})(3 \cdot 10^{10} \text{ cm/s})}{(7 \cdot 10^{-5} \text{ cm})(1{,}6 \cdot 10^{-19} \text{ J/eV})}$$

$$= 1{,}8 \text{ eV.}$$

Substanzen mit einer zwischen diesen Grenzen liegenden Energielücke absorbieren einen Teil sichtbarer Strahlung. □

Beispiel 20.8
Berechnung der Dicke eines Aluminiumfilters für Transmission von mindestens 95% der K_α- Strahlung von Zink. Aluminium besitzt einen Absorptionskoeffizienten von 108 cm^{-1}. Reflexion wird vernachlässigt.

Lösung
Wenn Reflexion vernachlässigt werden kann, ist lediglich nach Gleichung (20.10) die Dicke einer Aluminiumschicht zu berechnen, die für 95% der auftreffenden Strahlung durchlässig ist. Die Intensität nach dem Passieren des Filters ist dann $0{,}95 \cdot I_0$.

$$\ln \left(\frac{0{,}95 I_0}{I_0} \right) = -(108)(x),$$

$$\ln (0{,}95) = -0{,}051 = -108x,$$

$$x = \frac{-0{,}051}{-108} = 0{,}00047 \text{ cm.}$$

Die Dicke der Aluminiumschicht muß 0,00047 cm oder weniger betragen. Eine dickere Schicht ergäbe sich mit einem Material, dessen Absorptionskoeffizient für K_α-Strahlung von Zn kleiner ist. □

Transmission. Der Strahlungsanteil, der weder reflektiert noch absorbiert wird, durchdringt ein Material. Wir wollen schrittweise verfolgen, wie sich die Strahlungsintensität beim Durchqueren eines Körpers ändert, um die Größe des durchgehenden Anteils zu bestimmen (Abb. 20.17).

1. Von der Anfangsintensität I_0 wird der Anteil $R I_0$ an der Frontfläche des Materials reflektiert. In das Material gelangt die Intensität $I_0 - R I_0 = (1-R)I_0$:

$$I_{\text{reflektiert an Frontfläche}} = R I_0$$

$$I_{\text{nach Reflexion}} = (1-R)I_0.$$

2. Ein Teil der Intensität geht durch Absorption im Inneren des Materials verloren. Bei einer Materialdicke x beträgt die Intensität vor dem Austreten aus dem Material:

$$I_{\text{nach Absorption}} = (1-R)I_0 \exp(-\mu x).$$

3. Auch an der Innenfläche der Rückseite des Materials wird ein Teil der Strahlung reflektiert:

$$I_{\text{reflektiert an Rückfläche}} = R(1-R)I_0 \exp(-\mu x).$$

4. Damit ergibt sich als Intensität der Strahlung nach Passieren des Materials:

$$I_{\text{nach Durchgang}} = I_{\text{nach Absorption}} - I_{\text{reflektiert an Rückfläche}}$$

$$= (1-R)I_0 \exp(-\mu x) - R(1-R)I_0 \exp(-\mu x)$$

$$= (1-R)(1-R)I_0 \exp(-\mu x),$$

$$I_{\text{t}} = I_0(1-R)^2 \exp(-\mu x). \tag{20.11}$$

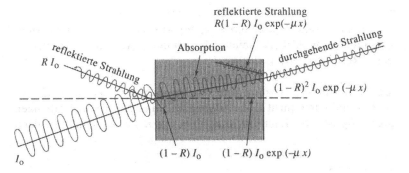

Abb. 20.17. Intensitäten der reflektierten, absorbierten und durchgehenden Anteile einer einfallenden Strahlung.

Die Intensität des durchgehenden Strahles ist abhängig von der Wellenlänge der Photonen. Wir wollen annehmen, ein Körper wird mit weißem Licht bestrahlt, in dem alle Frequenzen des sichtbaren Spektrums vertreten sind. Wenn die Photonen unterschiedlicher Wellenlänge zu gleichen Anteilen reflektiert und absorbiert werden, ist die spektrale Zusammensetzung des Strahles und damit auch seine Farbe nach dem Durchqueren des Materials unverändert. Dies ist bei vielen durchsichtigen Substanzen der Fall. Wenn aber bestimmte Wellenlängen stärker reflektiert oder absorbiert werden, erscheint der austretende Strahl in den komplementären Farben.

Die Intensität des durchgehenden Strahles hängt auch von der Mikrostruktur des Materials ab. Bereits ein Porenanteil von weniger als einem Volumen% kann Glas undurchsichtig machen. Kristalline Ausscheidungen streuen besonders stark, wenn sich ihr Brechungsindex wesentlich von dem der Grundsubstanz unterscheidet. Mit kristallinen Trübungsstoffen läßt sich die Transparenz von Glas beliebig herabsetzen. Die Streuwirkung von Poren oder Ausscheidungen ist normalerweise umso größer, je kleiner ihre Abmessungen sind.

Beispiel 20.9

Aus einem Werkstoff mit dem Reflexionsvermögen 0,15 und einem Absorptions-koeffizienten von 100 cm^{-1} soll ein Schirm gefertigt werden, der 1% auffallender Strahlung durchläßt.

Lösung

Gleichung (20.11) ergibt:

$$\frac{I_t}{I_0} = (1 - R)^2 \exp(-\mu x),$$

$$0{,}01 = (1 - 0{,}15)^2 \exp(-100\, x),$$

$$\frac{0{,}01}{(0{,}85)^2} = 0{,}01384 = \exp(-100\, x),$$

$$\ln(0{,}01384) = -4{,}28 = -100\, x,$$

$$x = 0{,}0428 \text{ cm.}$$

Mit einer Schichtdicke von 0,0428 cm wird die Forderung erfüllt.
Wir berechnen noch die schrittweise Abnahme der Intensität:

Reflexion an Frontfläche: $I_r = R I_0 = 0{,}15\, I_0$,
Energie nach Reflexion: $I = I_0 - 0{,}15\, I_0 = 0{,}85\, I_0$,
Energie nach Absorption: $I_a = (1 - R) I_0 \exp[(-100)(0{,}0428)] = 0{,}0118\, I_0$,
Absorbierte Energie: $0{,}85\, I_0 - 0{,}0118\, I_0 = 0{,}838\, I_0$,
Reflexion an Rückfläche: $I_r = R(1 - R) I_0 \exp(-\mu x)$
$$= (0{,}15)(1 - 0{,}15) I_0 \exp[-(100)(0{,}0428)] = 0{,}0018\, I_0.$$

$\square$

Selektive Absorption, Transmission und Reflexion. Besondere optische Effekte entstehen bei selektiver Absorption, Transmission oder Reflexion von Photonen. So wurde bereits erwähnt, daß Halbleiter für langwellige Photonen durchsichtig sind, kurzwellige Strahlung dagegen absorbieren. Auch andere ungewöhnliche Erscheinungen sind Folge selektiven optischen Verhaltens von Stoffen.

In bestimmten Substanzen entsteht ein Kristallfeld mit neuen Energieniveaus, wenn normale Gitterionen durch Atome der Übergangselemente oder der Selte-nen Erden ersetzt werden, z. B. in Al_2O_3 bei Ersatz von Al^{3+}-Ionen durch Cr^{3+}-Ionen. Die neuen Energieniveaus absorbieren Licht im violetten und grün-gelben Spektralbereich. Die durchgehenden Frequenzen verleihen dem Rubin seine rote Farbe. Außerdem entsteht durch die Cr-Ionen ein neues Energieniveau, das Lumi-neszenz ermöglicht. Das charakteristische rote Licht von Cr-dotierten Rubinlasern beruht auf diesen Vorgängen.

Auch in Gläsern läßt sich durch geeignete Dotierung selektive Absorption und Transmission erreichen (Tab. 20.3). Beispielsweise enthält phototropes Glas für Sonnenbrillen Silberatome, die bewirken, daß das Glas im Sonnenlicht dunkler wird und sich im Schatten wieder aufhellt. Im hellen Licht fangen die Ag^{1+}-Ionen von Photonen angeregte Elektronen ein und wandeln sich zu neutralen Silberato-men, die Photonen stark absorbieren. Mit abnehmender Helligkeit kehrt sich der Vorgang um und die Transparenz des Glases nimmt wieder zu.

In kristallinen Substanzen können Fallen für Elektronen oder Löcher, soge-nannte F-Zentren, eingebaut werden. Wenn man CaF_2 mit einem Überschuß an Ca herstellt, entstehen Fluorionen-Leerstellen, die zur Erhaltung elektrischer Neutralität jeweils ein Elektron einfangen. Die Energieniveaus dieser Elektronen haben eine solche Struktur, daß alles sichtbare Licht außer Purpur absorbiert wird.

Vor allem in Polymeren mit aromatischen Ringen im Kettenmolekül existieren komplexe kovalente Bindungen, deren Energieniveaus ebenfalls selektive Absorption bewirken. Dadurch kommt die grüne Farbe von Chlorophyll und die rote Farbe von Hämoglobin zustande.

Tab. 20.3. Einfluß von Ionen auf die Farbe von Glas

Ion	Farbe
Cr^{2+}	blau
Cr^{3+}	grün
Cu^{2+}	blaugrün
Mn^{2+}	orange
Fe^{2+}	blaugrün
U^{6+}	gelb

Beispiel 20.10
Konzeption eines für Radar unsichtbaren Flugzeuges.
Lösung
Radarstrahlen gehören dem Mikrowellenbereich an. Das Ortungsverfahren beruht darauf, daß ein geringer Teil der vom Sender abgestrahlten Energie am Flugzeug reflektiert wird und zum Radargerät zurückgelangt, wo es empfangen und in geeigneter Weise verstärkt werden kann. Zielstellung muß also sein, die Reflexion von Radarsignalen so weit wie möglich zu reduzieren. Hierfür gibt es mehrere Möglichkeiten.

1. Verwendung von Werkstoffen, die für Radarstrahlen transparent sind. In Frage kommen viele Polymere, Polymer-Matrix-Verbunde oder keramische Stoffe.
2. Verringerung der zur Quelle zurückreflektierten Intensität durch entsprechende Oberflächenformen. Beispielsweise reflektieren stark gekrümmte Flächen in viele Richtungen.
3. Absorption der Strahlung durch geeignete Strukturen. Zellularer Aufbau der Tragflügel führt zu Vielfachreflexionen im Zelleninneren, jede verbunden mit einer Intensitätsabnahme. Die Wirkung kann durch Ausfüllen der Zellen mit absorbierendem Material noch wesentlich verstärkt werden.
4. Einsatz von Werkstoffen mit Elektronenstrukturen, die Elektronenübergänge im Energiebereich der Radarwellen gestatten. Kohlefaser-Polymerverbunde allgemein und Kohlenstoff-Kohlenstoff-Verbunde für Bereiche, die sich stark aufheizen, erfüllen diese Forderungen weitgehend. Auch Schichten, die ferrimagnetische Ferrite enthalten, absorbieren Radarwellen und setzen die Energie in Wärme um. Wegen der großen Dichte solcher Stoffe sind leichtere dielektrische Schichten mit ähnlichen Eigenschaften entwickelt worden.   □

Photoleitung. *Photoleitung* zeigen bestimmte Halbleitermaterialien bei Anliegen einer elektrischen Spannung, wenn sie mit Licht bestrahlt werden. Optische Anregung von Elektronen führt in diesen Stoffen nicht zur Emission von Photonen, sondern zum Fließen eines Stromes (Abb. 20.18). Die maximale Wellenlänge von Photonen, die noch zur Anregung von Elektronen ausreicht, ist von der Größe der Energielücke des Halbleitermaterials abhängig:

$$\lambda_{max} = \frac{hc}{E_g}.$$
(20.12)

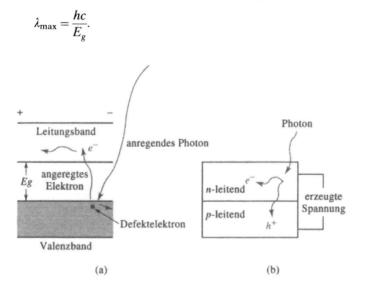

(a)   (b)

Abb. 20.18. (a) Photoleitung in Halbleitern. Durch Absorption der Energie von Photonen werden Elektronen in das Leitungsband angeregt, wo sie am Ladungstransport teilnehmen. (b) Anwendung dieses Effekts in einer Solarzelle.

Der Effekt wird in lichtelektrischen Anlagen (selbsttätiges Öffnen von Türen u. ähnliches) genutzt, wo die Unterbrechung des auf ein Halbleiterelement gerichteten Lichtstrahls den entsprechenden elektrischen Vorgang auslöst. Photoleitung stellt einen zur Photolumineszenz inversen Effekt dar. In LEDs wird elektrische Energie in Licht, bei Photoleitung Licht in elektrische Energie umgewandelt.

In *Solarzellen* bewirkt das innere Feld eines *pn*-Übergangs, daß die durch Photonenabsorption entstandenen Elektron-Loch-Paare getrennt werden. Die Konzentration von Elektronen auf der *n*-Seite und von Löchern auf der *p*-Seite des Übergangs erzeugt eine Spannung, die bei geschlossenem äußeren Stromkreis zum Fließen von Strom führt. Die Lichtstrahlung wird also direkt in elektrische Energie umgewandelt.

20.5 Lichtleitsysteme und Werkstoffe für Lichtleiter

Lichtleitsysteme dienen der Informationsübertragung. In faseroptischen Fernsprechnetzen können gleichzeitig wesentlich mehr Gespräche geführt werden, als in konventionellen Netzen. In Supercomputern der Zukunft wird Licht die Rolle der Elektronen als Informationsträger übernehmen.

Lichtleitsysteme arbeiten nach folgendem Prinzip: Elektrische Signale werden in Lichtsignale umgewandelt, die durch das Leitsystem zum Empfänger gelangen.

Dort werden sie in elektrische Signale und danach eventuell in eine andere für den Nutzer geeignete Form gewandelt (Abb. 20.19). Die wesentlichen Grundlagen und Materialanforderungen, die für Lichtleitsysteme von Bedeutung sind, haben wir bereits in vorangehenden Abschnitten behandelt. Wir wollen sie an einem modernen Anwendungsbeispiel rekapitulieren und einige spezielle Anforderungen nochmals hervorheben.

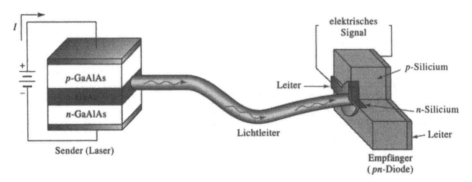

Abb. 20.19. Komponenten eines Lichtleitsystems zur Informationsübertragung: Im Laser werden elektrische Signale in einen Photonenstrom umgewandelt, der in der Glasfaser zu einem Empfänger geleitet und dort in ein elektrisches Signal zurückverwandelt wird.

Signalerzeugung. Zur Übertragung und Verarbeitung von Informationen ist am besten monochromatisches kohärentes Laserlicht geeignet. Die aus Elementen der Gruppen III und V des Periodensystems bestehenden Halbleitermaterialien wie GaAs, GaAlAs, und InGaAsP besitzen Energielücken, welche die Emission von Photonen im sichtbaren Bereich ermöglichen. Laserdioden aus einem dieser Materialien können mit elektrischem Strom als Energiequelle betrieben werden. Auch mit LEDs läßt sich Photonenstrahlung erzeugen.

Einem Laserstrahl werden Informationen aufgeprägt, indem man mittels der anregenden Spannung die Strahlintensität, z.B. entsprechend einem Bitmuster, steuert.

Informationsübertragung. Zur Informationsübertragung von der Quelle zum Empfänger dienen Glasfasern. Für eine effiziente Lichtleitung über große Entfernungen darf keine Intensität durch seitliche Abstrahlung verlorengehen, und die Transparenz des Glases muß so hoch wie möglich sein.

Im vorigen Abschnitt haben wir gesehen, daß ein Strahl immer wieder in die Faser zurückreflektiert wird, wenn bei gegebenem Brechungsindex des Glases der Eintrittswinkel gegen die Faserachse klein genug ist. Lichtleitfasern werden oft als Verbundmaterialien aus einem Kern mit hohem und einer Außenschicht mit niedrigerem Brechungsindex hergestellt. Dadurch findet bereits an der Grenzfläche beider Komponenten Totalreflexion statt und die Strahlung bleibt auf den Kern der Faser konzentriert (Abb. 20.20(a)).

Selbst in einer so zusammengesetzten Faser legt der Lichtstrahl infolge der geometrisch fixierten Richtungsänderungen einen größeren Weg zurück, als es der Faserlänge entspricht. Komplizierter aufgebaute Fasern enthalten einen Kern, der an der Oberfläche mit B_2O_3 oder GeO_2 dotiert ist. Dadurch nimmt der Brechungsindex gegen die Oberfläche hin kontinuierlich ab und bewirkt eine allmähliche Strahlablenkung (Abb. 20.20(b)). Solche Lichtleiter sind besonders bei langen Übertragungswegen vorteilhaft, da in ihnen weniger Signalverzerrungen entstehen.

Informationsempfang. Zum Signalempfang sind sowohl lichtemittierende Dioden als auch konventionelle Halbleiterdioden einsetzbar. Der auf eine *pn*-Diode treffende Photonenstrahl regt Elektronen in das Leitungsband an. Gleichzeitig entsteht die entsprechende Anzahl Löcher im Valenzband. Bei anliegender Spannung fließt ein Strom, dessen Stärke der einfallenden Strahlungsintensität entspricht, und der weiterverstärkt werden kann.

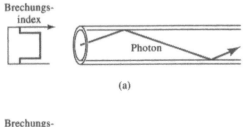

(a)

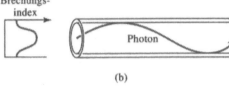

(b)

Abb. 20.20. Zwei Formen von Lichtleitern: Verbund zweier Glassorten mit unterschiedlichen Brechungsindizes und (b) Glasfaser mit Dotierung des Oberflächenbereiches zur Verringerung des Brechungsindex in radialer Richtung.

Signalverarbeitung. Normalerweise wird ein optisches Signal unmittelbar nach dem Empfang in ein elektrisches Signal umgewandelt und die Weiterverarbeitung erfolgt dann mit konventionellen Siliciumbauelementen. Einige Substanzen, wie $LiNbO_3$ verhalten sich optisch nichtlinear. Sie können das auftreffende Signal wie ein Transistor verstärken oder als Schalter (oder Gate in einer Logikschaltung) den Lichtdurchgang steuern. In späteren Computergenerationen dürften derartige Phototransistoren eine wichtige Rolle spielen.

20.6 Zusammenfassung

- Die optischen Eigenschaften von Stoffen werden von ihrem Emissionsverhalten und der Wechselwirkung mit elektromagnetischer Strahlung bestimmt. Emission von Photonen erfolgt im Zusammenhang mit energetischen Änderungen auf atomarer Ebene:
  - Gammastrahlen entstehen beim Zerfall der Kerne instabiler Elemente. Ihre Energie hängt von der Atomart ab.

- Röntgenstrahlen entstehen als Folge von Elektronenübergängen auf innere Schalen der Elektronenhülle. Die Eigenschaft der Elemente, charakteristische Röntgenfrequenzen abzustrahlen, bildet die Grundlage für Methoden zum Nachweis von Elementen.
- Unter Lumineszenz versteht man die Emission von Photonen des sichtbaren Spektralbereiches infolge von Elektronenübergängen in den äußeren Energieniveaus der Atome. Die Energien der Photonen entsprechen der Breite der Energielücke zwischen Valenz- und Leitungsband. Fluoreszenz, Phosphoreszenz und Elektrolumineszenz sind verschiedene Formen von Lumineszenz, auf der auch die Funktion des Lasers beruht.
- Auch thermische Anregung von Elektronen führt zur Emission von Photonen. Bei hohen Temperaturen entsteht sichtbare Strahlung.
- Mehrere optische Phänomene beruhen auf Wechselwirkungen zwischen Photonen und Festkörpern:
  - Refraktion (Geschwindigkeits- und Richtungsänderung von Photonen) entsteht durch Polarisation eines Materials. Der Brechungsindex ist ein Maß für die Größe des Effekts.
  - Bei Reflexion wird Strahlung ohne Energieverluste von der Trennfläche zweier Stoffe zurückgeworfen. Zugrunde liegt Absorption mit sofortiger Reemission der Photonen.
  - Absorption bezeichnet die Intensitätsabnahme von Strahlung, die dadurch bedingt ist, daß Photonen ihre Energie durch Elektronenanregung oder durch Streuprozesse verlieren. Der Absorptionskoeffizient ist ein Maß für die Wirksamkeit dieser Prozesse.
  - Unter Photoleitung versteht man das Enstehen elektrischer Ströme als Folge photoneninduzierter Anregung von Elektronen in das Leitungsband.

20.7 Glossar

Absorptionskante. Wellenlänge, bei der sich das Absorptionsvermögen eines Materials sprunghaft ändert.

Absorptionskoeffizient. Parameter zur Kennzeichnung der Absorptionswirkung einer Substanz.

Brechungsindex. Parameter, der Geschwindigkeits- und Richtungsänderung einer Strahlung bei Eintritt in ein transparentes Medium beschreibt.

Charakteristische Strahlung. Emission von Röntgenstrahlung definierter Frequenzen, die Energiedifferenzen in den inneren Elektronenschalen von Atomen eines Elements entsprechen.

Elektrolumineszenz. Umwandlung elektrischer in Strahlungsenergie.

Fluoreszenz. Durch auftreffende Strahlung stimulierte Photonenemission einer Substanz.

Kontinuierliches Spektrum. Strahlung eines Materials, in der alle Wellenlängen oberhalb einer kurzwelligen Grenze enthalten sind.

Kurzwellige Grenze. Photonen kürzester Wellenlänge oder höchster Energie, die ein Material unter bestimmten Bedingungen emittiert.

Laser. Methode bzw. Gerät zur Erzeugung monochromatischer kohärenter Strahlung.

Leuchtdiode (LED). Bauelement mit pn-Übergang zur Umwandlung elektrischer Energie in Lichtstrahlung.

Lumineszenz. Umwandlung von Strahlung oder elektrischer Energie in sichtbares Licht.

Phosphoreszenz. Nachleuchten einer Substanz nach Entfernen der anregenden Strahlung.

Photoleitung. Entstehung eines Stromes infolge photoneninduzierter Anregung von Elektronen in das Leitungsband.

Photonen. Energiequanten elektromagnetischer Strahlung, die als Teilchen oder als Welle in Erscheinung treten können.

Reflexionsvermögen. Prozentualer Anteil einer Strahlung, der von einer Fläche reflektiert wird.

Relaxationszeit. Zeit, nach der die Intensität der Lumineszenzstrahlung auf den e-ten Teil des Anfangswertes abgenommen hat.

Röntgenstrahlen. Kurzwellige elektromagnetische Strahlung, die durch Elektronenübergänge in inneren Schalen der Elektronenhülle hervorgerufen wird.

Solarzelle. Bauteil mit einem pn-Übergang, an dem auffallende Sonnenstrahlung eine elektrische Spannung erzeugt.

Temperaturstrahlung. Emission von Photonen infolge thermischer Anregung eines Stoffes.

20.8 Übungsaufgaben

20.1 Mit welcher Spannung müssen Elektronen beschleunigt werden, um Röntgenstrahlung mit einer minimalen Wellenlänge von 0,09 nm zu erzeugen?

20.2 Welche Energie müssen Elektronen mindestens besitzen, um aus Ni K_α-Strahlung auslösen zu können?

20.3 Abbildung 20.21 zeigt als Ergebnis einer Röntgenfluoreszenzanalyse die Abhängigkeit der Intensität von der Wellenlänge. Zu bestimmen sind: (a) die Beschleunigungsspannung der zur Anregung benutzten Elektronen und (b) die in der Probe enthaltenen Elemente.

20.4 Die Relaxationszeit der Phosphoreszenz in $CaWO_4$ beträgt $4 \cdot 10^{-6}$ s. Zu bestimmen ist die Zeit, nach der die Intensität auf 1% des Anfangswertes abgeklungen ist.

20.5 In mit Neodym dotiertem Yttrium-Aluminium-Granat können Elektronen der $4f$-Niveaus der Nd-Atome angeregt werden. Als aktives Medium eines Nd:YAG-Lasers erzeugt dieses Material Strahlung einer Wellenlänge von 532 nm. Zu bestimmen sind die zugehörige Übergangsenergie und die Farbe des Laserstrahls.

20.6 Die Wellenlänge von Photonen ist für folgende Elektronenübergänge in Indium-dotiertem Silicium zu bestimmen: (a) vom Leitungsband in das Akzeptorband, (b) vom Akzeptorband in das Valenzband (vgl. Tab. 18.7).

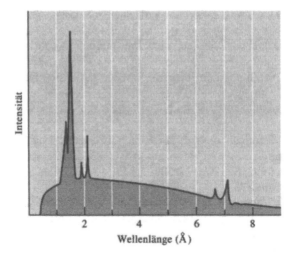

Wellenlänge (Å)

Abb. 20.21. Röntgenfluoreszenzanalyse einer Metallprobe unbekannter Zusammensetzung (zu Aufgabe 20.3).

20.7 Welche Art elektromagnetischer Strahlung (Ultraviolett, Infrarot oder sichtbares Licht) wird emittiert von (a) reinem Germanium, (b) mit Phosphor dotiertem Germanium? (vgl. Tab. 18.6 und 18.7).

20.8 Ein Photonenstrahl trifft unter dem Winkel von 25° gegen die Flächennormale auf ein Material. In welchen der in Tabelle 20.2 aufgeführten Stoffen würde der gebrochene Strahl im Winkelbereich 18° bis 20° liegen?

20.9 Ein Lichtstrahl trifft auf Verbundmaterial, das aus einer 1 cm dicken Polyethylenschicht und einer 2 cm dicken Schicht Sodakalkglas besteht. Der Einfallswinkel beträgt 10°. Die Winkel des Strahles gegen die Flächennormale sind zu bestimmen (a) im Polyethylen, (b) im Glas und (c) in Luft nach dem Passieren der Schichten. (d) Um wieviel ist der Strahl nach dem Durchgang seitlich versetzt?

20.10 Der Absorptionskoeffizient eines Stoffes für Photonen einer bestimmten Frequenz beträgt 591 cm^{-1}. Welche Schichtdicke ist erforderlich, um 99,9% der Intensität eines Photonenstrahls dieser Frequenz zu absorbieren?

20.11 Ein Photonenstrahl trifft senkrecht auf die aus Sodakalkglas bestehende Wand eines mit Wasser gefüllten Aquariums. Welcher Anteil des Strahls wird von der Frontfläche, welcher Anteil des weiterlaufenden Strahls von der Rückseite des Glases reflektiert?

21 Thermische Eigenschaften von Stoffen

21.1 Einleitung

In den vorangehenden Kapiteln haben wir die Abhängigkeit der Materialeigenschaften von der Temperatur kennengelernt. Dabei zeigte sich, daß die mechanischen und physikalischen Materialparameter in vielen Fällen sowohl von der Einsatztemperatur als auch von der Herstellungstemperatur der Werkstoffe abhängen. Kenntnisse des thermischen Verhaltens sind hilfreich zur Einschätzung der Ausfallgefährdung von Materialien (z. B. von Keramiken, Deckschichten oder Fasern), für die Gestaltung von Wärmebehandlungsprozessen oder bei der Auswahl von Materialien mit gutem Wärmeleitvermögen (z. B. für die Abführung der Verlustwärme in elektronischen Geräten).

In diesem Kapitel werden wir uns mit spezifischen Wärmemengen sowie mit der thermischen Ausdehnung und der thermischen Leitfähigkeit von Stoffen befassen.

21.2 Molwärme und spezifische Wärme

In Kapitel 20 haben wir erfahren, daß die optischen Eigenschaften von Stoffen von ihren Wechselwirkungen mit Photonen bestimmt sind. Photonen können entweder als Teilchen bestimmter Energie oder als elektromagnetische Wellen bestimmter Wellenlänge und Frequenz in Erscheinung treten. Auf ähnlich duale Weise lassen sich auch manche thermische Eigenschaften von Stoffen beschreiben, wobei an Stelle der Photonen die Energiequanten der thermischen Schwingungen des Kristallgitters treten, die als *Phononen* bezeichnet werden.

Am absoluten Nullpunkt befinden sich die Atome einer Substanz in Zuständen minimaler Energie. Mit steigender Temperatur nimmt ihre Energie zu, und sie führen Schwingungen um ihre Gleichgewichtslagen aus. Zwischen den schwingenden Atomen erfolgt ständig ein quantenhafter Energieaustausch durch Phononen, deren Energie in folgender Weise (analog zu Gleichung (20.1) für Photonen) von Frequenz und Wellenlänge abhängt:

$$E = \frac{hc}{\lambda} = h\nu. \tag{21.1}$$

Wird einer Substanz Wärmeenergie zugeführt oder entzogen, ändern sich Anzahl und Frequenzverteilung der Phononen. Von praktischem Interesse ist die Wärmemenge, die benötigt wird, um die Temperatur einer bestimmten Stoffmenge um ein Grad (K oder °C) zu erhöhen.

Die zur Erwärmung eines Mols einer Substanz um ein Grad erforderliche Energiemenge wird als molare Wärme oder als *Molwärme* bezeichnet. Sie kann bei konstantem Druck (C_p) oder bei konstantem Volumen (C_v) gemessen werden. Für Festkörper sind die Unterschiede beider Werte meist zu vernachlässigen. Bei hohen Temperatur nähern sich die Molwärmen aller Stoffe dem Wert:

$$C_p = 3R = 25 \text{ J/mol} \cdot \text{K}. \tag{21.2}$$

R ist die Gaskonstante (8,31 J/mol · K). Abbildung 21.1 zeigt die Temperaturabhängigkeit der Molwärmen von Metallen und keramischen Stoffen. Der Wert

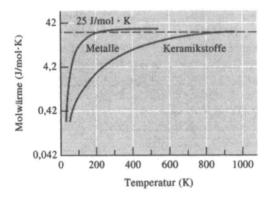

Abb. 21.1. Temperaturabhängigkeit der Molwärme von Metallen und kermischen Stoffen.

25 J/mol · K wird von Metallen bereits bei Raumtemperatur erreicht, von keramischen Stoffen erst bei etwa 1 000 °C.

Als *spezifische Wärme* bezeichnet man die Wärmemenge, die zur Erwärmung eines Gramms einer Substanz um ein Grad erforderlich ist. Zur Molwärme besteht der Zusammenhang:

$$\text{Spezifische Wärme} = c = \frac{\text{Molwärme}}{\text{Molmasse}}. \tag{21.3}$$

Für technische Berechnungen ist die Verwendung der spezifischen Wärme meist bequemer. Tabelle 21.1 enthält Werte der spezifischen Wärme ausgewählter Substanzen. Molwärme oder spezifische Wärme sind nur in geringem Maße von Strukturfehlern, wie Anzahl der Versetzungen und Leerstellen oder von der Korngröße, abhängig.

Die spezifische Wärme ist in erster Linie durch die thermischen Schwingungen der Gitterbausteine bestimmt. Mitunter können aber auch andere Effekte ihren Wert stark beeinflussen. Ein bemerkenswertes Beispiel treffen wir in ferromagnetischen Stoffen wie Eisen an (Abb.21.2). Nahe der Curietemperatur hat Eisen eine anomal große spezifische Wärme, die durch den Übergang der magnetischen Momente der Eisenatome aus dem geordneten in den ungeordneten Zustand verursacht wird. Abbildung 21.2 zeigt außerdem, daß auch die Kristallstruktur einen Einfluß hat.

Beispiel 21.1
Wärmemenge zu Erwärmung von 250 g Wolfram von 25 °C auf 650 °C.

Lösung

Die spezifische Wärme von Wolfram beträgt 0,134 J/g · K. Damit ergibt sich:

$$\text{Wärmemenge} = (\text{spezifische Wärme})(\text{Masse})(\Delta T)$$
$$= (0,134 \text{ J/g} \cdot \text{K})(250 \text{ g})(650 - 25) \text{ K}$$
$$= 20\,940 \text{ J}.$$

Tabelle 21.1. Spezifische Wärme ausgewählter Stoffe bei 27 °C

Material	Spezifische Wärme (J/g · K)	Material	Spezifische Wärme (J/g · K)
Metalle:		Keramik:	
Al	0,90	Al_2O_3	0,84
Cu	0,385	Diamant	0,52
B	1,03	SiC	1,05
Fe	0,444	Si_3N_4	0,71
Pb	0,159	SiO_2 (Quarz)	1,11
Mg	1,02	Polymere:	
Ni	0,444	Polyethylen hoher Dichte	1,84
Si	0,703	Polyethylen geringer Dichte	2,30
Ti	0,523	Nylon-6,6	1,67
W	0,134	Polystyrol	1,17
Zn	0,389	Andere Stoffe:	
		Wasser	4,18
		Stickstoff	1,04

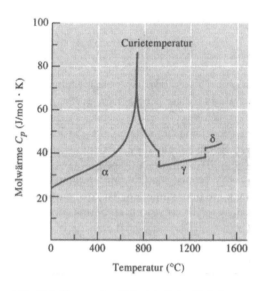

Abb. 21.2. Temperaturabhängigkeit der Molwärme von Eisen. Die sprunghaften Änderungen sind Folge von Phasenumwandlungen bzw. des Verschwindens des Ferromagnetismus bei der Curietemperatur.

Ob diese Wärmemenge mittels Gasbrenner, durch induktive oder ohmsche Erwärmung oder in einem Muffelofen auf die Metallmasse übertragen wird, ist für den physikalischen Vorgang ohne Bedeutung.   □

Beispiel 21.2
50 g Niob werden um 75 °C erwärmt. Aus der Molwärme sind spezifische Wärme und zugeführte Wärmemenge zu bestimmen.
Lösung
Die molare Masse von Niob beträgt 92,91 g/mol. Mittels Gleichung (21.3) läßt sich die zur Erwärmung eines Gramms um ein Grad benötigte Wärmemenge abschätzen:

$$c \approx \frac{25}{92,91} = 0,27 \text{ J/g} \cdot °\text{C}.$$

Damit folgt für die gesuchte Wärmemenge:

$$\text{Wärmemenge} = (0,27 \text{ J/g} \cdot °\text{C})(50 \text{ g})(75 °\text{C}) = 1013 \text{ J}.   □$$

21.3 Thermische Ausdehnung

Die mit steigender Temperatur zunehmende Schwingungsweite der Atome um ihre Gleichgewichtspositionen führt zu größeren zwischenatomaren Abständen und zur Zunahme der geometrischen Abmessungen eines Körpers. Als *linearer thermischer Ausdehnungskoeffizient* α eines Materials wird seine relative Längenänderung bei einer Temperaturänderung um ein Grad bezeichnet:

$$\alpha = \frac{l_e - l_0}{l_0(T_e - T_0)} = \frac{\Delta T}{l_0 \Delta T}. \tag{21.4}$$

T_0, l_0 und T_e, l_e bedeuten Anfangs- bzw. Endwerte der Temperatur und der Länge des Körpers. Als Maß der Volumenänderung eines Materials mit der Temperatur dient der Volumenausdehnungskoeffizient α_v. In isotropen Substanzen gilt $\alpha_v = 3\alpha$. Tabelle 21.2 enthält Ausdehnungskoeffizienten einiger Metalle.

Die Größe des Ausdehnungskoeffizienten hängt von der Stärke der zwischenatomaren Bindungen ab (Abb. 2.15). In Substanzen mit starker Bindung und tiefer Energiemulde wächst der Abstand zwischen den Atomen infolge der mit der Temperatur zunehmenden Schwingungsweite relativ langsam, ihr Ausdehnungskoeffizient ist klein. Aus diesem Zusammenhang kann man schließen, daß Stoffe mit hoher Schmelztemperatur, die gleichfalls auf starken Bindungskräften beruht, nur kleine Ausdehnungskoeffizienten besitzen (Abb.21.3). Dies wird z. B. von Blei bestätigt, dessen Ausdehnungskoeffizient bedeutend größer ist als der hochschmelzender Metalle wie Wolfram. Die meisten keramischen Substanzen besitzen auf Grund ihrer starken ionischen oder kovalenten Bindungen verglichen mit Metallen sehr kleine Ausdehnungskoeffizienten. In einigen Gläsern wie Kieselglas trägt auch die kleine Packungsdichte dazu bei, daß sich ihre Abmessungen durch Zufuhr thermischer Energie nur geringfügig ändern. In Polymeren bestehen starke kovalente

Tabelle 21.2. Linearer thermischer Ausdehnungskoeffizient ausgewählter Stoffe bei Raumtemperatur

Material	linearer thermischer Ausdehnungskoeffizient ($\cdot 10^{-6}$ cm/cm $\cdot$ °C)
Al	25,0
Cu	16,6
Fe	12,0
Ni	13,0
Pb	29,0
Si	3,0
W	4,5
1020-Stahl	12,0
3003-Aluminiumlegierung	23,2
Graues Gußeisen	12,0
Invar (Fe-Ni(36%))	1,54
Nichtrostender Stahl	17,3
Gelbmessing	18,9
Epoxidharz	55,0
6,6-Nylon	80,0
6.6-Nylon-33% Glasfaser	20,0
Polyethylen	100,0
Polyethylen-30% Glasfaser	48,0
Polystyrol	70,0
Al_2O_3	6,7
Quarzglas	0,55
ZrO_2, teilstabilisiert	10,6
SiC	4,3
Si_3N_4	3,3
Sodakalkglas	9,0

Bindungen längs der Kettenmoleküle. Die sekundären Bindungen zwischen den Ketten dagegen sind schwach und führen zu vergleichsweise großen Ausdehnungskoeffizienten. Bei Vorhandensein starker Quervernetzung sind die Ausdehnungskoeffizienten deutlich kleiner als in linearen Polymeren wie Polyethylen.

Berechnungen der thermisch bedingten Geometrieänderungen von Werkstoffen erfordern die Beachtung einiger Besonderheiten:

1. Die thermische Ausdehnung mancher Stoffe, insbesondere von Einkristallen und Materialien mit einer strukturellen Vorzugsrichtung ist anisotrop.
2. In allotropen Stoffen können sich infolge von Phasenumwandlungen plötzliche Geometrieänderungen ergeben (Abb. 21.4), die z. B. bei Erwärmung und Abkühlung feuerfester Keramik oder beim Abschrecken von Stählen zu Rißbildung führen.

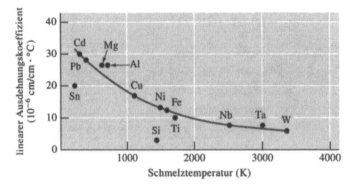

Abb. 21.3. Linearer Ausdehnungskoeffizient von Metallen bei 25 °C als Funktion der Schmelztemperatur. Mit steigendem Schmelzpunkt wird die thermische Ausdehnung geringer.

3. Der Ausdehnungskoeffizient hängt von der Temperatur ab und wird deshalb in Handbüchern als komplizierte Temperaturfunktion angegeben. Wenn konstante Werte angeführt sind, beschränkt sich deren Gültigkeit nur auf begrenzte Temperaturbereiche.
4. Änderungen in der Domänenstruktur magnetischer Substanzen können die normale Wärmeausdehnung bis zur Curietemperatur wesentlich herabsetzen. Beispielsweise besitzt Invar, eine Eisen-Nickel(36%)-Legierung, bis zur Curietemperatur von etwa 200 °C einen extrem geringen Ausdehnungskoeffizienten. Aus diesem Grunde eignet es sich gut als Partnermaterial für Bimetallstreifen (Abb.21.4).

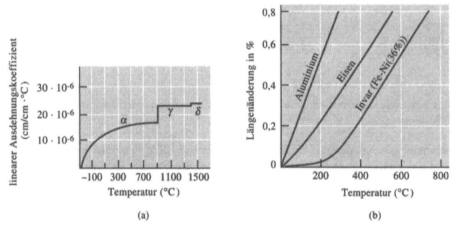

(a)   (b)

Abb. 21.4. (a) Sprunghafte Änderungen des Ausdehnungskoeffizienten von Eisen bei Temperaturen allotroper Phasenumwandlungen. (b) Extrem geringe thermische Ausdehnung von Invar bei niedrigen Temperaturen infolge magnetischer Vorgänge.

Beispiel 21.3

Die Ausdehnungskoeffizienten vieler Metalle liegen nach Abbildung 21.3 näherungsweise auf einer gemeinsamen Kurve. Wie sind die Abweichungen der Werte von Silicium und Zinn zu begründen?

Lösung

Die relativ kleinen Ausdehnungskoeffizienten von Silicium und Zinn beruhen auf der kovalenten Bindung ihrer Atome, die in tiefen Energiemulden liegen und sich bei Erwärmung weniger voneinander entfernen, als die metallisch gebundenen Atome der anderen Elemente. Aus demselben Grund liegt auch der Ausdehnungskoeffizient von Germanium unterhalb der in Abbildung 21.3 eingetragenen Kurve.   □

Beispiel 21.4

Gießform für ein Aluminiumgußstück, das bei 25 °C die Abmessungen 25cm · 25 cm · 3 cm haben soll.

Lösung

Die Gießform zur Herstellung des Gußstückes muß geringe Übermaße aufweisen, die sich aus der Schrumpfung bei Abkühlung von 660 °C (Erstarrungspunkt von Aluminium) auf Raumtemperatur berechnen lassen.

Der lineare Ausdehnungskoeffizient von Aluminium beträgt $25 \cdot 10^{-6}$ cm/cm · °C. Mit der Temperaturdifferenz von 635 °C zwischen Erstarrungspunkt und 25 °C folgt für die Längenänderungen in jeder Richtung:

$$\Delta l = l_0 - l_e = \alpha l_0 \Delta T.$$

Für die 25 cm langen Seiten ist $l_e = 25$ cm. Wir berechnen l_0:

$$l_0 - 25 = (25 \cdot 10^{-6})(l_0)(635),$$
$$l_0 - 25 = 0{,}15875 \, l_0,$$
$$0{,}984 \, l_0 = 25,$$
$$l_0 = 25{,}40 \text{ cm}.$$

Analog ergibt sich für die 3 cm langen Seiten:

$$l_0 - 3 = (25 \cdot 10^{-6})(l_0)(635),$$
$$l_0 - 3 = 0{,}015875 \, l_0,$$
$$0{,}984 \, l_0 = 3,$$
$$l_0 = 3{,}05 \text{ cm}.$$

Die geforderten Endmaße erhalten wir mit einer 25,40 cm · 25,40 cm · 3,05 cm großen Form.   □

Isotrope Materialien dehnen sich bei allseitiger langsamer Wärmezufuhr gleichmäßig und ohne innere Spannungen aus. Wird die Ausdehnung behindert, entstehen *thermische Spannungen*, die sich aus Ausdehnungskoeffizient, Elastizitätsmodul E und Temperaturanstieg ΔT berechnen lassen:

$$\sigma_{\text{thermisch}} = \alpha E \Delta T. \tag{21.5}$$

Die Ursachen thermischer Spannungen sind vielfältig. In räumlich ausgedehnten starren Bauwerken wie Brücken sind sie konstruktionsbedingt. Manche Brücken sind deshalb in gegeneinander bewegliche Sektionen unterteilt, um auf diese Weise Längenänderungen infolge jahreszeitlich bedingter Temperaturschwankungen auszugleichen.

Wenn unterschiedliche Materialien fest miteinander verbunden sind – z. B. bei emaillierten gußeisernen Badewannen oder zirkonbeschichteten Turbinenschaufeln aus Superlegierung – bewirken Temperaturänderungen unterschiedliche Ausdehnung oder Kontraktion der beteiligten Stoffe. Die dadurch bedingten thermischen Spannungen können zur Zerstörung der Deckschichten führen. Risse entstehen, wenn ihr Ausdehnungskoeffizient geringer ist als der des Grundmaterials, im umgekehrten Fall lösen sie sich von der Unterlage. Daher ist es wichtig, die thermischen Eigenschaften von Deckschichten an die des Grundmaterials möglichst gut anzupassen.

Ähnliche Erscheinungen treten in Verbundwerkstoffen auf. Spröde Fasern können bei Temperaturanstieg bis zum Bruch gereckt werden, wenn ihr Ausdehnungskoeffizient niedriger liegt als der der Matrix.

Auch in isotropen, weichen Stoffen ruft eine ungleichmäßige Temperaturverteilung thermische Spannungen hervor. Bei der Herstellung von vorgespanntem Glas (Kapitel 14) wird dieser Umstand dazu genutzt, höhere Festigkeitswerte zu erreichen. Durch schnelles Abkühlen der Oberfläche erstarrt und kontrahiert zunächst nur der Randbereich. Bei der nachfolgenden Kontraktion des Innenvolumens entstehen in der Oberfläche Druckspannungen, die verfestigend wirken.

Beispiel 21.5

Eine aus Stahl 1020 gefertigte Platte soll eine Emailleschutzschicht erhalten. Der Ausdehnungskoeffizient der Stahlplatte beträgt $12 \cdot 10^{-6}$ cm/cm $\cdot$ °C (Tab. 21.2). Das keramische Material hat folgende Parameter: Bruchfestigkeit 27,6 N/mm^2, Elastizitätsmodul $1,03 \cdot 10^5$ N/mm^2, thermischer Ausdehnungskoeffizient $10 \cdot 10^{-6}$ cm/cm $\cdot$ °C. Zu bestimmen ist die maximal zulässige Temperaturerhöhung, die noch nicht zum Bruch der Emailleschicht führt.

Lösung

In der fest mit der Stahloberfläche verbundenen Schicht entstehen bei Temperaturanstieg Spannungen. Falls die Temperatur der Stahlplatte konstant bliebe und die Emailleschicht würde allein erwärmt, ergäbe sich als maximal tolerierbarer Temperaturanstieg:

$$\sigma_{\text{thermisch}} = \alpha E \Delta T = \sigma_{\text{Bruch}},$$

$$(10 \cdot 10^{-6} \text{ cm/cm} \cdot °C)(1,03 \cdot 10^5 \text{ N/mm}^2)\Delta T = 27,6 \text{ N/mm}^2,$$

$$\Delta T = 26,8 \text{ °C.}$$

Wenn Stahlplatte und Schicht gleichmäßig erwärmt werden, ist der zulässige Temperaturantieg durch die Differenz der Ausdehnungskoeffizienten beider Materialien $\Delta\alpha = 2 \cdot 10^{-6}$ cm/cm $\cdot$ °C bestimmt. Da sich der Stahl stärker ausdehnt, entsteht in der Schutzschicht wiederum eine Zugspannung:

$$\sigma = (2 \cdot 10^{-6})(1,03 \cdot 10^5)\Delta T = 27,6,$$

$$\Delta T = 134 \text{ °C.}$$

Der zulässige Temperaturbereich kann dadurch vergrößert werden, daß man Keramikmaterial mit einem höheren Ausdehnungskoeffizienten oder höherer Bruchfestigkeit verwendet.   □

21.4 Wärmeleitung

In einem Festkörper fließt bei Vorhandensein von Temperaturunterschieden Wärmeenergie aus wärmeren in kältere Bereiche. Die Größe der Wärmeströme hängt von den bestehenden Temperaturdifferenzen sowie von Geometrie und thermischen Eigenschaften des Festkörpers ab. Für die Wärmeströmung längs eines Stabes (Abb. 21.5) gilt folgende Gleichung:

$$\frac{Q}{A} = K \frac{\Delta T}{\Delta x}. \tag{21.6}$$

Q bezeichnet die Wärmemenge, die je Sekunde durch die Querschnittsfläche A fließt, $\Delta T/\Delta x$ ist der Temperaturgradient und K die *Wärmeleitfähigkeit* oder thermische Leitfähigkeit des Materials. K hat für Wärmeströme analoge Bedeutung, wie der Diffusionskoeffizient D für Masseströme bei Diffusionsvorgängen. In Tabelle 21.3 sind Werte der Wärmeleitfähigkeit wichtiger Stoffe zusammengestellt.

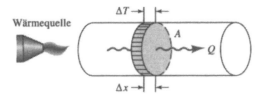

Abb. 21.5. Wärmestrom in einer stabförmigen Probe, die an einem Ende erhitzt wird. Die Größe des zum kalten Ende fließenden Wärmestroms Q/A ist proportional zum Temperaturgefälle in der Probe.

Wärmeenergie kann durch freie Elektronen und durch Phononen (Energiequanten der Gitterschwingungen) übertragen werden. Elektronen erhalten durch Stöße mit Gitterbausteinen in Bereichen höherer Temperatur zusätzliche kinetische Energie, die sie in kälteren Bereichen in gleicher Weise wieder abgeben. Maßgebend für die Größe des Energiestromes sind bei diesem Mechanismus Anzahl und Beweglichkeit der Elektronen. Sowohl Wärmeübertragung durch Elektronen wie durch Phonen ist von Materialart, Gitterfehlern und Temperatur abhängig.

Metalle. In Metallen erfolgt der Wärmetransport im wesentlichen durch Leitungselektronen. Daher besteht zwischen elektrischer und thermischer Leitfähigkeit folgende Beziehung:

$$\frac{K}{\sigma T} = L = 23 \cdot 10^{-9} \, J \cdot \Omega/s \cdot K^2. \tag{21.7}$$

L ist die sogenannte *Lorentzkonstante*. Für viele Metalle ist Gleichung (21.7) näherungsweise gültig.

Mit ansteigender Temperatur nimmt die Stärke der Gitterschwingungen zu, so daß Elektronen stärker gestreut werden. Im allgemeinen nimmt deshalb die thermische Leitfähigkeit von Metallen nach höheren Temperaturen ab. Infolge zunehmender Energieübertragung durch Phononen kann es aber auch zu abweichendem

Tabelle 21.3. Wärmeleitfähigkeit ausgewählter Stoffe

Material	Wärmeleitfähigkeit (J/cm · s · K)	Material	Wärmeleitfähigkeit (J/cm · s · K)
Reine Metalle:		Keramik:	
Al	2,38	Al_2O_3	0,159
Cu	4,02	Kohlenstoff (Diamant)	23,2
Fe	0,79	Kohlenstoff (Graphit)	3,35
Mg	1,00	Lehm (Ofenbau)	0,0027
Pb	0,351	Siliciumcarbid	0,88
Si	1,5	Si_3N_4	0,146
Ti	0,218	Sodakalkglas	0,0096
W	1,72	Quarzglas	0,0134
Zn	1,17	Vycorglas	0,0126
Zr	0,225	ZrO_2	0,050
Legierungen:		Polymere:	
1020-Stahl	1,00	6,6-Nylon	0,0025
3003-Aluminiumlegierung	2,80	Polyethylen	0,0033
304-Rostfreier Stahl	0,301	Polyimid	0,0021
Zementit	0,50	Polystyrolschaum	0,0003
Cu-Ni (30%)	0,50		
Ferrit	0,75		
Graues Gußeisen	0,79		
Gelbmessing	2,22		

Verhalten kommen, wie in Abbildung 21.6 am Beispiel von Platin und Eisen zu sehen ist.

Auch die Gefügestruktur, Gitterdefekte und Art der Bearbeitung beeinflussen das Wärmeleitvermögen von Metallen. Kaltbearbeitung, Mischkristallhärtung und Legieren wirken sich negativ auf die Wärmeleitfähigkeit aus.

Keramische Stoffe. Infolge der großen Energielücke können in keramischen Substanzen nur bei sehr hohen Temperaturen Elektronen in das Leitungsband angeregt werden. Daher erfolgt die Wärmeübertragung in dieser Stoffklasse vornehmlich durch Phononen, und die Wärmeleitfähigkeit ist wesentlicher geringer als die der Metalle.

Das Wärmeleitvermögen von Glas ist besonders gering. In der locker gepackten Struktur berühren sich die Silikatketten nur an wenigen Stellen. Dies erschwert Phononenübergänge. Mit steigender Temperatur nimmt die Anzahl hochenergetischer Phononen zu, und die Wärmeleitfähigkeit wird größer.

In kristallinen Keramiken ebenso wie in Glaskeramik werden Phononen infolge der höheren strukturellen Ordung weniger stark gestreut, so daß die Wärmeleitfähigkeit höher ist als in Glas. Mit steigender Temperatur nimmt jedoch die Phononstreuung zu, und das Wärmeleitvermögen verringert sich (vgl. Al_2O_3 und SiC in Abbildung 21.6). Bei sehr hohen Temperaturen trägt Strahlung zur Energieübertragung bei. Dadurch kann das Wärmeleitvermögen wieder ansteigen.

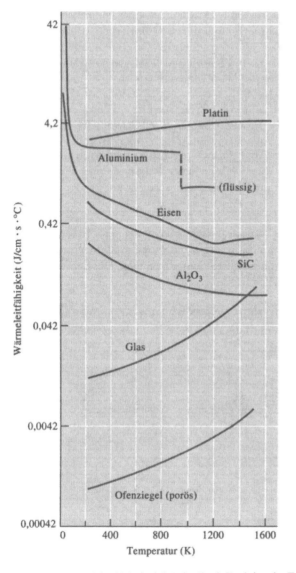

Abb. 21.6. Wärmeleitfähigkeit einiger Stoffe als Funktion der Temperatur.

Die Wärmeleitfähigkeit von Keramiken wird auch von anderen Faktoren beeinflußt. In Materialien mit dichtgepackter Struktur und hohem Elastizitätsmodul führen hochenergetische Phononen zu vergleichsweise hohen Werten der thermischen Leitfähigkeit. Gitterdefekte und Porosität dagegen setzen die Leitfähigkeit herab. Das gute Wärmedämmvermögen von Ziegeln, gleichbedeutend mit geringer Wärmeleitfähigkeit, beruht auf ihrem hohen Gehalt an Poren.

Manche Keramikstoffe erreichen die Wärmeleitfähigkeit von Metallen. Trotz dieser Eigenschaft sind hochentwickelte Keramiken wie AlN und SiC elektrische Isolatoren und eignen sich daher gut für elektronische Anwendungen, bei denen es auf effektive Wärmeableitung ankommt.

Halbleiter. In Halbleitern nehmen sowohl Elektronen als auch Phononen am Wärmetransport teil. Während bei tiefen Temperaturen Gitterleitung, d. h. Leitung durch Phononen, überwiegt, werden mit steigender Temperatur zunehmend Elektronen in das Leitungsband angeregt und tragen zum Energietransport bei. Dies führt zu einem wesentlichen Anstieg des Wärmeleitvermögens.

Polymere. Die Wärmeleitfähigkeit von Polymeren ist selbst im Vergleich zu Glas sehr gering. In Polymeren wird thermische Energie durch Schwingungen der Kettenmoleküle übertragen. Hoher Polymerisationsgrad, großer kristalliner Anteil, geringe Anzahl von Verzweigungen und starke Quervernetzung tragen zur Verbesserung des Wärmeleitvermögens bei. Geschäumtes Polystyrol und Polyurethan weisen außergewöhnlich gute thermische Isoliereigenschaften auf.

Beispiel 21.6

Durch die 120 cm · 120 cm große Fensterglasscheibe soll bei einer Innentemperatur von 25 °C und einer Außentemperatur von 40 °C keine größere Wärmemenge als $21 \cdot 10^6$ Joule pro Tag in das Innere eines Raumes gelangen. Die Dicke des Glases ist zu bestimmen.

Lösung

Aus Tabelle 21.3 entnehmen wir 0,0096 J/cm · s · K als Wert für die Wärmeleitfähigkeit von Sodakalkglas (normales Festerglas) und berechnen die gesuchte Glasdicke mittels Gleichung (21.6):

$$\frac{Q}{A} = K \frac{\Delta T}{\Delta x}.$$

Q/A ist die pro Sekunde durch die Scheibe fließende Wärmemenge.

$1 \text{ Tag} = 8{,}64 \cdot 10^4 \text{s},$

$A = (120 \text{ cm})^2 = 1{,}44 \cdot 10^4 \text{ cm}^2,$

$Q = \dfrac{21 \cdot 10^6 \text{ J/Tag}}{8{,}64 \cdot 10^4 \text{ s/Tag}} = 243 \text{ J/s}.$

$\dfrac{Q}{A} = \dfrac{243 \text{ J/s}}{1{,}44 \cdot 10^4 \text{ cm}^2} = 0{,}0169 \text{ J/cm}^2 \cdot \text{s}.$

$\dfrac{Q}{A} = (0{,}0096 \text{ J/cm} \cdot \text{s} \cdot K)(40 \text{ °C} - 25 \text{ °C})/\Delta x = 0{,}0169 \text{ J/cm}^2 \cdot \text{s},$

$\Delta x = 8{,}5 \text{ cm} = \text{Dicke}.$

Eine Glasscheibe dieser Dicke kommt für den vergegebenen Zweck offensichtlich nicht in Frage. Da sich die Wärmeleitfähigkeitswerte keramischer Gläser wenig unterscheiden, wäre als Lösung eine Scheibe aus einem transparenten Polymer wie Plexiglas (Polymethylcrylat) in Betracht zu ziehen, dessen Wärmeleitfähigkeit etwa eine Größenordnung geringer ist als die von Glas. Eine andere Möglichkeit wäre die Verwendung eines Verbundfenster aus zwei durch eine dünne Luftschicht getrennten Glasscheiben. Die Wärmeleitfähigkeit ruhender Luft ist extrem gering. □

21.5 Temperaturschockfestigkeit

Spannungen, die den Bruch spröder Materialien herbeiführen, können sowohl durch mechanische als auch durch thermische Einwirkungen hervorgerufen werden. Bei plötzlicher Abkühlung eines Körpers entstehen in seinem Inneren Temperaturdifferenzen, die lokal unterschiedliche Materialkontraktion zur Folge haben. Werden die Zugspannungen zu groß, beginnen sich Fehler auszubreiten und können das Material zerstören. Schnelle Erwärmung führt zu analogen Vorgängen. In welchem Maße sich *Temperaturschocks* nachteilig auswirken, hängt von mehreren Faktoren ab:

1. *Thermischer Ausdehnungskoeffizient:* Ein kleiner thermischer Ausdehnungskoeffizient bedeutet geringe Änderungen der Abmessungen und mindert die Schockgefährdung.
2. *Wärmeleitvermögen:* Gute Wärmeleitfähigkeit bewirkt schnellen Temperaturausgleich, verringert Temperaturunterschiede im Material und verringert die Gefährdung durch Temperaturschocks.
3. *Elastizitätsmodul:* Bei großen Werten des Elastizitätsmoduls treten kritische Längenänderungen erst bei höheren Spannungen auf.
4. *Bruchfestigkeit:* Stoffe mit hoher Bruchfestigkeit enthalten nur wenige Fehler und eine Gefährdung entsteht erst bei vergleichsweise großen Geometrieänderungen.
5. *Phasenumwandlungen:* Die mit manchen Phasenumwandlungen verbundenen Dimensionsänderungen wirken sich nachteilig aus. Beispielsweise bleiben bei Umwandlung von Quarz in Kristoballit im Volumen Spannungen zurück, die die Temperaturschockfestigkeit beeinträchtigen.

Eine Methode, die Beständigkeit von Stoffen gegenüber Temperaturschocks zu ermitteln, besteht in der Bestimmung des maximal zulässigen Temperaturintervalls, über das ein Probekörper abgeschreckt werden darf, ohne daß sich seine mechanischen Eigenschaften ändern. Die Temperaturschockfestigkeit reinen Quarzglases beträgt ca. 3 000 °C. Abbildung 21.7 zeigt die Änderung der Bruchspannung von Sialon ($Si_3Al_3O_3N_5$) in Abhängigkeit von der Größe des Temperatursprunges bei Abschreckung. Bis zu Temperatursprüngen von 950 °C werden keine Risse und Änderungen der Materialeigenschaften beobachtet.

Die Temperaturschockfestigkeit anderer keramischer Materialien ist geringer. Die entsprechenden Werte betragen für teilstabilisiertes Zirkonoxid (PSZ) und Si_3N_4 500 °C, für SiC 350 °C und für Al_2O_3 und gewöhnliches Glas etwa 200 °C.

Eine andere Größe zur Kennzeichnung der Temperaturschockfestigkeit von Stoffen ist der Temperaturschockparameter:

$$\text{Temperaturschockparamter} = \frac{\sigma_f\, K}{E\alpha}. \tag{21.8}$$

Hierin bedeuten σ_f die Bruchspannung, K die Wärmeleitfähigkeit, E den Elastizitätsmodul und α den Ausdehnungskoeffizienten des Materials.

Schroffe Temperaturwechsel stellen für die meisten Metalle wegen ihrer guten Duktilität kein Problem dar.

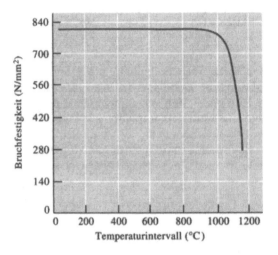

Abb. 21.7. Einfluß des Abschreck-Temperaturintervalls auf die Bruchfestigkeit von Sialon. Die Temperaturschockfestigkeit der Keramik liegt bei 950 °C.

21.6 Zusammenfassung

● Das thermische Verhalten von Stoffen kann im wesentlichen durch die Eigenschaften von Elektronen und Phononen, den Energiequanten der Gitterschwingungen, erklärt werden.

● Molwärme und spezifische Wärme bezeichnen Energiemengen, die für die Erwärmung einer bestimmten Stoffmenge um ein Grad benötigt werden. Sie sind von Temperatur, Kristallstruktur und Bindungstyp abhängig.

● Der thermische Ausdehnungskoeffizient eines Stoffes beschreibt die bei Temperaturerhöhung auftretenden Längenänderungen. Hochschmelzende Metalle und Keramiken besitzen wegen starker zwischenatomarer Kräfte kleine, niedrigschmelzende Metalle und Polymere große Ausdehnungskoeffizienten.

● Temperaturwechsel rufen im Inneren eines Festkörpers infolge unterschiedlicher thermischer Ausdehnung mechanische Spannungen hervor. Dies ist bei der Konstruktion sowie bei Bearbeitung und Stoffauswahl zu beachten, um Materialversagen zu vermeiden.

● Wärme wird in Stoffen von Elektronen und Phononen übertragen. Die Wärmeleitfähigkeit ist von den relativen Beiträgen dieser beiden Prozesse sowie von Stoffaufbau und Temperatur abhängig.

  ● In keramischen Stoffen, Halbleitern und Polymeren dominiert Phononenleitung. In ungeordneten Strukturen, wie in keramischen Gläsern oder amorphen Polymeren, wird das Leitvermögen durch starke Phononstreuung reduziert. Größere Wärmeleitfähigkeit besitzen daher kristalline Keramiken und Polymere. Fremdphasen und Porosität setzen das Wärmeleitvermögen von Nichtmetallen stark herab.

  ● In Metallen erfolgt Wärmetransport im wesentlichen durch Elektronen. Gitterstörungen streuen Elektronen und verschlechtern deshalb das Wärmeleitvermögen. Temperaturanstieg kann sich unterschiedlich auf die Wärmeleitfähigkeit auswirken, da einerseits die Energie der Phononen zunimmt, andererseits Elektronen und Phononen stärker gestreut werden.

21.7 Glossar

Lorentzkonstante. Größe, die das Verhältnis von Wärmeleitfähigkeit und elektrischer Leitfähigkeit charakterisiert.

Molwärme. Die zur Temperaturerhöhung eines Mols einer Substanz um ein Grad erforderliche Wärmeenergie.

Phonon. Energiequant der Gitterschwingungen mit bestimmter Energie und Wellenlänge bzw. Frequenz.

Spezifische Wärme. Die zur Temperaturerhöhung eines Gramms einer Substanz um ein Grad erforderliche Wärmeenergie.

Temperaturschockfestigkeit. Kenngröße zur Beschreibung der Eignung eines Materials, plötzliche Temperaturwechsel ohne Schädigung zu überstehen.

Thermischer Ausdehnungskoeffizient. Relative Längenänderung eines Materials bei Temperaturanstieg um ein Grad.

Thermische Spannungen. Mechanische Spannungen, die in einem Festkörper bei Temperaturänderung infolge lokal unterschiedlicher Ausdehnung oder Kontraktion entstehen.

Wärmeleitfähigkeit. Kenngröße zur Beschreibung der Fähigkeit eines Materials, Wärme zu übertragen.

21.8 Übungsaufgaben

21.1 Es ist die Wärmemenge (in Joule) zu berechnen, die erforderlich ist, je 1 kg der folgenden Stoffe um 50 K zu erwärmen: (a) Blei, (b) Nickel, (c) Si_3N_4, (d) 6,6-Nylon.

21.2 An einem 1 cm · 1 cm · 0,02 cm großen Al_2O_3-Isolierkörper einer elektronischen Schaltung, der gleichzeitig als Wärmesenke dient, entsteht ein Temperaturgefälle von 10 K. Gesucht ist die Dicke einer thermisch gleichwertigen Schicht aus Polyethylen hoher Dichte. Die Dichte von Al_2O_3 beträgt 3,96 g/cm^3.

21.3 Wie lang ist ein Stück Fensterglas nach der Abkkühlung auf 25 °C, wenn bei der Herstellungstemperatur von 1 400 °C seine Länge 2 m betragen hat.

21.4 Ein 25,4 cm langer Bimetallstreifen besteht aus Gelbmessing und Invar. Zu bestimmen ist die Längenänderung jedes Metallteils, wenn die Temperatur von 20 °C auf 150 °C ansteigt. Die Endform des Bimetallstreifens ist zeichnerisch darzustellen.

21.5 2 cm lange Al_2O_3-Fasern werden in eine Aluminiummatrix eingebettet. Unter der Annahme idealer Haftung zwischen den Komponenten ist die in den Fasern entstehende mechanische Spannung zu berechnen, wenn die Temperatur des Verbundes um 250 °C ansteigt. Wirken auf die Fasern Zug- oder Druckspannungen ? (vgl. Tab. 14.4).

21.6 Ein 10 cm langer Aluminiumstab mit 1 cm Durchmesser taucht mit einem Ende in ein Thermosgefäß, das mit 1 l Wasser von 20 °C gefüllt ist. Das andere Stabende soll sich auf einer Temperatur von 400 °C befinden. Wieviel Zeit vergeht, bis sich das Wasser auf 25 °C erwärmt hat, wenn 75% der übergehenden Wärme durch Strahlung und andere Verluste verlorengehen?

21.7 Die Wärmeleitfähigkeit von grauem Gußeisen ist größer als die von duktilem Gußeisen oder Temperguß. Worauf beruht dieser Unterschied? (vgl. Kapitel 12).

Teil V

Schutzmaßnahmen gegen Materialversagen

22 Korrosion und Verschleiß

22.1 Einleitung

Zusammensetzung und physischer Zusammenhalt eines festen Materials können sich in korrodierender Umgebung verändern. Unter chemischer Korrosion versteht man die Zersetzung eines Materials durch eine korrodierende Flüssigkeit. Bei elektrochemischer Korrosion hat die Bildung elektrischer Stromkreise zur Folge, daß Atome von metallischen Festkörpern abgelöst werden. Besonders bei höheren Temperaturen kommt es infolge Reaktionen mit Gasen zur Umwandlung metallischer und keramischer Materialien in Oxide und andere Verbindungen. Auch durch Strahleneinwirkung und sogar durch Bakterienbefall können Stoffe verändert werden. Schließlich gibt es eine große Zahl von Verschleißvorgängen, die besonders in Verbindung mit Korrosion zu Formänderung von Materialien führen. Korrosion verursacht jährlich Schäden in Milliardenhöhe.

22.2 Chemische Korrosion

Als *chemische Korrosion* bezeichnet man das Auflösen eines Stoffes in einem korrodierenden Medium, das sich solange fortsetzt, bis das Material völlig aufgebraucht oder ein bestimmter Sättigungsgrad der Lösung erreicht ist. Ein einfaches Beispiel ist die Auflösung von Salz in Wasser.

Angriff durch flüssige Metalle. Der Angriff flüssiger Metalle auf einen Festkörper beginnt an Orten hoher Energiedichte wie an Korngrenzen und kann bei längerer Dauer zu Rißausbreitung führen (Abb. 22.1). Durch Anwesenheit von Flußmitteln, die die Reaktion beschleunigen, oder durch elektrochemische Korrosion entwickeln sich oftmals sehr komplexe Vorgänge. Von aggressiven Metallen wie Lithium werden auch keramische Substanzen angegriffen.

Selektives Auslaugen. Aus Legierungen können einzelne Elemente bevorzugt herausgelöst werden. So kommt es bei Messing mit mehr als 15% Zink zum *Entzinken*. Kupfer und Zink lösen sich bei höheren Temperaturen in wässrigen Medien. Während aber die Zinkionen in Lösung bleiben, schlagen sich die Kupferionen wieder auf dem Messingkörper nieder (Abb. 22.2). Das Material wird allmählich porös und verliert an Festigkeit.

Graphitische Korrosion tritt in grauem Gußeisen auf, wenn sich Eisen selektiv in Wasser oder im Erdboden auflöst und Graphitflocken und Korrosionsprodukte zurückbleiben. Lokale graphitische Korrosion kann in erdverlegten gußeisernen Gasleitungen Lecks oder Brüche verursachen und dadurch zu Explosionen führen.

Abb. 22.1. Flüssiges Blei wird in dickwandigen Stahlgefäßen gereinigt. Die Abbildung zeigt Risse, die durch geschmolzenes Blei in der Schweißnaht einer Stahlplatte entstanden sind. Bei weiterer Rißausbreitung können Lecks auftreten.

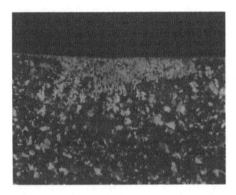

Abb. 22.2. Mikroaufnahme einer Messingoberfläche nach Einwirkung einer Elektrolytlösung. Die Aufnahme zeigt wieder abgeschiedenes Kupfer. Zink ist in Lösung geblieben (50fach).

Auflösung keramischer Stoffe. Keramikbehälter für Metallschmelzen können durch an der Metalloberfläche entstehende Schlacken aufgelöst werden. Saure Keramik (hoher SiO_2-Gehalt) wird von basischer Schlacke (CaO oder MgO) stark angegriffen. Aus SiO_2 und Na_2O bestehendes Glas weist eine beachtliche Wasserlöslichkeit auf, die durch Zusatz von CaO reduziert werden muß. Salpetersäure kann Eisen oder Silicium aus manchen Keramikstoffen selektiv herauslösen, wodurch Festigkeit und Dichte der Materialien abnehmen.

Chemischer Angriff auf Polymere. Lösungsmittel können in niedrigmolekulare Thermoplaste eindiffundieren, wenn deren Temperatur über der Entglasungstemperatur liegt. Die kleineren Lösungsmittelmoleküle werden eingebaut, drängen die Kettenmoleküle auseinander und führen zum Aufquellen. Als Folge der Schwächung der Bindungskräfte zwischen den Ketten erweicht das Material, Festigkeit und Entglasungstemperatur nehmen ab. Im Extremfall kann es durch das Aufquellen zu Spannungsbrüchen kommen. Die Wasseraufnahme von Nylon ist ein Beispiel für solche Vorgänge.

Thermoplaste sind in manchen Medien löslich. Bei längerer Einwirkung kommt es zu Materialverlust und zur Schwächung von Polymerteilen. Bevorzugt treten diese Prozesse bei hohen Temperaturen an Polymeren mit geringem Molekulargewicht auf, deren Strukturen amorph und stark verzweigt sind und keine Quervernetzung aufweisen. Wichtig ist auch die Struktur des Monomers. Die an den Ketten von Polypropylen sitzenden CH_3-Gruppen sind leichter zu lösen als Chlor- oder Fluorionen aus PVC oder Teflon. Teflon ist gegenüber fast allen Lösungsmitteln außerordentlich resistent.

22.3 Elektrochemische Korrosion

Elektrochemische Korrosion ist ein komplexer Vorgang, der zur Zerstörung von Metallen führen kann. Während sich das Metall im Verlaufe des Prozesses allmählich auflöst, entstehen typische Nebenprodukte. Ein Beispiel ist die Korrosion von Stahlrohren und Autokarrosserien mit Rost als Nebenprodukt. Grundlegender Vorgang der *elektrochemischen Korrosion* ist die Ausbildung *elektrochemischer Elemente*, die das Fließen elektrischer Ströme in geschlossenen Kreisen bewirken. Hierzu kommt es vor allem in wässrigen Medien bei Anwesenheit von Ionen.

Elektrochemische Elemente können aber auch mit äußeren Stromquellen gebildet und zur Abscheidung schützender oder dekorativer Metallschichten auf Materialoberflächen genutzt werden. Eine weitere Anwendung ist elektrochemisches Ätzen polierter Metalloberflächen mit geeigneten Säuren, wobei bestimmte Oberflächenstrukturen stärker angegriffen und dadurch optisch hervorgehoben werden. Die meisten der in diesem Buche wiedergegebenen metallographischen Aufnahmen stammen von so behandelten Oberflächen und lassen beispielsweise Perlit in Stahl oder Korngrenzen in Kupfer erkennen.

Komponenten eines elektrochemischen Elementes. Ein elektrochemisches Element besteht aus vier Komponenten (Abb. 22.3):

1. Die *Anode* gibt Metallionen in den Elektrolyten und Elektronen in den äußeren Stromkreis ab.
2. Die *Katode* nimmt aus dem äußeren Stromkreis Elektronen auf. Dabei entsteht in der Nähe oder direkt an der Katode durch Rekombination von Ionen und Elektronen ein Nebenprodukt. Der Vorgang wird als katodische Reaktion bezeichnet
3. Den äußeren Stromkreis bildet eine elektrisch leitende Verbindung zwischen Anode und Katode, meist direkter metallischer Kontakt.
4. Anode und Katode stehen in Kontakt mit einem flüssigen, elektrisch leitenden *Elektrolyt,* der den inneren Teil des Stromkreises schließt. Im Elektrolyt wandern Metallionen von der Anode zur Katode, wo sie Elektronen aufnehmen.

Diese Beschreibung des Aufbaus elektrochemischer Elemente gilt gleichermaßen für elektrochemische Korrosion wie für gezielte Abscheidung von Metallschichten.

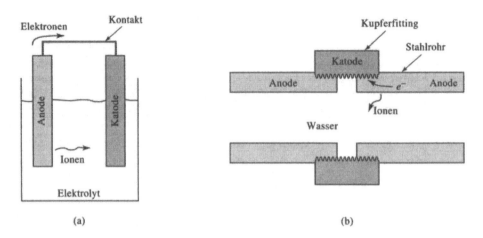

Abb. 22.3. Komponenten eines elektrochemischen Elementes: (a) einfaches Element. (b) Korrosionselement, gebildet von einem stählernen Wasserrohr und einem Kupferfitting.

Anodische Reaktion. An der Anode findet eine *Oxydationsreaktion* statt. Dabei gehen Metallionen in die elektrolytische Lösung über, und Elektronen verlassen die Anode über den äußeren Teil des Stromkreises.

$$M \rightarrow M^{n+} + ne^-. \tag{22.1}$$

Das Herauslösen von Metallionen bewirkt die Korrosion der Anode.

Katodische Reaktion bei Metallabscheidung. Im Falle der Metallabscheidung findet an der Katode eine *Reduktion statt*, ein Vorgang, der in umgekehrter Richtung verläuft, wie die anodische Reaktion:

$$M^{n+} + ne^- \rightarrow M. \tag{22.2}$$

Metallionen, die entweder absichtlich dem Elektrolyt beigefügt worden sind oder die bei der anodischen Reaktion entstehen, werden an der Katode durch Aufnahme von Elektronen entladen und schlagen sich als Schicht auf der Katode nieder.

Katodische Reaktion bei Korrosion. Unter gewöhnlichen Bedingungen läuft die elektrochemische Korrosion ohne Metallabscheidung ab. Statt dessen entstehen an der Katode infolge des Reduktionsvorgangs gasförmige, feste oder flüssige Nebenprodukte (Abb. 22.4).

1. Die *Wasserstoffelektrode*: In sauerstofffreien Flüssigkeiten wie Salzsäure (HCl) oder stagnierendem, d.h. längere Zeit stillstehendem Wasser bildet sich an der Katode Wasserstoff:

$$2H^+ + 2e^- \rightarrow H_2\uparrow. \tag{22.3}$$

Bei Anwesenheit von Zink ergibt sich folgende Gesamtreaktion:

$$
\begin{aligned}
&Zn \rightarrow Zn^{2+} + 2e^- \quad \text{(anodische Reaktion)}, \\
&2H^+ + 2e^- \rightarrow H_2\uparrow \quad \text{(katodische Reaktion)}, \\
&Zn + 2H^+ \rightarrow Zn^{2+} + H_2\uparrow \quad \text{(Gesamtreaktion)}.
\end{aligned}
\tag{22.4}
$$

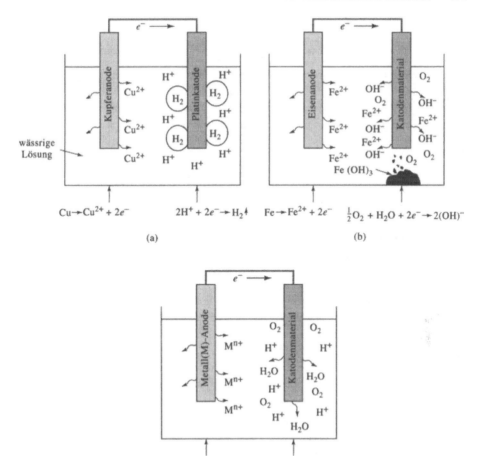

Abb. 22.4. Anodische und katodische Reaktionen in typischen elektrolytischen Korrosionselementen: (a) Wasserstoffelektrode. (b) Sauerstoffelektrode. (c) Wasserelektrode.

An der Katode perlt ständig gasförmiger Wasserstoff aus, und die Zinkanode löst sich allmählich auf.

2. Die *Sauerstoffelektrode*: In lufthaltigem Wasser steht an der Katode Sauerstoff zur Verfügung, und es entstehen $(OH)^-$-Ionen (Hydroxilionen):

$$\frac{1}{2} O_2 + H_2O + 2e^- \rightarrow 2(OH)^-. \tag{22.5}$$

Die Sauerstoffelektrode reichert den Elektrolyt mit $(OH)^-$-Ionen an, die mit den positiv geladenen Metallionen zu festen Stoffen reagieren. Beim Rosten von Eisen laufen folgende Reaktionen ab:

$$Fe \rightarrow Fe^{2+} + 2e^- \quad \text{(anodische Reaktion)}$$

$$\left.\begin{array}{l} \dfrac{1}{2}\,O_2 + H_2O + 2e^- \rightarrow 2(OH)^- \\[2mm] Fe^{2+} + 2(OH)^- \rightarrow Fe(OH)_2 \end{array}\right\} \text{(katodische Reaktion)}$$

$$Fe + \dfrac{1}{2}\,O_2 + H_2O \rightarrow Fe(OH)_2 \quad \text{(Gesamtreaktion)}. \tag{22.6}$$

$Fe(OH)_2$ reagiert weiter mit Sauerstoff und Wasser:

$$2Fe(OH)_2 + \dfrac{1}{2}\,O_2 + H_2O \rightarrow 2Fe(OH)_3. \tag{22.7}$$

Rost besteht aus $Fe(OH)_3$ und Eisenoxidhydraten ähnlicher Zusammensetzung.

3. Die *Wasserelektrode*: In oxydierenden Säuren entsteht als Nebenprodukt der katodischen Reaktion Wasser:

$$O_2 + 4H^+ + 4e^- \rightarrow 2H_2O. \tag{22.8}$$

Werden sowohl Sauerstoff als auch Wasserstoff ständig nachgeliefert, entsteht an der Katode weder fester Rost noch eine hohe Ionenkonzentration.

22.4 Elektrodenpotentiale in elektrochemischen Elementen

Während bei der Abscheidung von Metallen für das Fließen von Strömen eine äußere Spannungsquelle erforderlich ist, entwickeln sich im Falle der Korrosion von selbst Potentialdifferenzen zwischen Metallen, die über eine wässrige Lösung miteinander in Kontakt stehen. Wir wollen die Ursachen für das Zustandekommen dieser die Korrosion antreibenden Potentialdifferenzen näher untersuchen.

Elektrodenpotential. Von der Oberfläche einer in einen Elektrolyt eintauchenden Metallelektrode gehen ständig Atome als positive Ionen in die Lösung über und erzeugen gemeinsam mit den im Metall zurückbleibenden Elektronen ein *Elektrodenpotential*, eine elektrische Aufladung der Elektrode gegenüber dem Elektrolyt. In umgekehrter Richtung werden ständig Ionen entladen und als neutrale Atome an der Metalloberfläche angelagert. Beide Vorgänge, Oxydation bzw. Reduktion der Metallatome, verlaufen mit gleicher Geschwindigkeit. Daher besteht ein Gleichgewichtszustand, in dem keine Korrosion stattfindet. Das zugehörige Elektrodenpotential steht in Beziehung zur Tendenz der Metallatome, Elektronen abzugeben und als Ionen in Lösung zu gehen. Einer direkten Messung ist es nicht zugänglich.

Elektrochemische Spannungsreihe. Zur Bestimmung der Tendenz der Atome eines Metalles, Elektronen abzugeben und als Ionen in Lösung zu gehen, dient die Anordnung nach Abbildung 22.5. Gemessen wird die Potentialdifferenz zwischen einer Elektrode aus dem zu untersuchenden Metall und einer standardisierten Bezugselektrode, die beide in eine 1-molare Lösung der eigenen Ionen eintau-

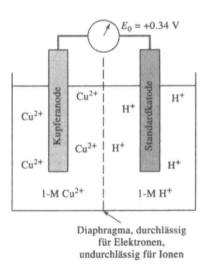

Abb. 22.5. Halbelement zur Messung des Elektrodenpotentials von Kupfer unter Standardbedingungen. Das Elektrodenpotential von Kupfer ist gleich der Potentialdifferenz zwischen der Kupferelektrode und der Standard-Wasserstoffelektrode bei offenem Stromkreis. Da E_0 größer ist als null, verhält sich Kupfer gegenüber Wasserstoff katodisch.

chen. Die beiden Elektrolytlösungen sind durch eine semipermeable Membran getrennt, die für Ionen undurchlässig, für Elektronen aber durchlässig ist und somit eine leitende elektrische Verbindung herstellt. Jede Elektrode entwickelt ihr eigenes Potential. Die Differenz zwischen beiden Potentialen wird stromlos gemessen. Als Bezugselektrode für die Potentialangaben dient meist die Wasserstoffelektrode, deren Potential willkürlich gleich null gesetzt wird. Ist die Tendenz der Atome des untersuchten Metalles zur Abgabe von Elektronen größer als die von Wasserstoffatomen, ist sein Potential negativ. Bezüglich Wasserstoff verhält es sich anodisch.

Die in Tabelle 22.1 wiedergegebene *elektrochemische Spannungsreihe* enthält die Elektrodenpotentiale E_0 von Metallen bezüglich der Wasserstoffelektrode, gültig für Standardbedingungen: 25 °C und 1-molare Ionenkonzentration. Die Werte sind am offenen Stromkreis gemessen worden, da selbst kleine Ströme die Potentiale undefiniert verändern.

Konzentrationsabhängigkeit der Elektrodenpotentiale. Die Größe der Elektrodenpotentiale hängt von der Konzentration des Elektrolyten ab. Für die Temperatur 25 °C gilt die *Nernstsche Gleichung*:

$$E = E_0 + \frac{0{,}0592}{n} \log (C_{ion}). \tag{22.9}$$

E ist das Elektrodenpotential in einer C_{ion}-molaren Lösung der Metallionen mit Wertigkeit n, E_0 das Standardpotential. Für $C_{ion} = 1$ ist $E = E_0$.

Beispiel 22.1
Ein Elektrolyt enthält in 1 000 g Wasser 1 g Kupfer in Form von Cu^{2+}-Ionen. Zu berechnen ist das Elektrodenpotential der Kupfer-Halbzelle mit diesem Elektrolyt.

Tabelle 22.1. Elektrochemische Potentiale ausgewählter Elemente

	Metall	Elektroden-potential E_0 (V)
Stark anodisch	$Li \rightarrow Li^+ + e^-$	–3,05
	$Mg \rightarrow Mg^{2+} + 2e^-$	–2,37
	$Al \rightarrow Al^{3+} + 3e^-$	–1,66
	$Ti \rightarrow Ti^{2+} + 2e^-$	–1,63
	$Mn \rightarrow Mn^{2+} + 2e^-$	–1,63
	$Zn \rightarrow Zn^{2+} + 2e^-$	–0,76
	$Cr \rightarrow Cr^{3+} + 3e^-$	–0,74
	$Fe \rightarrow Fe^{2+} + 2e^-$	–0,44
	$Ni \rightarrow Ni^{2+} + 2e^-$	–0,25
	$Sn \rightarrow Sn^{2+} + 2e^-$	–0,14
	$Pb \rightarrow Pb^{2+} + 2e^-$	–0,13
	$H_2 \rightarrow 2H^+ + 2e^-$	0,00
	$Cu \rightarrow Cu^{2+} + 2e^-$	+0,34
	$4(OH)^- \rightarrow O_2 + 2H_2O + 4e^-$	+0,40
	$Ag \rightarrow Ag^+ + e^-$	+0,80
	$Pt \rightarrow Pt^{4+} + 4e^-$	+1,20
	$2H_2O \rightarrow O_2 + 4H^+ + 4e^-$	+1,23
Stark katodisch	$Au \rightarrow Au^{3+} + 3e^-$	+1,50

Lösung

Eine 1-molare Lösung von Cu^{2+}-Ionen enthält per Definition $1 \cdot$ Mol Cu^{2+}-Ionen in 1 000 g Wasser. Kupfer besitzt die molare Masse $M = 63{,}54$ g/mol. Wenn 1 g Kupfer in Lösung geht, ergibt sich als Konzentration:

$$C_{ion} = \frac{1}{63{,}54} = 0{,}0157 \text{ M.}$$

Aus der Nernstschen Gleichung folgt mit $n = 2$ und $E_0 = +0{,}34$ V:

$$E = E_0 + \frac{0{,}0592}{n} \log (C_{ion}) = 0{,}34 + \frac{0{,}0592}{2} \log (0{,}0157)$$
$$= 0{,}34 + (0{,}0296)(- 1{,}8) = 0{,}29 \text{ V.} \qquad \square$$

Korrosions- und Abscheidungsgeschwindigkeit. Die bei Metallabscheidung auf der Katode abgeschiedenen oder bei Korrosion von der Anode abgetragenen Mengen können mit Hilfe der *Faradayschen Gleichung*

$$m = \frac{ItM}{nF} \tag{22.10}$$

berechnet werden. m bedeutet die abgeschiedene oder abgetragene Masse (g), I den Strom (A), t die Zeit (s). M ist die Molmasse (g/mol) des Metalls, n die Wertigkeit seiner Ionen und F die Faradaykonstante (96 500 Coulomb/mol). Oft wird an Stelle des Stromes mit der Stromdichte $i = I/A$ gerechnet. Gleichung (22.10) nimmt dann die Form an:

$$m = \frac{iAtM}{nF}. \tag{22.11}$$

A (cm^2) ist die Fläche der Katode bzw. Anode.

Beispiel 22.2

Methode zur Abscheidung einer 0,1 cm dicken Kupferschicht auf einer 1 cm² großen Katode.

Lösung

Wir beginnen mit der Berechnung der abzuscheidenden Kupfermasse:

$$\rho_{Cu} = 8,96 \text{ g/cm}^3 \qquad A = 1 \text{ cm}^2,$$

$$\text{Volumen Cu} = (1 \text{ cm}^2)(0,1 \text{ cm}) = 0,1 \text{ cm}^3,$$

$$\text{Masse Cu} = (8,96 \text{ g/cm}^3)(0,1 \text{ cm}^3) = 0,896 \text{ g}.$$

Aus der Faradayschen Gleichung folgt mit $M_{Cu} = 63,54$ g/mol und $n = 2$:

$$It = \frac{mnF}{M} = \frac{(0,896)(2)(96\,500)}{63,54} = 2722 \text{ A} \cdot \text{s}.$$

In der folgenden Tabelle sind mehrere Kombinationen von Stromstärke und Zeit angegeben, die diese Bedingung erfüllen:

Strom	Zeit
0,1 A	27 220 s = 7,6 h
1,0 A	2 722 s = 45,4 min
10,0 A	272,2 s = 4,5 min
100,0 A	27,22 s = 0,45 min

Entscheidend für die Wahl einer dieser Kombinationen ist, daß in möglichst kurzer Zeit eine qualitativ hochwertige Schicht abgeschieden wird. Sehr kleine Ströme machen das Verfahren unökonomisch. Zu große Stromstärken hingegen können die Qualität der Schicht, die auch von der Zusammensetzung des Elektrolyten, von Verunreinigungen und Zusatzstoffen beeinflußt wird, beeinträchtigen. Die günstigste Variante muß, sofern keine Erfahrungswerte vorliegen, durch Versuche ermittelt werden. □

Beispiel 22.3

Ein eiserner Behälter mit 10 cm² Bodenfläche ist 20 cm hoch mit einer korrodierenden Flüssigkeit gefüllt. Infolge elektrochemischer Korrosion verringert sich die Behältermasse in 4 Wochen um 70 g. Zu ermitteln ist (1) die Größe des die Korrosion hervorrufenden Stromes, (2) die Stromdichte.

Lösung

1. Der betrachtete Zeitraum beträgt:

$$t = (4 \text{ Woch.})(7 \text{ d/Woch.})(24 \text{ h/d})(3600 \text{ s/h}) = 2,42 \cdot 10^6 \text{ s}.$$

Aus der Faradayschen Gleichung folgt mit $n = 2$ und $M = 55,847$ g/mol:

$$I = \frac{mnF}{tM} = \frac{(70)(2)(96\,500)}{(2,42 \cdot 10^6)(55,847)}$$

$$= 0,1 \text{ A}.$$

2. Für die mit der Flüssigkeit in Kontakt stehende Oberfläche und die Stromdichte erhalten wir:

$$A = (4 \text{ Seiten})(10 \cdot 20) + (1 \text{ Boden})(10 \cdot 10) = 900 \text{ cm}^2,$$

$$i = \frac{I}{A} = \frac{0{,}1}{900} = 1{,}11 \cdot 10^{-4} \text{ A/cm}^2. \qquad\qquad \square$$

Beispiel 22.4

In einer aus Kupfer und Zink bestehenden Korrosionszelle betrage die Stromdichte an der Kupferkatode 0,05 A/cm^2. Die Fläche beider Elektroden sei 100 cm^2 groß. Gesucht ist (1) der Korrosionsstrom, (2) die Stromdichte an der Zinkanode und (3) die je Stunde abgetragene Zinkmasse.

Lösung

1. Die Größe des Korrosionsstromes beträgt:

$$I = i_{Cu} A_{Cu} = (0{,}05 \text{ A/cm}^2)(100 \text{ cm}^2) = 5 \text{ A}.$$

2. Für die Stromdichte gilt:

$$i_{Zn} = \frac{I}{A_{Zn}} = \frac{5}{100} = 0,05 \text{A/cm}^2.$$

3. Zink hat die molare Masse 65,38 g/mol. Damit folgt aus der Faradayschen Gleichung:

$$m_{Zink} = \frac{ItM}{nF} = \frac{(5)(3600 \text{ s/h})(65{,}38)}{(2)(96\,500)}$$

$$= 6{,}1 \text{ g/h}. \qquad\qquad \square$$

22.5 Korrosionstrom und Polarisation

Um Metalle vor Korrosion zu schützen, müssen elektrische Ströme so klein wie möglich gehalten werden. Leider lassen sich Korrosionströme nur schwer messen, kontrollieren und vorherbestimmen. Ein Teil dieser Schwierigkeiten ist Veränderungen zuzuschreiben, die sich im Verlauf des Korrosionsvorganges ergeben. Eine derartige Erscheinung ist die *Polarisation*, eine Änderung des Anoden- oder Katodenpotentials, die sich auf die Größe des Korrosionsstromes auswirkt. Es gibt drei wichtige Arten von Polarisation: (1) Aktivierungs-, (2) Konzentrations- und (3) Widerstandspolarisation.

Aktivierungspolarisation. Diese Art der Polarisation steht in Beziehung zur Aktivierungsenergie der katodischen oder anodischen Reaktion. Gelingt es, die Polarisation zu vergrößern, verlangsamen sich beide Reaktionen und damit die Korrosion. Kleine Unterschiede in Zusammensetzung und Struktur des Katoden- oder Anodenmaterials können die Aktivierungspolarisation beträchtlich verändern. Seigerungen in den Elektroden bewirken lokale Änderungen der Aktivierungspolarisation. Diese Faktoren allein machen eine Vorhersage der Größe von Korrosionsströmen sehr schwierig.

Konzentrationspolarisation. Im Verlaufe der Korrosion kann sich die Ionenkonzentration an Anode oder Katode ändern. Beispielsweise nimmt die Konzentration von Metallionen an der Anode zu, wenn sie nicht schnell genug in den Elektrolyten diffundieren können. An der Katode einer Wasserstoffelektrode kann es zu einem Mangel an Wasserstoffionen kommen. Hohe Konzentrationen an Hydroxilionen können an der Katode einer Sauerstoffelektrode auftreten. Die genannten Effekte behindern Elektronenübergänge an den Elektroden und blockieren dadurch anodische oder katodische Reaktionen.

In jedem dieser Beispiele hat die Konzentrationspolarisation eine Verringerung der Stromdichte und dadurch der Korrosionsgeschwindigkeit zur Folge. Normalerweise ist die Polarisation in hochkonzentrierten oder stark bewegten Elektrolyten und bei höheren Temperaturen weniger ausgeprägt. Diese Einflußfaktoren erhöhen somit die Stromdichte und beschleunigen elektrochemische Korrosion.

Widerstandspolarisation. Diese Art der Polarisation ist von der Größe des elektrischen Widerstands des Elektrolyten abhängig. Je größer der Widerstand, um so geringer der Strom und die Geschwindigkeit der Korrosion. Verändern sich mit fortschreitender Korrosion Zusammensetzung und Leitfähigkeit des Elektrolyten, wirkt sich dies auch auf die Widerstandspolarisation aus.

22.6 Formen elektrochemischer Korrosion

In diesem Abschnitt wollen wir uns mit besonders häufigen Formen elektrochemischer Korrosion befassen. An erster Stelle ist *gleichmäßige Korrosion* zu nennen. Ein in einem Elektrolyt befindliches Metallteil wird dann gleichmäßig angegriffen, wenn anodische und katodische Oberflächenbereiche ihre Positionen ständig in zufälliger Weise ändern.

Von *galvanischem Angriff* spricht man, wenn anodische und katodische Gebiete während der Korrosion ortsfest bleiben. Die beteiligten elektrochemischen Elemente werden dementsprechend als galvanische Elemente bezeichnet und in drei Typen eingeteilt: Kombinations-, Spannungs- und Konzentrationselemente.

Kombinationselemente. *Kombinationselemente* entstehen, wenn zwei verschiedene Metalle wie Kupfer und Eisen oder zwei Legierungen ein Element bilden. Wegen des Einflusses von Legierungselementen und der Elektrolytkonzentration auf die Polarisation kann aus der Spannungsreihe nicht darauf geschlossen werden, welche Region sich anodisch verhält und wo Abscheidung stattfindet. Aussagen sind aber an Hand *galvanischer Reihen* möglich, in denen Legierungen entsprechend ihrer Tendenz geordnet sind, in bestimmter Umgebung anodisch oder katodisch zu reagieren (Tab. 22.2). So gibt es jeweils eine spezielle galvanische Reihe für Seewasser, Leitungswasser und Industrieatmosphäre.

Beispiel 22.5
Ein Messingfitting, das für den Einsatz in Seewasser vorgesehen ist, wird mit Zinn-Blei-Lot verlötet. Zu beantworten ist die Frage, ob das Messingteil oder das Lot schneller korrodieren wird.
Lösung
Aus der galvanischen Reihe ist abzulesen, daß alle Kupferlegierungen stärker anodisch wirken als Zinn(50%)-Blei(50%)-Lot. Daher wird das Lot zur Anode

Tabelle 22.2. Galvanische Reihe in Seewasser

Anodisch	Magnesium und Mg-Legierungen	Anodisch	Blei
	Zink		Zinn
	Galvanisierter Stahl		Cu-Zn(40%)-Messing
	Aluminium 5052		Nickellegierungen (aktiv)
	Aluminium 3003		Kupfer
	Aluminium 1100		Cu-Ni(30%)-Legierung
	Alclad		Nickellegierungen (passiv)
	Kadmium		Rostfreie Stähle (passiv)
	Aluminium 2024		Silber
	Kohlenstoffarmer Stahl		Titan
	Gußeisen		Graphit
	Pb(50%)-Sn(50%)-Lot		Gold
	Rostfreier Stahl 316 (aktiv)	Katodisch	Platin

Nach: ASM *Metals Handbook*, Vol. 10. 8. Aufl., 1975.

und korrodiert. Auf ähnliche Weise kann Leitungswasser in Bleirohren durch korrodierendes Lot verunreinigt werden. ☐

Kombinationselemente entstehen auch in zweiphasigen Verbindungen, deren eine Phase stärker anodisch ist als die andere. In Stählen bewirken Lokalelemente galvanische Korrosion. Sie entstehen, weil sich Ferrit stärker anodisch verhält als Zementit (Abb. 22.6). Fast immer ist die Korrosionsbeständigkeit einer Zweiphasenlegierung geringer als die einer einphasigen Legierung ähnlicher Zusammensetzung.

Interkristalline Korrosion tritt auf, wenn sich durch Ausscheidung einer zweiten Phase oder infolge von Seigerungen an Korngrenzen galvanische Elemente bilden. Beispielsweise entstehen in Zinklegierungen durch Verunreinigungen wie Kad-

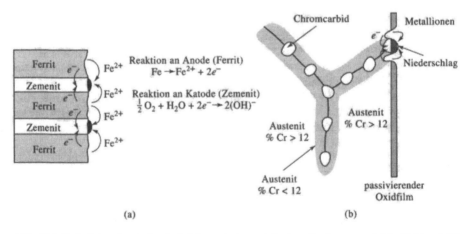

Abb. 22.6. Beispiele galvanischer Lokalelemente in zweiphasigen Legierungen: (a) In Stahl verhält sich Ferrit gegenüber Zementit anodisch. (b) In austenitischem Edelstahl bewirken Chromcarbidausscheidungen anodisches Verhalten von Austenit in Korngrenzen.

mium, Zinn und Blei bei der Erstarrung an Korngrenzen Seigerungen. Die Korngrenzen verhalten sich bezüglich des Korninneren anodisch und korrodieren bevorzugt (Abb. 22.7). In austenitischen Edelstählen kann es an Korngrenzen zu Ausscheidung von Chromcarbiden kommen (Abb. 22.6(b)). Infolge der Carbidbildung wird dem Austenit in Nähe der Korngrenze Chrom entzogen. Diese Bereiche reagieren im Vergeich zum restlichen Korn anodisch und korrodieren.

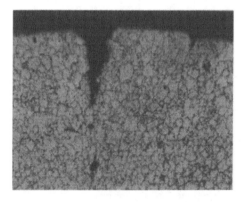

Abb. 22.7. Mikroaufnahme der Korngrenzenkorrosion an einem Zinkgußstück. Ausscheidungen von Fremdatomen an Korngrenzen erzeugen galvanische Lokalelemente (50fach).

Spannungselemente. *Spannungselemente* bilden sich zwischen Teilen von Metallen, in denen unterschiedliche mechanische Spannungen bestehen. Anodisch verhalten sich jeweils Abschnitte mit den höchsten Spannungen, d.h. mit den größten Energiedichten (Abb. 22.8). Feinkörnige Bereiche mit großer Korngrenzendichte reagieren anodisch gegenüber Flächen desselben Materials mit gröberer Kornstruktur. Der *Spannungskorrosion* liegen galvanische Prozesse zugrunde, aber andere Mechanismen, wie zum Beispiel Adsorption von Verunreinigungen am Ende von Rissen können ebenfalls eine Rolle spielen. Das Zusammenwirken von Spannungen und Korrosion kann schließlich zu Materialversagen führen, das um so früher eintritt, je höher die Belastung ist.

Auch Ausfälle wegen Ermüdung können durch Korrosion eingeleitet oder beschleunigt werden, unter anderem durch Bildung von Rissen, Gruben und Hohlräumen oder durch Vergrößerung der Ausbreitungsgeschwindigkeit von Rissen.

Beispiel 22.6
Nägel werden durch Umformung aus kaltgezogenem Stahldraht hergestellt. Welche Teile eines Nagels werden bevorzugt korrodieren?
Lösung
Da Kopf und Spitze eine zusätzliche Kaltbearbeitung erfahren haben, werden sich diese Teile anodisch verhalten und besonders stark korrodieren.   □

Konzentrationselemente. Als Folge von Konzentrationsdifferenzen in Elektrolyten entstehen *Konzentrationselemente* (Abb.22.9). Nach der Nernstschen Gleichung rufen Konzentrationsunterschiede von Metallionen unterschiedliche elektrische Potentiale hervor. Das mit der höheren Konzentration in Berührung stehende Metall wird zur Katode.

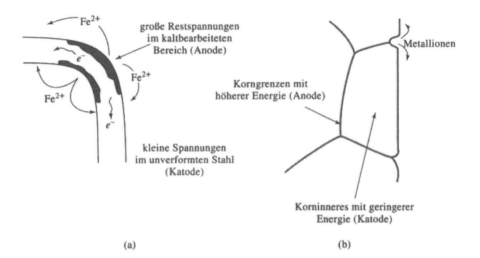

(a)   (b)

Abb. 22.8. Beispiele für Spannungselemente. (a) Biegeverformung einer Stahlstange ruft starke Restspannungen im Verformungsbereich hervor, der dadurch zur Anode wird und korrodiert. (b) Korngrenzen stellen Bereiche hoher Energie dar, reagieren anodisch und korrodieren.

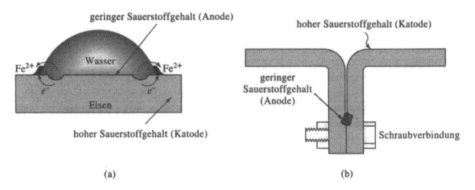

(a)   (b)

Abb. 22.9. Konzentrationselemente: (a) Korrosion einer Stahloberfläche unter einem Wassertropfen infolge geringen Sauerstoffgehalts des Wassers. (b) Korrosion am Ende eines Spaltes infolge von Sauerstoffmangel.

Das Sauerstoff-Konzentrationselement (auch als *Sauerstoffhungerelement* bezeichnet) entsteht, wenn die katodische Reaktion der des Sauerstoffelements entspricht, $H_2O + 1/2\,O_2 + 4e^- \rightarrow 4(OH)^-$. Elektronen fließen aus dem anodischen Bereich niedriger Sauerstoffkonzentration zur sauerstoffreichen Katode.

Auflagen wie Rost oder Wassertropfen schirmen eine Metalloberfläche gegen Sauerstoff ab. Die bedeckten Stellen werden zur Anode und korrodieren. Dies ist eine mögliche Ursache für Grubenbildung durch Korrosion. Ähnlich ist der Korrosionsmechanismus an einer Wasserlinie. Metallteile an oder oberhalb der Wasserlinie befinden sich in sauerstoffreicher Umgebung. Unterhalb des Wasserspiegels ist die Sauerstoffkonzentration nur gering, daher findet vornehmlich hier Korrosion statt. Normalerweise nimmt die Korrosion wegen der längeren Wege für Elektronen mit zunehmender Tiefe ab. An der Spitze von Rissen oder in engen Spalten ist die Sauerstoffkonzentration niedriger als außerhalb. Daher reagieren diese Bereiche katodisch, die außenliegenden Ränder anodisch und es kommt zu *Spaltkorrosion*.

Auch Änderungen der Bodenbeschaffenheit längs erdverlegter Rohre können zu Korrosion führen. Dasselbe gilt für unterschiedliche Strömungsgeschwindigkeiten in Rohrleitungen, die mit Konzentrationsgradienten verbunden sind. Stehendes (stagnierendes) Wasser enthält wenig, schnellfließendes belüftetes Wasser dagegen viel Sauerstoff. Metalle in Kontakt mit stagnierendem Wasser verhalten sich anodisch und korrodieren.

Beispiel 22.7

Zwei Stahlteile sind durch umgebördelte Ränder miteinander verbunden. Welche Nachteile weist diese Verbindungsmethode bei Einwirkung von Wasser auf, und welche Rolle spielt der Salzgehalt des Wassers?

Lösung

Innerhalb der Bördelkante ist ein Spalt vorhanden, in den Luft und Feuchtigkeit kaum eindringen können. Das anliegende Metall verhält sich daher anodisch und bildet ein Konzentrationselement. Im Spalt kommt es zu Korrosion.

Salzgehalt des Wassers erhöht die Leitfähigkeit und erleichtert den Ladungstransport. Die Stromdichte wird größer und die Korrosion schreitet schneller voran. □

Biokorrosion. Verschiedene Mikroorganismen, wie Pilze und Bakterien, erzeugen vielfach ein Milieu, in dem elektrochemische Korrosion beschleunigt abläuft. Die Organismen wachsen in Form von Kolonien besonders auf Metalloberflächen in feuchter Umgebung. Die dabei gebildeten Stoffwechselprodukte beeinflussen Art und Geschwindigkeit der Korrosion.

Manche Bakterien reduzieren Sulfate zu Schwefelsäure, die Metalle angreift. Es gibt Bakterienstämme, die Sauerstoff benötigen, andere vermehren sich auch ohne Sauerstoff. Solche Bakterien greifen Metalle wie Stahl, Edelstahl, Aluminium und Kupfer an, selbst manche Keramikstoffe und Beton sind vor ihnen nicht sicher. Ein bekanntes Beispiel ist die Korrosion von Aluminiumtreibstofftanks von Flugzeugen. Enthält der Treibstoff (meist Kerosin) Feuchtigkeit, entwickeln sich säureproduzierende Bakterien. Das Aluminium wird zersetzt, und schließlich entstehen Lecks.

Wachstum von Mikroorganismen auf Metalloberflächen führt zur Bildung von Sauerstoff-Konzentrationselementen (Abb.22.10). Von Kolonien bedeckte Flächen wirken anodisch, freie Flächen katodisch, da an den bedeckten Stellen die Diffusion von Sauerstoff zum Metall behindert ist und eindringender Sauerstoff von den Mikroorganismen selbst verbraucht wird. Die Konzentrationselemente verursachen unter den bedeckten Stellen Lochfraß. Manchmal bilden große Kolonien von Mikroorganismen zusammen mit eingeschlossenen Korrosionsprodukten Materialansammlungen, sogenannte *Knollen*, die Rohrleitungen verstopfen und die Wirkung der Kühlsysteme von Kernreaktoren, U-Booten oder chemischen Reaktoren beeinträchtigen können.

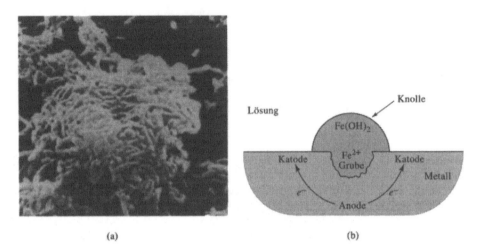

Abb. 22.10. (a) Koloniewachstum von Bakterien (2 700fach). (b) Knollen- und Grubenbildung unterhalb einer Bakterienkolonie.

22.7 Schutzmaßnahmen gegen elektrochemische Korrosion

Zum Schutz vor Korrosion gibt es mehrere Möglichkeiten. Zu diesen zählen konstruktive Vorkehrungen, Schutzschichten, Inhibitoren, katodischer Schutz, Passivierung und Einsatz geeigneter Werkstoffe.

Konstruktive Maßnahmen. Korrosion metallischer Bauteile läßt sich verlangsamen oder sogar völlig verhindern, wenn die im folgenden angeführten konstruktiven Maßnahmen Beachtung finden:

1. Möglichkeiten zur Bildung galvanischer Element müssen ausgeschlossen werden. Beispielsweise ist die Korrosion von Stahlrohren häufig auf die Entstehung galvanischer Elemente an Verbindungen zu Messingarmaturen zurückzuführen. Dieses Problem kann durch Einfügen elektrisch isolierender Plastefittings zwischen Stahl und Messing weitgehend gelöst werden.
2. Die Flächen von Anoden sollten wesentlich größer sein als die von Katoden. Verwendet man beispielsweise zum Befestigen von Stahlblech Kupferniete, kommt es wegen deren kleiner Abmessungen nur in geringem Umfang zu katodischer Reaktion, und das Stahlblech wird nur sehr langsam anodisch angegriffen. Stahlniete, mit denen Kupferblech befestigt ist, korrodieren dagegen sehr schnell.

Beispiel 22.8
Wir betrachten ein aus Kupfer und Zink bestehendes Korrosionselement. Für eine Stromdichte von 0,05 A/cm^2 an der Kupferkatode soll die stündliche Gewichtsabnahme des Zinks für folgende Größen der Elektrodenflächen ermittelt werden: (1) Kupferfläche 100 cm^2, Zinkfläche 1 cm^2. (2) Zinkfläche 100 cm^2, Kupferfläche 1 cm^2.

Lösung

1. Im Falle der kleinen Zinkfläche gilt:

$$I = i_{Cu} A_{Cu} = (0{,}05 \text{ A/cm}^2)(100 \text{ cm}^2) = 5 \text{ A,}$$

$$m_{Zn} = \frac{ItM}{nF} = \frac{(5)(3600)(65{,}38)}{(2)(96\,500)} = 6{,}1 \text{ g/h.}$$

2. Im anderen Fall ist:

$$I = i_{Cu} A_{Cu} = (0{,}05 \text{ A/cm}^2)(1 \text{ cm}^2) = 0{,}05 \text{ A,}$$

$$m_{Zn} = \frac{ItM}{nF} = \frac{(0{,}05)(3600)(65{,}38)}{(2)(96\,500)} = 0{,}061 \text{ g/h.}$$

Eine im Vergleich zur Katode große Zinkanode setzt die Korrosionsgeschwindigkeit wesentlich herab. □

3. Leitungssysteme oder Speicher für flüssige Medien sollten möglichst geschlossen sein und keine Bereiche enthalten, in denen sich stagnierende Flüssigkeit ansammeln kann. Nur teilweise gefüllte Tanks sind an der Flüssigkeitsgrenze korrosionsgefährdet. In offenen Systemen lösen sich Gase, deren Ionen katodische Reaktionen verstärken und zur Entstehung von Konzentrationselementen führen.

4. Verbindungen von Bauteilen sind konstruktiv so zu gestalten, daß keine engen Spalte vorhanden sind (Abb. 22.11). Schweißverbindungen sind im allgemeinen Hart- oder Weichlötungen und mechanischen Verbindungen vorzuziehen. Hart- oder Weichlötungen neigen zur Ausbildung galvanischer Elemente, da das Lot anders zusammengesetzt ist, als die zu verbindenden Teile. Mechanische Verbindungen weisen Spalte auf, in denen Konzentrationselemente entstehen können. An Schweißverbindungen treten derartige Erscheinungen nicht auf, wenn der Schweißzusatzwerkstoff an das zu verbindende Grundmaterial angepaßt ist.

5. Falls sich Korrosion von Teilen einer Konstruktion während der Gebrauchsdauer nicht in ausreichendem Maße verhindern läßt, ist ein einfacher und ökonomischer Austausch schadhafter Teile vorzusehen.

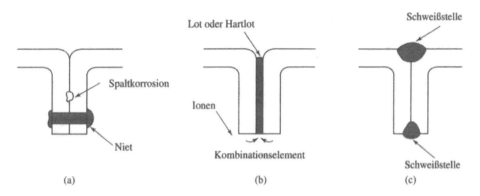

Abb. 22.11. Alternative Methoden zur Verbindung von Stahlteilen: (a) Konzentrationselemente können an mechanischen Verbindungen, (b) Kombinationselemente an Hart- und Weichlötverbindungen entstehen. (c) Schweißen mit an das Grundmetall angepaßtem Material verhindert die Bildung galvanischer Elemente.

Schutzschichten. Schutzschichten dienen dazu, anodische und katodische Bereiche voneinander zu isolieren. Fett- und Ölschichten gewähren nur kurzzeitigen Schutz und können leicht zerstört werden. Organische Farb- und Lackschichten oder aus Emaille oder Glas bestehende Keramikschichten bieten besseren Schutz. Jedoch reagiert jede fehlerhafte Stelle einer solchen Abdeckung anodisch und korrodiert schnell.

Stahloberflächen werden verzinnt oder galvanisch verzinkt, um Kontakt mit elektrolytischen Lösungen zu verhindern (Abb. 22.12). Beide Schutzschichten zeigen unterschiedliches Verhalten, wenn durch eine Beschädigung die Stahloberfläche freigelegt wird. Da sich Zink bezüglich Eisen anodisch verhält und die freiliegende Stahloberfläche sehr klein ist, schreitet die Zinkkorrosion nur langsam voran, und die Schutzwirkung bleibt weiterhin erhalten. Stahl dagegen verhält sich gegenüber Zinn anodisch. Bei Verletzung der Zinnschicht entsteht eine flächenmäßig kleine Stahlanode, die intensiver Korrosion ausgesetzt ist.

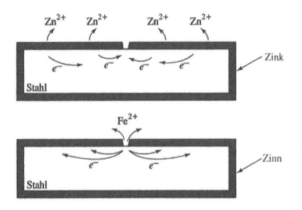

Abb. 22.12. Unterschiedliche Schutzwirkung von Zink- bzw. Zinnschichten auf Stahl. Die Schutzwirkung von Zink bleibt auch bei schadhafter Schicht bestehen, da Zink die Anode bildet. Zinn verhält sich gegenüber Stahl katodisch und verliert deshalb seine Schutzfunktion, sobald die Schicht beschädigt ist.

Durch chemische Reaktionen lassen sich auf Metalloberflächen konservierende Schichten herstellen. Zinksaure Orthophosphatlösung z. B. erzeugt festhaftende, poröse Phosphatschichten, die vornehmlich zur Verbesserung der Haftfestigkeit von Farbanstrichen genutzt werden. Auf der Oberfläche von Aluminium, Chrom und Edelstählen bilden sich stabile, feste, dichte, nichtleitende Oxidschichten aus, die den Kontakt mit Elektrolytlösungen und die Entstehung galvanischer Elemente verhindern.

Inhibitoren. Bestimmte, Elektrolylösungen zugefügte chemische Verbindungen wandern besonders zu anodischen oder katodischen Bereichen und führen zu Konzentrations- oder Widerstandspolarisation, hemmen dadurch korrosive Veränderungen und werden deshalb als *Inhibitoren* bezeichnet. In Autokühlern übernehmen Chromsalze diese Funktion. Für Kraftwerke und Wärmetauscher steht eine Anzahl von Chromaten, Phosphaten, Molybdaten und Nitriten zur Verfügung, um anodische und katodische Bereiche abzudecken und damit ihre elektrochemische Aktivität zu blockieren.

Katodischer Schutz. Ein Metallteil kann vor Korrosion geschützt werden, indem man ihm durch Zufuhr von Elektronen katodisches Verhalten aufprägt (Abb. 22.13). Dieser sogenannte katodische Schutz läßt sich mittels Opferanode oder durch Anlegen äußerer Spannungen verwirklichen.

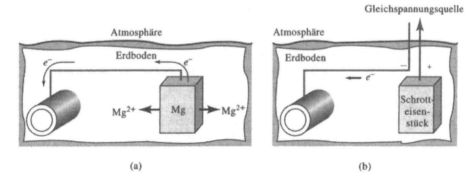

Abb. 22.13. Katodischer Schutz einer erdverlegten Stahlrohrleitung. Katodisches Verhalten der Rohrleitung wird gesichert (a) mit Hilfe einer Magnesium-Opferanode oder (b) durch eine äußere elektrische Spannung zwischen der Hilfsanode aus Eisenschrott und Rohrleitung.

Durch Anbringen einer *Opferanode* an dem zu schützenden Metall entsteht ein elektrischer Stromkreis. Die Opferanode korrodiert, gibt Elektronen an das Metall ab und verhindert dadurch dessen anodische Reaktion. Von Zeit zu Zeit ist es erforderlich, die meist aus Zink oder Magnesium bestehende Opferanode zu erneuern. Anwendung findet dieses Verfahren bei erdverlegten Rohrleitungen, Schiffen, schwimmenden Bohrplattformen und Warmwasserspeichern.

Schutzspannungen erzeugt man mit äußeren Gleichspannungsquellen, die mit einer Hilfsanode und dem zu schützenden Metall verbunden werden. Bei entsprechender Polung wird das Metall zur Katode, und Korrosion findet nur an der etwa aus Eisenschrott bestehenden Hifsanode statt.

Passivierung oder anodischer Schutz. Metalle, die nahe dem anodischen Ende der galvanischen Reihe stehen, sind sehr aktiv und dienen in den meisten elektrolytischen Zellen als Anodenmaterial. Ihre Korrosion kann jedoch durch *Passivierung* oder dadurch, daß man sie katodisch macht, wesentlich verlangsamt werden.

Passivierung läßt sich durch starke anodische Polarisation, d.h. Unterdrückung der normalen anodischen Reaktion, erreichen. Daher die Bezeichnung anodischer Schutz.

Metalle werden passiviert, indem man sie hochkonzentrierten oxydierenden Säuren aussetzt. Eisen, in hochkonzentrierte Salpetersäure getaucht, korrodiert schnell und gleichmäßig und bedeckt sich mit einer dünnen Schicht aus Eisenhydroxid, die Schutz gegen weitere Korrosion in Salpetersäure gewährt.

Zu Passivierung kommt es auch, wenn das Anodenpotential eine kritische Größe übersteigt. Auf der Metalloberfläche entwickelt sich ein passivierender Film, der starke Polarisation der Anode bewirkt. Die Stromdichte sinkt auf minimale Werte. Auf Aluminium können mit einem *Anodisierung* genannten Verfahren dicke passivierende Oxidschichten aufgebracht werden, mit denen sich durch Einfärben interessante optische Effekte erzielen lassen.

Materialauswahl und Materialbehandlung. Auch durch zweckmäßige Materialauswahl und besondere Wärmebehandlungsverfahren kann Korrosion vorgebeugt werden. Beispielsweise entstehen an Seigerungen in der Oberfläche von Gußstücken winzige galvanische Elemente, die Korrosion beschleunigen. In solchen Fällen führt eine homogenisierende Wärmebehandlung zum Ausgleich von Konzentrationsunterschieden und zu höherer Korrosionsfestigkeit. In kaltgebogenen Metallteilen können infolge unterschiedlicher Verformungsgrade und Spannungszustände Lokalelemente enstehen. Entspannungs- oder Rekristallisationsglühung beseitigt diese Korrosionquellen.

Wärmebehandlung ist von besonderer Bedeutung für austenitische Edelstähle (Abb. 22.14). Wenn der Stahl langsam von 870 °C auf 425 °C abkühlt, werden an den Korngrenzen Chromcarbide ausgeschieden. Der Chromgehalt des Austenits kann an den Korngrenzen unter die Minimalkonzentration von 12% sinken, die zur Ausbildung passivierender Oxidschichten erforderlich ist. Das Metall ist hier *sensibilisiert*. Da die Korngrenzenbereiche klein sind und sich stark anodisch verhalten, korrodieren sie stark. Die folgenden Materialeigenschaften bzw. Verfahren können zur Minderung dieses Problems genutzt werden.

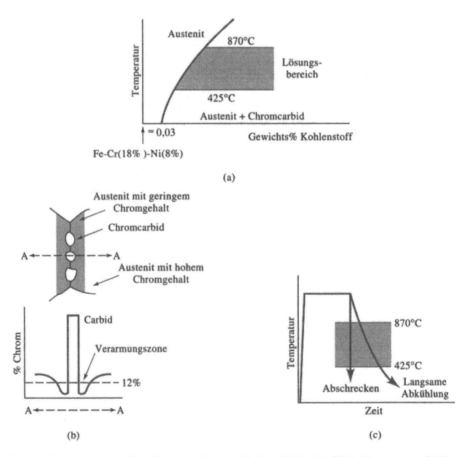

Abb. 22.14. (a) Interkristalline Korrosion in austenitischem Edelstahl. (b) Bei langsamer Abkühlung wird an Korngrenzen Chromcarbid ausgeschieden. (c) Durch Glühen und nachfolgendes Abschrecken bleiben die Carbide in Lösung und Korrosion wird vermieden.

1. Wenn der Kohlenstoffgehalt unter 0,03% liegt, entstehen keine Chromcarbide.
2. Bei ausreichend hohem Chromgehalt des Stahls sinkt die Chromkonzentration im Austenit trotz Carbidausscheidung nicht unter 12%.
3. Titan- oder Niobzusätze binden den Kohlenstoff als TiC bzw. NbC und verhindern die Bildung von Chromcarbid. Man spricht von *stabilisiertem* Stahl.
4. Verarbeitung und Einsatz des Stahles sollte außerhalb des kritischen Temperaturbereichs von 425 °C bis 870 °C erfolgen.
5. Bei einer *Abschreckbehandlung* erwärmt man den Stahl zunächst auf über 870 °C und erreicht damit eine Auflösung der Chromcarbide, deren Neubildung durch Abschrecken des nun 100%-igen Austenits unterdrückt wird.

Beispiel 22.9

Auf einer Weide zum Tränken von Vieh aufgestellte Stahlbehälter rosten schnell und müssen oft ersetzt werden. Durch ein Schutzsystem ist die Korrosion der Behälter zu verhindern oder zu verlangsamen.

Lösung

Die Behälter bestehen wahrscheinlich aus einem unlegierten Stahl mit niedrigem Kohlenstoffgehalt, in dem Ferrit und Zementit Kombinationselemente bilden. An der Wasserlinie eines teilweise gefüllten Troges entsteht ein Konzentrationselement. Da sich die Behälter im Freien befinden, ist mit Verunreinigungen im Wasser zu rechnen, die zur Beschleunigung der Korrosion beitragen.

Für die Lösung des Problems gibt es mehrere Möglichkeiten. Zunächst wäre an die Verwendung korrosionsfesterer Materialien wie Edelstahl oder Aluminium zu denken, die aber beide wesentlich teurer als der einfache Kohlenstoffstahl sind.

In Frage käme katodischer Schutz durch Anbringen einer kleinen Magnesiumanode im Inneren des Behälters, die als Opferanode die Korrosion des Stahls verhindern würde. In diesem Falle wäre in größeren Zeitabständen eine Kontrolle des Zustandes der Anode erforderlich. Vor allem aber könnten die gelösten Magnesiumionen die Gesundheit der Tiere beeinträchtigen.

Eine weiter Möglichkeit wäre das Aufbringen von Schutzschichten auf die Behälteroberfläche. Farbanstriche (d.h. Polymerschichten) oder Zinnschichten würden Korrosion verhindern, solange sie keine Schäden aufweisen.

Als günstigste Lösung erscheint die Verwendung verzinkten Stahls, da Zink eine wirksame Schutzschicht abgibt und bei einer Beschädigung der Schicht als Opferanode wirkt. Die Korrosion würde im diesem Falle wegen der relativ sehr großen Anodenfläche nur langsam voranschreiten. Verzinktes Stahlblech ist überdies relativ billig, in allen gängigen Abmessungen verfügbar, und häufige Kontrollen des Zustandes der Behälter wären nicht erforderlich.   □

Beispiel 22.10

An Schweißnähten eines aus Stahl 304 bestehenden Rohrleitungssystem zum Transport einer korrodierenden Flüssigkeit sind infolge Korrosion Lecks entstanden. Das Problem ist zu analysieren und weitere Korrosion auszuschließen.

Lösung

Nach Tabelle 12.4 hat Edelstahl 304 einen Kohlenstoffgehalt von 0,08%. Dies führt bei unsachgemäßer Erwärmung oder Abkühlung im Verlaufe des Schweißprozesses zur Sensibilisierung des Materials. Abbildung 22.15 zeigt die beim Schweißen im Schmelzbereich und der Wärmeeinflußzone auftretenden maximalen Temperaturen. Ein kleiner Rohrabschnitt gelangt in den kritischen Bereich, in dem es zur

Ausscheidung von Chromcarbiden kommt. Falls die Schweißnaht langsam abkühlt, kann dies auch in der Schmelzzone und weiteren Bereichen der Wärmeeinflußzone geschehen. Die aufgetretenen Materialfehler sind daher wahrscheinlich auf Sensibilisierung des Schweißbereiches zurückzuführen.

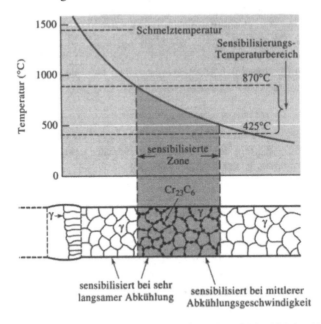

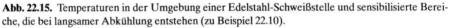

Abb. 22.15. Temperaturen in der Umgebung einer Edelstahl-Schweißstelle und sensibilisierte Bereiche, die bei langsamer Abkühlung entstehen (zu Beispiel 22.10).

Es gibt mehrere Möglichkeiten, derartige Korrosionsvorgänge zu vermeiden. Die Carbidausscheidung ließe sich durch Anwendung eines Schweißverfahrens verhindern, bei dem sich der Schweißbereich nur kurze Zeit im kritischen Temperaturgebiet befindet. Laser- oder Elektronenstrahlschweißen sind Prozesse, mit denen sich hohe Aufheizgeschwindigkeiten erreichen lassen. Sie sind aber sehr kostspielig. Elektronenstrahlschweißen kann zudem nur im Vakuum durchgeführt werden und scheidet schon deshalb im vorliegenden Falle aus.

Das Problem ließe sich auch mit einer geeigneten Wärmebehandlung lösen. Die fertige Schweißverbindung könnte erwärmt werden, um die Carbide aufzulösen. Anschließendes Abschrecken würde ihre Neubildung verhindern. Dieses Vorgehen scheitert jedoch an der Größe des Rohrsystems.

Zu prüfen ist, ob die Rohrenden bereits vor Schweißbeginn zum Abbau von Spannungen erwärmt worden sind. Auf diese Vorbehandlung müßte verzichtet werden, da sie zur Sensibilisierung des Materials beitragen könnte.

Die beste Lösung des Problems bestünde in der Verwendung eines Edelstahles, der keine Sensibilisierung aufweist. Beispielsweise erfolgt in Edelstahl 304L mit weniger als 0,03% Kohlenstoff keine Ausscheidung von Carbiden. Die Kosten liegen bei dieser Stahlsorte zwar höher als bei Stahl 304, jedoch kann auch bei Anwendung konventioneller Schweißverfahren Korrosion nicht auftreten.   □

22.8 Biokorrosion und biologisch abbaubare Polymere

Die Zerstörung von Polymeren durch verschiedene Arten von Insekten und Mikroorganismen stellt ebenfalls eine Form von Korrosion dar. Dabei erweisen sich einfach gebaute Polymere wie Polyethylen, Polypropylen und Polystyrol sowie solche mit großer Molekülmasse, kristalline Formen und Thermoplaste als relativ immun gegen derartige Attacken.

Dagegen sind Polymere mit polymerisationshemmenden Zusätzen – dazu zählen Polyesther, Polyurethane, Zellulosen und plastizierte Polyvinylchloride – besonders anfällig für Bakterienbefall. Die Makromoleküle dieser Stoffe können durch Strahleneinwirkung oder chemische Reaktionen in kleine Bruchstücke zerfallen, die klein genug sind, um von Bakterien abgebaut zu werden.

Mikrobiologische Zersetzung kann andererseits mit großem Nutzen eingesetzt werden, um abbaubare Polymere aus der Müllflut zu entfernen. Der biologische Abbau eines Polymers erfordert die vollständige Zerlegung seiner Makromoleküle in Kohlendioxid, Wasser, anorganische Salze und andere niedermolekulare Nebenprodukte des bakteriellen Stoffwechsels. Zellulosen lassen sich leicht in Bestandteile mit kleiner Molekülmasse zerlegen und sind deshalb gut biologisch abbaubar. Andere Polymere, beispielsweise ein Copolymer von Polyethylen und Stärke, sind speziell mit der Zielstellung schneller Abbaubarkeit entwickelt worden. Bakterien greifen den Stärkeabschnitt an und reduzieren dadurch die molare Masse des verbleibenden Polyethylens. Mit Hilfe von Bakterienkulturen produzierte Polymere mit mechanischen Eigenschaften ähnlich denen von Polypropylen werden ebenfalls schnell von Bakterien abgebaut, wenn sie in natürliche Umgebung zurückgebracht werden.

22.9 Oxydation und Reaktionen mit anderen Gasen

Alle Stoffen reagieren chemisch mit Sauerstoff und anderen Gasen. Diese Reaktionen können ebenso wie Korrosion die Zusammensetzung, Eigenschaften oder den Zusammenhalt eines Materials verändern.

Oxydation von Metallen. Auf der Oberfläche von Metallen bildet sich bei Oxydation eine Oxidschicht. Uns interessieren bei diesem Vorgang drei Aspekte: Die Oxydationsanfälligkeit, die Eigenschaften der entstehenden Oxidschicht und die Geschwindigkeit, mit der die *Oxydation* fortschreitet.

Die freie Bildungsenergie des Oxids bestimmt die Oxydationsanfälligkeit (Abb. 22.16). Im Falle von Magnesium und Aluminium besteht eine große treibende Kraft zur Oxydation. Sehr gering ist dagegen die Tendenz zu oxydieren bei Nickel und Kupfer.

Beispiel 22.11
Es ist zu begründen, weshalb es falsch wäre, Roheisen Legierungselemente wie Chrom zuzufügen, bevor es bei 1 700 °C im Hochofen zu Stahl konvertiert wird.

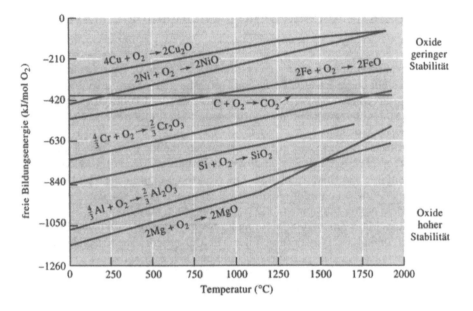

Abb. 22.16. Temperaturabhängigkeit der freien Bildungsenergie ausgewählter Oxide. Die Stabilität von Oxiden mit stark negativer Energie ist größer.

Lösung

Im Hochofen soll der Kohlenstoffgehalt von etwa 4% auf unter 1% gesenkt werden, indem Sauerstoff durch das geschmolzene Metall geblasen wird. Bereits vorhandenes Chrom würde vor dem Kohlenstoff oxidiert werden, da Chromoxid eine kleinere Bildungsenergie besitzt, als Kohlendioxid (CO_2) (Abb.22.16). Daher würde das teure Chrom noch vor Beginn der Kohlenstoffreaktion umgesetzt und ginge als Legierungselement verloren. □

Die Geschwindigkeit der Oxydation hängt vom Aufbau des Oxidfilms ab (Abb.22.17). Für die Oxydationsreaktion

$$nM + mO_2 \rightarrow M_nO_{2m} \tag{22.12}$$

gilt das sogenannte *Pilling-Bedworth (P-B)-Verhältnis*:

$$\text{(P-B)-Verhältnis} = \frac{\text{Oxidvolumen pro Metallatom}}{\text{Metallvolumen pro Metallatom}} = \frac{(M_{\text{Oxid}})(\rho_{\text{Metall}})}{n(M_{\text{Metall}})(\rho_{\text{Oxid}})}. \tag{22.13}$$

Hierbei bedeuten M die Molmasse, ρ die Dichte und n die Anzahl von Metallatomen im Oxid entsprechend Gleichung (22.12).

Bei einem Pilling-Bedworth-Verhältnis kleiner als 1 nimmt das Oxyd ein kleineres Volumen ein als das Metall, aus dem es gebildet worden ist. Die Bedeckung ist daher porös und der Vorgang kann schnell weiterlaufen. Dies ist typisch für Metalle wie Magnesium. Bei einem Verhältnis von 1 bis 2 sind die Volumina von Metall und Oxid ähnlich, und es bildet sich eine porenfreie, festhaftende Schutzschicht, wie bei Aluminium und Titan. Ist das Verhältnis größer als zwei, nimmt das Oxid einen größeren Raum ein als das Metall. Es löst sich deshalb von der

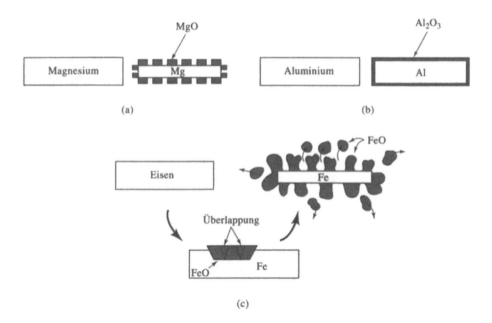

Abb. 22.17. Drei Typen von Oxiden bilden sich in Abhängigkeit von den spezifischen Volumina von Metall und Oxid: (a) Poröser Oxidfilm auf Magnesium. (b) Dichter, festhaftender, schützender Oxidfilm auf Aluminium. (c) Lockerer Oxidfilm auf Eisen mit geringer Schutzwirkung.

Oberfläche ab, neue Teile der Metalloberfläche werden freigelegt und beginnen zu oxydieren. Dies ist typisch für Eisen. Die Pilling-Bedworth-Gleichung ist in der Vergangenheit ungeachtet der Existenz vieler Ausnahmen vielfach zur Charakterisierung von Oxydationsprozessen herangezogen worden.

Beispiel 22.12
Die Dichte von Aluminium beträgt 2,7 g/cm^3, die von Al$_2$O$_3$ etwa 4 g/cm^3. Die entsprechenden Werte von Wolfram und Wolframoxid sind 19,254 g/cm^3 bzw. 7,3 g/cm^3. Eigenschaften der Oxidfilme beider Metalle sind zu diskutieren und miteinander zu vergleichen.

Lösung
Die molare Masse des entsprechend 2 Al + 3/2 O$_2$ → Al$_2$O$_3$ gebildeten Al$_2$O$_3$ beträgt 101,96 g/mol. Aluminium hat die molare Masse 26,981 g/mol:

$$\text{(P-B)-Verhältnis} = \frac{M_{Al_2O_3}\,\rho_{Al}}{nM_{Al}\rho_{Al_2O_3}} = \frac{(101,96)(2,7)}{(2)(26,981)(4)} = 1,28.$$

Die entsprechende Reaktion für Wolfram lautet W + 3/2 O$_2$ → WO$_3$. Die Molmasse von WO$_3$ beträgt 231,85 g/mol, die von Wolfram 183,85 g/mol:

$$\text{(P-B)-Verhältnis} = \frac{M_{WO_3}\,\rho_{W}}{nM_{W}\rho_{WO_3}} = \frac{(231,85)(19,254)}{(1)(183,85)(7,3)} = 3,33.$$

Da für Aluminium das P-B-Verhältnis etwa den Wert 1 hat, ist der Al$_2$O$_3$-Film dicht und festhaftend und schützt das darunterliegende Metall. Im Falle von Wolfram ist das P-B-Verhältnis > 2 und das Oxid sollte dementsprechend schlecht haften und keine schützende Wirkung haben.   □

Die Oxydationsgeschwindigkeit hängt davon ab, wie schnell Sauerstoff zu den Metallionen gelangen kann. Bildet sich wie bei Magnesium ein poröses Oxid, wird ständig Sauerstoff an die Metalloberfläche nachgeliefert und die Oxydation verläuft mit großer Geschwindigkeit.

$$y = kt. \tag{22.14}$$

y bedeutet die Dicke der Oxidschicht, t die Zeit und k eine von Metallart und Temperatur abhängige Konstante.

Eine parabolische Zeitabhängigkeit entsteht, wenn der Vorgang in entscheidendem Maße von der Diffusion von Ionen durch eine dichte Oxidschicht bestimmt ist. Dieser Sachverhalt trifft für Eisen, Kupfer und Nickel zu:

$$y = \sqrt{kt}. \tag{22.15}$$

Schließlich kann das Wachstum dünner Oxidschichten, deren Schutzwirkung wie bei Aluminium und Chrom besonders effektiv ist, auch nach einem logarithmischen Gesetz ablaufen:

$$y = k \ln (ct + 1). \tag{22.16}$$

k und c sind für bestimmte Temperatur, Umgebungsbedingungen und Zusammensetzung konstante Größen.

Beispiel 22.13
Für die Oxydation von reinem Nickel bei 1 000 °C in Sauerstoffatmosphäre gilt das parabolische Zeitgesetz mit der Konstanten $k = 3,9 \cdot 10^{-12}$ cm^2/s. Unter der Annahme, daß die Dicke des Oxidfilms keine Rolle spielt, ist die Zeit für vollständiges Durchoxydieren eines 0,1 cm dicken Nickelbleches zu berechnen.
Lösung
Unter der Annahme, daß das Blech von beiden Seite oxidiert, gilt:

$$y = \sqrt{kt} = \sqrt{(3,9 \cdot 10^{-12})(t)} = \frac{0,1 \text{ cm}}{2 \text{ Seiten}} = 0,05 \text{ cm},$$

$$t = \frac{(0,05)^2}{3,9 \cdot 10^{-12}} = 6,4 \cdot 10^8 \text{ s} = 20,3 \text{ Jahre.} \qquad □$$

Auch die Temperatur hat Einfluß auf die Oxydationsgeschwindigkeit. In vielen Metallen ist die Oxydation davon abhängig, wie schnell Sauerstoff- oder Metallionen durch das sich bildende Oxid hindurchdiffundieren können. Überwiegt die Sauerstoffdiffusion, findet Oxydation an der Metalloberfläche statt. Diffundieren die Metallionen schneller, erfolgt die Reaktion am Übergang von Oxidschicht zur Atmosphäre. Wegen des Einflusses der Diffusion ist zu erwarten, daß die Oxydationgeschwindigkeit mit steigender Temperatur nach einer Arrheniusbeziehung exponentiell zunimmt.

Oxydation und thermische Zersetzung von Polymeren. Polymere zerfallen bei hohen Temperaturen und/oder Einwirkung von Sauerstoff. Ein kettenförmiges Makromolekül kann in zwei Makroradikale aufbrechen. In starren Thermoplasten rekombinieren diese Radikale sofort (Käfigeffekt), und das Polymer bleibt unverändert. In flexibleren Thermoplasten, vor allem in amorphen Strukturen, finden keine Rekombinationen statt, so daß die Molekülmasse abnimmt und sich Viskosität und Eigenschaften der Polymere verschlechtern. Bei hoher Temperatur setzt sich die Depolymerisation fort. Polymerkettenmoleküle können auch nach dem Reißverschlußprinzip zerfallen. In diesem Falle lösen sich von den Kettenenden nacheinander Monomere ab, und die Masse des Makromoleküls wird ständig kleiner. Mit sinkendem Polymerisationsgrad kommt es zu stärkerer Verzweigung der Moleküle oder zur Entstehung von Ringstrukturen, wenn sich die Enden von Molekülen ringförmig miteinander verbinden.

Polymere degradieren auch durch den Verlust von seitlich gebundenen Gruppen. So lösen sich in PVC Chlorionen und in Polystyrol Benzolringe von den Kettenmolekülen ab und bilden neue Verbindungen. In PVC kann so z.B. Salzsäure (HCl) entstehen. Die Bindung von Wasserstoff an die Ketten ist stabiler. Deshalb zerfällt Polyethylen weniger leicht als PVC oder PS. Noch fester sind die Fluorionen an die Kettenmoleküle in Teflon gebunden. Darauf ist die Temperaturbeständigkeit von Teflon zurückzuführen.

22.10 Verschleiß und Erosion

Verschleiß und Erosion führen zu einem Materialabtrag von Bauteilen. Ursachen sind mechanische Einwirkungen fester oder flüssiger Stoffe, Korrosion und Materialfehler.

Verschleiß durch Adhäsion. *Adhäsiver Verschleiß* (auch als Fressen bezeichnet) tritt auf, wenn zwei feste Oberflächen unter Druck aneinander entlanggleiten. Dabei werden Vorsprünge plastisch verformt und gelegentlich infolge starken lokalen Temperaturanstiegs miteinander verschweißt (Abb. 22.18). Nach der unmittelbar folgenden Trennung dieser Verbindungen bleiben auf einer der Oberflächen Vertiefungen, auf der anderen Vorsprünge zurück, und häufig entstehen auch winzige schmirgelnde Partikel. All dies trägt zum weiteren Verschleiß der Oberflächen bei.

Der Verschleißwiderstand von Werkstoffen läßt sich auf vielfältige Weise erhöhen. Andererseits kann dem Materialabrieb durch möglichst geringe Flächenpressungen, glatte Oberflächen und kontinuierliches Schmieren vorgebeugt werden.

Auch Gefüge und Eigenschaften von Werkstoffen sind von Bedeutung. Normalerweise verschleißen zwei harte Oberflächen nur langsam. Hohe Festigkeit ist im Hinblick auf die vorhandenen Druckbelastungen vorteilhaft, große Zähigkeit und Duktilität verhindern das Abscheren von Material. Besonders verschleißfest sind aufgrund ihrer extremen Härte keramische Materialien.

Verschleiß von Polymeren kann durch Verkleinerung der Reibung mittels Zwischenlagen aus Polytetrafluorethylen (Teflon) herabgesetzt werden. Möglich ist auch die Einlagerung von Glas-, Kohlenstoff- oder Aramidfasern, die Polymeren höhere Festigkeit verleihen.

Verschleiß durch Abrasion. Unter *abrasivem Verschleiß* ist das Abtragen von Material durch harte Partikel zu verstehen. Die Partikel können sich in den reibenden

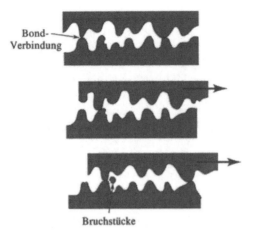

Abb. 22.18. Bond-Verbindungen zwischen Unebenheiten zweier rauher Oberflächen brechen bei Einwirkung hinreichend großer Kräfte und es kommt zum Abgleiten. Dabei werden Vorsprünge abgeschert und bilden Bruchstücke.

Materialoberflächen oder als lose Teilchen zwischen zwei Flächen befinden (Abb. 22.19).

Diese Verschleißform ist normal für Pflüge, Schrapper oder Schneid- und Brechwerkzeuge, mit denen schmirgelnde Stoffe bearbeitet werden. Sie tritt aber ebenso auf, wenn harte Partikel in bewegte Teile von Maschinen gelangen. Andererseits stellt Schleifen eine wichtige Art der Materialbarbeitung dar.

Besonders abriebfest sind harte, zähe und warmfeste Stoffe. Dazu zählen abgeschreckte und angelassene Stähle, karburierte oder oberflächengehärtete Stähle, Cobaltlegierungen wie Stellit, Verbundwerkstoffe wie Wolframcarbid-Cermets, weißes Flußeisen sowie schweißharte Oberflächen. Die meisten keramischen Stoffe sind aufgrund ihrer Härte ebenfalls sehr verschleißfest, sind aber wegen ihrer Sprödigkeit nicht immer einsetzbar.

Erosion durch Flüssigkeiten. Kompakte Stoffe können durch Erosion infolge hoher, in Flüssigkeitsströmungen entstehender Drücke zerstört werden. An der Oberfläche kommt es zu lokalen Verformungen, zu Rißbildung und Materialabtrag. Zwei Arten von Flüssigkeitserosion sind von praktischer Bedeutung.

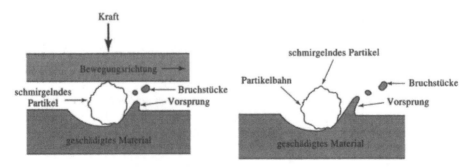

Abb. 22.19. Abrasiver Verschleiß: Festsitzende oder bewegliche schmirgelnde Partikel erzeugen Ausschürfungen, von deren Rändern Vorsprünge als kleine Bruchstücke abgerissen werden können.

Kavitation tritt bei hohen Strömungsgeschwindigkeiten auf. Durch dynamischen Unterdruck bilden sich Dampfblasen, die an anderen Stellen sehr schnell kollabieren. Im Zentrum der zusammenschlagenden Flüssigkeit entstehen so hohe Drücke bzw. Temperaturen, daß Materialoberflächen grubenförmig ausgehöhlt werden. Von Kavitation können Schiffsschrauben, Dämme, Abflußkanäle und Hydraulikpumpen betroffen sein.

Zu *Aufprallkorrosion* kommt es, wenn in einem Gasstrom mitgeführte Flüssigkeitstropfen auf eine Metalloberfläche auftreffen. Auch hier entstehen beim Aufprall und bei der Flüssigkeitsbewegung längs der Oberfläche hohe Drücke. Wassertropfen in Naßdampf führen auf diese Weise zu Erosion an Turbinenschaufeln in Dampfturbinen von Wärmekraftwerken oder Kernkraftwerken.

Flüssigkeitserosion kann durch sorgfältige Materialauswahl und konstruktive Maßnahmen weitgehend vermieden werden. Niedrige Strömungsgeschwindigkeiten, Einsatz harter, zäher Werkstoffe und energieabsorbierender Elastomerschichten tragen zur Minderung von Erosionserscheinungen bei.

22.11 Zusammenfassung

- Korrosion betrifft alle Werkstoffe und führt zur Verschlechterung ihrer Beschaffenheit und ihrer Eigenschaften. Aufgabe der Konstrukteure und Ingenieure ist es, aufgrund ihrer Kenntnisse von Korrosionsprozessen durch konstruktive Vorkehrungen, Einsatz geeigneter Werkstoffe und Schutzmaßnahmen der Korrosion vorzubeugen.
- Unter chemischer Korrosion wird Materialverlust verstanden, der durch Auflösen des betreffenden Materials in einem Medium bedingt ist. Von chemischer Korrosion sind alle Materialarten, Metalle, Keramiken, Polymere und Verbundwerkstoffe betroffen. Auswahl von Werkstoffen, deren Löslichkeit in einem vorgegebenen Lösungsmittel nur gering ist, oder Anwendung von Schutzschichten hilft, chemische Korrosion zu vermeiden oder einzuschränken.
- Elektrochemische Korrosion setzt die Existenz geschlossener elektrischer Stromkreise voraus. Die Anode korrodiert, und an der Katode bilden sich Nebenprodukte wie Rost. Elektrochemische Korrosion tritt besonders an Metallen und Legierungen auf:
  - Zwei verschiedene Metalle, unterschiedliche Phasen einer Legierung oder Seigerungen in einer einheitlichen Phase können Kombinationselemente bilden.
  - Spannungselemente entstehen, wenn in einem metallischen Bauteil mechanische Restspannungen oder von äußeren Kräften verursachte Spannungen räumlich ungleichmäßig verteilt sind. Die am höchsten beanspruchten Teile verhalten sich anodisch und korrodieren. Spannungselemente können z. B. Brüche durch Spannungsrißkorrosion oder Materialermüdung verursachen.
  - Konzentrationselemente bilden sich, wenn ein Metall mit einem Elektrolyt in Berührung steht, dessen Konzentration ortsabhängig ist. Sie sind die Ursache für Korrosion an Stellen niedriger Sauerstoffkonzentration bei Grubenkorrosion, Wasserlinienkorrosion und Spaltkorrosion. Auch Wachstum von Mikro-

organismen wie Bakterien auf Metalloberflächen kann zur Entstehung von Konzentrationselementen führen.

- Elektrochemische Korrosion läßt sich reduzieren oder ganz verhindern, indem potentielle elektrische Stromkreise durch isolierende Zwischenschichten unterbrochen werden. Baugruppen sollen im Verhältnis zu katodisch wirkenden Teilen möglichst große anodische Flächen aufweisen, enge Spalte sind zu vermeiden. Weitere Maßnahmen sind die Anwendung von Schutz- oder Opferschichten, Inhibitoren oder äußeren elektrischen Schutzspannungen sowie Wärmebehandlungen zum Abbau von mechanischen Spannungen und Seigerungen.
- Oxydationsvorgänge wirken sich auf die Beschaffenheit der meisten Werkstoffe negativ aus. Nur in Einzelfällen, wie bei Aluminium, entsteht eine schützende Oxidschicht. Wegen des Einflusses der Diffusion von Sauerstoff- und Metallionen auf den Oxydationsvorgang nimmt die Oxydationsgeschwindigkeit mit steigender Temperatur zu.
- Andere Faktoren, die Materialschäden verursachen können, sind Angriffe von Mikroorganismen, Strahlenwirkung, Verschleiß und Erosion.

22.12 Glossar

Abrasiver Verschleiß. Materialabtrag von Oberflächen durch die schmirgelnde Wirkung von Partikeln.

Abschreckbehandlung. Erwärmen von Edelstählen mit nachfolgendem Abschrecken, um Carbide zu lösen und Korngrenzenkorrosion zu verhindern.

Adhäsiver Verschleiß. Materialabtrag von Oberflächen durch das Entstehen und Zerbrechen lokaler Verbindungen.

Anode. Elektrode eines elektrochemichen Elements, von der Material abgetragen wird.

Anodisieren. Erzeugen einer dicken, schützenden Oxidschicht auf einer Metalloberfläche.

Aufprallkorrosion. Erosion durch aufschlagende Flüssigkeitstropfen, die in einem Gasstrom mitgeführt werden.

Chemische Korrosion. Materialverlust durch Auflösen oder chemische Umwandlung des Materials in einer umgebenden Flüssigkeit.

Elektrochemisches Element. Element, in dem Elektronen- und Ionenströme zwischen zwei Stoffen zum Abtragen bzw. Abscheiden von Material führen.

Elektrochemische Korrosion. Korrosiver Materialabtrag durch den Ionenstrom in einem elektrochemischen Element.

Elektrochemische Spannungsreihe. Einordnung der Metalle nach ihrem unter Standardbedingungen gemessenen Elektrodenpotential. Entspricht ihrer Korrosionsneigung.

Elektrodenpotential. Potential eines Elektrodenmaterials bezüglich einer Standardelektrode. Maß für die Korrosionsneigung des Materials.

Elektrolyt. Wässriges, leitfähiges Medium in einem elektrochemischen Element, in dem Ionenströme fließen können.

Entzinken. Chemischer Korrosionsprozeß, bei dem Zink aus Messing ausgeschieden wird.

Faradaysche Gleichung. Beziehung zur Berechnung der Korrosions- oder Abscheidegeschwindigkeit in einem elektrochemischen Element.

Galvanische Reihe. Anordnung der Elemente gemäß ihrer Korrosionsneigung in einem bestimmten Milieu.

Graphitische Korrosion. Spezieller chemischer Korrosionsprozeß, bei dem Eisenatome aus Flußeisen ausgelaugt werden und eine schwammige Graphitmasse zurückbleibt.

Inhibitoren. Elektrolyten zugefügte Stoffe, die bevorzugt zur Anode oder Katode wandern und durch Polarisation die Korrosionsgeschwindigkeit herabsetzen.

Interkristalline Korrosion. Korrosion an Korngrenzen durch galvanische Elemente, die infolge Ausscheidungen oder Ansammlung von Fremdatomen entstehen.

Katode. Elektrode eines elektrochemischen Elements, die Elektronen an Ionen abgibt und an der Nebenprodukte der Korrosion entstehen.

Kavitation. Erosion einer Materialoberfläche durch kollabierende Dampfblasen in einer schnellströmenden Flüssigkeit.

Knollen. Ansammlungen mikrobiologischer Organismen und Korrosionsprodukte auf einer Materialoberfläche.

Kombinationselement. Elektrochemisches Korrosionselement, das von zwei Materialien unterschiedlicher Zusammensetzung gebildet wird.

Konzentrationselement. Elektrochemisches Korrosionselement, das zwischen Bereichen unterschiedlicher Elektrolytkonzentration entsteht.

Nernstsche Gleichung. Beziehung für die Abhängigkeit der Elektrodenpotentiale einer elektrochemischen Zelle von der Konzentration des Elektrolyten.

Opferanode. Als Anode wirkendes Metallteil, das leitend mit einer aus einem anderen Metall bestehenden Konstruktion verbunden ist, die zur Katode wird und deshalb gegen Korrosion geschützt ist.

Oxydation. Reaktion eines Metalles mit Sauerstoff unter Bildung eines Metalloxids. Die Reaktionsgeschwindigkeit steigt mit der Temperatur stark an.

Oxydationsreaktion. Elektronenabgabe der Anode eines elektrochemischen Elements.

Passivierung. Starke anodische Polarisation durch eine schützende Schicht auf der Anodenoberfläche, die den Stromkreis unterbricht.

Pilling-Bedworth-Verhältnis. Zahlenwert, aus dem sich Eigenschaften des Oxidfilms auf einer Metalloberfläche abschätzen lassen.

Polarisation. Verringerung der Spannung zwischen Anode und Katode und Verlangsamung der Korrosion. Im Falle von Aktivierungspolarisation ändert sich die Aktivierungsenergie anodischer oder katodischer Reaktionen, bei Konzentrationspolarisation die Elektrolytkonzentration und bei Widerstandspolarisation die elektrische Leitfähigkeit des Elektrolyten.

Reduktionsreaktion. Elektronenaufnahme der Katode eines elektrochemischen Elements.

Sauerstoffhungerelement. Konzentrationselement, das in Bereichen des Elektrolyten mit niedriger Sauerstoffkonzentration Korrosion verursacht.

Schutzspannung. Gleichspannung, die an ein Metall gelegt wird, um anodisches Verhalten zu unterdrücken und Korrosion zu verhindern.

Sensibilisierung. Ausscheidungen von Chromcarbid an den Korngrenzen von Edelstählen, die interkristalline Korrosion verursachen.

Spaltkorrosion. Spezielle Korrosionsart, bedingt durch niedrige Sauerstoffkonzentration in Rissen oder Spalten.

Spannungselemente. Elektrochemische Korrosionselemente, die durch lokal unterschiedliche mechanische Spannungen in Bauteilen entstehen.

Spannungskorrosion. Durch mechanische Spannungen beschleunigte Korrosion von Bauteilen.

Stabilisierung. Zusetzen von Titan oder Niob zu Edelstählen, um interkristalline Korrosion zu verhindern.

22.13 Übungsaufgaben

22.1 An den Graugußrohren eines städtischen Erdgasnetzes treten Schäden und Lecks auf, ohne daß mit bloßem Auge Korrosion wahrzunehmen ist. Welche Ursachen könnten zugrunde liegen?

22.2 Das Elektrodenpotential eines Zinnhalbelements ist zu berechnen, wenn der Elektrolyt aus einer Lösung von 10 g Sn^{2+} in 1 000 ml Wasser besteht.

22.3 Das Elektrodenpotential eines Platinhalbelements beträgt 1,10 V. Zu bestimmen ist die Konzentration der Pt^{4+}-Ionen im Elektrolyt.

22.4 An einer 1 000 cm^2 großen Katode sollen 100 g Platin je Stunde abgeschieden werden. Stromdichte und Gesamtstrom sind zu berechnen.

22.5 Ein 300 cm^2 großes Kupferblech und ein 20 cm^2 großes Eisenblech bilden ein Korrosionselement. Die Stromdichte an der Kupferelektrode beträgt 0,6 A/cm^2. Welches Metall ist Anode, wieviel Material wird pro Stunde abgetragen?

22.6 Der Laminarverbundwerkstoff Alclad besteht aus zwei Aluminiumblechen der Legierung 1100, die das aus Aluminiumlegierung 2024 bestehende Kernmaterial sandwichartig umgeben. Das Korrosionverhalten des Verbundes ist zu diskutieren. Wie würde sich die Korrosionfestigkeit ändern, wenn durch teilweises Entfernen eines Seitenbleches ein kleines Stück des 2024-Bleches freigelegt würde? Welcher Unterschied ergäbe sich gegenüber einem Kern aus 3003-Aluminium?

22.7 Zum Abscheiden von Korrosionschutzschichten auf Stahl werden Metalle wie Zink, Blei, Zinn, Kadmium, Aluminium und Nickel verwendet. In welchen Fällen bleibt auch nach lokaler Beschädigung der Schicht die Schutzwirkung erhalten?

22.8 An den Muttern von Schraubverbindungen, mit denen Stahlteile einer industriellen Anlage befestigt sind, werden nach einigen Monaten zahlreiche Risse festgestellt, ohne daß Überlastung vorliegt. Was kann die Ursache sein?

22.9 Eine aus kohlefaserverstärktem Epoxidharz gefertigte Flugzeugtragfläche ist an einem geschmiedeten Titanteil des Rumpfes befestigt. Welcher der Stoffe wird im Falle der Bildung eines Korrosionelementes zur Anode, die Kohlefasern, das Titan oder das Harz?

22.10 Ein kaltverformtes Kupferrohr wird mit Blei-Zinn-Lot in eine Stahlverbindung eingelötet. Welche elektrochemischen Elemente können an dieser Verbindung entstehen? Welches Teil würde im Falle von Korrosion zur Anode und am schnellsten zerstört werden?

22.11 Bleche aus entspannungsgeglühtem, kaltbearbeitetem und rekristallisiertem Nickel befinden sich in einem Elektrolyten. Welches Blech korrodiert am schnellsten, welches am langsamsten?

22.12 Die Stromdichte in einem Eisen-Zink-Element beträgt 0,1 A/cm^2. Berechne den Zinkabtrag pro Stunde, wenn Zinkoberfläche und Eisenoberfläche (a) 10 cm^2 bzw. 100 cm^2, (b) 100 cm^2 bzw. 10 cm^2 groß sind.

22.13 Es ist zu begründen, weshalb die meisten Keramikstoffe nicht korrodieren.

22.14 Die Oxydationsrate einer Eisenoberfläche beträgt bei 800 °C 0,014 g/cm^2, bei 1 000 °C 0,0656 g/cm^2 je Stunde. Unter der Annahme einer parabolischen Temperaturabhängigkeit der Oxydationsrate ist die Temperatur zu ermitteln, bei der sie 0,005 g/cm^2 pro Stunde beträgt.

23 Materialversagen. Ursachen, Nachweis und Vorbeugung

23.1 Einleitung

Ungeachtet aller Kenntnisse der Eigenschaften und des Verhaltens von Werkstoffen kommt es immer wieder zu Materialversagen. Zu den Gründen für solche Ereignisse zählen unsachgemäße Konstruktion, Einsatz ungeeigneter oder fehlerhaft verarbeiteter Werkstoffe und Materialverschleiß. Aufgabe des Ingenieurs ist es, Schwachpunkte im vorhinein zu erkennen und durch sachgemäße Konstruktion, Materialauswahl und -verarbeitung, Qualitätskontrollen und Materialprüfverfahren Schadensfällen vorzubeugen. Falls es zu Materialversagen gekommen ist, müssen die Ursachen sorgfältig aufgeklärt werden, um die Wiederholung gleicher Fehler zu vermeiden.

Das Gebiet der Fehleranalyse ist viel zu umfangreich, als daß es in einem Kapitel erschöpfend behandelt werden könnte. Möglich ist aber die Diskussion einiger allgemeiner Prinzipien. Zunächst fragen wir, welche Bruchmechanismen zu Materialversagen führen können. Danach erörtern wir Maßnahmen, einschließlich zerstörungsfreier Prüfverfahren, mit denen Maerialausfällen vorgebeugt werden kann.

23.2 Bruchmechanismen in Metallen

Die Analyse von Fehlern erfordert eine Kombination aus technischem Verständnis, genauer Beobachtung, detektivischer Kleinarbeit und praktischem Verstand. Kenntnisse bezüglich Bruchmechanik sind Voraussetzung für die Ursachenfindung bei Materialversagen. In diesem Abschnitt wollen wir uns vor allem mit Ausfallmechanismen befassen, die bei Einwirkung mechanischer Spannungen vorkommen. Wir betrachten sechs häufig anzutreffende Bruchmechanismen: Duktilbruch, Sprödbruch, Ermüdungs-, Kriech- und Spannungsbruch sowie Spannungsrißkorrosion.

Duktilbruch. Duktilbruch (Verformungsbruch) erfolgt gewöhnlich *transgranular* (d.h. quer durch Kristallite hindurch) in zähen, duktilen Metallen. Das ausgefallene Bauteil weist oft beträchtliche Deformationen einschließlich Einschnürung auf, die vor dem endgültigen Bruch entstanden sind. Zu Duktilbrüchen kommt es normalerweise bei Materialüberlastung oder generell als Folge überhöhter Krafteinwirkungen auf Bauteile.

Bei einem einfachen Zugversuch beginnt der Bruchvorgang mit Entstehung, Wachstum und Vereinigung von *Mikroporen* im Mittelteil der Probe (Abb. 23.1).

Die Mikroporen bilden sich durch spannungsbedingte Materialtrennung an Korngrenzen und vereinigen sich zu größeren Hohlräumen. Ist die noch intakte Metallfläche zu klein geworden, um der äußeren Kraft zu widerstehen, zerreißt das Metall.

Gleitvorgänge tragen ebenfalls zum duktilen Bruch eines Metalles bei. Aus dem vierten Kapitel ist uns bekannt, daß das Abgleiten beginnt, sobald die wirksame Scherspannung die kritische Scherspannung des Materials überschreitet. Nach dem Schmidschen Gesetz ist die wirksame Scherspannung unter einem Winkel von 45° zur Richtung der anliegenden Zugkraft am größten.

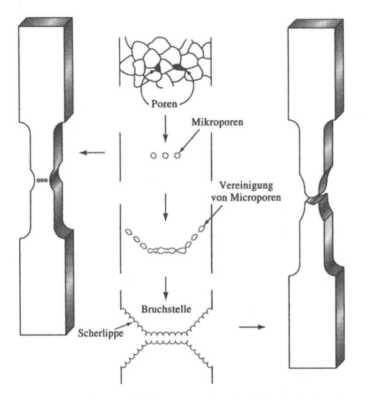

Abb. 23.1. Duktiles Material im Zugversuch. In der Mitte des Probestabes entstehen an Korngrenzen und Einschlüssen Hohlräume, und das Material schnürt sich ein. Bei fortschreitender Verformung kann es zur Ausbildung einer 45°-Scherlippe mit Krater- bzw. Konusform der Bruchhälften kommen.

Diese beiden Aspekte des Duktilbruchs bringen ein charakteristisches Erscheinungsbild der Bruchfläche hervor. In dicken Metallabschnitten kommt es zu Einschnürung, wobei ein bedeutender Anteil der Bruchfläche eben ist und Mikrorisse im Stadium der Bildung und Vereinigung aufweist. Wo die Bruchfläche unter 45° zur Zugrichtung verläuft, bildet sich eine sogenannte *Scherlippe*. Die Scherlippe, die das Vorhandensein von Gleitung anzeigt, verleiht den beiden Bruchhälften ein krater- bzw. kegelförmiges Aussehen (Abb.23.2). Bereits das einfache makroskopische Erscheinungsbild dieser Bruchform kann für die Einordnung als Duktilbruch ausreichen.

Abb. 23.2. Krater- und konusförmige Bruchstelle eines duktilen Materials (hier ein weichgeglühter Stahl) nach einem Zugversuch. Der Durchmesser des Probestabes beträgt ca. 12 mm.

Bei hoher Vergrößerung – z.B. mit dem Rasterelektronenmikroskop – ist zu erkennen, daß die Bruchfläche mit winzigen, wabenförmigen Vertiefungen bedeckt ist (Abb.23.3). Die Waben sind Spuren von Mikroporen, die während des Bruchvorganges entstanden sind. Sie haben runde Formen dort, wo die Zugkraft senkrecht zur Bruchfläche gerichtet war (Abb.23.4(a)). Auf der Scherlippe sind die Waben dagegen oval oder länglich geformt, wobei die Längsachsen zum Ausgangspunkt des Bruches weisen (Abb.23.4(b)).

In dünnem Blech ist die Einschnürung weniger deutlich ausgeprägt und die gesamte Bruchfläche kann eine Scherfläche sein. Das mikroskopische Bild zeigt eher verlängerte als äquiachsiale Waben. Dies deutet auf stärkere 45°-Gleitung als in dicken Proben hin.

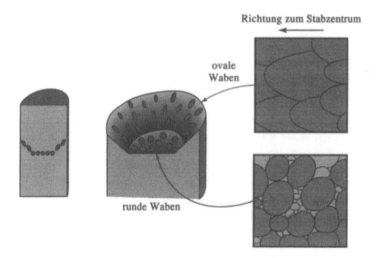

Abb. 23.3. Wabenbildung bei Duktilbruch. Im Zentrum entstehen aus Mikroporen runde Waben. Auf der Scherlippe besitzen die Waben längliche Formen, die in Richtung des Bruchursprungs zeigen.

Beispiel 23.1

Eine Kette zum Heben schwerer Lasten ist gerissen. Das zerbrochene Kettenglied weist beträchtliche Verformung und Einschnürung auf. Einige der möglichen Ursachen des Materialversagens sind zu erörtern.

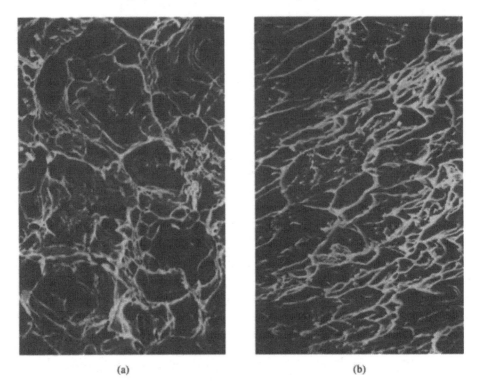

(a)   (b)

Abb. 23.4. Rasterelektronenmikroskopische Aufnahme der Bruchfläche einer weichgeglühten 1018-Stahlprobe nach Duktilbruch im Zugversuch. (a) runde Waben im ebenen Bruchzentrum. (b) längliche Waben an der Scherlippe (1 250fach).

Lösung

Die Beschreibung legt nahe, daß es sich bei dem vorliegenden Materialversagen um einen einfachen duktilen Bruch infolge Überlastung handelt, wofür zwei Ursachen in Frage kommen:

1. Die zulässige Belastungsfähigkeit der Kette wurde überschritten, d.h. die durch die Last bedingte Zugspannung war größer als die Streckgrenze des Materials. Sollte es sich herausstellen, daß die vom Hersteller angegebene Belastungsgrenze nicht eingehalten worden ist, liegt ein Fehler des Nutzers vor.
2. Zusammensetzung oder Wärmebehandlung des Kettenmaterials sind falsch gewählt worden. Die Streckgrenze ist deshalb kleiner als vom Hersteller angegeben, den in diesem Falle die Schuld für das Materialversagen trifft.   □

Sprödbruch. Sprödbruch (Trennbruch) tritt in Metallen hoher Festigkeit oder geringer Duktilität und Zähigkeit auf. Auch Metalle mit normaler Duktilität können bei tiefen Temperaturen, an großen Querschnitten, bei hoher Verformungsgeschwindigkeit (Schlagwirkung) oder bei Vorliegen von Materialfehlern spröde brechen. Zu Sprödbrüchen kommt es häufig, wenn das Materialversagen eher durch Schlagwirkung als durch Überlastung bedingt ist.

Sprödbruch erfolgt mit geringer oder ohne plastische Verformung. Der Bruch wird meist durch kleine Fehler eingeleitet, an denen sich Spannungen konzentrieren. Ein Riß kann sich mit Schallgeschwindigkeit im Metall ausbreiten, normalerweise am leichtesten durch *Spaltung* bestimmter kristallographischer Ebenen (oft {100}-Ebenen). In manchen Fällen jedoch, insbesondere wenn Korngrenzen durch Auscheidungen oder Einschlüsse geschwächt sind, können Risse auch einen *intergranularen* Weg, d.h. entlang von Korngrenzen, nehmen.

Sprödbruch kann an Hand charakteristischer Merkmale der Bruchflächen identifiziert werden. Normalerweise ist die Bruchfläche eben und verläuft im Zugversuch quer zur angelegten Spannung. Falls der Bruch durch Spaltung erfolgt, ist jedes gebrochene Kristallkorn eben und verschieden orientiert, und die Bruchfläche hat insgesamt ein kristallines Aussehen etwa wie Kandiszucker (Abb. 23.5).

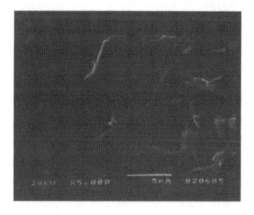

Abb. 23.5. Rasterelektronenmikroskopische Aufnahme der Sprödbruchfläche einer abgeschreckten 1010-Stahlprobe (5 000fach). (Mit freundlicher Genehmigung von *C. W. Ramsay*.)

Dieses Aussehen kann mitunter zu der falschen Schlußfolgerung führen, das Materialversagen sei durch Kristallisationsvorgänge bedingt. In Wirklichkeit war aber die kristalline Struktur des Metalles bereits zu Beginn des Bruches vorhanden, und die besondere Bruchform ist durch Spaltung längs Kristallflächen zustande gekommen.

Ein anderes charakteristisches Bruchmerkmal, das häufig zu beobachten ist, stellt das *Chevronmuster* dar (Abb. 23.6), das durch mehrere Bruchfronten entsteht, die sich in unterschiedlichen Höhen im Material ausbreiten. Die Oberfläche zeigt ein strahlenförmig vom Ursprung des Bruches nach außen verlaufendes Muster scharfer Grate und Furchen (Abb. 23.7).

Abb. 23.6. Chevronmuster auf der Bruchfläche einer abgeschreckten 4340-Stahlprobe von 12 mm Durchmesser. Ursache des Sprödbruchs war Schlageinwirkung.

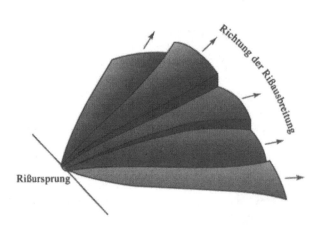

Abb. 23.7. Entstehung des Chevronmusters durch Rißausbreitung in verschiedenen Ebenen des Materials. Das Muster zeigt zum Ausgangspunkt des Bruches.

Das Chevronmuster ist mit bloßem Auge oder einer Lupe zu erkennen. Es ist ein Indikator für spröden Bruch des Materials und hilft damit, die Ursache des Materialversagens herauszufinden.

Beispiel 23.2
Bei der Untersuchung eines Unfallfahrzeuges wird festgestellt, daß der Achsschenkel des rechten Hinterrades verbogen und gebrochen ist. Die Bruchfläche weist ein zur Oberfläche des Achsschenkels gerichtetes Chevronmuster auf. Was könnte die Ursache des Bruches sein?
Lösung
Die Untersuchungsergebnisse schließen einen Bruch vor dem Unfall aus. Die Verformung des Achsschenkels beweist, daß das Rad bei Beginn der Belastung noch befestigt war. Das Chevronmuster spricht für einen starken Stoß auf das Hinterrad als Bruchursache. Der vorläufige Befund läßt vermuten, daß der Fahrer die Kontrolle über das Fahrzeug verloren hat. Dadurch kam es zum Unfall, bei dem das Hinterrad abgerissen worden ist. Die einwandfreie Herstellungsqualität des Achsschenkels muß durch weitere Untersuchungen der Bruchfläche bezüglich Struktur, Materialzusammensetzung und Eigenschaften gesichert werden.   □

Ermüdungsbruch. Zum Ermüdungsbruch (auch Dauer- oder Schwingbruch) von Metallen kann es kommen, wenn eine Wechselbelastung die Dauerschwingfestigkeit des Materials übersteigt. Der Ermüdungsbruch erfolgt in den drei Schritten: Rißentstehung, langsame zyklische Rißausweitung und plötzlicher Bruch des Bauteils. Normalerweise entsteht ein Riß an oder nahe der Oberfläche, wo die Spannung am größten ist. Besonders prädestiniert sind Fehlerstellen wie Kratzer und Vertiefungen, durch unsachgemäße Konstruktion oder Bearbeitung entstandene scharfe Ecken und Kanten sowie Einschlüsse, Korngrenzen und Versetzungskonzentrationen.

Nachdem sich ein Riß gebildet hat, weitet er sich in Bereiche geringerer Spannung aus. Infolge der Spannungskonzentration an seiner Spitze wächst der Riß bei jedem Lastzyklus ein kleines Stück, bis die Belastungsgrenze des unversehrten

Materials erreicht ist. Die jetzt folgende spontane Rißausbreitung führt zum meist spröden Bruch des restlichen, noch intakten Querschnitts.

Ermüdung als Ursache des Materialversagens ist oft leicht zu erkennen. Normalerweise zeigt die Bruchfläche im Bereich des Bruchanfangs ein glattes Aussehen, wird mit zunehmendem Abstand rauher und kann im Randgebiet eine faserige Struktur aufweisen.

Mikro- und makroskopische Untersuchungen zeigen ein Muster von Rastlinien und Schwingungsstreifen (Abb. 23.8). *Rastlinien* entstehen, wenn durch Betriebslastwechsel oder nur zeitweise Belastung Oxydationvorgänge im Rißinneren ermöglicht werden. *Schwingungsstreifen* sind wesentlich feiner strukturiert und markieren den Verlauf der Rißfront nach jedem Lastzyklus. Rastlinien sind zwar ein sicheres Zeichen für Materialermüdung, sie können aber auch fehlen.

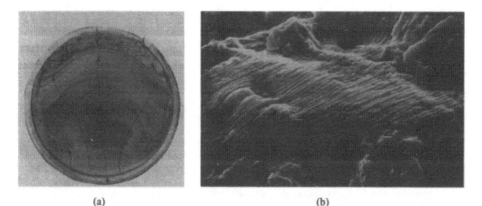

(a) (b)

Abb. 23.8. Fläche eines Ermüdungsbruches. (a) Schon geringe Vergrößerung zeigt das Rastlinienmuster als charakteristisches Zeichen eines Ermüdungsbruches. Die Pfeile geben die Ausbreitungsrichtung der Rißfront an. Der Ausgangspunkt liegt am unteren Bildrand. (b) Bei sehr starker Vergrößerung sind eng benachbarte Schwingungsstreifen zu erkennen, die sich im Verlaufe der Ermüdung gebildet haben (1 000fach). (Bild (a) aus: *C. A. Cottell, Fatigue Failurs with Special Reference to Fracture Charakteristics.* In: Failure Analysis: The British Engine Technical Reports, *American Society for Metals, 1981, S. 318.*)

Beispiel 23.3
Die Kurbelwelle eines Dieselmotors ist gebrochen. Das Material weist keine plastischen Verformungen auf. Die Bruchfläche ist glatt, an mehreren Stellen außerhalb des Bruchbereiches sind kleine Risse vorhanden. Welche Art von Ausfallmechanismus könnte vorliegen?
Lösung
Die Oberfläche der Kurbelwelle wird infolge der Drehbewegung zyklisch belastet. Es ist daher naheliegend, an Materialermüdung als Ursache des Versagens zu denken. Das Fehlen plastischer Verformung spricht für diese Version ebenso wie die zusätzlich vorhandenen Risse, für deren gefährliche Ausweitung offenbar lediglich die Zeit nicht ausgereicht hat. Bei einer genaueren Untersuchung der Bruchfläche wird man wahrscheinlich auch Rastlinien oder Schwingungsstreifen entdecken. □

Kriechen und Spannungsbruch. Auch wenn einwirkende Spannungen noch unterhalb der nominellen Streckgrenze von Metallen liegen, führen sie bei höheren

Temperaturen zu thermisch induzierten plastischen Verformungen. Während Materialbrüche meist durch Einschnürungen, Bildung und Vereinigung von Poren oder Korngrenzengleitung gekennzeichnet sind (Abb. 23.9), sprechen wir von Kriechversagen, wenn sich Materialbereiche übermäßig verformen oder verwerfen, ohne daß es zunächst zum Bruch kommt.

Spannungsbruch (Kniebruch) ist definiert als wirklicher Bruch eines Bauteiles als Folge von Materialkriechen.

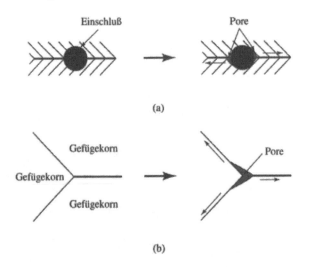

Abb. 23.9. Auswirkung der Korngrenzengleitung während des Kriechens: Porenbildung (a) an einem an einer Korngrenze fixierten Einschluß, (b) an der Vereinigungsstelle dreier Korngrenzen.

Normalerweise ist ein duktiler Spannungsbruch mit Einschnürung und der Entstehung zahlreicher kleiner Risse verbunden, die nicht am Bruchvorgang teilnehmen. Körner nahe der Bruchfläche weisen vielfach längliche Formen auf. Duktile Spannungsbrüche ereignen sich gewöhnlich bei hohen Kriechgeschwindigkeiten und moderaten Temperaturen und laufen in kurzer Zeit ab.

Spröde Spannungsbrüche zeigen meist kaum Einschnürung und treten oft bei niedrigen Kriechgeschwindigkeiten und hohen Temperaturen auf. Nahe der Bruchfläche sind rundliche Körner vorhanden. Der Sprödbruch beginnt mit Lochbildung an Stellen, an denen drei Korngrenzen zusammentreffen und mit Entstehung zusätzlicher Hohlräume längs Korngrenzen durch Diffusionsprozesse (Abb.23.10).

Brüche durch Spannungsrißkorrosion. Diese Bruchform tritt bei Spannungen weit unterhalb der Streckgrenze des Metalles auf und hat ihre Ursache im Angriff korrosiver Medien. Ohne daß das Metall als Ganzes deutliche Merkmale von Korrosion erkennen läßt, entstehen feine tiefe Korrosionsrisse. Spannungen können entweder von außen einwirken oder als Restspannungen im Material gespeichert sein. Versagen durch Spannungsrißkorrosion kann oft an Hand mikrostruktureller Untersuchungen des Metalls in der Umgebung der Bruchstelle identifiziert werden. Die Risse weisen zahlreiche Verzweigungen entlang der Korngrenzen auf (Abb. 23.11), und an ihren Ausgangspunkten sind Korrosionsprodukte vorhanden.

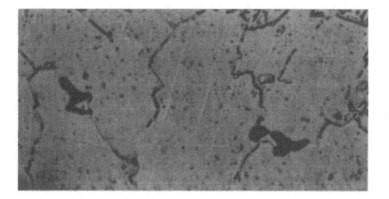

Abb. 23.10. Hohlraumbildung an den Korngrenzen eines austenitischen Edelstahles durch Kriechen (500fach). (Aus: Metals Handbook, *Vol. 7, 8. Aufl., American Society for Metals, 1972.*)

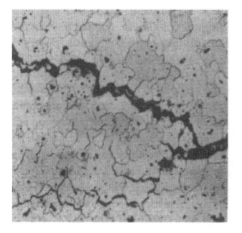

Abb. 23.11. Mikroaufnahme eines Bruches infolge Spannungsrißkorrosion. Im Verlauf des Korrosionsprozesses sind viele intergranulare Risse entstanden (200fach). (Aus: Metals Handbook, *Vol. 7, 8. Aufl., American Society for Metals, 1972.*)

Beispiel 23.4
Ein Titanrohr, durch das bei 400 °C ein korrosives Medium geleitet wird, fällt nach einigen Monaten Betriebszeit aus. Wie ist das Materialversagen zu erklären?
Lösung
Wegen der langen Standzeit bei hoher Temperatur bis zum Eintreten des Bruchs wird man zuerst an einen Kriech- oder Rißkorrosionsmechanismus als Ursache denken. Zur Klärung muß das Material nahe der Bruchfläche einer mikroskopischen Prüfung unterzogen werden. Sind viele winzige verzweigte Risse vorhanden, die von der Oberfläche ausgehen, handelt es sich mit hoher Wahrscheinlichkeit um Spannungsrißkorrosion. Weisen dagegen oberflächennahe Körner längliche Formen auf und sind zwischen ihnen viele Hohlräume eingelagert, ist Materialkriechen als Ursache wahrscheinlicher.   □

Beispiel 23.5

Einer der Bolzen des in Abbildung 23.12 dargestellten, aus Laschen und Bolzen bestehendenden Verbindungselementes für Brückenträger ist gebrochen. Das Element dient dazu, temperaturbedingte Längenänderungen der Brückenkonstruktion in Drehbewegungen um die Bolzen umzusetzen. Der Zustand des defekten Bolzens vor Eintritt des Bruches ist als Schnittzeichnung wiedergegeben und läßt Ausschürfungen und Risse erkennen. Auf Grund einer Fehleranalyse sind Maßnahmen vorzuschlagen, wie derartiges Materialversagen zukünftig vermieden werden kann.

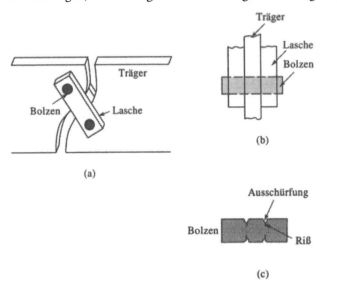

Abb. 23.12. Gelenkverbindung einer Autobahnbrücke. (a) Gesamtansicht. (b) Schnittbild der Verbindung. (c) Schnittbild des Bolzens mit Ausschürfungen und Rissen vor dem Bruch.

Lösung

Auf Grund der Funktionsweise der Verbindung führt jede Dehnung oder Verkürzung der Brücke zu einer Drehung von Laschen und Trägern um die Bolzen als Drehachse. Sollen hierbei keine Torsionskräfte auftreten, müssen die Lagerstellen geschmiert sein. Dabei ist zu berücksichtigen, daß das Verbindungselement ständig Umgebungseinflüssen ausgesetzt ist, so daß z.B. Wasser von den beweglichen Abdeckplatten der Brücke herabtropfen und in die Lagerspalte eindringen kann.

Genauere chemische und mikroskopische Untersuchungen ergeben, daß der Bolzen aus einem Stahl mit relativ niedrigem Kohlenstoffgehalt besteht und eine Mischung von Ferrit und Perlit enthält. Im Ferrit ist nahe der gebrochenen Oberfläche eine durch Versetzungsbewegungen entstandene Serie paralleler Gleitlinien sichtbar. In den Verzweigungen eines kleineren Risses werden Korrosionsprodukte gefunden.

Bereits mit bloßem Auge sind Furchen zu erkennen, die sich durch die Bewegung der Träger und Laschen in die Oberfläche des Bolzens eingegraben haben. Der Riß, der letztlich den Bruch herbeigeführt hat, beginnt am Boden einer dieser Furchen.

Auf Grund dieser Befunde ist zu schließen, daß sich der Bolzen nicht mehr frei drehen konnte und dadurch einer zyklischen Torsionsbelastung ausgesetzt war. In die Verbindung eingedrungene Feuchtigkeit hat zu galvanischer Korrosion (möglicherweise durch Konzentrationselemente), zum Herauslösen von Metallatomen aus der Bolzenoberfläche mit Riefenbildung und zum Festfressen des Bolzens im Lager geführt. Im weiteren Verlauf sind durch die einwirkenden Kräfte Risse entstanden, durch deren Vordringen infolge Spannungsrißkorrosion oder Materialermüdung der tragende Bolzenquerschnitt immer mehr abgenommen hat, bis schließlich der Bruch eingetreten ist. Die Salzlösung, mit der die Brücke im Winter eisfrei gehalten wird, hat die galvanische Korrosion gefördert und damit zur Beschleunigung des Gesamtprozesses beigetragen.

Mehrere Maßnahmen kommen in Betracht, um derartige Materialausfälle zu verhindern. Die Verwendung von Materialien mit höherer Korrosionsbeständigkeit oder höherer Festigkeit scheidet wegen zu hoher Kosten aus. Jedoch könnten durch konstruktive Maßnahmen Wartung und insbesondere die Schmierung der Lagerstellen erleichtert werden. Schutz vor Feuchtigkeit würde die Korrosionsanfälligkeit vermindern und Eisbildung in den Lagerspalten verhindern. Deshalb sollten bei einer Neukonstruktion Umgebungseinflüsse durch Gummidichtungen weitgehend abgeschirmt werden.

Zusätzlich könnten durch zerstörungsfreie Kontrollen Korrosion und Rißbildung frühzeitig entdeckt und schadhafte Bolzen rechtzeitig ausgewechselt werden. Geeignet wären z.B. Ultraschallverfahren, die wir in einem späteren Abschnitt kennenlernen werden.   □

23.3 Bruch in Nichtmetallen

In keramischen Stoffen sind Gleitprozesse infolge der starken Ionen- oder Kovalenzbindungen nicht oder nur in unbedeutendem Umfang möglich. Materialversagen tritt deshalb stets in Form von Sprödbruch auf. In den meisten kristallinen Keramiken kommt es zur Spaltung entlang dichtgepackter relativ weit voneinander entfernter Ebenen. Die Bruchflächen sind meist glatt und zeigen häufig keine besonderen Merkmale, die auf den Ausgangspunkt des Bruches schließen lassen (Abb. 23.13(a)).

Gläser brechen ebenfalls in spröder Form. Häufig entsteht eine muschelförmige Bruchfläche, die durch eine sehr glatte, spiegelnde Zone nahe des Bruchursprunges und zahlreiche Sprünge in der restlichen Oberfläche gekennzeichnet ist (Abb. 23.13(b)). Die Sprünge verlaufen in Richtung des spiegelnden Bereiches bzw. des Bruchursprunges und ähneln damit dem Chevronmuster in Metallen.

In Polymeren sind sowohl duktile als auch spröde Bruchmechanismen anzutreffen. Unterhalb der Entglasungstemperatur brechen Thermoplaste ähnlich wie keramische Gläser auf spröde Weise. Das gleiche gilt auch für Duroplaste. Oberhalb der Entglasungstemperatur dagegen zeigen Thermoplaste duktiles Bruchverhalten. Vor dem Brechen kommt es infolge des Abgleitens von Kettenmolekülen zu starker plastischer Verformung und Einschnürung. Derartige Gleitvorgänge sind in glasartigen Polymeren oder Duroplasten nicht möglich.

Bruchmechanismen in Faserverbunden sind sehr komplex. Meist bestehen diese Stoffe aus festen spröden Fasern, eingebettet in eine relativ weiche duktile Matrix. Ein Beispiel bietet mit Borfasern verstärktes Aluminium. Wirkt auf den Verbund eine Zugspannung, verformt sich das weiche Aluminium unter Bildung von Hohlräumen, die eine Wabenstruktur der Bruchoberflächen verursachen. Infolge der

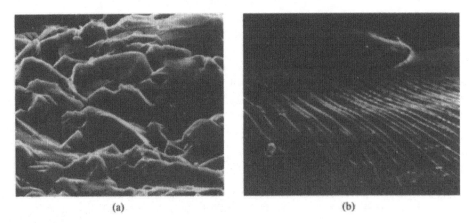

(a)   (b)

Abb. 23.13. Rasteraufnahmen von Bruchflächen keramischer Materialien: (a) Al_2O_3 mit ebenen Spaltflächen (1 250fach). (b) Glas mit Spiegelzone (im Bild oben) und den für Muschelbruch charakteristischen Rißlinien (300fach).

Verformung des Aluminiums werden die Kräfte nicht mehr gleichmäßig auf alle Fasern übertragen, es kommt zu spröden Brüchen, bis die noch intakten Fasern der Belastung nicht mehr standhalten können.

Schlechte Haftung zwischen Fasern und Matrix hat geringe Bruchfestigkeit zur Folge. Fasern können aus der umgebenden Matrix herausgezogen werden, sobald genügend viele Hohlräume entstanden sind. Auch zwischen den Lagen von Schichtverbunden bilden sich bei unzulänglicher Bindung Hohlräume, die zum Aufblättern der Schichten und zum Zerfall des Verbundmaterials führen können (Abb. 23.14).

Beispiel 23.6
Beschreibung der Unterschiede zwischen den Bruchmechanismen in borfaserverstärktem Aluminium und glasfaserverstärktem Epoxid.
Lösung
Der Bor-Aluminium-Verbund wird, bedingt durch die weiche und duktile Matrix, insgesamt duktiles Bruchverhalten zeigen, obwohl die Borfasern spröde brechen.

Im glasfaserverstärkten Epoxid sind sowohl Fasern als auch Matrix spröde, und der Bruch des Verbundes wird kaum duktile Verformungen aufweisen.   □

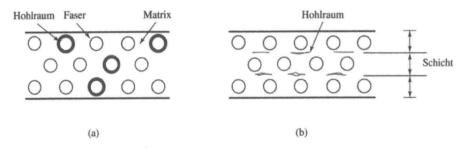

(a)   (b)

Abb. 23.14. Ausfallmechanismen von Faserverbunden: (a) Schlechthaftende Fasern werden aus der Matrix herausgezogen. (b) Auflösung eines Schichtverbundes und Hohlraumbildung bei mangelhafter Bindung zwischen den Schichten.

23.4 Versagen von Metallen. Ursachen und Vorbeugung

Dem Versagen metallischer Bauteile kann auf verschiedene Weise vorgebeugt werden: durch konstruktive Maßnahmen, sorgfältige Auswahl und Verarbeitung der Werkstoffe und Beachtung der Einsatzbedingungen.

Konstruktion. Bei der Konstruktion von Bauteilen sind folgende Gesichtspunkte zu berücksichten: (a) Das Bauteil muß für die maximale während des Einsatzes auftretende Belastung ausgelegt sein. (b) Spannungsverstärkende Stellen können zum Versagen bei relativ geringen Belastungen führen und müssen deshalb vermieden werden. (c) Im Rahmen des Materialeinsatzes zu erwartende normale Abnutzung darf nicht zu vorzeitigem Ausfall führen.

Durch Kriecherscheinungen, Materialermüdung und Spannungsrißkorrosion kann es zu Materialversagen weit unterhalb der Streckgrenze kommen. Der Entwurf des Bauteiles muß deshalb vor allem die für diese Erscheinungen maßgeblichen Materialdaten berücksichtigen und erst in zweiter Linie die Festigkeitswerte.

Materialauswahl. Für jeden Anwendungsfall steht eine große Anzahl von Werkstoffen zur Verfügung, von denen viele für hohe Belastungen geeignet sind (Abb. 23.15). Neben den Stoffeigenschaften sind bei der Materialauswahl auch Kostenfragen und Verarbeitungsmöglichkeiten in Betracht zu ziehen.

Einen wichtigen Gesichtspunkt bei der Materialauswahl stellen die Einsatzbedingungen dar. Ausgehärtete, kaltgehärtete oder anlaßgehärtete Legierungen beispielsweise verlieren bei hohen Temperaturen ihre Festigkeit. Abbildung 23.16 zeigt für mehrere Gruppen von Legierungen den Zusammenhang zwischen Spannungsbelastbarkeit und Einsatztemperaturbereich.

Werkstoffverarbeitung. Jedes Produkt durchläuft bestimmte Prozeßschritte, wie Gießen, Umformen, spanende Bearbeitung, Wärmebehandlung usw., um die erforderlichen Formen, Endmaße und Eigenschaften zu erhalten. Hierbei können zahlreiche Materialfehler entstehen. Daher ist es wichtig, bereits bei der Konstruktion entsprechende Fehlerquellen zu erkennen und Schwachstellen zu kompensieren, oder aber Kontrollen für den Nachweis und die Beseitigung von Fehlern vorzusehen. Abbildung 23.17 zeigt einige für Metalle typische Fehlerformen.

Einsatzbedingungen. Die Leistungsfähigkeit eines Werkstoffes ist von den Einsatzbedingungen abhängig. Dazu zählen Art der Beanspruchung, Umgebungseinflüsse und Einsatztemperatur.

Weitere Quellen für Materialversagen stellen die normale, mit dem Einsatz verbundene Abnutzung eines Bauteils sowie Materialüberlastung infolge zweckfremden Einsatzes von Werkzeugen und Geräten dar.

Auch mangelhafte Wartung und ungenügende Schmierung bewegter Teile kann adhäsiven Verschleiß, Heißlaufen und Oxydation zur Folge haben und die Standzeit von Bauteilen verkürzen. Durch Überhitzen ändert sich das Gefüge von Metallen, und ihre Festigkeit nimmt ab.

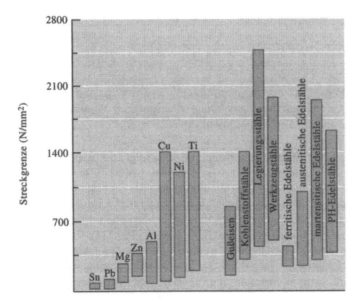

Abb. 23.15. Vergleich der Streckgrenzen wichtiger Metalle und Legierungssysteme, die sich in Abhängigkeit von Zusammensetzung und Bearbeitung in weiten Grenzen ändern.

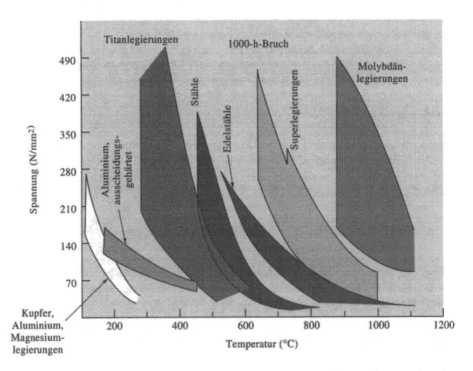

Abb. 23.16. Temperaturabhängigkeit der Spannungsbruchbereiche einiger Legierungen für eine Standzeit von 1 000 h.

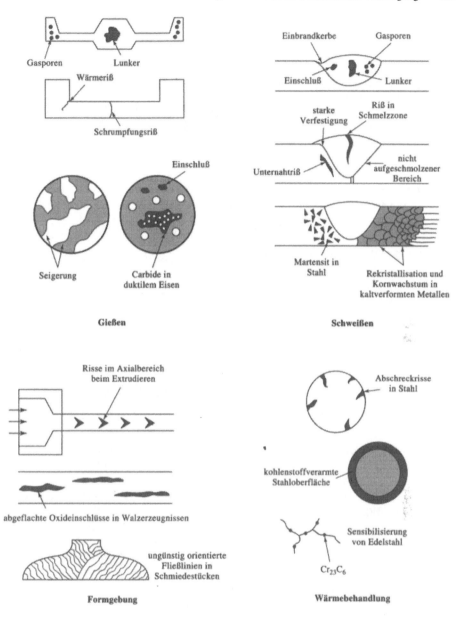

Abb. 23.17. Typische durch Bearbeitung von Metallen verursachte Fehler.

Beispiel 23.7

Ein aus legiertem Stahl bestehendes Bauteil ist mit einer Elektrode geschweißt worden, die bei ihrem Gebrauch viel Wasserstoff entwickelt. In der Wärmeeinfluß-zone nahe der Schweißstelle ist das Bauteil gebrochen. Worin sind die Ursachen zu suchen?

Lösung

Wenn die Schweißverbindung korrekt für die maximal auftretende Belastung aus-gelegt war, ist das Versagen wahrscheinlich auf Schwachstellen zurückzuführen, die während des Schweißvorganges entstanden sind. Da der Bruch in der Wärmeein-flußzone und nicht im Schmelzbereich aufgetreten ist, kommen folgende Ursachen in Betracht:

1. Starkes Kornwachstum nahe der Schmelzzone hat zu einer Schwächung des Materials geführt.
2. Da es sich um härtbaren Stahl handelt, kann sich bei der Abkühlung Martensit gebildet haben. Grobkörniges Gefüge ist für diesen Vorgang günstig.
3. In der Schmelzzone gelöster Wasserstoff kann in die Wärmeeinflußzone diffundiert sein und dort Wasserstoffsprödigkeit und Unternahtrissigkeit verursacht haben.
4. Im Material sind als Folge der beim Schweißen vorhandenen großen Temperaturdifferenzen innere Spannungen entstanden, die die Belastbarkeit lokal reduzieren.
5. Längliche Einschlüsse im Stahl sind infolge Spannungsverstärkung zum Ausgangspunkt von Rissen geworden.

Zusätzliche Informationen über den Ausgangszustand des Stahls, über Schweiß-parameter und Gefügeaufbau können dazu beitragen, die Ursachen des Material-versagens weiter einzugrenzen.   □

Beispiel 23.8
Ein aus vielen feinen Litzen bestehendes Stahlseil wird in einem Lastenaufzug über eine Rolle mit 5 cm Durchmesser geführt. Nach einigen Monaten Betriebs-dauer reißt das Seil. Was kommt als Ursache in Betracht?
Lösung
Die lange Einsatzzeit bis zum Eintreten des Bruches läßt Materialermüdung als Ursache vermuten. Beim Abrollen des Seiles waren die außenliegenden Seilele-mente Spannungen eventuell oberhalb der Dauerschwingfestigkeit ausgesetzt, die nach einiger Zeit zu Ermüdungsbrüchen einiger Drähte geführt haben. Die zuneh-mende Belastung der noch unbeschädigten Litzen hat den Zerstörungsprozeß wei-ter beschleunigt, und schließlich ist das Seil gerissen. Durch Verwendung einer Rolle mit größerem Durchmesser lassen sich die auftretenden Spannungen unter die Dauerschwingfestigkeit des Materials senken. Damit ist die Bruchursache beseitigt.   □

Beispiel 23.9
Nach dem Absturz eines Hubschraubers wird extrem hoher Verschleiß der Zähne eines Getriebezahnrades festgestellt. Das Zahnrad besteht aus karburiertem Legierungsstahl und soll die Oberflächenhärte HRC 60 aufweisen. An einem noch unbeschädigten Zahn wird jedoch nur die Härte HCR 30 gemessen. Mögliche Ursachen des Unglücks sind zu diskutieren.
Lösung
Mit abnehmender Härte erhöht sich der Verschleiß von Metallteilen. Daher ist der Unfall mit großer Wahrscheinlichkeit durch die zu geringe Härte des Zahnrades verursacht worden. Zu klären bleibt, worauf der Härteverlust zurückzuführen ist. Eine Möglichkeit wäre, daß das Zahnrad überhaupt nicht aufgekohlt bzw. wärme-behandelt worden ist. Falls eine mikroskopische Untersuchung die richtige Ein-härtetiefe, aber eine zu hoch angelassene Martensitstruktur ergibt, wäre zu schlie-ßen, daß das Bauteil ursprünglich die erforderlichen Eigenschaften besessen hat,

im Betrieb aber heißgelaufen ist. Der dadurch bedingte Härteabfall hat dann zu übermäßigem Verschleiß geführt. In diesem Falle könnte die eigentliche Fehlerursache ein Ölverlust im Getriebe gewesen sein.   □

23.5 Zerstörungsfreie Materialprüfverfahren

Materialausfällen kann durch sachgemäße Konstruktion, Materialauswahl und -bearbeitung unter Beachtung der Einsatzbedingungen wirksam vorgebeugt werden. Wie aber ist festzustellen, ob diese Maßnahmen wirklich erfolgreich gewesen sind? Oft lassen sich Defekte, wie Einbrandkerben an einer Schweißnaht oder Gußfehler, bereits mit bloßem Auge erkennen. Möglich sind auch Testverfahren, die die Zerstörung des zu prüfenden Teiles in Kauf nehmen. Beispielsweise werden bei der Kettenherstellung routinemäßig aus der laufenden Produktion Stichproben entnommen und bis zum Bruch belastet, um die Grenzbelastbarkeit zu kontrollieren.

Offensichtlich sind aber *zerstörungsfreie* Prüfverfahren vorzuziehen, um die Qualität von Erzeugnissen zu kontrollieren und vorhandene Fehler nachzuweisen und zu lokalisieren. Diese zerstörungsfreien Methoden können in Verbindung mit den in Kapitel 6 am Beispiel der Bruchzähigkeit behandelten Konzepten dazu dienen, Vorhersagen zur Bruchgefährdung zu treffen. Sehr kleine Fehler ändern ihre Größe bis zu einer bestimmten Belastung nicht, ein Bauteil mit solchen Fehlern darf deshalb weiter im Einsatz bleiben. Durch regelmäßige Überwachung des Fehlerwachstums kann man feststellen, wenn es sich notwendig macht, das betreffende Teil zu verschrotten oder zu reparieren. Im Flugwesen sind solche regelmäßigen Kontrollen unerläßlich.

In diesem Abschnitt wollen wir folgende zerstörungsfreien Prüfmethoden behandeln: Härtetest, Zuverlässigkeitstest, Radiographie, Ultraschalluntersuchung, Wirbelstromverfahren, Magnetpulverprüfung, Penetrationsmethode, Thermographie und akustische Emission.

Härtetest. In manchen Fällen kann mit einem Härtetest die sachgerechte Wärmebehandlung von Materialien beurteilt werden. Beispielsweise können wir feststellen, ob eine Aluminiumlegierung korrekt ausgelagert, ein Stahlteil richtig angelassen oder ein Graugußstück entspannungsgeglüht worden ist. Der Härtetest sagt jedoch nichts über das Gefüge aus und darüber, ob in Materialoberflächen Risse oder im Inneren von Gußstücken Lunker vorhanden sind.

Zuverlässigkeitstest. In vielen Fällen läßt sich ein Zuverlässigkeitstest durchführen. Dabei belastet man ein Teil bis zur zulässigen Grenze und kontrolliert, ob es intakt bleibt. Wenn betriebsbedingte starke Abnutzung des Teiles ausgeschlossen ist und die Prüflast nicht überschritten wird, kann man die Zuverlässigkeit des Teiles als gesichert betrachten.

Radiographie. Radiographische Verfahren nutzen das unterschiedliche Absorptionsvermögen von Stoffen für durchgehende Strahlung, um Materialfehler bildlich darzustellen. An technischen Voraussetzungen ist zunächst eine Quelle für Röntgenstrahlen oder für die in besonderen Fällen angewendeten Gamma- oder Neutronenstrahlen erforderlich. Zum Nachweis der Strahlungsintensität dient meist spezielles Filmmaterial. Andere Detektoren sind Fluoreszenzbildschirme, Impulszähler und xerographische Geräte.

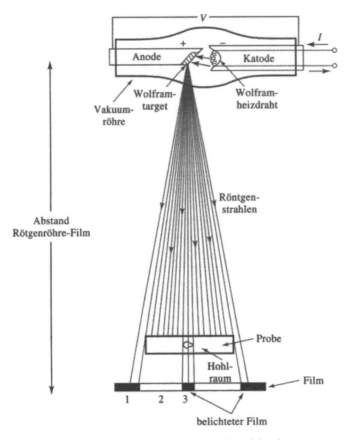

Abb. 23.18. Anordnung für röntgenographische Materialprüfung.

Voraussetzung für die erfolgreiche Anwendung der Verfahren ist, daß nachzuweisende Fehler andere Absorptionseigenschaften haben, als das Grundmaterial.

Als Strahlenquelle für *Röntgen-Radiographie* (Abb. 23.18) dient eine Röntgenröhre. Von der Wolframglühkatode emittierte Elektronen werden durch eine hohe Spannung beschleunigt und treffen mit großer Geschwindigkeit auf die Oberfläche der häufig ebenfalls aus Wolfram bestehenden Anode. Ihre Energie reicht aus, Elektronen der inneren Schalen der Wolframatome anzuregen. In die leeren Niveaus zurückfallende Elektronen emittieren ein kontinuierliches Spektrum von Röntgenstrahlen, die auf das zu prüfende Teil gerichtet werden. Der durchgehende Anteil der Strahlung schwärzt den Film.

Die Intensität der durchgehenden Strahlung ist vom Absorptionsvermögen und der Dicke der durchstrahlten Schicht abhängig:

$$I = I_0 \exp(-\mu x) = I_0 \exp(-\mu_m \rho x) \tag{23.1}$$

I_0 bedeutet die Intensität des auftreffenden Strahls, μ ist der lineare Absorptionskoeffizient (cm^{-1}), μ_m der Massenabsorptionskoeffizient (cm^2/g), ρ die Dichte (g/cm^3) und x die Dicke des durchstrahlten Materials (cm). Tabelle 23.1 enthält Werte von Massenabsorptionskoeffizienten ausgewählter Stoffe.

Tabelle 23.1. Absorptionskoeffizienten ausgewählter Stoffe für Wolfram-Röntgenstrahlung und für Neutronen

Element	Dichte (g/cm^3)	μ_m (Röntgenstrahlung) (cm^2/g) $\lambda = 0{,}098$ Å	μ_m (Neutronen) (cm^2/g) $\lambda = 1{,}08$ Å
H	–	0,280	0,11
Be	1,85	0,131	0,0003
B	2,3	0,138	24,0
C	2,2	0,142	0,00015
N	0,00116	0,143	0,048
O	0,00133	0,144	0,00002
Mg	1,74	0,152	0,001
Al	2,7	0,156	0,003
Si	2,33	0,159	0,001
Ti	4,54	0,217	0,001
Fe	7,87	0,265	0,015
Ni	8,9	0,310	0,028
Cu	8,96	0,325	0,021
Zn	7,133	0,350	0,0055
Mo	10,2	0,790	0,009
Sn	7,3	1,170	0,002
W	19,3	2,880	0,036
Pb	11,34	3,500	0,0003

Nach W. McGonnagle, *Nondestructive Testing*, McGraw-Hill, 1961.

Ein in einem Gußstück vorhandener Lunker absorbiert keine Strahlung. Gegenüber dem ungestörten Material ist die an dieser Stelle durchgehende Intensität größer und ruft auf dem Film eine stärkere Schwärzung hervor (Abb. 23.19).

Beispiel 23.10

Die in Abbildung 23.18 dargestellte Probe sei eine 2,54 cm dicke Kupferplatte mit einem luftgefüllten Hohlraum von 0,64 cm Höhe. Sie liege auf dem Film 76,2 cm von der Strahlenquelle entfernt. Die Platte wird mit Röntgenstrahlen der Wellenlänge 0,098 Å bestrahlt. Die Intensität an den Stellen 1 bis 3 ist zu berechnen.

Lösung

Punkt 1: Der Strahl läuft nur durch Luft. Wir nehmen als Zusammensetzung der Luft 80% N$_2$ und 20% O$_2$ an und benutzen die Mischungsregel:

$$\mu_{m,\text{ Luft}} = f_{O_2}\, \mu_{m,\,O_2} + f_{N_2}\, \mu_{m,\,N_2}$$

$$= (0{,}2)(0{,}144) + (0{,}8)(0{,}143)$$

$$= 0{,}143 \text{ cm}^2/\text{g},$$

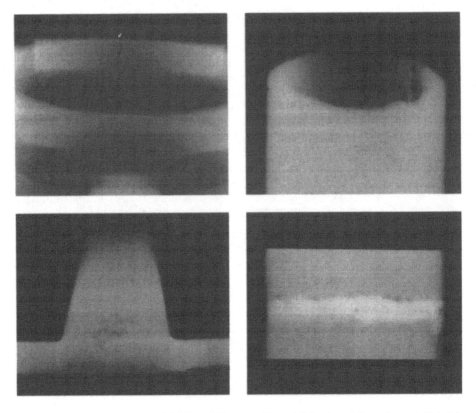

Abb. 23.19. Röntgenaufnahmen: (a) Riß und Wasserstoffporosität in einem Magnesiumgußstück.(b) Graphitische Korrosion eines Gußeisenrohres. (c) Materialfehler durch Schrumpfung beim Erstarren eines Aluminiumgußkörpers. (d) Fehlerhafte Schweißung von Stahl.

$$\rho_{Luft} = f_{O_2}\,\rho_{O_2} + f_{N_2}\,\rho_{N_2}$$
$$= (0{,}2)(1{,}33 \cdot 10^{-3}) + (0{,}8)(1{,}16 \cdot 10^{-3})$$
$$= 1{,}19 \cdot 10^{-3}\ \text{g/cm}^3,$$
$$\frac{I}{I_0} = \exp\left(-\mu_m \rho x\right)$$
$$= \exp\left(-\,0{,}143\right)(1{,}19 \cdot 10^{-3})(76{,}2) = 0{,}987.$$

Die Absorption ist nahezu null.

Punkt 2: Wegen der verschwindend kleinen Absorption in Luft vernachlässigen wir den Strahlenweg bis zur Platte. Daher ist $x = 2{,}54$ cm. Nach Tabelle 23.1 ist $\mu_{m,Cu} = 0{,}325$ cm/g, so daß gilt:

$$\frac{I}{I_0} = \exp\left(-\,\mu_m \rho x\right) = \exp\left(-\,0{,}325\right)(8{,}96)(2{,}54) = 0{,}00061.$$

Es dringt praktisch keine Strahlung durch die Platte.

Punkt 3: Wir können die Absorption im Hohlraum vernachlässigen. Die Dicke beträgt dann nur 1,90 cm, so daß:

$$\frac{I}{I_0} = \exp\left(-\,\mu_m \rho x\right) = \exp\left(-\,0{,}325\right)(8{,}96)(1{,}90) = 0{,}00390.$$

An der Fehlerstelle ist die durchgehende Intensität etwa um den Faktor 7 größer und ruft eine deutlich stärkere Schwärzung des Filmes hervor.   □

Wie gut ein Materialfehler nachgewiesen werden kann, hängt wesentlich von seiner Geometrie und seinen Eigenschaften ab (Abb. 23.20):

1. Die Größen von Lunkern oder Poren in Gußstücken müssen innerhalb der Nachweisgrenzen des verwendeten Verfahrens liegen. Hohlräume oder Poren sind meist von runder Gestalt, so daß die Richtung der Röntgenstrahlung bezüglich des Gußstückes unkritisch ist. Da die Hohlräume Gas oder Vakuum enthalten, unterscheidet sich ihr Absorptionsvermögen stets sehr stark von dem des Metalls.

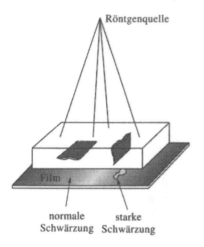

Abb. 23.20. Einfluß der Orientierung von Fehlern auf die Nachweisbarkeit mittels Radiographie.

2. Nichtmetallische Einschlüsse in Walzerzeugnissen werden während der Verformung flachgedrückt und ändern daher die Intensität senkrecht einfallender Strahlung praktisch nicht. In diesem Falle ist ein Fehlernachweis nur mit geänderter Strahlrichtung möglich, oder es muß ein anderes Prüfverfahren angewendet werden.
3. Für das Auffinden von Rissen, die vom Gießen oder Schweißen, von beginnender Ermüdung oder Spannungsrißkorrosion herrühren, ist ihre Lage entscheidend. Verläuft ein Riß senkrecht zur Strahlrichtung, ist er eventuell nicht sichtbar. Erstreckt er sich in Strahlrichtung, kann er leichter nachgewiesen werden.

Die ständige Weiterentwicklung der Durchstrahlungstechniken hat zu immer höherem Auflösungsvermögen geführt und sogar ermöglicht, Fehler räumlich darzustellen. Mittels Halbleiterdetektoren lassen sich Röntgenstrahlen in Stromimpulse umwandeln. Durch nachfolgende Verstärkung und Rechnerauswertung kann die Empfindlichkeit und der Kontrast der bildlichen Darstellung wesentlich gesteigert werden. Auf diese Weise gelingt die Prüfung auch sehr kleiner Teile, wie integrierter Schaltkreise (Abb.23.21). Bei der Computer-Axialtomographie (CAT) wird während der Aufnahme entweder die Strahlenquelle oder die Probe gedreht, und in verschiedenen Stellungen werden Bilder aufgenommen. Nachdem die durchgehende Strahlung elektronisch detektiert worden ist, bereitet ein Rechner

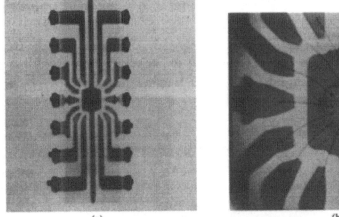

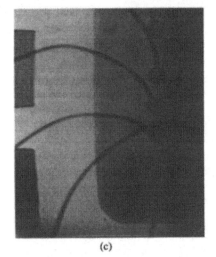

Abb. 23.21. Röntgendurchstrahlungsaufnahmen eines integrierten Schaltkreises in unterschiedlicher Vergrößerung. Die Bilder zeigen vierzehn metallische Anschlußpins für die Außenkontaktierung, ebenso viele Golddrähte für die Innenkontaktierung mit Bondstellen auf dem Halbleiterchip und eine metallische Mittelinsel als Chipträger (a) 5fach, (b) 20fach, (c) 50fach). (Aus: Nondestructive Testing Handbook, *Vol. 3*: Radiography and Radiation Testing, *2. Aufl., American Society for Non-destructive Testing, 1985*)

die Daten so auf, daß jeder beliebige Probenquerschnitt bildlich dargestellt werden kann. Die gleiche Technik findet auch in der Medizin Anwendung.

Für *Gamma-Radiographie* nutzt man die Strahlung einer radioaktiven Quelle, die nur eine Wellenlänge enthält. Energie und Intensität der Strahlung hängt von Art und Größe der Quelle ab. Cobalt 60 erzeugt Gammastrahlung mit einer mittleren Energie von etwa $1{,}33 \cdot 10^6$ eV (Wellenlänge 0,009 Å). Die Energie von Gammastrahlen ist wesentlich größer, als die der Wolfram-Röntgenstrahlung ($0{,}125 \cdot 10^6$ eV bzw. 0,098 Å). Aus diesem Grunde benutzt man ^{60}Co für dicke, stark absorbierende Materialien. Der Massenabsorptionskoeffizient der meisten Elemente für Kobaltstrahlung liegt bei 0,055 cm^2/g. Cäsium 137, das Gammastrahlung von $0{,}66 \cdot$

10^6 eV und Iridium 192, das Strahlen von 0,31 bis 0,60 · 10^6 eV abgibt, kommen zum Einsatz, wenn geringere Strahlenenergien ausreichen.

Die Intensität I einer Gamma-Strahlenquelle nimmt mit der Zeit ab:

$$I = I_0 \exp(-\lambda t). \tag{23.2}$$

λ ist die Zerfallskonstante des Materials und t die Zeit. Als Halbwertzeit wird die Zeit bezeichnet, nach der die Intensität I auf die Hälfte abgenommen hat. Die Halbwertzeit von Iridium 192 beträgt 74 Tage, die von Cobalt 60 etwa 5,27 Jahre. Gewöhnlich ist eine Quelle nach Verlauf von zwei Halbwertzeiten nicht mehr brauchbar.

Beispiel 23.11
Bestimmung der Zerfallskonstanten von Cobalt 60, dessen Halbwertzeit 5,27 Jahre beträgt.
Lösung
Nach Gleichung (23.2) gilt $I = 0{,}5 I_0$ für $t = 5{,}27$ Jahre. Damit folgt:

$$0{,}5 I_0 = I_0 \exp(-5{,}27\lambda),$$

$$0{,}5 = \exp(-5{,}27\lambda),$$

$$\ln(0{,}5) = -5{,}27\lambda,$$

$$\lambda = \frac{-0{,}693}{-5{,}27} = 0{,}131 \text{ Jahr}^{-1} = 4{,}15 \cdot 10^{-9} \text{ s}^{-1}. \qquad \square$$

Neutronenradiographie beruht auf der Wechselwirkung von Neutronen mit den Atomkernen des zu untersuchenden Materials und ist in den Fällen von Bedeutung, wo Röntgen- oder Gammastrahlen keine ausreichenden Kontraste liefern. Tabelle 23.1 enthält die entsprechenden Absorptionskoeffizienten. Als Quelle für Neutronenstrahlung kommt allerdings nur ein Kernreaktor in Frage, ein Umstand, der die Anwendung dieser Methode auf Sonderfälle beschränkt.

Ultraschalluntersuchung. Elastische Wellen werden von Stoffen teilweise reflektiert und teilweise durchgelassen. Ein Ultraschallgeber aus Quarz, Bariumtitanat oder Lithiumsulfat überträgt piezoelektrisch erzeugte Impulsfolgen elastischer Wellen mit Frequenzen von über 100 kHz auf eine Probe. In dieser breiten sich Kompressionswellen mit einer Geschwindigkeit aus, die vom Elastizitätsmodul und der Dichte des Materials abhängt. Für einen dünnen Stab gilt:

$$v = \sqrt{\frac{Eg}{\rho}}, \tag{23.3}$$

mit E als Elastizitätsmodul, g der Erdbeschleunigung und ρ der Dichte des Materials. Für Impulsausbreitung in massiven Teilen ergeben sich kompliziertere Formeln. Ausbreitungsgeschwindigkeiten von Ultraschallwellen in massiven Proben einiger Stoffe sind in Tabelle 23.2 angegeben.

Für Ultraschalluntersuchungen sind drei unterschiedliche Techniken in Gebrauch. Bei der Echo- oder Reflexionsmethode schickt man einen Impuls durch das Material, der beim Auftreffen auf eine Grenzfläche teilweise reflektiert wird und zum Schallgeber zurückkehrt. Sendeimpuls und reflektierter Impuls werden auf einem Oszillographen aufgezeichnet (Abb. 23.22).

Tabelle 23.2. Ausbreitungsgeschwindigkeit von Ultraschallwellen in ausgewählten Stoffen

Material	Geschwindigkeit (cm/s $\cdot 10^5$)	Elastizitätsmodul N/mm^2 $\cdot 10^6$	Dichte (g/cm^3)
Al	6,25	72	2,7
Cu	4,62	110	8,96
Pb	1,96	17	11,34
Mg	5,77	46	1,74
Ni	6,02	207	8,9
Ni(60%)-Cu(40%)	5,33	179	8,9
Ag	3,63	75	10,49
Rostfreier Stahl	5,74	197	7,91
Sn	3,38	55	7,3
W	5,18	406	19,25
Luft	0,33	–	0,0013
Glas	5,64	72	2,32
Lucit	2,67	3,40	1,18
Polyethylen	1,96	1,20	0,9
Quarz	5,74	69	2,65
Wasser	1,50	–	1,00

Nach: W. McGonnagle, *Nondestructive Testing*. McGraw-Hill, 1961.

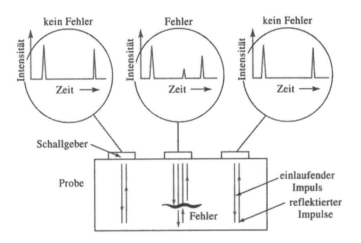

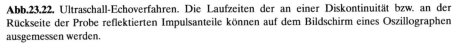

Abb.23.22. Ultraschall-Echoverfahren. Die Laufzeiten der an einer Diskontinuität bzw. an der Rückseite der Probe reflektierten Impulsanteile können auf dem Bildschirm eines Oszillographen ausgemessen werden.

Aus dem oszillographischen Bild läßt sich die Laufzeit des Impulses vom Geber zur reflektierenden Fläche und zurück entnehmen und daraus bei bekannter Ausbreitungsgeschwindigkeit des Impulses der Abstand bis zur reflektierenden Fläche berechnen. Weist die Probe keine Fehler auf, erfolgt die Reflexion an der abgewandten Oberfläche und als Distanz ergibt sich die doppelte Probendicke.

Ist dagegen eine Diskontinuität vorhanden und günstig orientiert, erfolgt mindestens teilweise Reflexion, und es wird eine kürzere Laufzeit gemessen, aus der sich die Tiefe bestimmen läßt, in der die Störung liegt. Aus einer Reihe derartiger Messungen bei unterschiedlicher Probenorientierung kann auf Form und Lage eines Materialfehlers geschlossen werden, an dem die Reflexionen erfolgen. Das beschriebene Vorgehen bildet die Grundlage automatischer Methoden, die durch systematisches Abrastern der Proben exakte Aussagen bezüglich Form und Lage von Einschlüssen oder Hohlräumen liefern. Durch Einbeziehen holographischer Verfahren lassen sich Materialfehler sogar räumlich darstellen.

Beispiel 23.12
Bei der Ultraschalluntersuchung eines Aluminiumstabes erscheinen auf dem Bildschirm des Oszillographen drei Peaks. Der erste entspricht dem Nullpunkt der Zeitmessung und stellt den Sendeimpuls dar. Der zweite Peak liegt bei $1,63 \cdot 10^{-5}$s der Zeitskala und ist der Reflex von einer inneren Diskontinuität. Der dritte Impuls bei $2,44 \cdot 10^{-5}$s stammt von der abgewandten Probenoberfläche. Zu berechnen ist die Probendicke und die Tiefe, in der die Störung liegt.
Lösung
Wir entnehmen der Tabelle 23.2 die Schallgeschwindigkeit in Aluminium zu $6,25 \cdot 10^{5}$cm/s. Die Gesamtlaufzeiten des Impulses betragen:

Diskontinuität: Abstand $= (6,25 \cdot 10^{5} \text{ cm/s})(1,63 \cdot 10^{-5} \text{ s}) = 10,2 \text{ cm}$,

Rückseite: Abstand $= (6,25 \cdot 10^{5} \text{ cm/s})(2,44 \cdot 10^{-5} \text{ s}) = 15,2 \text{ cm}$.

Da die Gesamtlaufzeiten den Rückweg mit enthalten, sind die gesuchten Abstände nur halb so groß. Die Diskontinuität liegt in einer Tiefe von 5,1 cm, die Probendicke beträgt 7,6 cm. □

Ein zweites Ultraschallverfahren stellt die Durchstrahlungsmethode dar, bei der ein Impuls von einer Seite in die Probe geschickt und auf der gegenüberliegenden Seite registriert wird (Abb. 23.23). Eingangs- und Ausgangsimpuls werden in einem Oszillogramm dargestellt. Der Grad der mit dem Durchlaufen des Materials ver-

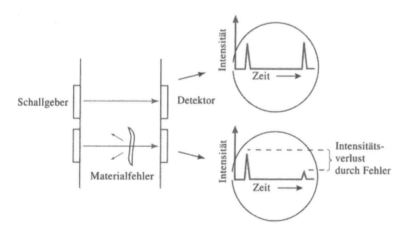

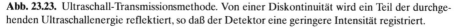

Abb. 23.23. Ultraschall-Transmissionsmethode. Von einer Diskontinuität wird ein Teil der durchgehenden Ultraschallenergie reflektiert, so daß der Detektor eine geringere Intensität registriert.

bundenen Intensitätsabnahme zeigt, ob in der Probe eine Diskontinuität vorhanden ist oder nicht.

Von der Wellennatur des Ultraschalls macht das dritte Verfahren, die Resonanzmethode, Gebrauch, bei der ein Wellenlängenkontinuum durch die Probe läuft (Abb.23.24). Entspricht die Probendicke einem ganzzahligen Vielfachen von Halbwellenlängen einer der eingestrahlten Frequenzen, bildet sich eine stehende Welle und die Absorption der entsprechenden Frequenz nimmt zu. Ein vorhandener Materialfehler macht sich dadurch bemerkbar, daß keine Resonanz zustande kommt. Hauptanwendungsgebiet dieses Verfahrens ist aber die Dickenmessung.

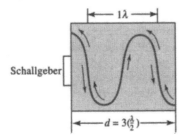

Abb.23.24. Die Ultraschall-Resonanzmethode arbeitet mit veränderlicher Schallfrequenz. Wenn die Probendicke mit einem ganzzahligen Vielfachen der halben Wellenlänge übereinstimmt, bildet sich eine stehende Welle, und es kommt zu verstärkter Energieabsorption.

Beispiel 23.13
Mit Hilfe der Resonanzmethode soll die Dicke einer Kupferschicht bestimmt werden. Bei einer Frequenz von 1,213 MHz ergibt sich Resonanz und eine stehender Wellenzug, der aus 12 Halbwellen besteht. Die Dicke des Kupfers ist zu bestimmen.
Lösung
Die Schallgeschwindigkeit in Kupfer beträgt nach Tabelle 23.2 $4{,}62 \cdot 10^5$cm/s. Damit folgt:

$$\lambda = \frac{v}{\nu} = \frac{4{,}62 \cdot 10^5 \text{ cm/s}}{1{,}213 \cdot 10^6 \text{ /s}} = 0{,}38 \text{ cm},$$

$$\frac{\lambda}{2}(12) = 2{,}28 \text{ cm} = \text{Dicke der Kupferschicht.}$$

Magnetpulververfahren. Diskontinuitäten nahe der Oberfläche ferromagnetischer Substanzen lassen sich mit dem *Magnetpulververfahren* nachweisen. Dazu wird in dem zu untersuchenden Material ein Magnetfeld erzeugt (Abb. 23.25). Ein Fehler im Inneren des Materials reduziert die magnetische Permeabilität des Material bzw. die Flußdichte. Dadurch treten aus der Oberfläche Flußlinien aus und erzeugen lokale Nord- und Südpole, die magnetische Pulverteilchen anziehen. Die Partikel können als trockenes Pulver oder, um bessere Beweglichkeit zu erreichen, aufgeschwemmt in Flüssigkeiten wie Wasser oder Leichtölen aufgebracht werden. Durch Kombination der Pulverteilchen mit einer fluoreszierenden Substanz läßt sich die Empfindlichkeit der Methode verbessern.

Die erfolgreiche Anwendung der Magnetpulvermethode ist an gewisse Voraussetzungen gebunden:

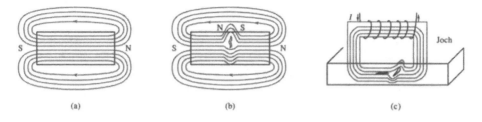

Abb.23.25. Magnetpulvermethode zum Fehlernachweis in ferromagnetischen Werkstoffen. (a) Flußlinien in defektfreiem Material. (b) Änderung des Flußlinienverlaufes durch einen Materialfehler.
Magnetische Partikel werden von den austretenden Flußlinien angezogen und markieren die Fehlerstelle. (c) Unterschiedliche Beeinflussung des Flußlinienverlaufs in Abhängigkeit von der Lage eines
Fehlers.

1. Fehler müssen senkrecht zur Richtung der Flußlinien verlaufen. Deshalb sind bei
    unbekannter Orientierung Messungen in unterschiedlichen Feldrichtungen erfor-
    derlich.
2. Fehler müssen nahe der Oberfläche liegen, da andernfalls die Flußlinien nur ver-
    schoben werden, ohne aus der Oberfläche auszutreten. Die Methode eignet sich
    deshalb gut zur Lokalisierung von Thermoschockrissen, Ermüdungsrissen oder
    durch Reibung entstandenen Rissen, die alle an der Oberfläche liegen.
3. Die magnetische Permeabilität der Fehler muß kleiner sein als die des Metalls.
4. Das Verfahren ist nur für ferromagnetische Materialien anwendbar.

Beispiel 23.14
Zwei zylindrische Stahlkörper werden durch Friktionsschweißen verbunden. Dabei
reiben die entgegengesetzt rotierenden Teile aufeinander, die Oberflächen heizen
sich auf und werden dann unter hohem Druck zusammengepreßt. Es ist eine
Magnetpulvermethode zu beschreiben, die geeignet ist, den einwandfreien Zustand
einer derartigen Verbindung zu prüfen.
Lösung
Eine potentielle Fehlerstelle der Schweißverbindung verläuft wahrscheinlich senkrecht zur Zylinderachse. Deshalb ist Magnetisierung in Längsrichtung erforderlich,
um den Fehler zu entdecken. Der magnetische Fluß eines Jochmagneten (Abb.
23.25(c)) besitzt die erforderliche Orientierung.   □

Wirbelstromverfahren. Das *Wirbelstromverfahren* beruht auf der Wechselwirkung
zwischen Werkstoffen und elektromagnetischen Feldern. Ein in einer Spule fließender Wechselstrom erzeugt im Außenraum ein elektromagnetisches Feld. In
einem elektrisch leitenden Probenmaterial, das in die Nähe oder in das Innere der
Spule gebracht wird, entstehen Wirbelströme, die ihrerseits ein Magnetfeld hervorrufen, das sich dem Spulenfeld überlagert (Abb.23.26). Unterschiede der elektrischen Leitfähigkeit oder der magnetischen Permeabilität von Testproben infolge
verschiedener Zusammensetzung, Gefügestruktur oder Materialeigenschaften
äußern sich in entsprechend veränderten Rückwirkungen auf die Feldspule. Da
Diskontinuitäten das elektromagnetische Verhalten beeinflussen, können Materialfehler auf diese Weise nachgewiesen werden. Auch Änderungen der Probenform
oder der Dicke einer Beschichtung lassen sich bestimmen.

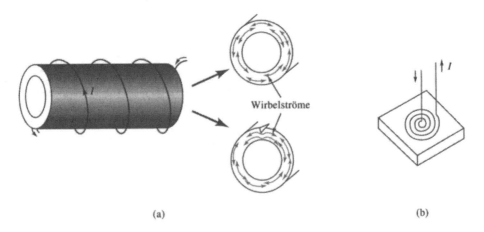

(a)   (b)

Abb. 23.26. Wirbelstromtest: (a) Probe im Inneren einer Induktionsspule. (b) Abtasten der Probenoberfläche mit einer Induktionsspule.

Wirbelstromverfahren sind wie die Magnetpulvermethode am besten für den
Nachweis von Fehlern nahe der Oberfläche einer Materialprobe geeignet, da insbesondere hochfrequente Wirbelströme nur wenig in ein Material eindringen.

Der Zeitaufwand für den Wirbelstromtest ist im Vergleich zu anderen zerstörungsfreien Untersuchungsmethoden sehr gering. Daher können viele Teile schnell
und rationell geprüft werden. Oftmals wird das Verfahren als ja/nein-Test zum Aus-
sondern fehlerhafter Teile eingesetzt, deren Reaktion sich von dem einwandfreier
Teile unterscheidet.

Penetrationsmethode. Diskontinuitäten, wie Risse an einer Materialoberfläche,
können mit der Penetrationsmethode nachgewiesen werden, die darauf beruht,
daß Farblösungen infolge der Kapillarwirkung in sonst unsichtbare Risse eindringen. Die Methode umfaßt vier Schritte (Abb.23.27).

Die Oberfläche muß zunächst sorgfältig gereinigt werden. Danach wird eine
Farbflüssigkeit aufgesprüht, die man eine Zeitlang einwirken läßt, damit sie in
Risse eindringen kann. Nach dem Entfernen von Farbstoffresten von der Oberfläche erfolgt als letzter Schritt das Aufsprühen eines Entwicklers. Es kommt zu einer
chemischen Reaktion mit der eingedrungenen Indikatorlösung, die dabei aus den
Rissen austritt und durch intensive Farbeffekte oder durch Fluoreszenz in ultraviolettem Licht die Fehlerstellen sichtbar macht.

Thermographie. Oft ändert sich in der Umgebung von Materialfehlern der Verlauf
von Wärmeströmen, und es entstehen große Temperaturgradienten oder heiße
Stellen. Zur Anwendung der *Thermographie* trägt man eine temperaturempfindliche Schicht auf die Probenoberfläche auf, erwärmt das Material gleichmäßig und
läßt es danach abkühlen. Wegen der höheren Temperatur in der Nachbarschaft von
Fehlerstellen weist hier die Detektorschicht eine andere Farbe auf und macht so
die Fehler sichtbar.

Zahlreiche Substanzen sind als Indikatoren für das Thermographieverfahren
verfügbar: Temperaturempfindliche Farben und Papiere, organische Verbindungen
und Phosphore, die bei Anregung mit Infrarotstrahlung sichtbares Licht emittieren

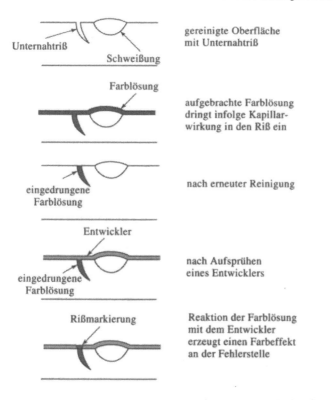

Abb.23.27. Penetrationsmethode zum Auffinden von Oberflächenrissen.

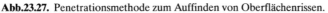

sowie kristalline organische Stoffe, die unter der Bezeichnung Flüssigkristalle bekannt sind.

Eine wichtiges Anwendungsfeld der Thermographie ist der Nachweis mangelhafter Bindung oder Delammelierung von Schichten oder Bändern, aus denen viele der besonders in der Luftfahrtindustrie verwendeten Faserverbunde aufgebaut sind.

Akustische Emission. Als Begleiterscheinung vieler mikroskopischer Vorgänge, wie Rißwachstum oder Phasenumwandlungen, wird ähnlich wie bei einem Erdbeben Spannungsenergie in Form hochfrequenter elastischer Druckwellen freigesetzt. Bei einem Test mit *akustischer Emission* läßt man auf die Probe eine Spannung weit unterhalb der Streckgrenze einwirken. Infolge der Spannungskonzentration an der Spitze eines bereits vorhandenen Risses kann sich dieser vergrößern. Die dabei freiwerdende Energie erzeugt Druckwellen, die mit einem piezoelektrischen Sensor empfangen, anschließend verstärkt und analysiert werden. Mit dieser Methode lassen sich Risse bis zu Abmessungen von 10^{-4} mm nachweisen und bei Verwendung mehrerer Sensoren ist auch eine Fehlerortung möglich.

Das akustische Verfahren ist für alle Materialarten geeignet. Es dient z.B. dazu, Risse in Aluminiumbauteilen von Flugzeugen zu entdecken, ehe sie eine gefährliche Größe erreichen. Ein anderes Anwendungsgebiet ist der Nachweis von Rissen in Polymeren und Keramiken sowie von Faserbrüchen oder fehlender Haftung zwischen Fasern und Matrix in Verbundwerkstoffen.

23.6 Zusammenfassung

- Fehler in Werkstoffen können zum Materialversagen führen. Die Bruchanalyse dient dazu, Ursprung und Ursache des Materialversagens zu ergründen und Fehlerquellen aufzudecken. Wichtige Hinweise liefern dabei Details der Beschaffenheit der Bruchfläche und der Gefügestruktur des an den Bruch angrenzenden Materials. Im Falle des Versagens von Metallen gibt es bestimmte Schlüsselbeobachtungen:
  - Duktilbruch ist Folge von Materialbelastung oberhalb der Streckgrenze. Er ist normalerweise gekennzeichnet durch starke Verformung des betroffenen Teils mit Einschnürung und Krater- bzw. Konusform der beiden Bruchhälften sowie durch Ausbildung von Scherlippen und wabenförmig aufgerauhten Bruchflächen.
  - Bei Materialversagen infolge schlagartiger Belastung sind oft ein zum Bruchausgangsort weisendes Chevronmuster und ebene Bereiche der Bruchfläche zu erkennen.
  - Ermüdungsbrüche weisen Rastlinien, Schwingungsstreifen und glatte Bruchflächen ohne größere plastische Verformungen auf. Am Verlauf der Rastlinien ist der Ausgangsort des Bruchvorganges zu erkennen.
  - Ausfälle durch Kriechen und Spannungsbrüche sind oft von Deformationen der Teile und von Porenbildung im Material begleitet.
  - Spannungskorrosionsrisse sind meist stark verzweigt und enthalten Nebenprodukte des Korrosionsprozesses.
- Eine Anzahl zerstörungsfreier Methoden wie Härte- oder Zuverlässigkeitstests dienen zur Qualitätskontrolle von Werkstücken. Besondere Beachtung verdienen Verfahren, die es ermöglichen, Vorhandensein, Ort und Größe potentiell gefährlicher Materialfehler festzustellen.
  - Radiographie beruht darauf, daß Röntgen- oder Gammastrahlen in Fehlerstellen weniger absorbiert werden als im fehlerfreien Material. Voraussetzung für die Nachweisbarkeit sind Unterschiede der Absorptionskoeffizienten und daß sich die Fehler in Strahlrichtung erstrecken.
  - Mit Ultraschall lassen sich Größe und Lage von Materialfehlern bestimmen. Das Verfahren beruht auf Reflexion oder Schwächung hochfrequenter elastischer Wellen.
  - Magnetische Methoden sind für das Auffinden von Fehlern nahe der Oberfläche eines ferromagnetischen Werkstückes geeignet, die den Verlauf der magnetischen Feldlinien erheblich verändern. Wirbelstromverfahren beruhen auf der Strömung elektromagnetischer Felder durch Fehlerstellen an oder nahe der Oberfläche. Ihre Anwendung ist auf elektrisch leitende Stoffe beschränkt.
  - Mit der Penetrationsmethode können nur Fehler an der Oberfläche eines Teils entdeckt werden. Thermographie als Fehleranalyseverfahren beruht auf dem Nachweis von Temperaturdifferenzen, die durch unterschiedliche thermische Eigenschaften bedingt sind. Bei akustischer Emission werden extrem schwache Geräusche, die mit dem Wachstum von Materialfehlern verbunden sind, mittels empfindlicher Mikrofone nachgewiesen.

23.7 Glossar

Akustisches Emissionsverfahren. Nachweis elastischer Druckwellen, die von einem Materialfehler ausgehen, der sich unter der Einwirkung einer kleinen äußeren Belastung vergrößert.

Chevronmuster. Gratmuster, das durch die Vereinigung von Rißfronten bei sprödem Bruch entsteht. Die Grate sind pfeilförmig auf den Ausgangspunkt des Sprödbruchs gerichtet.

Intergranularbruch. Bruch eines Materials entlang von Korngrenzen.

Magnetpulvermethode. Zerstörungsfreie Prüfmethode, beruhend auf der Störung des Verlaufs magnetischer Flußlinien durch Fehler nahe der Materialoberfläche.

Massenabsorptionskoeffizient. Maß für das Absorptionsvermögen eines Stoffes für Röntgen- oder andere Strahlen.

Mikroporen. Winzige Poren in einer Bruchfläche, die durch Auseinanderreißen von Korngrenzen oder anderer innerer Flächen im Verlauf eines Duktilbruches entstanden sind.

Muschelbruch. Charakteristische Bruchfläche von Glas mit einer spiegelnden Zone nahe des Bruchursprungs und Rißlinien, die zum Ursprung gerichtet sind.

Penetrationsmethode. Zerstörungsfreie Prüfmethode, bei der Flüssigkeit, die infolge Kapillarwirkung in fehlerhafte Stellen der Oberfläche eingedrungen ist, durch Farbreaktionen oder mittels UV-Licht nachgewiesen wird.

Radiographie. Zerstörungsfreie Prüfmethode, die auf unterschiedlicher Strahlenabsorption von Fehlerstellen bzw. fehlerfreiem Material beruht.

Rastlinien. Stufen auf der Oberfläche eines Ermüdungsbruchs, die die Position der Bruchfront zu verschiedenen Zeiten des Bruchvorganges erkennen lassen.

Scherlippe. Charakteristische Oberflächenform bei Duktilbruch, die 45° gegen die Richtung der einwirkenden Spannung geneigt ist.

Schwingungsstreifen. Mikroskopische Spuren der Position eines Ermüdungsrisses nach jedem Lastzyklus.

Spaltung. Bruch längs kristallographischer Ebenen in den Kristallkörnern eines Gefüges.

Spannungsrißkorrosionsbruch. Bruch infolge kombinierter Wirkung von Rißkorrosion und einer Spannung unterhalb der Streckgrenze des Materials.

Thermographie. Nachweis von fehlerbedingten Temperaturdifferenzen in einem Material durch Farbunterschiede einer temperaturempfindlichen Schicht.

Transgranularer Bruch. Bruch, der nicht entlang von Korngrenzen, sondern quer durch Körner eines Gefüges verläuft.

Wirbelstromverfahren. Zerstörungsfreie Prüfmethode zum Nachweis von Fehlern oder zur Untersuchung von Struktur und Eigenschaften eines Materials, basierend auf der Wechselwirkung zwischen Werkstoff und elektromagnetischen Feldern.

Zuverlässigkeitstest. Belastung von Teilen bis zur Nennlast, um die Einsatztauglichkeit zu prüfen.

23.8 Übungsaufgaben

23.1 Es ist zu ermitteln, ob in einer Al-Legierung mit 15 Gewichts% Si starke Seigerungen vorhanden sind. Ausgehend von der Größe der Massenabsorptionskoeffizienten der Legierung und ihrer Bestandteile ist zu entscheiden, ob für die Untersuchung des Materials Röntgen- oder Neutronenstrahlung besser geeignet ist.

23.2 Es ist festzustellen, ob in einer 25 mm dicken Aluminiumplatte Risse vorhanden sind, die senkrecht zur Oberfläche verlaufen. Die Nachweisgrenze der vorhandenen Röntgenanlage liegt bei 2% Intensitätsunterschied der durchgehenden Strahlung. Wie lang müssen die Risse mindestens sein, um entdeckt werden zu können?

23.3 Der Zusammenhang zwischen Intensität einer Strahlungsquelle und Absorptionsvermögen eines Materials wird oft durch die sogenannte Halbwertdicke ausgedrückt. Darunter ist diejenige Materialdicke zu verstehen, welche die Strahlungsintensität auf die Hälfte abschwächt. Für Magnesium und Kupfer sind die Halbwertdicken zu berechnen für (a) Röntgen-Wolframstrahlung, (b) Cobalt 60- und (c) Neutronenstrahlen.

23.4 Die Halbwertzeit von Polonium beträgt 138 Tage. Zu bestimmen ist die Zeit, nach welcher die Strahlungsintensität auf 10% des Anfangswertes abgeklungen ist.

23.5 Ein Ultraschallimpuls, der in die 100 mm dicke Wand eines aus Nickel bestehenden Druckbehälters geschickt wird, gelangt nach $2{,}4 \cdot 10^{-5}$s zum Schallgeber zurück. Entspricht diese Laufzeit der Reflexion an der Gefäßrückwand oder an einer Diskontinuität? Im letzteren Fall ist die Tiefe zu bestimmen, in der die Diskontinuität liegt.

23.6 Abbildung 23.28 zeigt das Oszillogramm der Ultraschalluntersuchung eines Edelstahl-Hohlzylinders, auf dessen Innenfläche mittels Schleuderguß eine Aluminiumschicht aufgetragen worden ist. Der Schallgeber war auf der Außenseite des Stahlzylinders angebracht. Die Dicken des Stahl und der Aluminiumschicht sind zu bestimmen.

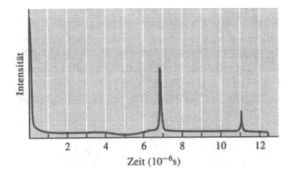

Abb. 23.28. Oszillogramm einer Ultraschallimpulsmessung nach dem Echoverfahren. (Zu Übungsaufgabe 23.6).

23.7 Das Oszillogramm der Ultraschalluntersuchung einer Sandwichstruktur aus einer 4 mm dicken Aluminiumschicht, umgeben von zwei 2,5 mm dicken Nickelschichten, ist aufzuzeichnen.

23.8 Mittels der Ultraschall-Resonanzmethode soll die Dicke einer Polyethylenschicht auf einer Kupferunterlage bestimmt werden. Bei der Frequenz von $31 \cdot 10^6$ Hz bildet sich in der Schicht eine drei Halbwellen lange stehende Welle. Wie dick ist die Schicht?

23.9 Welche zerstörungsfreien Prüfverfahren sind geeignet, Delammelierung der Schichten eines Verbundwerkstoffs nachzuweisen?

23.10 Mit welchen zerstörungsfreien Prüfmethoden lassen sich senkrecht zur Oberfläche eines Aluminiumgußstückes verlaufende Risse entdecken?

Lösungen der Übungsaufgaben

Kapitel 1

1.1 Schutzüberzug gegen Korrosion; erfordert einen guten Haftgrund; bei der Rückgewinnung muß abdampfendes Zink gesammelt werden.

1.2 Nein; es ist ein spröder keramischer Stoff.

1.3 Leichte Verbundwerkstoffe aus polymerer Matrix und steifen Verstärkungsfasern.

1.4 Härte und Schlagfestigkeit; Schmieden und Wärmebehandlung.

1.5 Erforderlich sind Härte, Verschleißfestigkeit und hohe elektrische Leitfähigkeit; geeignet sind Verbundwerkstoffe aus metallischer Matrix und eingelagerten keramischen Teilchen; Al_2O_3 ist ein Isolator und daher nicht geeignet.

1.6 Dichte, Leitfähigkeit, Härte, magnetisches Verhalten usw.

1.7 Aluminium trägt Wärmeleitfähigkeit, Duktilität und Verarbeitbarkeit bei; SiC sorgt für hohe Temperaturfestigkeit, Härte und Verschleißfestigkeit.

Kapitel 2

2.1 $1{,}0 \cdot 10^{21}$ Atome.

2.2 $1{,}08 \cdot 10^{28}$ Atome pro 1 000 kg.

2.3 (a) $4{,}56 \cdot 10^{23}$ Atome. (b) 0,758 Mole.

2.4 Wertigkeit 3.

2.5 $142 \cdot 10^{23}$ Ladungsträger.

2.6 $1{,}1 \cdot 10^{-19}$.

2.7 0,086.

2.8 Wegen vergleichbarer Elektronegativität beider Bestandteile.

2.9 Al_2O_3 hat infolge der starken ionischen Bindung einen geringeren thermischen Ausdehnungskoeffizienten.

2.10 Wegen der schwachen sekundären Bindung zwischen den Ketten.

Kapitel 3

3.1 (a) $1{,}426 \cdot 10^{-8}$ cm. (b) $1{,}4447 \cdot 10^{-8}$ cm.

3.2 (a) 5,3355 Å. (b) 2,3103 Å.

3.3 kfz.

3.4 Tetragonal raumzentriert.

3.5 (a) 8 Atome/Elementarzelle. (b) 0,387.

3.6 0,6% Kontraktion.

3.7 (a) $3{,}185 \cdot 10^{21}$ Elementarzellen. (b) $6{,}37 \cdot 10^{21}$ Fe-Atome.

3.8 A: $[00\bar{1}]$. B: $[1\bar{2}0]$. C: $[\bar{1}11]$. D: $[2\bar{1}\bar{1}]$.

3.9 A: $(1\bar{1}1)$. B: (030). C: $(10\bar{2})$

3.10 A: $[1\bar{1}0]$ oder $[1\bar{1}00]$. B: $[11\bar{1}]$ oder $[11\bar{2}3]$. C: $[011]$ oder $[\bar{1}2\bar{1}3]$.

3.11 A: $(1\bar{1}01)$. B: (0003). C: $(1\bar{1}00)$.

3.12 $[\bar{1}10]$, $[1\bar{1}0]$, $[101]$, $[\bar{1}0\bar{1}]$, $[011]$, $[0\bar{1}\bar{1}]$.

3.13   Tetragonal – 4; rhombisch – 2; kubisch – 12.

3.14   (a) (111). (b) $(0\bar{1}2)$

3.15 $[100]$: 0,35089 nm, 2,85 nm^{-1}. 0,866. $[110]$: 0,496 nm, 2,015 nm^{-1}, 0,612. $[111]$: 0,3093 nm, 3,291 nm^{-1}, 1.

3.16 (100): $1,617 \cdot 10^{-17}$/cm^2, 0,7854. (110): $1,144 \cdot 10^{-17}$/cm^2, 0,555. (111): $1,867 \cdot 10^{-17}$/cm^2, 0,907.

3.17 $4,563 \cdot 10^6$.

3.18   (a) 0,2797 Å. (b) 0,629 Å

3.19   (a) 6. (c) 8. (e) 4. (g) 6.

3.20   Fluorit-Struktur. (a) 5,289 Å. (b) 12,13 g/cm^3. (c) 0,624.

3.21   Cäsiumchlorid-Struktur. (a) 4,192 Å. (b) 4,8 g/cm^3. (c) 0,693.

3.22 (111): 0,202 (Mg). (222): 0,806 (O).

3.23   8 SiO$_2$, 8 Si-Ionen, 16 O-Ionen.

3.24   0,405 nm.

3.25   (a) krz. (c) 0,23 nm.

Kapitel 4

4.1   (a) $[0\bar{1}1]$, $[01\bar{1}]$, $[\bar{1}10]$, $[1\bar{1}0]$, $[\bar{1}01]$, $[10\bar{1}]$.

4.2 $(0\bar{1}1)$, $(01\bar{1})$, $(\bar{1}10)$, $(1\bar{1}0)$, $(\bar{1}01)$, $(10\bar{1})$.

4.3 $b = 2,863$ Å, $d = 2,338$ Å. $(110)[1\bar{1}1]$: $b = 7,014$ Å, $d = 2,863$ Å. Scherspannungsverhältnis $= 0,44$.

4.4   0,13 g.

4.5   Unterhalb, weil dort die Atome weniger dicht gepackt sind.

4.6 $\tau[110] = 0$; $\tau[011] = 14$ N/mm^2; $\tau[101] = 14$ N/mm^2.

4.7 $5,1 \cdot 10^{19}$ Leerstellen/cm^3.

4.8   (a) 0,002375. (b) $1,61 \cdot 10^{20}$ Leerstellen/cm^3.

4.9   (a) $1,157 \cdot 10^{20}$ Leerstellen/cm^3. (b) 0,532 g/cm^3.

4.10   0,345.

4.11   8,265 g/cm^3.

4.12   (a) 0,0081. (b) Ein H-Atom pro 123 Elementarzellen.

4.13   (a) 0,0534 Defekte/ Elementarzelle. (b) $2,52 \cdot 10^{20}$ Defekte/cm^3.

Kapitel 5

5.1 $1,08 \cdot 10^9$ Sprünge/s.

5.2   (a) 248 kJ/mol. (b) 0,055 cm^2/s.

5.3   (a) -0,02495 Atom% Sb/cm. (b) $-1,246 \cdot 10^{19}$ Sb-Atome/cm$^3 \cdot$ cm.

5.4   (a) $-1,969 \cdot 10^{11}$ H-Atome/cm$^3 \cdot$ cm. (b) $3,3 \cdot 10^7$ H-Atome/cm$^2 \cdot$ s.

5.5   0,001245 g/h.

5.6 -198 °C.

5.7 $D_H = 1,07 \cdot 10^{-4}$ cm^2/s gegenüber $D_N = 3,9 \cdot 10^{-9}$ cm^2/s

5.8   0,01 cm: 0,87% C. 0,05 cm: 0,43% C. 0,10 cm: 0,18% C.

5.9   907 °C.

5.10   0,53% C.

5.11   2,9 min.

5.12   12,8 min.

5.13   667 °C.

Kapitel 6

6.1   (a) Er verformt sich plastisch. (b) Er schnürt sich nicht ein.

6.2   4 800 N.

6.3   62 500 N.

6.4   15,019 m.

6.5   (a) 274 N/mm^2. (b) 417 N/mm^2. (c) 172 $\cdot$ 10^3 N/mm^2. (d) 18,55%. (e) 15,8%. (f) 397,9 N/mm^2. (g) 473 N/mm^2. (h) 0,17 N/mm^2.

6.6 $l = 30{,}0076$ cm. $d = 9{,}999$ mm.

6.7   (a) 553 N/mm^2. (b) 1,57 $\cdot$ 10^5 N/mm^2.

6.8   41 mm; es tritt kein Bruch ein.

6.9   29,8.

6.10   Keine Übergangstemperatur.

6.11   Nicht kerbempfindlich; geringe Zähigkeit.

6.12   Nein. Die für die Rißausbreitung notwendige Spannung ist 20mal größer als die Zugfestigkeit.

6.13   68,8 N.

6.14   40,7 mm.

6.15 $C = 2{,}047 \cdot 10^{-3}$. $n = 3{,}01$.

Kapitel 7

7.1 $n = 0{,}15$.

7.2   3,65 mm.

7.3   Der Kaltverformungsgrad beträgt 40% und ergibt nach Abb. 7.22: eine Zugfestigkeit von 175 N/mm^2, eine Streckgrenze von 155 N/mm^2 und eine Bruchdehnung von 5%.

7.4   (1) KV = 36%,
       Zugfestigkeit = 170 N/mm^2,
       Streckgrenze = 150 N/mm^2,
       Bruchdehnung = 5%.
       (2) KV = 64%,
       Zugfestigkeit = 195 N/mm^2,
       Streckgrenze = 175 N/mm^2,
       Bruchdehnung = 4%.
       (3) KV = 84%,
       Zugfestigkeit = 205 N/mm^2,
       Streckgrenze = 190 N/mm^2,
       Bruchdehnung = 3%.

7.5   Zwischen ca. 19 mm und ca. 24 mm.

7.6   KV = 48%,
       Zugfestigkeit = 190 N/mm^2,
       Streckgrenze = 170 N/mm^2,
       Bruchdehnung = 4%.
7.7   (a) 6185 N. (b) Nein.
7.8   (a) 550 °C, 750 °C, 950 °C. (b) 700 °C. (c) 900 °C. (d) 2 285 °C.
7.9   Sie bewirken einen Anstieg der Kornwachstumstemperatur und halten die
       Korngrößen gering.
7.10   Der Anstieg beträgt 0,4.
7.11   (1) 75% KV von 50 mm auf 25 mm, Entspannen.
       (2) 75% KV von 25 mm auf 12,5 mm, Entspannen.
       (3) 72% KV von 12,5 mm auf 6,6 mm, Entspannen.
       (4) 43% KV von 6,6 mm auf 5,0 mm.
       Oder:
       (1) 98% WV von 50 mm auf 7,07 mm.
       (2) 50% KV von 7,07 mm auf 5,0 mm.

Kapitel 8

8.1   (a) 6,65 Å. (b) 109 Atome.
8.2   (a) 0,033. (b) 0,33. (c) 1.
8.3   1 265 °C.
8.4   31,15 s.
8.5 $B = 305$ s/cm^2. $n = 1,58$.
8.6   (a) $4 \cdot 10^{-3}$ cm. (b) 90 s.
8.7 $c = 0,0032$ s. $m = 0,34$.
8.8   0,02 s.
8.9   (a) 900 °C. (b) 420 °C. (c) 480 °C. (d) 312 °C/min. (e) 9,7 min. (f) 8,1 min.
       (g) 60 °C. (h) Zn. (i) 14 min/cm^2.

Kapitel 9

9.1   (a) Ja. (b) Nein. (e) Nein. (g) Nein.
9.2   Cd bewirkt die geringste Verminderung der Leitfähigkeit. Keines der Ele-
       mente besitzt in Al unbegrenzte Löslichkeit.
9.3   (a) 2 330 °C, 2 150 °C, 180 °C. (c) 2 570 °C, 2 380 °C, 190 °C.
9.4   (a) 100% Flüssig enthält 30% MgO.
       (b) 70,8% Flüssig enthält 38% MgO; 29,2% Fest enthält 62% MgO.
       (c) 8,3% Flüssig enthält 38% MgO; 91,7% Fest enthält 62% MgO.
       (d) 100% Fest, 85% MgO.
9.5   44,1 Atom% Cu, 55,9 Atom% Al.
9.6   (a) Flüssig: 15 Mol% MgO bzw. 8,69 Gewichts% MgO,
           Fest: 38 Mol% MgO bzw. 24,85 Gewichts% MgO.
       (b) 78,26 Mol% Flüssig bzw. 80,1 Gewichts% Flüssig,
           21,74 Mol% Fest bzw. 19,9 Gewichts% Fest.
       (c) 78,1 Volumen% Flüssig, 21,9 Volumen% Fest.
9.7   750 g Ni; Ni/Cu = 1,62.

9,8   332 g MgO.

9.9   64,1 Gewichts% FeO.

9.10   (a) 49 Gewichts% W in der Flüssigkeit,
        70 Gewichts% W in der α-Phase.
        (b) Nicht möglich.

9.11   Ni geht in Lösung. Wenn die Schmelze einen Ni-Gehalt von 10% erreicht hat,
        beginnt sie zu erstarren.

9.12   (a) 2 900 °C, 2 690 °C, 210 °C.
        (b) Die Flüssigphase hat einen Anteil von 60%, ihr W-Gehalt beträgt 49%.
        Die α-Phase hat einen Anteil von 40%, ihr W-Gehalt beträgt 70%.

9.13   (a) 55% W. (b) 18% W

9.14   (a) 2 000 °C. (b) 1 450 °C. (c) 550 °C. (d) 40% FeO. (e) 92% FeO. (f) 65,5%
        Flüssig enthält 75% FeO; 34,5% Fest enthält 46% FeO. (g) 30,3% Flüssig ent-
        hält 88% FeO; 69,7% Fest enthält 55% FeO.

9.15   (a) 3 100 °C. (b) 2 720 °C. (c) 380 °C. (d) 90% W. (e) 40% W. (f) 44,4% Flüs-
        sig enthält 70% W; 55,6% α enthält 88% W. (g) 9,1% Flüssig enthält 50% W;
        90,9% α enthält 83% W.

9.16   (a) 2 900 °C. (b) 2 710 °C. (c) 190 °C. (d) 2 990 °C. (e) 90 °C. (f) 300 s.
        (g) 340 s. (h) 60% W.

Kapitel 10

10.1   (a) θ. (b) α, β, γ, η.
        (c) 1 100 °C: Peritektisch. 900 °C: Monotektisch. 680 °C: Eutektisch.
        600 °C: Peritektoid. 300 °C: Eutektoid.

10.2   (a) $CuAl_2$. (b) 548 °C, eutektisch, L $\rightarrow$ α + θ, 33,2% Cu in L, 5,65% Cu in α
        und 52,5% Cu in θ.

10.3 $SnCu_3$.

10.4   Drei feste Phasen.

10.5   (a) 2,5% Mg. (b) 600 °C, 470 °C, 400 °C, 130 °C.
        (c) 74% α enthält 7% Mg; 26% L enthält 26% Mg.
        (d) 100% α enthält 12% Mg.
        (e) 67% α enthält 1% Mg; 33% β enthält 34% Mg.

10.6   (a) Übereutektisch. (b) 98% Sn.
        (c) 22,8% β enthält 97,5% Sn; 77,2% L enthält 61,9% Sn.
        (d) 35% α enthält 19% Sn; 65% β enthält 97,5% Sn.
        (e) 22,8% primäres β enthält 97,5% Sn; 77,2% Eutektikum enthält 61,9% Sn.
        (f) 30% α enthält 2% Sn; 70% β enthält 100% Sn.

10.7   (a) Untereutektisch. (b) 1% Si.
        (c) 78,5% α enthält 1,65% Si; 21,5% L enthält 12,6% Si.
        (d) 97,6% α enthält 1,65% Si; 2,4% β enthält 99,83% Si.
        (e) 78,5% primäres α enthält 1,65% Si; 21,5% Eutektikum enthält 12,6% Si.
        (f) 96% α enthält 0% Si; 4% β enthält 100% Si.

10.8   Untereutektisch.

10.9   52% Sn.

10.10 (a) 4% Li. (c) 3% Cu.

10.11 (a) Übereutektisch. (b) 64% α, 36% β.

10.12 (a) 1 150 °C. (b) 150 °C. (c) 1 000 °C. (d) 577 °C. (e) 423 °C. (f) 10,5 min. (g) 11,5 min. (h) 45% Si.

10.13 (a) Ja, $T_m = 2\,040$ °C $> 1\,900$ °C. (b) Nein, es bildet sich 5% L.

10.14 (a) 390 °C, γ, $\gamma + \alpha$.
    (b) 330 °C, β, $\alpha + \beta$.
    (c) 290° C, β, $\alpha + \beta + \gamma$.

Kapitel 11

11.1 $c = 6,47 \cdot 10^{-6}$, $n = 2,89$.

11.2 $2,5 \cdot 10^{5}$ J/mol.

11.3 Al-Mg(4%): Lösungsbehandlung zwischen 210 °C und 451 °C, Abschrecken, Auslagern unter 210 °C.
    Al-Mg(12%): Lösungsbehandlung zwischen 390 °C und 451 °C, Abschrecken, Auslagern unter 390 °C.

11.4 (a) Lösungsbehandlung zwischen 290 °C und 400 °C, Abschrecken, Auslagern unter 290 °C.
    (c) und (e) sind nicht geeignet.

11.5 (a) 795 °C. (b) Primärer Ferrit.
    (c) 56,1% Ferrit enthält 0,0218% C; 43,9% Austenit enthält 0,77% C.
    (d) 95,1% Ferrit enthält 0,0218% C; 4,9% Zementit enthält 6,67% C.
    (e) 56,1% primärer Ferrit enthält 0,0218% C; 43,9% Perlit enthält 0,77% C.

11.6 0,53% C; untereutektoid.

11.7 0,156% C; untereutektoid.

11.8 0,281% C.

11.9 760 °C; 0,212% C.

11.10 (a) 900 °C; 12% CaO in tetragonalem ZrO_2, 3% CaO in monoklinem, 14% CaO in kubischem; 18% monoklin und 82% kubisch.
    (c) 250 °C; 47% Zn in β', 36% Zn in α, 59% Zn in γ; 52,2% α, 47,8% γ.

11.11 (a) 615 °C. (b) $1,67 \cdot 10^{-5}$ cm.

11.12 Bainit mit HRC 47.

11.13 Martensit mit HRC 66.

11.14 (a) 37,2% Martensit mit 0,77% C und HRC 65.
    (b) 84,8% Martensit mit 0,35% C und HRC 58.

11.15 (a) 750 °C. (b) 0,455% C.

11.16 3,06% Ausdehnung.

11.17 Austenitisieren bei 750 °C, Abschrecken, Anlassen oberhalb 330 °C.

Kapitel 12

12.1 (a) 97,2% Ferrit, 2,2% Zementit, 82,9% primärer Ferrit, 17,1% Perlit.
    (c) 85,8% Ferrit, 14,2% Zementit, 3,1% primärer Zementit, 96,9% Perlit.

12.2 Für 1035-Stahl: $A_1 = 727\ °C$; $A_3 = 790\ °C$; Grobkornglühen bei 820 °C; Normalglühen bei 845 °C; Rekristallisationsglühen bei 557 bis 647 °C; kein Weichglühen.

12.3 (a) Ferrit und Perlit. (c) Martensit. (e) Ferrit und Bainit. (g) Angelassener Martensit.

12.4 (a) Austenitisieren bei 820 °C, 10 s Halten bei 600 °C, Abkühlen.
(c) Austenitisieren bei 780 °C, 10 s Halten bei 600 °C, Abkühlen.
(e) Austenitisieren bei 900 °C, 5 000 s Halten bei 320 °C, Abkühlen.

12.5 (a) Austenitisieren bei 820 °C, Abschrecken, Anlassen zwischen 420 und 480 °C; Zugfestigkeit von 1 050 bis 1 250 N/mm², Streckgrenze von 950 bis 1 100 N/mm².
(b) Zugfestigkeit 1 200 bis 1 250 N/mm², Streckgrenze von 900 bis 950 N/mm².
(c) Zugfestigkeit 700 N/mm², Streckgrenze 450 N/mm², 20% Bruchdehnung.

12.6 C-Gehalt des Martensits: 0,48%; Austenitisierung bei 770 °C. Zu empfehlende Austenitisierungstemperatur: 860 °C.

12.7 1080: feiner Perlit. 4340: Martensit.

12.8 Übereutektoid mit Korngrenzen-Zementit.

12.9 (c) 8 bis 10 °C/s. (e) 32 bis 36 °C/s.

12.10 (a) 16 °C/s. (b) Perlit mit HRC 38.

12.11 (a) Perlit mit HRC 36. (c) Perlit und Martensit mit HRC 46.

12.12 (a) 3,3 cm. (c) 4,8 cm. (e) größer als 6,3 cm.

12.13 0,25 h.

12.14 0,05 mm: Perlit und Martensit mit HRC 53.
0,15 mm: Mittlerer Perlit mit HRC 38.

12.15 δ-Ferrit; Nichtgleichgewichtserstarrung; Abschrecken.

12.16 2,4% Si.

12.17 (a) Verringerung des Ferrits. (b) Effekt der Abkühlgeschwindigkeit.

12.18 Duktiles Gußeisen weist die höchste Härtbarkeit auf, Stahl die geringste.

Kapitel 13

13.1 Das eutektische Gefüge enthält 97,6% β.

13.2 Sandguß: 0,0071 cm, 200 s. Dauerguß: 0,002 cm, 20 s.
Druckguß: 0,001 cm, 2,0 s.

13.3 200 N/mm², 180 N/mm², 3% Bruchdehnung.

13.4 27% β im Vergleich zu 2,2% β.

13.5 Al-Mg(10%).

13.6 $\alpha + \varepsilon$.

13.7 Al: 440%. Mg: 130%. Cu: 1 100%.

13.8 Blei kann bei der Warmverformung schmelzen.

13.9 γ'.

13.10 Die größeren γ'-Ausscheidungen entstehen zuerst (bei noch höherer Temperatur); die Löslichkeit nimmt mit sinkender Temperatur ab.

13.11 Ti-V(15%): 100% β wandelt sich in 100% α' um, das anschließend in ein Gefüge übergeht, das aus 24% β-Ausscheidung in α-Matrix besteht.

Ti-V(35%): 100% β wandelt sich in 100% β' um, das anschließend in ein Gefüge übergeht, das aus 27% α-Ausscheidung in β-Matrix besteht.

13.12 Blättert ab; reißt.

Kapitel 14

14.1 4,0 Å; 0,63; 6,053 g/cm^3.

14.2 (a) 3. (b) 0,52.

14.3 (a) Metasilikat. (c) Metasilikat. (e) Pyrosilikat.

14.4 12,8 g.

14.5 $4,4 \cdot 10^{21}$ Leerstellen/cm^3.

14.6 (b) Mg-Leerstellen.

14.7 $B = 2,4$. Wahre Porosität: 22,58%. Volumenanteil der geschlossenen Poren: 0,044.

14.8 1,257 kg BaO; 0,245 kg Li$_2$O.

14.9 PbO$_2$ wirkt als Netzwerkwandler, PbO als Netzwerk-erweiterndes Oxid.

14.10 0,0095 cm.

14.11 0,6 mm.

14.12 $m = 1,33$.

14.13 $2 \cdot 10^7$ Pa · s. 597 °C.

14.14 327 °C.

14.15 60,8% Al$_2$O$_3$.

14.16 177 kg; 34,8 Gewichts% Al$_2$O$_3$ – 37,5 Gewichts% SiO$_2$ – 27,7 Gewichts% CaO.

Kapitel 15

15.1 (a) 2 500. (b) $2,4 \cdot 10^{18}$.

15.2 $8,748 \cdot 10^{-4}$ cm.

15.3 (a) 4 798. (b) 9 597.

15.4 186,69 g/mol.

15.5 (a) 1,598 kg. (b) 1,649 kg. (c) 4,948 kg.

15.6 (a) H$_2$O. (b) 26,77 kg; 5,81 kg; 30,96 kg.

15.7 (a) 211. (b) 175.

15.8 Polybutadien und Silicon.

15.9 Polyethylen und Polypropylen.

15.10 4 Wiederholeinheiten; 8 C-Atome; 12 H-Atome, 4 Cl-Atome.

15.11 74,2%

15.12 $a = 4 \cdot 10^{-13}$; $n = 8,16$; $\sigma = 6,7$ MPa.

15.13 (a) PE. (b) PE geringer Dichte. (c) PTFE.

15.14 0,0105.

15.15 6,383 kg; 3,83 kg.

Kapitel 16

16.1 $7,65 \cdot 10^{13}$ pro cm³.

16.2 2,47 %.

16.3 9,408 g/cm³.

16.4 (a) 0,507. (b) 0,507. (c) 7,775 g/cm³.

16.5 11 bis 22 kg.

16.6 (a) 2,53 g/cm³. (b) $2 \cdot 10^5$ N/mm². (c) $1 \cdot 10^5$ N/mm².

16.7 0,964.

16.8 188 N/mm².

Kapitel 17

17.1 (a) 0,95 l. (b) 0,77 g/cm³.

17.2 Der Fußboden dehnt sich senkrecht zur Brettrichtung um ca. 2 m aus. Dies führt zur Verwölbung. Die Ausdehnung in Längsrichtung der Bretter ist vernachlässigbar.

17.3 (a) 545 Säcke Zement, ca. 50 Tonnen Sand, ca. 100 Tonnen Kies, ca. 8 000 l Wasser. (b) 2,4 g/cm³. (c) 1: 1,8: 3,7.

Kapitel 18

18.1 (a) 3 380 W, (b) $2,546 \cdot 10^{14}$ W,
(c) $1,273 \cdot 10^{10}$ bis $1,273 \cdot 10^{11}$ W.

18.2 $d = 0,0865$ cm, 1 174 V.

18.3 0,968.

18.4 0,234 km/h.

18.5 $3,03 \cdot 10^5$ Ohm^{-1} · cm^{-1} bei –50 °C. $0,34 \cdot 10^5$ Ohm^{-1} · cm^{-1} bei 500 °C.

18.6 –70,8 °C.

18.7 Bei 400 °C, $\rho = 41,5 \cdot 10^{-6}$ Ω · cm; $\rho_d = 8,5 \cdot 10^{-6}$ Ω · cm;
$b = 178,9 \cdot 10^{-6}$ Ω · cm. Bei 200 °C $\rho = 37,6 \cdot 10^{-6}$ Ω · cm.

18.8 330 160 Oe.

18.9 39,3 A.

18.10 $\mu_{500} = 7,3 \cdot 10^{-30}$ cm² / V · s; $\sigma_{500} = 1,66 \cdot 10^{-25}$ Ω^{-1} · cm^{-1}.

18.11 (a) $n(\text{Ge}) = 1,767 \cdot 10^{23}$ pro cm³. (b) $f(\text{Ge}) = 1,259 \cdot 10^{-10}$.
(c) $n_0(\text{Ge}) = 1,017 \cdot 10^{19}$ pro cm³.

18.12 Sb: 15,2 Ω^{-1} · cm^{-1}. In: 3,99 Ω^{-1} · cm^{-1}.

18.13 (a) $1,485 \cdot 10^{20}$ pro cm³. (b) 4 280 Ω^{-1} · cm^{-1}.

18.14 (a) $4,84 \cdot 10^{-19}$ m. (b) $1,12 \cdot 10^{-17}$ m.

18.15 9,4 V.

18.16 12 000 V.

18.17 0,001238 μF.

18.18 0,0003 cm/cm.

Kapitel 19

19.1   Fe: 3 143 kA/m. Co: 2 504 kA/m.
19.2   508 kA/m.
19.3   0,8 T; 1,49 mA.
19.5   119 T · kA/m
19.6   Hohe Sättigungsflußdichte.
19.7   0,468 A · m^2/cm^3.

Kapitel 20

20.1   13 790 V.
20.2   7 477 V.
20.3   (a) 24 825 V. (b) Cu, Mn, Si.
20.4   1,84 · 10^{-5} s.
20.5   2,333 eV; grün.
20.6   (a) 13,11 · 10^{-5}cm. (b) 77,58 · 10^{-5}cm.
20.7   (a) 1,853 · 10^{-4}cm. (b) 1,034 · 10^{-2}cm.
20.8   Eis, Wasser, Teflon.
20.9   (a) 6,60°. (b) 6,69°. (c) 10°. (d) 0,178 cm.
20.10   0,0117 cm.
20.11   4%; 0,36%.

Kapitel 21

21.1   (a) 7,95 kJ. (b) 22,2 kJ. (c) 35,5 kJ. (d) 83,5 kJ.
21.2   0,0375 cm.
21.3   1,975 m.
21.4   Messing: 0,62 mm. Invar: 0,05 mm
21.5   Zugspannung = 1 766 N/mm^2.
21.6   19,6 min.
21.7   Vernetzte Graphitausscheidungen in Grauguß.

Kapitel 22

22.1   Graphitische Korrosion.
22.2   –0,172 V.
22.3   0,000034 g/1 000 ml.
22.4   55 A.
22.5   187,5 g Fe-Verlust pro h.
22.6   Legierung 1100 wird Anode und schützt 2024.
        Legierung 1100 wäre Katode, 3003 würde korrodieren.
22.7   Al, Zn, Cd.
22.8   Spannungsrißkorrosion.
22.9   Ti ist Anode, Kohlenstoff Katode.

22.10 Stahl

22.11 Kaltbearbeitetes Ni korrodiert am schnellsten, entspannungsgeglühtes am langsamsten.

22.12 (a) 12,2 g/h. (b) 1,22 g/h.

22.13 Die meisten Keramikstoffe sind bereits Oxide.

22.14 698 °C.

Kapitel 23

23.1 Neutronenstrahlung ist besser geeignet. μ_m für Röntgenstrahlung beträgt für die Legierung 0,156, für die reinen Metalle 0,159 und 0,156. Für Neutronenstrahlung sind die entsprechenden Werte 0,0027 bzw. 0,001 und 0,003.

23.2 0,47 mm.

23.3 Die Halbwertdicken betragen (a) 2,62 cm für Mg, (b) 1,41 cm für Cu, (c) 398,4 cm für Mg.

23.4 1,26 Jahre.

23.5 72 mm.

23.6 Stahl: 19 mm. Al: 12,7 mm.

23.7 Signale bei: $8,31 \cdot 10^{-7}$ s, $2,111 \cdot 10^{-6}$ s und $2,942 \cdot 10^{-6}$ s.

23.8 0,094 mm.

23.9 Thermographie, Ultraschall.

23.10 Penetrationsmethode, Radiographie, Wirbelstromverfahren.

Anhang A

Ausgewählte physikalische Eigenschaften von Metallen

Metall		Ordnungs- zahl	Kristall- struktur	Gitter- konstante (Å)	Molmasse (g/mol)	Dichte (g/cm^3)	Schmelz- temperatur (°C)
Aluminium	Al	13	kfz	4,04958	26,981	2,699	660,4
Antimon	Sb	51	hex.	$a = 4,307$ $c = 11,273$	121,75	6,697	630,7
Arsen	As	33	hex.	$a = 3,760$ $c = 10,548$	74,9216	5,778	816
Barium	Ba	56	krz	5,025	137,3	3,5	729
Beryllium	Be	4	hex.	$a = 2,2858$ $c = 3,5842$	9,01	1,848	1290
Blei	Pb	82	kfz	4,9489	207,19	11,36	327,4
Bor	B	5	trig.	$a = 10,12$ $\alpha = 65,5°$	10,81	2,3	2300
Cadmium	Cd	48	hdp	$a = 2,9793$ $c = 5,6181$	112,4	8,642	321,1
Calcium	Ca	20	kfz	5,588	40,08	1,55	839
Cäsium	Cs	55	krz	6,13	132,91	1,892	28,6
Cer	Ce	58	hdp	$a = 3,681$ $c = 11,857$	140,12	6,6893	798
Chrom	Cr	24	krz	2,8844	51,996	7,19	1875
Cobalt	Co	27	hdp	$a = 2,5071$ $c = 4,0686$	58,93	8,832	1495
Eisen	Fe	26	krz kfz krz	2,866 3,589	55,847 (> 912°C) (> 1394°C)	7,87	1538
Gadolinium	Gd	64	hdp	$a = 3,6336$ $c = 5,7810$	157,25	7,901	1313
Gallium	Ga	31	rhomb.	$a = 4,5258$ $b = 4,5186$ $c = 7,6570$	69,72	5,904	29,8
Germanium	Ge	32	kfz	5,6575	72,59	5,324	937,4
Gold	Au	79	kfz	4,0786	196,97	19,302	1064,4
Hafnium	Hf	72	hdp	$a = 3,1883$ $c = 5,0422$	178,49	13,31	2227
Indium	In	49	tetra.	$a = 3,2517$ $c = 4,9459$	114,82	7,286	156,6
Iridium	Ir	77	kfz	3,84	192,9	22,65	2447

Metall		Ordnungs-zahl	Kristall-struktur	Gitter-konstante (Å)	Molmasse (g/mol)	Dichte (g/cm^3)	Schmelz-temperatur (°C)
Kalium	K	19	krz	5,344	39,09	0,855	63,2
Kupfer	Cu	29	kfz	3,6151	63,54	8,93	1084,9
Lanthan	La	57	hdp	$a = 3,774$ $c = 12,17$	138,91	6,146	918
Lithium	Li	3	krz	3,5089	6,94	0,534	180,7
Magnesium	Mg	12	hdp	$a = 3,2087$ $c = 5,209$	24,312	1,738	650
Mangan	Mn	25	kub.	8,931	54,938	7,47	1244
Molybdän	Mo	42	krz	3,1468	95,94	10,22	2610
Natrium	Na	11	krz	4,2906	22,99	0,967	97,8
Nickel	Ni	28	kfz	3,5167	58,71	8,902	1453
Niob	Nb	41	krz	3,294	92,91	8,57	2468
Osmium	Os	76	hdp	$a = 2,7341$ $c = 4,3197$	190,2	22,57	3050
Palladium	Pd	46	kfz	3,8902	106,4	12,02	1552
Platin	Pt	78	kfz	3,9231	195,09	21,45	1769
Quecksilber	Hg	80	trig.		200,59	13,546	−38,9
Rhenium	Re	75	hdp	$a = 2,760$ $c = 4,458$	186,21	21,04	3180
Rhodium	Rh	45	kfz	3,796	102,99	12,41	1963
Rubidium	Rb	37	krz	5,7	85,467	1,532	38,9
Ruthenium	Ru	44	hdp	$a = 2,6987$ $c = 4,2728$	101,07	12,37	2310
Selen	Se	34	hex.	$a = 4,3640$ $c = 4,9594$	78,96	4,809	217
Silicium	Si	14	kfz	5,4307	28,08	2,33	1410
Silber	Ag	47	kfz	4,0862	107,868	10,49	961,9
Strontium	Sr	38	kfz krz	6,0849 4,84	87,62 (> 557°C)	2,6	768
Tantal	Ta	73	krz	3,3026	180,95	16,6	2996
Technetium	Tc	43	hdp	$a = 2,735$ $c = 4,388$	98,9062	11,5	2200
Tellur	Te	52	hex.	$a = 4,4565$ $c = 5,9268$	127,6	6,24	449.5
Thorium	Th	90	kfz	5,086	232	11,72	1775
Titan	Ti	22	hdp krz	$a = 2,9503$ $c = 4,6831$ 3,32	47,9 (> 882°C)	4,507	1668
Uran	U	92	rhomb.	$a = 2,854$ $b = 5,869$ $c = 4,955$	238,03	19,05	1133
Vanadium	V	23	krz	3,0278	50,941	6,1	1900

Metall		Ordnungs-zahl	Kristall-struktur	Gitter-konstante (Å)	Molmasse (g/mol)	Dichte (g/cm³)	Schmelz-temperatur (°C)
Wismut	Bi	83	hex.	$a = 4{,}546$ $c = 11{,}86$	208,98	9,808	271,4
Wolfram	W	74	krz	3,1652	183,85	19.254	3410
Yttrium	Y	39	hdp	$a = 3{,}648$ $c = 5{,}732$	88,91	4,469	1522
Zink	Zn	30	hdp	$a = 2{,}6648$ $c = 4{,}9470$	65,38	7,133	420
Zinn	Sn	50	kfz	6,4912	118,69	7,28	231,9
Zirconium	Zr	40	hdp	$a = 3{,}2312$ $c = 5{,}1477$	91,22	6,505	1852
			krz	3,6090	(> 862°C)		

Anhang B

Atom- und Ionenradien ausgewählter Elemente

Element		Atomradius (Å)	Valenz	Ionenradius (Å)
Aluminium	Al	1,432	+3	0,51
Antimon	Sb		+5	0,62
Arsen	As		+5	2,22
Barium	Ba	2,176	+2	1,34
Beryllium	Be	1,143	+2	0,35
Blei	Pb	1,75	+4	0,84
Bor	B	0,46	+3	0,23
Brom	Br	1,19	−1	1,96
Cadmium	Cd	1,49	+2	0,97
Calcium	Ca	1,976	+2	0,99
Cäsium	Cs	2,65	+1	1,67
Cer	Ce	1,84	+3	1,034
Chlor	Cl	0,905	−1	1,81
Chrom	Cr	1,249	+3	0,63
Cobalt	Co	1,253	+2	0,72
Eisen	Fe	1,241 (krz)	+2	0,74
		1,269 (kfz)	+3	0,64
Fluor	F	0,6	−1	1,33
Gallium	Ga	1,218	+3	0,62
Germanium	Ge	1,225	+4	0,53
Gold	Au	1,442	+1	1,37
Hafnium	Hf		+4	0,78
Indium	In	1,570	+3	0,81
Jod	J	1,35	−1	2,20
Kalium	K	2,314	+1	1,33
Kohlenstoff	C	0,77	+4	0,16
Kupfer	Cu	1,278	+1	0,96
Lanthan	La	1,887	+3	1,016
Lithium	Li	1,519	+1	0,68
Magnesium	Mg	1,604	+2	0,66
Mangan	Mn	1,12	+2	0,80
Molybdän	Mo	1,363	+4	0,70
Natrium	Na	1,858	+1	0,97

Element		Atomradius (Å)	Valenz	Ionenradius (Å)
Nickel	Ni	1,243	+2	0,69
Niob	Nb	1,426	+4	0,74
Palladium	Pd	1,375	+4	0,65
Phosphor	P	1,10	+5	0,35
Platin	Pt	1,387	+2	0,80
Quecksilber	Hg	1,55	+2	1,10
Rubidium	Rb	2,468	+1	0,70
Sauerstoff	O	0,60	−2	1,32
Schwefel	S	1,06	−2	1,84
Selen	Se		−2	1,91
Silicium	Si	1,176	+4	0,42
Silber	Ag	1,445	+1	1,26
Stickstoff	N	0,71	+5	0,15
Strontium	Sr	2,151	+2	1,12
Tantal	Ta	1,43	+5	0,68
Tellur	Te		−2	2,11
Thorium	Th	1,798	+4	1,02
Titan	Ti	1,475	+4	0,68
Uran	U	1,38	+4	0,97
Vanadium	V	1,311	+3	0,74
Wasserstoff	H	0,46	+1	1,54
Wismut	Bi		+5	0,74
Wolfram	W	1,371	+4	0,70
Yttrium	Y	1,824	+3	0,89
Zink	Zn	1,332	+2	0,74
Zinn	Sn	1,405	+4	0,71
Zirconium	Zr	1,616	+4	0,79

Anhang C

Elektronenkonfiguration der Elemente

Ordnungszahl	Element	K	L		M				N				O		P	
		1s	2s	2p	3s	3p	3d	4s	4p	4d	4f	5s	5p	5d	6s	6p
1	Wasserstoff	1														
2	Helium	2														
3	Lithium	2	1													
4	Beryllium	2	2													
5	Bor	2	2	1												
6	Kohlenstoff	2	2	2												
7	Stickstoff	2	2	3												
8	Sauerstoff	2	2	4												
9	Fluor	2	2	5												
10	Neon	2	2	6												
11	Natrium	2	2	6	1											
12	Magnesium	2	2	6	2											
13	Aluminium	2	2	6	2	1										
14	Silicium	2	2	6	2	2										
15	Phosphor	2	2	6	2	3										
16	Schwefel	2	2	6	2	4										
17	Chlor	2	2	6	2	5										
18	Argon	2	2	6	2	6										
19	Kalium	2	2	6	2	6		1								
20	Calcium	2	2	6	2	6		2								
21	Scandium	2	2	6	2	6	1	2								
22	Titan	2	2	6	2	6	2	2								
23	Vanadium	2	2	6	2	6	3	2								
24	Chrom	2	2	6	2	6	5	1								
25	Mangan	2	2	6	2	6	5	2								
26	Eisen	2	2	6	2	6	6	2								
27	Cobalt	2	2	6	2	6	7	2								
28	Nickel	2	2	6	2	6	8	2								
29	Kupfer	2	2	6	2	6	10	1								
30	Zink	2	2	6	2	6	10	2								
31	Gallium	2	2	6	2	6	10	2	1							
32	Germanium	2	2	6	2	6	10	2	2							
33	Arsen	2	2	6	2	6	10	2	3							

Ordnungszahl	Element	K	L		M		N						O			P
		1s	2s	2p	3s	3p	3d	4s	4p	4d	4f	5s	5p	5d	6s	6p
34	Selen	2	2	6	2	6	10	2	4							
35	Brom	2	2	6	2	6	10	2	5							
36	Krypton	2	2	6	2	6	10	2	6							
37	Rubidium	2	2	6	2	6	10	2	6			1				
38	Strontium	2	2	6	2	6	10	2	6			2				
39	Yttrium	2	2	6	2	6	10	2	6	1		2				
40	Zirconium	2	2	6	2	6	10	2	6	2		2				
41	Niobium	2	2	6	2	6	10	2	6	4		1				
42	Molybdän	2	2	6	2	6	10	2	6	5		1				
43	Technetium	2	2	6	2	6	10	2	6	6		1				
44	Ruthenium	2	2	6	2	6	10	2	6	7		1				
45	Rhodium	2	2	6	2	6	10	2	6	8		1				
46	Palladium	2	2	6	2	6	10	2	6	10						
47	Silber	2	2	6	2	6	10	2	6	10		1				
48	Cadmium	2	2	6	2	6	10	2	6	10		2				
49	Indium	2	2	6	2	6	10	2	6	10		2	1			
50	Zinn	2	2	6	2	6	10	2	6	10		2	2			
51	Antimon	2	2	6	2	6	10	2	6	10		2	3			
52	Tellur	2	2	6	2	6	10	2	6	10		2	4			
53	Jod	2	2	6	2	6	10	2	6	10		2	5			
54	Xenon	2	2	6	2	6	10	2	6	10		2	6			
55	Cäsium	2	2	6	2	6	10	2	6	10		2	6		1	
56	Barium	2	2	6	2	6	10	2	6	10		2	6		2	
57	Lanthan	2	2	6	2	6	10	2	6	10	1	2	6		2	
⋮	⋮	⋮	⋮	⋮	⋮	⋮	⋮	⋮	⋮	⋮	⋮	⋮	⋮		⋮	
71	Lutetium	2	2	6	2	6	10	2	6	10	14	2	6	1	2	
72	Hafnium	2	2	6	2	6	10	2	6	10	14	2	6	2	2	
73	Tantal	2	2	6	2	6	10	2	6	10	14	2	6	3	2	
74	Wolfram	2	2	6	2	6	10	2	6	10	14	2	6	4	2	
75	Rhenium	2	2	6	2	6	10	2	6	10	14	2	6	5		
76	Osmium	2	2	6	2	6	10	2	6	10	14	2	6	6		
77	Iridium	2	2	6	2	6	10	2	6	10	14	2	6	9		
78	Platin	2	2	6	2	6	10	2	6	10	14	2	6	9	1	
79	Gold	2	2	6	2	6	10	2	6	10	14	2	6	10	1	
80	Quecksilber	2	2	6	2	6	10	2	6	10	14	2	6	10	2	
81	Thallium	2	2	6	2	6	10	2	6	10	14	2	6	10	2	1
82	Blei	2	2	6	2	6	10	2	6	10	14	2	6	10	2	2
83	Wismut	2	2	6	2	6	10	2	6	10	14	2	6	10	2	3
84	Polonium	2	2	6	2	6	10	2	6	10	14	2	6	10	2	4
85	Astat	2	2	6	2	6	10	2	6	10	14	2	6	10	2	5
86	Radon	2	2	6	2	6	10	2	6	10	14	2	6	10	2	6

Sachverzeichnis